DICTIONNAIRE

DES TERMES EMPLOYÉS

CONSTRUCTION

ET CONCERNANT

LA CONNAISSANCE ET L'EMPLOI DES MATÉRIAUX ; L'OUTILLAGE QUI SERT A LEUR MISE
EN ŒUVRE ; L'UTILISATION DE CES MATÉRIAUX DANS LA CONSTRUCTION DES DIVERS GENRES D'ÉDIFICES
ANCIENS ET MODERNES ; LA LÉGISLATION DU BATIMENT ;

SOUSCRIPTIONS DES MINISTÈRES DES BEAUX-ARTS, INSTRUCTION PUBLIQUE, TRAVAUX PUBLICS

PAR

PIERRE CHABAT

ARCHITECTE, PROFESSEUR,

Préparateur du cours de constructions civiles au Conservatoire des arts et métiers.

DEUXIÈME ÉDITION

A B. - C I.

PARIS

V.° A. MOREL ET C.ⁱᵉ, ÉDITEURS

13, RUE BONAPARTE, 13

1881

DICTIONNAIRE

CONSTRUCTION

BAR-LE-DUC

IMPRIMERIE ET LITHOGRAPHIE COMTE-JACQUET.

DICTIONNAIRE

DES TERMES EMPLOYÉS DANS LA

CONSTRUCTION

ET CONCERNANT :

LA CONNAISSANCE ET L'EMPLOI DES MATÉRIAUX ; L'OUTILLAGE QUI SERT A LEUR MISE
EN ŒUVRE ; L'UTILISATION DE CES MATÉRIAUX DANS LA CONSTRUCTION DES DIVERS GENRES D'ÉDIFICES
ANCIENS ET MODERNES ; LA LÉGISLATION DES BATIMENTS ;

PAR

PIERRE CHABAT

ARCHITECTE, PROFESSEUR,

Préparateur du cours de constructions civiles au Conservatoire des arts et métiers.

AB. - CI.

DEUXIÈME ÉDITION

PARIS

Vᵉ A. MOREL ET Cⁱᵉ, ÉDITEURS

13, RUE BONAPARTE, 13

1881

DICTIONNAIRE

DES TERMES EMPLOYÉS DANS LA

CONSTRUCTION

A

Abacule, s. m. — Diminutif du mot latin *abacus*, provenant lui-même du grec ἄϐαξ, qui signifie table ou tablette.

On désigne ainsi, depuis une époque déjà fort ancienne (Pline, *Hist. naturelle*, XXVI), de petits carreaux ou cubes de verre d'une composition imitant la pierre ou le marbre de différentes couleurs, et qui servent à former des compartiments quadrangulaires dans un pavé de mosaïque.

Abandon, s. m. — Ce terme qualifie le fait d'*abandonner* ou de laisser à un tiers une chose dont on est propriétaire, quand on veut se libérer d'une obligation qu'entraîne la possession de cet objet. Ainsi :

« Tout propriétaire d'un mur mitoyen « peut se dispenser de contribuer aux « réparations et reconstructions, en « *abandonnant* le droit de mitoyenneté, « pourvu que le mur ne soutienne pas « un bâtiment qui lui appartienne. » Code civil, art. 656.

Il y a une exception à cet article pour la clôture légale des villes et des faubourgs (voy. *Clôture*).

De même : « Quand le propriétaire « d'un fonds servant est chargé par le « titre de faire, à ses frais, les ouvrages « nécessaires pour l'usage ou la conser- « vation de la servitude, il peut toujours « s'affranchir de la charge en *abandon-* « *nant* le fonds assujetti au propriétaire « du fonds auquel la servitude est due. » Code civil, art. 699.

Cet article s'applique notamment aux cas de servitude d'*aqueduc*, de *passage*, de *puisage*, de *support* ou d'*appui* (voy. ces mots).

L'effet de l'*abandon* ne porte pas seulement sur l'objet abandonné, mais encore sur tous ses accessoires, c'est-à-dire sur les choses qui ne pourraient en être séparées sans lui nuire.

Au contraire de l'ancienne loi romaine, la loi française ne permet pas au propriétaire de la chose qui a causé un dommage de se libérer de la réparation de ce dommage par l'*abandon* de la chose même.

Toutefois, ce mode de libération est admis dans le cas où des matériaux ou autres objets ont été transportés par un débordement sur l'héritage voisin ; le propriétaire de ces objets a le droit de les y aller reprendre ou de les *abandon-*

ner, pour se soustraire à la réparation du dommage. Dans le premier cas, il doit indemniser le voisin, tant du tort causé par l'arrivée de ces objets que de celui occasionné par leur enlèvement ou reprise. Dans le second cas, il faut que l'*abandon* porte sur la totalité desdits objets : si le propriétaire en avait déjà enlevé une partie, l'*abandon* de ce qui reste pourrait être refusé, et il y aurait obligation d'enlever le tout avec dommages-intérêts (1).

Le voisin doit accepter l'*abandon*; on peut l'y forcer, après préliminaires de conciliation, par jugement du tribunal civil. Cependant, il arrive parfois, s'il s'agit d'une chose commune ou mitoyenne, que les frais des réparations demandées par l'un des propriétaires amènent l'*abandon* de la part du voisin ; dans ce cas, le premier peut refuser de faire seul les dépenses prévues et, de plus, faire lui-même l'*abandon* de la chose. L'objet alors se détériore et périt.

Voici quelle est la procédure à suivre :

Celui qui fait l'*abandon*, dans les cas où il est permis, doit le notifier au voisin, qui peut en exiger un acte authentique dressé aux frais du cédant. Mais, si le voisin à qui l'*abandon* a été notifié refuse de l'accepter, c'est, après préliminaires de conciliation en justice de paix, le tribunal civil au ressort duquel appartient l'immeuble qui est compétent pour juger l'affaire, condamner le voisin à fournir son acceptation écrite, sinon et faute par lui de fournir cette acceptation, déclarer que le jugement même en tiendra lieu.

Les frais de la procédure, du jugement et de sa mise en exécution sont supportés par le voisin, s'il est condamné ; mais ceux de l'acte d'*abandon*, de sa notification et de son acceptation restent à la charge de celui qui fait l'*abandon*.

Abaque, *s. m.* — Vient du mot grec άϐαξ et du latin *abacus*, signifiant *ta-*

(1) Toullier, t. XI, n°s 324, 325.

blette. On nomme ainsi le couronnement d'un chapiteau. A l'origine, l'*abaque* devait constituer seul le chapiteau, sous la forme d'un dé carré de pierre ou de bois, offrant à l'architrave une assiette

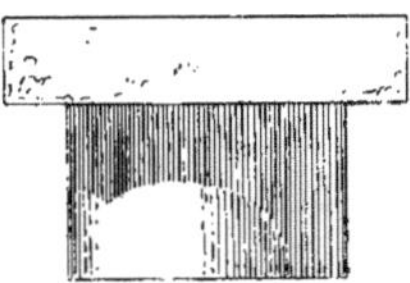

Fig. 1.

plus large que le sommet de la colonne (fig. 1). Dans l'architecture égyptienne, l'*abaque* est un socle de pierre qui ne

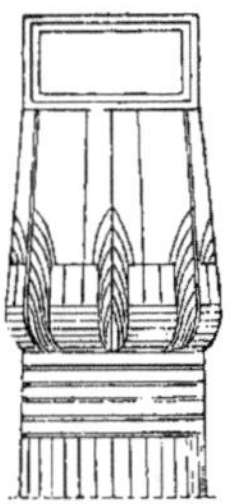

Fig. 2.

dépasse jamais, en saillie, le diamètre de la colonne (fig. 2). Dans l'ordre dorique grec, il reste la partie proémi-

Fig. 3.

nente du chapiteau, dont l'échine est le second membre (fig. 3). On le retrouve avec cette simplicité, dans l'ordre toscan, où Vitruve lui donne le nom de *plinthe*.

L'*abaque* se modifie dans le chapiteau dorique romain et surtout dans les ordres ionique, corinthien et composite. Il est profilé, *taillé* et prend souvent de là le nom de *tailloir* (voy. *Chapiteau*).

Dans l'ordre dorique romain, l'*abaque* correspond exactement, pour la largeur, à la plinthe sur laquelle repose la colonne, c'est-à-dire qu'il a un diamètre et un sixième.

Dans les chapiteaux corinthien et composite, il possède quatre faces échancrées et portant, en leur milieu, une rose ou tout autre ornement. Les angles, abattus en chanfrein, reçoivent le nom de *cornes*. La courbe de l'évidement que présente chacune de ces faces est ordinairement un arc de cercle, dont le centre est au sommet d'un triangle équi-

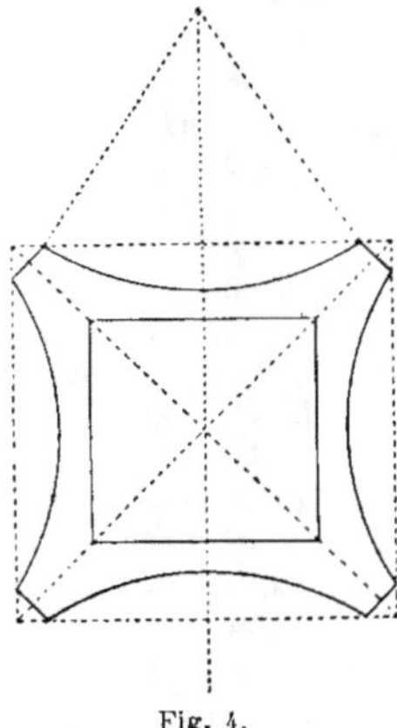

Fig. 4.

latéral construit sur chaque côté de *l'abaque*, comme le montre la figure 4. Cet arc est plus profond, c'est-à-dire que son centre est plus rapproché, dans les rares chapiteaux grecs qui nous sont parvenus. Vitruve, au contraire, donne à cet arc 1/9 de flèche, c'est-à-dire une profondeur moindre que celle qui résulte du triangle équilatéral.

Certains édifices romains, où l'ordre corinthien est employé, présentent des *abaques* dont les angles ne sont pas abattus et sont, par conséquent, très-aigus, étant formés par la rencontre de deux arcs concaves.

Pendant la période romano-byzantine, *l'abaque* reprend son caractère primitif de simplicité ; il est généralement formé d'une plinthe et d'un chanfrein ; en

plan, il affecte la forme d'un carré. Il en est de même de l'*abaque* du chapiteau rhénan, qui rappelle le goût byzantin.

Dans l'architecture arabe, les *abaques* ont, par leurs dimensions, une grande importance ; ils sont simples ou décorés d'arabesques.

La forme en tronc de pyramide quadrangulaire se conserve, pour l'*abaque*, jusqu'à la fin du XIIe siècle, dans les pays occidentaux ; ses faces, d'abord lisses, sont, à partir du XIe siècle, ornées de motifs de sculpture à formes géométriques.

Au commencement du XIIIe siècle, le profil de l'*abaque* est refouillé de moulures très-accentuées ; plus tard, ce sont les feuillages des chapiteaux qui débordent sur la saillie des tailloirs. Au XIVe siècle, leur saillie diminue et disparaît même presque entièrement pendant le XVe siècle.

Au point de vue de la construction proprement dite, l'*abaque*, pris dans une assise séparée du chapiteau, remplit réellement, pendant la période romane et le commencement du XIIIe siècle, sa fonction de tablette ou support pour la naissance des arcs. C'est lorsqu'il commença à perdre sa valeur relative qu'il fut pris ordinairement dans l'assise même du chapiteau (1).

Les Romains donnaient aussi le nom d'*abaque* à tout revêtement décoratif de forme triangulaire en marbre ou en verre peint.

Abatage, *s. m.* — MAÇONNERIE : 1° On fait l'*abatage* quand on retourne une pierre d'une face sur l'autre ; on dit plus communément que l'on fait *faire quartier* à la pierre. On emploie, pour cette manœuvre, des boulins, des leviers ou des crics, suivant la dimension des blocs.

2° L'*abatage* est aussi la partie de pierre abattue avec la pioche ou le marteau qui servent aux tailleurs de

(1) Viollet Le Duc, *Dictionnaire raisonné de l'architecture française.*

pierre à dégrossir les blocs pour l'épannelage.

Charpente. Cette expression est aussi employée par les charpentiers : 1° quand ils veulent lever une forte pièce de bois, et, qu'introduisant sous cette pièce le bout d'un levier, ils opèrent une pesée sur une cale en bois, placée sous ce levier, le plus près possible de son extrémité ; — 2° quand ils baissent alternativement chacun des leviers qui servent à faire tourner le treuil d'une *chèvre* (voy. ce mot).

On donne aussi le nom d'*abatage* à la coupe sur pied des bois de construction. Cette opération est assez importante pour mériter ici quelques développements.

En principe, un bois est d'autant plus résistant et susceptible de se conserver que l'arbre dont il provient aura été abattu plus près de l'époque où il aura acquis toute sa force et passé laquelle il commence à dépérir. Mais cette époque est difficile à déterminer à cause de la diversité des espèces et de l'influence du climat, du sol, de la position sur chacune d'entre elles. On peut dire seulement qu'un arbre est dans toute sa force lorsque, l'examinant extérieurement, on en voit l'écorce saine et égale dans toutes ses parties, les feuilles abondantes jusque dans les rameaux les plus élevés, les branches qui sortent du tronc rondes, lisses et droites. Il faut, dans cette appréciation, avoir égard à la grosseur du tronc, qui varie suivant l'espèce et l'âge de l'arbre. L'inspection de l'intérieur, peut aussi, et même plus sûrement, servir à déterminer l'âge de l'arbre, surtout dans nos pays, où les bois de construction sont formés par des couches annuelles concentriques, nettement apparentes sur la section du sujet. On procède à l'examen des arbres qui doivent faire partie d'une coupe entière, en expérimentant sur un seul individu, que l'on abat et que l'on scie transversalement près de la souche. Si le bois présente peu d'aubier, si le cœur est

sain, si les couches annuelles concentriques sont bien visibles, si le tissu ligneux est bien égal, on peut conclure que l'arbre est arrivé à toute sa croissance ; il suffit même souvent de compter les couches annuelles ; on a ainsi l'âge de l'arbre, que l'on compare à celui que l'expérience accorde à chaque espèce.

Quant à la question de savoir si l'*abatage* doit être fait en hiver ou en été, elle n'est pas résolue. Les avis diffèrent suivant les localités ; toutefois, l'opinion de l'*abatage* en hiver est celle qui trouve le plus de partisans.

Avant la mise en usage des procédés de dessiccation artificielle (voy. *Coloration et Conservation* des bois), on considérait que les bois de charpente devaient être abattus depuis trois ans et les bois de menuiserie depuis quatre ans au moins.

On pratique l'*abatage* en dégageant la souche de l'arbre, que l'on coupe à la hache ou à la scie et que l'on fait tomber à l'aide de cordages.

Quelquefois, on arrache l'arbre avec des chaînes passées par dessous la souche et sur lesquelles on agit au moyen de crics ou de leviers.

Il est bon, lorsque l'arbre est abattu, de l'ébrancher immédiatement, de couper de très-près le chevelu des racines, puis de l'immerger dans un courant d'eau douce, soit verticalement, soit en l'inclinant sur le bord du talus du fossé ; on a soin de ne le plonger que jusqu'à la moitié ou même jusqu'au tiers de la hauteur du tronc. Dans ces conditions, si l'arbre a été abattu aux approches du printemps, la sève sera en partie dissoute dans l'eau froide, en partie chassée par cette eau qui montera dans le tronc, par aspiration. Les bois ainsi préparés sont moins sujets à la fente et à la vermoulure ; ils peuvent se conserver jusqu'au printemps, époque à laquelle il est convenable de les écorcer.

Cette méthode est préférable à celle qui est usitée depuis longtemps dans certaines contrées et qui consiste à immerger complètement les arbres récemment abattus. L'eau pénètre par les deux bouts dans les bois ainsi plongés et s'oppose à la sortie de la sève, qui se corrompt et cause en même temps la corruption du bois.

Abatant, *s. m.* — 1° Genre de fermeture particulièrement applicable aux fenêtres des écuries, aux impostes des portes de magasins, boutiques, etc.

L'*abatant* est un châssis, ordinairement vitré, qui s'ouvre par le haut et se ment autour d'un axe horizontal. Il est soutenu sur cet axe par des gonds, fiches, paumelles ou charnières, fixés soit à la traverse supérieure, soit à la traverse inférieure du dormant (fig. 5). Ce châssis

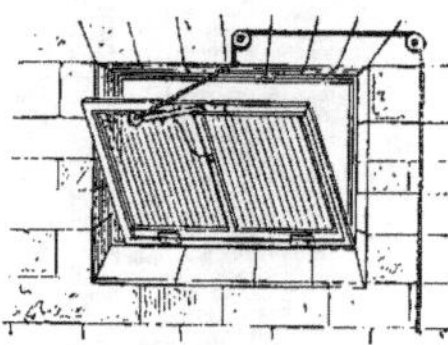

Fig. 5.

peut être encore maintenu par des tourillons qui arment les milieux des montants du châssis (fig. 6). Une corde, passant sur une ou plusieurs poulies,

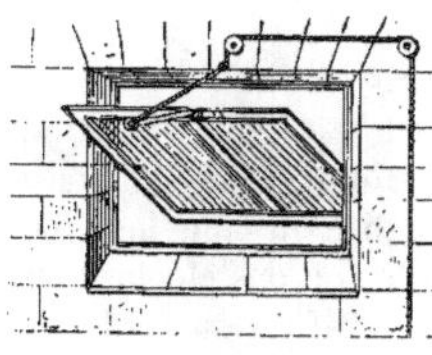

Fig. 6.

sert, en même temps, à fermer l'*abatant* et à en régler le mouvement, de façon à ne laisser que le degré d'ouverture voulu.

Ce genre de fermeture est utilisé dans les salles d'école, les ateliers, les écuries, etc. La partie supérieure d'un dormant de croisée ou de porte en est quelquefois pourvue.

2° Tablette de comptoir qui peut se

lever ou s'abaisser pour livrer passage (fig. 7).

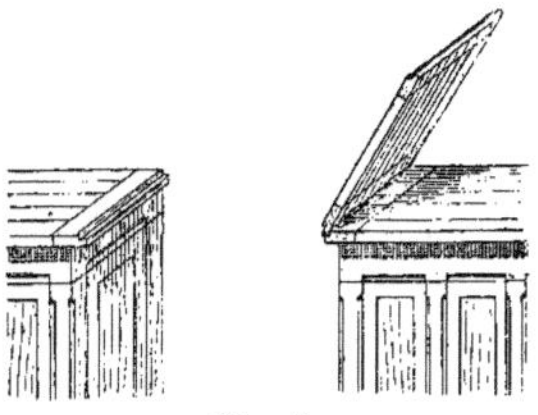

Fig. 7.

3° Couvercle à charnières placé sur la cuvette d'un siége d'aisances.

Abat-foin, *s. m.* — Ouverture que l'on pratique dans le plafond des écuries surmontées d'un grenier et par laquelle on jette le fourrage nécessaire à l'alimentation quotidienne du bétail.

Les *abat-foin* placés au-dessus du râtelier sont commodes pour la promptitude du service ; mais ils offrent de graves inconvénients, tant au point de vue de la santé, de la propreté des animaux, que de la conservation des fourrages dans les greniers.

Quelquefois, l'*abat-foin* est situé dans un angle du plafond, et le fourrage s'entasse dans un coin de l'écurie, ce qui n'offre pas de moindres inconvénients.

Il y a cependant des exploitations agricoles où la place réservée aux ali-

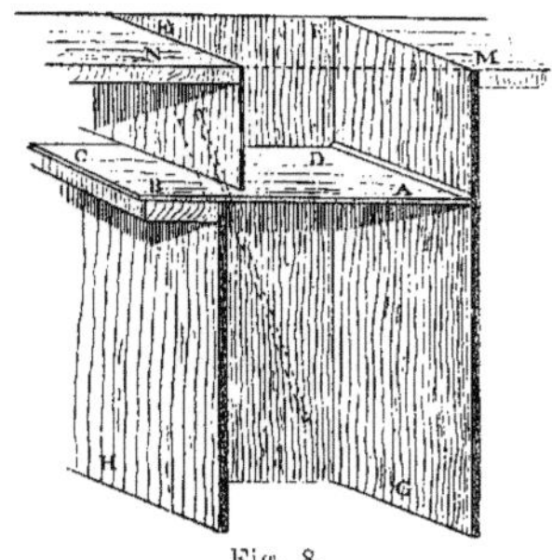

Fig. 8.

ments dans l'écurie est entourée d'une clôture en planches, et où l'*abat-foin*.

placé au-dessus, est fermé d'une trappe. La figure 8, empruntée à l'*Encyclopédie pratique de l'agriculture* de M. Moll, représente cette disposition. L'*abat-foin* est un couloir en planches E F G H correspondant à une ouverture M N du plafond. Une trappe A B C D est mobile autour d'un pivot et munie, à son extrémité extérieure, d'un contre-poids. Le fourrage, jeté du grenier dans le couloir, fait descendre la trappe A D, qui se relève ensuite, sous l'action du contre-poids.

Toutefois, bien que l'on évite ainsi l'inconvénient de la poussière pour les animaux, on ne peut empêcher, d'une manière complète, l'altération plus ou moins grande des fourrages par les vapeurs de l'écurie. Il est essentiel, dans toute exploitation bien tenue, d'avoir un local attenant à l'écurie, spécialement disposé pour le dépôt et la préparation des aliments.

Abatis, *s. m.* — Démolition et décombres d'un bâtiment.

Maçonnerie. Pierre abattue par les carriers, qu'elle soit bonne pour bâtir ou mise au rebut.

Pavage. Fragments de pavés provenant de la taille sur les carrières et que les ouvriers nomment *écales*.

Abat-jour, *s. m.* — 1° Une baie est dite en *abat-jour*, lorsque ses jouées,

Fig. 9.

son linteau et son appui sont inclinés (fig. 9), de façon à augmenter la quantité de lumière qui entre par cette ouverture et à la diriger de haut en bas. On éclaire ainsi les pièces, cuisines, offices, etc., qui occupent les sous-sols. Les soupiraux de cave sont des baies disposées en *abat-jour*.

On emploie encore les fenêtres en *abat-jour* dans les nefs d'églises, les dômes, les grandes galeries ou salons qui ont deux rangs de croisées superposées ; on ramène ainsi le jour au centre.

2° Le coffre en bois qui s'adapte extérieurement à une fenêtre, s'en écartant dans la partie supérieure, pour ne laisser

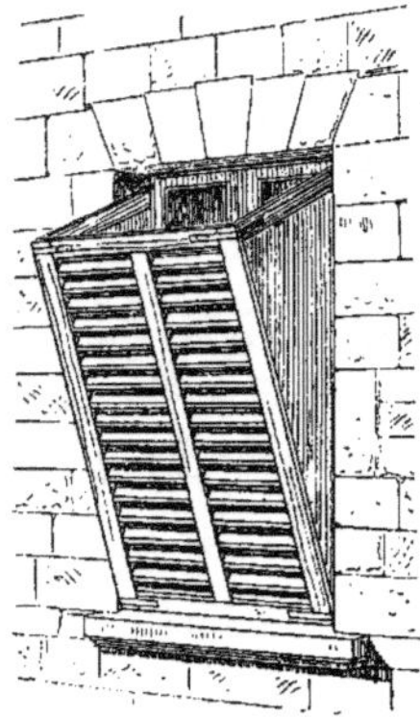

Fig. 10.

pénétrer le jour que par en haut ; on le fait *plein* ou à *persiennes* (fig. 10). On en mettait anciennement aux fenêtres des prisons.

Abat-sons, *s. m.* — On nomme ainsi de petits toits ou auvents placés dans les tours d'église ou dans les clochers pour rabattre le son des cloches vers le sol et garantir le beffroi du vent et de la pluie : aussi les appelle-t-on encore *abat-vent*.

1° A Notre-Dame de Paris, on a recouvert la charpente du beffroi d'*abat-sons* en plomb ; l'eau qui entre dans la tour par les baies est recueillie dans la partie inférieure du beffroi sur un terrasson en plomb, auquel correspondent des gargouilles qui rejettent l'eau à l'extérieur. Ce système est bon, mais il est dispendieux.

2° On place, entre les pieds-droits des baies, des châssis en charpente qu'on recouvre de plomb, de zinc ou d'ardoises, en les tenant espacés entre eux

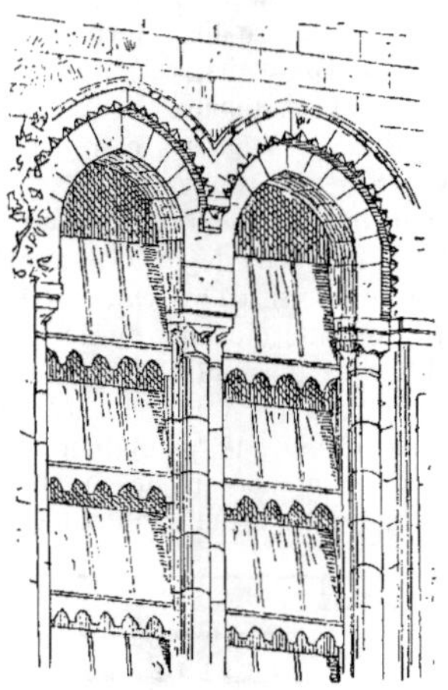

Fig. 11.

et inclinés de façon à rabattre le son des cloches vers le sol (fig. 11) (1). Ce genre d'*abat-sons* fixes exige des entailles dans les montants des baies ; ils sont, en outre, difficilement réparables.

3° Un nouveau système qui remédie à ces inconvénients est celui des *abat-sons* mobiles, adoptés par M. Massenot,

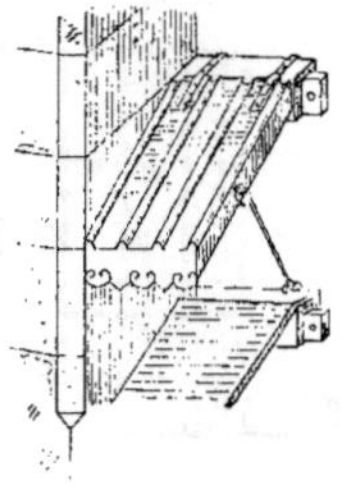

Fig. 12.

architecte, pour l'église de Dreuil (Somme). Ces *abat-sons* dont la figure 12 présente un détail perspectif, sont main-

(1) Viollet Le Duc, *Dictionnaire raisonné de l'architecture française.*

tenus les uns au-dessus des autres par des crochets qui les soutiennent et permettent de les rabattre.

Chaque *abat-sons* est un châssis plein recouvert de zinc. Il s'emboîte, par sa partie supérieure, sur une traverse horizontale, assemblée dans les montants d'un grand châssis qui encadre intérieurement chacune des ouvertures. Il est facile de démonter ces *abat-sons* pour les réparer.

Abattoir, *s. m.* — Ensemble de bâtiments nécessaires pour abriter, abattre et préparer les animaux destinés à l'alimentation publique.

Chez les Romains, l'*abattoir* était distinct du marché à la viande appelé *macellum* (voy. *Boucherie*), tandis qu'au moyen âge et jusqu'à notre époque, les bouchers tuaient chez eux, au milieu des villes ; c'est seulement une ordonnance du 15 avril 1838 qui a supprimé les tueries particulières, dans les localités où sont construits des *abattoirs* publics ou communs.

Ces établissements sont utiles à différents points de vue : ils remédient aux dangers de la circulation des animaux dans l'intérieur des villes ; leur situation excentrique ou isolée empêche les effets des exhalaisons malsaines sur la santé publique ; leur installation et les aménagements qui y sont établis permettent à l'industrie d'utiliser avec plus d'avantage les diverses substances qui proviennent de l'abatage des animaux et ne servent pas à l'alimentation ; enfin, l'inspection de la salubrité du bétail et la perception de l'impôt sont rendues beaucoup plus faciles.

Parmi les locaux divers qui doivent entrer dans la construction d'un *abattoir*, les plus essentiels sont : les *échaudoirs*, salles où l'on tue et où l'on dépèce les bestiaux ; les *boueries, bergeries, porcheries*, où les animaux appartenant à chaque propriétaire sont isolés par des cloisons mobiles à claire-voie. Des greniers à fourrages sont placés au-dessus.

On complète l'installation générale par : des *bâtiments d'administration*, ordinairement placés près de l'entrée principale et renfermant les bureaux de l'octroi, avec un logement pour l'inspecteur préposé, un corps de garde, une loge pour le concierge ; des locaux destinés à diverses opérations, telles que la fonte du suif, l'apprêt des intestins (voy. *Fondoir, Triperie*) ; des réservoirs, qui distribuent l'eau dans chaque partie de l'*abattoir*, à l'aide de conduites qu'il est bon de ne pas faire en plomb, et de bornes-fontaines ; des *égouts* qui reçoivent l'eau qui a servi aux lavages ; des *caves* spéciales ou *voiries*, dans lesquelles sont réunies et vidangées, chaque jour, certaines immondices qui ne doivent pas se rendre dans les égouts ;

des *écuries* pour les chevaux des bouchers et des *remises* pour leurs voitures.

Tous ces bâtiments sont compris dans une enceinte fermée qui les isole des propriétés voisines. Un parc, dit *marché au bétail*, entouré d'une forte clôture et pourvu d'*abreuvoirs*, est situé près de l'*abattoir*. Les animaux y sont attachés à des pieux fixés au sol et reliés entre eux par des traverses ; c'est là que les bouchers achètent les bestiaux.

L'emplacement de ces établissements doit être choisi à l'extrémité de la ville et à proximité d'égouts ou de rivières, où les eaux puissent s'écouler. L'exposition à tous les vents est nécessaire ; aucune espèce de plantation ne doit gêner la circulation des rafales qui enlèvent, en un instant, toutes les odeurs

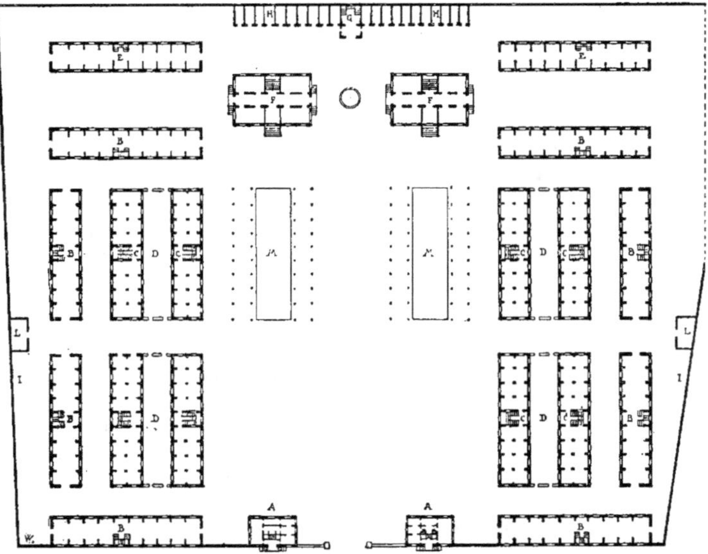

Fig. 13.

insalubres. Les cours et les rues doivent être pavées, avoir des trottoirs, des rigoles et une pente assez forte pour faciliter l'écoulement des eaux.

La plupart des *abattoirs* de Paris ont été construits d'après ces données. La figure **13** représente le plan de l'*abattoir* de Ménilmontant, composé d'une cour carrée qui occupe la partie centrale et qui est limitée, à droite et à gauche, par les *échaudoirs* C, renfermés dans deux bâtiments comprenant chacun deux séries de cases, séparées par une cour D ; les autres bâtiments, *bergeries* E et *bouveries* B, *fondoirs* et *triperies* F occupent le périmètre ; les pavillons A de l'administration sont placés à l'entrée ; au fond, se trouvent adossées à l'enceinte une pompe à feu G, destinée à la distribution de l'eau dans tout l'établissement. et des remises H, avec réservoirs au-dessus ; dans la grande cour sont installés des parcs à bœufs et à moutons M ; sur les côtés de l'enceinte sont placées des latrines L et des voiries en I.

Quelquefois ces édifices sont établis au bord des fleuves ; on peut, dans ce cas, y joindre les boucheries, en les plaçant, avec les étaux, à l'étage supérieur, les échaudoirs et les locaux annexes étant disposés au niveau du quai.

Ce genre d'établissements ne nécessite pas une décoration luxueuse ; ils demandent surtout une disposition simple et rationnelle et une bonne construction.

On a particulièrement appliqué aux *abattoirs* les toits saillants, dépassant même de beaucoup le nu du mur et formant ainsi un abri momentané pour les ustensiles, les bestiaux et les viandes.

Législation. Les *abattoirs* sont rangés au nombre des établissements insalubres ou incommodes.

Par décret du 1er août 1864, les préfets sont autorisés à statuer sur les propositions d'établir des *abattoirs*.

Après l'examen du dossier, et si l'affaire ne doit pas être renvoyée au ministère de l'agriculture et du commerce, le préfet statue sur la création de l'*abattoir*, par un arrêté spécial, qui fixe les conditions de salubrité auxquelles doit être assujetti l'établissement. Ces conditions sont, en général, les suivantes :

1° Conduire, par des caniveaux couverts, toutes les eaux du lavage dans l'égout ou dans les égouts principaux de l'*abattoir*.

2° Daller en larges pierres les *abattoirs* proprement dits, les échaudoirs et brûloirs des charcutiers (quand on abat des porcs), les triperies, les lieux d'ai-

sances, les locaux affectés à l'échaudage des abats et aux dépôts des matières stomacales et intestinales ; disposer les dépôts de manière qu'ils puissent être facilement vidés et nettoyés ; les matières qu'ils renferment doivent, ainsi que le sang, être enlevées tous les jours et avec des précautions particulières.

3° Paver toutes les cours, avec un ruisseau d'écoulement, et tous les locaux occupés par les animaux.

4° Construire en meulière et chaux hydraulique, jusqu'à la hauteur de 2 mètres au moins au-dessus du sol, les murs des salles où se fait l'abatage, ainsi que les murs des triperies et les lieux d'échaudage.

5° Etablir des réservoirs d'eau, d'une capacité déterminée suivant l'importance de l'établissement, et maintenir ces réservoirs toujours pleins.

6° Diriger des conduites d'eau dans tous les bâtiments, et principalement dans les salles d'abatage, les cours de service, les triperies, les lieux d'échaudage, les abreuvoirs ; ceux-ci doivent être construits exprès ou dans chacune des étables ; s'il n'y a pas d'abreuvoir, on doit, au moins, placer les robinets pour les besoins des animaux.

7° S'il y a des fonderies de suif, la fonte à feu nu doit être proscrite. La fonte doit être opérée par la méthode des acides et des alcalis et par la vapeur en vase clos, et sous les conditions d'usage.

8° Interdire toute fabrication d'engrais.

9° Enlever les fumiers au moins une fois par semaine en hiver et deux fois en été.

10° N'établir aucune communication des pièces situées au-dessus des *abattoirs* avec les greniers à fourrages.

Pour les *abattoirs* à porcs :

1° Diviser les parcs en trois compartiments pour faciliter le triage des porcs.

2° Plafonner les fonderies et les ateliers de dégraissage.

3° Disposer les croisées supérieures de ces ateliers de manière qu'elles puissent être ouvertes ou fermées avec facilité.

4° Etablir un vestiaire dans une des parties de ces ateliers.

5° Diviser les brûloirs en trois parties, au moyen de cloisons d'une hauteur de 1m,50 environ.

6° Ne pas employer de couvertures en jonc, mais des couvertures en tuiles convenablement espacées pour donner passage à la fumée ; construire les brûloirs en pierres meulières, et les fermer par des portes doublées en forte tôle, pour prévenir l'incendie ; employer des charpentes en fer pour parer au même danger.

7° Etablir un chemin dallé pour le transport des porcs des brûloirs aux fondoirs.

8° Autant que possible, mettre des portes brisées ou coupées dans leur hauteur, de telle sorte que chaque battant puisse s'ouvrir en deux parties et donner un nouveau moyen de ventilation.

9° Placer des auges en pierre ou en fonte auprès des bornes-fontaines, pour abreuver les porcs.

10° Enlever, au moins deux fois par semaine, les fumiers.

11° Rendre imperméables, au moyen d'une application à chaud de cire ou de résine dissoute dans l'huile, les tables en pierre de l'atelier de nettoyage et de dégraissage.

12° N'avoir dans l'établissement aucun fourneau destiné à cuire des aliments pour les porcs ; ces aliments doivent toujours être frais, sans odeur ; il ne doit y entrer aucune substance animale.

13° Produire la mort par assommement, pour que les habitants du voisinage ne puissent être incommodés par les cris des animaux.

Les *abattoirs* à porcs sont soumis aux mêmes conditions que les *abattoirs* aux bestiaux, pour les approvisionnements d'eau, l'écoulement des eaux provenant du lavage et des autres opérations de l'*abattoir*.

Une ordonnance de police de Paris, du 27 octobre 1848, enjoint aux charcutiers (dans les *abattoirs*) de laver, gratter et préparer dans ces établissements les intestins et les boyaux des porcs. Le Conseil d'hygiène a proposé d'exiger pour ces opérations :

1° De concéder aux charcutiers de l'eau chaude, pour opérer, dans les ateliers de dégraissage, le râclage des intestins dits *menus*.

2° De donner une forte pente au sol, afin que les eaux puissent s'écouler facilement par des caniveaux.

3° D'établir, pour le grattage des intestins, des tables en bois, enduites d'huile et de cire, de manière qu'elles ne puissent être pénétrées par les matières animales ; de les laver chaque jour après le travail.

4° De laver chaque jour le sol de l'atelier et de le mettre dans un état complet de propreté après les travaux.

5° D'ouvrir dans le toit, du côté de la cour de l'établissement, des châssis vitrés à tabatière, afin de donner du jour et de favoriser la ventilation (*Cons. hyg. Seine*).

Les tribunaux civils sont compétents pour juger les préjudices causés aux propriétés voisines par l'exploitation d'un *abattoir* communal.

Abattre, *v. a.* — Les sculpteurs disent qu'ils *abattent*, quand ils font l'*épannelage* du marbre ou de la pierre, c'est-à-dire quand ils dégrossissent un bloc (voy. *Epannelage*).

Abattre en chanfrein (voy. *Chanfreiner*).

Abattue, *s. f.* — Terme peu usité aujourd'hui, employé autrefois dans le sens de *retombée* (voy. ce mot).

Abat-vent, *s. m.* — Terme par lequel on désignait anciennement les *abat-sons* (voy. ce mot) placés dans les tours d'églises.

Par analogie, on donne ce nom à des lames ou planchettes qui permettent l'aération des séchoirs, des magasins, des ateliers, etc. Ces *abat-*

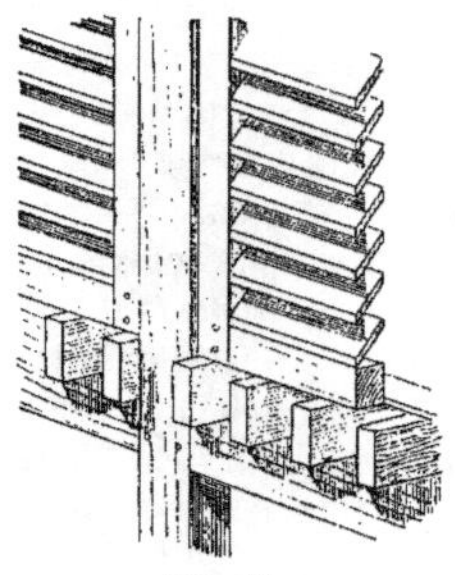

Fig. 14.

rent sont cloués sur des montants; ils sont inclinés, en forme de persiennes, et laissent entre eux un petit intervalle (fig. 14). Les cloisons à claire-voie ainsi établies laissent circuler des courants d'air très-vifs, à travers les parois opposées.

Il y a des *abat-rent* mobiles; on les fait mouvoir séparément ou tous à la

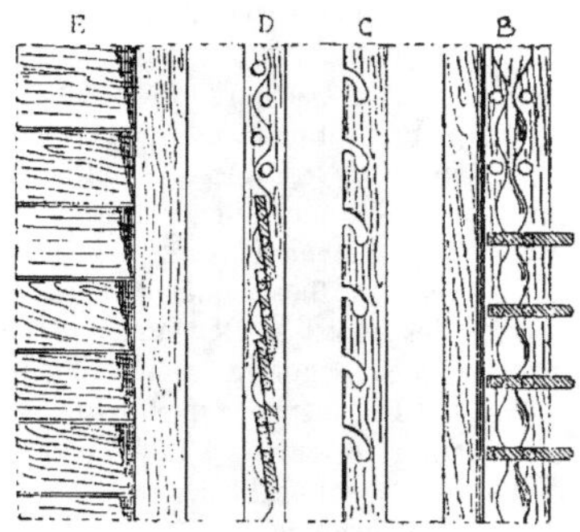

Fig. 15.

fois dans une même travée. Dans le premier cas, chaque lame est munie de deux tourillons qui reposent dans des encoches faites aux montants fixes; dans le second cas, le système est mis en mouvement par une crémaillère mobile, dans laquelle entrent les tourillons des planchettes. La figure 15 montre une des dispositions généralement employées : en A est la planchette, vue sur sa largeur et munie de deux tourillons à l'une de ses extrémités : B est la crémaillère mobile, représentée ouverte ; C est le montant fixe, pourvu d'encoches qui reçoivent le tourillon *a* ; D est la coupe, avec la crémaillère fermée ; enfin, l'on voit en E la moitié de la baie, en élévation, avec les *abat-rent* fermés.

Ce nom est encore appliqué aux appareils que l'on place sur les tuyaux de cheminée pour empêcher la pluie ou le vent de s'introduire dans le conduit, tout en laissant passage à la fumée. Tels sont les appareils appelés *fumatire, fumifuge, gueule de loup, lanternon, mitre, trisiphon, ventilateur* (voy. ces mots).

Abat-voix, *s. m.* — Sorte de plafond que l'on met ordinairement au-dessus d'une chaire à prêcher, pour rabattre vers les auditeurs la voix de l'orateur.

L'*abat-voix* varie de forme : c'est un dôme, une calotte, un dais ou un toit pyramidal. C'est un *abat-voix* de ce dernier genre que représente la figure 16 (1). Il était placé au-dessus d'une chaire extérieure, dans un cloître, aux Grands-Carmes, à Paris ; en raison de sa position, cet *abat-voix* est muni d'une couverture en ardoises.

Abbatial, *adj.* — Ce mot qualifie tout ce qui appartient à un abbé, à une abbesse, tout ce qui dépend d'une abbaye.

C'est ainsi que l'on dit : *église abbatiale, palais abbatial, maison abbatiale, droits abbatiaux.*

Le mot *abbatiale* était même, autre-

(1) César Daly, *Revue d'architecture.*

fois, employé substantivement pour désigner la *maison abbatiale*.

Fig. 16.

Abbaye, *s. f.* — Ensemble de bâtiments à l'usage d'une communauté monastique dirigée par un *abbé* ou par une *abbesse*.

Les *abbayes* doivent leur origine au besoin qu'éprouvaient les chrétiens, dans les premiers siècles de l'ère nouvelle, de se retirer dans des lieux déserts, pour y vivre et y prier en commun, en soumettant leur existence à une règle consentie par tous.

Ces établissements réclamaient donc toutes les constructions nécessaires aux exigences de la vie religieuse et de la vie matérielle.

Aussi, voyons-nous les *abbayes* fondées du ${}$ıv^e au ıx^e siècle renfermer, outre les édifices du culte : des *logements* pour les religieux profès et novices, avec *dortoir, chauffoir, réfectoire;* — une *salle capitulaire*, pour l'élection des dignitaires de l'ordre et pour le règlement des affaires du couvent ; — une *maison abbatiale*, corps de logis séparé, pour l'abbé ; — des *bâtiments* pour les approvisionnements ; — une *infirmerie ;* — un *préau*, servant, à la fois, de centre de communication entre les différentes parties de l'*abbaye*, de jardin en été et de lieu de promenade en hiver.

La culture du sol, ressource principale de l'association, exige des constructions attenantes au monastère. Ce sont des *greniers* pour les fruits et les céréales, des *écuries*, des *étables*, une *basse-cour*, le tout entouré de *potagers* et de *vergers*. Un logement spécial ou *hôtellerie* est affecté à la réception des étrangers.

Plus tard, l'industrie et les arts, réfugiés dans les couvents, donnent naissance à de nombreux ateliers de forgerons, de bijoutiers, d'orfèvres, d'armuriers même, de ciseleurs, de mosaïstes, de sculpteurs, de peintres.

La science et la littérature ont aussi leur place et nécessitent des locaux divers, tels que *bibliothèques*, *salle* de discussion des thèses, *scriptorium* ou cellule des copistes. Devenu, dans la suite, seigneur temporel, l'abbé eut un *tribunal* et fit construire une *prison*, un *pilori*, enfin des ouvrages militaires.

Dans la conception du plan de l'*abbaye*, l'architecte devait se préoccuper surtout d'établir une communication facile pour les services avec le dehors, et la clôture complète des religieux profès.

La figure 17 donne une vue perspective de l'*abbaye de Cîteaux* (1), fondée

(1) Viollet Le Duc, *Dictionnaire raisonné de l'architecture française.*

au XII⁰ siècle, et qui renfermait deux cloîtres. L'entrée se trouve à gauche, au bout d'une allée plantée d'arbres, et donne accès dans une grande cour, autour de laquelle sont groupés les services et le logement des frères convers.

Fig. 17.

L'enceinte réservée aux religieux profès comprenait deux cloîtres, le grand et le petit. Les divers bâtiments qui les entourent sont le réfectoire, la cuisine, les dortoirs, la bibliothèque et l'infirmerie. Une enceinte enveloppait toutes ces constructions et leurs dépendances, jardins, cours d'eau, etc.

Abbaye *(Pierre de l')*. — Calcaire compacte, très-dur, de nuances variant du blanc au rose et que l'on extrait des carrières de l'*Abbaye*, commune de Damparis, arrondissement de Dôle.

Cette pierre, susceptible de poli, porte de 0ᵐ,25 à 1 mètre de hauteur d'assise et pèse 2,660 kilogr. le mètre cube. Elle s'écrase sous une charge de 850 kilogr. par centimètre carré.

Abbaye du Val *(Banc royal de l')*. — Calcaire tendre qui provient de la carrière des communaux de Villiers, com-

mune de Villiers-Adam, arrondissement de Pontoise.

Cette pierre, de couleur blanc jaunâtre, est propre à la sculpture et à l'ornementation. Elle porte de 0ᵐ,70 à 1ᵐ,40 de hauteur d'assise et pèse 1,850 kilogr. le mètre cube. La charge nécessaire pour produire l'écrasement est 80 kilogr. par centimètre carré.

Le banc royal de l'*Abbaye du Val* a été employé notamment à la Bibliothèque nationale, à la Banque de France, à l'Hôtel-Dieu, au château des Tuileries, à Paris ; au palais de Versailles, etc.

Abbée, *s. f.* — Terme d'architecture hydraulique désignant l'ouverture par laquelle on fait couler l'eau d'un ruisseau ou d'une rivière pour faire tourner la roue d'un moulin et que l'on ferme, suivant le besoin, à l'aide de *pales* ou de *lançoirs* (voy. ces mots); l'eau s'écoule alors par le déversoir.

On écrit encore *abée*.

Ablancourt *(Chaux hydraulique d')*. — Chaux moyennement hydraulique que l'on fabrique à *Ablancourt*, dans le département de la Marne.

Abloc, *s. m.* — Nom que l'on donne, dans le métré des ouvrages de maçonnerie, à un pilier soutenant un édifice. L'*abloc* se compte, jusqu'à hauteur du sol, comme massif ; au-dessus du sol, comme assises ordinaires, s'il est en pierre de taille ; et comme mur en élévation, s'il est en meulière, moellon ou brique (1).

Abonnir, *v. a.* — Faire sécher préalablement à l'air de la terre qui doit ensuite être rebattue pour former des carreaux.

Abornement, *s. m.* — Voy. *Bornage*.

Aboucher, *v. a.* — Joindre en-

(1) Masselin, *Dictionnaire raisonné du métré*.

semble les pièces d'une charpente, des bouts de tuyaux, etc.

About, *s. m.* — En général, extrémité d'une pièce de bois taillée pour être assemblée avec une autre. Cette désignation s'applique, en charpente, spécialement au joint d'assemblage oblique (1). L'*about* est l'arête de l'angle dièdre

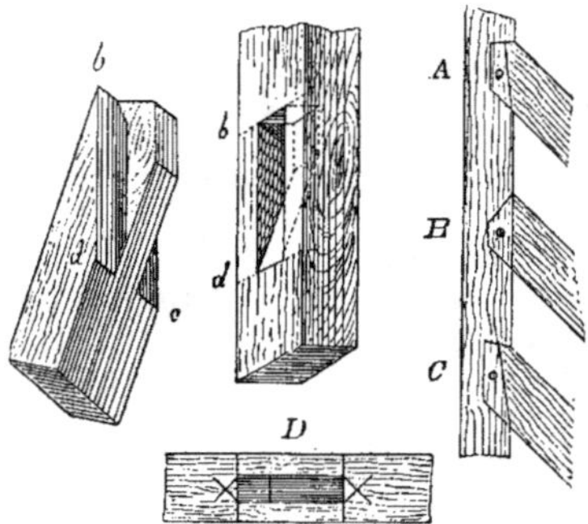

Fig. 18.

formé par la surface du joint et celle du bois *a b* (fig. 18). La gorge *c d*, opposée à l'*about*, est ordinairement le supplément de son angle. La figure montre, en D, le plan de la mortaise.

On distingue, suivant l'inclinaison de l'*about*, par rapport à la surface du joint :

1° L'*about carré* ou *ordinaire* A, où le tenon est coupé d'équerre à la direction oblique du joint ; dans l'exemple que nous donnons, l'*about* est dit *ordinaire avec embrèvement ;* cet assemblage présente plus de solidité que l'*about ordinaire simple ;*

2° L'*about tournisse* B, quand le tenon est coupé d'équerre à la direction des faces du bois ;

3° L'*about picard* C, quand la coupe du tenon forme, à cet endroit, un angle obtus avec la direction oblique du joint.

Abouter, *v. a.* — En général, mettre bout à bout deux pièces de bois, deux barres de fer, etc.

(1) Eyerre, *Alphabet du Charpentier.*

PLOMBERIE. Réunir par les bouts deux tuyaux *a* et *b* de diamètres différents, à l'aide d'un collet de plomb *c*, de forme conique (fig. 19).

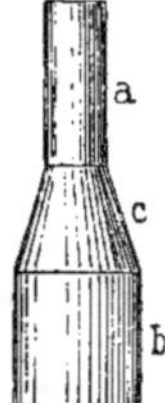

Fig. 19.

Aboutir, *v. a.* — 1° Terme de plombier, qui signifie revêtir de tables minces de plomb blanchi un membre saillant d'architecture, à l'aide d'outils qui permettent d'en conserver la forme, malgré l'épaisseur du métal. On dit aussi *amboutir.*

2° Ce terme s'emploie dans le sens d'*abouter* (voy. ce mot).

Abras, *s. m.* — Garniture de fer dont est muni le manche d'un marteau de forge.

Abreuver, *v. a.* — MAÇONNERIE. Répandre de l'eau, avec une truelle ou une brosse, sur un vieux mur dégarni de son enduit, pour y attacher un nouvel enduit, ou sur l'aire d'un plancher qu'on a hachée, pour que le plâtre d'un nouveau carrelage forme liaison avec cette aire.

PEINTURE. Etendre sur un fond poreux une couche d'huile d'encollage, de couleur ou de vernis, pour en boucher les pores.

Abreuvoir, *s. m.* — Lieu disposé pour faire boire et baigner les animaux domestiques. On établit plusieurs sortes d'*abreuvoirs*, en raison des localités : les uns sont *naturels*, les autres sont *artificiels.*

1° L'*abreuvoir naturel* est une pente

d'accès, pavée ou cailloutée, préparée sur le bord d'une rivière, d'un canal ou d'une pièce d'eau. L'inclinaison de cette pente ne doit pas dépasser 0ᵐ.10 par mètre, et sa largeur doit être d'au moins 3ᵐ.50 par le haut pour permettre le passage de trois chevaux à la fois. La pente va en s'élargissant par le bas. Si l'eau est courante, il faut limiter l'*abreuvoir*, soit par une clôture, qui consiste en pilotis reliés par des traverses, soit par des pièces de bois flottantes, attachées les unes au bout des autres et maintenues, en leur place, par quelques piquets. Si l'eau est stagnante, comme dans une pièce d'eau, on dispose à part l'*abreuvoir* qui doit servir à faire boire les animaux, le séparant ainsi de la pièce d'eau dans laquelle ils se baignent.

2° L'*abreuvoir artificiel* est, soit une *auge* (voy. ce mot) qui ne sert qu'à désaltérer les bestiaux, soit un bassin dont le fond est pavé et dont les parois sont construites en ciment ; on y ménage

Fig. 20.

une ou deux pentes d'accès et l'on y amène les eaux de pluie ou de source, au moyen de tuyaux, qu'il est bon de faire en ciment (fig. 20).

Les fermes, les cours d'écurie, les chenils, les abattoirs, etc., doivent être pourvus d'*abreuvoirs*.

En général et lorsque la chose est possible, on choisit, pour l'emplacement d'un *abreuvoir*, quelque bas-fond placé aux abords des bâtiments et dans lequel les eaux peuvent être recueillies. Il faut que cet emplacement soit dominé, par les terrains qui l'entourent, sur une assez grande étendue pour fournir, par les pluies, un écoulement d'eau suffisant. Il faut, de plus, faciliter l'évacuation des eaux surabondantes et même de toutes les eaux, parce qu'il est nécessaire de vider le bassin, de temps en temps, pour le nettoyer. Enfin, des fossés ouverts, des rigoles couvertes ou des tuyaux de drainage doivent diriger les eaux vers l'emplacement choisi.

Dans tous les cas, il vaut mieux que l'*abreuvoir* soit en dehors et près des bâtiments de la ferme, plutôt que dans la cour, où il est difficile de conserver les eaux pures, à cause du voisinage des fumiers.

La capacité de l'*abreuvoir* est déterminée par le nombre des animaux qui doivent s'y désaltérer. Dans son *Encyclopédie pratique de l'agriculture*, M. Moll admet, comme chiffre fort, qu'il faut, pour chaque tête de gros bétail, 40 litres d'eau par jour : pour chaque mouton, 2 litres ; pour chaque porc, 3 litres. Comme il importe de conserver de l'eau pour le temps des sécheresses, l'*abreuvoir* devra contenir une provision d'eau basée sur ces chiffres, pour une consommation de deux à trois mois, en ajoutant 25 à 30 p. 100 pour évaporation et autres pertes.

Les bassins peuvent être établis avec des formes diverses.

En Angleterre, on en fait de circulaires, de 20 mètres de diamètre, dont le fond présente une surface concave d'une profondeur de 2 mètres. Ces bassins sont d'une exécution très-simple : ils n'ont pas besoin de maçonnerie, il suffit de leur donner un sol imperméable ; enfin, ils sont accessibles au bétail par tous les points de leurs bords. Toutefois, ces *abreuvoirs* présentent une grande surface à l'évaporation et deviennent une cause d'insalubrité pour le voisinage.

En France, où l'évaporation agit plus que dans le pays précité, on adopte généralement des bassins de moindre étendue et entourés de maçonnerie. On les fait ronds ou carrés ; dans le dernier cas, il faut en arrondir les angles, parce que c'est en ces points que les fuites s'opèrent. L'ouvrage que nous venons de citer recommande la disposition suivante :

L'*abreuvoir* (fig. 21) est un bassin de 8 mètres de large et 15 mètres de long. Il est divisé en deux parties ; l'entrée est en A. Depuis ce point jusqu'à B C le fond est en pente douce ; à cette dernière limite il atteint 1^m,75 et continue à descendre jusqu'au milieu D E, où il est à 2 mètres, profondeur qui est maintenue jusqu'en F. Une barrière, placée suivant la ligne B C, préserve le bétail des accidents pendant les grandes eaux. De cette manière, lorsque les eaux sont abondantes, c'est-à-dire en hiver, le bétail

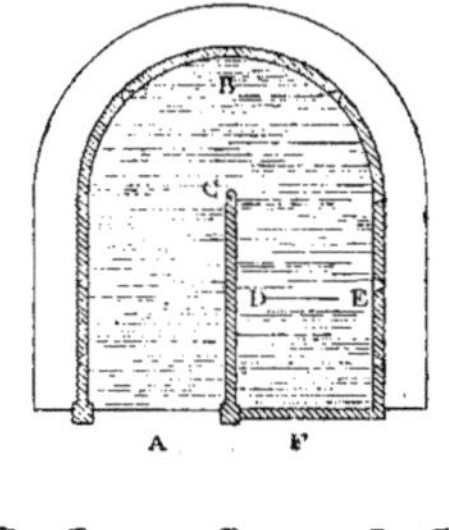

Fig. 21.

ne pénètre que dans la première partie du bassin, tandis qu'il arrive successivement jusqu'en B C et même D E, lors des grandes sécheresses, les eaux ayant disparu de la première partie. Cet *abreuvoir* a une capacité de 160 à 165 mètres cubes. Le fond du bassin se fait soit en argile, soit en béton, ce qui est préférable. Dans le premier cas, on étend sur la surface une couche de bon mortier hydraulique ; on forme, par-dessus, une aire en argile battue, de 0^m,30 d'épaisseur et on recouvre le tout de 0^m,18

à 0^m,20 de cailloux bien tassés. Les murs ou parois du bassin doivent être construits en moellons durs, sans enduits, mais avec un bon rejointoiement et, derrière eux, on pilonne de l'argile sur une épaisseur de 0^m,50 au moins. Il serait bon, pour obtenir une plus grande pureté des eaux, d'établir, au niveau du sol, sur le pourtour du bassin, un fossé dans lequel viendraient se réunir les eaux pluviales des terrains environnants, pour y déposer leur limon, avant de pénétrer dans l'*abreuvoir*, par des ouvertures ménagées, dans la maçonnerie, à 0^m,30 au-dessus du fond du fossé.

Nous ajouterons à cette disposition un exemple de celle qu'on adopte dans certains établissements tels que les abattoirs. La figure 22 représente, en plan et en coupe transversale, l'un des grands *abreuvoirs* de l'abattoir de la Villette, à Paris. Une fosse A, profonde de 1 mètre, en son milieu, et se terminant en pente douce à ses deux extrémités, constitue l'*abreuvoir* proprement dit. Cette fosse est comprise entre deux

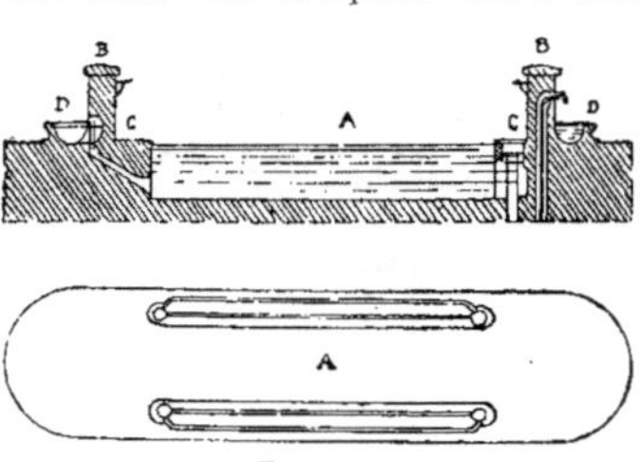

Fig. 22.

murs B, qui séparent chacun un trottoir C d'une auge extérieure D. Ces murs sont en meulière et enduits de ciment de Portland ; ils sont construits sur un lit de béton, ainsi que la fosse, qui possède, en outre, un pavage, avec joints en ciment. L'eau est amenée dans les auges, comme le montre la coupe, par des conduits en plomb, et descend, par des trop-pleins, dans la fosse, dont le fond est lui-même percé d'un trou, avec bonde permettant de vider l'*abreuvoir*. La circulation sur les trottoirs est facilitée par des rampes en fer, ajustées dans des petits supports scellés aux murs.

En certains endroits, on a construit des *abreuvoirs* monumentaux, dans un double but d'embellissement et d'utilité ;

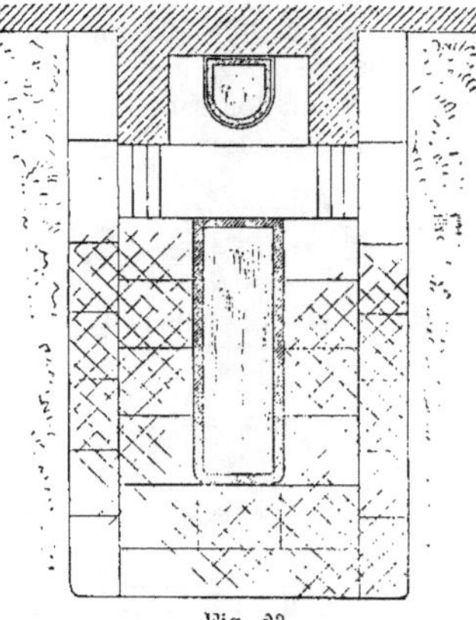

Fig. 23.

par exemple à Parme et à Marly. La figure 23 donne le plan et l'élévation, à l'échelle 0ᵐ01 pour mètre, d'une de ces constructions, qui est à la fois fontaine et *abreuvoir*. La fontaine est placée sous une voûte en cul-de-four ; on y accède par quelques marches. Ce petit édifice a été construit à Salinges dans la Nièvre (1).

L'Orient offre de nombreux exemples d'*abreuvoirs* destinés à l'alimentation des bestiaux dans les villes. Au Caire, particulièrement, chaque quartier a ses *abreuvoirs* publics. Les uns consistent en un seul bassin ; d'autres sont surmontés d'une niche, d'une arcade ; quelques-uns ont même un portique de plusieurs arcades (2).

La figure 24 représente, en plan, à l'échelle de 0ᵐ.005 pour mètre, un *abreuvoir* public, qui se trouve dans le quartier d'El-Souhar, près Bab-el-Toubeh. On y voit : 1° un bassin A, qui est l'*abreuvoir* proprement dit et dans lequel les animaux, chevaux, ânes et chameaux, viennent se désaltérer ; 2° un autre

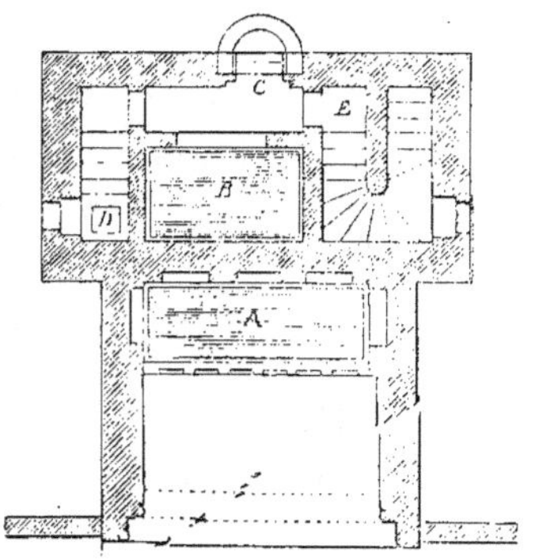

Fig. 24.

bassin B, auquel on accède par une porte C et qui est à un niveau plus élevé que le premier. C'est de là que l'eau s'écoule, par des conduits, dans le bassin inférieur. On remplit le bassin supérieur au moyen de l'eau contenue dans une citerne voûtée construite en dessous. Cette eau est puisée par un orifice placé en D. Comme un certain nombre d'édifices de ce genre et la plupart des fontaines publiques, cet *abreuvoir* possède un premier étage, qui sert d'école primaire ;

(1) Narjoux, *Architecture communale*.
(2) Coste, *Architecture arabe*.

on y accède par l'escalier marqué E sur le plan.

LÉGISLATION. On distingue les *abreuvoirs publics* et les *abreuvoirs privés*, l'entretien des premiers étant à la charge des communes, l'entretien des seconds à la charge de ceux qui y ont droit.

On appelle *droit d'abreuvoir* le droit que l'on possède d'abreuver son bétail à la fontaine, à la mare, à l'étang, au fossé ou à l'*abreuvoir* d'autrui.

Ce droit constitue une servitude discontinue et non apparente, qui ne peut s'acquérir que par un titre et non par prescription. Toutefois, si l'*abreuvoir* d'un particulier est reconnu nécessaire à la généralité des habitants de la commune, du village ou du hameau dans lequel il se trouve, le propriétaire est tenu d'en concéder l'usage, moyennant indemnité convenue ou à dire d'experts. En outre, la prescription trentenaire donne à ces habitants le droit d'user de cet *abreuvoir*, sans aucune indemnité.

Le droit d'abreuver entraîne le droit de passage du bétail pour accéder à l'*abreuvoir*.

Si le nombre des animaux à abreuver à la fois est limité par le titre, celui qui les conduit doit se conformer à cette condition, s'il ne veut s'exposer à une action en dommages-intérêts intentée par le propriétaire de l'*abreuvoir*.

MAÇONNERIE. 1° Sorte de petit bassin circulaire que les *poseurs* (voy. ce mot) font avec du mortier, sur le joint de

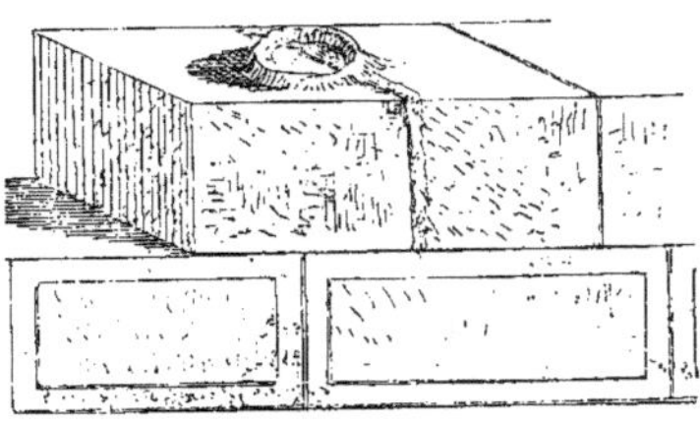

Fig. 25.

deux pierres, pour retenir le coulis servant à sceller ensemble ces deux pierres en remplissant le joint (fig. 25).

2° Petite *tranchée* faite avec le marteau dans le lit et les joints des pierres pour les mieux liaisonner.

Abri, *s. m.* — Endroit couvert disposé dans un jardin public, pour abriter du vent et de la pluie.

Ces *abris* varient beaucoup de forme. Celui que représente le croquis ci-joint (fig. 26) a été construit au jardin du

Fig. 26.

Luxembourg : c'est une chambre circulaire, à l'usage des gardiens, et qui est recouverte d'un toit saillant ; un banc de pierre règne autour.

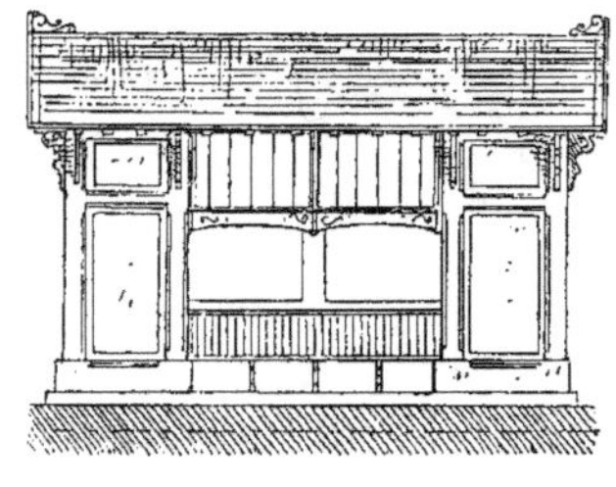

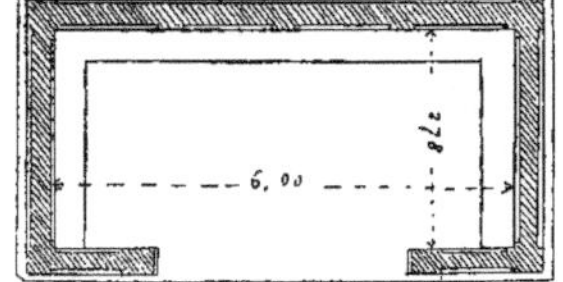

Fig. 27.

Dans les stations de chemins de fer, on établit des *abris* qui offrent une disposition spéciale : ils sont construits en face du bâtiment des voyageurs, sur le quai opposé, et, comme le montre la figure 27, ouverts d'un seul côté et garnis de bancs. Ordinairement on les fait en pan de bois, avec remplissage en briques.

Abside, *s. f.* — Ce mot vient du grec ἀψίς, qui signifie *voûte*. On l'employait pour désigner, dans la basilique romaine, un enfoncement demi-circulaire qui terminait la galerie principale et où l'on plaçait les siéges des juges.

L'*abside* était recouverte par une voûte en cul-de-four (voy. *Basilique*); il en était quelquefois de même dans les temples ; c'était alors comme une niche pour la statue de la divinité à laquelle était consacré l'édifice (voir pour la figure la partie foncée du plan présenté à l'article *Adytum*).

Dans les basiliques civiles, devenues les édifices religieux des chrétiens, l'évêque remplaça le juge; l'*abside* devint le sanctuaire et prit aussi le nom de *presbyterium*; l'autel y fut élevé ; des bancs y furent placés pour les prêtres et les diacres.

C'était la partie du monument que l'on décorait avec le plus de richesse ; le pavé se faisait en marbre ou en mosaïque ; les murailles étaient souvent revêtues de métaux précieux ou ornées de peintures.

A l'époque romano-byzantine, le clergé prit place en avant de l'autel, qui fut agrandi ; la forme semi-circulaire de l'*abside* commença à se modifier.

On donne, aujourd'hui, ce nom à la partie qui termine le chœur, soit par un hémicycle (fig. 28), soit par des pans coupés (fig. 29), soit par un mur plat (fig. 30). Dans ce dernier cas, l'*abside* est dite *carrée*; la cathédrale de Laon en offre un exemple ; mais on n'en voit généralement que dans les édifices de peu d'importance. Quelques églises ont des *absides jumelles* , c'est-à-dire placées symétriquement de chaque côté de l'axe

de la nef principale ; l'église du Thor, à Toulouse, est terminée par deux *absides* de ce genre (fig. 31).

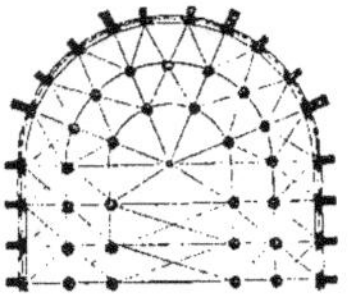

Fig. 28.

La partie extérieure de l'*abside* se nomme le *chevet* (voy. ce mot).

Quelquefois les croisillons du transept (voy. ce mot) sont terminés aussi par des

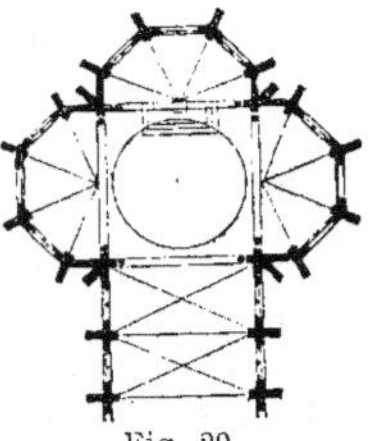

Fig. 29.

chapelles en forme d'*abside*, comme le montre la figure 29. Certaines églises ont une seconde *abside*, placée à l'extré-

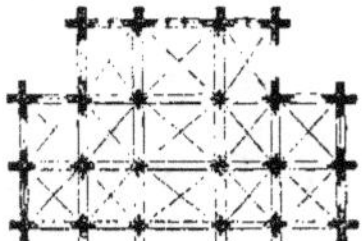

Fig. 30.

mité opposée au chœur, et qui prend alors le nom de *contre-abside*.

Un grand nombre de monuments religieux ont leur sanctuaire entouré de

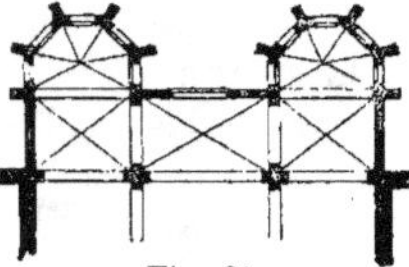

Fig. 31.

bas-côtés (voy. ce mot) et de chapelles secondaires appelées *chapelles absidales* ou *absidioles*; on en rencontre surtout dans les églises qui datent du xiiie siècle;

généralement, la chapelle *absidale* située dans l'axe de l'église est dédiée à la Vierge et prend plus d'importance que les autres *absidioles*.

Acacia, *s. m.* — Bois de construction. Il faut distinguer l'*acacia* véritable du *faux acacia* ou *robinier*. Le premier, moins répandu dans nos pays que le second, offre cependant un bois dur et liant, propre à la charpente et à la menuiserie.

Le *robinier* présente, en France, trois espèces : l'*acacia blanc* ou *faux acacia* proprement dit, le *robinier visqueux*, qui sert surtout à la décoration des jardins, et l'*acacia rose* ou *robinier hispide*.

Le bois du *faux acacia* est d'une couleur jaune verdâtre et d'un grain peu serré, mais assez fin pour prendre le poli. Il est dur, nerveux, résiste bien à l'humidité et ne se laisse pas attaquer par les vers. Il sèche facilement et n'est pas trop sujet à se gercer. On en fait d'excellents pilotis. Son poids spécifique varie de 0,785 à 0,820.

Académie, *s. f.* — L'origine de ce mot est la suivante : on nommait ainsi, à Athènes, un jardin situé dans le Céramique, un des faubourgs de cette ville, qui en était éloigné d'environ un mille. Le terrain sur lequel était établi ce jardin avait été légué aux Athéniens, par un certain Académus, pour faire un gymnase. C'est dans ce lieu que se réunissaient les philosophes.

Aujourd'hui, l'on désigne ainsi un établissement composé d'une ou de plusieurs salles où s'assemblent des gens de lettres, des savants, des personnes qui font profession des arts libéraux.

Acajou, *s. m.* — Arbre de l'Amérique méridionale, dont le bois, rouge brun ou marbré de jaune et de blanc, est susceptible d'un beau poli et brunit en vieillissant. On l'emploie en placages.

L'*acajou* se livre en billes au commerce ; il offre plusieurs variétés, suivant les dessins que présentent les veines :

L'*acajou moucheté*, qui présente des taches moins foncées que le fond sur la surface des billes, ces taches devenant, au contraire, plus foncées que le bois, quand celui-ci a été travaillé ;

L'*acajou ronceux*, dont les veines offrent l'aspect de fourches ;

L'*acajou moiré*, qui s'emploie plus souvent massif que l'*acajou* ronceux, toujours débité en placages ;

L'*acajou uni*, dont le grain et la couleur seuls varient.

Ce bois a été introduit, pour la première fois, en France, par les Espagnols, qui l'obtenaient des noirs de Saint-Domingue (1), île dont les montagnes en contiennent des quantités considérables. On en trouve aussi dans les autres îles des Antilles, au Mexique, dans la république de Honduras, au Brésil, en Afrique et même en Asie.

L'*acajou de Saint-Domingue* est celui qui a la couleur la plus vive, les fibres les plus fines et les plus serrées ; sa densité varie de 0,82 à 1,00. On l'a employé, au début, comme bois de construction ; mais sa rareté le fait aujourd'hui réserver pour la menuiserie et l'ébénisterie.

L'*acajou de Cuba*, plus lourd, à couleur moins vive et à fibres plus grosses, mais aussi serrées que le précédent, est également devenu un bois précieux.

L'*acajou d'Afrique*, que l'on exploite par le Sénégal, a une nuance un peu vineuse ; il est plus lourd, plus dur et plus difficile à travailler que les deux variétés décrites ci-dessus.

Au contraire, l'*acajou de Honduras* est très-léger, sa densité variant de 0,65 à 0,70 ; ses pores sont larges ; le grain en est tendre ; il est facile à travailler, peu veiné et ne se fend pas. Il est excellent pour la menuiserie et l'ébénisterie.

Peinture. La peinture en décors a utilisé ce bois, dont l'imitation est très-

(1) A. Dupont et Bouquet de la Grye, *Les bois indigènes et étrangers*.

précieuse par la richesse des effets et la variété des tons.

L'*acajou* est, en effet, de toutes les essences celle que l'on préfère, en raison de la beauté des veines, flammes ou accidents de son bois.

Nous dirons ici quelques mots des procédés d'exécution employés par les peintres.

Les fonds se préparent de la manière suivante : pour les travaux fins, les enduits ou premières couches doivent être composés de blanc de céruse et d'ocre jaune seulement ; la dernière couche, d'ocre jaune pur broyé fin et de jaune de chrome en dixième partie ; le tout glacé.

Pour les travaux courants, les tons doivent être différents : on prend de l'ocre jaune et de l'ocre rouge en égale quantité, on les mélange bien et l'on met seulement 1/30 de blanc de céruse. Cette petite quantité de blanc de céruse suffit pour ôter la crudité et ne diminue pas l'intensité du ton.

Les teintes de fond une fois sèches, on procède au décor. Les variétés que l'on imite plus spécialement sont les *acajous lamés, moirés* et *mouchetés*.

L'*acajou lamé*, le plus facile à exécuter, s'imite ainsi : avec un glacis à l'eau, contenant partie terre de Cassel et un tiers Sienne calcinée, on couche le panneau et on l'adoucit ; ensuite, au moyen d'une clairette ou, à son défaut, d'une éponge, on fait, dans la longueur du panneau, des lames fines et rapprochées ; on les mélange un peu l'une dans l'autre par place et l'on adoucit, à droite et à gauche, dans le sens horizontal. On reglace à peu d'épaisseur, avec un glacis composé d'une partie de terre de Sienne calcinée et de 1/10 de laque carminée ; enfin, avec la veinette, on fait la veine, en suivant la forme de l'ébauche et l'on adoucit légèrement dans les deux sens vertical et horizontal.

Pour l'*acajou moiré*, on glace le panneau, puis on donne des coups d'éponge en descendant de haut en bas ; avec le martinet ou la *peau à gerber*, on traverse ensuite ces coups d'éponge dans le sens horizontal. Enfin, à l'aide d'une clairette moyenne, on corrige les effets trop prononcés et on adoucit horizontalement. La veine se fait comme ci-dessus.

L'*acajou moucheté* exige quatre opérations distinctes :

1° On glace le panneau avec une teinte de terre de Cassel pure et de l'eau, puis on le bat avec la topette pour faire le grain.

2° On étend une teinte d'*acajou* formée, par égales parties, de terre de Cassel et de Sienne calcinée ; avec une clairette assez grande on fait les spaltes ou éclaircies, que l'on adoucit dans le sens de leur direction. Avant que cette couche soit sèche, on fait les nœuds, au moyen d'une brosse moyenne, que l'on tourne entre les doigts, après l'avoir remplie de la teinte d'*acajou*, dont on a réservé une partie en pâte sur la palette.

On adoucit avec le blaireau dans le sens de la longueur du panneau.

Cela fait, avec la brosse chargée seulement d'eau pure, on enlève des demi-cercles en forme de croissant allongé et des pointes blanches au milieu des nœuds ; puis on adoucit comme précédemment.

3° On couche un glacis composé de terre de Sienne calcinée et de laque, après quoi l'on fait des veines. S'il y a des nœuds, les veines se lèvent sur les côtés de ces derniers avec une veinette sans couleur et mouillée seulement.

4° Avec de la laque pure on glace très-légèrement les parties destinées à être brillantes et, avec du noir pur, celles qui doivent être plus vigoureuses.

Acanthe, *s. f.* — Plante herbacée, sorte de chardon qui sert à l'ornementation.

On en distingue deux espèces principales : l'*acanthe sauvage* ou *épineuse*, armée de piquants, à tous les angles saillants de ses feuilles, et l'*acanthe molle*, sans épines, à larges feuilles flexibles. Selon Vitruve, cette dernière espèce aurait donné naissance au chapiteau corinthien.

« Une jeune fille de Corinthe étant
« morte au moment où elle allait se
« marier, dit cet auteur (Livre IV,
« chap. I), sa nourrice réunit, dans une
« corbeille, plusieurs petits objets qui
« avaient plu à cette infortunée, les
« déposa sur le tombeau et les recou-
« vrit d'une tuile, afin de les mettre à
« l'abri des injures du temps (fig. 32).
« La racine d'une plante d'*acanthe* se
« trouvait, par hasard, en cet endroit,
« et lorsque, au printemps, les feuilles
« et les tiges commencèrent à pousser,
« elles entourèrent la corbeille, dont le
« centre était placé précisément au-

Fig. 32.

« dessus de la racine ; elles s'élevèrent
« le long de ses côtés, et, quand elles
« rencontrèrent les angles saillants de
« la tuile, elles furent obligées de se
« recourber, en décrivant des espèces
« de volutes. Callimaque, sculpteur cé-
« lèbre par l'élégance de ses œuvres et
« l'habileté de son travail, vint à passer
« par là, remarqua la corbeille et son
« gracieux entourage, fut frappé de la
« beauté de cette nouvelle disposition
« et la reproduisit dans des colonnes
« qu'il fit exécuter à Corinthe. Il fixa
« ensuite les règles et les proportions
« de l'ordre corinthien. »

Les Grecs ont utilisé, dans la sculpture ornementale, l'*acanthe sauvage*,
dite aussi *acanthe épineuse*, et cela tient surtout à l'abondance de cette plante en Grèce, comparée à l'excessive rareté de l'*acanthe molle*. Les édifices grecs encore subsistants en offrent, d'ailleurs,

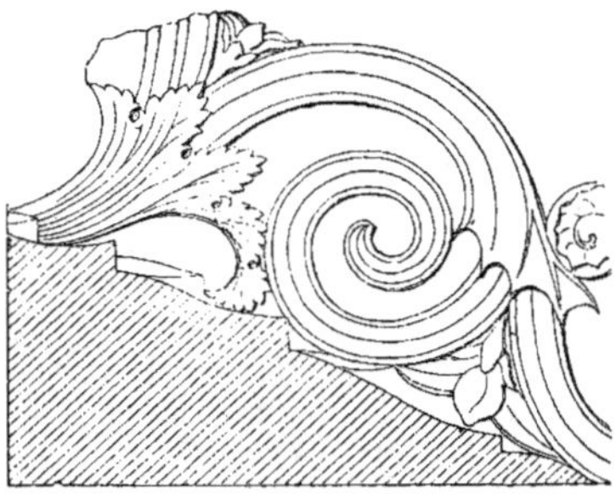

Fig. 33.

des témoignages irrécusables. Nous trouvons cette plante dans les hélices ou consoles qui divisent en trois parties la coupole du monument choragique de Lysicrate (fig. 33).

Nous citerons aussi les temples d'Apollon Didyméen et de Jupiter Olym-

Fig. 34.

pien. La figure 34 représente une feuille d'*acanthe sauvage* provenant d'un des chapiteaux de ce dernier monument.

On a trouvé l'*acanthe épineuse* fréquemment employée dans les monuments de Pompéi. On la reconnaît encore, bien que modifiée, dans les édifices d'architecture byzantine.

C'est aussi sous l'influence de l'art byzantin qu'on voit, de même, cette plante appliquée à la décoration des édifices de style latin.

Enfin, l'usage n'en disparut, dans les provinces de la Gaule voisines de l'Italie, qu'à l'époque où apparut l'architecture romaine.

Quant à l'*acanthe molle,* son emploi dans l'ornementation architecturale est essentiellement romain. Un des plus beaux spécimens de cette plante, utilisé pour la décoration, est l'*acanthe molle* des chapiteaux du temple de Vesta, à Tivoli ; nous en donnons une feuille (fig. 35). On trouve cependant quelques applications de l'*acanthe épineuse,* par exemple au temple de Castor et de Pollux à Rome, au temple de Livie, à

Fig. 35.

Vienne ; mais c'est surtout la première de ces deux espèces que les Romains semblent avoir préférée. Du reste, ils la modifièrent en y mêlant d'autres plantes et en composant des ornements, dont ils couvrirent les modillons, les consoles, les frises, etc...

Il existe une troisième variété d'*acanthe, l'acanthe frisée,* qui n'est autre chose que ce que nous nommons le *bouillon blanc* ou *chou gras,* et qui fut employée à la décoration des chapiteaux, dans certains édifices de l'Italie inspirés de l'art grec.

Enfin, nous citerons l'*acanthe* que l'on peut appeler *conventionnelle,* dont l'usage a été très-répandu dans les monuments romains et qui représente soit du laurier, soit de l'olivier.

Certains édifices du moyen âge, et particulièrement ceux qui appartiennent aux premiers temps de la période ogivale, offrent quelques applications de l'*acanthe* altérée dans sa forme ; mais cette plante fut bientôt remplacée par le *chardon* ou *fausse acanthe* et par d'autres plantes indigènes.

Accession, *s. f.* — **Accessoire,** *s. m.* — Le *droit d'accession* est le droit de propriété réservé au possesseur d'une chose sur tout ce qui, d'après l'article 546 du Code civil, s'y unit *accessoirement,* soit naturellement, soit artificiellement.

L'*accessoire* est la suite, l'accompagnement, la dépendance de la chose principale. Ainsi, la propriété du sol emporte la propriété du dessus et du dessous. Le propriétaire peut faire, au-dessus et au-dessous, toutes les constructions qu'il juge à propos d'élever. Cependant, il est tenu, s'il y a servitude, d'accorder tout ce qui est nécessaire pour en user ; il doit, de plus, se soumettre aux lois et règlements relatifs aux mines, ainsi qu'aux lois et règlements de police.

Les constructions établies sur un terrain sont présumées faites par le propriétaire, à ses frais, et lui appartenir ; dans le cas où il aurait construit avec des matériaux qui ne lui appartenaient pas, il doit en payer la valeur ; mais le propriétaire des matériaux n'a pas le droit de les enlever. Si ces constructions sont faites par un tiers, et avec ses matériaux, le propriétaire du fonds a droit ou de les retenir ou d'obliger ce tiers à les enlever ; il doit le remboursement de la valeur des matériaux et du prix de la main-d'œuvre, s'il préfère conserver ces constructions (art. 552 et suiv., art. 696 du Code civil).

Accident, *s. m.* — Nul n'est responsable des *accidents* arrivés par force majeure ou cas fortuits, tels que ceux produits par un tremblement de terre, par la foudre, etc. Mais celui qui occasionne un *accident,* par imprudence, maladresse ou négligence, est civilement responsable du préjudice causé, et même il encourt la répression pénale, s'il y a mort d'homme ou blessures.

Ainsi, dans les travaux, l'entrepreneur est, en général, responsable : 1° des *accidents* survenus aux passants ou à ses propres ouvriers, par suite de l'inobservation des règlements, de sa négligence ou de la négligence de ceux qu'il emploie ; — 2° de la mort d'un ouvrier ou des blessures qu'il peut recevoir, en raison de la direction mauvaise ou imprudente des travaux ; — 3° du dommage causé par l'ouvrier à la propriété voisine.

L'architecte serait aussi responsable, dans le cas où les *accidents* ou dommages seraient survenus par suite de vices dans le plan de la construction, d'une fourniture faite par lui de mauvais matériaux, ou des obligations imposées à l'entrepreneur par son traité (1).

Il existe des Compagnies d'assurances contre les *accidents* (voy. *Assurances*).

Accolade, *s. f.* — Courbe ayant la forme de deux talons ou cymaises réunis, et qui est engendrée par des arcs de cercle.

Dans l'architecture des xv° et xvi° siècles, l'*accolade* est très-employée pour orner les faces extérieures des linteaux de portes et fenêtres (fig. 36).

Fig. 36.

On la retrouve, dans les monuments de cette époque, appliquée aux plus menus détails des galeries, des balustrades, des clochetons. On appelle les arcs qui ont cette forme *arcs en accolade* ou en *talon*.

(1) Code Perrin.

Accolement (voy. *Accotement*).

Accoler, *v. a.* — 1° Ce mot désigne un genre d'ornementation qui consiste

Fig. 37.

à enlacer le fût d'une colonne de rameaux de vigne, d'olivier ou de palmier, etc. (fig. 37).

2° Juxtaposer plusieurs pièces de bois pour les fortifier les unes par les autres. On peut ainsi former une pièce ou poutre

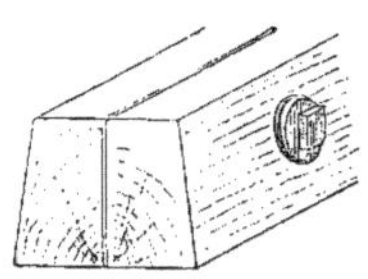

Fig. 38.

de grande résistance (fig. 38). Généralement on réunit ces bois *accolés* par des *boulons* ou des *armatures* (voy. ces mots).

Accotement, *s. m.* — Espace de terrain A (fig. 39) compris, sur un chemin ou sur une chaussée, entre le fossé

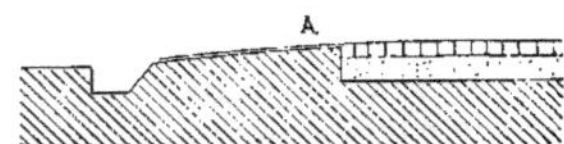

Fig. 39.

et le pavage ou l'empierrement. On dit aussi *accolement*.

Accoudoir, *s. m.* — Couronnement

d'un appui quelconque à hauteur du coude, par exemple une séparation de stalles (fig. 40) (1).

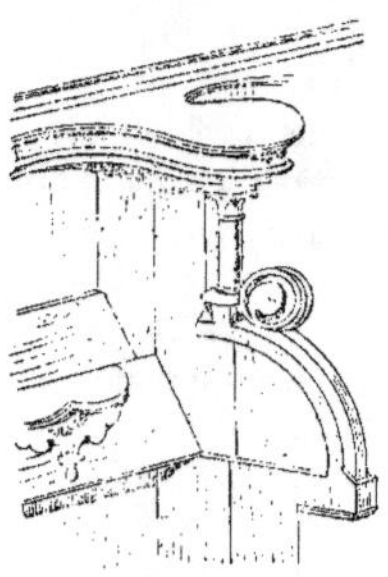

Fig. 40.

Accouplement, *s. m.* — **Accouplé**, *part. pass.* — On désigne ainsi :

1° Des colonnes placées à côté l'une de l'autre, de façon que leurs tailloirs et leurs plinthes se touchent, sans que leurs chapiteaux ni leurs bases se confondent ou s'engagent les uns dans les autres (fig. 41).

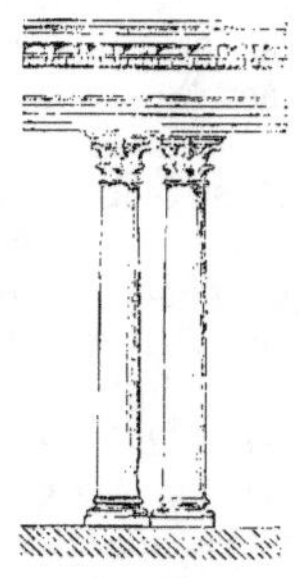

Fig. 41.

2° Des colonnes en fonte reliées par des brides en fer et destinées à soutenir un poitrail d'une certaine largeur (fig. 42).

Dans les baies qui forment la devanture des boutiques, on fait généralement usage de ces colonnes, au lieu de

(1) Viollet Le Duc, *Dictionnaire raisonné de l'architecture française.*

trumeaux de pierre, qui prennent beaucoup plus de place.

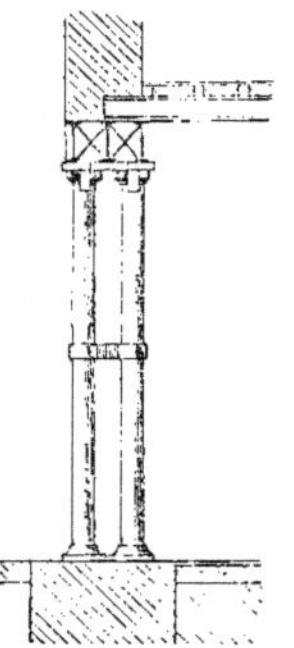

Fig. 42.

L'*accouplement* des colonnes ne fut point pratiqué par les anciens, soit qu'ils n'aient pas connu cette méthode, soit qu'ils l'aient repoussée comme étant vicieuse.

De nos jours, les architectes sont divisés sur le mérite de cette disposition : Claude Perrault, qui l'a adoptée pour la colonnade du Louvre, en est un chaud partisan et Quatremère de Quincy, au contraire, la signale comme une faute contre les règles de l'architecture.

Il est certain que si, dans bien des cas, l'*accouplement* des colonnes n'a pas de sérieuses raisons d'être, dans d'autres cas aussi, cette disposition est d'un excellent effet, au point de vue de l'utilité et de la décoration ; par exemple, pour fortifier les angles d'un édifice, pour recevoir la retombée d'arcs-doubleaux, etc.

On appelle têtes *accouplées* des têtes adossées sur le même buste ou sur le même socle. C'est ainsi que les anciens exécutèrent des Hermès doubles et même quadruples (voy. *Hermès*).

Accourse, *s. f.* — Galerie extérieure, faisant communiquer entre eux plusieurs appartements.

Accroc, *s. m.* — On donne ce nom

à certains défauts des glaces, défauts produits par le frottement d'un corps très-dur et par lesquels la transparence est altérée.

Accrue, *s. f.* — 1° Agrandissement d'un terrain par le retrait naturel des eaux.

2° Augmentation de l'étendue d'une forêt ou d'un bois, due à l'extension naturelle et spontanée des pousses au-delà des limites de cette forêt ou de ce bois. L'*accrue* profite, non pas au propriétaire du bois, mais à celui du terrain sur lequel elle se trouve, à moins qu'il n'y ait titre ou possession contraire.

Ache, *s. f.* — Plante dont la feuille a de la ressemblance avec celle du per-

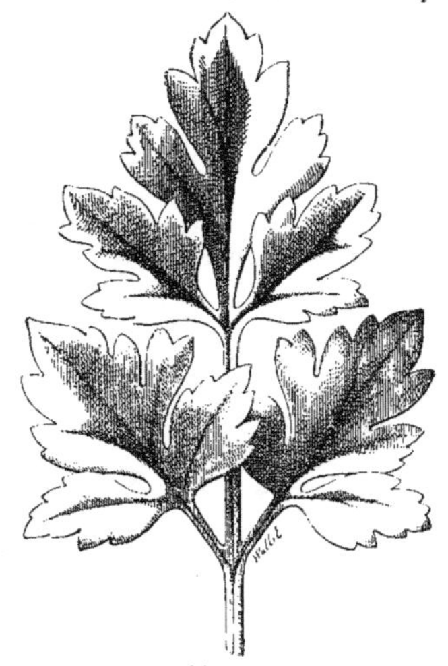
Fig. 43.

sil (fig. 43) et qui a été employée, dans l'architecture du moyen âge, comme plante d'ornement.

Acier, *s. m.* — Fer combiné avec une très-faible quantité de carbone (de 1 à 2 p. 100).

L'*acier* est plus dur et plus élastique que le fer et la fonte, mais il est surtout remarquable en ce que, *trempé,* c'est-à-dire, chauffé au rouge, puis refroidi brusquement, il acquiert une dureté et une ténacité extrêmes ; aussi l'emploie-t-on pour la confection des outils destinés à tailler le bois, la pierre et les métaux.

Il y a, dans le commerce, plusieurs sortes d'*acier :* l'*acier* naturel, qu'on obtient en carburant directement le fer extrait du minerai par la méthode catalane ; — l'*acier de forge,* préparé, soit en fondant ensemble des fontes et des vieux fers, dans des proportions convenables, soit en affinant la fonte au feu de forge ; cet *acier* sert principalement à la fabrication des outils ; — l'*acier de cémentation* ou *acier poule,* que l'on prépare en chauffant des barres de fer au rouge, dans des caisses remplies de poudre de charbon, ce qui produit la carburation du fer ; l'*acier de cémentation* est propre à la confection des instruments très-durs, tels que les limes ; — l'*acier fondu,* provenant de la fusion complète de l'*acier de cémentation,* et qu'on emploie à la confection des outils qui doivent présenter un tranchant très-fin ou une très-grande dureté.

Le poids spécifique de l'*acier* non trempé est 0,783 ; celui de l'*acier* écroui, trempé, est 0,781.

On fabrique, depuis quelques années, par un traitement particulier de la fonte, une substance analogue à l'*acier,* et qui est appelée *acier Bessemer ;* cet acier sert à la fabrication des grosses pièces, et, en particulier, de celles qui sont utilisées dans la construction des ponts.

Peinture. La *peinture d'acier* est une couleur faite avec du blanc de céruse, du bleu de Prusse, de la laque fine et du vert-de-gris cristallisé, ou bien encore avec du blanc de céruse, du noir de charbon et du bleu de Prusse. On l'emploie à l'essence.

Aciérer, *v. a.* — Ajouter, à l'aide de la soudure, une surface ou une extrémité d'acier à un outil en fer, par exemple à une pioche.

Acompte, *s. m.* — Payement partiel effectué sur le montant d'une somme.

L'architecte fait délivrer aux entrepreneurs, par le propriétaire, des *acomptes* à valoir sur les règlements définitifs des mémoires. Les entrepreneurs eux-mêmes donnent des *acomptes* à leurs ouvriers sur la paye du mois ou le prix de la journée.

Acoustique, *s. f.* et *adj.* — Branche de la physique qui a pour objet l'étude des lois suivant lesquelles se produit et se propage le son.

L'étude de ces lois est utile aux architectes, particulièrement pour la construction des salles de théâtre, salles de concerts, amphithéâtres de cours, etc. Malheureusement la théorie de cette science est encore dans l'enfance et le mieux est, pour le constructeur privé de formules pratiques facilement applicables, de mettre à profit les résultats observés dans les édifices analogues à ceux qu'il doit élever.

On appelle *vases acoustiques* des vases de terre ou de bronze ayant à peu près la forme de cloches, que les anciens accordaient entre eux et qu'ils plaçaient dans des cavités pratiquées sur plusieurs points des théâtres, pour augmenter le volume de la voix des acteurs.

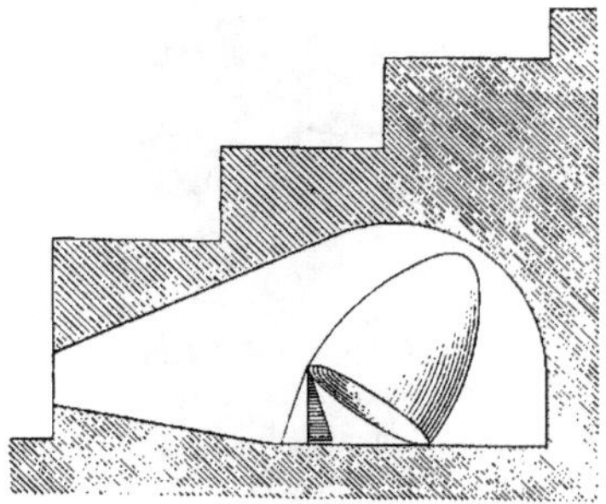

Fig. 44.

Selon Vitruve, ces vases devaient être placés, d'après les règles de la musique,

dans de petites cases ou niches pratiquées entre les sièges du théâtre et de manière qu'ils ne touchassent point au mur, mais qu'ils eussent tout autour et par-dessus un espace vide. « Il faut qu'ils soient inclinés, dit l'auteur latin, et que, du côté qui regarde la scène, ils soient élevés et soutenus par des coins. » La figure 44 représente, avec le vase qu'elle renferme, une de ces niches, telles que Vitruve les décrit.

On prétend que ce système a été appliqué dans plusieurs églises du moyen âge pour renforcer la voix des chantres.

On appelle *tubes acoustiques* des appareils destinés à transmettre la parole d'un point à un autre. On a reconnu qu'un tube de $0^m,037$ de diamètre, ayant 16 coudes et 250 mètres de développement est capable, malgré cette longueur, de rapporter distinctement, à l'une des extrémités, ce qui se dit à haute voix à l'autre extrémité.

Acquisition, *s. f.* — *Mitoyenneté.* En vertu de l'article 661 du Code civil, tout propriétaire a la faculté de rendre un mur mitoyen, en remboursant au maître du mur la moitié de sa valeur ou la moitié de la valeur de la portion qu'il veut rendre mitoyenne et la moitié de la valeur du terrain sur lequel ce mur repose. Il ne s'ensuit pas, pour l'acquéreur, l'obligation de se servir dudit mur. Le prix doit en être payé suivant la valeur du mur au jour de l'estimation, et non pas d'après ce qu'il aura coûté.

L'*acquisition* peut être *partielle* et, dans ce cas, le propriétaire à qui restent les autres portions du mur peut y conserver ses ouvertures et même en pratiquer de nouvelles.

Acropodium. — Mot tiré du grec et que l'on ne trouve employé que dans certains textes latins. On pense que ce terme désignait une plinthe basse et carrée, supportant une statue de marbre et faisant souvent corps avec elle.

Acropole, *s. f.* — Nom donné, dans les anciennes cités grecques, à la partie haute de la ville. L'*acropole* était une éminence escarpée, fortifiée par la nature et par l'art, et sur laquelle s'élevaient les édifices consacrés aux principales divinités du pays.

Occupé par les premiers habitants, cet endroit élevé était resté, en même temps, la citadelle et le lieu sacré, lors de l'agrandissement de la cité. Une enceinte l'entourait, percée d'un petit nombre de portes, défendues par des ouvrages avancés appelés *propylées*.

Outre les monuments religieux, cette enceinte devait renfermer l'habitation royale et même des tombeaux de personnages célèbres ou honorés d'un culte particulier.

Au point de vue de la construction primitive, chez les Grecs, les *acropoles* nous ont laissé de précieux vestiges : l'appareil cyclopéen s'y retrouve, avec ses énormes blocs irréguliers ou ses pierres grossièrement équarries, pour arriver à l'horizontalité des joints. Des terrasses, revêtues en maçonnerie de cette nature, défendent les côtés accessibles. L'origine de l'arc se reconnaît, par exemple, à l'*acropole* d'Argos, dans des portes et des galeries couvertes par des pierres en saillie l'une au-dessus de l'autre ; on trouve même, à Tyrinthe, une porte en arc aigu. A Mycènes, il reste encore une entrée formée de deux jambages verticaux, couverts par un linteau surmonté d'un bloc triangulaire.

L'*acropole* d'Athènes, la plus célèbre de toutes, est située sur un rocher calcaire de forme oblongue, de 300 mètres de longueur sur 150 de largeur et dont la surface a été taillée en plusieurs plans ou terrasses. Un seul côté est accessible. On y trouve des restes d'anciens murs, dont les uns sont attribués aux Pélasges et les autres, plus récents, furent élevés par Cimon, fils de Miltiade.

Une autre muraille, renfermant des fragments d'architecture primitive, est celle qui fut construite avec les débris mêmes des anciens édifices détruits par les Perses.

L'*acropole* contenait les principaux monuments d'Athènes. Lorsqu'on se dirige vers la seule entrée A (fig. 45) préparée par la nature, on se trouve en face des *Propylées* B, auxquels donnait accès une suite de degrés formant un magnifique escalier de toute la largeur de

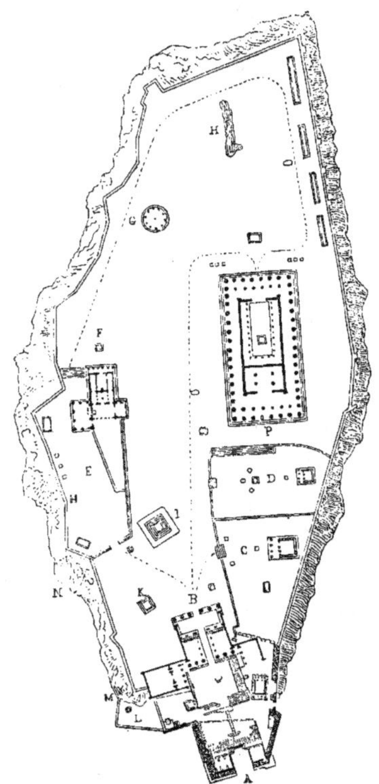

Fig. 45.

l'édifice. A droite de cet escalier, sur une terrasse haute de 8 mètres, est le temple de la *Victoire aptère* ou *Victoire sans ailes*. Ce petit édifice, d'ordre ionique et d'une rare élégance, a été, en partie, détruit par les Turcs : le fronton et le toit n'existent plus ; une frise, qui régnait tout autour, était ornée de sculptures représentant les victoires des

Athéniens. A gauche de l'escalier, se trouvait un petit bâtiment semblable, dont les murs étaient décorés de peintures et qu'on a appelé la *Pinacothèque*, mot qui signifie *galerie de tableaux*. Au-delà des Propylées s'ouvrait une voie qui conduisait au Parthénon, entre deux rangs de statues et d'offrandes. A droite de cette voie, on remarque les vestiges de l'enceinte de *Diane Brauronia* C; c'est M. Beulé qui a déterminé l'emplacement du petit temple de la déesse, entièrement disparu. Contiguë à cette enceinte, qui renfermait un grand nombre de statues, était celle de *Minerve Erganê* D, qui avait également son entrée sur le chemin conduisant des Propylées aux autres parties de la citadelle. Il ne

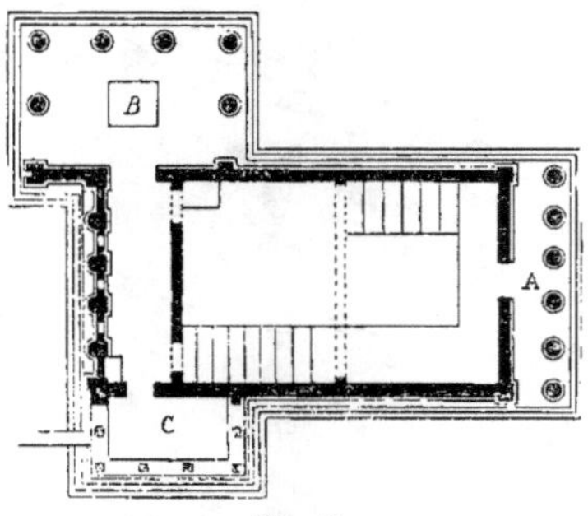

Fig. 46.

reste malheureusement presque rien ni du temple de la déesse, ni des statues qui l'entouraient, œuvres d'art exécutées par les artistes les plus célèbres de la Grèce. En suivant la ligne ponctuée qui indique, sur la figure, le chemin suivi par Pausanias, on arrive au *Parthénon* P. Après avoir parcouru la portion de l'*acropole* qui s'étend à l'est du Parthénon et qui forme plus du tiers de l'enceinte totale, vaste plate-forme où des fouilles ont été commencées en H et sur laquelle se dressaient des groupes de statues et un petit temple circulaire G de *Rome* et d'*Agrigente*, indiqués ici par leur emplacement présumé, on arrive à l'enceinte E de *Minerve Poliade*, placée

au-devant de l'Erechthéion. Ce dernier édifice, ainsi nommé en souvenir d'Erechthée, un des premiers rois d'Athènes, possède, en plan (fig. 46), la forme d'un rectangle de 20 mètres de long sur 10 mètres environ de large. Il est précédé, à l'Orient, d'un portique A de six colonnes, et deux autres portiques s'appuient sur ses longs côtés. Celui qui regarde le nord, B, a quatre colonnes de face et deux en retour; il est plus particulièrement consacré à Minerve; l'autre, C, regardant le midi, a la même disposition, mais les colonnes y sont remplacées par six jeunes filles qui portent l'entablement sur leurs têtes. Ce second portique a reçu le nom de *Pandrosion*, de celui de Pandrose, fille de Cécrops; aussi l'Erechthéion est-il encore connu sous la double désignation de temple de *Minerve* et de *Pandrose*. L'édifice se termine par deux colonnades ioniques, surmontées de frontons. Ce monument, construit dans les premières années de la guerre du Péloponèse et, par conséquent, après le Parthénon et les Propylées, est tout entier en marbre pentélique. Au bas des degrés de la façade se trouve l'enceinte qui renfermait, parmi différents ouvrages de sculpture, quelques statues de Minerve. En sortant de cette enceinte, on remarquait la statue de bronze de Cylon, marquée en K sur le plan et, enfin, en L, le colosse, également en bronze, de Minerve Poliade, œuvre de Phidias.

Tel était, dans son ensemble et d'après les ruines qui en subsistent encore, ce plateau sur lequel se trouvaient réunis les chefs-d'œuvre de l'art grec.

D'autres villes qu'Athènes eurent des *acropoles* qui sont restées célèbres; nous citerons, parmi les plus importantes : l'*acropole* d'Argos, dite aussi *acropole* Larisse, du nom de sa citadelle *Larisse*; l'*acropole* de Tyrinthe; l'*acropole* de Mycènes; l'*acropole* de Corinthe, appelée *Acrocorinthe*; l'*acropole* de Thèbes ou *Cadmée*, du nom de Cadmus, son fondateur.

Acrotère, *s. m.* — Pris dans son acception générale, ce mot désigne l'extrémité supérieure d'un édifice.

Vitruve donne particulièrement ce nom aux petits socles ou piédestaux, que les anciens plaçaient aux angles inférieurs et au sommet des frontons, pour porter des vases, des trépieds, des pal-

Fig. 47.

mettes, des figures isolées ou groupées (fig. 47). Dans la suite, on désigna, par ce terme, l'ensemble de ces motifs ; on l'emploie encore aujourd'hui dans ce dernier sens.

Les premiers *acrotères* sont attribués aux Grecs. Le Parthénon, les temples de la Victoire Aptère, à Athènes ; de Némésis, à Rhamnus ; de Diane, à Éleu-

Fig. 48.

sis ; le portique de l'Agora d'Athènes en offrent des exemples. On a même retrouvé au temple d'Égine, entre autres monuments, des fragments de sphinx ou de griffons qui étaient placés aux angles, et un fleuron flanqué de figures de femmes drapées qui couronnait le sommet du fronton (fig. 48). Le fleuron

qui surmonte encore le monument de Lysicrate est lui-même un *acrotère* (voy. *Couronnement*).

Les Romains ont fait des *acrotères* un usage beaucoup plus fréquent que les Grecs, pour supporter les objets divers, statues, quadriges, animaux, etc..., qu'ils plaçaient au sommet de leurs édifices.

De nos jours, on donne aussi ce nom aux piédestaux placés, de distance en distance, dans les balustrades formant le couronnement de certains édifices, et même à l'ensemble de ces balustrades.

Les socles continus qui dominent les

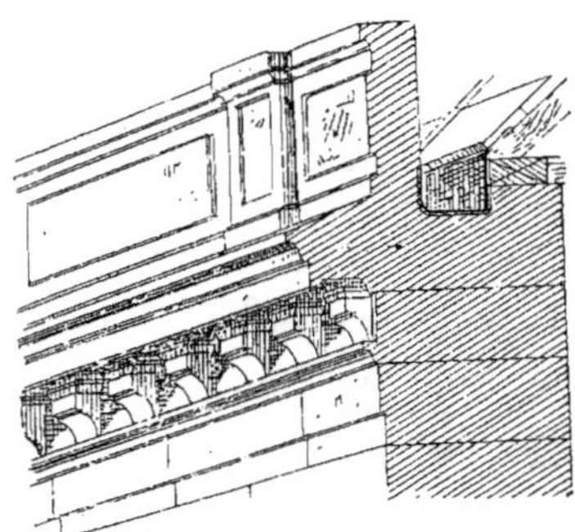

Fig. 49.

corniches de couronnement et servent à dissimuler les chéneaux, sont encore des *acrotères* (fig. 49).

Action, *s. f.* — Ce terme désigne, en droit, le moyen que nous tenons de la loi de nous faire rendre, en justice, ce qui nous est dû.

On distingue, d'après leur objet, trois sortes d'*actions* : les *actions administratives, civiles* ou *pénales*.

Les *actions administratives* se portent devant les conseils de préfecture en premier ressort et, en dernier ressort, devant le Conseil d'État.

Les *actions civiles* se portent, suivant leur importance, devant les juges de paix ou les tribunaux civils d'arrondissement ; en appel, devant les tribunaux civils d'arrondissement, s'il s'agit de sentences du juge de paix ; devant les cours d'appel, s'il s'agit de sentences rendues par les tribunaux d'arrondissement. La Cour de cassation est juge, en dernier ressort, pour toutes ces décisions, en cas de violation de la loi.

Les *actions pénales* se portent devant les tribunaux de simple police, devant les tribunaux de police correctionnelle ou devant les cours d'assises, suivant qu'il y a eu contravention , délit ou crime (1).

Suivant la nature du droit qui fait l'objet de la réclamation, l'*action* est dite *personnelle*, quand elle est dirigée contre une personne ; elle est *réelle*, quand elle a pour but la revendication d'une chose, quel qu'en soit le détenteur ; *mixte*, si elle est à la fois dirigée contre les biens et contre la personne qui les détient.

Considérées sous le rapport de l'objet auquel elles s'appliquent, les *actions* peuvent encore être divisées en *actions mobilières* et *immobilières*, selon qu'elles ont pour but d'obtenir un meuble ou un immeuble. La dernière de ces deux espèces d'*actions* se subdivise en *actions possessoires*, dont le but est de faire constater la *possession*, et en *actions pétitoires*, par lesquelles on réclame non plus seulement la possession, mais la propriété d'un immeuble.

Les *actions possessoires* sont, en premier ressort, de la compétence du juge de paix ; les *actions pétitoires*, de la compétence des tribunaux civils d'arrondissement, qui jugent en dernier ressort, s'il s'agit d'un immeuble dont le revenu n'excède pas 60 francs.

Il faut signaler ici la disposition exceptionnelle établie par la loi du 25 mai 1838, au sujet des *actions* relatives aux constructions et travaux visés par l'article 674 du Code civil. Ainsi, d'après l'article 6, n° 3, de cette loi, les juges de paix connaissent en premier ressort

et, quelle que soit l'importance de la demande, des *actions* relatives à ces constructions et travaux, c'est-à-dire, à l'érection, près d'un mur mitoyen ou non, de fosses d'aisances, cheminées, étables, etc. ; lorsque la propriété ou la mitoyenneté du mur ne sont pas contestées (1).

Adapter, *v. a.* — 1° Appliquer, ajuster, approprier un profil, une moulure à quelque corps.

2° Ajouter, après coup, par encastrement ou par assemblage, une saillie ou un ornement à un corps d'ouvrage.

Adent, *s. m.* — On appelle *assemblage en adent* la jonction de deux pièces de bois, faite au moyen d'un tenon ou d'une languette entrant dans une mortaise ou une rainure taillée en forme de dent.

La *queue d'aronde*, le *grain d'orge* sont des *assemblages en adent*.

Adjudication, *s. f.* — L'entreprise des travaux ordonnés par l'administration est ordinairement concédée par *adjudication*, c'est-à-dire, par un marché fait aux enchères publiques et avec concurrence. Des affiches apposées annoncent que l'*adjudication* aura lieu, à un jour déterminé, dans une des salles de la préfecture.

Les entrepreneurs *adjudicataires* doivent déposer : 1° un cautionnement proportionné à l'importance des travaux à faire et qui ne leur est rendu qu'après l'entier achèvement des constructions, sur un certificat de réception de l'architecte ; — 2° une soumission cachetée, indiquant le rabais qu'ils veulent faire ; — 3° un certificat de capacité, signé de deux architectes des travaux publics.

L'administration peut arrêter d'avance un maximum ou un minimum de rabais. La concession n'est définitive qu'après 24 heures, délai pendant lequel l'*adju-*

(1) Code Perrin, n°° 27 et suivants.

(1) Code Perrin, n° 36.

dicataire peut se désister, à la condition de payer la différence de son enchère avec celle qui l'a précédée.

Adossé, ée, *part. pass.* — Se dit d'une colonne (fig. 50), d'une chemi-

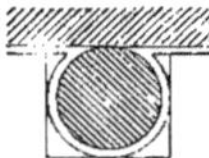

Fig. 50.

née, d'un tuyau, etc., appuyés contre un mur.

Adouci (voy. *Adoucir*).

Adoucir, *v. a.* — Architecture. Raccorder entre eux deux membres d'architecture, au moyen d'un chanfrein, d'un cavet ou de toute forme courbe.

Ainsi, le congé A (fig. 51), unissant à la base d'une colonne la partie inférieure du fût, est un *adoucissement*; il

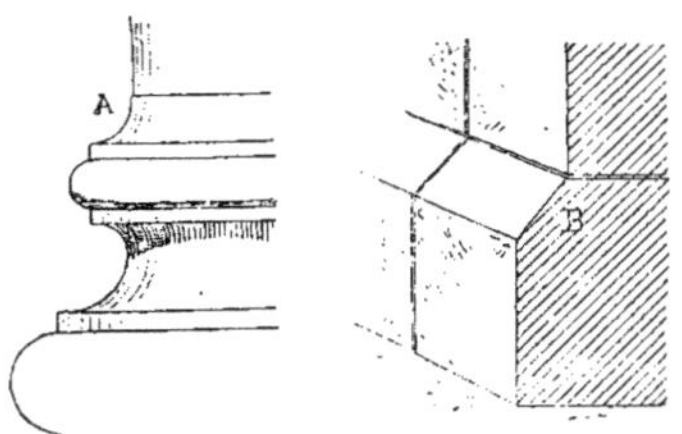

Fig. 51.   Fig. 52.

en est de même du chanfrein B (fig. 52), qui joint au nu du mur l'arête supérieure d'une plinthe ou d'un socle.

Marbrerie. *Faire l'adouci* est une des opérations du polissage des marbres : quand on a dressé la surface au grès et à la faïence, on la frotte avec une pierre ponce dure, sous laquelle on verse constamment de l'eau.

Adoucir à fond, c'est continuer le polissage, après l'*adouci*: cette opération, qu'on appelle aussi le *piqué*. consiste à frotter les marbres avec un tampon ou molette de chiffons de linge fin, impré-

gnés d'un mélange de plomb en limaille et de boue d'émeri.

Peinture. Fondre des tons.

Dorure. Faire l'*adoucissage* (voy. ce mot).

Adoucissage, *s. m.* — On désigne ainsi l'une des opérations de la dorure en détrempe (voy. *Dorure*).

Quand on a donné les couches de blanc et qu'on a *rebouché* (voy. ce mot), on humecte les surfaces avec de l'eau très-fraîche et on les frotte légèrement avec de la pierre ponce, que l'on profile selon les moulures qu'on doit *adoucir*. Pour les parties sculptées, on se sert de petits morceaux de bois tendre et de *prèle* (sorte de fougère des marais). On passe ensuite un linge ou une toile rude, ce qui rend la surface douce et lisse au toucher.

Adoucissement (voy. *Adoucir*).

Adytum, *s. m.* — Ce terme, venu du grec ἄδυτον, désignait, dans les temples anciens, une chambre particulière ou secrète, où les prêtres seuls pénétraient, et qui était ordinairement située en face de la porte principale.

La figure 53 représente un de ces sanctuaires A, placé derrière l'*absis*, ou

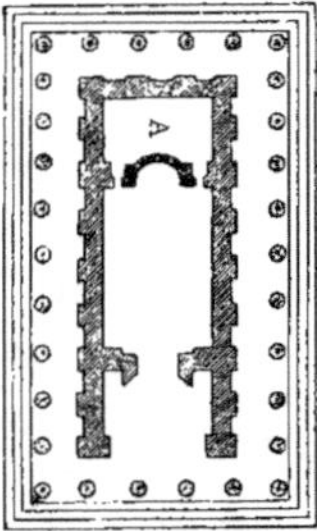

Fig. 53.

niche circulaire d'un temple dorique, qui existait, autrefois, près du théâtre de Marcellus, à Rome.

Très-souvent, l'*adytum* ne communiquait pas avec le corps de l'édifice, d'une façon visible pour les adorateurs ; il s'enfonçait, en partie, au-dessous du sol du temple, et semblait servir de soubassement à la statue de la divinité à laquelle l'édifice était consacré. C'est au moyen de cette chambre que les prêtres produisaient les effets surnaturels destinés à tromper les fidèles.

Ædes. — Mot que les Romains employaient pour désigner, d'une manière générale, un édifice, une maison et, dans un sens particulier, les endroits réservés aux dieux.

Selon Varron, l'*ædes* différait du *temple* en ce que le second était inauguré après sa consécration, tandis que la première était consacrée, mais jamais inaugurée. Les *ædes* devaient être des édifices à peu près de la même forme que les temples, mais moins somptueux. La ville de Rome possédait un grand nombre d'*ædes*, disséminées dans les différents quartiers.

Ædicula. — Mot qui était pris, chez les Romains, dans différentes acceptions. Ce diminutif d'*ædes* signifiait, dans l'architecture civile, une petite maison et dans l'architecture religieuse, un petit bâtiment consacré à quelque divinité.

Quelquefois, on désignait ainsi une armoire ou une niche dans laquelle était placée la statue du dieu et qui, par sa décoration extérieure, avait l'aspect d'une *ædes* ou petit temple.

D'autres divinités que celle à qui le temple était consacré pouvaient avoir leurs images placées sous le même édicule. Telles étaient les divinités associées au culte du dieu principal, qui avaient part aux mêmes sacrifices et dont les autels n'étaient pas distincts : ainsi les grandes déesses étaient réunies à Éleusis ; Latone et ses enfants, dans un temple de Mantinée ; Junon, Minerve et Hébé, dans un autre temple de la même ville, etc.

Si, au contraire, les divinités rappro-

chées dans le même temple étaient l'objet de cultes séparés, chacune avait son image sous un *édicule* particulier ; le temple du Capitole, à Rome, qui était consacré à Jupiter, Junon et Minerve, offrait un exemple de cette disposition.

Outre les *édicules* dont nous venons de parler, il y en avait encore d'autres, qui étaient destinés à recevoir les effigies peintes ou sculptées de dieux qui n'étaient pas associés au culte de la divinité à laquelle le temple était consacré, mais qui en étaient, en quelque sorte, les hôtes.

On nommait encore ainsi de petites représentations de temples que l'on suspendait, comme des ex-voto, dans les temples véritables.

C'étaient de véritables petits meubles, de petits tabernacles, de proportions réduites et dont l'usage se répandit tellement que des fabricants et des marchands établis dans le voisinage en offraient de pareils à ceux qui ne pouvaient en faire construire de plus considérables (1). Ces *édicules* étaient faits en métaux, en matières précieuses ou en terre cuite. Il y avait même des *édicules* portatifs, promenés hors des temples en certaines occasions.

Dans les habitations particulières on voyait aussi des *ædiculæ* faites, de même, sur le modèle d'un temple et placées dans de grandes cases autour de l'atrium. On y conservait les images des ancêtres, les lares et les divinités tutélaires.

Nos reliquaires ont quelquefois aussi la forme d'édifices et prennent le nom d'*édicules*.

Sur le portail des églises on voit souvent une statue, telle qu'une figure de prince ou de seigneur, tenant à la main le modèle en relief de l'édifice qu'il a fait construire.

Ægicrane, *s. m.* — Nom que l'on a donné à des têtes de bélier que les

(1) Daremberg et Saglio, *Dict. des antiquités grecques et romaines.*

anciens plaçaient, comme motifs d'ornementation, sur les autels, les frises, candélabres et autres monuments, membres d'architecture ou objets d'art.

Dans les autels, les *ægicranes* sont ordinairement placés sur le milieu d'une

Fig. 54.

des faces, comme le montre la figure 54. Dans les candélabres ils occupent souvent les sommets ou la base, ainsi qu'on

Fig. 55.

le voit sur la figure 55, qui représente le pied d'un candélabre en marbre blanc de l'époque romaine, appartenant aux collections du musée du Louvre.

Aérage, *s. m.* — Renouvellement de l'air vicié dans un lieu quelconque (voy. *Ventilation*).

Aetoma. — Synonyme d'*aetos*.

Aetos, *s. m.* — Les archéologues ne sont pas d'accord sur le sens véritable de ce terme, dont l'ancienneté est très-grande. En effet, Pindare rapporte que l'usage d'orner le faîte des édifices de figures d'aigle est venu des Corinthiens, et que les noms *aetos, aetoma,* attribués d'abord au faîte, puis au tympan du fronton, sont dérivés de cet usage. On ne saurait dire si les Corinthiens ont adopté cette désignation en comparant à l'oiseau qui s'élève dans les plus hautes régions de l'air le comble, qui est la partie la plus élevée de l'édifice, ou bien s'ils virent, dans la forme du fronton, la ressemblance d'un aigle dont les ailes sont déployées.

Quelques auteurs, Winckelmann entre autres, pensent qu'à l'origine on plaçait un aigle sur le comble des temples, parce que les plus anciens de ces édifices étaient consacrés à Jupiter. Des exemples de cet usage ont en effet été trouvés, mais ils sont d'une date relativement récente, du règne des Antonins, et il est vraisemblable que c'est par allusion au nom de l'*aetos* que, dans des temps plus modernes, on a mis un aigle au milieu du fronton.

Affaisser, s'affaisser. — On dit qu'un bâtiment est *affaissé* en totalité ou en partie, quand les niveaux de ses assises ne se sont pas maintenus.

Cet effet se produit par suite de vétusté ou si les fondations sont construites sur un mauvais terrain.

Si l'*affaissement* est égal dans toutes les parties, c'est un *tassement* (voy. ce mot).

Un plancher peut s'*affaisser*, dans son

milieu ou dans l'une de ses parties, si les solives qui le composent sont trop faibles pour leur longueur, ou trop surchargées, ou bien encore si l'un des murs qui supporte les extrémités vient à tasser.

Pour éviter les désordres tels que les fractures des voûtes ou l'irrégularité du niveau des planchers, résultant de l'*affaissement* inégal, il importe de laisser les fondements tasser et les mortiers prendre corps, avant d'élever la construction hors de terre.

Les ouvrages de terrasse et les chaussées de chemins faites en terre rapportée s'*affaissent* considérablement.

De même, dans le jet sur berge de terres extraites d'une fouille, le tassement nécessite quelquefois un repiochage avant le chargement sur tombereaux, camions ou brouettes.

Affamé, *part. passé.* — Se dit, en général, d'un bloc de pierre, de marbre ou de bois, qui, après l'*ébauchage* (voy. ce mot), n'a plus assez de matière pour qu'on puisse donner au travail fini les dimensions prévues.

Affichage, *s. m.* — Les anciens employaient certains procédés d'*affichage* pour les annonces qui devaient être portées à la connaissance du public. Les Grecs désignaient par les mots *leucôma* et *sanis*, les Romains, par le mot *album*, les tablettes, écriteaux et portions de mur couverts d'un enduit blanc sur lesquels ces annonces étaient inscrites en rouge ou en noir. Les lignes devenues inutiles, que l'on pouvait d'ailleurs aisément effacer, étaient supprimées par une couche nouvelle de blanc.

Ces affiches étaient naturellement exposées dans les endroits les plus fréquentés et aux places les plus apparentes, de manière à ce que le public pût facilement en prendre connaissance. Le forum était ordinairement le lieu choisi pour l'*affichage*. Quelquefois les tablettes étaient appendues aux colonnes des temples ou des portiques. Dans certains cas, on blanchissait même certaines parties de murs, auxquelles on donnait un aspect architectural et qui n'avaient d'autre destination que de recevoir des annonces.

Affiler, *v. a.* — Quand un outil a été aiguisé (1) sur la meule tournante ou fixe, son tranchant est composé d'une série de petites dents, formées par les grains du grès, et se présente sous l'aspect d'une petite frange ou lame d'acier très-mince et très-étroite, à peine adhérente, appelée *bavure* ou *morfil*; ce morfil empêcherait l'outil de couper; on le fait tomber, en passant le tranchant sur la pierre à l'huile. Cette pierre, dite *affiloir*, est un calcaire compacte à grains très-fins. A son défaut, l'on peut se servir de certaines ardoises.

On dit qu'on *affile* les dents d'une scie qui ne coupe plus, quand on les aiguise à la lime. On se sert, pour cela, de limes triangulaires (*tiers points*) et de limes rondes (*queues de rat*); avec les premières, on *affile* le bout du tranchant des dents; avec les secondes, on approfondit les parties arrondies entre les dents de scie.

Affiloir, *s. m.* — Voy. *Affiler*.

Affleurer, *v. a.* — Mettre à la même surface, soit d'un seul côté

Fig. 56.

(fig. 56), soit sur deux parements, sans aucune saillie de l'un sur l'autre, deux corps contigus.

Affleurer un plancher : mettre de niveau toutes les solives qui le composent.

Affleurer une porte : en aplanir toutes les parties, de façon à ce qu'elles forment une seule surface.

(1) Emy, *Traité de charpente.*

On peut dire qu'un corps en *affleure* un autre : ainsi une trappe, dans un plancher, mise au niveau de la surface, *affleure* ce plancher ; une porte en feuillure peut *affleurer* un parement.

Affouillement, *s. m.* — L'action des eaux courantes sur les constructions hydrauliques établies dans des terrains graveleux ou sablonneux produit ce qu'on appelle des *affouillements* et peut ruiner ces travaux.

Il y a plusieurs moyens de se garantir de ces effets : 1° on entoure la fondation d'*enrochements* (voy. ce mot) à pierres perdues ; — 2° on fixe, autour du pied de la construction, des palplanches ou pieux jointifs, et l'on remplit l'intérieur d'enrochements ou de béton ; — 3° on étend sur toute la surface menacée une couche épaisse de maçonnerie formant un radier, sur lequel on construit ; ce dernier procédé a été appliqué à la fondation du pont de Moulins sur l'Allier.

Affourchement, *s. m.* —**Affourcher,** *v. a.* — Joindre ensemble deux

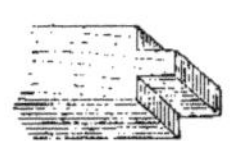

Fig. 57.

pièces de bois dont l'une est à *languette* et l'autre à *rainure* (fig. 57).

Affûter, *v. a.* — Ajuster un outil tranchant au *fût* en bois qui le maintient dans la position la plus propre à le faire couper.

On dit aussi, mais improprement, *affûter* pour *aiguiser* et *affiler* (voy. ces mots) (1).

Agate, *s. m.* — Pierre quartzeuse, colorée de nuances diverses.

On distingue plusieurs sortes d'aga-

(1) Emy, *Traité de charpente.*

tes : la *calcédoine,* la *cornaline,* l'*onyx,* la *prase,* la *sardoine,* le *sardonyx* (voy. ces mots).

On emploie ces différentes variétés à l'ornementation des objets, en pièces de rapport et de marqueterie.

Les doreurs utilisent cette pierre comme *brunissoir* (voy. ce mot).

Agde (*Pierre volcanique d'*). — Lave basaltique provenant de la carrière de Notre-Dame, commune d'Agde, arrondissement de Béziers.

Cette pierre est dure et de couleur noir d'ardoise. Sa hauteur d'assise usuelle est de 0m,50. Le poids du mètre cube est de 2,370 kilogr., et la charge nécessaire pour produire l'écrasement varie de 400 à 560 kilogr.

La cathédrale et les remparts d'Agde, qui datent du xii° et du xiii° siècle, ont été construits avec cette pierre.

Agence *de travaux.* — Bureau que les architectes établissent sur le chantier.

Une *agence* comprend : un cabinet pour l'architecte qui dirige les travaux ; un ou plusieurs *cabinets* pour les inspecteurs ; un *atelier* pour les autres employés : dessinateurs, sous-inspecteur, conducteur, piqueur, etc.

Agencement, *s. m.* — Disposition et rapport des différentes parties d'un édifice : l'arrangement, les proportions relatives des divisions d'un plan, d'une façade, d'une décoration.

Agger. — Nom général que les Romains donnaient à tout amoncellement de matériaux.

Le mot *agger* désignait particulièrement la levée de terre qui supportait les murailles d'une ville fortifiée ; le retranchement palissadé qui entourait un camp ; la terrasse élevée par les assiégeants au niveau des murailles d'une ville attaquée ; la digue en terre qui contenait les eaux d'une rivière ; la chaussée bombée d'une voie publique (1).

On a trouvé, dans les fouilles modernes exécutées entre la porte Esquiline et la porte Colline, à Rome, des restes considérables de l'*agger* construit par Servius Tullius et élargi par Tarquin le Superbe. Ce rempart était formé d'un mur de soutènement, construit par assises régulières, partie en tuf, partie en pépérin, et d'un remblai en terre de 30 mètres environ de largeur.

On donnait aussi le nom d'*agger* à toute levée de terre exécutée pour l'attaque d'une place, depuis la plus haute antiquité. Les écrits des anciens, les bas-reliefs trouvés dans les ruines de Ninive prouvent que l'usage des circonvallations, des terrasses garnies de tours, des plans inclinés s'avançant graduellement jusqu'au pied des murailles ennemies étaient en usage, dans l'Orient, pour l'attaque des villes fortifiées. C'est sur ces plans inclinés que l'on faisait mouvoir les béliers et autres machines destinées à battre les remparts des assiégés. Les Grecs adoptèrent ces moyens d'attaque, à la suite des invasions médiques.

Agglomérats, *s. m. pl.* — Produits minéraux réunis par une fusion incomplète, ou resserrés en masses plus ou moins considérables par un ciment quartzeux ou calcaire déposé par les eaux.

Les *poudingues*, les *brèches* (voy. ces mots) sont des *agglomérats* formés ainsi par compression.

Béton *aggloméré* (voy. *Béton*).

Agiau, *s. m.* — Nom que les doreurs donnent à une sorte de pupitre sur lequel ils placent les livrets contenant les feuilles d'or ou d'argent.

Agora, *s. m.* — Mot qui désignait la place publique dans les anciennes villes grecques.

(1) Antony Rich, *Antiquités romaines et grecques.*

L'*agora* servait, en même temps, de marché et de lieu de réunion politique. Primitivement, c'était une place couverte de boutiques et d'échoppes de marchands; plus tard, l'*agora* fut orné de temples, d'édifices civils, de portiques, de gymnases.

Des autels, des statues, des fontaines et des plantations complétaient la décoration. Malheureusement il ne nous reste, comme renseignements au sujet de ces places publiques, que les écrits des anciens (1).

Cependant M. Texier, dans son *Voyage en Asie mineure*, dit avoir retrouvé quelques *agoras*, un, entre autres, à

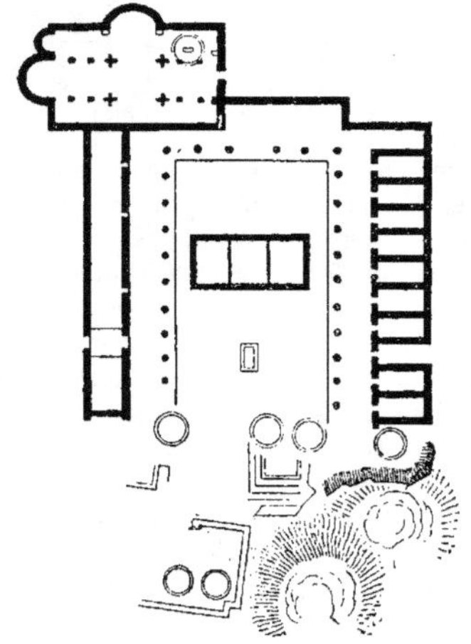

Fig. 58.

Antiphellus, dont la figure 58 représente le plan, et dans lequel il aurait découvert des salles souterraines ou magasins destinés à servir d'entrepôt pour les grains.

Le plus célèbre des *agoras* est celui d'Athènes, qui était situé dans le Céramique, au sud de l'acropole et de la colline de l'aréopage, au nord-est de celle du musée et qui mesurait 450 mètres de long sur 300 mètres de large. Les

(1) *Dict. de l'Académie des beaux-arts.*

côtés de cette place étaient occupés par un certain nombre d'édifices publics : le *Metroon* ou temple de Cybèle, le *Portique royal*, celui des douze *grands dieux*; le *Bouleuterion*, lieu où s'assemblait le Sénat ; le *Tholus* ou demeure des anciens rois d'Athènes, puis des Prytanes, et enfin le *Pœcile*.

Agrafe, *s. f.* — 1° Morceau de fer plat, replié aux deux bouts comme un crampon (fig. 59) ou présentant la

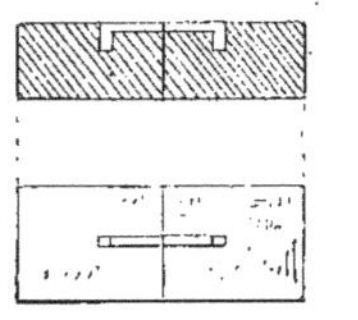
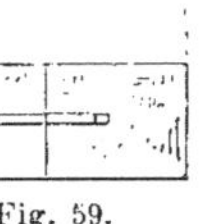

Fig. 59.   Fig. 60.

forme d'une double queue d'aronde (fig. 60), qu'on emploie pour relier entre elles deux pierres contiguës.

Les *agrafes* en aronde sont souvent en bois. Les anciens se servaient, pour unir les gros blocs et les assises de maçonnerie, de crampons en bronze ou en fer, auxquels Vitruve donne le nom d'*ansæ*. On reconnaît ce genre de construction au grand nombre de trous qui se remarquent dans les édifices anciens, depuis qu'on a enlevé les *agrafes* pour s'emparer du métal.

2° SERRURERIE. On nomme *agrafe* ou *contre-panneton* une boucle en fer, fixée à un volet d'intérieur et qui, accrochée par l'un des pannetons de l'espagnolette de la fenêtre, permet de fermer, à la fois, la fenêtre et le volet.

3° COUVERTURE. Petites bandes de zinc qui sont clouées sur le voligeage, à la partie inférieure d'une lame de zinc et qui s'engagent sous le rebord de la feuille immédiatement inférieure. Ces *agrafes* s'opposent au soulèvement des feuilles (fig. 61).

Bande d'agrafe, bande en zinc variant comme largeur et clouée à la partie inférieure d'une couverture, pour servir à agrafer les feuilles de zinc placées au-dessus (fig. 62).

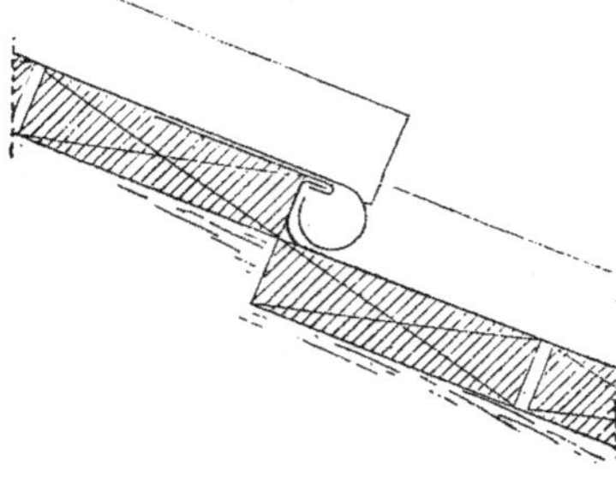

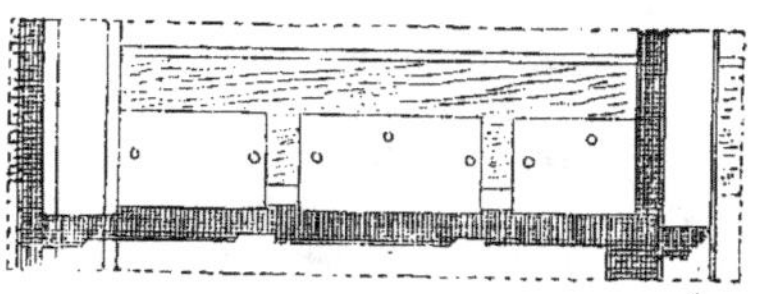

Fig. 61.

MARBRERIE. Les marbriers emploient différentes sortes d'*agrafes*, soit pour retenir les chambranles sur les jambages

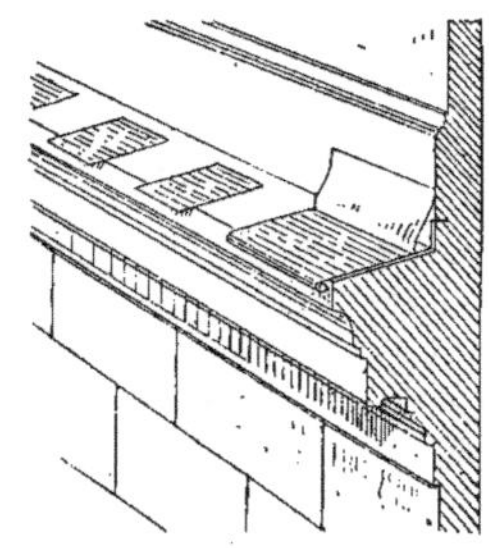

Fig. 62.

des cheminées, soit pour relier entre eux les marbres cassés. Dans le premier cas, ils se servent d'*agrafes à scellement a* (fig. 63) ou à talon *b*, en fer ou en cuivre ; dans le second cas, ils emploient de grandes *agrafes à T*, ayant la forme indiquée en *c*.

Notons que les *agrafes* appartenant aux deux premières catégories et qui, aujourd'hui, se font plutôt en cuivre ou en bronze qu'en fer, pour éviter les effets de l'oxydation, sont comprises, au point de vue des ouvrages, dans les faux frais accordés à l'entrepreneur lorsqu'il

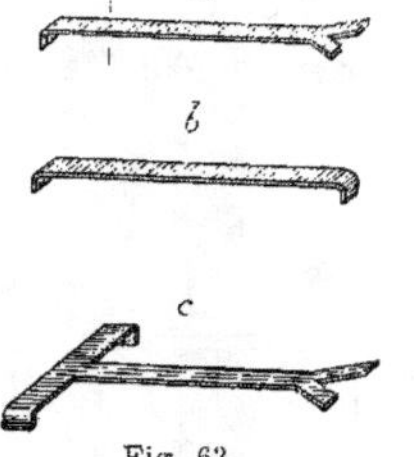

Fig. 63.

fournit les chambranles ; elles ne sont donc pas comptées pour les ouvrages neufs.

Agrès, *s. m. — Poulies, moufles, cordages* faisant partie d'une *chèvre* (voy. ces mots).

Agrimensor. — Terme employé. dans la basse latinité, pour désigner ceux qui remplissaient les fonctions d'*arpenteurs* (voy. *Arpentage*).

On donnait encore aux arpenteurs les noms de *compeditores* ou *gromatici*, mots dérivés des instruments dont ils faisaient usage : *pes*, pied ; *groma*, quart de cercle.

On admet généralement, en raison du caractère religieux que les Romains attachaient aux limites, que les premiers arpenteurs furent les *augures*, alors que le collège des pontifes avait la juridiction, même en matière civile.

Dans la suite, l'art de l'arpentage se sécularisa. Toutefois, dans la délimitation d'une colonie, les augures furent toujours employés ; mais toutes les opérations techniques étaient faites par les *agrimensores*.

Dans les premiers temps de l'empire romain, les *mensores* ou *agrimensores* furent convertis en fonctionnaires publics et furent employés, en cette qualité, à la délimitation des provinces conquises ou des colonies nouvellement créées ou

rétablies. Ils eurent aussi à remplir les devoirs de juges (*arbitri*) dans les procès touchant le bornage. Vers la fin de l'empire, les *agrimensores* furent réduits au rôle d'experts ; c'est à eux que le juge s'adressait pour retrouver les anciennes limites par l'inspection des bornes ou des documents tels qu'écrits, cartes, plans, etc.

Ahah ou **Haha,** *s. m.* — Ouverture pratiquée dans un mur d'enceinte au niveau de l'allée d'un jardin et dépourvue de grille. Au pied de l'*ahah* se trouve un fossé ou saut-de-loup, de telle manière que, pour les promeneurs, l'allée semble se prolonger bien au-delà du fossé. que l'on n'aperçoit qu'en arrivant au bord.

Aide, *s. m.* — Ouvrier qui, sur les travaux, sert un *compagnon*. On dit *aide-maçon*, *aide-limousin*, *aide-coureur*, etc... ou simplement *garçon*, *manœuvre*.

Aideau, *s. m.* — Morceau de bois A, mis en travers des barreaux d'une char-

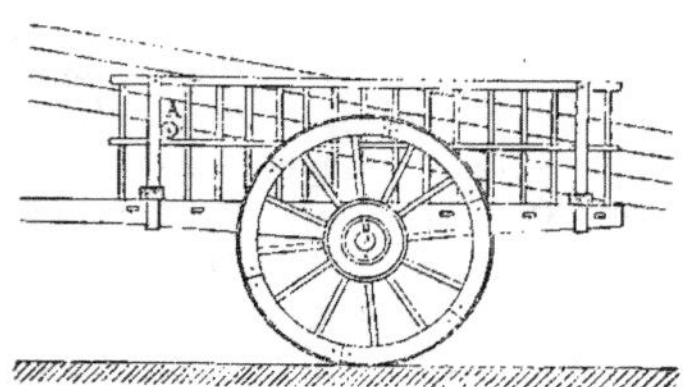

Fig. 64.

rette pour relever l'extrémité antérieure d'une charge de planches ou de pièces de bois (fig. 64).

Aide-ressort, *s. m.* — Petite pièce de fer ou d'acier, montée sur platine et qui aide le ressort d'une serrure, souvent trop faible pour le poids de son bouton.

Aigle, *s. m.* — C'est le nom grec de cet oiseau ἀετός qui a été donné, par les anciens, à cette partie de l'architecture que nous appelons *fronton* (voy. *Aetos*).

L'*aigle* a été fréquemment employé dans la décoration architecturale. Ainsi, on le trouve souvent sur les chapiteaux antiques, et notamment sur ceux du temple de Septime Sévère. Il servait principalement d'attribut au temple de Jupiter. On l'employait aussi à l'ornementation des frises d'entablement.

Aignan (*Grès calcarifère d'*). — On exploite dans la carrière de Douzens, commune d'*Aignan*, arrondissement de Mirande, un grès calcarifère assez dur, gris jaunâtre, à grains fins, durcissant à l'air et portant de 0ᵐ,50 à 1 mètre de hauteur d'assise.

Aigre, *adj.* — Se dit d'un fer de mauvaise qualité, qui est cassant ; cet état est dû à la présence de corps étrangers, tels que le soufre, le phosphore, le carbone, etc.

Aiguille, *s. f.* — Ce nom s'applique, en général, à toute construction à plan carré ou polygonal se terminant en pointe au sommet : tels sont les *clochers* qui surmontent les tours, dans certaines églises (voy. *Flèche*) ; les couronnements aigus des contreforts, panneaux et montants de maçonnerie et de menuiserie ; les *obélisques* (voy. ce mot).

CHARPENTE. Pièce de bois (fig. 65)

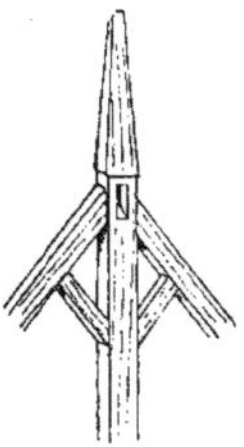

Fig. 65.

qui reçoit l'assemblage des arbalétriers d'un comble pyramidal, et dont l'extré-

mité, perçant le comble, est généralement recouverte d'ornements en plomb (voy. *Poinçon*).

On appelle *aiguille pendante* une pièce de bois ou une tringle de fer servant à soulager un entrait. Nous donnons (fig. 66) l'exemple d'une ferme de l'an-

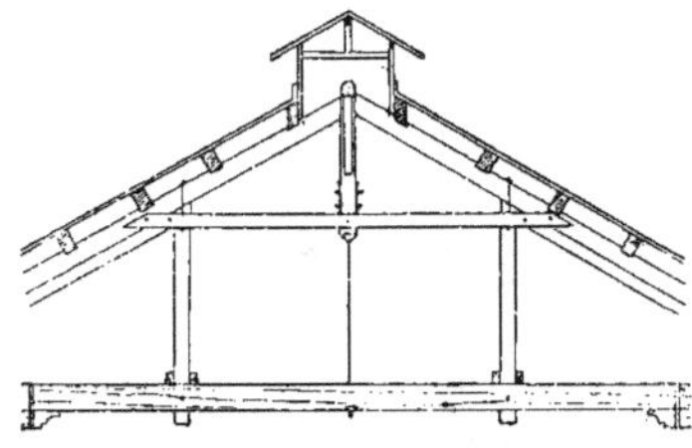

Fig. 66.

cienne gare du Nord, qui réunit les *aiguilles pendantes* en bois et en fer. La tringle rattache le milieu de l'entrait au pied du poinçon.

SERRURERIE. Terme qui désigne un outil très-rarement employé par les ouvriers ; c'est une broche en fil de fer, munie d'un œil à l'une de ses extrémités et servant à faire passer le fil de tirage d'une sonnette dans un trou, qu'on perce, à cet effet, à travers un mur.

ARCHITECTURE HYDRAULIQUE. Nom que l'on donne aux pièces de bois verticales juxtaposées, qui composent les *vannes* servant à fermer les *pertuis*. Ces aiguilles sont retenues, en tête, par une *brise* et leur pied porte sur le seuil du *pertuis* (voy. *Brise, Pertuis*).

CHEMINS DE FER. Bout de rail mobile, terminé en biseau et servant à opérer les changements de voie.

La figure 67 montre les deux *ai-*

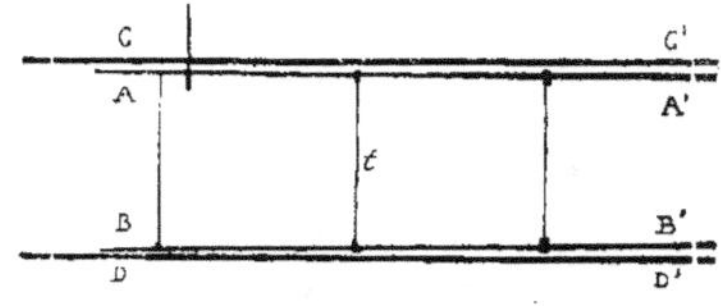

Fig. 67.

guilles A A′, B B′, les tringles *t* qui les relient, et les deux rails *contre-ai-*

guilles C C', D D'. Un levier à contre-
poids agit sur une tringle fixée à l'aiguille A A' et fait mouvoir le système.

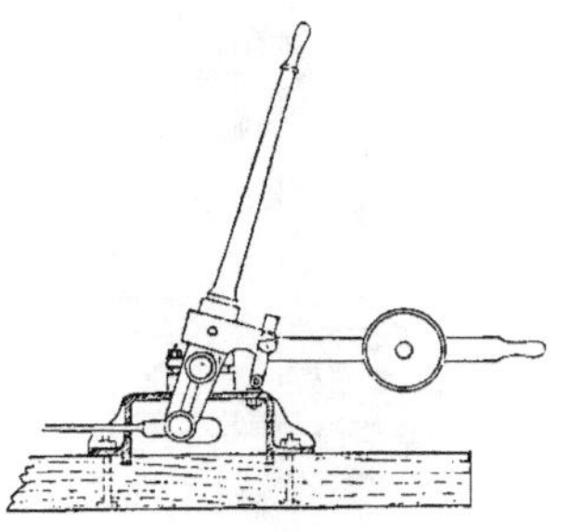

Fig. 68.

La figure 68 donne l'élévation, à 0ᵐ,03
pour mètre, d'un de ces systèmes de
levier usité en France.

Aiguiser, *v. a.* — Faire le tranchant
ou la pointe d'un outil.

Après la trempe, les outils n'ont leur
tranchant ou leur pointe que préparés ;
il faut les achever : l'*aiguisement* grossier consiste à frotter ce tranchant ou
cette pointe sur une pierre dure et à
grains très-fins ; on se sert de certains
grès taillés en meule et tournant autour
d'un axe horizontal, ou simplement mis
à plat. Si l'outil est tranchant et n'a
qu'un biseau, l'angle de ce biseau avec
le plan de l'outil ne doit pas être de
plus de 30° ; s'il a deux biseaux, l'angle
formé doit être aussi de 30°.

L'*aiguisement* se parfait au moyen de
l'*affilage* (voy. *Affiler*).

Les dents de scie s'*aiguisent* à la lime
(voy. *Affiler*) (1).

Aile, *s. f.* — Dans un édifice, on
désigne ainsi les parties A (fig. 69) qui
sont jointes au corps principal, soit à
angle droit, soit dans toute autre direction ; on dit *aile droite* ou *aile gauche*,
selon la position qu'occupent les bâtiments latéraux, par rapport à l'édifice

(1) Emy, *Traité de charpente.*

dont ils dépendent et non par rapport à
la personne qui les regarde.

Les Grecs donnaient le nom de *ptera*
(ailes) aux rangées latérales de co-

Fig. 69.

lonnes isolées qui régnaient le long des
murs d'un temple en dedans ou en
dehors.

Le mot latin *ala*, qui a la même signification, désignait une partie de la maison
romaine (voy. *Domus*). Nous appelons
quelquefois *ailes* les bas-côtés de nos
églises.

Ailes de théâtre : ce sont les côtés de
la scène où se fait le service des décors
et où se tiennent les acteurs dans les intervalles de leurs rôles.

Ailes de pont : évasement que présentent les culées d'un pont, et qui élargissent les issues d'arrivée (fig. 70). Ces
évasements sont limités, de chaque

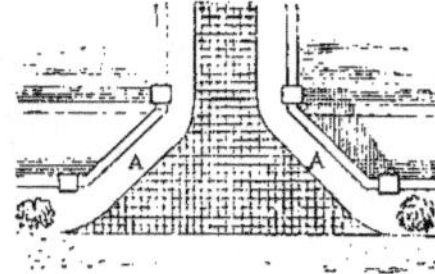

Fig. 70.

côté, par des murs droits ou courbes,
construits en avant de la face de tête du
pont et servant de murs de soutènement ; on les appelle *murs en aile.*

Maçonnerie. *Ailes de cheminée :* on
nomme ainsi les parties du mur dossier élevées de chaque côté d'une souche
de cheminée, soit d'aplomb, soit en
pente pour lui donner plus de force.
Quand le mur dossier est un mur sépa-
ratif non mitoyen, celui qui fait élever
la cheminée doit rembourser au voisin,
propriétaire du mur, la moitié de sa valeur, dans la largeur occupée par les

tuyaux et, en outre, une portion de 0ᵐ,32, dite *pied d'aile*, mesurée de chaque côté desdits tuyaux et réputée nécessaire à l'établissement de la cheminée.

Ailes de lucarne (voy. *Jouée*).

SERRURERIE. *Ailes de mouche :* 1° Mouvements de sonnette en forme de branche de bascule (fig. 71) ; — 2° ancres

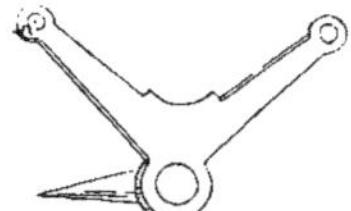

Fig. 71.

des têtes de cheminée en brique ; — 3° espèces de scellements très-fendus.

La côte d'un fer à T s'appelle aussi *aile*. On dit *fer à larges ailes* (voy. *Fer*).

PAVAGE. *Ailes d'une chaussée :* les deux côtés en pente d'une chaussée, séparés par la rangée de pavés du milieu, qu'on appelle *tas*.

ARCHITECTURE HYDRAULIQUE. *Ailes d'une écluse :* murs qui la limitent de chaque côté, et vont s'évasant à l'entrée et à la sortie de cette *écluse* (voy. ce mot).

MÉCANIQUE. *Ailes de moulin à vent :* châssis couverts de toile et munis d'échelons, qui sont fixés sur l'arbre moteur et le font tourner, en lui transmettant le mouvement que leur donne le vent.

Ailes de ventilateur : on désigne ainsi des surfaces planes ou courbes qui, par leur rotation autour d'un axe, produisent l'appel nécessaire à l'aération d'un édifice (voy. *Ventilateur*).

Ailerons, *s. m. pl.* — ARCHITECTURE. 1° *Ailerons de lucarne :* consoles renversées en amortissement sur les côtés des lucarnes (fig. 72) ; — 2° *Ailerons de portail :* consoles avec enroulements qui servent à raccorder les deux ordres superposés de certains portails d'église (fig. 73).

SERRURERIE. *Ailerons* ou *ailes d'une*

fiche : lames qui s'enfoncent dans le bois

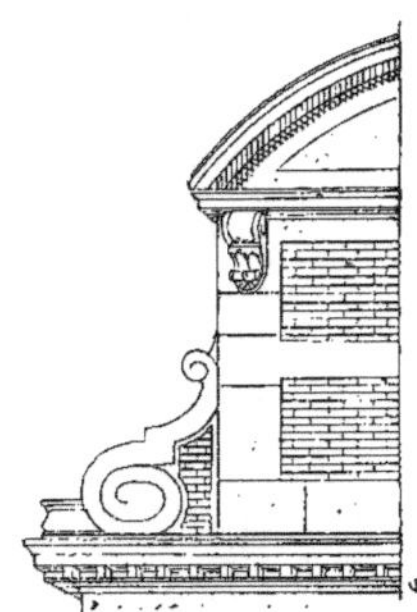

Fig. 72.

comme des tenons et maintiennent la *fiche* (voy. ce mot).

Fig. 73.

VITRERIE. Bords minces de la rainure en plomb retenant les pièces de verre dont un panneau de vitres est composé.

Ailette, *s. f.* — Diminutif d'aile. Avant-corps de bâtiment.

Airain (voy. *Bronze*).

Aire, *s. f.* — Mot qui, d'une manière générale, signifie *surface, superficie;* on dit l'*aire* d'une maison, pour désigner l'espace de terrain qu'occupe cette construction. Dans un sens étendu, les anciens donnaient aussi ce nom à l'espace découvert, disposé en surface unie, qui précédait une habitation, un édifice, un cimetière (voy. *Vestibule, Parvis, Ustrinum*).

Ce terme s'applique plus particulièrement à toute espèce d'enduit ou de maçonnerie étendue sur le sol pour recevoir ou remplacer un plancher, un dallage ou un pavage.

Vitruve nous indique la composition que les Grecs donnaient aux *aires* des salles à manger; ils les formaient de trois couches: la première en béton ou en briques, placée sur le terrain creusé et pilonné; la seconde était un lit de charbon de six pouces d'épaisseur; la troisième était composée d'un mortier de chaux, de sable et de cendre parfaitement dressé. — Les Romains établissaient également trois couches: le *statumen,* maçonnerie de petits moellons et de mortier; le *rudus,* en béton; le *nucleus,* mortier de chaux et de tuileaux en poudre. L'épaisseur de l'*aire* était de 0^m,40, sur terrain naturel; elle avait un peu moins sur plancher.

Aujourd'hui, on construit plus simplement les *aires* en mortier ou en béton. Sur le sol pilonné, on comprime une couche de 0^m,15 à 0^m,20 de béton de cailloux ou de béton de sable. Pour une *aire* de plancher, on met une couche de mortier ou de plâtre de 0^m,05 d'épaisseur. La charge de gravois ou de plâtras, posée préalablement entre les solives, prend spécialement le nom d'*aire de plancher.*

Dans les campagnes, on emploie, pour établir les *aires* à rez-de-chaussée, soit de l'argile réduite en pâte molle et mélangée avec des matières telles que de la bourre ou poil de vache, ou crottin de cheval, du marc d'huile d'olive, du sang frais de bœuf, entrant dans la proportion de 10 à 30 p. 100 (1); soit de la chaux hydraulique en poudre, des cendres d'usine, et du gravier ou du sable mélangés à sec avec du sang de bœuf. Dans les deux cas, on étend ce mortier, par couches, sur le sol bien pilonné, et l'on bat tous les jours à la dame, jusqu'à parfaite consistance.

Le premier procédé, appliqué pour les *aires* de granges, était en usage chez les Egyptiens; c'est sur un terrain disposé de la sorte, qu'ils battaient le grain, ou qu'ils le détachaient, en faisant courir en rond sur les gerbes des animaux domestiques.

En Italie, et particulièrement à Naples (2), on couvre les terrasses d'une couche d'un béton composé de fragments de pierre ponce et de tuf volcanique, avec de la chaux éteinte réduite en bouillie; le mélange est bien broyé, puis s'étend sur un lit de petites pierres, préalablement posées à sec sur le plancher: la surface est battue et abandonnée à une dessiccation lente, sous une couche de terre qu'on n'enlève qu'au bout de deux mois. A Venise, on construit des *aires* par couches successives de mortier de chaux grasse et de pouzzolane, dans lesquelles on bat de petits morceaux de marbre de forme irrégulière et de couleur uniforme ou variée, suivant l'aspect que l'on veut obtenir.

On fait encore des *aires en ciment,* et surtout en ciment de Portland mélangé de gravier ou de sable.

Les *carrelages* et les *parquets* (voy. ces mots) se posent aussi sur des *aires* en moellons, maçonnés avec plâtre ou mortier.

Les *aires de cave* doivent être formées de crayon ou de blanc de salpêtre battu et recouvert d'une couche de sable.

Le sol des routes est souvent formé au moyen d'*aires* en *cailloutis* (voy. ce mot).

Les *aires en mastic bitumineux* sont employées aussi pour les *chaussées,* les

(1) Bouchard, *Constructions rurales.*
(2) Rondelet, *L'Art de bâtir.*

chapes de ponts ou de bassins, les *trottoirs* (voy. ces mots).

On établit sur la surface des allées de jardins une couche d'environ 0^m,20, dite *aire de recoupes*, qu'on recouvre de terre, de salpêtre battu et de sable.

Enfin, on donne encore le nom d'*aire* à une place battue et dressée, soit sur le sol même, soit à l'aide d'un enduit de plâtre et qui sert au tracé d'une épure ou d'un détail grandeur d'exécution.

Ais, *s. m.* — Bois employé par les charpentiers et les menuisiers et que le commerce débite en planches de 0^m,03 à 0^m.06 d'épaisseur.

On appelle particulièrement :

Ais de boutique, des planches de chêne qui servent à la fermeture des boutiques ;

Ais d'entrevoux, des planches de bois de chêne à feuillure, posées de manière à clore le vide qui existe entre les solives d'un plancher laissées apparentes ; ce genre d'entrevoux forme un motif de décoration qui était autrefois très-employé ;

Ais de bateau, des planches qui proviennent de la démolition des bateaux et dont on fait des cloisons légères, enduites de plâtre sur chaque face ;

Ais feuillés, des planches qui portent sur les rives une feuillure à mi-épaisseur.

Aisances, *s. f. pl.* — *Chausses d'aisanses* (voy. *Chausses*). — *Lieux d'aisances* (voy. *Cabinet, Latrines*). — *Fosse d'aisances* (voy. *Fosse*).

Aisseau, *s. m.* — Petit ais en planche très-mince servant à couvrir (voy. *Bardeau*). On dit encore *Aissan, Aissis*.

Aisselier, *s. m.* — Pièce de bois, droite ou courbe, servant à fortifier l'assemblage de deux pièces de charpente et à en empêcher l'écartement.

Les *aisseliers* ont leurs extrémités terminées par des tenons qui ont leurs mortaises dans les deux pièces assemblées et formant angle.

Le lien représenté par la figure 74 est

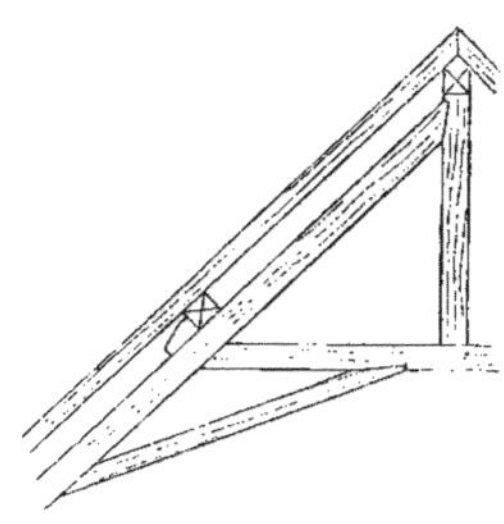

Fig. 74.

un *aisselier* reliant, dans un comble, l'arbalétrier au sous-entrait.

Aitre, *s. m.* — Vieux mot qui désignait, au moyen âge, un terrain servant de cimetière autour d'une église. Il s'employait encore dans le sens de *parvis, cour, foyer, cheminée* (voy. ces mots).

Ajointer, *v. a.* — Joindre deux planches ensemble latéralement ou bout à bout.

Ajour, *s. m.* — On donne ce nom aux vides pratiqués au travers d'un objet tel qu'un membre d'architecture ou une partie de construction.

Les intervalles laissés entre les meneaux, dans les roses ou les tympans de l'époque ogivale, sont des *ajours*. Il en est de même des vides compris entre les montants d'une balustrade, des baies percées dans un mur de bahut construit à la base d'un comble.

On dit aussi que ces objets sont *ajourés*.

Ajustement, *s. m.* — Ce mot s'applique, dans un sens général, à l'*agencement*, l'*arrangement* d'un ensemble (voy ces mots).

On dit, dans un sens plus restreint, *ajuster* des détails, des *accessoires*, les mettre en harmonie, en rapport avec le tout, par exemple, dans une décoration.

Au point de vue de la construction, on *ajuste* les différentes pièces d'un ouvrage, quand on les dispose de façon qu'elles soient parfaitement en rapport les unes avec les autres ; ainsi, l'on ajuste les assemblages.

Ajusteur, *s. m.* — Ouvrier qui prépare les différentes pièces d'un ouvrage, les ajuste et les livre à l'ouvrier *monteur* chargé de faire l'assemblage, de monter l'ensemble.

Ajutage, *s. m.* — Petit appareil adapté à un orifice d'écoulement pour varier la forme et la direction du jet ou modifier la dépense.

Il y a deux sortes d'*ajutages :* les uns, *simples*, ont la forme de cônes percés d'un seul trou ; les autres, dits *composés*, sont aplatis au-dessus et percés de trous, de fentes, ou réunissent plusieurs tuyaux, qui produisent diverses figures dans l'écoulement du liquide. Les jets d'eau des parcs et jardins sont pourvus d'*ajutages*.

Alabastrite, *s. m.* — Sulfate de chaux naturel qui a l'aspect du marbre blanc et qui présente quelque analogie avec l'albâtre calcaire, sans en avoir la dureté ni la solidité ; aussi nomme-t-on encore cette matière *faux albâtre*.

L'*alabastrite* se travaille facilement et prend un poli assez beau, mais moins vif que le marbre.

Les anciens l'ont employé à faire des vases et des urnes ; ils s'en sont encore servi pour garnir les fenêtres en guise de vitres. De nos jours, le *faux albâtre*, qui se rencontre en France mais surtout en Toscane, est utilisé pour la fabrication d'objets d'ornement, tels que vases, supports de pendule, etc.

Alaise, *s. f.* — Planche étroite A (fig. 75), embrevée sur une autre pour élargir un ouvrage ou compléter une largeur, par exemple, la planche la plus étroite qui achève de remplir une

porte collée et emboîtée ou un panneau d'assemblage.

Fig. 75.

Albarine (*Ciment de l'*). — Ciment fabriqué à l'usine de Tenay (département de l'Ain). L'indice d'hydraulicité de ce produit est 0.72. Sa résistance moyenne à la rupture, après un mois d'immersion est par centimètre carré :

Par arrachement : 9^k,47.

Par écrasement : 8^k,55.

Albâtre, *s. m.* — Pierre demi-transparente qui sert à la décoration et à la sculpture.

On donne improprement ce nom à une variété de chaux sulfatée ou *gypse ;* le véritable *albâtre* est un calcaire.

L'*albâtre* dit *oriental* est un marbre fibreux, demi-transparent dans quelques parties, opaque dans d'autres, à veines ondulées et concentriques, à cassure cristalline ; il en est de teintes diverses, variant du blanc au fauve. Cette variété d'*albâtre* est celle que les anciens estimaient le plus. Le nom particulier d'*onyx* lui était appliqué, en raison des veines ondulées et plus ou moins circulaires qu'il présente. Cet *albâtre* provenait des montagnes d'Arabie, de la Lycie, de la Carmanie, de l'Inde et de l'Égypte. La Cappadoce fournissait un *albâtre* commun, dépourvu de tout éclat.

L'*albâtre* de Damas était le plus blanc ; celui d'Égypte se présentait en plus grandes masses. Les Romains recherchaient surtout les *albâtres* de la couleur du miel, non transparents et offrant de petites zones disposées en tourbillons. Les *albâtres* couleur de corne, ou blancs, ou se rapprochant du verre étaient regardés comme défectueux.

L'*albâtre fleuri* est formé de couches de différentes nuances. L'Algérie fournit un *albâtre* dit *algérien*, dont les veines sont presque rectilignes et parallèles entre elles ; sa structure est rubanée ; ses teintes sont très-variées ; il est même quelquefois incolore et transparent ou blanc laiteux. Il est très-propre à la décoration. Les Romains le connaissaient.

L'*albâtre gypseux*, plus blanc et plus facile à travailler que l'*albâtre* calcaire, est souvent d'une blancheur parfaite ; on l'emploie à la confection de menus objets d'art. Le plus beau est celui qu'on exploite à Volterra. Il a l'inconvénient de perdre promptement son éclat et de prendre une teinte rousse qui lui enlève sa transparence.

Du xiiie au xvie siècle, on a fait avec l'*albâtre*, des bas-reliefs décoratifs, des statues, des ornements découpés, se détachant sur marbre noir.

Le poids spécifique de l'*albâtre* varie de 2,199 à 2,870.

Alcôve, *s. f.* — Réduit ménagé, dans une chambre, pour recevoir un ou plusieurs lits. Le fond est un des murs de la pièce ; l'un des côtés, au moins,

Plan

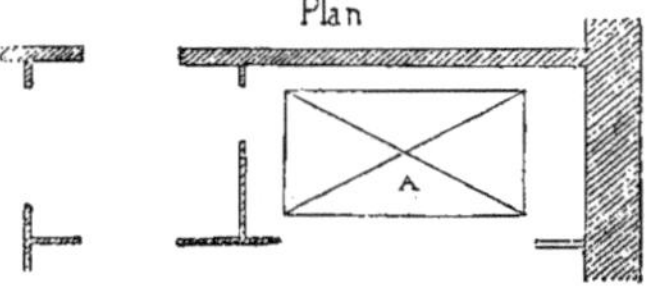

Fig. 76.

est formé par une cloison en menuiserie ou en maçonnerie légère ; le devant est clos par des rideaux ou par des

portes à vantaux ouvrant ou glissant dans des coulisses (fig. 76). Quelquefois, les cloisons de l'*alcôve* ne montent pas jusqu'au plafond.

Les anciens nommaient *zotheca* une pièce analogue, contiguë à une chambre plus grande et où l'on pouvait se retirer.

L'usage des *alcôves*, qui est repoussé aujourd'hui, comme contraire à l'hygiène, était en vigueur dans les siècles derniers. Ces réduits étaient assez grands pour que l'on pût y recevoir plusieurs personnes dans l'intimité.

Alençon (*Granite d'*). — Granite dur, gris-bleu ou jaunâtre, à grains moyens, que l'on exploite aux carrières de Beau-Séjour, communes de Condé-sur-Sarthe et de Louray, arrondissement d'Alençon.

Cette pierre porte jusqu'à 5 mètres de hauteur d'assise et pèse 2,585 kilogr. le mètre cube. Elle s'écrase sous une charge de 820 kilogr. par centimètre carré. Elle a été employée dans la construction des principaux édifices d'Alençon.

Alet (*Grès d'*). — Grès siliceux, tendre, durcissant à l'air, qui provient de la carrière de Fajols, commune d'Alet, arrondissement de Limoux.

Cette pierre est de couleur gris-clair, parfois rougeâtre et à grains très-fins. Sa hauteur d'assise varie de 1 mètre à 4 mètres. On l'a employée à l'église d'Alet et au palais de justice de Limoux.

Alette, *s. f.* — 1° Les trumeaux qui séparent les baies d'une arcade sont

Fig. 77.

souvent ornés de colonnes engagées ou de pilastres ; on nomme *alette* chacune des deux parties A (fig. 77) du pied-droit qui s'étend depuis la colonne ou le pilastre jusqu'au tableau de la baie.

2° Dans une balustrade avec piédestaux, les parties A qui sont comprises de

Fig. 78.

chaque côté d'un piédestal, entre la tablette et le socle (fig. 78), sont des *alettes*.

Alèze (voy. *Alaise*).

Alichons, *s. m. pl.* — Planches *a* (fig. 79) en bois d'alizier, garnissant la

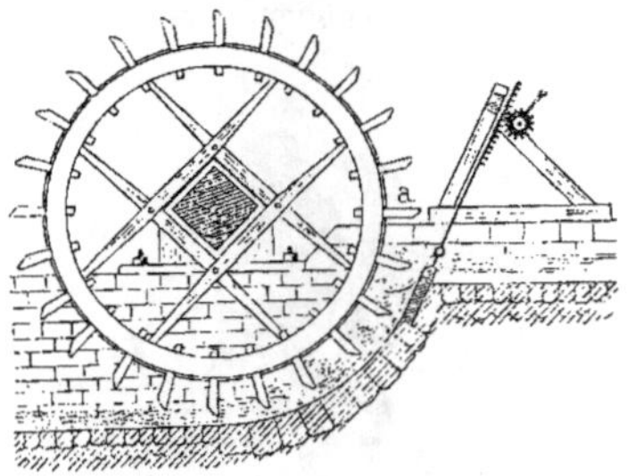

Fig. 79.

roue d'un moulin, et sur lesquelles tombe l'eau qui la fait tourner. On dit aussi *alluchons* et *ailerons*.

Alidade, *s. f.* — Règle, ordinairement en cuivre, aux extrémités de

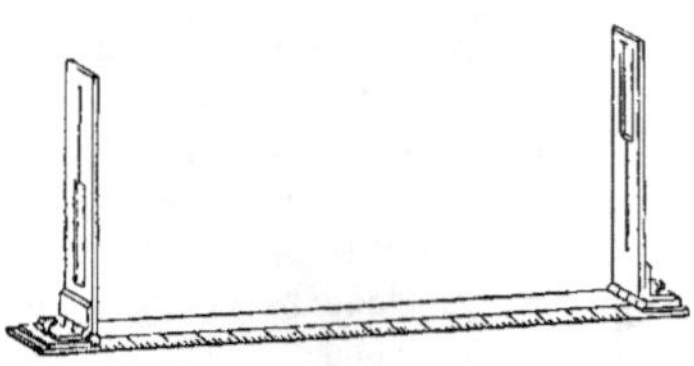

Fig. 80.

laquelle s'élèvent perpendiculairement deux lames de cuivre appelées *pinnules*. Chacune de ces lames (fig. 80) porte une

fente qui s'élargit vers le haut de l'une et vers le bas de l'autre, de façon à former une sorte de fenêtre, traversée par un fil de soie ou de crin tendu.

Cet instrument sert à déterminer une direction ; à cet effet, le rayon visuel, partant de la fente de l'une des pinnules, doit, en rasant le fil de la fenêtre opposée, aboutir au point dont il s'agit.

L'*alidade* peut donc servir au levé des plans : on l'adapte au *graphomètre*, à la *planchette* (voy. ces mots). Il y a, outre l'*alidade à pinnules*, les *alidades à tuyau plongeant, à lunette ;* les pinnules sont remplacées par un simple tube creux ou par une lunette.

Alignement, *s. m.* — Limite que ne doivent point dépasser une construction, un mur, un chemin, une rue, une entreprise quelconque.

L'*alignement* a lieu entre particuliers ou sur la voie publique.

L'*alignement entre particuliers* est déterminé par la ligne séparative de deux héritages, et dans le cas où l'un des voisins veut construire, démolir ou reconstruire à l'extrémité de son terrain, cette limite doit être fixée à l'avance et contradictoirement avec l'autre voisin. S'il s'agit de la reconstruction d'un mur, l'*alignement* se prend à son assiette ancienne, au rez-de-chaussée. Lorsque le mur est mitoyen, l'*alignement* part directement au-dessus de l'empatement de l'ancienne fondation ; il se fait en imaginant une ligne horizontale passée dans le milieu dudit mur ; celui des deux voisins qui a besoin d'un excédant d'épaisseur le prend sur son héritage.

L'*alignement sur la voie publique* est une ligne tracée par l'autorité, en vue de donner aux rues, places, chemins, une largeur et une direction qui procurent la sûreté et la facilité de la circulation sur les voies, ainsi que la salubrité et l'embellissement des villes.

Parmi les peuples anciens qui se préoccupèrent de la disposition générale des villes, nous citerons les Grecs. Les Romains recherchaient surtout la régularité du tracé pour l'emplacement des temples et des grandes voies. Au moyen âge, quelques villes seulement présentent des *alignements* déterminés. C'est de l'édit de Henri IV que datent, en France, les premiers efforts de l'autorité pour régulariser les constructions. Les dispositions de cet édit furent complétées, dans la suite, par des arrêts, lois et ordonnances, puis résumées par le décret impérial de 1808.

Nul propriétaire d'un héritage bâti ou non bâti bordant la voie publique ne peut, sous peine d'amende et de démolition, édifier, bâtir, construire ou reconstruire, sans avoir préalablement requis et obtenu de l'autorité compétente l'*alignement* et l'autorisation écrite.

L'entrepreneur ou l'ouvrier employé pour ces divers travaux doit exiger la preuve que cette obligation a été remplie; faute de quoi, il est lui-même passible d'amende (1).

Si l'*alignement* déterminé a pour effet le reculement de la construction sur le terrain du propriétaire, celui-ci reçoit de l'administration une indemnité convenue à l'amiable ou réglée par le jury d'expropriation. Si, au contraire, l'*alignement* laisse devant la propriété un terrain libre, ce terrain est cédé au propriétaire, s'il en veut payer la valeur; en cas de refus, l'administration peut le déposséder de la totalité de son immeuble, moyennant indemnité.

Un propriétaire a le droit de construire en retraite de l'*alignement* donné; mais on peut l'obliger à se clore sur la

Fig. 81.

voie publique. Dans le cas où il aurait construit sur un *alignement* donné, l'adoption d'un nouvel *alignement* lui donne droit à une indemnité, pourvu qu'il ait construit dans le délai d'un an après la réception du premier *alignement*.

L'autorité compétente pour donner l'*alignement* est le préfet, en matière de *grande voirie* (voy. ce mot); c'est le maire, pour la *petite voirie*.

Quand il s'agit d'une construction neuve, l'*alignement* se détermine de la façon suivante : la ville donne deux points de repère, les deux *jambes*

étrières de droite et de gauche des maisons qui se trouvent dans l'*alignement;* on tend une ligne suivant ces deux points, avant de poser les premières assises. La vérification est faite par le géomètre de l'arrondissement, lorsque les constructions sont arrivées à l'assise de retraite.

Les contraventions aux lois sur l'*alignement* entraînent, pour la grande voirie, une amende de 16 à 300 francs et la démolition; pour la petite voirie, une amende de 1 à 5 francs et la démo-

(1) Code Perrin.

lition. Cependant, toute construction placée sur l'*alignement* ou en retraite, mais sans autorisation, est frappée d'amende et non abattue.

L'approbation des plans généraux d'*alignement* des villes adoptés par les conseils municipaux a été donnée aux préfets par le décret du 25 mars 1852, sauf recours devant le ministre de l'intérieur. Les *alignements* délivrés par les maires peuvent être attaqués devant le préfet, puis devant le ministre de l'intérieur.

Dans les places de guerre, les plans d'*alignement* doivent être concertés avec l'autorité militaire.

Alignements, *s. m. pl.* — On donne ce nom à des monuments celtiques qui sont composés de *menhirs* placés, soit sur une seule ligne, soit en plusieurs rangées parallèles.

Les *alignements* les plus célèbres sont ceux de Carnac, dont la figure 81 représente une partie et dans lesquels on trouve des pierres hautes de 6 à 7 mètres, pesant jusqu'à 40,000 kilogr.

Les archéologues ne sont pas d'accord sur la question de savoir si ces monuments étaient des cimetières pour les guerriers ou des lieux consacrés soit aux assemblées populaires, soit aux cérémonies religieuses.

Alizier, *s. m.* — Arbre de la famille des rosacées, produisant un bois dur, compacte, blanchâtre, prenant un beau poli.

On en fait des *coussinets*, des *poulies* de puits, des *alichons*, des *varlopes* (voy. ces mots).

Le poids spécifique de ce bois est de 0,871 à 0,875.

Allée, *s. f.* — 1° On donne ce nom, dans une maison d'habitation, à un passage long et étroit, pratiqué au rez-de-chaussée entre deux murs parallèles, et qui conduit de la porte extérieure à l'intérieur.

Les passages qui servent de communication entre les chambres et de dégagement se nomment *corridors* (voy. ce mot).

2° Les *allées* de jardin, voies ménagées à travers les pelouses, les parterres, les bouquets d'arbres, etc., sont tantôt droites, à brisure ou à courbure géométrique, comme dans les jardins dont l'ordonnance est régulière, tantôt sinueuses, comme dans les jardins dits *à l'anglaise*.

La surface des *allées* doit être unie ; on obtient ce résultat, soit en recouvrant le sol d'une épaisseur de 0^m,15 à 0^m,20 de recoupes de pierre, soit en battant fortement la terre, après l'avoir mouillée. On répand ensuite sur les *allées* ainsi préparées une couche de sable, qui a le double avantage de les tenir toujours sèches et propres. Le meilleur sable à employer à cet effet est le sable de rivière un peu graveleux et surtout un peu pesant, pour que le vent ne l'enlève pas avec trop de facilité. Souvent on sable ces voies avec du gravier.

De plus, les *allées* doivent être dressées en dos de carpe ou en dos d'âne, c'est-à-dire bombées pour faciliter l'écoulement des eaux.

Sous le rapport de la disposition, on distingue différentes sortes d'*allées* :

Les *allées simples* sont celles qui n'ont que deux rangées d'arbres ; les *allées doubles*, celles qui en ont quatre ; dans ce dernier cas, l'*allée* du milieu prend le nom de *maîtresse-allée* ; les deux autres se nomment *contre-allées*.

Une *allée biaise* est celle qui, à cause d'un point de vue, d'un terrain ou d'un mur de clôture, n'est point parallèle à l'*allée* de front ou de traverse.

On appelle *allée bien tirée*, celle qui est nettoyée de mauvaises herbes et sur laquelle on a passé le râteau ; — *allée couverte*, celle qui est bordée de grands arbres, tels que des tilleuls, des ormes, des marronniers, qui, par la courbure de leurs cimes et par l'entrelacement de leurs branches, forment une espèce de voûte, donnent de l'ombre et de la fraîcheur, ou bien celle qui offre un berceau de feuillage ; — *allée découverte,* celle qui laisse découvrir le ciel par en haut ; — *allée de compartiment,* un large sentier qui sépare les carreaux d'un parterre ; — *allée d'eau,* un chemin bordé de plusieurs jets ou bouillons d'eau sur deux lignes parallèles ; — *allée de front,* celle qui est droite, en face d'un bâtiment ; — *allée de gazon* (voy. *Boulingrin*) ; — *allée de niveau,* celle qui est bien dressée dans toute son étendue.

L'*allée diagonale* traverse un bois ou un parterre carré d'angle en angle.

L'*allée en pente* ou *rampe douce* est celle qui accompagne une cascade et qui en suit la chute.

L'*allée en perspective* est plus large à son entrée qu'à son issue, pour faire paraître les parties fuyantes des côtés et lui donner une apparence de longueur.

L'*allée en zigzag* est celle qui, étant trop rampante et sujette aux ravines, est traversée, de distance en distance, de plates-bandes et de gazon, pour retenir le sable. On appelle aussi *allée en zigzag* celle qui est formée par divers retours d'angle pour la rendre plus solitaire et en cacher l'issue.

On nomme encore : *allée labourée* et *hersée,* celle qui est repassée à la herse et sur laquelle les voitures peuvent

Fig. 82.

rouler ; — *allée parallèle,* celle qui s'éloigne d'une égale distance d'une autre allée.

L'*allée retournée d'équerre* est celle qui est à angles droits.

Une *allée verte* est une *allée gazonnée* ; on l'appelle ainsi par opposition à l'*allée blanche,* qui est une *allée sablée* et entièrement ratissée.

Dans les monuments dits *celtiques* (voy. ce mot), on nomme *allées* des rangées de pierres brutes dressées en lignes parallèles, et *allées couvertes* (fig. 82) ces mêmes *allées,* quand les pierres qui les composent supportent d'autres monolithes placés horizontalement.

Allège, *s. m.* — Mur d'appui compris entre les jambages d'une baie de croisée.

L'*allège* a généralement l'épaisseur

Fig. 83.

totale du *tableau* et de la *feuillure* (fig. 83) ; quelquefois, cependant, sa face est en retraite sur le nu du mur

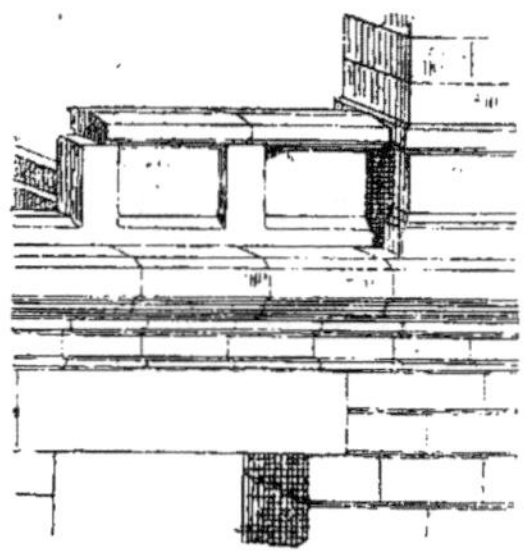

Fig. 84.

(fig. 84). Il peut porter un ou plusieurs *meneaux,* et souvent ces derniers descendent jusqu'au *bandeau* (fig. 85). Il y a des *allèges* qui n'arrivent pas à hauteur d'appui ; on leur fait porter une balustrade ou un balcon à jour, établi en

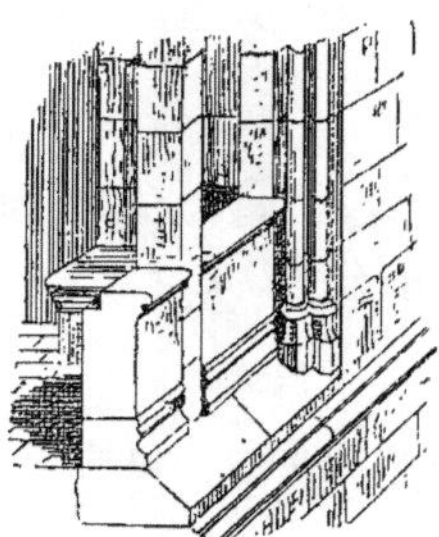

Fig. 85.

pierre, en fer forgé ou en fonte (fig. 86). On supprime l'*allège* quand la baie de fenêtre est close par une porte-croisée

Fig. 86.

ouvrant sur un balcon saillant ou sur une terrasse accessible de plain-pied par l'appartement.

Allégir, *v. a.* — Terme de menuiserie et de serrurerie : amincir un corps, en diminuer le volume dans tous les sens. On dit aussi *élégir*.

Allégorie, *s. f.* — On donne ce nom, dans la décoration, à des signes naturels ou images employés à la place de l'objet ou de l'idée qu'on veut représenter ; ainsi le cheval est l'*allégorie* de la guerre ; le paon rappelle l'orgueil.

Il ne faut pas abuser de ces figures emblématiques, sous peine de faire dégénérer la composition en une sorte d'énigme plus ou moins difficile à deviner et, partant, dépourvue d'intérêt. Mais le principe est excellent ; l'*allégorie* admet des formes plus libres, plus variées que le *symbole* (voy. ce mot) et ouvre un champ plus vaste au génie de l'artiste.

Allemagne (*Pierre d'*). — Calcaire tendre que l'on extrait des carrières d'*Allemagne*, commune de ce nom, arrondissement de Caen.

Cette pierre est blanche, légèrement jaunâtre, à grains fins, homogène et propre à la sculpture. Elle porte de $0^m,50$ à $1^m,55$ de hauteur d'assise et pèse de 1,900 à 2,000 kilogr. le mètre cube. La charge nécessaire pour produire l'écrasement est de 160 à 200 kilogr.

La *pierre d'Allemagne* est d'une exploitation très-importante. Elle a été employée à la construction d'un grand nombre d'édifices des villes de Bretagne et de Normandie. On l'exporte même par quantités considérables en Angleterre.

Alliage, *s. m.* — Combinaison de plusieurs métaux qui participe, à la fois, des propriétés différentes des métaux combinés. Les *alliages* employés dans l'art des constructions, sont :

L'*alliage* qui sert à souder les tuyaux de plomb, composé de 1 partie d'étain et de 2 parties de plomb ; — l'*alliage* dont on fait les robinets de fontaines, et qui est formé de 92 parties de plomb et de 8 d'étain ; — les *amalgames, bronzes, laitons* (voy. ces mots) (1).

Allongement (voy. *Traction*).

Allotement, *s. m.* — Terme d'ancienne jurisprudence. Partage par lots.

Alluvion, *s. f.* — Au point de vue géologique, on appelle *terrains d'alluvion* ou simplement *alluvions* des cou-

(1) Th. Château, *Technologie du bâtiment.*

ches de formation post-diluvienne, qui sont le résultat de l'accumulation de débris de formations anciennes transportés et déposés par les eaux.

On nomme aussi ces dépôts des *atterrissements*, que l'on divise en deux classes : les uns sont de formation d'*eau douce et marine*, et les autres sont des *atterrissements* marins.

Les *alluvions* ou *atterrissements* actuels sont les accroissements de terrains qui se forment sur le bord des cours d'eau, soit par le dépôt du limon, soit par un déplacement du lit de ces cours d'eau.

D'après les articles 556 et 557 du Code civil, l'*alluvion* profite au propriétaire du fonds riverain ; seulement, si une route nationale, départementale ou un chemin communal sépare de la propriété le terrain apporté ou abandonné, l'*alluvion* appartient à l'État, au département ou à la commune.

De plus, l'administration peut supprimer toute *alluvion* qui nuirait à la navigation d'une rivière ou d'un fleuve.

Dans le cas de déplacement subit, si le cours d'eau enlève une portion notable d'un fonds riverain, le propriétaire de la partie enlevée peut la réclamer, qu'elle ait été transportée vers un fonds inférieur ou sur la rive opposée. Si une rivière se forme un nouveau cours, les propriétaires du fonds occupé partagent proportionnellement le fonds abandonné (1).

Alouchier, *s. m.* — Espèce d'alizier qui atteint une hauteur d'environ 10 mètres, et dont le bois, dur, blanchâtre et fort tenace, est très-recherché pour tous les ouvrages qui demandent de la force et de la solidité (voy. *Alizier*).

Alternance, *s. f.* — Répétition alternative de deux figures différentes et souvent contrastées. Ainsi, entre les perles allongées sont placés des anne-

(1) Code Perrin.

lets ; entre les oves, des feuilles ou des dards.

L'*alternance* est un procédé d'ornementation fréquemment employé en peinture et en sculpture.

Fig. 87.

Nous en donnons ici un exemple représenté par la figure 87.

Alumelle, *s. f.* — Lame d'acier aiguisée en biseau ; tels sont les ciseaux des menuisiers, les lames de rabots.

Alun, *s. m.* — Sulfate double d'alumine et de potasse.

L'*alun*, soluble dans l'eau, entre dans la préparation du *badigeon* (voy. ce mot).

Alveus. — Mot qui désignait, chez les Romains, tout bassin propre aux ablutions et particulièrement, d'après Vitruve, la baignoire ou piscine d'eau chaude qui était placée dans le *caldarium* (voy. ce mot) ou étuve d'un établissement de bains.

Les Romains donnaient aussi ce nom à l'auge de bois placée ordinairement sous l'établi d'un menuisier pour recevoir ses outils (voy. *Établi*).

Amaigrir, *v. a.* — Diminuer l'épaisseur. *Amaigrir* une pierre, une pièce de charpente.

On dit aussi *démaigrir*.

Amalgame, *s. m.* — Alliage dans lequel entre le mercure.

Les *amalgames* employés dans l'art de bâtir sont : le *tain* des glaces, composé de : 1 partie d'étain et 10 parties de mercure ; — les *amalgames* formés de : 1 partie d'or ou d'argent, pour 8 parties de mercure, qui servent à l'argenture et à la dorure du cuivre et du laiton.

Amandier, *s. m.* — Arbre de la famille des rosacées, qui fournit un bois dur, très-bon pour la menuiserie et le tour, mais sujet à se fendre, si on l'emploie avant qu'il soit parfaitement sec.

Amarante, *s. f.* — Couleur employée par les peintres, qui diffère du violet en ce que, dans celui-ci, le bleu égale le rouge, tandis que dans l'amarante il entre plus de rouge que de bleu. C'est, à proprement parler, le violet rougeâtre.

Ambalam. — Arbre des Indes, dont le bois, lisse et poli, est employé en charpente.

Ambité, *adj.* — Se dit d'un verre qui a perdu sa transparence.

Ambitus. — On donnait ce nom, à Rome, à un espace libre qu'un propriétaire était obligé de laisser autour de sa maison, pour la séparer de celle du voisin. Cet usage, consacré par la loi, rappelait l'enceinte sacrée que, dans les temps primitifs, on avait coutume de tracer autour de chaque foyer et du domaine où ce foyer était enfermé.

Ambly (*Pierre d'*). — Calcaire à entroques, dur, qui provient des carrières d'*Ambly,* commune de ce nom, arrondissement de Verdun.

Cette pierre, de couleur blanchâtre, porte jusqu'à 3ᵐ,30 de hauteur d'assise et pèse de 2,340 à 2,400 kilogr. le mètre cube. Elle s'écrase sous une charge de 200 à 280 kilogr. par centimètre carré.

Amboine, *s. m.* — Bois dont la racine est une des plus belles que l'on puisse imiter en peinture. Sa couleur, qui se rapproche un peu de celle de l'acajou, est d'un jaune rougeâtre ondulé de brun et presque toute parsemée de nœuds qui produisent un superbe effet. Il s'y trouve quelquefois des ronces et des flammes traversées de lignes sinueuses dans le genre de la racine du frêne ; enfin, elle a quelque ressemblance avec la racine d'orme, mais elle est beaucoup plus rouge et ses nœuds sont plus fins et plus multipliés.

Ambon, *s. m.* — Tribune en pierre ou en marbre qui était placée dans l'enceinte réservée du chœur des basiliques chrétiennes.

L'*ambon* servait à la lecture de certaines parties de l'office divin, telles que l'épître et l'évangile.

Quelques églises avaient deux *ambons,* placés, vis-à-vis l'un de l'autre, de chaque côté du chœur. La figure 88 représente l'un des deux *ambons* de la basilique de Saint-Clément, à Rome, celui qui servait à la lecture de l'évan-

Fig. 88.

gile. On y monte de deux côtés par des degrés en marbre. Sur un piédestal, s'élève une colonne torse, qui servait de candélabre pour le cierge pascal. Les panneaux de la face sont en marbre, et les ornements, en mosaïque. Le second *ambon*, qui servait à la lecture de l'épître, n'a qu'un escalier (fig. 89) ; le pupitre était disposé de façon à ce que

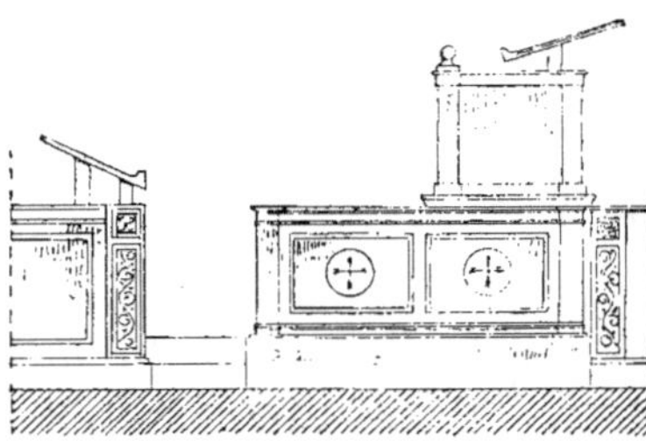

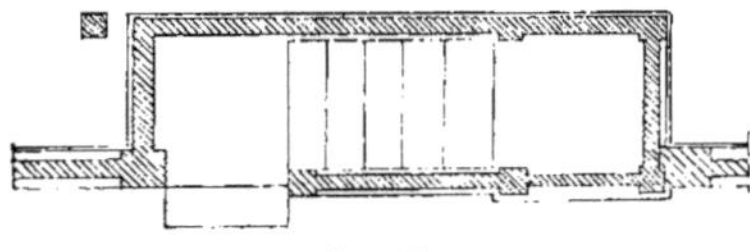

Fig. 89.

le diacre qui lisait eût le visage tourné vers l'autel (voy. *Basilique*.

Dans la suite, les *ambons* furent placés plus près de la grille qui séparait le chœur de la nef. Celui que représente la figure 90 est analogue aux *ambons* qui ont été détruits récemment à Notre-Dame

Fig. 90.

de Paris et qui étaient établis près de la grille du sanctuaire.

A partir du xIVᵉ siècle, l'*ambon* devint

plus élevé, et prit le nom de *jubé* (voy. ce mot).

Amboutir, *v. a.* — Synonyme d'*emboutir* (voy. ce mot).

Amboutissoir, *s. m.* — Poinçon d'acier trempé, à l'aide duquel on façonne les têtes de clous.

Ambrault (*Pierre d'*). — Calcaire oolithique, demi-dur, blanc, que l'on extrait des carrières d'*Ambrault*, commune de ce nom, arrondissement d'Issoudun.

La hauteur d'assise de cette pierre est de 0ᵐ,50 à 1 mètre ; le poids du mètre cube, de 2.200 à 2,285 kilogr. ; la charge d'écrasement par centimètre carré, de 280 à 300 kilogr.

Cette pierre a été employée aux monuments de Châteauroux et d'Issoudun.

Ambre, *s. m.* — L'*ambre* jaune ou *succin* est une résine fossile, insoluble dans l'eau et qui fond à 270°.

Quand il a été fondu, l'*ambre* est complètement soluble dans l'alcool et peut entrer dans la composition des vernis, qu'il rend forts et durables.

Ambulatoire, *s. m.* — Mot par lequel on désignait autrefois un lieu, une galerie destinés à la promenade.

On dit aussi *promenoir*.

Ame, *s. f.* — 1° Pièce de milieu dans une poutre formée de trois pièces accolées. L'*âme* peut être en fer.

2° *Ame d'un cordage* : fils placés au milieu des *torons* qui composent un *cordage* (voy. ces mots).

3° La partie verticale d'une poutre en fer. Dans la figure 91, l'*âme* est la tôle A, qui est réunie aux tôles B par des cornières *m*.

4° *Ame d'une serrure* : le corps de la serrure.

Amende, *s. f.* — En matière de

voirie, peine pécuniaire prononcée pour un acte contraire aux lois et règle-

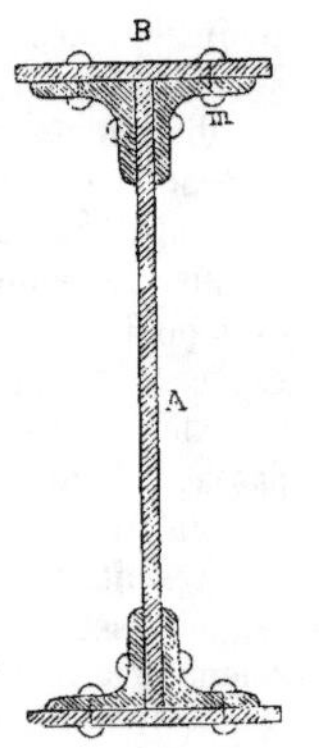

Fig. 91.

ments établis. Toute contravention est réprimée et poursuivie suivant les voies de droit.

Les propriétaires ne sont pas seuls passibles des condamnations qui peuvent être prononcées ; le constructeur l'est également pour ce qui le concerne, et avec d'autant plus de raison qu'il est censé mieux connaître que le propriétaire lui-même les règles administratives auxquelles l'exercice de sa profession l'assujettit.

Aménucourt (*Pierre d'*). — Calcaire gréseux, dur, blanchâtre, exploité dans les carrières d'*Aménucourt*, commune de ce nom. arrondissement de Mantes.

Cette pierre a une hauteur d'assise qui varie de 0^m,60 à 1^m,10.

Elle a été employée notamment aux soubassements de l'église de la Trinité, à Paris.

Amenuiser, *v. a.* — Rendre une planche plus mince, la raboter, pour lui donner l'épaisseur voulue.

Amma. — Mesure de longueur qui n'est pas, à proprement parler, grecque mais égyptienne ; elle valait 40 coudées ou 60 pieds (1).

Amoise, *s. f.* — Vieux mot désignant une pièce de bois placée entre deux moises (voy. *Moise*).

Amolettes, *s. f.* — Trous quadrangulaires percés dans la tête des cabestans. On y introduit le bout des barres qui mettent ces machines en action (voy. *Cabestan*).

Amorce, *s. f.* — Commencement d'une muraille ou d'une rue non achevées (voy. *Arrachement*).

Amorcer, *v. a.* — Commencer avec l'*ébauchoir* (voy. ce mot) à percer, dans une pièce de fer ou de bois, un trou qu'on achève avec la *tarière* ou le *laceret* (voy. ces mots).

Amortissement, *s. m.* — Toute terminaison d'une forme architecturale, ayant pour principal caractère de diminuer en s'élevant.

On nomme ainsi les lanternes qui surmontent les coupoles, les statues des acrotères au faîte des frontons, les

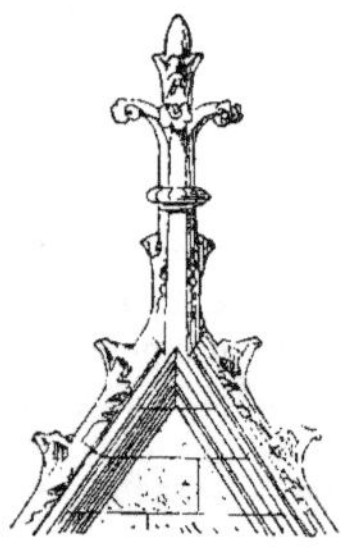

Fig. 92.

fleurons (fig. 92) placés au sommet des pignons ou des combles pyramidaux, les statuettes formant le couronnement des contreforts, etc.

On donne encore ce nom aux parties

(1) Daremberg et Saglio, *Dict. des antiquités grecques et romaines*.

qui adoucissent, rachètent à l'œil l'angle de deux surfaces, comme les gorges ou cavets qui couvrent les corniches des croisées et des portes extérieures, comme les consoles renversées qui ornent la partie supérieure d'un portail (voy. *Ailerons*).

Amour, *s. m.* — Voy. *Plâtre.*

Amphiprostyle, *s. m.* — Les anciens donnaient ce nom à des temples qui avaient un double portique ouvert

Fig. 93.

sur les façades antérieure et postérieure (fig. 93), tandis que les temples *périptères* (voy. ce mot) étaient entourés de colonnes de tous les côtés.

Vitruve attribue quatre colonnes à chaque portique.

Amphithéâtre, *s. m.* — I. Chez les anciens, on donnait ce nom à un édifice, de forme généralement elliptique, destiné aux combats de gladiateurs et d'animaux.

L'*amphithéâtre* était composé de trois parties principales : 1° l'*arène*, partie centrale elliptique, où se livraient les combats (voy. *Arène*); — 2° le *podium*, galerie élevée de 4 à 5 mètres, limitant l'arène et réservée aux vestales, aux sénateurs et aux magistrats; — 3° les *gradins*, allant du podium au faîte de l'édifice; c'est là que se plaçaient les spectateurs. Ces gradins étaient divisés en plusieurs étages appelés *mœniana*, par de vastes paliers *(præcinctiones)* et des murs élevés verticalement *(baltei)*; au sommet du dernier étage se tenait la plèbe. L'*amphithéâtre* se terminait par une galerie ou portique abritant des gradins ; c'était la place réservée aux femmes pour assister aux représentations. Tout à fait au sommet, existait une plate-forme pour les ouvriers char-

gés d'étendre au-dessus de l'*amphithéâtre* le *velarium* (voy. ce mot) et de le retirer. Des ouvertures, nommées *vomitoires*, donnaient accès dans l'*amphithéâtre*. Des escaliers facilitaient la circulation et divisaient les gradins, dans leur hauteur, en sortes de zones ou *cunei*, ainsi appelées parce qu'elles avaient la forme de coins allant en s'élargissant du podium au sommet de l'édifice. L'espace vide au-dessous des gradins formait des galeries où débouchaient les passages et les escaliers conduisant aux *præcinctiones*.

L'extérieur présentait l'aspect d'ordonnances superposées ; les étages inférieurs étaient des arcades avec colonnes engagées ; le dernier étage était un mur orné de pilastres et percé de fenêtres rectangulaires ; une corniche couronnait le tout.

Les façades, les murs principaux, les piliers se construisaient en pierres de taille; les petits murs de refend, les maçonneries des voûtes étaient en blocage ou en béton avec chaînes ou revêtements en briques.

Les *amphithéâtres* sont particuliers aux Romains : ils étaient inconnus des Grecs. L'invention des spectacles sanguinaires ne pouvait naître chez ce dernier peuple, si remarquable par la délicatesse de son esprit et la sensibilité de sa nature. Toutefois, il ne faudrait point en conclure que les Romains aient, les premiers, construit des *amphithéâtres*. Ils empruntèrent ce genre d'édifices aux Étrusques.

Ceux-ci établissaient leurs *amphithéâtres*, tantôt sur le penchant d'une colline, qu'ils taillaient en gradins, tantôt sur un terrain plat qu'ils creusaient à cet effet.

Les premiers *amphithéâtres* établis à Rome furent en charpente. D'après Pline, un certain Caïus, *scribonius curio*, tribun du peuple, à l'occasion des funérailles de son père, aurait fait construire deux théâtres en charpente adossés l'un à l'autre, et qu'on pouvait, après la re-

présentation, tourner avec les spectateurs qui y étaient placés, de sorte que,
en ôtant les scènes, ces deux théâtres,
réunis sur leur partie droite, formaient
un seul *amphithéâtre*, dans lequel on
donnait des jeux.

Quelque créance que mérite ce récit,
les premiers *amphithéâtres* de]Rome
n'en furent pas moins, à l'origine, des
constructions provisoires en bois, établies pour l'instant des jeux et dans le
champ de Mars, hors de la ville. C'est
seulement sous Auguste que l'on songea
à construire un pareil édifice en pierre.
Ce prince, qui en avait eu le projet, ne
put l'exécuter. Ce fut un de ses amis,

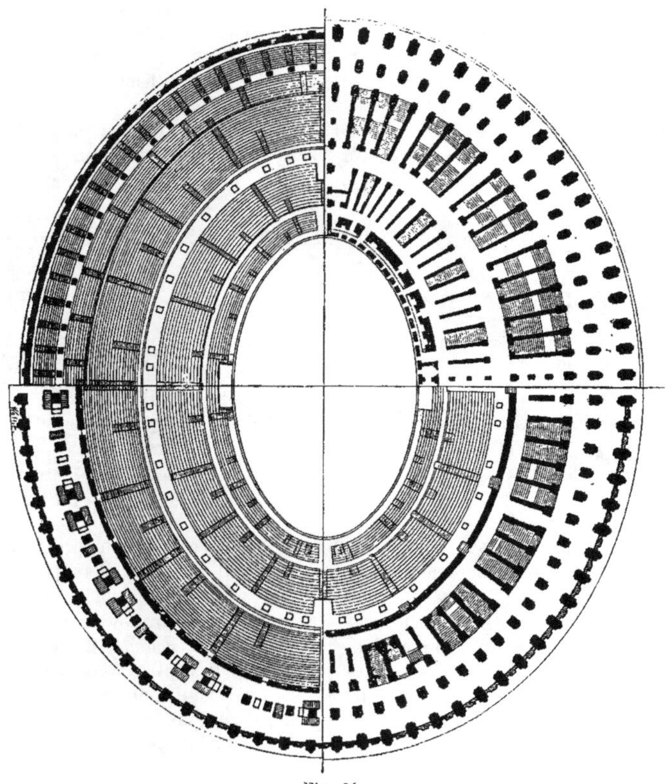

Fig. 94.

Statilius Taurus, qui, le premier, bâtit
un *amphithéâtre* en pierre, qu'il inau-
gura par des combats de gladiateurs.
Cependant, ce monument devait renfermer une certaine quantité de bois dans
sa construction, puisqu'il devint, selon
Tacite, la proie des flammes, sous le
règne même d'Auguste.

L'un des successeurs de ce prince,
Vespasien, conçut l'exécution d'un de
ces édifices en pierres de taille, sur des
proportions si vastes qu'il ne put l'achever et qu'il fallut, après lui, cinq années
à l'empereur Titus pour le terminer.

Cet édifice, dont la figure 94 représente le plan, fut ainsi appelé, par cor-

ruption, *Colosseum*, suivant les uns, à cause du colosse de Néron, qui était dans le voisinage, suivant les autres, et plus probablement, à cause de sa grandeur colossale.

Construit sur un terrain plat entre l'Esquilin, le Cælius et la Velia, le monument égalait, en hauteur, le sommet des collines les plus élevées de Rome. D'après Lipsius, ses gradins contenaient 87,000 personnes. Fontana, en ajoutant seulement 10,000 places sur les portiques placés au-dessus des gradins, et 12,000 dans les autres enceintes, tant du bas que du haut, où l'on plaçait des sièges portatifs, a trouvé que 109.000 spectateurs pouvaient y voir à l'aise les jeux et les combats de l'arène.

Le grand axe du Colisée, en y comprenant les constructions, était de 188 mètres; le petit axe, de 156 mètres; le grand axe de l'arène était de 76 mètres et le petit, de 46 mètres. Tout le tour elliptique du cercle intérieur est divisé par quatre-vingts piliers, larges de $2^m,23$, dans lesquels sont, à demi engagées, quatre colonnes dont le diamètre excède de $0^m,89$ le nu extérieur des piliers. Dans cette première enceinte on compte quatre-vingts arcades, dont soixante-seize étaient destinées au passage du

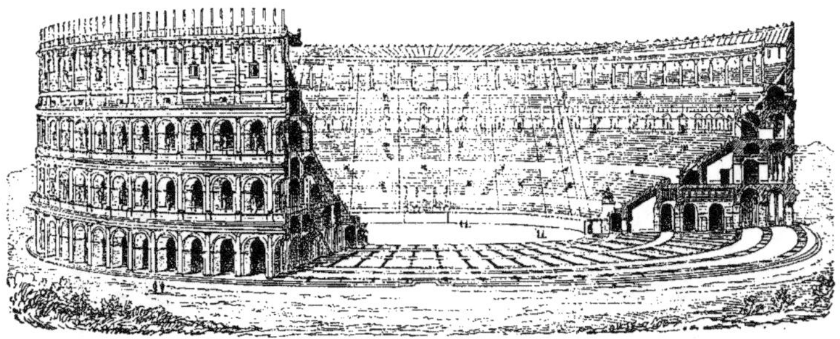

Fig. 95.

public; les quatre autres, qui étaient placées aux extrémités du grand et du petit diamètre, étaient réservées.

Toutes ces arcades formaient la première galerie et, de cette manière, rien, dans ce circuit immense, ne pouvait gêner la circulation. Le second rang de portiques est également formé de quatre-vingts arcades correspondantes aux premières; il constituait la seconde galerie, dégagée de même dans tout son pourtour.

De cette seconde galerie, vue en coupe sur la figure 95, partaient les grands escaliers conduisant aux étages supérieurs. Un troisième promenoir, également elliptique, était compris entre les grands escaliers et les plus petits; il avait un passage libre dans tout son circuit. De ce troisième promenoir se détachaient seize escaliers plus petits que les précédents et qui menaient aux premiers vomitoires et à la première montée vers le *podium*. Entre ces seize rampes il y avait cinquante-deux couloirs qui facilitaient le passage de la foule. Quatre entrées, disposées en manière de doubles portiques, étaient particulièrement réservées à l'empereur, aux sénateurs et aux personnages de distinction, et aboutissaient aux places réservées. Toutes les autres servaient de passage au peuple pour descendre dans la *cavea* ou partie destinée aux spectateurs.

Une dernière galerie se trouvait entre les petits escaliers et le *podium*. On y voyait des ouvertures fermées par des barres de fer, qui répondaient aux loges où l'on tenait les animaux pour être plus à portée de les lâcher dans l'arène. Cette galerie était particulièrement destinée à ceux qui étaient employés ou condamnés au service de l'arène et au soin des animaux.

Chacune des arcades extérieures était numérotée, afin qu'on eût la facilité de se reconnaître dans cette enceinte immense et uniforme.

La façade, élevée de deux degrés, comprend quatre étages d'ordres (fig. 96). Le rang de portiques inférieurs est orné de colonnes doriques entre les pieds-droits des arcades. Le second ordre de portiques est formé de colonnes ioniques posant sur un stylobate continu. Le troisième rang est composé de colonnes corinthiennes qui ont un semblable stylobate ; le quatrième étage présente un mur percé de fenêtres rectangulaires et orné de pilastres corinthiens, dont le socle, très-haut déjà, repose sur un soubassement plus élevé encore. Dans ce quatrième ordre, au-dessus des fenêtres, une série de consoles correspondaient à autant de trous pratiqués dans la corniche ; ces consoles soutenaient et les trous maintenaient les pièces de bois verticales ou *mâts* destinés à tendre le *velarium* (voy. *Console*).

Les portes des loges étaient ouvertes dans le mur qui supportait le *podium*. Bien que celui-ci fût élevé de 4 à 5 mètres, cette hauteur n'eût pas suffi pour garantir des éléphants, des lions, des tigres et autres bêtes féroces ; aussi le devant était-il garni de filets, de grillages, de rouleaux en bois ou en ivoire qui tournaient sous l'effort des animaux qui voulaient y monter. Il semble, toutefois, que quelques-uns durent franchir cet obstacle, puisqu'on creusa tout autour de l'arène, dans certains *amphithéâtres*, un fossé (*euripus*) rempli d'eau, pour écarter les bêtes du *podium*.

Les frais considérables qu'entraînait la construction de semblables édifices sont, sans doute, une des premières causes du petit nombre de villes qui en étaient pourvues.

Les principaux *amphithéâtres* dont les

Fig. 96.

vestiges nous soient parvenus sont : celui de *Pouzzoles*, dont il reste encore une partie des arcades et des loges où l'on enfermait les bêtes féroces ; ceux de *Capoue*, de *Vérone*, d'*Arles* et de *Nîmes*, ce dernier étant appelé *les Arènes*.

D'ailleurs, dans toutes les provinces soumises à leur domination, les Romains ont construit des monuments de ce genre, qui témoignent encore aujourd'hui, tant de leur puissance politique que de leur savoir dans l'art de construire.

II. Aujourd'hui, la disposition en *amphithéâtre* s'applique particulièrement aux salles de cours des écoles et des grands établissements d'instruction publique. Ces salles sont munies de gradins, en face desquels est placée, soit une chaire, soit une longue table où se tient le professeur.

Il y a lieu de distinguer les *banquettes* des *gradins* proprement dits, qui sont destinés à remplir le même but que les gradins d'étagères, de buffets, si ce n'est qu'au lieu de permettre la vue d'objets divers, ils ont pour fonction spéciale de faciliter aux personnes qui les occupent la vue d'objets placés sur une sorte de scène centrale ou d'entendre les articulations de la voix des orateurs ou professeurs occupant un lieu déterminé, variable par sa distance et sa hauteur.

Etablir ces *gradins* dans les meilleures conditions possibles, au point de vue de l'optique et de l'acoustique, tel est le problème que l'architecte a à résoudre. Nous donnerons à cette question quelques développements, pour lesquels nous avons profité des études spéciales faites sur ce sujet par M. Théodore Lachez, architecte, auteur d'un opuscule intitulé *Acoustique et optique des salles de réunions publiques, théâtres et amphithéâtres*, etc.

Dans les *amphithéâtres* antiques, grecs et romains, les *gradins* servaient de banquettes. Egaux entre eux, régulièrement établis, ils avaient leur *carne* ou angle saillant tangent à une même ligne droite, oblique à l'horizon.

Dans les amphithéâtres modernes, les *gradins* ont d'autres fonctions : ils sont destinés à recevoir les banquettes ou sièges des auditeurs et à permettre la circulation entre ces banquettes, surtout lorsque celles-ci sont munies de dossiers.

La hauteur des *gradins* doit être déterminée d'après cette condition, que l'auditeur ou le spectateur puisse bien voir et bien entendre, sans excès ni défaut d'élévation. Au contraire, la hauteur des banquettes est invariable et proportionnée à la taille moyenne des individus, qu'il suffit d'asseoir commodément sur ces banquettes.

On procède donc, pour la détermination de la hauteur des *gradins*, de la manière suivante :

Après avoir fixé les largeurs nécessaires aux banquettes ou sièges des spectateurs et l'écartement utile entre chaque banquette, on en déduit la largeur invariable de chaque *gradin* qui supporte un siège et la largeur nécessaire entre lui et le siège vacant.

L'ensemble de ces largeurs de banquettes et d'intervalles à réserver entre elles constitue une quantité constante.

Les hauteurs successives des *gradins* sont plus difficiles à déterminer. Elles se déduisent d'une *courbe de visibilité*, qui est obtenue de la manière suivante. Etant donné : 1° un point à voir, c'est-à-dire qui doive être aperçu de toutes les parties d'un espace déterminé de grandeur ; 2° la distance de ce point à une première banquette ; on cherche, à l'aplomb du devant de cette première banquette, le point où arrive le dessus de la tête d'un auditeur assis et de taille moyenne ; par ce point et le point à voir on mène une droite qui, en se prolongeant derrière le premier auditeur jusqu'à la rencontre de la ligne aplomb qui correspond au devant de la deuxième banquette, où sera le premier *gradin*, détermine la position de l'œil du deuxième spectateur. Par-dessus la tête de celui-ci et par le point à voir on mène une autre droite qui coupe, à son tour, la verticale passant par le devant du deuxième *gradin* ou de la troisième banquette, pour déterminer la position de l'œil du troisième auditeur, et, ainsi de suite, jusqu'à ce qu'on ait atteint l'extrémité de l'espace qui contient la totalité des *gradins*.

En réunissant tous les points qui ont ainsi déterminé la position de l'œil de chaque spectateur successif, on trouve une *courbe de visibilité*, qui a quelque analogie avec la parabole, mais qui n'a aucun des éléments de cette dernière. Cette courbe des yeux étant déterminée, on prend (fig. 97) sur les ordonnées, en contre-bas du point visuel, une hauteur constante qui correspond à la hauteur moyenne du buste d'un spectateur ou auditeur assis, ce qui détermine le dessus du siége qui le supporte : puis, en contre-bas encore, une hauteur, également constante, qui correspond à celle du siége et qui fixe la hauteur du *gradin* au-dessus du sol de départ.

Tel est le tracé graphique qui doit diriger le constructeur dans l'établissement des *gradins* des salles de réunions publiques, théâtres, amphithéâtres, concerts, etc.

Quant à la forme même à donner aux salles d'amphithéâtre, et, par suite, à la

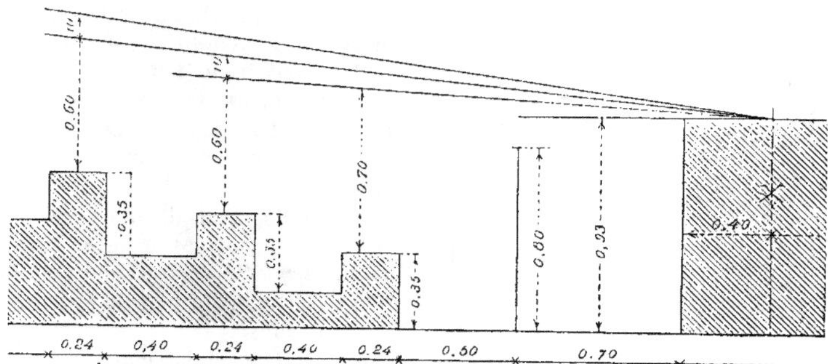

Fig. 97.

disposition des gradins, dans le sens de leur longueur, nous entrerons aussi, à ce sujet, dans quelques détails.

Le plan de ces salles est carré, rectangulaire ou demi-circulaire. La dernière forme, adoptée souvent pour les *amphithéâtres* destinés à recevoir un auditoire nombreux, offre l'avantage de placer sur des banquettes concentriques les assistants à égale distance de la chaire située au centre; mais il faut reconnaître à cette solution deux inconvénients résultant de ce que : 1° la voix ne porte bien que dans la direction où elle est émise ; 2° les auditeurs, occupant les extrémités du diamètre, voient mal le professeur et surtout le tableau ; les meilleures places sont donc dans l'emplacement situé en face de la chaire. De ces considérations il résulte que, si le plan circulaire, avec ban-

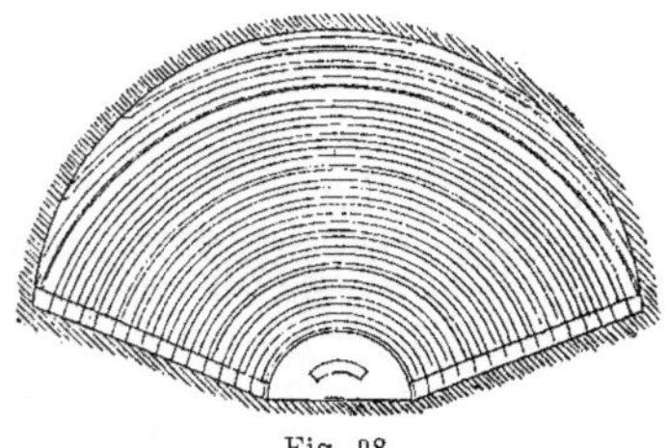

Fig. 98.

quettes concentriques, modifié comme l'indique la figure 98 (1), peut être con-

(1) Léonce Raynaud, *Traité d'architecture.*

servé pour de vastes *amphithéâtres*, la forme rectangulaire, suffisante assurément pour des salles de dimensions restreintes, paraît convenir aussi pour des *amphithéâtres* de moyenne grandeur.

Dans les deux derniers cas, les banquettes peuvent être dirigées suivant des courbes concentriques ou suivant des lignes droites parallèles au tableau; mais, pour les salles d'une certaine dimension, un nouvel inconvénient se

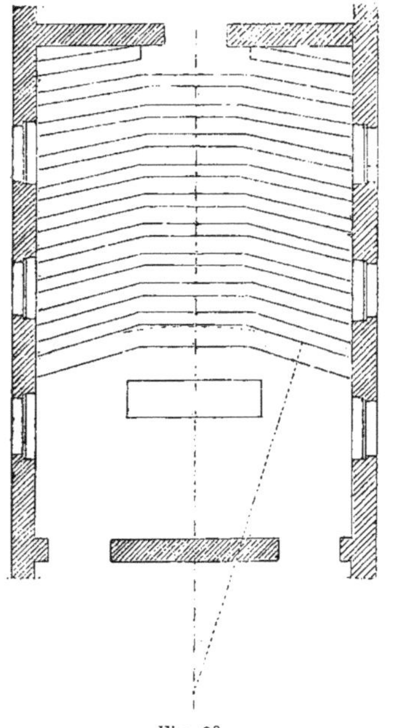

Fig. 99.

présente : les auditeurs assis de chaque côté de l'axe doivent se tourner pour voir le professeur, et ce mouvement devient gênant s'il dépasse 45° environ; par suite, les sièges du milieu peuvent être dirigés en ligne droite, et ceux qui occupent les côtés, suivant des courbes concentriques. Plus économiquement et plus simplement, ces banquettes latérales sont souvent placées, comme le montre la figure 99, tangentiellement à

des arcs de cercles dont le centre est un point de l'axe.

Les passages à suivre pour se rendre aux différentes places doivent être situés sur les côtés; la porte d'entrée des élèves se place à la partie supérieure de la salle de dimensions restreintes, et dans les axes des passages, pour des salles plus grandes, avec corridor de communication placé derrière. La porte du professeur est à proximité de la chaire.

Au point de vue de l'acoustique, les parois des murs du fond de la salle et des murs latéraux doivent être faites en matière rigide, pierre ou plâtre, qui répercutent le son.

La paroi opposée au professeur doit, au contraire, amortir le son ; il est bon de la recouvrir en étoffe.

Les banquettes sont généralement en bois ; on les empêche de vibrer en appuyant le plancher sur des ouvrages en maçonnerie.

L'éclairage le meilleur est celui qui se fait par deux côtés opposés. Dans les grands *amphithéâtres*, un jour est souvent ouvert dans le plafond et garni de verres dépolis.

Le chauffage et la ventilation de ces salles exigent une attention spéciale : on doit faire arriver l'air chaud en hiver, ou l'air frais en été, par en haut ou par en bas, en des points où il ne peut être gênant. L'air vicié doit se retirer sous les gradins ou au pied des parois.

La disposition en *amphithéâtre* s'applique encore aux salles de réunions destinées à certaines solennités. La forme en hémicycle est alors la meilleure ; une estrade remplace la chaire des salles d'enseignement; le pourtour est souvent occupé par des tribunes.

On donne aussi le nom d'*amphithéâtre*, dans quelques salles de spectacle, à la partie située entre les loges et le parterre et plus élevée que ce dernier (voy. *Théâtre*).

Amphore, *s. f.* — Les Romains

employaient fréquemment, pour la construction de leurs voûtes, des poteries creuses, ayant l'aspect d'urnes ou d'*amphores*, destinées à alléger la maçonnerie.

L'église de Saint-Vital, à Ravenne, bâtie sous le règne de Justinien, offre, dans sa coupole, un curieux exemple de ce procédé de construction. La partie inférieure de la voûte, depuis sa naissance jusqu'au sommet des fenêtres en arcades, c'est-à-dire sur une hauteur de 4 mètres environ, est formée par plusieurs rangs de vases en terre cuite, ayant la forme indiquée à gauche (fig. 100), et qui sont placés perpendiculairement les uns au-dessus des autres, en sorte que la pointe de celui

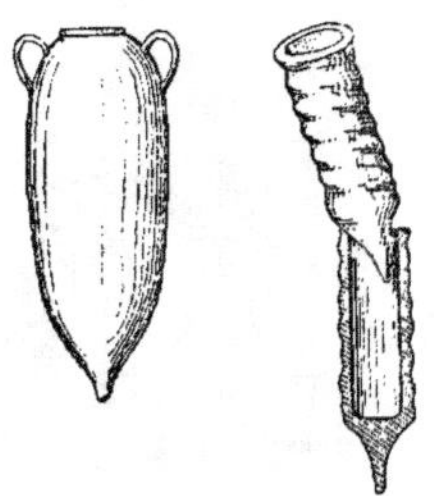

Fig. 100.

du dessus entre et s'enclave dans l'orifice de celui de dessous. Le reste de la coupole, depuis les axes jusqu'au sommet, est formé d'un double rang de vases plus petits ou plutôt de tubes, ainsi qu'on le voit à droite de la figure. Ces tubes, posés presque horizontalement et enfilés l'un dans l'autre, forment une ligne spirale qui, commençant au-dessus des fenêtres, va, en s'élevant insensiblement, aboutir à la clef. Vers les reins de la voûte, cette spirale est fortifiée par un second cordon de ces mêmes tubes, ainsi que par plusieurs rangs d'urnes ou d'*amphores* plantées debout ; le tout est recouvert, tant en dedans qu'au dehors, d'un mortier qui donne à cette maçonnerie, extrêmement légère, une solidité qui, depuis douze siècles, ne s'est pas démentie.

Ampilly (*Pierre d'*). — Calcaire oolithique, dur, gris ou rougeâtre, qui provient des carrières de Pierre-Chèvre, commune d'*Ampilly-le-Sec*, arrondissement de Châtillon.

Cette pierre porte de 0^m,60 à 1^m,40 de hauteur d'assise et pèse de 2,330 à 2,350 kilogr. le mètre cube. Elle s'écrase sous une charge de 435 à 505 kilogr. par centimètre carré.

Amussis. — Nom que les Romains donnaient à un instrument employé par les charpentiers et les maçons, pour vérifier si la surface de leur ouvrage était parfaitement plane.

C'était une tablette ou une règle de fer ou de marbre poli, frottée de craie rouge, de manière à marquer la plus légère inégalité sur la surface où on la promenait (1).

Anagraphe, *s. m.* — Mot provenant du grec et qui désignait, chez les anciens, une formalité imposée à l'acquéreur d'immeubles et que l'on peut comparer à notre *enregistrement* (voy. ce mot).

L'aliénation était mentionnée sur un registre publié par un fonctionnaire et donnait lieu à la perception de droits plus ou moins élevés.

Analogie, *s. f.* — Dans le règlement des mémoires on opère *par analogie*, quand on applique un prix ou une plus ou moins-value non prévue par un cahier des charges ou une série de prix, mais que l'on fixe par rapport à un autre prix qui est prévu, lorsque les ouvrages ont entre eux quelque ressemblance ou conformité.

Anankaion. — Mot grec employé, dans l'antiquité, d'après Snidas, pour désigner les prisons où l'on enfermait les esclaves rebelles et les affranchis qui devaient être replacés en servitude pour avoir manqué à leurs devoirs.

(1) Daremberg et Saglio, *Dict. des antiquités grecques et romaines*.

Anapiesma. — Nom donné par les anciens aux machines à l'aide desquelles les divinités infernales montaient de dessous le théâtre sur la scène.

Il y avait deux sortes de machines de ce genre : les unes, qui se trouvaient sous le *proscenium* (voy. ce mot); les autres, qui étaient disposées sur le devant, auprès de l'escalier qui conduisait de l'avant-scène dans l'orchestre.

Ancon, *s. m.* — Les Romains donnaient ce nom :

1° Aux consoles en S qui soutiennent, au-dessus d'une porte, une corniche d'ornement (voy. *Console*).

2° Aux crampons, de bronze ou de fer, employés comme attaches dans la maçonnerie (voy. *Agrafe*).

3° Aux branches de l'équerre des tailleurs de pierre et des charpentiers ; elle était formée de deux règles plates réunies par articulation.

Ancone. — Centre des quartiers de la volute ionique (voy. *Volute*).

Ancrage, *s. m.* — Nom général donné aux systèmes d'attache des extrémités des poutres en fer sur les murs qui les supportent.

Les figures 101 et 102 présentent en plan et en élévation, à l'échelle de 0^m,05 pour mètre, des *ancrages* pour solives de planchers. La pièce A (fig. 101) est une

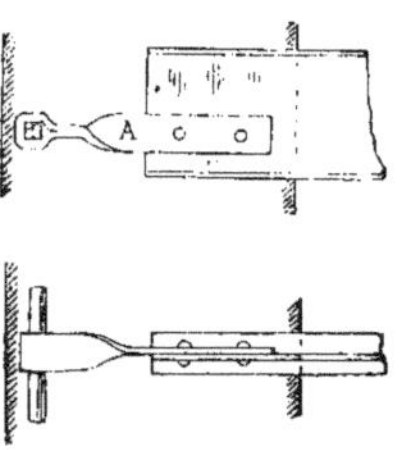

Fig. 101.

bande de fer plat ; l'une de ses extrémités est réunie à la poutre, au moyen de boulons ; l'autre est déployée à angle droit et percée d'un œil qui embrasse

une tige en fer carré, noyée dans la maçonnerie. Ce procédé s'applique aux *ancrages* des solives dans les trumeaux. Dans le second exemple (fig. 102), c'est

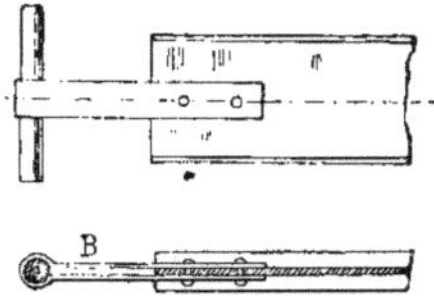

Fig. 102.

un étrier B qui relie l'ancre en fer rond avec la poutre en fer.

La figure 103 donne, en perspective, un procédé employé pour fixer une maîtresse poutre formée de deux solives réunies par des boulons. L'extrémité

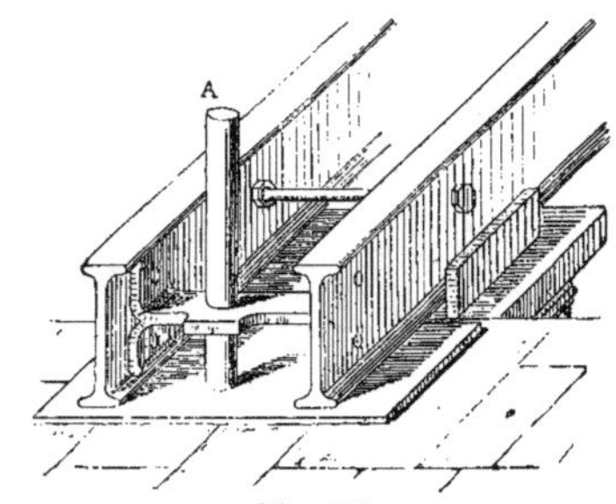

Fig. 103.

repose, à la fois, sur le mur et sur un pilastre en avant-corps. Des plaques en fer donnent de l'assiette au système, et une ancre, noyée dans l'épaisseur du mur, sert de point d'attache.

On nomme aussi *ancrages* les moyens

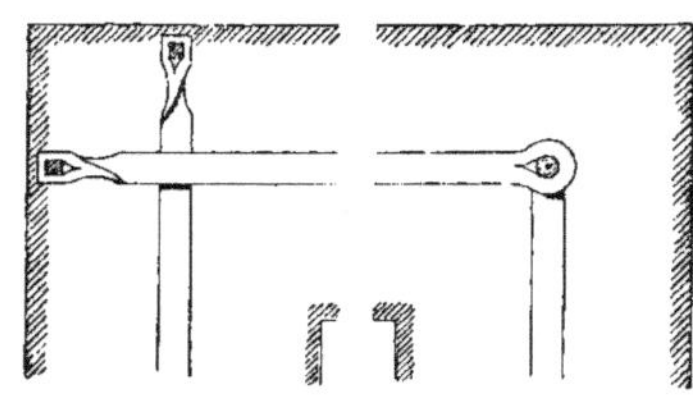

Fig. 104.

employés pour arrêter l'extrémité des *chaînages* (voy. ce mot), soit par deux ancres, pour les encoignures de mur en limousinerie, soit par une seule ancre, pour les murs en pierre de taille (fig. 104).

Ancre, *s. f.* — Barre de fer qu'on fait passer dans l'œil d'un tirant et qui sert à empêcher l'écartement des murs, la poussée des voûtes, le déversement d'une cheminée.

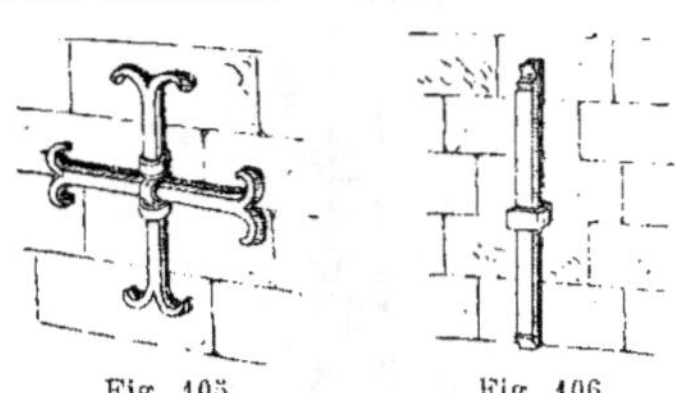

Fig. 105.   Fig. 106.

L'*ancre* est *apparente* ou *noyée* dans l'épaisseur du mur. Si elle est apparente, on lui donne diverses formes, telles que celles d'une croix (fig. 105), d'un I (fig. 106), d'un M (fig. 107).

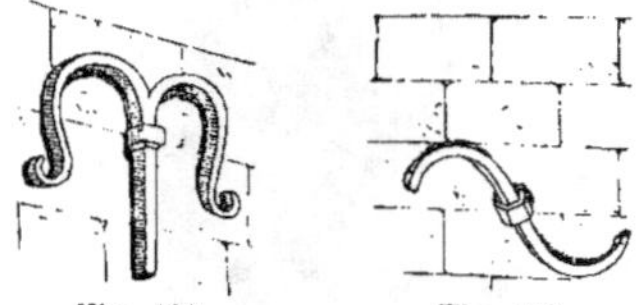

Fig. 107.   Fig. 108.

d'un S (fig. 108), d'un Y (fig. 109), d'un X (fig. 110), d'un rinceau (fig. 111) (1).

Dans des constructions légères, on se sert aussi d'*ancres* en bois, retenues

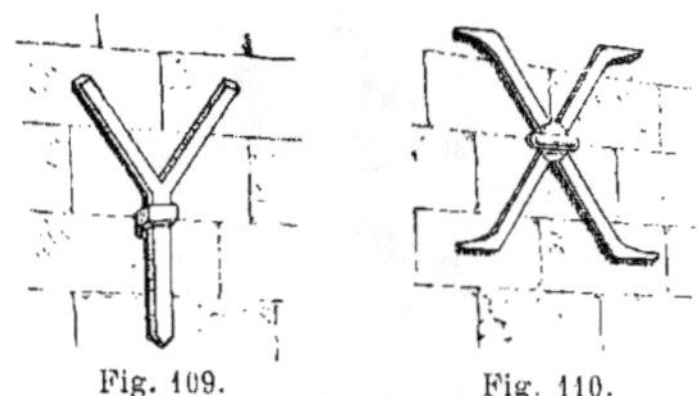

Fig. 109.   Fig. 110.

avec des clefs de la même matière : dans l'exemple que donne la figure 112, l'*ancre* relie les solives des planchers avec les sablières haute et basse.

(1) Viollet Le Duc, *Dictionnaire raisonné de l'architecture française.*

LÉGISLATION. « Quand un mur mitoyen « est reconstruit à neuf, les deux pro- « priétaires ont un droit égal de placer

Fig. 111.

« dans ce mur des *ancres* qui tendent à « le relier aux maisons contiguës, mais « en les encastrant dans l'épaisseur du

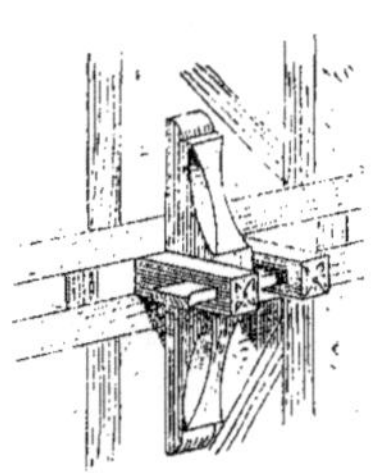

Fig. 112.

« mur (fig. 113). Celui qui élève le pre- « mier, et à ses frais seuls, un mur sé- « paratif, pour recevoir une construc-

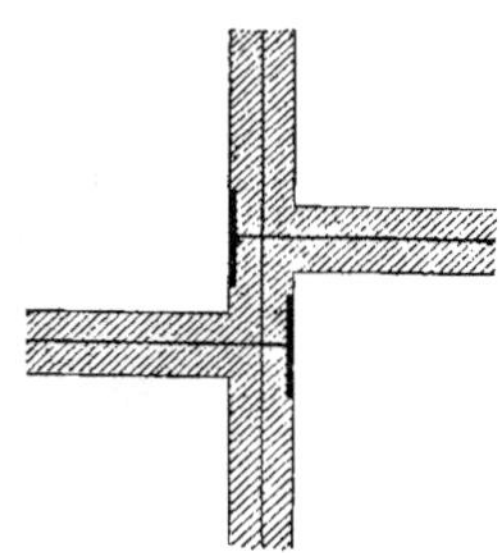

Fig. 113.

« tion, a le droit de placer les *ancres* « comme il l'entend ; le propriétaire « voisin, venant ensuite à adosser des

« constructions contre ledit mur, ne
« peut placer de tirants et d'*ancres* le
« traversant qu'en réparant toutes les
« dégradations que ses travaux auront
« occasionnées ; lesdits tirants et ancres
« devront être recouverts, du côté du
« voisin, d'un enduit de 0ᵐ,03 au moins
« d'épaisseur. » (Code civil, art. 655.)

Ancrure, *s. f.* — Désigne à la fois
l'œil du tirant et l'ancre qu'on y place
(voy. *Ancre*).

Andelarrot (*Pierre d'*). — Calcaire
à entroques que l'on extrait d'une carrière située dans la commune d'*Andelarrot*, arrondissement de Vesoul.

Cette pierre, de couleur blanc-grisâtre, très dure et susceptible de poli,
porte de 0ᵐ,20 à 1ᵐ,10 de hauteur d'assise et pèse 2,600 kilogr. le mètre cube.
La charge d'écrasement par centimètre
carré est 545 kilogr.

Andira (voy. *Angelin*).

Andronitide, *s. m.* — On désigne
ainsi la partie réservée aux hommes
dans l'ancienne maison grecque.

C'était une cour découverte, ornée de
portiques et entourée de pièces affectées
à l'usage du maître et de ses gens. Un
couloir, fermé par une porte, séparait
l'*andronitide* du gynécée, appartement
des femmes (voy. *Maison*).

Andryes (*Pierre d'*). — Calcaire
dur, gris rougeâtre, exploité dans les
carrières des Vergeots, commune d'*Andryes*, arrondissement d'Auxerre.

Cette pierre porte de 0ᵐ,20 à 0ᵐ,50 de
hauteur d'assise et pèse 2,435 kilogr. le
mètre cube. Elle s'écrase sous une
charge de 545 kilogr. par centimètre
carré. La *pierre d'Andryes* est très-employée à Paris.

Ane (*Dos d'*). — On dit d'une
chaussée qu'elle est en *dos d'âne* quand
elle est bombée.

Angar, *s. m.* — Voy. *Hangar*.

Ange, *s. m.* — Dans les édifices
religieux et civils du moyen âge, on
trouve de nombreuses représentations
d'*anges* en bas-reliefs, vitraux ou peintures, qui diffèrent suivant le rang
qu'occupent ces figures idéales dans la
série hiérarchique qu'elles constituent.

Fig. 114.

On a, en effet, divisé les *anges* en neuf
chœurs et en trois *ordres*, le premier de
ceux-ci comprenant : les *trônes*, les *ché-
rubins*, les *séraphins* ; le deuxième : les
dominations, les *vertus*, les *puissances ;*
le troisième : les *principautés*, les *ar-
changes, les anges.*

On voit à la cathédrale de Chartres, à celle de Bordeaux et à la chapelle de Vincennes des séries complètes d'*anges* sculptés.

A la cathédrale de Reims, des *anges* surmontent les contreforts. On en remarque encore sur la façade de Notre-Dame de Paris et sur les tympans du triforium de la cathédrale de Nevers. La cathédrale de Strasbourg renferme un pilier, dit *pilier des anges*, au sommet duquel sont placées des statues d'*anges* sonnant de la trompette.

Nous donnons (fig. 114) une statue d'*ange* remplissant une fonction semblable et couronnant le buffet d'orgues de la cathédrale de Clermont.

On trouve, enfin, des statues d'*anges* formant amortissement au sommet des flèches en bois recouvertes de plomb ou à l'extrémité des croupes des combles des absides.

Angelin ou **Andira**. — Arbre de l'Amérique méridionale, fournissant un bois dur, d'un brun rouge, employé dans la charpente.

Angiportus. — Nom donné par les Romains à une ruelle étroite placée entre deux rangées de maisons et qui pouvait avoir soit deux issues, soit une seule comme une impasse.

Angle, *s. m.* — Écartement de deux lignes ou de deux plans ; l'*angle* de deux plans se ramène à l'*angle* de deux lignes.

Si une ligne fait avec une autre deux

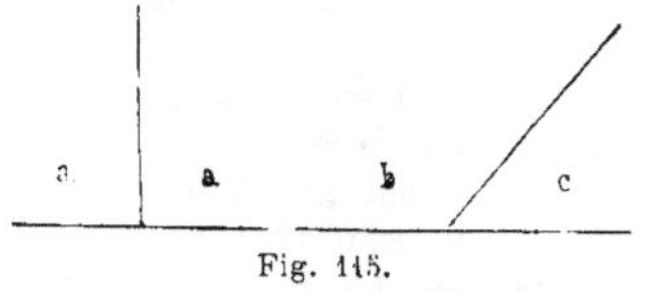

Fig. 115.

angles égaux, ceux-ci sont appelés *angles droits a* (fig. 115) ; si les deux *angles* formés sont inégaux, l'un est dit *angle obtus b*, l'autre *angle aigu c*.

Les ouvriers nomment l'*angle* droit

d'*équerre* : l'*angle* obtus, *du gras* : l'*angle* aigu, *du maigre*.

Les *angles* se mesurent en supposant l'*angle droit* divisé en 90 parties égales, qu'on appelle *degrés*, qui se subdivisent en 60 *minutes* et les *minutes* en 60 *secondes*.

MAÇONNERIE. On appelle *angle* d'un bâtiment l'*angle* formé par la rencontre de deux murs extérieurs (fig. 116) ; cet *angle* est *saillant*, s'il dépasse la ligne qui joint les sommets des deux angles

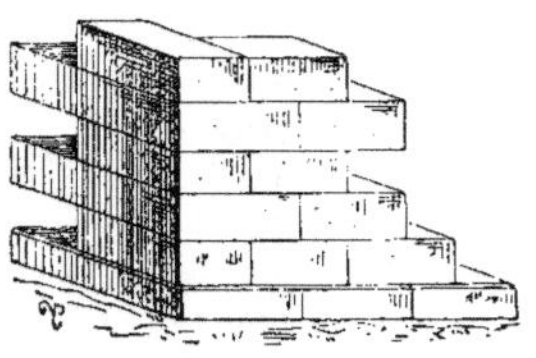

Fig. 116.

adjacents ; il est rentrant, s'il est en dedans de cette ligne. Divers systèmes sont adoptés pour la construction des *angles* de murs (voy. *Appareil. Maçonnerie*).

Cavité séparant des *bossages* (voy. *Bossage*).

Dans le règlement du prix des ouvrages en pierres de taille, adopté par la ville de Paris, les moulures ou corps de moulures sont mesurés suivant leur longueur réduite, prise en leur milieu, et il est ajouté à cette longueur 0^m,15 pour chaque *angle* saillant ou rentrant. Ces évaluations d'*angles* sont doublées, si les *angles* se trouvent formés par la rencontre d'un plan droit et d'une surface courbe ou de deux surfaces courbes.

Dans les légers ouvrages (voy. *Légers*), les *angles* donnent également lieu à une plus-value : ainsi, tous les *angles* retournés sur surfaces verticales ou horizontales, qu'ils soient saillants ou rentrants, seront ajoutés à la longueur des moulures pour 0^m,15. Les *angles* formés par la rencontre d'une partie droite avec une partie circulaire seront comptés pour 0^m,20 de longueur.

Toutefois, ces plus-values ne sont pas applicables aux bandeaux, appuis ou larmiers, ni aux refends destinés à figurer des assises, à moins que ces refends ne comportent eux-mêmes des moulures poussées au calibre.

Plomberie. On dit qu'une cuvette est à *angle*, quand son dossier forme un angle, pour être placé à l'encoignure de deux murs (voy. *Cuvette*).

Pavage. Angle formé par la rencontre deux ruisseaux.

Anglet, *s. m.* — Refouillement en angle droit formant la séparation de certains *bossages* (voy. ce mot).

Les caractères et la plupart des inscriptions gravées sur la pierre et sur le marbre sont à *anglet*.

Assemblage à *anglet* ou d'*onglet* (voy. *Onglet*).

Angolam. — Arbre d'Asie et du Malabar, employé dans ce pays pour les constructions.

Angoulême (*Pierre d'*). — Calcaire crayeux, tendre, qui provient de la carrière de la Fontaine-du-Cerisier, commune de Soyaux, arrondissement d'*Angoulême*..

Cette pierre est de couleur blanc de neige et durcit à l'air. Sa hauteur d'assise varie de 0ᵐ,80 à 1ᵐ,20 et le poids du mètre cube est 1,825 kilogr. La charge nécessaire pour produire l'écrasement est de 60 à 80 kilogr. par centimètre carré. La pierre d'*Angoulême* a été employée aux édifices publics d'Angoulême et de Mont-de-Marsan.

La même désignation s'applique à des pierres analogues extraites de carrières avoisinant Angoulême.

Angoules (*Trachyte d'*). — Trachyte porphyroïde, demi-dur, blanchâtre, tiré des carrières d'*Angoules*, commune de Menet, arrondissement de Mauriac.

Cette pierre porte de 0ᵐ,80 à 1 mètre de hauteur d'assise et pèse 2,400 kilogr. le mètre cube. Elle s'écrase sous une charge de 400 kilogr. par centimètre carré.

Angrois, *s. m.* — Petit coin qu'on enfonce entre le manche et les parois de l'œil d'un marteau pour en assujettir le manche.

Angulaire, *adj.* — Pierres *angulaires* ou d'*encoignures* (voy. *Pierre*).

Angy (*Pierre d'*). — Calcaire demi-dur, semi-cristallin, que l'on extrait des carrières d'*Angy*, commune de Saint-Vinnemer, arrondissement de Tonnerre.

Cette pierre est d'un beau blanc, d'un grain fin et propre à la sculpture. Elle porte de 0ᵐ,15 à 0ᵐ,80 de hauteur d'assise et pèse 2,000 kilogr le mètre cube. La charge qui produit l'écrasement est de 200 kilogr. par centimètre carré.

Anhydrite, *s. f.* — Gypse ou pierre à plâtre privé d'eau.

Cette pierre, ainsi désignée par les minéralogistes, est employée, dans la décoration, comme albâtre et comme marbre.

Animaux, *s. m. pl.* — Les *animaux* ont été, de tout temps, employés dans la peinture et dans la sculpture décoratives. Les palais assyriens et les monuments de l'Égypte offrent de nombreux exemples d'*animaux* réels ou fantastiques, sculptés en bas-reliefs, gravés en hiéroglyphes, ou bien encore isolés, comme le sphinx de l'Égypte. Les frises des temples grecs et romains sont ornées de motifs dans lesquels se trouvent représentés divers *animaux*, le cheval et le chien, par exemple, dans les scènes guerrières et cynégétiques.

A toutes les époques, le symbolisme a fait usage des *animaux*, soit pour représenter les dieux auxquels ils étaient consacrés, soit pour exprimer une pensée sociale ou religieuse. Dans l'art chrétien, et au moyen âge particulièrement, la zoologie mystique est très-répandue. C'est ainsi que, à part saint Mathieu, qui a pour personnification ou pour signe l'homme ailé, c'est-à-dire l'ange, les trois autres évangélistes, saint Marc, saint Luc et saint Jean, ont comme attributs le lion, le bœuf et l'aigle. Jésus-Christ même est tour à tour représenté sous la figure d'un agneau, d'un lion ou d'un pélican, symboles de la douceur, de la force et de la charité. Le phénix est l'image de la résurrection ; le serpent figure le mal.

Sur les pierres tombales se trouvent très-fréquemment des animaux symboliques : le lion, par exemple, emblème du courage et de la force, est placé sous les pieds des chevaliers ; le chien, image de la fidélité, sous les pieds des dames.

Enfin, les divers membres d'architecture, tels que chapiteaux, frises, boiseries, jubés, couronnements de contreforts et de balustrades, pinacles, etc., sont ornés ou accompagnés d'*animaux* bizarres et fantastiques, dont les types sont particuliers à chaque pays.

Anneau, *s. m.* — 1° Petit cercle en métal, placé à l'extrémité des loqueteaux de persiennes et de fenêtres d'écurie (voy. *Loqueteau*). Dans le premier cas, ces *anneaux* ont 0ᵐ,034 de diamètre ; dans le second cas, de 0ᵐ,05 à 0ᵐ,11.

Les pierres de fosses d'aisances sont

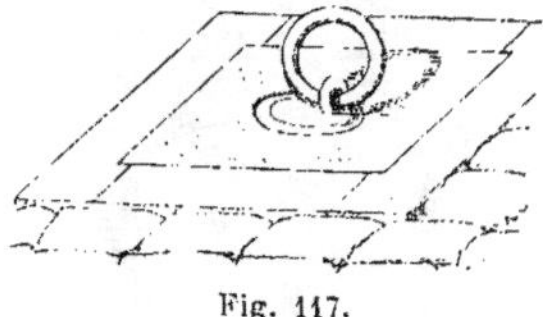

Fig. 117.

munies d'*anneaux* en fer rond qui se rabattent sur une entaille creusée dans la pierre (fig. 117).

2° Cercle en métal A qui est fixé à

l'auge ou mangeoire d'une écurie, pour recevoir la longe qui sert à retenir les chevaux (fig. 118). Ces *anneaux* sont maintenus par une petite patte à queue de carpe, à vis ou à écrou, suivant que

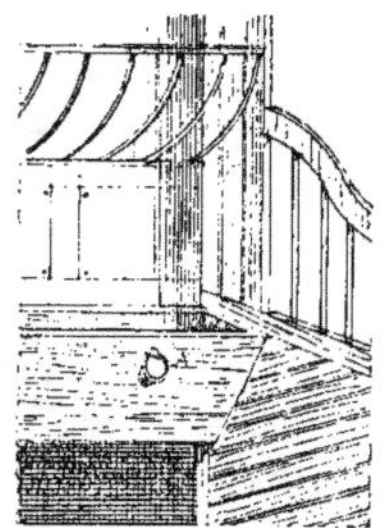

Fig. 118.

l'auge est en pierre, en maçonnerie ou en bois.

On place aussi des *anneaux* en métal sur les murs des cours d'écurie ou des cours d'entrée dans les hôtels, pour attacher momentanément les chevaux ; ces *anneaux* peuvent être ornés et fixés

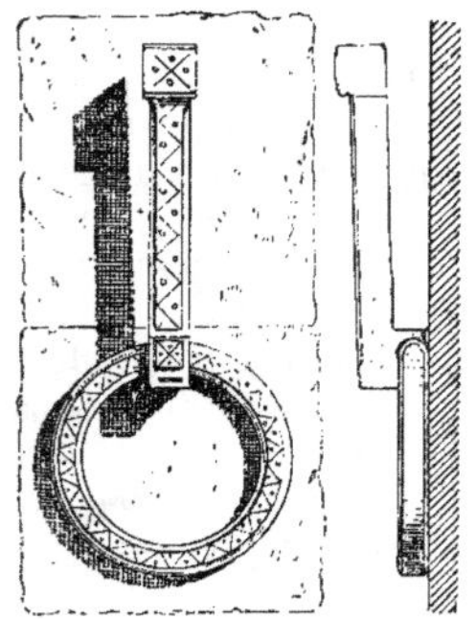

Fig. 119.

à une patte coudée servant aussi à l'attache (fig. 119).

Annelé, *adj.* — Se dit d'un objet décoré de bagues ou anneaux. On dit une *colonne annelée* (voy. *Bague*).

Annelets, *s. m. pl.* — 1° Petits

listels ou filets placés sous l'échine, dans le chapiteau dorique grec, et dont

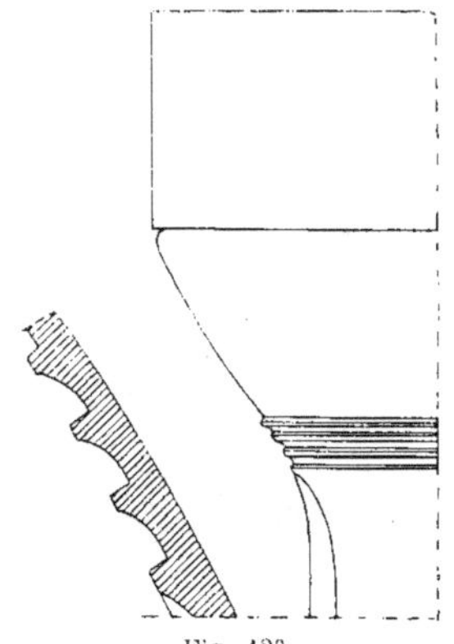

Fig. 120.

le nombre varie de trois à cinq (fig. 120).

2° Tores formant *anneaux* autour d'une colonne (voy. *Bague*).

Annexe, *s. f.* — Bâtiment qui est uni à un plus grand ou qui en dépend.

Dans une exploitation ou dans une administration, on appelle *annexes* des constructions affectées à des travaux ou à des services dont la direction générale occupe le bâtiment principal.

On donne particulièrement ce nom à des chapelles situées dans la circonscription d'une cure et dont le culte est célébré aux frais de souscripteurs particuliers qui en ont fait la demande. Il faut, pour établir une *annexe*, justifier de sa nécessité, en raison, par exemple, des difficultés de communication, et répondre, en outre, des moyens de l'entretenir.

Annilles ou **Anilles**, *s. m. pl.* — 1° Anneaux de fer scellés dans le parement des bajoyers d'une écluse à plusieurs passages. Ils retiennent des pieux, que l'on pose le long des branches et sur les faces de l'avant-bec des piles, pour les garantir du choc des bâtiments.

2° Anneaux de fer qu'on met autour des moyeux des roues de moulins pour les fortifier.

Annulaire *(Voûte)*. — Voûte dont la surface est engendrée par le mouve-

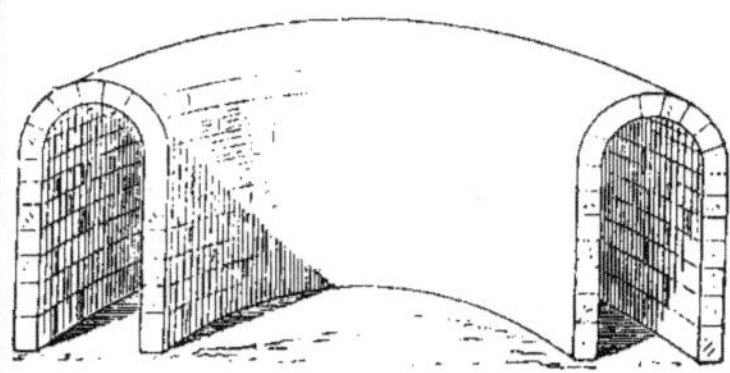

Fig. 121.

ment d'une courbe, assujettie à appuyer ses extrémités sur deux lignes parallèles et à être toujours comprise dans un plan vertical normal à la direction de ces lignes (fig. 121).

Dans la voûte *annulaire* proprement dite, le plan des murs portant cette voûte est circulaire. Si le mur intérieur se réduit à un pilier rond et central, la voûte est dite *voûte sur le noyau* (voy. *Noyau*).

Une voûte *annulaire* en descente, telle que celle qui soutient parfois les marches d'un escalier circulaire, est appelée *vis Saint-Gilles* (voy. ce mot).

Anse, *s. f.* — Serrurerie. Partie demi-circulaire d'un cadenas, que l'on fait passer dans le trou d'un piton ou crampon, et dont le bout rentre ensuite dans le *cadenas* (voy. ce mot).

Construction. — *Anse de panier :*

Fig. 122.

courbe dont l'aspect est celui d'une demi-ellipse (fig. 122), mais qui est formée d'arcs de cercle se raccordant, ce qui lui a fait donner le nom de *courbe à plusieurs centres*. On s'en sert dans la construction de certaines voûtes surbaissées.

Les arcs de cercle qui composent l'*anse de panier* sont au nombre de 3, 5, 7, 9, 11, au plus. Son tracé se fait généralement par le procédé graphique suivant : si l'on veut une courbe à trois centres, en supposant (fig. 123) AA' l'*ouverture*, OB la *montée*, on décrit le demi-cercle sur AA', et on le divise en trois parties égales par les points C, C' ; on prolonge OB jusqu'en

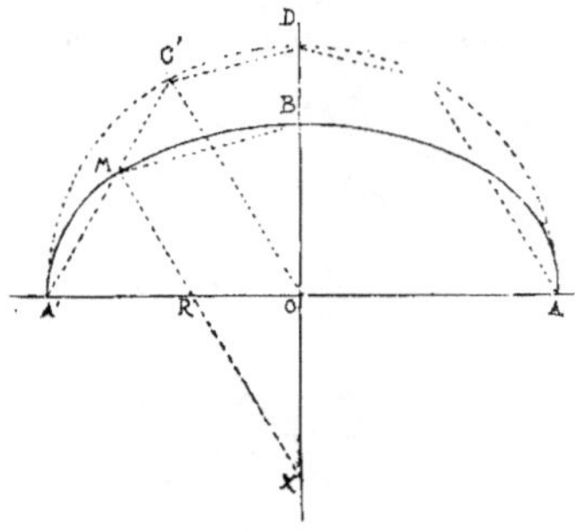

Fig. 123.

D ; on joint A C, C D, D C'. C' A' ; du point B on mène une parallèle à D C', qui rencontre C' A' en M ; on joint C' O, et du point M on mène M X parallèle à C' O ; le point X est le centre d'un arc de cercle MB, qui se raccorde en M avec l'arc de cercle A' M décrit du point R comme centre ; l'autre moitié de la courbe s'obtient de même.

L'*anse de panier* à trois centres s'emploie quand la montée O B est au moins égale aux 3/4 de la demi-ouverture O A.

Les courbes à cinq, sept, neuf... centres s'obtiennent par un procédé analogue, en divisant la circonférence en cinq, sept, neuf... parties égales.

L'*anse de panier* à cinq centres est utilisée quand la montée est comprise entre les 3/4 et les 2/3 de la demi-ouverture ; la courbe à sept centres, depuis une montée égale aux 2/3 de la

demi-ouverture jusqu'au 1/4 de l'ouverture.

Les arches de pont sont quelquefois en *anse de panier*.

Anstrude *(Pierre d')*. — Calcaire oolithique, demi-dur, provenant des carrières d'*Anstrude*, commune de ce nom, arrondissement d'Avallon.

Cette pierre, de ton blanc ou gris, porte de 0^m.20 à 1 mètre de hauteur d'assise. La variété blanche pèse de 2,160 à 2,200 kilogr. le mètre cube et s'écrase sous une charge de 325 à 400 kilogr. par centimètre carré ; la pierre grise pèse de 2,160 à 2,250 kilogr. le mètre cube et s'écrase sous une charge de 390 à 420 kilogr. par centimètre carré.

La *pierre d'Anstrude* a été employée notamment au nouveau Louvre et à l'Opéra, à Paris.

Ante, *s. f.* — 1° Pilastre A (fig. 124), placé, dans les temples antiques, à la rencontre des murs latéraux de la *cella*

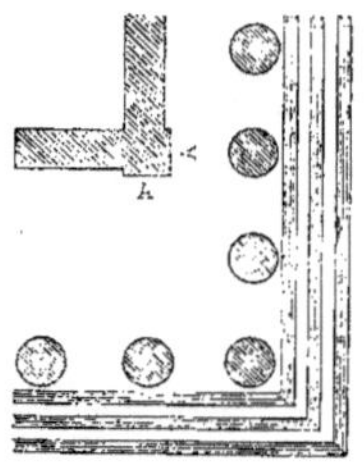

Fig. 124.

avec le mur de face, ou formant la tête de ces murs latéraux quand ils s'avancent au-delà de la façade.

Les Romains appelaient temples *in antis* (fig. 125) (1) ceux dont le portique est ainsi formé par la saillie de ces murs, terminés par deux pilastres quadrangulaires ayant entre eux deux colonnes.

(1) Stuart, *Antiquités d'Athènes.*

Les *antes* ne sont point cannelées comme les colonnes; leur saillie est

Fig. 125.

faible et leur fût ne diminue pas en s'élevant, sauf de rares exceptions.

Chez les Grecs, ces pilastres, appelés *parastates*, n'ont généralement pas de base; leurs chapiteaux sont formés de moulures simples, ou bien seulement profilés suivant les moulures qui contournent l'édifice. Les Romains donnaient généralement aux *antes* des bases et des chapiteaux semblables à ceux des colonnes; les fûts étaient parfois cannelés.

L'*ante* n'a pas été seulement employée par les Grecs pour former la tête des murs latéraux de la *cella*; elle a servi,

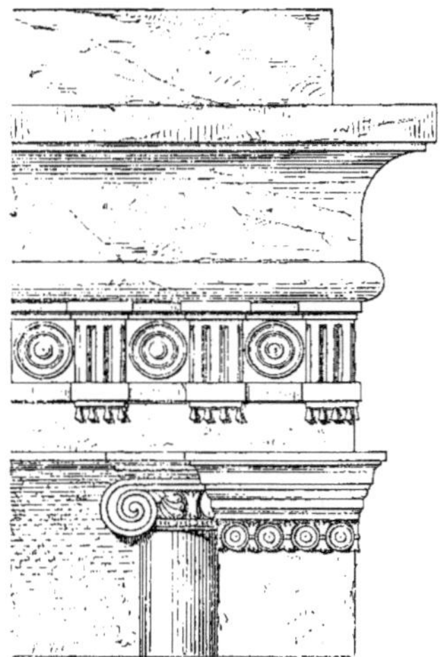

Fig. 126.

de même, à fortifier et à décorer les angles des édifices, à la rencontre des

surfaces extérieures des murs; on ne lui voit plus alors que deux faces, qui sont souvent égales entre elles. La pinacothèque des Propylées, à l'acropole d'Athènes, offre un exemple de cette disposition. Cet usage passa des Grecs aux Romains.

La figure 126 représente l'un des angles du *tombeau d'Absalon*. On remarquera, dans ce monument, la frise dorique et les colonnes ioniques qui le décorent.

2° Ce mot désignait encore, dans l'antiquité les pilastres accompagnant les jambages des portes.

3° Aujourd'hui, on nomme particulièrement *antes*, les pilastres placés aux encoignures des bâtiments ou aux extrémités des murs.

Ante-bois, *s. m.* — Menuiserie. Tringle mise sur le parquet d'une chambre, à peu de distance des murs,

Fig. 127.

pour empêcher le frottement des meubles sur les parois, comme le montre la figure 127.

Antéfixe, *s. f.* — Ornement que les Grecs et les Romains plaçaient à l'extrémité des rangs de tuiles convexes ou à double égout (*imbrices*) qui alternaient sur les couvertures avec les tuiles plates.

Les *antéfixes* étaient maintenues par une languette qui s'introduisait sous le dernier *imbrex*.

La figure 128 représente une de ces *antéfixes*, ornée, sur sa face, d'une tête de femme; elle est, en outre, pourvue d'une longue queue, destinée à être recouverte, en partie, par la *tegola* (tuile) suivante, et munie d'une sorte

Fig. 128.

d'anse ou poignée servant à la manœuvrer.

Les Grecs firent d'abord ces ornements en terre cuite ; ils les nommaient *protypes*, quand ils les modelaient à la main et *ectypes*, quand ils les reproduisaient dans un moule. Ils les firent en

Fig. 129.

marbre peint ou sculpté, lorsqu'ils couvrirent leurs monuments de dalles en marbre.

Les *antéfixes* figuraient des masques, des feuilles, des palmettes ; nous donnons, en exemple (fig. 129) (1), l'une de celles qui ornaient le temple de Diane Propylée à Éleusis.

Des *antéfixes* sculptées sur les deux faces étaient aussi placées sur les faîtages et reliaient les *imbrices* des deux pentes.

Les sommets des frontons, dans les tombeaux, eurent souvent des *antéfixes* ; aux angles mêmes de ces frontons, il y en avait qui se retournaient d'équerre, de façon à décorer, à la fois, la face principale et la face en retour du monument.

Les Étrusques employaient des *antéfixes* en terre cuite coloriée. Les Romains imitèrent ce genre de décoration et, comme les Grecs, en placèrent aussi sur les faîtages. On retrouve même de ces ornements qui, sous la forme de masques, servaient de gouttières.

On a encore donné le nom d'*antéfixes* à des tablettes en terre cuite, couvertes

Fig. 130.

de bas-reliefs, dont les Romains décoraient les frises et qu'ils fixaient avec des clous (fig. 130).

Anthracite, *s. m.* — Substance charbonneuse, noire, opaque, d'un éclat métalloïde, brûlant difficilement, sans flamme ni fumée. C'est, à proprement parler, une houille impure, sèche et privée de bitume. Tantôt on le rencontre isolément, et tantôt il accompagne les véritables houilles ; ses gisements se trouvent dans les terrains primitifs et de transition.

(1) Stuart, *Antiquités d'Athènes.*

On emploie l'*anthracite* à cuire la chaux, à alimenter les fours à poterie, à verrerie, même les forges et les hauts-fourneaux ; mais il lui faut beaucoup plus d'air qu'à la houille pour se consumer ; il laisse plus de résidu et un noyau assez gros qui ne brûle jamais. En somme, c'est un combustible de qualité inférieure.

On en trouve dans la Mayenne, la Sarthe et la Vendée d'importants gisements, que l'on emploie à la cuisson de la chaux.

Anticabinet, *s. m.* — Pièce de dégagement entre une salle et un cabinet.

Antichambre, *s. f.* — Pièce d'un appartement qui précède les autres et ouvre directement sur un escalier ou un vestibule.

Dans les maisons particulières, elle communique avec la salle à manger et les pièces de réception : c'est là que se tiennent les domestiques ; cette pièce est garnie de siéges et de porte-manteaux.

L'usage des *antichambres*, qui n'existait, il y a un siècle, que dans les hôtels et les palais, s'est généralisé. La plupart des appartements possèdent aujourd'hui une *antichambre*, qui établit la communication entre le vestibule ou l'escalier et les pièces intérieures.

Dans les demeures luxueuses, il y a généralement plusieurs *antichambres*. Dans la première se tiennent les domestiques : la décoration de cette pièce est très-simple. Les secondes *antichambres* comportent plus d'ornements, mais sont moins vastes ; elles précèdent quelquefois une troisième *antichambre*, dite *salon d'attente*, qui est encore plus richement décorée et de proportions moindres. C'est dans ces diverses pièces que sont admis, suivant leur qualité, les visiteurs forcés d'attendre.

Anticour, *s. f.* — Voy. *Avant-cour*.

Anticum. — Mot par lequel les Romains désignaient la façade ou partie antérieure d'un édifice, d'une maison. Le derrière de l'édifice s'appelait *posticum*.

Antilly (*Roche d'*). — Calcaire demi-dur, blanchâtre, un peu coquillier, que l'on extrait de la carrière d'*Antilly*, commune de ce nom, arrondissement de Senlis.

Cette pierre porte de 0^m,50 à 0^m,70 de hauteur d'assise.

Antique, *adj.* — On désigne, sous les noms de *grand* et de *petit antique*, deux variétés de marbres. Le *grand antique* est un marbre d'un noir très-intense, avec veines d'un beau blanc. Le *petit antique* est un marbre à fond noir, taches de formes variées et veines grises et blanches disséminées dans la masse.

Antlia. — Mot grec employé par les anciens pour désigner, d'une manière générale, toute machine hydraulique élévatoire.

Antoigné (*Tuffeau d'*). — Craie tuffeau, que l'on exploite dans des carrières situées aux environs d'*Antoigné*, commune et arrondissement de Châtellerault.

Cette pierre, de couleur blanche, à grain très-fin et homogène, propre à la sculpture, porte 0^m,33 de hauteur d'assise habituelle et pèse de 1,400 à 1,420 kilogr. le mètre cube. La charge nécessaire pour produire l'écrasement est de 70 à 78 kilogr. par centimètre carré.

Le *tuffeau d'Antoigné* s'emploie notamment à Châteauneuf, à Châtellerault et à Tours.

Aplatis (*Fers*). — On nomme ainsi des fers appartenant à la troisième classe des fers du commerce, et qui ont une section de 0^m,040 à 0^m,081 sur 0^m,0045 et 0^m,0055.

Aplomb, *s. m.* — On dit qu'un

mur, un pan de bois ou un lambris est d'*aplomb*, quand il est vertical et en équilibre. On s'assure de cette condition au moyen d'un fil auquel est suspendu un corps pesant, et qu'on appelle *fil à plomb* (voy. *Plomb*).

On dit que l'on pose une pierre à l'*aplomb* d'une autre quand on place les deux blocs de manière que deux de leurs faces se trouvent dans le même plan vertical.

Apodytérium, *s. m.* — Les Romains nommaient ainsi le vestiaire des établissements de *bains* (voy. ce mot).

Cette pièce communiquait avec les salles du bain froid et du bain chaud. Elle était pourvue de sièges en pierre, et des patères, fixées aux murailles, servaient à la suspension des vêtements. Une fenêtre, pratiquée dans le mur du fond, éclairait la pièce pendant le jour ; une petite niche, placée en dessous de cette fenêtre, recevait une lampe pour l'éclairage du soir (1).

Apophyge, *s. f.* — Endroit où la colonne commence à sortir de sa base et à s'élever (voy. *Congé*).

Apotheca, *s. f.* — Nom que les Romains donnaient, en général, à un magasin ou dépôt de denrées servant à l'usage domestique. L'*apotheca* désignait surtout une sorte de cellier placé à la partie supérieure d'une maison d'habitation, et où l'on gardait le vin dans des amphores.

Appareil, *s. m.* — Terme qui désigne la disposition donnée aux pierres de taille employées dans la construction des édifices.

On nomme aussi *appareil* l'ensemble des méthodes qui permettent de donner à ces matériaux les dimensions exigées par la place qu'ils doivent occuper (voy. *Coupe des pierres*).

(1) Rich, *Dict. des antiquités romaines.*

Les moellons et les briques reçoivent aussi des formes particulières et un ajustement spécial dont nous traitons dans les articles *Moellon*, *Brique*, *Cloison*, etc. Nous ne nous occuperons ici que de l'*appareil des murailles*.

Les *appareils* employés pour la construction des édifices les plus anciens où la pierre ait été utilisée sont de forme très-irrégulière. On trouve en Asie des

Fig. 131.

exemples de murailles exécutées avec des blocs polygonaux de toutes dimensions. Cette disposition existe également dans les monuments primitifs de la Grèce et de l'Italie et en particulier dans les acropoles des temps héroïques. Le nom d'*appareil polygonal* a été donné à ce genre de construction. Tantôt les

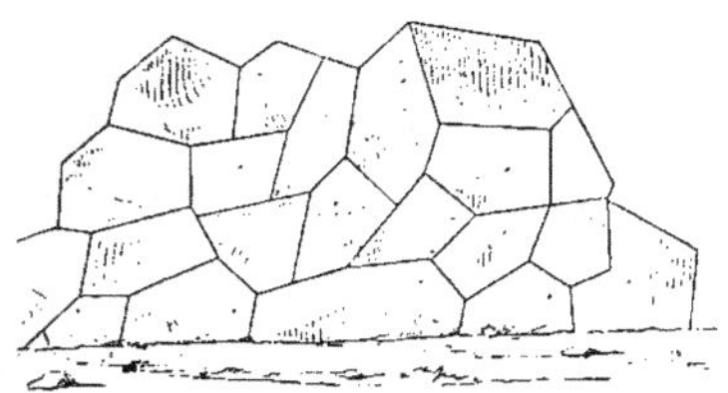

Fig. 132.

vides laissés entre eux par les blocs polygonaux irréguliers sont remplis à l'aide de petites pierres (fig. 131) : ce sont les constructions dites *cyclopéennes*, telles que les anciens murs de Tyrinthe et d'Argos ; tantôt les joints sont taillés et dressés de manière à juxtaposer les angles saillants et rentrants (fig. 132) : ce sont les constructions, plus modernes, dites *pélasgiques*.

Dans les premiers *appareils hellé-niques*, l'horizontalité des assises est re-

Fig. 133.

cherchée (fig. 133) : tels sont les murs de Mantinée, de Mycènes et de Platée, en Grèce.

Nous devons encore citer, comme appartenant aux *appareils* irréguliers la disposition représentée par la figure 134 et dans laquelle des pierres de toutes dimensions sont ajustées par assises rompues. Les Romains ont fréquemment employé ce genre de construction,

Fig. 134.

par exemple au théâtre de Marcellus, au Colisée, à la porte Majeure, aux arcs de Janus, de Septime Sévère, de Constantin, aux ponts et aux quais du Tibre. Les modernes l'ont également appliqué, notamment à Saint-Pierre de Rome.

Le dressement des lits conduisit à l'horizontalité des assises ; enfin, l'emploi des parallélipipèdes réguliers permit de composer divers *appareils*, devenus communs à tous les peuples et usités aujourd'hui.

Citons d'abord l'*appareil à assises réglées* (*isodomon* des Grecs), dans lequel (fig. 135) les assises sont égales et les blocs posés de façon à ce que les joints de même niveau correspondent aux mi-

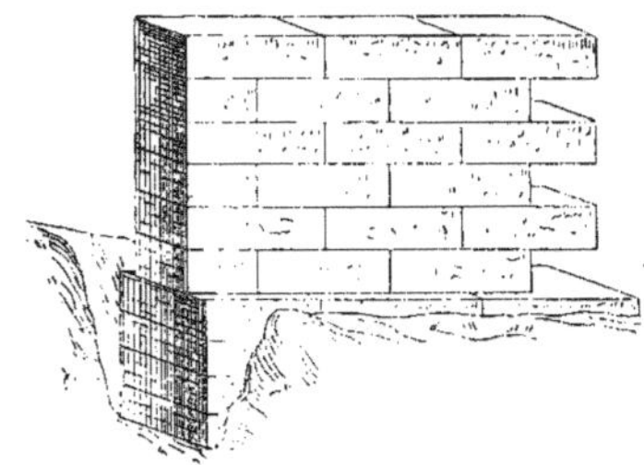

Fig. 135.

lieux des pierres qui forment le rang supérieur ; et l'*appareil à assises alternativement hautes et basses* ou *pseudo-isodomon* (fig. 136). Ces deux systèmes,

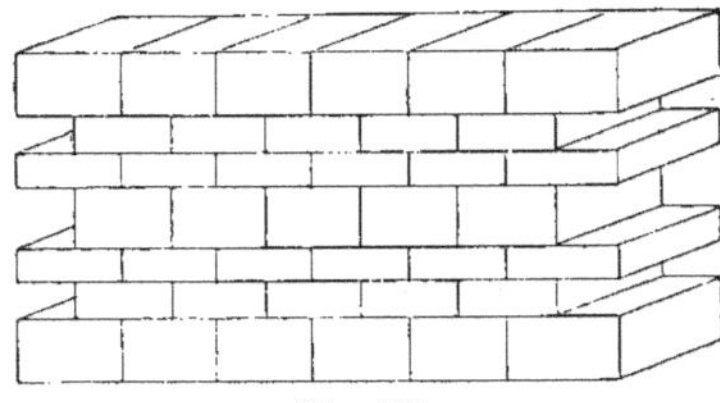

Fig. 136.

appelés *appareils en liaison*, ont reçu des Romains le nom d'*opus incertum*, et se retrouvent dans les murailles de leurs principaux édifices ; les éléments en sont

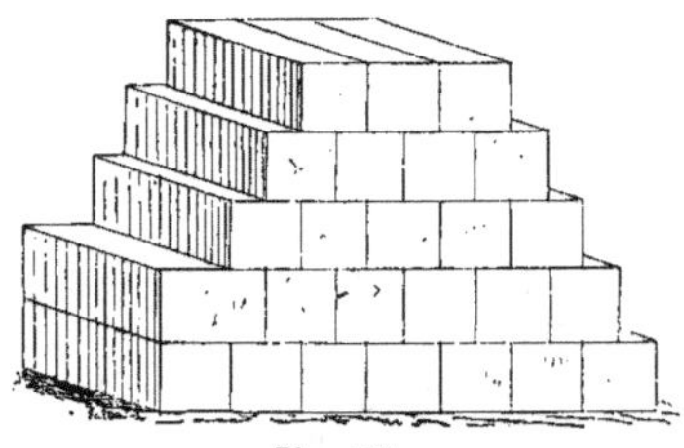

Fig. 137.

remarquables par leur volume, et sont posés sans mortier, grâce à la perfection des joints.

Des murs d'une certaine épaisseur

peuvent s'exécuter avec des blocs de moins grande dimension, disposés soit en *boutisses* (fig. 137), c'est-à-dire offrant leurs petits côtés en parement et

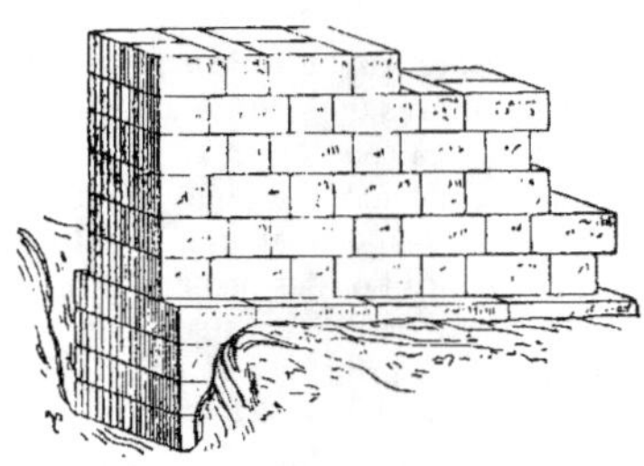

Fig. 138.

occupant toute la largeur de la muraille, soit en *carreaux* et *boutisses* (fig. 138), les premières de ces pierres montrant leur grand côté, dans le sens longitudinal, et les secondes formant liaison. Les Grecs ont employé ce dernier procédé.

Parmi les *appareils* réguliers, il en est quelques-uns dont on a retrouvé d'assez nombreuses applications pour que l'on doive les citer, tels sont :

L'*appareil triple en épaisseur* de deux en deux assises (fig. 139), les assises in-

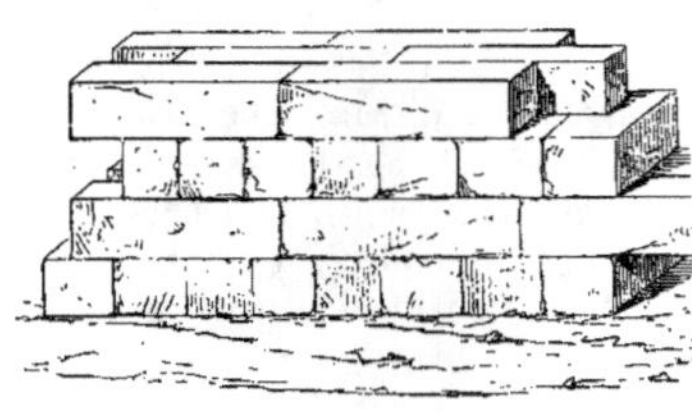

Fig. 139.

termédiaires étant composées de parpaings ;

L'*appareil enchaîné* (fig. 140), formé de pierres qui sont alternativement refouillées, de manière à s'encastrer les unes dans les autres, comme on en a retrouvé au théâtre de Marcellus ;

L'*appareil* représenté par la figure 141 et dans lequel les pierres d'une même assise s'emboîtent latéralement l'une dans l'autre, disposition propre à être employée dans les maçonneries expo-

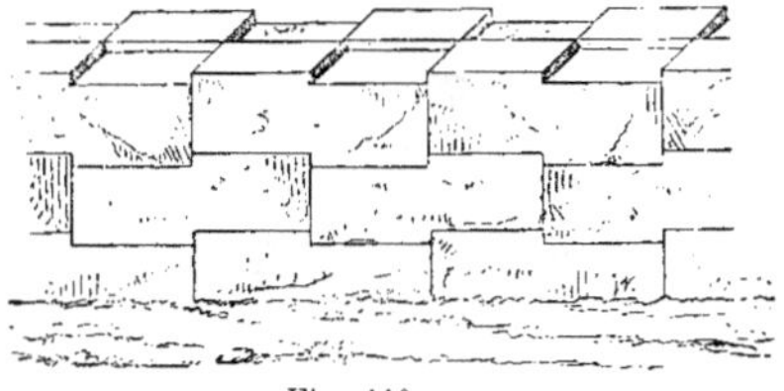

Fig. 140.

sées à des efforts violents, comme les digues, quais et phares construits à la mer.

Fig. 141.

A côté de ces *appareils*, que nous pouvons appeler *simples*, parce qu'ils sont formés de matériaux de même na-

Fig. 142.

ture, il y a les *appareils mixtes*, tels que : la maçonnerie de blocailles comprises entre deux parements, soit de moellons bruts (fig. 142), comme l'*appareil antique* ou *irrégulier* (*opus incertum* des Romains), soit de moellons taillés en tête, comme l'*opus reticulatum* (fig. 143), ou bien encore de pierres de taille, comme l'*emplecton* des Grecs (fig. 144). Les murs ainsi construits sont

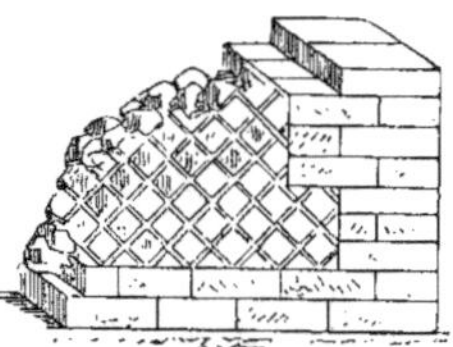

Fig. 143.

maintenus, à leurs angles, ou de distance en distance, par des chaînes en pierre à assises régulières.

Fig. 144.

Il faut citer aussi l'*appareil revinctum*, employé par les anciens et dans lequel les pierres étaient réunies par des

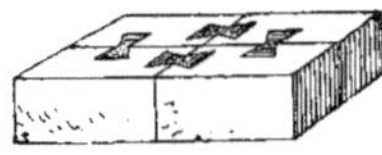

Fig. 145.

agrafes en queue d'aronde (fig. 145).

L'*appareil en besace* (fig. 146), appliqué aux angles, permet d'éviter les évide-

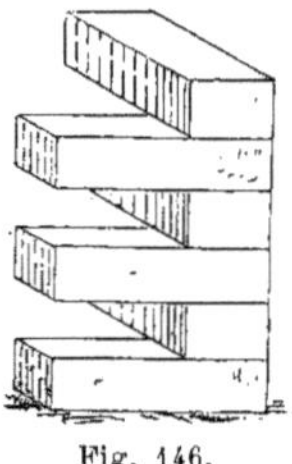

Fig. 146.

ments, c'est-à-dire les déchets de pierre; on s'en sert aussi pour les jambages de baies. Cette recherche, dans l'économie de la taille, pour les pierres destinées à occuper des retours d'angles, a été non-seulement pratiquée par les anciens, mais elle caractérise l'*appareil* adopté par les constructeurs des xiiᵉ, xiiiᵉ et xivᵉ siècles.

Les *blocages* (voy. ce mot), avec parements en pierres dressées, étaient aussi fort en usage à cette époque.

Si l'on considère, au point de vue de la stabilité, les éléments qui entrent dans la composition des divers *appareils* employés dans les constructions, on peut poser en principe : 1° que l'*appareil* polygonal est suffisant pour les murs qui n'ont à supporter que leur propre charge ; 2° que l'*appareil* à pierres rectangulaires, préférable, sous ce rapport, exige une grande perfection dans la taille des lits et leur parfaite juxtaposition. Notons ici que, dans les monuments antiques, les pierres équarries, posées sans mortier, sans cales ni démaigrissement, sont taillées avec une telle précision que les joints sont presque insensibles à l'œil.

A ces considérations nous ajouterons qu'il ne faut pas dépasser une certaine limite dans la dimension des blocs, les pierres trop grandes étant sujettes à se rompre, si les lits ne sont pas assez bien exécutés pour que ces pierres portent parfaitement sur l'assise inférieure. Remarquons, d'ailleurs, que ces dimensions dépendent aussi de la dureté même des matériaux ; ainsi, l'on peut donner aux pierres tendres, en longueur, le double de leur hauteur et, en largeur, la moitié en sus.

Au point de vue de la grandeur des matériaux, on distingue : le *grand appareil*, composé de pierres d'un volume considérable ; — le *petit appareil*, formé d'éléments cubiques de petite dimension ; — l'*appareil allongé*, où la hauteur des pierres est moindre que leur largeur.

Les *arcs* et les *voûtes* en matériaux taillés sont construits au moyen de claveaux et voussoirs (voy. *Arc*, *Voûte*).

Au point de vue de la décoration, le principe qui consiste à accuser les diverses parties de l'œuvre conduit à indiquer l'*appareil* dans les constructions en pierres de taille. On a employé, à cet effet, les *refends*, les *bossages* (voy. ces mots).

Appareiller, *v. a.* — 1° Donner les justes mesures, tracer le trait sur la pierre. L'ouvrier chef chargé de ce travail se nomme *appareilleur*.

2° Assortir des moellons, les choisir de façon à ce qu'ils s'unissent bien entre eux.

Appartement, *s. m.* — Ensemble des pièces de plain-pied formant une habitation.

Chez les Grecs, l'*appartement* se divisait en deux portions principales : l'*andronitide* ou *andron* et le *gynécée*. Chez les Romains, ces deux parties n'en faisaient qu'une (voy. *Maison*).

De nos jours, la maison est souvent divisée en plusieurs *appartements*, chacun occupant un étage ; quelquefois même il y en a deux occupant un seul étage.

Dans les demeures luxueuses, on distingue : les *appartements privés* et les *appartements d'apparat*. Les premiers renferment au moins : une *antichambre* ou pièce d'entrée, une *salle à manger*, un *salon* ou salle de compagnie, plusieurs chambres à coucher, des *garde-robes*, un *office*, une *cuisine* (voy. ces mots), et des chambres de domestiques à l'étage du comble ; les seconds, destinés à la réception, comportent des chambres, antichambres, salons, pièces d'assemblée et galeries de plusieurs genres. Ces derniers *appartements* doivent, en outre, être pourvus de *garde-robes* et de tous les dégagements nécessaires à une communication facile.

Appel (*Cheminée d'*). — Cheminée destinée à produire un *appel* dans un système de chauffage ou de ventilation.

Appentis, *s. m.* — Comble qui n'a qu'un seul plan incliné ou un seul égout.

Souvent l'*appentis* sert à couvrir un hangar (fig. 147) ; la partie supérieure du comble s'appuie sur un mur isolé ou appartenant à un bâtiment, et la partie

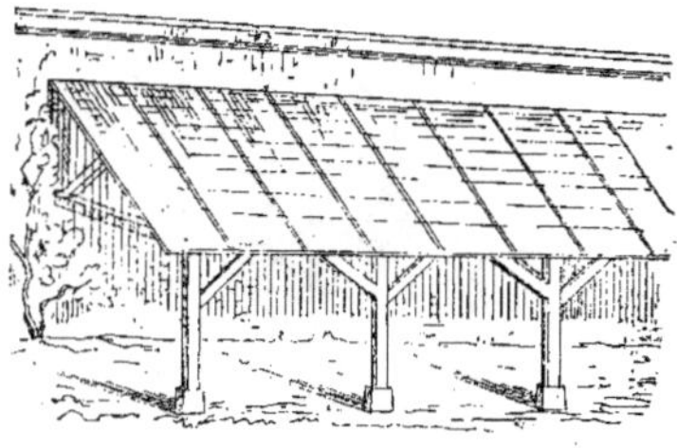

Fig. 147.

inférieure est soutenue par des *poteaux* reposant sur des *dés* ou sur des piliers en maçonnerie.

Appiéto (*Granit d'*). — Granit porphyroïde syénitique très-dur, d'une belle nuance rosâtre, à gros grains, et que l'on tire de la carrière de Rosa, commune d'*Appiéto*, arrondissement d'Ajaccio.

Cette pierre est susceptible de poli. Sa hauteur d'assise est de 1 mètre. Elle a été employée dans les monuments publics d'Ajaccio.

Applique, *s. f.* — Toute matière précieuse ou d'un aspect décoratif, fixée, par superposition ou par incrustation, sur de la pierre, du moellon, de la brique, du bois, etc.

Ainsi se nomment l'or, l'argent et autres métaux mis en *applique* ou appliqués sur des meubles ou sur des moulures de panneaux, les cartons-pierre fixés sur les plafonds, les moulures clouées sur les lambris ou sur les portes.

Les Grecs *appliquaient* sur la pierre des stucs colorés et les Romains des tables de marbre, à l'aide de ciment. Au moyen âge, on ne faisait l'application de matières précieuses que sur certaines parties des églises : les tombes, les clôtures, les autels étaient ornés de revêtements de métal.

Les serruriers donnent ce nom à tout objet rapporté sur un autre que l'on veut ornementer ; telles sont les rosaces

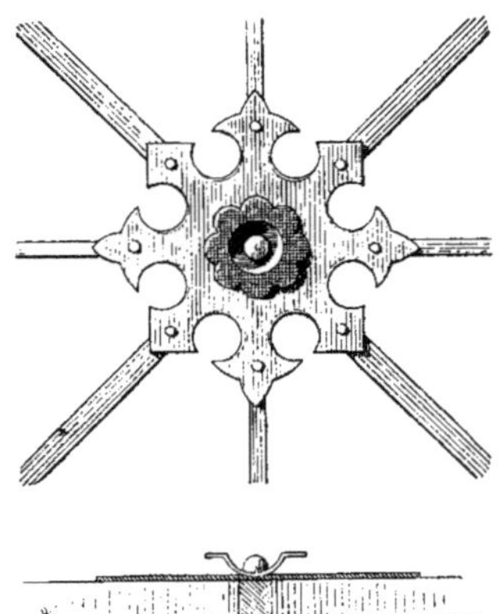

Fig. 148.

en cuivre ou en fer repoussé que l'on pose en *applique* (fig. 148) sur un panneau de balcon, de grille, etc.

Apprêts, *s. f. pl.* — PEINTURE. Travaux préparatoires nécessaires à l'application des couleurs. Ce sont l'*époussetage*, le *lessivage*, le *brûlage*, le *grattage*, le *rebouchage* à l'huile ou à la colle (voy. ces mots).

DORURE. On donne ce nom aux opérations préliminaires de la dorure (voy. ce mot). On appelle spécialement *blancs d'apprêts* les couches composées de colle et de blanc de Meudon en poudre que l'on donne après l'encollage (voy. *Blanchir*).

Approches, *s. f. pl.* — Terme qui désigne les tuiles ou ardoises tranchées sur leur largeur ; on les appelle plutôt *tranchis*. On les emploie notamment sur les arêtiers, à la rencontre de deux pans de comble (voy. *Arêtier*).

Appui, *s. m.* — En général, tout

ouvrage de maçonnerie, charpente, serrurerie ou marbrerie destiné à soutenir, à appuyer.

Ainsi, l'on appelle *murs d'appui* les

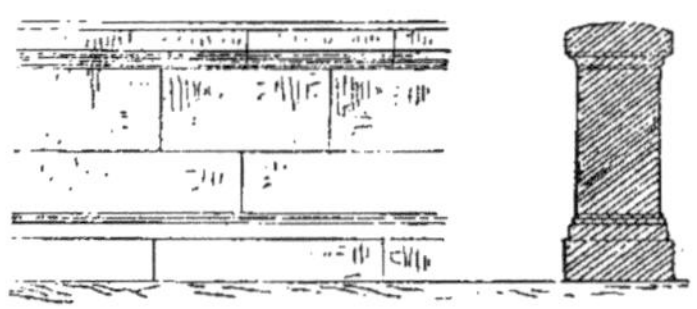

Fig. 149.

garde - fous en pierre ou en briques (fig. 149 et 150) ou les murs qui sont construits sur les bords d'une terrasse,

Fig. 150.

d'un quai, d'un pont, entre les pieds-droits d'une fenêtre.

Suivant ses dispositions, on a donné à l'*appui* différents noms ; ainsi l'on a appelé : *appui droit* ou *carré*, celui qui est de niveau et en ligne droite ; — *appui rampant*, celui qui est en pente, comme les rampes d'escalier ; — *appui évidé*, celui qui est orné d'entrelacs ou de balustres (voy. *Balustrade*) ; — *appui allégé*, celui qui n'occupe qu'une partie de l'épaisseur du mur qui le supporte (voy. *Allège*).

MAÇONNERIE. On nomme particulièrement *appui* ou *appui de croisée*, la tablette en pierre ou la rangée de briques sur champ qui couronne l'allège d'une fenêtre (voy. *Allège*).

L'*appui* est généralement muni d'une pente, de l'intérieur à l'extérieur, pour faciliter l'écoulement des eaux pluviales et il forme, en dehors, une saillie de 0^m,03 à 0^m,05, au-dessous de laquelle on pratique un petit canal ou *larmier* qui empêche l'eau de couler le long du mur. Les *appuis*, dont la place est préparée à l'avance, ne se posent qu'après coup, pour éviter leur rupture, par suite du tassement qui a lieu pendant la construction des murs.

Quelquefois, l'*appui* est taillé en pente des deux côtés, pour mieux laisser pénétrer le jour à l'intérieur, comme dans les fenêtres d'églises. Souvent aussi, la tablette n'est que la suite d'un bandeau continu qui règne sur la façade de l'édifice, comme dans les constructions civiles des xiie et xiiie siècles.

CHARPENTE. Traverse à hauteur d'*appui* entre deux poteaux d'huisserie.

Les pièces horizontales formant le bas des ouvertures de fenêtres, dans un

Fig. 151.

pan de bois, sont des *appuis de fenêtres* (fig. 151).

MENUISERIE. *Pièce d'appui* : traverse inférieure A d'un dormant de fenêtre

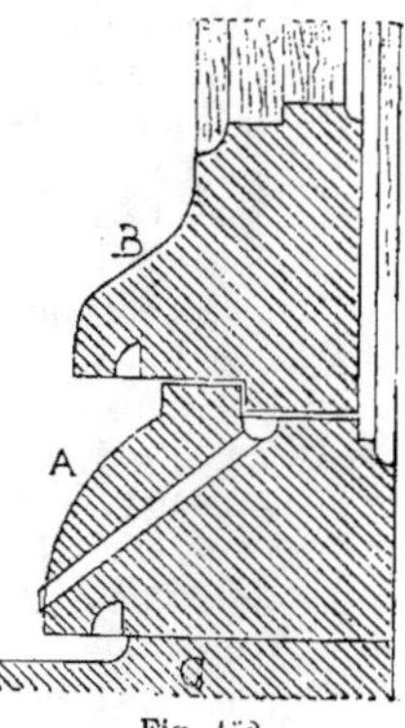

Fig. 152.

(fig. 152). Cette pièce porte, à l'intérieur, une feuillure pour recevoir la partie inférieure B des châssis mobiles

de la croisée ; à l'extérieur, elle est arrondie et pourvue, en dessous, d'une mouchette qui force l'eau à s'écouler sur l'*appui* C de la fenêtre ; un petit caniveau permet, en outre, de rejeter en dehors la buée ou les eaux de pluie qui s'introduiraient sous le châssis vitré.

Lambris d'appui : lambris à hauteur d'*appui* (voy. *Lambris*).

Barre d'appui (voy. *Barre*).

LÉGISLATION. *Droit d'appui* (voy. *Support*).

Apremont (*Pierre d'*). — Calcaire oolithique, demi-dur, que l'on exploite à la carrière des Riots, commune d'*Apremont*, arrondissement de Saint-Amand.

Cette pierre est de couleur blanc jaunâtre, très-fine et propre à la sculpture. Sa hauteur d'assise est de $0^m,70$ et son poids de 2.090 kilogr. le mètre cube. Elle s'écrase sous une charge de 265 kilogr. par centimètre carré.

On emploie la *pierre d'Apremont* notamment dans le département du Cher.

Apside. — (Voy. *Abside*.)

Aqueduc, *s. m.* — Canal en maçonnerie conduisant les eaux, suivant une pente réglée, d'un point à un autre.

Un *aqueduc* est *souterrain* ou *apparent* et présente souvent ces deux états sur la longueur de son parcours. Les *aqueducs apparents* sont à fleur de terre, ou portés sur des arcades et, dans ce dernier cas, ils sont dits *simples, doubles* ou *triples*, suivant qu'ils reposent sur une, deux ou trois rangées d'arcades. Quelquefois deux canaux sont superposés.

Si l'on n'a pas trouvé, en Grèce, d'*aqueducs* apparents, supportés par des arcades et antérieurs à l'époque de la conquête romaine, il ne faut pas en conclure que les Grecs n'ont pas eu d'*aqueducs*, sous prétexte qu'ils ne connaissaient pas ce genre d'ouvrage. On peut, au contraire, juger de leur habileté dans l'exécution des conduites d'eau par ce que l'on sait des canaux d'écoulement du lac Copaïs, en Béotie, qui contribuèrent à la prospérité de l'Orchomène minyenne. Ces canaux servaient à déverser le trop-plein du lac et, à cet effet, ils traversaient la montagne sur une longueur de plus d'une demi-lieue, établissant une communication avec la mer. On trouve encore, de nos jours, des puisards qui mènent à des conduits creusés de main d'homme et qui descendent jusqu'à soixante et cent pieds de profondeur.

On voit par là que les Grecs ont dû emprunter l'art d'établir des conduites aux peuples de l'Asie. En effet, les anciens *aqueducs* de l'Orient dont on a retrouvé les traces en Asie-Mineure, en Perse, en Phénicie, en Palestine et en

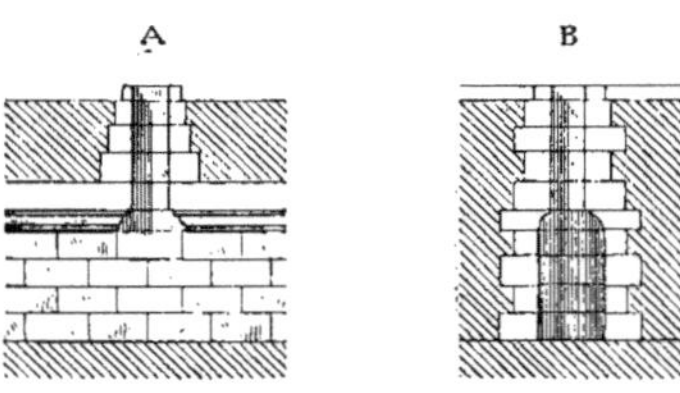

Fig. 153.

Syrie, consistent en conduits souterrains et en puits verticaux. La figure 153 représente, en A, la coupe longitudinale et, en B, la coupe transversale d'un canal de ce genre, que l'on a découvert dans les ruines de Palmyre.

Il est certain que ces procédés d'exécution pour les *aqueducs* passèrent d'Orient en Grèce à une époque déjà fort ancienne ; on trouve encore les traces des ouvrages qu'entreprirent les habitants d'Argos et de Mycènes pour canaliser les eaux torrentielles des montagnes. Hérodote cite l'*aqueduc* de Samos, canal souterrain qui traversait une montagne pour amener les eaux de la ville, comme un des plus magnifiques ouvrages de la Grèce. Athènes fut approvisionnée d'eau par des conduits qui amenaient dans cette ville les sources de l'Hymette et du Pentélique ; on voit

encore les regards de ce dernier *aqueduc*, placés à 40 ou 50 mètres de distance l'un de l'autre. D'une manière générale, les canaux qui conduisaient l'eau à Athènes étaient construits en pierre et couverts de tuiles ou de dalles plates. Sous la domination romaine, cette ville fut dotée d'un *aqueduc* nouveau qui amenait l'eau du Céphise.

Syracuse était, de même, alimentée par des conduits souterrains. On cite encore, parmi les *aqueducs* de construction grecque, ceux de Cyrrha, de Sicyone, de Crisia, de Chalas, etc.

Les procédés d'exécution mis en usage par les peuples orientaux se trouvèrent également adoptés par les Étrusques. Les Romains eux-mêmes suivirent certainement, tout d'abord, la coutume ancienne. Le premier *aqueduc* qu'ils élevèrent sur des arcades, n'était ainsi apparent que sur l'espace de soixante pas ; toute la partie en dehors de la ville était souterraine. Il fut construit, en l'an 441 de Rome, sous la censure d'Appius Claudius Cæcus et prit de là le nom d'*Aqua Appia*. On a retrouvé récemment, près de la porte Majeure, le canal de cet *aqueduc* taillé dans le roc, haut de 2 mètres, large de 1 mètre et muni de plusieurs puits d'aération.

A partir de cette époque, les *aqueducs* de tout genre se multiplièrent et devinrent l'une des merveilles de Rome. Le consul Frontin, qui avait l'inspection des *aqueducs* sous l'empereur Nerva, parle, dans un ouvrage où il traite de cette question, de neuf *aqueducs*, qui avaient 13,594 tuyaux d'un pouce de diamètre. Procope, qui a écrit après lui, compte 14 canaux portés par les neuf *aqueducs*. Enfin, pour donner une idée de la prodigieuse alimentation dont cette ville était pourvue, il suffit de citer la quantité d'eau (1,320,600 mètres cubes environ) que ces conduits amenaient, toutes les vingt-quatre heures, d'endroits distants de Rome de 30, 40 et 60 milles. Ces *aqueducs* ne vont que par des sinuosités fréquentes, peut-être pour rompre, par leurs détours, la trop grande impétuosité de l'eau, qui, coulant en ligne droite dans un espace aussi considérable, aurait toujours augmenté de vitesse et aurait détérioré les canaux en peu de temps.

Les *aqueducs* de Rome étaient, en général, désignés par le nom du lieu d'où l'eau venait ou de la personne qui les a fait construire, joint au mot *aqua*, eau. Les plus renommés sont l'*Aqua Appia*, cité plus haut, l'*Aqua Marcia*, l'*Aqua Tepula*, l'*Aqua Julia*, l'*Aqua Virgo*, l'*Anio Vetus*, l'*Aqua Asietina* ou *Augusta*, l'*Aqua Claudia*, l'*Aqua Crabra* ou *Damnata*, l'*Aqua Trajana*, l'*Aqua Alexandrina*, l'*Aqua Septimiana*, etc.

Le plus beau de tous est l'*Aqua Claudia*, construit sous l'empereur Claude et qui est tout en pierres de taille rustiquement taillées. Cet *aqueduc* avait 46 milles de long, dont plus de 10 étaient formés par des arcs élevés quelquefois de 30 à 35 mètres.

Les provinces soumises à la domination romaine furent dotées, comme la ville de Rome elle-même, d'*aqueducs* dont quelques-uns sont de véritables monuments que le temps a conservés. Ces constructions sont à une ou plusieurs rangées d'arcades superposées : l'*aqueduc* de Ségovie, en Espagne, a deux rangées d'arcades ; l'*aqueduc* du Gard en a trois ; celui de Tarragone en a deux.

L'*aqueduc* de Ségovie est en pierres de taille posées sans ciment ; les arcs ont 5^m,72, les piles ont le quart des arcs. Les pieds-droits de la première rangée d'arcades s'élargissent, de haut en bas, par des retraites couronnées de moulures. La construction a 66 mètres de haut.

L'*aqueduc* de Tarragone est fait de pierres à bornage ; sa hauteur totale est de 31 mètres et sa longueur de 218 mètres. Les piliers des arcs inférieurs sont en talus de quatre côtés ; ceux des arcs supérieurs sont, en façade, aplomb de la dernière assise des précédents et ne

diminuent que sur les faces intérieures des arcades.

L'*aqueduc* appelé *Pont du Gard* amenait à Nîmes les eaux des sources d'Eure

Fig. 154.

et d'Airan, situées à 40 kilomètres environ de cette ville. La construction en est attribuée à Agrippa, gendre d'Auguste. Il franchit la vallée profonde et encastrée dans laquelle coule la rivière qui lui a donné son nom. Il est

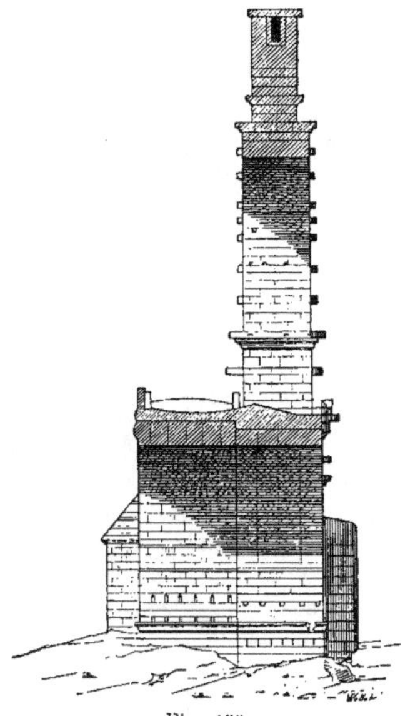

Fig. 155.

composé (fig. 154) de trois rangs d'arcades superposées ; le rang inférieur comprend six arches ; le second en a onze et le troisième, trente-cinq. La hauteur des eaux de l'*aqueduc* au-dessus de celles de la rivière était de 48 mètres. La construction est entièrement exécutée en pierres de taille posées sans mortier, à l'exception de la cuvette, qui est maçonnée en moellons et enduite à l'intérieur et qui a, dans œuvre, 1^m,32 de large sur 1^m,64 de haut ; l'intérieur est enduit d'un ciment épais de 0^m,05 ; le fond est un blocage de petites pierres et mortier. En 1743, on a exécuté à ce monument quelques travaux de consolidation et l'on a prolongé les piles inférieures pour leur faire supporter un pont (fig. 155).

L'*aqueduc* de Roquefavour est un des plus importants parmi les *aqueducs* modernes : il conduit à Marseille une partie des eaux de la Durance et n'a pas moins de 82^m,65 de hauteur au-dessus du fond de la vallée, sur 490 mètres de longueur. Les arches du premier rang sont au nombre de douze ; il y en a quinze au second rang et cinquante-trois au troisième. La construction, due à l'ingénieur Montricher, est en pierres de taille d'excellente qualité et de très-fortes dimensions, pour la plupart.

Construction des aqueducs. Le conduit d'eau (*specus*) des *aqueducs* romains était construit en maçonnerie de blocages revêtue de briques et enduit, à l'intérieur, d'un ciment composé de chaux, de sable et de tuileaux broyés et battus. Ce canal était voûté ou recouvert de dalles ; des ouvertures ou regards, appelés *lumina*, étaient ménagés, de distance en distance, pour les réparations. Deux réservoirs étaient placés aux extrémités, et d'autres, sur le parcours ; ces derniers fournissaient de l'eau aux campagnes ; le réservoir d'arrivée alimentait la ville, à l'aide de tuyaux. Les arcades supportant les *aqueducs* apparents étaient construites en pierres de taille, par grandes assises sans mortier, ou en pierres de taille et moellons, ou bien encore, et c'est le cas le plus général, en blocages revêtus de petits matériaux.

La construction des *aqueducs* est aujourd'hui exécutée de manière à ce que chacun de ces conduits puisse débiter un volume d'eau déterminé. Cette quantité de liquide dépend, à la fois, de la section et de la pente du canal. Cette dernière condition est très-importante, non-seulement au point de vue du débit, mais aussi sous le rapport de la vitesse d'écoulement nécessaire pour que l'eau n'obstrue pas le conduit par les dépôts qu'elle peut y laisser. Toutefois, cet élément du tracé dépend encore et surtout de la différence de niveau qui existe entre les points de départ et d'arrivée. Il est donc permis de dire qu'on ne peut le fixer, *a priori*, comme le fait Vitruve, qui veut, pour les *aqueducs*, une pente minima de 1/200, c'est-à-dire 5 mètres par kilomètre. Il suffit, dans la plupart des cas, pour que l'*aqueduc* ne s'engorge pas par des dépôts vaseux, que l'eau ait une vitesse majeure de 0^m,30 par seconde au moins, et l'on arrive à ce résultat pour des grands *aqueducs*, comme ceux de Rome et de Paris, avec des pentes de 0^m,10 à 0^m,15 par kilomètre. Les conduites d'eau construites par les Romains n'atteignaient pas, sous ce rapport, le chiffre indiqué par Vitruve, mais elles possédaient, néanmoins, une pente bien supérieure à la donnée exposée ci-dessus. Nous présenterons

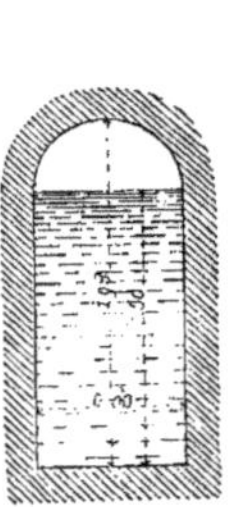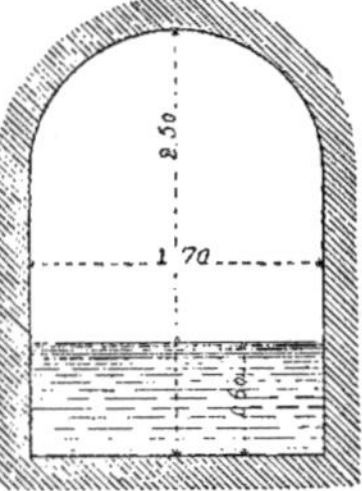

Fig. 136.

senterons ici les débits, pentes et sections comparés de certains *aqueducs* de Rome et de ceux de la Dhuis et de la Vanne à Paris.

La figure 156 montre, à gauche, la

section de l'*aqueduc* romain appelé *Aqua Marcia* dit aujourd'hui *Marcia ancienne* et, à droite, celle de l'*Aqua Pia* ou *Marcia nouvelle :* la hauteur sous clef et la hauteur de la section *mouillée* sont indiquées par des chiffres. Pour le premier de ces conduits, le débit est de 1,170 litres par seconde et la pente kilométrique de 2^m,32 ; pour le second, le débit est de 930 litres par seconde et la pente kilométrique environ 0^m,60.

De même, la figure 157 représente, à gauche, la section de la Dhuis, qui fournit un débit de 500 litres par seconde, avec une pente kilométrique de 0^m,10

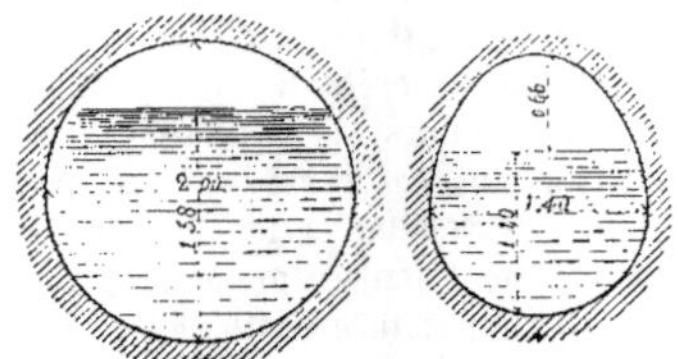

Fig. 157.

et, à droite, celle de la Vanne, qui donne un volume d'eau de 1,160 litres par seconde, avec une pente de 0^m,12 par kilomètre.

Examinons maintenant les divers systèmes de construction des *aqueducs*, suivant la nature des localités qu'ils traversent.

Ces conduites d'eau sont, comme celles des Romains, *apparentes* pour franchir les vallées ou les fleuves, et *souterraines* pour traverser une montagne. Dans le premier cas, on fait aussi porter la *rigole* ou canal de l'*aqueduc* sur une série d'arches, en la voûtant ou la laissant à ciel ouvert. Dans le second cas, la nature du travail exige des ouvrages particuliers : on commence le percement de la montagne par les deux extrémités du canal ; la direction est donnée par la boussole et le niveau. Souvent on fonce des puits verticaux jusqu'au niveau du sol que doit avoir la galerie ; ensuite, on part, de chaque côté, dans la direction prévue de l'*aque-*

duc. Pendant la construction, c'est par ces puits qu'on fait le déblai ; plus tard, on les conserve en guise de regards et une trappe les ferme à l'extérieur. Le revêtement est voûté et formé d'une ma-

Fig. 158.

çonnerie au ciment, avec un enduit intérieur, que l'on fait plus épais pour la *curette* ou *cunette* (fig. 158). La section à donner au conduit dépend du volume d'eau nécessaire. Autrefois, on adoptait des dimensions considérables : ainsi le canal de l'*aqueduc* d'Arcueil a 1 mètre de large sur 2 mètres sous clef au-dessus du trottoir qui s'y trouve ménagé, sans compter la profondeur de la cuvette, qui est de 0^m,45. Aujourd'hui, on peut considérer comme convenable, pour un *aqueduc* moyen, une largeur de 0^m,60 sur une hauteur de 0^m,90. Certains conduits destinés à débiter un petit volume d'eau n'ont pas plus de 0^m,30 de large sur 0^m,45 de hauteur sous clef. Leur exécution en béton de ciment est très-économique. La pente des canaux est déterminée de façon à produire une vitesse d'écoulement qui ne dépasse pas 1 mètre par seconde (1).

Les *aqueducs apparents* portés sur des arcades donnent lieu à des travaux considérables de maçonnerie. Il est bon, dans ce cas, d'imiter les constructions romaines de ce genre, en élevant sur une ou deux rangées d'arches à grande ouverture une série de petites arcades qui portent la rigole, et de consolider les piles au moyen de contreforts. Ce système a été appliqué à l'*aqueduc de*

(1) Laboulaye, *Dict. des arts et manufactures.*

Roquefavour, sur lequel les eaux de la Durance franchissent la vallée d'Arcq.

Un procédé économique, souvent mis en usage aujourd'hui, consiste à soutenir des siphons en fonte, à l'aide de ponts étroits et légers (voy. *Siphon*).

Quand on a à débiter de grands volumes d'eau, on se sert de *canaux* et de *ponts-canaux* (voy. ces mots). Les canaux voûtés qui passent au-dessous des routes franchissant un ruisseau sont quelquefois construits en *aqueducs* (voy. *Ponceau*).

LÉGISLATION. Nul n'a le droit, sans concession expresse de l'autorité administrative, de faire une saignée à un *aqueduc* public pour faire entrer l'eau dans son fonds.

Celui qui veut construire un *aqueduc*, le long d'un mur mitoyen ou appartenant au voisin, doit établir un contre-mur, dont l'épaisseur varie suivant la qualité des matériaux, la nature et l'abondance des eaux.

Le droit de faire passer un *aqueduc* sous l'héritage voisin est considéré comme un droit de servitude ; les travaux et réparations étant à la charge de celui qui possède ce droit, l'emplacement du conduit est généralement déterminé par le titre constitutif de la servitude. L'*aqueduc* peut être utilisé par les propriétaires des fonds servants ; et, dans ce cas, l'entretien, le curage et les réparations sont à la charge de ceux qui ont droit à l'*aqueduc*, en proportion de l'intérêt de chacun.

Arabe *(Architecture).* — Avant Mahomet, les Arabes n'avaient pas, à proprement parler, d'architecture ; c'est de leur contact avec les autres peuples, à la suite de leurs conquêtes, que naquit un art nouveau.

Tout d'abord, leurs édifices empruntèrent de nombreux fragments aux temples antiques. L'influence byzantine se fit sentir ensuite et se retrouve dans l'usage des arcs en plein-cintre, des voûtes en cul-de-four, des coupoles en pendentifs et jusque dans l'ornementation. Les artistes mahométans ne tardèrent pas cependant à donner à leurs œuvres un caractère tout spécial.

Si nous considérons l'architecture religieuse, nous voyons s'élever, auprès des *mosquées*, couvertes de dômes ovoïdes, des *minarets* ou immenses tours à étages, d'où les muezzins appellent les fidèles à la prière. On rencontre, dans ces édifices, l'emploi des arcades en plein-cintre, surhaussées, en fer à cheval, en ogive, de colonnes simples, accouplées ou même groupées trois par trois ou quatre par quatre et couronnées de chapiteaux se rapprochant souvent des ordres corinthien et composite. Les arcades sont décorées de stucs peints de diverses couleurs, constituant l'ornementation en *arabesques* (voy. ce mot), où le règne végétal et les formes géométriques sont seuls représentés.

Dans l'architecture civile, les édifices qui ont un caractère original sont les palais, avec leurs cours ornées de fontaines et entourées de portiques richement décorés, les *bazars*, les *caravansérails*, les *fontaines* publiques (voy. ces mots).

Au point de vue de la structure de ces constructions, l'usage de la brique est généralement répandu, et, quand la pierre est employée, elle est revêtue d'une couche de stuc. L'établissement des voûtes ne témoigne pas d'une science approfondie des lois de la stabilité.

En résumé, le côté original de l'*architecture arabe*, c'est le groupement habile et varié de formes empruntées à des arts étrangers, de façon à produire la légèreté et l'élégance. Cet art se distingue, en outre, dans la décoration, par la finesse et la multiplicité des détails rehaussés par le contraste harmonieux des plus riches couleurs.

On donne aussi à cet art le nom d'*architecture mauresque*, parce que les monuments élevés par les Maures en Espagne en ont marqué l'époque la plus brillante. L'Espagne est, en effet, le pays de l'Europe qui renferme les monuments les plus remarquables appartenant à ce style. Dans cette contrée, l'architecture *arabe* comprend deux périodes distinctes : la première répondant au kalifat de Cordoue, la seconde, au kalifat de Grenade. D'une manière générale, l'arc outrepassé est particulier aux Arabes d'Espagne, tandis que ceux de l'Égypte affectionnaient la forme ogivale. La mosquée de Cordoue est l'exemple le plus célèbre appartenant à la première période de la domination musulmane en Espagne. Les édifices de la deuxième période sont classés dans l'architecture *mauresque* proprement dite. Le style musulman se dégage alors complètement des traditions latines ou byzantines ; son chef-d'œuvre est le palais de l'Alhambra, à Grenade.

L'architecture musulmane, à notre époque, ne diffère guère, sous le rapport du style, des édifices arabes, que par l'influence italienne qui s'y manifeste (voy. *Maison*).

Arabesque, *s. f.* — On donne ce nom à une classe d'ornements sculptés ou peints, dans lesquels sont réunis, d'une façon arbitraire, des feuillages, des fleurs, des fruits, des motifs d'architecture, des figures d'hommes et d'animaux, etc. On les emploie sur les murs, les panneaux, les montants de portes, les frises, les pilastres, etc.

C'est aux Arabes que les temps modernes doivent le nom, plutôt que le goût de l'*arabesque*. On doit en faire remonter l'origine à une époque très-ancienne. Quelques auteurs ont cru trouver les premiers principes de ce genre de décoration dans les ornements, composés de feuilles et de fleurs dont les Grecs et même les Égyptiens ont décoré leurs édifices, que l'on voit sur les vases antiques servir de bordure et que, par la suite, on avait composés d'une manière plus variée. Toutefois, l'idée des *arabesques* semble plutôt avoir été suggérée aux Grecs par les tapisseries orientales, qu'ils aimaient beaucoup et sur lesquelles étaient peintes, tissées ou brodées les compositions les plus bizarres de plantes et d'animaux.

Il n'est guère possible de dire, avec certitude, si les Grecs ont employé les *arabesques*, d'abord pour encadrer les peintures murales à l'intérieur des édifices, ou comme ouvrage de sculpture pour orner l'extérieur. Cette dernière opinion est la plus vraisemblable.

Des Grecs, les *arabesques* ont passé aux Romains et il est probable que ces derniers ont appris à les connaître à Alexandrie, d'où elles paraissent avoir été introduites à Rome sous le règne d'Auguste.

Vitruve blâme et rejette l'usage de cette innovation :

« On substitue, dit-il, aux colonnes « des roseaux ; aux frontons a succédé « je ne sais quelle espèce d'entortillage « de formes cannelées et bigarrées. On « voit des candélabres soutenir de petits « temples, du faîte desquels sortent, « comme d'une racine, des feuilles délicates et flexibles qui, contre toute « vraisemblance, portent de petites « figures, les unes avec une tête d'animal, d'autres avec la face humaine...»

Cependant, malgré le jugement de Vitruve, le temps a consacré l'usage des *arabesques*. Il faut reconnaître, en effet, que ces ornements, lorsqu'ils sont composés et adoptés avec discernement, exécutés avec soin et avec exactitude, produisent d'excellents effets décoratifs, à cause de leur variété, de leurs couleurs, quand elles sont choisies de manière à flatter les yeux, et enfin de la surprise qu'ils procurent et par laquelle ils occupent l'imagination d'une manière agréable. On doit avouer, il est vrai, que les peintures antiques de cette espèce qu'on a trouvées dans les bains de Titus et de Livie, à Rome, dans la villa Adrienne, à Tivoli, dans les édifices d'Herculanum, de Pompéi et ailleurs, sont quelquefois trop chargées ; on conviendra cependant que cette richesse même, cette variété infinie dans la composition nous les rendent précieuses, en ce qu'elles deviennent, pour l'artiste, une source inépuisable des plus beaux ornements.

L'*arabesque* se soutint à Rome malgré les censures de Vitruve et de Pline. Le

Fig. 159.

goût s'en répandit avec les conquêtes des Romains dans les provinces soumises à leur domination. Nous donnons (fig. 159) un fragment de stèle recouverte d'*arabesques* sculptées, que l'on a retrouvé dans les ruines de l'ancienne Césarée, aujourd'hui Cherchell, en Algérie.

On en retrouve des vestiges jusque dans les derniers monuments de la décadence romaine. Plus tard, les Arabes, en donnant leur nom à ce système de décoration, le propagèrent dans toutes les contrées qu'ils parcoururent. L'*arabesque*, chez ces peuples, n'est qu'une combinaison de lignes géométriques, de plantes, de fleurs et de fruits, la représentation des figures d'hommes ou d'animaux étant formellement interdite par la loi religieuse.

La figure 160 représente la décoration d'un des panneaux découpés à jour qui

Fig. 160.

ornent l'escalier de la chaire, dans la mosquée Barkouk, au Caire.

L'*arabesque* n'est pas seulement employée, dans l'architecture musulmane, pour la décoration intérieure ou extérieure des édifices ; on la voit fréquemment appliquée à la clôture des baies, comme le montre la figure 161.

Dans les édifices du moyen âge, l'*arabesque* sert à l'ornementation des archivoltes, des frises, des pilastres, des verrières et des dallages. A l'époque de la Renaissance, le goût de ces ornements devint général ; ils furent employés, par les plus grands artistes, à l'embellissement des principaux édifices et particulièrement des palais. La figure 162 représente les *arabesques* qui décorent les croisées du premier étage, au palais de

Fig. 161.

la Chancellerie, construit par Bramante, à Rome.

Raphaël et son école firent atteindre à l'*arabesque* une rare perfection. On peut citer, comme modèles en ce genre exécutés par ce grand peintre, la belle allégorie des saisons et une *arabesque* qui représente les âges de la vie, sous

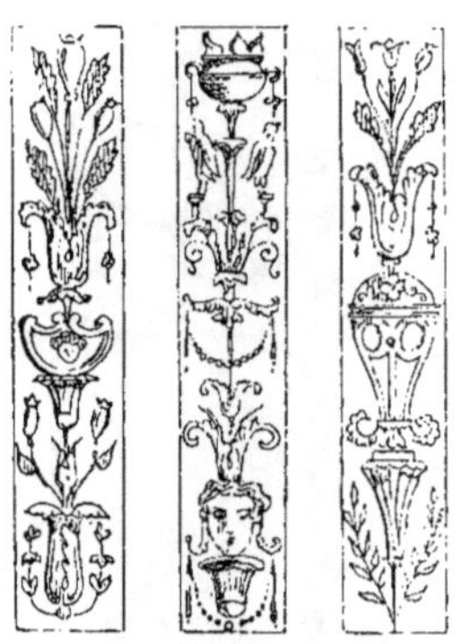

Fig. 162.

la forme des Parques. Michel-Ange contribua ensuite à donner à son époque le goût des *arabesques* à proportions colossales. Parmi ses œuvres, la décoration de la chapelle Sixtine est un des mo-

dèles les plus importants de ce genre d'ornementation.

En France, Primatice, Bozo et d'autres Italiens, appelés par François Ier, introduisirent moins l'*arabesque* en elle-même que la décoration gigantesque, ainsi qu'on en pouvait juger par les sculptures du château de Gaillon et les peintures de Fontainebleau. Ce goût régnait encore, en Italie, du temps de Louis XIV ; il était celui des Carrache, des Cortone, etc. Les artistes français que ce monarque envoya s'y former l'en rapportèrent ; on en voit des preuves à Versailles. Il fut commun à Lebrun, à Mignard, etc. et il domine dans tous les ouvrages du xviie siècle. Audran a cependant peint de véritables et très-remarquables *arabesques* dans les châteaux de Sceaux, de Meudon et de Chantilly, mais le goût ne s'en généralisa pas. On ne saurait accorder des éloges aux *arabesques* de Bérain, de Gillot et de Watteau, dont on s'est servi, aux Gobelins, pour fabriquer quelques tapisseries destinées à l'habitation royale, des paravents, des portières et autres objets de mobilier, auxquels on appliqua ces sortes d'ornements.

En résumé, l'*arabesque* ne doit être traitée qu'en faibles dimensions ; une trop grande proportion lui fait perdre tout son esprit et la prive de tout son charme.

L'*arabesque* ne doit point paraître non plus dans les lieux qui exigent de la gravité, qui doivent inspirer le respect.

Un des avantages les plus réels que ce genre d'ornementation présente, c'est de pouvoir s'accommoder à l'irrégularité des pièces et à leurs dispositions ; en effet, avec les *arabesques*, on peut décorer heureusement une surface quelconque.

Arabique (*Marbre*). — Marbre blanc analogue à celui de Paros et dont se servaient les anciens.

Arago (*Brèche d'*). — Calcaire cristallin bréchoïde, dur, que l'on extrait de la carrière d'Estagel, commune de ce nom, arrondissement de Perpignan.

Cette pierre, susceptible de poli, est employée comme marbre et porte 0^m.80 de hauteur d'assise. Le mètre cube pèse 2,760 kilogr. La charge nécessaire pour produire l'écrasement est de 600 kilogr. par centimètre carré.

Araignée, *s. f.* — Les plombiers donnent ce nom à un crochet en fer, à plusieurs branches, dont on se sert, dans l'établissement des pompes, pour les fixer en place.

Arasement, *s. m.* — MAÇONNERIE. Dernière assise de niveau d'un mur en moellon ou en pierre qui est arrivé à sa hauteur.

Les pierres d'assise servant à mettre un rang de niveau s'appellent *arases.*

Dans une construction à plusieurs étages, il est indispensable d'*araser* l'assise qui doit recevoir les solives du plancher à chaque étage.

Dans les constructions importantes, où les murs sont en pierres de taille, il faut successivement *araser* ou mettre de niveau chaque assise, sur tout le pourtour de l'édifice. Cette opération s'exécute au moyen de tailles dites *tailles d'arasement.* On dit aussi, dans ce sens, *araser* une assise, un mur.

Dans les murs en moellons, on fait l'*arasement*, à chaque étage, au moyen d'une assise de pierres plus hautes ou plus basses que celles dont est formé le mur et auxquelles on donne le nom d'*arases.*

CHARPENTE. On appelle ainsi, dans un

Fig. 163.

assemblage à tenon et mortaise (fig. 163), chacune des faces du *joint* qui sont séparées par le tenon.

MENUISERIE. *Araser* un panneau : le faire affleurer, par une de ses faces, avec le bâti qui le reçoit.

Arbalétrier, *s. m.* — On désigne ainsi l'une des pièces principales d'un comble en bois ou en fer, qui est incli née suivant la pente du toit.

Dans les *fermes* en charpente, l'*arbalétrier* A (fig. 164) supporte les *pannes* D, qui sont retenues par des cales en bois, appelées *chantignolles* ou *échantignolles.*

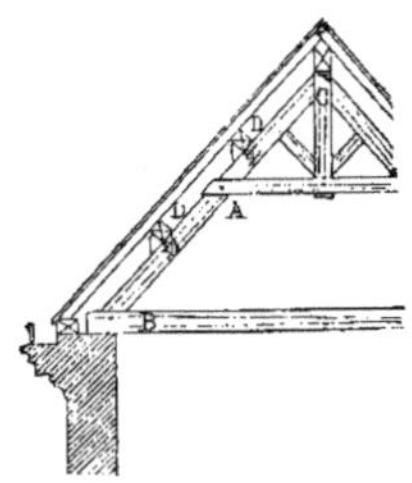

Fig. 164.

Par son extrémité inférieure, cette pièce s'assemble sur l'*entrait* B, à embrèvement avec ou sans tenon et, par son extrémité supérieure, à tenon et mortaise, avec le poinçon C (voy. *Ferme*).

Dans le toit en *mansarde*, l'arbalé-

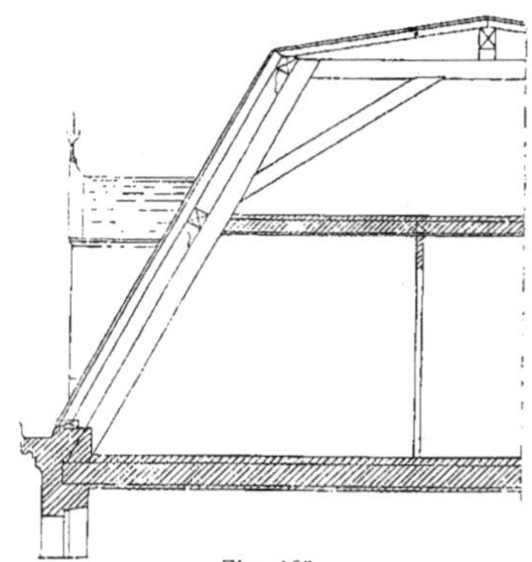

Fig. 165.

trier supporte l'*entrait retroussé :* on le nomme *arbalétrier de brisis* (fig. 165).

S'il est dans le même plan que les chevrons, les pannes ne portent plus dessus, mais s'y assemblent et on l'appelle *arbalétrier à lierne* (fig. 166).

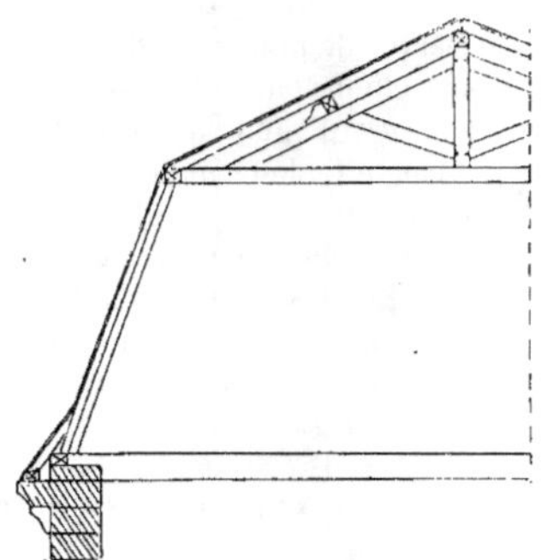

Fig. 166.

On nomme *arêtiers* ou *noues* (voy. ces mots) les *arbalétriers* qui sont placés à la rencontre de deux pans de comble, suivant que l'angle formé est saillant ou rentrant.

Dans les combles en fer à petite et à moyenne portée, les *arbalétriers* sont des barres de fer à double T (fig. 167).

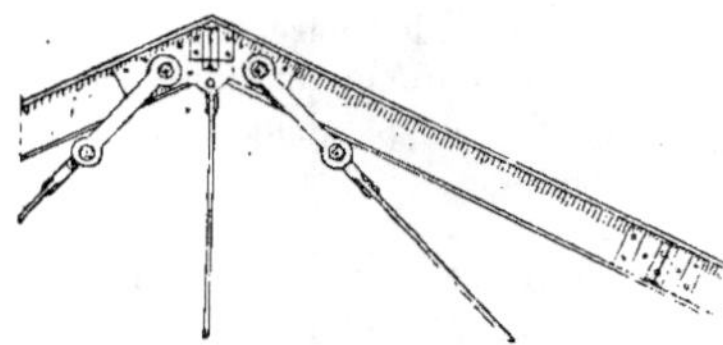

Fig. 167.

Ils sont réunis, à leur sommet, par des plaques d'assemblage ; leur pied est maintenu dans un *sabot* (voy. ce mot) ou fixé sur les assises de maçonnerie à l'aide de cornières et de boulons (fig. 168).

Dans les charpentes dites *américaines*, où la portée est considérable, l'*arbalétrier* est composé de fer et de tôle. L'âme de la pièce est formée de remplissages en croix de Saint-André (fig. 169), en losanges ou autres évidements. Les pannes sont des fers à T et se relient avec les *arbalétriers* au moyen de cornières.

Les considérations tirées de la résistance des matériaux et du poids des

Fig. 168.

couvertures à supporter conduisent à donner aux sections transversales des

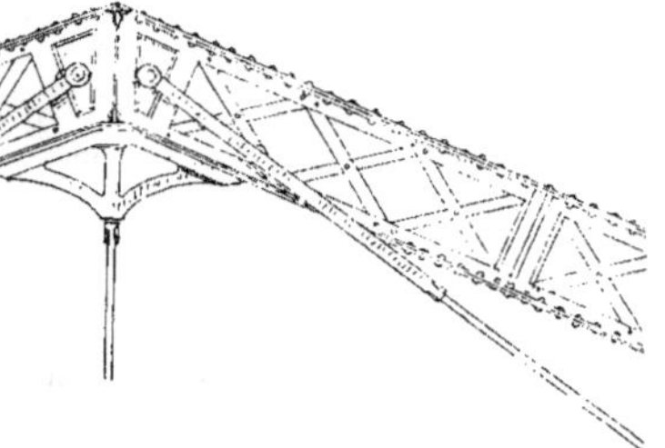

Fig. 169.

arbalétriers des dimensions contenues entre certaines limites (voy. *Couverture, Ferme*).

Arbalétrière, *s. f.* — Meurtrière en forme de croix, par laquelle on lan-

Fig. 170.

çait les traits d'arc ou d'arbalète (fig. 170).

Arbitrage, *s. m.* — Expertise amiable (voy. *Expertise*).

Arbres. — On a divisé les *arbres* en deux catégories : les *arbres à haute tige* et les *arbres à basse tige.*

Sont réputés *arbres à haute tige :* les chênes, frênes, hêtres, ormes, platanes, charmes, châtaigniers, érables, alisiers, merisiers, coudriers, noyers, cormiers, mélèzes, sapins, pins, cyprès, épicéas, tilleuls, ypréaux, trembles, aulnes, peupliers, bouleaux, saules, acacias, aglantes, cytises ou faux ébéniers, ifs, sophoras, sorbiers, sureaux, arbres de Judée, oliviers, néfliers, citronniers, orangers, marronniers, abricotiers, cerisiers, amandiers, guigniers, guindoliers, cognassiers, figuiers, pêchers, mûriers, cornouillers, poiriers, pommiers, pruniers, grenadiers, et généralement tous les *arbres* qui sont susceptibles de s'élever à plus de 4 mètres (12 pieds) de hauteur (1).

Sont réputés *arbres à basse tige,* pourvu qu'on ne les laisse pas s'élever au-dessus de 4 mètres (12 pieds) : les framboisiers, groseillers, épines-vinettes, genévriers, grenadiers, bruyères, genêts, ronces, baguenaudiers, vignes, buis, aubépines, lilas, lauriers, houx, rosiers, myrtes, chèvrefeuilles, jasmins, clématites, lierres, saules, osiers, bourdaines et, généralement, tous les *arbres* mis en *quenouilles, buissons, haies, palissades, charmilles, espaliers,* etc.

« Il n'est permis de planter des ar-
« bres de haute tige qu'à la distance
« prescrite par les règlements particu-
« liers existants, ou par les usages
« constants et reconnus ; et, à défaut
« de règlements et usages, qu'à la dis-
« tance de 2 mètres de la ligne sépara-
« tive des deux héritages, pour les *ar-*
« *bres* à haute tige, et à la distance
« d'un demi-mètre pour les autres *ar-*
« *bres* et haies vives. » (Code civil,
art. 671.)

(1) Code Perrin.

A Paris, on trouve, dans beaucoup de propriétés, des arbres à toute distance. De temps immémorial, on a donc pris l'usage, dans cette ville, de planter, sans observer de minimum de distance. Cet usage étant constant et reconnu, il n'y a pas lieu d'appliquer le minimum indiqué par le Code *(Manuel des lois du bâtiment).*

« Le voisin peut exiger que les *arbres*
« et haies plantés à une moindre dis-
« tance soient arrachés. Celui sur la
« propriété duquel avancent les bran-
« ches des *arbres* du voisin peut con-
« traindre celui-ci à couper ces bran-
« ches. Si ce sont les racines qui
« avancent sur son héritage, il a le
« droit de les y couper lui-même. »
(Code civil, art. 672.)

« Les *arbres* qui se trouvent dans la
« haie mitoyenne sont mitoyens comme
« la haie, et chacun des deux proprié-
« taires a droit de requérir qu'ils soient
« abattus. » (Code civil, art. 673.)

Dans la décoration des jardins, on donne le nom d'*arbres verts* à ceux que l'hiver ne dépouille pas de leur verdure ; tels sont : les épicéas, les ifs, les houx, buissons ardents et autres, qu'on taille en cône, en pyramide, en boule, en bouquet, etc.

Arbresle *(Pierre de l').* — Calcaire subcompacte, demi-dur, qui provient des carrières de l'*Arbresle,* commune de ce nom, arrondissement de Lyon.

Cette pierre, de couleur gris jaunâtre, est à grains moyens. Sa hauteur d'assise est de 0^m,40.

Elle s'emploie notamment à Tarare et à l'*Arbresle.*

Arc, *s. m.* — Construction de forme courbe, destinée à franchir un espace en s'appuyant, par ses extrémités, sur deux points solides et tantôt composée de matériaux, tels que pierres, moellons ou briques réunis avec ou sans ciment, tantôt formée d'une ou de plusieurs pièces de bois ou de métal.

C'est par une suite de tâtonnements que les peuples anciens arrivèrent à la conception de l'arc.

Quand les constructeurs eurent à couvrir de larges baies ou de vastes chambres et qu'ils ne trouvèrent pas de blocs assez longs pour porter sur les points d'appui éloignés, ils posèrent les pierres en *encorbellement*, c'est-à-dire en saillie les unes au-dessus des autres, jusqu'à ce que, se rencontrant, elles vinssent se lier entre elles. La suppression des redents produisit la forme triangulaire (fig. 171) et ensuite l'*arc aigu*. Cette dernière forme se retrouve dans certains

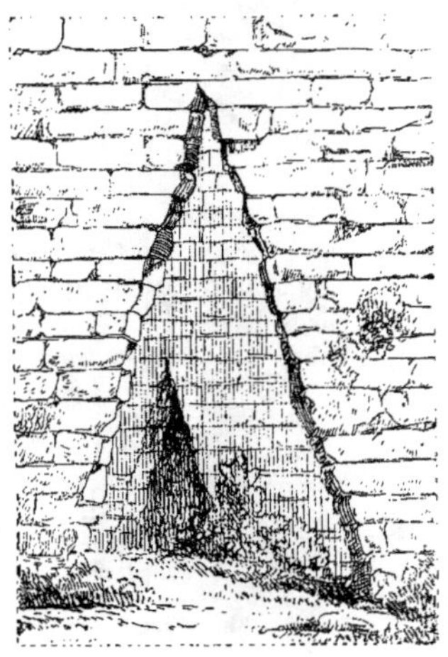

Fig. 171.

monuments anciens de l'Asie-Mineure, de la Grèce et de l'Italie (voy. *Voûte*); abandonnée par les Grecs et les Romains, on la voit reparaître dans les premiers siècles de notre ère, à Ctésiphon, par exemple, en Babylonie; plus tard, aux aqueducs de Pyrgos, près de Byzance; et enfin, chez les Arabes. Mais ce n'est qu'au moyen âge que les constructeurs chrétiens de l'Occident employèrent l'*arc aigu* pour donner une grande élévation aux baies et aux voûtes (voy. *Ogive*).

L'*arc en plein cintre*, qui a la forme demi-circulaire, est d'une origine analogue à celle de l'*arc aigu*: on le trouve, dans les constructions helléniques primitives, taillé dans des blocs rapprochés à leur sommet (fig. 172); on le rencontre même composé de claveaux qui se relient, par leurs faces extérieures, avec l'appareil polygonal de quelques rares

Fig. 172.

édifices pélasgiques de la Grèce, de l'Italie et de la Sicile; mais c'est surtout aux Étrusques que l'on doit l'*arc plein cintre* à claveaux réguliers et extradossés (fig. 173). Les fonctions de cet arc, ainsi appareillé, deviennent indépendantes de celles que remplissent les

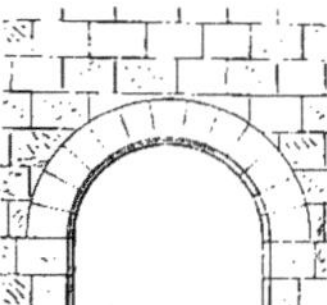

Fig. 173.

maçonneries qui le chargent ou qui l'entourent. Ce procédé de construction passa des Étrusques aux Romains, qui, d'abord, appareillèrent les *arcs* avec la pierre ou le marbre et les composèrent, dans la suite, de moellons ou de briques cimentés. L'architecture romano-byzantine hérita des traditions romaines, et son principal caractère est l'usage de *l'arc en plein cintre*, employé alors non-seulement comme partie constitutive de la construction, mais comme élément décoratif.

Après la période romane, *l'arc aigu* caractérisa l'architecture du XIIe au XVIe siècle, variant de *l'arc en ogive* ou en *tiers-point* (voy. *Ogive*) à *l'arc aplati*, qui est formé de parties cintrées ayant

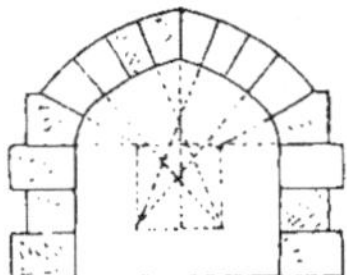

Fig. 174.

pour centres les sommets d'un carré abaissé de la corde de *l'arc* et dont les côtés sont égaux au tiers de cette corde (fig. 174). La Renaissance et les modernes ont repris, dans l'emploi de *l'arc*, la forme cintrée régulière.

Les diverses modifications des *arcs* leur ont fait donner des noms différents.

La forme angulaire se retrouve dans *l'arc brisé* ou *en fronton*, dit aussi *arc angulaire*, et qui est très-souvent em-

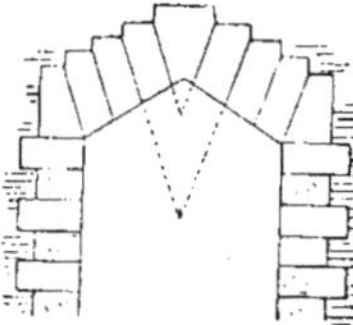

Fig. 175.

ployé dans l'architecture anglo-saxonne (fig. 175). L'*arc Tudor*, sorte d'ogive surbaissée (fig. 176), qu'on rencontre dans les constructions anglaises du XVIe siècle, est encore un dérivé de *l'arc* aigu.

Les arcs qui découlent de la forme circulaire comprennent, outre le *plein cintre*, les *arcs surbaissés* et les *arcs surhaussés*, ainsi nommés, suivant que

la ligne qui joint les naissances est plus longue ou plus courte que le double de la hauteur.

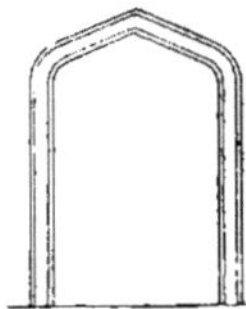

Fig. 176.

Parmi les *arcs surbaissés*, citons : *l'anse de panier* ou *courbe à trois centres* (voy. *Anse*); *l'arc bombé* (fig. 177), dans lequel le centre est au-dessous de

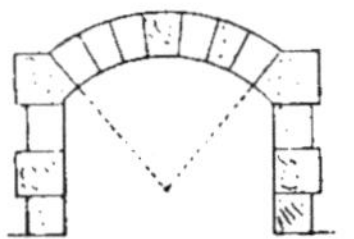

Fig. 177.

la naissance ; *l'arc déprimé*, plate-bande que deux quarts de cercle raccordent avec ses pieds-droits (fig. 178).

Au nombre des *arcs surhaussés*, on

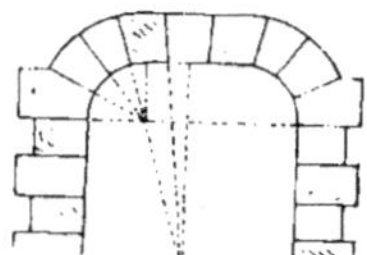

Fig. 178.

distingue : *l'arc en plein cintre*, dont le centre est au-dessus de la naissance (fig. 179); *l'arc outrepassé* ou *en fer à cheval*, dont la circonférence se prolonge

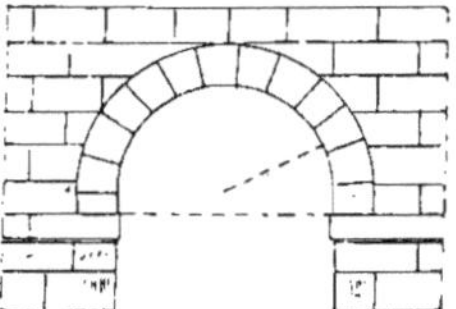

Fig. 179.

au-dessous du diamètre (fig. 180) et qui est surtout employé dans l'architecture arabe. On classe encore dans ces *arcs* ceux qui sont formés d'une demi-ellipse.

Fig. 180.

le petit axe étant à la base (fig. 181); cette espèce d'*arc* est fort peu en usage.

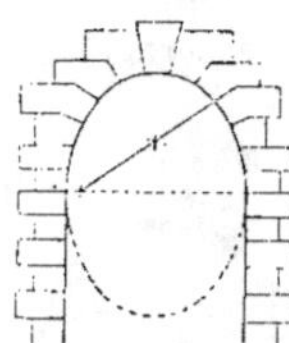

Fig. 181.

Parmi les *arcs* dont la forme est à la fois courbe et angulaire, ceux qui se

Fig. 182.

rencontrent le plus souvent dans les édifices sont : l'*arc en accolade* (voy.

Fig. 183.

Accolade): l'*arc en doucine* (fig. 182), dont le contour est composé de deux

doucines (voy. ce mot); l'*arc flamboyant* ou *contourné*, dont la partie supérieure est formée de deux talons renversés et qui se rencontrent dans les découpures à jour des tympans de fenêtres (fig. 183), des balustrades, etc., de la fin du

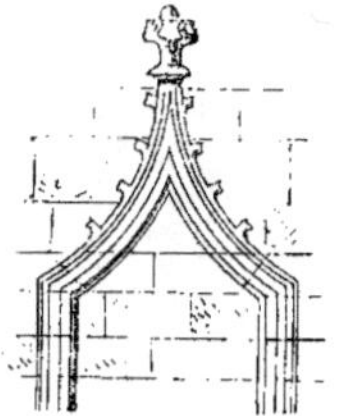

Fig. 184.

XVe et du commencement du XVIe siècles ; l'*arc infléchi* ou à contre-courbures, présentant l'aspect de deux talons tangents à leur sommet (fig. 184).

Certains *arcs* ne sont que la réunion de plusieurs *lobes* ou portions de cercle,

Fig. 185.

ordinairement en nombre impair : tels sont les *arcs trilobés* (fig. 185), ou *quintilobés*, suivant qu'ils ont trois ou cinq lobes.

Les *arcs* prennent encore différents noms, suivant leur destination : tels

Fig. 186.

sont les *archiroltes*; les *arcs-boutants* (voy. ces mots); les *arcs ogives*; les *arcs formerets* (voy. *Doubleau, Ogive, Formeret*); les *arcs en décharge*, cons-

Fig. 187.

truits au-dessus d'un linteau (fig. 186), d'une plate-bande et, en général, au-

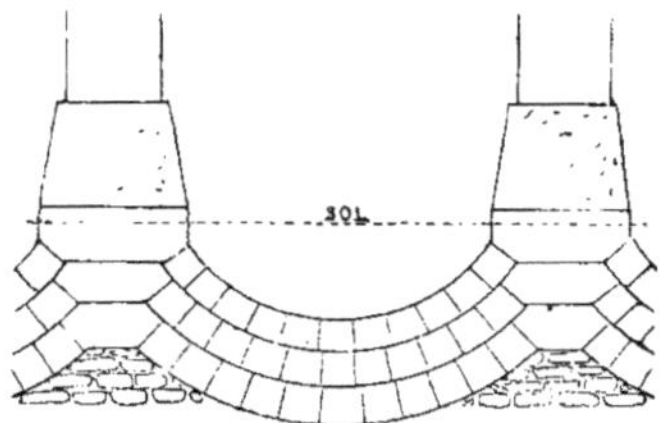

Fig. 188.

dessus d'un vide ou de parties faibles, pour reporter sur des points d'appui so-

Fig. 189.

lides la charge des constructions supérieures : ces *arcs* sont extradossés et

noyés dans la maçonnerie affleurant le nu du mur ou présentant une légère saillie, quelquefois même ils servent, en même temps, à contre-buter (fig. 187); — les *arcs renversés*, opposés aux précédents, bandés en contre-bas et utilisés, par exemple, dans les sols peu résistants, pour relier et mieux asseoir les fondations de deux piliers de maçonnerie (fig. 188); — les *arcs rampants*, dont les naissances sont d'inégale hauteur, comme ceux que l'on construit, pour remplacer les murs d'échiffre, sous les escaliers ou pour supporter une galerie rampante (fig. 189).

On appelle encore, d'une manière gé-

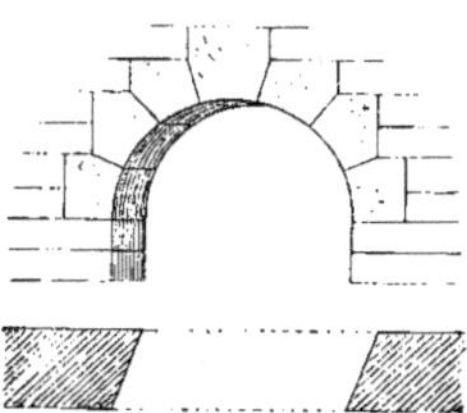

Fig. 190.

nérale, *arc droit*, celui dont les pieds-droits sont d'équerre par leur plan ; *arc biais*, celui qui, au contraire, est porté sur des points d'appui dont le plan n'est pas rectangulaire (fig. 190); *arc en*

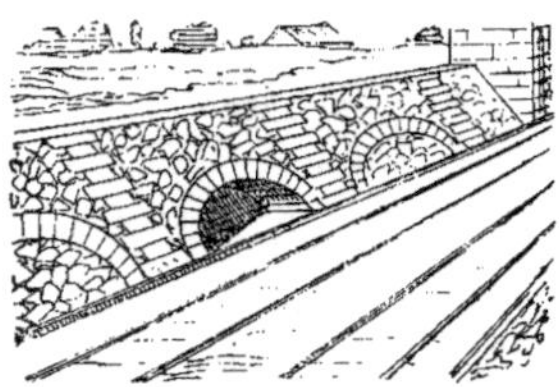

Fig. 191.

talus, l'arc percé dans un mur en talus (fig. 191).

Si nous considérons les *arcs* au point de vue de leur structure même, nous rappellerons, comme nous l'avons dit plus haut, que les Romains construisaient les parties cintrées de leurs édifices, soit à l'aide de claveaux, soit au moyen de petits matériaux reliés par du mortier.

Les architectes du moyen âge, constituant leurs voûtes au moyen de remplissages portant sur des nervures, laissaient à chaque partie de la construction sa fonction et son élasticité propres. Les *arcs* étaient rendus indépendants, et ce principe se trouve appliqué jusque dans leur structure même : c'est ainsi qu'on voit les *arcs* destinés à supporter une charge considérable, composés de plusieurs rangs de claveaux extradossés (fig. 192), sans liaison entre eux et n'ayant pas plus de 0^m,30 à 0^m,40 de

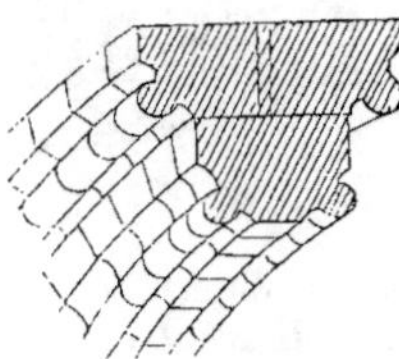

Fig. 192.

hauteur. Ce sont autant de cintres fonctionnant séparément et dont l'ensemble est plus résistant et se déforme moins, en cas de tassement. Les coupes des claveaux de ces *arcs* sont toujours normales à la courbe. Dans les *arcs* ogives, les joints tendent aux centres des deux cercles ; il faut remarquer l'absence de clef, devenue inutile, puisque les deux *arcs* se contre-butent simplement à leur sommet.

Aujourd'hui, l'*arc* aigu est peu employé et a généralement fait place à l'*arc* cintré ; mais l'appareil à claveaux est toujours en usage.

Les *arcs* en *pierres de taille* sont composés de pierres taillées de manière à former en dessous la courbe du cintre et, par devant, la face du mur dans lequel ils sont pratiqués. Les lits et les joints doivent être perpendiculaires aux surfaces apparentes. Or, comme deux plans perpendiculaires à une même surface courbe tendent à se rencontrer, il en résulte que chacune de ces pierres,

qu'on appelle *voussoir* ou *claveau*, a la forme d'un coin et que l'assemblage de ces voussoirs se soutient solidement, sans qu'il y ait besoin de faire intervenir le mortier dans les joints.

Les voussoirs qui forment les arcs peuvent être compris entre deux courbes parallèles. On a donné le nom d'*intrados* à la courbe inférieure, qui forme le dessous de l'arc, et celui d'*extrados* à la courbe supérieure, qui forme le dessus des voussoirs. De plus, on appelle *joints de coupe* les joints perpendiculaires à l'intrados et *joints de face* ou de *tête* ceux qui sont tous d'un même côté du parement de l'arc.

Dans la plupart des constructions romaines et surtout dans celles qui furent faites avant le règne de l'empereur Vespasien, les *arcs* sont extradossés, c'est-à-dire compris, comme nous venons de l'expliquer, entre deux courbes parallèles. Si les *arcs* étaient d'une certaine grandeur, ou bien s'ils avaient une forte charge à supporter, les Romains les formaient de plusieurs rangs de voussoirs extradossés et dont les joints étaient en liaison.

Dans les temps modernes, au lieu de faire les *arcs* extradossés d'égale épaisseur dans toute leur étendue, on termine souvent chaque voussoir, en dessus par un joint horizontal et, de côté, par un joint d'aplomb, afin de raccorder les joints des claveaux avec ceux des assises droites du mur dans lequel l'*arc* se trouve pratiqué.

Cette méthode, qui a aussi été usitée par les anciens constructeurs, est bonne pour les *arcs* qui n'ont pas une grande portée et où l'on ne peut faire usage que d'un rang de voussoirs. Mais, s'il s'agit d'un très-grand *arc* ayant une charge considérable à soutenir et qui soit composé d'un seul rang de claveaux, ceux-ci étant formés d'une seule pièce ou même de plusieurs pièces, les inconvénients suivants se produisent : 1° les désunions s'y font toujours en ligne droite, suivant l'épaisseur de l'*arc* ;

2° tout l'effort a lieu sur les arêtes des voussoirs, qui se désunissent. Si ces voussoirs se trouvent près de la clef et si l'*arc* a beaucoup d'étendue et peu de courbure, les arêtes, venant à se rompre, peuvent entraîner la ruine de l'*arc*. Mais, si ce dernier est appareillé avec deux rangs de voussoirs en liaison l'un sur l'autre, les deux *arcs* secondaires qui les composent agissent différemment l'un de l'autre, en cédant inégalement ; il arrive alors que les désunions sont beaucoup moins sensibles et ne sont jamais correspondantes l'une à l'autre, car les parties désunies, étant en liaison l'une sur l'autre, ne perdent presque rien de leur solidité. En outre, ce genre de construction exige des cintres qui peuvent être beaucoup moins forts, parce que le premier *arc* peut servir de cintre au second.

Dans les *arcs* en briques, la solidité de la construction est due principalement au mortier qui relie entre elles les briques posées en claveaux. Celles-ci peuvent être agencées de manière à former plusieurs cintres superposés. Quelquefois, les briques sont elles-mêmes moulées en voussoirs.

L'usage des *arcs* en briques était généralement répandu chez les Romains ; les *briques* dont ils se servaient étaient plates et à grande surface. On remarque dans les restes des édifices de l'époque romaine impériale des *arcs* en maçonnerie mixte, c'est-à-dire où plusieurs briques superposées alternent avec des moellons taillés en claveaux. Ce mode de construction fut particulièrement employé dans les monuments religieux de l'Orient, vers la fin de l'empire et dans les édifices latins de l'Occident.

Les *arcs* en bois ou en métal servent, en général, pour les grandes portées, telles que celles des ponts, des combles à surfaces courbes, des halles de chemins de fer. Ils sont ordinairement composés de plusieurs parties reliées par divers assemblages (voy. *Pont, Comble, Ferme*, etc.).

Arcade, *s. f.* — Terme qui désigne une ouverture en forme d'*arc*, pratiquée dans un mur ou un massif de maçonnerie et qui comprend, à la fois, le vide et le plein, l'arc et les pieds-droits (fig. 193).

Fig. 193.

Toutes les variétés d'arcs peuvent s'appliquer aux *arcades*.

On donne à une suite d'*arcades* qui se répètent, à égales distances, sur une certaine étendue, le nom d'*arcades continues ;* dans ce cas, les pieds-droits sont des piliers rectangulaires ou des colonnes.

Les édifices civils des Romains qui précèdent l'époque de la décadence offrent de nombreux exemples d'*arcades* reposant sur des points d'appui rectangulaires ; la partie inférieure des piliers est saillante et se nomme *socle ;* la partie supérieure, plus ou moins saillante aussi, est l'*imposte ;* la partie bandée en arc est l'*archivolte*, décorée soit de bossages ou de refends pour indiquer les claveaux, soit de moulures qui en suivent le contour ; l'intervalle de deux archivoltes est le *tympan*.

On voit souvent, dans les villes, des *arcades continues* à pieds-droits rectangulaires, qui bordent les rues ou les places et ouvrent sur des galeries d'abri pour les piétons.

Les *arcades sur colonnes* datent des derniers temps de l'empire romain. A partir de cette époque jusqu'à la Renaissance, ce mode de construction devint caractéristique de l'architecture chrétienne. Mais, depuis le xvi° siècle, il a perdu de son importance. Les *arcades* sur colonnes n'admettent pas de refends, ni de bossages dans leurs archivoltes, qui sont diminuées de largeur et même, dans deux arcs consécutifs, se pénètrent avant d'arriver sur la colonne qui doit les recevoir. Quelquefois, une corniche avec architrave sépare du chapiteau la retombée de l'arc ; mais c'est là une faute contre la logique et en même temps contre la stabilité de l'ensemble.

L'usage d'appliquer des colonnes contre les pieds-droits des *arcades* est dû aussi aux Romains ; les fûts sont engagés de la moitié, mais, plus souvent, d'un tiers de leur épaisseur, et surmontés d'entablements. Les divers ordres entraînent, pour les arcades mêmes, des caractères différents : ainsi, selon Vignole, l'*arcade* de l'ordre toscan n'a pas d'archivolte, l'*arcade* dorique a une archivolte à deux faces couronnées, l'*arcade* ionique a, de plus, une clef en forme de console, et les *arcades* des ordres corinthien et composite sont encore plus ornées.

Les pilastres appliqués contre les pieds-droits remplacent parfois les colonnes.

Si l'on considère les *arcades* au point de vue des proportions qui leur conviennent, on peut admettre, d'une manière générale : 1° que leur hauteur doit varier entre une fois et demie et deux fois leur largeur ; 2° que la largeur des pieds-droits a pour limites la moitié et le quart de l'ouverture. L'épaisseur des points d'appui est naturellement proportionnelle à la charge à supporter.

Les claveaux des *arcades* sont quelquefois accusés par des bossages ou des refends. Mais ce genre d'ornementation ne convient pas aux *arcades* sur *colonnes :* car ici les archivoltes sont di-

minuées de largeur, et il peut même arriver que ces archivoltes, dans deux arcs consécutifs, se pénètrent avant d'arriver sur la colonne qui doit les recevoir. Parfois aussi, une architrave sépare du chapiteau la retombée de l'arc ; mais cette disposition, qui supprime la fonction naturelle du chapiteau, est vicieuse, au point de vue de la stabilité tant apparente que réelle.

Les *arcades* sont encore subordonnées, pour la décoration et les proportions, aux divers ordres d'architecture avec lesquels on les emploie souvent. Par exemple, ces proportions varient, quant à la hauteur, en raison même de la hauteur des colonnes qui les accompagnent : ainsi, l'*arcade toscane* est la plus basse de toutes et l'*arcade corinthienne* la plus haute. On adapte à ces *arcades* les colonnes avec ou sans piédestaux.

Nous donnerons ici les proportions qui sont indiquées par Vignole pour les *arcades* des cinq ordres d'architecture, accompagnées de colonnes sans piédestaux.

L'*arcade toscane*, représentée par la

Fig. 194.

figure 194, est composée d'un arc pleincintre, formé de voussoirs non moulurés et de pieds-droits, avec colonnes engagées des 3/8 de leur diamètre. L'entre-colonnement ou la distance des colonnes, d'axe en axe, est de 9 modules 6 parties ; le rayon du cintre est de 3 modules 3 parties ; la hauteur des pieds-droits, au-dessus de l'imposte, est de 9 modules 9 parties ; celle de l'imposte de 1 module ; la clef a également 1 module de hauteur. On remarque que cette *arcade* a précisément en hauteur le double de sa largeur.

Dans l'*arcade toscane* avec piédestal, l'entre-colonnement a 13 modules 9 parties ; la hauteur totale de l'arcade 17 modules 1/2 ; celle du cintre 4 modules 9 parties ; la largeur de la base est de 8 modules 3/4 ; celle des pieds-droits de 4 modules.

L'*arcade* de l'ordre *dorique* (fig. 195) a pour hauteur 14 modules, ou deux

Fig. 195.

fois sa largeur, comme l'*arcade toscane ;* l'entre-colonnement a 10 modules, d'axe en axe des colonnes ; les pieds-droits ont 3 modules ; les colonnes sont en saillie de 1/3 de module de plus que leur demi-diamètre, pour que la saillie des impostes, qui est aussi d'un tiers de module, ne dépasse pas la moitié de la colonne, ce qui doit être de règle pour tous les ordres, afin d'éviter que les

colonnes ne soient entamées par les impostes ; celles-ci ont 1 module de hauteur.

Dans l'*arcade dorique* avec piédestal, l'entre-colonnement a 15 modules ; la largeur de la baie 16 modules ; la hauteur totale 20 modules, c'est-à-dire le double de la largeur ; les pieds-droits 5 modules ; les impostes 1 module.

L'*arcade* d'ordre *ionique* (fig. 196) a, comme les précédentes, une hauteur double de sa largeur ; les pieds-droits ont 3 modules ; l'*arcade* a 8 modules 1/2 entre les pieds-droits, et les colonnes

Fig. 196.

sont engagées d'un tiers de module dans le pied-droit.

L'*arcade ionique* avec piédestal a 15 modules d'axe en axe des colonnes, et 11 modules de largeur ; celle des pieds-droits est de 4 modules. La clef a 2 modules de hauteur.

L'*arcade corinthienne* (fig. 197) a 9 modules de largeur, 12 modules d'axe en axe des colonnes, 18 modules de hauteur et 2 modules pour la clef.

L'*arcade* de cet ordre, avec piédestaux, possède un entr'axe de 15 modules, une largeur de 12 modules et une hauteur de 26 modules.

L'*arcade composite* a les mêmes proportions que l'*arcade corinthienne.*

On appelle *arcade aveugle* ou *feinte* un arc de décharge formant, avec ses

Fig. 197.

pieds-droits, une saillie sur un mur plein ; on donne aussi aux petites *arcades aveugles* continues le nom d'*arcatures* (voy. ce mot).

Les *arcades géminées, ternées*, sont celles qui sont composées de deux ou trois petites *arcades* reposant sur des colonnettes centrales et communes, et qui sont comprises sous une plus grande *arcade* ; le nombre des *arcades* secon-

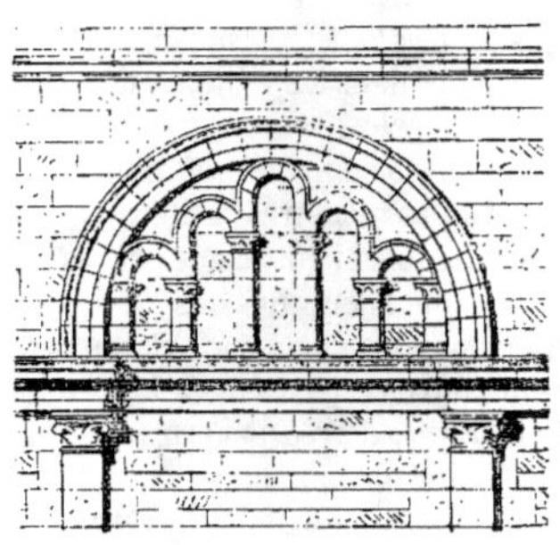

Fig. 198.

daires peut même être plus considéra-ble, comme le montre la figure 198.

Arcanne, *s. f.* — Craie rouge dont se servent les charpentiers pour tracer leur ouvrage au moyen de la *ligne* (voy. ce mot).

Arcanson, *s. m.* — Synonyme de *Colophane*.

Arcature, *s. f.* — Ce mot désigne, en général, les parties d'une construc-tion taillées en forme d'arc.

On désigne surtout ainsi une série de petites arcades peintes ou en relief, ser-vant plutôt de sujet décoratif que d'élé-ment de construction.

On trouve des *arcatures* dans certains édifices du Bas-Empire ; mais c'est sur-tout l'architecture du moyen âge qui en offre de nombreux exemples.

Dans son *Dictionnaire raisonné de l'architecture française*, Viollet Le Duc établit, parmi les *arcatures* en usage au moyen âge, trois divisions prin-cipales ; il distingue :

1° Les *arcatures de rez-de-chaussée ;*
2° Les *arcatures de couronnement ;*
3° Les *arcatures ornements.*

Les *arcatures de rez-de-chaussée*, pla-cées dans les grandes salles, dans les bas-côtés et dans les chapelles des églises, entre les appuis des fenêtres et

Fig. 199.

le sol du rez-de-chaussée, sont portées par des pilastres ou des colonnettes dé-tachées, reposant sur des bancs ou so-cles continus (fig. 199).

La figure 200 représente l'*arcature* basse de la nef de l'église de Saint-Denis, dont on voit encore les traces.

Ces *arcatures*, simples dès l'abord, devinrent plus riches vers le milieu du xiii⁰ siècle, dans les édifices d'une certaine importance ; elles furent décorées de bas-reliefs, d'ornements et d'ajours. Dans les entre-colonnements, les murs

Fig. 200.

mêmes reçurent de la peinture, des applications de gaufrures ou de verres colorés et dorés, comme on en voit un exemple à la Sainte-Chapelle Haute du Palais, à Paris.

Nous donnerons ici (fig. 201) une *arcature* qui date des premières années du xiii⁰ siècle et dont la forme, toute particulière, marque bien cette époque de transition qui précéda l'adoption définitive de l'arc en tiers-point.

Dans les édifices appartenant aux xiv⁰ et xv⁰ siècles, les *arcatures* n'ont plus leur caractère de soubassement continu ; elles forment, en quelque sorte, le prolongement de fenêtres dont la partie basse serait murée. Vers le milieu du xv⁰ siècle, ce système d'ornementation des parties inférieures des murs disparaît pour faire place aux boiseries ; de même, les bancs de pierre sont remplacés par des bancs de bois.

Les *arcatures de couronnement* sont,

dans quelques églises romanes des bords du Rhin particulièrement, des galeries basses destinées à éclairer les

Fig. 201.

charpentes au-dessus des voûtes en berceau. Dans un grand nombre d'églises du midi de la France, appartenant à la même époque, on voit, à l'extérieur des absides, des séries d'arcades tantôt aveugles, tantôt alternativement pleines et ajourées. En Auvergne et dans les provinces du centre, on trouve des *arcatures* encadrant des fenêtres dans les parties supérieures des nefs et des pignons des transepts.

Les *arcatures de couronnement* n'existent plus dans les édifices des xiii⁰, xiv⁰ et xv⁰ siècles, parce que la voûte en arcs ogives étant alors adoptée, les archivoltes des fenêtres s'élevaient jusque sous les corniches supérieures.

Les tours centrales des églises, élevées à la hauteur de la nef et du transept, sont souvent décorées, à l'intérieur et à l'extérieur, d'*arcatures aveugles*, et cela particulièrement dans les monuments de la Normandie, de l'Auvergne, de la Saintonge et de l'Angoumois appartenant aux époques romane et de transition.

. Les *arcatures ornements* sont celles

que l'on voit décorer les soubassements des ébrasements des portails dans les églises : ces *arcatures*, évidées dans des blocs de pierre, sont purement décoratives. Nous citerons celles qui ornent les parements des soubassements de la porte centrale, à la cathédrale de Paris ; celles du portail sud de la cathédrale

Fig. 202.

d'Amiens (fig. 202), avec des arcs entrelacés et qui datent de 1200 à 1225.

Vers la fin du XIIIᵉ siècle, les *arcatures* perdent, en s'amaigrissant, leur caractère particulier et rentrent dans la catégorie des *arcatures* de soubassement, dont nous venons de parler.

On appelle *arcatures en claire-voie*

Fig. 203.

celles qui sont détachées d'un mur (fig. 203), et *arcatures à jour* celles qui,

n'étant point attenantes à des murailles, sont vues et décorées sur les deux faces : on trouve particulièrement des exemples de ces *arcatures* dans les monuments du style ogival (voy. *Galerie*).

Arc-boutant, *s. m.* — En général, ouvrage de maçonnerie, de bois ou de fer, servant à consolider en contrebutant.

1° CONSTRUCTION. Arc ou portion d'arc butant contre les *reins* ou contre la *naissance* d'une voûte et ayant sa *retombée*

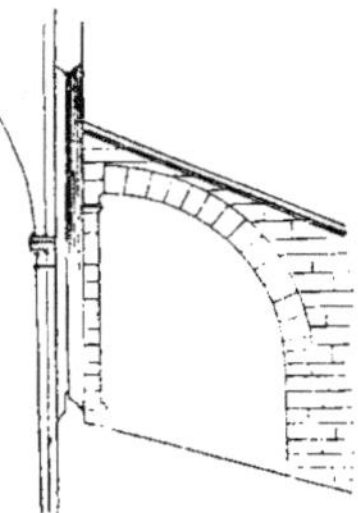

Fig. 204.

sur un contrefort, pour retenir la poussée de la voûte et empêcher l'écartement des murs (fig. 204).

Les *arcs-boutants* représentent un des modes de construction caractéristiques de l'architecture ogivale ; ils remplacent les demi-berceaux continus à l'aide desquels les architectes romans, dans quelques églises, avaient cherché à contrebuter la poussée des hautes voûtes ; ces sortes d'étais en pierre s'appliquent, par leur sommet, au point précis où arrivent les actions réunies des arcs ogives et des arcs doubleaux, dans les voûtes en arcs ogives. La poussée que les *arcs-boutants* transmettent eux-mêmes pourrait déterminer le glissement et le renversement des contreforts ; on s'oppose à cet effet, en établissant, sur ces contreforts, des clochetons qui les chargent, comme le montre la figure 207. Ainsi, ce mode de construction a pour but d'économiser la matière, en réduisant les dimensions des points d'appui verticaux, et de donner de la stabilité aux voûtes ; de plus, il permet de descendre les appuis des fenêtres au-dessous des naissances et, par suite, d'éclairer plus largement les églises.

Comme la poussée d'une voûte à grande portée n'a pas lieu seulement en un point, mais suivant une verticale qui s'étend de la naissance à la moitié de la hauteur de la voûte, certaines églises ont des *arcs-boutants* superposés, appuyés, en général, sur des contreforts et parfois unis par des arcatures à jour.

La forme de la courbe inférieure, dans les *arcs-boutants* primitifs, est un quart de cercle ; plus tard, elle n'est plus qu'un arc de cercle dont le centre est à l'intérieur de l'édifice (fig. 205); l'*arc-boutant* fait alors l'effet d'un étai

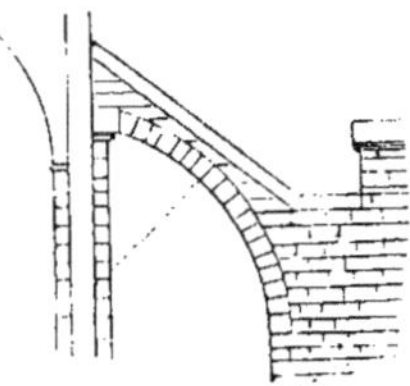

Fig. 205.

oblique, supportant une poussée oblique et déchargeant même d'une partie du poids des voûtes les piles contre lesquelles il s'appuie (1).

Dans les églises à doubles bas-côtés, les *arcs-boutants* sont ordinairement à deux volées, c'est-à-dire séparés par un point d'appui intermédiaire qui divise la poussée.

Parmi les cathédrales de France qui présentent des contreforts remarquables par leurs proportions et leur légèreté, nous citerons l'église Saint-Pierre de Beauvais, dont les contreforts reçoivent les retombées d'*arcs-boutants* à double volée, comme le montre la coupe représentée par la figure 206. Le point d'ap-

(1) Viollet Le Duc, *Dictionnaire raisonné de l'architecture française.*

pui intermédiaire a pour fonction de diviser la poussée, tandis que le point d'appui extrême résiste, en vertu de

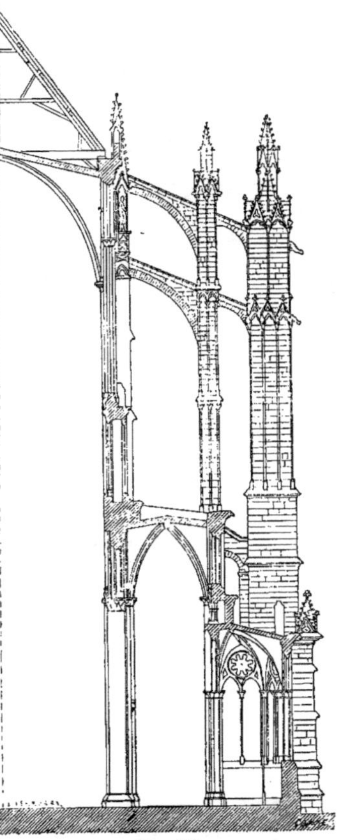

Fig. 206.

l'épaisseur des maçonneries qui le composent.

La partie supérieure des *arcs-boutants* a été utilisée pour conduire les eaux des grands combles, à travers les contreforts, dans les gargouilles qui déversent ces eaux sur le sol extérieur ; et même, ces canaux inclinés sont souvent de véritables petits aqueducs, portés sur de petites arcades (fig. 207); on évite ainsi de relever le point d'appui de l'*arc-bou-*

tant ou de le charger de maçonnerie, pour que le conduit atteigne le chéneau.

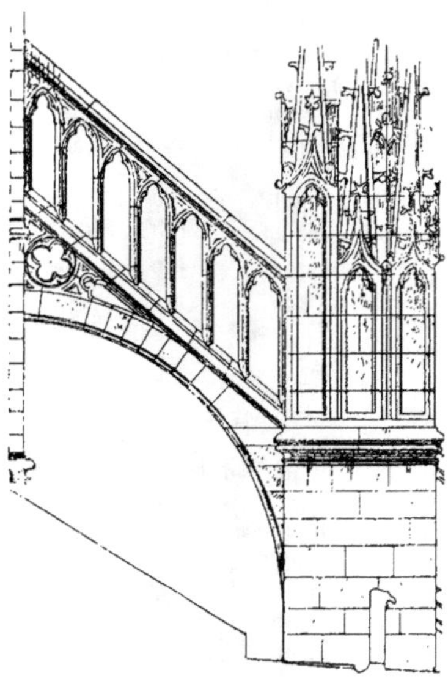

Fig. 207.

2° CHARPENTE. Pièce de bois remplissant le rôle de *contre-fiche* (voy. ce mot) dans les sonnettes et autres engins.

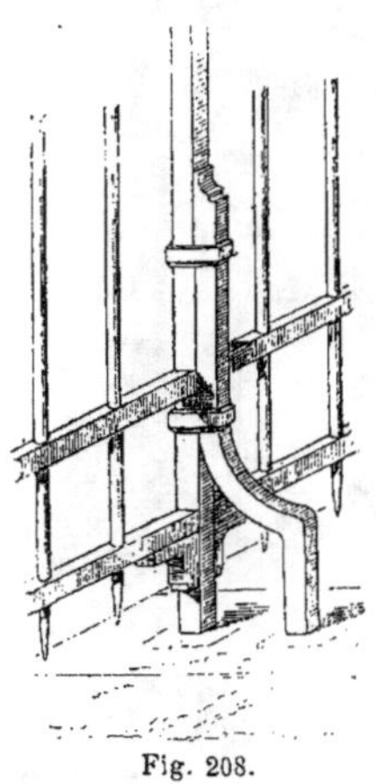

Fig. 208.

3° SERRURERIE. Ouvrage en fer, simple ou ornementé, qui, placé au droit d'un pilastre ou d'un montant de serrurerie, sert à contre-venter une travée de grille (fig. 208).

Arc-bouter, *v. a.* — Retenir une poussée au moyen d'un arc-boutant. On dit, dans le même sens, *contre-buter* (voy. ce mot).

Arc-de-cloître *(Voûte en).* — Voy. *Berceau.*

Arc de triomphe, Arc triomphal, *s. m.* — Monument élevé en mémoire d'un événement glorieux et formant un ou plusieurs arcs.

Il existe une distinction entre *l'arc triomphal* ou *arc de triomphe* proprement dit, élevé en mémoire d'un événement glorieux, et *l'arc honorifique*, destiné seulement à honorer un personnage. Cette distinction n'est pas observée dans le langage usuel, mais sur les édifices de ce dernier genre érigés, par la reconnaissance ou l'adulation, à la mémoire de ceux qui en ont été l'objet, on ne rencontre aucun vestige des trophées de triomphe ou de victoire ; au contraire, *l'arc triomphal* est chargé d'inscriptions en l'honneur du triomphateur, de bas-reliefs représentant les armes des ennemis qu'il a vaincus et les monuments des arts qui ont orné sa marche triomphale.

Nous devons ajouter que plusieurs de ces arcs paraissent avoir servi, en même temps, de monuments triomphaux et de portes de villes.

Les Romains sont les premiers qui construisirent des *arcs de triomphe.*

Ces édifices, au temps de la république romaine, n'avaient encore rien de très-remarquable. Ils doivent, sans doute, leur origine à la porte triomphale qui se trouvait dans le quartier qu'occupe aujourd'hui Saint-Pierre et qui devait son nom à ce que les généraux vainqueurs rentraient par là dans Rome.

On ornait d'abord cette porte, pour la circonstance, d'images de la victoire.

Dans la suite, on bâtit, aux différentes entrées de Rome, des portes semblables pour des triomphes particuliers, et on les décora d'ornements caractéristiques et honorifiques. On en éleva également dans les provinces, qui rappelaient aussi les avantages que le vainqueur avait procurés à ces régions par sa victoire.

Les premiers *arcs de triomphe* ne furent longtemps qu'une *arcade* en plein cintre, au-dessus de laquelle on plaçait les trophées et la statue du triomphateur. Plus tard, la forme des arcs s'agrandit et on les couvrit d'ornements de tous genres. On les fit à trois arcades, couronnés par un attique très-élevé, qui recevait des inscriptions et quelquefois des bas-reliefs et qui supportait les statues équestres, les chars de triomphe, etc. Les archivoltes furent ornées de victoires tenant des palmes ou des couronnes.

Les *arcs de triomphe* existants aujourd'hui nous offrent trois espèces très-distinctes : 1° ceux qui ne consistent qu'en un seul arc, tels que les arcs de *Titus* à Rome, de Trajan à Ancône, etc.; — 2° ceux qui sont formés de deux arcades, tels que les deux *arcs* de Vérone, ceux-ci paraissant avoir servi, en même temps, de portes de villes, c'est-à-dire présentant deux issues : l'une pour l'en-

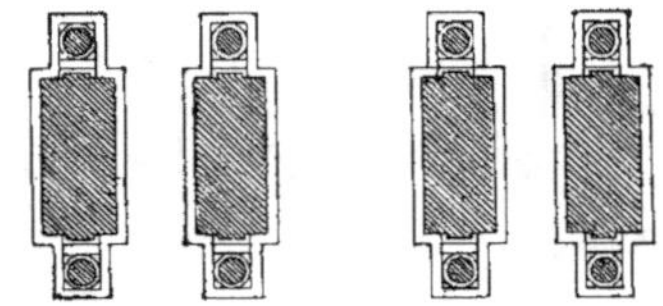

Fig. 209.

trée et l'autre pour la sortie ; — 3° ceux qui possèdent trois *arcs*, dont deux plus petits accompagnant le plus grand ; tels sont les *arcs de triomphe* de Septime Sévère et de Constantin, à Rome, celui d'Orange, etc.

L'arc connu aujourd'hui sous le nom d'*arc de Constantin*, et dont nous donnons (fig. 209) le plan, à l'échelle de

Fig. 210.

0^m,002 pour mètre, est le plus considérable et le mieux conservé des monuments antiques de ce genre. La plupart des bas-reliefs de cet *arc*, dont la figure 210 donne l'élévation, représentent les victoires de Trajan; il est probable que cet édifice est le même que celui qui fut construit en l'honneur de ce prince par ordre du sénat. C'est sur ce monument que, du temps de Constantin, on aurait appliqué, en l'honneur de ce dernier empereur, quelques bas-reliefs relatifs à la victoire qu'il avait remportée sur Maxence. La hauteur totale de l'*arc* est de 22 mètres, la largeur de 25 mètres, et l'arcade centrale mesure, sous clef, 11ᵐ,40 de hauteur sur 6ᵐ,59 de largeur.

L'*arc* de Septime Sévère ressemble à

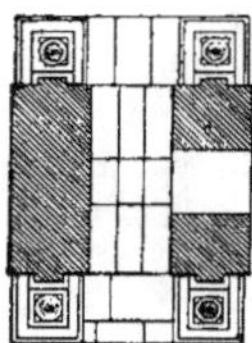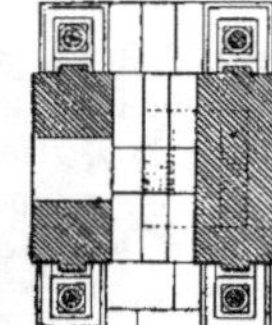

Fig. 211.

celui de Constantin ; il est, de même, à trois arcades ; mais il possède, en plus, deux ouvertures de petite dimension, dont l'axe est perpendiculaire à celui de la grande arcade (fig. 211). Cet *arc* fut élevé en l'honneur de l'empereur dont

il a gardé le nom et de ses deux fils, Caracalla et Géta, à l'occasion de victoires remportées en Asie sur les Parthes et les Arabes ; il est entièrement

Fig. 212.

exécuté en blocs de marbre blanc, travaillés avec la plus grande précision et posés sans mortier.

L'*arc de Titus* est le plus considérable

Fig. 213.

de Rome après les deux précédents. Ce monument, qui ne possède qu'une arcade (fig. 212), est le premier à la décoration duquel on ait employé l'ordre composite.

Les villes de l'Italie suivirent l'exemple de Rome pour la construction des *arcs de triomphe*. Nous citerons l'*arc de Trajan*, à Ancône (fig. 213), qui n'a qu'une seule arcade ; l'*arc de Rimini*, élevé en l'honneur d'Auguste, à l'occasion du rétablissement de la voie Flaminienne, depuis cette ville jusqu'à Rome ; les *arcs de Pola*, en Istrie ; de Vérone ; d'Auguste, à Suze.

La France possède plusieurs *arcs de triomphe* antiques. Tel est celui de *Saint-Remi*, qui n'a qu'une seule arcade, au-dessus et aux deux côtés de laquelle sont placées des victoires. Deux *arcs* sont érigés aux deux extrémités du pont antique de Saint-Chamas (voy. *Pont*). Mais le plus beau monument de ce genre que l'on trouve en France est l'*arc d'Orange*, que l'on croit généralement avoir été construit en l'honneur d'Auguste. Il mesure 19 mètres de hauteur sur 21 de largeur, et est percé de trois arcades en plein cintre ; l'arcade centrale a 5 mètres d'ouverture et 9 mètres de hauteur sous clef. Reims possède un *arc de triomphe* à trois ouvertures, que l'on appelle aujourd'hui *Porte de Mars*, et que l'on croit avoir été construit en l'honneur de César ou de Julien.

Dans les temps modernes, on a érigé des *arcs de triomphe* sur le type ancien ; Paris en compte deux élevés à la mé-

Fig. 214.

moire de Louis XIV : celui de la *Porte Saint-Denis* rappelle le passage du Rhin à Tolhuys et la prise de Maëstricht ; celui de la *Porte Saint-Martin* a été construit en souvenir de la prise de Besançon et de Limbourg, et des victoires remportées sur les armées impériales, espagnoles et hollandaises.

Dans la même ville se voient encore deux autres *arcs de triomphe* : celui de l'*Etoile* et celui du *Carrousel*.

L'*arc de triomphe de l'Etoile*, représenté par la figure 214, est un gigantesque monument, commencé en 1806, en l'honneur des armées françaises, après la campagne de Prusse, et qui ne fut achevé qu'en 1836.

Sa hauteur est de 45^m,33 ; sa largeur de 44^m,82, et son épaisseur de 22^m,30. La grande arcade centrale a 29^m,19 de hauteur et 14^m,62 de largeur. Les deux arcades latérales, perpendiculaires à la précédente, ont 16^m,34 de hauteur et 8^m,44 de largeur. C'est le plus grand *arc de triomphe* qui existe ; mais il est inférieur, comme œuvre architectonique, aux *arcs* romains et à l'*arc* du Carrousel.

L'*arc de triomphe du Carrousel* (fig. 215), commencé en 1806 et achevé en 1809, a été construit en pierre de liais, et ses deux grandes faces sont percées de trois ouvertures ; une arcade unique

Fig. 215.

s'ouvre sur chacun des côtés. Des colonnes isolées portent sur des piédestaux engagés, et soutiennent, au-dessus de l'entablement, des statues de soldats. Au-dessus de l'attique est un double socle destiné à recevoir un quadrige.

On appelle *arc triomphal* le grand arc qui surmontait, dans les basiliques latines, l'ouverture séparant la nef principale du transept ; un grand voile, divisé en deux parties égales décorées de su-

jets religieux, était suspendu à l'intrados du cintre de cet arc (voy. *Basilique*).

Arceau, *s. m.* — 1° Courbure des arcs et des arcades ; nervure d'une voûte d'église.

2° Terme d'architecture hydraulique : arche d'un ponceau construit sur un ruisseau ou sur un ravin (voy. *Ponceau*).

Archaïque, *adj.* — Style *archaïque* d'un monument : se dit d'un style très-ancien.

Arche, *s. f.* — Voûte en arcade recouvrant l'espace qui sépare les piles ou les culées d'un pont.

Les *arches* sont appareillées en voussoirs et sont surhaussées, en plein-cintre ou surbaissées. Dans un pont à plusieurs *arches*, celle du milieu, qui est souvent

Fig. 216.

plus haute que les autres, se nomme *maîtresse arche*. On appelle *arche extra-dossée* celle dont les voussoirs sont égaux et ne se relient pas aux assises des reins (fig. 216).

Les *arches* sont susceptibles de recevoir la plupart des ornements que l'on applique aux arcades ; mais la nature même de ces constructions exige, dans leur décoration, un caractère mâle et simple. Ainsi les piles, devant avoir une force très-grande pour résister au choc des eaux, des navires ou des débris flottants, ne comportent ni pilastres, ni ordres d'architecture. Les ornements qui conviennent sont ceux qui naissent naturellement de leur construction et de leur forme ; par exemple, un heureux emploi de bossages et de refends sur les piles est très-propre à enlever à ces constructions la froideur dont elles sont empreintes trop souvent. Sur les *arches* on peut placer des archivoltes ou des bandeaux plus ou moins ornés, suivant le caractère du pont et la richesse de l'entablement qui doit le couronner.

Les *arches* sont parfois en bois ou en fer ; elles sont alors composées de pièces assemblées (voy. *Pont*).

Archet, *s. m.* — SERRURERIE. Outil qui sert à donner le mouvement à un *foret* (voy. ce mot).

C'est une tige d'acier (fig. 217) ayant l'une de ses extrémités terminée en crochet, l'autre, munie d'un manche. Une

Fig. 217.

corde à boyau va du crochet au manche ; elle s'enroule autour de la boîte du foret pour le faire tourner.

Archière, *s. f.* — Voy. *Arbalétrière*.

Architecte, *s. m.* — Celui qui, tout à la fois savant et artiste, conçoit, compose et exécute toute espèce de constructions et d'édifices.

Les Romains employaient le mot *architectus*, dérivé du grec ἄρχω, *je commande*, et τέκτων, *ouvrier*, pour désigner le chef qui, ayant sous ses ordres des ouvriers de diverses professions, présidait à la construction d'un édifice, dont il avait lui-même donné les plans ou le modèle. C'était ce qu'on appela plus tard, au moyen âge, le *maître de l'œuvre*.

Des inscriptions trouvées dans les ruines de monuments antiques, des citations d'auteurs démontrent que, chez les Grecs, la profession d'*architecte* ne comprenait pas exclusivement, comme de nos jours, la construction d'édifices publics ou privés. L'*architecte* était, à la fois, constructeur, sculpteur, fondeur sur métaux et ingénieur.

La décoration théâtrale, l'ordonnance des fêtes et des cérémonies publiques étaient aussi du ressort de l'*architecte* ; il en était de même, en Grèce ainsi qu'à Rome, pour la construction des machines de guerre ou des engins industriels.

On comprend, par là, quelle somme d'aptitudes et de connaissances devait posséder, chez les Grecs et chez les Romains, l'*architecte* vraiment digne de ce nom.

Toutefois, c'est surtout en Grèce que cette profession fut honorée au plus haut degré. Pausanias rapporte que c'étaient ordinairement des dieux, des demi-dieux, ou tout au moins des chefs de peuples qui passaient pour les plus anciens constructeurs. On sait qu'une statue fut élevée à Byzès de Naxos, *architecte* du vi° siècle avant Jésus-Christ, qui inventa l'art de tailler dans le marbre les tuiles destinées à servir aux autres de couvre-joints (1).

C'est seulement à la fin de la république romaine et sous les empereurs que l'*architecte* commença à être considéré à l'égal de ceux qui exerçaient la médecine ou qui enseignaient soit les sciences, soit les lettres. Vitruve, *architecte* et ingénieur militaire du temps d'Auguste, et qui était lui-même un des hommes les plus instruits de son époque, s'étend longuement sur les qualités et les aptitudes nombreuses que doit posséder celui qui veut pratiquer l'architecture. D'après Dion Cassius, un des Antonins même, l'empereur Adrien, était *architecte*, car il fit construire, sur ses propres dessins, le temple de Vénus et de Rome. Le goût général pour les œuvres d'architecture suivit une marche progressive sous l'empire, car on vit Alexandre Sévère fonder des écoles d'*architectes*, Constantin établir des récompenses et des privilèges pour ceux d'entre les jeunes gens instruits qui voudraient embrasser cette profession.

(1) Daremb0rg et Saglio, *Dict. des antiquités grecques et romaines.*

Il faut bien le dire cependant, la gloire de placer leur nom sur l'œuvre achevée fut souvent refusée aux *architectes*; en effet, le jurisconsulte Émilien Macer, qui vivait sous Alexandre Sévère, rapporte qu'il n'était permis qu'au prince et à ceux qui avaient fait les frais d'un édifice, d'y placer leur nom. C'est ce qui a donné lieu à différents subterfuges, employés quelquefois par les *architectes* de l'antiquité pour inscrire leur nom sur le monument qu'ils avaient été chargés d'exécuter. Lucien raconte ainsi que Sostrate, qui construisit le phare d'Alexandrie, grava son nom fort avant dans la pierre, le recouvrit de plâtre et inscrivit dessus le nom du roi Ptolémée Philadelphe. Le plâtre, tombé quelques années plus tard, mit à nu l'inscription destinée à perpétuer la mémoire de l'artiste.

Pour l'exécution des travaux on laissait, en Grèce, une assez grande liberté à l'*architecte*, au point de vue de l'ordonnance de l'édifice; mais il était tenu, sous le rapport des dépenses, à se renfermer dans d'étroites limites. Ces dépenses étaient arrêtées, à l'avance, entre l'*architecte* et les magistrats de la cité ou leurs délégués, qui adjugeaient les travaux, après avoir pris l'avis des hommes compétents. Ces travaux étant exécutés, des vérificateurs étaient chargés de les recevoir et de les payer.

A Rome, sous la république, c'était le sénat qui ordonnait la construction ou la restauration des monuments publics; les travaux étaient mis aux enchères par les censeurs ou les conseils. L'adjudicataire fournissait caution; le sénat votait l'argent nécessaire, et l'adjudicataire recevait moitié de la valeur estimative à l'ouverture des travaux, moitié après leur achèvement et leur réception.

Sous l'empire, des commissaires spéciaux (*curatores*) étaient chargés de l'administration des travaux publics; ils présidaient à l'exécution, l'*architecte* n'ayant plus que la direction technique du chantier, à moins qu'il ne fût lui-

même *curateur*, comme Vitruve, lorsqu'il eut à construire la basilique de Fano.

On appelait encore, à Athènes, *architecte* (ἀρχιτέκτων) l'entrepreneur qui se chargeait de construire un théâtre ou qui prenait à bail un théâtre déjà construit, avec faculté de percevoir un droit d'entrée sur les spectateurs.

Aujourd'hui, les connaissances que doit posséder l'*architecte* sont très-variées : il doit avoir des notions théoriques de tous les arts et de toutes les sciences qui ont un rapport quelconque avec l'architecture. Il lui faut y joindre le goût, le jugement et le génie de son art. L'étude de l'histoire, de la littérature, de la géométrie, de la mécanique, de la perspective et de la physique devient, de jour en jour, plus nécessaire; mais ce qui est absolument indispensable, c'est le dessin, base aussi de la peinture et de la sculpture.

L'*architecte* diffère de l'*entrepreneur* (voy. ce mot), en ce sens que le second exécute les constructions d'après les plans et devis fournis par le premier; tous deux sont responsables envers le propriétaire, chacun dans la mesure imposée par la loi (1). Il se présente plusieurs cas :

1° L'*architecte* donne simplement les plans et devis. Il n'est alors responsable que du dommage résultant d'un vice dans ses plans et devis; par exemple, s'il indique des dimensions trop faibles ou des matériaux impropres. Dans ce premier cas, la nature du sol, les vices d'exécution, l'observation des lois du voisinage sont à la charge de l'entrepreneur.

2° L'*architecte* fournit les plans et devis, et se charge, en outre, de leur exécution. Toutes les responsabilités de l'entrepreneur s'ajoutent alors aux siennes propres (voy. *Entrepreneur*).

3° L'*architecte* fournit les plans et devis et en surveille l'exécution, con-

_____
(1) Code Perrin.

liée, par le propriétaire, à un entrepreneur de son choix. Dans ce cas, il ne répond point du dol ou du défaut de capacité de l'entrepreneur et de ses ouvriers ; il n'est pas garant d'un vice caché provenant de l'emploi de mauvais matériaux. Mais, si la malfaçon n'a pas été découverte, par défaut de surveillance, l'*architecte* aurait à répondre des condamnations prononcées contre un entrepreneur insolvable.

En tous cas, l'*architecte* est, en général, responsable des vices d'exécution, comme des vices du plan, sauf recours, s'il y a lieu, contre l'entrepreneur.

Les dommages provenant du vice du sol engagent la responsabilité de l'*architecte* ; il en est de même pour l'inobservation des lois du voisinage. Quand la violation des règlements est due aux exigences réitérées du propriétaire, prévenu à l'avance, celui-ci conserve, à sa charge, une partie des frais qui en sont la conséquence.

La durée de la garantie de l'*architecte*, dans les cas prévus, est de dix ans.

4° L'*architecte* est appelé seulement à vérifier des mémoires de travaux auxquels il a été complètement étranger. Il doit s'assurer que les objets indiqués ont été employés suivant les quantités réclamées et d'après les règles de l'art ; de plus, il applique les prix, en se conformant aux usages des localités et en tenant compte des circonstances. Les parties peuvent solliciter une expertise après le règlement.

La rétribution accordée aux architectes prend le nom d'*honoraires* (voy. ce mot).

On appelle *architecte voyer* l'architecte chargé, par la préfecture d'un département, du service de la voirie, de l'inspection et de la surveillance des travaux qui sont exécutés dans un arrondissement.

Architectonique, *adj.* — Mot qui qualifie ce qui a rapport à l'architecture, en tant que science se rattachant à cet art.

On dit même, d'une manière générale, la *science architectonique*.

Ce mot est quelquefois employé substantivement comme synonyme d'architecture.

Architectonographie, *s. f.* — Description des monuments. La description détaillée d'un édifice s'appelle *monographie*.

Architecture, *s. f.* — Art de construire, de disposer et d'orner les édifices publics et particuliers.

L'*architecture* doit être le plus ancien des arts, le premier besoin de l'homme ayant été de s'abriter contre les intempéries des saisons et contre les dangers qui l'environnaient. C'est le désir de perfectionnement, sous le rapport de l'utile et du beau, qui a fait un art de la construction primitive. Perpétuant le souvenir des actions passées et des institutions des peuples, à l'aide des monuments, cet art est intimement lié à l'histoire.

L'*architecture* se divise en deux parties distinctes : la *pratique* et la *théorie*. La pratique embrasse les procédés mis en œuvre par les anciens et les modernes ; elle comprend, en outre de la connaissance des sciences exactes, celle des matériaux et de leur application à l'exécution des édifices. La *théorie* est la partie la plus essentielle, au point de vue de l'art ; c'est celle qui embrasse, dans son ensemble, l'histoire de l'art, ses préceptes et ses éléments. Elle permet à l'architecte d'imprimer à ses œuvres le caractère qui ressort de leur destination et de la sensation que leur aspect doit faire éprouver. La théorie exige la connaissance du dessin, seul moyen de représenter aux yeux l'œuvre conçue dans son ensemble et dans ses parties.

Plusieurs principes fondamentaux régissent l'*architecture* : la *convenance*, qui veut que le caractère de l'édifice et la distribution de ses différentes parties répondent bien à leur destination ; la *solidité*, non-seulement réelle, mais apparente ; la *proportionnalité*, qui règle le rapport des parties avec l'ensemble.

Considérée comme science, l'*architecture*, qui embrassait, chez les anciens, tout ce qui est du ressort de la construction, se divise, aujourd'hui, en plusieurs branches :

1° L'*architecture militaire*, qui comprend tous les travaux de construction nécessaires à l'attaque et à la défense des territoires.

2° L'*architecture hydraulique*, ou l'art de bâtir dans l'eau et d'y fonder toutes sortes d'édifices, comme écluses, digues, jetées, ports de mer, môles, ponts, quais, aqueducs, canaux.

3° L'*architecture navale*, à laquelle appartient la construction des navires, soit pour la guerre, soit pour le commerce.

4° L'*architecture civile*, qui est l'*architecture* proprement dite et qui comprend l'édification des monuments publics et des habitations privées.

Au point de vue archéologique, l'*architecture* n'est devenue un art véritable, chez les différents peuples, qu'avec les progrès de la civilisation. A l'origine, elle avait seulement pour but de fournir à l'homme un abri contre les intempéries des saisons. Les excavations naturelles ou creusées durent être les premiers refuges des peuplades primitives ; la *tente* et la *cabane* (voy. ces mots) ne vinrent sans doute que longtemps après. Plus tard, le besoin de construire d'une manière durable donna naissance à l'*architecture* ; et chaque nation imprima à cet art un caractère ou *style* particulier, dû aux influences nées du climat, de la nature des matériaux disponibles, des mœurs, des coutumes, des religions et des progrès réalisés dans les moyens d'exécution ; de là, les *architectures indienne, chinoise, assyrienne* et *babylonienne, phénicienne* et *juive, persépolitaine, égyptienne, byzantine, grecque, étrusque, romaine,* *chrétienne, arabe,* de la *Renaissance, moderne,* et, enfin, *mexicaine* et *péruvienne* (voy. ces différents mots).

Architrave, *s. f.* — Partie inférieure et principale d'un entablement.

Les anciens n'employaient, en général, qu'une seule pierre, de l'axe d'une colonne à l'autre, pour former leurs *architraves*. Ils se servaient, dans ce but, de marbres ou de pierres très-dures, qui donnaient à leurs édifices une solidité aussi réelle qu'apparente. L'usage de ces *architraves* monolithes les mit dans l'obligation de serrer leurs entre-colonnements, ce qui contribua à produire cette sorte d'*âpreté*, l'un des plus grands effets de leurs colonnades et de leurs péristyles. C'est encore pour cette raison qu'ils donnèrent, dans le chapiteau dorique grec, une grande saillie à l'abaque ; ils voulaient ainsi diminuer la portée des *architraves*.

Toutefois, il ne faut pas croire que les anciens aient agi de la sorte par ignorance de la coupe des pierres. En effet, plusieurs monuments antiques présentent des *architraves* faites de pierres taillées, comme on le ferait aujourd'hui. Si les Grecs et les Romains ont construit de la façon que nous venons d'indiquer, c'est que cette méthode offrait une plus grande solidité. On peut même citer plusieurs exemples, aux temples de Pœstum et de Ségeste, à ceux de la Concorde et de Junon Lucine, à Agrigente, où les *architraves* sont formées de deux grandes pierres posées de champ, l'une derrière l'autre, formant conjointement la largeur du mur et portant ensemble sur deux colonnes.

Cependant, on trouve, dans quelques édifices romains, des *architraves* à claveaux ; c'est là une disposition vicieuse, que les modernes ont imitée.

Les constructeurs de la période romane et ogivale n'utilisèrent pas ce membre d'architecture ; la Renaissance employa d'abord l'*architrave* formée d'un seul morceau de pierre ; puis, elle adopta le système, en vigueur aujourd'hui, de la plate-bande avec voussoirs renforcés par des armatures en fer (voy. *Entablement*).

L'aspect de l'architrave varie suivant les ordres ; dans le dorique grec et dans les édifices romains doriques où sont conservées les traditions primitives, elle contribue au caractère de force et de

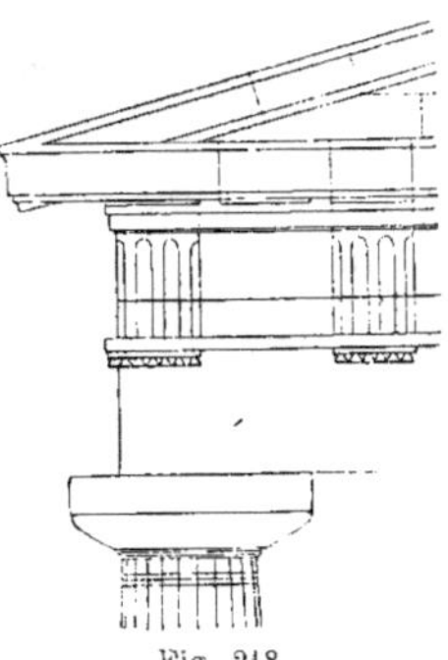

Fig. 218.

simplicité qui distingue cet ordre ; elle n'a (fig. 218) qu'une seule face lisse, surmontée d'un listel orné de gouttes au-dessous des *triglyphes* (voy. ce mot). Vignole attribue à l'ordre dorique ro-

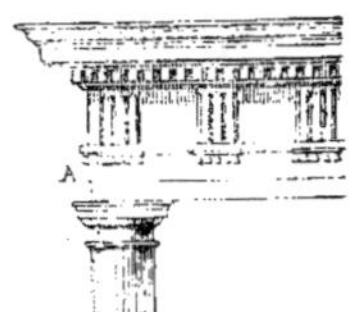

Fig. 219.

main une autre *architrave* à deux faces A (fig. 219), et lui donne une hauteur égale au demi-diamètre de la colonne, c'est-à-dire, un module.

L'ordre ionique grec a une *architrave* divisée en deux bandes, dont la supérieure est couronnée par une cimaise. Vignole lui donne trois faces et un module un quart de hauteur.

L'*architrave* corinthienne est composée de trois bandes inégales, dont la

hauteur va en augmentant de bas en haut ; elle a, suivant Vignole, un module et demi.

L'ordre toscan, comme le dorique, n'a qu'une face lisse à son *architrave* (voy. *Ordre, Entablement*).

On appelle *architrave mutilée* celle dont les saillies sont supprimées pour

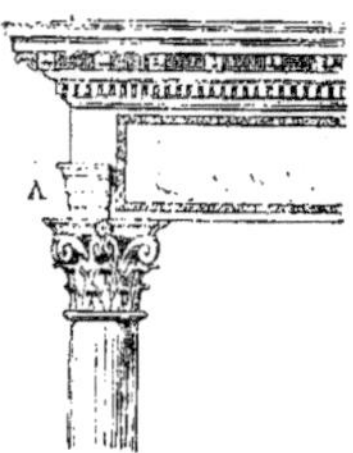

Fig. 220.

recevoir une inscription A (fig. 220) ; *architrave coupée* ou *interrompue,* celle

Fig. 221.

qui est interrompue dans l'espace d'un entre-pilastre pour faciliter l'exhaussement d'une croisée (fig. 221).

Architravé. — On dit qu'une corniche est *architravée,* quand elle vient immédiatement au-dessus d'une architrave, dans un entablement dont la frise est supprimée.

Archivolte, *s. f.* — Bandeau plus ou moins orné de moulures qui encadre une arcade de porte ou de fenêtre.

Dans les constructions ordinaires, l'*archivolte* est une face plane légèrement en saillie ou marquée par un filet (fig. 222). Dans les ordres antiques, elle reproduit, par ses détails, les moulures simples de *l'architrave*. Vignole lui donne un module de largeur pour tous les ordres. La clef de *l'archivolte* est souvent décorée d'une sorte d'agrafe ou

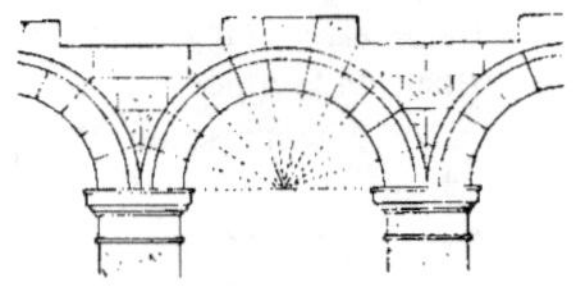

Fig. 222.

console. La console en *agrafe* que l'on voit souvent sculptée sur le voussoir formant la clef d'une arcade reçoit un caractère qui dépend de la décoration plus ou moins riche de l'arcade même et de l'ordre qui s'y trouve appliqué.

On remarque particulièrement cette disposition dans les arcs de triomphe, qui présentent, d'ailleurs, les plus beaux modèles d'*archivoltes*.

Parfois les claveaux sont ornés de bossages, et *l'archivolte* est alors dite

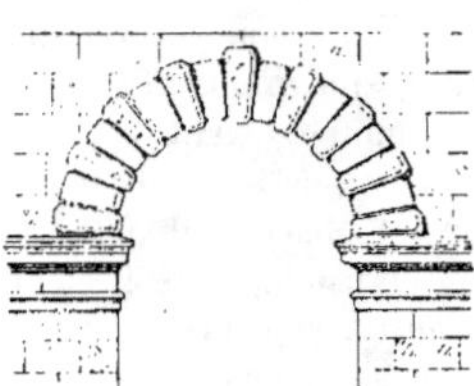

Fig. 223.

rustique ; et même, il peut se faire que de deux voussoirs un seul soit un bossage (fig. 223).

L'intervalle de deux *archivoltes*, dans les arcades, est le *tympan*.

Quelquefois *l'archivolte* est retournée, c'est-à-dire qu'elle ne s'arrête pas sur l'imposte, mais la contourne et se réunit à *l'archivolte* voisine (fig. 224); le bandeau mouluré peut même descendre au-dessous de l'imposte et s'arrêter à hauteur d'appui au-dessus du sol. Si les arcades sont portées sur des colonnes,

deux *archivoltes* consécutives se coupent avant d'arriver sur le chapiteau.

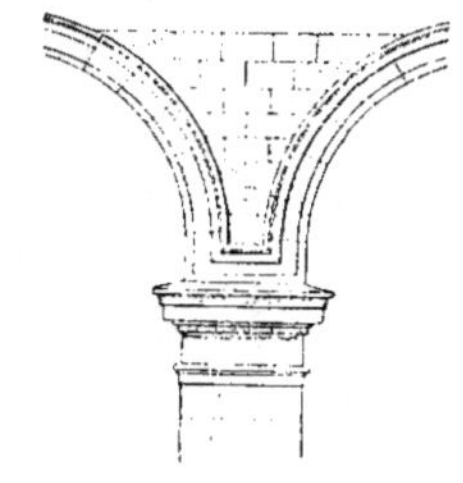

Fig. 224.

Les architectes du moyen âge ont complètement modifié les proportions adoptées par les anciens pour ce membre d'architecture. Ils formaient les *archivoltes* de plusieurs rangs de claveaux comme les autres arcs ; les constructeurs romans les décoraient d'ornements divers, tels que *billettes, pointes de diamant, bâtons rompus, rosaces, besants* : les profils évidés appartiennent à la période ogivale.

C'est surtout dans les portails d'églises que se multiplient le nombre d'arcs concentriques qui composent les *archivoltes* ; il y a quelquefois jusqu'à huit rangs de claveaux richement ornés d'entrelacs, de rosaces et de figures sculptées.

Dans les portes à linteaux, les *archivoltes* sont de simples arcs de décharge.

Arçon, *s. m.* — Petit archet.

Arcueil *(Pierre d')*. — Calcaire dur qui s'extrait de la plaine d'*Arcueil*, aux environs de Paris, et qui comprend du *liais*, de la *roche* et du *banc-franc* (voy. ces mots).

Ardoise, *s. f.* — Pierre schisteuse, employée à la couverture des édifices, en raison de sa ténacité, de sa résistance et de la faculté qu'elle possède de se laisser diviser en lames très-minces.

Cette pierre est cependant moins durable que la tuile et a l'inconvénient d'éclater au feu. L'aspect de l'*ardoise* est terne ou très-peu brillant ; sa couleur générale est gris-bleuâtre, un peu foncée ; d'ailleurs, elle offre des variétés de ton, suivant les lieux d'où elle provient ; ainsi, la plupart des *ardoises* utilisées en France sont tirées des gisements d'Angers et des Ardennes ; les premières sont grises, les secondes ont un ton violet, quelquefois verdâtre.

L'exploitation du schiste ardoisier se fait à ciel ouvert ou par des galeries souterraines (voy. *Ardoisière*). L'usage qu'on en fait pour la couverture des édifices nécessite un choix dans la manière de le débiter. Ainsi, l'un des défauts de l'*ardoise* est de se détruire au contact prolongé de l'humidité, soit par suite de la décomposition à l'air des substances qu'elle peut renfermer, soit à cause de sa perméabilité. Il faut donc choisir des feuillets homogènes et dont le grain soit fin et serré.

Il existe plusieurs méthodes pour reconnaître rapidement la qualité d'une *ardoise* :

1° On fait tremper le feuillet dans l'eau, pendant une journée, jusqu'à $0^m,01$ de son bord. Si l'eau, par suite de la capillarité, ne gagne pas $0^m,01$ en plus, l'*ardoise* est jugée bonne. Elle serait d'autant plus mauvaise, au contraire, que l'eau s'élèverait davantage.

2° On pèse une *ardoise*, on la plonge dans l'eau pendant une heure, on la retire et on la pèse de nouveau : l'*ardoise* sera d'autant plus spongieuse, c'est-à-dire de mauvaise qualité, que le poids de l'eau absorbée sera plus considérable.

3° On forme un petit bassin ou auget, en bordant l'*ardoise* avec de la cire ; on y verse de l'eau, qu'on laisse séjourner ainsi pendant plusieurs jours. L'*ardoise* est bonne, si, au bout de ce laps de temps, l'eau ne l'a pas pénétrée.

M. Blavier, ingénieur des mines d'Angers, a étudié spécialement les propriétés résistantes du schiste ardoisier d'Angers, employé dans différentes conditions d'étendue et d'épaisseur. Les expériences nombreuses qu'il a faites à ce sujet ont donné les résultats suivants :

Des *ardoises* de $0^m,25$ sur $0^m,25$, chargées directement sur une surface égale à un décimètre carré et reposant, par leurs quatre côtés, sur un cadre bien dressé, ont supporté :

Avec 1 millim. d'épaisseur :	8 kilogr.
2 —	35 —
3 —	50 —
4 —	90 —
5 —	120 —
6 —	150 —
7 —	170 —

De ce tableau il résulte que les charges supportées croissent rapidement avec l'épaisseur des *ardoises*. Deux *ardoises* de même dimension ($0^m,25$ sur $0^m,25$) de $0^m,001$ d'épaisseur chacune, ayant été superposées, n'ont supporté qu'une charge de 30 kilogr., moindre que la charge supportée par une *ardoise* de $0^m,002$ d'épaisseur.

Cette loi est évidemment générale, en sorte que, toutes choses égales d'ailleurs, il y a, pour la résistance à la charge, grand avantage à employer une *ardoise* unique, ayant $0^m,006$ d'épaisseur, au lieu de trois *ardoises* superposées ayant chacune $0^m,002$, surtout si l'on observe que, dans les couvertures en *ardoises*, celles-ci sont loin d'être appliquées exactement les unes sur les autres, mais présentent, dans leur disposition normale, des porte-à-faux inévitables.

M. Blavier, ayant chargé encore directement des *ardoises* de même épaisseur et de dimensions variables, est arrivé aux résultats suivants :

L'*ardoise* de

20 c. q.	et 3 mm. d'épaisseur a supporté	60 k.
25	3 —	50
30	3 —	45
35	3 1/2 —	57
40	4 —	65

Ainsi, une faible augmentation d'épaisseur fait plus que compenser une différence considérable dans la surface des *ardoises* pour la résistance à la charge.

De grandes *ardoises* de $0^m,60$ sur $0^m,36$, appuyées, par leurs quatre côtés, sur un cadre bien dressé, ont été soumises à diverses charges : il en est résulté cette conclusion que l'*ardoise* de $0^m,006$ d'épaisseur supporte une charge de 130 kilogr. et que celle de $0^m,007$ d'épaisseur supporte une charge de 150 kilogr.

M. Blavier, opérant encore sur une de ces grandes *ardoises*, faites d'après les modèles anglais et ayant $0^m,005$ d'épaisseur, a produit une charge de 190 kilogr. au moyen d'une colonne d'eau, avant d'atteindre la limite de résistance. Ayant recherché ensuite quelle est la résistance à l'arrachement présentée par une *ardoise*, quand deux clous la fixent sur le comble, M. Blavier trouva que cette résistance est considérable ; car une *ardoise* de $0^m,60$ sur 0^m36, ayant $0^m,004$ d'épaisseur, après avoir été percée de deux trous placés à $0^m,02$ seulement de chacune des arêtes et fixée par deux clous introduits dans ces trous, a résisté à l'arrachement produit par un poids de 100 kilogr.

Les résultats de ces expériences sont donc, en résumé, très-favorables à l'emploi des *ardoises* de grandes dimensions et d'épaisseur considérable, sous le rapport de la résistance à la charge.

Le mode d'attache de ces matériaux sur les toits a une grande importance : les clous oxydables attaquent l'*ardoise*, agrandissent le trou dans lequel ils sont fixés, et empêchent la résistance au vent ; il faut employer les clous en fer galvanisé ; les clous en cuivre servent pour les *ardoises* de grand échantillon.

Les *ardoises* sont livrées au commerce sous différents noms. Les deux centres principaux de production sont l'Anjou et les Ardennes : la première de ces régions fournit :

1° La *première carrée, grand modèle,* de $0^m,325 \times 0^m,222$ et d'une épaisseur de $0^m,003$ à $0^m,004$;

2° Les *ardoises carrées,* dites *carrées fortes* et *carrées fines,* variant de $0^m,297 \times 0^m,216$ à $0^m,297 \times 0^m,195$ sur $0^m,004$ à $0^m,0025$ d'épaisseur ;

3° La *troisième carrée ordinaire,* de $0^m,243 \times 0^m,180$ et de $0^m,0021$ à $0^m,0035$ d'épaisseur ;

4° La *quatrième carrée* ou *cartelette,* de $0^m,216 \times 0^m,162$ et de $0^m,0021$ à $0^m,0035$ d'épaisseur ;

5° Les *ardoises* non échantillonnées, dites *poil taché,* de $0^m,297 \times 0^m,168$ et de $0^m,0021$ à $0^m,004$ d'épaisseur ; *poil roux,* de $0^m,24 \times 0^m,135$ et de $0^m,002$ à $0^m,004$ d'épaisseur ; *héridelle,* de $0^m,38 \times 0^m,108$ et de $0^m,002$ à $0^m,004$ d'épaisseur ;

6° L'*écaille,* de $0^m,23 \times 0^m,135$ et de $0^m,0025$ à $0^m,003$ d'épaisseur ;

7° Les *modèles anglais,* divisés en dix numéros, variant de $0^m,640 \times 0^m,360$ à $0^m,305 \times 0^m,165$ sur $0^m,0035$ à $0^m,006$ d'épaisseur.

L'*ardoise carrée fine* ou *demi-forte* est celle dont on fait le plus grand usage à Paris ; elle coûte 24 francs le mille sur le port d'Angers, et 45 francs à Paris ; on l'emploie au pureau de $0^m,11$; il en entre 47 dans un mètre carré ; le poids du mille est de 430 kilogr.

Les *cartelettes* s'emploient à $0^m,08$ de pureau ; il en entre 88 dans un mètre carré, et le poids du mille est de 260 kilogr. L'*écaille* sert pour les dômes sphériques ou pour des couvertures d'ornements. Le *modèle anglais* le plus employé est le n° 3, qui a $0^m,608 \times 0^m,304$ sur $0^m,0045$ à $0^m,006$ d'épaisseur. Les espèces dites *poil roux* sont extraites à peu de profondeur et doivent leur couleur à la présence d'un oxyde de fer.

Le schiste ardoisier de l'Anjou se débite encore en dalles, qui servent à faire des appuis de fenêtres, des balcons, des bancs de jardins, des dallages, des mosaïques, des carrelages, des gargouilles, des marches d'escaliers, des urinoirs.

Les *ardoises* des Ardennes sont moins perméables que les ardoises d'Angers ; leur couleur est variable. Elles durent 90 à 100 ans, tandis que les ardoises d'Angers ne résistent que de 20 à 30 ans. Les principales carrières sont celles de Fumay et de Rimogne. On les débite en *grandes carrées, Saint-Louis, flamandes* et *communes*, dont les dimensions sont 0^m.30 à 0^m.26 de hauteur sur 0^m.22 à 0^m.14 de largeur et 0^m.0025 à 0^m.003 d'épaisseur.

L'emploi des *ardoises* dans la couverture se fait par recouvrement et chevauchement. L'inclinaison du toit est ordinairement de 35° à 45°, avec les ardoises ordinaires ; elle peut se réduire à 15° pour les modèles anglais. On pose les premières sur voligeage et les secondes sur lattis. Dans le premier cas, les feuillets ou voliges sont espacés de 0^m.01 à 0^m.04, et les *ardoises* y sont fixées chacune par deux clous, qu'il est bon de galvaniser ; ce sont des clous forgés, des clous mécaniques, ou des pointes. On commence par former l'*égout* (voy. ce mot), où l'on place les *ardoises* les plus fortes ; celles d'une moyenne épaisseur sont au milieu du toit et les plus minces, près du faîtage.

Le recouvrement se fait par rangs horizontaux, en liaison et au tiers de pureau. Pour les toits qui ont beaucoup de pente, comme la partie inférieure des combles à la Mansard, on peut donner au pureau jusqu'aux trois quarts de la hauteur de l'*ardoise*. Les modèles anglais qui s'emploient sur des pentes faibles

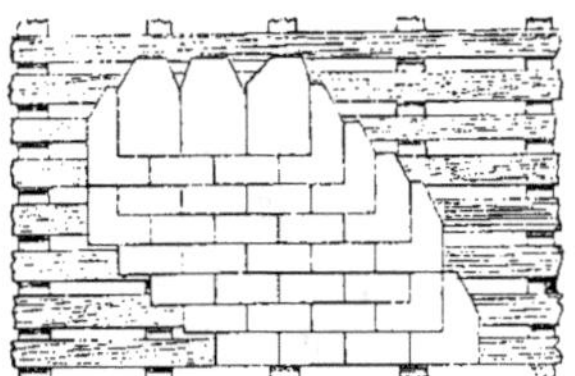

Fig. 225.

se recouvrent à moitié. Les figures 225 et 226 représentent deux ensembles re-

latifs à l'*ardoise* grande carrée d'Angers

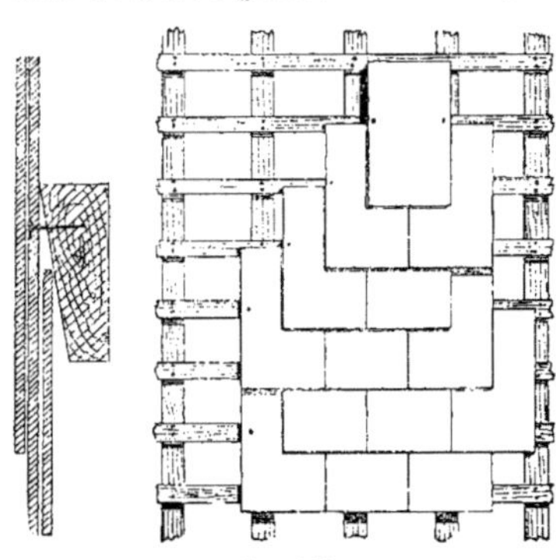

Fig. 226.

et à l'*ardoise* modèle anglais. La coupe montre la volige chanfreinée en sifflet.

Nous avons dit qu'on attachait habituellement les *ardoises* avec des clous au nombre de deux, fixés sur la tête de chacune d'elles et pénétrant dans le voligeage ; mais aujourd'hui on tend à remplacer les clous par des *crochets* (voy. ce mot) en fil de cuivre ou en fil de fer galvanisé. On évite ainsi de percer l'*ardoise*, et on la maintient, à sa partie inférieure, au point où le vent a le plus d'action pour la soulever.

Les arêtes saillantes et rentrantes sont recouvertes à l'aide de lames de plomb, dans les constructions importantes ; dans les bâtiments ordinaires, on les revêt de tuiles creuses peintes en noir ; on adopte souvent, pour les arêtiers, les *ardoises* coupées en biais (voy. *Arêtier, Faîtage, Noue*).

Différents aspects sont donnés à ce

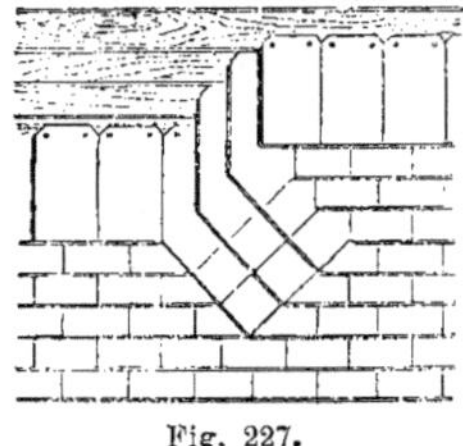

Fig. 227.

genre de couverture : 1° suivant la manière dont on coupe les pureaux : les ardoises sont rectangulaires ou en quinconce (fig. 227), en forme d'écailles

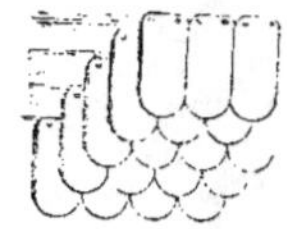

Fig. 228.

(fig. 228) ; 2° suivant les tons différents que présentent ces ardoises : ainsi

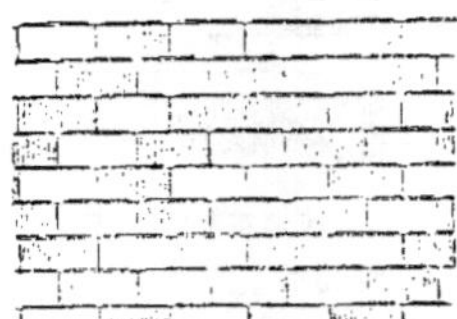

Fig. 229.

on peut en faire une sorte de mosaïque (fig. 229).

Les architectes du moyen âge ont employé ces divers systèmes. En outre, ils couvraient souvent d'*ardoises* les pans de bois, soit en totalité, soit seulement les pièces de charpente apparentes qui les composaient. L'usage de recouvrir ainsi les enduits extérieurs s'est conservé, de nos jours, dans certaines localités : les jouées de lucarnes, les têtes de cheminées sur les toits en ardoises, sont encore ainsi garanties contre les injures du temps.

On exécute, de nos jours, des couvertures en tôle galvanisée, composées de pièces auxquelles on a donné le nom d'*ardoises métalliques*.

Peinture. La couleur d'*ardoise* employée pour peindre les tuiles est composée de blanc de céruse à l'huile, broyé avec du noir d'Allemagne ; le mélange se détrempe à l'huile de lin.

Ardoisière, *s. f.* — Carrière d'ardoise. L'exploitation du schiste ardoisier se fait, soit à ciel ouvert, soit par galeries souterraines.

Dans le premier cas, on déblaie la surface du sol et l'on excave le massif par une série de tailles en gradins, que l'on pousse jusqu'à la profondeur d'une tranchée longitudinale, qui sert de puits d'extraction, et dont l'une des parois reste verticale ; le long de cette paroi sont placées les machines servant à l'enlèvement des eaux et des blocs d'ardoise. On détache d'abord les blocs, à l'aide de coins en fer enfoncés à coups de masse ; puis, s'ils ne tombent pas de leur propre poids, on agit sur eux avec des leviers. Ces blocs se brisent, dans leur chute, en plusieurs morceaux, que l'on divise et que l'on enlève à la surface du sol : on les débite alors en *répartons* ou pièces de 0ᵐ.02 à 0ᵐ.03, puis en ardoises brutes ou *fendis*, que l'on taille suivant les dimensions et les formes voulues.

Dans le second mode d'exploitation, usité surtout dans les Ardennes, on s'enfonce dans la veine par des galeries ; ou bien, si la couche est recouverte d'une grande épaisseur de terrain, on la rejoint par des puits inclinés : dans les galeries, on réserve des piliers en quinconce pour soutenir le faîte des excavations. Les morceaux où se trouvent mélangées des matières étrangères, telles que quartz, bitume, pyrites de fer, etc., sont employés comme pierres à bâtir.

Are, *s. m.* — Mesure de superficie de 100 mètres carrés.

Arène, *s. f.* — Mot qui vient du latin *arena*, signifiant sable. On l'emploie pour désigner le champ vide ou terrain d'un cirque.

Les Romains donnaient également ce nom à l'espace elliptique ou circulaire formant la partie centrale d'un *amphithéâtre* (voy. ce mot). On garnissait l'*arène* de sable fin : c'est là que se livraient les combats de gladiateurs et d'animaux.

On donne le nom d'*arènes* à l'ensemble des restes de certains amphi-théâtres, tels que les *arènes* de Nîmes, d'Arles.

Aréner ou **s'aréner.** — On dit qu'une poutre ou un plancher *arènent* ou *s'arènent*, lorsque cette poutre ou ce plancher fléchissent sous une trop forte charge.

Aréostyle, *s. m.* — Selon Vitruve, un des cinq systèmes d'entre-colonne-ments, celui où les colonnes étaient éloignées le plus possible. La distance était de 8 modules. On ne l'emploie guère que pour l'ordre toscan et les portes des villes ou des forteresses.

Arête, *s. f.* — Angle saillant formé par la rencontre de deux surfaces.

On dit les *arêtes* d'une pierre, d'une pièce de bois, d'une barre de fer. Quand une pièce de bois est bien dressée, qu'il n'y reste plus d'aubier, on dit qu'elle est à *vive arête*.

Dans la coupe des pierres, on appelle *arête* l'angle formé par les surfaces d'une voûte : ainsi, deux berceaux qui se rencontrent en angle saillant forment une *voûte d'arête*. On appelle *arête de lunette* ou *arêtier* l'angle formé par la pénétration d'une lunette dans un ber-ceau (voy. *Berceau, Lunette, Voûte*).

Ce nom se donne encore à un orne-ment de couverture (voy. *Crête*).

Arêtier, *s. m.* — MAÇONNERIE. En coupe de pierre, arêtier est synonyme d'*arête* (voy. ce mot).

CHARPENTE. Pièce de bois délardée, placée à l'angle ou arête d'un toit en croupe ou de deux versants de comble.

L'arêtier A (fig. 230) s'assemble, par le pied, dans le *coyer* B, et, par le som-met, dans le poinçon C. Il porte lui-même le sommet des empanons D (voy. *Croupe*).

COUVERTURE. On couvre les arêtiers des toits en ardoises au moyen des ar-doises mêmes ou de lames de métal, ou

bien encore à l'aide de tuiles creuses.

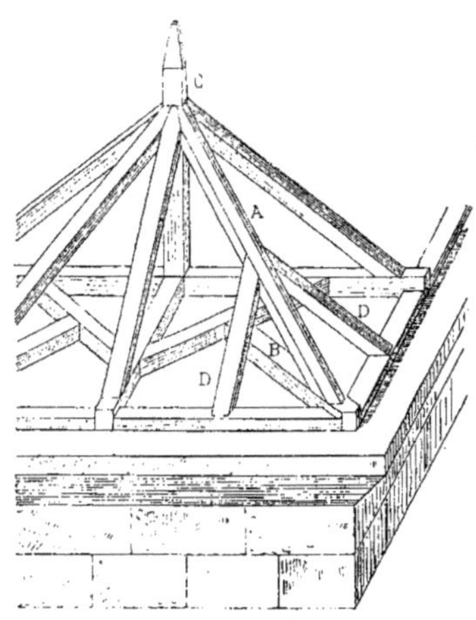

Fig. 230.

Dans le premier cas, les arêtiers sont montés en *tranchis* biais apparents,

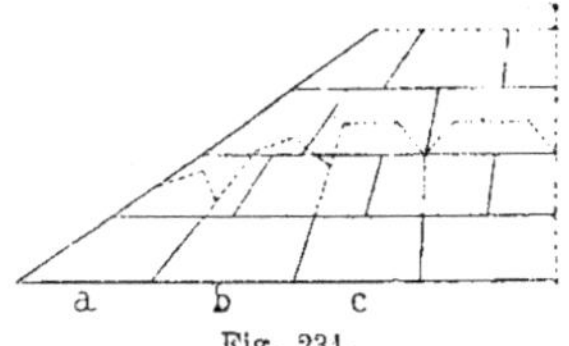

Fig. 231.

c'est-à-dire, en ardoises coupées diago-nalement. Nous donnons (fig. 231) un

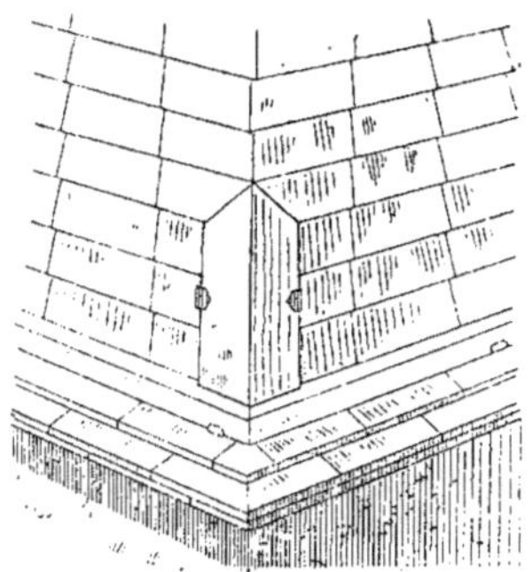

Fig. 232.

comble où l'angle de l'*arêtier* avec la ligne d'égout est de 45° ; les ardoises *a*, qui touchent l'angle, se nomment *arétières*, les autres *b. approches*, *c contre-approches*. On termine généralement la base de l'*arétier* par une petite *barette* en plomb (fig. 232).

Dans l'emploi du métal, pour couvrir la rencontre de deux pans, on se sert, soit de lames de plomb fixées par des pattes et qu'on appelle *barettes*, soit de feuilles de zinc dites *noquets* (voy. ces mots).

Si l'on utilise les tuiles creuses, on les pose au plâtre ou au mortier, avec joints en plâtre et on les peint en noir à l'huile. On les nomme *tuiles arétières*.

Tout *arétier* exige une préparation du voligeage ; on le fait jointif dans les parties avoisinantes de la ligne d'*arétier*, en remplissant la claire-voie du voligeage ordinaire par des morceaux de volige cloués sur l'*arétier* et le plus proche chevron ; on fait ensuite un parement en plâtre raccordant les deux pans en une arête régulière.

Dans les couvertures en tuiles plates, on coupe les tuiles diagonalement au droit des *arétiers* et l'on pose un filet de plâtre ou *solin* qui en recouvre les bords, ou bien l'on se sert de tuiles creuses maçonnées en plâtre ou mortier. Pour les couvertures en tuiles creuses, on pose, à bain de mortier, sur l'angle saillant, des tuiles de même forme, mais de plus grande dimension.

Si le comble est couvert en zinc, les *arétiers* sont disposés comme les couvre-joints ordinaires ; la tringle est seulement un peu plus forte (0^m,05 d'équarrissage moyen), et les feuilles sont soudées entre elles et aux chapeaux qu'elles rencontrent.

Arêtières. — Voy. *Arétier*.

Arganeau, *s. m.* — Gros anneau de fer A (fig. 233) qu'on scelle dans les murs de quai pour y amarrer ou attacher les bâtiments.

On dit aussi *Organeau*.

Pour les égouts de Paris, des *arganeaux* doivent être établis, de 25 en 25 mètres, dans les collecteurs et égouts à rails et disposés par paire, bien en

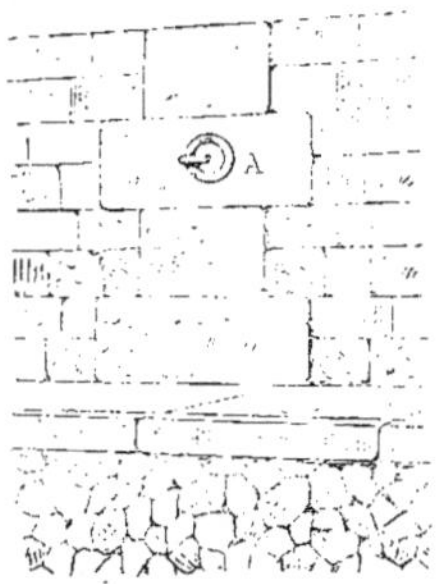

Fig. 233.

face l'un de l'autre, afin que, en cas d'averse, les ouvriers puissent, en peu de temps, amarrer convenablement leurs wagons et leurs bateaux.

Argent, *s. m.* — Métal blanc, susceptible de prendre un très-beau poli, et se laissant diviser facilement en lames très-minces ; on peut l'employer à la décoration (voy. *Argenture*), mais il a l'inconvénient de se noircir au contact des émanations sulfureuses.

Au moyen âge, on revêtissait souvent les autels, les tombeaux, les portes, les jubés, de plaques d'*argent* fixées au moyen de clous ou incrustées.

On appelle argent massif un alliage de bismuth, d'étain et de mercure qui sert à donner au bois ou au plâtre la couleur du bronze blanc (voy. *Bronzage*).

Le carbonate de plomb, employé dans la peinture, prend aussi le nom de *blanc d'argent* (voy. *Céruse*).

Argentan (*Pierre d'*). — Calcaire oolithique dur, extrait des carrières d'*Argentan*, commune et arrondissement de ce nom.

Cette pierre est de couleur blanchâtre et renferme de nombreux débris de coquilles. Elle porte 0^m,40 à 0^m,80 de hauteur d'assise. Elle pèse de 2,370 à 2,430 kilogr. le mètre cube. Elle s'écrase sous une charge de 325 à 340 kilogr. par centimètre carré.

On a employé ce calcaire dans les édifices publics d'Argentan.

Argenteuil (*Chaux et ciments d'*). — L'usine des chaux et ciments du bassin d'*Argenteuil* fournit trois espèces de produits : 1° de la chaux éminemment hydraulique ; — 2° du ciment romain, qui présente, après un mois d'immersion, une résistance moyenne de $8^k,27$ par centimètre carré à la rupture par arrachement et de $58^k,2$ à la rupture par écrasement ; — 3° un ciment portland, dit Barbier, qui offre une résistance de $28^k,97$ à la rupture par arrachement et de $295^k,7$ à la rupture par écrasement.

Argenture, *s. f.* — Opération qui consiste à appliquer sur un objet de métal, généralement cuivre ou laiton, des feuilles d'argent qu'on presse avec un outil appelé *brunissoir*.

Au préalable, on a *décapé* la pièce en la limant, la chauffant et la plongeant dans l'eau seconde ou dans l'acide nitrique très-étendu.

On doit au chimiste allemand Liebig la méthode d'*argenture* du verre, que l'on a utilisée pour remplacer, par des glaces recouvertes d'argent, les glaces étamées.

Le procédé employé est le suivant : on plonge la surface de la glace, modérément chauffée, dans une dissolution ammoniacale d'azotate d'argent, additionnée d'une substance organique qui favorise la réduction du sel d'argent. Un inconvénient se présente alors : on a remarqué que la couche d'argent s'altère par l'action de l'hydrogène sulfuré contenu dans l'air. Afin de remédier au mal, M. Liebig a imaginé de recouvrir la partie extérieure de l'argent d'une couche métallique de cuivre, d'or ou de nickel, qui sont inattaquables par l'hydrogène sulfuré de l'air. C'est au moyen de la pile que M. Liebig dépose cette couche protectrice.

On argente aussi le bois, le plâtre et les ornements plastiques, par le procédé employé pour la *dorure* (voy. ce mot).

Argile, *s. f.* — Substance minérale composée de silice, d'alumine et d'eau, et provenant de la décomposition de certaines roches telles que les granits, les gneiss, les porphyres.

Les anciens donnaient des noms différents à l'*argile* employée par le briquetier, le fournaliste, le potier et le statuaire.

L'*argile* se nommait, en général, *pelos*, mot qui signifiait aussi *boue* et *craie* ; c'était la terre grossière. L'*argile* se nommait encore *argillos* : ce mot, dérivé d'*argos*, blanc, devait désigner l'*argile* la plus blanche et la plus pure. Tous les ouvriers qui travaillaient l'*argile* étaient connus sous la dénomination de *pelourgoi*, de *pelos*, terre molle, et *ergon*, travail. On confondait, sous ce nom, les tuiliers, les briquetiers, les fournalistes, les modeleurs, les potiers, etc.

Aux éléments dont l'*argile* pure ou *kaolin* est formée, s'ajoutent des matières étrangères (sable, oxydes de fer, carbonate de chaux, substances bitumineuses, etc.) qui constituent l'*argile* commune ou *terre glaise*, jouissant de propriétés qui permettent de l'employer dans les constructions.

Le principal caractère de cette substance est de former, avec l'eau, une pâte liante dite *plastique*, qui durcit, en se desséchant à l'air. Si la dessiccation a lieu à l'aide d'une température élevée, l'*argile* ne peut plus se délayer dans l'eau, devient très-dure, fait feu sous le briquet et résiste aux plus grandes pressions.

L'*argile* commune est d'un gris bleuâtre plus ou moins foncé, lorsqu'elle est mélangée de matières combustibles ; l'hydrate de fer la colore en jaune ou en brun ; et le peroxyde de fer anhydre, en rouge brun. C'est à la présence de ces oxydes métalliques que l'*argile* doit sa couleur rouge plus ou moins foncée, quand on la calcine.

Lorsque cette matière renferme du carbonate de chaux, elle prend le nom de *marne* (voy. ce mot). Les marnes argileuses, c'est-à-dire celles qui ne contiennent que 10 à 12 p. 100 de calcaire, sont plastiques et servent, comme l'argile commune, à la fabrication des poteries, des briques, des tuiles, des carreaux, etc.

La présence de l'oxyde de fer et du carbonate de chaux rend l'argile fusible, mais lorsque cette matière est pure, elle reste blanche, et quand on la chauffe, elle ne fond pas à la température la plus élevée que produisent les fourneaux de l'industrie ; elle est alors dite *réfractaire* et s'emploie à la construction des foyers, fours, creusets, conduits de fumée, etc.

Armature, *s. f.* — Toute combinaison de fer ou de bois destinée à renforcer et à soutenir un ouvrage de charpente ou de maçonnerie : par exemple, les ferrements employés pour consolider une poutre, un poitrail, un filet, tels que *brides, frettes, étriers, boulons* (voy. ces mots).

Deux pièces ainsi réunies forment une

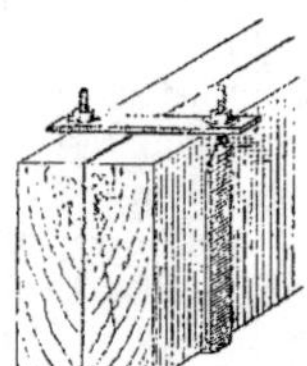

Fig. 234.

poutre armée (voy. *Poutre*; la figure 234 donne l'exemple d'une *armature* avec bride et boulons.

On *arme* les pieux pour pilotis d'une *frette* qui empêche l'écrasement du bois sous le choc du marteau de la *sonnette*.

On appelle *armatures* les ferrements plus ou moins compliqués, cercles, tirants, etc., qu'on emploie pour empêcher l'écartement d'une voûte, d'un dôme, d'une flèche, de deux murs, ou pour renforcer une plate-bande.

Les plates-bandes et les architraves que les anciens établissaient dans leurs monuments étaient de pierre très-dure, de granit ou de marbre et toujours d'un seul morceau posé sur son lit naturel : elles étaient dès lors exemptes de cet effort latéral que l'on nomme *poussée* : leur poids agissait verticalement sur les points d'appui, et la stabilité générale n'avait rien à craindre du fait même de ces parties monolithes de l'édifice ; aussi, les portiques anciens sont-ils d'une solidité que la main de l'homme a pu seule ébranler.

Lorsque les Romains firent usage de claveaux pour former les plates-bandes, ils employèrent, afin d'en assurer la stabilité, le système des *armatures*. Ils avaient coutume de maintenir le haut et le bas des colonnes, qui souvent étaient d'une seule pièce, par deux mandrins en fer, l'un placé dans l'extrémité inférieure du fût, l'autre dans l'extrémité supérieure et pénétrant le chapiteau, l'architrave, la frise et souvent la corniche ; ce mandrin supérieur était saisi, au-dessus du chapiteau, par un tirant qui, en passant à travers les claveaux de l'architrave, reliait ensemble les claveaux des colonnes voisines. Il est même vraisemblable qu'ils mettaient un autre tirant entre l'architrave et la frise.

Les plates-bandes des édifices modernes étant souvent formées d'un grand nombre de morceaux exigent des *armatures* dont la disposition est quelquefois très-compliquée. Nous citerons, comme exemple, le système adopté par Rondelet, lorsqu'il eut à consolider les plates-bandes du porche de l'église Sainte-Geneviève, à Paris. L'idée de Soufflot avait été d'élégir les parties placées au-dessus de ces plates-bandes par des arcs dont il fallait encore contenir la poussée.

Rondelet résolut de neutraliser cet effet par la combinaison suivante, qu'il a décrite lui-même dans son *Traité de l'art de bâtir.*

Les plates-bandes ont 5^m,279 de portée et 6^m,523, d'un axe à l'autre des colonnes ; leur longueur est de 1^m,57 sur 1^m,10 de hauteur ; elles sont divisées en 13 claveaux formant 3 évidements à l'intérieur ; les sommiers sont inclinés à 60°. Au-dessus de chacune de ces plates-bandes (fig. 235) on a construit un arc qui leur sert, en même temps, de soutien et de décharge et qui repose sur les mêmes sommiers ; l'arc même est divisé

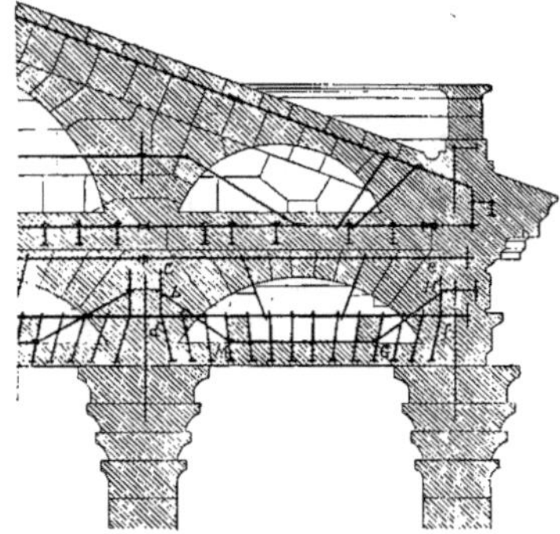

Fig. 235.

en treize voussoirs extradossés carrément. Les sommiers ont une double coupe, qui les rend communs à l'arc et à la plate-bande. Le derrière des deux premiers voussoirs de l'arc, posé sur chaque sommier, forme un joint d'aplomb, dans lequel sont posées, de chaque côté, deux ancres de fer *c d, e f,* auxquelles sont accrochés des étriers LM, GH, qui supportent les sept claveaux du milieu réunis par un fort boulon qui les traverse.

« Il résulte de cet arrangement, dit Rondelet, qu'en faisant abstraction des chaînes et autres moyens employés pour résister à la poussée des arcs et des plates-bandes, ces efforts se détruisent mutuellement, car il est évident que la plate-bande ne peut agir qu'en tendant à rapprocher les premiers voussoirs de l'arc auquel elle est suspendue, tandis que, d'un autre côté, cet arc, chargé d'une partie du poids de la plate-bande, ne peut céder à cet effort sans soulever la plate-bande à laquelle sont accrochés les étriers qui empêchent les premiers voussoirs de s'écarter.

« D'après ce procédé, on aurait peut-être pu diminuer le nombre des fers employés à cette construction, tels que les T, les barres qui les enfilent et les étriers ; il suffirait de quelques goujons scellés dans les joints, afin d'empêcher les claveaux de glisser ou d'agir comme des coins ; mais tous ces moyens réunis forment une enrayure capable de soutenir l'effort des voûtes de l'intérieur, disposées d'ailleurs pour en avoir le moins possible ».

Ce nom s'applique encore aux enca-

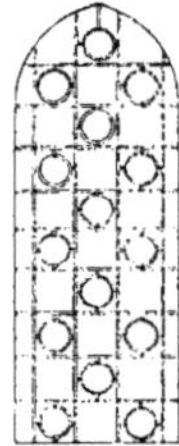

Fig. 236.

drements de fer des panneaux de vitraux (fig. 236).

Nous donnerons ici quelques détails sur le système qui est généralement adopté, comme étant le meilleur, pour la combinaison et l'exécution des *armatures* de vitraux. Ce système était déjà employé, du reste, il y a plusieurs siècles, pour les vitraux du moyen âge.

Lorsqu'il s'agit de travaux ordinaires, on peut simplement assembler entre elles, à mi-fer, les barres horizontales et les barres verticales ; si l'ouverture de la baie est considérable et que l'on veuille donner de la rigidité à l'ensemble, on renfle les traverses, au droit des montants (voy. *Barreau*).

Nous donnons (fig. 237) l'élévation d'une baie circulaire, pourvue d'une ar-

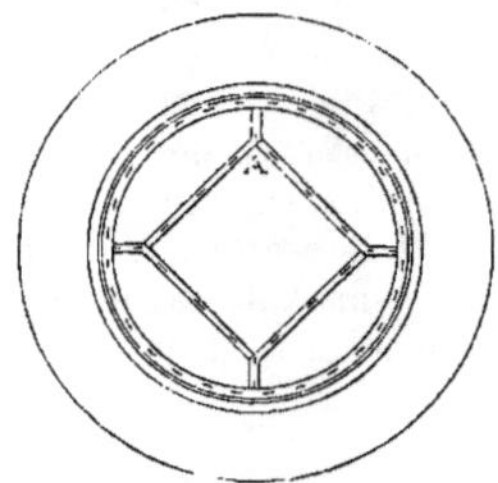

Fig. 237.

mature destinée à maintenir un vitrage et (fig. 238) un détail perspectif, qui montre le mode d'assemblage des fers

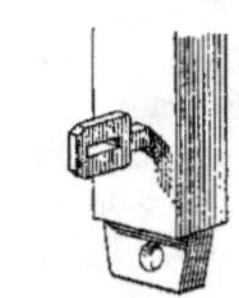

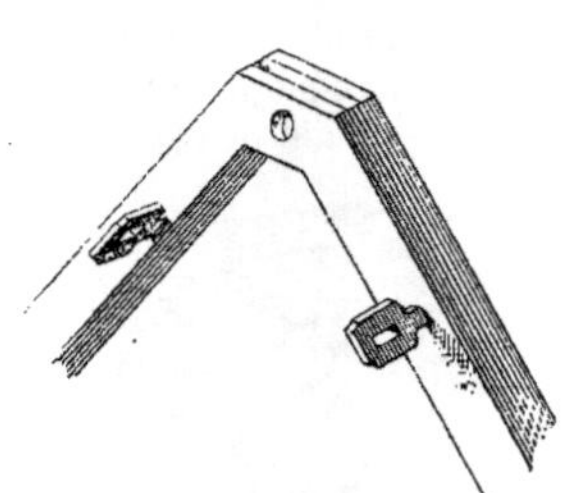

Fig. 238.

qui se joignent en A sur la figure précédente.

Quant au procédé employé pour fixer

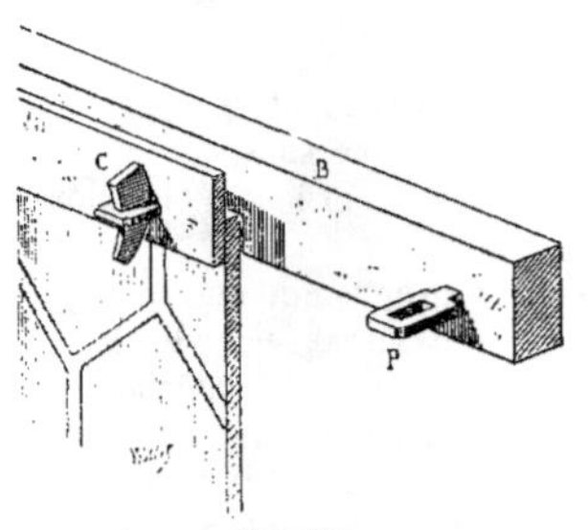

Fig. 239.

le verre, il consiste (fig. 239) dans l'em-

ploi de pannetons P fixés dans les barres B et de clavettes C qui s'appuient sur des bandes de fer feuillard, de même hauteur que les barres et derrière lesquelles se place le verre ; la figure 240 représente, en A, une coupe verticale, et.

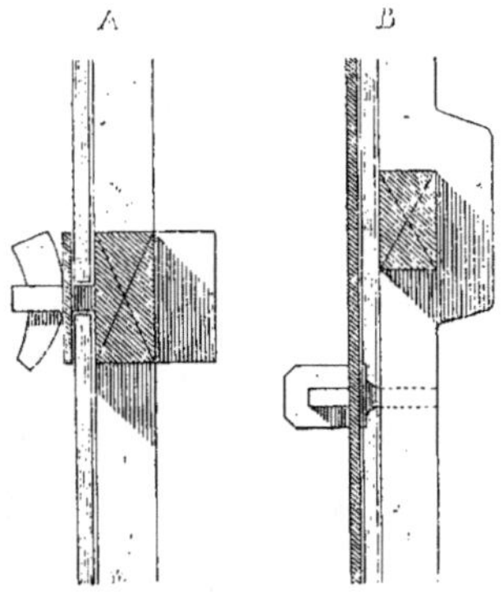

Fig. 240.

en B, une coupe horizontale donnant, au tiers de l'exécution, les détails des assemblages des montants avec les traverses, dans le cas où ces dernières pièces sont plus fortes que les montants.

S'il s'agit d'*armatures* rectangulaires ou disposées comme celles d'une rose, ainsi que nous l'avons indiqué plus haut, le système est le même ; il faut bien observer seulement le sens suivant lequel les pannetons doivent être fixés sur les barres ; ce sens devrait toujours être pris de telle sorte que la chaînette fût placée normalement à la direction des fers feuillards.

Dans une pompe, on donne le nom d'*armature* aux pièces de fer telles que châssis, balanciers, tringles et brides qui, avec le corps de pompe, constituent la pompe proprement dite.

Armature de fourneaux : on appelle ainsi tout ce qui compose la ferrure des fourneaux.

Armement, *s. m.* — On désigne ainsi les ardoises que l'on place sur les murs ou sur les jouées des lucarnes pour les garantir de la pluie.

Armes ou **Armoiries**, *s. f. pl.* — Assemblage de pièces de blason sculptées ou peintes et placées, soit à l'extérieur d'une construction, dans un endroit apparent, comme le dessus d'une porte d'entrée, soit dans l'intérieur des salles principales d'un édifice.

On distribue souvent aussi des *armoiries* sur les métopes des frises, sur les clefs d'arcades, et dans les caissons de voûtes.

La figure 241 représente un écusson sur lequel on voit encore le griffon qui

Fig. 241.

entrait dans les armes de la ville de Compiègne, et qui provient de l'ancien château.

Nous signalerons ici l'abus que l'on a pu faire de ce genre de décoration dans l'architecture moderne. Sous prétexte de placer un écusson, souvent des frontons ont été brisés, des architraves mutilées, des membres contournés, des formes abâtardies. C'est donc avec la plus grande réserve qu'il faut en faire usage, et l'on ne saurait apporter trop d'attention au choix de leur ajustement.

Armille. — Voy. *Bague.*

Armissant *(Pierre d').* — Calcaire compacte marneux, que l'on tire des carrières d'*Armissant*, commune de ce nom, arrondissement de Narbonne.

Cette pierre est de couleur blanc grisâtre, assez dure et à grains fins ; elle s'emploie pour dallages de vestibules, marches d'escaliers, balcons et appuis de fenêtres.

Armoire, *s. f.* — 1° Nom donné à des réduits ou enfoncements ménagés dans les murailles, clos par des volets ou des portes et destinés à renfermer des objets précieux.

Les Romains donnaient le nom d'*armaria* à des *armoires* semblables aux nôtres et qui étaient utilisées pour serrer des ustensiles de ménage, des habits, de l'argent, des objets de toute espèce.

Une peinture d'Herculanum nous montre, dans une boutique de cordonnier, une *armoire* munie de volets qui s'ou-

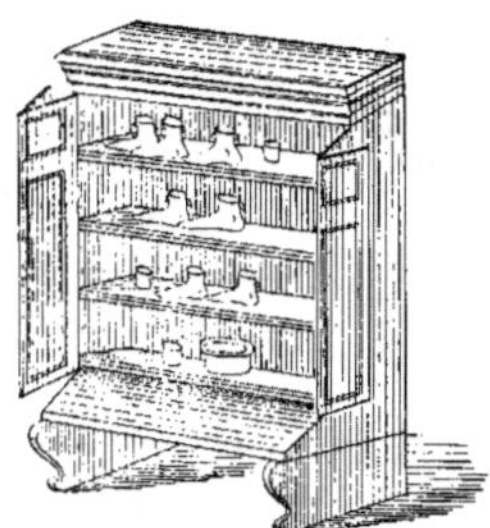

Fig. 242.

vrent en se repliant sur eux-mêmes et dont les rayons sont occupés par des chaussures, ainsi que le montre la figure 242.

La même dénomination était appliquée à un casier servant pour les livres dans une bibliothèque. L'*armarium* était fixe et engagé parfois dans les murs d'une pièce. Il était divisé en un certain nombre de compartiments séparés par des rayons et des cloisons verticales, chaque division étant distinguée par un chiffre spécial.

Au moyen âge, des *armoires*, ménagées près des autels et fermées par des vantaux renfermaient l'eucharistie, les saintes huiles, les objets nécessaires au sacrifice de la messe ou même des reliques.

Les maisons particulières, les tours des châteaux avaient aussi des *armoires* pratiquées dans l'épaisseur des mu-

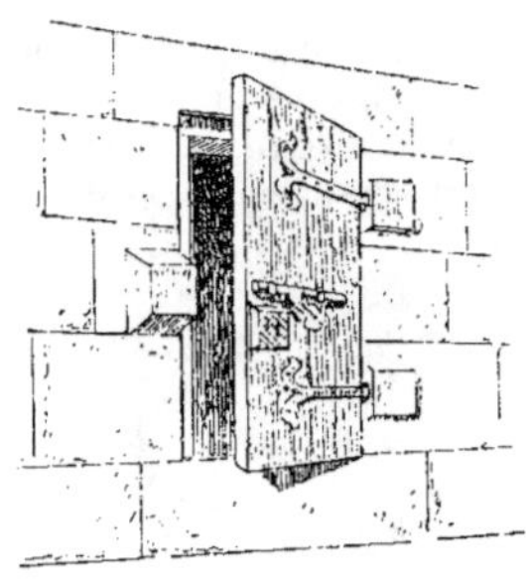

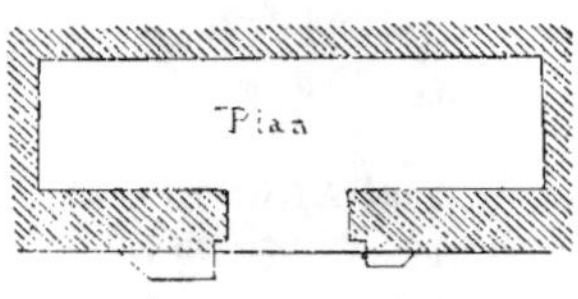

Fig. 243.

railles et dans lesquelles on conservait des vivres ; ces réduits étaient clos (fig. 243) et parfois divisés en casiers (1).

2° On appelle encore ainsi un ouvrage de menuiserie composé de tablettes et d'une devanture, que l'on place entre la partie saillante d'un manteau de cheminée et un mur de face ou de refend ; dans ce sens, on dit plus généralement *placard*.

Armoiries. — Voy. *Armes*.

Aronde (*Queue d'*). — On appelle ainsi, en charpente, un tenon plus large à son extrémité qu'à son collet et qui

affecte la forme d'une queue d'hirondelle ; c'est pourquoi l'on dit aussi *queue d'hironde*.

Ce tenon sert à unir deux pièces de

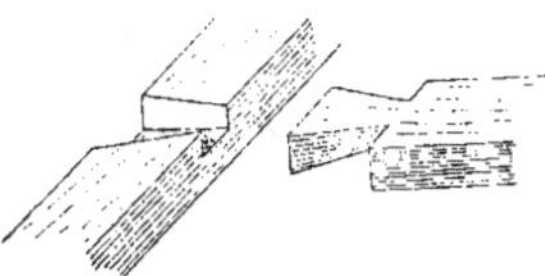

Fig. 244.

bois formant angle (fig. 244) ou mises bout à bout (fig. 245). Il s'engage dans une entaille ou *mortaise* de même forme.

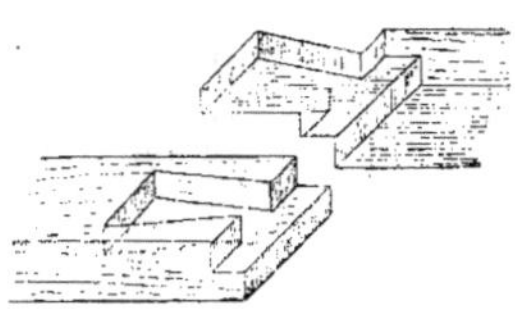

Fig. 245.

Les charpentiers du moyen âge ont souvent assemblé les entraits des fermes dans les sablières, au moyen de joints par entaille en *queue d'aronde*, auxquels on donne aujourd'hui le nom de *traves à queue* (voy. *Trave*).

Les anciens maintenaient l'écartement des pierres d'une même assise au moyen de crampons ou agrafes de métal ou de bois en double *queue d'aronde* (voy. *Agrafe, Appareil*).

Dans les monuments des xi° et xii° siè-

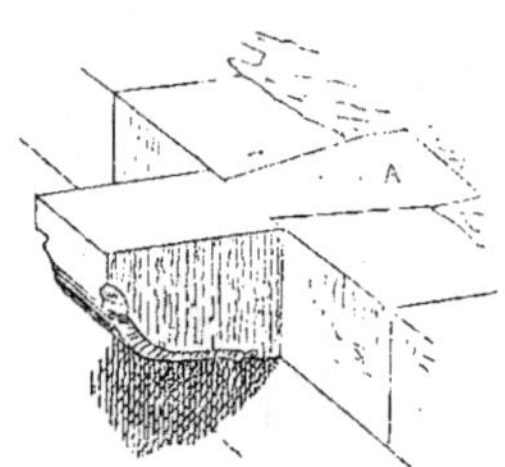

Fig. 246.

cles (1), on trouve certaines pierres en

(1) Viollet Le Duc, *Dictionnaire raisonné de l'architecture française*.

(1) Viollet Le Duc, *Dictionnaire raisonné de l'architecture française*.

encorbellement reliées à la maçonnerie par une fausse coupe en *queue d'aronde* A (fig. 246).

Les madriers jointifs des portes, avant le xve siècle, sont quelquefois aussi réunis par des agrafes en double *queue d'aronde*, entaillées à mi-bois.

Dans l'architecture militaire, on appelle *ouvrage en queue d'aronde* un ouvrage à corne qui s'ouvre en éventail sur la campagne. Si, au contraire, c'est le côté large de l'éventail qui regarde la ville, l'ouvrage est dit *en contre-queue d'aronde*.

Arpent, *s. m.* — Ancienne mesure agraire qui avait 30 toises de côté et 900 toises de superficie.

L'*arpent* de Paris contenait, en mesures métriques, 34 ares 19 centiares. L'*arpent* des eaux et forêts contenait 51 ares 07 centiares.

Arpentage, *s. m.* — Art d'évaluer la superficie des terrains.

L'*arpentage* a pour objet : 1º la mesure des surfaces sur le terrain même ; c'est l'*arpentage* proprement dit ; 2º le *lever des plans* (voy. ce mot) ou la représentation sur le papier de la configuration du sol ; 3º la division des héritages ou bornage des propriétés (voy. *Bornage*).

Les opérations sur le terrain se réduisent généralement à la mesure de lignes droites et d'angles. On commence par jalonner les lignes, puis on évalue leur longueur à l'aide de la *chaîne d'arpenteur* (voy. *Jalon, Décamètre*). Les angles se déterminent au moyen du *graphomètre* (voy. ce mot).

Si le terrain qu'on veut mesurer affecte une forme géométrique, on en obtient immédiatement la superficie par le calcul. Si le contour en est polygonal, on joint les deux sommets les plus éloignés A et B (fig. 247) par une ligne droite, sur laquelle on abaisse des perpendiculaires partant de tous les sommets, en se servant de l'équerre d'ar-

penteur (voy. *Équerre*) ; on détermine ainsi des trapèzes faciles à mesurer.

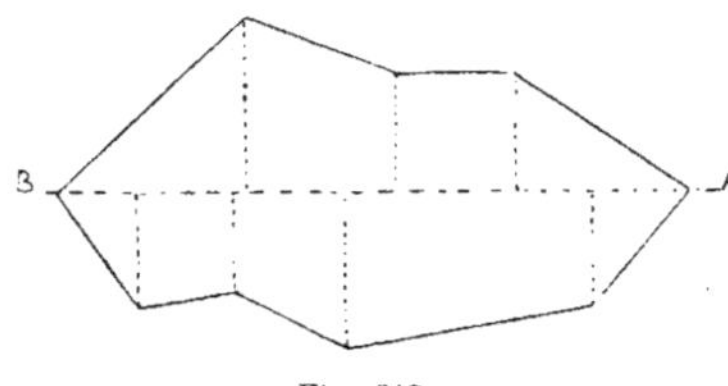

Fig. 247.

Quand le terrain est limité par une ligne courbe, on substitue souvent au contour un polygone ABCD (fig. 248) dont la surface est sensiblement égale à celle

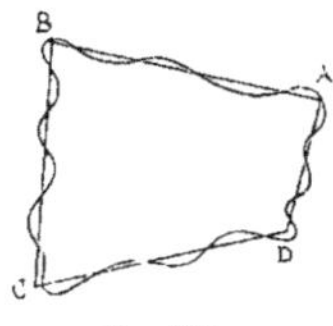

Fig. 248.

comprise dans l'intérieur de la ligne courbe.

Si le terrain ABCDEFG (fig. 249) est occupé par des bois ou par des cons-

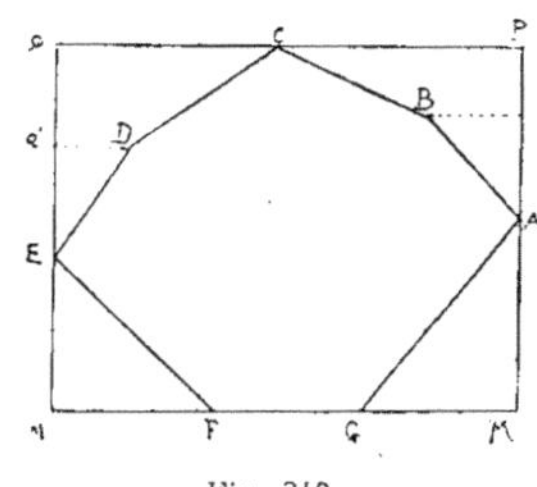

Fig. 249.

tructions, et qu'on ne puisse le parcourir en tous sens, on circonscrit à la surface un rectangle MPQN, par exemple : puis, des sommets B et D on mène des perpendiculaires ; on forme ainsi des triangles et des trapèzes, qu'on déduit du rectangle circonscrit, pour avoir la surface du polygone à mesurer.

Nous compléterons ces notions sur

l'arpentage en donnant ici le tableau des principales mesures agraires, avec leur évaluation en mètres carrés ; nous accompagnerons d'un * celles qui ne sont plus en usage depuis l'adoption du système métrique.

DÉSIGNATION des MESURES.	ÉVALUATION en mètres carrés de chacune DES MESURES DÉSIGNÉES.	
Hectare..........	10,000ᵐ	00
Arpent de Paris*..	3,418	86
Perche de Paris*.	34	18
Arpent des eaux et forêts.........	5,107	19
Perche des eaux et forêts.........	51	07
Journal*.........	1,514	34

Arpenteur, *s. m.* — Autrefois il y avait, en France, une charge de *grand maitre* ou *grand arpenteur*. Celui qui en était investi accordait les offices d'*arpenteur* par chaque bailliage, pour lesquels une ordonnance de 1669 exigeait des titulaires un cautionnement de 1,000 livres. Cette charge fut supprimée en 1688.

Arquer, *v. a.* — Courber en arc, rendre courbe un objet quelconque, une pièce de fer, par exemple.

S'arquer : se dit d'une pièce de bois ou de fer qui se déforme, par suite d'une mauvaise exécution ou d'une charge trop grande.

Arrachement, *s. m.* — On fait un *arrachement* quand on enlève et qu'on laisse alternativement des pierres pour faire liaison entre deux murs. On appelle les pierres qui restent les *pierres d'attente* (fig. 250).

Tranchée faite, après coup, dans une ancienne construction, pour former liaison avec les constructions nouvelles auxquelles elle doit se réunir.

Pierres arrachées pour faire place

aux premières retombées d'une voûte ou d'un arc.

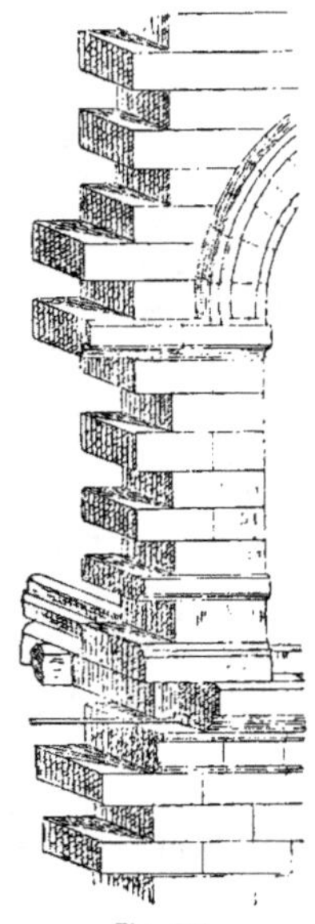

Fig. 250.

Arragonite, *s. m.* — Sorte de marbre formé de carbonate de chaux qui contient quelques centièmes de strontiane, oxyde métallique dans lequel on trouve les agates. La dureté de ce marbre est un peu supérieure à celle de la chaux carbonatée.

On distingue deux variétés principales d'*arragonite* : l'arragonite *fibreux* et l'*arragonite coralloïde*.

Le premier est blanc laiteux ou gris très-clair ; quelques échantillons doivent leur couleur bleuâtre à la présence du carbonate de cuivre ; quelquefois aussi ils ont une légère teinte de vert, analogue à l'aigue-marine.

L'*arragonite coralloïde*, qui se rencontre dans les mines de fer de la Styrie, de la Carinthie, etc., est ainsi nommé parce qu'on en trouve des échantillons dont les fibres ressemblent à des rameaux contournés, imitant assez exactement les branches de certains coraux. Ils sont presque toujours d'un beau blanc de lait satiné. Cette variété a encore reçu la désignation de *flos ferri*, fleur de fer.

On trouve des gisements d'*arragonite* en Espagne, entre les anciens royaumes d'Aragon et de Valence ; dans les Landes, aux environs de Dax, en Auvergne, dans l'Ardèche, dans l'Allier ; en Piémont ; dans le Salsbourg et enfin, comme nous l'avons dit plus haut, en Styrie et en Carinthie.

Ce marbre s'emploie dans la décoration architecturale, et la peinture d'imitation y trouve aussi de précieuses ressources.

Arrangement, *s. m.* — Les fumistes désignent ainsi l'opération qui consiste à rétrécir un foyer de cheminée.

On se sert, pour cet objet, de plaques en fonte et de briques apparentes ou de plaques en fonte seulement.

Arrêt, *s. m.* — Objet servant à circonscrire le mouvement d'une ferrure, d'un vantail de porte ou de persienne.

L'*arrêt* d'un pène est un petit talon qui entre dans l'encoche du pène et sert à limiter sa course (voy. *Serrure*).

Les *arrêts* de portes affectent différentes formes : il en est qui sont de simples *crochets* (voy. ce mot). Nous donnons (fig. 251) un exemple d'*arrêt* de grille, contre lequel vient buter le

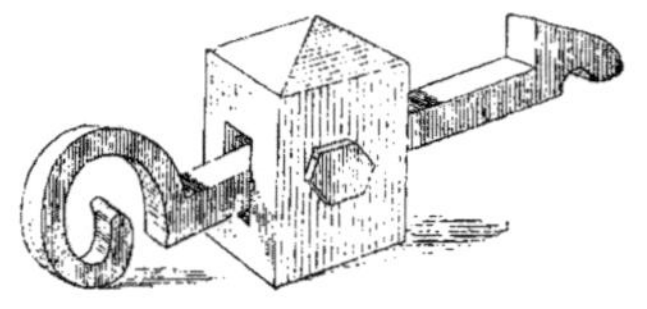

Fig. 251.

vantail en s'ouvrant. Cet arrêt se compose d'un bloc de fonte, dans lequel manœuvre une bascule en fer forgé. Il est d'autres *arrêts* de portes qu'on ap-

pelle plus spécialement *butoirs* (voy. ce mot).

Les *arrêts* de *persiennes* sont de différentes sortes ; les principaux types employés sont :

1° L'*arrêt à broche :* c'est une patte de fer à pointe ou à scellement qui correspond à une ouverture quadrangulaire pratiquée dans la persienne et fait saillie

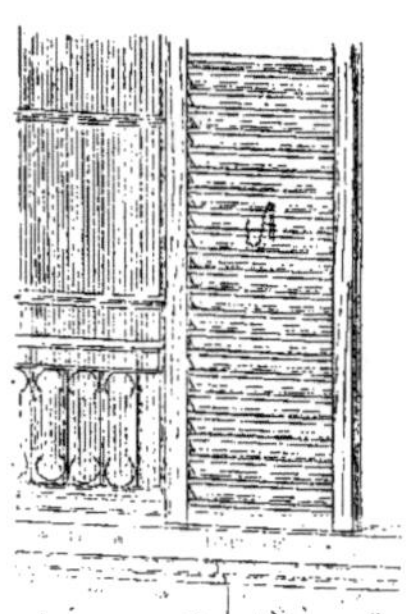

Fig. 252.

sur celle-ci quand elle est appliquée contre le mur (fig. 252). Cette patte est munie d'un œil, dans lequel on introduit une clavette attachée à la persienne

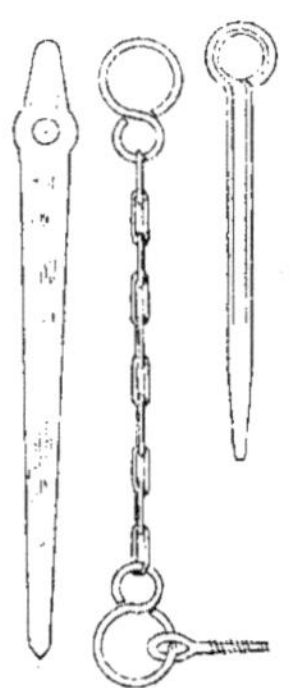

Fig. 253.

par un petit bout de chaîne ; la figure 253 présente le détail de ces trois pièces au 1/3 d'exécution.

2° L'*arrêt à bascule*, formé d'une patte à scellement avec tête en fonte ; la figure 254 donne un *arrêt* de ce genre.

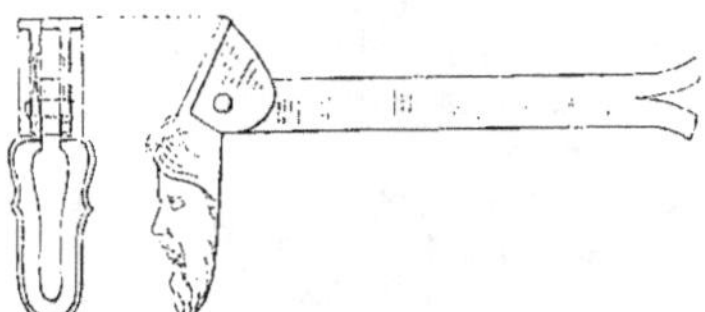

Fig. 254.

dit *à tête de turc* ; il se place au bas de la persienne.

3° Le *tourniquet* (voy. ce mot).

4° L'*arrêt à anneau*, qui est fixé sur une traverse de la persienne, au moyen d'une plaque vissée, et qui bascule autour d'une petite goupille (fig. 255) ; la

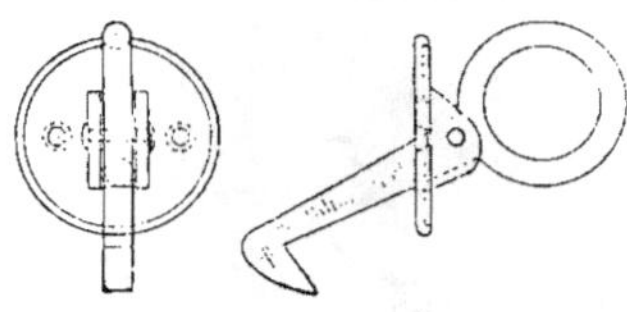

Fig. 255.

pointe accroche un crampon scellé dans le mur.

5° L'*arrêt à paillette*, analogue au précédent, mais dans lequel un ressort, appelé *paillette*, agit sur la tige et la maintient horizontale.

Il y en a de deux sortes : l'*arrêt à*

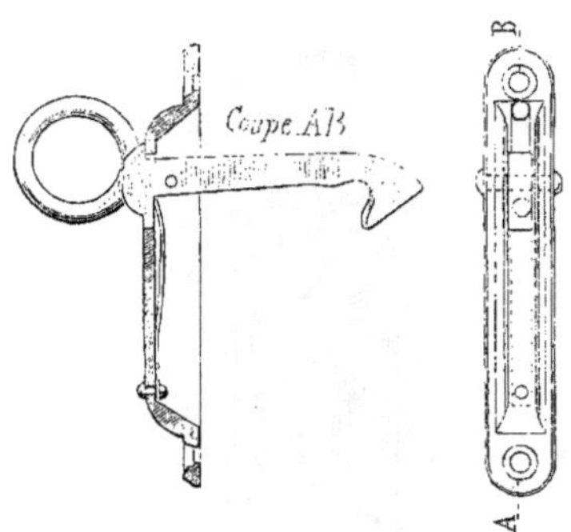

Fig. 256.

paillette avec boite (fig. 256) et l'*arrêt à paillette entaillé* (fig. 257).

6° L'*arrêt à queue de poireau,* ainsi nommé en raison de la forme qu'on

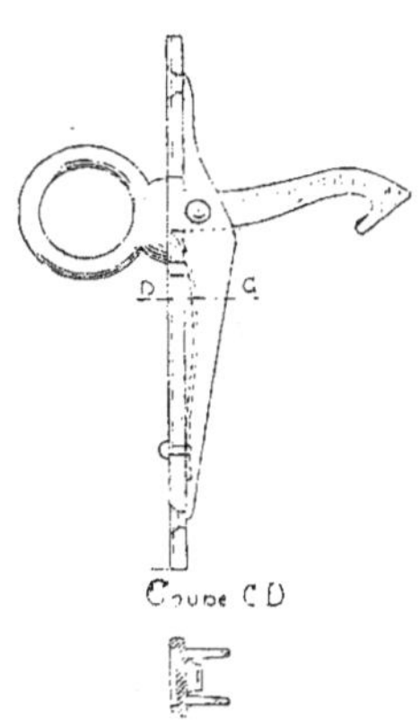

Fig. 257.

donne au levier ; c'est le poids de ce levier qui fixe la pointe de l'*arrêt* dans le crampon.

On donne encore le nom d'*arrêt de persienne* à un crochet fixé au dormant de la fenêtre.

Arrêter, *v. a.* — En général, fixer à demeure.

Arrêter une solive : la sceller avec du plâtre.

Arrêter de la menuiserie : la fixer au moyen de pattes, de crampons, de vis ou de clous.

Arrière-bec. — Voy. *Avant-bec.*

Arrière-chœur, *s. m.* — Emplacement situé derrière le maître-autel et séparé du reste de l'édifice, soit par un voile, soit par une grille ou un mur, pourvus d'ouvertures pour la circulation. Dans l'église d'un couvent, c'est là que se tiennent les religieux.

Arrière-corps, *s. m.* — Toute partie de bâtiment, de maçonnerie, de menuiserie faisant retraite sur une autre.

Arrière-cour, *s. f.* — Petite cour qui sert à éclairer les pièces secondaires d'un appartement, telles que garde-robe, escaliers de service, cabinets de toilette, etc.

Arrière-voussure, *s. f.* — Voûte que l'on construit en arrière d'une porte pour couvrir l'embrasure et faciliter le développement des vantaux.

On en distingue plusieurs espèces :

1° *Arrière-voussure de Marseille :* les tableaux et la feuillure de la porte sont en plein cintre (fig. 258) ; les ébrasements sont surmontés d'une voûte sur-

Fig. 258.

baissée qui se raccorde avec le berceau de la feuillure. La douelle de cette *arrière-voussure* est une surface gauche ainsi engendrée : supposons (fig. 259) une porte percée dans un mur à faces

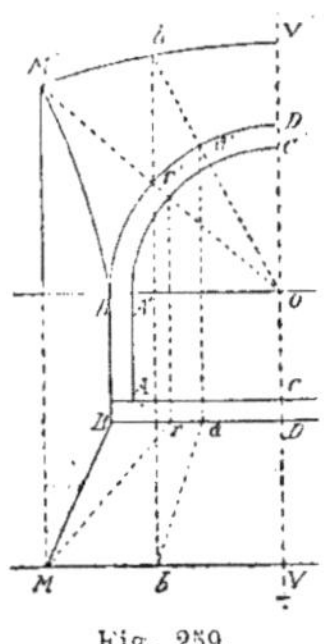

Fig. 259.

parallèles ; soit A′A B M le plan de cette porte ; le tableau et la feuillure, représentés en A A′B, sont couverts par deux berceaux en plein-cintre, qui se projet-

tent en A′C′ et B′D′ sur le plan de tête, pris comme plan vertical. L'ébrasement B M est surmonté d'une voûte composée de deux surfaces gauches engendrées, la première par une droite *a′b′*, *a b*, assujettie à se mouvoir, en rencontrant constamment le cercle M V, M′V′, le cercle B D, B′D′ et l'axe O V ; la seconde par une droite assujettie à rencontrer la courbe B′M′, le cercle B D, B′D′ et l'axe O V. La courbe B′M′ a été choisie, d'après les règles de la géométrie, de façon que les deux surfaces se raccordent sur la génératrice commune *r* M, *r′* M′.

2° L'*arrière-voussure de Montpellier* (fig. 260) ne diffère de l'arrière-vous-

Fig. 260.

sure de Marseille qu'en ce que l'arc M′V′ est remplacé par une droite horizontale.

3° L'*arrière-voussure de Saint-An-*

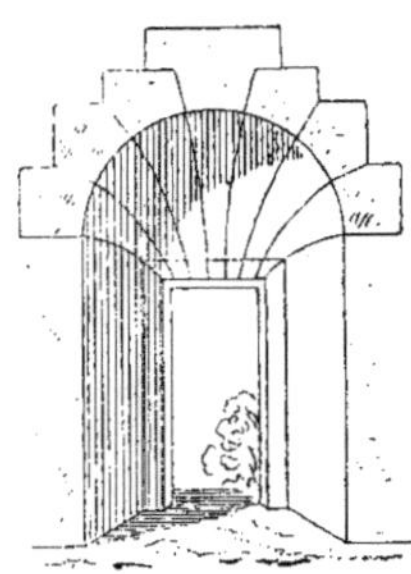

Fig. 261.

toine (fig. 261) n'est pas usitée aujourd'hui. Son nom vient de ce qu'une voûte semblable existait à l'ancienne porte Saint-Antoine, à Paris. Les tableaux et la feuillure sont recouverts par une plate-bande. Supposons (fig. 262) le plan de la porte et la projection verti-

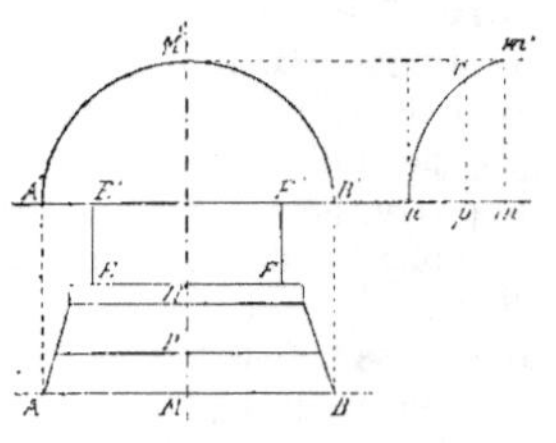

Fig. 262.

cale A′M′B′ du cercle de tête. Imaginons une ellipse $m'n$ dans le plan vertical M N ayant pour axes $mn = $ M N et $m\,m' = $ A M. La surface sera engendrée par une seconde ellipse, se mouvant de façon que son grand axe soit compris entre les ébrasements, et son petit axe, comme $p\,r$, entre M N et la courbe $m'n$: l'ellipse mobile, arrivée à la feuillure, est réduite à une droite.

Arrodoy *(Grès d')*. — Grès siliceux, demi-dur, qui provient des carrières d'*Arrodoy*, commune d'Ipouze, arrondissement de Mauléon.

Cette pierre est à grains fins : sa couleur est rouge brique, quelquefois blanchâtre. Le poids du mètre cube est de 2,620 kilogr. et la charge d'écrasement par centimètre carré, de 880 kilogr.

Arrondissement, *s. m.* — Angle ou arête abattue et arrondie.

Arrosement, arrosage *de la voie publique*. — Les rues des villes sont arrosées en vue de leur assainissement.

Des ordonnances ont été promulguées au sujet de l'arrosage des voies publiques. La dernière, datée du 20 juin 1851, et qui est encore en vigueur, enjoint aux propriétaires ou locataires, pendant tout le temps des chaleurs, de faire arroser, au moins une fois par jour, de

onze heures du matin à trois heures de l'après-midi, la partie de la voie publique qui se trouve au-devant de leurs maisons, boutiques, jardins et autres emplacements. Il est défendu d'employer à cet arrosage l'eau stagnante des ruisseaux.

A Paris, moyennant un abonnement, la direction de la voirie se charge de l'*arrosement* et du balayage de la voie.

Arrosoir, *s. m.* — Les maçons ont souvent à employer l'*arrosoir* à pomme, pour humecter soit les briques, soit les moellons, avant et après leur mise en œuvre.

Les plombiers se servent aussi d'un *arrosoir*, pour arroser le sable de leur moule.

Arsenal, *s. m.* — Ensemble de bâtiments destinés à recevoir et à tenir en réserve les armes et munitions de guerre, les agrès de navires, etc.

On attribue aux Phéniciens la fondation des premiers *arsenaux* maritimes. La ville de Carthage, colonie tyrienne, avait un *arsenal* appelé *Cothon*.

En Grèce, on peut citer, d'après Pausanias, les *arsenaux* de Pellène, des Hermionéens, du Pirée.

Les Romains construisirent des *arsenaux* dans lesquels ils établirent plusieurs divisions : il y avait, dans chacun de ces établissements, l'*officina lastaria*, atelier destiné à la fabrique des armes de jet ; l'*officina scutaria*, pour les boucliers ; l'*officina clibanaria*, pour les cuirasses.

L'empire d'Orient eut également ses *arsenaux*, notamment celui de la Corne-d'Or, près de l'ancien port de Byzance, et un autre beaucoup plus important sur la Propontide.

Au moyen âge, il n'y avait pas de vastes *arsenaux* de terre ; quelques villes maritimes importantes avaient des ports militaires renfermant des magasins d'armes et d'agrès.

A l'époque de la Renaissance, les *ar-*

senaux reprirent une grande importance ; plus tard, Louis XIV en fit établir dans les principales villes fortifiées.

Aujourd'hui, ces édifices sont également construits dans les enceintes fortifiées ou villes de guerre. On y trouve une cour principale, entourée de hangars pour la grosse artillerie, de salles d'armes et de fourniments, de corps de bâtiments pour l'administration. Dans des cours secondaires, sont disposés des ateliers, tels que fonderies et forges, destinés à la fabrication et à l'entretien des armes de tout genre. La partie la plus éloignée est occupée par les locaux servant à la confection de la poudre et des artifices de toute espèce, avec des magasins de dépôt mis à l'abri de la bombe. La pierre, la maçonnerie et le fer doivent seuls entrer dans la construction de ces établissements, que l'on place, de préférence, à portée des grandes voies de communication.

Les *arsenaux maritimes* sont plus considérables encore que ceux dont nous venons de parler : on y trouve des bâtiments de tout genre, nécessaires à la construction, à l'armement, au désarmement, au radoub, à l'abri et à l'entretien des navires de guerre. Ce sont des forges, des ateliers pour la voilerie, la corderie, la menuiserie, la tonnellerie, la peinture, la sculpture, etc. On y voit, en outre, un parc d'artillerie, une salle d'armes, une manutention et des magasins pour les vivres. Ces établissements contiennent aussi des chantiers, des bassins de construction et de radoub, des casernes pour les troupes, un hôpital et des bâtiments d'administration. L'*arsenal* même tient à une rade et est protégé par des digues et des ouvrages de fortification. On divise ces établissements, suivant leur importance, en *arsenaux de 1re et 2e classe.*

Artelle, *s. f.* — Morceau de bois de chêne dont les plombiers se servent pour verser la soudure dans les joints verticaux d'un réservoir.

Artichaut, *s. m.* — Sorte de chardon de fer qui se met aux pilastres de grilles, aux barrières, pour empêcher de les escalader (voy. *Chardon*).

Arudy *(Pierre marbre d').* — Calcaire compacte cristallin, extrait de la carrière de Bignalat, commune d'*Arudy*, arrondissement d'Oloron.

Cette pierre, de couleur noirâtre, tachetée de blanc et de gris foncé, susceptible de poli, est exploitée comme marbre. Elle pèse 2,730 kilogr. le mètre cube et s'écrase sous une charge de 1,055 kilogr. par centimètre carré.

On utilise particulièrement la pierre d'*Arudy*, sous le nom de marbre *Sainte-Anne des Pyrénées*.

Ascenseur, *s. m.* — Cage de fer dans laquelle un mécanisme sert à monter et à descendre des personnes ou des fardeaux (voy. *Monte-charge*).

Asile, *s. m.* — On donne ce nom à des établissements de philanthropie où les infirmes, les vieillards, les aliénés, les orphelins trouvent un refuge momentané ou durable (voy. *Hôpital, Hospice*).

On appelle aussi *asile* et, plus particulièrement, *salle d'asile*, un établissement d'éducation destiné à recevoir, pendant le jour, les enfants des deux sexes, que leurs parents, éloignés du logis par le travail quotidien, ne peuvent garder avec eux. Les détails qui suivent se rapportent aux dispositions spéciales adoptées pour ce dernier genre de refuge.

Un *asile* se compose principalement d'une salle des exercices ou *salle d'asile* proprement dite et d'un espace couvert ou *préau*, qui sert aux repas et aux récréations. A ces deux pièces s'ajoutent, suivant l'importance de l'établissement, un vestibule, un parloir, des logements pour les directrices laïques ou congréganistes, avec cuisine, réfectoire, etc.

La figure 263 représente le plan de

l'*asile* Saint-Etienne, contruit à Limoges (Haute-Vienne), par M. Regnault. On voit en *a* le vestibule, en *b* le réfectoire

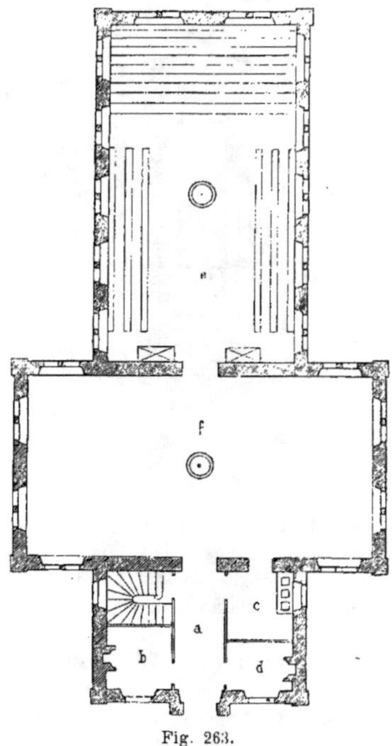

Fig. 263.

des sœurs, en *c* la cuisine et en *d* le cabinet de la supérieure ; en face du vestibule est le préau *f* et, à sa suite, l'*asile e*.

Des règlements administratifs président à la disposition générale de la *salle d'asile* proprement dite. Cette pièce doit être située au rez-de-chaussée, planchéiée et éclairée, autant que possible, des deux côtés par des ouvertures fermées avec des châssis mobiles. Les dimensions de la salle doivent être telles qu'il y ait deux mètres cubes d'air par chaque enfant admis. Des gradins, au nombre de cinq au moins et de dix au plus, doivent occuper l'extrémité de la pièce ; des bancs, fixés au plancher, sont placés dans le reste de la salle,

avec un espace vide au milieu pour les évolutions. Des lieux d'aisances, distincts pour les deux sexes, sont situés à proximité, de façon à être facilement surveillés et doivent être disposés de telle sorte qu'il ne résulte de leur voisinage aucune cause d'insalubrité pour l'*asile*.

A ces différents locaux il est bon d'adjoindre une cour plantée pour les récréations et les repas dans la belle saison et un petit jardin pour la directrice. Remarquons que les diverses parties de la *salle d'asile*, du préau et de la cour plantée doivent être symétriques, pour que les enfants, garçons et filles, puissent être séparés en deux groupes pendant les exercices et pendant les récréations.

Examinons les dispositions particulières affectées à chacune des divisions de l'édifice. Le préau couvert est entouré de bancs fixés au mur et hauts de 20 à 30 centimètres ; le devant peut être plein, et le dessus s'ouvrir à charnières,

Fig. 264.

par parties de 1 mètre à 1^m,50, pour renfermer les paniers des enfants pendant le temps des exercices. Ces bancs sont garnis d'un dossier en lambris (fig. 264), au-dessus duquel sont placés des porte-manteaux. Cette pièce est chauffée par un calorifère installé dans la cave ou par un poële situé au milieu et entouré d'une grille. Les murs sont peints en tons clairs.

La *salle d'asile* a la forme d'un rectangle. L'appui des croisées doit être à 1^m,20 du sol, pour que les châssis s'ouvrent au-dessus de la tête des enfants. La porte unique, donnant sur le préau couvert, doit être vitrée et à deux vantaux. La largeur des gradins qui occupent le fond de la salle est de 0^m,45, et leur hauteur de 0^m,16 au minimum. Il est réservé, au milieu et de chaque côté de ces gradins, un passage destiné à séparer les sexes et à faciliter les mouvements des enfants. Dans ce but, une

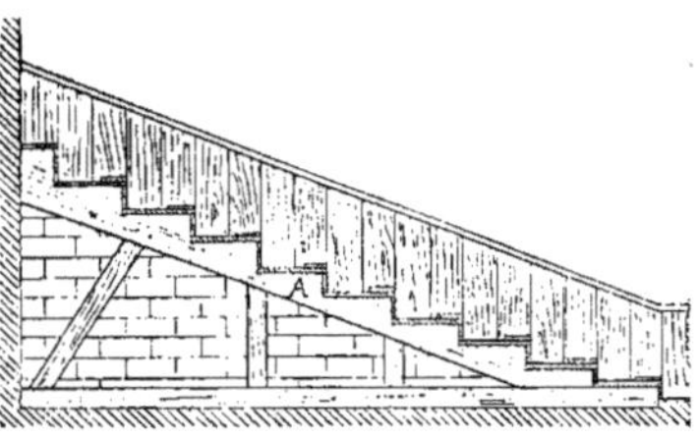

Fig. 265.

disposition ingénieuse, appliquée par M. Lequeux, est la superposition sur chaque degré d'une planche arrondie à ses extrémités (fig. 265). Les gradins sont soutenus par une crémaillère A, renforcée par des poteaux et contre-fiches. Un lambris revêt le pourtour. Des lits de repos sont disposés à l'entrée de la salle. Un poële entouré d'une grille comme celui du préau, occupe le centre de la pièce, si celle-ci n'est pas chauffée par un système de calorifère.

Les latrines, séparées du bâtiment par un passage couvert, doivent être divisées (fig. 266) en deux compartiments reliés par un cabinet fermé C pour la directrice. On y dispose un urinoir A pour les garçons, un autre B pour les filles et des sièges D, séparés par des stalles.

Les cabinets et les urinoirs des en-

fants sont pourvus de portes battantes de 1 mètre de hauteur et qui laissent au-dessous d'elles un espace vide ; cette disposition réglementaire permet la sur-

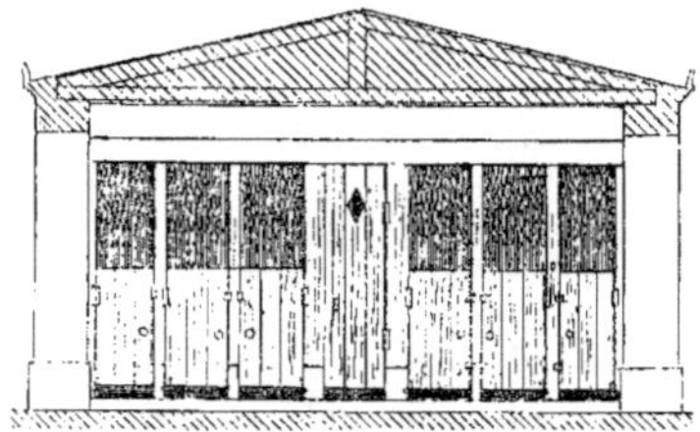

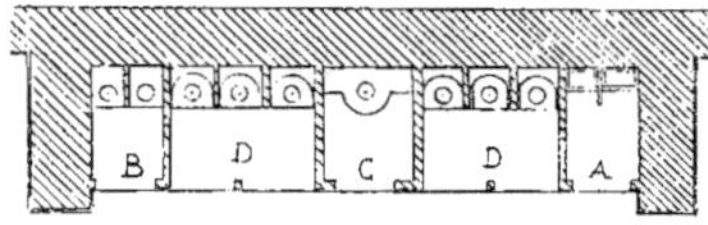

Fig. 266.

veillance en dessus et en dessous. Ces cabinets sont dallés et leurs parois sont enduites au mortier ou revêtues de dalles jusqu'à une certaine hauteur.

Asphalte, *s. m.* — Voy. *Bitume.*

Aspic, *s. m.* — Outil de serrurier en forme de langue d'aspic. Le taillant du foret est souvent disposé de cette façon.

Asseau, *s. m.* — Voy. *Assette.*

Assèchement, *s. m.* — Voy. *Humidité.*

Assemblage, *s. m.* — Nom que l'on donne, dans la construction, aux divers moyens employés pour relier entre elles des pièces de bois ou de fer.

On classe les *assemblages* en trois principaux groupes se rapportant : 1° à la charpente ; 2° à la menuiserie ; 3° aux ouvrages en fer.

Charpente. L'*assemblage* le plus commun est celui à *tenon et mortaise*. Le tenon est une saillie ménagée suivant le fil du bois, à l'extrémité d'une pièce (fig. 267) ; cette saillie est reçue dans une *mortaise* ou entaille pratiquée dans la pièce avec laquelle doit avoir lieu l'*assemblage*. Cette cavité possède, en creux, les dimensions qu'a le tenon en relief. Les deux parties *a b. c d*, séparées par le tenon, se nomment *arasements* et

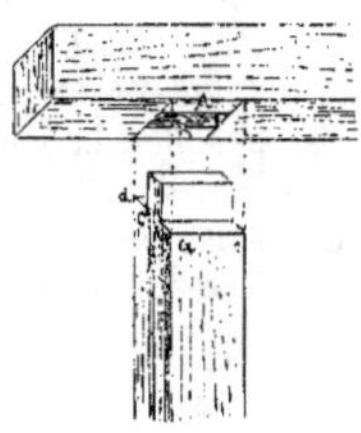

Fig. 267.

forment la surface de joint. On appelle *joues* ou *jouées* de la mortaise les épaisseurs A et B que cette entaille sépare. L'*assemblage* est ordinairement maintenu par une cheville en bois qui traverse de part en part le tenon et les jouées de la mortaise ; le trou percé à cet effet se nomme *enlaçure* (voy. ce mot).

Les *assemblages* se divisent en cinq espèces :

1° *Joints en coupe* ou *à nu*, qui ne sont que des *coupes* différentes faites aux extrémités de pièces fixées à l'aide de clous ou de ferrures. Cette sorte d'*assemblage* comprend : la *coupe-plate*, la *paume* et l'*embrèvement* (voy. ces mots).

2° *Assemblages à tenons et mortaises*, proprement dits *joints d'assemblage*, dont le type, représenté par la figure précédente est celui qu'on emploie généralement pour deux pièces se rencontrant à angle droit. Cet *assemblage* est pourvu d'un *renfort*, quand la pièce qui porte le tenon est chargée d'un poids qui tend à faire rompre ce tenon sur sa largeur. On distingue : le *renfort en chaperon*, comme en porte la pièce A

(fig. 268), prisme triangulaire ajouté au-dessous du tenon ; le *mordâne* en B, renfort qui est d'une exécution plus facile. mais qui affaiblit davantage le bois

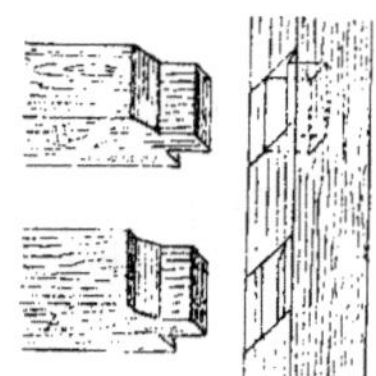

Fig. 268.

qui porte la mortaise. Autrefois, on se servait du *renfort carré* qui est d'un travail plus dispendieux (fig. 269). Quand

Fig. 269.

les pièces se rencontrent obliquement, on abat l'angle aigu du tenon, pour n'avoir pas à refouiller la mortaise et pour faciliter la pose ; dans ce cas, le tenon est dit en *about* (voy. ce mot).

Lorsque deux morceaux de bois se rencontrent carrément ou obliquement, il peut arriver que la pièce qui porte la mortaise soit délardée A (fig. 270), ou déversée B, par rapport à l'autre ; le

Fig. 270.

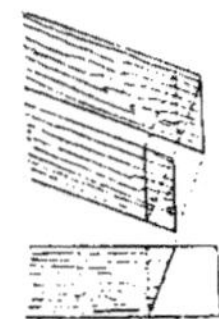

Fig. 271.

joint est dit alors en *fausse coupe*, et l'on distingue : la *fausse coupe simple*, dans laquelle les bois se réunissent à angle droit, comme dans la figure 270 ; et la *fausse coupe biaise* ou *coupe d'empanon*, où les bois sont obliques (fig. 271). Le déversement de la pièce qui porte la mortaise peut nécessiter une *double fausse coupe* du *joint en barbe* (voy. *Barbe*).

La classe des *joints d'assemblage* comprend encore les *assemblages* à *onglet* ou d'*onglet*, dans lesquels les deux morceaux de bois, réunis en potence, ont leurs surfaces de joints coupées en diagonale sur la largeur du bois (voy. *Onglet*).

3° *Assemblages longitudinaux*, dans lesquels les bois sont appliqués les uns contre les autres, sur toute leur longueur. On les divise en : *joint plat* A (fig. 272), réunion de deux pièces dressées sur leur longueur et simplement juxtaposées ; *assemblage à rainure et*

Fig. 272.

languette, où une rainure, pratiquée sur l'une des faces, reçoit une languette ménagée sur l'autre, comme on le voit en B ; souvent, on ouvre des rainures dans les deux faces, et on loge dans la cavité un morceau de bois dit *fausse languette* (voy. *Languette*).

Dans cette catégorie d'*assemblages* se placent aussi le joint *à clef*, le joint *refeuillé*, l'*emboîture* (voy. ces mots). Sou-

Fig. 273.

vent on réunit les pièces juxtaposées au moyen de brides ou de boulons, soit à joints plats (fig. 273), soit avec des clefs

(fig. 274), ou des entailles qui empêchent le glissement.

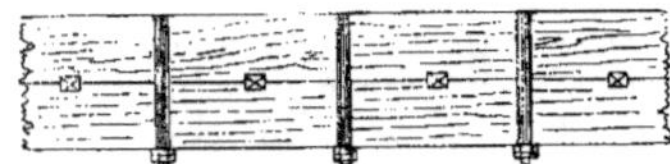

Fig. 274.

4° *Assemblages bout à bout*, appelés aussi *entures* et qui servent à relier plusieurs morceaux de bois dans le sens de leur longueur. Cette classe comprend : le joint de *bout simple*, à *tenon et mortaise* (fig. 275), le *sifflet*, la *paume*, l'*assemblage à queue d'aronde* (voy. ces mots), l'*enture à clef* ou *trait de Jupiter*, qui est le système le plus efficace

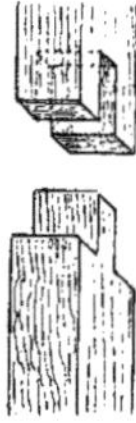

Fig. 275.

pour la réunion de deux pièces soumises à un effort de traction dans le sens de leur longueur (voy. *Jupiter*), enfin, le joint à *crochet* et l'*enture à enfourchement* (voy. ces mots).

5° *Assemblages à entailles*, qui servent à réunir des bois qui se croisent à angle droit ou obliquement. On y comprend :

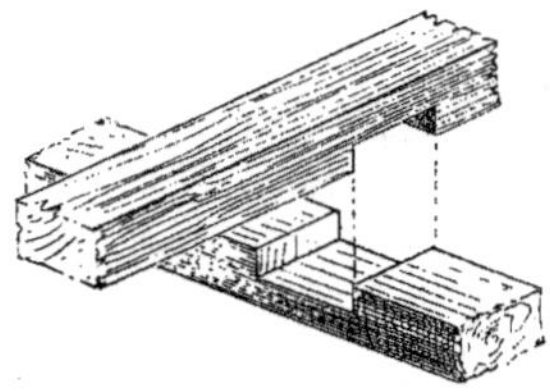

Fig. 276.

l'*entaille simple*, où les bois s'affleurent en se croisant (fig. 276), et qui se fait généralement à mi-bois, pouvant affecter la forme en *queue d'aronde* (voy. *Aronde*), la *moise*, la *trave* et la *gargouille* (voy. ces mots).

Les pièces de bois courbes s'assemblent de la même manière que les pièces de bois droites, soit à tenon et enfourchement, soit à entailles ou à trait de Jupiter.

Menuiserie. Les *assemblages* à tenons et mortaises, à rainures et languettes, à queue d'aronde, à trait de Jupiter, s'emploient aussi en menuiserie ; mais l'*emboîture* et les joints d'*onglet* (voy. ces mots) sont particulièrement utilisés.

Ouvrages en fer. Les *assemblages* des pièces métalliques varient suivant la nature des matériaux qu'il faut réunir et suivant les positions qu'ils doivent occuper les uns par rapport aux autres.

1° *Assemblages en fer forgé.* Les fers *forgés* et les fers *laminés* peuvent se souder ensemble, s'il s'agit de pièces de petite portée ; autrement, il faut employer diverses combinaisons. La plus simple est la réunion de deux pièces par un tenon vissé dans l'extrémité taraudée de l'une de ces pièces et entrant dans une mortaise pratiquée dans l'autre pièce : une goupille qui traverse le tenon fixe cet *assemblage.*

Les pièces soumises à la traction se réunissent au moyen de *charnières*, de *traits de Jupiter* avec *brides, fourrures* (voy. ces mots). Si l'on veut rapprocher ou éloigner les fers assemblés, on se sert, soit d'une boucle avec écrou, se vissant sur deux tiges taraudées et pou-

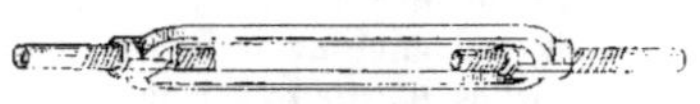

Fig. 277.

vant tourner de façon à les éloigner ou à les rapprocher (fig. 277), soit d'un

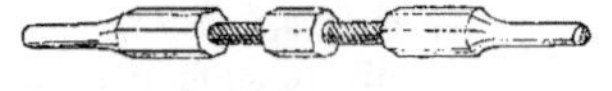

Fig. 278.

verrin ou boulon à deux tiges taraudées en sens inverse et pénétrant dans des

renflements faits aux extrémités des pièces (fig. 278). S'il faut laisser un pas-

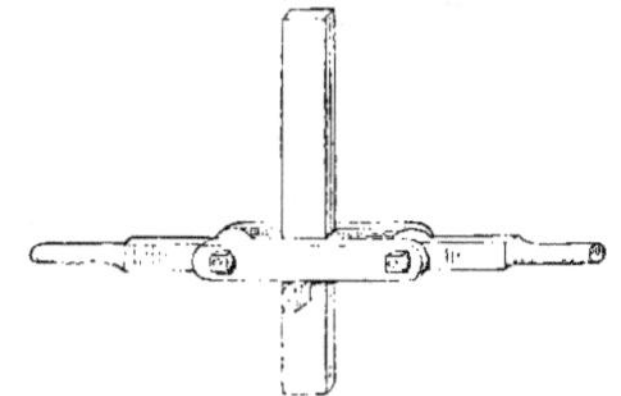

Fig. 279.

sage pour une pièce verticale, on emploie une fourrure avec boulons (fig. 279).

Dans le cas de suspension d'une pièce horizontale par une pièce verticale, comme celle d'un tirant par un poinçon, des brides boulonnées sur le poinçon

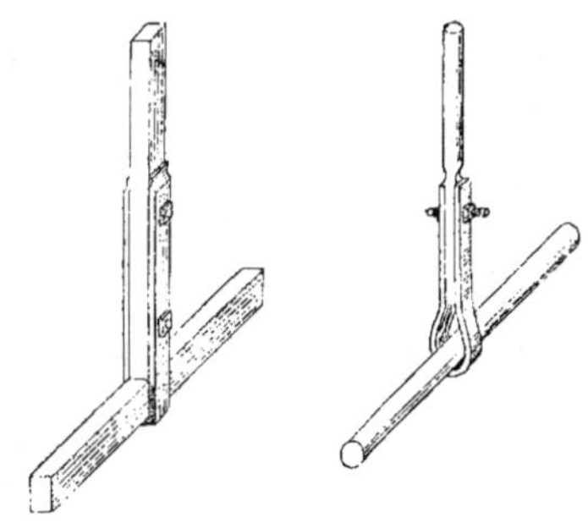

Fig. 280. Fig. 281.

supportent la pièce horizontale (fig. 280 et 281). Si la pièce verticale doit se prolonger, on met une clavette sous la fourrure, pour soutenir le tirant, comme le montre la figure 279.

Deux pièces horizontales sur une

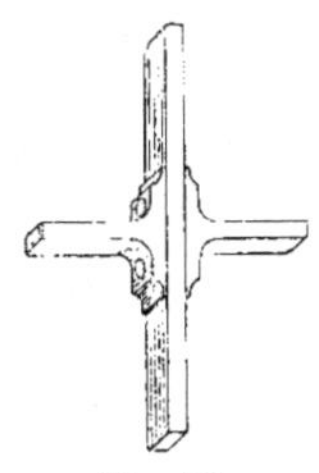

Fig. 282.

pièce verticale sont souvent reliées par

des empatements boulonnés (fig. 282).

Les *entures* se font de la manière suivante : on taraude les pièces dans la

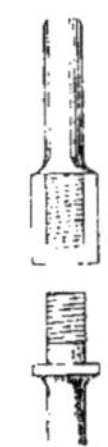

Fig. 283.

longueur de l'*assemblage* ; celle qui est reçue porte un collier qui donne plus de surface qu'au contact des fers (fig. 283).

Les assemblages des pièces inclinées se font au moyen de *colliers*, de *boîtes*, de *sabots*, etc. (voy. ces mots).

2° Les pièces *laminées*, telles que *cornières* et *fers à* T, s'assemblent à l'aide d'*équerres*, de *rivets*, de *boulons* (voy. *Fers, Cornières*).

3° Les *assemblages* des feuilles de tôle se font au moyen de *cornières*, de *couvre-joints*, de *rivets*, etc. (voy. *Tôle*).

4° *Assemblages des fontes*. Les fontes s'assemblent, pour de petites pièces, comme panneaux de balcons, grilles, etc., à l'aide de petits *goujons* en fer forgé ; pour les grosses pièces, on emploie les boulons, en ménageant des portées ou empatements aux points où ont lieu les efforts de pression et de tension.

MAÇONNERIE. Certaines combinaisons d'*assemblage* ont été employées pour relier entre elles les pierres, dans la construction des murs (voy. *Appareil, Aronde, Agrafe, Armature*).

Assette, *s. f.* — Marteau de couvreur ayant, d'un côté une tête et, de l'autre, un tranchant large de 5 à 6 centimètres et un peu recourbé vers le manche.

Les couvreurs s'en servent pour dres-

ser, couper et clouer les lattes et les ardoises (fig. 284).

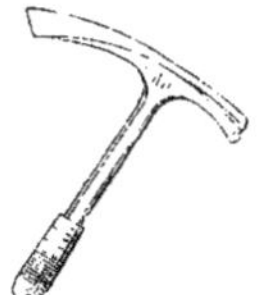

Fig. 284.

On dit encore *asseau, aissette*.

Assiette, *s. f.* — Façon dont un corps est posé pour qu'il soit ferme et stable : on dit l'*assiette* d'une poutre.

Assiette d'un bâtiment : terrain, emplacement qu'il occupe.

PAVAGE. Face d'un pavé posée sur la forme.

DORURE. Le terme *coucher d'assiette* indique l'une des opérations de la dorure en détrempe. On y procède après le *dégraissage* (voy. ce mot).

L'*assiette* est une terre bolaire, ocreuse, rouge, renfermant beaucoup de sulfate de fer. On la prépare en y ajoutant de la mine de plomb et de la sanguine, dans les proportions suivantes :

500 grammes de bol d'Arménie,
 60   »   mine de plomb,
 60   »   sanguine.

Ces substances sont broyées séparément à l'eau de rivière, puis mélangées, et rebroyées avec quelques gouttes de bonne huile. On dispose la matière en pains, que l'on fait dissoudre dans l'eau ; bien délayée, on la prépare à la colle fortement étendue d'eau. Cette préparation doit être tenue au frais. On donne trois couches d'*assiette* sur les parties que l'on veut brunir et sur celles qui doivent rester mates (1).

Assise, *s. f.* — Rang de pierres, de moellons ou de briques de même hauteur, posé de niveau ou en rampant.

Assise de parpaing : celle dont les

(1) Th. Château, *Technologie du Bâtiment.*

pierres ont toute l'épaisseur du mur et qui a deux parements ; on en met sous les murs d'*échiffre*, sous les cloisons et

Fig. 285.

les pans de bois, au rez-de-chaussée (fig. 285). Ces sortes de soubassements se font quelquefois en briques.

Assises de revêtement : celles qui n'ont qu'un parement et servent à retenir des terres.

Assises réglées : celles qui ont toutes la même dimension (voy. *Appareil*).

Assise de retraite : premier rang d'assise formant l'empatement d'un mur au rez-de-chaussée.

Rang de pierres en empatement ou retraite sous un mur, à la retombée d'une voûte, sous un pilier, sous une pile.

Assise de *retombée* (voy. *Retombée*).

id. d'*extrados* (voy. *Extrados*).

id. en *besace* (voy. *Besace*).

id. *boutisse* (voy. *Boutisse*).

id. de *bahut* (voy. *Bahut*).

id. de *corbeau* avec *encorbellement* (voy. *Corbeau* et *Encorbellement*).

Assommoir, *s. m.* — Mot que l'on employait, au moyen âge, dans le même sens que *machicoulis* et *moucharaby*.

Asson (*Dalles d'*). — Grès calcarifère, dur, gris-bleuâtre, que l'on tire des carrières de Pabine, commune d'*Asson*, arrondissement de Pau.

Cette pierre porte une hauteur d'assise de 0ᵐ,10 à 0ᵐ,60. Elle a été employée au pavage des rues de Pau.

Assouchement, *s. m.* — On désigne ainsi l'ensemble des pierres qui forment la base du triangle dans un fronton. Ces pierres sont généralement de grande dimension.

Assurance, *s. f.* — Contrat appelé *police*, par lequel l'*assureur* s'engage, moyennant une *prime* ou somme d'argent annuelle donnée par l'*assuré*, à lui payer la valeur d'une certaine propriété, si elle venait à être détruite par quelque cause fortuite et involontaire.

Tout sinistre provenant du fait de l'assuré n'est pas à la charge de l'*assureur*, mais ce dernier doit en faire la preuve.

Pour les *assurances* contre l'incendie des édifices, la valeur des primes est subordonnée au mode de construction (si ces édifices sont bâtis en bois ou en pierre, couverts en chaume ou en ardoise) et à leur destination (si ce sont des habitations ou des fabriques). Les assureurs ne paient que la valeur du bâtiment au moment du sinistre. Les compagnies ne répondent pas des incendies occasionnés par guerre, invasion, émeute populaire, volcans, trombes, tremblements de terre, ni des explosions de gaz ou de poudre qui n'ont point allumé d'incendie.

Les entrepreneurs sont responsables des accidents qui atteignent leurs ouvriers, employés ou gens à gages, ou qui sont causés par ces derniers à des tiers, dans l'exécution de leurs travaux. La responsabilité civile qui leur incombe est garantie par des compagnies d'*assurances* à primes fixes, en vertu de *polices* souscrites par les assurés. L'*assurance* est ordinairement *collective* et la prime, payée au moyen d'une caisse alimentée : 1° par des retenues faites sur le traitement ou salaire de chaque employé, pour sa part contributive au paiement de la prime ; 2° par des versements de l'entreprise, pour la part qui la concerne. La retenue est obligatoire pour tous les employés commissionnés et en régie, et pour les ouvriers payés à la journée. L'entreprise, de son côté, verse, chaque mois, à ses frais, une somme égale au complément de la prime totale d'*assurance*.

Cette prime est calculée d'après les heures de travail et suivant les déclarations mensuelles de l'entrepreneur, conformes aux feuilles de paie ; le règlement de ladite prime a lieu le 1ᵉʳ de chaque mois, d'après un état mensuel constatant le nombre de journées de travail fourni ou d'ouvriers employés dans le courant du mois précédent, et sur justification du livre de paie et du registre des ouvriers. A cet effet, le souscripteur est tenu d'inscrire régulièrement sur la feuille de paie, les noms, prénoms, âge et profession de tous les ouvriers compris dans l'*assurance*. Les fonds recueillis par la caisse sont versés mensuellement à la compagnie, pour servir au paiement des indemnités convenues en cas d'accidents et qui se décomposent ainsi :

1° Tout ouvrier ou employé blessé pendant la durée de son service ou de son travail, qu'il soit occupé dans les ateliers, les chantiers ou ailleurs, pour le compte de l'entreprise, reçoit par jour, pendant la durée de son incapacité temporaire de cinq jours au moins à quatre-vingt-dix jours au plus, une indemnité qui est, en général, à Paris, de 2 fr. 50. En tout cas, cette allocation ne peut dépasser le salaire.

2° Tout accident entraînant une incapacité permanente de travail donne droit, en faveur de la victime, à une rente viagère dont le service est garanti par l'actif social ou à une indemnité fixe de plusieurs annuités de ladite rente, au choix du sinistré.

3° En cas de mort survenue dans les trois mois de l'accident, un capital est octroyé à la veuve ou aux orphelins. Le sinistré étant célibataire ou soutien de famille, cette indemnité est versée à ses héritiers ou ayant-droit.

L'*assurance* cesse d'avoir son effet pour tout employé ou ouvrier renvoyé des travaux ou les quittant volontairement. La caisse d'*assurances* est gérée par les chefs de l'entreprise ou par leurs agents délégués. Les formalités à remplir envers la compagnie, dans le cas d'un accident, sont les suivantes : dans un délai de 48 heures, il doit être adressé à la compagnie une déclaration (formule fournie par la compagnie), signée de deux témoins constatant l'époque et la nature de l'accident, ses causes connues ou présumées, ainsi que toutes les circonstances qui l'ont accompagné. En cas de mort, il sera joint à la déclaration l'acte de décès de l'assuré. Le souscripteur, l'assuré ou ses ayant-droit sont tenus de recourir immédiatement à un chirurgien ou à un médecin pour obtenir les soins indispensables. Les compagnies se réservent le droit de faire visiter par un médecin ou toute autre personne déléguée ; et, en outre, de faire visiter les chantiers par un employé de leur choix, pour vérifier si l'on y prend les mesures de précaution et de sécurité prescrites par les lois, l'usage et la prudence.

Assyrienne et **babylonienne** (*Architecture*). — Les notions que l'on possède aujourd'hui sur l'art *assyrien* sont dues à des découvertes toutes récentes. Les fouilles exécutées en 1843, à Khorsabad, par M. Botta, consul de France à Mossoul, et, en 1845, à Calah ou Nimroud, par l'Anglais Layard, ont mis au jour des monuments, temples et palais, enfouis depuis des siècles.

Le principal caractère de cette architecture est l'emploi de matériaux factices, tels que la terre cuite et le pisé séché au soleil. Ainsi, les palais de Ninive ont leurs murs construits en pisé de plusieurs mètres d'épaisseur et revêtus soit de dalles de marbre sculptées, soit d'un enduit en plâtre. Les sujets de ces bas-reliefs sont primitivement empruntés à la religion, à la puissance royale, à la guerre ou à la chasse. On ne trouve de ces sculptures que dans les salles de ces édifices destinées aux réceptions officielles ; l'habitation proprement dite (*harem* et ses dépendances) en est dépourvue. Les portes sont ornées de taureaux ailés ; les autres issues sont accompagnées d'un couloir formé de lions et de lionnes posés parallèlement ; quelques obélisques couverts d'inscriptions ont aussi été retrouvés. La sculpture de la période qui a précédé la ruine de Ninive représente, outre les motifs choisis dans la vie guerrière, des scènes de la vie privée.

Le mode de couverture employé devait être la voûte et le plafond en bois ; on a reconnu l'emploi de l'arc aigu, du plein-cintre, et même de la coupole. Les salles semblent avoir reçu le jour d'en haut par une galerie de fenêtres. Certaines pièces étaient sans toit.

La brique vernissée était en usage pour la décoration extérieure, et les façades principales étaient revêtues de plaques de marbre.

A côté de l'art *assyrien* se développait l'*architecture babylonienne,* qui présente beaucoup d'analogie avec les constructions de Ninive. Les briques, réunies par un ciment bitumineux, remplacent le pisé. Les pièces non couvertes sont plus nombreuses ; et l'usage de la brique vernissée, plus fréquent, est appliqué même à l'exécution de bas-reliefs.

Les écrits anciens nous montrent quel degré avait atteint la civilisation *babylonienne* : la description de Babylone nous présente une ville entourée d'une épaisse muraille, flanquée de tours et percée de portes d'airain. Le tracé des rues était régulier ; un pont en pierres et un tunnel en briques réunissaient les deux rives de l'Euphrate. Les monuments sont, en général, des constructions à étages en retraite les uns au-dessus des autres. Des canaux et des réservoirs, établis en dehors de la ville, permettaient de répandre l'eau dans les campagnes.

Astragale, *s. m.* — Moulure A placée, sur une colonne, entre le fût et le chapiteau (fig. 286).

Fig. 286.

Dans les plus anciens édifices, les *astragales* étaient ordinairement laissés tout lisses et sans ornements. Les plus petits seuls, ceux, par exemple, qui sont au-dessous des faces de l'architrave et des chambranles, étaient taillés en grains ronds ou oblongs, comme des perles et des olives.

Les colonnes d'ordre dorique grec n'ont point d'*astragale ;* le chapiteau est séparé de la colonne par plusieurs petits filets auxquels on a donné le nom d'*annelets.*

L'ordre corinthien du monument de Lysicrates n'en possède pas non plus. Il semble que les colonnes des ordres romains primitifs étaient également dépourvues d'*astragales.*

Les architectes du moyen âge firent de cette moulure un membre du chapiteau.

Actuellement, la partie supérieure des fûts, dans les ordres, est terminée par un *astragale* qui leur appartient et non au chapiteau, à la réserve néanmoins des ordres toscan et dorique ; on évite ainsi l'évidement du chapiteau. Cet astragale se compose d'un tore, d'un filet et d'un cavet.

MENUISERIE. Baguette taillée en demi-rond, avec un filet en dessous ; l'*astragale* est quelquefois rapporté.

SERRURERIE. Bague en cuivre ou en fer, placée sur un barreau de rampe d'escalier.

Atelier, *s. m.* — 1° Lieu où des ouvriers travaillent en commun.

Les *ateliers* à ciel découvert, tels que ceux des tailleurs de pierre, des maçons, se nomment *chantiers*; les chefs d'atelier sont, pour les tailleurs de pierre, l'*appareilleur* ; pour les maçons, le *maître compagnon* ; pour les charpentiers, le *gâcheur* ; pour les peintres, le *preux*.

2° *Atelier de peintre* ou *de sculpteur* : local disposé pour qu'on y puisse exécuter des tableaux ou des statues. Ces sortes d'*ateliers* doivent être vastes, éclairés par le haut et du côté du nord. Ceux des sculpteurs s'établissent à rez-de-chaussée. En général, le jour est donné par une vaste baie sans trumeaux. Les *ateliers* de sculpteurs ont une large

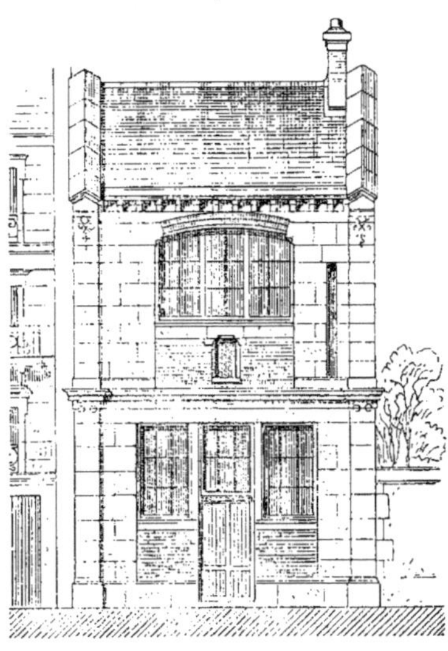

Fig. 287.

porte qui permet l'entrée des blocs de marbre ou de pierre ; on ménage, dans ceux des peintres, une baie longue et étroite qui facilite l'entrée et la sortie des tableaux de grande dimension. La figure 287 représente deux ateliers superposés, l'un de peintre au premier, l'autre de sculpteur au rez-de-chaussée.

Législation. Il existe des règlements de police pour prévenir les incendies dans certains ateliers :

« Dans les ateliers de menuiserie ou « d'ébénisterie et de peinture en décors.

« les forges ou les fourneaux dits *sor-* « *bonnes*, destinés à chauffer les colles, « ne seront établis que sous des hottes « en matériaux incombustibles. L'âtre « sera entouré d'un mur en briques de « 0ᵐ,25 centimètres de hauteur au-des- « sus du foyer, et ce foyer sera disposé « de manière à être clos, pendant l'ab- « sence des ouvriers, par une fermeture « en tôle. »

(*Ordonnance de police du 11 décembre 1852, art. 21.*)

Athénée, *s. m.* — Ce mot, qui vient du grec Ἀθένη, Minerve, désignait, chez les anciens, certains édifices consacrés à cette déesse, et dans lesquels on étudiait les sciences, les lettres et les arts.

On peut citer, parmi les *Athénées* célèbres, celui que l'empereur Adrien fit construire sur le Capitole, 135 ans après Jésus-Christ, les *Athénées* d'Alexandrie, de Lyon, de Paris, etc.

Ce dernier, qui fut fondé en 1785, par Pilâtre des Roziers, fut successivement appelé *Musée*, *Lycée de Paris*, *Lycée Républicain*.

Atlante, *s. m.* — Mot qui vient d'*Atlas* et qui est employé pour désigner les figures ou demi-figures d'hommes

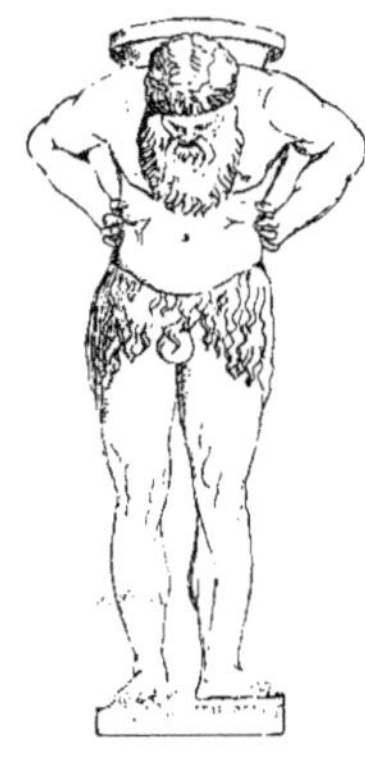

Fig. 288.

(fig. 288) servant de support à une corniche, à un entablement ; les figures de femmes sont appelées *cariatides* (voy. ce mot).

On donne encore aux *atlantes* le nom de *télamons*. Enfin, une troisième dénomination est celle de *persiques*, parce que la ville de Sparte renfermait un portique, dont les soutiens étaient formés par des statues représentant les principaux chefs des Perses, que les Grecs avaient vaincus.

Ce genre de support était particulièrement en usage dans les architectures grecque et romaine. En outre, dans les monuments antiques, les *atlantes* ne sont pas seulement des figures placées debout, on en voit qui sont accroupies,

Fig. 289.

ayant les unes un genou en terre, les autres étant complètement agenouillées. La figure 289 représente un *atlante* avec cette dernière attitude, provenant du petit théâtre de Pompéi, où il était placé aux deux extrémités d'une des précinctions.

On ornait aussi d'*atlantes* les sarcophages, les candélabres et autres meubles ou objets d'art.

L'usage des figures d'hommes, employées pour remplacer des colonnes ou des consoles, s'est continué dans les temps modernes. Parmi les plus beaux exemples que l'on puisse citer, il faut mettre au premier rang l'un des chefs-

Fig. 290.

d'œuvre de Puget, les *atlantes* dont ce sculpteur décora l'hôtel de ville de Toulon. Nous donnons (fig. 290) un dessin perspectif qui représente une vue de l'une de ces figures.

Atre, *s. m.* — Partie de la cheminée où l'on fait le feu, comprise entre les *jambages*, le *contre-cœur* et le *foyer*.

Si la cheminée est au rez-de-chaussée, sans sous-sol, on établit l'*âtre* en briques sur champ, placées au-dessus d'une petite fondation. On le pose sur la *trémie*, espace réservé entre la charpente et les murs, ou bien on le soutient par des barres de fer portant sur les chevêtres, quand la cheminée est à un étage supérieur (fig. 291). Les *jam-*

bages forment les côtés, le contre-cœur

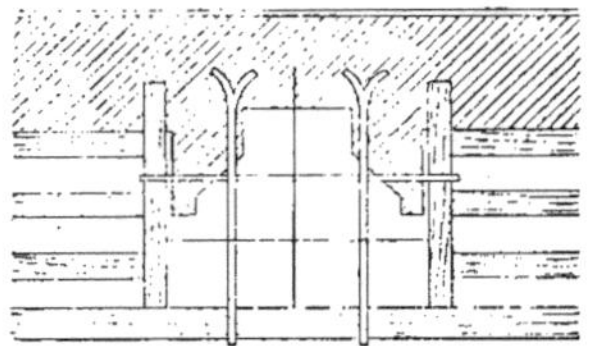

Fig. 291.

fait le fond. On place ces différentes parties à 0ᵐ,25 de toute espèce de bois.

Atre d'un four : partie sur laquelle on fait le feu, que l'on nettoie et où l'on pose le pain (voy. *Four*).

Atre relevé : celui qui, ordinairement, est fait en brique, au-dessus d'un plancher qui n'était pas disposé en conséquence.

Atrium, *s. m.* — Partie de la maison romaine où étaient reçus les visiteurs.

L'*atrium* était une cour environnée de portiques et communiquant avec la rue par un passage. Cette cour était généralement couverte d'un toit ayant au centre une ouverture, dite *compluvium,* par laquelle pénétrait l'eau de pluie, qui était reçue dans un bassin nommé *impluvium.*

L'*atrium* fut, sans doute, l'unique pièce des maisons primitives de l'Italie et resta, dans la suite, la pièce principale de l'habitation. A l'origine, c'est là que non-seulement on recevait les visiteurs, mais encore qu'on préparait le repas ; la famille même se tenait dans cette pièce. Plus tard, lorsque la maison s'agrandit, il y eut des pièces spécialement destinées à la cuisine, aux festins, aux lares ou dieux tutélaires, etc. Toutefois, la première salle, facilement accessible à tous, resta une partie essentielle

et caractéristique de la maison romaine.

Il est probable que l'*atrium* primitif fut couvert d'un toit entièrement fermé ; mais de bonne heure, on adopta le système qui consistait à éclairer cette pièce par une ouverture carrée et recevoir l'eau de pluie dans un bassin. Cette coutume est d'origine étrusque, comme le prouve le nom de *toscan (Tuscanicum)* donné à l'*atrium* qui offrait cette disposition.

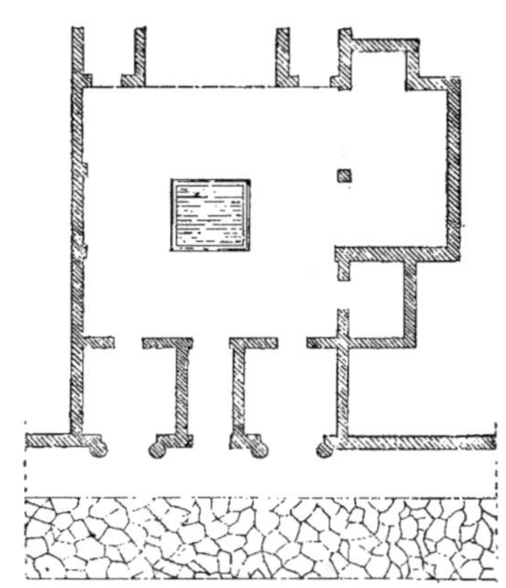

Fig. 292.

Nous donnons (fig. 292) le plan d'un

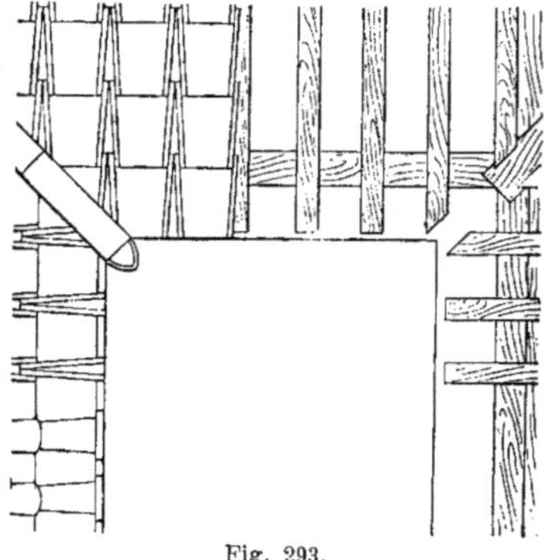

Fig. 293.

atrium toscan. Le compluvium en était

carré et son ouverture était formée par deux fortes poutres parallèles se croisant avec deux autres de plus petite dimension, mortaisées dans les premières. On voit encore dans les murs des maisons de Pompéi, des trous qui indiquent la place où les abouts de ces poutres étaient scellés.

La figure 293 représente, en plan, la disposition de cette charpente et laisse

Fig. 294.

voir, d'un côté, le dessus de la couverture, de l'autre, les chevrons et les noues qui la supportent.

La figure 294, extraite de Mazois, comme la précédente, est une coupe qui montre la pente du toit, les tuiles avec leurs antéfixes et le profil de l'*impluvium*.

Lorsque les habitations romaines de-

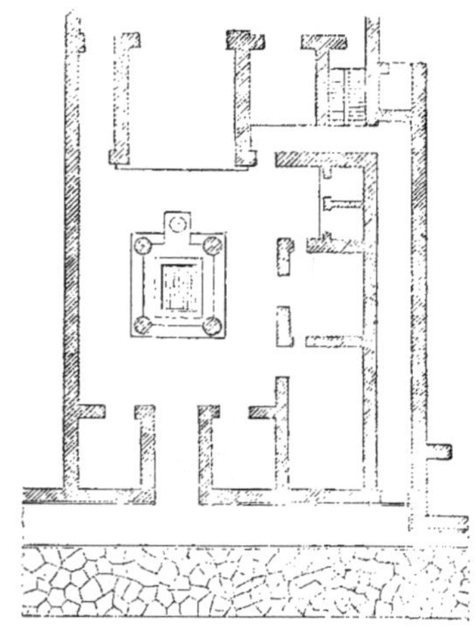

Fig. 293.

vinrent plus luxueuses, l'*atrium* fut orné de colonnes qui supportaient les quatre angles du *compluvium* et, pour cette

Fig. 296.

raison, reçut le nom de *tétrastyle*. Là

figure 295 représente le plan d'un *atrium* tétrastyle. Pour en compléter la description, nous donnons (fig. 296) une coupe sur laquelle on voit deux des quatre colonnes en question, et un impluvium en marbre avec un puits dont la margelle est en pareille matière.

L'*atrium corinthien* était le plus grand et le plus orné ; les colonnes étaient plus nombreuses et placées à distance

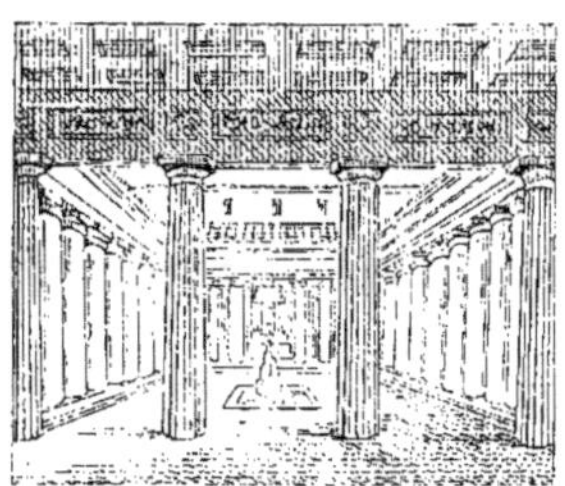

Fig. 297.

de l'*impluvium*. La partie centrale était aussi découverte. Le plafond était soutenu par des poutres disposées à angle droit avec les murs (fig. 297).

Outre les dispositions que nous venons de citer, il y en avait deux autres avec des noms particuliers :

1° L'*atrium displuviatum*, dont le toit était en talus et la pente dans une direction opposée au *compluvium*, au lieu d'incliner vers lui. L'eau n'était plus conduite dans l'impluvium, mais dans les gouttières du dehors.

2° L'*atrium testudiné*, c'est-à-dire en dos de tortue. Il était couvert. On pense qu'il avait deux étages et que le jour venait par des fentes pratiquées dans l'étage supérieur.

L'*atrium* était orné avec toute la richesse que comportaient la destination même de cette pièce et la fortune du propriétaire. Les murs étaient revêtus de marbres et de stucs, ou décorés de peintures, les pavés, de mosaïques, les plafonds, de caissons sculptés, peints et dorés. Les colonnes étaient souvent formées de blocs de marbres précieux. Des

statues des ancêtres ou de personnages célèbres formaient le principal ornement de la salle.

L'entrée du *tablinum* et des *alæ* était cachée par des tentures. Des eaux jaillissant du milieu de l'*impluvium* entretenaient la fraîcheur. A côté de ce bassin on avait aussi coutume de placer des tables carrées de marbre, aux pieds sculptés, et sur lesquelles on déposait de la vaisselle ou des objets précieux.

Dans la basilique chrétienne, on appelait *atrium* la cour, ou parvis entouré de portiques, qui précédait l'édifice. Le centre en était généralement occupé par un bassin où les fidèles faisaient leurs ablutions (voy. *Basilique*).

Attachement, *s. m.* — Note écrite ou figurée d'ouvrages de diverses natures que prennent l'architecte, le métreur ou l'inspecteur, lorsque ces ouvrages, destinés à être cachés, sont encore visibles. Ces notes font foi des travaux au moment du règlement des mémoires ; ainsi, l'on prend *attachement* des fondations enfouies, des longueurs et des grosseurs des bois d'un plancher, avant qu'ils soient recouverts de l'aire et plafonnés, des portions d'enduit avant la peinture, des incrustements en pierre, des reprises de murs, etc. On prend aussi, par *attachement*, l'état des vieux matériaux, de quelque nature qu'ils soient, qu'on donne en compte aux entrepreneurs.

Pour éviter des difficultés, les *attachements* doivent être faits en double : un exemplaire est entre les mains de l'architecte et l'autre reste entre les mains de l'entrepreneur.

Des inscriptions retrouvées dans des monuments anciens nous démontrent que les *attachements* étaient en usage chez les Grecs et les Romains.

Attache, *s. f.* — On donne ce nom aux lignes qui accompagnent les cotes portées sur un plan, et qui indiquent les points extrêmes auxquels elles se rattachent. Ces lignes se font soit à l'encre rouge, soit en lignes ponctuées.

Vitrerie. Les *attaches* sont de petits morceaux de plomb fixant les verges de fer dans les panneaux des vitres.

Chemins de fer. On donne le nom d'*attaches* aux éléments divers employés pour maintenir les rails dans une position déterminée : tels sont les *coussinets, coins, éclisses, selles, chevillettes, boulons* (voy. ces mots).

Attelles, *s. f. pl.* — Morceaux de bois creux que les plombiers placent l'un contre l'autre et dont ils se font un manche pour prendre leurs fers à souder.

Attente *(Pierres d').* — Voy. *Arrachement.*

Atticurge, *adj.* — Terme qui signifie *attique* ou fait à la manière de l'*attique*.

On appelle *porte atticurge* une porte dont l'ouverture se rétrécit de la base

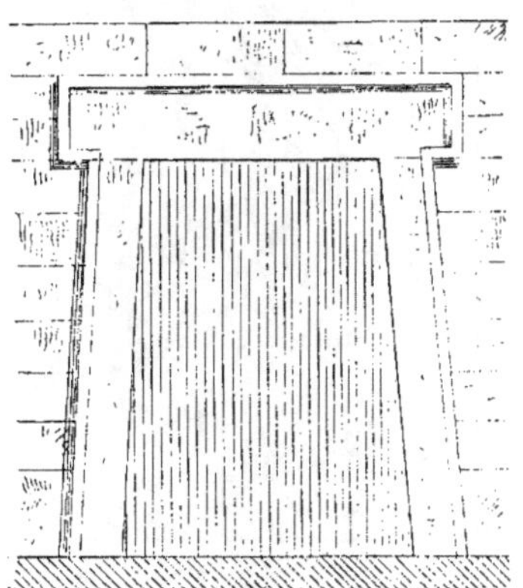

Fig. 298.

au sommet, les jambages étant inclinés l'un vers l'autre (fig. 298). Le même terme s'applique à la base dite *base attique* (voy. *Base*).

Attique, *s. m.* — Étage d'importance secondaire qui termine la partie supérieure d'un édifice et qui est séparé,

par une corniche, du reste de la construction.

Le nom d'*attique* vient de sa proportion, rappelant celle des édifices d'Athènes, qui étaient d'une hauteur médiocre et sur lesquels on ne voyait pas de toit.

On décore généralement cet étage d'un ordre composé de pilastres avec ou sans base, quelquefois même sans chapiteau, et qu'on appelle *ordre attique*. La partie supérieure est, soit un entablement complet, soit une corniche accompagnée ou non d'une architrave. La hauteur de l'*attique* varie ordinairement entre la moitié et les deux tiers de l'ordonnance inférieure.

La figure 299 représente l'*attique* du

Fig. 299.

palais de l'école des Beaux-Arts, à Paris.

On voit que la décoration de cet étage par des pilastres cannelés rappelle l'ornementation de l'étage principal. Le couronnement de l'*attique* est formé d'une corniche précédée d'une architrave et surmontée d'un chéneau sculpté.

Les Romains plaçaient des *attiques* au-dessus des *arcs de triomphe* (voy. *Arc*) ; ils les traitaient toujours fort simplement et y gravaient une inscription commémorative.

Attique continu : celui qui règne, sans interruption, sur le pourtour d'un bâtiment.

Attique interposé : qui est situé entre deux grands étages.

Attique de comble : celui qui est construit en pierre ou en bois revêtu de plomb, et sert de parapet à une terrasse, à une plate-forme.

Attique de cheminée : partie de cheminée revêtue de plâtre, de bois ou de marbre, depuis les chambranles jusqu'au plafond ou à la première corniche. Les *attiques* de cheminée sont souvent ornés de bas-reliefs.

Base attique (voy. *Base*).

Attribut, *s. m.* — Objet emprunté à l'ordre matériel et servant d'emblème, soit pour distinguer un personnage, soit pour accuser la destination d'un édifice.

L'architecture antique faisait usage des *attributs* peints ou sculptés. Les divinités païennes étaient reconnues à leurs *attributs* : à Jupiter on donnait l'aigle, à Neptune le trident. Les temples se distinguaient de même : une lyre dans les métopes indiquait un temple d'Apollon. Les arcs de triomphe étaient ornés de palmes, les cirques de chars attelés, les théâtres de masques.

Dans l'architecture chrétienne on met aux statues ou bas-reliefs représentant des martyrs soit des palmes, soit les instruments de leur supplice ; aux patriarches, aux prophètes on fait tenir des rouleaux ou des livres à la main ; aux grands personnages on donne les objets qui indiquent leur rang, par exemple le sceptre aux souverains.

Les arts ont pour *attributs* : la peinture, une palette, des pinceaux, un appui-main, un chevalet ; la sculpture, un maillet, des ciseaux, un buste ; l'architecture, des règles, des compas, des équerres, un fil à plomb ; la musique, divers instruments avec des rouleaux de

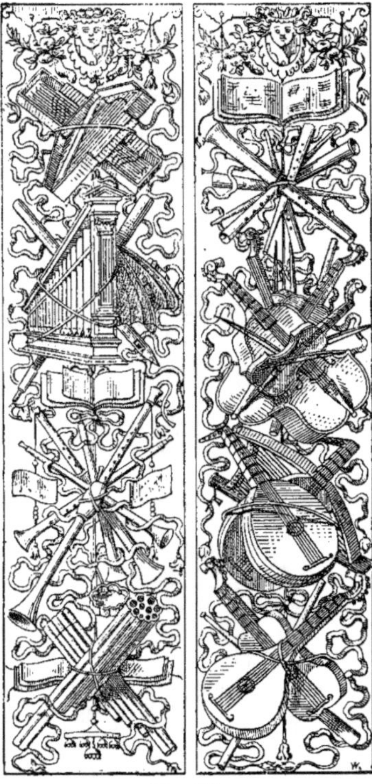

Fig. 300.

papier à musique. Ce sont des panneaux décorés d'*attributs* du dernier de ces arts que représente la figure 300. Ce genre d'ornementation trouve naturellement sa place dans un conservatoire de musique, dans une salle de concerts, etc.

Aube, *s. f.* — Voy. *Roue.*

Auberge, *s. f.* — Maison où les voyageurs trouvent, moyennant rétribution, la table et le logement.

Les Romains appelaient *deversoria* les établissements de ce genre, que ce fussent des auberges publiques *(taberna meritoria)*, ou des locaux dépendant d'une habitation particulière. Aujourd'hui, ce mot, qui ne désigne plus que des maisons de gîte de peu d'importance ou d'un ordre peu relevé, est remplacé par les noms d'*hôtellerie* et d'*hôtel* (voy. ces mots).

Auberon, *s. m.* — Petit crampon à double tenon rivé sur une *auberonnière* (voy. ce mot) et qui entre dans une ouverture de la plaque d'une serrure, pour recevoir le pène.

Auberonnière, *s. f.* — Plaque de fer ou de cuivre qui porte l'*auberon* à

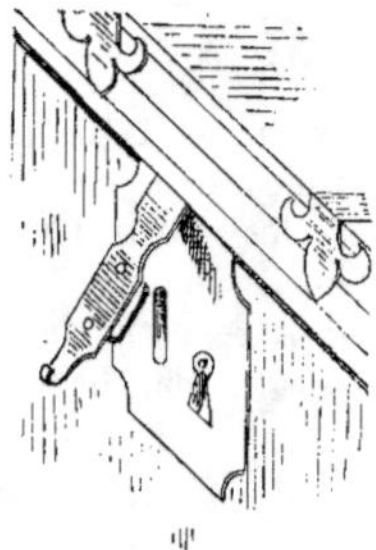

Fig. 301.

une extrémité et dont l'autre extrémité est à charnière (fig. 301).

On appelle aussi *auberonnière* la serrure qui reçoit ce genre de fermeture.

Aubier, *s. m.* — Partie de bois comprise entre le cœur de l'arbre et l'écorce ; l'*aubier* est, en général, blanchâtre, mou, spongieux, et doit être rejeté comme impropre au travail, parce qu'il tombe assez rapidement en poussière.

On appelle *double aubier* un certain défaut des bois, qui se produit lorsqu'une couche d'*aubier* se trouve interposée entre les couches de bois parfait ; ce défaut est attribué à l'action de fortes gelées.

Aubigny *(Liais d')*. — Calcaire dur que l'on tire des carrières d'*Aubigny*, commune de ce nom et de Saint-Pierre-de-Canivet, arrondissement de Falaise.

Cette pierre, de couleur blanche légèrement grisâtre, est propre à la sculpture. Sa hauteur d'assise est de 0ᵐ,45 à 0ᵐ,60. Le mètre cube pèse de 2,400 à 2,460 kilogr. La charge nécessaire pour produire l'écrasement est de 460 à 550 kilogr. par centimètre carré.

Le liais d'Aubigny, très-répandu sur la côte normande, fournit particulièrement des dalles, marches d'escalier, carrelages, etc.

Aucrais *(Pierre des)*. — Calcaire dur, provenant des carrières d'Urville, commune de ce nom, arrondissement de Falaise.

Cette pierre est d'un aspect blanc légèrement jaunâtre, à grains fins ; elle est propre à la sculpture. Sa hauteur d'assise varie de 0ᵐ,35 à 0ᵐ,70. Elle pèse 2,340 kilogr. le mètre cube et s'écrase sous une charge de 450 kilogr. par centimètre carré.

Elle s'emploie spécialement pour marches, perrons, balcons, anges, sculptures pour autels et chapelles d'églises.

Audignon *(Pierre d')*. — Craie dolomitique, dure, extraite de la carrière de Labadie, commune d'*Audignon*, arrondissement de Saint-Sever.

Cette pierre est saccharoïde, blanche, tachetée de rose jaunâtre, propre à la statuaire et à l'ornement, susceptible d'un léger poli. Elle porte 0ᵐ,50 de hauteur d'assise usuelle.

Auditorium. — Nom que les Romains donnaient à tout endroit où les orateurs, les poètes et, en général, les auteurs, donnaient lecture de leurs œuvres, aux salles de cours où les philosophes et les professeurs faisaient leurs leçons, et aux cours de justice où s'entendaient les procès.

Auge, *s. f.* — MAÇONNERIE. 1° Pierre creusée ou rigole en briques revêtues de ciment, dans laquelle on met l'eau servant à abreuver les animaux d'une ferme.

L'*auge* doit être soutenue par des piliers ou par un massif de maçonnerie, afin que le bord supérieur se trouve à la hauteur convenable, $0^m,80$ pour les chevaux, $0^m,60$ pour les bêtes à cornes,

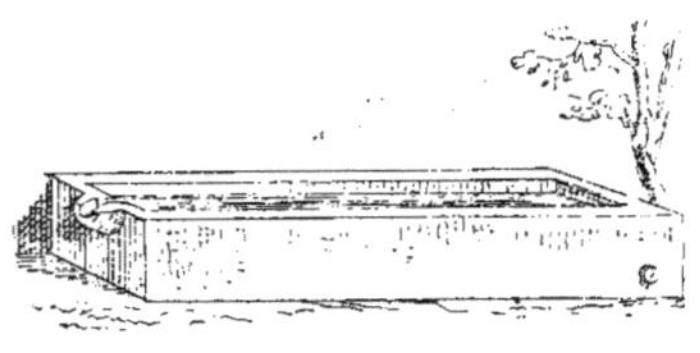

Fig. 302.

$0^m,30$ à $0^m,35$ pour les bêtes à laine. La figure 302 représente une *auge* de cette dernière catégorie reposant directement sur le sol ; le fond de l'*auge* offre une pente légère vers un trou qui sert au nettoyage ; la profondeur est de $0^m,30$ à $0^m,40$, et la largeur, à l'ouverture, de $0^m,60$.

2° Caisse de bois (fig. 303) dont se servent les maçons et les couvreurs pour gâcher le plâtre. L'ouverture de l'*auge*

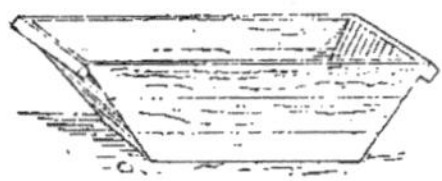

Fig. 303.

a ordinairement $0^m,65$ sur $0^m,40$; cette caisse va en se rétrécissant vers le fond ; le contenu s'appelle *augée*.

Les cimentiers, pour gâcher le ciment, font usage d'une *auge* particulière, de la forme indiquée par la figure 304 ; c'est un coffre rectangulaire en bois qui n'a que trois parois seulement pour faciliter le gâchage et qui a pour dimensions,

1 mètre de long, $0^m,60$ de large et $0^m,20$ de profondeur.

Fig. 304.

VITRERIE. Vaisseau en bois qui sert aux vitriers à préparer le plâtre ou le mortier pour le scellement des panneaux de vitres d'églises. Cette *auge* est munie d'une corde qui sert d'anse, et d'un crochet qui permet de la suspendre à un bâton de l'échelle, sous la main de l'ouvrier.

Auget, *s. m.* — 1° Garnissage en plâtre, de forme carrée ou cintrée, que l'on fait entre les solives d'un plancher pour maintenir le plafond.

Les *augets* A reposent sur un lattis (fig. 305). Dans les planchers en fer, les

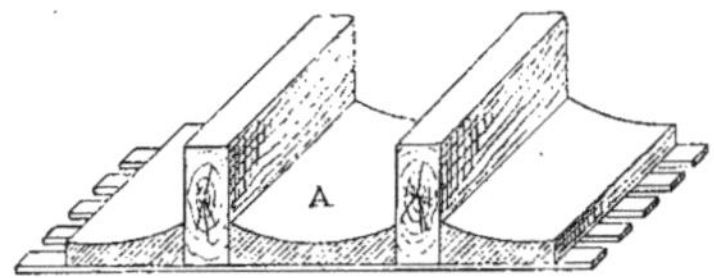

Fig. 305.

remplissages en plâtre sont maintenus par des tringles en fer carré, appelées

Fig. 306.

fantons, posées elles-mêmes sur des entretoises (fig. 306).

Les *augets* se font en plâtre au panier, gâché pur et bien serré ; leur exécution s'opère de deux manières différentes : à la *parisienne* ou à l'*italienne*. Dans le premier procédé, les maçons posent sous les solives un faux plancher, soutenu par un échafaudage provisoire et, au-dessus, coulent le plâtre entre les solives avec la truelle ou en versant l'augée tout entière. Le second système consiste à former l'*auget* après coup, sur un plancher dont les solives sont restées apparentes ; on l'emploie également lorsque, dans une réparation, on veut conserver intact le dessus du plancher ou la couverture d'un comble (voy. *Entrevous*).

2° On donne aussi ce nom aux jouées des massifs de moellonaille dans lesquels sont scellées les lambourdes d'un parquet, lorsque ces jouées sont cintrées. On établit encore des *augets* de ce genre au moyen de petits plâtras et plâtre de chaque côté des lambourdes.

3° Sorte de petit bassin de mortier servant à faire le *coulis*, nécessaire pour sceller ensemble deux pierres de taille. On dit aussi *abreuvoir* (voy. ce mot).

4° On appelle encore *auget* un vase dans lequel les plombiers mettent leur plâtre, quand ils vont poser des tuyaux.

Augignac (*Granit d'*). — Granit commun, très-dur, que l'on extrait de la carrière d'*Augignac*, commune et arrondissement de Nontron.

Cette pierre porte 0ᵐ,50 de hauteur d'assise et pèse 2,600 kilogr. le mètre cube. La charge nécessaire pour produire l'écrasement est de 940 kilogr. par centimètre carré.

Aulne ou **Aune**, *s. m.* — Bois blanc très-léger, qui ne s'emploie pas en charpente, parce qu'il se corrompt trop facilement à l'air, mais qui présente une longue durée sous l'eau : aussi, en fait-on de bons pilotis.

Les menuisiers se servent quelquefois de l'*aulne*, en considération de ce qu'il se fend difficilement et de ce qu'il est susceptible de recevoir le poli.

Sa résistance à l'écrasement est de 480 kilogr., par centimètre cube, pour le bois à l'état ordinaire, et de 489 kilogr., pour le bois très-sec.

Le poids spécifique de ce bois est de 0,543 à 0,800.

Aumes (*Pierre d'*). — Calcaire blanc jaunâtre, coquillier, celluleux, provenant de la carrière de Saint-Aubin, commune d'*Aumes*, arrondissement de Béziers.

Cette pierre a de 0ᵐ.30 à 0ᵐ,50 de hauteur d'assise et pèse de 1,590 à 1,720 kilogr. le mètre cube. Elle s'écrase sous une charge de 40 à 75 kilogr. par centimètre carré.

Aumônerie, *s. f.* — On désignait ainsi, dans les premiers temps du moyen âge, des établissements hospitaliers desservis par des moines et dans lesquels étaient reçus et logés les voyageurs.

Les *aumôneries* étaient situées dans le voisinage et en dehors des portes de villes ; elles devinrent, par la suite, des collégiales ou des hôpitaux.

Le même nom fut appliqué, dans les abbayes, à un bâtiment séparé, dans lequel se faisait la distribution des aumônes.

Aumont (*Roche fine d'*). — Calcaire blanchâtre, dur, que l'on tire de la carrière d'*Aumont*, commune de ce nom, arrondissement de Senlis.

Cette pierre porte de 0ᵐ,70 à 0ᵐ,80 de hauteur d'assise. Le poids du mètre cube est de 2,180 à 2,300 kilogr. La charge nécessaire pour produire l'écrasement est de 500 à 600 kilogr. par centimètre carré.

Aurore, *s. f.* — Couleur que l'on compose de jaune de Naples ou de mine orange ou orange mars.

Aussière, *s. f.* — Nom que l'on donne, dans l'industrie du bâtiment, à un cordage ordinaire formé de trois ou quatre torons et auquel on applique, selon son diamètre et d'après son usage, les dénominations suivantes : *ligne* ou *cordeau, cordage à main, troussière, hauban* ou *cordage* proprement dit, *câble, câbleau* ou *câblet* (voy. ces mots).

Autel, *s. m.* — Mot qui vient du latin *altare*, et dont l'étymologie signifie plate-forme élevée. Les *autels* sont des constructions en terre gazonnée, en pierre, en briques ou en marbre, qui servent, chez les différents peuples, à recevoir les offrandes déposées en l'honneur des divinités et les sacrifices commandés par les rites des diverses religions.

Chez les anciens, les *autels* différaient entre eux par leurs usages, par leurs formes, par leurs ornements et par leur situation. Les uns servaient à faire des libations ; les autres étaient destinés à l'usage des sacrifices sanglants ; d'autres enfin, étaient faits pour recevoir les offrandes et les vases sacrés. Ces derniers présentaient, à la partie supérieure, une surface plane, tandis que les premiers étaient creusés en forme de plateau ou de petit bassin. Un grand nombre d'*autels* ne servaient même que pour la représentation ; ils étaient les monuments de la piété de ceux qui les consacraient. Parfois, on en élevait pour conserver la mémoire de quelque grand événement.

Quant à la forme des *autels*, elle était excessivement variée. Les premiers furent composés de terre ou de pierres brutes, comme ceux qu'élevèrent les patriarches et dont parle la Genèse et ceux que les peuples celtiques ont construits, sous les noms de *menhirs* et de *dolmens* (voy. ces mots).

Les *autels* des Egyptiens et des Asiatiques étaient coniques ou cylindriques et posés sur une base formée de pieds de griffons et couverts d'hiéroglyphes ou de caractères cunéiformes. C'étaient généralement des monolithes en granit ou en basalte, évasés à leur partie supérieure et creusés en entonnoir.

Chez les Grecs, la forme des *autels* était triangulaire, quadrangulaire ou cylindrique. Les uns étaient pleins, pour les holocaustes, les autres étaient creux pour les libations. Leurs dimensions étaient restreintes, quelques-uns étaient portatifs. On les faisait généralement en pierre ou en marbre ; mais, au dire de Pausanias, il y en avait aussi en bois ; certains même étaient en métal et offraient l'aspect d'un trépied. Leur hauteur était très-variable ; il y en avait qui n'allaient pas même à la hauteur du genou ; d'autres atteignaient plus de la moitié du corps de ceux qui sacrifiaient.

Les *autels* romains étaient, en général, des piédestaux carrés couverts d'ornements et d'inscriptions. On en mettait dans les maisons pour honorer les dieux domestiques, dans les cirques, dans les théâtres. Les temples en renfermaient ordinairement trois : le premier, situé dans le sanctuaire, au pied de la statue du dieu, et sur lequel on brûlait l'encens et l'on déposait certaines offrandes ; le second, placé à la porte du temple ou sous le péristyle et souvent même en plein air, pour les holocaustes ; le troisième, appelé *anclabris*, et sur lequel on déposait les offrandes et vases sacrés : ce dernier était portatif.

La décoration des *autels* rappelait leur destination ou les cérémonies qui avaient lieu les jours de fête. C'est ainsi que l'on y voyait des têtes de victimes, des patères, des vases et d'autres instruments de sacrifices, mêlés aux guirlandes de fleurs qui paraient les victimes, aux bandelettes et autres accessoires de ce genre. Quelques *autels* étaient décorés d'inscriptions indiquant l'époque de leur consécration, le nom de celui qui les avait élevés, les motifs de cette dévotion et la divinité qui en était l'objet. Les plus beaux et les plus riches étaient ornés de bas-reliefs. Sur plusieurs on voit la représentation de la divinité à laquelle ils étaient consacrés, ou de ses attributs.

Vitruve prétend que les *autels* devaient être tournés vers l'Orient, et il paraît que cette condition était particulièrement observée pour les *autels* de forme carrée, que l'on adossait au piédestal d'une statue.

On appelait *autels taurobotiques* ceux qui servaient aux sacrifices expiatoires

Fig. 307.

offerts à Cybèle. Ils étaient placés audessus d'une fosse recouverte d'une

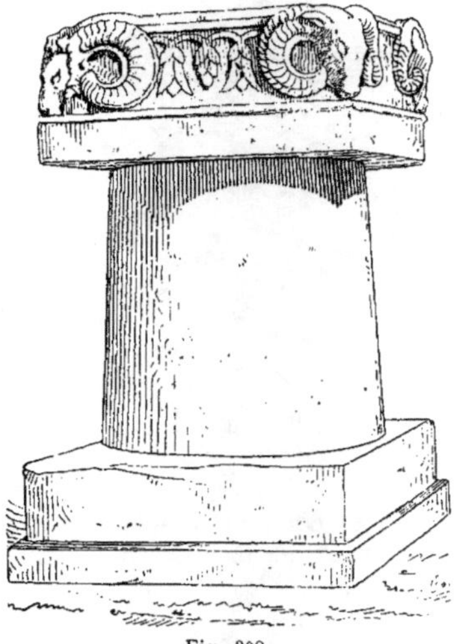

Fig. 308.

planche percée de trous et dans laquelle le prêtre se faisait arroser du sang d'un

taureau immolé sur l'*autel* par le prêtre sacrificateur, appelé *victimaire*. Ces *autels* étaient ornés, sur l'une de leurs faces au moins, de têtes de taureaux, comme le montre la figure 307, qui représente un taurobole trouvé sur la montagne de Fourvières, en 1704. Quelquefois, ils étaient décorés de têtes de bélier, ainsi que le montre la figure 308 qui donne un autel étrusque appartenant au Campo-Santo de Pise. Le socle de cet *autel* est en marbre, ainsi que le couronnement ; le fût est en granit de couleur grise.

Les premiers *autels* chrétiens furent les tombes des martyrs et la forme de sarcophage devenant traditionnelle, s'est conservée jusqu'à nos jours. Toutefois, on trouve d'anciens *autels* chrétiens

Fig. 309.

composés simplement d'une table portée par une ou plusieurs colonnes, comme celui que représente la figure 309 et qui a été découvert à Tarascon.

Les églises primitives n'eurent qu'un seul *autel* isolé, dit à la romaine et placé au milieu du chœur. Plus tard, on établit des *autels* dans les collatéraux, au fond des transepts et l'on dressa dans le chœur le maître-autel. Ce dernier, dans un grand nombre d'édifices anciens, est placé à l'intersection de la nef et du transept, au-dessus d'une crypte renfermant un tombeau de martyr. Cet *autel* était orné de colonnes supportant un dais ou coupole, que l'on appela *ciborium* jusqu'à la période ogivale. La

Fig. 310.

figure 310, empruntée à l'ouvrage de Letarouilly sur les *Edifices de Rome moderne*, représente la face latérale d'un autel surmonté d'un *ciborium*, et appartenant à la basilique de Sainte-Marie-Majeure.

Au moyen âge, les *autels* étaient couronnés de tabernacles et de reliquaires (fig. 311) (1). Les plus simples étaient accompagnés de retables (fig. 312). A partir du xii° siècle, les baldaquins reparurent avec une grande richesse d'ornementation et des formes architecturales empruntées aux ordres gréco-romains. Aux xvii° et xviii° siècles, les *autels* devinrent de véritables portiques de tem-

(1) Viollet Le Duc, *Dictionnaire raisonné de l'architecture française.*

ples, ornés de frontons brisés, de

Fig. 311.

colonnes torses, de consoles, de volutes, de découpures, le tout accom-

Fig. 312.

pagné de marbres et de dorures à profusion.

Autrey (*Pierre d'*). — Calcaire oolithique dur, exploité aux carrières d'*Autrey*, commune de ce nom, arrondissement de Gray.

Cette pierre, de couleur blanc gris ou jaunâtre, porte de 0^m,10 à 0^m,45 de hauteur d'assise. Elle pèse 2,455 kilogr. le mètre cube et s'écrase sous une charge de 445 kilogr. par centimètre carré.

Auvent, *s. m.* — Petit toit en appentis, destiné à abriter de la pluie ou

Fig. 313.

du vent une porte, une fenêtre ou un devant de boutique (fig. 313).

On construit aussi des auvents en fer, mais, dans ce cas, on leur donne spécialement le nom de *marquises* (voy. ce mot).

Au moyen âge, des *auvents* en appentis étaient placés au-dessus des en-

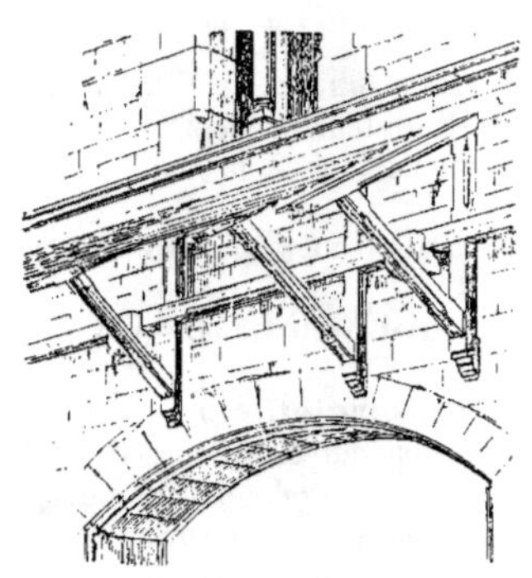

Fig. 314.

trées et des boutiques. C'étaient (fig. 314) des potences accrochées à des corbeaux saillants. Un grand nombre d'édifices

publics avaient aussi de ces sortes d'abris au-dessus de leurs entrées. On couvrait les *auvents* avec de l'ardoise, des bardeaux ou du plomb.

Législation. Il faut une permission du maire, dans une commune, pour placer un *auvent* sur la voie publique. A Paris, la saillie ne doit pas dépasser 0^m,60 pour les *auvents* de boutique, 0^m,25 pour ceux de croisée.

« Il est défendu de construire en plâtre les *auvents* et corniches au-dessus des boutiques. Il ne pourra en être établi qu'en bois, avec la faculté de les revêtir extérieurement de métal ; toute autre manière de les couvrir est prohibée.

« Les *auvents* et corniches en plâtre, actuellement établis au-dessus des boutiques ne pourront être réparés. Ils seront démolis lorsqu'ils auront besoin de réparation, et ne seront rétablis qu'en bois. » (Ordonnance du 24 décembre 1823.)

Avallon (*Granit d'*). — Granit à grains fins, provenant des carrières de Champ-Queue, commune et arrondissement d'Avallon.

Cette pierre est très-dure et susceptible de poli. Elle pèse 2,685 kilogr. le mètre cube. La charge d'écrasement est de 1,040 kilogr. par centimètre carré.

Avance, *s. f.* — Voy. *Saillie.*

Avancement *sur la voie publique.* — Voy. *Alignement.*

Avant-bec, *s. m.* — Avant-corps construit à l'extrémité d'une pile de pont, du côté de l'amont, pour protéger cette pile contre l'effort des eaux et le choc des corps flottants. Le même ouvrage, exécuté à l'extrémité d'aval, se nomme *arrière-bec.*

Les *avant-becs* s'exécutent soit en charpente (fig. 315), soit en maçonnerie faisant partie de la pile même. Le plan en est variable : il est demi-circulaire,

triangulaire ou composé de deux arcs

Fig. 315.

de cercle qui se coupent (fig. 316). Cette dernière forme est la meilleure pour diviser l'eau, cependant la première est généralement adoptée ; la forme angu-

Fig. 316.

laire cause un remous considérable et offre des dangers pour la navigation ; elle ne se trouve plus que dans les anciens ponts.

L'*avant-bec*, servant à donner plus d'empattement à la pile et lui tenant lieu de contrefort, se monte quelquefois jusqu'au pavé du pont, mais généralement jusqu'à la naissance du cintre de l'arche, et se termine par un chapeau en glacis, que l'on fait en dalles à joints recouverts.

Avant-chœur, *s. m.* — Espace libre précédant le chœur d'une église et compris entre une balustrade qui sert de clôture, du côté de la nef, et la porte ou jubé formant l'entrée du chœur.

Avant-corps, *s. m.* — Toute partie de bâtiment, tout membre architectonique faisant saillie sur la face princi-

pale ; des pilastres font *avant-corps,* ainsi que des pavillons, A (fig. 317). Les

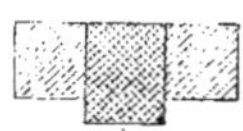

Fig. 317.

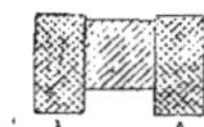

Fig. 318.

avant-corps sont souvent employés pour accuser les entrées ou les parties principales des édifices, A (fig. 318).

Avant-cour, *s. f.* — Dans les palais et les châteaux, cour qui précède la cour principale ou cour d'honneur : telle est à Paris, la première cour du Palais-Royal.

Avant-nef, *s. f.* — Voy. *Nef.*

Avant-pieu, *s. m.* — Architecture hydraulique. Morceau de bois carré A

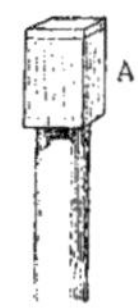

Fig. 319.

(fig. 319) qu'on met sur la tête d'un pieu, pour l'entretenir à plomb quand on le bat à la sonnette pour l'enfoncer.

Avant-port, *s. m.* — Voy. *Port.*

Avant-portail, *s. m.* — Voy. *Portail.*

Avant-projet, *s. m.* — 1° Appréciation sommaire, devis descriptif de la dépense et des produits d'une entreprise. Un *avant-projet* de construction représente, en outre, les dispositions principales de l'édifice à élever.

2° Esquisse d'une œuvre d'art.

Avant-scène, *s. f.* — Chez les anciens, le *proscenium,* désignait ce que nous appelons aujourd'hui *scène* (voy. ce mot).

De nos jours, l'*avant-scène* est l'espace qui est compris entre l'orchestre et la toile. La partie antérieure est occupée par la *rampe* (appareil d'éclairage) et le trou du souffleur. Cette portion du théâtre est destinée à permettre aux acteurs de s'approcher davantage du public pour se faire mieux entendre ; mais les effets d'acoustique sont, en partie, détruits par l'établissement de loges que l'on dispose ordinairement de chaque côté de l'*avant-scène* (voy. *Théâtre*).

Avant-toit, *s. m.* — Partie du toit qui s'avance en saillie sur la façade d'un

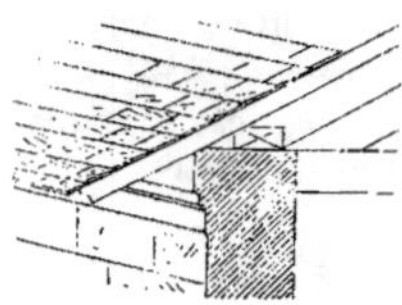

Fig. 320.

édifice, afin d'en éloigner les eaux pluviales (fig. 320).

Un *auvent* (voy. ce mot) est aussi un *avant-toit*.

Aventurine, *s. f.* — Sorte de quartz qui, sur un fond jaune ou brun demi-transparent, semble offrir des paillettes d'or.

L'*aventurine française* est une substance que les verriers de Venise, pendant très-longtemps, surent seuls produire, parce qu'ils employaient une recette dont ils gardèrent toujours rigoureusement le secret. Ils faisaient donc payer des prix exorbitants pour tous les objets fabriqués avec cette matière, dont il était impossible, par conséquent, de multiplier les emplois, notamment l'application à la décoration intérieure et extérieure d'édifices de prix, car cette application avait été indiquée de bonne heure par des artistes italiens du xvie siècle.

Les architectes de nos jours seront plus heureux : une découverte récente va mettre à leur disposition une matière d'un effet très-riche par ses apparences brillantes et variées. Un chimiste français bien connu, M. Frémy, professeur au Muséum d'histoire naturelle et membre de l'Institut, associant les données de la théorie avec l'habileté pratique consommée d'un grand industriel, M. Clémandot, est parvenu à produire aisément, à coup sûr et à bon marché, de grandes plaques d'*aventurine* qui ne le cède en rien, pour la richesse et la beauté, à l'*aventurine* des verriers de Venise.

Cette dernière ne doit pas être confondue avec la pierre naturelle dont nous avons parlé ci-dessus et qui est une variété de quartz grenu ou de feldspath, demi-transparente, colorée en rouge ou en jaune, offrant aussi à l'intérieur des points brillants qui ressemblent à des paillettes d'or comme celles que l'on voit dans l'eau-de-vie de Dantzig. MM. Frémy et Clémandot obtiennent la pierre artificielle en faisant réagir à une température convenable, dans une masse vitreuse, du silicate de protoxyde de fer sur du silicate de cuivre.

Dans ce cas, le silicate de fer passe au maximum, c'est-à-dire en fixant de l'oxygène emprunté au silicate de cuivre, dont la réduction se fait facilement, et en produisant dans l'intérieur du verre ces cristaux métalliques et brillants qui caractérisent l'*aventurine*.

On imite l'*aventurine* dans la peinture décorative.

Avenue, *s. f.* — Grande allée plantée d'arbres, avec contre-allée de chaque côté, conduisant à une ville, à un château ou à une maison de plaisance.

Le milieu d'une *avenue* publique est généralement occupé par une chaussée empierrée. Quand l'*avenue* conduit d'une grande route à une habitation particulière, on dispose son alignement sur l'axe du principal corps de logis.

Aveugle, *adj.* — On qualifie ainsi une baie qui n'est pas percée, une fenêtre, une arcature qui n'est pas à jour.

Aviver, *v. a.* — Nettoyer, gratter, polir une surface. On dit *aviver* les métaux, le marbre : ainsi l'on *avive* le plomb, quand on veut ajouter de la soudure qui fasse bien corps avec lui ; de même, on *avive* le bronze pour le dorer.

Charpente. Ce mot signifie dresser les faces d'une pièce de bois, pour en rendre les arêtes vives.

Avrigny (*Pierre d'*). — Calcaire oolithique dur, extrait des carrières d'*Arrigny*, commune d'Asnières, arrondissement d'Avallon.

La hauteur d'assise de cette pierre varie de 0^m,15 à 2^m,50. Il en existe deux variétés : l'une blanche, qui pèse de 2,330 à 2,350 kilogr. le mètre cube ; l'autre grise, qui pèse de 2,440 à 2,470 kilogr. La charge nécessaire pour produire l'écrasement est, pour la pierre blanche, de 360 à 400 kilogr., et, pour la pierre grise, de 400 à 490 kilogr.

Avrillé (*Granit d'*). — Granit commun, très-dur, provenant de la carrière de l'Héraudière, commune d'*Avrillé*, arrondissement des Sables-d'Olonne.

Cette pierre porte de 0^m,30 à 1 mètre de hauteur d'assise et pèse 2,660 kilogr. le mètre cube. Elle s'écrase sous une charge de 1,050 kilogr. par centimètre carré.

Axe, *s. m.* — Ligne droite qui divise en deux parties égales, soit en plan, soit en élévation, un édifice ou l'une de ses parties ; on dit l'*axe* d'une travée, d'une baie, etc.

L'*axe* d'une colonne est la ligne qui passe par les centres des diamètres supérieur et inférieur du fût.

L'*axe* de la volute ionique est la ligne horizontale passant par le milieu de l'œil de la volute.

On appelle *axe spiral* la ligne qui sert à tracer les circonvolutions d'une colonne *torse* (voy. ce mot).

Ayse (*Grès d'*). — Grès calcarifère argileux, assez dur, que l'on tire de la carrière d'*Ayse*, commune de ce nom, arrondissement de Bonneville.

Cette pierre, qui est de couleur gris-clair bleuâtre, est à grains très-fins et porte jusqu'à 2 mètres de hauteur d'assise.

Azulejos, *s. m. pl.* — Carreaux en faïence, émaillés et peints de différentes couleurs ; les Arabes les employaient comme revêtement, pour les murs des appartements.

Azur, *s. m.* — Couleur formée de l'oxyde de cobalt. On lui donne aussi le nom d'*esmalt* (voy. ce mot).

Azur ou *lapis-lazuli, pierre d'azur :* pierre parsemée de quelques paillettes d'or et employée, comme les marbres rares, à la décoration.

B

Bac, *s. m.* — 1° Petit bassin qui sert, dans les potagers, à recevoir les eaux destinées à l'arrosement.

2° Canal en planches au moyen duquel on conduit les eaux d'un point à un autre (voy. *Buse*).

3° Bassin en briques dans lequel on fait l'extinction de la chaux (voy. *Bassin*).

Bâche, *s. f.* — 1° Réservoir de bois ou de métal placé dans un chantier, pour contenir l'eau employée aux divers travaux.

2° Grosse toile imperméable qu'on emploie, soit pour couvrir des réparations faites à des bâtiments, soit dans les bâtiments neufs, pour permettre le travail à l'abri. On dit aussi *banne*, dans le même sens.

3° Les jardiniers donnent le nom de *bâche* à des abris vitrés, construits en bois ou en maçonnerie et qui servent, comme les serres, à préserver du froid, pendant l'hiver, les plantes délicates, ou à faire produire à certains végétaux des fruits avant la saison naturelle.

La *bâche* ordinaire est un coffre en

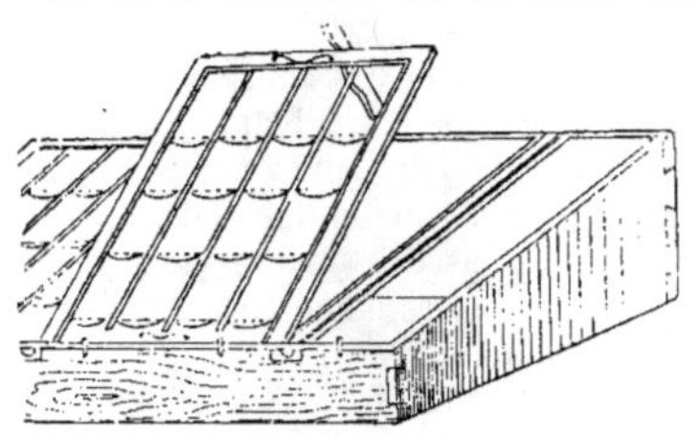

Fig. 321.

planches (fig. 321), dont le fond est plus

élevé que le devant et sur lequel on pose un châssis vitré ; aussi, les jardiniers donnent-ils souvent à l'ensemble le nom de *châssis*. Dans la *bâche* fixe, le coffre est formé d'une cloison en planches ou même en briques s'enfonçant d'un mètre dans le sol.

Bacqueter, *v. a.* — Voy. *Baqueter*.

Badigeon, *s. m.* — 1° Ce nom s'applique, d'une manière générale, à toutes les couleurs grossières qui servent à peindre la façade des bâtiments, pour leur donner l'aspect des pierres de taille du pays. C'est ainsi que le *badigeon* de Paris est d'un jaune chamois, parce que la pierre des environs est jaune pâle ; celui d'Allemagne est rouge ; celui d'Auvergne est noir ; celui de Berne, Genève, Lausanne est verdâtre. En effet, le grès de Mayence est rouge, les laves de Clermont sont noires et les molasses de la Suisse sont olivâtres.

Dans beaucoup de contrées cependant le *badigeon* est blanc, particulièrement dans les campagnes, mais alors il se pose à l'intérieur comme à l'extérieur ; il a un effet utile et salubre : il assainit l'intérieur des habitations, détruit les insectes et répand plus de jour dans les pièces. La chaux vive, qu'on y emploie d'ailleurs, a pour résultat de désinfecter les lieux habités par les hommes et par les animaux.

Le *badigeon* de Paris est un lait de chaux auquel on ajoute la moitié de son volume de pierre tendre mise en poudre (de la pierre de Saint-Leu généralement) en y mélangeant quelquefois un peu d'ocre jaune ou rouge, suivant la teinte que l'on désire avoir. On augmente l'adhérence des tons, en faisant dissoudre de l'alun dans l'eau avec laquelle on délaye, à raison de 1 kilogr. par 25 litres d'eau.

On distingue plusieurs sortes de *badigeons* auxquels on a donné les noms de leurs inventeurs :

Le *badigeon Lassaigne*, composé de 100 parties de chaux vive, 5 d'argile blanche et 2 d'ocre jaune ;

Le *badigeon conservateur*, dit aussi *Bachelier* et au sujet duquel nous entrerons dans quelques détails :

La pierre de taille usitée à Paris a le défaut de se couvrir, en peu de temps, d'une couche grise et terreuse qui nuit à l'éclat des monuments de cette ville et qui nécessite même des grattages coûteux qui ne pourraient pas se répéter sans altérer la pureté des ornements et surtout les figures qui les décorent. Cette teinte sombre est due au travail d'une petite araignée qui se loge dans les nombreux pores de cette pierre, qui s'y multiplie à l'infini et qui, en filant et arrêtant les poussières, protége. et provoque même la croissance d'un lichen microscopique s'étendant de plus en plus, et finissant par couvrir les plus grands monuments de la capitale. C'est pour remédier à cet inconvénient que Bachelier, directeur de l'école gratuite de dessin de Paris, fit, en 1775, quelques recherches sur la composition d'un *badigeon* conservateur, et fut autorisé, par l'intendant des bâtiments de la couronne, à en faire l'épreuve sur trois colonnes de la cour du Louvre.

En effet, on enduisit ces colonnes, à moitié de leur hauteur, du *badigeon* de Bachelier, et elles se sont fait remarquer par leur teinte uniforme et assez semblable à celle de la pierre neuve, jusqu'en juillet 1808, époque à laquelle on termina les parties du Louvre qui n'étaient qu'ébauchées et où le grattage mit le tout en harmonie.

Ce ne fut qu'alors, c'est-à-dire après cinquante-trois ans d'épreuve, qu'un membre de l'Institut ramena l'attention sur cette découverte et qu'on chercha à en reconnaître la composition. Bachelier n'existait plus ; mais son fils donna quelques renseignements précis, et l'analyse chimique de ce qui fut enlevé de dessus ces colonnes acheva de démontrer que ce *badigeon* conservateur, qui a parfaitement rempli le but que l'on se proposait, pendant l'espace de plus d'un demi-siècle, était composé de la manière suivante :

Chaux vive	56,66
Plâtre cuit	23,34
Céruse	20,00
	100,00

Le tout étant délayé dans la partie caséeuse du lait appelée vulgairement *fromage à la pie*.

On emploie encore, à Paris, le *badigeon rouge*, qui sert, dans cette ville, pour colorer les carreaux des appartements et qui est fait avec de l'ocre rouge appelée rouge de Prusse. La cire frottée en avive la couleur et s'oppose à ce que l'eau ne la délaye. On en prépare aussi qui porte son lustre et qui n'a pas besoin d'être ciré et frotté ; d'autres se posent à l'huile.

A Symrne, les maisons sont revêtues d'une peinture blanche, sorte de *badigeon*, parsemé de filets, de rosaces, de palmettes et autres arabesques d'un bleu azur, ce qui donne aux façades un air de porcelaine anglaise très-frais et très-propre.

Chardin rapporte qu'en Perse le *badigeon* extérieur des maisons opulentes se fait avec une terre blanche qui se dissout facilement dans l'eau et qui paraît être une marne ou une craie, tandis que les maisons des pauvres sont enduites avec une terre jaune qui se trouve aussi dans le pays.

Au Brésil, on *badigeonne* les édifices avec un kaolin ou terre à porcelaine.

Le *badigeon* a plusieurs objets : il sert

à simuler, sur les façades enduites, l'appareil en pierres de taille, en y représentant des joints ; à blanchir les vieux murs noircis ; ou bien encore à remplacer par un ton unique les différences de ton que laisse l'exécution des ravalements en plâtre. En outre, le *badigeon* sert à la conservation des enduits : à cet effet, il doit adhérer à la muraille, sans s'écailler ; être assez consistant pour boucher tous les pores ; assez liquide pour bien s'étendre, sans former d'épaisseur dans les angles et sans amortir les ressauts. Au siècle dernier, on a dénaturé le caractère d'un grand nombre d'églises en recouvrant l'intérieur de ces édifices d'une couche de *badigeon*.

L'ouvrier qui étend le *badigeon* se nomme le *badigeonneur* ; assis sur une planchette de bois, il est supendu à une corde à nœuds.

A Paris, l'autorité soumet les propriétaires à l'obligation de nettoyer et de *badigeonner* leurs façades donnant sur la voie publique au moins une fois tous les dix ans. Si une maison n'est pas dans l'alignement et est sujette à reculer, on ne peut la badigeonner sans la permission de l'autorité municipale. (Décret du 26 mars 1852.)

2º Les sculpteurs sur pierre bouchent les trous et réparent les défauts de leurs figures avec un *badigeon* formé de plâtre détrempé avec la poudre de la pierre qu'ils sculptent.

3º Les menuisiers, à l'égard du bois, emploient au même usage un *badigeon* fait de sciure de bois détrempée avec de la colle forte.

Badours, *s. f. pl.* — Tenailles moyennes qu'emploient les forgerons.

Bagneux (*Pierre de*). — Pierre calcaire dure, qui s'exploite dans la plaine de *Bagneux*, près de Paris, et qui comprend du *liais*, du *cliquart*, de la *roche* et du *banc-franc* (voy. ces mots).

Bague, *s. f.* — 1º Moulure formant anneau autour d'une colonne, et qui a été employée particulièrement dans l'architecture des xiiᵉ et xiiiᵉ siècles.

Les colonnes ne faisant d'abord pas partie des assises de la construction, on intercalait une assise en pierre dure,

Fig. 322.

dont la queue entrait dans le massif des murs ou des piles (fig. 322).

Quelquefois les *bagues* forment, dans

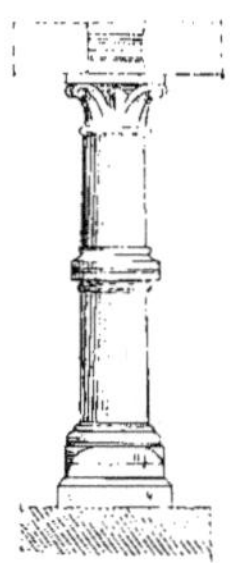

Fig. 323.

les colonnes isolées, une assise intermédiaire entre deux parties du fût (fig. 323). On a même exécuté des *bagues* en métal, pour maintenir les colonnes, à la ca-

Fig. 324.

thédrale de Salisbury, par exemple. Ce sont des anneaux scellés dans les piles à l'aide de queue de carpe (fig. 324) (1).

(1) Viollet Le Duc, *Dictionnaire raisonné de l'architecture française.*

La Renaissance a employé les *bagues*, mais en leur donnant plus de largeur

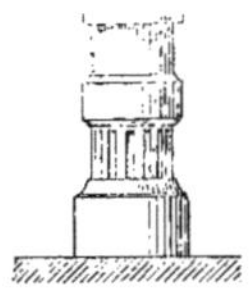

Fig. 325.

(fig. 325) ; on les appelle aussi *bandes de colonne*. On dit, dans le même sens, *Annelet*, *Armille*, *Bracelet*.

2° *Bague de fleuron* : moulure saillante à la base d'un fleuron couronnant un pinacle ou un pignon (voy. *Fleuron*).

3° *Bague de poêle* : on appelle ainsi les

Fig. 326.

portions (fig. 326), en forme de ceinture, qui cachent le joint de deux parties d'un tuyau en faïence surmontant un poêle.

4° SERRURERIE. On donne le nom de *bague* à l'astragale d'un barreau de rampe.

On appelle *bague de paumelle* une rondelle de métal qu'on fait ordinairement en cuivre et qui sert à rendre plus doux le fonctionnement de cette ferrure (voy. *Paumelle*).

Baguette, *s. f.* — ARCHITECTURE. Petite moulure de forme cylindrique qui accompagne le plus souvent des mem-

bres d'architecture plus importants, tels que corniches, bandeaux, archivoltes, etc.

La *baguette* est simple ou décorée d'ornements sculptés, tels que des feuilles de chêne ou de laurier, des rubans, des cordons, etc.

Très-employée dans les constructions du moyen âge, cette moulure est un *boudin* (voy. ce mot) de petit diamètre ;

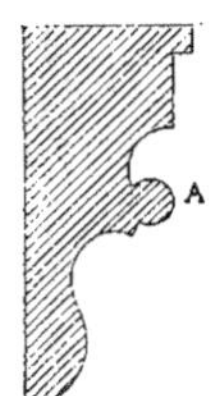

Fig. 327.

elle prend souvent place dans les nervures des voûtes, comme on le voit en A (fig. 327) ; dans les faisceaux de colonnes,

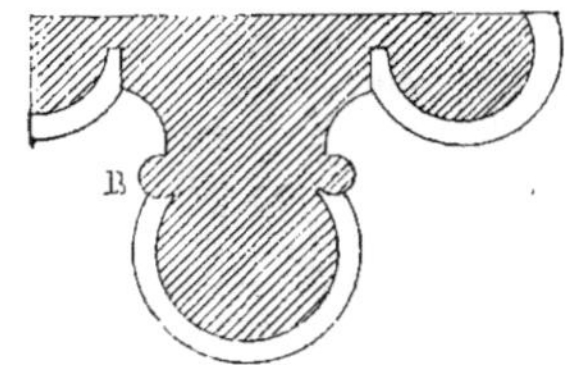

Fig. 328.

comme en B (fig. 328) ; ou bien elle

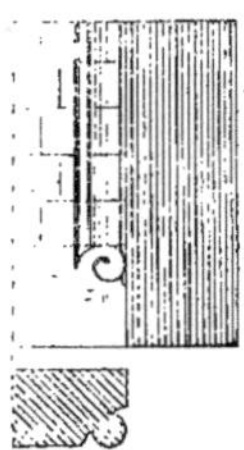

Fig. 329.

remplace les arêtes des pieds-droits dans les baies (fig. 329).

Menuiserie. *Baguette d'angle :* tringle en bois, arrondie à l'extérieur (fig. 330),

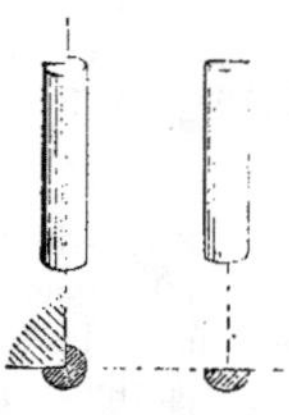

Fig. 330.

creusée intérieurement et qui s'adapte aux arêtes des murs pour les protéger.

La *demi-baguette,* placée au droit d'une arête, sert souvent d'encadrement, par exemple, à une embrasure de fenêtre. Ces *baguettes* sont fixées avec des clous.

Bahut, *s. m.* — 1° Profil bombé d'une pierre formant le chaperon d'un

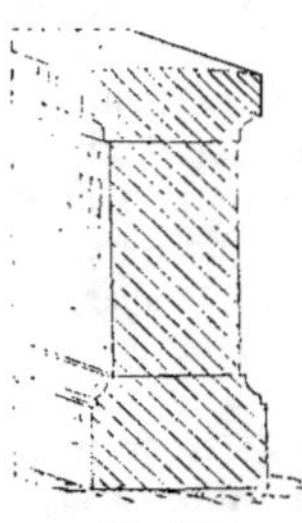

Fig. 331.

mur, l'appui d'un parapet. L'assise elle-même prend le nom de *bahut* (fig. 331).

2° Mur bas qui porte une arcature à

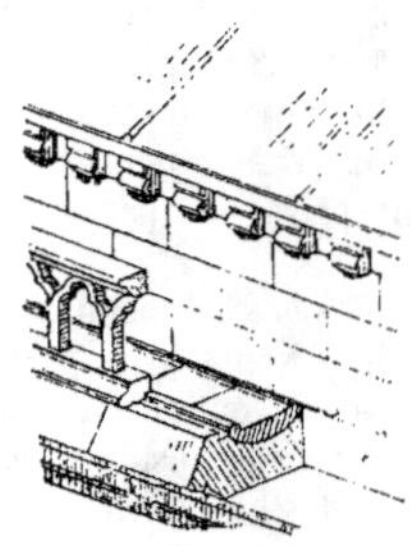

Fig. 332.

our, une grille, ou qui surélève un

comble, ainsi qu'on le voit dans un grand nombre d'édifices du moyen âge. Ce dernier genre de *bahut,* qui sert à préserver les bois de l'humidité produite par les eaux pluviales coulant dans les chéneaux, est tantôt plein (fig. 332), tantôt percé d'ouvertures de formes diverses, pour éclairer et aérer l'intérieur

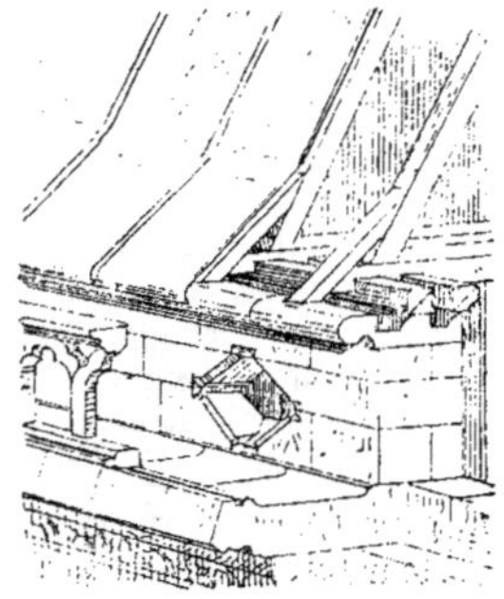

Fig. 333.

du comble (fig. 333). On ne fait porter ces *bahuts* que sur une partie de l'épaisseur des murs, pour laisser toute la largeur possible aux chéneaux (1).

3° Dans un jardin, on dit qu'une platebande est en *bahut* ou en *dos de bahut,* quand elle est bombée ou arrondie sur sa largeur pour faciliter l'écoulement des eaux.

Baie, *s. f.* — Toute espèce d'ouverture pratiquée dans un mur, une cloison, un pan de bois, un plancher, soit après coup, soit pendant la construction : tels sont les vides laissés pour recevoir une porte, une fenêtre, une devanture de boutique.

Les *baies* peuvent affecter toutes les formes ; mais, le plus ordinairement, elles se composent de trois parties : le bas (*seuil* dans une porte, *appui* dans une fenêtre) ; le sommet ou *plafond ;* les côtés ou *jambages* (voy. ces mots).

(1) Viollet Le Duc, *Dictionnaire raisonné de l'architecture française.*

Lorsque, dans le métré des constructions, on évalue le cube des maçonneries, les *baies* viennent en déduction.

La *Série de la ville de Paris* et la *Série de la chambre syndicale des entrepreneurs* diffèrent sur l'évaluation du dressement des têtes. La première n'accorde aucune plus-value pour ce travail ; la seconde alloue une plus-value de 1 franc par mètre linéaire de têtes de *baies* de croisées ou de portes, ainsi que de piles isolées.

Lorsqu'une façade est ravalée en plâtre, les *baies* de croisée se détaillent de la manière suivante : on compte pour les *tableaux* et les *ébrasements*, 33/100 de légers, leur surface étant obtenue en multipliant leur longueur développée par leur largeur ; pour les *arêtes* des tableaux et ébrasements, leur longueur développée sur 0^m,05 courant ; pour les *feuillures*, leur longueur développée sur 0^m,10 courant ; pour l'*allège*, 25/100, en mesurant la surface comme pour enduit ordinaire ; pour l'*appui* l'enduit du dessus avec renformis pour former la pente et l'arête intérieure.

Il y a, en plus, à compter pour les croisées ordinaires : 1° huit *trous* et *scellements*, à savoir : deux pour la pièce d'appui, évalués chacun à 0^m,10 de légers ; six pour les pattes, évalués à 0^m,08 de légers ; 2° les *calfeutrements* intérieurs et extérieurs, qui se mesurent au mètre linéaire et s'évaluent à 0^m,05 courant de légers.

Ces détails s'appliquent à une *baie* de croisée percée dans un mur en *moellons* ; ils sont les mêmes pour les *baies* pratiquées dans les murs en *meulière* et en *brique*. Seulement, pour la meulière, au lieu d'appliquer l'entier de légers selon la profondeur des trous, on ajoute moitié en plus ; pour la brique, les trous s'évaluent en taille de briques, suivant les profondeurs et le scellement, à moitié de cette évaluation.

Si le ravalement, au lieu d'être fait en plâtre, est fait en pierre, on compte : 1° les ragréments des tableaux comme les ravalements extérieurs ; 2° les feuillures et ébrasements comme ragrément seulement.

Les *baies* de portes s'évaluent d'après les mêmes principes que les *baies* de croisées.

Baignoire, *s. f.* — 1° On donne ce nom, dans les établissements de bains, aux cuves dans lesquelles on se baigne.

Les anciens fabriquaient des baignoires en marbre et en granit. Ils les ornaient d'anneaux sculptés, de têtes d'animaux, etc. La *baignoire* était plus grande que de nos jours et pouvait servir à plusieurs personnes. Aujourd'hui, l'on voit, dans certains établissements thermaux, des *baignoires* ménagées dans le sol : on y descend par deux ou trois marches. Elles sont généralement revêtues en faïence.

2° Loges de rez-de-chaussée des théâtres modernes (voy. *Loge*, *Théâtre*).

Bail, *s. m.* — Contrat par lequel une personne, *bailleur* ou *locateur*, donne à une autre personne, le *preneur* ou *locataire*, la jouissance d'une chose mobilière ou immobilière, pendant un certain temps, et moyennant un prix déterminé.

Si l'objet est une maison ou un appartement, le *bail* est *à loyer* ; on l'appelle aussi contrat de location ; s'il s'agit d'une propriété rurale, c'est un *bail à ferme*.

Pour faire valablement un *bail*, il suffit d'avoir la capacité de contracter.

Il y a le *bail verbal* et le *bail par écrit*. Le *bail verbal* ne peut se prouver que par témoins. Le *bail par écrit* se fait sous seing privé ou par-devant notaire.

La durée des *baux* dépend de la convention et de la volonté des parties. S'il n'y a pas de convention, le terme est déterminé d'après les usages locaux ou par la nature des biens concédés.

La mort du preneur ou du bailleur n'entraîne pas la résiliation du *bail*. La vente de la chose louée ne porte pas atteinte aux droits du locataire.

Pour compléter ces détails nous présentons à nos lecteurs, dans les lignes qui suivent, les termes ordinairement employés pour la teneur d'un *bail* ou contrat de loyer fait dans les circonstances ordinaires :

Entre les soussignés :

Monsieur

demeurant à

rue de   n°   , propriétaire d'une maison sise à   , rue de   n°   : et monsieur

demeurant à

a été fait et intervenu ce qui suit :

Monsieur   fait bail et donne à loyer pour trois, six ou neuf années consécutives, au choix respectif des parties, à la charge par elles de s'avertir six mois avant l'expiration des trois ou six premières années, qui commenceront à courir à compter du premier mil huit cent   , à monsieur à ce présent et acceptant preneur, et se tenant par lui audit titre de bail et pendant lesdites trois, six et neuf années consécutives, les lieux ci-après désignés, dépendant de la maison sise à

rue,   , n°   , appartenant à mondit sieur   , et consistant savoir :

1° En un appartement au   étage, composé de   pièces éclairées sur la rue par   croisées, et le surplus sur la cour de ladite maison par   croisées ;

2°   chambres à l'usage des domestiques dans l'étage des combles portant les n°ˢ   :

3°   caves portant les n°ˢ   :

Ainsi que lesdits lieux se poursuivent et comportent, sans aucune exception ni réserve et sans plus ample désignation, à la réquisition du preneur, qui déclare les bien connaître pour les avoir vus et visités.

Le présent bail est fait moyennant la somme de   de loyer annuel, que monsieur   promet et s'oblige à

payer à monsieur   en sa demeure, à   , en quatre termes et payements égaux, les 1ᵉʳ janvier, avril, juillet et octobre de chaque année, pour le premier payement avoir lieu le 1ᵉʳ   mil huit cent   , pour ainsi continuer de trois mois en trois mois, jusqu'à fin et expiration du présent bail, qui est fait, en outre, aux charges, clauses et conditions suivantes que le preneur s'oblige à exécuter et accomplir, savoir :

1° De garnir et tenir les lieux loués, garnis de meubles et effets mobiliers en quantité et de valeur suffisantes pour répondre du payement des loyers ;

2° De se conformer aux lois et règlements de police dont les locataires sont ordinairement tenus ;

3° D'entretenir lesdits lieux en bon état de réparations locatives et de les rendre ainsi à l'expiration du présent bail et conformes à l'état qui en sera fait double, par l'architecte du propriétaire, aux frais du preneur, à son entrée en jouissance ;

4° De faire ramoner les cheminées au moins deux fois par an et à ses frais ;

5° De ne pouvoir étendre ou accrocher, à aucune des fenêtres, soit sur la rue, soit sur la cour, des linges ou autres objets, ni jeter par lesdites croisées aucunes eaux ni ordures ;

6° De ne pouvoir, sous aucun prétexte, embarrasser le passage de porte cochère, ni la cour, ni les escaliers, et de ne faire aucun changement dans les lieux loués sans le consentement par écrit du bailleur ;

7° De ne faire aucun nettoyage dans les escaliers et de tenir strictement la main à ce que tout le service domestique et d'approvisionnement se fasse par l'escalier de service ;

8° De payer les impositions des portes et fenêtres, mobilières et personnelles.

De son côté, le bailleur s'oblige à tenir les lieux présentement loués, clos et couverts selon l'usage, et à ne rien réclamer pour les frais d'éclairage jusqu'à minuit, ni pour les gages du portier, lesquels restent à sa charge. Les frais d'enregistrement, tels qu'ils sont fixés par la loi, seront supportés par le preneur.

Fait double à …, le … mil huit cent…

Lorsqu'il s'agit de la location d'une propriété rurale, le *bail* est dit *bail à ferme*. Par cette convention, le preneur a le droit de jouir de la totalité des fruits ou seulement de quelques-uns des fruits produits par l'héritage susdit.

Ainsi, dans un verger, on peut donner à *bail* les fourrages qui poussent sous les arbres, en se réservant la récolte des fruits portés par les arbres ; dans un bois exploité en taillis sous futaie on a pu donner à *bail* les coupes de taillis, tout en se réservant les vieilles écorces.

Il importe donc, lorsqu'on rédige un *bail* de cette nature de désigner, de la manière la plus précise, les objets qui en font la matière.

Parmi les obligations qui incombent au bailleur, nous nous occuperons surtout ici de celle qui consiste à faire jouir paisiblement le fermier, et qui entraîne, par conséquent, l'entretien de l'immeuble dans un état tel qu'il puisse servir à l'usage pour lequel il a été loué.

C'est principalement aux constructions que cette obligation s'applique, et on la résume en disant que le bailleur doit tenir le locataire clos et couvert.

Le propriétaire doit donc faire aux toitures et aux gros murs toutes les réparations nécessaires ; de même il doit faire aux portes et fenêtres les réparations qu'exige leur état de vétusté ou quelque accident de force majeure. Quelque gêne que puissent causer au fermier les grosses réparations, il doit les supporter et n'a droit à indemnité que si la totalité des bâtiments se trouvait plus de quarante jours inhabitable pour lui, sa famille et ses bestiaux.

Dans ce cas seulement, il pourrait réclamer une indemnité, proportionnée au préjudice qu'il éprouverait, ou même demander la résiliation. Mais ce cas est rare pour un *bail à ferme*, parce qu'alors les bâtiments ne sont qu'un accessoire.

Le fermier a dû les examiner avant d'entrer en jouissance et faire entrer en ligne de compte les chances de reconstruction que présentait leur état de vétusté. Il est donc juste qu'il laisse sans indemnité au bailleur le temps nécessaire pour les relever. Toutefois, il est prudent, pour celui qui rédige un contrat, de stipuler, si les bâtiments ne sont pas en très-bon état, que le fermier laissera faire, sans indemnité, les réparations, même les grosses, quelle que soit leur durée (1).

En vertu de l'article 1644 du Code civil, le bailleur doit encore garantir le fermier de tous les vices cachés existant au moment de la location, lors même qu'il ne les eût pas connus, ou de ceux qui pourraient survenir par le fait du locateur pendant la jouissance.

Il doit réparer le dommage que ces vices auraient pu causer au premier. Supposons, par exemple, qu'il s'agisse d'une écurie où des bestiaux soient morts, avant la location, de maladie contagieuse, si le propriétaire ne prévient pas le fermier et que celui-ci perde, en totalité ou en partie, ses attelages ou ses troupeaux, le bailleur est responsable du dommage causé. Mais, si le preneur a été averti, c'est à lui-même qu'il appartient de se garantir du danger.

Si, pendant la durée de la jouissance, il survenait un vice qui rendît impossible l'usage de la chose louée, et que ce vice ne provînt pas du fait du bailleur, il pourrait y avoir lieu à résiliation du contrat. Mais le bailleur ne serait pas passible de dommages et intérêts, quelque préjudice que le fermier eût pu en éprouver.

Parmi les obligations du preneur, celle qui concerne les réparations locatives est une des plus importantes. Ces réparations sont à la charge du fermier. Dans les champs, elles consistent à entretenir les barrières, à tondre les haies ; il profite du bois que produit la tonte ;

(1) L. Moll, *Encyclopédie pratique de l'agriculture.*

mais il ne doit pas raser ces haies, à moins qu'il n'en ait reçu l'autorisation expresse.

Sont à la charge du fermier : le bouchement des trous que les bestiaux ou les maraudeurs ont pu faire dans les clôtures, l'entretien des chemins qui appartiennent à la propriété et qui servent à son exploitation, le curage des fossés, le fauchage des prés, l'enlèvement des pierres que l'abaissement du terrain pourrait faire surgir, la destruction des taupinières.

Dans les bâtiments d'habitation, le preneur est tenu de remettre en bon état les âtres des cheminées, les portes et serrures, les fenêtres, les enduits des murs jusqu'à 1 mètre de hauteur ; les pierres d'évier, le carrelage des fours ; en un mot, tout ce qui peut avoir péri par suite de l'usage qu'il en a fait.

Mais il n'est pas tenu de remplacer les objets qui tombent de vétusté ; il doit seulement les représenter tels qu'ils se trouvent. Dans les bâtiments d'exploitation, il doit réparer les crèches, mangeoires, râteliers, le pavé des étables, écuries, et le crépi des murailles jusqu'à la hauteur de 1 mètre.

C'est pour assurer l'exécution de cette obligation que, lors de l'entrée en jouissance, on a l'habitude de dresser un état des lieux, qui peut être fait sous seing privé ; il suffit qu'il soit signé des deux parties et qu'il soit fait en double, afin que le bailleur, aussi bien que le preneur, puisse conserver une preuve pour y recourir au besoin. S'il n'a pas été fait d'état des lieux, le preneur est tenu de les rendre en parfait état de réparations locatives.

A toutes les époques du *bail*, le propriétaire a le droit de visiter les lieux pour s'assurer qu'ils sont bien entretenus, et le fermier ne peut, en aucune manière, s'opposer à cette visite, ni la regarder comme un trouble à sa jouissance.

Bains, *s. m. pl.* — L'usage des *bains* remonte aux temps anciens ; les Grecs disposaient à cet effet, dans les gymnases, des locaux ouverts au public, mais plutôt fréquentés par le commun peuple, les riches particuliers ayant des salles de *bains* dans leurs habitations. Ce sont surtout les Romains qui donnaient une grande importance aux établissements consacrés par eux aux soins de propreté et d'hygiène ; ils y installaient des *bains* chauds, des *bains* tièdes, des *bains* froids, des salles à température moyenne et des étuves fortement chauffées.

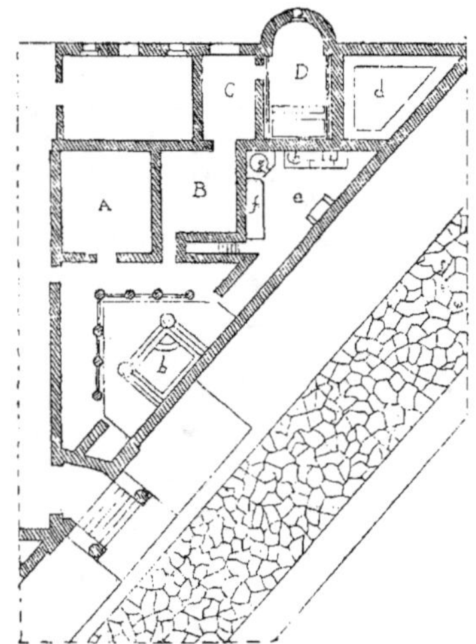

Fig. 334.

Nous donnons comme exemple (fig. 334), le plan d'un *bain* particulier appartenant à la villa d'Arrius Diomède, à Pompéi. On pénètre de l'atrium dans une cour triangulaire entourée d'un portique ; au fond de cette cour, adossé au mur de la rue, est un bassin *b* dont le pourtour est dallé en marbre ; il était couvert par un toit décoré d'un fronton et supporté par deux colonnes et l'on y descendait par deux marches pratiquées dans un des angles. A gauche de l'entrée, se trouve la salle A, dite *apodyterium*, où l'on se déshabillait avant le *bain* ; B et C sont des pièces où l'on entretenait une température à différents degrés de chaleur, pour rendre moins sensible le passage du froid au chaud, quand on allait à l'étuve ; l'une de ces salles C est le *tepidarium* ou chambre à air tiède ; D est l'étuve ou *caldarium*, qui contenait, à son extrémité circulaire, le *laconicum* ou étuve proprement dite et, en face, l'*alveus* ou bain d'eau chaude ; *d* était le réservoir d'eau ; *e*, la pièce où se trouvait l'appareil nécessaire pour chauffer l'eau et l'étuve ; *f*, un petit réservoir d'eau froide ; *g*, le fourneau pour l'eau tiède ; *h*, la chaudière pour l'étuve.

Les *bains publics* des Romains offraient, sur une plus vaste échelle, des dispositions analogues ; mais ils possédaient deux corps de pièces séparées, l'un pour les hommes et l'autre pour les femmes. La figure 335 représente le plan des bains de Pompéi qui avaient six entrées

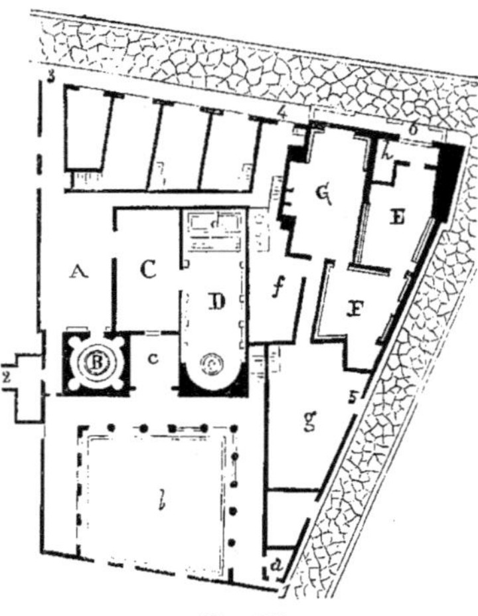

Fig. 335.

distinctes, dont trois, 1, 2, 3, pour les baigneurs ; deux, 4 et 5, pour le service ; une, 6, pour les femmes ; l'entrée n° 1, à droite de laquelle étaient des latrines *a*, donnait accès sur une cour entourée de portiques et formant une sorte d'*atrium*, sur lequel ouvrait une chambre *c* qui faisait, sans doute, l'of-fice de salle d'attente ou servait pour e surveillant des *bains ;* on voit que des couloirs faisaient correspondre les trois portes des hommes avec l'*apodyterium* A, qui communiquait avec le *frigidarium* B ou *bain* à eau froide et le *tepidarium* C ; de là on pénétrait dans le *caldarium* D pourvu de son *alveus d* et de son *laconicum e* ; *f* était la salle aux fourneaux ; la chaleur nécessaire aux différentes pièces passait par des canaux en briques ménagés sous le sol des chambres et qui constituaient l'*hypocauste* (voy. ce mot) et par des tuyaux appliqués contre les murs ; une cour de service *g*, ayant son entrée séparée 5 sur la rue, renfermait les matériaux de chauffage. La partie réservée aux femmes avait son accès en 6 et comprenait une salle d'attente *h*, un *apodyterium* et un *frigidarium* occupant l'espace marqué E sur le plan, un *tepidarium* F et une *étuve* G.

Les empereurs firent construire, sur de plus vastes proportions, les *bains publics* appelés *Thermes* (voy. ce mot), dans lesquels ils déployèrent une grande magnificence.

L'usage des *bains* publics disparut presque entièrement après la chute de l'empire romain ; aux VIIIe et IXe siècles, les monastères seuls en possédaient.

Vers le XIIIe siècle, il se forma, dans les grandes villes, des établissements publics de *bains chauds*, auxquels on donna le nom d'*étuves*. A Paris, il y en eut un grand nombre. Ces établissements se transformèrent même dans la suite, et particulièrement aux XVIIe et XVIIIe siècles, en sortes d'hôtels garnis où les jeunes seigneurs allaient faire des orgies.

Les orientaux, les Arabes, les Turcs ont conservé, dans les dispositions de ces établissements les traditions romaines. On trouve dans leurs *bains :* un vestiaire A (fig. 336), une salle B pour bains chauds, une étuve C, dont le milieu est occupé par une espèce de siège et autour de laquelle règnent des banquettes. Des piscines sont disposées dans les angles de la pièce, qui est chauffée par des conduits de chaleur placés sous le pavé. Ce plan représente

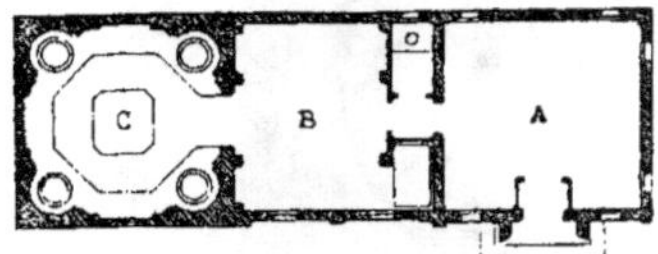

Fig. 336.

le bâtiment des *bains* construit à l'Exposition universelle de 1867, comme le type habituel des établissements de ce genre en Turquie.

Les *bains* modernes se divisent en *bains publics* et *bains privés*. Ces derniers sont ordinairement composés d'une antichambre, d'une salle de *bains* et d'un petit salon de repos.

Les *bains publics* sont loin d'approcher, pour le nombre des services et les proportions des salles, des *bains* ou *thermes* des anciens. Ces établissements comprennent d'ordinaire : un vestibule d'entrée, un bureau à droite et à gauche duquel se trouvent deux salons d'attente, des chambres indépendantes les unes des autres et débouchant sur un couloir commun. Tantôt l'installation générale est divisée en deux parties : l'une pour les hommes, l'autre pour les femmes ; tantôt les premiers sont au rez-de-chaussée et les secondes à l'étage placé au-dessus. Des salons de repos attenant à des salles de bains médicinaux occupent le fond du couloir. Il y a, en outre, deux pièces destinées l'une à l'hydrothérapie avec étuve, l'autre aux *bains* de vapeur. Dans les cabinets contigus, les baignoires sont adossées deux à deux contre les cloisons de séparation pour faciliter la distribution de l'eau. A ces divers locaux viennent se joindre l'appareil de chauffage, la machine à vapeur, des magasins pour le combustible, des réservoirs, une buanderie, une lingerie, des écuries et remises pour voitures et baignoires destinées au service des bains à domicile.

Dans les hôpitaux, et notamment dans ceux où l'on applique les traitements hydrothérapiques, on ajoute certaines dispositions à celles que nous venons d'énumérer. Ainsi, nous présentons fig. 337), à l'échelle de $0^m,0025$ p. m.,

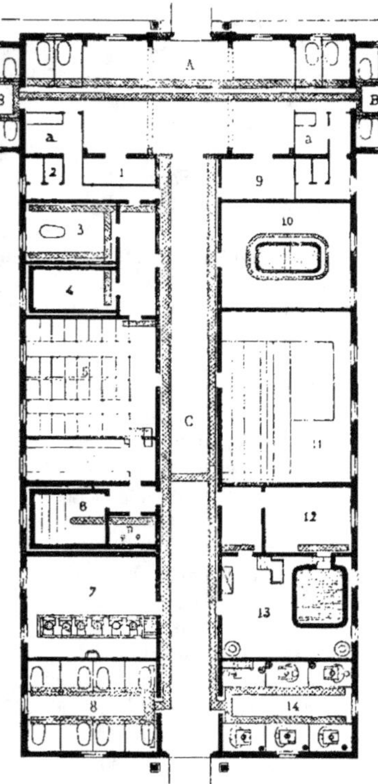

Fig. 337.

le plan des *bains* qui ont été établis récemment à l'hôpital Saint-Louis, à Paris. On voit en A le vestibule d'entrée renfermant les chauffe-linge *a* et quatre cabines pour l'administration ; à droite et à gauche, B, B les amorces des ailes renfermant chacune deux rangées de compartiments, avec rideaux séparés par un couloir ; le vestibule donne accès dans un corridor C qui dessert les différents services, ainsi indiqués : 1. Dépôt des brancards ; — 2. Lieux d'aisances ; — 3. Salle pour *douches médicinales* ; — 4. Cabinet pour les *douches de vapeur* ; — 5. Déshabilloir, divisé en stalles fermées par des rideaux ; — 6. Etuve à *bains de vapeur*, avec *salle de sudation m* et cabinet renfermant deux *douches en pluie* ; — 7. *Salle des fumigations* ; — 8. *Salle de bains* affectée au service des malades payants de l'hôpital ; — 9. Lingerie ; — 10. *Buanderie* ; — 11. Chaudières à eau chaude et générateurs ; — 13. *Salle de l'hydrothérapie*, avec piscine, *et salle de repos*, 12 ; — 14. *Salle des hydrofères* contenant six appareils hydrofères ; l'eau partant du réservoir d'eau chaude, dans une conduite en fonte formant ceinture, sert en même temps à l'alimentation des salles de *bains* et à leur chauffage. Les murs de ces salles sont revêtus, à la partie inférieure, de plaques de marbre de 2 mètres de hauteur, et, à la partie supérieure, d'un enduit en ciment. Les plafonds sont légèrement cintrés et formés de plaques de faïence blanche. Des ouvertures, ménagées dans ces plafonds et communiquant à un canal d'appel, à l'extrémité duquel se trouve un ventilateur, servent au renouvellement de l'air et à l'enlèvement de la vapeur.

Nous terminerons cet article par la description d'un système d'alimentation de *salle de bains* installé par M. Joly dans des maisons à loyer :

La figure 338 montre, en plan, une *salle de bains* avec sa baignoire adossée

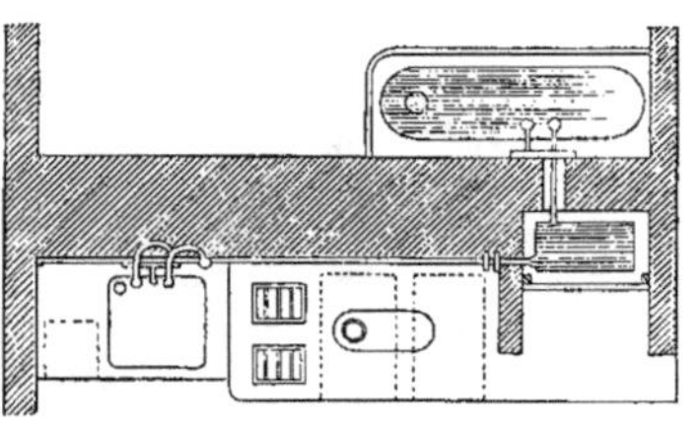

Fig. 338.

au mur de la cuisine. Cette baignoire est alimentée par un réservoir d'eau

chaude, dont on voit la section verticale (fig. 339), et qui a 1^m,30 de longueur,

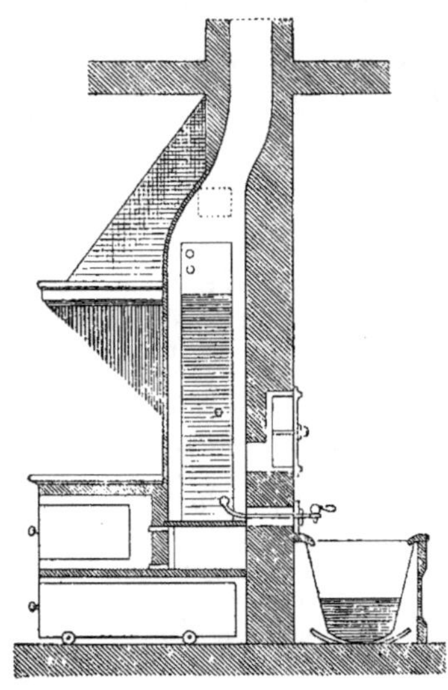

Fig. 339.

0^m,65 de largeur et 0^m,25 d'épaisseur, contenant environ 200 litres. Ce réservoir, porté sur deux potences, est enveloppé, de tous côtés, par la fumée du fourneau, qui vient le frapper en dessous, s'étale en nappe et s'échappe par un tuyau vertical d'évacuation, que l'on ferme au moyen d'une trappe mobile quand le tuyau est éteint. Une plaque de fonte, portant sur deux fers cornières où deux taquets la maintiennent, isole de l'âtre le réservoir qui est percé de quatre tubulures : la première, que l'on voit sur la coupe en allant de haut en bas, pour le trop-plein ; la seconde pour l'arrivée de l'eau ; la troisième pour l'alimentation de la cuisine ; la quatrième pour l'alimentation de la baignoire. Le tuyau d'arrivée est incliné et se branche sur le conduit horizontal indiqué sur le plan et qui se raccorde lui-même avec le tuyau d'eau froide servant à alimenter les étages et figuré en section horizontale dans l'angle gauche de la cuisine.

Le tuyau de retour ou de trop-plein, parallèle au précédent, débouche sur la pierre d'évier et indique si le réservoir est rempli ; il donne issue en même temps à la vapeur. Divers robinets permettent d'alimenter la cuisine d'eau chaude et d'eau froide. Nous ferons remarquer que si la contiguïté de cette salle de *bains* avec la cuisine n'est pas une condition indispensable, du moins fournit-elle la solution la plus simple et la plus économique du problème.

Législation. Le propriétaire d'un établissement de *bains* qui installerait des baignoires contre un mur mitoyen peut être forcé par le voisin de faire un contre-mur. On peut laisser couler les eaux de *bains* sur la voie publique, si ces eaux ne sont pas chargées de matières pouvant nuire à la salubrité, auquel cas, des règlements de police pourraient être pris pour remédier à ces inconvénients (1).

Maçonnerie. On appelle *bain de mortier* le lit de mortier sur lequel on pose les pierres, les moellons, les briques ; on dit maçonner à *bain de mortier*. Au moyen âge, les pierres de taille se posaient ainsi ; aujourd'hui, on les pose sur des cales et on les fiche au mortier (voy. *Ficher*).

Baïse (*Pierre de la*). — Voy. *Poudecop*.

Baïxas (*Brèche de*). — Brèche calcaire cristalline dure, tirée de la carrière de Las Paraire, commune de Baïxas, arrondissement de Perpignan.

Cette brèche, susceptible de poli, s'emploie comme marbre. Elle porte 0^m,80 de hauteur d'assise et pèse 2,750 kilogr. le mètre cube. Elle s'écrase sous une charge de 660 kilogr. par centimètre carré. On dit aussi *brèche de Portugal*.

Bajoues, *s. f. pl.* — Terrassements. souvent revêtus de maçonnerie, faits sur

(1) Code Perrin.

les bords d'un canal ou d'un bassin pour contenir les eaux.

Bajoyers, *s. m. pl.* — Architecture hydraulique. Ailes de maçonnerie revêtant les parois d'une chambre d'écluse.

On pratique, au long des *bajoyers*, des contreforts, des enclaves (fig. 340), qui reçoivent les portes *p*, quand on les ouvre,

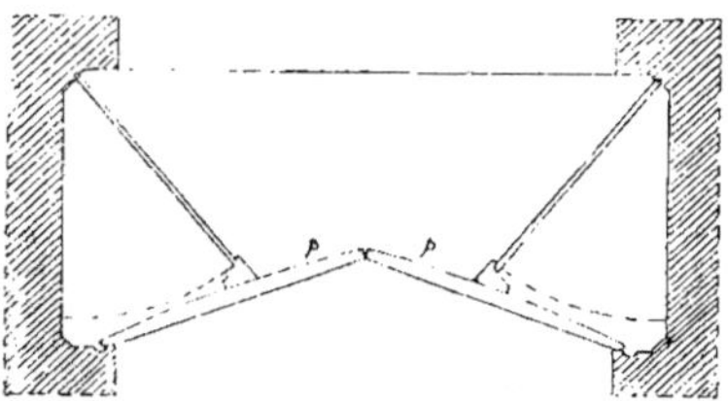

Fig. 340.

et des pertuis, pour faire communiquer l'eau d'une écluse des deux côtés, sans être obligé d'ouvrir les portes. Ces revêtements sont construits en grosses pierres de taille, boutisses et panneresses, ayant, les premières, au moins 1 mètre de queue, les secondes, de 0^m,50 à 0^m,80 de lit.

Balai, *s. m.* — Brosse employée par les peintres pour faire le faux bois.

Ces *balais* sont poissés à l'anglaise, à manche de cèdre et vernis sans plaque.

Balancement, *s. m.* — On appelle ainsi, dans les escaliers en partie droits et en partie courbes, la répartition de la diminution de largeur des marches du côté de la rampe, c'est-à-dire au collet.

Soit (fig. 341) le plan d'un escalier de ce genre ; A B C *la ligne de foulée* ; F D la courbe de jour ; les lignes pointillées représentent les arêtes saillantes des marches supposées normales à la courbe de jour ; la diminution de la largeur près de la partie tournante se ferait d'une manière subite et produirait un changement brusque de pente qui pourrait être dangereux. On diminue donc graduellement la largeur des marches au collet, en répartissant la diminution sur

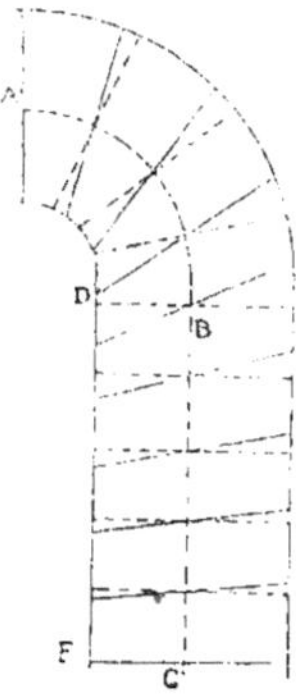

Fig. 341.

un plus ou moins grand nombre de marches ; c'est ce qu'on appelle faire le *balancement* ou le *gironnement*. On peut l'effectuer à l'aide de diverses méthodes, mais qui sont toutes sujettes à bien des modifications pratiques ; aussi, les charpentiers s'en passent-ils, sur le terrain, dans le tracé de leurs marches. Ils déterminent d'abord le nombre de marches dansantes qu'ils jugent indispensable, fixent une dimension au plus petit collet et font la division, en diminuant l'ouverture du compas, de manière que la valeur de cette diminution soit toujours constante, la première ouverture étant égale au giron et la dernière, au plus petit collet. C'est par un tâtonnement, que la pratique rend facile, qu'on arrive au résultat cherché.

Balatas, *s. m.* — Arbre de la Guyane, dont le bois est propre à la charpente.

On en distingue trois espèces : le *balatas* blanc, facile à travailler, mais sujet aux poux de bois ; le *balatas* rouge, qui offre l'emploi le plus avantageux et résiste le mieux ; le *balatas* à grosse écorce, dont le bois est rempli de nœuds (1).

(1) Rondelet, *L'Art de bâtir.*

Balcon, *s. m.* — 1° Saillie au-delà du nu d'un mur ; portée sur des consoles, des colonnes ou des cariatides, et fermée par une *balustrade* (voy. ce mot).

On distingue les *grands* et les *petits balcons :* les premiers embrassent plusieurs fenêtres ou sont même continus devant toute une façade ; les seconds occupent seulement la largeur de la baie.

On a l'habitude d'encastrer, de toute l'épaisseur du mur, la pierre qui forme les grands *balcons ;* il est mieux de la faire porter directement sur ses appuis,

Fig. 342.

en ne l'encastrant que d'une faible partie, suffisante pour qu'il n'y ait pas, entre la pierre et le mur, un joint dans lequel l'eau s'infiltrerait (fig. 342).

On couvre souvent les *balcons* avec des feuilles de plomb ou de zinc.

On fait aussi des *balcons* en bois, par-

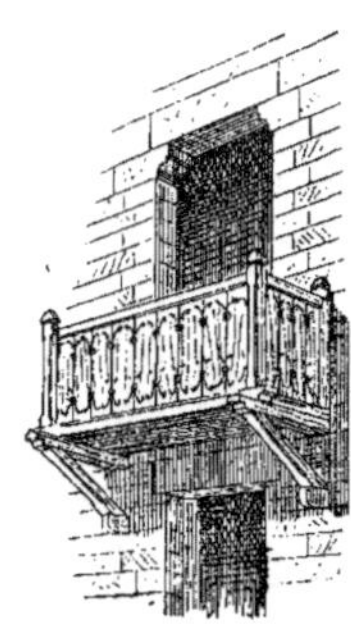

Fig. 343.

ticulièrement dans les constructions rurales et dans les maisons de plaisance : on y met des balustrades en bois découpé (fig. 343).

On trouve, chez les Romains, quelque chose d'analogue aux *balcons* dans ce qu'ils appelaient les *mæniana* (voy. *Mænianum*).

Les Italiens donnent aux *balcons* découverts le nom de *ringhiera*, et celui de *mignani* aux *balcons* fermés par des jalousies.

Les portes des villes, au moyen âge, étaient surmontées de *balcons de défense*, que l'on a appelés *assommoirs*, *bretèches, machicoulis, moucharabys,* etc.

2° SERRURERIE. On donne le nom de *balcons* aux panneaux en fonte ou en fer que l'on place à hauteur d'appui sur les balcons en pierre et devant les croisées (voir fig. 342). On dit qu'ils sont à *râtelier*, quand ils sont formés de barreaux

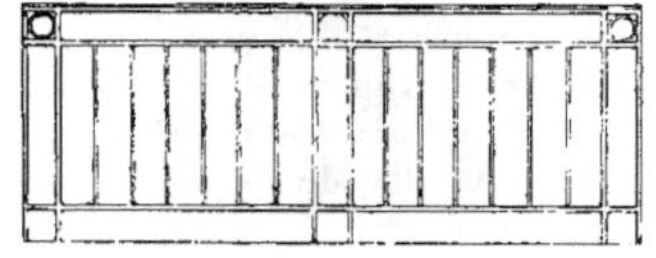

Fig. 344.

de remplissage, surmontés souvent d'une frise courante entre deux traverses (fig. 344).

Les *balcons* en fonte sont composés de panneaux compris entre des châssis en fer (fig. 345). Des arcs-boutants les maintiennent, de distance en distance, et sont scellés dans la pierre en saillie. Des mains-courantes profilées forment le couronnement.

3° On appelle *balcon*, dans les théâtres modernes, l'ensemble des places et des loges d'un même étage de chaque côté de l'avant-scène (voy. *Théâtre*).

Dans l'évaluation du prix des ouvrages, on compte les trous pour scellements de *balcon* de croisée selon leur profondeur et, à défaut de constatation, on alloue 0ᵐ,08 de profondeur ; la pose

et mise à niveau du *balcon* s'évalue à 0ᵐ,10 de légers.

Fig. 345.

LÉGISLATION. En vertu des articles 678 et suivants du Code civil, on ne peut établir de *balcons* donnant sur l'héritage voisin qu'à la distance de 19 décimètres (6 pieds), distance comptée depuis la ligne extérieure du *balcon* jusqu'à la ligne séparative des deux propriétés.

A Paris, les grands *balcons* ne peuvent avoir plus de 0ᵐ,80 de saillie et n'être établis que dans les rues de 10 mètres de largeur ou dans les places et carrefours ; ils doivent être élevés à 6 mètres au moins au-dessus du sol.

Par décision du préfet de police du 15 février 1850, il est permis d'appliquer des enseignes en lettres découpées aux balustrades des *balcons*, pourvu que les lettres soient solidement attachées et qu'elles n'excèdent point la saillie de l'aire du *balcon*.

Baldaquin, *s. m.* — Dais d'étoffe élevé au-dessus d'un lit, d'un tribunal ou d'un trône pour les couvrir.

Dans les églises, on établit des *baldaquins* de plusieurs sortes au-dessus des principaux autels : ils sont suspendus à la voûte ou bien portés sur des colonnes (voy. *Autel*).

Les anciens couvraient quelquefois les statues de leurs dieux d'espèces de dais ou de *baldaquins*. Les premiers chrétiens surmontaient l'autel principal, dans les basiliques, d'un *ciborium* (voy. ce mot) formé de quatre colonnes portant un plafond et une coupole.

Conservé par le moyen âge et la Renaissance, l'usage des *baldaquins* s'est transmis jusqu'à nos jours. Le plus célèbre des *baldaquins* modernes est celui qui a été exécuté en bronze par Le Ber-

Fig. 346.

nin à Saint-Pierre de Rome ; il est représenté par la figure 346 : soutenu par quatre colonnes torses d'ordre composite, il est surmonté d'un entablement au-dessus duquel quatre consoles ren-

versées se réunissent pour supporter un globe qui porte une croix.

Balèvre, *s. f.* — 1° Quand une pierre, une pièce de charpente, de menuiserie ou de serrurerie ont été mal dressées, elles présentent, auprès de leurs joints d'assemblage, une petite saillie qu'on appelle *balèvre*, et qui s'abat lors du ragrément.

2° Dans un ouvrage coulé en plâtre ou fondu en bronze, on donne le nom de *balèvre* aux parties de la matière qui font saillie sur la surface de l'épreuve moulée et présentent des plans inégaux. Il ne faut pas confondre ici les *balèvres* avec les coulures produites par les joints du moule.

Le rabattement des *balèvres*, considérées comme excédant d'épaisseur d'une pierre sur une autre, se mesure, dans l'évaluation des prix des ouvrages, au mètre superficiel, et l'on compte par chaque mètre $0^m,125$ de taille pour recoupement, frottage au grès et jointoiement. Ce dernier travail est le jointoiement en mortier de chaux ou en plâtre ; quand on dégrade les joints et qu'on les remplit en ciment, mastic ou limaille, on les compte au mètre linéaire (1).

Baliveau, *s. m.* — Voy. *Échasse*.

Ballast, *s. m.* — Couche de gravier dans laquelle on fait l'établissement d'une voie de chemin de fer.

Le *ballast* a pour objet de répartir sur une grande surface la pression des trains sur les rails, de maintenir les supports de ces rails dans une position déterminée, de rendre la voie suffisamment élastique et de laisser passer les eaux d'infiltration.

Pour être bon, le ballast doit être formé de graviers moyens mélangés d'une petite quantité d'argile qui lui donne une certaine cohésion, mais qui ne l'empêche pas d'être perméable. On

____

(1) Masselin, *Dictionnaire raisonné du métré.*

l'établit généralement en deux couches, la couche inférieure étant composée soit

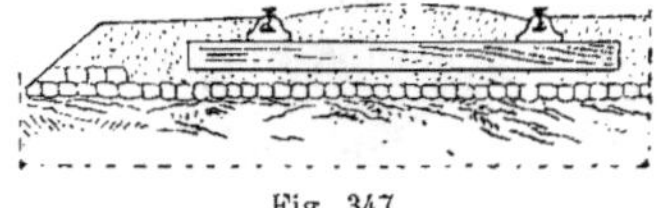

Fig. 347.

de sable plus fin, soit de fragments de pierres (fig. 347).

Le *ballast* provient des tranchées de la voie, des minières, des rivières ou des carrières les plus rapprochées.

Ball-flower. — Bouton de fleur employé comme ornement dans les édifices du style ogival anglais du xive siècle.

Le *ball-flower* décore particulièrement les bandeaux, les corniches, etc.

Balmes (*Granit des*). — Granit un peu talqueux, dur, provenant de la carrière des *Balmes,* commune de la Grave, arrondissement de Briançon.

Cette pierre est de couleur gris foncé ou bleuâtre. Sa hauteur d'assise est de toutes dimensions.

Balteus. — Mur qui séparait deux étages de gradins, dans un théâtre ou amphithéâtre romain.

Ce mur était percé de portes (*vomitoires*) donnant sur une galerie couverte, voûtée en arcade et faisant le tour de la *précinction* (voy. *Amphithéâtre*). C'est dans ce corridor obscur que les spectateurs circulaient, avant de pénétrer dans l'intérieur, pour gagner les places qui leur étaient assignées.

Balustrade, *s. f.* — 1° Suite de

Fig. 348.

balustres couronnée d'une tablette (fig. 348).

2° Clôture à hauteur d'appui présentant l'aspect d'une cloison à claire-voie.

L'usage des *balustrades* n'était pas connu des anciens ; on n'en voit aucun exemple dans les monuments de l'antiquité.

Au moyen âge, les architectes firent usage de *balustrades* intérieures et de *balustrades* extérieures. Les premières furent d'abord de simples murs d'appui ; ensuite, elles furent composées de colonnettes, de piliers avec arcatures à jour. Les secondes servaient de garde-fous aux chéneaux (voy. *Bahut*) et aux galeries de circulation construites aux différents étages.

Dans les monuments du xiiie siècle, ces appuis sont formés de pierres posées en délit et évidées ; les pleins sont

Fig. 349.

souvent des montants avec arcs tréflés (fig. 349) ou en ogive (fig. 350), ou bien

Fig. 350.

encore des trèfles, des quatre-feuilles, des triangles, des carrés posés sur la pointe.

Dans les xive, xve et xvie siècles, on composa les *balustrades* de panneaux de pierre, percés d'un ajour et séparés au joint par un montant, le tout couronné d'un appui (fig. 351) (1).

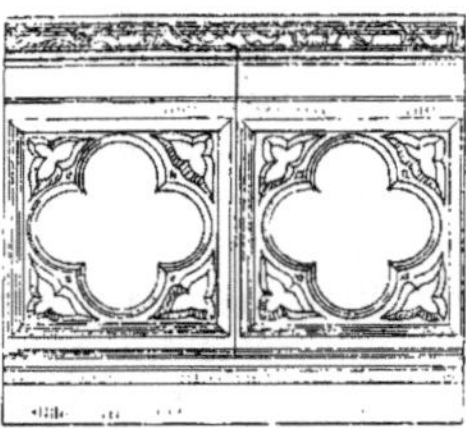

Fig. 351.

A partir du xv⁰ siècle, les attributs, les chiffres, les armoiries, les lettres sculptées entrent dans la décoration de ces membres d'architecture.

Aujourd'hui, les *balustrades* se placent autour des autels dans les églises, dans les baies de fenêtres, aux balcons, le long des terrasses et des toits, aux

Fig. 352.

rampes d'escaliers, etc... La figure 352 représente une *balustrade* placée devant un autel et contre laquelle les fidèles viennent s'agenouiller pour recevoir la communion. Ces clôtures sont munies de portes qui s'ouvrent soit sur le côté, soit dans le milieu, et leur hauteur est faible à cause de leur destination.

Nous signalerons ici l'abus que dans les temps modernes on a fait des *balustrades*. C'est ainsi que l'on en a souvent

(1) Viollet Le Duc, *Dictionnaire raisonné de l'architecture française.*

placé, comme acrotères, à la partie supérieure des édifices.

Cette disposition, outre qu'elle termine la construction d'une manière mesquine, lui donne de la lourdeur. De plus, le comble, qu'elle cache en partie, produit le plus mauvais effet ; il semble que l'on aperçoive un second édifice derrière la façade de celui que l'on considère. La *balustrade* suppose un édifice couvert en terrasse et sans toit ; il y a donc contradiction manifeste à joindre la *balustrade* au toit.

On appelle *balustrades feintes* ou *aveugles* celles qui sont pleines avec des ba-

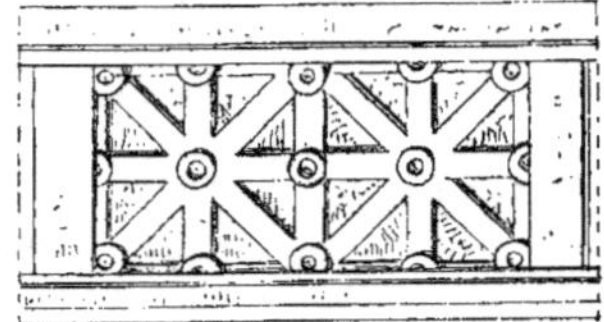

Fig. 353.

lustres ou des ajours formant saillie sur la pierre d'une portion de leur épaisseur (fig. 353).

3° On fait des *balustrades* en bois composées, soit de potelets qui s'assemblent

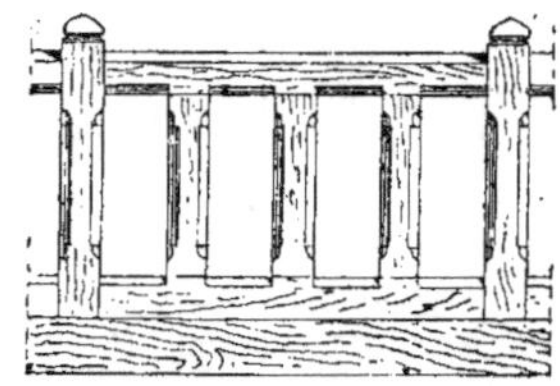

Fig. 354.

dans deux traverses horizontales (fig. 354), soit de traverses réunies par des

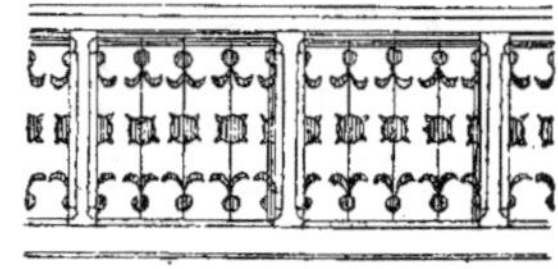

Fig. 355.

bois découpés (fig. 355 et 356). Les

constructeurs des xvᵉ et xviᵉ siècles en plaçaient à l'intérieur des édifices ou dans les endroits couverts.

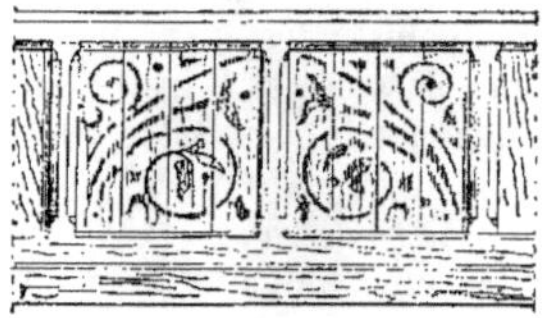

Fig. 356.

4° Les serruriers donnent le nom de *balustrades* aux balcons en fonte ou en fer forgé et à toute espèce de clôture ajourée et à hauteur d'appui (voy. *Balcon*).

Dans le métré des ouvrages, on évalue ainsi le prix d'une *balustrade* en pierre composée d'un socle, de balustres et d'un couronnement :

Le socle et l'appui se comptent au mètre cube et les balustres à la pièce ; ils se détaillent ainsi : pierre selon sa valeur, premiers parements et épannelages, transport chez le tourneur et retour au chantier après tournage, montage, ajustement et pose, déchet de casse, deux trous de goujons évalués à 0ᵐ,05 de taille.

Balustre, *s. m.* — Sorte de petite colonne en pierre ou en marbre (fig. 357) qui, reproduite un certain nombre de

Fig. 357.

fois, forme une suite couronnée par une tablette ou par une barre d'appui et que l'on appelle *balustrade* (voy. ce mot).

L'origine du *balustre* est due, sans doute, aux ouvrages en bois imaginés par la menuiserie, pour faire des appuis ou des barrières dans les lieux qui ne comportaient pas l'emploi d'une matière plus dispendieuse. Le marbre et la pierre ont été, plus tard, employés à imiter ce genre de support, et, dans les temps modernes, on a même associé cette invention à celle des ordres, en faisant participer le *balustre* aux proportions et à la décoration qu'on leur donne.

C'est ainsi que l'on a distingué cinq espèces de *balustres :*

Le *balustre toscan*, qui est le plus gros et le moins chargé de moulures ; le *balustre corinthien*, qui est le plus svelte et le plus décoré ; les *balustres dorique*, *ionique* et *composite*, dont les proportions et l'ornementation varient en raison des mêmes éléments dans ces divers ordres.

Une autre règle, prescrite par Blondel dans l'emploi des *balustres*, est la suivante : « Il faut observer que les *balustres* soient en nombre impair et que la distance qui les sépare soit égale à la moitié de leur plus gros diamètre, afin que le vide égale le plein. Il convient aussi de mettre une *alette* à chaque côté des piédestaux pour porter les extrémités de la tablette, au lieu d'employer un demi-*balustre*. La largeur de ces alettes doit être au moins de la moitié du plus gros diamètre du *balustre* et leur épaisseur doit avoir au moins un sixième de plus que la largeur du *balustre*. »

Outre les cinq espèces de *balustres* que nous venons d'énumérer, il y en a une grande variété, que la fantaisie a mis en usage. Nous citerons, parmi ceux

Fig. 358.

auxquels on a donné des noms particuliers : le *piédouche*, la *panse godronnée*, la *double poire simple*, la *double poire ornée*, le *balustre à ceinture*, le *rustique*, le *balustre* en *urne* et *cannelé*, à *retour*, en *vase*, etc.

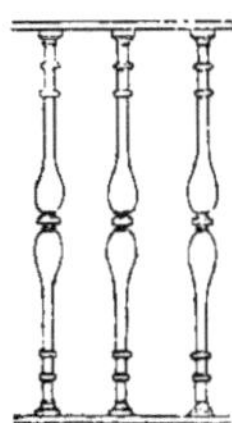

Fig. 359.

On fait aussi des *balustres* en bois ou en fer (fig. 358 et 359).

Dans les balustrades d'escalier, c'est-à-dire les *balustrades rampantes*, la tablette d'appui ou main-courante est inclinée, les *balustres* restent verticaux, leur chapiteau et le socle de leur piédouche s'engagent dans les plans inclinés

Fig. 360.

placés au-dessus et au-dessous (fig. 360)

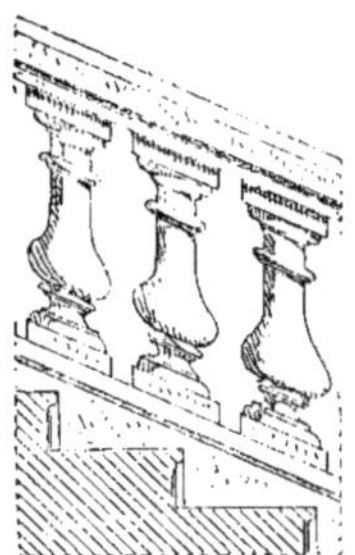

Fig. 361.

ou suivent la même direction (fig. 361).

On appelle encore *balustre*, *coussinet* ou *oreiller* la face de côté des volutes du chapiteau ionique.

SERRURERIE. — 1° Les rampes d'escalier, les balustrades intérieures se font quelquefois avec des *balustres* en fer ou en bronze fondu, ou ciselés à jour (voy. *Rampe*).

2° *Balustre de rampe* (voy. *Pilastre*).

3° Certains boutons et objets de quincaillerie sont profilés en forme de *balustres* (voy. *Poignée*).

Bambou, *s. m.* — Sorte de gros roseau des Indes qui acquiert jusqu'à 0^m,38 de grosseur à sa partie inférieure.

Les arbres de cette espèce s'élèvent droits et avec une grande rapidité ; ils sont fistuleux, et la cavité en est interrompue, de distance en distance, par d'épaisses cloisons situées au niveau des nœuds.

Les parois en sont d'autant plus épaisses que le *bambou* est plus gros ; elles sont constituées par un tissu ligneux à longues fibres, très-dense et rendu presque imputrescible par la grande quantité de silice dont il est imprégné (1). Doués, par conséquent, d'une structure très-solide et d'une grande légèreté, les *bambous* sont beaucoup plus élastiques et beaucoup plus résistants que ne le seraient des pièces de bois de même longueur et de même grosseur. Aussi les emploie-t-on, dans les pays qui les produisent, à une foule d'usages domestiques. Les grands servent, dans les habitations, de poutres pour les murs et de solives pour les planchers. On peut les fendre dans le sens de la longueur et en faire des planches, que l'on rend parfaitement planes par la compression. Les *bambous* de moindres dimensions sont employés pour faire des échelles, des claies, des lattis, des ustensiles de toutes sortes.

Il y a une espèce particulière, le *bam-*

____

(1) Moll, *Encyclopédie pratique de l'agriculture.*

bou noir de la Chine, qui est d'une taille peu élevée, mais qui vient très-bien dans le Midi de la France. Cette espèce, qui n'atteint guère qu'une hauteur de 2 mètres, pourrait être employée, dans les pays méridionaux, à former des clôtures autour des habitations et des jardins.

Banc, *s. m.* — 1° On donne ce nom à des sièges assez longs pour permettre à plusieurs personnes de s'asseoir.

Les *bancs* peuvent être simples ou doubles, libres ou à dossier, droits ou courbes.

L'usage des *bancs* remonte très-haut. Les anciens se servaient de *bancs* en pierre dans les *exèdres*, les gymnases, les palestres, les thermes, les théâtres, les cirques : ils n'ont pas seulement fait

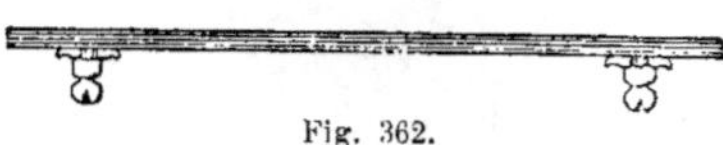

Fig. 362.

usage de *bancs* fixes, mais aussi de *bancs* mobiles, comme le témoigne le *banc* en bronze que l'on a trouvé dans les bains de Pompéi, et qui est représenté par la figure 362.

On utilisait ces sièges dans les endroits où un grand nombre de personnes étaient réunies : dans les salles de vente aux enchères, dans la salle des séances du Sénat, dans les lieux de réunion des tribunaux, pour les juges, les avocats, le demandeur et le défenseur, les témoins, etc.

Les premiers chrétiens eurent des *bancs* en pierre, dans les catacombes ;

puis ils en établirent dans les basiliques : il y avait notamment le *banc* semi-circulaire du *presbyterium* ou *abside* (voy. *Abside*).

Plus tard, on établit, le long des murs latéraux, une suite de *bancs* qui formaient comme un soubassement continu

Fig. 363.

tinu (fig. 363) ; il en fut aussi placé dans les promenoirs des cloîtres (fig. 364),

Fig. 364.

dans les chauffoirs des monastères ; les réfectoires, les salles d'étude des novices étaient pourvus de *bancs* en bois. Dans les maisons particulières, des *bancs* en pierre étaient disposés auprès de la cheminée ou bien sous le manteau même. Les ébrasements des fenêtres en étaient garnis dans un sens parallèle ou perpendiculaire (fig. 365 et 366) à la

Fig. 365.

face du mur. On en plaçait aussi au de-

Fig. 366.

vant des habitations ; la figure 367

Fig. 367.

donne l'exemple d'un de ces *bancs* muni

d'accoudoirs (1) ; il est à remarquer que, malgré la simplicité de leur construction, on les ornait toujours de quelque moulure élégante.

Dans l'architecture arabe, on remarque toujours des *bancs* massifs en pierre à la porte des mosquées. Les habitations particulières ont elles-mêmes fréquemment un siège monolithe voisin de l'entrée.

Ce n'est qu'à partir du XVIᵉ siècle qu'on commença à se servir de *bancs* en menuiserie dans les églises, et encore les réservait-on pour les chapelles particulières de familles nobles et pour les sacristies. Dès cette époque, on fit aussi des bancs en bois, en pierre, en marbre, pour les promenades publiques, les parcs, les jardins, etc.

Cet usage s'est conservé jusqu'à nos jours ; ces sortes de sièges sont pourvus

Fig. 368.

ou non de dossiers (fig. 368 et 369). Le modèle adopté pour les boulevards de

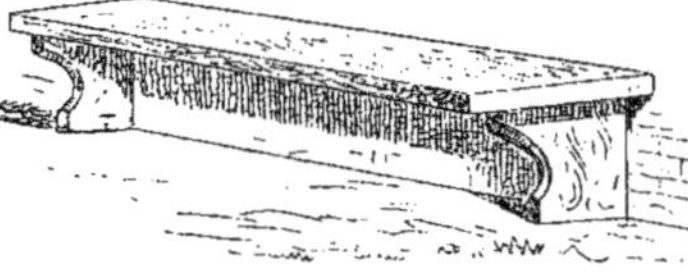

Fig. 369.

Paris a des supports en fonte de fer ornée, dont les pieds sont scellés sur un dé en pierre ; le *banc* est double ; le dossier est une planche étroite et le siège

(1) Viollet Le Duc, *Dictionnaire raisonné de l'architecture française.*

un madrier de chêne (fig. 370). Nous ajouterons à cet exemple un dessin per-

Fig. 370.

spectif, qui montre la forme des bancs installés dans le parc de Saint-Germain-en-Laye (fig. 371) et pour lesquels l'ar-

Fig. 371.

chitecte a employé du fer forgé ; ces bancs sont composés d'une planche épaisse en bois, fixée sur deux montants en fer et d'une barre formant dossier, maintenue dans une entaille ménagée au droit de chaque support.

Actuellement, les églises sont garnies de chaises ou de *bancs* en bois pour les fidèles. Souvent les *bancs* sont disposés pour servir à la fois de sièges et de prie-Dieu, comme celui que représente la figure 372 et qui est placé dans la crypte de Saint-Pierre de Montrouge, à Paris.

Législation. Il est défendu d'établir des bancs en saillie sur les trottoirs. (Ordonn. de police du 25 juillet 1862, art. 82.)

2° *Banc-d'œuvre* : On appelle ainsi, dans les églises, un *banc* qui est particulièrement réservé aux marguilliers pour les offices ; on le place en face de la chaire.

Fig. 372.

Au moyen âge, le *banc-d'œuvre* était formé de stalles et surmonté d'un dais sculpté. A partir du XVIe siècle, on l'entoura d'une enceinte en menuiserie.

On construit encore aujourd'hui des *bancs-d'œuvre* ; leur décoration doit s'al-

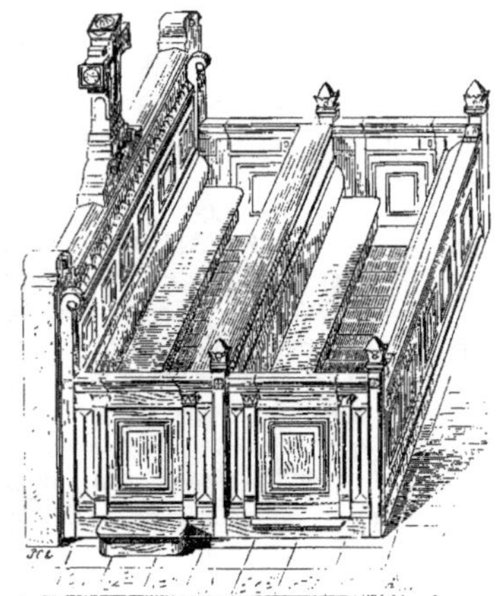

Fig. 373.

lier avec le style général de l'édifice. La figure 373 représente le *banc-d'œuvre* de l'église Saint-Pierre de Montrouge, à Paris.

3° MAÇONNERIE. On donne le nom de *banc* à la hauteur des pierres dans les carrières.

On appelle *banc de ciel*, le premier *banc*, celui qu'on laisse supporté par des piliers réservés dans la masse pour servir de ciel, de plafond à la carrière.

Banc-franc : L'une des pierres calcaires dures des environs de Paris. Le *banc-franc*, moins dur que la *roche*, est d'un grain plus fin, ce qui le fait confondre quelquefois avec le *liais*, qu'il remplace économiquement ; il ne renferme pas de parties coquilleuses. Son épaisseur de *banc* varie de 0^m,38 à 0^m,40 et elle atteint quelquefois 0^m,60. Il pèse en moyenne 2,200 kilogr. le mètre cube. Le meilleur *banc-franc* est celui d'Arcueil.

Banc-royal : 1° Pierre tendre de l'espèce dite de *Conflans* ; il est d'un usage fréquent à Paris, où on l'emploie pour les ouvrages qui comportent de la sculpture ; son grain est très-fin ; son épaisseur de *banc* va jusqu'à 0^m,80. Il pèse, en moyenne, 2,000 kilogr. le mètre cube. Les plus belles pierres de ce genre sont extraites des carrières de Conflans-Sainte-Honorine (Seine-et-Oise) ; on les a utilisées pour les chapiteaux de la Bourse, pour les frontons des églises de Notre-Dame de Lorette et du Panthéon, à Paris.

2° Une autre espèce de *banc-royal* est celle que l'on tire de l'Abbaye-du-Val ; c'est une pierre d'un grain très-fin et qui porte 0^m,60 de *banc*. Le mètre cube pèse 2,250 kilogr. On l'a employé pour l'entablement du Louvre et les murs de façade de la Bourse.

Banc vert (1) : pierre à grain grossier formé de parties hétérogènes, dont quelques-unes sont calcaires ; sa dureté est très-grande, sa couleur est grise mêlée de blanc, avec des points noirs. On l'extrait des carrières de Saillancourt, près de Pontoise.

(1) Th. Château, *Technologie du Bâtiment*.

Banche, *s. f.* — Sorte de moule en bois ayant la forme d'une caisse et qui sert à élever des murs avec la terre préparée à l'avance (voy. *Pisé*).

Bande, *s. f.* — CONSTRUCTION. 1° On donne ce nom à tout membre plat, uni et plus long que large : telles sont les parties plates des architraves, des chambranles, des archivoltes, etc. ; le nom technique, dérivé du latin *fascii,* est *fasces.*

Le nombre de *bandes* et leur disposition dans les architraves varient suivant les différents ordres. Le plus souvent la plus grande *bande* est au-dessus de la plus petite ; les anciens nous ont, toutefois, laissé des monuments dans lesquels cette disposition est renversée.

2° On nomme encore ainsi les assises de pierres de peu d'épaisseur, intercalées dans la construction de certains murs soit en briques (fig. 374), soit en

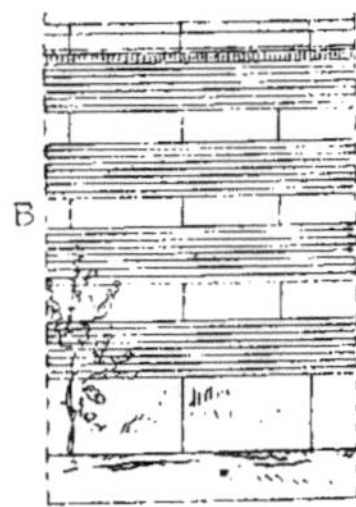

Fig. 374.

pierres de taille (fig. 375) ; dans ce

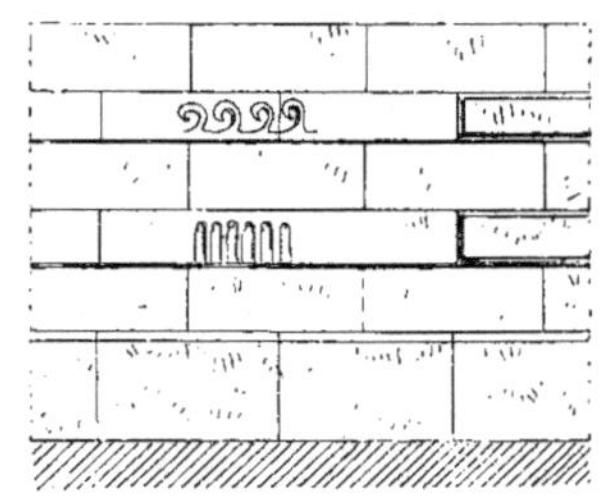

Fig. 375.

dernier cas, ces assises sont souvent décorées de divers ornements.

3° Les bandeaux en briques qui remplacent quelquefois les chambranles à moulures au pourtour des baies de portes ou de croisées, prennent aussi le nom de *bandes*.

4° On appelle *bandes* de colonne des espèces de bossages unis, pointillés ou vermiculés, dont on orne parfois le fût des colonnes ou des pilastres. Ces *bandes* sont bordées d'un listel ou d'autres moulures et peuvent être enrichies d'ornements (voy. *Bague*).

CARRELAGE. Ce nom s'applique aux dalles B, de pierre ou de marbre, qui encadrent un carrelage (fig. 376).

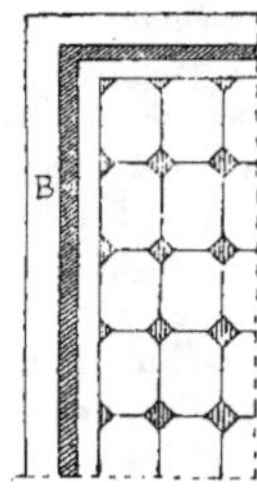

Fig. 376.

SERRURERIE. En général, tout ouvrage exécuté en fer plat :

1° *Bande de linteau :* barre de fer, carrée ou plate, remplaçant un linteau de bois, au-dessus d'une porte ou d'une croisée.

2° *Bande de trémie :* barre de fer plat, coudée à double équerre à chacune de ses extrémités (fig. 377), et qui s'accroche aux deux solives d'enchevêtrure

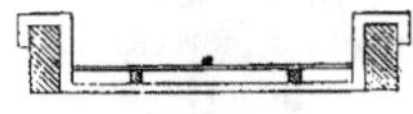

Fig. 377.

d'une trémie de plancher, pour soutenir les plâtres des âtres de cheminée, qu'on doit toujours isoler des charpentes.

3° *Bande de languette* (voy. *Barre*).

TENTURE. *Bandes* de papier ou de calicot que l'on colle sur les murs ou sur les endroits crevassés, avant d'appliquer le papier qui doit former la tenture.

Bandeau, *s. m.* — CONSTRUCTION. 1° Bande peu saillante, unie, moulurée ou ornementée, qui règne autour des édifices, soit pour marquer les divisions

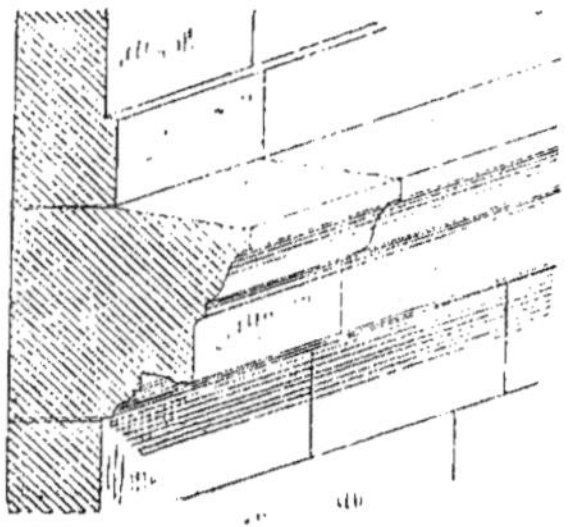

Fig. 378.

des étages (fig. 378), ou supporter la saillie des chambranles de fenêtres, soit pour rompre la monotonie des façades.

2° Plate-bande unie, en saillie sur le nu d'un mur et formant *chambranle* à l'entour d'une porte, d'une croisée ou d'une arcade.

Dans l'architecture du moyen âge, le *bandeau* est une assise de pierre de peu de hauteur, qui indique surtout une division d'étage, le niveau d'un sol : c'est

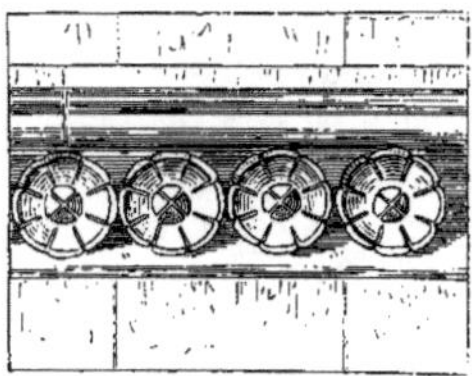

Fig. 379.

une *arase*. Il est généralement en pierre dure. La figure 379 représente un bandeau mouluré et orné de rosaces, du XII° siècle.

Dans le métré des ouvrages, on distingue les *bandeaux* en plâtre et les *bandeaux* en pierre. Les premiers se comptent au mètre linéaire sur $0^m,20$ courant de légers, sans plus-value d'angles ni d'amortissement, s'ils ne sont composés que de parties plates. S'ils sont moulurés, on les évalue comme moulures. Pour les *bandeaux* en pierre, le sous-détail ainsi que le présente le Dictionnaire raisonné du métré de M. Masselin est le suivant : 1° taille en pente du dessus et ragrément, au prix des moulures ; 2° ragrément sur la face, au prix des tapisseries ; 3° ravalement de la saillie du dessous, comme tapisserie seulement, s'il n'y a pas de larmier ; comme moulure, si le larmier est bien dressé et bien accusé.

MENUISERIE. Planche mince et étroite qui remplace une corniche, au-dessus d'un lambris de hauteur ; la rive de cette planche est taillée de façon à supporter toutes les inégalités des plâtres du plafond.

MARBRERIE. Petit renfoncement taillé entre deux moulures.

Bandeaux : ceintures saillantes sur le corps d'une colonne de poêle (voy. *Bague*).

Bandelette, *s. f.* — 1° Petite moulure plate, ayant à peu près autant de saillie que de hauteur, et comprise entre le *listel* et la *bande*. Elle surmonte l'architrave dorique et supporte les triglyphes de la frise (voy. *Triglyphe*).

2° Les serruriers appellent *bandelettes* des fers plats de petits échantillons ; on les nomme aussi *fers spatés*. Leur épaisseur est toujours très-petite, par rapport à leur largeur. On les vend par bottes.

Pour les limons et les mains courantes d'escalier, on emploie ces fers, qui ont d'ordinaire de 0^m,005 à 0^m,009 d'épaisseur, et de 0^m,016 à 0^m,018 de largeur, la longueur variant entre 2 et 4 mètres.

Bander, *v. a.* — CONSTRUCTION. 1° *Bander* un arc, une plate-bande, une voûte : signifie en assembler d'abord les voussoirs sur des cintres de charpente, poser la clef et décintrer.

Cette opération met en action l'équilibre de la voûte, équilibre obtenu au moyen de la poussée et de la butée.

2° On dit encore *bander une voûte,* c'est-à-dire diriger sa force dans un certain sens par la coupe des pierres qui la composent : ainsi, une voûte sphérique est *bandée* du centre à la circonférence.

Les voûtes doivent être *bandées* dans le sens de leur courbure pour qu'elles soient solides. Ainsi, une voûte en berceau, dont la courbure est uniforme, doit être *bandée* du même sens dans toute sa longueur, c'est-à-dire que les joints longitudinaux doivent suivre la même direction que les murs qui la supportent.

La voûte d'arête, étant formée par la rencontre de deux berceaux, chaque partie doit être *bandée* selon la direction de sa courbure. Il en est de même pour les voûtes en arc de cloître, les voûtes sphériques et toutes les autres voûtes dont la surface intérieure est courbe.

Les voûtes plates, plafonds et plates-bandes peuvent, au contraire, se *bander* en tout sens, selon la disposition des murs ou points d'appui qui les soutiennent. Par exemple, une voûte plate, supportée par deux murs ou deux pieds-droits, doit être *bandée* comme une voûte en berceau ou en arc. Une voûte plate, soutenue par plus de deux pieds-droits ou piliers isolés, se *bande* comme une voûte d'arête ; si elle repose à la fois sur tous les murs qui forment l'enceinte qu'elle recouvre, on la *bande* comme une voûte en arc de cloître ; enfin, elle est *bandée* comme une voûte sphérique, si elle est portée par une enceinte circulaire.

Les voûtes romaines, construites, pour la plupart, en blocage, c'est-à-dire au moyen de petites pierres mêlées au mortier et jetées pêle-mêle sur un cintre en bois qui leur servait de moule, ne devaient leur solidité qu'à la qualité du mortier, au moyen duquel elles ne formaient qu'un seul corps. Toutefois, ces voûtes, dès qu'elles atteignaient une certaine étendue, étaient exposées à des chances nombreuses de destruction, comme on le voit par le peu qui nous en reste, et encore les quelques exemples que le temps a respectés doivent-ils leur état de conservation à leur petite dimension et à leur épaisseur. Il en est aussi, parmi ces voûtes, qui se sont soutenues jusqu'à nos jours, parce qu'elles sont fortifiées, de distance en distance, par des arcs en briques qui se prolongent de droite et de gauche dans la voûte.

SERRURERIE. *Bander un ressort :* lui donner de la force.

Banne, *s. f.* — Toile placée au-devant d'une boutique pour garantir les marchandises du soleil : cette toile tient à la devanture par une sorte d'armature

Fig. 380.

(fig. 380). A Paris, la *banne* doit être établie au moins à 3 mètres au-dessus du sol, et la saillie ne peut excéder 1^m,50. (Ordonnance du 24 décembre 1823.)

Toutefois, en vertu de la décision du préfet de police du 15 février 1850 : 1° les *bannes* ou stores peuvent être tolérés à 2^m,50, s'il est reconnu que les localités ne permettent pas de leur donner plus d'élévation ; — 2° les *bannes* ou stores ne peuvent être garnis de joues, à moins d'une permission spéciale, qui n'est accordée qu'autant qu'il n'en résulte aucun inconvénient pour la circulation.

Enfin, l'article 85 de l'ordonnance de police du 25 juillet 1862, concernant la sûreté, la liberté et la commodité de la circulation, porte qu'aucune *banne* ne devra, dans sa partie la plus basse,

avoir moins de 2^m,50 d'élévation au-dessus du sol.

La *bâche* (voy. ce mot) reçoit aussi le nom de *banne.*

Banquette, *s. f.* — 1° Sorte de trottoir bordé de pierres, de pavés ou de briques et qu'on ménage pour les piétons le long d'une chaussée, d'un pont ou d'une rue.

La *banquette* n'a pas plus d'un mètre environ de largeur (voy. *Trottoir*).

2° Chemin, en forme de degré, pratiqué

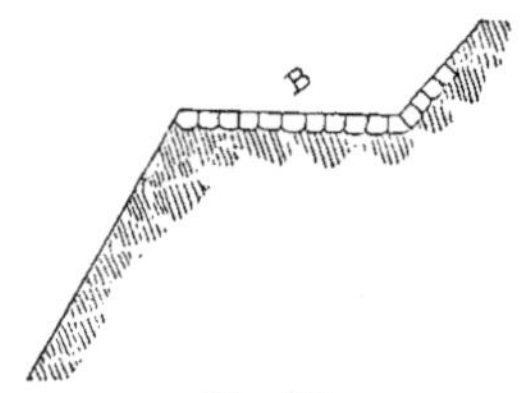

Fig. 381.

tiqué sur le talus d'une voie ferrée, en dehors de la couche de ballast (fig. 381).

On donne à la *banquette* un revers incliné du côté des terres et on la recouvre souvent de gazons posés à plat ou d'un pavage.

3° Les terrassiers donnent ce nom à des retraites ménagées dans la hauteur d'une fouille, pour y jeter les terres qu'on déblaie du bas, afin de les renvoyer

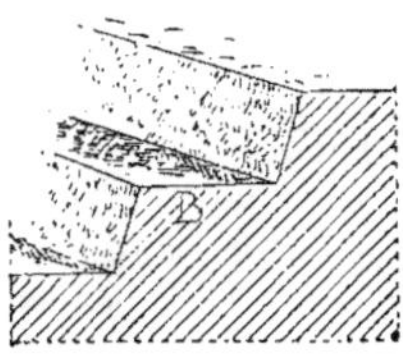

Fig. 382.

voyer de là sur le bord de la *berge,* ou bord de la fouille (fig. 382), et à des échafauds formés de boulins et de planches, qui servent au même usage (fig. 383).

Si la tranchée est profonde, on établit des *banquettes* à 2 mètres de distance verticale les unes des autres. Sur une hauteur de 5 mètres de fouille, on fait deux *banquettes* séparées de 1ᵐ,75. On distingue alors le *jet sur banquette* et le *jet sur berge* (voy. *Jet*).

Fig. 383.

ARCHITECTURE HYDRAULIQUE. Nom qui s'applique à de petits rebords pratiqués de chaque côté d'un canal d'aqueduc ou d'égout ; on peut y marcher pour les besoins du service, du nettoyage et des réparations (voy. *égout*).

ARCHITECTURE MILITAIRE. Espace qui règne le long du talus intérieur d'un parapet. On donne à cet espace 1ᵐ,30 de large pour permettre à deux rangs de tirailleurs de s'y placer.

Le chemin couvert est aussi muni d'une *banquette*.

Baptismaux *(Fonts)*. — Voy. *Fonts*.

Baptistère, *s. m.* — Ce mot vient de *baptisterium* qui, chez les Romains, désignait un bassin dans la *cella frigidaria* ou *frigidarium*, l'une des salles qui faisaient partie des bains publics ou privés. Le *baptisterium* était construit en pierre ou en marbre ; sa forme était circulaire ou demi-circulaire ; on y descendait par des gradins, et les dimensions en étaient assez grandes pour permettre à plusieurs personnes de se baigner à la fois et même d'y nager.

Nous donnons (fig. 384) le plan et la coupe du *baptisterium* des bains de

Pompéi (voy. *Bains*). Le bassin est circulaire ; son diamètre est de 3ᵐ,88 ; deux gradins y sont pratiqués, et il y a, au fond, un siège sur lequel le baigneur pouvait s'asseoir et se laver ; un conduit, partant du bas, servait à vider la

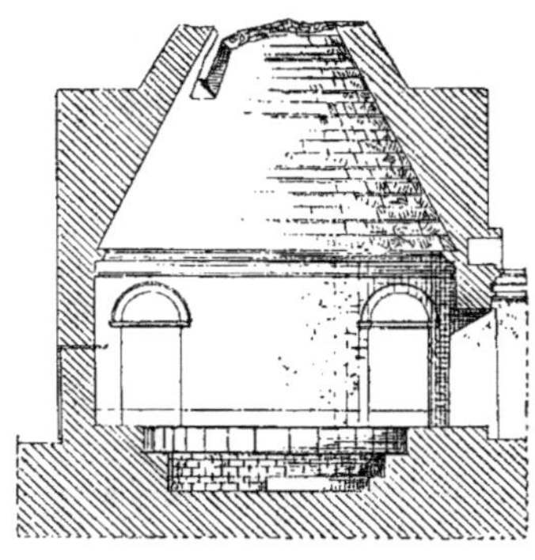

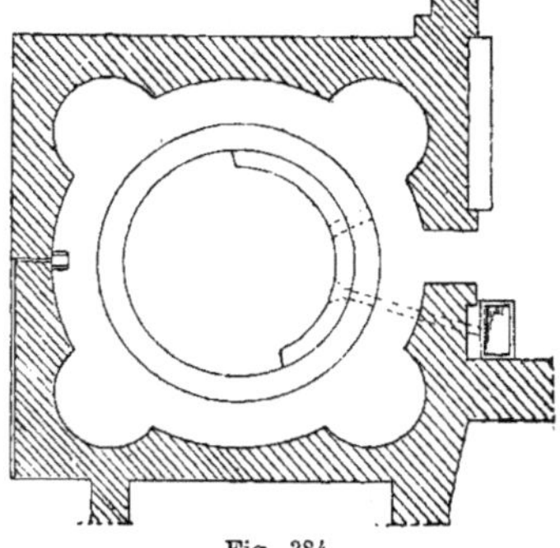

Fig. 384.

cuve ; un autre, placé en haut, recevait le trop-plein. Une voûte, appareillée par assises horizontales de tuf, était percée d'une ouverture oblique. On ne sait s'il n'y avait point une baie circulaire à la partie supérieure. A la naissance de cette voûte est une frise qui était ornée de bas-reliefs se détachant sur fond brun. Les murs étaient décorés de peintures ; le bassin et les gradins, revêtus de marbre. Les murs sont construits en tuf et en briques, comme la voûte.

Le nom de *baptistères* fut appliqué, par les premiers chrétiens, aux lieux où l'on administrait le baptême : c'étaient des édifices construits sur plan circulaire ou polygonal, au milieu desquels était placée une cuve de même forme ; on y descendait par des marches. Les *baptistères* octogones furent le type adopté définitivement pour les constructions de ce genre. Un grand luxe y fut déployé ; on les orna de colonnes, de sculptures, de peintures, de niches ou d'exèdres, d'autels pour la communion donnée aux fidèles après le baptême. Des petites chapelles y furent même ajoutées.

La figure 385 représente le plan du *baptistère* de Florence. Le bassin avait

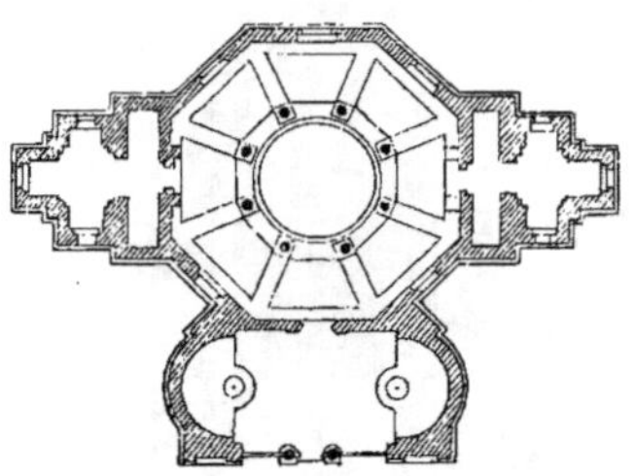

Fig. 385.

probablement, pour diamètre, toute la largeur comprise entre les huit colonnes indiquées sur la figure. Ces colonnes sont en porphyre, et placées à la distance de 5^m,12 des murs d'enceinte, formant portique intérieur. Elles supportent un second rang de colonnes de moindre dimension, qui soutiennent la partie supérieure de l'édifice. Un vestibule précède la salle consacrée au baptême ; il est orné de colonnes et de deux niches ou exèdres. Deux chapelles occupaient les côtés de la rotonde. Des ouvertures sont placées au-dessous de la toiture ; mais il est probable que la partie centrale était découverte, pour donner un jour suffisant. Les murs sont construits en tuf et en briques. La décoration est composée à l'aide de fragments antiques. Le vestibule est orné de marbres précieux ; les entrecolonnements latéraux sont fermés par des dalles en marbre jusqu'à mi-hauteur du

fût des colonnes ; les voûtes des exèdres sont décorées de mosaïques. Ce *baptistère* date du IVe siècle.

Parmi les édifices de l'architecture chrétienne auxquels on donne le nom de *baptistère*, un des plus célèbres est celui de Pise, dont la construction fut commencée, en 1153, par Dioti Salvi. Le plan de ce monument est circulaire (fig. 386) et l'ensemble présente l'aspect d'une grande rotonde élevée sur un sty-

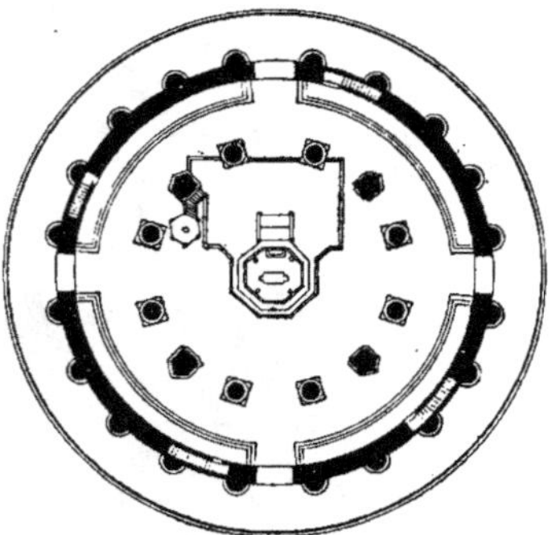

Fig. 386.

lobate à trois degrés, qui supporte deux ordres de colonnes corinthiennes engagées dans le mur. Ces colonnes soutiennent elles-mêmes des arcs en plein cintre ; celles qui appartiennent à l'ordre supérieur sont beaucoup plus nombreuses que celles de l'ordre inférieur ; ainsi, chaque arcade du premier ordre supporte deux colonnes du second (fig. 387). Au-dessus des arcs de ce dernier ordre est une espèce de couronne crénelée environnant tout l'édifice et composée d'une foule de triangles découpés à jour, au sommet desquels est une petite statue et une autre dans le milieu. Le tout est surmonté d'une coupole allongée dont le tambour est orné de pilastres qui soutiennent une seconde couronne disposée comme la première. La convexité de ce dôme est divisée en douze cordons qui vont se réunir au sommet, sur lequel est placée une statue de saint Jean-Baptiste. Des fenêtres avec frontons à jour sont pratiquées entre ces cordons ou filets. Tout l'édifice est de marbre ; la coupole est couverte en plomb. L'entrée est fermée par une belle porte en bronze. A l'intérieur, trois gradins sont disposés autour du monument et forment une sorte d'amphithéâtre qui facilitait aux spectateurs

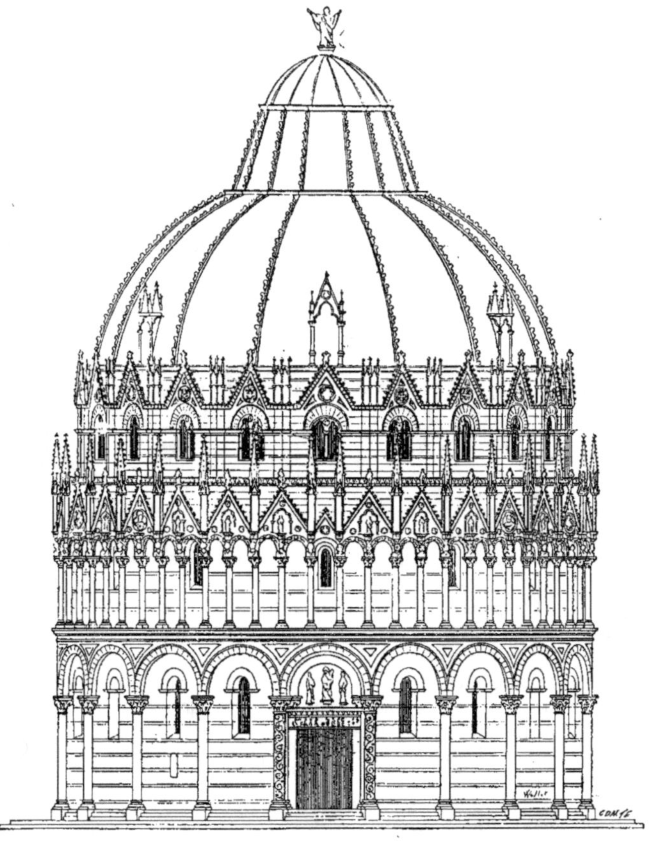

Fig. 387.

la vue des cérémonies du baptême, que l'on faisait au centre du *baptistère*. Deux portiques superposés entourent l'édifice. Le premier est formé de colonnes, le second de piliers. Au milieu du *baptistère* est une grande cuve octogone de marbre avec des rosettes sculptées sur les faces. Elle est élevée sur trois degrés et divisée en plusieurs compartiments ; le plus grand au milieu, les autres sur le pourtour. Il est probable que le prêtre se tenait dans la division du milieu, où il était à portée de baptiser successivement dans les autres divisions, qui formaient des cuves pleines d'eau dans lesquelles on plongeait les enfants.

D'abord isolés, ces édifices furent,

dans la suite, reliés aux basiliques par des cours entourées de portiques ; puis on les fit adhérents aux porches des églises, devant la porte principale. Ainsi placé, le *baptistère* nuisait à l'aspect de la façade ; on le construisit sur les côtés latéraux ; quelques églises eurent deux *baptistères*, pour séparer les sexes. Enfin, ces édifices se réduisirent à une simple cuve baptismale qu'on plaça à l'entrée de l'église, sous le porche, dans l'axe de la grande nef, et, plus tard, dans le bas-côté gauche.

Depuis le xie siècle, le *baptistère* n'est plus qu'une petite cuve en pierre, en marbre ou en plomb, placée dans une chapelle, à l'extrémité occidentale de la nef auprès du chœur (voy. *Fonts*).

Baqueter, *v. a.* — Epuiser avec une pelle, ou une écope, l'eau qui est dans une fouille.

Pour épuiser un bassin de peu de profondeur, on y place des hommes munis de seaux en cuir, ou en osier et toile imperméable. Les seaux sont vidés dans une rigole qui conduit l'eau au dehors.

Baraque, *s. f.* — Construction légère formée de poteaux reliés par des planches jointives ou par des remplissages en briques à plat ou sur champ. La couverture se fait en ardoises, en tuiles ou en planches avec papier goudronné.

Un ensemble de *baraques* forme un

Fig. 388.

baraquement. On en voit des exemples dans les camps permanents (fig. 388).

Il serait bon de donner à ce genre d'habitation des murs creux ou doubles, afin que l'intérieur ne fût pas exposé aux variations brusques de température. Il est essentiel d'y établir une ventilation facile et abondante.

Baras, *s. m.* — Résine grossière provenant du pin maritime et qui sert à faire des vernis communs.

Barbacane, *s. f.* — 1° Ouverture étroite et verticale que l'on ménage dans les murs de revêtement des terrasses,

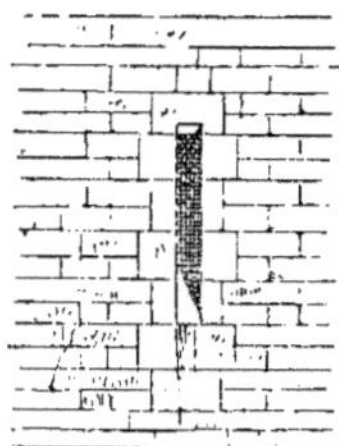

Fig. 389.

pour faciliter l'écoulement des eaux pluviales (fig. 389) ; ces eaux, s'infiltrant dans les terres, dégraderaient la maçonnerie, si elles ne trouvaient pas d'issue.

Les *barbacanes* s'établissent, de distance en distance, sur une même ligne horizontale ; si les terrasses sont élevées, on en dispose plusieurs rangs, de façon que ces ouvertures ne soient pas les unes au-dessus des autres.

2° Terme d'architecture militaire qui désignait, au moyen âge, un ouvrage de fortification en maçonnerie ou en bois, protégeant un point important, tel qu'un pont, une route, un passage, une porte. Dans ce dernier cas, la *barbacane* facilitait les sorties des assiégés. Le plan de cette défense était semi-circulaire.

A l'adoption des bouches à feu pour la défense et l'attaque des places la forme des *barbacanes* fut profondément modifiée et le nom même changea : l'ouvrage s'appela *boulevard* (voy. ce mot).

Barbe, *s. f.* — CHARPENTE. Quand deux pièces de bois se rencontrent à angle droit ou obliquement, celle qui porte la mortaise B (fig. 390) peut être déversée de telle sorte que l'une de ses

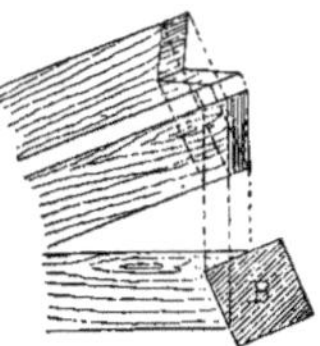

Fig. 390.

arêtes soit en désaffleurement avec l'arasement du tenon ; dans ce cas, on emploie le *joint en barbe* ou *double fausse coupe,* c'est-à-dire qu'on rachète ce désaffleurement par une seconde fausse coupe, en jonction avec la face en retour de celle du joint et formant un angle rentrant avec la première.

On appelle *barbe courante* B' (fig. 391) celle qui est parallèle au tenon ou qui désaffleure le morceau dans lequel est

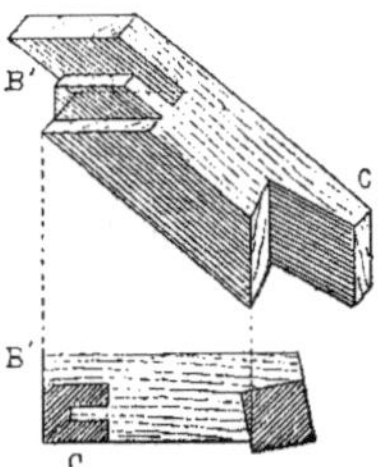

Fig. 391.

assemblée la pièce qui la porte C ; dans ce dernier cas, on *désaboute la barbe* suivant la face opposée à celle du joint C'.

La *double barbe* courante se nomme *gargouille* (voy. ce mot).

SERRURERIE. Petite saillie ménagée sur le côté d'un *pène* et contre laquelle s'engage le *panneton* de la clef, pour faire avancer ou reculer le pène.

Le nombre de *barbes* est égal au nombre des tours nécessaires pour fermer la *serrure* (voy. ce mot).

Barbelé, *adj.* — On dit qu'une pièce de fer, un scellement par exemple, est *barbelé* quand on l'a dentelée à coups de *burin* ou de *tranche.*

Bard, *s. m.* — 1° Sorte de brancard sans pieds (fig. 392), composé de deux barres de bois parallèles, reliées vers le

Fig. 392.

milieu par cinq ou six traverses plates. On s'en sert dans les constructions pour transporter à bras des fardeaux de pesanteur moyenne.

2° On nomme ainsi un chariot à deux roues sur lequel on transporte la pierre à pied-d'œuvre. Dans ce sens, *bard* est synonyme de *binard* (voy. ce mot).

Bardage, *s. m.* — Voy. *Barder.*

Bardeau, *s. m.* — 1° On donne ce nom à des planchettes de bois refendu,

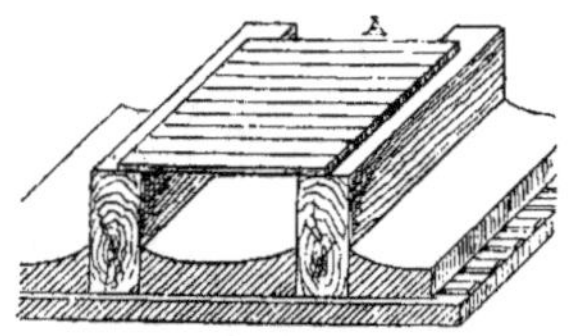

Fig. 393.

que l'on pose jointives sur les solives d'un plancher pour recevoir un carrelage, comme l'indique en A la figure 393.

Si l'on veut établir un parquet, on

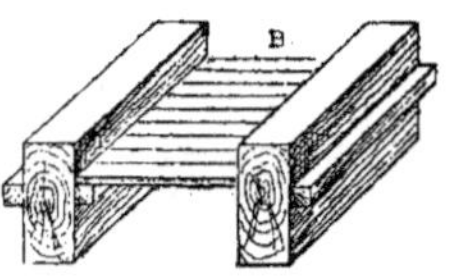

Fig. 394.

cloue les tasseaux le long des solives et

l'on pose entre elles les *bardeaux* B (fig. 394).

2° Ce nom s'applique aussi à de petites tuiles rectangulaires en bois de chêne, de châtaignier, de hêtre ou de sapin qui servent à la couverture dans certains pays.

On donne aux *bardeaux* de 0ᵐ,20 à 0ᵐ,30 de long, sur 0ᵐ,10 à 0ᵐ,15 de large ; leur épaisseur varie entre 0ᵐ,008 et 0ᵐ,02. On les emploie pour des couvertures très-inclinées. On les dispose comme la tuile, en les fixant à l'aide d'un clou ou mieux de deux clous, pour lesquels il est utile de faire les trous à l'avance, afin d'éviter la fente.

On leur donne différentes formes : leur partie inférieure est arrondie, en

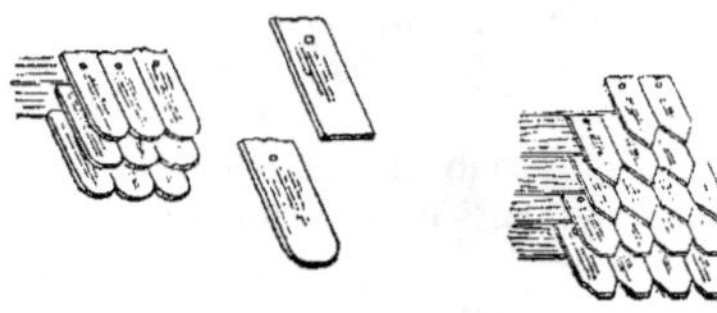

Fig. 395.

pointe ou à pans (fig. 395). Il est bon de tremper le *bardeau* dans du goudron, pour en augmenter la durée.

Les Romains ont appliqué ce genre de couverture. Les architectes du moyen âge l'ont employé pour les combles et même pour les pans de bois des maisons élevées avec économie.

Barder, *v. a.* — Charger et transporter les matériaux au lieu d'emploi, à l'aide d'un chariot appelé *bard* ou *binard* (voy. ce mot).

Il ne nous est guère parvenu de renseignements au sujet de la manière employée par les anciens pour *barder* les matériaux, et cependant nous devons croire qu'ils possédaient, à cet effet, de très-puissants moyens, si l'on en juge par les dimensions des blocs que l'on voit dans leurs constructions.

Les constructeurs de l'époque romaine faisaient le *bardage à l'épaule* ou *colli-*

nage, parce que les pierres d'appareil étaient de petit échantillon.

Du XIIᵉ au XVIᵉ siècle, alors qu'on employait des pierres de moyen appareil, le bard et la civière servaient à faire le *bardage.* Aujourd'hui, ces engins ne sont plus guère utilisés dans ce but que par les marbriers, les miroitiers et les bronziers.

Le *bardage* de la pierre comprend le transport des blocs à pied-d'œuvre et la mise en place, lorsque ces blocs ont été montés au niveau de l'assise où ils doivent être posés.

Le transport à pied-d'œuvre se fait par plusieurs moyens : 1° on charge la pierre taillée sur un chariot à deux roues, appelé *binard* (voy. ce mot) ; 2° on procède par *abatage,* c'est-à-dire en faisant faire quartier aux blocs, à l'aide de pinces, de leviers ou de crics ; 3° on *barde* au rouleau, lorsque le sol est bien aplani, et, à cet effet, on le recouvre souvent de plats-bords. Les rouleaux, étant légèrement fuselés, ne portent que sur le milieu, et ce seul point de contact facilite le transport en supprimant une large part du frottement. On peut, en outre, modifier, à chaque instant et d'une manière très-simple, la direction du frottement, en frappant avec un maillet de bois sur l'une des extrémités du rouleau de tête, qui pivote alors sur lui-même.

Le *bardage* au rouleau sur plan incliné ascendant, se fait ainsi : des ouvriers placés derrière le bloc le font avancer à l'aide de pinces, pendant que d'autres le tirent avec une corde ou au moyen d'un treuil. S'il s'effectue sur un plan incliné descendant, le *bardage* s'opère inversement ; la pierre est retenue, et on laisse aller peu à peu de manière à faire avancer le bloc.

Le *bardage* des pierres montées au niveau de l'assise dont elles doivent faire partie s'exécute également au rouleau.

Bardeur, *s. m.* — Ouvrier employé à faire des *bardages.*

Barillet, *s. m.* — Boîte qui renferme le ressort d'un *loqueteau* (voy. ce mot).

Barlotières, *s. f. pl.* — Traverses de fer de plus petite dimension que la traverse dormante et formant les divisions des fenêtres.

Barradine, *s. f.* — On donne ce nom, dans les constructions rurales, à des fossés pratiqués en écharpe sur le flanc des montagnes pour recueillir les eaux pluviales et les écouler avec une faible pente.

L'établissement de ces fossés a pour objet d'empêcher le sol cultivé d'être raviné, puis entraîné par les eaux. On leur donne, comme profil, la forme d'un arc de cercle et on gazonne leurs bords avec soin. Comme pente, on ne leur donne guère plus de 0^m,004, par mètre, afin d'éviter, d'une part, l'érosion que produit un courant trop rapide, et, d'autre part, afin que les terres entraînées dans la *barradine* y restent déposées, au moins en partie, au lieu d'être entraînées de celle-ci dans l'évacuateur ou collecteur, qui reçoit les eaux de tous ces conduits.

M. Charles Barbier, dans l'*Encyclopédie pratique de l'agriculteur*, pose les règles suivantes : il faut : 1° que chaque *barradine* puisse écouler toute l'eau qu'elle reçoit sans la déverser par ses bords ; 2° que d'une *barradine* à l'autre les eaux n'aient pas le temps de se réunir et de raviner.

L'ensemble de ces canaux constitue une série échelonnée de fossés se prêtant, avec la pente indiquée, à toutes les inflexions de la surface.

Un collecteur, dirigé obliquement ou normalement à leur profil longitudinal, reçoit successivement les eaux des *barradines* et les conduit dans un *évacuateur* au dehors de la pièce ainsi coupée de fossés. Si ce collecteur n'a qu'une faible pente, on revêt simplement de gazon le fond et les parois ; mais, plus souvent, on exécute ce revêtement en pierres sèches (fig. 396), les parois ayant

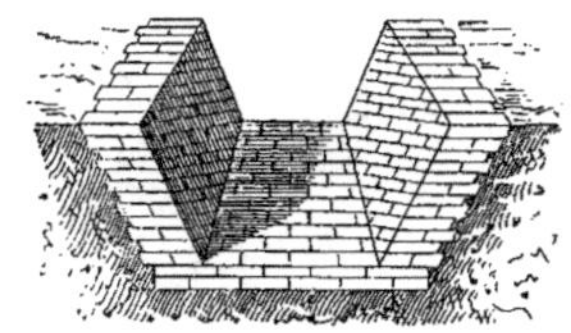

Fig. 396.

une épaisseur et un fruit suffisants pour maintenir la poussée des terres. Il est bon de donner à ce canal un large évasement ; quant à sa profondeur, elle doit être calculée sur la masse d'eau qu'il reçoit et en prévision des plus forts orages. Si le terrain s'y prête, on peut racheter les fortes pentes par des chutes.

Le collecteur aboutit à un ravin, un fossé de chemin, un *boitout* ou un cours d'eau.

Dans les contrées où l'usage des *barradines* est ancien, la servitude est prescrite pour le passage du collecteur à travers les terrains étrangers. Le propriétaire traversé entretient le conduit sur son terrain. Les changements de direction et les créations sont résolus en commun et les indemnités, s'il y a lieu, se règlent à l'amiable. Mais, dans les régions où l'on veut introduire cette méthode, on peut redouter certaines résistances au passage du collecteur de la part des propriétaires inférieurs. Ceux-ci pouvaient, en effet, il y a une trentaine d'années, en invoquant l'article 640 du Code civil, s'opposer, d'une manière formelle, à recevoir des eaux à l'écoulement desquelles la main de l'homme avait contribué.

La loi du 10 juin 1854, confirmant et développant celle du 29 avril 1845, a son article 1er ainsi conçu : « Tout propriétaire qui veut assainir son fonds, par le drainage ou tout autre mode d'assèchement peut, moyennant une juste et préalable indemnité, ou conduire les eaux souterrainement ou à ciel ouvert, à travers les propriétés qui séparent ce fonds d'un cours d'eau ou de toute autre voie d'écoulement. »

Or, il est certain que les *barradines* n'ont pas seulement pour but d'empêcher la dénudation, le ravinement du sol ; elles ont aussi pour résultat de l'assainir, de l'assécher ; elles rentrent donc dans l'expression générale *tout autre mode*, la loi n'ayant pas spécifié ni limité les moyens d'assèchement.

Barrage, *s. m.* — Digue établie en travers d'un cours d'eau, afin d'élever le niveau en amont, soit pour les besoins de la navigation, soit pour former une chute destinée au service d'une usine. L'eau, s'élevant en amont, arrive à dépasser la crête du *barrage* et tombe en déversoir (voy. ce mot).

Le *barrage* est *fixe* et construit en maçonnerie, ou *mobile* et formé de poutrelles superposées.

Les *barrages* fixes sont à *paroi verticale* ou à *paroi inclinée* du côté de l'*aval*. Dans le premier cas (fig. 397), le mur qui forme la construction doit

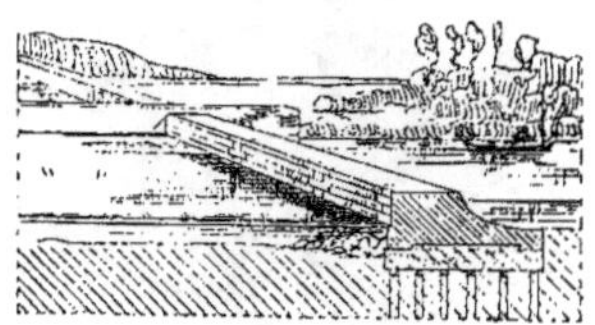

Fig. 397.

avoir une épaisseur égale à sa hauteur ; un encaissement en moellons recouverts d'une couche de terre glaise le garantit du côté de l'amont ; les fondations sont descendues jusque sur le terrain solide.

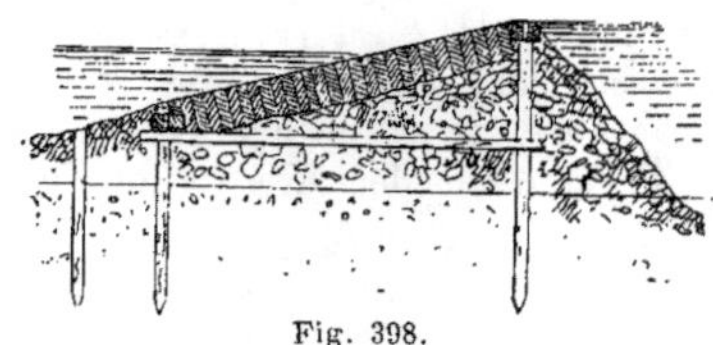

Fig. 398.

Dans les *barrages* à paroi inclinée, comme le montre la figure 398, le revê-

tement est un mur en pierres de taille ; l'encaissement existe toujours en amont ; la pente est beaucoup plus allongée du côté de l'aval, pour faire perdre au courant de sa force, et même, ordinairement, on termine la partie inférieure par une plate-forme en maçonnerie, où on laisse dépasser la tête des pieux. On fait aussi des *barrages* de direction oblique à la rivière ; le débit est plus grand ; leur avantage est sensible dans les fortes crues.

Les *barrages mobiles*, composés de poutrelles superposées dans un sens perpendiculaire à la rivière, permettent d'élever ou d'abaisser à volonté la crête du *barrage* ; il suffit d'ajouter ou d'enlever l'une de ces poutrelles.

D'autres systèmes sont appliqués, qui permettent de supprimer presque instantanément le *barrage* sur tout ou partie de la largeur de la rivière ; tels sont le *barrage à aiguilles* dû à M. Poirée; le *barrage* de l'ingénieur Thénard, composé de deux séries de portes qui s'abattent sur le radier, les unes d'amont en aval, et les autres en sens inverse. On préfère à ces différents systèmes, hors des cas exceptionnels les *barrages à écluses* (voy. *Écluse*).

Barre, *s. f.* — On donne ce nom, en général, à toute pièce de bois ou de métal, longue, étroite et de faible épaisseur.

En menuiserie, on appelle spécialement *barre* une tringle ou portion de planche brute ou corroyée qu'on cloue ou que l'on encastre sur des parties de menuiserie qu'il faut relier entre elles.

Les *barres* sont désignées diversement, suivant leur destination.

1° *Barre à queue :* petite barre de bois embrevée à queue d'aronde derrière un panneau, pour relier entre elles les planches qui le composent.

La même désignation s'applique aux emboîtures qui ont une forme semblable à celle d'un jet d'eau de croisée et que l'on place quelquefois au bas des portes pleines.

2° *Barre de fourneau :* bande de fer plat qui sert à maintenir le dessus du fourneau composé de briques ou de carreaux. Cette *barre* épouse la forme du fourneau, et ses extrémités sont scellées dans le mur contre lequel il est adossé.

3° *Barre d'appui : barre* de fer ou de

Fig. 399.

bois qui est scellée à hauteur d'appui entre les tableaux d'une baie (fig. 399).

La *barre d'appui* en fer est recouverte, soit d'une plate-bande en fer, soit d'une tringle en bois moulurée. Les balcons et les rampes d'escalier sont surmontés de *barres* d'appui. Lorsque, dans le métré, on veut évaluer le prix d'une *barre d'appui,* on distingue deux cas : 1° cette *barre* est isolée ; 2° elle est placée sur un balcon de fonte ou de fer. Dans le premier cas, on compte : deux trous et scellements, évalués d'ordinaire à $0^m,10$ de profondeur ; puis le montage, la pose et mise à niveau de cette *barre d'appui,* travail habituellement exécuté par le maçon et que l'on évalue à $0^m,08$ de légers. Dans le second cas, on ne compte pas ce travail parce que les trous que l'on pratique pour la traverse haute du balcon servent, en même temps, pour la *barre d'appui.* Quoi qu'il en soit, il importe de distinguer si le trou est fait dans le moellon, la meulière, la brique ou la pierre. En effet, les trous et scellements dans le moellon sont payés 1/100 de léger par chaque centimètre de profondeur ; ceux en meulière sont payés moitié en plus et ceux en brique ou pierre sont évalués en taille,

à raison de 1/100 de taille par chaque centimètre de profondeur du trou. Le scellement, compté à part, dans ce dernier cas, est évalué à un demi 1/100 de léger par chaque centimètre de profondeur (1).

4° *Barre de trémie* (voy. *Bande*).

5° *Barre de languette : barre* de fer plat ou carré : 1° qui repose par ses extrémités sur les jambages d'une cheminée, pour supporter la languette de face : 2° qui soutient une ventouse.

6° *Barre de fermeture : barre* de bois ou de fer qui sert à consolider une clôture, soit les volets d'une croisée, soit les contrevents d'une boutique. Dans ce

Fig. 400.

dernier cas, la *barre* est une bande de fer plat qui s'engage, par ses extrémités, dans des gâches où elle est maintenue par des boulons avec clavettes (fig. 400).

Les portes à un vantail peuvent se clore par une *barre* en bois, qui glisse sur la face intérieure et rentre dans une

(1) Masselin, *Dictionnaire du métré.*

entaille pratiquée dans l'ébrasement (fig. 401).

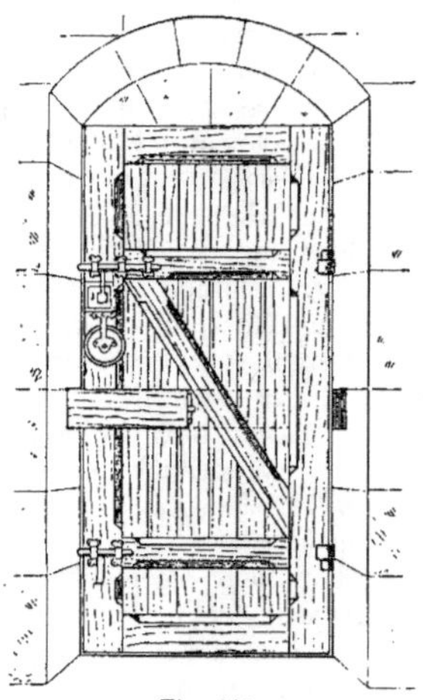

Fig. 401.

Les portes charretières à deux vantaux ont parfois une *barre de fermeture* en bois qui pivote sur un axe (voy. *Bascule*). Quelquefois la *barre* est fixée horizontalement sur l'un des vantaux et vient battre sur l'autre ; elle est maintenue, à

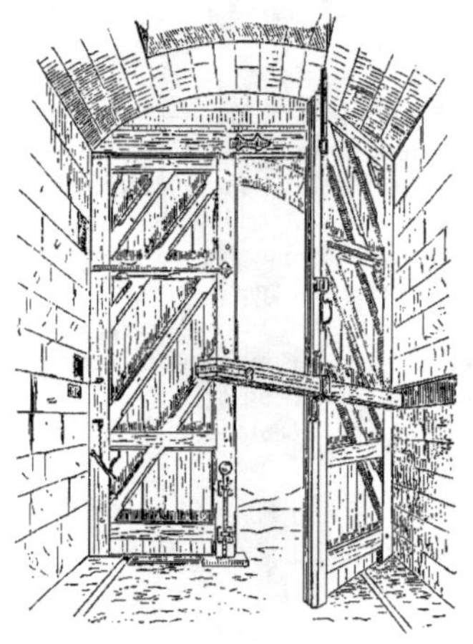

Fig. 402.

son extrémité, par une clavette qui traverse deux pitons (fig. 402). Ces sys-

tèmes ont été appliqués au moyen âge (1).

On emploie en outre, aujourd'hui, la *bascule à auberonnière*, comme *barre de fermeture* (voy. *Bascule*).

7° *Barre de linteau* (voy. *Bande*).

8° *Barre d'écurie* ou *barre volante :* morceau de bois cylindrique de 2^m.30 de long servant de séparation entre les chevaux. Dans une écurie il importe, si l'on veut se conformer aux règles de l'hygiène, de donner à chaque cheval une *stalle* (voy. ce mot) formée, soit par deux cloisons en planches ou deux barres de bois dites *barres d'écurie*. En effet, les plus forts ou les plus hardis de ces animaux portent toujours préjudice aux faibles, en les privant tantôt d'une partie de leur ration, tantôt d'une portion de l'espace qui leur est réservé pour se livrer au repos ; les séparations ont également pour but d'empêcher les chevaux de se battre et de se blesser par les ruades.

En Angleterre, on fait quelquefois des *barres* en fonte, que l'on prétend plus durables, mais aussi elles sont plus coûteuses, se brisent plus facilement et peuvent occasionner de graves accidents.

Les *barres* en bois sont préférables à tous égards et offrent d'ailleurs une durée suffisante. Il faut qu'elles soient cylindriques ou arrondies pour éviter les blessures que causeraient certainement de vives *arêtes*. Mais, il importe de disposer ces *barres* de manière à ce qu'on puisse facilement les détacher ou les faire tomber quand les chevaux, en ruant, se les mettent entre les jambes. On a donc cherché, pour les lier à leur corde de suspension, des moyens qui permettent de les en séparer avec promptitude.

Ordinairement, cette *barre* est fixée, d'un côté, à la mangeoire par un crochet et un anneau : de l'autre, elle est soutenue par une corde ou une

(1) Viollet Le Duc, *Dictionnaire raisonné de l'architecture française.*

chaîne attachée à une solive du plafond ou à un pilier enfoncé dans le sol (fig. 403).

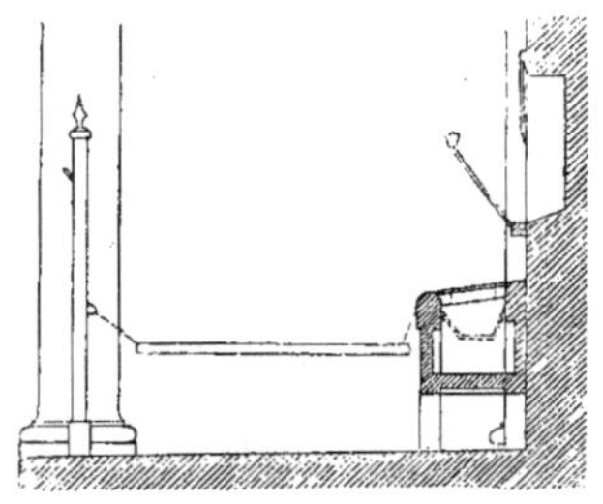

Fig. 403.

On a voulu aller plus loin et le problème que l'on s'est proposé de résoudre peut se formuler de la manière suivante : faire en sorte qu'un cheval, ayant la *barre* entre les jambes, puisse se dégager lui-même par le plus petit poids de son corps. La figure 404 repré-

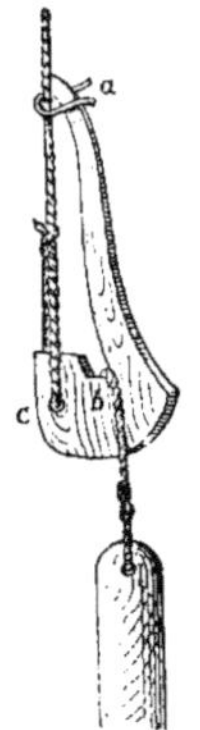

Fig. 404.

sente le système de *sauterelle* (voy. ce mot) imaginé par M. de Bourblan et donné par M. Moll, dans *l'Encyclopédie pratique de l'agriculteur*. Cette attache comprend : un crochet de bois de 0ᵐ,30 de longueur et un anneau brisé ouvert au point *a*. En pesant sur le point *b*, le cheval agit comme un levier par rapport au point *c* : les branches de l'anneau

s'écartent et la sauterelle dégagée fait bascule ; la *barre* tombe et l'animal se trouve débarrassé sans autre secours. Il faut, toutefois, que le jeu de l'anneau ne soit pas assez facile pour que le moindre mouvement imprimé à la *barre* suffise à son écartement et en provoque la chute sans nécessité.

Dans tous les cas, la *barre* doit être promptement relevée.

Quant à l'élévation à laquelle ces *barres* doivent être placées, on fait en sorte que, par devant, elles partagent également l'avant-bras du cheval dans son milieu ; par derrière, elles doivent être 10 ou 12 centimètres environ au-dessus du jarret.

Il est bon, pour amoindrir les effets de la *barre*, de l'entourer, dans le tiers de sa longueur, d'une couche plus ou moins épaisse de paille que l'on recouvre d'une tresse en paille également formant enveloppe. On peut encore suspendre à la *barre* un paillasson contre lequel les coups de pied viennent s'amortir.

9° On appelle encore *barre*, dans un tribunal, la cloison élevée à hauteur d'appui qui ferme l'enceinte réservée aux juges.

Barreau, *s. m.* — Nom qui s'applique à toute barre de bois ou de métal faisant partie d'une clôture, soit que cette barre soit scellée par ses abouts, pour empêcher le passage par une baie de croisée ou par un soupirail ; soit que, réunie à d'autres barres, elle compose une grille, une rampe ou une balustrade de balcon.

Dans ce dernier cas, les *barreaux*

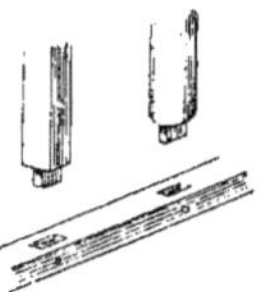

Fig. 405.

sont ordinairement en fer et sont reliés

entre eux par des traverses, la jonction se faisant souvent, comme le montre la figure 405, au moyen de tenons que traverse une goupille. Dans le cas d'une grille, les *barreaux* ou montants sont généralement encastrés haut et bas dans des traverses munies de trous affectant la

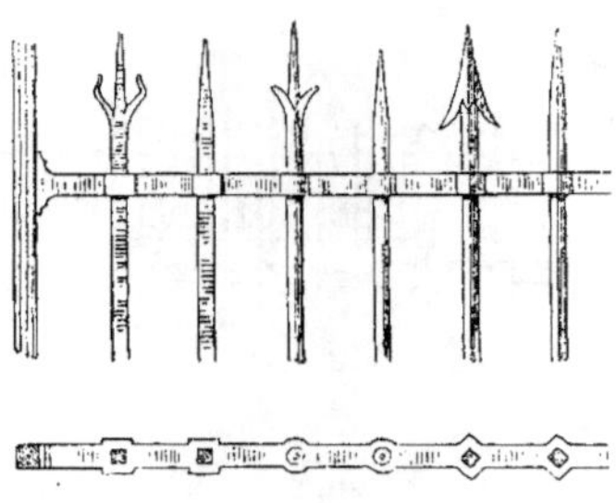

Fig. 406.

forme carrée ou circulaire, suivant la section même de ces montants (fig. 406).

On appelle *barreau montant de côtière* celui qui soutient une porte de fer, et *barreau montant de battement* celui où l'on fixe la serrure (voy. *Battement*).

Barrière, *s. f.* — 1° On appelle ainsi des clôtures à claire-voie et à hauteur d'appui formées de poteaux sur lesquels sont assemblées des traverses ou *lisses* et qui se placent ordinairement autour des cours ou devant les maisons. On donne plus spécialement ce nom aux portions de ces clôtures qui s'ouvrent pour donner passage. Elles sont composées de deux parties, l'une fixe, formée de poteaux qui soutiennent la *barrière*, l'autre mobile, la *barrière* elle-même.

Ces ouvrages de charpente peuvent être isolés, par exemple, s'ils sont placés en travers d'un chemin, ou s'ils ferment l'entrée d'une cour, un passage à niveau sur une voie de chemin de fer, etc.

La *barrière* la plus simple, qui était en usage au moyen âge, est représentée par la figure 407 ; c'est une barre ou lisse munie, à l'une de ses extrémités,

d'un contre-poids servant à la relever et qui s'abaisse au moyen d'une chaîne. Aujourd'hui, dans les *barrières* à bas-

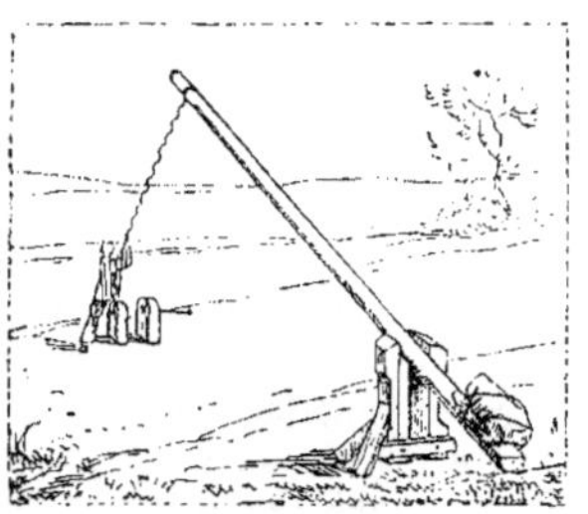

Fig. 407.

cule employées dans les chemins de fer, le contre-poids est généralement un sabot en fonte.

La *barrière à lisse glissante* (fig. 408) est composée de trois poteaux méplats, dans lesquels on perce des mortaises,

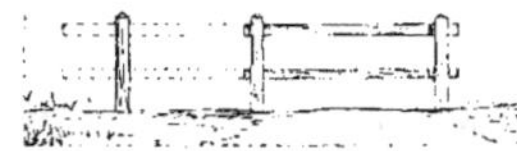

Fig. 408.

pour recevoir deux ou plusieurs traverses horizontales, qu'on y fait glisser séparément et qu'on arrête par des chevilles ou par une serrure.

Les *barrières à pivot* sont à un vantail ou à deux vantaux. Dans le premier genre, nous citerons, parmi les plus simples, les *barrières à lisse pivotante*, composées, soit d'une lisse doublée à l'une de ses extrémités avec contre-poids et tournant horizontalement au-

Fig. 409.

tour de la tête arrondie du poteau (fig. 409), soit d'un montant, d'une traverse et d'une écharpe ou lien (fig. 410). Cette dernière clôture est suspendue au poteau à l'aide de deux paumelles. La

Fig. 410.

lisse pivotante et à contre-poids peut être munie de barres verticales que relie une traverse inférieure, comme le montre la figure 409. Dans l'exemple que nous donnons, la pièce de bois pivote sur un poteau muni d'un goujon qui s'insère dans un trou qu'on y perce.

La figure 411 est celle d'une barrière

Fig. 411.

en charpente ayant deux montants inégaux et une écharpe qui donne plus de solidité à l'assemblage.

Les *barrières* à deux vantaux sont préférables quand le débouché servant au passage dépasse 3ᵐ,50. La figure 412 représente une *barrière* formée de deux

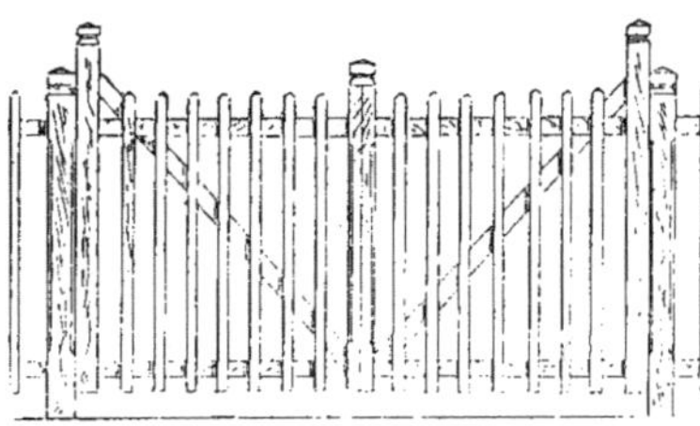

Fig. 412.

châssis en charpente, sur lesquels sont rapportées des lames verticales ; une écharpe relie les montants et les traverses. La fermeture se fait ainsi : un des vantaux est arrêté par un verrou long, et l'autre vantail s'y rattache à l'aide d'un collier ou d'un verrou horizontal.

Les *barrières* des passages à niveau des chemins de fer sont à un vantail ou à deux vantaux ; elles s'ouvrent quelquefois sur la voie pour la clore de chaque côté et empêcher les voitures de s'écarter à droite ou à gauche. Ces *barrières* sont souvent composées (fig. 413)

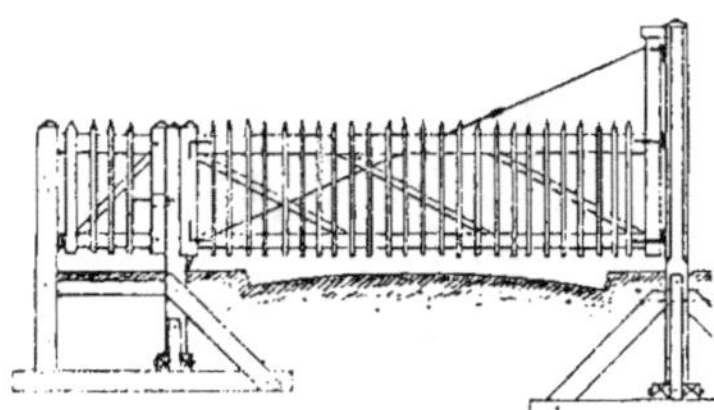

Fig. 413.

d'un vantail supporté à une extrémité par un poteau tourillon et, à l'autre extrémité, par un tirant en fer qui vient se relier audit poteau. La charpente du vantail est formée par deux cours de madriers moisant une série de contre-fiches. A côté du vantail est un portillon pour le passage des piétons.

Quand la ligne traverse une route d'une grande largeur, ou bien quand elle coupe un chemin, sous un angle très-aigu, on établit ordinairement des *barrières* roulantes, parallèles à la voie,

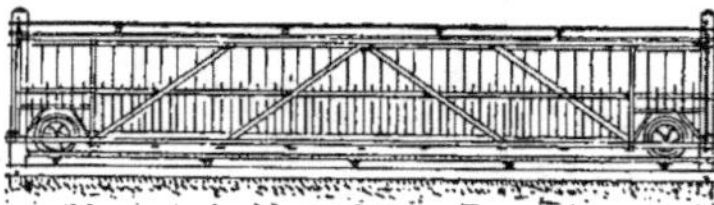

Fig. 414.

avec *contre-barrières*. On les fait en bois (fig. 414) ou plus généralement en

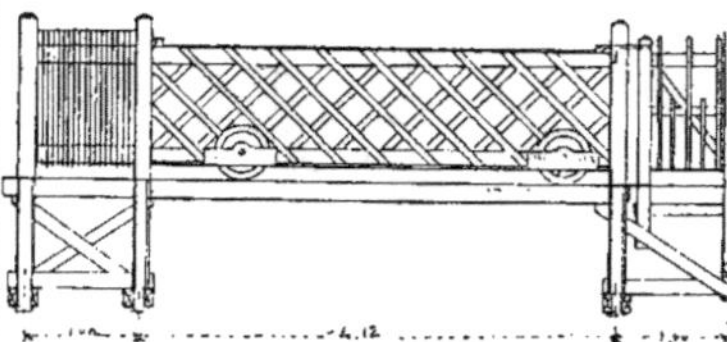

Fig. 415.

fer (fig. 415). Dans le premier cas, ce sont des châssis en charpente dont les traverses sont réunies par des liens ou écharpes boulonnés, et des montants de remplissage garnissent l'intérieur ; dans le second cas, ce sont des cadres en fer dont le bord extérieur est serré entre deux cornières et recouvert d'une plate-bande. L'intérieur est rempli par un croisillonnement en fer à cornières maintenu par des rivets. La *barrière* repose, à chaque extrémité, sur une petite roue en fonte roulant sur un guide longitudinal formé d'un fer à U, noyé dans un madrier en bois.

Les poteaux qui servent de soutien aux *barrières* doivent être en bois dur ; on les enfonce en terre assez profondément. Ils sont percés de part en part pour recevoir la tige des gonds. Si l'on appuie les *barrières* sur des piliers ou des encoignures de murs, il faut que ces parties soient très-solidement maçonnées. Les pentures ou les gonds sont les modes de suspension employés. Pour les barrières très-lourdes, on place un pivot tournant sur une crapaudine à la partie inférieure et un gond renversé avec une penture à la partie supérieure.

Les anciens Grecs construisaient des *barrières* autour des stades : les Romains en plaçaient dans les cirques, les amphithéâtres et autour des camps. Au moyen âge, on appelait *barrières* des ouvrages de fortification placés en avant des portes de villes : c'étaient des palissades avec parties mobiles.

On établissait aussi des *barrières* sur les routes pour la perception des droits de péage, dans les jeux publics pour maintenir la foule, dans les tournois, au milieu de la lice, pour servir au combat dit *à la barrière*. Plus tard, les villes eurent, à leur entrée, des *barrières* destinées à faciliter la perception des droits d'octroi sur les denrées. On en a fait de monumentales, comme celles construites par Ledoux, à Paris, et qu'on a abandonnées depuis 1860 (voy. *Propylées*).

On désigne encore par le nom de *barrières* des palissades formées de pieux fichés en terre et de planches jointives, de 3 mètres de hauteur, dont on entoure les bâtiments en construction ou en démolition, après avoir obtenu une autorisation spéciale.

Ordinairement faites par le maçon, ces *barrières* s'évaluent, dans le métré des ouvrages, de la façon suivante : on compte la fouille des trous ; les scellements des pieds de poteaux au prix des massifs ; les frais de location de bois loué pour barrières dont on doit faire un cube total.

Barrows, *s. m. pl.* — Nom que les Anglais donnent à la classe de monuments celtiques que nous appelons *galgals* (voy. ce mot).

Baruthel (*Pierre de*). — Calcaire compacte dur, extrait des carrières de *Baruthel*, commune et arrondissement de Nîmes.

Cette pierre est de couleur blanc cendré, à grain fin et propre à la sculpture. Elle porte de $0^m,20$ à $0^m,60$ de hauteur d'assise.

Basalte, *s. m.* — Roche de couleur noire ou tirant sur le noir, d'origine éruptive.

Le *basalte* se présente en colonnes prismatiques, ou en gradins. Cette pierre est composée de silicates cristallisés : elle est très-dure, car elle émousse les outils ; sa densité est 2,85.

Employé comme moellon dans certains endroits le *basalte* adhère mal au mortier. Plus fréquemment, on en fait des bornes, des bordures de trottoirs, des pavés ; dans cet usage même, il a l'inconvénient de se polir et de devenir glissant.

Il y a deux variétés principales de cette pierre : le *basalte* noir et le *basalte* verdâtre. L'espèce noire, qui est la plus commune, est une lave d'une teinte égale, que les Romains ont employée particulièrement pour la représentation des animaux. Le *basalte* verdâtre offre plusieurs espèces de teintes et de dureté différentes. Il a été employé à des ouvrages de sculpture par les Grecs et par les Égyptiens.

Il existe peu de colonnes en *basalte* dans les édifices de l'antiquité. On en trouve la raison, non-seulement dans la difficulté qu'il y a à se procurer des morceaux de cette pierre de grande dimension, mais aussi et surtout dans sa couleur désagréable, et dans le mauvais effet qu'elle devait produire.

Basalte calciné. Un autre usage actuel du *basalte* consiste dans son emploi pour la fabrication de certains mortiers. On le réduit en pouzzolane ; à cet effet, on le chauffe à une forte température, on le bocarde, puis on le réduit en poudre et on le passe au crible. Mêlé à la chaux, ce *basalte* donne un excellent mortier hydraulique. Les proportions du mélange sont les suivantes : deux parties de chaux éteinte par immersion et mesurée en poudre et trois parties de poudre de basalte calciné (1).

Bas-côtés ou Collatéraux, *s. m. pl.*

— Nefs latérales des églises, ainsi nommées parce qu'elles sont moins élevées que la nef principale.

Les plus anciens monuments de l'Égypte offrent des exemples de galeries analogues. Les basiliques civiles des Romains et les églises des chrétiens possédaient de véritables *bas-côtés* couverts de plafonds ou de charpentes apparentes qui ne dépassaient pas le dessous des fenêtres éclairant la nef principale. Quelques-uns de ces édifices avaient même un double rang de bas-côtés.

C'est à partir du xiᵉ siècle que les constructeurs voulurent établir sur ces galeries secondaires des voûtes retombant sur des colonnes monocylindriques isolées. Ils formèrent, d'abord, de simples berceaux sur plan circulaire pénétrés par des arcs bandés d'une colonne à l'autre. Plus tard, la voûte d'arête avec arcs doubleaux et arcs ogives fut adoptée. Dans la suite, les *bas-côtés* se garnirent de chapelles en face de chaque travée de l'édifice. Les églises de style grec ou romain des xviᵉ et xviiᵉ siècles rappellent ces dispositions.

Bascule, *s. f.* — On dit, d'une manière générale, qu'une pièce de bois, de métal ou autre matière est en *bascule,* quand elle est posée en équilibre, de telle façon qu'on puisse lever ou baisser ses extrémités au moyen d'un point d'appui. Ce principe est appliqué à la fermeture soit des portes, soit des fenêtres, avec diverses modifications.

1º La *bascule de fermeture* proprement dite est composée de deux verrous entrant l'un, dans la traverse du haut, l'autre, dans la traverse du bas ; leurs extrémités sont reliées à une pièce de fer qu'une clef ou un bouton fait *basculer* dans un sens ou dans l'autre ; de cette façon, les deux verrous peuvent être levés ou baissés à volonté (voy. *Crémone*).

2º Dans la *bascule à pignon,* le mouvement est produit par un pignon dont les dents s'engrènent dans celles qu'on a pratiquées sur les côtés des verrous ; quand le pignon reçoit un mouvement de rotation, l'un des verrous monte et l'autre descend ; la *serrure à bascule* sert de fermeture aux armoires et aux meubles.

3º La *bascule de loquet* est une pièce qui, fixée à l'extrémité de la tige du bouton ou du lacet de la boucle d'un *loquet à bascule,* sert à soulever le *loquet* (voy. ce mot).

4º *Bascule de porte-charretière.* Il y en a de différentes sortes : un système qui a été appliqué au moyen âge (1) consiste dans l'emploi d'une barre en bois ou fléau pivotant sur un axe et entrant dans deux entailles faites dans les ébra-

(1) Th. Château, *Technologie du bâtiment.*

(1) Viollet Le Duc, *Dictionnaire raisonné de l'architecture française.*

sements de la porte, quand les vantaux sont poussés (fig. 416).

Fig. 416.

Un autre genre de *bascule de porte-charretière* est celle qui est formée d'une barre de bois ou de fer tournant sur un boulon passé dans un trou central *a* et dont les extrémités s'engagent dans deux crampons coudés, en fer.

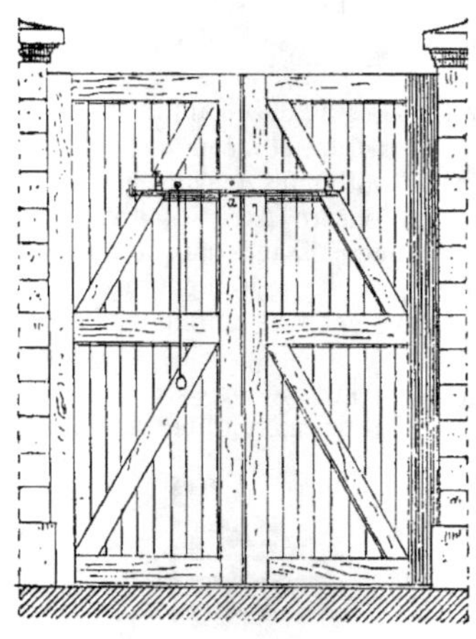

Fig. 417.

placés dans une position inverse l'un de

l'autre. Le mouvement est donné à cette *bascule* par une tige en gros fil de fer rond. L'extrémité de cette tige est une poignée, dans le cas d'une *bascule* en bois (fig. 417), et, dans le cas d'une *bascule* en fer (fig. 418), cette extrémité est

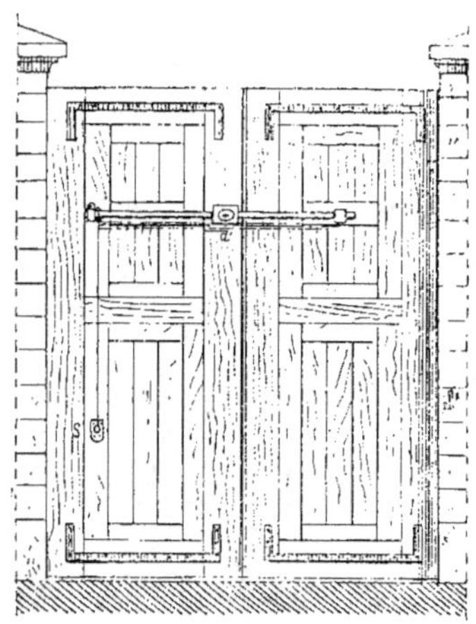

Fig. 418.

munie d'un anneau qui s'engage dans une serrure S fixée sur la porte et qu'on appelle *auberonnière*.

5° On appelle *bascule de sonnette* une pièce à deux branches, généralement en fer, qui fait partie de l'établissement des sonnettes. On distingue : la *bascule ver-*

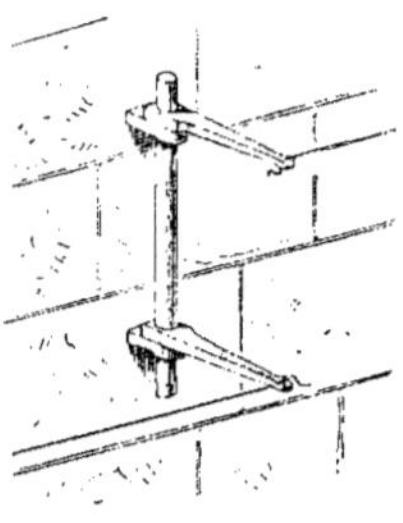

Fig. 419.

ticale (fig. 419), qui sert à changer la hauteur d'un fil de tirage, et la *bascule horizontale* (fig. 420), destinée à traverser l'épaisseur d'un mur et à conser-

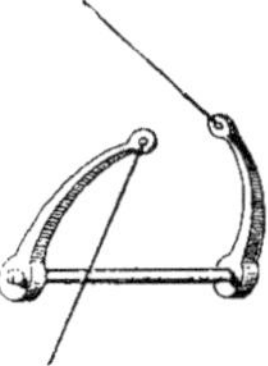

Fig. 420.

ver ou à changer la direction d'un mouvement. Ces différents systèmes peuvent être apparents, entaillés, ou sous platine. La *bascule* verticale que nous donnons est apparente, à tourillon et sur support à pointe. La *bascule* horizontale

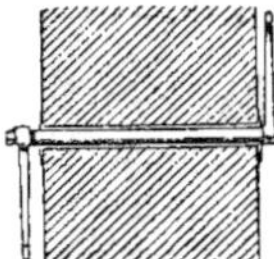

Fig. 421.

n'est pas apparente, et pour éviter le frottement contre la maçonnerie, le trou de passage est garni d'un *fourreau* dans lequel se meut le tourillon (fig. 421).

Les *mouvements* de sonnette et les sonnettes mêmes sont aussi des pièces posées en *bascules* (voy. *Mouvement, Sonnette*).

6° On appelle encore *bascule*, dans une serrure, la partie que le foliot fait mouvoir et qui sert à ouvrir le demi-tour (voy. *Serrure*).

ARCHITECTURE MILITAIRE. *Bascule de pont-levis :* châssis de forte charpente qui est placé dans l'ébrasement d'une porte et sert à lever ou baisser un pont-levis.

Ce châssis est soutenu, dans son axe, par deux tourillons ; à ses quatre angles sont fixées des chaînes de fer dont deux supportent le tablier du pont et les deux autres, placées à l'intérieur de la porte, se tirent de haut en bas pour faire *bas-*

culer le châssis et lever ou baisser le pont (voy. *Pont-levis*).

Base, *s. f.* — On désigne ainsi, d'une manière générale, l'empatement qui forme la partie inférieure d'une ordonnance d'architecture, d'un pilier, d'une colonne, d'un piédestal.

La *base* donne plus d'assiette aux constructions, les garantit contre l'humidité du sol, élève les supports et, suivant la façon dont elle est ornée, contribue à la décoration.

Les formes et les proportions des *bases*, dans l'architecture de toutes les époques sont très-variées.

La *base* primitive, simple dé carré sans moulures, se nomme *plinthe*. Les

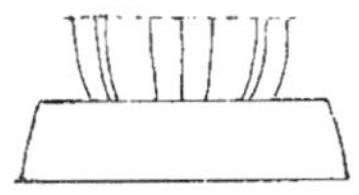

Fig. 422.

anciens monuments de l'Egypte présentent des exemples de socles ou de tores qui forment empatement (fig. 422).

Les Grecs ne donnaient point de *base* à l'ordre dorique : la colonne reposait directement sur le sol et même on peut dire que, d'une manière générale, les Romains n'en donnèrent point à cet ordre. Les règles établies aujourd'hui pour cet ordre et même pour les ordres divers sont toutes de convention, car on n'a pu encore fixer les principes qui ont donné naissance aux formes si variées que nous présentent, à cet égard, les monuments de l'antiquité.

Vitruve n'indique que deux espèces de *bases* générales : l'*atticurge* et l'*ionique*. La première, dite aussi base *at-*

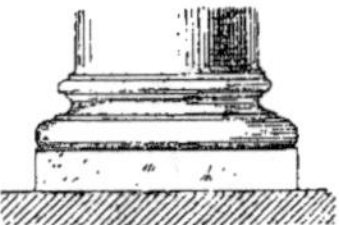

Fig. 423.

tique, est considérée par la plupart des

maîtres comme convenant le mieux au dorique : elle est composée de deux tores séparés par une scotie comprise entre deux filets (fig. 423). le tore inférieur s'appuyant sur le sol. Nous devons faire remarquer, toutefois, que Vignole n'a pas employé cette *base* pour l'ordre dorique, comme nous le verrons ci-dessous.

Dans les ordres adoptés par les modernes le piédestal dorique a une *base* composée de deux scoties, d'un talon renversé, d'une baguette et d'un filet (voy. *Dorique*).

La *base ionique*, que les modernes ont mise en usage, d'après la description donnée par Vitruve, ne se rencontre pas dans les ordres ioniques de l'antiquité, où la *base attique* paraît avoir été seule employée. Les divisions indiquées par l'architecte romain sont les suivantes (fig. 424) : un tore, une scotie comprise

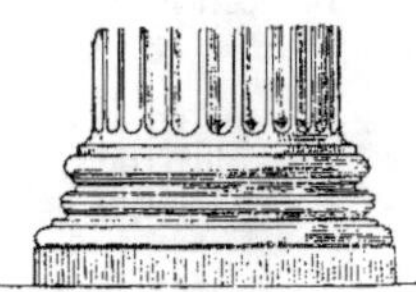

Fig. 424.

entre deux filets, deux astragales semblables, une seconde scotie pareille à la première, avec les mêmes filets, enfin une plinthe. Nous ferons remarquer ici le contraste qui existe entre la grosseur du tore et la faiblesse du filet qui repose sur la plinthe. Le piédestal comprend, à sa *base*, un filet, une baguette, un talon renversé, un filet et un socle (voy. *Ionique*).

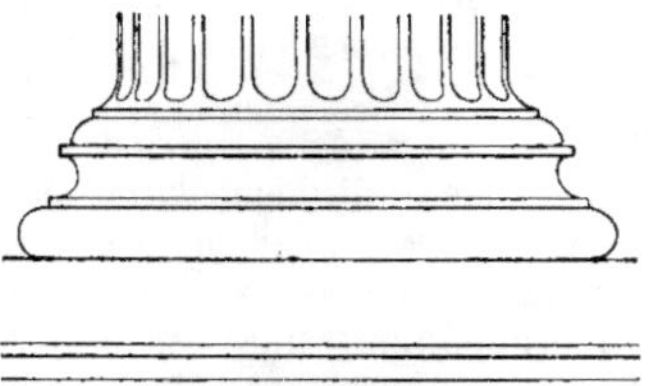

Fig. 425.

Les Grecs donnèrent à l'ordre corin-

thien la *base* attique, comme on le voit au monument de Lysicrate, dont les colonnes possèdent une *base* de ce genre, mais sans plinthe (fig. 425). Il semble même qu'elle n'ait été remplacée par la *base* dite *corinthienne* que postérieurement à Vitruve. puisque cet architecte ne fait pas mention de cette dernière.

La *base corinthienne*, telle que les modernes l'ont adoptée, est un composé de la *base* attique et de l'ionique. Elle a (fig. 426) deux tores comme la base at-

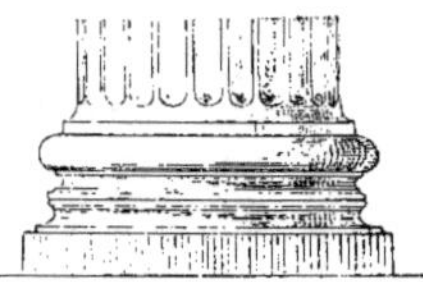

Fig. 426.

tique, deux astragales et deux scoties comme l'ionique. Le demi-diamètre de la colonne forme la hauteur de la *base* et le quart de cette hauteur fait celle de la plinthe.

Notons ici que les scoties sont égales dans la *base* de l'ordre corinthien moderne, tandis que, chez les anciens, la scotie supérieure est plus petite que l'autre. La *base* du piédestal est formée d'une baguette, d'un talon renversé, d'un filet, d'un tore et d'un socle (voy. *Corinthien*).

La *base composite* diffère de la *base* précédente par cela seulement qu'elle a un astragale de moins. On voit cependant des exemples de colonnes composites pourvues de la *base* attique, par exemple à l'arc de Vérone et aux thermes de Dioclétien. La *base* du piédestal comprend : une baguette, un talon renversé, un filet, un tore et un socle (voy. *Composite*).

A ces diverses *bases* les Romains ont ajouté la *base toscane*. Vitruve lui attribue une hauteur égale à la moitié de son épaisseur, une plinthe circulaire, égale en hauteur à la moitié de son diamètre, un tore avec un congé ayant dans leur ensemble la hauteur de la plinthe.

Les modernes ont assigné à cette *base* (fig. 427) les proportions suivantes : ils lui donnent un tore, un filet et une

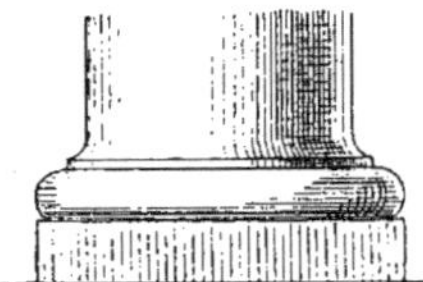

Fig. 427.

plinthe. La hauteur totale est de un demi-diamètre ou un module et se divise ainsi : six parties à la plinthe, cinq au tore et une au filet. Le piédestal est lui-même pourvu d'une base, qui est formée d'une plinthe et d'un filet, le tout ayant une hauteur égale à six parties (voy. *Toscan*).

Comme nous le disions plus haut, la *base* adoptée par Vignole pour l'ordre dorique est analogue à la base toscane ; la différence consiste dans un astragale

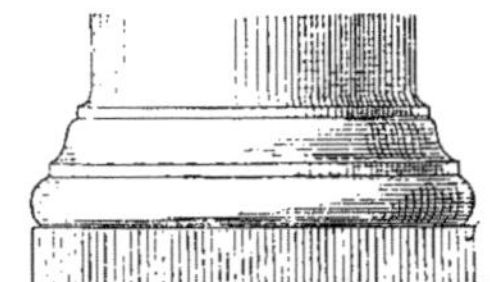

Fig. 428.

qui sépare le tore du filet. Mais les Romains donnèrent à cet ordre des *bases* à profils différents ; nous citerons celle du Colisée (fig. 428).

Nous ne quitterons pas les *bases* qui appartiennent aux ordres anciens proprement dits ou qui ont été adoptées pour les ordres modernes dérivés de l'antiquité, sans noter l'influence que l'architecture grecque a eue sur les formes données aux colonnes et particulièrement aux *bases* dans l'architecture persépolitaine. La figure 429 représente la *base* grecque antique d'une colonne que l'on a trouvée à Pasagardes, la ville sacerdotale, la ville des mages. Le tore est séparé du fût par un astragale. A Persépolis même, on a décou-

vert des colonnes pourvues de *bases* ioniques diversement disposées. Les

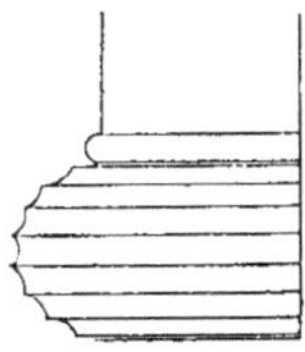

Fig. 429.

unes sont simplement placées au-dessus d'une double plinthe (fig. 430) ; les

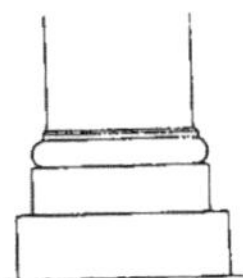

Fig. 430.

autres surmontent une sorte de cloche, de lotus ou de calice renversé, ornée de feuilles tombantes et reposant sur une

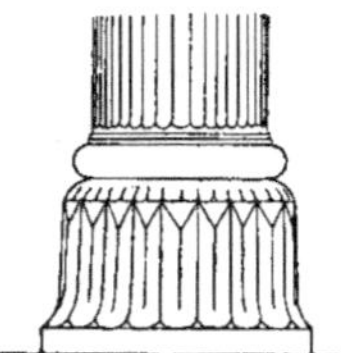

Fig. 431.

plinthe circulaire, comme certaines colonnes égyptiennes (fig. 431).

Tout en constatant cette influence de l'art grec sur les monuments de ces contrées asiatiques, on remarque combien, là comme dans les édifices mêmes de la Grèce et de Rome, sont arbitraires les formes et les proportions des *bases*.

Les *bases* de la période romano-byzantine se distinguent très-nettement des *bases* romaines en ce qu'elles reçoivent le fût de la colonne, sans la transition représentée par le congé.

Jusqu'au xi° siècle, les profils rappellent, en les perdant peu à peu, les traditions romaines. A partir de cette époque, les scoties ont plus de saillie : néanmoins c'est le principe de la base attique que l'on retrouve toujours sous ces transformations.

Les *bases* du XIIe siècle se distinguent par un appendice rachetant les angles

Fig. 432.

des plinthes carrées et que l'on nomme *griffe* (fig. 432) ; c'est alors un motif de décoration.

Au XIIIe siècle, le tore inférieur dépasse la plinthe, qui devient octogonale

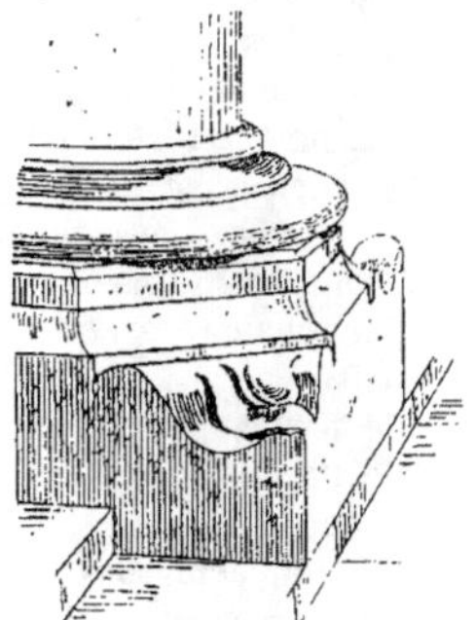

Fig. 433.

et se relie par un glacis avec un socle souvent cubique, comme le montre la figure 433 (1).

Au XIVe siècle, la scotie qui sépare les deux tores disparaît, comme on le voit en A (fig. 434). Le XVe siècle réunit ces deux moulures en un seul tore B, qui devient polygonal comme la plinthe et qui est pris dans la même assise.

La Renaissance est revenue aux profils des *bases* antiques, sans toutefois

(1) Viollet Le Duc, *Dictionnaire raisonné de l'architecture française.*

les imiter servilement. La plupart des architectes de cette époque ont donné à l'ordre dorique la *base* attique.

Fig. 434.

L'ordre toscan a été employé par les modernes aux constructions d'un style sévère en conservant à la *base* les proportions que lui donnaient les anciens.

C'est du goût de l'architecte et du caractère qu'il veut donner aux édifices qu'il construit, que dépend la mesure dans laquelle il doit s'astreindre à suivre les règles que nous venons d'indiquer.

La forme et la nature des *bases* leur ont fait donner différents noms ; ainsi l'on appelle : *base continuée*, une sorte de retraite ornée d'une moulure quelconque, d'un tore par exemple avec filet et adoucissement et qui, placée à la *base* d'un pilastre ou d'une colonne, se prolonge en formant ceinture à la partie inférieure d'un bâtiment ou d'un étage ; *base mutilée*, la *base* d'un pilastre qui n'est profilée que sur les côtés ; *base rudentée*, une *base* dont les *tores* sont taillés en manière de *câbles* (voy. ce mot) ; *base de fronton*, la corniche horizontale opposée à l'angle du sommet.

Basilique, *s. f.* — Selon quelques auteurs, ce mot signifie *maison royale* et désignait chez les rois de l'Orient, successeurs d'Alexandre, la salle de leur palais où ils rendaient la justice.

Les Grecs possédaient des édifices analogues, tels que le *Portique Royal* d'Athènes, qui servait de tribunal à l'archonte-roi. Le grand portique double de Pæstum était, sans doute, une *basilique* ouverte où se traitaient les affaires publiques et commerciales.

Les Romains ont donné ce nom aux vastes édifices qui servaient de lieux de réunion aux négociants et de cour de justice.

L'origine des *basiliques* romaines remonte à deux siècles environ avant l'ère vulgaire : le censeur Porcius Caton en fit construire une qui fut appelée *Porcia*. Le second édifice de ce genre, du nom de *Fulvia*, fut élevé par Marcus Fulvius Nobilior, en l'an 179 avant J.-C. La troisième *basilique*, bâtie par le censeur Tibère Sempronius, pendant l'année 169, reçut le nom de *Sempronia*. Enfin, depuis cette époque jusqu'au règne de l'empereur Domitien, de nombreuses *basiliques* ne cessèrent de s'élever à Rome et dans les provinces de l'empire.

Les premières *basiliques* romaines, généralement élevées sur l'un des côtés d'un forum ou place publique, semblent avoir été composées de galeries formées par des colonnes, la partie réservée au tribunal ayant seule une enceinte. On a beaucoup agité, d'ailleurs, la question de savoir si ces édifices étaient clos de

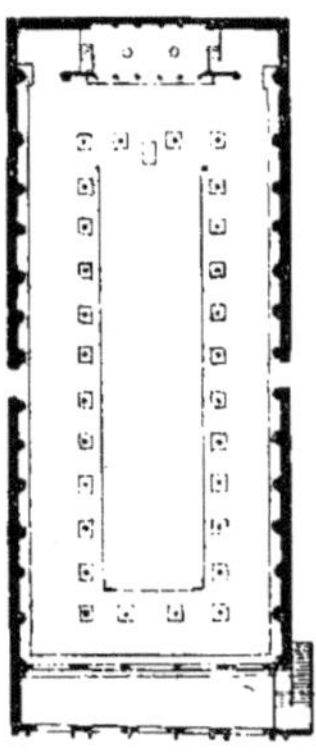

Fig. 435.

murs ; il semble plutôt qu'ils aient dû généralement être ouverts de tous les côtés pour faciliter la circulation de la foule ; ou du moins, si les faces latérales étaient fermées par des murs, il paraît que la façade principale n'avait qu'une

simple colonnade qui laissait la circulation libre, comme le montre le plan de la *basilique* de Pompéi (fig. 435).

Cet édifice répond à la description générale que Vitruve donne des *basiliques*. D'après cet auteur, c'étaient des salles quadrangulaires deux ou trois fois plus longues que larges et divisées ordinairement en trois nefs par deux rangs de colonnes superposées. Les ailes, plus étroites que la partie du milieu, avaient un plafond servant de plancher à des galeries supérieures qui régnaient le long de la nef centrale. Le rez-de-chaussée servait aux plaideurs et aux gens d'affaires ; dans les galeries, circulaient les promeneurs et les oisifs. Un mur d'appui assez haut empêchait ces derniers d'être en vue des négociants. Des fenêtres cintrées éclairaient l'intérieur. Dans l'axe de la *basilique*, à l'extrémité opposée à l'entrée, s'élevait, sur quelques marches, au centre d'une espèce de niche, le tribunal du juge ; de chaque côté on réservait souvent deux chambres appelées *chalcidiques*, destinées sans doute aux juges ou aux commerçants pour les transactions particulières. Un porche ou *narthex* précédait les trois nefs.

La seule partie qui fût voûtée était l'hémicycle destiné aux juges ; cet endroit du monument était, d'ailleurs, le plus décoré ; il était souvent orné de statues et d'ouvrages de sculpture. Tantôt cet hémicycle était en saillie à l'extérieur, tantôt c'était un avant-corps formant niche à l'intérieur.

Toutefois les règles et les proportions indiquées par Vitruve ne furent pas suivies dans la construction qu'il fit lui-même de la *basilique* de Fano, dont la figure 436 donne le plan, et qui ne présentait qu'un ordre de grande dimension supportant la couverture ; il faut en conclure que ces édifices variaient de formes et de dimensions suivant les localités et les circonstances.

La *basilique* de Pompéi peut donner une idée du mode de construction employé souvent à cette époque ; les murs et les colonnes engagées étaient compo-

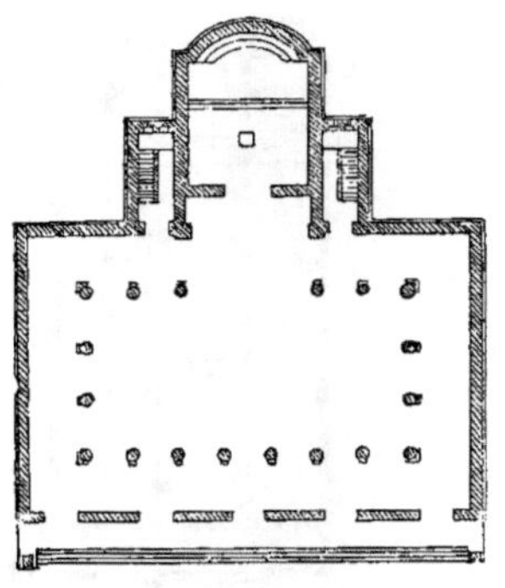

Fig. 436.

sés de blocailles et de briques ordinaires revêtues de stuc colorié ; les fûts des plus grandes colonnes étaient aussi en briques d'une forme particulière, enduites également de stuc ; on les superposait les unes aux autres, de façon que leurs joints fussent alternativement recouverts , leurs pointes saillantes formant naturellement le creux des can-

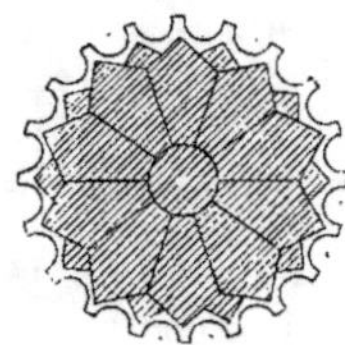

Fig. 437.

nelures, disposition indiquée en plan par la figure 437. Les bases et les chapiteaux sont en tuf volcanique, avec traces d'enduit. Au-dessus des soubassements, sont ménagés des refends peints en marbre de différentes couleurs. La couverture était en tuiles, avec chéneaux et antéfixes en terre cuite.

Sous les empereurs, les *basiliques* devinrent des monuments d'une grande importance ; les nefs furent souvent au nombre de cinq. Le marbre et les mé-

taux précieux étaient employés à la décoration.

A l'origine du christianisme, les partisans du nouveau culte ne profitèrent pas de suite des *basiliques* romaines, favorables cependant aux grandes assemblées, mais ils les imitèrent dans leurs dispositions. Les premiers temples chrétiens furent creusés dans le sol ; c'étaient des salles, avec piliers réservés dans la masse pour supporter les voûtes ; on y retrouve le *narthex*, les nefs parallèles, la tribune ou l'abside réservée à l'évêque et au clergé. C'est sur ces données que les constructeurs établirent les *basiliques* en plein air.

Parmi les *basiliques* chrétiennes qui rappellent le mieux les édifices du même nom élevés par les anciens, nous citerons les *basiliques* de *Saint-Paul*, de *Sainte-Marie Majeure* et l'église de *Sainte-Agnès hors les Murs*.

La *basilique* de *Saint-Paul*, élevée sur le chemin d'Ostie, existe encore aujourd'hui telle que la firent construire et achever Constantin et Théodore. Ce monument fut détruit, en partie, par un tremblement de terre et restauré par le Pape Léon III en 816 ; c'est pourquoi la couverture et la décoration générale ont été modifiées ; mais la disposition et la construction se sont conservées dans leur intégrité.

La *basilique* de *Sainte-Marie Majeure*, embellie de nos jours, présente, à la fois, un magnifique modèle d'église chrétienne et la copie la plus exacte d'une ancienne *basilique*.

L'église de *Sainte-Agnès hors les Murs*, est aussi une imitation scrupuleuse des *basiliques* romaines.

Cette forme, qui fut adoptée, à partir de Constantin, sauf quelques modifications peu importantes, pour tous les édifices chrétiens de l'Occident, se reconnaît même dans un certain nombre de cathédrales du moyen âge.

La première partie de la *basilique* chrétienne était le *porche*, appelé *pronaos* ou *narthex*. L'entrée de ce lieu était permise indistinctement à tout le monde ; c'est là que s'assemblaient, pendant l'office, les *écoutants*, catéchumènes et pénitents.

Devant le porche était la cour, souvent entourée de portiques et nommée *atrium, area,* αἴθριον, αὐλή. Au milieu de cette cour était un bassin appelé *cantharus*, destiné aux lustrations qui devaient être faites avant d'entrer dans l'église. Une porte nommée *porta speciosa* et souvent accompagnée de deux portes secondaires , donnait accès à l'intérieur de l'édifice, divisé en trois nefs. Les deux petites nefs servaient à établir la séparation des sexes, que l'on facilitait en suspendant sur des tringles fixées dans les entrecolonnements des arcades de la nef, des tentures qui dérobaient la vue des uns aux autres. Dans les églises d'Orient, les hommes étaient en bas, au rez-de-chaussée , et les femmes, en haut, dans les galeries.

Faisant suite à la nef, se trouvait le *chœur,* c'est-à-dire le lieu saint, *sacrarium* ou *sanctuarium* , réservé aux prêtres seuls. Cette partie était entourée d'une clôture, et des chaires ou *ambons,* placés de chaque côté, servaient aux lectures et aux sermons ; venait ensuite *l'autel,* isolé, afin qu'on pût circuler tout autour, et placé au-devant de *l'abside, absis,* ou *presbyterium ,* qui contenait le trône de l'évêque, *cathedra,* au milieu de la rangée circulaire de sièges pour les prêtres ou *participants.*

De chaque côté de l'hémicycle étaient situées des salles ou pièces pour y pratiquer diverses cérémonies ; celles de droite s'appelaient πρόθεσις, *paratorium, oblationarium, secretarium,* et servaient de dépôt provisoire pour les offrandes que les diacres recevaient avant de les serrer dans la sacristie. Dans les salles de gauche on déposait les objets sacrés tels que vases, calices, patènes, etc., pour y être nettoyés après la communion.

Nous donnons (fig. 438) le plan de la basilique de Saint-Clément, à Rome, qui reproduit les dispositions que nous venons d'énumérer. On y remarque l'*atrium* ou cour sacrée, appelée aussi

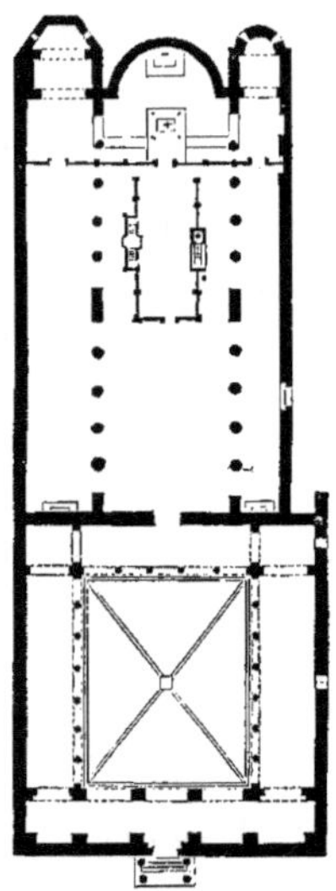

Fig. 438.

station des pleurants ; le *narthex* ou *station des écoutants ;* le *naos* ou grande nef ; les nefs secondaires ; l'autel, isolé en avant de l'abside et couvert par un *ciborium* ; le *chœur* précédant l'autel et entouré d'une clôture ; les deux chaires ou *ambons.*

Dans les *basiliques* très-étendues les nefs étaient limitées par une sorte de transept qui communiquait avec la nef principale par une large ouverture en arcade appelée *arc triomphal.*

Le mode de construction de ces monuments varie suivant les pays : en Égypte, les moines des premiers siècles employèrent le grand et le petit appareil, puis la brique. La Grèce, l'Italie et l'Asie présentent le même emploi de matériaux auxquels se mêlent de nombreux fragments de l'art antique. Ainsi, les colonnes, les chapiteaux, les architraves étaient empruntés aux monuments existants. Quand l'arcade remplaça l'entablement, on la fit souvent en briques et moellons intercalés ; les assises mêmes des murailles étaient souvent disposées de cette façon, comme dans les *basiliques* de Sainte-Agnès et de Saint-Laurent hors les Murs, à Rome. Les fenêtres étaient fermées par des tablettes de marbre percées de manière à ne laisser pénétrer qu'une lumière douce. La peinture, la mosaïque, les métaux précieux étaient employés à la décoration. Les charpentes étaient apparentes ou ornées de riches plafonds.

Le plan des *basiliques* de l'Orient s'écarta de celui que nous venons de décrire à la suite de la construction de l'église Sainte-Sophie de Constantinople.

Le plan de cette *basilique* est carré (fig. 439) ; au milieu s'élève une coupole hémisphérique percée de vingt-quatre fenêtres et surmontée d'une lanterne.

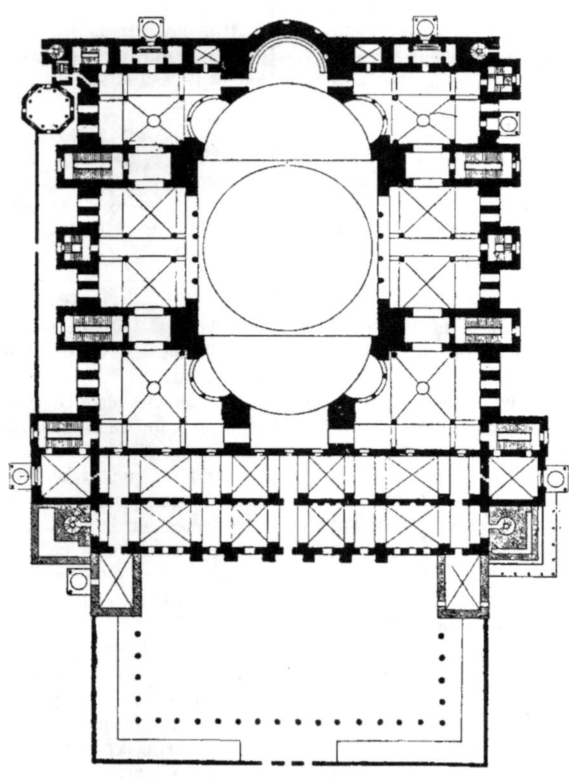

Fig. 439.

Ce dôme est accompagné de deux autres coupoles collatérales ; et, tout au fond de l'église, se trouve une grande niche ou demi-coupole sous laquelle était l'autel. Le plan circulaire de la coupole qui porte sur le plan carré de la partie inférieure du dôme, est soutenu par des pendentifs. Les extrémités de la nef sont couvertes par deux demi-coupoles qui, d'une part, ont pour appuis verticaux les arcs doubleaux portant sur les quatre gros piliers qui déterminent la partie centrale de la nef et destinés à soutenir la grande coupole, et d'autre part ont, pour bases horizontales, les murs demi-circulaires qui s'élèvent au-dessus de la nef et en avant du sanctuaire. L'intérieur de ces coupoles est décoré de peintures en mosaïque. Sur les pendentifs, on voyait autrefois des sujets peints de l'histoire sacrée, qui ont aujourd'hui totalement disparu. Toutes les parois verticales du temple sont ornées de placages en marbres précieux. Ce mode de décoration se répète sur les murs du narthex, le seul qui, dans les églises byzantines de la première époque, ait conservé toute son ornementation. Ce narthex est double et communique, par neuf portes, avec la nef de l'édifice. Au-dessus des portes étaient des peintures en mosaïque qui n'existent plus. De belles portes en bronze, roulant sur leurs gonds depuis la construction de Sainte-Sophie, décorent ce vestibule de la manière la plus luxueuse. Aux extrémités du narthex il y avait autrefois des fontaines en bronze, destinées aux ablutions auxquelles devaient se soumettre les fidèles avant d'entrer dans le temple.

L'influence de l'art byzantin se fit sentir en Italie, où l'on trouve, dans les différentes églises bâties depuis Saint-Marc de Venise jusqu'à Saint-Pierre de Rome, la forme et la construction des églises d'Orient se rapprochant plus ou moins de celles d'Occident.

Dans les derniers temps, on a cependant fait revivre l'antique forme des basiliques, grâce particulièrement à l'exemple donné, à Rome, par le pape Benoît XIV, qui fit rétablir dans son ancienne splendeur la *basilique* libérienne ou celle de Sainte-Marie Majeure.

Cette influence se répandit même en France, ainsi que l'on peut en juger par un certain nombre d'églises modernes, construites sur le plan de l'ancienne *basilique :* telles sont Saint-Philippe du Roule, Notre-Dame-de-Lorette, la Madeleine et Saint-Vincent-de-Paul.

Les désignations de *basiliques majeures* ou *mineures* sont attribuées, à Rome, à certaines églises pour indiquer que les unes ont la préséance sur les autres et jouissent de priviléges particuliers.

Au moyen âge, on a appliqué le nom de *basiliques* aux chapelles sépulcrales, aux châsses, aux reliquaires.

Bas-relief, *s. m.* — Ouvrage de sculpture qui est exécuté avec plus ou moins de saillie sur un fond auquel il

Fig. 440.

adhère (fig. 440). Le *bas-relief* sert à représenter des faits de l'histoire ou de la religion.

On appelle plans du *bas-relief* les épaisseurs qui enlèvent les objets sur le fond ou les distinguent les uns des autres. Il n'y a qu'un *plan,* quand tous les personnages, par exemple, se détachent directement sur le fond, ou ont tous la même saillie. Il est bien de ne pas dépasser deux ou trois plans dans la composition du *bas-relief.*

On dit que les figures sont à *demi-relief* ou demi-bosse, quand elles ressortent de la moitié de leur épaisseur ; il y a *haut-relief* ou *plein-relief,* quand ces figures sont presque détachées du fond.

Ces ouvrages d'art s'exécutent en pierre, en marbre, en terre cuite, en ivoire, en métal.

Les anciens leur appliquaient le terme général d'*anaglyphe* et désignaient particulièrement les objets sculptés sur métal par le nom de *toreuma.* Ils ont fait un grand usage de ce genre de décoration.

Les Égyptiens, notamment, ont couvert leurs temples de figures peintes, gravées ou en *bas-relief*. Ils employaient fréquemment le *bas-relief méplat*, c'est-à-dire celui dans lequel les contours des figures sont indiqués par des traits creux ; dans ce cas, le *bas-relief* ne forme pas saillie sur la surface du mur.

Les Persans cultivaient aussi le *bas-relief*, comme en témoignent les murs retrouvés à l'ancienne Persépolis. Le relief ici est très-saillant : souvent même la tête, et particulièrement celle des animaux, se détache tout à fait du plan.

Les Grecs imitèrent d'abord l'usage que les Égyptiens faisaient du *bas-relief* méplat. Plus tard, ils donnèrent de la saillie aux figures en reculant le champ du fond. Le marbre était la matière employée le plus fréquemment pour ce genre d'ouvrages. On cite, entre les plus célèbres *bas-reliefs* en marbre de l'antiquité, ceux du fronton du Parthénon, qui étaient travaillés en *grand relief*, comme autant de statues placées sur un fond de marbre. Leur grandeur et leur élévation les préservaient des atteintes auxquelles étaient exposés les *bas-reliefs* placés plus bas et qui recevaient, pour cette raison, moins de saillie.

Lorsque les arts grecs furent transportés à Rome, pour embellir la capitale du monde, on employa les *bas-reliefs* à orner les monuments élevés par les Romains pour éterniser le souvenir de leurs victoires : les arcs de triomphe et les colonnes triomphales. Les sculpteurs d'alors se rapprochèrent de la nature plus encore que les Grecs, qui avaient conservé un relief aplati, sensible même dans les sculptures du Parthénon.

Sous les empereurs, on fit encore un autre emploi des *bas-reliefs* ; l'usage de brûler les morts tombant en désuétude, on les enterra fréquemment dans des cercueils de marbre ou sarcophages que l'on décora de *bas-reliefs*.

Les Étrusques employaient aussi le *bas-relief* pour orner les édifices, comme le témoigne un *bas-relief* trouvé à la porte de Volterra.

L'usage des *bas-reliefs* antiques est, on le voit, très-utile pour les arts : leur étude nous apprend une multitude de faits historiques, mythologiques, religieux ou même ayant rapport aux mœurs publiques ou privées. L'application des couleurs à ces ouvrages est de la plus haute antiquité ; on est même conduit à penser que la peinture doit son origine au coloriage du *bas-relief*.

Dans les premiers siècles du christianisme, les sarcophages sont ornés de sujets religieux ; les sculpteurs du moyen âge, dits *imagiers*, ont employé le *bas-relief* à la décoration des monuments publics, des palais, des églises, des meubles, etc. ; ils faisaient aussi usage de la coloration.

Dans l'architecture romane primitive, le *bas-relief* est grossier et d'un dessin très-incorrect. Ces défauts se corrigent vers les IXe et Xe siècles. Depuis cette époque, ce mode de décoration fut très-répandu. C'est à la Renaissance française que nous devons les spécimens les plus fins et les plus délicats de ce genre d'ouvrages.

De nos jours, l'usage des *bas-reliefs* est le même que celui qu'en faisaient les anciens. Les monuments publics, les palais, les églises, les théâtres, etc., en sont décorés.

Ces ouvrages sont, en général, sculptés dans la masse de la pierre à la place même qui leur est réservée. Quelquefois on les exécute sur des tables ou blocs isolés, que l'on applique ensuite, par encastrement, à leur place définitive.

Basse-cour, *s. f.* — On appelle ainsi, dans les villes, une cour distincte de la cour principale et entourée de bâtiments formant les dépendances : offices, écuries, remises, etc.

La *basse-cour* doit avoir des issues sur la cour d'honneur, une entrée particulière et des dégagements.

Dans la campagne, c'est une cour sur

laquelle donnent les *granges*, les *écuries*, les *étables* et les *bergeries*, le *colombier*, le *poulailler*, le *clapier*, les *remises* et *hangars*, les *celliers*, le *fournil* et la *buanderie* (voy. ces mots). Elle doit être garnie de murs, exposée au soleil et pourvue d'un abreuvoir.

Nous recommanderons, comme disposition de *basse-cour*, c'est-à-dire de cet ensemble de locaux destinés à l'élève des volailles de consommation et de rapport, poules, oies, dindons, canards, faisans, perdrix, etc., et comprenant, en outre, la vacherie, la laiterie et parfois la porcherie, la disposition proposée par M. Roux, dans son ouvrage sur les *Fermes modèles*. Cette *basse-cour* est représentée, en plan, à l'échelle de 0^m,002

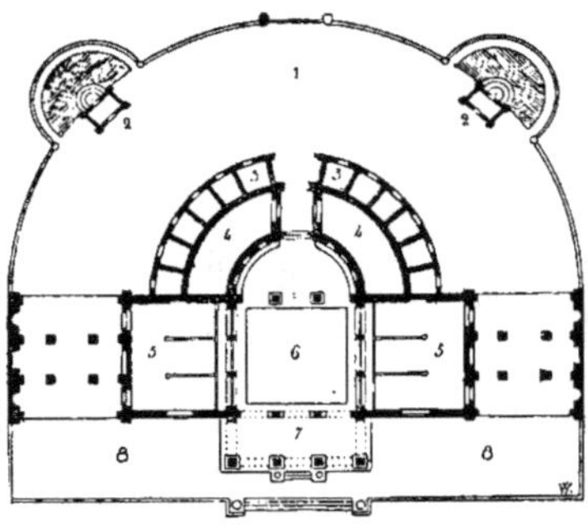

Fig. 441.

pour mètre, par la figure 441. On y voit, au centre, une pièce, 6, pourvue de fenêtres par lesquelles la vue peut s'étendre sur les vacheries 5. Ce salon est garni de bancs de pierre autour de sa partie circulaire et, au milieu, est placée une table en marbre. La laiterie, divisée en deux sections, 4, occupe le pourtour du rond-point. Viennent ensuite le poulailler et la faisanderie, 3, puis la cour, 1, affectant la même forme et possédant deux mares et deux loges à canards, 2.

Au moyen âge, la *basse-cour*, sous le nom de *bayle* (voy. ce mot), était tout le terrain enclos par les remparts.

Basse-fosse, *s. f.* — Fosse de peu de profondeur que l'on fermait à l'aide d'une trappe ou d'une pierre, après y avoir jeté les prisonniers. Les châteaux et les prisons du moyen âge contenaient des *basses-fosses*.

Bassicot, *s. m.* — Nom que l'on donne, dans les ardoisières, aux caisses rectangulaires en bois qui servent à amener à la surface du sol les blocs d'ardoises.

Les *bassicots* sont mus à l'aide de manèges et guidés dans leur course, vers le point de chargement, par des câbles tendus en travers de la carrière. Ces caisses sont pourvues, sur le côté, d'une planche mobile qui permet de les vider.

Bassin, *s. m.* — En général, réservoir destiné à contenir de l'eau.

Il y a de différentes sortes de *bassins*, suivant leurs destinations diverses :

1° Dans la maçonnerie, on appelle *bassin à chaux* une fosse que l'on creuse dans le sol, à la profondeur d'environ 0^m,70, pour y éteindre la chaux ; le fond doit en être uni et battu. On nomme *bassinée* la quantité de chaux que peut contenir cette fosse.

2° *Bassin de bains* (voy. *Piscine*).

3° Dans l'art des jardins, on donne spécialement le nom de *bassin* à des espaces creusés en terre et revêtus de maçonnerie ou de plomb ; ils sont bordés de gazon, de pierre ou de marbre. Ils reçoivent des eaux jaillissantes et forment réservoirs pour les eaux d'arrosement. Ces *bassins* sont utiles pour les besoins du jardinage, en même temps qu'ils concourent à l'agrément des lieux.

Les anciens construisaient les *bassins* en maçonnerie de blocage. Aux environs de Rome et de Naples, on les recouvrait, à l'intérieur, d'un enduit de pouzzolane ; en d'autres lieux, on n'utilisait, dans ce but, que le ciment.

En appliquant ces enduits, les anciens prenaient soin d'effacer les angles par des arrondissements ; ils formaient le fond du *bassin* d'une manière un peu concave et le raccordaient de même avec les murs par des adoucissements. Ces procédés sont encore utilisés de nos jours en Italie.

Dans certaines provinces de France. on emploie le béton pour la confection des *bassins*. On commence par s'assurer de la solidité du terrain ; on fait la fouille, on dresse et on bat le fond ; ensuite on étend une couche de béton d'environ 0^m,50 d'épaisseur. Lorsque cette couche est bien égalisée, on dresse autour de la fouille une cloison en planches, à une distance du bord égale à l'épaisseur que l'on veut laisser au mur formant la paroi verticale, et l'on remplit cet intervalle avec du béton. Quand ce dernier a pris une certaine consistance, on ôte la cloison, on laisse sécher, puis on fait l'enduit avec une couche de ciment d'environ 0^m,012 d'épaisseur, toujours en effaçant tous les angles par des adoucissements et donnant un peu de concavité au fond. Si le terrain est formé de terres rapportées, on fait la fouille plus profonde et, sur le fond égalisé et battu, on établit une plate-forme en charpente dans toute l'étendue que doit occuper le bassin, y compris l'épaisseur des murs. Cette plate-forme est un grillage emmanché dans un bâti qui a les contours du *bassin*. On remplit les intervalles du grillage avec des moellons durs maçonnés à fleur des poutrelles. Sur cette plate-forme on pose un rang de madriers chevillés, puis une seconde assise de moellons. C'est cette dernière assise qui reçoit la couche de béton destinée à former le fond ; on achève le *bassin* comme ci-dessus.

A Paris, on construit souvent les *bassins* en moellons revêtus d'un fort enduit de ciment. S'il est besoin, on commence par affermir le sol de la fouille avec une plate-forme, on établit le massif du fond avec une maçonnerie de moellons ou de pierres meulières. Sur ce massif, bien arrosé, on élève le mur de tour également en moellons ou meulières et on applique l'enduit.

Dans un but d'économie, on a imaginé de faire des *bassins* en corroi de terre glaise. On procède ainsi : le fond de la fouille étant bien dressé, on construit autour un mur en moellons destiné à soutenir les terres du bord de la fouille. On étend ensuite sur le fond une couche de terre franche ou de glaise nettoyée à l'avance et on la fait pétrir pour la bien lier dans toute son étendue. On dresse la surface et on établit tout autour une espèce de plate-forme composée de chevrons ayant un peu plus de longueur que le mur ne doit avoir d'épaisseur. C'est sur cette plate-forme, qui a pour objet de s'opposer aux tassements inégaux, que l'on érige le mur qui doit former l'enceinte du bassin ; on l'appelle *mur de douve* : il est construit en moellons durs maçonnés au mortier. A mesure qu'on l'élève on remplit, avec de la terre franche ou de l'argile corroyée, l'espace qui sépare ce mur de celui qui soutient les terres. Au-dessus des fonds de *bassins* en terre franche ou en glaise, on étend un lit de sable de 0^m,15 : souvent même on forme un pavage en dalles, en grès, en briques de champ maçonnées au ciment. On couvre le dessus du mur de douve avec des dalles en pierre dure.

Les bassins de petite dimension sont souvent établis de la manière suivante : le fond et les murs sont en maçonnerie de mortier et le tout est revêtu de dalles posées au ciment ou au plomb.

On appelle *bassin de décharge* une pièce d'eau ou un canal dans lequel se déchargent toutes les eaux après avoir produit leur effet dans le jeu des fontaines, jets, cascades, etc.

4° Le *bassin de partage*, en architecture hydraulique, est, dans un canal artificiel, un réservoir creusé au point où se trouve le sommet du niveau de pente.

Dans ce *bassin* on réunit les eaux qui doivent alimenter le canal.

5° On appelle *bassins*, dans un port de mer, les endroits qui servent d'abri aux navires. Les uns sont fermés au moyen d'une écluse et peuvent se mettre à sec ; les autres sont ouverts et se remplissent ou se vident suivant les heures de marée. Il y a, en outre, les *bassins de construction* et de *radoub*.

Bastaing, *s. m.* — Nom que les ouvriers charpentiers et menuisiers donnent à une pièce de bois d'échantillon qui a, comme équarrissage 0^m,18 sur 0^m,06 et qui sert à faire soit des cadres de panneaux, soit des solives de plancher de peu de hauteur.

Bastide ou **Bastille,** *s. f.* — 1° Ouvrage de fortification provisoire au moyen âge.

Ce n'est qu'à partir du xiii° siècle que ce nom fut appliqué à des réduits en maçonnerie se reliant à l'enceinte d'une ville ou formant têtes de ponts.

Les portes et les *bastides* ne faisaient souvent qu'un même corps d'ouvrage auquel on donnait le nom de *bastille* ; telle était la forteresse élevée à la porte Saint-Antoine, à Paris.

Avec l'artillerie à feu, les *bastilles* des enceintes se transformèrent et prirent le nom de *bastions* (voy. ce mot).

2° On désigna ainsi, au moyen âge, dans le midi de la France, certaines villes construites sur plan régulier.

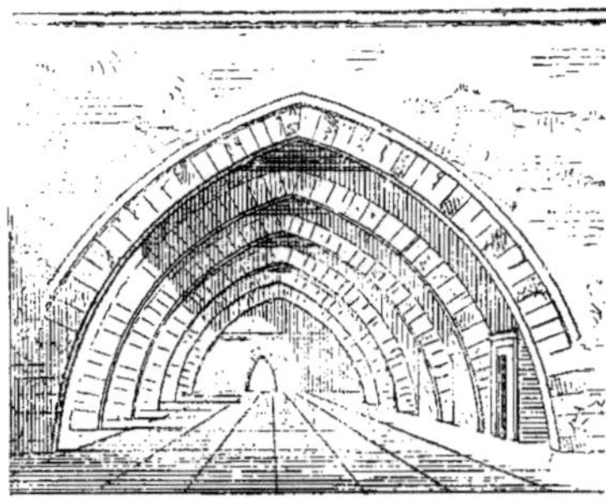

Fig. 442.

Telles sont Libourne, Villeneuve-sur-

Lot, Montpazier. Cette dernière cité offre particulièrement le type véritable de ce qu'on appelait alors une *bastide* ; elle présente ce caractère spécial qu'elle est coupée par quatre rues se croisant à angle droit et laissant entre elles, au centre de la ville, une place publique entourée d'arcades, et ce qu'il y a de singulier, c'est que ces arcades ne se trouvent point en arrière des rues, mais, au contraire, les couvrent transversalement de toute leur largeur ; les voitures, comme les piétons, passent alors sous les maisons (fig. 442) (1).

Bastion, *s. m.* — Nom que l'on donne à des ouvrages de fortification qui, vers la fin du xv° siècle, remplacèrent les *bastilles*.

Ce furent d'abord de grosses tours rondes flanquant les angles saillants de l'enceinte et portant plusieurs étages de batteries.

Devenues des ouvrages en terre dans lesquels la forme ronde était combinée avec des parties droites qui s'avançaient pour protéger les fossés, ces parties saillantes ne prirent effectivement le nom de *bastions* qu'à partir des premières

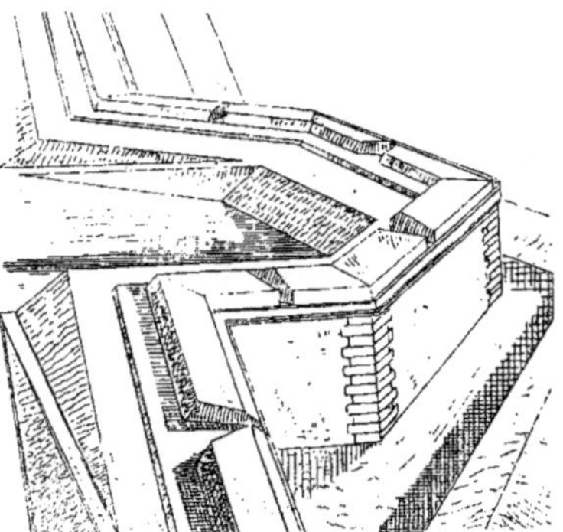

Fig. 443.

années du xvii° siècle ; on les appelait auparavant *boulevards* ou *plates-formes*.

Aujourd'hui, le *bastion*, ainsi que le

(1) De Caumont, *Abécédaire d'archéologie*.

montre la figure perspective 443, est triangulaire. Le sommet de l'angle s'appelle le *saillant* ; les deux parois qui vont en s'ouvrant de chaque côté sont les *pans* ou *faces* ; les parties qui réunissent ces *pans* à l'enceinte sont les *flancs* ; entre deux *bastions*, le rempart prend le nom de *courtine* ; la largeur du *bastion* à l'intérieur est la *gorge* ; la bissectrice de l'angle saillant se nomme la *capitale*. Des pièces d'artillerie avec embrasure sont établies sur les faces et les flancs.

Les *bastions* peuvent être *vides* ou *pleins* ; dans le premier cas, le terre-plein contourne les flancs et les faces, et l'intérieur est à un niveau plus bas ; dans le second cas, tout l'intérieur est au niveau du terre-plein.

La paroi extérieure, revêtue de maçonnerie, dans les ouvrages de fortification permanente se nomme *contrescarpe* (voy. ce mot).

Quelquefois, les *bastions* sont détachés des murailles ; leur gorge est alors fermée ; et ils ne communiquent avec la place que par des chemins couverts ou des galeries souterraines.

Bâtard, *adj.* — On appelle matériaux *bâtards*, des matériaux tels que pavés, ardoises ou carreaux de terre cuite retaillés qui n'ont pas les dimensions données aux échantillons de commerce.

On nomme aussi *mortier bâtard* un mortier ordinaire dont on a rendu la prise plus énergique, en y ajoutant une certaine quantité de ciment de Vassy.

Bâtarde, *adj.* — Voy. *Lime* et *Porte*.

Bâtardeau, *s. m.* — Digue établie au milieu du courant d'une rivière ou d'un canal, pour préserver des infiltrations un travail que l'on exécute.

Il est plusieurs sortes de *bâtardeaux* :

1° Si les eaux ont un faible courant, comme dans les canaux ou les fossés d'eau dormante, on se contente d'une levée de terre, avec talus au dehors et au dedans et consolidée, au besoin, par une série de pieux, suivant la profondeur des eaux.

2° Si la profondeur de l'eau atteint 1^m,50, sans toutefois dépasser 2 mètres et que la vitesse du courant soit assez grande, par exemple, dans les fondations de piles de ponts sur les rivières, on donne au *bâtardeau* une solidité suffisante pour résister à la fois à la poussée de l'eau et à la corrosion.

Si la roche n'est pas trop dure, on enfonce une double file de pieux éloignés de 1 mètre environ, comme le montrent la coupe B et le plan P (fig. 444) ; on relie les pieux de chaque file par des moises boulonnées, entre lesquelles on

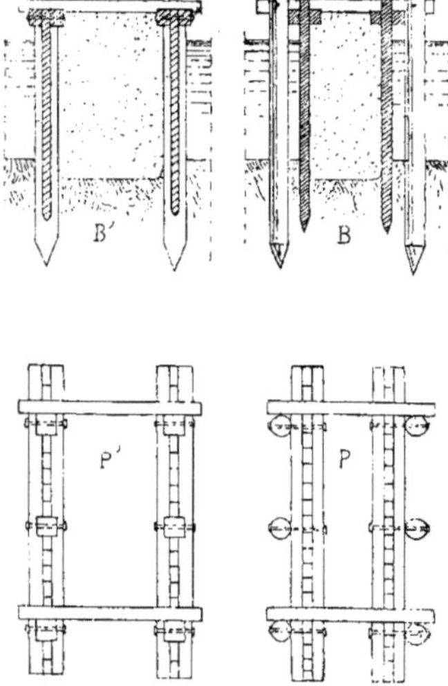

Fig. 444.

place des palplanches jointives. On nettoie l'intervalle des deux enceintes ainsi formées, en draguant le sable et la vase qui recouvrent le bon sol ; puis on relie ces deux cloisons, à leur partie supérieure, par des liernes horizontales placées de deux en deux pieux, chevillées sur ces derniers et assemblées à entailles avec les moises. Ensuite, on remplit l'espace compris entre les palplanches intérieures et extérieures avec de l'argile pilonnée par couche et, à défaut de cette matière, avec du béton, pour empêcher l'infiltration des eaux. Un autre système B′, P′ (fig. 444) est celui où les moises embrassent les pieux. On a ainsi entouré d'un mur à peu près impénétrable l'emplacement qui doit recevoir la pile ; on épuise l'eau au moyen de seaux, de pompes ou de vis d'Archimède.

Si la roche sur laquelle on fonde est trop dure pour laisser pénétrer les pieux on a deux moyens d'obvier à cet inconvénient : 1° On pratique dans le rocher des trous dans lesquels on chasse les pieux et l'on fait descendre le long de ces pilotis des moises *embrassantes* qui maintiennent le pied des palplanches.

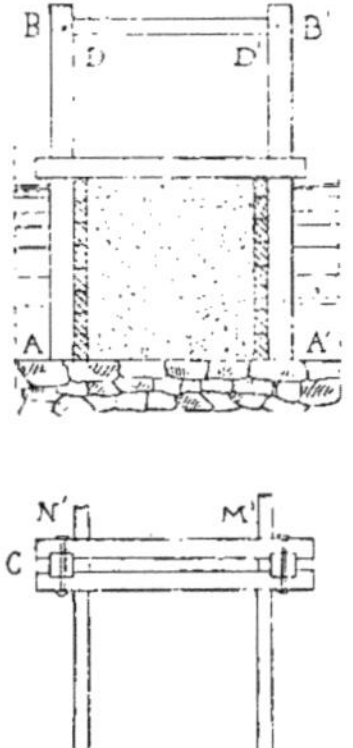

Fig. 445.

2° Le *bâtardeau* est formé de fermes en charpente ainsi composées (fig. 445) : deux montants A B, A′ B′, sont reliés, à fleur d'eau, par des moises doubles C C, et à 1 mètre, 1^m,50 au-dessus de l'eau, par des entretoises D D′. Ces fermes, placées à 1^m,50 ou 2 mètres les unes des autres, sont réunies entre elles par des planches M M′, N N′ clouées intérieurement aux montants. On remplit alors l'intervalle d'argile ou de béton, sans craindre l'éloignement ou le rapprochement des montants.

On exécute parfois des *bâtardeaux* en béton qui permettent de fonder sur rocher des murs de quai, par exemple, à des profondeurs de 4 à 5 mètres. On drague jusqu'au bon terrain ; on coule un massif de béton de 0^m,50 à 0^m,60, plus large que le mur à construire et qui s'élève au-dessus des eaux. On refouille ensuite ce massif, sur une largeur égale à celle du mur et jusqu'à la distance nécessaire à la fondation. On a ainsi un *bâtardeau* étanche, dans l'intérieur duquel on peut maçonner. Quelquefois même, c'est un mur en béton élevé sur un massif également en béton qui forme les parois du *bâtardeau*.

Les Romains employaient aussi, pour les fondations sous l'eau, une espèce de *bâtardeau* qu'ils appelaient *ærca aquaria* : c'était une caisse de bois carrée, sans couvercle et sans fond, qu'on enfonçait dans le sol et dont on épuisait l'intérieur. On exécutait ainsi le travail dans un milieu étanche.

Dans l'architecture militaire , on nomme *bâtardeau* un massif de maçonnerie destiné à retenir l'eau d'un fossé.

Bateau *(Bois de)*. — Bois qui provient de la démolition des bateaux et qui sert pour cloison de remplissage, cloisons de cave, etc.

Batellement, *s. m.* — Partie basse d'un comble jetant les eaux dans une gouttière ou dans un chéneau : c'est le dernier rang d'ardoises ou de tuiles recoupées qui porte sur les gouttières ou les chéneaux et qui est recouvert par un autre pureau de tuiles ou d'ardoises entières.

Bâti, *s. m.* — Assemblage de pièces de bois, de fer ou de fonte, sur lequel reposent certains appareils, tels que les treuils et les cabestans.

Charpente. Réunion de pièces assemblées, telles que des poteaux reliés par des sablières. Les pièces principales d'un pan de bois composent un *bâti*.

MENUISERIE. Encadrement que forment les montants et les traverses qui reçoivent les panneaux d'une porte, d'un lambris, ou bien des lames d'une persienne, etc.

On nomme *bâti dormant* d'une porte ou d'une croisée, un cadre ajusté et scellé dans les feuillures d'une baie et sur lequel viennent battre, soit la porte, soit les châssis ouvrants de la croisée (voy. *Dormant*).

Un *bâti double* est un second *bâti* disposé à l'intérieur d'un autre, comme le *bâti* d'un guichet de porte cochère ; dans ce cas, le *bâti* extérieur se nomme *bâti de rive*.

On appelle *bâti d'encadrement* le cadre d'un parquet, d'un panneau, etc.; *bâti de remplissage*, un *bâti* qui divise en petits panneaux un lambris en parquet ; *bâti de tenture*, un cadre sur lequel on cloue de la toile, que l'on recouvre ensuite de papier ou d'étoffe de tenture.

Bâtière, *s. f.* — Toit à deux égouts couronnant un clocher qui se termine

Fig. 446.

par un pignon à chacune de ses extrémités (fig. 446).

Cette sorte de comble appartient surtout à l'époque qui précède le XIIe siècle.

Batifodage, *s. m.* — Mélange de terre grasse et de bourre que l'on emploie en certains endroits pour l'exécution des plafonds.

Bâtiment, *s. m.* -- Nom que l'on donne, en général, à toute construction et qui, dans un sens restreint, comporte l'idée de simplicité et d'économie.

Les *bâtiments* sont religieux, civils ou militaires.

On appelle *industries du bâtiment* toutes celles dont le concours est nécessaire à la construction.

Il y a, de temps immémorial, à l'égard des *bâtiments* élevés sur les voies publiques, des règlements de police qui se rapportent à l'aspect, à la solidité et à la salubrité de ces constructions (voy. *Comble*, *Façade*, *Maison*, *Saillie*).

Dans son *Dictionnaire raisonné du métré*, M. Masselin détaille en trois parties distinctes le métré d'un bâtiment pour ce qui concerne la maçonnerie : 1° la grosse construction, relevée par *attachements figurés ;* 2° les ravalements, dont on fait le *toisé sur place ;* 3° les raccords, travaux en recherche et attachements écrits (*métré sur place et attachements écrits*).

C'est ainsi que l'on procède dans les gros bâtiments ; mais dans les petits bâtiments, trop peu importants pour permettre à l'entrepreneur la dépense d'établissement d'attachements figurés, et, par suite, où le mémoire relevé sur place doit comprendre tous les travaux, on commence le relevé par le métré des plâtres et des ravalements.

Le métré sur place se subdivise de la manière suivante : 1° les *souches* de *cheminées* (voy. *Souche*) ; 2° les *crépis* ou *enduits* des combles et greniers ; *l'aire du grenier ;* 3° les étages formant habitations.

Le détail des pièces comprend ordinairement :

Dans les combles : 1° le *plancher haut ;* 2° le *lambris ;* 3° le *carrelage ;* 4° les *enduits* sur murs ; 5° les *cloisons légères ;* 6° le *garnissage* en plâtras et plâtre destiné à éviter l'exiguïté de l'angle formé par le lambris avec le carrelage ; 7° les détails des *cheminées*, *châssis, lanternes*, etc.; 8° les *pans de bois* (voy. ces mots).

La *cage d'escalier* comprend :

1° Le *plancher haut ;* 2° les *enduits* sur murs ou pans de bois de la cage ; 3° le *plafond* rampant ; 4° le scellement d'about des *marches ;* 5° les trous et scellements de *boulons* d'écartement ; 6° les *moulures* s'il y en a (voy. ces mots).

Les *étages carrés*, ainsi appelés parce que leur surface est la même au plancher haut qu'au plancher bas, exigent un relevé méthodique. Si ces étages sont semblables comme distribution et ne diffèrent que par les hauteurs, on n'en détaille qu'un seul, auquel on donne pour hauteur une hauteur moyenne entre celles de tous les étages ; puis l'on dit dans le mémoire : « Tant d'autres étages semblables. » Toutefois, il y a deux inconvénients principaux à procéder de la sorte : 1° Les tuyaux de cheminée, ne partant que de tel ou tel étage, ne peuvent être réduits de largeur. Il faut alors soit détailler rigoureusement chaque étage ; soit, pour les étages de même largeur, faire le détail d'un étage réduit sans s'occuper des tuyaux, faire la répétition, puis reprendre ces tuyaux par étage en détaillant chaque groupe. C'est ce dernier parti que l'on adopte habituellement comme étant le plus expéditif.

Quoi qu'il en soit, il importe : 1° de s'orienter, soit en séparant les appartements au moyen de lettres, soit en les désignant par le nom et la destination des pièces ; 2° de ne point passer à un deuxième appartement avant d'avoir achevé le détail complet du premier. On procède pièce par pièce.

Les pièces ordinaires, telles que *chambres à coucher* ou *salons*, comprennent les détails suivants : le *plancher haut ;* le ravalement du *plafond ;* les moulures de la *corniche ;* le trou au plafond et scellements de *tire-fond*, s'il y en a ; les scellements de *lambourdes ;* les solives en calfeutrement du *parquet ;* les *enduits* sur murs ; les *cloisons légères* (voy. ces mots).

Les autres pièces venant à la suite de celle qu'on a détaillée n'en diffèrent que par le plus ou moins grand nombre de moulures. La *cuisine* présente, comme détails spéciaux, le *fourneau* et l'*évier ;* le cabinet d'aisances offre le tuyau de *chute* et le *siège* (voy. ces mots).

L'*escalier* du rez-de-chaussée se détaille séparément, à cause de la pierre dure, des matériaux différents qui y sont employés et des particularités qu'il présente (voy. *Escalier*).

Au rez-de-chaussée on fait successivement le métré du vestibule, de la loge du concierge, de la cuisine, des cabinets, puis des boutiques.

Le détail des intérieurs étant fait jusqu'à l'arête extérieure du tableau des vides, on fait celui des *façades*, puis des *caves* (voy. ces mots).

Les travaux en recherche qui doivent former la 3° division du mémoire comprennent : des trous et scellements, changements, petits ouvrages accessoires, etc., reconnus par attachements écrits.

Enfin, ce relevé général et détaillé se termine : 1° par le double transport ou l'excédant de bardage, s'il y a lieu ; 2° par les frais de barrières, d'éclairage, de gardiennage, etc. (1).

Bâtir (*Autorisation de*). — Une permission ou *autorisation* est nécessaire pour *bâtir*. L'instruction concernant la voirie urbaine, du 31 mars 1862, confirme, à ce sujet, les dispositions de l'édit de 1607.

Il est défendu à tous sujets de construire, reconstruire ou réparer aucun édifice, mur ou clôture sur ou joignant la voie publique, et d'établir aucun ouvrage en saillie sur la façade des maisons, sans en avoir demandé et obtenu la permission de l'autorité compétente (art. 2).

Mais, si l'emplacement sur lequel on veut *bâtir*, ou si l'édifice que l'on veut

_____

(1) Masselin, *Dictionnaire raisonné du métré.*

réparer ne joint pas la voie publique actuelle, une autorisation n'est pas nécessaire, lors même que le terrain nu et celui que recouvre la construction seraient destinés à être occupés, soit pour l'ouverture d'une voie publique nouvelle, soit pour le prolongement d'une voie publique ancienne. Tant qu'il n'a pas été exproprié pour de telles opérations, le détenteur ne doit éprouver aucune gêne dans l'exercice légal de son droit de propriété (art. 6).

Il en est de même pour les bâtiments que l'ouverture d'une rue nouvelle a rendus riverains de cette rue et qui forment saillie sur son alignement. Ces bâtiments sont affranchis de toutes les servitudes de voirie, tant que l'expropriation n'a pas été prononcée (art. 7).

Les riverains des rues ou passages non encore classés au nombre des voies publiques communales ne sont pas tenus de se pourvoir d'une autorisation pour y faire des constructions (art. 8).

Dans tous les autres cas, une autorisation est exigée, même pour les ouvrages tels que l'agrandissement d'une baie, la construction d'un balcon, l'attache de persiennes ou de jalousies à une fenêtre, l'établissement d'une enseigne, la dépose et repose d'une borne, l'application d'un badigeon, la plantation d'une haie (art. 9).

Toutefois, elle n'est pas indispensable pour de simples travaux d'entretien, tels que la réparation de la toiture d'une maison (art. 10).

Les demandes en *autorisation de bâtir* ou de réparer sont signées par le propriétaire ou son fondé de pouvoir. Elles doivent être libellées sur papier timbré (art. 16).

Un règlement municipal peut astreindre les maçons, charpentiers, etc., qui se chargent de l'entreprise des travaux, à en faire la déclaration à la mairie, surtout si le propriétaire ne leur présente pas une permission régulière (art. 18).

L'autorisation doit être donnée par le maire ou son adjoint et, en cas d'empêchement, par le conseiller municipal qui remplit provisoirement les fonctions de maire. Celle qui émanerait du voyer de la commune serait nulle (art. 19).

Si, lorsque le maire n'a pas fixé le délai pendant lequel elle était valable, l'impétrant laisse passer une année entière, sans en faire usage, elle se trouve périmée de plein droit (art. 32).

Si le maire répond par un refus, ou si les restrictions dont il accompagne l'autorisation qu'il délivre ne satisfont pas l'impétrant, celui-ci peut se pourvoir devant le préfet, mais non s'adresser aux tribunaux (art. 35).

Les réclamants peuvent même exercer leur recours devant le ministre de l'intérieur contre la décision du préfet (art. 37).

Les autorisations de l'espèce sont essentiellement restrictives de leur nature ; elles interdisent donc virtuellement l'exécution de tous travaux qui ne s'y trouvent pas compris en termes précis et formels. Ainsi, l'autorisation de gratter, blanchir et badigeonner n'emporte pas l'autorisation de recrépir (art. 45). — Extrait du *Manuel des lois du bâtiment*.

Bâtisse, *s. f.* — Tout ce qui entre dans la construction d'un bâtiment, et particulièrement ce qui concerne la maçonnerie.

Bâton, *s. m.* — Grosse moulure ronde usitée dans les bases de colonne ; on lui donne plutôt le nom de *tore* (voy. ce mot).

Bâtons-rompus, *s. m. pl.* — Architecture. Ornements en forme de boudins ou de baguettes brisées qui décorent les archivoltes, les bandeaux et même les pilastres, dans les monuments du xii° siècle (fig. 447) ; ces *bâtons se rompent* toujours suivant des angles droits ou aigus.

Charpente. On emploie les bois à *bâ-*

tons-rompus pour ne pas perdre les bois trop courts qui ne pourraient porter sur les murs ou sur les poutres principales, par exemple dans un plancher.

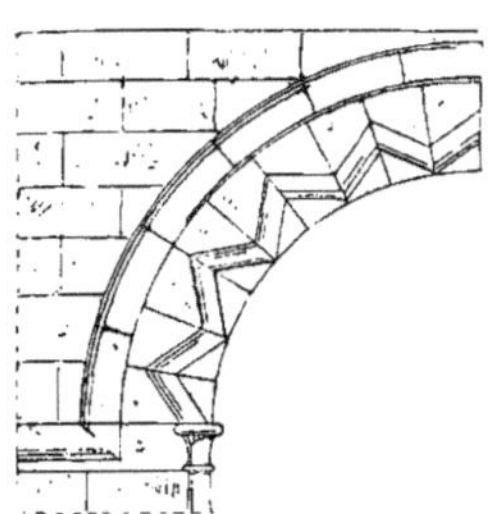

Fig. 447.

MENUISERIE. Dans les compartiments de parquets, on dispose quelquefois les frises en *bâtons-rompus* (fig. 448).

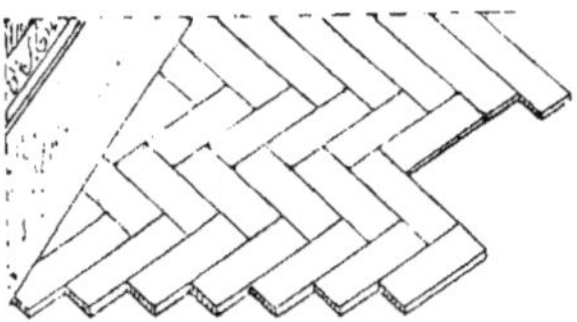

Fig. 448.

MARBRERIE. VITRERIE. On combine aussi les matériaux en *bâtons-rompus* pour former différents dessins.

Battage, *s. m.* — Pour établir des fondations sur un sol léger, poreux ou qui a été remué, on le *bat* à l'aide du mouton ou d'autres machines, ou bien on y enfonce des pilotis.

Le *battage* du terrain compressible est moins coûteux que le pilotage et lui est préférable, quand la nature du sol oppose une trop grande résistance à l'enfoncement des pilotis. Les couches de béton, les blocages à bain de mortier, que l'on étend pour servir de base aux fondations établies sur ces terrains, doivent aussi être *battus* au fur et à mesure.

Le *battage* des pieux, que les fondements soient établis sous l'eau ou hors de l'eau, se fait au moyen de la *sonnette* (voy. ce mot). La tête des pilotis est coupée perpendiculairement à leur longueur et cerclée avec une frette en fer forgé. Ces pilotis étant disposés en quinconce, on fait le *battage* en commençant par le milieu et s'avançant progressivement vers les bords. La hauteur de chute du mouton de la sonnette varie entre 2 et 4 mètres ; cependant, aux derniers coups, cette hauteur peut aller jusqu'à 6 mètres. On dit qu'un pieu est enfoncé *à refus,* quand, après chaque coup de mouton, il ne pénètre que de 3 à 5 millimètres. On s'arrête le plus souvent lorsque l'enfoncement est réduit à 0^m,04 ou 0^m,05 ; c'est ce qui est nécessaire si les pilotis doivent supporter de 10 à 12 kilogr. par centimètre carré de section.

Battant, *s. m.* — MENUISERIE. 1° Partie d'une porte, d'une fenêtre, d'un volet, d'une persienne ou d'une armoire qui est mobile autour de gonds et qu'on appelle aussi *vantail* (voy. ce mot).

C'est un châssis composé de traverses et de montants et suspendu par des ferrures, soit à la maçonnerie même, soit à un bâti dormant qui encadre l'ouverture de la baie. Le nom de *battant* s'applique particulièrement aux deux montants de ce dormant et à ceux du châssis mobile.

Dans les croisées à deux vantaux, les montants qui s'appuient contre le bâti fixe sont dits *battants de noix,* parce

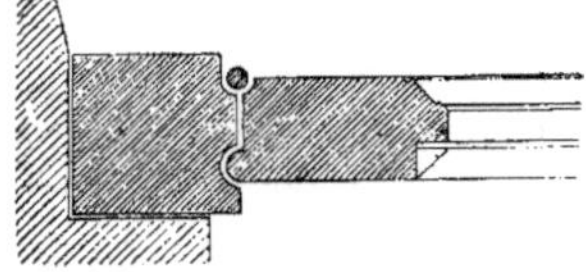

Fig. 449.

qu'ils portent une languette qui s'engage dans une rainure pratiquée sur le montant du dormant (fig. 449).

Les *battants meneaux* sont ceux du milieu, pourvus l'un d'une rainure, l'autre, d'un ravalement convexe, de même forme, qui s'emboîtent exactement l'un dans l'autre ; c'est la fermeture en gueule de loup (fig. 450), très-

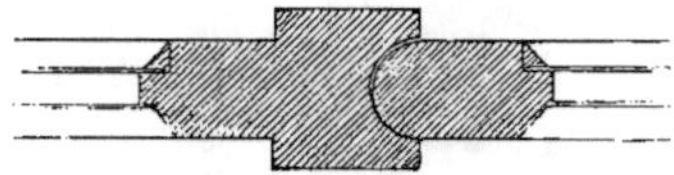

Fig. 450.

efficace pour empêcher l'introduction des eaux pluviales, mais ne permettant pas d'ouvrir un vantail isolément ; aussi, dans les portes-croisées, réunit-on les

Fig. 451.

battants du milieu par une double feuillure (fig. 451) ou par un recouvrement,

Fig. 452.

soit en *doucine* (fig. 452), soit en *sifflet* (fig. 453).

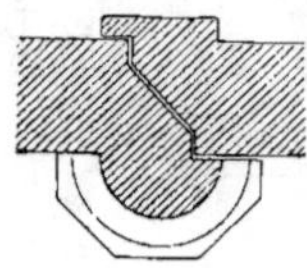

Fig. 453.

On donne, en général, aux *battants* de dormant de 0^m,054 à 0^m,08 d'épaisseur, sur 0^m,06 à 0^m,10 de largeur, et aux *battants* des châssis mobiles de 0^m,034 à 0^m,054 d'épaisseur ; on donne 0^m,06 à 0^m,09 de largeur aux *battants de noix*, de 0^m,054 à 0^m,08 au *battant meneau* de gauche et 0^m,09 à 0^m,12 à celui de droite.

Par extension, on donne encore le nom de *battant*, dans les lambris, aux montants qui reçoivent les traverses.

On appelle *battant flotté* celui qui est plus large sur l'un des parements d'un bâti que sur l'autre, parce qu'il porte une feuillure ou un ravalement.

2° On désigne encore par le nom de *battants* certaines dimensions données aux planches de chêne débitées pour le commerce (voy. *Chêne*).

SERRURERIE. 1° Montant de rive d'une grille en fer ;

2° Marteau intérieur suspendu dans la cloche ou la sonnette ;

3° Pièce principale d'un loquet : c'est une tige ou bande plate mobile, en fer, qui s'engage, par une de ses extrémités, dans un mentonnet, en tournant autour d'un pivot placé à l'autre extrémité. Cette pièce s'appelle aussi *clenche* (voy. *Loquet*).

Battante, *adj.* — On appelle *porte battante* une porte qui se referme d'elle-même ; elle est ferrée avec un pivot par le bas.

Batte, *s. f.* — I. Outil employé dans plusieurs corps d'état et qui sert à l'écrasement ou à la compression. On distingue :

1° *Batte du terrassier :* morceau de bois (fig. 454) muni d'un manche vertical et qui sert au régalage et au pilon-

Fig. 454.

nage des terres ; et planche épaisse, carrée, de 0^m,30 à 0^m,40 de côté, et munie d'un manche oblique de 1 mètre

à 1^m,20 de longueur (fig. 455) ; on l'emploie aussi pour dresser les terres, la
surface d'une aire en salpêtre, etc.

Fig. 455.

2° *Batte du plâtrier :* morceau de bois
rond, plus gros à un bout qu'à l'autre
et avec lequel on broie la *mouchette* (voy.
ce mot).

3° *Batte du paveur* (fig. 456) : morceau de bois à empatement, fretté et

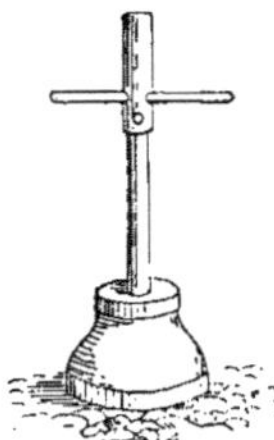

Fig. 456.

muni d'un manche vertical avec double
poignée horizontale. Il sert à dresser
les empierrements en cailloutis faits sur
les routes.

4° *Batte du plombier.* Il en est de
deux sortes : l'une est une espèce de
maillet avec lequel l'ouvrier frappe sur
l'outil qui lui sert à couper le plomb ;

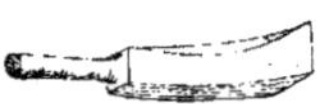

Fig. 457.

l'autre (fig. 457) est un morceau de bois
légèrement recourbé, muni d'un manche
taillé dans le même bloc et avec lequel
on dresse les feuilles de plomb.

II. Sorte de jetée construite sur la
rive d'un cours d'eau et composée de
deux files de pieux qui soutiennent un
enrochement de moellons bruts.

Battement, *s. m.* — MÉNUISERIE.
1° Saillie que forme la feuillure d'un
battant de porte ou de croisée et qui

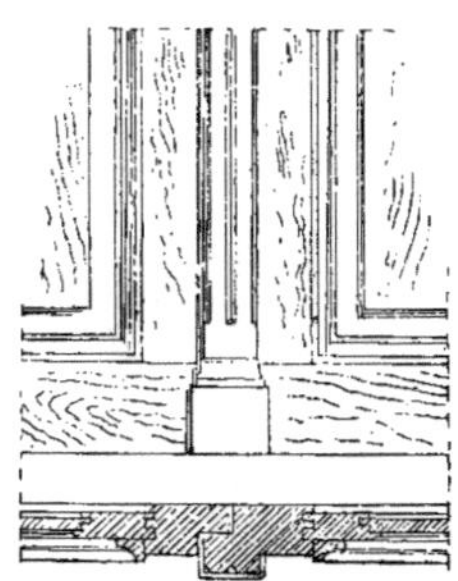

Fig. 458.

s'applique contre le chambranle ou
contre l'autre vantail, s'il y a deux vantaux (fig. 458).

2° Le *battement rapporté* est une tringle plate ou moulurée qui recouvre la
jonction des deux vantaux d'une porte
ou d'une croisée.

SERRURERIE. 1° Petite bande de fer
plat B (fig. 459) rapportée sur le mon-

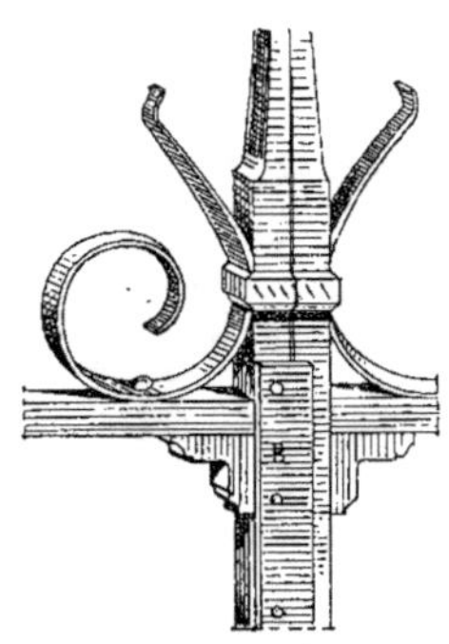

Fig. 459.

tant d'une grille en fer et formant feuillure.

2° Petite pièce qui reçoit le choc d'une
partie ouvrante et l'arrête à la fin de sa
course.

Les *battements* de persiennes sont de

plusieurs sortes : nous donnons (fig. 460) deux *battements* à pointe, l'un rond.

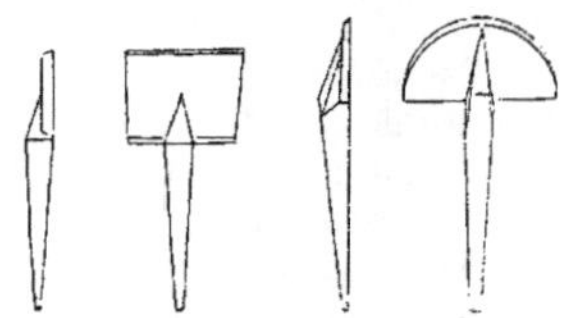

Fig. 460.

l'autre droit. Les figures 461 et 462 re-présentent, la première. un *battement*

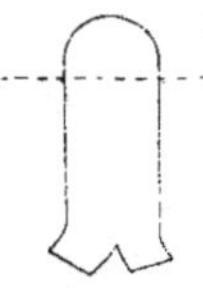

Fig. 461.

rond à scellement ; l'autre, un *battement* coudé rond à pointe.

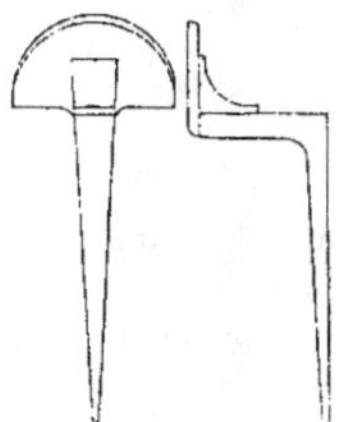

Fig. 462.

Les *battements* ou arrêts de portes cochères se nomment *butoirs* (voy. ce mot).

Batteur, *s. m.* — 1° Ouvrier qui écrase les tuileaux pour faire du ci-ment ;

2° *Batteur d'or* : ouvrier qui fabrique l'or en feuilles, en battant les feuilles minces obtenues à l'aide du laminoir.

Battre, *v. a.* — MAÇONNERIE. *Battre le beurre* : faire un trou vertical dans une assise de mur, de pilier, de pied-droit ou de colonne avec un trépan à bou-charde et du grès mouillé, pour y placer un goujon destiné à maintenir un vase,

une statue, ou un point d'attache de chainage.

PLOMBERIE. *Battre la résine*, signifie répandre de la résine sur des parties de plomb que l'on veut souder, ce qui se fait ordinairement avec la *tringlette* (voy. ce mot).

CHARPENTE. Les charpentiers emploient l'expression de *battre la ligne* dans le tracé de leur ouvrage (voy. *Ligne*).

Bature ou **Batture**, *s. f.* — Nom que les doreurs donnent à un mordant composé de cire, d'huile de lin, de té-rébenthine, et qui sert à faire les hachures dans les parties rehaussées d'or.

Baudet, *s. m.* — Ce nom est donné aux chevalets sur lesquels les scieurs de

Fig. 463.

long posent les pièces de bois pour les débiter en longueur (fig. 463).

Le *baudet* se compose de quatre pieds qui supportent une pièce de bois hori-zontale dite *sommier*. Leur écartement est maintenu, en chaque bout du che-valet, par une traverse et, dans le sens de la longueur, par deux jambettes qui s'assemblent chacune, par le haut, dans la face inférieure du sommier et par le bas, dans la face supérieure de la tra-verse correspondante.

Les pièces à débiter se posent sur deux *baudets* (voy. *Sciage*).

Bauge ou **Bauche**, *s. f.* — Mortier de terre grasse détrempée avec de la paille hachée, et qui sert à former des murailles, à garnir des panneaux de cloisons et à charger des planchers dans les constructions rurales. On l'appelle aussi *torchis*.

Dans le gâchage de la *bauge*, on emploie la paille ou le foin, dans leur longueur, ou bien hachés à 0ᵐ,10 ou 0ᵐ,15.

Ce mode de construction, appliqué aux murs, n'offre que peu de durée, mais il n'est pas coûteux. On procède par couches horizontales, puis on applique un enduit quand la *bauge* est sèche. Il est bon de faire une fondation en pierre jusqu'à 0ᵐ,25 au-dessus du sol.

Quand on veut charger les planchers, on se sert de bardeaux qu'on entoure de *bauge* faite avec du foin brisé et qu'on accole les uns aux autres.

Souvent, les bardeaux se posent à nu côte à côte et on les couvre d'une couche de *bauge*, qu'on égalise par-dessus ; on bat légèrement et l'on donne une seconde couche, qu'on bat encore. Ces aires garantissent bien les locaux contre les émanations gazeuses et les modifications de température ; elles sont bonnes, par exemple, pour la conservation des fourrages.

Bavette, *s. f.* — On donne ce nom, en général, aux bandes de métal qui servent de recouvrement, telles sont :

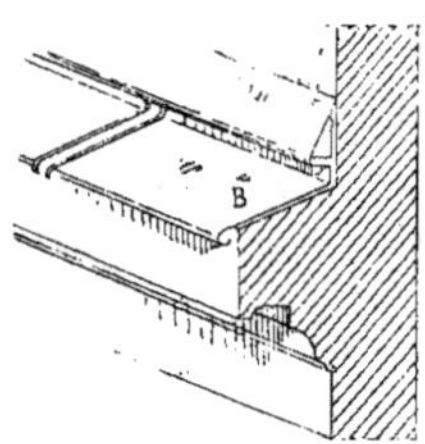

Fig. 464.

1° Les lames de zinc qu'on fixe au devant des croisées ou des lucarnes pour rejeter l'eau, soit en dehors, soit dans les chéneaux ou dans les gouttières ;

2° Les feuilles de métal B (fig. 464) munies d'un rebord arrondi qui recouvrent les saillies, les bandeaux, etc. ;

3° Les lames de plomb que l'on place sur les arêtiers des couvertures en ardoises, tantôt à leur partie inférieure (voy. *Arêtier*), tantôt sur toute leur longueur. Ces *bavettes* recouvrent la suture imparfaite de deux pans de couverture.

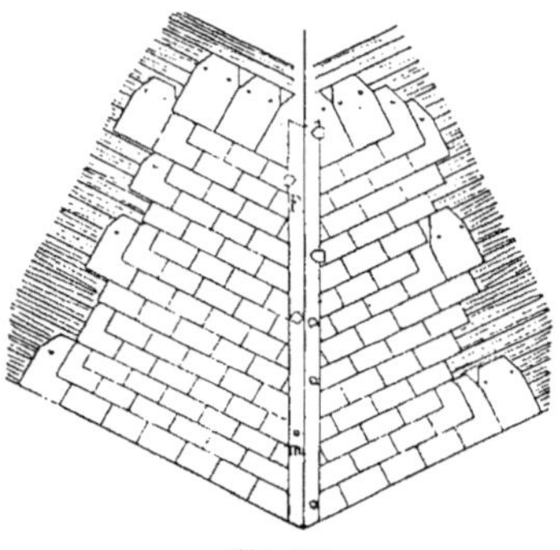

Fig. 465.

Elles peuvent être *simples* ou *composées* : les premières (fig. 465) sont formées d'une suite de feuilles de plomb de plus ou moins de largeur couchées sur la ligne d'arêtier et fixées par des

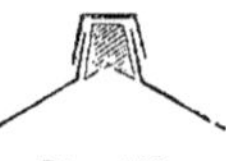

Fig. 466.

pattes p ou par des *mouches m* ; les *bavettes composées* (fig. 466) sont formées de deux *bavettes* en plomb clouées sur un tasseau à couvre-joint carré et maintenues, sur la couverture en ardoises,

Fig. 467.

par des pattes placées de distance en distance ; le couvre-joint est en zinc.

Ces *barettes* peuvent être ourlées dans un but d'ornementation (fig. 467).

Bavoché, *part. passé.* — Se dit d'un coup de pinceau maladroit, incertain et sans netteté.

Bavure, *s. f.* — Ce nom s'applique aux saillies irrégulières qui bordent les pièces ou tables de plomb coulées ; ces *bavures* doivent être abattues.

Bayac (*Pierre de*). — Calcaire gréseux, provenant de la carrière du Colombier, commune de *Bayac*, arrondissement de Bergerac.

Cette pierre est de couleur blanc jaunâtre, de dureté variable, à grains assez fins ; elle porte 0^m,40 de hauteur d'assise ordinaire et pèse 1,860 kilogr. le mètre cube. La charge d'écrasement par centimètre carré est de 115 kilogr.

Bayle, *s. m.* — Nom donné, au moyen âge, à des cours appartenant aux châteaux.

Il y avait deux sortes de *bayles :* l'un extérieur, compris entre la première et la seconde enceinte et contenant les dépendances ; l'autre, intérieur, placé entre la seconde enceinte et le donjon.

Bazar, *s. m.* — Nom par lequel on désigne, en Orient, tout marché public.

Il y a des *bazars* à ciel ouvert, pour certaines marchandises qu'on peut vendre en plein air ; mais les établissements de ce genre sont couverts quand ils servent à la vente des marchandises précieuses ou de petit volume.

Un *bazar* est composé de galeries garnies de boutiques et surmontées de hautes voûtes et de coupoles ne laissant pénétrer qu'un jour assez faible pour ne pas altérer les marchandises. Derrière les boutiques sont des magasins et, au-dessus, on ménage souvent des chambres à coucher pour les marchands.

Certains *bazars* sont souvent renfer-

més dans une enceinte qu'on ferme chaque soir ; le centre est occupé par une vaste cour plantée d'arbres et décorée de fontaines. Les côtés sont garnis de boutiques abritées par des toits en auvents.

En France, on donne le nom de *bazars* à des marchés couverts et même à des magasins où se vendent des produits de tous genres.

Beaucaire (*Pierre de*). — Calcaire coquillier de couleur et d'aspect variables, tiré de la carrière de *Beaucaire*, commune de ce nom, arrondissement de Nîmes.

Cette pierre provient d'une masse exploitée de 17 mètres de puissance et dans laquelle on distingue quatre bancs principaux ainsi désignés : *claire forte, grisette de dessus, blanche fine, roussette* ; elle porte 0^m,40 de hauteur d'assise habituelle.

La *pierre de Beaucaire* est d'un usage fort répandu dans les départements du sud-est et s'expédie jusqu'en Afrique.

Beaugency (*Pierre de*). — Calcaire lacustre tiré des carrières de Vernon, commune de *Beaugency*, arrondissement d'Orléans.

Cette pierre est assez dure, un peu noduleuse, très coquillière et porte de 0^m,25 à 0^m,40 de hauteur d'assise. Elle pèse de 2,300 à 2,350 kilogr. le mètre cube et s'écrase sous une charge de 400 à 500 kilogr. par centimètre carré.

Beaumont (*Tuffeau de*). — Craie tuffeau, micacée, très-dure, blanchâtre, homogène, qui porte 0^m,25 de hauteur d'assise et que l'on extrait des carrières de Pain-Perdu et des Granderies, commune de *Beaumont*, arrondissement de Chinon.

Bec, *s. m.* — 1° Petit filet B qui borde le canal d'un larmier et se réunit, par un cavet, au plafond de ce larmier (fig. 468). On l'appelle aussi *mouchette pendante*.

Fig. 468.

2° On donne le nom de *becs* aux parties saillantes qui terminent les extrémités d'une pile de pont (fig. 469) ; du

Fig. 469.

côté de l'amont est l'*avant-bec*, et du côté de l'aval l'*arrière-bec* (voy. *Avant-bec*).

3° Orifice du tuyau par lequel s'échappe le gaz d'éclairage dans un appareil à gaz.

Ces *becs*, avec différentes modifications dans leur forme, consistent essentiellement en raccords en cuivre soudés sur un conduit (fig. 470) et percés, à leur extrémité, soit de trous de 1/4 à 1/2

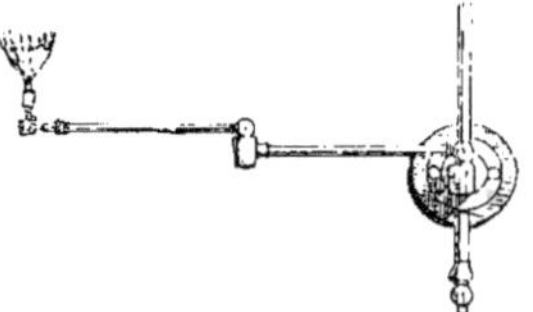

Fig. 470.

millimètre de diamètre, soit d'une fente circulaire très-fine. On fait aussi des *becs* en porcelaine ; ils ne s'oxydent pas et les trous s'encrassent moins.

4° On donne encore, par extension, le nom de *becs de gaz* aux différents appareils disposés sur les voies publiques pour l'éclairage des villes (voy. *Candélabre, Lanterne*).

Bec-d'âne ou **Bédâne**, *s. m.* — Ciseau qui sert aux menuisiers et aux charpentiers pour couper le bois perpendiculairement aux faces des pièces et creuser des mortaises et des embrèvements. Le tranchant de cet outil est dans l'un des plans de la lame et n'a

Fig. 471.

qu'un seul biseau formé d'un ou de deux plans (fig. 471 et 472). Le *bédâne* est

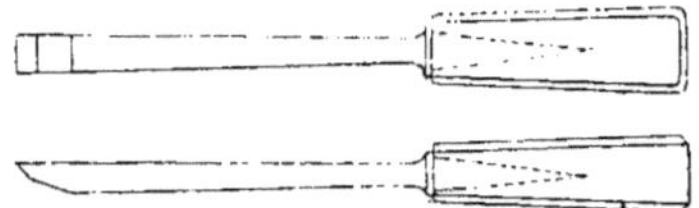

Fig. 472.

pourvu d'un manche de 15 à 18 centimètres de long en bois de frêne, de charme ou de cormier.

Le *bédâne* ou *bec-d'âne* du serrurier est de deux sortes (fig. 473) : l'un, A, est un outil plat, coupant sur son épais-

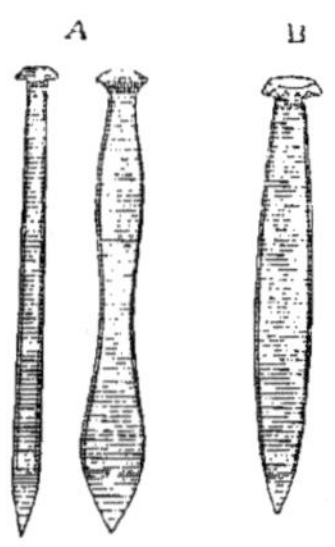

Fig. 473.

seur, servant à travailler les fers doux, les menues pièces et à faire les mortaises dans les bois de croisées ou autres, pour y placer les lames ou feuilles des fiches ; l'autre, B, est une sorte de burin très-acéré employé pour les gros ouvrages, pour couper le fer à froid, faire les cannelures, les mortaises, etc.

Bec-de-cane, *s. m.* — 1° On donne ce nom à une serrure dont le pêne à demi-tour est taillé en chanfrein pour que la porte se ferme en la poussant.

On appelle particulièrement *bec-de-cane* une serrure qui fonctionne sans clef et qui s'ouvre à l'aide de *boutons* ou de *béquilles* (voy. ces mots).

La figure 474 représente l'intérieur d'une serrure de ce genre : la plaque ou *foncet*, qui recouvre le mécanisme, a été enlevée : *g* est le palastre : *a*, la tête du

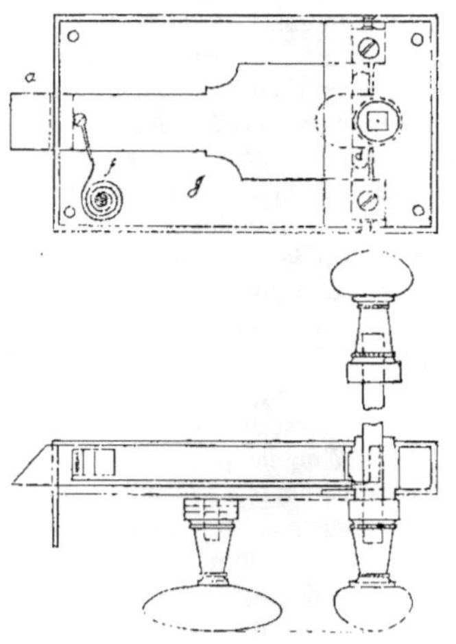

Fig. 474.

pêne demi-tour ; *d*, le *foliot*, bascule à deux branches qui est munie d'une tige cylindrique percée d'un trou carré : dans cette ouverture on introduit une tige également carrée et fixée d'une part à un bouton, puis s'emboîtant de l'autre, dans un second bouton, comme le montre le plan placé au-dessous ; un ressort à boudin *f* presse contre la tête du pêne et la maintient au-delà du rebord dans la gâche ; la porte est alors fermée ; on peut ouvrir du dedans et du dehors, en imprimant aux deux branches du foliot un mouvement de bascule qui fait marcher le pêne ; la figure 475 représente la position du pêne, quand

on a fait tourner le bouton et basculer le foliot.

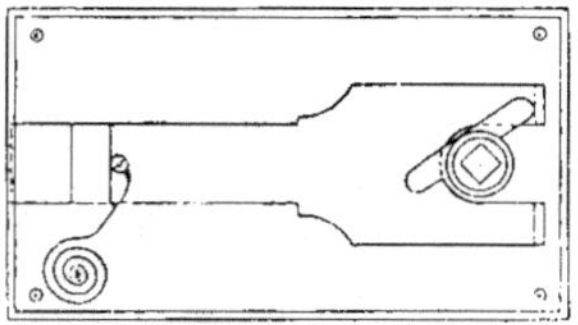

Fig. 475.

Ce genre de serrure est le *bec-de-cane ordinaire, poli, à cloison* et servant à la fermeture des portes intérieures d'appartement ; il est souvent pourvu d'un second pêne ou verrou de nuit à bouton de coulisse.

On distingue encore : le *bec-de-cane poli*, sur *platine* ou *sans cloison*, qui sert à la fermeture des armoires ou des volets brisés et qui n'a qu'un bouton ou un anneau à charnière, dont la tige est fixée par un écrou ; le *bec-de-cane à curette*, sorte de petit verrou en cuivre à ressort, qu'on emploie aussi à la fermeture des volets ; le *bec-de-cane de tirage* en cuivre, *encloisonné à queue*.

2° Le nom de *bec-de-cane* était appliqué aussi autrefois à la pince plate.

3° On donne encore le nom de *bec-de-cane* à un outil à fût dont le fer, recourbé en forme de croissant, est propre à pousser des moulures, à les arrondir ou à les dégager.

Bec-de-corbin, *s. m.* — 1° Sorte

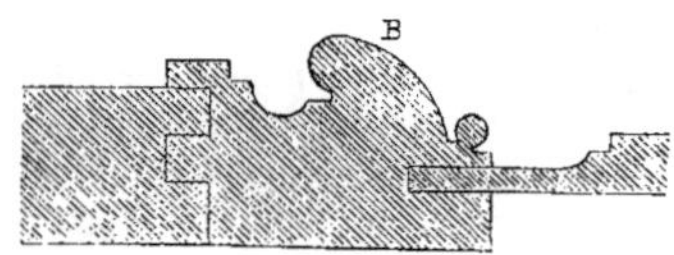

Fig. 476.

de moulure B faisant partie d'un profil de menuiserie (fig. 476).

2° Outil à fût dont le fer, à son extrémité, est recourbé en croissant et qui sert à refouiller les moulures, à dégager et arrondir le derrière des talons (fig. 477).

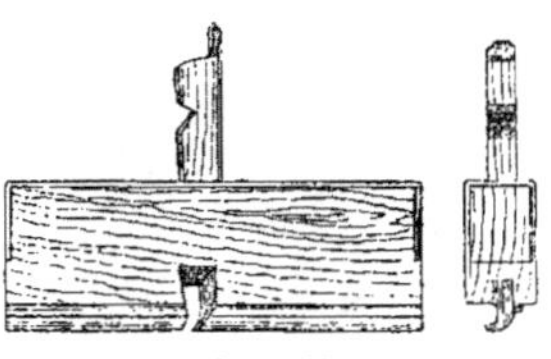

Fig. 477.

Bec d'oiseau. — Ornement très-commun dans les monuments à plein-cintre de l'architecture anglaise, et qui consiste en un bec crochu s'adaptant sur la courbure d'un tore, dans une archivolte, par exemple.

Béchevet, *s. m.* — CHARPENTE. Poutre formée de deux pièces accolées ayant la forme de coins très-allongés, de façon que l'ensemble ait une même épaisseur dans toute son étendue.

Bécon (*Granit de*). — Granit commun, très-dur, que l'on extrait de la carrière Yvon, commune de *Bécon*, arrondissement d'Angers.

Cette pierre, de couleur gris-blanchâtre, à éléments moyens, porte jusqu'à 2 mètres de hauteur d'assise.

Bédoule (*Chaux et ciment de la*). — 1° Chaux hydraulique ordinaire fabriquée à l'usine de *la Bédoule de Roquefort* (département des Bouches-du-Rhône).

2° Ciment qui provient de la même usine et qui a 0.75 pour indice d'hydraulicité. La résistance de ce produit à l'arrachement est de 7^k,90 par centimètre carré ; sa résistance à la rupture par écrasement est de 53^k,8.

La chaux et le ciment de *la Bédoule* sont utilisés dans le département des Bouches-du-Rhône et les départements voisins. Ces produits s'exportent en Algérie, en Espagne, en Italie, en Turquie et en Égypte.

Beffes (*Chaux de*). — Chaux hydraulique ordinaire, très-répandue dans le centre de la France et qui est d'un emploi général dans les travaux des ponts et chaussées et du génie militaire.

Elle est fabriquée à *Beffes*, dans le département du Cher.

Beffroi, *s. m.* — Système de charpente destiné à supporter des cloches et à permettre leur mouvement quand on les met en branle.

A l'origine, ce nom était donné à une machine de guerre ayant la forme d'une tour, couverte de peaux humides, et qui servait à approcher des murailles d'une ville, pour les saper à couvert et dominer les défenseurs des remparts. C'est par analogie que l'on désigna de même les hautes tours du sommet desquelles des soldats veillaient continuellement et observaient tout pour avertir de l'approche de l'ennemi et empêcher une attaque imprévue. C'est dans la suite que l'on substitua le son des cloches à la voix des sentinelles, et la cloche prit le nom de *cloche bannale*, parce qu'elle appelait tous les habitants du même ban.

Par extension, on a nommé ainsi, au moyen âge, les tours qui renfermaient les cloches des communes.

L'étymologie de ce mot a été très-discutée ; les uns le regardent comme une corruption du mot *effroi* ; les autres, et cette opinion est la plus vraisemblable, le font dériver de *bell*, cloche, *fried*, paix (cloche de paix), nom que l'on donnait, en effet, quelquefois à la cloche du *beffroi*.

La construction des charpentes destinées, dans les tours d'églises, à soutenir les cloches doit être faite en vue d'éviter, autant que possible, l'effet destructeur des secousses produites par le balancement de ces lourdes masses métalliques. Aussi, le *beffroi* doit-il être isolé de la tour : on le fait poser sur des corbeaux ou sur une retraite montant de fond. En outre, un fruit considérable est donné aux pans de bois qui forment les faces de ces charpentes.

La base du beffroi (fig. 478) est une enrayure sur laquelle s'appuient quatre palées ou pans de bois qui vont en se rétrécissant vers le sommet, de sorte

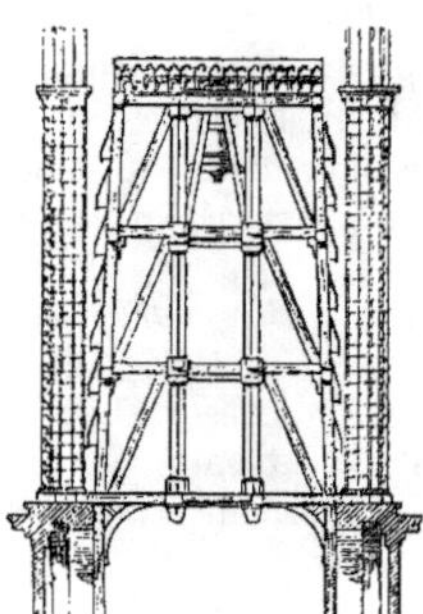

Fig. 478.

que l'appareil a du fruit. Il y a une ou deux fermes intermédiaires formant des divisions suivant le nombre des cloches. Ces pans de bois sont généralement composés de poteaux corniers et réunis par des entretoises moisées ou assemblées et successivement espacées de deux mètres. Un ou deux poteaux, appelés poinçons, occupent l'intervalle des poteaux corniers et des écharpes simples ou en croix de Saint-André relient toutes ces pièces entre elles. A chaque étage, des goussets réunissent les entretoises, pour empêcher la déformation des angles. Des coussinets en acier sont fixés au-dessus des sablières hautes et reçoivent des tourillons en fer emmanchés dans les montants ou sommiers en bois auxquels sont attachées les cloches.

Nous donnerons un second exemple de construction de ce genre : la figure 479 représente à l'échelle de 0ᵐ,01 pour mètre, le beffroi construit par Lassus. dans la tour de gauche de l'église Saint-Jean-Baptiste de Belleville, à Paris. Ce *beffroi* comprend deux étages de cloches : les pans de charpente qui le composent sont formés de pièces inclinées et de pièces horizontales, reliées entre elles par des croix de Saint-André et

pourvues d'armatures à boulons. L'ensemble repose sur un châssis qui s'ap-

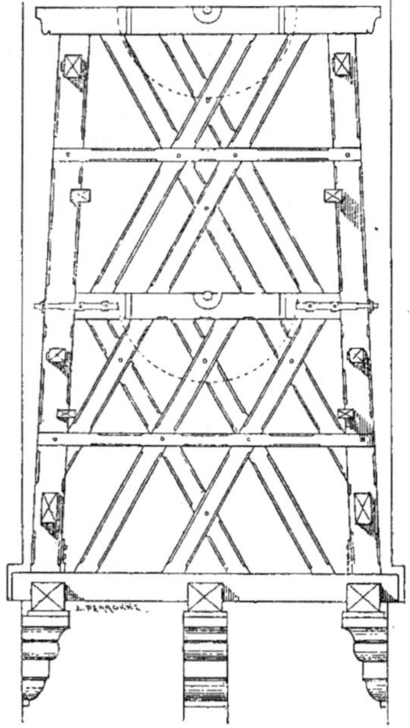

Fig. 479.

puie lui-même sur de forts corbeaux en pierre encastrés dans la maçonnerie de la tour. Pour prévenir l'ébranlement de celle-ci, les pièces qui forment ce châssis et qui sont placées de manière à glisser dans le sens horizontal, en vertu de la mise en branle des cloches, ont leurs extrémités engagées dans une des entailles faites au mur, sans que leurs abouts touchent au fond de ces entailles. Le jeu qui est ainsi laissé permet à ces pièces un certain mouvement, suivant leur axe longitudinal, qui n'attaque pas la solidité des maçonneries.

On met les cloches en branle au moyen de pédales ou de quarts de cercle. Les *beffrois* sont souvent munis d'*abat-sons* (voy. ce mot), qui en garantissent l'intérieur contre le vent et la pluie.

Les tours auxquelles on a donné ce nom. à partir du xiᵉ siècle, renfermaient les cloches qui servaient à rassembler les habitants. Ces *beffrois* furent d'abord isolés ; c'étaient des tours carrées surmontées d'un comble dans lequel étaient suspendues les cloches ; l'édifice renfermait, en outre, une salle pour les échevins, une prison, un magasin d'armes. Plus tard, on y plaça des cadrans marquant les heures.

Nous donnons (fig. 480) le *beffroi* de

Fig. 480.

Béthune. On y voit une lanterne avec galerie où se tenait le guetteur.

Bégrolle (*Pierre de*). — Calcaire gréseux, tiré des carrières de *Bégrolle*, commune de Saint-Pezenne, arrondissement de Niort.

Cette pierre, assez dure, de couleur gris roux, à grains très-fins porte de 0^m,20 à 0^m,35 de hauteur d'assise et pèse 2,310 kilogr. le mètre cube. Elle s'écrase sous une charge de 310 kilogr. par centimètre carré.

Belbèze (*Pierre de*). — Calcaire marneux compacte, demi-dur, blanc mat et gris bleuâtre, que l'on extrait des car-

rières de *Belbèze*, commune de ce nom, arrondissement de Saint-Gaudens.

Il y a deux variétés de cette pierre : 1° la *pierre blanche*, qui pèse de 2,110 à 2,190 kilogr. le mètre cube et s'écrase sous une charge de 280 à 380 kilogr. ; — 2° la *pierre grise*, qui pèse de 2,300 à 2,320 kilogr. le mètre cube et s'écrase sous une charge de 500 à 580 kilogr. par centimètre carré.

Belfahy (*Pierre de*). — Porphyre vert exploité à *Belfahy* (Haute-Saône).

Cette pierre pèse 2,820 kilogr. le mètre cube et se rompt, par écrasement, sous une charge de 1,120 kilogr. par centimètre carré.

Belgot (*Pierre de*). — Calcaire lacustre compacte, dur, blanc grisâtre, extrait de la carrière de *Belgot*, commune de Vernet, arrondissement de La Palisse.

Cette pierre, de couleur blanc grisâtre, porte de 0^m,70 à 1 mètre de hauteur d'assise.

Bélier, *s. m.* — 1° Animal dont la tête et le crâne sont employés dans la sculpture ornementale (voy. *Autel* et *Ægicrane*).

2° Machine hydraulique inventée, en 1797, par Montgolfier et qui sert à élever à un niveau supérieur l'eau provenant d'une chute.

Cet appareil serait très-propre à être employé pour alimenter des bassins, des réservoirs, etc. ; malheureusement les vibrations violentes dues au jeu même de la machine, absorbent une grande partie du travail moteur et détruisent, en peu de temps, les assemblages des tuyaux et des diverses pièces ainsi que de leurs supports. On est donc forcé, pour atténuer ces effets, de donner à l'appareil de faibles dimensions et, par suite, de ne s'en servir que dans des cas peu nombreux.

Le *bélier hydraulique* est construit de la façon suivante : un tuyau A (fig. 481), appelé *corps du bélier*, amène l'eau motrice avec une vitesse déterminée par la hauteur de chute ; cette eau rencontre,

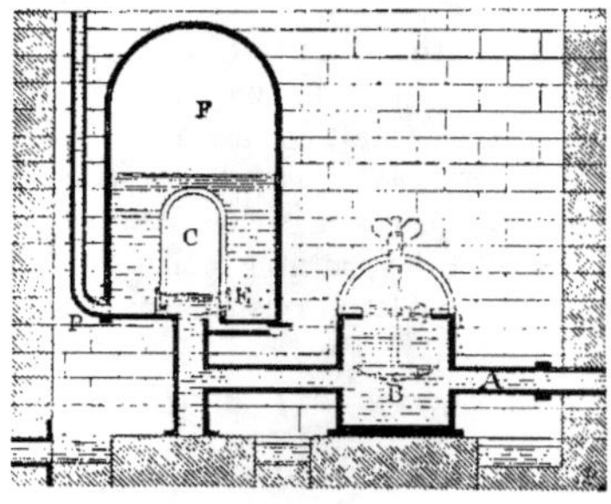

Fig. 481.

à l'extrémité du tube, diverses pièces formant la *tête du bélier* : c'est d'abord une soupape B, dite *soupape d'arrêt* et qui, soulevée par la vitesse de l'eau, s'applique contre l'ouverture et la ferme exactement. Le liquide, n'ayant pas d'autre issue, continue sa route par le conduit et passe dans la cloche F, après avoir ouvert la soupape E ; de là l'eau s'élève dans le tuyau d'ascension P, à une hauteur qui dépend du rapport entre les diamètres respectifs des tuyaux, ainsi que de la vitesse que peut prendre l'eau motrice en traversant le corps du bélier. Lorsque cette vitesse est suffisamment amoindrie par les résistances dues au frottement de l'eau dans le tuyau d'ascension et à la pression de la colonne d'eau ascendante, la soupape E se ferme, la soupape B retombe, l'écoulement naturel se reproduit dans le corps du *bélier*, la vitesse s'accélère, la soupape B est de nouveau soulevée et le jeu de l'appareil recommence. Les cloches C et F sont des réservoirs à air qui remplissent des rôles très-distincts : dans la première l'élasticité de l'air, comprimé par le choc de ce qu'on appelle le *coup du bélier*, amoindrit les effets dangereux de ce choc ; dans la seconde cette même élasticité repousse le liquide dans le tuyau d'ascension.

Au point de vue des résultats que peut donner cette machine, il est certain que plus la chute est haute, plus le débit est considérable. La hauteur d'ascension peut égaler trente fois celle de la chute.

Un des grands avantages du *bélier hydraulique* c'est que cet appareil, une fois installé, peut fonctionner jour et nuit sans interruption, sans dépense et sans surveillance.

3° Machine à enfoncer les pieux dans les travaux de fondation (voy. *Mouton*).

Belloc (*Marbre de*). — Marbre violet clair exploité à *Belloc*, commune de Villefranche (Pyrénées-Orientales).

Bellonne (*Pierre de*). — Calcaire lacustre, compacte, dur, blanchâtre, à pâte fine, que l'on tire de la carrière de *Bellonne*, commune de Sauvetat, arrondissement de Marmande.

Belonchamp (*Porphyre de*). — Mélaphyre ou ophitone, roche essentiellement formée de feldspath labrador d'un vert bleuâtre et de pyroxène augite vert clair, susceptible d'un beau poli.

Le mètre cube pèse 2,845 kilogr. et la charge nécessaire pour produire la rupture par écrasement est de 1,360 kilogr. par centimètre carré.

Belval (*Grès de*). — Grès siliceux, dur, rouge, qui provient des carrières de la Comme, des Fossés et du Sapinot, commune de *Belval*, arrondissement de Saint-Dié.

La hauteur d'assise de cette pierre est de $0^m,04$ à $0^m,30$; elle pèse 2,340 kilogr. le mètre cube et s'écrase sous une charge de 580 kilogr. par centimètre carré.

On fait usage du *grès de Belval* comme pierre de taille, dalles et pavés.

Belvédère, *s. m.* — Construction élégante, située sur un point culminant, au sommet d'un édifice, d'une maison, à l'angle d'une terrasse et d'où l'on peut. à l'abri du soleil et des injures du temps, jouir d'une vue agréable et étendue.

On place aussi des *belvédères* dans les parcs, dans les jardins. Ils se composent ordinairement d'une seule pièce,

Fig. 482.

de forme polygonale, ovale ou circulaire, et sont ouverts de tous côtés (fig. 482).

Par extension, on a aussi donné ce nom à de petits châteaux de plaisance.

Belvoye (*Pierre de*). — Calcaire compacte très-dur extrait de la carrière de *Belvoye*, commune de Damparis, arrondissement de Dôle.

Cette pierre est de couleur blanchâtre, nuancée lie de vin, susceptible de poli et de sculpture fine. Elle porte jusqu'à 1ᵐ.25 de hauteur d'assise et pèse de 2,590 à 2,680 kilogr. le mètre cube. La charge d'écrasement est de 755 à 870 kilogr. par centimètre carré.

La *pierre de Belvoye*, plus connue sous le nom de *pierre de Damparis*, est d'un fréquent usage à Paris et s'expédie en Suisse, en Belgique, en Allemagne, en Angleterre, etc.

Bema. — Mot grec que les premiers

chrétiens employaient pour désigner, à la fois, le sanctuaire, l'ambon et le siège de l'évêque ou *cathedra*, au fond de l'abside, dans les églises primitives.

Bénarde, *adj.* — La serrure *bénarde* n'a point de broche ; sa clef, dite aussi *bénarde* n'est pas forée.

Cette serrure a une *planche* (voy. ce mot) ; elle peut s'ouvrir des deux côtés. A cet effet, les garnitures sont entièrement semblables dessus comme dessous

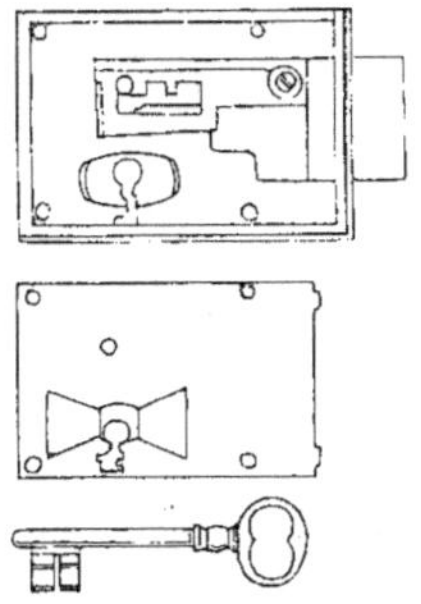

Fig. 483.

la planche, sur le palastre comme sur le foncet. Les entailles de la clef sont pareilles et symétriques (fig. 483).

Bénéfice, *s. m.* — Sur les travaux qu'ils exécutent on accorde aux entrepreneurs un *bénéfice* qui est fixé, par l'usage, au dixième de la dépense.

Bénitier, *s. m.* — Petit bassin en pierre, en marbre ou en métal, dans lequel on met de l'eau bénite et qu'on place à l'entrée des édifices consacrés au culte catholique.

Les *bénitiers* sont isolés ou bien fixés, soit aux murailles, soit aux piliers de l'église. Leur hauteur est généralement d'un mètre ; la cuve est creusée en sphéroïde ; la forme extérieure est polygonale ou circulaire.

Les figures 484 et 485 donnent deux exemples de *bénitiers* : l'un est fixé à la muraille, l'autre à un pilier ; ce dernier

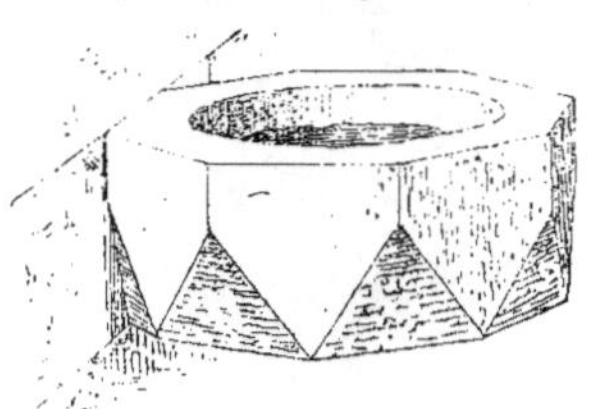

Fig. 484.

repose sur un pilastre. Le *bénitier* isolé

Fig. 485.

est une coupe élevée sur une colonnette

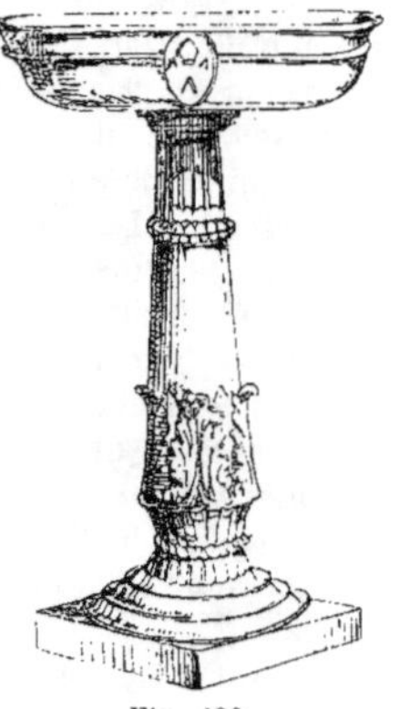

Fig. 486.

(fig. 486) et quelquefois sur un prisme

plus ou moins ouvragé et pourvu d'un
socle (fig. 487).

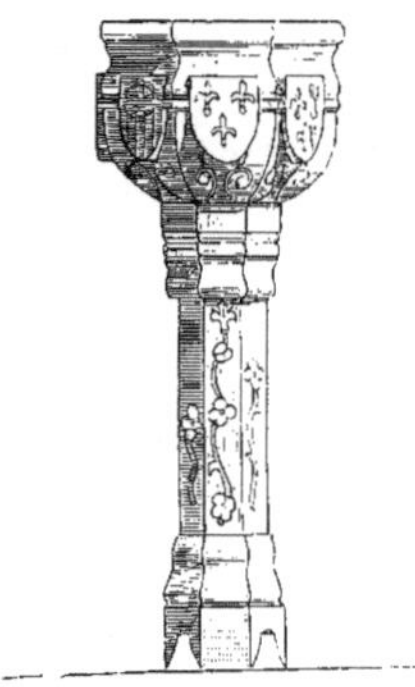

Fig. 487.

A l'époque romano-byzantine, on faisait des *bénitiers* avec des fragments

Fig. 488.

d'architecture antique tels que des chapiteaux.

C'est pendant les xii⁰ et xiii⁰ siècles que l'on fit surtout des *bénitiers* tenant aux monuments ; à partir des xiv⁰ et xv⁰ siècles, ils reprirent leur apparence de meubles.

Parmi les ouvrages de ce genre qui affectent la forme de meubles, c'est-à-dire qui sont portés sur des pieds ou balustres, et qui appartiennent aux beaux temps de l'art moderne, nous citerons les *bénitiers* en bronze de l'église de Saint-Sylvestre, à Rome, et le *bénitier* en marbre blanc de la cathédrale de Sienne. Ce dernier ouvrage est représenté par la figure 488 ; la composition et l'agencement en sont d'une rare habileté.

Quant à ceux qui s'adaptent aux pieds-droits des arcades dans les églises, les plus fameux sont les *bénitiers* de l'église Saint-Pierre de Rome. Ce sont des coquilles de marbre jaune antique ajustées devant une draperie de marbre bleu turquin servant de fond ; deux anges sous les traits d'enfants supportent chacune de ces coquilles et s'appuient eux-mêmes sur les tores qui accompagnent la base des pilastres.

Benjoin, *s. m.* — Résine dure qui est employée dans la fabrication des vernis à l'alcool.

Béquettes, *s. f. pl.* — Petites pinces à mordants plats ou arrondis qui servent à contourner les petits fers dans les garnitures.

Béquille, *s. f.* — Sorte de poignée formée d'une tige coudée en fer ou en cuivre et que l'on met à la place d'un bouton, pour faire mouvoir le pène d'un bec-de-cane ou d'une serrure à foliot, principalement lorsque le bouton ne pourrait être employé sans danger pour les doigts ; ainsi l'on s'en sert pour les portes d'entrées de boutiques, de magasins, etc.

La *béquille* est *simple* et ne se manœuvre que d'un côté, ou *double* et

forme poignée à l'intérieur comme à l'extérieur. La partie coudée affecte différentes formes : elle est à *anneau*, à

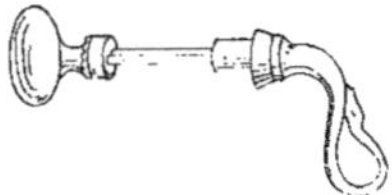

Fig. 489.

boule, à *volute*, à *col de cygne*, à *pans*, etc. La poignée intérieure est souvent un bouton, comme le montre la figure 489.

Berceau, *s. m.* — 1° CONSTRUCTION. On donne le nom de *berceaux* ou de *voûtes en berceau* à des voûtes cylindriques qui servent à recouvrir l'espace compris entre deux murs verticaux parallèles.

Ces voûtes sont engendrées de la façon suivante : supposons un demi-cercle

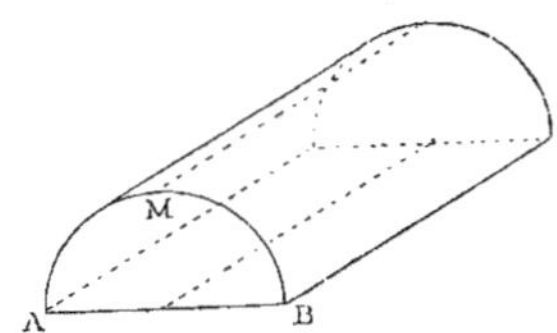

Fig. 490.

vertical A M B (fig. 490) se mouvant en ligne droite et parallèlement à lui-même ; ce demi-cercle décrit une surface demi-cylindrique, qui formera l'intrados d'un *berceau* plein-cintre. La courbe génératrice peut affecter toutes les formes d'arcs et la voûte peut être *surhaussée* ou *surbaissée*. Le plan qui contient les droites suivant lesquelles la surface du *berceau* se raccorde avec les murs se nomme *plan de naissance ;* la *montée* ou *hauteur sous clef* est la distance entre le sommet de la voûte et ce plan de naissance.

Le *berceau* est *droit*, lorsque la direction de son axe est perpendiculaire au plan de tête ; il est *biais* si cette direction est oblique : *rampant* (fig. 491) si l'axe est incliné à l'horizon.

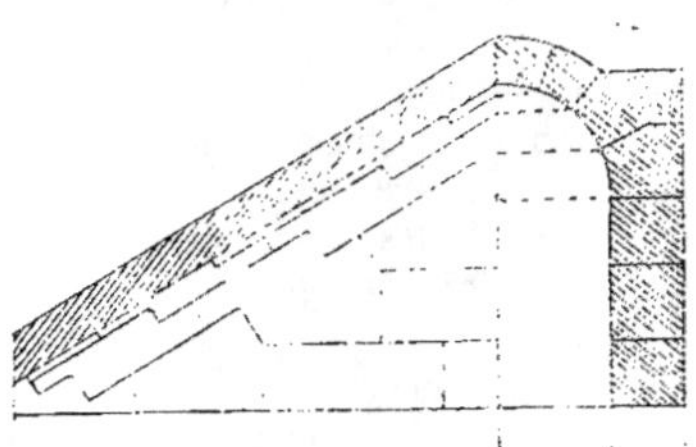

Fig. 491.

On dit qu'un *berceau* est *tournant* quand il couvre une salle ou une galerie à plan courbe, et qu'il est *annulaire*, quand le plan de la galerie est circulaire.

Un *berceau* annulaire en descente est une *vis Saint-Gilles* (voy. ce mot).

Lorsqu'une voûte en *berceau* est croisée par une autre voûte de même forme mais de moindre hauteur, il y a pénétration, et l'ensemble prend le nom de *voûte en berceau* avec *lunette* (voy. ce mot). Deux voûtes en *berceau* de même hauteur forment par leur pénétration une *voûte d'arête* ou une *voûte en arc de cloître*, suivant que les arêtes d'intersection des surfaces cylindriques sont saillantes ou rentrantes (voy. *Voûte*).

Les *berceaux* en pierres de taille s'appareillent au moyen de voussoirs, dont les joints sont normaux à la courbe d'in-

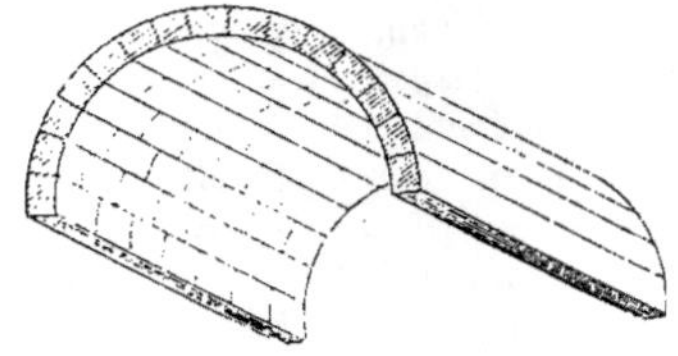

Fig. 492.

trados et qui se posent par assises longitudinales (fig. 492). Il en est de même pour les *berceaux* en briques.

Pour établir ces voûtes, on dispose d'abord entre les murs de retombée une série de constructions en charpente ou cintres (voy. ce mot), sur lesquels on place des planches ou madriers appelés *couchis*, qui forment la surface d'intrados ; puis, on monte simultanément des deux côtés les assises de voussoirs avec le même mortier, de façon que le tassement soit uniforme. Quand la clef est posée, on retire les cintres (voy. *Décintrement*). L'épaisseur à donner aux différentes parties de la voûte est calculée en raison des pressions dues à la forme qu'elle affecte et à la charge qu'elle supporte (voy. *Poussée* des voûtes).

On remplace souvent les *berceaux* au moyen d'*arcs doubleaux* (voy. *Doubleau*). On décore ces voûtes de *caissons*, de *mosaïques*, de *fresques*, de *peintures* à l'huile (voy. ces mots).

La voûte en *berceau* à plein-cintre a été employée par les Romains particulièrement pour les édifices civils. Les architectes de la période romano-byzantine l'ont appliquée à la construction des monuments religieux. Abandonnée pendant la période ogivale, cette voûte reparaît à la Renaissance. Aujourd'hui, on l'emploie concurremment avec les *berceaux* surbaissés ou en arcs de cercle.

2° Sorte de voûte formée par les branches rapprochées des arbres disposés dans les parcs ou les allées.

3° Partie de treillage cintrée en cercle ou en ellipse.

Berchères (*Pierre de*). — Calcaire lacustre, très-dur, blanc grisâtre, compacte, que l'on tire des carrières de *Berchères l'Évêque*, commune de ce nom, arrondissement de Chartres.

La hauteur d'assise de cette pierre varie de 0^m.50 à 1 mètre.

Béreux (*Pierre de*). — Calcaire compacte, grisâtre, très-dur, à pâte fine, provenant de la carrière de Garrouteigt, commune de *Béreux*, arrondissement d'Orthez.

Le mètre cube de cette pierre pèse de 2.670 à 2.680 kilogr. La charge d'écrasement par centimètre carré est de 575 à 650 kilogr.

Berge, *s. f.* — Bord d'une fouille, d'une tranchée, d'un cours d'eau ; chemin taillé dans une côte, avec un escarpement en contre-haut ou en contre-bas et un talus qui empêche l'éboulement des terres.

Les *berges* d'une rivière, placées souvent entre les cours d'eau et un mur de quai, sont soutenues par un mur en talus, en bonne maçonnerie (fig. 493). L'épais-

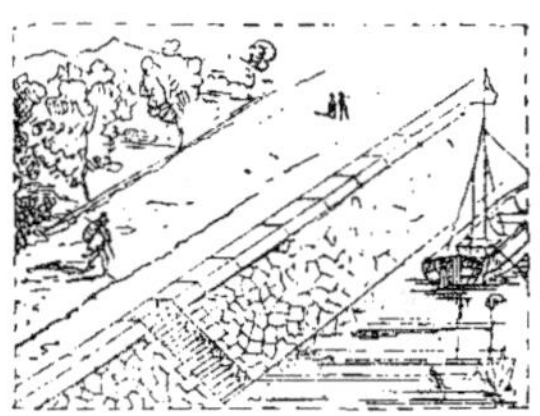

Fig. 493.

seur de ce revêtement doit être calculée en raison de la poussée des terres et du travail produit par les eaux lors des crues. Le sol est un pavé de grès ou de cailloutage sur mortier hydraulique.

En Droit, l'entretien d'une *berge* est à la charge du possesseur de la propriété qu'elle borde. Les *berges* des rivières et cours d'eau du domaine public sont entretenues par l'État.

On dit *jeter sur berge,* quand on jette sur le bord d'une fouille les terres qui en sont extraites (voy. *Jet*).

Bergerie, *s. f.* — Local destiné à l'habitation des bêtes à laine dans une exploitation rurale.

Il y a une distinction qu'il est essentiel de faire entre des choses aussi différentes l'une de l'autre que le sont les parcs temporaires ou permanents, les abris plantés, les hangars ouverts ou les véritables *bergeries,* couvertes et closes.

On se demandera, tout d'abord, s'il est utile, nécessaire ou indispensable que les moutons soient confinés dans des parcs ou dans des bâtiments ? Or, l'expérience a démontré que les moutons domestiques peuvent vivre toute l'année en plein air, dans les régions tempérées à climats doux, mais qu'ils doivent être abrités contre les neiges et les fortes pluies ; et que, dans les climats excessifs à hivers très-rudes, ils doivent être protégés contre le froid par un logement couvert et clos de toutes parts. Dans le nord, l'est et le centre de la France, une *bergerie* couverte et close est utile, sinon indispensable, comme dans tout autre pays où le mouton ne trouve plus à vivre sur le sol, soit par l'excès du froid, soit parce que la terre est couverte de neige ou parce que de longues pluies entretiennent une humidité nuisible sur le sol. En outre, dans les climats doux, un abri est encore nécessaire, pour la nuit, contre les loups et contre le maraudage, si le pays est boisé, et si la propriété n'y est pas suffisamment protégée.

Ainsi donc, dans presque toutes les situations, un abri est utile, sinon nécessaire ou indispensable, mais sa construction et sa disposition peuvent varier beaucoup avec les climats.

En Russie et dans l'Europe centrale, les moutons doivent être logés dans une *bergerie* proprement dite, c'est-à-dire dans un bâtiment couvert et clos. Dans les climats tempérés ou marins et doux, comme la Normandie et l'ouest de l'Angleterre, la *bergerie* peut n'être qu'un abri couvert seulement de façon à préserver les moutons de la pluie et permettre de les affourrager avantageusement pendant le repos de la végétation herbacée. Enfin, dans les climats tempérés et même un peu chauds, comme la région méditerranéenne, en France et dans l'Algérie, les abris pour les moutons se réduiront à de simples enclos, parcs permanents ou temporaires, protégeant les moutons contre les bêtes fauves.

On peut donc, d'après les considérations qui précèdent, classer les diverses habitations du mouton de la manière suivante :

1° *Parcs fixes* ou *temporaires*, ne pouvant protéger les troupeaux que contre les loups et les maraudeurs et servir au recueil et même à l'épandage des excréments (voy. *Parcs*).

2° *Abris plantés* ou *parés abrités*, protégeant, en outre, les moutons contre les grands vents et les tempêtes de neige.

3° *Hangars* ou *parés couverts*, protégeant les moutons contre la pluie et la neige et recueillant le fumier.

4° *Bergeries proprement dites*, couvertes et closes, protégeant les animaux de la pluie, de la neige et du froid (1).

Si l'on tient compte des nécessités de l'engraissement tel qu'il doit se faire dans une culture améliorée, la *bergerie* proprement dite est indispensable. On obtient, en effet, plus de produits avec la même quantité d'aliments, ou bien l'on en économise une portion notable qui eût été employée à redonner au sang de chaque animal la température normale qu'il tend à perdre, s'il est abandonné en plein air dans la saison froide ou pluvieuse.

L'installation d'une *bergerie* impose au constructeur un certain nombre de dispositions spéciales, parmi lesquelles celles qui ont pour objet l'aération et l'assainissement du local tiennent le premier rang.

Il faut, tout d'abord, choisir l'exposition : dans nos pays la façade doit, de préférence, être tournée au nord ou au midi ; l'exposition à l'ouest est la plus mauvaise. Il faut ensuite déterminer la forme générale à donner aux bâtiments ; celle que l'on adopte ordinairement est la forme rectangulaire. On y établit souvent des séparations qui sont mobiles, c'est-à-dire composées de barrières ou

(1) Grandvoinnet, *Les bergeries*.

de claies d'osier, maintenues par des montants à pied, ou bien qui sont fixes, c'est-à-dire formées de petits murs de 1ᵐ,50 de haut. Le long de ces séparations et le long de ces murs principaux, on installe les *crèches* (voy. ce mot), où l'on dépose les aliments destinés aux bestiaux. Les crèches doubles forment

Fig. 494.

souvent elles-mêmes les séparations, comme le montre la figure 494. Nous reviendrons plus loin sur ces aménagements.

La surface intérieure d'une *bergerie* doit être calculée suivant le nombre de têtes qu'elle doit contenir, en donnant au moins un mètre carré à chaque individu, accessoires compris. L'élévation doit être de 3 à 4 mètres. Quand il y a un grenier au-dessus, on y introduit le fourrage par deux portes ouvertes sur la façade (voy. *Fenil*) ; un coffre en bois, qui va du grenier au sol de la *bergerie*, sert à la distribution de ce fourrage.

Ces conditions préliminaires étant examinées, on fixe le nombre, la grandeur des ouvertures et les moyens de les clore.

Les portes, généralement à claire-voie dans leur partie supérieure ou coupées dans leur hauteur, s'ouvrent au dehors, parce que les moutons, en se pressant pour sortir, peuvent empêcher de les ouvrir. Afin de faciliter la sortie des animaux, on établit souvent des rouleaux de 0ᵐ,50 à 0ᵐ,60 de hauteur dans les embrasures de ces portes. On les pose à 0ᵐ,30 du sol (1) (fig. 495).

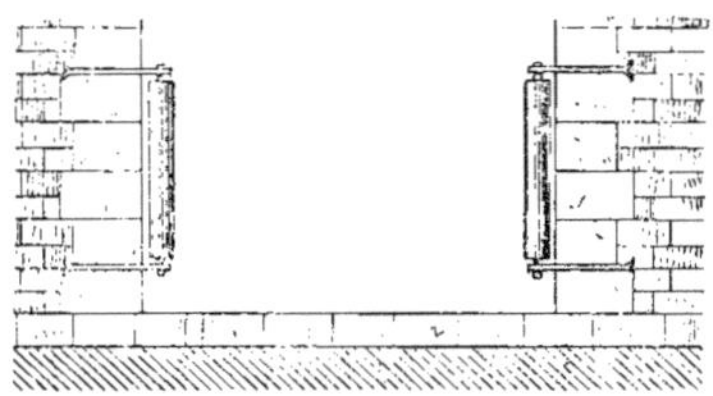

Fig. 495.

M. Grandvoinnet, dans son ouvrage sur les bergeries, admet, pour les portes, une largeur de 1 mètre à 1ᵐ,50. Lorsque le mur de la *bergerie* est en pan de bois, colombage ou torchis, il attribue aux rouleaux un diamètre égal à

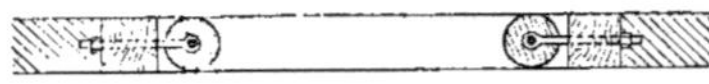

Fig. 496.

l'épaisseur de ce mur (fig. 496). Si le mur est en maçonnerie de 0ᵐ,45 à 0ᵐ,50, il place les rouleaux au milieu de l'épaisseur, en appliquant contre les montants, à l'intérieur de la baie, des tasseaux en bois.

Nous citerons ici une disposition particulière qui a été appliquée à la *bergerie* de Grignon pour empêcher les moutons de se presser au passage des portes. On a établi de chaque côté (fig. 497), de petites rampes sur lesquelles les moutons ne peuvent passer que deux à deux. Ce sont intérieurement des planches qui forment un petit pont et, à l'extérieur, des massifs de maçonnerie.

Les fenêtres des *bergeries* doivent être analogues à celles des écuries, mais plus grandes. On les place à 1ᵐ,80 ou 2 mè-

tres au moins au-dessus du sol. On peut les faire ouvrir comme des tabatières ou

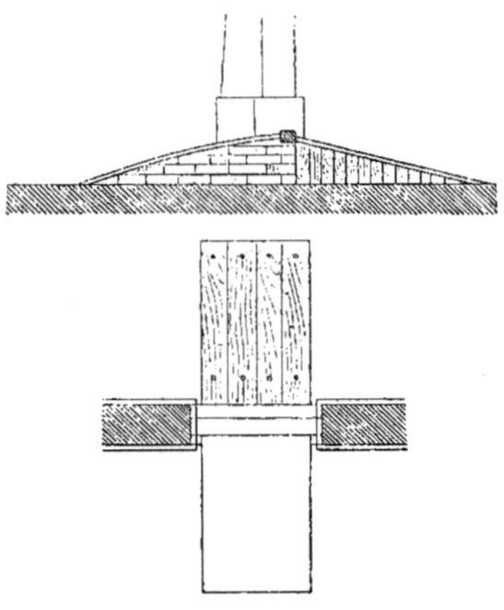

Fig. 497.

les faire tourner sur pivot autour d'un axe vertical passant par le milieu de leur largeur. Dans ce dernier cas, les

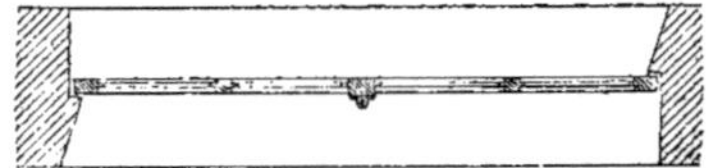

Fig. 498.

feuillures doivent être faites en sens inverse, comme le montre la figure 498.

L'éclairage de nuit est important ; on emploie généralement à cet effet des lanternes accrochées à des pitons ou suspendues à l'aide d'une corde et d'une poulie. Ces moyens ont des inconvénients qui résultent du transport et de l'allumage des lanternes. M. Bouchard décrit un mode d'éclairage au moyen duquel il n'est pas nécessaire de pénétrer à l'intérieur ; il s'opère à l'aide de petites fenêtres carrées, de 0ᵐ,40 de côté environ, évasées par dedans et percées d'un petit trou communiquant au dehors pour le passage de l'air ; ces fenêtres sont fermées par deux châssis vitrés, l'un fixe du côté de l'écurie, et l'autre mobile à l'extérieur : on y place, le soir, une lanterne à réflecteur.

Les appareils dans lesquels on dépose les aliments destinés aux moutons sont les *crèches*, composées d'un râtelier et d'un auget fixé au-dessous. Quelquefois on ne pose dans la *bergerie* que de simples râteliers et l'on y emploie des auges portatives, suivant le besoin.

Les crèches sont fréquemment doubles comme nous l'avons dit plus haut et servent, en même temps, à établir des séparations dans la *bergerie*. Souvent on fait des compartiments au moyen de petits murs hauts de 1^m,50 et le long desquels on place les crèches. On établit encore des séparations provisoires à l'aide de crèches mobiles.

Sous le rapport de la construction, il y a plusieurs observations importantes à faire. Remarquons, tout d'abord, que, l'humidité étant très-préjudiciable aux moutons, il faut établir, dans la *bergerie,* un plancher parfaitement sec. Il n'est pas indispensable, pour cela, d'élever le sol intérieur à 0^m,20 ou 0^m,30 au-dessus du sol extérieur ; si le terrain est naturellement sain ou s'il a été drainé, il suffit que le plancher soit à quelques centimètres au-dessus du sol extérieur.

On distingue les planchers imperméables ou pleins et les planchers à claire-voie.

Pour les premiers, le meilleur revêtement du sol est une simple couche de béton fait de mortier fin, mêlé, à volume égal, avec du gravier bien lavé ou des pierres dures cassées à 0^m,05 de grosseur moyenne tout au plus. Très-souvent, on se contente d'une couche de marne ou d'argile calcinée que l'on enlève en même temps que le fumier, pour la remplacer ensuite par une nouvelle couche. On peut encore faire une aire de bonne terre franche bien battue ou de salpêtre. Ces planchers reçoivent une litière de paille.

Les planchers à claire-voie permettent de supprimer toute litière et économisent la main-d'œuvre d'enlèvement du fumier. Ces planchers sont ordinairement formés avec de très-légers soliveaux, de fortes lattes ou de petits chevrons placés côte à côte avec un intervalle de 0^m,015 environ. Outre l'économie de litière, de main-d'œuvre et de transport que présente ce genre de plancher, il faut signaler aussi l'avantage suivant : sur une aire en bois il n'y a pas de cause tendant à faire naître certaines maladies du pied qui ont, au contraire, toute propension à se développer sur une litière toujours humide. La construction même de ces planchers est ainsi faite : de petits chevrons sont posés sur des lambourdes ou des poutrelles en laissant entre eux un vide de 0^m,015. Cet écartement laisse passer le crottin, sans que le pied puisse s'y engager. Les meilleurs bois à employer sont le chêne ou le robinier (faux acacia), en raison de leur résistance et surtout de leur longue durée dans l'humidité. Si l'on n'avait à employer que des bois blancs et résineux, il serait convenable d'utiliser, à leur égard, les procédés connus de conservation des bois : soit l'injection ou la pénétration des bois par une dissolution de sulfate de cuivre, soit plutôt la carbonisation superficielle, soit même un simple goudronnage à chaud. Il est bon que le plancher à claire-voie soit fait par portions formant des espèces de grillages faciles à redresser, pour donner accès à un wagonnet dans la fosse lorsque l'engrais doit être enlevé. La profondeur de la fosse, sous le plancher, doit être de 0^m,60 à 1 mètre.

On peut donner aux *bergeries* des aménagements divers. Si on considère ces locaux dans leurs dispositions extérieures, on peut, dit M. Bouchard, les ranger dans deux classes : les *bergeries ouvertes* et les *bergeries fermées.*

Les premières sont de simples hangars clos sur la face par des barrières ou claies et, au fond, par des murs ou des cloisons de bois. Les *bergeries fermées* sont des bâtiments que l'on construit habituellement en maçonnerie.

On divise ces dernières en plusieurs

espèces, d'après leurs dispositions intérieures.

Les *bergeries simples* sont celles dans lesquelles les crèches, rangées autour

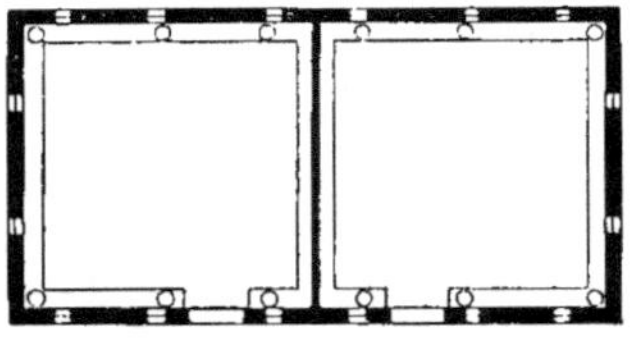

Fig. 499.

des murs, ne forment qu'un seul compartiment dans la profondeur du local
(fig. 499).

Dans les *bergeries doubles*, les crèches forment deux compartiments dans le sens que nous venons d'indiquer (fig. 500). L'espacement d'une crèche à

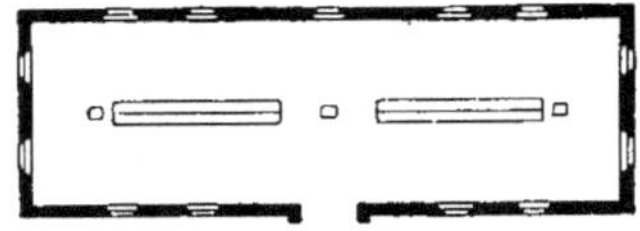

Fig. 500.

l'autre devant être d'au moins 3 mètres, et les crèches ayant une largeur de 0ᵐ,50 chacune, il en résulte que la pro-fondeur d'une *bergerie simple* est d'au moins 4 mètres et celle d'une *bergerie double* de 8 mètres.

En appliquant les mêmes données, on fait des *bergeries triples* et même à plus de trois compartiments.

On établit encore quelquefois des *bergeries* suivant la disposition indiquée par la figure 501, c'est-à-dire en ne po-sant plus les râteliers dans le sens de la

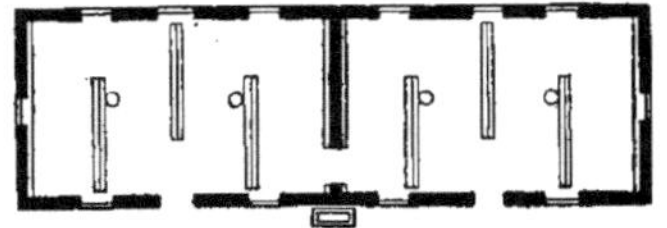

Fig. 501.

longueur du bâtiment, mais en les pla-çant de manière à former des travées transversales. Cet aménagement facilite

l'entrée et la sortie des animaux, qui ne sont plus exposés à se fouler en se pré-sentant tous à la fois aux portes.

Lorsque la *bergerie* renferme des bêtes à laine fine que l'on envoie peu au pa-cage, on établit un parc attenant fait avec des claies, des treillages en fil de fer, des châssis en toile grossière, ou mieux des *persiennes* (voy. ce mot).

Aux divers détails qui précèdent, nous ajouterons quelques considérations sur la ventilation qu'il est nécessaire d'éta-blir dans les *bergeries*, comme dans tout local où se trouve renfermée une agglo-mération d'hommes ou d'animaux.

L'air contenu dans une *bergerie* est exposé à plusieurs causes de viciation : l'acide carbonique produit par la respi-ration, les gaz ammoniacaux dégagés par le fumier et les déjections des ani-maux.

L'ouverture momentanée des portes et des fenêtres n'est pas un remède au mal. Il faut ventiler, c'est-à-dire assurer la sortie constante de l'air vicié et l'en-trée permanente de l'air neuf extérieur.

A cet effet, on ouvre un passage, au plus haut de la *bergerie*, à l'air chaud qui tend à s'élever, de manière à ce que le vide que tend à produire ce mouve-ment soit, à chaque instant, rempli par de l'air frais venant de l'extérieur par les fentes des portes ou par de petites ouvertures spéciales faites au niveau du sol et appelées *barbacanes* ou *ventouses*. Ces ouvertures doivent être réparties convenablement, de manière à dissé-miner les courants d'entrée de l'air, re-nouveler l'atmosphère sur tous les points de la *bergerie*, et faire en sorte que nulle part il n'y ait de courant d'air assez fort pour nuire aux animaux (voy. *Ventilation, Ventouse*, etc.)

Il nous reste, pour compléter ces in-dications générales, à parler des murs, de la charpente et de la couverture.

Les murs doivent avoir une épaisseur suffisante pour préserver l'intérieur du froid et de la pluie, et pour supporter la charpente du comble. Les matériaux ordinairement employés étant mauvais conducteurs de la chaleur, l'épaisseur qui suffit pour porter le toit suffit aussi pour arrêter les variations de température. On donne aux murs en moellons de 0^m,33 à 0^m,40 pour les *bergeries* sans greniers ; 0^m,40 à 0^m,50 pour les *bergeries* avec greniers ; 0^m,22 suffisent si les murs sont en briques, sauf sous les fermes, où on leur donnera 0^m,33 en formant des pilastres de 0^m,45 de largeur au moins. Dans l'hypothèse d'un grenier, l'épaisseur des murs en briques sera augmentée. Si l'on emploie les pans de bois, on doit leur donner des poteaux corniers de 0^m,16 à 0^m,24 de largeur d'équarrissage, suivant que la *bergerie* est simple en hauteur ou avec grenier.

La charpente du comble peut être l'objet de plusieurs combinaisons variées ; en tout cas, les dimensions des pièces en sont prévues d'après les profondeurs très-diverses que peuvent avoir les *bergeries*.

Le système de couverture à employer est celui qui, dans le pays, offre le plus d'économie, eu égard non-seulement à son prix de premier établissement, mais au prix de la charpente qu'elle exige, à sa durée, à son entretien et enfin à la prime d'assurance qu'elle entraîne pour le bâtiment tout entier. La tuile dite de Montchanin, paraît donner, à ce point de vue, les meilleurs résultats ; elle forme une couverture assez légère et, si l'on tient compte de tout, est la plus économique, lorsqu'elle se trouve à portée du bâtiment.

Nous terminerons par quelques mots sur les *bergeries* installées dans les abattoirs, qui offrent quelques dispositions spéciales. Les abattoirs, en effet, sont pourvus de *bergeries* placées près des échaudoirs pour recevoir les bestiaux en attendant leur abatage. Les grands établissements de ce genre renferment aussi des *bergeries* destinées à abriter les animaux qui n'ont pas été vendus le jour du marché ou qui sont amenés la veille de ce jour.

La figure 502 représente la coupe et une partie du plan des *bergeries* installées aux abattoirs de la Villette, à Paris. Ces bâtiments, de forme rectangulaire,

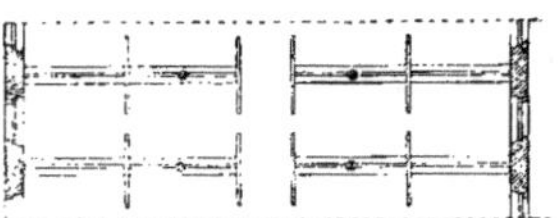

Fig. 502.

possèdent un rez-de-chaussée ne présentant qu'une seule pièce et un premier étage servant de grenier. Des colonnes en fonte de 0^m,15 de diamètre soutiennent de forts poitrails supportant le plancher. L'aménagement intérieur consiste en compartiments avec portes formés entre les colonnes par des barrières ou claies en bois, au bas desquelles se trouvent des râteliers. Une allée centrale est ménagée pour la circulation. Le grenier sert à emmagasiner des fourrages ou toute autre nourriture qu'on introduit par des lucarnes.

Bernay (*Pierre de*). — Les carrières de *Bernay*, commune de ce nom, arrondissement du Mans, produisent deux sortes de pierres à bâtir :

1° La *pierre dure,* calcaire oolithique, blanc, à grains fins, pesant 2,340 kilogr. le mètre cube et s'écrasant sous une charge de 320 kilogr. par centimètre carré.

2° La *pierre tendre,* calcaire oolithique, demi-dur, blanc, qui pèse 2,225 kilogr. le mètre cube et s'écrase sous une charge de 240 kilogr. par centimètre carré.

Berne ou **berme,** *s. f.* — 1° Chemin ménagé entre une levée et le bord d'un fossé ou d'un canal.

2° En architecture militaire on donne ce nom à l'espace qui existe entre le pied d'un rempart et l'escarpe du fossé. Des mots *berme* et *berne* le dernier seul est employé aujourd'hui.

Bersour (*Pierre dite de*). — Calcaire crayeux, très-tendre, extrait de la carrière du Peux, commune de Noyeux, arrondissement d'Angoulème.

Cette pierre est de couleur blanc de neige, à grains très-fins et possède une hauteur d'assise indéfinie. Elle pèse de 1,690 à 1,710 kilogr. le mètre cube et s'écrase sous une charge de 50 à 55 kilogr. par centimètre carré.

Berthelée, *s. f.* — Truelle employée par les maçons.

Besace, *s. f.* — 1° Les assises d'une pile en pierre en liaison dans les murs sont dites en *besace* lorsque, de dimensions à peu près égales entre elles, elles sont posées alternativement, l'une dans le sens de la longueur, l'autre dans le sens de la largeur.

Cette disposition s'applique à la ren-

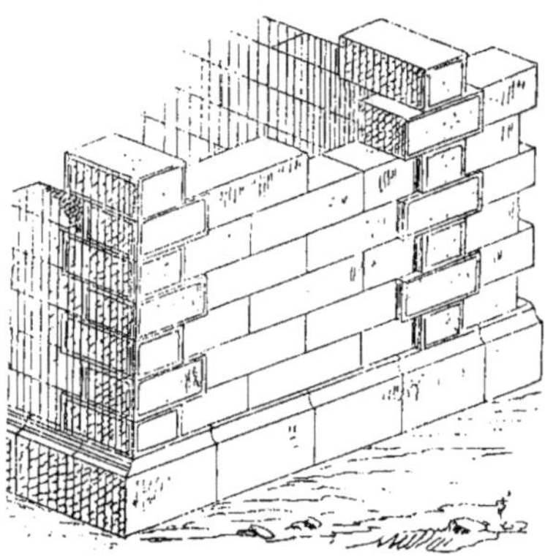

Fig. 503.

contre de deux murs de face ou d'un mur de refend et d'un mur de face (fig. 503).

2° Nom que les plombiers donnent à un bourrelet qu'ils ménagent dans l'intérieur des longs chéneaux pour diviser les eaux et les reporter, par deux pentes égales, dans les tuyaux de descente.

Besaiguë, *s. f.* — Outil de charpentier formé d'une barre de fer plate de 1ᵐ,15 de long sur 4 à 5 centimètres de large, et munie, en son milieu, d'une douille ou poignée (fig. 504). Les deux extrémités sont garnies d'acier : l'une

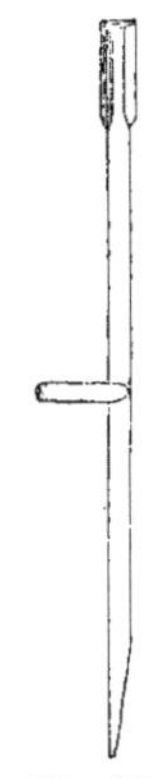

Fig. 504.

est un ciseau large et plat qui n'a qu'un seul biseau et sert à dresser le bois, en le coupant suivant un plan parallèle à son fil ; l'autre est un bédâne, situé dans un plan perpendiculaire à celui du premier tranchant et sert à couper le bois perpendiculairement, par exemple, pour faire une mortaise.

On dit aussi *bisaiguë*.

Besants, *s. m.* — Série de disques plats sculptés dans une moulure.

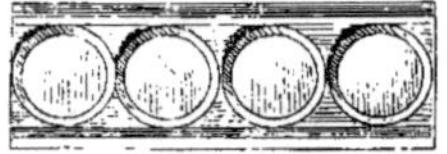

Fig. 505.

Cet ornement est très-employé dans

les édifices du xiie siècle, pour décorer les bandeaux et les archivoltes (fig. 505).

Béton, *s. m.* — Mélange de mortier hydraulique et de pierres dures non gélives qui se durcit rapidement et s'emploie dans la maçonnerie, soit en fondation, soit en élévation.

Les cailloux, les recoupes de chantiers, les briques ou la meulière concassées sont les matériaux employés pour la fabrication du *béton*. Les cailloux ne doivent pas avoir plus de 0^m,05 de grosseur. Le béton est dit *gras* ou *maigre*, suivant la quantité plus ou moins grande de mortier qui entre dans sa composition et qui doit être au moins égale, pour les travaux hydrauliques, au volume des vides laissés entre eux par les cailloux, ce volume variant par mètre cube de 0^m,40 à 0^m,50.

Nous donnons le résultat des expériences de MM. Claudel et Laroque, indiquant la composition des meilleurs bétons :

1° Le *béton gras* : 0^{mc},55 de mortier, 0^{mc},77 de cailloux, pour réservoirs, chaussées d'étang, déversoirs, etc ;

2° Le *béton demi-gras* : 0^{mc},52 de mortier et 0^{mc},78 de cailloux, pour ouvrages de maçonnerie dans l'eau ;

3° Le *béton ordinaire* : 0^{mc},56 de mortier et 0^{mc},84 de cailloux pour le même emploi, pour pavages, etc. ;

4° Le *béton très-ordinaire* : 0^{mc},50 de mortier et 1 mètre cube de cailloux pour blocs artificiels ;

5° Le *béton un peu maigre* : 0^{mc},45 de mortier et 0^{mc},90 de cailloux pour fondations dans les sols humides ;

6° Le *béton maigre* : 0^{mc},38 de mortier, 1 mètre cube de cailloux, pour fondations et massifs en terrain sec ;

7° Le *béton très-maigre* : 0^{mc},20 de mortier et 1 mètre cube de cailloux pour fondations.

Pour fabriquer le béton, on commence par doser, avec des brouettes, les matières qui doivent former le mélange ; on arrose les cailloux pour les

nettoyer, puis on opère la trituration à bras ou à l'aide de machines.

Dans le premier cas, on place sur une aire en planches, alternativement des couches de cailloux et des couches de mortier ; on retourne le tas avec la pelle ; on le brasse, en l'étalant avec la griffe, et l'on renouvelle l'opération plusieurs fois de suite.

Dans le second cas, les appareils que l'on emploie sont appelés *bétonnières* (voy. ce mot).

On peut utiliser le *béton* le lendemain de sa confection, mais il est bien préférable de s'en servir de suite. On en compose un sol factice, bon pour toutes sortes de constructions, même dans les plus mauvais terrains. On en fait beaucoup d'autres applications (voy. *Bétonnage*).

Le mérite principal des *bétons* consiste à former des masses compactes, homogènes, qui acquièrent rapidement la fermeté et la résistance des pierres de moyenne dureté, en sorte qu'une couche de bon *béton* peut être considérée comme un banc de pierre d'une seule pièce.

On voit par là quel service le *béton* peut rendre dans la fondation de la plupart des édifices. Il offre, en effet, une garantie contre les inégalités de tassement, garantie qui résulte de ce que le *béton* constitue une masse uniforme, homogène et également rigide, qui ne peut fléchir partiellement, comme les assises de pierres, dont les divers éléments sont imparfaitement liés par un mortier qui a peu d'adhérence avec les faces planes et larges des joints verticaux. La bonté des *bétons* dépend de la qualité de la chaux hydraulique et du sable, de la netteté des pierres employées et surtout de la perfection apportée à l'opération du mélange ou triturage des matières qui en forment les éléments.

Il est souvent utile d'ajouter de la chaux grasse à la chaux hydraulique : 1° pour favoriser la fusion qui est d'ordinaire lente et difficile et la rendre plus complète par le mouvement et la chaleur que produit l'extinction de la chaux grasse ; 2° pour empêcher une prise trop prompte, afin que la compression de la masse du *béton* s'opérant doucement sous la charge des premières assises de maçonnerie, il ne se produise pas de fissures préjudiciables à la stabilité de la construction.

L'emploi du *béton* peut avoir lieu dans les circonstances suivantes : lorsqu'un terrain n'est pas très-résistant, mais un peu homogène, on peut éviter d'aller chercher le terrain solide en établissant une plate-forme en *béton*, de 0^m,30 à 0^m,40 d'épaisseur, et d'une largeur au moins double ou triple de celle que doit avoir le mur. La première assise de maçonnerie reçoit une largeur égale ou à peu près à celle du *béton*, et les autres vont successivement en diminuant, de manière à former des retraites ou redans pour arriver à l'épaisseur du mur.

Mais c'est surtout pour les fondations dans l'eau que les *bétons* sont précieux, parce qu'ils dispensent le constructeur d'employer les épuisements, pilotis, grillages, bâtardeaux, caissons et autres moyens coûteux et souvent inefficaces. Il est constant, en effet, que la résistance présentée par les pilotis, quand ils n'atteignent pas, à leur extrémité inférieure, un terrain solide, est due surtout au frottement de leur surface contre le terrain fortement comprimé ; cette résistance tend même à diminuer constamment, par suite des infiltrations qui détruisent progressivement le frottement. Aussi attribue-t-on plutôt la durée des fondations sur pilotis aux plates-formes en charpente que l'on établit sur les pilotis qu'à ces pieux eux-mêmes.

Les *bétons* s'emploient encore coulés dans des encaissements en palplanches, lorsque le terrain sur lequel on fonde est fluide, inégal et assez mou pour que l'on puisse craindre qu'il ne se refoule et ne fuie sous la pression des charges qu'il aura à supporter.

Il y a certaines précautions à prendre dans l'emploi du *béton* ; quand on l'utilise à sec, il est nécessaire de le pilonner immédiatement avec soin et à deux reprises, à une heure de distance. Quand on le coule dans l'eau, il se tasse naturellement à l'aide du délayement qu'il y éprouve ; il faut alors enlever les masses molles, blanchâtres qui ont la consistance de la bouillie et qui viennent flotter à la surface du lit de *béton*, à mesure qu'on le coule. Ces masses, appelées *molles*, sont des parties de chaux mal cuites ou mal combinées. Si on ne les enlève pas, elles se logent dans les lits des *bétons* et, comme elles ne durcissent pas, elles cèdent sous les fortes charges et peuvent produire des tassements dangereux.

Outre le béton que nous avons décrit, on en fabrique encore avec certaines matières telles que les *pouzzolanes* artificielles ou volcaniques, le *trass* (voy. ces mots). Enfin on a fait des bétons dont le sable et la chaux sont les seuls éléments, ce ne sont en réalité que des mortiers très-maigres que l'on macère fortement pour leur donner de la consistance.

L'usage du béton remonte aux Romains ; ils s'en servaient comme assiette pour le sol de leurs grandes voies ; les murs épais de leurs constructions étaient des maçonneries de blocage, comprises entre deux parements de petits matériaux, tels que des briques ou des blocs de pierre taillés. Leurs voûtes étaient pour la plupart en béton. Au moyen âge, on a aussi employé ces matériaux comme massifs, ou remplissage entre deux revêtements. On trouve même dans l'architecture du xie siècle des exemples de linteaux en béton coulé.

On appelle *bétons plastiques* des bétons que l'on emploie seulement pour dallages et pour enduits. Les premiers sont composés de gros sable ou de fragments de meulière concassée de 0^m.03 à 0^m,05 de grosseur et de ciment de Portland de Boulogne ; les *bétons* pour enduits verticaux sont formés de sable fin ou de meulière concassée de 0^m,02 à 0^m,025 de grosseur et de ciment. Le sable est de beaucoup préférable dans ce dernier cas.

Bétons agglomérés. Les *bétons agglomérés* de M. Coignet sont composés de la façon suivante : sable et chaux en proportion relativement très-faible. On n'y ajoute que la quantité d'eau *strictement nécessaire*, la chaux ne devant être que mouillée. Ce mélange est ensuite soumis à des broyages énergiques, pendant un temps assez long, et dans des appareils spéciaux. Ces broyages en font une pâte, pulvérulente d'abord, qui finit par acquérir de la plasticité et une certaine fermeté. On pilonne vigoureusement, et l'on *agglomère* cette pâte dans des moules au moyen de *dames.*

Les bétons agglomérés ont été employés pour fosses d'aisances, égouts, réservoirs, gazomètres, voûtes de ponts et pour des constructions monolithes diverses. Les points de reprise se soudant, ces ouvrages ne forment qu'un seul tout.

La plasticité de ces bétons a permis également d'en faire des statues, des bas-reliefs, des balustrades, etc. Toutefois les qualités de résistance et de durée des *bétons agglomérés* sont aujourd'hui très contestées. La propriété même que leur attribue leur inventeur, et en vertu de laquelle les points de reprise se soudent, ne se vérifie guère à l'expérience. Ces *bétons* se comportent comme tous les autres : leurs qualités dépendent des matériaux employés et du mode d'emploi, qui sont infiniment variables. Aussi l'on ne saurait trop recommander aux constructeurs une prudence excessive dans l'emploi des *bétons agglomérés*, surtout pour des constructions entières.

Une autre considération très-importante est celle qui a trait au prix d'ouvrages ainsi exécutés. En effet, ce prix,

quand il s'agit de la construction d'une voûte, s'élève à 50 fr. le mètre cube et, lorsqu'il s'agit de piliers, il atteint même 60 fr.

A Paris, les ingénieurs du service municipal ont surtout employé le *béton aggloméré*, sur une très-grande échelle, pour la construction des égouts.

D'après l'inspecteur général Belgrand, le *béton aggloméré* avec lequel ces égouts sont construits présente la composition suivante :

Ciment de Portland . . . 250 kilog.
Chaux hydraulique éteinte 1 mèt. cub.
Sable de rivière. . . . . 1 mèt. cub.

Nous citerons, en terminant, un *béton* à base de ciment de Portland, composé par M. Cortet, qui a reçu le nom de *béton hydroplastique* et qui présente de grands avantages sur les *bétons agglomérés* à base de chaux. Les dallages exécutés avec cette matière sont préférables, au point de vue de l'économie et de la durée, à ceux dans lesquels on emploie le bitume, la lave, l'asphalte, le carreau et la brique de Bourgogne, etc. Ils peuvent même rivaliser avec certaines pierres dures telles que le liais, le pavé, etc.

Dans le règlement du prix des ouvrages en *béton*, il faut tenir compte du dosage des matières qui entrent dans sa composition, de la nature des éléments contenus dans le mortier (chaux grasse, chaux hydraulique, ciment, etc.), des conditions de son emploi et du mode de mesurage.

Les usages du lieu fixent le prix du *béton* fabriqué dans les conditions ordinaires, c'est-à-dire dans lequel le mortier employé comprend trois parties de sable et une de chaux ou de ciment ; des plus-values sont accordées pour les cas où il y a emploi de chaux autre que celle ordinaire et de ciment. Notons que le prix du *béton* ne varie pas avec son mode de fabrication, qu'il ait été fait au rabot, à la pelle ou à la bétonnière.

Des prix différents sont accordés à l'entrepreneur, suivant que le *béton* a été employé en fondations ou massifs, en élévation ou par encaissement. Ce dernier cas, qui n'est pas prévu par la *Série de la ville de Paris,* est résolu par la *Série de la chambre syndicale des entrepreneurs,* qui alloue une plus-value de 1 fr. 50 par mètre superficiel de parties dressées par encaissement.

Pour l'emploi du *béton* dans l'eau et dans l'embarras des étais tout à la fois, on a coutume d'accorder une plus-value de 1 fr. 40 par mètre cube, c'est-à-dire le double de la plus-value allouée pour le simple embarras des étais (1).

Dans l'emploi du *béton* en rigole, il est d'usage d'accorder 0^m,05 d'excédant de largeur, si l'encaissement est formé par les parois mêmes de la fouille.

Le *béton plastique* fait de meulière ou de sable et de ciment de Portland, se mesure au mètre superficiel.

Le *béton aggloméré* de MM. Coignet et Cie, pour travaux ordinaires, se paie environ 50 fr. le mètre cube.

Bétonnage, *s. m.* — On donne ce nom aux divers procédés utilisés dans l'emploi du béton ; on le pose à sec ou bien on l'immerge.

Le premier système comprend les massifs de fondations, les blocs artificiels et autres travaux hors de l'eau ou dans des enceintes asséchées. Le béton posé à sec est jeté à la pelle dans l'enceinte qui doit le contenir ou transporté et versé au lieu d'emploi, à l'aide de brouettes ou de wagonnets. On le régale par couches de 0^m,20 à 0^m,30 et on le pilonne avec des dames en bois ou en fonte. On opère à peu près de même quand on l'emploie pour dallages ; on nivelle avec une règle.

Le béton s'immerge par deux procédés, suivant la profondeur de l'eau : le *coulage au talus* ou le bétonnage à la *caissée.* Le premier de ces moyens consiste à décharger sur le bord de la fouille une certaine quantité de béton,

qu'on presse et qu'on fait glisser sous l'eau, en chargeant successivement le bord du massif obtenu jusqu'à parfait remplissage de la fouille. Quand la profondeur de l'eau est plus grande, on coule généralement le béton avec des caisses descendues au moyen d'un treuil jusque sur le fond ; ces caisses sont tantôt prismatiques, tantôt cylindriques.

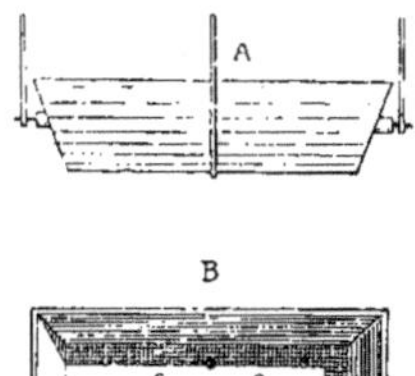

Fig. 506.

Dans le premier cas, comme le montre en A et B la figure 506, on les vide en

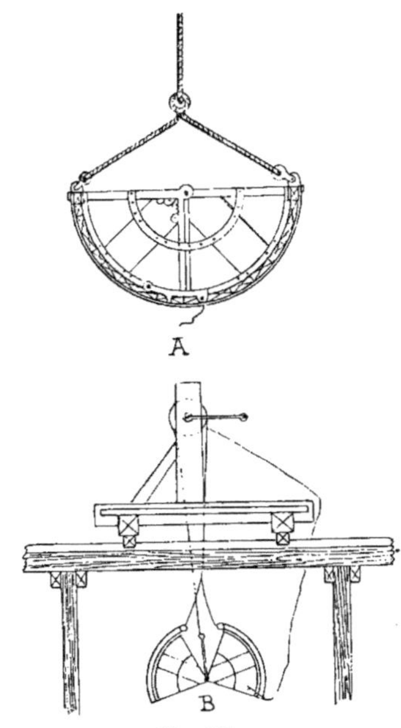

Fig. 507.

les basculant ; dans le dernier cas, l'appareil est composé de deux parties qui peuvent tourner autour de l'axe horizontal du cylindre (fig. 507) et qui sont réunies par un crochet A ; une cordelle fixée à ce crochet permet de l'ouvrir et les deux moitiés de la caisse se séparant, ainsi qu'on le voit en B, le béton est déposé sans secousse.

Il est nécessaire de former le massif par couches épaisses et aussi peu étendues que possible, pour éviter le délayage de la chaux qui se sépare du mortier et qu'on appelle la *laitance*.

Un procédé plus ancien et dont on se sert encore quelquefois est le coulage à l'aide de *trémies*, sortes de grands tuyaux en bois ou en métal qui sont terminées à leur partie supérieure par des entonnoirs ; on y verse le béton qui se répand sur le fond de l'eau ; on promène la trémie sur tous les points où l'aire doit être établie. Ce système est défectueux, parce que le béton, s'accumulant au bas de la trémie, est chassé violemment par le poids des matières ajoutées ; les éléments qui le composent se séparent, les cailloux tombent les premiers et le mortier est délayé par l'eau.

Employé comme enduit, le béton s'étend par couches minces (voy. *Chape*).

Les *bétonnages* en élévation et les blocs artificiels qui servent d'enrochement aux jetées sont faits au moyen d'encaissements en madriers, à peu près analogues à ceux qui servent dans les constructions en *pisé* (voy. ce mot).

Bétonnière, *s. f.* — On donne ce nom aux diverses machines dont on se sert pour fabriquer le béton, quand on ne le prépare pas sur une aire.

On emploie souvent des tonneaux analogues à ceux qui sont utilisés pour la fabrication du *mortier* (voy. ce mot) ; mais le plus remarquable de ces appareils, comme simplicité, est le *couloir à béton* de M. Krantz. C'est une caisse rectangulaire, formée de madriers jointifs ; à l'intérieur, on a disposé une série de plans inclinés en sens inverse (fig. 508) ;

on jette pêle-mêle, par l'ouverture supérieure, les cailloux ou les pierres concas-

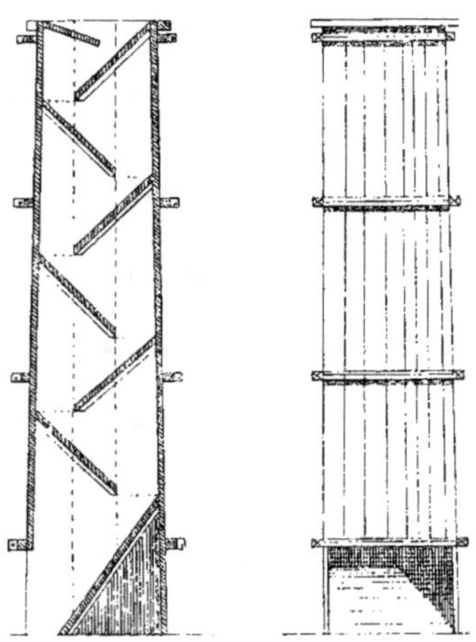

Fig. 508.

sées et le mortier : ces matières tombent d'un plan incliné sur l'autre, et le béton arrive parfaitement mélangé à la partie inférieure de l'appareil.

On se sert souvent aussi d'un *couloir* en tôle (fig. 509) ; c'est un cylindre

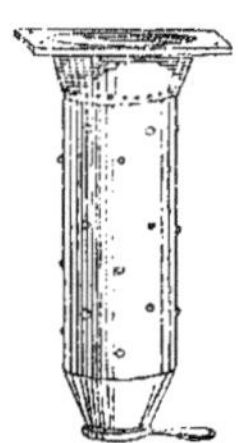

Fig. 509.

muni intérieurement de croisillons en fer placés dans des sens différents ; le mélange des matières s'y fait également bien.

Dans les constructions où la quantité de béton doit être considérable, on fabrique cette matière sur une grande échelle ; on emploie, à cet effet, des *bétonnières* mues par la vapeur et disposées d'une façon spéciale. Nous donnerons ici la description d'une des *bétonnières* employées à Marseille pour la confection du béton qui compose les blocs dont on s'est servi pour l'établissement des ports et la construction des

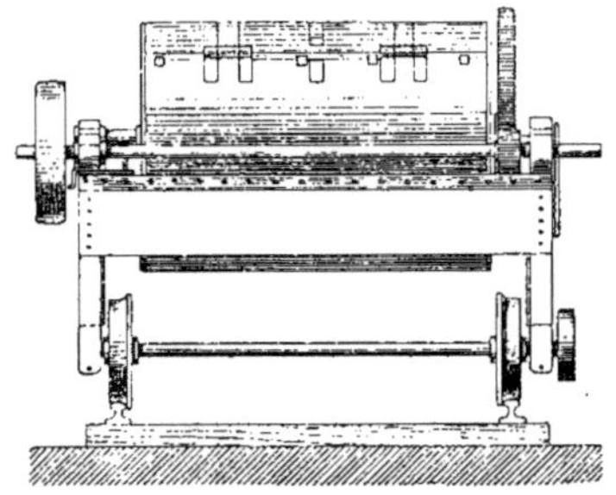

Fig. 510.

jetées. La figure 510 représente l'élévation longitudinale d'une de ces *bétonnières* : c'est un cylindre en tôle de 1ᵐ,32 de longueur sur 0ᵐ,95 de diamètre extérieur, monté sur un chariot qui permet de transporter la *bétonnière,* après le mélange des matières, à l'endroit

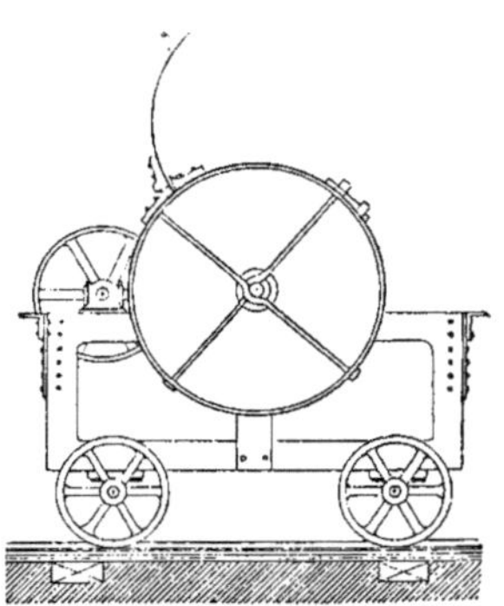

Fig. 511.

même où le bloc se fabrique ; ce chariot est formé de deux essieux et d'un cadre rectangulaire ou châssis dont les côtés portent des coussinets en fonte ; le cylindre est traversé par un axe en fer, auquel il est fixé et qui repose sur les coussinets du cadre ; il est pourvu, sur sa paroi, d'une ouverture longitudinale, égale en largeur au quart de la circonférence, comme le montre la coupe (fig. 511) ; cette ouverture se ferme au moyen d'une porte à charnières et sert à l'introduction des matières qui composent le béton et à l'écoulement du béton fabriqué ; des croisières fixées d'un côté à l'axe du cylindre et, de l'autre, à la paroi intérieure, opèrent le mélange des éléments ; un mouvement de rotation, imprimé à un arbre de couche par une machine à vapeur, est transmis à la *bétonnière*, à l'aide de courroies qui viennent s'enrouler sur les roues placées à l'arrière du châssis des cylindres ; ces roues sont fixées sur un arbre horizontal portant un pignon denté, qui s'engrène avec une grande roue dentée placée sur l'arbre du cylindre (1).

Le système de *bétonnière* à vapeur a été employé également, à Paris, pour les travaux de dérivation des eaux de la Vanne.

Beuveau ou **Biveau,** *s. m.* — Sorte de fausse équerre composée de deux lattes droites assemblées sous un

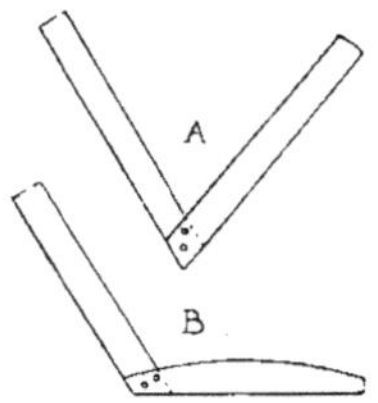

Fig. 512.

angle constant A (fig. 512) et qui sert aux tailleurs de pierre pour obtenir une surface qui rencontre, sous un angle donné, une surface déjà exécutée.

Quand on veut tailler une surface réglée rencontrant une surface courbe, on donne à l'une des branches, ainsi qu'on

(1) *Annales industrielles,* 1867.

le voit en B, la forme bombée de la douelle déjà construite.

On dit aussi *Buveau*.

Bevinco (*Serpentine ou vert-de-mer de*). — Serpentine dure et tenace, de couleur verte, veinée de blanc, susceptible de poli, tirée de la carrière de *Bevinco*, commune d'Olmeta-di-Tuda, arrondissement de Bastia.

Cette pierre a jusqu'à 5 mètres de hauteur d'assise. On l'emploie quelquefois en pierre de taille et le plus souvent pour la marbrerie.

Beyrède (*Marbre*). — Marbre dont il existe trois variétés, toutes provenant du département des Hautes-Pyrénées :

1° Le marbre à nervure rouge sur jaune (carrière Coumasse, commune de *Beyrède-Jumet*) ; — 2° le marbre *Beyrède* rubané (carrière Voûtée, commune de *Beyrède-Jumet*) ; — 3° le marbre *Beyrède* rouge vif (carrière Deux, commune de *Beyrède-Jumet*) ; — 4° le marbre *Beyrède* à nervure rouge (carrière *Longue*, commune de *Beyrède-Jumet*).

Biais, *s. m.* et *adj.* — Mot qui s'applique à tout ce qui n'est pas, par rapport à un autre objet, en prolongement, d'équerre ou parallèle. Ainsi, un mur peut être *biais* par rapport à un autre mur ; de même, quand les tableaux d'une baie ne sont pas d'équerre sur le mur où est cette baie, c'est-à-dire quand ils forment d'un côté, un angle aigu et, de l'autre, un angle obtus, on dit que l'ouverture est *biaise*.

On appelle *biais passé* une voûte qui recouvre un passage *biais* pratiqué dans un mur droit. L'intrados de cette voûte peut affecter différentes formes. Supposons (fig. 513) le plan des naissances pris comme plan horizontal de projection et la face postérieure du mur formant le plan vertical ; les lignes X Y, Z U représentent les traces du mur, et A C B D, les pieds-droits du passage *biais;* soient pour arcs de tête deux demi-cir-

conférences se projetant en A′ M B′ et C N D ; la douelle peut être une surface cylindrique engendrée par le mouvement

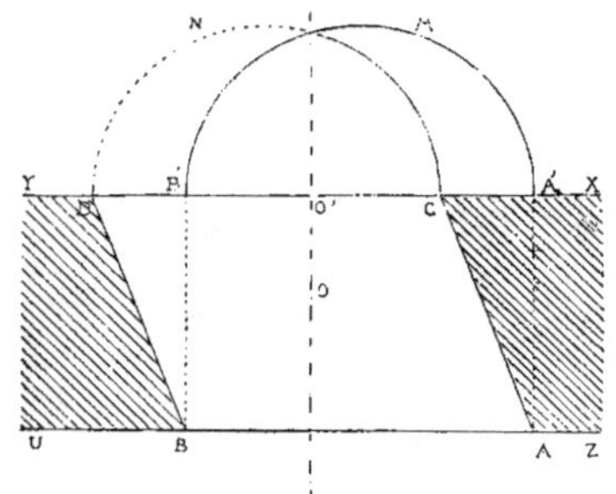

Fig. 513.

d'une droite qui s'appuierait sur ces deux arcs de tête en en restant parallèle à A C. Une autre forme que l'on peut donner à l'intrados est celle d'une surface gauche engendrée par une droite assujettie à rencontrer les deux cercles d'ouverture et une droite O O′ menée par le centre du parallélogramme A B C D perpendiculairement à la ligne de terre. Les plans de joints, dans les deux solutions, doivent passer par la droite O O′ et perpendiculairement aux plans de tête.

Le *biais*, dans une construction, ne donne lieu à une plus-value que s'il est formé, après coup, par l'abatage ou refouillement.

Bibliothèque, *s. f.* — Endroit destiné à renfermer des livres.

L'usage des *bibliothèques* est des plus anciens.

Les palais assyriens contenaient des dépôts d'inscriptions faites sur des briques enduites de bitume. Les Egyptiens plaçaient des manuscrits tracés sur des papyrus dans des salles qui dépendaient des temples.

Les Grecs furent les premiers à construire des *bibliothèques* publiques. Malheureusement le feu a détruit celles de Pergame, d'Alexandrie et des cités grecques ; il en est de même de celles qui existaient à Rome.

Selon Vitruve, il y avait des *bibliothèques* dans toutes les habitations luxueuses ; mais l'auteur latin ne nous donne, à cet égard, aucune description.

On a découvert dans une villa d'Herculanum une petite *bibliothèque* contenant encore des manuscrits antiques, au nombre de 1,756, sans compter plusieurs livres qui furent détruits par les ouvriers. Ces manuscrits étaient rangés autour de la chambre, sur des rayons placés à une hauteur de près de 2 mètres. Au centre, il y avait une case isolée, formée par une colonne rectangulaire, faisant face de chaque côté et remplie comme les autres rayons.

D'après les auteurs contemporains ou postérieurs, les bibliothèques citées au premier rang étaient celles de Lucullus, de Cicéron et d'Atticus.

Sous le règne d'Auguste, des *bibliothèques* publiques furent placées sous les portiques des temples. Les grands eux-mêmes prirent l'habitude de disposer leurs collections dans les vestibules de leurs demeures.

Les principales *bibliothèques* fondées à Rome, sous les empereurs, sont celle d'*Apollon Palatin*, enrichie par les soins de César et d'Auguste ; celle d'*Octavie*, sous le portique du temple d'Octavie, près le théâtre de Marcellus ; celle de Trajan, connue sous le nom d'*Ulpienne*, placée primitivement sur le Forum, et ensuite dans les thermes de Dioclétien ; enfin, celle d'Asinius Pollion, établie sur l'Aventin, dans l'atrium du temple de la Liberté et la première qui ait été réellement publique.

Ces *bibliothèques* antiques renfermaient surtout des *volumes* ou *rouleaux* qui étaient disposés dans des casiers auxquels on donnait le nom de *pegma*. La case même s'appelait *loculus* ou *nidus*, et un ensemble de casiers *armarium*.

Toutes les richesses de l'art contribuèrent à la décoration des *bibliothèques* romaines. Les intervalles qui séparaient les *armaria* étaient incrustés de plaques d'ivoire et de mosaïques. On y voyait, rapporte Pline, des statues d'or, d'argent et de bronze représentant l'effigie des grands hommes.

Les chrétiens, désireux, comme les païens, de conserver les chefs-d'œuvre de la littérature, fondèrent également des *bibliothèques* dans des salles spéciales appartenant aux églises. Plusieurs fois détruites par la persécution, les collections furent de nouveau rassemblées lorsque le culte chrétien put librement s'exercer ; mais ces trésors disparurent, pour la plus grande partie, à la suite des invasions des Barbares. Les débris que le clergé put sauver du naufrage furent soigneusement conservés dans les *bibliothèques* monastiques.

Plus tard, le goût des sciences et des lettres étant remis en vigueur, les princes formèrent des collections de leurs propres deniers. Charlemagne organisa, pour son usage personnel, une *bibliothèque* dans le monastère de l'île Barbe, près de Lyon ; Saint-Louis en fonda une dans la Sainte-Chapelle du Palais, à Paris, et en accorda l'entrée aux érudits ; Charles V établit une *bibliothèque* au Louvre.

Au xv° siècle, la découverte de l'imprimerie multiplia l'usage des collections. La plus célèbre des *bibliothèques* modernes, par son ancienneté et la richesse de sa décoration, est celle du Vatican, qui était publique dès la fin du xv° siècle. C'est une suite de pièces en enfilade occupant toute une aile du Vatican. Le principal vaisseau de cette *bibliothèque* a 64 mètres de longueur sur 13 mètres de largeur. Elle est partagée par sept piliers qui soutiennent la voûte et est décorée de peintures dont le mérite ne répond malheureusement pas à la richesse du lieu. Les armoires fermées qui contiennent les livres sont ornées, dans toute la longueur, de vases étrusques du plus beau choix et de la plus grande rareté.

Parmi les *bibliothèques* de l'Italie,

nous citerons encore celle des *Médicis*, à Florence, qui fut décorée par Michel-Ange, et la *bibliothèque de Saint-Marc*, à Venise, bâtie par Sansovino.

De nos jours, on a construit un grand nombre de *bibliothèques* publiques.

La partie principale de ce genre d'édifice est une salle de lecture pour les ouvrages les plus usuels ; on y ajoute des pièces pour le dépôt des livres, des cabinets pour les conservateurs et les employés, des salles affectées spécialement à la conservation des manuscrits précieux, des estampes et des médailles. La forme rectangulaire est généralement la meilleure pour une *bibliothèque*. En raison des dangers de l'incendie, la construction doit être isolée ; les planchers et les voûtes doivent être en fer ou en maçonnerie. Les salles principales sont ordinairement au-dessus du rez-de-chaussée pour les garantir contre l'humidité. L'éclairage a lieu au moyen de fenêtres placées des deux côtés, à une hauteur assez grande au-dessus du sol de ces pièces. La décoration doit être sévère, sans exclure un certain luxe ; le principal effet est réservé aux boiseries. La salle de lecture est précédée d'un vestibule qu'on peut orner de statues ou de peintures.

Actuellement, Paris est la ville qui contient peut-être les *bibliothèques* les plus nombreuses et les plus considérables par la quantité et le choix des volumes qu'elles renferment. C'est ainsi qu'on y compte, outre la *bibliothèque nationale* et les *bibliothèques* de l'*Arsenal*, de *Sainte-Geneviève*, de la *Sorbonne, Mazarine*, etc., plus de 30 *bibliothèques* publiques ou à demi publiques.

Bicoq, *s. m.* — Nom que l'on donne aux pièces de bois qui relient les deux montants d'une *chèvre* (voy. ce mot).

Bidache (*Pierre de*). — Calcaire gréseux provenant de la carrière du Turc, commune de *Bidache*, arrondissement de Bayonne.

Cette pierre est dure, blanchâtre, grisâtre ou bleuâtre, à grains fins ; elle porte de 0ᵐ,03 à 0ᵐ,40 de hauteur d'assise et pèse 2,420 kilogr. le mètre cube ; elle s'écrase sous une charge de 500 kilogr. par centimètre carré.

Bidental. — Mot latin par lequel on désignait anciennement un petit temple consacré par les augures, et au milieu duquel était placé un autel.

Ces petits édifices, ainsi nommés parce qu'on avait l'habitude d'y sacrifier une brebis de deux années, étaient élevés sur tout lieu qui avait été frappé de la foudre.

Bidet, *s. m.* — Etau, établi de menuisier (voy. *Établi*).

Bief, *s. m.* — 1° Canal qui conduit l'eau d'une rivière ou d'un ruisseau sur une roue hydraulique, pour la faire tourner.

Ordinairement, le *bief* est formé par des digues en terre ; quelquefois, ce n'est qu'un canal en planches posé sur des chevalets.

On dit aussi *biez*.

2° Partie d'un canal de navigation comprise entre deux écluses.

Le *bief* placé en amont de l'écluse est le *bief supérieur* ou *arrière-bief* ; celui d'aval est le *bief inférieur* ou *sous-bief*. Le *bief* placé au point culminant d'un canal est ce qu'on nomme le *bief de partage* (voy. *Canal*).

Bielle, *s. f.* — 1° Accessoire d'une bascule de porte-charretière (voy. *Bascule*).

2° Dans un comble en fer ou en bois et fer, on donne le nom de *bielle* aux contre-fiches en fonte qui soulagent l'arbalétrier au droit des pannes ; cette disposition est particulièrement adoptée pour les fermes dites Polonceau (fig. 514). La bielle A, devant résister à un effort de compression, est bombée, et sa section est calculée suivant la charge à supporter et les propriétés de résis-

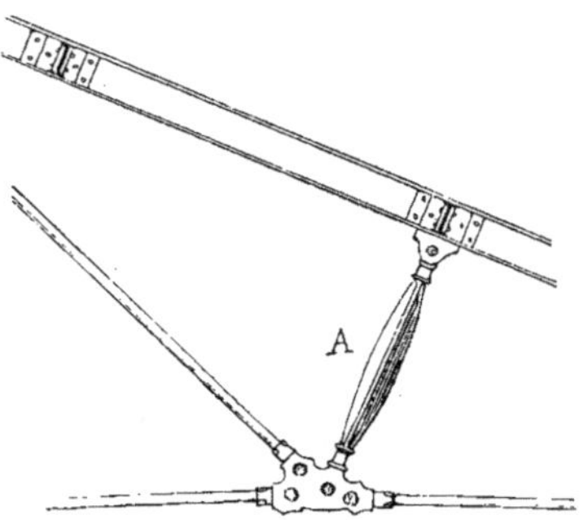

Fig. 514.

tance de la fonte ; la forme de cette section est indiquée en A (fig. 515),

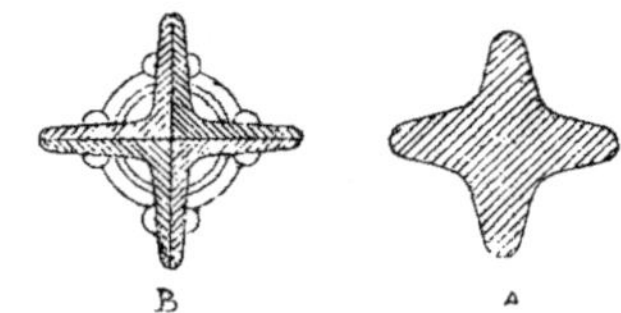

Fig. 515.

quand la pièce est d'un seul morceau, et en B quand la *bielle* est composée de cornières rivées entre elles.

Biesles (*Pierre de*). — Calcaire blanc rougeâtre, extrait des carrières de *Biesles*, arrondissement de Chaumont.

Cette pierre porte de $0^m,20$ à 1 mètre de hauteur d'assise ; elle pèse 2,250 kilogr. le mètre cube et s'écrase sous une charge de 300 kilogr. par centimètre carré.

Bifrons. — Nom que les Romains donnaient à une tête à deux fronts ou deux figures accolées par derrière.

Les bibliothèques, les galeries de peinture étaient ornées de bustes de ce genre (voy. *Hermès*). On en plaçait encore sur le haut d'un pilier carré, au milieu des carrefours, et sur le poteau

qui formait le montant d'une grille de jardin ou d'une autre enceinte.

Cette désignation s'applique aussi à des arcs de triomphe d'une décoration semblable sur l'une et l'autre face. Ces arcs sont beaucoup moins rares, dans l'antiquité, que ceux appelés *quadrifrons*, c'est-à-dire ayant quatre faces de même importance.

Bigéminé, *adj.* — Se dit d'une baie subdivisée en quatre parties par des meneaux.

Bignone. — Arbuste de Cayenne dont le bois vert-olive est nuancé de veines plus claires ; son aubier est grisâtre. Ce bois, de couleur rare et distinguée, serait en peinture décorative d'un fort bel effet.

Bigorne, *s. f.* — On appelle ainsi chacune des pointes qui forment les

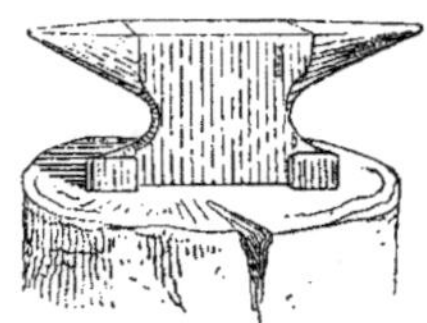

Fig. 516.

extrémités d'une enclume ; l'une est arrondie, l'autre est plate à sa face supérieure (fig. 516). L'enclume elle-même prend le nom de *bigorne*.

Bigorneau, *s. m.* — 1° Petite enclume à main ;

2° Petit outil que les ouvriers serruriers placent sur l'enclume pour couder ou briser les fers.

Bigot, *s. m.* — Pioche à deux fourchons (fig. 517).

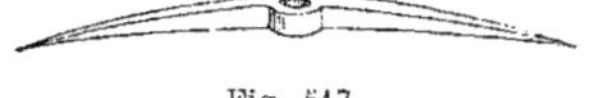

Fig. 517.

Bigue, *s. f.* — Réunion de deux

longues pièces de bois dressées et unies

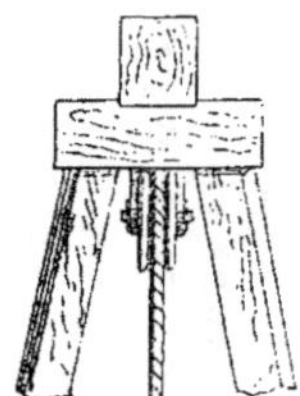

Fig. 518.

par le haut, où se trouve une poulie (fig. 518).

Bilboquet, *s. m.* — 1° Nom que l'on donne à des fragments de pierre provenant de la taille des blocs et qui ne servent plus qu'à faire du moellon ;

2° Outil de doreur. Petit morceau de bois ayant une lance mince et large et qui sert à enlever les bandes d'or coupées sur le *coussinet* (voy. ce mot).

Billard (*Salle de*). — Voy. *Salle.*

Bille, *s. f.* — On appelle ainsi les tronçons d'un corps d'arbre, que l'on coupe pour en débiter le bois (voy. *Débit*).

Les plus courtes *billes* que l'on obtient se nomment *billots ;* on en fait des supports de *bigornes* (voy. ce mot), ou des appuis qu'on place sous des leviers pour soulever les fardeaux.

Biller, *v. a.* — Faire tourner à droite ou à gauche une pièce de bois, après l'avoir mise en balance sur un chantier ou sur une pierre.

Billettes, *s. m. pl.* — Petits parallélogrammes ou portions de cylindres séparés entre eux par des vides et employés, comme ornements, dans l'architecture romano-byzantine.

Les *billettes* sont le plus souvent placées sur plusieurs rangs et disposées de façon que les saillies de la première ligne répondent aux vides de la seconde.

On en voit sur les tailloirs des chapiteaux, autour des archivoltes, sur les

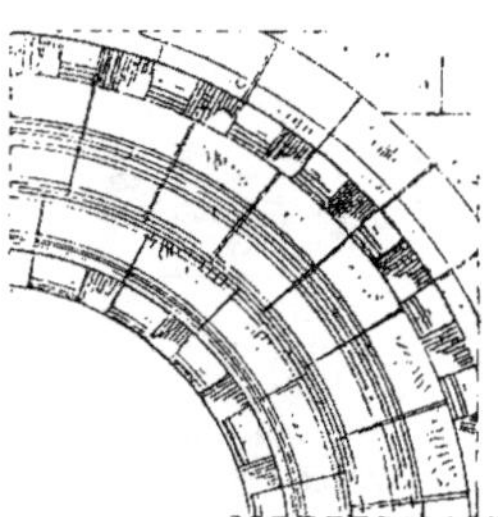

Fig. 519.

bandeaux. Parfois ces ornements alternent avec des moulures (fig. 519).

Billot, *s. m.* — 1° (Voy. *Bille*).

2° Morceau de bois cylindrique à travers lequel passe la corde servant à attacher un cheval à un anneau fixé à la mangeoire.

Billot à chantourner : billot en fer sur lequel les serruriers chantournent les petits fers ou brindilles qui entrent dans la composition des grilles, rampes, etc.

Binard, *s. m.* — On appelle *bard* ou *binard* un chariot à deux roues qui sert au transport des pierres du chantier de taille à pied-d'œuvre, c'est-à-dire au *bardage.*

L'essieu du *binard* porte un tablier muni d'un timon avec traverses, sur lesquelles des hommes poussent avec les mains pour faire avancer le *binard,* qu'ils traînent, en même temps, à l'aide de courroies passées sur leurs épaules. Quand on veut charger ou décharger les pierres, on relève le timon, de façon à placer contre terre l'extrémité postérieure du tablier, qui forme alors un plan incliné.

Aujourd'hui, les ouvriers donnent à ce véhicule le nom de *chariot ;* ils l'appellent *binard,* quand il est de grande dimension et que le timon est remplacé par deux brancards, auxquels on attelle un cheval. Il y a des *binards* qui portent un plateau mobile sur lequel sont placés les matériaux, comme le montre la figure 520 ; une chaîne s'enroulant sur

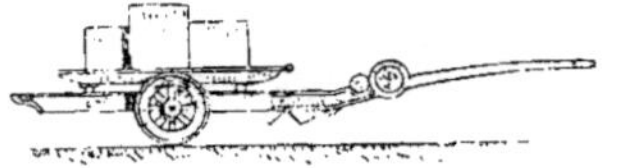

Fig. 320.

un treuil établi à l'avant permet de manœuvrer le plateau. Dans ce cas, le *binard* est de grande dimension et l'on attelle des chevaux à la tête du timon.

D'autres chariots à timon, de petite dimension, et traînés par des hommes, sont appelés *diables* (voy. ce mot).

Birloir, *s. m.* — Tourniquet qui retient le châssis d'une fenêtre à guillotine.

Bisaiguë. — Voy. *Besaiguë.*

Biscuit, *s. m.* — 1° Nom que l'on donne à un carreau de poêle ou à toute autre pièce de poterie en terre cuite non émaillée ;

2° On appelle encore *biscuits* ou *incuits* des parties dures et pierreuses qui proviennent de la calcination incomplète de la chaux ; ce sont des morceaux qui n'ont pas été entièrement décomposés par la chaleur ; on doit les recuire pour en obtenir une bonne chaux. Il existe une seconde espèce de *biscuits,* nommée *chaux brûlée* par les chaufourniers ; ce sont des fragments à la surface desquels la chaux s'est combinée avec d'autres oxydes en formant une enveloppe qui a empêché la calcination à l'intérieur ; on doit les recuire au moufle.

Biseau, *s. m.* — 1° Angle ou arête rabattue ;

2° Plan intermédiaire établi entre deux surfaces voisines taillées à angle droit.

Le *biseau* ou *chanfrein* était fort en usage, pendant la période ogivale, pour les tableaux des portes et des fenêtres, et principalement aux endroits où un passage fréquent pouvait briser les arêtes. Les bois de charpente étaient aussi biseautés sur leurs angles jusqu'au droit des assemblages, pour laisser aux pièces toute leur force dans ces points ;

3° About d'une pièce de bois coupée obliquement ou en *sifflet ;*

4° Petite face inclinée d'un tranchant d'outil aciéré servant aux menuisiers et aux charpentiers pour couper les bois.

Bistre, *s. m.* — Couleur brune que l'on confond quelquefois avec la *terre d'ombre* (voy. *Ombre*).

Le *bistre* se prépare au moyen de la suie de bois, particulièrement avec celle du hêtre. Pour l'obtenir, on réduit la suie en poudre impalpable ; on la laisse vingt-quatre heures dans l'eau bouillante ; puis on décante ; il reste une pâte qu'on mélange avec de l'eau gommée et qu'on dessèche à l'étuve.

Cette couleur ne s'emploie que dans la peinture à l'eau. Autrefois, les architectes s'en servaient à la place de la sépia et de l'encre de Chine.

Bitume, *s. m.* — On donne ce nom à des corps essentiellement composés de carbone et d'hydrogène et qui sont les uns solides, les autres mous ou liquides à la température ordinaire.

Le *bitume* solide est noir ou brun foncé ; sa cassure est conchoïde et son éclat luisant. Sa densité est de 1,16 environ ; il fond à 100°, s'allume aisément et brûle en répandant une épaisse fumée et une odeur particulière.

Le *naphte* et le *pétrole* sont des variétés de *bitume ;* l'*asphalte* est un mélange d'un calcaire poreux, avec 6 ou 12 p. 100 de bitume naturel ; cette pierre, couleur de suie, sert à fabriquer les mastics bitumineux employés dans les constructions.

L'usage du *bitume,* appliqué à l'art de

bâtir remonte aux temps les plus anciens. C'est le *bitume* liquide qui fut employé, à l'époque de Sémiramis, pour liaisonner les assises de briques avec lesquelles les murs de Babylone furent construits. Cette espèce de ciment ne peut s'employer qu'avec la brique ; il se lie très-bien à cette matière, mais il a l'inconvénient de résister mal à l'action du soleil qui, en le ramollissant, mine insensiblement les joints.

Un des gisements encore exploités aujourd'hui est le lac Asphaltite ou mer Morte. Le *lac de Poix*, dans l'île de la Trinité aux Antilles, fournit encore une grande quantité de cette matière, à l'état naturel.

Entièrement délaissé pendant une période de trois ou quatre mille ans, l'usage du *bitume* a été remis en vigueur vers la fin du siècle dernier, et aujourd'hui cette matière a conquis dans les arts et dans l'industrie une place digne des qualités qu'elle possède.

Toutefois, si son emploi comme mortier destiné à relier les matériaux est efficace contre les filtrations, il entraîne à de fortes dépenses et peut être remplacé, dans la plupart des cas, par les bétons, les chaux et les ciments hydrauliques.

C'est du Val-de-Travers et de Seyssel que proviennent surtout les *bitumes* employés en France, dans les constructions. On s'en sert à l'état de mastic bitumineux pour les dallages intérieurs et extérieurs, les sols des terrasses, les couvertures, les chapes de ponts, etc.

Ces mastics se préparent de la façon suivante : on fait fondre des minerais dans une quantité de *bitume* ductile, telle que le mélange contienne toujours 15 à 16 p. 100 de son poids de *bitume*. On le livre au commerce en pains formés à l'aide de moules.

L'exécution des aires ou dallages en bitume varie suivant que ces surfaces doivent supporter le passage de l'homme, des animaux ou des voitures. Les aires ou dallages qui n'ont à supporter que le passage de l'homme, tels que les trot-

toirs, dallages intérieurs pour cuisines, caves, rez-de-chaussée s'exécutent ainsi : le *bitume* est fondu de nouveau avec une dose de sable suffisante pour lui donner de la raideur, sans lui enlever sa souplesse ; puis on l'étend, par couches de 0^m,08 à 0^m,12 d'épaisseur, sur un lit de gravier de 1 à 2 ou 3 centimètres d'épaisseur, encadré provisoirement par des règles, dont la hauteur sert à déterminer l'épaisseur de la couche d'asphalte ; le terrain a été préalablement dressé et fortement tassé, puis recouvert de béton hydraulique ayant 0^m,10 à 0^m,12 d'épaisseur.

Dans les dallages de ce genre, le revêtement en *bitume* et sable exige, dans le cas d'une épaisseur de 0^m,10, 17 kilogr. de mastic et 10 kilogr. de gravier par mètre carré ; dans le cas d'une épaisseur de 0^m,15, il faut 24 kilogr. de mastic pour 14 kilogr. de gravier, non compris celui qui est employé au granitage. En effet, pour les trottoirs ou dallages extérieurs, avant le refroidissement de la couche de *bitume* étendue, on répand, à la surface, du sable fin, qu'on incruste en frappant dessus avec une batte. Cette opération, dite *granitage*, a pour objet d'augmenter la résistance au frottement ; mais on a observé qu'elle ne donnait pas, à ce point de vue, un résultat satisfaisant ; au contraire, moins l'asphalte est mélangé de sable, et mieux il résiste au frottement.

On fait aussi des aires cannelées en *asphalte* comprimé avec un rouleau portant à la surface un quadrillé en relief, qui imprime la même figure en creux, ou bien avec des règles métalliques sur lesquelles on frappe avec une *massette*. Ces aires sont utilisées pour les passages des portes cochères et pour les sols d'écuries, fournissant des points d'appui ou d'arrêt aux pieds des chevaux.

Dans les dallages d'écurie, on commence par étendre, sur le massif de béton et de mortier que l'on a préalablement établi, un mélange de 40 kilogr. de mastic, 60 kilogr. de gravier et 4 kilogr. de goudron minéral, le tout sur une épaisseur de 0^m,02 ; sur ce second massif, on coule une couche de mastic pur de 0^m,015 d'épaisseur et, avant qu'il soit refroidi, on y imprime, à l'aide d'un rouleau cannelé, ou par tout autre moyen, des rainures croisées qui offrent une assiette sûre au pied des animaux.

L'*asphalte* naturel, pulvérisé, sert encore à l'exécution des chaussées empierrées. On nivelle d'abord le sol et on le recouvre d'une couche de béton hydraulique, de 0^m,15 d'épaisseur ; puis, on pose deux règles de 0^m,06, espacées de 1 mètre environ ; on répand entre elles de l'asphalte en poudre, chauffé au ramollissement ; enfin, l'on comprime à l'aide de rouleaux de poids différents ; les bandes ainsi formées se soudent entre elles et donnent un sol compacte, uniforme et facile à réparer, mais glissant pour les chevaux. On peut le remplacer par un pavage composé de mastic d'asphalte et de cubes de grès alternés suivant la disposition d'un damier.

Les terrasses, les balcons peuvent également être recouverts d'un dallage en *asphalte* de 0^m,12 à 0^m,15 d'épaisseur, remplaçant avantageusement le plomb ou le zinc en feuille et les ciments hydrauliques.

Des aires en *bitume* se placent aussi sous les parquets, particulièrement au rez-de-chaussée, pour les isoler de l'humidité. On en fait encore des enduits pour couvertures, pour murs verticaux ; dans le même but on utilise aussi l'*asphalte laminé* préparé à l'aide de toiles imprégnées de mastic de chaque côté et comprimées entre des cylindres de fonte.

L'*asphalte* est aussi employé, comme joints de pavés, dans les sols humides, ou en couches minces comprises dans les fondations, soit entre deux assises de pierres, soit entre des couches plus épaisses de béton, pour éviter toute infiltration.

Quand on emploie le *bitume* comme joints de pavés, on procède de la manière suivante : on dispose sur une aire de sable les pavés espacés de 0^m,10 à 0^m,12 ; on remplit les joints avec du sable au moyen de coins, jusqu'à la distance de 0^m,05 à 0^m,06 de la surface, et on achève le remplissage avec du mastic.

Dans les établissements agricoles le *bitume* est d'un excellent usage pour la construction des silos employés à la conservation des grains et d'où la moindre humidité doit être proscrite.

Les rejointoiements en mastic bitumineux sont propres aussi à préserver les murs de l'humidité. On nettoie le joint à fond, on le gratte, on le lave à la brosse et on le fait soigneusement sécher ; ensuite on étend le mastic chaud et on le fait pénétrer en le lissant au moyen d'une spatule en fer chauffée à l'avance.

D'autres dispositions toutes spéciales doivent être appliquées pour les terrasses ou chapes établies sur plancher en charpente. Le plancher étant solidement établi, de manière à résister au fléchissement, aux dislocations, au travail des bois, et à présenter le moins d'élasticité possible, le massif en béton ou en plâtre sur lequel on applique le *bitume* doit être mélangé de foin ou de mousse hachée pour se prêter aux mouvements inévitables de la charpente ; enfin, il faut ménager en dessous et sur les côtés des jours qui permettent à l'air de se renouveler et empêchent ainsi la rapide pourriture du bois.

M. Ch. Barbier, dans l'*Encyclopédie pratique de l'Agriculteur*, recommande aussi l'emploi des sous-joints pour les dallages sur charpente ; on dispose préalablement, et à l'espacement de chaque coulée, une bande de mastic de 0^m,10 de largeur sur laquelle viennent se raccorder les deux coulées contiguës.

Il y a encore un moyen d'éviter d'une manière plus sûre le fendillement : c'est d'étendre d'abord sur le béton, avant sa prise, une toile grossière que l'on fait pénétrer en la frappant à la brosse ; ensuite on emploie non plus le mastic préparé avec du gravier, mais le mastic pur à trois couches, que l'on saupoudre avec du gravier à mesure de son application. Une fois la couverture ou terrasse achevée, les fissures qui se produisent, particulièrement aux approches de l'hiver, peuvent être fermées facilement, par la compression, avec un fer chaud.

D'autres précautions sont encore recommandées : L'écoulement des eaux exige une pente de 5 p. 100. Le gravier choisi dans les pays chauds doit être très-blanc pour réfléchir les rayons du soleil ; on peut employer, à cet effet, des grès blancs, des sables quartzeux, des débris de porcelaine, etc.

C'est surtout employé pour la couverture que le *bitume* permet une grande économie et peut rendre à l'industrie de réels services dans des cas particuliers, pour des hangars, pour des constructions légères sans importance et dont la durée est déterminée à l'avance. On cloue sur les chevrons un voligeage imbriqué que l'on enduit d'un mélange de trois quarts de goudron et d'un quart de *bitume* ; puis on le couvre avec du papier, de la toile ou du carton bitumé que l'on trouve tout préparé dans le commerce (voy. *Carton*). On donne sur le tout une couche du mélange et on la saupoudre avec du sable parfaitement lavé et bien sec. Ce système de toiture, convenablement établi, n'exige d'autre entretien qu'une nouvelle application de goudron granité tous les trois ou quatre ans, et permet, en outre, à cause de sa grande légèreté, de réduire à leur minimum les dimensions des pièces qui composent la charpente. Toutefois, il faut reconnaître que ces toitures n'opposent pas une grande résistance à la force du vent ; qu'elles sont exposées à être détrempées et ridées par les longues pluies ; que les grandes chaleurs les dessèchent et qu'elles sont facilement combustibles. Nous ne pouvons donc,

quel que soit leur avantage pécuniaire, les recommander que pour des abris provisoires.

On a donné le nom de *lave fusible* à un *bitume* artificiel composé de 75 parties de craie et de 25 parties de *brai*, matière extraite du goudron provenant de la houille qui sert à la fabrication du gaz d'éclairage ; on l'emploie comme enduit, comme dallage et comme préservatif contre l'infiltration des eaux dans les lieux humides.

D'autres composés ayant pour base le *bitume* sont utilisés pour faire des enduits : tels sont la *glu marine*, le *bitume de Judée*, le *mastic Machabée* (voy. *Glu, Judée, Machabée*).

En peinture, on applique le *bitume* à la confection d'une couleur dite *nuance momie* (voy. ce mot). A cet effet, on le fait fondre, à chaud, dans de l'huile de lin, avec addition de cire vierge, pour lui donner du corps et le rendre siccatif.

Bivium. — Voy. *Carrefour*.

Blaireau, *s. m.* — Pinceau de poils de *blaireau* en forme de patte d'oie, qui sert à appliquer le vernis (voy. *Brosse*).

Blanc, *s. m.* — Couleur employée dans la peinture en bâtiment et qui est soit à base terreuse soit à base métallique.

Des savants, et, entre autres, Chaptal et Davy, ont soumis à l'analyse chimique des couleurs employées par les Romains ; ils ont notamment expérimenté sur celles qui ont été trouvées dans les ruines de Portici et des bains de Titus. Il est résulté de ces travaux la certitude que les Romains connaissaient et utilisaient le *blanc* de céruse. On en trouve, d'ailleurs, le témoignage dans les écrits de Pline et de Vitruve, qui parlent des *blancs* comme étant obtenus par l'action du vinaigre sur le plomb, produit qui était très-commun de leur temps. Toutefois Davy ne trouva dans les pots de couleur découverts à Pompéi qu'un *blanc* formé de craie très-friable, et un autre, qu'il suppose être de l'argile alumineuse très-fine. Il ne trouva pas non plus de céruse dans les bains de Titus, sans doute parce que cette matière était trop commune pour être employée dans de riches décorations.

Parmi les couleurs blanches à base terreuse employées de nos jours, nous citerons les principales :

1° Le *lait de chaux* qui s'obtient en délayant dans l'eau de la chaux grasse éteinte ; on s'en sert pour composer le *badigeon* (voy. ce mot).

2° Le *blanc de craie* qui comprend le *blanc d'Espagne*, appelé, plus justement, *blanc de Meudon* ou *de Bougiral* et le *blanc de Troyes* ou *de Champagne*. Le premier se prépare en lavant la craie avec soin, après un broyage, et la laissant déposer ; on le retire par décantation, et on le moule en pains que l'on fait sécher à l'air. Le *blanc de Troyes* est plus lourd, plus blanc et moins facile à pulvériser. Ces deux couleurs s'emploient en *détrempe* (voy. ce mot).

3° Le *blanc de baryte* qui provient du sulfate de baryte, qu'on pulvérise et qu'on purifie par des lavages ; on l'utilise à la colle, pour la fabrication des papiers peints, et pour remplacer le *blanc de zinc* et la *céruse* : souvent même il sert à falsifier le *blanc de plomb* : c'est le plus beau *blanc* pour la détrempe.

4° Le *blanc de Rouen*, espèce de marne ou terre calcaire que l'on détrempe dans l'eau pour en séparer les parties sablonneuses et grossières ; on divise cette pâte en petites mottes du poids de 16 centigrammes environ.

5° Le *blanc de gypse* ou *de plâtre*, gypse calciné, noyé dans beaucoup d'eau et qui est propre à la peinture en détrempe. Cette couleur est préférable au *blanc* de craie, quoique bien inférieure à la céruse ; cependant, les couches de gypse se lèvent par écailles lorsqu'on leur a donné trop d'épaisseur.

6° Le *blanc de kaolin*, terre blanche qui, réduite en poudre est susceptible d'être utilisée pour la peinture à la détrempe et les papiers peints.

7° Le *blanc de terre de pipe*, terre calcaire assez pesante, qui est d'un emploi fréquent dans la peinture.

8° Le *blanc de coquille d'œuf*, qui s'obtient de la manière suivante : on pile et on lave les coquilles d'œufs ; on les fait bouillir dans l'eau avec un peu de chaux vive et on les fait égoutter ; on lave et on pile de nouveau, jusqu'à ce que l'eau soit claire ; on broie et on réduit en pâte très-fine ; puis on fait sécher les pastilles au soleil et à l'air, pour empêcher la corruption.

9° Le *blanc de marbre*, qui se prépare ainsi : on pile, on réduit en poudre et l'on tamise du marbre blanc de Carrare, puis on y ajoute une certaine quantité de *blanc* de chaux, ou *blanc* obtenu à l'aide de chaux éteinte délayée dans de l'eau et passée ensuite au tamis.

10° Le *blanc des Carmes*, qui n'est autre chose que du *blanc* de chaux soumis à une préparation et à un emploi particuliers : on passe dans un linge fin une grande quantité de très-belle chaux ; on la met dans un baquet de bois garni d'un robinet placé à la hauteur où est parvenue la chaux ; on remplit le baquet d'eau de fontaine et on bat la chaux avec de gros bâtons ; on laisse reposer pendant vingt-quatre heures, après quoi, on ouvre le robinet et on laisse couler l'eau qui a dû surnager la chaux de deux doigts ; quand elle est écoulée, on en remet de nouvelle et on recommence l'opération pendant plusieurs jours, car, plus la chaux est lavée, plus elle acquiert de blancheur ; on met dans un pot de terre une certaine quantité de la chaux en pâte qui reste après l'écoulement de l'eau, on y mêle un peu de bleu de Prusse ou d'indigo, on laisse détremper dans de la colle de Gand, dans laquelle on met un peu d'alun et, avec une grosse brosse on donne cinq ou six couches sur la muraille ; il faut les étendre minces et avoir soin de les laisser sécher parfaitement ; enfin, avec une brosse de soie de sanglier, on frotte fortement la muraille ; il en résulte un luisant qui fait prendre quelquefois, au premier coup d'œil, cet ouvrage pour du marbre ou du stuc ; on ne peut blanchir ainsi que des plâtres neufs ou, du moins, il faudrait, pour blanchir de vieux plâtres, les gratter jusqu'au vif.

11° On donne aussi le nom de *blanc d'Espagne* à une argile blanche, très-fine, purifiée par lavage, moulée en pains, après dépôt, et séchée à l'air.

Les couleurs blanches métalliques les plus importantes sont :

1° Le *blanc de zinc* qui n'est autre chose que de l'oxyde de zinc ; on l'obtient par le passage d'un courant d'air chaud sur du zinc volatilisé dans des moufles ou des cornues, que l'on dispose dans un four à réverbère ; le résidu qui encrasse l'orifice de ces moufles est formé d'oxyde et de zinc, il se livre au commerce, sous le nom de *gris de zinc*. L'oxyde de zinc est recueilli dans des chambres. Il est de deux qualités différentes, auxquelles on donne les noms de *blanc de neige* et de *blanc de zinc* proprement dit ; ce dernier est plus dense et remplace les céruses de première qualité.

Cette couleur s'emploie à l'huile pure ou mélangée d'essence, à la colle, au vernis à l'esprit de vin, au vernis à l'essence et au vernis gras, etc. On s'en sert également pour la fabrication des papiers peints.

Dans la peinture à l'huile, on prépare le *blanc de zinc* en le délayant à poids égal dans un mélange d'huile de lin ou d'huile blanche, d'essence et de siccatif. La proportion d'essence doit être plus forte pour les premières couches ; c'est le contraire pour les peintures sur bois. Si l'on couvre du plâtre neuf qui présente une surface très-absorbante, on augmente la quantité du mélange oléagineux par rapport au *blanc de zinc*. La

proportion du siccatif est de 5 à 6 p. 100 du poids de l'huile employée.

L'oxyde de zinc ou *blanc de zinc* est, parmi les produits employés en peinture, celui qui est le plus avide d'huile, aussi fournit-il une peinture excellente, car plus une couleur prend d'huile, plus elle est solide.

Le *blanc de zinc* étant impalpable, on peut, au moment de son emploi, le passer à la molette, si l'on veut ; mais, à la rigueur, il suffit de le délayer peu à peu avec l'huile ou l'essence que l'on veut y mettre. On a soin de tenir la teinte un peu épaisse, de se servir de brosses douces et d'appuyer légèrement. Avec des brosses plates à adoucir appelées *queues* ou *blaireaux*, pour les dernières couches, un ouvrier qui tient la main légère peut faire les peintures d'un fini et d'un ton remarquables.

Tous les siccatifs ordinaires peuvent réussir à faire sécher le *blanc de zinc* comme la céruse, mais la litharge et tous les sels à base de plomb lui communiquent naturellement un peu des fâcheux défauts de la céruse, c'est-à-dire le font noircir sous l'influence des gaz délétères et de l'ammoniaque. Il vaut mieux se servir, comme siccatif, d'une huile grasse manganésée que l'on fait bouillir sur un feu très-doux, en deux fois cependant, douze heures chaque fois, en y tenant suspendu un sachet contenant 5 p. 100 de manganèse concassé qui peut servir plusieurs fois.

Le *blanc de zinc* offre encore l'avantage de résister à l'air et aux émanations sulfureuses plus longtemps que les composés de plomb ; de plus, il ne donne pas aux ouvriers la maladie appelée *colique de plomb* ou *colique des peintres*. Cette couleur couvre plus ou moins bien, suivant sa préparation ; le *blanc de neige* couvre moins bien que le *blanc de trémie*, obtenu par la purification des crasses ; on augmente ses qualités à ce point de vue, en le mouillant et en formant avec la pâte des pains qu'on fait sécher.

On falsifie le *blanc de zinc* avec le sulfate de chaux ou *plâtre* et quelquefois avec la *blende* (voy. ces mots).

2° Le *blanc de plomb*, qui est un carbonate de plomb appelé *céruse* (voy. ce mot).

3° Le *blanc d'étain*, qui est un oxyde d'étain obtenu par la dissolution rapide de l'étain par l'acide nitrique.

Ce *blanc* résiste mieux que l'oxyde de plomb à l'impression de la lumière, mais il est difficile à broyer, foisonne et couvre peu.

4° Le *blanc de régule d'antimoine* : c'est la neige ou fleurs argentines du régule d'antimoine, c'est-à-dire la chaux de ce demi-métal sublimé par le feu.

Cette neige, lorsqu'elle est recueillie avec soin, fournit un *blanc* superbe, car elle a tout le corps nécessaire à l'huile et n'est point susceptible d'altération.

5° Le *blanc de bismuth*, qui est un oxyde obtenu par l'action sur le bismuth de l'acide nitreux ou d'un autre acide.

Cette couleur n'est point préférable à celle qui a le plomb pour base, parce qu'elle s'altère plus facilement à l'impression de la lumière et à celle des vapeurs sulfurées.

On nomme *blancs d'apprêt*, dans la peinture à l'huile vernie polic, des couches que l'on applique après l'encollage et qui procurent plus de fraîcheur et de durée aux couleurs.

Dorure. L'une des opérations de la dorure s'appelle : *apprêter de blanc* (voy. *Blanchir*).

Maçonnerie. *Blanc en bourre* : enduit pour plafonds (voy. *Bourre*).

Marbrerie. On donne le nom de *blanc veiné*, de *blanc statuaire* à certains marbres *blancs* que l'on trouve dans le commerce à Paris et qui sont employés pour chambranles, tablettes de meubles, carrelages, etc.

Blanchir, *v. a.* — Menuiserie. Dresser le bois, soit au rabot soit à la scie, de manière à enlever les aspérités de la surface.

Serrurerie. Limer ou passer à la meule une pièce de fer ou de cuivre à la lime commune, de façon à ne plus laisser voir de traces du fer.

Plomberie. Recouvrir le plomb d'une couche mince d'étain.

Peinture. Imprimer les plafonds ou les murs en blanc de détrempe.

Dorure. *Blanchir* ou *apprêter de blanc* : cette opération consiste à donner successivement huit à dix couches de blanc de Meudon à la colle, en n'appliquant une nouvelle couche que lorsque la dernière est bien sèche.

Blanchissage, *s. m.* — Application de lait de chaux ou de blanc à la colle sur les aires en plâtre, murs, plafonds, etc.

Le *blanchissage* au lait de chaux se fait à deux couches. Le lait de chaux que l'on emploie en première couche s'obtient en délayant de la chaux éteinte depuis quelques jours avec un volume d'eau égal au sien ; pour la deuxième couche, on ajoute 1 kilogr. de colle de peau ou d'alun pour 80 litres de chaux ; lorsqu'on veut avoir une légère teinte, on y mêle un peu de noir de fumée et d'ocre jaune ou rouge, suivant la couleur que l'on veut obtenir ; la seconde couche ne doit être appliquée que lorsque la première est bien sèche.

Le *blanchissage à la colle* se fait de même, mais la deuxième couche doit être apprêtée avec de la colle de Gand et appliquée tiède.

Les surfaces que l'on a à *blanchir* au lait de chaux doivent être d'abord parfaitement grattées, nettoyées et balayées ; dans le cas de vieux murs, le parement doit, en outre, être bien humecté.

L'usage de *blanchir* les habitations, et même les édifices publics, est très-répandu en Belgique.

A Paris, où le plâtre, matière poreuse et blanchâtre employée dans les enduits des maisons particulières, prend rapidement, à l'air, le ton le plus noirâtre, on fait usage de ce procédé facile de blanchiment pour remédier au contraste choquant que cet aspect de vétusté présente avec les bâtiments plus modernes.

Les règlements de police obligent les propriétaires à *blanchir* leurs façades tous les dix ans.

Si ce moyen de rendre aux édifices leur propreté primitive a sa raison d'être pour des constructions particulières, il ne peut être justifié, lorsqu'il s'agit de monuments publics, auxquels le ton de vétusté convient au contraire parfaitement ; on doit, dans ce cas, se borner aux soins qui peuvent y maintenir une stricte propreté.

Blanchisserie, *s. f.* — Lieu où l'on *blanchit* le linge, c'est-à-dire où on le nettoie.

Les diverses parties de l'opération du *blanchissage* exigent des locaux distincts : 1° le *dépôt du linge sale*, qui est une pièce sèche et bien aérée, souvent située dans les combles ; parfois on emploie, pour cet usage, une portion de la buanderie ou de la lingerie ; c'est dans cette pièce qu'on fait le *triage* du linge à blanchir ; 2° la *buanderie* où se fait le lessivage ; 3° le *lavoir*, où l'on savonne le linge, quand cette opération n'a pas été exécutée dans la buanderie, et où principalement on fait le *rinçage* ; souvent même c'est dans les bassins du lavoir qu'a lieu l'*essangeage* ou lavage préliminaire du linge dans l'eau froide ; 4° la *sécherie* ou *séchoir* (voy. *Buanderie*, *Lavoir*, *Séchoir*).

Blason, *s. m.* — On appelle *blason* ou *art héraldique* l'ensemble des connaissances qui permettent de décrire et d'expliquer les armoiries.

L'origine de ce mot paraît être l'anglais *blasing* (publication) ou l'allemand *blasen* (sonner du cor), parce que, dans les tournois, c'était au son de cet instru-

ment que l'écuyer d'un chevalier signalait son arrivée ; les hérauts d'armes sonnaient ensuite de la trompette en introduisant le combattant dans la lice et décrivaient à haute voix la forme et la qualité de ses armoiries.

Dans l'antiquité déjà, les guerriers faisaient peindre sur leurs armures, leurs bannières ou leurs boucliers des insignes et des couleurs qui permettaient de les reconnaître de loin ; mais ces marques distinctives étaient toutes personnelles, tandis que le *blason* est un insigne de famille se perpétuant de génération en génération.

On ne peut guère faire remonter l'invention des armoiries au delà du xie siècle. En effet, le premier exemple certain que l'on puisse en citer est dû à Raymond de Saint-Gilles, comte de Toulouse, qui vécut de 1047 à 1105. Ce personnage avait pris pour emblème une croix d'une forme particulière, qu'il porta pendant la première croisade et que ses descendants conservèrent comme un souvenir glorieux.

C'est vers le milieu du xiie siècle que cet usage se généralisa. Les fils des premières familles, au lieu de choisir des emblèmes nouveaux, s'attribuèrent ceux de leurs ancêtres et cette coutume était passée à l'état de règle à la fin du siècle suivant.

Figurées d'abord sur le bouclier ou sur la bannière, les armoiries passèrent ensuite sur la cuirasse et sur les harnais du cheval : elles furent sculptées sur les parties apparentes des demeures féodales, sur les voussures des églises, sur les tombeaux et la peinture les reproduisit sur la pierre, sur le bois, sur le cristal des vitraux, etc...

L'engouement pour ce mode de distinction ne fit que s'accroître : les familles ecclésiastiques ou bourgeoises, les abbayes, les chapitres, les villes, les universités, les corporations de métiers se composèrent des armoiries. Dès lors, des règles, des combinaisons spéciales s'établirent dont l'ensemble fut réuni en une espèce de code du *blason*, dont la connaissance constitua l'*art héraldique*.

On distingue, dans les armoiries, trois éléments principaux :

1° L'*écu* ou *champ*, sur lequel sont figurés les emblèmes ; 2° les *émaux* ou couleurs dont on les peint ; 3° les *pièces*, *charges* ou *meubles* qu'on y représente. Il faut ajouter une quatrième division comprenant : les ornements accessoires, tels que cimiers, couronnes, supports, lambrequins, manteaux et colliers dont on entoure l'écu depuis une époque plus moderne.

On distingue particulièrement dans l'écu : 1° le *parti*, qui le coupe verticalement en deux parties égales (fig. 521) :

 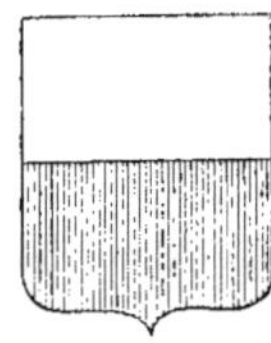

Fig. 521.   Fig. 522.

2° Le *coupé*, qui le scinde horizontalement (fig. 522) ; 3° le *tranché* (fig.

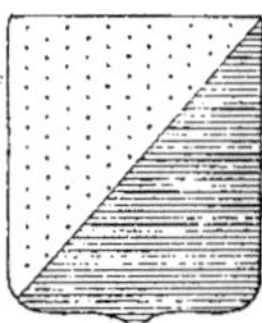 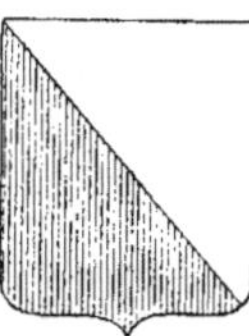

Fig. 523.   Fig. 524.

523), qui le traverse en ligne diagonale de droite à gauche ; 4° le *taillé* (fig. 524) qui le traverse également en diagonale, mais de gauche à droite.

L'écu, à la fois *parti* et *coupé*, est dit *écartelé* (fig. 525), et chacune des quatre parties se nomme *quartier* ; s'il est à la fois *tranché* et *taillé*, on dit qu'il est *écartelé en sautoir* (fig. 526).

Les *émaux* sont au nombre de neuf et comprennent : deux métaux, *or* (jaune),

argent (blanc) ; cinq couleurs, l'*azur* ou bleu, le *gueule* ou rouge, le *sinople* ou vert, le *sable* ou noir, le *pourpre* ou violet ; enfin deux fourrures, l'*hermine* et le *vair*.

 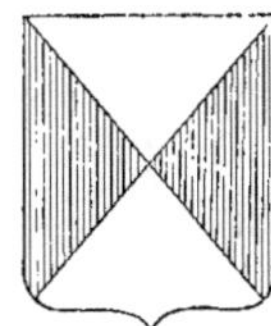

Fig. 525.   Fig. 526.

On figure encore les émaux par certaines hachures et lignes convenues, sans le secours de la peinture ; ainsi : l'*or* par une surface semée de points (fig. 527) ; l'*argent* par un fond entière-

 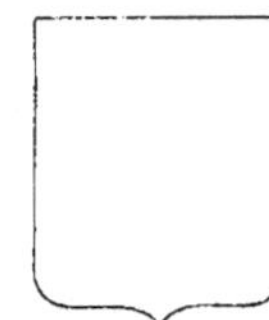

Fig. 527.   Fig. 528.

ment uni (fig. 528) ; l'*azur*, par des hachures horizontales (fig. 529) ; le

Fig. 529.   Fig. 530.

gueule, par des hachures verticales (fig. 530) ; le *pourpre*, par des traits obliques allant de la gauche à la droite de

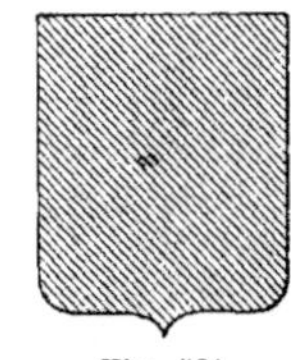 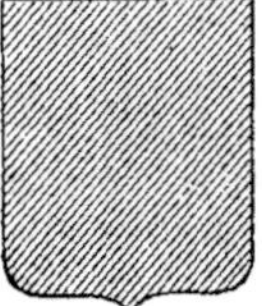

Fig. 531.   Fig. 532.

l'écu (fig. 531) ; le *sinople* par des traits

obliques également, mais allant de la droite à la gauche de l'écu (fig. 532) ; le *sable* (fig. 533), par des lignes horizon-

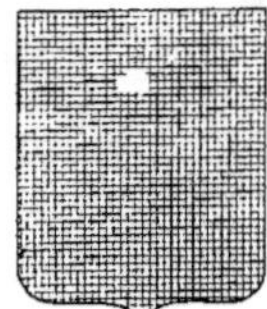

Fig. 533.

tales et verticales croisées ; l'*hermine*, par des mouchetures noires sur champ blanc (fig. 534) ; le *vair*, par des cloches

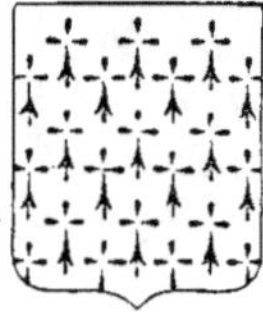

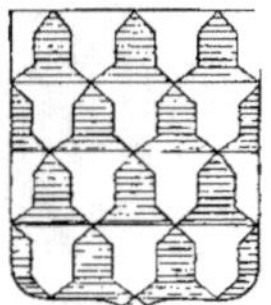

Fig. 534.   Fig. 535.

d'azur et d'argent contrariées (fig. 535) ; à ces fourrures on a ajouté la *contre-hermine*, qui s'indique par des mouche-tures blanches sur champ de sable (fig. 536) et le *contre-vair*, par des cloches

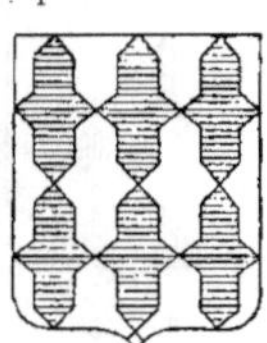

Fig. 536.   Fig. 537.

bleues et blanches, métal sur métal (fig. 537).

Aux couleurs on a, de même, ajouté la *sanguine* (couleur de chair), qui est

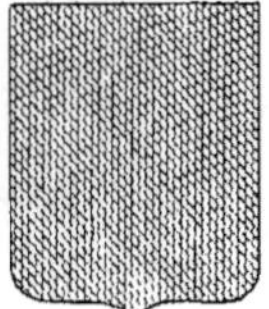

Fig. 538.   Fig. 539.

représentée (fig. 538) par des hachures

diagonales croisées, et l'*orangée* (couleur orange), figurée par des traits verticaux qui croisent des hachures allant de la droite à la gauche de l'écu (fig. 539).

Les principales *pièces* ou *charges* sont : le *chef* (fig. 540), partie supérieure

Fig. 540.   Fig. 541.

de l'écu ; le *pal* (fig. 541), qui occupe perpendiculairement le milieu de l'écu ; la *fasce* (fig. 542), bande posée horizon-

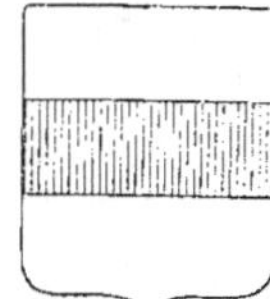

Fig. 542.   Fig. 543.

talement sur l'écu ; la *croix* (fig. 543), formée par le croisement du pal sur la fasce ; la *bande* (fig. 544), bande qui in-

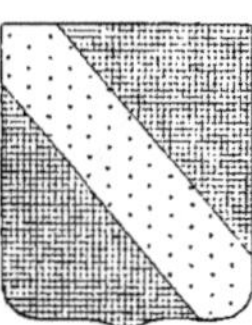

Fig. 544.   Fig. 545.

cline de droite à gauche de l'écu ; la *barre* (fig. 545), bande qui incline de gauche à droite et qui est un signe de

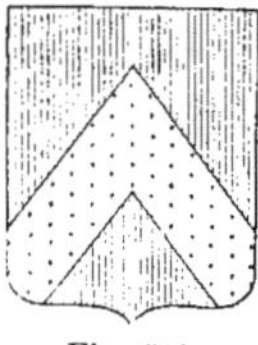

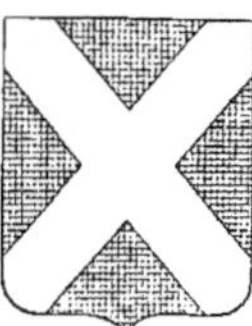

Fig. 546.   Fig. 547.

bâtardise ; le *chevron* (fig. 546) ; le *sau-*

toir (fig. 547) ou croix de Saint-André ; le *gironné* (fig. 548) ; le *pairle* (fig. 549)

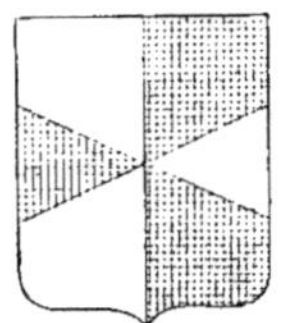

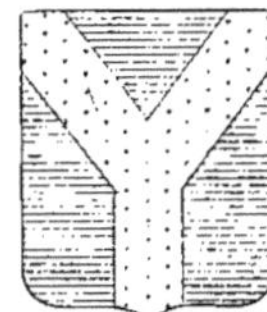

Fig. 548.   Fig. 549.

en forme d'Y ; le *canton* (fig. 550), qui occupe un des angles supérieurs de

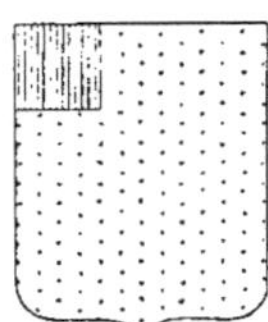

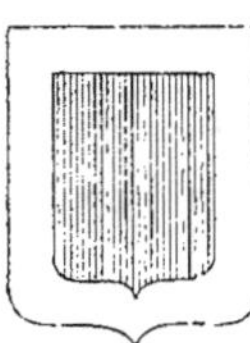

Fig. 550.   Fig. 551.

l'écu ; la *bordure* (fig. 551), bande qui en fait le pourtour ; l'*adextré* (fig. 552),

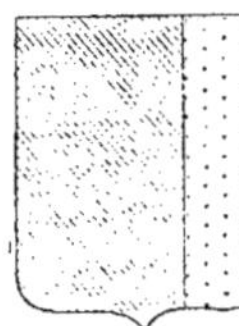

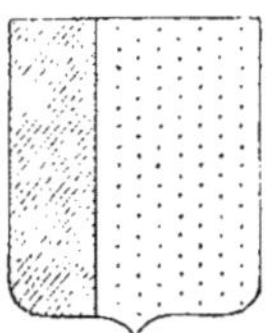

Fig. 552.   Fig. 553.

bande perpendiculaire placée à droite de l'écu ; le *sénestré* (fig. 553), bande également verticale placée à gauche ; le

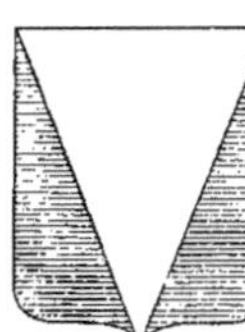

Fig. 554.   Fig. 555.

martelé (fig. 554) ; le *chaussé* (fig. 555) ou triangle renversé ; les *besants* (fig. 556), cercles au nombre de trois, distri-

bués en triangles à la surface de l'écu : les *tourteaux* (fig. 557), cercles au nom-

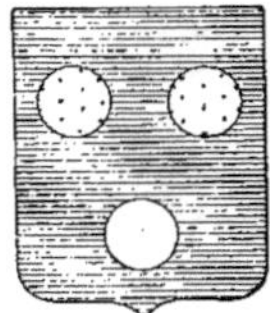

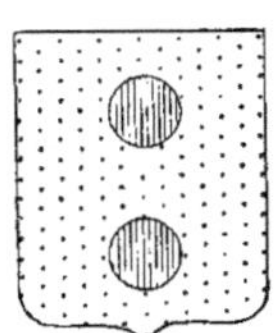

Fig. 556.   Fig. 557.

bre de deux, placés dans l'axe de l'écu ; les *losanges* (fig. 558), losanges distri-

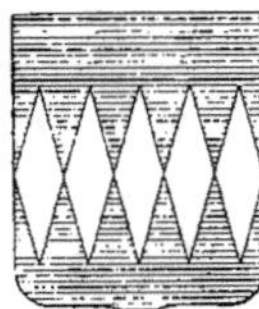

Fig. 558.   Fig. 559.

bués à la façon des besants ; les *fusées* (fig. 559), losanges allongés placés sur une ligne horizontale au milieu de l'écu ; le *crénelé* (fig. 560), créneaux coupant

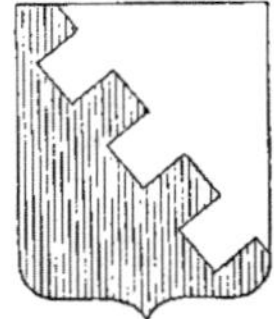

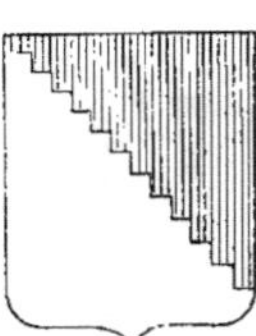

Fig. 560.   Fig. 561.

l'écu en diagonale ; le *denché* (fig. 561), redents placés aussi diagonalement de droite à gauche ; le *nuagé* (fig. 562),

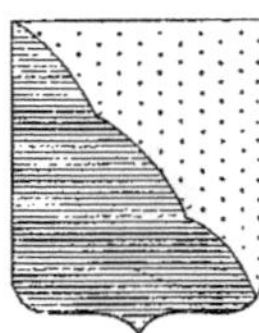

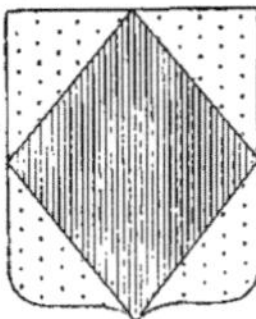

Fig. 562.   Fig. 563.

ligne à triple couleur, et le *vestu* (fig. 563), losange dont les sommets touchent les bords de l'écu.

Les figures représentées sur l'écusson se divisent en *héraldiques*, *naturelles*, *artificielles* et *chimériques* : elles comprennent presque tous les objets de la nature, de l'art et de pure imagination que l'on a pu peindre. Le nom de *meubles* s'applique spécialement aux figures peintes avec les émaux, telles que des *licornes d'azur*, des *croix d'or*, des *tours d'argent*, des *ours de sable*, etc.

Les ornements extérieurs sont : 1° les *timbres*, placés immédiatement au-dessus de l'écu et comprenant : les *casques*, les *cimiers*, les *couronnes* de rois, ducs, marquis, comtes, etc.; 2° les *lambrequins*, bandes d'étoffes ou rubans qui s'enroulent autour du timbre ; 3° les *tenants* et *supports*, figures d'hommes et d'animaux placées des deux côtés de l'écu et supportant le timbre ; 4° la *devise* et le *cri de guerre*, qui se lisent ordinairement au-dessous de l'écu et au-dessus du timbre.

Blavet (*Granit du*). — Pierre que l'on tire des carrières dites *du Blavet*, commune d'Hennebont, arrondissement de Lorient.

Le granit *du Blavet* porte de 0^m,50 à 0^m,80 de hauteur d'assise ; il pèse de 2,600 à 2,670 kilogr. le mètre cube ; la charge nécessaire pour produire l'écrasement est de 1,090 à 1,200 kilogr.

Cette pierre a été employée aux édifices publics de Lorient.

Blavozy (*Grès de*). — Arkose granitoïde, dure, provenant de la carrière de *Blavozy*, commune de Saint-Germain-Laprade, arrondissement du Puy.

Cette pierre, blanchâtre, à grains moyens, porte 2 mètres de hauteur d'assise et pèse 2,300 kilogr. le mètre cube ; elle s'écrase sous une charge de 600 kilogr. par centimètre carré.

Bleu, *s. m.* — Peinture. L'une des trois couleurs primitives.

Les expériences de Davy ont démontré que les Grecs et les Romains ne connaissaient pas le *bleu* de *Prusse* et que les belles couleurs qui se sont conservées dans les monuments antiques sont composées d'outremer, de cobalt et d'indigo. Les *bleus* des anciens, dit le même observateur, sont plus ou moins foncés, suivant la quantité de carbonate de chaux qu'ils contiennent ; ils sont mêlés de silice et d'alumine, et leur couleur *bleue* est brillante quand ils sont traités par des acides : on reconnaît que ces *bleus* sont des frittes faites au moyen de la soude et colorées par l'oxyde de cuivre.

L'Égypte et l'île de Chypre fournissaient aussi des sables, que Davy considère comme des lapis-lazuli combinés avec des carbonates et des arséniates de *bleu* de cuivre. Pline parle également d'un *bleu* indien qui était combustible. C'était donc une espèce d'indigo, et cette opinion est confirmée par Davy, qui a reconnu cette matière dans les ruines du monument de Caïus Cestius. L'azur égyptien trouvé dans les ruines grecques, aussi beau que lorsqu'il a été appliqué et qui n'a pas changé depuis dix-sept siècles, non plus que les jaunes, les rouges et les noirs, est une fritte qui incorporait la couleur dans une pierre factice, afin de prévenir le dégagement des fluides élastiques et l'action décomposante des éléments, ce qui devient une espèce de lapis-lazuli artificiel, dont la partie colorante est inhérente à une pierre siliceuse fort dure et qui pourrait être très-facilement imitée, selon le même savant, par quinze parties en poids de carbonate de soude, vingt parties de caillou siliceux pulvérisé et trois parties de limaille de cuivre ; ce mélange, soumis pendant deux heures à une forte chaleur, produit une substance d'un beau *bleu de ciel* foncé, parfaitement semblable à l'azur antique et presque aussi fusible.

Les variétés de *bleu* employées aujourd'hui dans la peinture sont le *bleu de Prusse*, l'outremer, le *bleu de cobalt*, dit aussi *bleu d'émail*, le *smalt* ou *bleu* d'*azur*, le *bleu de tournesol* et la *cendre bleue* ou *bleu de montagne*.

Le *bleu de Prusse* est le résultat de la combinaison du cyanure de potassium ou prussiate de potasse avec un sel d'oxyde de fer tel que le sulfate de prótoxyde. Il y en a plusieurs qualités : le *bleu de Paris* et le *bleu de Berlin* : cette dernière qualité est la meilleure ; la première tend à noircir et à verdir au bout de peu de temps. Le *bleu de Prusse* n'a pas beaucoup de fixité ; on l'emploie mélangé avec d'autres couleurs, telles que la céruse, pour obtenir des nuances variées, ou bien avec des *bleus* plus fixes que lui pour en rehausser les tons. Il ne faut pas l'employer sur des murs exposés au soleil.

On appelle *bleu minéral* un *bleu de Prusse* employé dans la fabrication des papiers peints et qui renferme de l'alumine et du carbonate de zinc.

(Pour les autres variétés de *bleu* voy. les mots *Outremer, Cobalt, Smalt, Tournesol, Cendre*).

MARBRERIE. Certains marbres se distinguent par la couleur *bleue* de leur fond ou des veines qu'ils renferment ; on leur a donné diverses désignations :

Le *bleu antique* est blanc rosé avec des taches d'un *bleu* ardoisé ;

Le *bleu turquin* a le fond bleuâtre avec des veines plus intenses, qui se fondent insensiblement dans la couleur de la masse. On exploite des carrières de *bleu turquin* dans quelques localités voisines de Serravezza, en Toscane.

Blindage, *s. m.* — Sorte d'*étaiement* (voy. ce mot) qui s'emploie quand on fait une fouille dans un sol meuble, dans du gravier ou dans du sable, et qu'on a des éboulements à craindre.

Le *blindage* est composé de planches ou de madriers posés en longueur contre le terrain creusé ; ces pièces de bois ne se joignent pas et leurs intervalles sont plus ou moins grands suivant la mobilité du terrain. Cependant, lorsque l'excava-

tion est pratiquée dans du sable ou dans des terres rapportées, on pose ces planches jointives et même on les maçonne au plâtre. On place ensuite des madriers verticaux appelés *couches* qui maintiennent les premiers dans leur position. Dans le cas d'une fouille en rigole, comme pour la fondation d'un mur ou d'une fouille en puits, comme pour la construction d'une pile, on soutient ces pièces verticales au moyen d'étrésillons ; quand on fait une excavation d'un grand espace, on se sert de *contre-fiches* dont un bout est posé contre les *couches* et

Fig. 564.

l'autre à terre sur des madriers qui prennent le nom de *couchis* (fig. 564). Des clous ou des chevilles de fer, fixés aux deux extrémités, retiennent ces étais dans leur position.

Bloc, *s. m.* — Gros quartier de pierre ou de marbre détaché d'une carrière.

On appelle *bloc d'échantillon* celui qui est taillé, avant son transport à pied d'œuvre, d'après des dimensions données.

On emploie, dans les fondations, de gros blocs, qu'on équarrit simplement, pour leur donner une hauteur uniforme à chaque assise. Rarement on se sert de pierres volumineuses dans les constructions, parce que le transport en est coûteux et le placement difficile.

Les peuples anciens, et particulièrement ceux qui habitaient l'Orient et l'Égypte, employaient, dans leurs constructions en pierre de taille, des *blocs* d'une grandeur extraordinaire. Ces masses considérables, qui ont contribué à la solidité et à la durée des édifices antiques, font supposer, pour leur mise en œuvre, de puissantes ressources mécaniques.

Aujourd'hui, que l'art de la coupe des pierres a atteint une grande perfection, on ne trouve plus que de rares exemples de *blocs* à dimensions prodigieuses. Nous citerons, à ce sujet, les angles du fronton du péristyle, au Panthéon, où l'on a employé des pierres provenant de *blocs* de 14 mètres cubes environ, pesant de 26 à 27,000 kilogr.

Actuellement, on se sert de *blocs* artificiels pour la construction des môles et des jetées dans les ports de mer. Ces *blocs*, fabriqués avec du béton, ont été employés notamment aux ports d'Alger et de Marseille.

D'ailleurs, les procédés modernes usités à cet égard, étaient connus des anciens, car Vitruve rapporte que, pour construire des môles dans une mer fréquemment agitée, on immergeait des *blocs* de béton fabriqués à terre. Ce système de jetées en béton, abandonné depuis les Romains, a reparu à notre époque, et nous donnerons ici quelques détails sur la fabrication des *blocs* qui y sont employés.

M. Poirel, ingénieur du port d'Alger, ayant remarqué que les *blocs* de pierre qui avaient servi jusque-là à la réparation du môle étaient bouleversés par la mer, à cause de leur faible volume (de 3 à 4 mètres cubes seulement), résolut d'immerger des *blocs* assez considérables pour résister aux coups de mer les plus violents, c'est-à-dire ayant un volume d'au moins 10 mètres cubes. Ne devant pas songer à tirer des carrières des pierres de ces dimensions, on imagina de les fabriquer avec du béton. On fit alors deux espèces de *blocs* : les uns se construisant dans l'eau, à la place qu'ils devaient occuper ; les autres étant faits à terre, puis lancés à la mer. Les premiers sont formés de béton, coulés

dans des caisses-sacs échouées sur l'emplacement que le *bloc* doit occuper. Les parois de ces caisses se composent de grillages en poutrelles recouverts intérieurement d'un double fond de planches à joints croisés, le profil inférieur de ces parois étant découpé à peu près suivant le profil du sol. Une toile goudronnée, clouée à l'intérieur, forme sac et est assez ample pour se plier aux sinuosités du fond, de sorte que le béton dont on remplit la caisse peut se mouler, en quelque sorte, sur le terrain. La seconde espèce de *blocs* est fabriquée dans des caisses en bois avec fond en charpente ; le béton que l'on y coule est enlevé après un séjour d'un mois ou deux, suivant la saison, puis lancé à la mer à toute volée, comme les *blocs* naturels dans les jetées en pierres perdues.

Par le premier des procédés que nous venons d'indiquer, on a fabriqué sur place, au môle d'Alger, des *blocs* dont le cube variait de 60 à 200 mètres, et, par le second, des *blocs* de 10 à 50 mètres. Lors de l'agrandissement du port de cette ville au moyen d'un nouveau môle, on adopta, pour les masses de béton, des dimensions uniformes : 3ᵐ,40 de longueur, 2 mètres de largeur et 1ᵐ,50 de hauteur, produisant un cube de 10 mètres. Ce sont les mêmes dimensions qui ont été adoptées pour les *blocs* composant la jetée du bassin Napoléon à Marseille.

Blocage, *s. m.* — Maçonnerie formée de matériaux de différentes grosseurs, jetés pêle-mêle dans un bain de mortier et que l'on emploie : 1° pour la construction des murs, en ayant soin de la maintenir par des chaînes et des assises horizontales, ainsi que le montre la figure 565 ; 2° comme remplissage entre deux parements de pierre de taille ou de moellons taillés : tel était l'*opus incertum* des Romains (voy. *Appareil*).

L'intérieur des murs, dans les constructions romaines, était généralement en *blocage* et le revêtement en pierre de taille.

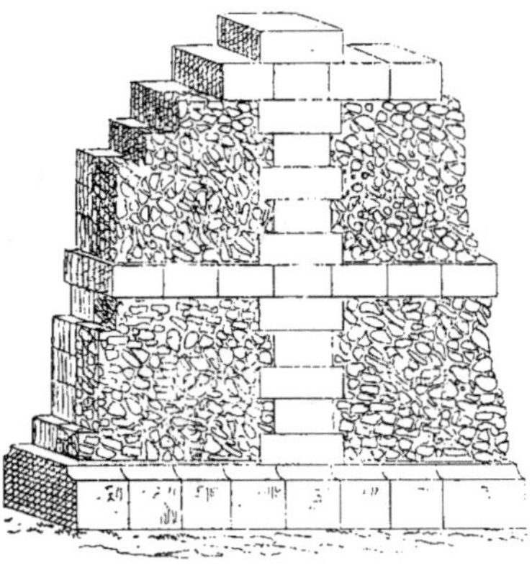

Fig. 565.

Les architectes de la période ogivale n'utilisèrent ce genre de maçonnerie que dans les fondations ou pour garnir le centre des grosses piles et des contre-forts épais.

Blocailles, *s. f. pl.* — Petites pierres ou moellons qui sont fournies par les bancs de carrière trop minces, trop faiblement agrégés ou traversés par de nombreuses fissures.

On ne peut employer les *blocailles* comme pierres d'appareil.

Blochet, *s. m.* — Dans les combles avec faux-entrait, on appelle ainsi une

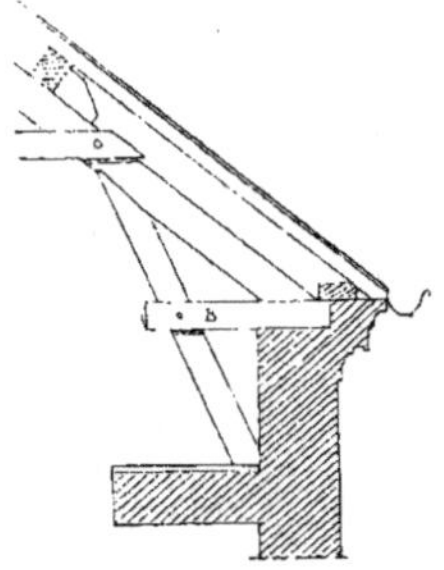

Fig. 566.

pièce de bois B (fig. 566) qui relie le pied de l'arbalétrier avec la jambe de force.

Le *blochet* se réunit, par entaille à mi-bois, avec la contre-fiche, et un boulon maintient l'assemblage.

Cette pièce est formée quelquefois de deux parties accouplées faisant moises

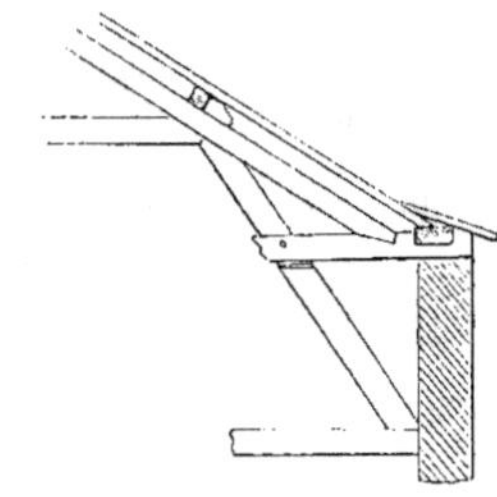

Fig. 567.

(fig. 567). Parfois aussi, la jonction avec la jambe de force se fait par un tenon

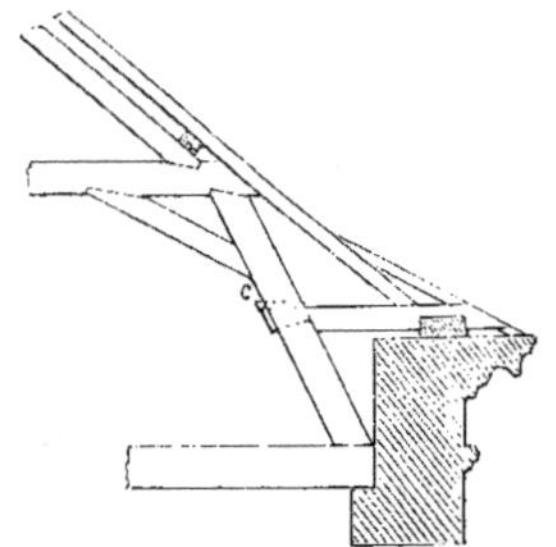

Fig. 568.

en queue d'aronde serré au moyen d'une clef C (fig. 568), ou bien, pour ne pas

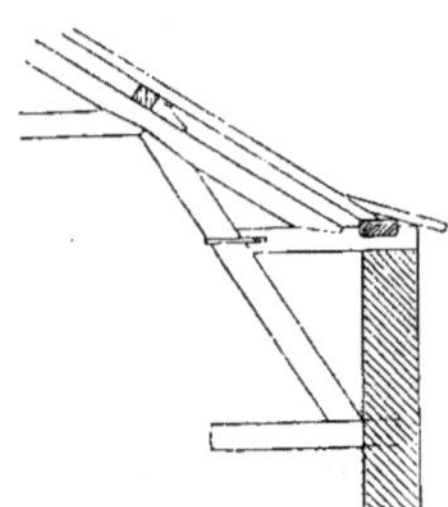

Fig. 569.

affaiblir le bois, on emploie une bride boulonnée (fig. 569).

Dans ces divers exemples, on voit que le *blochet* se pose sur le haut du mur et que souvent il s'assemble avec la sablière ou plate-forme par une entaille à mi-bois.

La figure 570 montre une ferme où le *blochet* est remplacé par un lien en fer.

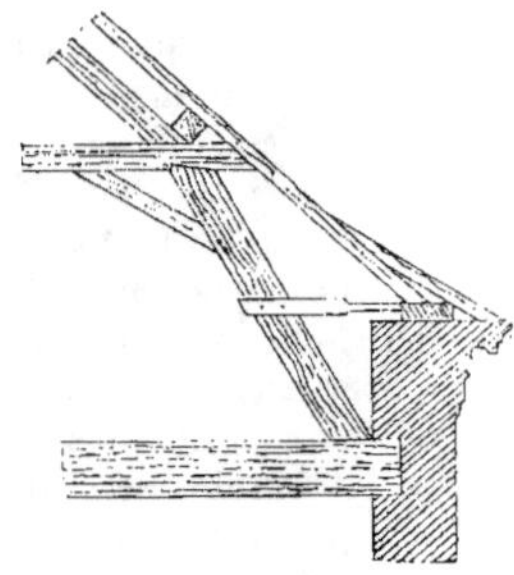

Fig. 570.

Dans certains combles à grande portée (fig. 571) l'arbalétrier s'assemble, par son pied, avec un *blochet* qui se relie

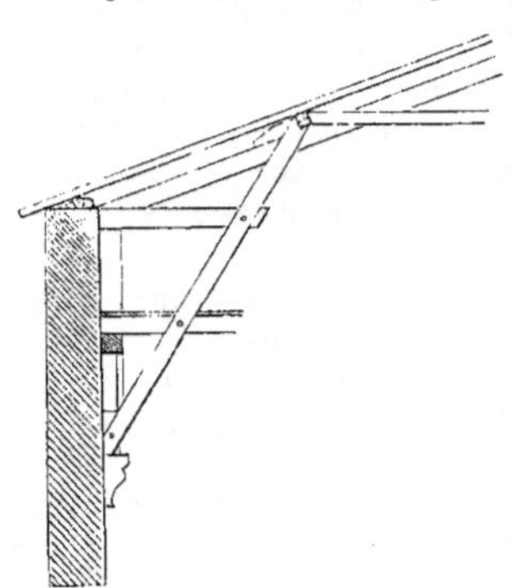

Fig. 571.

avec la contre-fiche et est soutenu lui-même par un potelet reposant sur un corbeau.

Les charpentes élevées par les architectes du moyen âge au-dessus des voûtes en arcs d'ogive présentent (fig. 572) (1), des exemples de *blochets* B,

(1) Viollet Le Duc, *Dictionnaire raisonné de l'architecture française.*

dans lesquels s'assemblent à tenon et

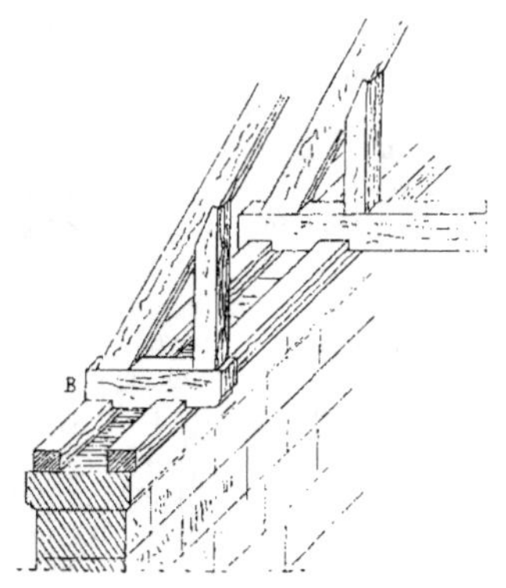

Fig. 572.

mortaise les chevrons portant les fermes intermédiaires aux fermes maîtresses.

On appelle *blochet d'arêtier* celui qui reçoit le pied d'un arêtier.

Blockaus, *s. m.* — Terme d'architecture militaire qui désigne un fortin détaché construit en bois.

Le *blockaus* est tantôt une enceinte palissadée avec fossé, tantôt une construction à deux étages, l'étage supérieur faisant saillie sur le rez-de-chaussée pour en défendre l'approche.

Bloquer, *v. a.* — Ce mot signifie, en terme de maçonnerie et de pavage, placer des moellons ou des pavés les uns à côté des autres, en les serrant simplement aussi bien que possible.

Bœuf (*Œil de*). — Voy. *Œil.*

Bois, *s. m.* — Construction. Substance qui forme le corps des arbres.

Si l'on coupe un tronc normalement à son axe, on voit qu'il est formé de deux parties bien distinctes : l'une extérieure, l'*écorce*, l'autre intérieure, le *ligneux* ou *bois*.

Dans les arbres de nos pays, la partie ligneuse est composée de couches concentriques d'un tissu fibreux qui se divisent elles-mêmes, si l'on va de la circonférence au centre, en *aubier* (voy. ce mot) ou *faux bois* et *cœur* ou *bois parfait*, qui est le *bois proprement dit*.

On remarque encore des espèces de lames verticales qui sont formées de fibres horizontales allant du centre à la périphérie et qui semblent relier les couches concentriques ; on les nomme *rayons médullaires*, parce que ce sont des canaux qui conduisent la moelle d'un conduit central très-étroit à la partie intérieure de l'écorce. Quand on coupe le bois verticalement, ces lames présentent des surfaces miroitantes que les ouvriers appellent *mailles* et qui sont particulièrement apparentes dans le chêne.

La matière *ligneuse* qui forme le *bois* possède, contre l'opinion générale, une densité qui est un peu supérieure à celle de l'eau. En effet, si l'on jette, dans un vase plein de ce liquide, une poignée de sciure de *bois*, on la voit bientôt descendre au fond. C'est à cause de l'air qui est renfermé dans leurs pores et qui diminue leur densité absolue, que les *bois* peuvent flotter sur les rivières. Nous allons donc indiquer, dans le tableau ci-dessous, non pas la densité réelle, mais la densité *apparente* des principales espèces de *bois*, celle qu'ils ont quand la matière qui les compose n'a pas été désagrégée :

ESSENCES.	POIDS spécifiques
Chêne le plus dur (cœur) . . .	1k 17
— le plus léger (sec) . . .	0 85
Châtaignier.	0 80
Hêtre (densité très-variable). .	0 64 — 0 84
Charme.	0 70
Bouleau coupé en été	0 55
— coupé en hiver	0 62
Aune.	0 51
Acacia	0 78
Orme.	0 70
Frêne (densité très-variable). .	0 69 — 0 78
Alisier blanc	0 75
Sorbier des oiseleurs	0 64
Érable sycomore	0 74
Saule	0 41 — 0 46
Peuplier blanc	0 41
— d'Italie	3 03

ESSENCES.	POIDS spécifiques
Sapin (densité très-variable). .	0k 54 — 0k 63
Platane id. id. . .	0 48 — 0 65
Mélèze	0 63
Pin sylvestre (densité très-variable)	0 66 — 0 55
Pin sylvestre (pesanteur moyenne)	0 78
— maritime.	0 68

Ce tableau n'indique que des moyennes ou des limites extrêmes, car la densité d'une même essence varie suivant le climat, le sol, l'exposition, l'âge, le mode de traitement des forêts, ou enfin suivant la partie même de l'arbre que l'on considère ; elle est plus grande au midi qu'au nord, aux expositions méridionales qu'aux expositions septentrionales, dans les terrains secs que dans les sols fangeux, dans les forêts convenablement éclairées que dans celles qui sont abandonnées à elles-mêmes, au cœur et à la partie inférieure d'un arbre qu'à l'aubier ou aux rameaux.

Nous avons dit, plus haut, que la densité des *bois* est plus grande lorsqu'ils viennent dans les terrains secs que dans les terrains humides ; leurs propriétés mécaniques sont également supérieures ; ils sont plus résistants et d'une plus longue durée ; on les appelle *bois nerveux*.

Les *bois gras*, c'est-à-dire ceux qui viennent dans les terrains humides et qu'on appelle encore *bois creux*, à cause des nombreux vaisseaux qu'ils renferment, sont cependant supérieurs aux précédents en deux points : ils ne se *tourmentent* pas et se laissent facilement travailler, grâce à leur tissu lâche ; aussi les préfère-t-on d'ordinaire pour les ouvrages de menuiserie.

On peut reconnaître la qualité des *bois* à l'épaisseur de leurs couches annuelles : plus ces couches sont épaisses et plus les propriétés mécaniques augmentent ; cela tient à ce qu'une couche épaisse renferme plus de fibres, toute proportion gardée, qu'une couche mince.

D'après les expériences de M. E. Chevandier, c'est l'*acacia* qui possède les propriétés mécaniques les plus remarquables ; vient ensuite le *sapin*, que l'élasticité et la cohésion dans le sens des rayons et dans celui de la tangente à ces rayons, rendent impropre à résister à la compression ou à l'arrachement transversal ; le *chêne*, qui n'occupe le premier rang pour aucune des propriétés mécaniques, les possède cependant toutes à un degré assez élevé pour que son usage soit devenu très fréquent ; le *charme,* le *hêtre* et le *bouleau* se distinguent par leur élasticité et leur cohésion dans le sens transversal.

Le bois employé en architecture se distingue en plusieurs espèces : le *bois dur,* qui sert pour la charpente et dont le chêne est le type principal ; le *bois tendre* ou *blanc,* tel que le peuplier, employé surtout pour la menuiserie ; le *bois résineux,* comme le sapin, appliqué à la charpente ordinaire et à la grosse menuiserie ; le *bois précieux,* dont les ébénistes se servent pour les placages et la marqueterie. Nous traitons, dans des articles séparés, chacune des espèces de *bois.*

Les plus importants pour l'architecture sont les *bois de charpente ;* ce sont eux qui fournissent les pièces de grandes dimensions ; leurs fibres, rectilignes, tenaces, élastiques leur permettent de résister à de grands efforts de traction, de flexion et de compression (voy. *Résistance des matériaux*). On peut donc les appliquer à la construction de bâtiments entiers ou de parties séparées de bâtiments ; mais, le choix des pièces à mettre en œuvre exige l'observation de conditions essentielles.

Tout d'abord, les *bois* doivent être exempts des maladies ou des accidents qui peuvent les altérer. Le bon *bois* se reconnaît à ce qu'il rend un son clair sous le choc ; quand le son est sourd ou étouffé, c'est que le *bois* est atteint d'un commencement d'altération (voy. *Défauts des bois*). En outre, ils ne pourraient se conserver s'ils n'étaient em-

ployés parfaitement secs. On les empile sous des hangars, à l'ombre, en ménageant autour d'eux un accès facile à l'air ; des procédés artificiels sont aussi appliqués pour obtenir une dessiccation plus rapide et assurer une durée plus grande ainsi que l'incombustibilité (voy. *Conservation des bois*). On doit, de plus, retrancher dans le *débit* (voy. ce mot) toutes les parties où il reste de l'aubier.

Le commerce de Paris a adopté, pour les échantillons de certaines essences usuelles et particulièrement du *chêne,* du *hêtre* et du *sapin,* une nomenclature que nous donnons à chacun des mots qui traitent de ces essences.

Nous donnerons ici quelques développements sur le cubage des bois de charpente, opération délicate, en ce qu'elle a ordinairement pour but, au point de vue pratique, de déterminer le volume utilisable du *bois,* lequel diffère du volume réel à cause de l'écorce, de l'aubier, de l'irrégularité des pièces, de leurs défauts, etc.

Si l'on veut mesurer, d'une manière assez exacte, le volume réel d'une bille en grume droite, il faut la décomposer en éléments de 1 mètre de longueur et en calculer les volumes séparés, en considérant chacun d'eux comme un cylindre ayant le diamètre pris à mi-hauteur comme diamètre uniforme. Ce procédé, applicable dans certains cas, par exemple par les forestiers ou par les marchands de *bois* à brûler, fournirait un volume trop élevé pour le marchand de *bois* à ouvrer. On considère alors la bille comme un tronc de cône limité par deux sections de l'arbre, et l'on procède ainsi : on mesure, avec un ruban, les circonférences du gros et du petit bout ; on en prend la moyenne, puis on multiplie par la longueur de la bille la surface du cercle correspondant à cette circonférence. On a ce que l'on appelle le *volume tronçonique.* On peut aussi prendre le quart de cette circonférence moyenne, multiplier ce quart par lui-même, puis par la longueur de la bille, ce qui donne sensiblement le volume brut de la pièce équarrie qu'on en peut tirer ; cette seconde méthode se nomme *cubage au quart sans réduction*. Enfin, retranchant 1/12ᵉ, 1/6ᵉ, 1/5ᵉ de cette circonférence moyenne, prenant le quart du reste et multipliant ce quart par lui-même, puis par la longueur de la bille, on obtient le volume au douzième, au sixième ou au cinquième réduit, qui représente sensiblement le volume de la pièce équarrie sans aubier qu'on peut tirer de la bille considérée (1).

Le cubage des *bois* équarris est plus délicat, parce que l'équarrissage n'a pas généralement été fait à vive arête. Si la pièce est destinée à servir de poutre, de membrure ou de tout autre élément de construction, on ne tient pas compte des flaches, encoches et inégalités de dimensions des faces : le cube commercial est le cube résultant des plus grandes dimensions de cette pièce. Ce mode de mesurage est employé à Paris, mais on admet qu'on livre le *bois* par équarrissages multiples de 0ᵐ,03, et par longueurs multiples de 0ᵐ,25 ; tout ce qui excédera les plus grands multiples de 0ᵐ,03 sur l'équarrissage, et de 0ᵐ,25 sur la longueur, n'est pas compté ; c'est le profit de l'acheteur. On nomme ce procédé *cubage par pieds et pouces pleins*, et nous dirons plus justement, avec MM. Dupont et Bouquet de la Grye, *cubage par 0ᵐ,03 et 0ᵐ,25 pleins*.

Dans l'est de la France, dans les bassins du Doubs, du Rhône et de la Saône, on pratique ce qu'on appelle le *cubage à la ficelle*. On passe un ruban autour de la pièce et on prend pour équarrissage le plus petit multiple de 0ᵐ,03 ou de 0ᵐ,02 immédiatement inférieur au quart de ce contour. Ce mode de cubage tient assez bien compte des flaches.

Les *bois de menuiserie*, utilisés pour les revêtements, les ornements inté-

rieurs, sont, en général, le chêne et le sapin. Les précautions qu'il faut prendre, avant leur emploi, sont les mêmes que celles désignées ci-dessus pour les *bois* de charpente.

Les *bois précieux* ou de marqueterie sont d'un usage peu répandu en architecture, à cause de leur cherté et du peu de solidité qu'offre leur application dans les revêtements.

L'usage du *bois* remonte à la plus haute antiquité ; les premières constructions ont été exécutées avec cette matière, dont l'emploi semble avoir donné naissance à certaines formes des édifices primitifs de l'Égypte et de la Grèce. C'est surtout après la chute de l'empire romain, que le *bois* entra, comme élément principal, dans les constructions ; mais on le remplaça, à partir du xiᵉ siècle, par la maçonnerie, à cause de la fréquence des incendies ; le *bois* ne servit plus que pour recouvrir les voûtes et supporter le plomb ou la tuile dans les édifices publics ; on en composait les planchers et les maisons particulières. On a même employé cette matière pour la couverture et pour les revêtements intérieurs (voy. *Bardeau*).

Au xvᵉ siècle, les maisons en *bois* reparurent, surtout dans le nord de la France ; souvent même, les façades en *bois* étaient sculptées ; il reste de cette époque des boiseries très-remarquables.

Nous terminerons cette étude des *bois* par quelques considérations sur les *bois* étrangers importés en France. Nous appelons *bois du Nord*, les bois (chênes, pins et sapins) qui nous viennent de la Baltique, de la Norvége et de la mer Blanche. Les deux dernières essences que nous venons de citer sont désignées, à tort, par le nom commun de *sapin*. Toutefois, on fait, dans le commerce, une distinction entre les *bois* provenant du débit des pins et de celui des sapins. On appelle les premiers *sapins rouges* ou *bois rouges*, et les seconds *sapins blancs* ou *bois blancs*.

---

(1) A. Dupont et Bouquet de la Grye, *Les bois indigènes et étrangers*.

La Norvége ne possède point de chênes assez gros pour fournir une matière exportable. Les essences qui y dominent sont le sapin et surtout le pin sylvestre. En Suède, où le climat est plus rude qu'en Norvége, les hêtres, les chênes et les ormes sont fort rares. On y trouve parfaitement le sapin, le pin sylvestre, débités en poutres et poutrelles, madriers, bastaings, planches, lames de parquet ou planches de frise, etc. Ces *bois* sont très homogènes et à fibres très fines ; ils sont fort recherchés par les menuisiers.

La Russie nous fournit des *bois* de mêmes essences et de mêmes qualités que ceux de la Suède. De plus, elle expédie des chênes, ceux de Courlande étant considérés comme les meilleurs.

On ne trouve pas ce degré de richesse en essences utiles pour la construction sur les côtes méditerranéennes. Cependant, la Corse exporte des *pins laricio* de belles dimensions, résistants et riches en résine, mais trop chargés d'aubier.

Les ports de l'Italie situés de Livourne à Naples nous envoient des chênes nerveux d'excellente qualité comme *bois* de charpente. Il en est de même des ports de l'ancien royaume de Naples et de Romagne.

Trieste est une grande place de commerce pour les *bois*, qui exporte des chênes de la Styrie, de l'Istrie, de la vallée du Danube ; ces *bois* atteignent de grandes dimensions ; mais, conformément à ce que nous disions plus haut, comme ils poussent dans des terrains humides, ce sont des bois gras, à pores très ouverts, sujets à se fendre et à se rouler en desséchant ; ils sont très rapidement piqués lorsque l'on ne les immerge pas. Cette même ville fournit encore des mélèzes de diverses qualités suivant leurs origines, et des sapins en grande quantité, mais qui ne valent même pas nos sapins des Vosges.

Du Canada, le produit ligneux qui nous arrive le plus abondamment est le *pinus strobus* ; les États-Unis exportent le *pi-nus mites*, appelé dans le pays *yellow pine*. Les *bois* de cette origine ressemblent, comme nuance, à nos sapins des Pyrénées et des Alpes méridionales ; ils perdent, comme eux, leur résine en très-peu de temps, et deviennent très-cassants. On doit les conserver sous l'eau ou les mouiller fréquemment si on ne les emploie pas de suite. Le Canada fournit encore : le *pinus rubra*, *bois* plus foncé, de meilleur grain que le pin du Nord, mais très-cassant ; — l'*orme rouge*, parfaitement droit, de belles dimensions et qui se vend à bon marché ; — l'*orme blanc*, très-blanc, très-dur, à grain très-fin, tout à fait différent de notre orme de France ; — le *merisier rouge*, qui rappelle l'acajou et s'emploie comme *bois* de construction ; — le *merisier blanc*, utilisé par les menuisiers et les ébénistes ; — le *timarac*, très-employé dans la construction et jouissant de la même réputation de durée que le mélèze ; — le *sapin blanc*, qui sert à faire des planches ; — deux variétés de chêne : le *chêne blanc* et le *chêne rouge*, *bois* trop gras pour être employés en construction, mais dont on fait d'énormes quantités de merrains qui s'exportent en France pour une très-grande partie.

Les États-Unis du Sud produisent, en quantités considérables, des *bois* de l'espèce du *pinus Australis* et plus ou moins résineux. Convenablement choisis, ils offrent d'excellents matériaux de construction, sous le rapport des dimensions, de la résistance, de la durée et du bon marché.

Les côtes occidentales de l'Amérique du Nord sont couvertes de forêts qui donnent des *bois* de l'essence dite *red wood*, encore insuffisamment définis, très homogènes, de grandes dimensions et très propres à être employés dans les constructions. Malheureusement, les prix élevés du fret ne permettent pas de les employer, en France, aux usages ordinaires.

On donne le nom de *petits bois* à des

montants et traverses intérieurs d'un châssis vitré qui sont le plus souvent moulurés et munis de feuillures destinées à recevoir les verres. On en fabrique aussi en fer.

PEINTURE. 1° Couleur faite avec du blanc et de l'ocre jaune ; on y ajoute, en proportions variables, du vert, de la terre d'ombre et de l'ocre rouge.

2° *Bois feint* : imitation des veines et autres accidents des *bois*.

3° *Bois cru* : bois qui n'est pas peint ou dont on a enlevé la peinture par le grattage.

Boiser, *v. a.* — Revêtir des parois, des murs ou des cloisons avec des lambris de menuiserie.

Boiserie, *s. f.* — Nom que l'on donne, en général, à tous les ouvrages de *menuiserie* (voy. ce mot), et qui s'applique spécialement aux revêtements intérieurs en bois des pièces d'un appartement.

Boisseau, *s. m.* — MAÇONNERIE. Nom que l'on donne à des poteries cylindriques s'emboîtant les unes dans les autres, pour former des chausses d'aisances, des ventilateurs, des conduits de fumée, etc...

On appelle particulièrement *boisseaux Gourlier* des terres cuites rectangulaires à angles arrondis, composant les tuyaux de cheminées. On les fait cannelés à

Fig. 573.

l'extérieur pour faciliter leur prise avec le plâtre ou le mortier (fig. 573). Ces *boisseaux* portent 0^m,33 de hauteur, et leur épaisseur varie de 0^m,05 à 0^m,025 ; l'ouverture, mesurée à l'intérieur, est comprise entre 0^m,25 sur 0^m,30 et 0^m,13 sur 0^m,16.

On fait aussi des *boisseaux* de composition ferrugineuse, en plâtre et mâchefer ou scories de forges, appelés *boisseaux Grosset* et que l'on emploie pour les cheminées adossées. Ils sont rectangulaires, à angles arrondis ou bien circulaires, ayant 0^m,25 ou 0^m,22 de diamètre intérieur.

Dans le règlement du prix des ouvrages, ces *boisseaux* se paient au mètre linéaire.

Il est d'usage de compter à part :

1° Les trous et scellements de brides en fer ;

2° Les tailles et déchets pour les coudes évalués au prix de 0 fr. 75 la pièce, dans la *Série de la chambre syndicale des Entrepreneurs* ;

3° Les recouvrements en plâtre, comptés au mètre superficiel et réduits aux 30/100 de légers ;

4° Les arêtes de ces recouvrements en plâtre.

FUMISTERIE. Terme qui s'applique aux cylindres en faïence ou en biscuit qui composent les colonnes de poêle ; leur diamètre extérieur varie de 0^m,14 à 0^m,27.

FONTAINERIE. La partie d'un robinet dans laquelle tourne la clef.

Boissellerie (*Bois de*). — Feuilles de chêne que les treillageurs obtiennent très minces au moyen du *coutre* (voy. ce mot) et qu'ils roulent en cercle pour en faire des parties d'ornement.

Boîte, *s. f.* — SERRURERIE. 1° Partie d'une fiche dans laquelle entre la cheville qui remplace le mamelon d'un gond.

2° Petit coffre en tôle ou en tout autre métal qui recouvre un mouvement tel qu'une bascule de sonnette.

3° Pièce de bois tournée et percée pour recevoir le foret de l'*archet* (voy. ce mot).

4° *Boîtes* : pièces de fonte employées

pour fixer divers assemblages dans la charpente en bois ou en fer. On les appelle plus généralement *sabots* (voy. ce mot).

MENUISERIE. On donne les noms de *boîte d'onglet* et de *boîte à recaler* à des outils de bois qui permettent de dresser et de fixer un joint au ciseau, au guillaume, au rabot ou à la varlope (voy. *Onglet*, *Recaler*).

PLOMBERIE. *Boîte à résine :* sorte de poivrière dans laquelle les plombiers mettent la résine en poudre qui leur sert pour garantir contre l'oxydation les pièces à souder.

FONTAINERIE. *Boîte de raccordement :* ajutage qui réunit deux tuyaux flexibles et qui est composé de deux parties réunies par des vis.

Boîte aux lettres : coffre disposé dans les bureaux de poste pour recevoir les lettres. On fait aussi des *boîtes* aux let-

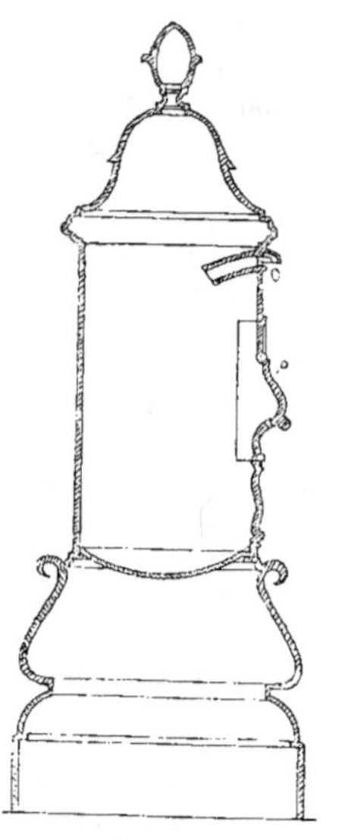

Fig. 574.

tres en forme de bornes isolées, placées sur la voie publique. La figure 574 représente, à l'échelle de 0^m,05 pour mètre, la coupe d'un de ces appareils.

C'est un coffre en fonte monté sur un socle et pourvu d'une ouverture O qui sert à l'introduction des lettres et d'une porte P par où le facteur les retire.

Boiteuse, *adj.* — 1° On appelle *solive boiteuse,* dans un plancher, une pièce de bois A (fig. 575) qui se scelle.

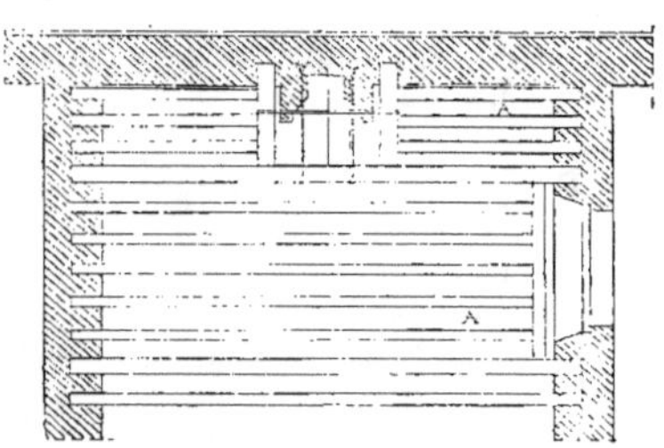

Fig. 575.

par une extrémité, dans un mur et, par l'autre, s'assemble dans un *chevêtre* (voy. ce mot).

2° On dit qu'une paumelle est *boiteuse* quand ses branches sont d'inégale hauteur.

Bol *d'Arménie, s. m.* — Terre argileuse rouge ou jaune. On en extrait une couleur qui ressemble à celle produite par l'ocre rouge proprement dite, mais qui ne donne pas une aussi belle teinte.

Le *bol d'Arménie* est ainsi appelé parce qu'autrefois on le faisait venir de la Perse et de l'Arménie. Aujourd'hui, on l'exploite en différents points de la France.

A l'état brut, cette matière contient du gravier ; on la purifie par des lavages.

La meilleure qualité produite par le commerce est d'un rouge luisant, non graveleuse, grasse au toucher et happant fortement à la langue. Les doreurs emploient le *bol d'Arménie* dans la composition de l'*assiette* (voy. ce mot).

On lui donne encore les noms suivants : *terre bolaire, argile ocreuse, bol rouge, bol oriental, bol de Lemnos,* parce que les anciens volcans de l'Archipel en possèdent des gisements considérables.

Bombé, *part. passé.* — S'emploie pour désigner toute surface convexe.

Bombement, *s. m.* — Les paveurs donnent ce nom à la convexité d'une chaussée ainsi construite pour faciliter l'écoulement des eaux.

Bonde, *s. f.* — 1° Pièce de cuivre à rebord, scellée sur l'orifice d'écoulement d'une pierre d'évier et sur la faïence d'une cuvette de garde-robe.

La *bonde d'évier* ordinaire a de 0^m,025 à 0^m,06 de diamètre et est fermée par un bouchon en forme de tronc de cône, pourvu d'un anneau.

Il y a des *bondes d'évier* dites siphoïdes, à rebord creusé en gorge ; le couvercle est une plaque de cuivre à charnière, dentelée sur le pourtour et munie, en dessous, d'une partie annulaire ayant un diamètre plus grand que l'orifice de la *bonde,* de façon à recouvrir celle-ci, sans intercepter le passage de l'eau, qui s'introduit par les intervalles des dents ; l'écoulement se fait comme dans un siphon et l'odeur est interceptée par l'eau restant dans la gorge ;

2° *Bonde de fond* ou de *trop-plein :* appareil servant à vider un réservoir en totalité ou bien à en enlever le trop-plein ; c'est un tuyau fixé dans un orifice placé au fond du réservoir et dans lequel est ajusté à frottement un autre tuyau, par lequel s'en va le trop-plein du réservoir ;

3° Longue pièce de bois qui bouche le tuyau d'écoulement des eaux d'un étang, d'un réservoir ; c'est un pilon taillé en tronc de cône à la partie inférieure et qui glissant perpendiculairement entre deux montants fixes, ferme hermétiquement un *œillard* ou trou percé dans le canal qui sert à faire écouler l'eau.

Bondieu, *s. m.* — Large coin que les scieurs de long introduisent dans la fente faite par la scie quand elle a parcouru une certaine longueur de la ligne qui marque sa route. Ce coin empêche les parties séparées de vibrer et, les écartant, facilite le sciage. Lorsqu'il a pénétré assez avant dans la pièce et qu'on ne peut plus l'atteindre, on le frappe avec un morceau de bois plat nommé *chasse-bondieu.*

Bonnet *à la Cauchoise* ou *Cintre.* — Les fumistes donnent ce nom à une feuille de tôle cintrée qu'on fixe au-dessus de l'extrémité supérieure d'un tuyau de cheminée, pour empêcher l'eau d'y tomber et le vent de rabattre la fumée.

Dans le même sens, on dit aussi *capote* (voy. ce mot).

Borax, *s. m.* — Sous-borate de soude, sel qui dissout les oxydes métalliques. On l'emploie pour souder le fer et le plomb dont les surfaces doivent être parfaitement nettes pour être soudées.

Bordage, *s. m.* — Construction. Enceinte en planches que l'on place autour d'une maçonnerie de fondation (voy. *Batardeau*).

Charpente. Les *madriers* (voy. ce mot) reçoivent quelquefois le nom de *bordages.*

Tenture. On appelle *bordages* des bandes de papier gris collées au pourtour des toiles tendues, afin de cacher les têtes de clous et retenir la toile.

Bordoyer, *v. a.* — Peinture. Border, entourer.

Bordure, *s. f.* — Pavage. 1° Blocs de pierre, pavés de grès ou cailloux qui servent pour accoter la chaussée d'une grande voie ;

2° Quartiers de pierre dure régulièrement taillés qui forment le rebord des trottoirs.

Dans le règlement du prix des ouvrages, les *bordures* de trottoirs sont payées au mètre cube, mesuré en œuvre comme la maçonnerie de pierre de taille ; on compte les tailles des parements vus, suivant leur degré de perfection, et l'on applique toutes les plus-values de tailles et parements circulaires.

A Paris, le mètre courant de *bordures* droites en granit, de 0ᵐ,30 sur 0ᵐ,30, rendu à pied d'œuvre, coûte 15 francs ; le mètre courant de *bordures* droites en granit, de 0ᵐ,30 sur 0ᵐ,24, rendu à pied d'œuvre, coûte 12 francs ; le mètre courant de *bordures* courbes, de 0ᵐ,30 sur 0ᵐ,30, rendu à pied d'œuvre, coûte 25 francs ; le mètre courant de *bordures* courbes, de 0ᵐ,30 sur 0ᵐ,24, rendu à pied d'œuvre, coûte 20 francs.

On compte, par mètre courant de *bordures*, 0ᵐᶜ,01 de mortier ; et par mètre carré de dallage, 0ᵐᶜ,04. On compte 60 centimes pour la pose d'un mètre courant de *bordures* ou de 1 mètre carré de dallage.

MENUISERIE. Tringles de bois formant encadrement. Les *bordures* sont avec ou sans moulures et s'assemblent à onglet.

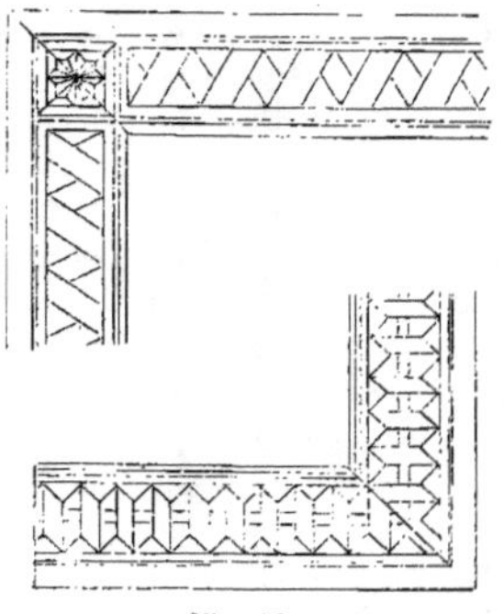

Fig. 576.

La figure 576 montre une *bordure* de parquet.

TENTURE. Bande de papier peint qui sert à limiter les papiers de tenture, tantôt haut et bas seulement, tantôt dans toutes les arêtes, de manière à former encadrement.

On fabrique les *bordures* en rouleaux de même longueur que les autres papiers ; il y a six, huit ou dix bandes dans la largeur, suivant le dessin de la *bordure*.

DÉCORATION. Parties de mosaïques formant encadrement autour de panneaux de revêtement.

ART DES JARDINS. Petites galeries en fil de fer, en bois ou en fonte imitant le

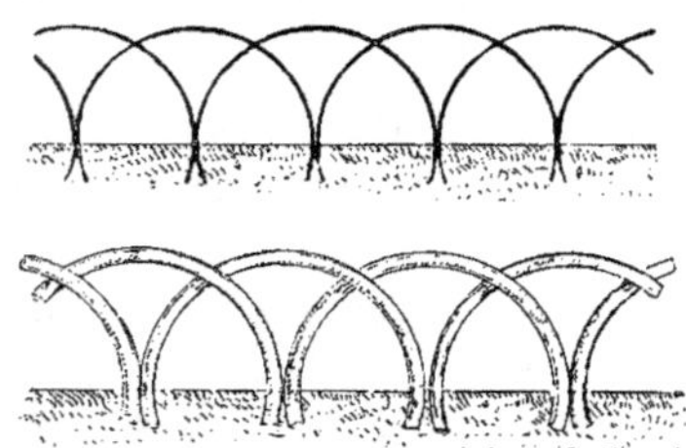

Fig. 577.

bois, bordant les allées ou les pelouses, dans les parcs et dans les jardins (fig. 577).

Bornage, *s. m.* — Opération qui consiste dans la plantation de nouvelles bornes ou dans le rétablissement et la reconnaissance des anciennes, pour délimiter l'étendue d'une propriété (voy. *Borne*).

Le *bornage* peut s'exiger entre propriétaires de terrains contigus et se fait à frais communs (1).

Un sentier privé, un ruisseau, un ravin dont l'emplacement ferait partie de l'un des héritages à borner, une haie vive, une rangée d'arbres, etc., ne peuvent servir de limite que si ces objets sont reconnus tels par titre.

Le *bornage* peut se faire à l'amiable entre les propriétaires ; s'il y a contestation, le juge de paix nomme des experts, qui procèdent à l'opération en consultant les titres, la possession, les

____
(1) Code civil, art. 646.

anciennes traces de délimitation, le cadastre, enfin tous les documents qui sont de nature à les éclairer.

Les tertres, rideaux d'arbres, fossés, haies, sentiers et autres passages non publics sont compris dans le mesurage, soit qu'ils entourent, soit qu'ils bordent, ou bien qu'ils traversent les fonds à borner. Leur étendue doit compter, pour moitié, à chacun de ceux entre lesquels ils sont mitoyens et, pour la totalité, à celui à qui ils appartiennent exclusivement. Les chemins publics, au contraire, ne doivent pas être compris dans le mesurage.

Si la ligne séparative présente des irrégularités, cette ligne peut être rectifiée avec le consentement des deux parties.

On choisit généralement, comme bornes, des pierres de taille, plantées debout et enfoncées sur la ligne qui sépare les terrains.

La figure 578 représente une borne sur laquelle on voit gravés des traits qui

Fig. 578.

indiquent la limite précise des héritages voisins. Cette borne sert pour quatre héritages contigus ; elle est représentée en plan par la figure 579, qui

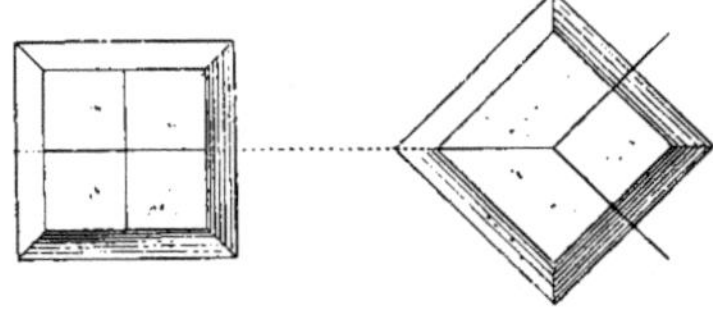

Fig. 579.

montre également une borne destinée à indiquer la séparation de trois héritages.

Il est d'usage de placer sous la borne, soit des fragments de charbon, soit une

pierre ou une tuile brisée, comme le montre la figure 580, afin que l'on ne puisse déranger la borne sans qu'il y ait trace de la violation du *bornage*, et l'état

Fig. 580.

même du signe, quel qu'il soit, est constaté dans le procès-verbal de l'opération. Ces divers objets reçoivent le nom de *garants* ou *témoins*.

On place des bornes à tous les points où la ligne séparative se brise, et l'on dispose aussi des bornes intermédiaires de distance en distance, suivant la longueur des parties droites.

Borne, *s. f.* — On donne ce nom à des marques de limites territoriales et à des petits monuments servant à différents usages.

Les anciens délimitaient les propriétés au moyen de *bornes,* qui furent d'abord de simples pierres brutes, puis des pierres taillées. Les Grecs et les Romains surmontaient ces *bornes* de bustes de divinités et leur donnaient le nom d'*Hermès* ou de *Termes* (voy. ces mots).

Au moyen âge, on adoptait, pour le même usage, des pierres sur lesquelles étaient sculptés des emblèmes, des armoiries ou autres signes constatant la propriété des particuliers, des abbayes, ou le territoire dépendant d'une ville.

Aujourd'hui, les limites des héritages sont aussi marquées à l'aide de *bornes* (voy. *Bornage*) ; il en est de même pour les confins des États.

Sur les routes, on place, en France, de 1,000 en 1,000 mètres, des *bornes* que l'on nomme *bornes kilométriques*, et sur lesquelles les distances sont indiquées en kilomètres ; on les fait en pierre ou en fonte (fig. 581).

Les Romains établissaient aussi, à chaque mille, des *bornes* appelées *colonnes milliaires* (voy. *Milliaire*).

On a encore placé des *bornes* en pierre dure et de forme arrondie dans les rues des villes, au devant des maisons et aux encoignures, pour préserver les murs du choc des véhicules. Cet

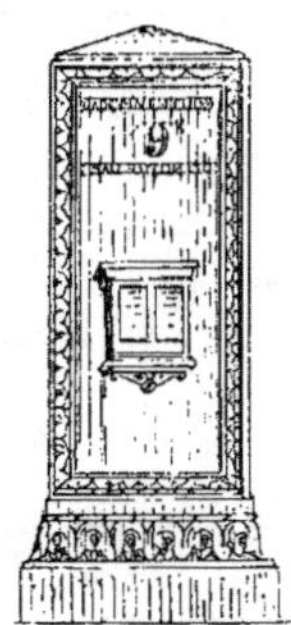

Fig. 581.

usage, très-ancien, s'est conservé jusqu'à l'établissement des trottoirs, dans les villes modernes. On voit encore de ces *bornes* aux angles des portes cochères dans les maisons de construction ancienne ; on les remplace actuellement par des chasse-roues en métal.

Quelquefois, des *bornes* reliées par des chaînes servent à former une enceinte inaccessible aux voitures autour de certains édifices ; on les fait en

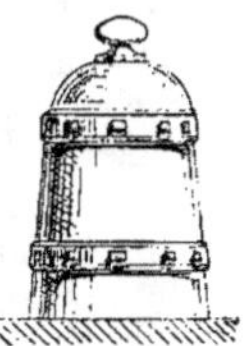

Fig. 582.

pierre et on les arme souvent de cercles en métal (fig. 582), ou bien on les fait simplement en fonte.

Les stades des Grecs et les cirques romains étaient pourvus de *bornes*, autour desquelles on devait tourner aux extrémités de la course (voy. *Cirque*, *Stade*).

Des *bornes-fontaines* sont établies dans certaines villes, pour servir au lavage des rues ou à l'usage des particuliers. On les adosse contre les murs au-dessus des trottoirs, ainsi que le représente la figure 583, et on les munit

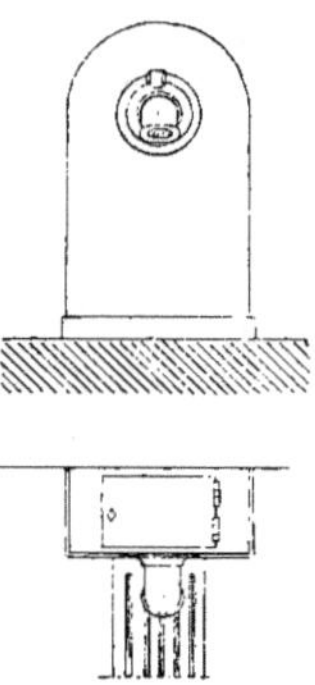

Fig. 583.

de robinets qu'on ouvre à certaines heures. Le plan montre la grille qui recouvre la gargouille par où l'eau s'écoule dans le ruisseau.

Des *bornes* analogues (fig. 584), pourvues de cuves en pierre, sont souvent

Fig. 584.

installées dans les cours des habitations pour les usages domestiques.

Les *bornes* sont payées de la manière suivante, quelle que soit leur forme, dans le règlement du prix des ouvrages :

1° Pour la fourniture, sur la même base que la maçonnerie de pierre de taille elle-même, en comptant chaque mètre cube en œuvre pour $1^m,15$ de pierre, rendu à pied d'œuvre ;

2° Pour la taille, au même prix que la pierre de taille par mètre carré de parement vu ;

3° Pour la pose , comprenant la fouille, le bardage, la mise en place et le scellement dans le sol, avec couche de sable de $0^m,15$ d'épaisseur sous la culasse, tout compris, par *borne*, 60 centimes.

Chaque lettre ou chiffre gravé en creux, quelle qu'en soit la dimension et sur toute espèce de pierre de taille, se paie 0 fr. 80 (1).

LÉGISLATION. En vertu de l'article 82 de l'ordonnance de police du 25 juillet 1862, il est défendu d'établir des *bornes*, marches et bancs en saillie sur les trottoirs.

Bornoyer. — Déterminer les directions d'alignements droits ou courbes, qu'il s'agisse de construire ou de faire une route, une allée ou un chemin.

Cette opération se fait au moyen de *jalons*.

Bosel, *s. m.* — Voy. *Tore.*

Bossage, *s. m.* — Nom que l'on applique, à des saillies, brutes ou façonnées par l'outil, qu'on donne aux pierres employées dans les constructions.

L'origine du *bossage* se trouve dans la pratique de la pose des pierres et dans les diverses méthodes d'appareil usitées chez les anciens.

Tout porte à croire, en effet, que ceux-ci posaient les pierres après les avoir taillées seulement sur les côtés qui devaient se joindre aux autres pierres et n'aplanissaient la surface extérieure que lorsque les murailles étaient élevées. Quelquefois , le temps manquant ou pour des raisons d'économie, on laissait les pierres brutes ; ces saillies devinrent, par l'imitation qu'on

(1) Sergent, *Traité pratique et complet de tous les mesurages, métrages, jaugeages de tous les corps.*

en fit dans la suite, l'origine de l'ornement que nous appelons *bossage.*

Un des plus anciens exemples de ce genre de décoration est celui que l'on a retrouvé à Jérusalem, sur un mur appar-

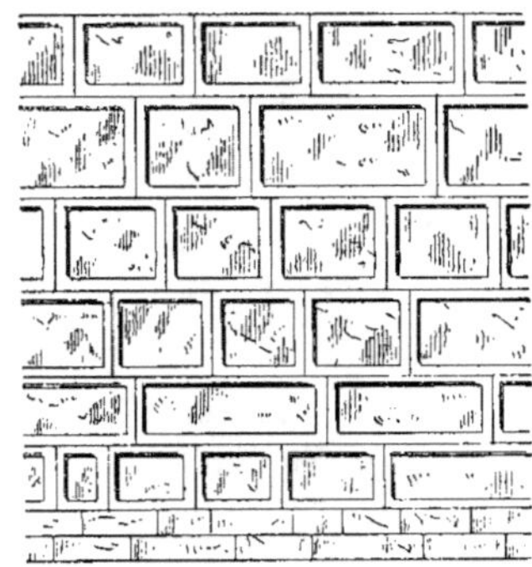

Fig. 585.

tenant aux ruines du temple de Salomon ; nous en donnons le dessin (fig. 585).

Le *bossage* proprement dit, c'est-à-dire la pierre relevée en bosse, ne se rencontre guère chez les Grecs. On l'observe seulement sur la lanterne de Démosthènes.

Les Romains l'appliquaient particulièrement aux murailles d'enceinte ; c'est, du reste, là qu'il convient le mieux , ainsi qu'aux soubassements et à toute construction destinée à en supporter d'autres. Le plus bel exemple que l'on puisse en citer est la muraille qui entourait le *forum* de Nerva et que l'on appelle aujourd'hui la muraille de l'arc de Panthano. On voit encore des *bossages* à l'aqueduc de Claude et à la porte Majeure. Les Romains élevèrent même des édifices où le *bossage* peut être considéré comme sujet principal du style de construction, comme résultat d'un dessin arrêté et réfléchi ; tels sont l'amphithéâtre de Pola, en Istrie, et celui de Vérone. Dans ce dernier monument surtout, les *bossages* sont très caractérisés ; ils y sont employés à l'ornementation des portiques extérieurs et mêlés à l'ordonnance des pilastres qui en décorent les pieds-droits.

Le moyen âge offre quelques exemples de *bossages* bruts laissés sur le parement extérieur des pierres. C'est surtout dans les ouvrages militaires de la fin du XIIIᵉ siècle que cet usage a laissé des traces. Il disparut, pendant les XIVᵉ et XVᵉ siècles, pour être remis en vigueur au XVIᵉ.

Les modernes ont fait abus de ce genre de décoration. Les architectes de la Renaissance italienne, entre autres ceux de l'école florentine, l'employèrent sans mesure dans les édifices qu'ils construisirent. Le palais vieux de Florence, le palais Pitti et d'autres encore en sont chargés extérieurement ; les colonnes adossées aux bâtiments y sont même coupées de *bossages* très-prononcés. Les autres écoles de l'Italie se servirent de cet ornement avec moins de profusion, le considérant plutôt comme un élément de variété destiné à imprimer un caractère de force à certaines parties des édifices, que comme un objet constant et uniforme de décoration.

De l'Italie, le goût du *bossage* se répandit en France, où il fut sans doute introduit par Serlio, qui en était l'un des plus grands partisans. Philibert de l'Orme en fit usage au château des Tuileries ; on le voit encore appliqué à la partie de la galerie du Louvre bâtie sous Henri III ; mais ce fut Marie de Médicis qui en répandit plus que jamais la mode avec le palais du Luxembourg, qu'elle fit construire après la mort de Henri IV. On prétend que l'architecte de ce monument, De Brosse, fut obligé par la reine de prendre pour modèle le palais Pitti, à Florence.

Aujourd'hui, le *bossage* est toujours employé, mais avec plus de discrétion, il faut le reconnaître, que dans les exemples que nous venons de citer.

Les *bossages* sont disposés soit en chaines verticales, soit en assises horizontales, pour accentuer certaines par-

ties des édifices, telles que les angles des murs, la rencontre d'un mur de refend avec le mur de face, les bandeaux, les soubassements, les arcades, et quelquefois même les colonnes.

Dans leur distribution, on suit la division naturelle indiquée par les joints, si l'appareil est réglé ; dans le cas contraire, on ne tient pas compte de cette condition.

Suivant la forme donnée à ces motifs de décoration, on distingue :

Le *bossage en tables* (fig. 586), dit aussi *bossage carré* ;

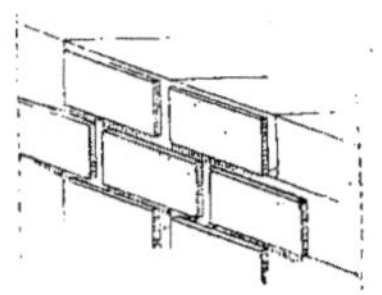

Fig. 586.

Le *bossage arrondi* ou *rustique* (fig. 587), dont les arêtes sont arrondies ;

Fig. 587.

Le *bossage en pointe de diamant*, dont le parement a quatre glacis qui se ter-

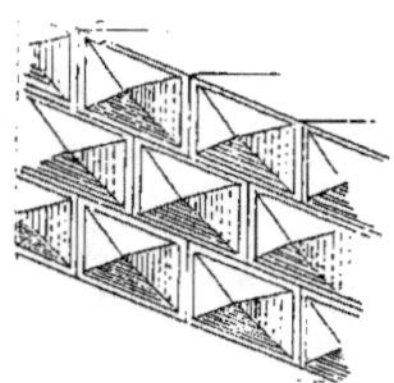

Fig. 588.

minent en un point (fig. 588) ou par une arête ;

Le *bossage à onglet* (fig. 589), dont l'arête est abattue en chanfrein, de

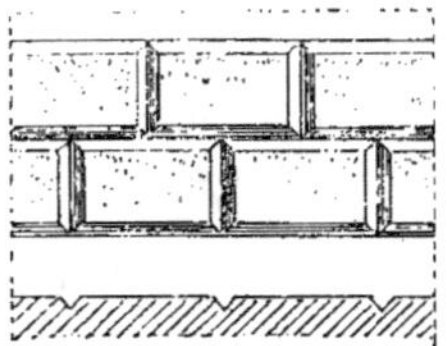

Fig. 589.

façon à former avec le *bossage* contigu un angle droit ;

Le *bossage à cavet* (fig. 590), dont la

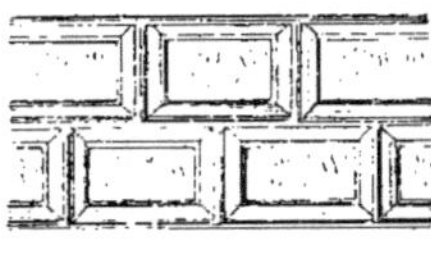

Fig. 590.

saillie est terminée par un cavet compris entre deux filets ;

Le *bossage à chanfrein* (fig. 591), dans lequel l'arête est abattue et qui ne se

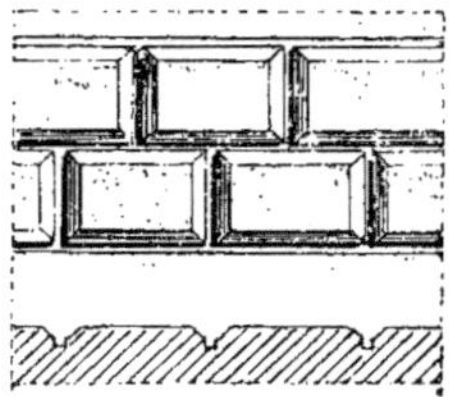

Fig. 591.

joint pas avec le *bossage* contigu, mais en est séparé par un petit canal ;

Le *bossage à doucine* (fig. 592), dont l'arête est moulée d'une doucine ;

Le *bossage ravalé* (fig. 593), qui a une table fouillée en dedans d'une certaine

profondeur et bordée d'un listel, et qui

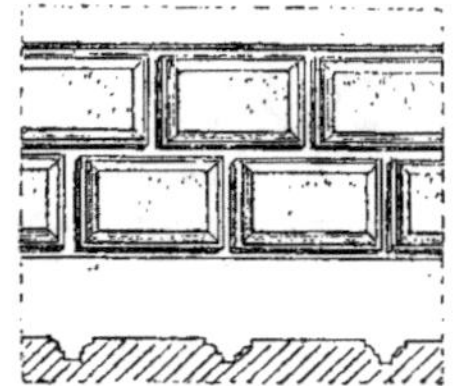

Fig. 592.

est séparé d'un autre *bossage* par un canal carré :

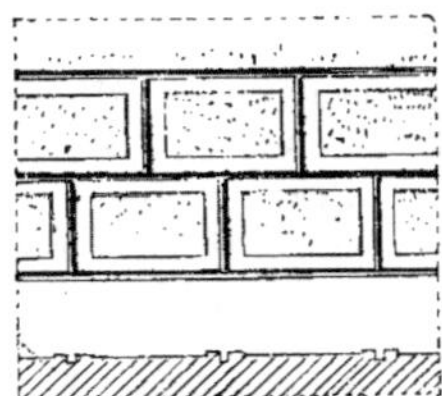

Fig. 593.

Le *bossage pointillé* (fig. 594) ;

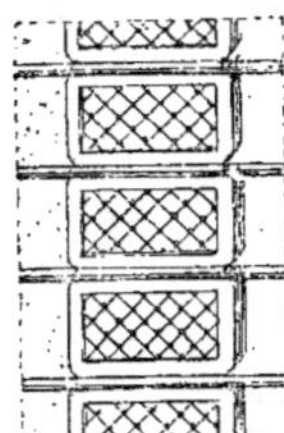

Fig. 594.

Le *bossage vermiculé* (fig. 595) ;

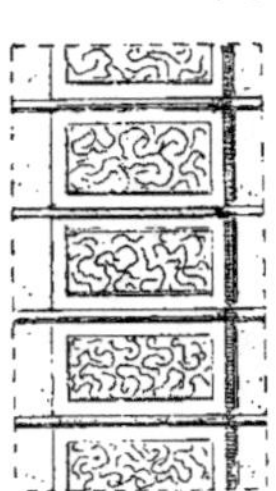

Fig. 595.

Le *bossage en liaison* (fig. 596), qui

représente les carreaux et les boutisses ;

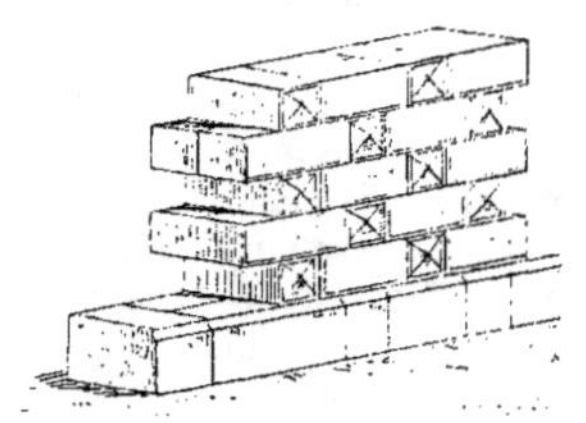

Fig. 596.

les boutisses sont en pointe de diamant dans l'exemple donné.

Bosse, *s. f.* —1° Terme de sculpture qui désigne un ouvrage en relief.

On dit que des figures sont en *ronde-bosse*, quand elles se présentent complètes sous tous leurs aspects, et en *demi-bosse*, lorsqu'elles sont en saillie de la moitié de leur épaisseur sur un fond auquel elles adhèrent (voy. *Bas-relief*).

2° On donne ce nom à un petit bossage que l'ouvrier laisse dans une pierre pour indiquer l'épaisseur de l'abatage ou du recoupement qui a été fait sur le premier parement pour arriver au ragrément. On peut ainsi évaluer le recoupement auquel l'entrepreneur a droit en plus du ragrément.

Boucharde, *s. f.* — 1° Marteau à deux têtes, dont les extrémités sont

Fig. 597.

aciérées et formées de petites pyramides accolées, ou pointe de diamant (fig. 597).

Les tailleurs de pierres se servent de

cet outil pour achever de dresser les parements déjà dégrossis à la pioche ; c'est en frappant à petits coups sur la surface de la pierre qu'ils enlèvent les aspérités.

2° Poinçon aciéré dont la tête est taillée en pointe de diamant et qui sert à faire des trous dans le marbre ou dans la pierre. On frappe sur cet outil, en le faisant tourner, et l'on jette de l'eau sur la pierre, pour faciliter son écrasement.

3° Les cimentiers et bitumiers nomment aussi *boucharde* (fig. 598) un cylindre ou rouleau en cuivre massif, de

Fig. 598.

0^m,15 de longueur sur 0^m,05 à 0^m,06 de diamètre, et dont la surface est découpée en pointe de diamant.

Cet outil sert à *boucharder* une couche d'asphalte, avant son refroidissement. A cet effet, le rouleau est mobile autour d'une tige de fer qui le traverse suivant son axe ; une poignée ou manche en fer, formée d'une partie fourchue, fixée sur l'axe du cylindre par deux écrous et d'une partie rectiligne de 0^m,55 à 0^m,60 de longueur, sert à manœuvrer cette *boucharde* ; les pointes de diamant laissent une empreinte sur la surface encore chaude du bitume et lui donnent un certain aspect décoratif.

Bouche, *s. f.* — Nom que l'on donne, en général, à l'orifice d'un puits, à l'extrémité d'un tuyau, à l'ouverture d'une carrière, et à la porte d'un four.

Les Romains donnaient le nom de *præfurnium* à la *bouche* de fourneau s'ouvrant au-dessous d'un four ou de *l'hypocausis* servant à chauffer des bains. C'est par là que l'on introduisait le combustible.

La figure 599, que nous empruntons à l'ouvrage de M. Antony Rich, sur les *Antiquités romaines et grecques*, repré-

Fig. 599.

sente les restes d'un four à poterie romain découvert en Angleterre. Le *præfurnium* est l'arcade qui se voit au bas de la gravure.

On appelle *bouche d'égout*, soit l'orifice d'un regard d'égout, soit le tampon qui le clôt, soit l'ouverture qui est ménagée sous la bordure d'un trottoir pour recevoir les eaux amenées par les caniveaux de la chaussée.

On nomme *branchements de bouche*, les conduits qui reçoivent ces eaux et les mènent à l'égout principal, ordinairement placé dans l'axe de la rue (voy. *Branchement*).

On appelle *bouche de chaleur* un orifice donnant passage à l'air chaud, dans un appareil de chauffage. Les *bouches de chaleur* s'ouvrent sur les parois d'un poêle ou sur les conduits de chaleur placés dans les murs ou dans les plan-

chers ; ces ouvertures sont grillagées et fermées par des *bouchons* qui affectent diverses formes : ce sont des plaques circulaires en cuivre s'ouvrant à charnière ou des disques auxquels on imprime un mouvement de rotation et qui sont percés de trous, dont les pleins correspondent aux ouvertures laissées sur un autre disque immobile. D'autres systèmes sont encore employés. Quand la *bouche de chaleur* (fig. 600) s'ouvre à

Fig. 600.

la partie inférieure d'une cloison, sur le stylobate, on la ferme avec un appareil dit à *soufflet* ; c'est une plaque à charnière munie de deux ailes en retour qui dirigent la chaleur de bas en haut. Si,

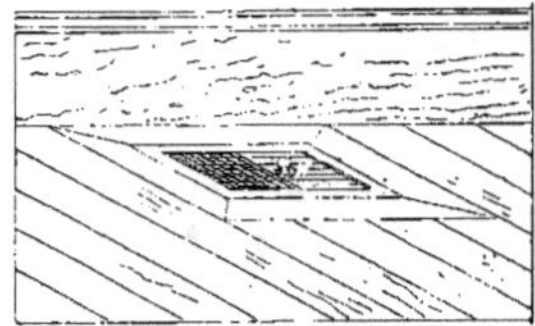

Fig. 601.

au contraire, l'issue donnée à l'air chaud est pratiquée dans un parquet (fig. 601), on la recouvre à l'aide d'une plaque glissant dans des rainures pratiquées sur un châssis en métal, qui est lui-même fixé dans un cadre en bois.

Dans l'évaluation du prix des ouvrages, le métré d'une *bouche de four* comprend la double ceinture et la petite paillasse au-devant de l'entrée du four ; le tout étant ordinairement compté à 0,50 de légers.

Bouchement, *s. m.* — Fermeture d'une baie, bouchage d'un trou à l'aide de maçonnerie de petits matériaux, moellons, briques, etc.

On bouche aussi les lézardes, les crevasses, avec du plâtre.

Boucherie, *s. f.* — Lieu où l'on vend et où l'on débite la viande.

Du temps des Romains, comme de nos jours, on distinguait l'endroit où l'on tuait le bétail (*leniana*) de celui où l'on vendait la viande (*macellum*).

Au moyen âge, les *boucheries* se confondaient souvent avec les halles, en ce sens qu'un côté de ces vastes hangars était quelquefois attribué à la *boucherie* ou que celle-ci se tenait dans un bâtiment voisin des halles ; mais, dans certaines cités populeuses, le marché à la viande était un véritable monument. On cite particulièrement la *boucherie* de Gand, édifice divisé, à l'intérieur, en deux nefs par des charpentes en bois. « Construites vers la fin du xive siècle, dit M. de Caumont dans son *Abécédaire d'archéologie*, les *boucheries* de Gand furent considérablement augmentées et probablement refaites, en grande partie, sous Charles-Quint, en 1542. » La corporation des bouchers très-puissante à cette époque avait, dans la *boucherie* même, sa chapelle, qui ne fut démolie qu'en 1828.

Aujourd'hui, l'abatage des animaux se fait dans des locaux spéciaux (voy. *Abattoir*) et la boucherie est une boutique ou *étal*. Ce dernier nom s'applique aussi aux tables sur lesquelles la viande débitée est exposée. Des barres de fer horizontales, munies de forts crochets, servent à la suspension des quartiers dépecés. Dans la disposition du local, on doit se préoccuper des conditions de fraîcheur et d'aération nécessaires à la conservation des viandes ; une certaine obscurité doit régner pour éviter les mouches : la propreté est obtenue au moyen de lavages fréquents, et, à cet effet, le sol et les parois inférieures sont garnis de revêtements faciles à nettoyer ; la distribution des eaux doit être commode et donner un débit abondant.

Les *boucheries* comportent un genre de décoration tiré des conditions mêmes de leur aménagement ; on emploie ainsi les grilles en fer, plus ou moins ornées, fermant la boutique la nuit ; les marbres et même la peinture et la sculpture décoratives sont aussi utilisés.

Les marchés couverts, tels que ceux établis à Paris, renferment des bouti-

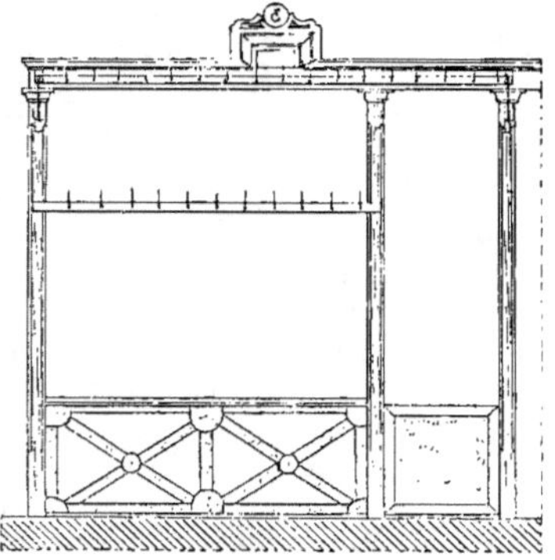

Fig. 602.

ques de bouchers. La figure 602 représente l'élévation d'une des *boucheries* du marché Saint-Maur-Saint-Germain, à Paris ; les divers compartiments, dont chacun forme un étal, sont séparés entre eux par des cloisons grillagées, qui permettent la circulation de l'air (fig. 603).

LÉGISLATION. L'article 2 de l'ordonnance de police du 16 mars 1858 règle l'établissement des *boucheries* de la manière suivante :

« Le local (pour l'ouverture d'un étal) aura au moins 2m,50 d'élévation, 3m,50 de largeur et 4 mètres de profondeur. Il sera fermé, dans toute sa hauteur, par une grille en fer ; la ventilation devra y être établie au moyen d'un courant d'air transversal ; le sol sera entièrement dallé, avec pente en rigole, et en surélévation de la voie publique : les

Fig. 603.

murs seront revêtus d'enduits ou de matériaux imperméables ; il ne pourra y avoir dans l'étal, ni âtre, ni cheminée, ni fourneaux ; toute chambre à coucher devra en être éloignée ou séparée par des murs, sans communication directe. »

De plus, l'article 14 de l'ordonnance royale du 24 décembre 1823, portant règlement sur les saillies, est ainsi conçu :

« Tout crochet destiné à soutenir des viandes en étalage devra être placé de manière que les viandes ne puissent excéder le nu des murs de face, ni faire aucune saillie sur la voie publique. »

Bouchoir, *s. m.* — Plaque de tôle avec poignée dont on se sert pour fermer la *bouche* d'un four.

Bouchon, *s. m.* — SERRURERIE. Petite calotte sphérique qui ferme le nœud de certaines paumelles appelées *paumelles à bouchon* ou *à nœud bouché.*

FUMISTERIE. Nom que l'on donne à des boîtes en cuivre que les fumistes adaptent aux bouches de chaleur des poêles (voy. *Bouche*).

PLOMBERIE. Pièce de cuivre recouvrant les trous de pierre d'évier et qu'on nomme aussi *bondes,* par extension.

Dans la canalisation du gaz on place de petits *bouchons* en cuivre sur les tuyaux de conduite formant siphons ; ces *bouchons* permettent de faire sortir l'eau qui peut séjourner dans le tuyau.

Boucle, *s. f.* — 1° Anneau en fer ou en cuivre ajusté sur une tige portant charnière pour se lever et s'abaisser.

La *boucle* remplace le bouton de porte, lorsque la saillie de celui-ci pourrait gêner, et sert à ouvrir les becs-de-cane, serrures, loquets, etc. Il y a des *boucles* en cuivre, *simples* ou *doubles,* qui sont dites *à gibecière* à cause de leur forme ;

2° *Boucle de jonction* : petit appareil composé de deux *boucles* allongées, en fil de fer, s'agrafant l'une dans l'autre et que l'on ajuste à la réunion de deux fils de tirage répondant à la même sonnette.

Boucler, *v. n.* — On dit qu'un mur *boucle,* quand il est *arrondi* et qu'il présente comme une bosse dans une portion de sa hauteur.

Cet effet provient de la poussée d'une voûte qui a sa retombée sur ledit mur ou bien encore de l'affaissement des solives d'un plancher, affaissement qui se traduit par une poussée tendant à écarter les points d'appui.

Boudin, *s. m.* — ARCHITECTURE. Membre d'architecture de forme cylindrique. Le *tore* (voy. ce mot) est un *boudin.*

Au moyen âge, cette moulure était employée pour décorer les archivoltes, les arcs doubleaux, les arcs ogives, les bandeaux, etc. On le rencontre, comme l'indique la figure 604, seul ou saillant sur un arc doubleau, ou bien encore réuni à deux autres boudins d'un plus petit diamètre.

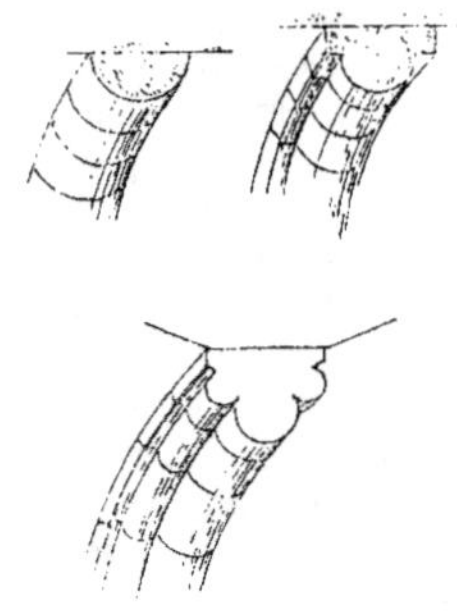

Fig. 604.

Serrurerie. *Ressort à boudin* (voy. *Ressort*).

Boudine, *s. f.* — Nœud qui se trouve au milieu d'un verre plat.

Boudoir, *s. m.* — On appelle ainsi, dans un appartement, un cabinet ou petit salon élégant, ordinairement placé près de la chambre à coucher et du cabinet de toilette, et qui est réservé à l'usage des femmes. La décoration en est luxueuse ; une lumière douce et des points de vue agréables doivent y être ménagés.

Les *boudoirs* datent du commencement du xviiie siècle.

Boue, *s. f.* — *Boue d'émeri :* poudre provenant du polissage des glaces ou de la taille des pierres précieuses, chez les lapidaires, et qui est employée dans le *piqué*, l'une des opérations du polissage des marbres (voy. *Piqué*).

Bouée, *s. f.* — On appelle ainsi, dans les travaux hydrauliques, un morceau de liège auquel est fixée une corde ou une chaîne, dont l'autre extrémité est arrêtée, au fond de l'eau, par une grosse pierre ou par une ancre.

Les *bouées* affectent diverses formes ; on les fait souvent en tôle (fig. 605).

Ces appareils servent à marquer les alignements que l'on veut donner à une

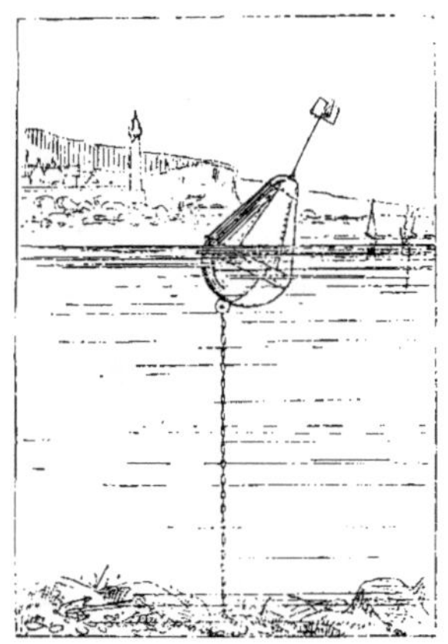

Fig. 605.

jetée, à un môle ou à tout autre ouvrage hydraulique.

Bouffer, *v. n.* — On dit qu'un mur *bouffe* lorsque l'un des parements se détache de l'autre, faute de liaison.

Bouge, *adj.* — Les menuisiers appellent *bois bouge* toute partie de menuiserie ronde ou bombée soit sur le champ, soit sur le plat.

Bouillon, *s. m.* — Sorte de défaut du verre à vitre ou des glaces et qui consiste en petits points brillants, dus à l'introduction de bulles d'air dans la substance vitreuse au moment de la fusion.

Boulangerie, *s. f.* — Local où l'on fait le pain et qui comprend plusieurs pièces : le *pétrin*, où l'on pétrit la pâte ; le *fournil* qui renferme une cheminée, sur laquelle s'ouvre le *four* ; et la *paneterie*, où l'on dépose le pain cuit.

Les peuples de l'Asie et de la Grèce connaissaient, depuis longtemps, l'usage des moulins pour faire le pain, que les Romains ne savaient point encore moudre le blé ; ils avaient coutume de le piler ; aussi donnait-on le nom de *pistores* aux boulangers et celui de *pistrina* aux lieux où l'on faisait la manutention du pain.

La figure 606 extraite de l'ouvrage de Mazois sur les *ruines de Pompéi* représente, en plan, la partie d'une habitation de cette ville qui était affectée à cet

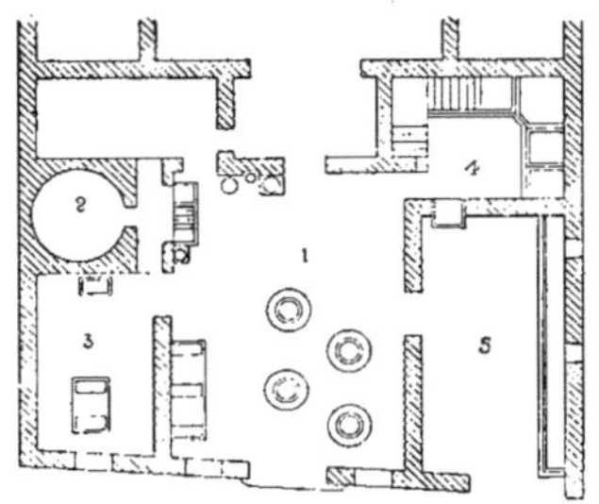

Fig. 606.

usage ; on y voit marquée 1 l'*officine*, pièce qui renfermait quatre moulins en pierre représentés par leur projection (voy. *Moulin*) ; près de la porte du *pistrinum* se trouve, à droite, l'ouverture du puits par laquelle on puisait l'eau nécessaire au service ; de chaque côté de cette ouverture sont placés des vases pour recevoir l'eau ; près du puits est le four 2 (voy. *Four*), sous lequel est ménagé un réceptacle pour recevoir la braise et au-devant un petit caveau dans lequel on jetait la cendre ; à gauche de ce caveau est un vase destiné à contenir de l'eau ou peut-être la farine dont on saupoudre habituellement la pelle pour éviter que la pâte ne s'y attache ; c'est dans la pièce marquée 3 que l'on faisait lever la pâte ; on y voit encore les pieds en pierre qui supportaient une table en bois ; la chambre 4 renferme plusieurs sortes de bassins qui servaient probablement à la préparation de la pâte ; on y trouve aussi un escalier qui condui-

sait, sans doute, au logement des esclaves pratiqué au-dessus de la pièce 5 ; cette dernière chambre était, à en juger par l'auge en maçonnerie qu'elle contient, destinée à recevoir des ânes et non des chevaux, comme l'indique le peu de hauteur qu'elle possède.

Dans les exploitations rurales isolées, l'établissement d'une *boulangerie* est nécessaire et, suivant l'importance de ces exploitations, les trois locaux ci-dessus indiqués sont distincts ou ne forment qu'une seule pièce. Le plus souvent, le fournil est à part, le pétrin et la paneterie sont réunis ; dans les premier et dernier cas, le pétrin doit être attenant au fournil et communiquer avec cette pièce par une porte aussi rapprochée que possible.

En raison des dangers d'incendie que présente une *boulangerie*, il est bon de l'installer dans un bâtiment isolé, rapproché de la maison d'habitation, et éloigné, au contraire, des granges et greniers à fourrages.

Dans les villes, le pétrin et le fournil sont généralement en sous-sol, et la paneterie forme boutique au rez-de-chaussée.

Des dispositions spéciales sont indiquées par les règlements administratifs à l'effet de prévenir les incendies (voy. *Four, Fournil*).

Boule, *s. f.* — 1° *Boule de rampe :*

Fig. 607.

objet creux de forme sphéroïdale ou

ovoïde. en fer, en fonte ou en cuivre, et servant. dans une rampe d'escalier, de couronnement au pilastre, sur lequel cette *boule* est fixée à l'aide d'une broche qui la traverse et est rivée dessus (fig. 607); on fait aussi des *boules* en cristal, en ivoire, etc.

2° Ornement ou remplissage de rampes historiées.

3° *Boule à gibecière :* sorte de heurtoir ayant forme de gibecière (voy. *Heurtoir*).

4° *Boule de stalle : boule* qui couronne le poteau de devant d'une stalle d'écurie.

5° *Ferrures à boule :* celles qui sont ornées d'une *boule ;* tels sont parfois les pivots, les fiches, les paumelles.

6° *Boule d'air :* boule en métal faisant partie d'un *flotteur* (voy. ce mot).

7° On donne encore, en architecture. le nom de *boule d'amortissement* à une partie sphérique terminant la pointe d'un clocher. la lanterne d'un dôme. les pilastres d'une grille, etc.

Bouleau, *s. m.* — Arbre de la famille des amentacées qui présente diverses variétés.

Le *bouleau blanc* ou *commun*, dit aussi *bouillard*, fournit un bois blanc nuancé de rouge, à fibres fines, droites et serrées, plus dur dans les régions du nord que dans les pays tempérés. Il se travaille aisément, quand il est vert. mais il se mâche sous l'outil quand il est sec. Il est assez fort et résiste assez bien à la flexion. Sa densité varie entre 0,70 et 0,72. Il durcit avec l'âge et augmente de poids.

Sa flamme claire, vive, ardente, le rend propre à la cuisson de la chaux. Les menuisiers s'en servent quelquefois pour faire des bâtis, des placages.

On ne l'emploie guère en charpente qu'à défaut d'autre bois, par exemple en Norwège et dans le nord de la Suède. Dans ces pays, l'écorce du bouleau est utilisée comme recouvrement des toits faits en planches, parce qu'elle garantit bien de l'humidité.

Boulevard, *s. m.* — Ouvrage de fortification extérieure. qui, à partir de la fin du xvᵉ siècle, lors des progrès accomplis dans l'artillerie de siège, remplaça les barbacanes.

Les premiers *boulevards* affectèrent la forme circulaire des anciennes tours ; puis on les fit demi-circulaires, avec flancs droits, en avant des saillants des murailles ; c'étaient des terrassements gazonnés, en général revêtus de pierres, ou des constructions de maçonnerie épaisse, entourées de fossés et défendues par des batteries couvertes et barbettes. Plus tard, on adopta le saillant angulaire avec flancs arrondis, ou *orillons*, protégeant les batteries placées à la gorge pour battre le fossé. Enfin, leurs faces s'allongèrent, les flancs devenus rectilignes prirent plus de développement pour prendre en enfilade les faces des *boulevards* voisins, de façon que ces ouvrages se défendirent mutuellement ; le nom de *bastion* (voy. ce mot), remplaça la première dénomination et s'est conservé jusqu'à nos jours.

Les anciens *boulevards* furent plantés d'arbres et servirent de promenades. C'est de là qu'est venu le nom que l'on donne aujourd'hui aux avenues plantées qui règnent autour des villes ou qui les traversent dans une certaine portion de leur étendue.

Boulin, *s. m.* — On donne ce nom à des pièces de bois horizontales qui entrent dans la construction des échafaudages.

Les *boulins* sont attachés d'un bout aux échasses, à l'aide de cordages à main et, de l'autre, scellés de 0ᵐ,10 au moins dans les murs.

Ce sont ces pièces qui supportent les planchers en madriers sur lesquels se tiennent les ouvriers pour travailler à la construction. Quand les façades sont en pierres de taille, les écoperches sont disposées de façon que les boulins reposent, par une extrémité, sur les appuis des baies ou même se relient par des cordages avec d'autres boulins placés verticalement à l'intérieur.

Boulingrin, *s. m.* — Dans l'architecture des jardins on nomme ainsi une sorte de parterre composé de pièces de gazon découpées avec bordure en glacis et orné quelquefois d'arbres verts, surtout à ses encoignures.

On distingue : le *boulingrin simple*, formé tout de gazon sans aucun accompagnement et le *boulingrin composé*, qui comprend plusieurs compartiments et est orné d'ifs, d'arbustes et même de grands arbres, tels que marronniers, tilleuls, etc.

Le *boulingrin composé* se garnit souvent aussi d'arbrisseaux à fleurs, en caisses ou dans des vases. On y pratique des sentiers sablés, on y dispose un bassin avec jet d'eau.

Les *boulingrins* ne conviennent qu'aux parcs ou jardins d'une grande étendue.

Bouloir, *s. m.* — Sorte de rabot

Fig. 608.

(fig. 608) à l'aide duquel les maçons remuent la chaux et font le mortier.

Boulon, *s. m.* — Tige de fer ronde ou prismatique qui porte, d'un bout, un arrêt fixe, de l'autre, un arrêt mobile, et sert à relier fortement entre elles des pièces de bois ou de métal.

L'arrêt fixe est la tête du *boulon*, qui est, ainsi que le montre en A, B, C, la figure 609, ronde, carrée ou hexagonale ; l'arrêt mobile est une clavette ou une goupille, qui s'engage dans une mortaise ou œil pratiqué sur la tige (fig. 610) ; mais, plus généralement, c'est un écrou qui se visse dans un bout fileté et qui adopte la forme carrée ou à pans, comme l'indique la figure 609.

Les *boulons* à clavette étaient surtout employés avant le xviie siècle ; on s'en

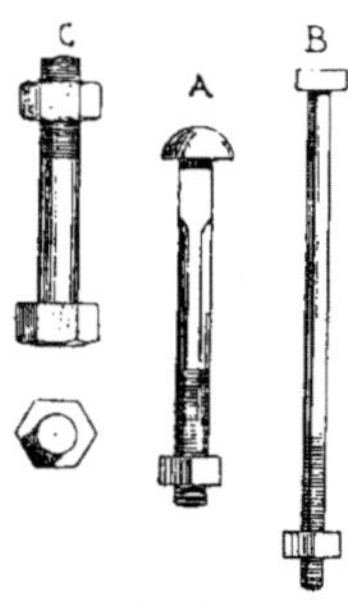

Fig. 609.

sert particulièrement aujourd'hui pour la fermeture des volets de boutique.

Fig. 610.

Quelquefois les *boulons* sont sans tête et garnis, de part et d'autre, de clavettes ou d'écrous. Le corps du *boulon* peut être cylindrique ; on le fait souvent carré ou polygonal, pour l'empêcher de tourner pendant que l'on visse l'écrou ; il est quelquefois carré sur une partie de sa longueur et rond l'autre partie. Quand les pièces réunies sont en bois, on interpose entre le bois et l'écrou une rondelle de forte tôle, afin de préserver le bois des déchirures que le serrage y produirait.

On appelle *boulons d'écartement* ceux qui sont employés dans la construction des escaliers ; ce sont des tringles de fer rond qui traversent les limons au-dessous des marches et sont arrêtées, de chaque côté, par des écrous entaillés sur le bois, ou par un écrou, d'un côté et une clavette, de l'autre.

Dans l'évaluation du prix des ouvrages, les trous et scellements nécessités par la pose des *boulons d'écartement* se comptent suivant la nature des matériaux formant la cage des escaliers.

D'ordinaire, on les évalue à 0,20 de légers chacun.

Les proportions à donner aux *boulons* dépendent de la nature des efforts auxquels ils doivent résister. Ainsi, ces attaches sont tirées dans le sens de leur longueur ou bien elles sont soumises à une tension ou à une pression s'exerçant normalement à leur axe. Dans le premier cas, on fait en sorte que le *boulon* n'ait pas à subir une force de traction supérieure à 3 kilogr. par millimètre carré de section ; les filets de la vis sont en saillie sur le noyau du dixième du diamètre et leur pas est double de leur saillie ; l'épaisseur de l'écrou et celle de la tête des *boulons* sont égales au diamètre des filets, c'est-à-dire à celui du noyau, plus 1/5. Dans le cas où l'effort exercé est transversal, c'est-à-dire quand la rupture tend à se produire par glissement ou *cisaillement*, on limite l'action transmise aux 4/5 de la résistance à la traction, qui est fixée en général à 7 kilogr. par millimètre carré, ce qui fait 5k,60, ou, pour plus de sécurité, 5 kilogr. par millimètre carré.

Nous présenterons ici, d'après le *Traité pratique des mesurages, métrages et jaugeages* de M. Sergent, le tableau suivant, qui donne les poids des *boulons*, avec les dimensions et poids des écrous :

DIAMÈTRE extérieur du boulon.	POIDS d'un mètre linéaire du boulon.	CÔTÉ DES ÉCROUS CARRÉS ou diamètre des cercles inscrits pour les écrous à 6 pans.	ÉPAISSEUR des écrous (1).	POIDS DES ÉCROUS	
				carrés.	à 6 pans.
1c 0	0k 61	1c 8	1c 0	0k 02	0k 016
1 2	0 88	2 2	1 2	0 04	0 03
1 6	1 57	3 0	1 6	0 10	0 08
2 0	2 45	3 5	2 0	0 15	0 11
2 5	3 82	4 5	2 5	0 30	0 25
3 0	5 51	5 5	3 0	0 60	0 50
3 5	7 50	6 0	3 5	0 75	0 65
4 0	9 80	7 0	4 0	1 20	1 00
4 5	12 40	8 0	4 5	1 80	1 50
5 0	15 31	9 0	5 0	2 50	2 10

(1) L'épaisseur de l'écrou, comme l'épaisseur de la tête, est égale au diamètre extérieur du boulon.

On appelle *boulons d'éclisses* des *boulons* qui servent, dans l'établissement d'une voie de chemin de fer, à fixer les *éclisses* (voy. ce mot) contre les rails.

Boulonnière, *s. f.* — Voy. *Tarière.*

Bourdonneau, *s. m.* — Voy. *Bourdonnière.*

Bourdonnière, *s. f.* — 1° Arrondissement que l'on fait au haut du chardonnet d'une porte de ferme et qui est retenu par un cercle ou lien de fer ;

2° *Bourdonnière à équerre :* penture à deux branches, entaillée et posée avec vis, qui se place à la partie supérieure d'un montant de porte et qui est analogue au *pivot* (voy. ce mot) fixé à la partie inférieure d'une porte cochère ; mais, au lieu du trou qui, dans le pivot, reçoit le tourillon de la crapaudine, la *bourdonnière* a un goujon qui tourne dans une pièce de fer en forme de piton ou de gond renversé, appelé *bourdonneau* et qui est à patte, à pointe, à scellement ou sous platine. La longueur des branches de l'équerre, selon que cette pièce est fixée sur une porte sous tapisserie ou sur une porte cochère, varie entre 0m,16 et 0m,40.

Bourrage, *s. m.* — Dans l'établissement d'une voie de chemin de fer, il est indispensable de fixer les traverses d'une manière invariable et de les faire porter solidement sur le sol préparé à cet effet : on tasse alors la couche de ballast de façon à ce qu'elle soit serrée fortement sous ces pièces ; c'est ce qu'on appelle faire le *bourrage des traverses*. Cette opération se fait d'abord au moyen de battes en bois ou en fer, puis avec des *pioches à bourrer*, sortes d'arcs en bois garnis à leurs extrémités de ferrements aciérés.

Bourre, *s. f.* — Poil qui provient des peaux tannées et sert, par son mélange avec de la chaux seule ou de la chaux et de l'argile, à fabriquer le *blanc en bourre*, qu'on emploie pour les enduits et pour les plafonds, dans les localités où le plâtre manque. Le sable très-fin remplace l'argile avec avantage.

La *bourre* rousse, qui est la moins chère, sert pour les couches inférieures ; mais, pour les couches apparentes, on emploie la *bourre* blanche. Les meilleures *bourres* sont celles qui proviennent du veau ou de la tonte des draps.

Les enduits classés parmi les enduits en mortier de chaux grasse (voy. *Enduit*), de blanc en *bourre*, se font le plus souvent à deux couches, la première ayant de $0^m,018$ à $0^m,020$ d'épaisseur, et la seconde de $0^m,007$ environ.

On appelle *bourre tontisse* une laine courte provenant d'une étoffe de drap tondue, et que l'on emploie dans la fabrication des papiers veloutés ou *papiers tontisses*.

Bourrelet, *s. m.* — Rebord d'une plaque de plomb ou de zinc roulé ; on en voit surtout au devant des cuvettes de chéneaux.

Bourriquet, *s. m.* — 1° Caisse à claire-voie (fig. 611) qui sert à extraire le moellon du fond de la carrière ou à le monter au haut d'un bâtiment, au moyen d'une grue ou de toute autre machine.

2° On donne aussi quelquefois ce

Fig. 611.

nom au *chevalet* des couvreurs (voy. *Chevalet*).

Bourru, *adj.* — Moellon dont on s'est contenté d'enlever le bousin.

Bourse, *s. f.* — Édifice dans lequel se réunissent les négociants et les financiers, pour traiter de leurs affaires et où le public est admis.

L'*agora*, chez les Grecs, et un portique donnant sur le forum chez les Romains, étaient réservés aux commerçants. La basilique fut affectée, plus tard, au même usage.

Au moyen âge, et particulièrement en Flandre, des *bourses* furent construites dans les villes ; c'étaient des places carrées, quelquefois plantées d'arbres et entourées de portiques ou promenoirs couverts. Un beffroi muni d'une horloge était joint aux bâtiments.

Aujourd'hui, la *bourse* est ordinairement un édifice entouré de portiques à l'extérieur et contenant une grande salle précédée d'un vestibule. Les dépendances sont, le plus souvent, un tribunal de commerce, des salles de réunion et des bureaux pour les agents de change, pour les opérations de transferts, les tenues des registres ; des cabinets pour un commissaire du gouvernement et pour les agents de l'administration supérieure. Les portiques extérieurs seraient avantageusement remplacés par une cour entourée de galeries couvertes et précédant la salle principale ; autour de cette cour seraient groupés les bureaux accessoires.

Bourseau, *s. m.* — 1° Grosse moulure ronde, boudin ou membron que forme la panne de brisis d'un comble à la Mansard, et qui est ordinairement armée d'une table de plomb (voy. *Membron*).

2° Morceau de bois en forme de prisme triangulaire à manche rond qui sert aux plombiers à arrondir le rebord ou *bourrelet* des cuvettes.

Bouser, *v. a.* — Faire l'aire d'une grange avec un mélange de terre et de bouse de vache.

Bousillage, *s. m.* — Voy. *Bauge.*

Bousin, *s. m.* — Croûte tendre qui se trouve à la surface des calcaires que l'on emploie comme pierres de taille ou comme moellons, et que l'on doit enlever, avec la *laie,* avant de les mettre en place ; c'est ce que l'on appelle *ébousiner.*

Bout, *s. m.* — 1° *Bois de bout :* bois taillé et assemblé de façon à être soumis à des efforts parallèles à la direction de ses fibres.

Joint de bout (voy. *Assemblage*) ;

2° On appelle *bout* d'une clef bénarde, l'extrémité qui est arrondie en bouton ;

3° Nom que l'on donne aux tuyaux de descente s'emboîtant les uns dans les autres et qui se fabriquent par *bouts, demi-bouts* et *quarts de bouts.*

Boutée. — Voy. *Butée.*

Bouter, *v. a.* — 1° Contre-buter (voy. *Buter*).

2° Arrondir l'extrémité de la tige d'une clef bénarde à l'aide d'une lime qu'on appelle *lime à bouter.*

Bouterolle, *s. f.* — Garniture d'une serrure qui entre dans le panneton, auprès du bout de la clef, dans une entaille pratiquée à cet effet et qu'on nomme aussi *bouterolle.*

Boutique, *s. f.* — Salle ouverte sur la voie publique, au rez-de-chaussée d'une maison, et dans laquelle les commerçants étalent leurs marchandises.

La *boutique* est ordinairement accompagnée d'une *arrière-boutique,* ou pièce qui vient immédiatement après et qu'on appelait *ouvroir* au moyen âge.

A l'origine, les *boutiques* romaines étaient, pour la plupart, des échoppes adossées aux maisons ou établies sous les portiques entourant les marchés. Plus tard, des rangées entières d'habitations particulières et même les palais eurent leur rez-de-chaussée converti en *boutiques,* que les propriétaires louaient séparément à des marchands.

Généralement, il n'y avait pas de communication entre la maison et la *boutique,* celle-ci n'étant occupée que pendant le jour par le commerçant, qui avait son domicile ailleurs. Cependant, on a découvert à Pompéi, quelques *boutiques* communiquant avec l'intérieur de la maison dont elles faisaient partie ; il est probable que le marchand avait, dans ce cas, son logement dans la maison même.

A en juger par les spécimens trouvés à Pompéi, les *boutiques* romaines avaient une devanture uniforme, présentant un mur d'appui qui servait de comptoir, tout le reste étant ouvert et muni de volets de fermeture en bois pour la nuit. Il est rare d'y trouver une *arrière-boutique* et quelques autres dépendances.

La figure 612 représente, en plan, la partie antérieure d'une maison de Pompéi qui possédait deux boutiques en façade ; la plus petite, A, appartenait au maître de la maison, qui y faisait vendre le produit de ses biens, ainsi que l'indique la communication établie entre cette pièce et l'habitation ; la seconde, B, était destinée à un marchand de profession, qui logeait dans des chambres situées au premier étage, ainsi que le

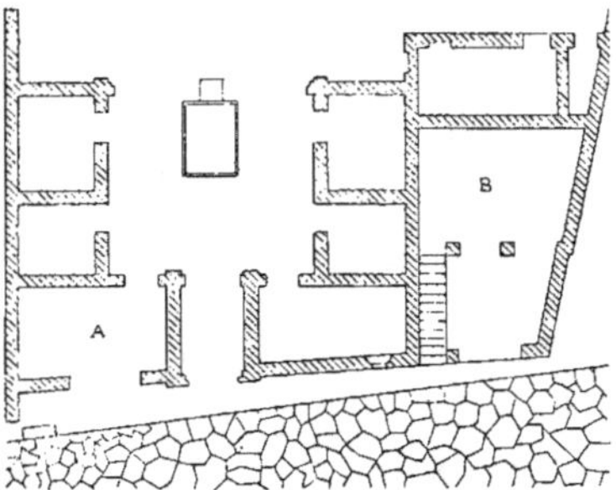

Fig. 612.

montre un escalier en bois, dont les premières marches en pierre sont encore visibles.

Au moyen âge, les *boutiques* avaient, pour devanture, une large baie avec mur d'appui, fermée soit par des abatants inférieurs et supérieurs, les premiers s'abaissant en dehors, de manière à former tablettes pour les étalages, les

Fig 613.

seconds se relevant de bas en haut ; soit par des feuilles de menuiserie ou volets se repliant les unes sur les autres (fig.

613) (1). Au-dessus de ces baies étaient des parties à claire-voie, vitrées et grillagées, pour donner du jour à l'intérieur.

Aujourd'hui, les *boutiques* ont toutes une devanture vitrée avec porte à vantail simple ou double (fig. 614) ; des colonnes en fonte remplacent généralement les piliers en pierre et les poteaux

Fig. 614.

en bois ; le sous-sol est pourvu de soupiraux ou de baies en abat-jour qui s'ouvrent dans le seuil en pierre sur lequel repose la devanture ou dans la partie de menuiserie qui forme l'appui.

Les fermetures de *boutique* sont en bois ou en fer ; dans le premier cas, ce sont des volets mobiles ou à charnières se développant les uns à la suite des autres et qui se referment dans des espèces de boîtes ou *caissons*, qui forment pilastres de chaque côté ; dans le second cas, ce sont des plaques de tôle qui se meuvent au moyen de différents systèmes (voy. *Fermetures*).

Dans un sens plus relevé, le nom de *magasin* remplace aujourd'hui celui de *boutique*.

On appelle encore *boutiques* des constructions légères en charpente et à claire-voie que l'on établit sur les promenades publiques, particulièrement à Paris ; ces boutiques sont couvertes d'un toit à une seule pente.

(1) Viollet Le Duc, *Dictionnaire raisonné de l'architecture française*.

Législation. En vertu de l'article 13 de l'ordonnance portant règlement sur les saillies, auvents et constructions semblables dans la ville de Paris, il est défendu de construire des auvents et corniches en plâtre au-dessus des boutiques. Il ne pourra en être établi qu'en bois, avec la faculté de les revêtir extérieurement de métal ; toute autre manière de les couvrir est prohibée.

Une décision du préfet de police du 16 février 1850 fixe à 5 mètres la hauteur maximum des devantures de boutique, cette hauteur ne pouvant être dépassée que dans des cas exceptionnels et en vertu d'une autorisation spéciale du préfet de police.

Enfin, une autre décision du préfet de police du 15 février 1850 autorise l'établissement de barres de fer ou de cuivre ne dépassant pas plus de 3 centimètres la saillie des devantures.

Boutisse, *s. f.* — Pierre disposée dans un mur de telle façon que sa plus grande dimension soit placée dans le sens de l'épaisseur de ce mur.

Souvent, les deux têtes de la *boutisse* forment parement de chaque côté, comme on le voit en B (fig. 615) ; les pierres qui ne sont en parement que d'un côté sont

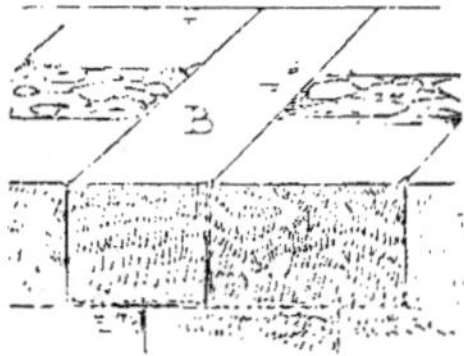

Fig. 615.

les *carreaux* ; les *boutisses* s'interposent entre les carreaux de deux en deux ou se placent de distance en distance pour donner de la liaison à l'appareil. Il est nécessaire, dans un mur en moellons, de disposer un certain nombre de ces pierres en *boutisses*.

Jambe boutisse (voy. *Jambe*).

Bouton, *s. m.* — Architecture. Ornement de sculpture en forme de bouton de fleur, fréquemment employé dans l'architecture du moyen âge.

Les *boutons* servent à la décoration des gorges qui font partie des bandeaux ou des arcs moulurés. Ces ornements

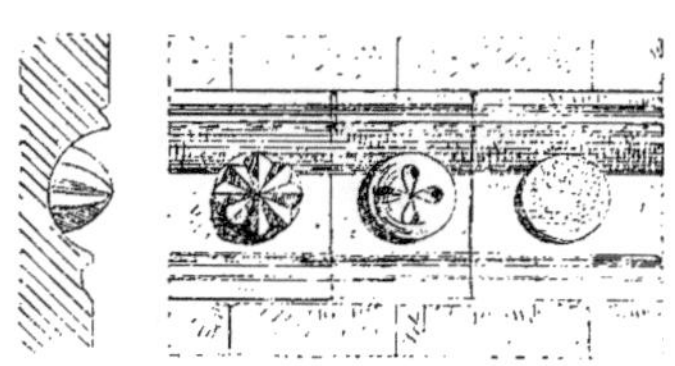

Fig. 616.

sont simples, recoupés en plusieurs feuilles ou divisés par côtes (fig. 616) ; on les rencontre isolés ou réunis comme les grains d'un chapelet.

Serrurerie. Pomme de métal, de bois, de cristal ou d'ivoire, emmanchée sur une tige métallique et servant à faire mouvoir des pièces de fermeture, le tirant d'une sonnette, ou le battant d'une porte.

Les *boutons de fermeture* sont doubles ou simples ; ils sont adaptés aux portes d'appartements.

On distingue, suivant la forme de la pomme : les *boutons à olive, ovales, ronds* ou *à l'antique*, et *camards*.

La figure 617 représente un *bouton double à olive* en cuivre creux, qui sert

Fig. 617.

à faire mouvoir le foliot d'une serrure ; l'une des pommes est fixée sur une tige carrée, l'autre peut se retirer.

Il y a aussi de ces *boutons* en forme de *balustres* ; d'autres sont en porcelaine, en ivoire, en cristal blanc moulé, à 6 ou 8 pans ou à pointe de diamant.

Les *boutons de bois* sont en chêne, érable, citronnier, palissandre, acajou, ébène, gaïac ; on en fait aussi en corne de buffle.

On appelle *boutons à bascule* ou *à boîte d'horloge*, ceux qui sont à vis et à

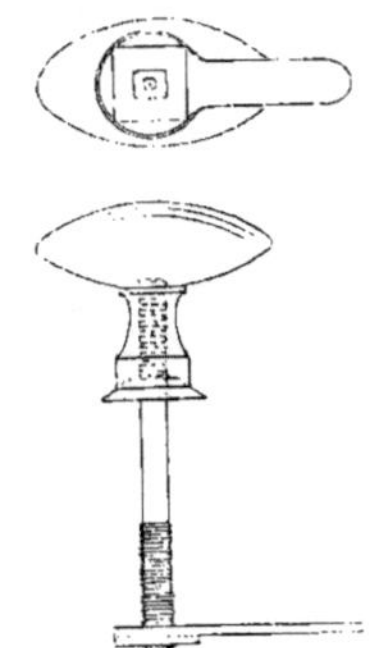

Fig. 618.

écrou et agissent sur une petite bascule pour la fermeture des armoires (fig. 618).

Le *bouton de barre* est en fer profilé et se rive sur les barres de fermeture des boutiques.

Le *bouton de coulisse*, que l'on remplace généralement aujourd'hui par le *bouton coudé*, sert à ouvrir le pêne demi-tour d'une serrure.

Les verrous, les fléaux, les targettes, les crémaillères, les crémones, les poignées d'espagnolettes sont aussi munis de *boutons*.

Les *boutons de tirage* pour battants de portes sont des pièces rondes en fer

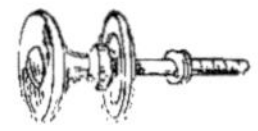

Fig. 619.

ou en cuivre avec rosette, tige taraudée et écrou (fig. 619) ; ceux qui sont en

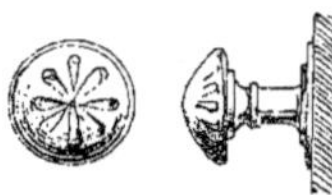

Fig. 620.

cuivre sont pleins ou creux ; on en fait aussi en fonte profilée (fig. 620).

Les *boutons de tirage* de sonnette sont ronds, en cuivre et se placent sur les tableaux des portes d'entrée de maison ou d'appartement (voy. *Tirage*).

Boutonnière, *s. f.* — Sorte de petite gâche ou platine évidée d'une mortaise en forme de T, qui se place sur les lames de persiennes et qui reçoit un bouton agissant à coulisse dans la *boutonnière* pour faire mouvoir ces lames ; c'est à l'aide d'une crémaillère à poignée qu'on fait agir le système.

Bouvement, *s. m.* — Rainure faite au moyen du *bouvet*.

Bouverie, *s. f.* — Voy. *Étable*.

Bouvet, *s. m.* — Outil de menuisier et de parqueteur.

Les *bouvets* les plus employés en menuiserie sont les *bouvets* à joindre, qui servent à faire des languettes et à creuser des rainures sur l'épaisseur des planches pour les unir par leurs tranches.

Le *bouvet à languettes* (fig. 621) est composé d'un fût en bois percé d'un

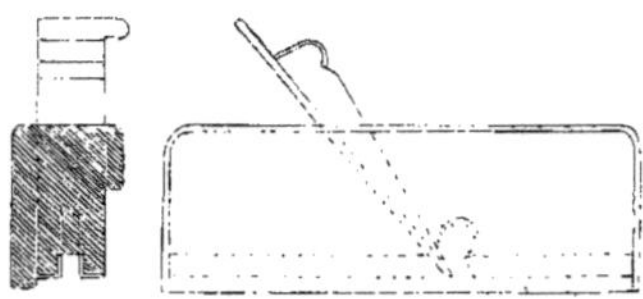

Fig. 621.

trou, dit *lumière,* dans lequel entre un fer qu'on y serre à l'aide d'un coin. La semelle de l'outil est creusée de façon à présenter une rainure qui la divise en trois parties ; les deux parties latérales s'appuient sur le bois qui doit être enlevé des deux côtés par le fer, dont le tranchant est divisé en deux parties, comme on le voit en *a* (fig. 622). La lumière est inclinée d'environ 45° ; un œil circulaire est ouvert sur la face droite pour le dégorgement des copeaux ; la semelle est bordée par un épaulement ou *joue* qui sert de guide pour conduire

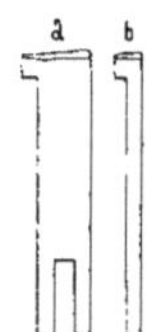

Fig. 622.

l'outil le long de la pièce ; cette joue est prise dans le fût même ou s'y applique avec vis.

Le *bouvet à rainures* (fig. 623) diffère du précédent, en ce que la semelle porte

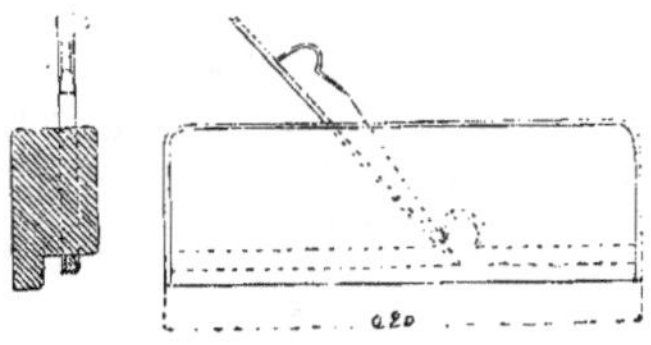

Fig. 623.

une languette, correspondant à la rainure que doit creuser le fer, dont le tranchant est unique (*b*, fig. 622) et a juste la largeur à donner à la mortaise ; cette largeur est aussi exactement égale au vide laissé entre les deux parties du tranchant du fer dans le *bouvet à languettes*. Cette condition exige que les *bouvets* soient toujours par couple ; aussi, très souvent, les deux *bouvets à*

Fig. 624.

rainures et à *languettes* sont-ils réunis dans un seul fût plus épais (fig. 624) ; les deux fers se croisent à angle droit et les deux semelles sont séparées par un épaulement commun.

Dans l'outil représenté par la figure 624, une lame de fer remplace la lan-

guette en bois qui fait saillie sur la semelle dans la partie servant à creuser les rainures ; cette lame est formée de deux morceaux fixés sur le fût, au moyen de vis et séparés par la lumière.

On fait aussi des bouvets où le fer fourchu destiné à faire la languette est remplacé par deux fers.

Certains de ces outils et particulièrement les bouvets de friseurs ou raineurs de parquets, ont une poignée qui rend la manœuvre plus facile. La figure 625 représente le *bouvet de parqueteur*, ser-

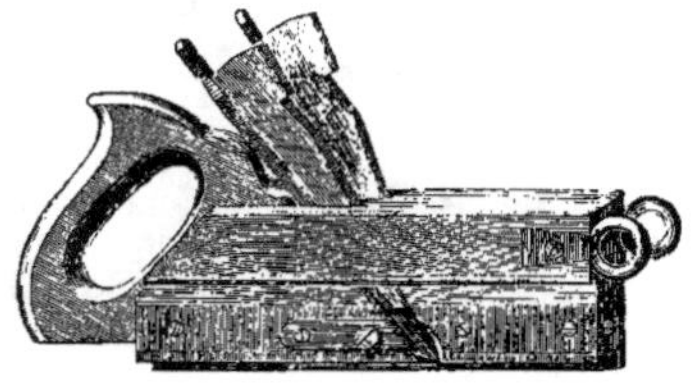

Fig. 625.

vant à faire les languettes ; il est muni à sa partie antérieure de deux anneaux à patte vissée sur le fût et qui servent à le tirer en même temps qu'on le pousse

Fig. 626.

avec la poignée. La figure 626 donne le *bouvet* à rainures.

Quand on veut faire des rainures et des languettes à différentes distances des bords du bois, on emploie le *bouvet de deux pièces*. La joue de cet outil est mobile et peut s'éloigner ou se rapprocher à volonté de la partie du fût qui porte le fer ; à cet effet, deux tringles de bois carrées passent au travers de deux trous percés dans la joue, qui glisse sur ces tiges ; au-dessus des trous et en sens inverse, c'est-à-dire sur la largeur de la pièce, sont creusées deux mortaises destinées à recevoir des clavettes ou clefs qui serrent ou arrêtent les tiges. Les languettes sont en bois ou en fer.

Le *bouret à approfondir* est aussi formé de deux pièces à écartement (fig. 627) ; cet outil a pour but de creu-

Fig. 627.

ser des rainures d'une profondeur et d'un écartement variables. La figure 628 représente le profil du *bouret* ; on voit

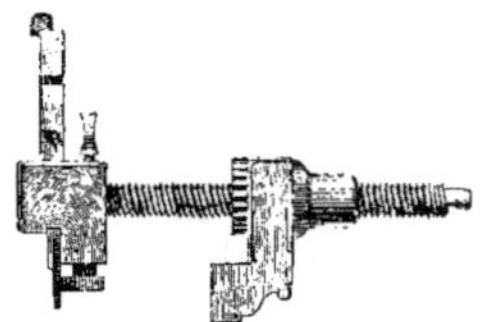

Fig. 628.

que la partie du fût portant le fer est armée d'une petite tringle qui peut se mouvoir dans le sens vertical, et qu'on appelle une *descente* ; on la fait en bois ou en fer ; elle permet de changer la profondeur des rainures ; le *bouret* que nous donnons ici à une descente en fer, dite à T.

Bouzin, *s. m.* — Voy. *Bousin*.

Boxe, *s. f.* — On donne ce nom à des compartiments disposés, dans certaines écuries, pour recevoir des chevaux sans attache et libres de leurs mouvements.

Les *boxes* sont souvent groupées à part dans un bâtiment spécial. Tantôt ce sont deux rangées de cases placées de chaque côté d'un couloir central. Tantôt ces compartiments ne forment qu'une seule rangée donnant sur un couloir longitudinal, ayant seul son issue au dehors ; ces compartiments ne communiquant pas directement avec le dehors, leur mode de construction est blâmable, parce qu'il ne procure pas une aération suffisante. Il importe, au contraire, que les *boxes* aient leur entrée sur la cour ; la chaleur peut y être entretenue, même pendant les plus grands froids, au moyen d'une abondante litière et, pendant l'été, l'aération y est très-facile.

Les dimensions de chacune des *boxes* varient, pour la longueur, entre 4 mètres et 6^m,10, et pour la largeur entre 3 mètres et 5 mètres ; les divisions sont formées par des cloisons en planches auxquelles on donne de 2 mètres à 3 mètres de haut ; les cases communiquent avec le corridor par une porte de 1 mètre à 1^m,10 pratiquée dans l'angle ou dans le milieu de la cloison qui les sépare du couloir. Les ouvertures sont garnies de châssis vitrés ; un grenier à fourrages occupe l'étage supérieur, dont le plancher est percé pour donner passage à une cheminée d'aération. Le long de la façade on établit ordinairement un auvent destiné à abriter les chevaux pendant le pansage et le harnachement.

Le sol des *boxes* éprouvant moins de fatigue que dans les écuries où les chevaux piétinent, en quelque sorte, sur place, n'exige pas autant de solidité dans son établissement. Le plafond et les fenêtres sont disposés comme dans les écuries ordinaires. Les portes doivent être tenues un peu plus larges, particulièrement si les *boxes* doivent renfermer des poulinières. Généralement on remplace le râtelier par une corbeille et la mangeoire par une petite auge, que l'on fixe l'une au-dessus de l'autre dans l'angle droit de la *boxe* qui se trouve le plus éloigné de la porte d'entrée. Quand on doit placer dans le compartiment une poulinière avec son produit, on accroche pour ce dernier, une petite mangeoire dans l'angle le plus rapproché de la porte, comme le montre, en plan, la figure 629.

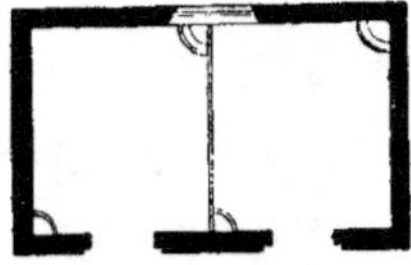

Fig. 629.

Les *boxes* que l'on construit pour l'élevage, c'est-à-dire que l'on réserve aux juments poulinières et à leurs poulains, sont aussi des compartiments séparés, mais communiquant avec de petits enclos extérieurs dont la largeur est la même, mais dont la longueur est plus grande que celle des cases abritées.

On peut combiner ensemble les deux systèmes de construction des *boxes*, qui consistent l'un à faire communiquer directement les *boxes* avec le dehors, l'autre à les faire ouvrir sur un couloir facilitant le service. A cet effet, on établit entre les deux rangées de *boxes*, si l'écurie est double ou derrière la rangée unique, si l'écurie est simple, un couloir communiquant avec le grenier à four-

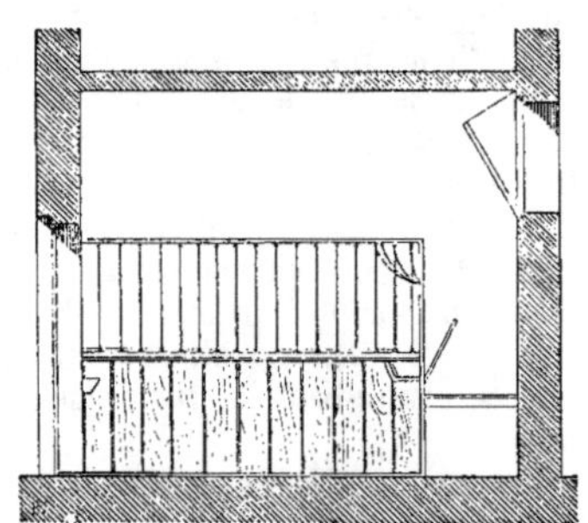

Fig. 630.

rages et par lequel tous les aliments peuvent être distribués (1). La figure 630 représente, en coupe, une écurie à *boxes* ainsi disposée ; le couloir est surélevé

(1) Moll, *Encyclopédie pratique de l'agriculture.*

d'environ 1 mètre et permet de jeter facilement les fourrages dans les corbeilles et l'avoine dans les mangeoires ; ce dernier aliment est introduit par un conduit en forme d'entonnoir, pratiqué dans l'épaisseur du mur, et que l'on ouvre ou que l'on ferme à volonté.

Les étables contiennent souvent aussi des divisions réservées spécialement aux animaux que l'on veut renfermer seuls.

Brai, *s. m.* — Voy. *Térébenthine.*

Braie, *s. f.* — Voy. *Fausse-Braie.*

Brancard, *s. m.* — Caisse à claire-voie pourvue de pieds et de barres de bois horizontales qui servent à la porter.

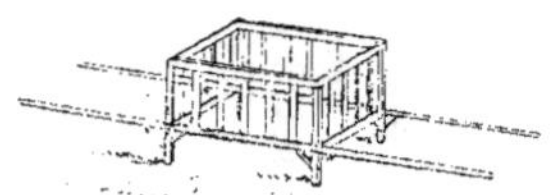

Fig. 631.

On emploie le *brancard* pour le transport des matériaux (fig. 631).

Branche, *s. f.* — Architecture. 1° *Branches d'arc :* plusieurs portions d'arc prenant naissance d'un même sommet.

2° *Branche d'ogive :* portion de nervure de voûte en ogive qui se détache d'une nervure principale et forme une *branche.* Les clefs pendantes que l'on voit dans les constructions religieuses du XVᵉ siècle sont généralement suspendues à la voûte par des *branches d'ogive.*

Charpente. On appelle *branche* chacune des pièces de bois formant une croix de Saint-André.

Serrurerie. 1° *Branche de charnière forgée,* de *penture,* etc. : la partie qui va du collet à l'extrémité.

2° *Branche de bascule, de mouvement :* on nomme ainsi les parties d'une bascule ou d'un mouvement sur lesquelles sont attachés les fils.

PLOMBERIE. *Branches de tuyaux :* tuyaux qui partent d'un même nœud de soudure.

ARCHITECTURE HYDRAULIQUE. *Branches d'écluses :* extrémités des bajoyers d'une écluse, allant en s'évasant pour faciliter l'entrée et la sortie de l'eau (voy. *Écluse*).

Branchement, *s. m.* — 1° Nom que l'on donne, dans les gros tuyaux, aux portions qui se raccordent au corps principal pour se joindre à d'autres conduites.

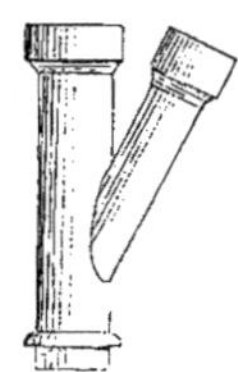

Fig. 632.

Le raccord peut être simple (fig. 632) ou double (fig. 633).

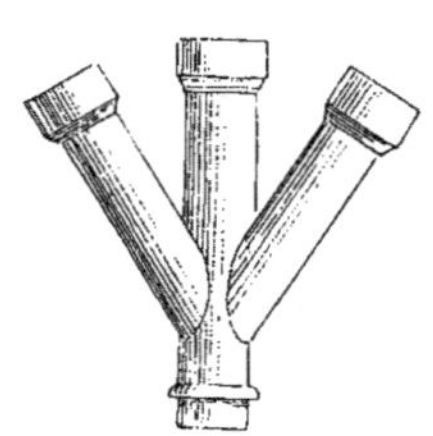

Fig. 633.

2° On appelle *branchement d'égout*, les conduites secondaires qui débouchent dans une galerie principale.

D'après l'article 6 du décret du 26 mars 1852, toute construction nouvelle élevée à Paris, dans une rue pourvue d'égout, doit être disposée de manière à y conduire les eaux pluviales et ménagères.

Cette communication se fait au moyen d'une galerie B (fig. 634) appelée *branchement d'égout* et dont l'établissement

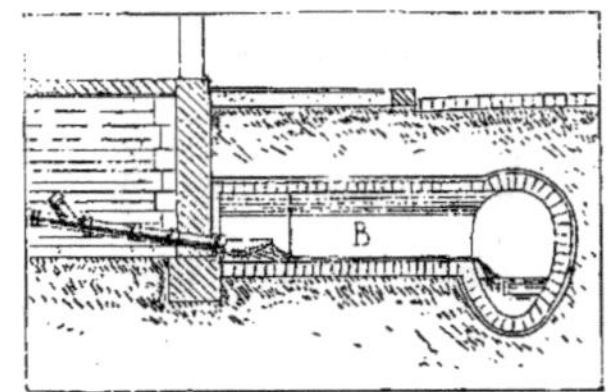

Fig. 634.

a été réglé ainsi qu'il suit par un arrêté préfectoral du 19 décembre 1854, concernant le règlement et les conditions pour la reconstruction des *égouts* particuliers isolés et *branchements* dans Paris :

« Art. 1er. — L'entreprise a pour objet les travaux à exécuter, dans l'intérieur de la ville de Paris, pour la construction, sous la voie publique, d'un certain nombre de *branchements* particuliers d'égouts isolés.

« Art. 2. — L'entreprise comprendra les *branchements* dont la désignation suit.

« Art. 3. — Le *branchement* d'égout particulier sera construit entre l'égout public et le mur de face de la propriété. Il aura $2^m,30$ de hauteur sous clef, $1^m,30$ de largeur aux naissances, et sera entièrement conforme dans ses dispositions à l'égout type n° 12 de la ville. Le radier sera disposé suivant le maximum de pente disponible, de manière à se raccorder avec l'égout public, à $0^m,15$ au moins en contre-haut du radier de ce dernier.

« Il sera construit en se conformant aux clauses et conditions du devis d'entretien et de son adjudication.

« Art. 4. — Les conduites des eaux ménagères seront en tuyaux de fonte mince assemblés à emboîtement et cordon avec joint et collet fait en ciment ou en mastic de fontainier. Elles pourront être terminées, à leur arrivée dans le *branchement* par un tuyau en fonte épaisse ayant 2ᵐ,50 de longueur, et déboucheront bien horizontalement au-dessus du radier dans une cuvette en maçonnerie ou en fonte, formant fermeture hydraulique. Les cuvettes en fonte seront fournies à pied-d'œuvre en régie; elles seront mises en place par l'entrepreneur, qui ne recevra pour cette pose que le prix du support en maçonnerie de ciment.

« Art. 5. — La conduite de descente des eaux pluviales sera aussi en tuyaux de fonte mince assemblés à emboîtement et cordon avec joint et collet en ciment ou en mastic de fontainier. Elle sera complètement isolée du tuyau des eaux ménagères, et débouchera de la même manière dans la cuvette hydraulique dont il vient d'être parlé. Les tuyaux de descente éloignés du *branchement* peuvent être prolongés sous le trottoir jusqu'audit *branchement*, à la condition qu'ils aient au moins une pente de 0ᵐ,20 pour mètre.

« Art. 6. — Le *branchement* d'égout particulier peut, à la volonté du propriétaire, être prolongé sous la maison pour faciliter l'écoulement des eaux et des immondices; il est nécessaire, dans ce cas, d'établir à l'aplomb du mur de façade une grille en fer avec une serrure à deux clefs pour intercepter la communication de la maison avec l'égout public.

« Art. 7. — La ventilation permanente du *branchement* se fera au moyen d'une cheminée d'appel s'ouvrant à l'intrados de la voûte et débouchant au-dessus des combles; la section de cette cheminée sera de 3 décimètres carrés au moins. Dans les *branchements* construits pour le service des anciennes maisons, on placera seulement le premier tuyau de la cheminée dans la voûte de l'égout.

« Les travaux mentionnés dans les articles 7 et 8 ne seront point exécutés sous la direction des ingénieurs.

« Art. 8. — Les conduites de gaz rencontrées par le *branchement* seront isolées de la maçonnerie par des demi-manchons en fonte qui seront établis aux frais du propriétaire, si la conduite préexiste, et aux frais de la compagnie d'éclairage, si la pose de la conduite est postérieure à l'établissement du *branchement*.

« Art. 9. — On placera dans l'égout public, au débouché du *branchement*, un numéro exactement semblable à celui de la maison, dans l'emplacement qui sera désigné par les agents du service municipal.

« Ce numéro sera fourni en régie et sera posé par l'entrepreneur; en faisant l'enduit, aucune plus-value ne sera payée pour cette pose.

« Art. 10. — La longueur du *branchement* sera mesurée sur l'axe depuis le derrière du mur de fond qui termine, jusqu'au parement intérieur du pied-droit de l'égout public, à la hauteur de la naissance de la voûte.

« Les tuyaux en fonte, soit pour les eaux ménagères, soit pour les eaux pluviales, seront payés au mètre courant mesuré sur l'axe des tuyaux.

« Les crochets et crampons en fer qui pourront être nécessaires pour maintenir en place ces conduites seront payés au poids et les cellements à la pièce.

« Les ponts de piéton, qui auront été exécutés suivant les indications de l'ingénieur, ne sont pas compris dans les prix du mètre courant d'égout ou de conduite. »

D'autres arrêtés préfectoraux des 9 juin 1863, 25 février 1870, 14 février 1872, limitent les dimensions de la galerie à 1ᵐ,80 de hauteur minimum, 0ᵐ,90 de largeur aux naissances de la voûte, et 0ᵐ,60 de largeur au radier.

Dans le cas où le *branchement* particulier est d'une longueur inférieure à 6 mètres, son établissement est réglé par l'arrêté préfectoral du 2 juillet 1879, qui porte :

« Art. 1ᵉʳ. — Les dimensions des *branchements* particuliers d'égout d'une longueur inférieure à 6 mètres sont réduites aux minima suivants : hauteur sous clef, 1 mètre : largeur aux naissances , 0ᵐ,60 ; largeur au radier, 0ᵐ,40. »

Toutefois , l'arrêté préfectoral du 14 janvier 1880 a modifié encore ces dimensions de la manière suivante :

Les *branchements* particuliers d'une longueur inférieure à 2 mètres peuvent n'avoir que 1 mètre de hauteur sous clef, 0ᵐ,60 de largeur aux naissances de la voûte et 0ᵐ,40 de largeur au radier ; les *branchements* d'une longueur supérieure à 2 mètres et inférieure à 6 mètres peuvent n'avoir que 1ᵐ,40 de hauteur sous clef, 0ᵐ,60 de largeur aux naissances de la voûte et 0ᵐ,40 de largeur au radier.

L'article 2 de l'arrêté du 2 juillet 1879 est ainsi conçu :

« L'écoulement direct dans l'égout public des eaux pluviales et ménagères des propriétés d'un revenu inférieur à 3,000 francs, situées en dehors des voies publiques de grande circulation. pourra être autorisé au moyen de tuyaux résistants, en fonte ou en grès, d'un diamètre minimum de 30 centimètres et placés en ligne droite suivant une pente de 75 millimètres au moins par mètre. »

Chaque maison doit avoir un *branchement* au moins. Jusqu'en 1870, une galerie construite dans l'axe de la ligne mitoyenne et desservant deux propriétés contigües était autorisée, mais un arrêté préfectoral du 25 février de cette même année, porte :

« Art. 2. — Chaque galerie ne pourra, à l'avenir, desservir qu'une seule propriété. »

Les *branchements* communs qui ont été faits antérieurement à cet arrêté sont tolérés, mais on ne peut en créer de nouveaux.

3° On appelle *branchements de bouche* les conduites qui reçoivent l'eau d'une bouche d'égout et la mènent à l'égout principal, établi dans l'axe de la rue. Il a été reconnu que l'odeur fade qui s'exhale par les bouches provient de ces *branchements* et non pas de l'égout même (1). Il est donc important de nettoyer avec soin ces conduites et, à cet effet, de les disposer de manière à ce qu'elles puissent être facilement accessibles.

Il peut, en outre, y avoir deux caniveaux qui tombent dans le même *branchement* de bouche, et, dans ce cas, il faut que la cheminée soit placée à côté de l'axe du *branchement*, pour que l'eau ne tombe pas sur les ouvriers occupés au nettoyage.

Les parements des bouches et leurs *branchements* doivent être enduits comme ceux des *égouts* (voy. ce mot) afin d'être nettoyés plus facilement.

4° Dans l'établissement des chemins de fer, on donne ce nom aux dispositions adoptées pour la rencontre des voies dans les stations ou dans les embranchements.

On distingue dans les *branchements,* les *changements* et les *croisements* simples ou doubles et les *traversées* de voies (voy. ces mots).

Branche-ursine, *s. f.* — Nom vulgaire de l'acanthe sans épine (voy. *Acanthe*).

Brandille, *s. f.* — Nom que les charpentiers donnent à des trous qu'ils percent dans les chevrons au travers des pannes, pour y placer des chevilles de fer et joindre ces pièces ensemble ; c'est ce qu'ils appellent *brandir les chevrons.*

Branle, *s. m.* — Mâchoire d'étau.

Bras, *s. m.* — *Bras de chèvre :* pièces qui, dans cet engin, portent le treuil et la poulie (voy. *Chèvre*).

On dit encore : les *bras* d'une brouette, pour désigner les pièces de bois ou brancards qui servent à la faire mouvoir.

(1) Claudel, *Formulaire.*

Braser, *v. a.* — Souder ensemble deux pièces de fer ou d'acier, au moyen d'un alliage de laiton et de zinc, qui fond à une température peu élevée relativement au fer.

On a soin de limer et de décaper préalablement les bords des pièces à souder avec une pâte formée de borax et d'eau. L'endroit où les deux morceaux sont *brasés* se nomme *brasure*.

Brasier, *s. m.* — On a donné ce nom à un système de chauffage qui est le plus simple de tous : il suffit de mettre le feu à une masse de combustible, bois ou charbon de terre à flamme, placée sur une aire quelconque et disposée de manière à faciliter l'introduction de l'air nécessaire à la combustion.

Il faut, pour constituer le *brasier* à l'air libre, et surtout en petite masse, des combustibles qui émettent des gaz ou vapeurs inflammables, sans quoi l'air, affluant avec excès, ne trouve pas d'aliments, refroidit le combustible et l'éteint.

Le *brasier* ainsi disposé est encore employé par les populations qui ont conservé les mœurs primitives et, en particulier, par les peuples nomades; mais il n'est pas économique à l'air libre, car la chaleur des gaz chauds qui s'élèvent dans l'atmosphère est complètement perdue.

Si on l'emploie dans un espace clos, ainsi qu'on le fait dans quelques pays, on utilise, sans doute, la chaleur rayonnante et une partie de la chaleur directe, avant que la fumée et l'air échauffé sortent par le trou d'évacuation ménagé à la partie supérieure de l'habitation; mais il est inutile d'insister sur les dangers qu'un semblable moyen de chauffage fait courir à la santé de ceux qui s'en servent.

On a cherché à utiliser la chaleur fournie par des combustibles sans flamme; il faut, dans ce cas, que la combustion ait lieu en masse, avec une faible affluence d'air. On a obtenu ce résultat en plaçant le combustible allumé dans une cuve circulaire plus ou moins profonde et percée de trous ; on a ainsi constitué le *brasero.* Cet appareil est utilisé, en Espagne, pour combattre la fraîcheur des nuits.

Les *braseros* les plus simples sont portés sur des cercles en bois ; on en fait de plus luxueux, en cuivre ou en laiton repoussé, reposant sur une couronne de même métal et surmontés d'un couvercle ; les uns et les autres sont ajourés.

On se sert également en Italie de *brasiers* ou *braseros*.

D'ailleurs, les Grecs et les Romains n'usant point de cheminées pour chauffer les appartements, se servaient de bassins portatifs qu'ils emplissaient de charbons ardents. On en fabriquait avec toute espèce de métaux, mais surtout avec le bronze, et l'art du ciseleur y déployait souvent toutes ses ressources. On a trouvé, à Pompéi, un beau *brasier* de 0^m,70 de long sur 0^m,43 de large, et quelques autres de dimensions diverses.

Brasserie, *s. f.* — Bâtiment qui contient les locaux et appareils nécessaires à la fabrication de la bière.

Une *brasserie* comprend :

1° Une salle où se fait le *mouillage,* opération destinée à ramollir le grain pour le rendre propre à la germination, et qui s'exécute dans de grandes citernes en bois ou en pierre dites *cuves mouilloires ;*

2° Le *germoir,* pièce où l'on dispose en couches de 30 à 40 centimètres, l'orge extraite des cuves mouilloires ; ce local doit être construit en matériaux imperméables, le sol étant formé d'un dallage en briques avec joints en ciment ou d'une couche de mastic bitumineux; pour mettre le *germoir* à l'abri des changements brusques de température, on le construit au-dessous du niveau du sol ; un grenier placé immédiatement au-dessus de cette salle sert à recevoir le grain étendu par couches peu épaisses pour le soumettre à un commencement de dessiccation ;

3° La *touraille* (voy. ce mot), appareil qui sert à la dessiccation de l'orge par la chaleur et qui se trouve à proximité du *germoir* ;

4° Des greniers où le grain ainsi préparé, sous le nom de *malt*, est disposé par couches de 15 centimètres, pour reprendre un peu d'humidité ; ces greniers sont habituellement situés à la partie supérieure des bâtiments et bien aérés ;

5° Une pièce placée immédiatement au-dessous de la précédente, avec des moulins à meules horizontales, ou cylindres écraseurs, pour le broyage du malt ;

6° Une ou plusieurs *cuves-matières*, caisses cylindro-coniques, renfermées dans une salle attenant aux moulins et dans lesquelles s'opère le *brassage* du grain écrasé ;

7° Des chaudières, où l'on fait cuire le moût obtenu par le brassage, en y mêlant le *houblon* ; ce sont des cuves demi-sphériques ou parallélipipédiques, disposées au-dessus de fourneaux en briques ;

8° Enfin, des pièces où le liquide provenant de la cuisson est placé successivement dans des *bacs à repos*, dans des réservoirs réfrigérants, et enfin dans des cuves dites *guilloires* où se fait la *fermentation*.

Outre ces locaux divers, qui peuvent se disposer dans un même bâtiment, une brasserie doit avoir des accessoires tels que cours, puits, celliers pour garder la bière mise en fûts, hangars, greniers pour serrer l'orge et le houblon, écuries, logements, etc.

Législation. Les *brasseries*, en raison des émanations qu'elles peuvent répandre, sont rangées dans la 3ᵉ classe des *établissements dangereux* (voy. ce mot).

Brayage, *s. m.* — Opération du montage des pierres dans la construction d'une façade de bâtiment.

Le *brayage* consiste, une fois la pierre déchargée du binard ou du diable et *approchée* sous la sapine, à la mettre en charge et la relier au crochet de la chaîne qui doit la monter. Lorsque la pierre est arrivée et qu'on la débarrasse du *brayer*, c'est-à-dire du câble qui la relie à la chaîne, on fait le *débrayage*.

Cette opération donne lieu à une évaluation spéciale dans le métré des ouvrages (voy. *Montage*).

Brayer, *s. m.* — On donne le nom de *brayers* aux cordages avec lesquels les maçons suspendent au câble les pierres, haquets, bourriquets à moellons, etc., qu'ils élèvent au haut d'un édifice en construction.

L'ouvrier chargé d'attacher les *brayers* au câble se nomme *brayeur*.

Brèche, *s. f.* — 1° Sorte de pierre formée de cailloux anguleux agglutinés ensemble par un ciment siliceux.

Quand les fragments sont arrondis, la pierre prend le nom de *poudingue* (voy. ce mot).

2° On appelle particulièrement *brèche* ou *marbre brèche* une espèce de marbre composé de débris de marbres plus anciens agglutinés ensemble par un ciment calcaire. Certaines *brèches* sont *siliceuses*, c'est-à-dire formées en grande partie de quartz ou de fragments siliceux.

Parmi les *brèches calcaires* les plus renommées, nous citerons :

La *brèche antique,* qui offre des taches rondes d'inégale grandeur, de blanc, de bleu, de rouge, de gris et de noir ;

La *brèche blanche*, *brèche* mêlée de violet, de brun et de gris, avec de grandes taches blanches ;

La *brèche coraline*, *brèche* qui présente quelques taches ayant la couleur du corail ;

La *brèche dorée*, *brèche* mêlée de taches jaunes et blanches ;

La *brèche grosse* ou *grosse brèche*, semée de taches rouges, grises, noires, bleues et blanches, et qui est ainsi appelée parce qu'elle a les couleurs de toutes les autres brèches ;

La *brèche Isabelle*, qui présente de grandes plaques couleur Isabelle avec des taches blanches et violet pâle :

Le *grand deuil* et le *petit deuil*, qui offrent des éclats blancs sur fond noir et ne sont que des variétés du marbre *grand antique* ; on les exploite, en France, dans les départements de l'Ariège, de l'Aude et des Basses-Pyrénées ;

La *brèche noire* ou *petite brèche*, mêlée de gris-brun et de taches noires, avec de petits points blancs ;

La *brèche d'Aix* ou brèche de *Tolonet*, à grands fragments jaunes et violets réunis par des veines noires ;

La *brèche de Vaulsort* ou *de Dourlais*, marbre de Belgique dont la pâte est blanc-rosâtre et dont les fragments sont gris, noirs, blonds jaunâtres ou rouges.

Les *brèches* d'Italie comprennent :

La *brèche antique*, noire, blanche et grise :

La *brèche de Vérone* ou du *Trentin*, à fragments d'un rouge pâle, mêlé de jaune, de noir et de bleu céleste;

La *brèche violette*, à fond violet, avec de grands éclats blancs, qui provient de la côte de Gênes, mais dont les carrières sont épuisées :

La *brèche de jaune antique*, marbre mêlé de rouge et de jaune fondus ensemble et nuancés de veines blanches : cette brèche prend un très-beau poli. Les grandes colonnes de l'intérieur du Panthéon de Rome, paraissent formées de ce marbre ; elles ont 1^m,12 de diamètre sur 7^m,89 de hauteur.

La *brèche* appelée *Porta santa* et autrefois *lapis Chius*, se tirait de l'Ile de Chio. Cette *brèche* est mélangée de taches inégales blanches, jaunes, rouges et grises. Les colonnes des portes de la façade de l'église de Santa-Maria dell'-Anima, à Rome, et celles de l'autel de

Saint-Sébastiano, dans la basilique de Saint-Pierre, sont formées de ce marbre ; on en retrouve encore quatre autres dans l'église Sainte-Agnès hors les Murs.

Les *brèches* dont les fragments sont de petite dimension, se nomment *brocatelles* (voy. ce mot).

On désigne encore sous le nom de *brèches* certains *poudingues*, tels que la *brèche d'Egypte*, qui est formée de débris arrondis de roches primitives, granit, porphyre et feldspath.

Brésis, *s. m.* — Voy. *Brisis.*

Bretèche, *s. f.* — Sorte d'ouvrage en bois à plusieurs étages qui pouvait se démonter pour être transporté sur divers points et qui servait au moyen âge à l'attaque ou à la défense des places.

On donne aussi ce nom à des saillies en charpente que l'on construisait sur des ouvrages fixes en maçonnerie, et qui, pourvus de machicoulis, servaient à battre le pied de ces défenses, des passages, des portes, etc.

Fig. 635.

Il ne faut pas confondre la *bretèche*

avec le *hourd*, qui formait une galerie continue couronnant une muraille ou une tour.

On plaça de ces ouvrages au niveau des combles et même à cheval sur les angles des bâtiments, comme le montre la figure 635, où la *bretèche* est placée au-dessus d'un hourd en charpente.

A partir du XIVᵉ siècle, on établit des *bretèches* ou sortes de balcons au milieu de la façade des hôtels de ville ; c'est là que se faisait la proclamation des actes publics.

Les *bretèches* se voient encore aujourd'hui en Allemagne sous la forme de demi-tourelles, placées souvent au-dessus des portes. En France, ces encorbellements se posent généralement aux angles des habitations (voy. *Tourelle*).

Bretté, *part. passé.* — Fer bretté (voy. *Rabot*).
Marteau bretté (voy. *Laie*).

Bretteler, *v. a.* — MAÇONNERIE. Tailler, dresser le parement d'une pierre avec un outil à dents.

On dit aussi *bretter*.

PEINTURE. Faire sur une moulure des hachures d'une teinte différente de celle du fond.

On appelle *brettelures* les hachures en couleur d'or ou rehaussées que l'on fait transversalement sur un listel, sur une plate-bande, etc.

Brettelure, *s. f.* — Voy. *Bretteler*.

Bretter, *v. a.* — Voy. *Bretteler*.

Bretture, *s. f.* — 1° Nom que les tailleurs de pierre du moyen âge donnaient à une sorte de marteau tranchant et dentelé (fig. 636) qu'ils employaient pour layer les parements. Aujourd'hui cet outil prend le nom de *laie* (voy. ce mot).

2° *Brettures* : traces laissées sur la pierre par les outils dentés ; on nomme

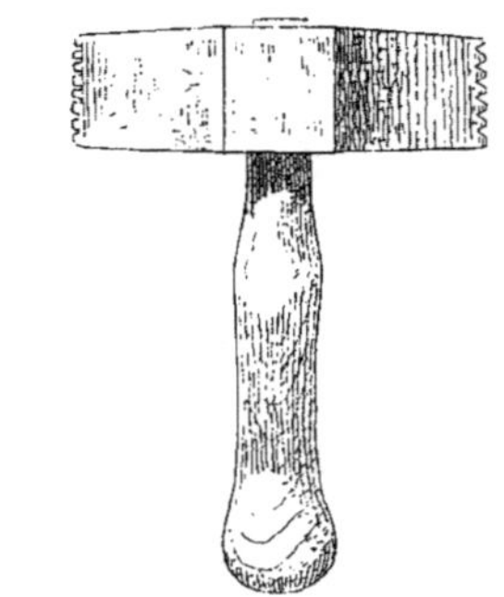

Fig. 636.

aussi de même les dents de la *laie* ou *marteau bretté*.

Bride, *s. f.* — 1° Lien en fer méplat servant à relier entre elles des pièces de bois ou de fer ; par exemple : deux poutres accolées, pour composer une seule pièce de plus grande résistance (voy. *Armature*) ; deux solives en fer à T accouplées, pour former un *poitrail*, un *filet*, etc. (voy. ces mots) ; ou deux pièces de bois ou de fer dont l'une, verticale, sert à suspendre l'autre horizontalement (voy. *Assemblage*).

2° On donne encore le nom de *brides* à des saillies placées aux extrémités de deux tuyaux en fonte qui doivent se placer bout à bout ; ces saillies se superposent l'une à l'autre et sont maintenues par des boulons.

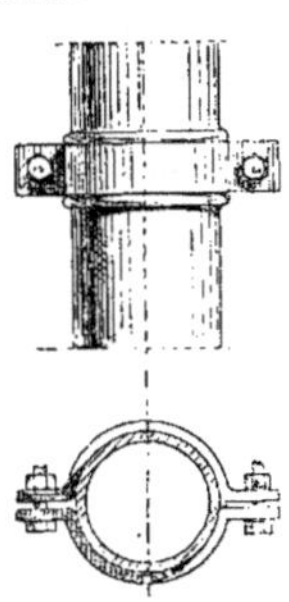

Fig. 637.

Les saillies (fig. 637) qui sont traversées par des boulons de jonction, dans un collier, pour tuyau en fonte sont encore appelées *brides*.

Brifier, *s. m.* — Bande de plomb qui, dans un comble couvert en ardoise, recouvre la rencontre de deux pans.

Brin *(Bois de)*. — Bois non scié mais équarri sur ses quatre faces, et de sa grosseur naturelle, provenant d'arbres ou de branches sur lesquelles on n'a pu prélever d'autres pièces.

Brindilles, *s. f. pl.* — 1° Fers plats (fig. 638) dont on fait des enroulements

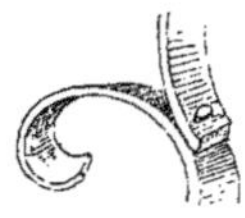

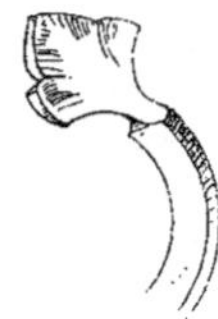

Fig. 638.

pour l'ornementation des panneaux de balcons, de grilles, etc.

2° Ornements que l'on fait sur papier de même fond.

Brique, *s. f.* — Pierre artificielle formée d'argile et qui s'emploie *crue*, c'est-à-dire séchée seulement au soleil, ou *cuite*, c'est-à-dire durcie sous l'action du feu.

L'antiquité de l'usage de la *brique* est démontrée, depuis longtemps déjà, par les ruines des monuments anciens de l'Égypte et de l'Orient.

Les Assyriens et les Babyloniens construisaient à l'aide de *briques* cimentées au bitume. Nous noterons ici ce fait remarquable, que dans certains de leurs édifices, au Birs-Nimrod par exemple, situé près des rives de l'Euphrate, les *briques* portaient des inscriptions en caractères cunéiformes, avec cette particularité que ces inscriptions sont toujours placées au-dessous d'elles, tandis que, dans les monuments d'un âge plus récent, on en voit aussi sur les faces extérieures et même sur toutes les faces. Au Birs-Nimrod, les *briques* portent le nom de Nabuchodonosor. Dans un autre amas de décombres placé sur la rive occidentale de l'Euphrate et où le voyageur Ker Porter pense avoir retrouvé le palais occidental de Babylone, on a reconnu que les *briques*, avant leur mise au feu, avaient reçu l'impression de figures d'animaux de tous genres, représentés au naturel, par des couleurs employées avec la plus grande habileté.

Les ruines de Ninive témoignent de l'emploi de la *brique* chez les Assyriens. L'enceinte de cette ville était fermée par d'épais massifs de *briques*. Les palais reposaient sur des noyaux ou massifs de *briques* cuites au feu. On a même reconnu que des voûtes entières avaient été exécutées avec ces matériaux. Comme à Babylone on a constaté l'usage de la brique coloriée. C'est ainsi qu'au palais de Khorsabad, on a découvert des fragments de peinture en émail, des *briques* revêtues d'ornements de diverses couleurs.

Les Égyptiens employaient la *brique* sur une moins vaste échelle que les peuples de l'Asie, privés de matériaux de grande dimension, tels que pouvaient en fournir aux Égyptiens leurs carrières de granit et de porphyre. Toutefois, les *briques* découvertes dans les ruines de l'Égypte suffisent pour attester l'antiquité de leur usage dans cette contrée. On a retrouvé, construites entièrement avec cette matière, des routes établies pour le transport des matériaux destinés à la construction de certaines pyramides. Les pyramides elles-mêmes sont souvent formées d'un noyau en *briques* crues et d'un revêtement de pierre.

En général, les *briques* employées par les Égyptiens étaient faites avec une terre limoneuse, c'est-à-dire avec un mélange de terre noire et argileuse, de petits cailloux, de coquillages et de paille hachée. La confection de ces *briques* était effectuée par les esclaves et les prisonniers de guerre.

Les archéologues ont longtemps douté que les Égyptiens aient pu produire des *briques* cuites, à cause de la disette de combustible qui afflige leur pays. Toutefois, on sait aujourd'hui que ces matériaux ont très-bien pu être cuits avec des broussailles et même les matières fécales desséchées des chameaux et des autres animaux.

Dans l'architecture persépolitaine, on trouve également des témoignages nombreux de l'emploi de la *brique* et même de la *terre cuite émaillée*. Hérodote cite les créneaux qui surmontaient les enceintes d'Ecbatane comme présentant diverses couleurs obtenues au moyen de *briques* ou de *carreaux* émaillés et cuits au feu.

Nous ne quitterons pas l'Orient sans citer aussi les Chinois, chez qui l'usage de la *brique* se perd dans la nuit des temps. La Tour de Nankin, vulgairement appelée la *Tour de porcelaine*, est construite en *briques* cuites et ses parois extérieures sont revêtues de porcelaine. La fameuse *Muraille de la Chine* est en *briques*, au moins sur une grande partie de son développement.

Les Grecs et les Romains ont utilisé aussi la *brique* crue et la *brique* cuite. Leurs *briques* crues étaient, comme celles qui furent employées dans les plus anciens monuments de l'Asie, composées de terre grasse ou argileuse broyée avec de la paille hachée. On les laissait sécher pendant plusieurs années avant de les mettre en œuvre.

Vitruve rapporte que l'on fabriquait à Calente, en Espagne, à Marseille, dans la Gaule, et à Pitane, ville d'Asie, des *briques* surnageant sur l'eau, lorsqu'elles étaient sèches, parce que la terre dont elles étaient formées avait la même nature que la pierre ponce. Ces *briques* réunissaient à une grande légèreté une dureté extérieure telle que l'eau ne pouvait les pénétrer et, par suite, les portait sans les submerger.

On a beaucoup controversé sur la question de savoir si les *briques* crues employées par les Grecs et les Romains étaient cubiques. S'appuyant sur certains textes de Vitruve, un certain nombre d'archéologues ont penché pour l'affirmative et ont pensé qu'on avait imaginé de les faire méplates lorsqu'on avait commencé à les faire cuire. Sans décider la question, puisqu'on n'a pas retrouvé de briques crues dans les édifices grecs et romains, nous ferons seulement remarquer qu'il n'y a rien d'extraordinaire à ce que la forme méplate eût été adoptée dès l'origine, puisqu'elle existait dans les constructions de l'Orient bien avant l'emploi de la *brique* par les peuples occidentaux.

Il ne semble pas que l'usage des briques cuites existât à Rome du temps de Vitruve. Les murs des maisons étaient faits au moyen de petites pierres et de tuileaux, et ce genre de construction prenait le nom de *structura testacea*. Ce n'est guère que sous le règne des empereurs que l'usage des *briques* cuites s'est réellement établi pour la construction des Thermes et des grands édifices.

Quoi qu'il en soit de l'époque qu'il faille assigner à cet emploi, il ressort de l'examen des débris de leurs édifices que les Romains donnaient à toutes les *briques* la forme carrée. Il y en avait de grande, de moyenne et de petite dimension, ces dernières étant employées pour revêtir les murs en blocage. Mais un mode d'emploi très-fréquent est celui qui consistait à alterner des assises de *briques* avec des assises de petits moellons. Ce procédé de construction se perpétua à Rome, ainsi que le prouvent Saint-Laurent et d'autres édifices contemporains de Constantin, et passa de là à Byzance. Les claveaux mêmes des arcs furent alternés avec des *briques ;* on vit fréquemment des cornières, des impostes formées d'assises de *briques* superposées et présentant leurs angles en saillie, de manière à composer une ornementation simple et d'une exécution facile. La *brique* ou la terre cuite a même servi, dans certaines églises de style byzantin, à former, sur les parements des murs, à l'aide de diverses combinaisons, de véritables mosaïques.

Les Romains employaient encore cette matière à la construction de murs de quais ou d'enceintes fortifiées, comme en témoignent les fouilles exécutées à Ostie. Comme dans les ruines babyloniennes, on a remarqué que les *briques* mises en œuvre dans les constructions romaines portaient des caractères, des signes, des lettres initiales de quelques noms célèbres, la marque de fabrique ou la date du consulat sous lequel elles étaient fabriquées.

Au v⁰ et au vi⁰ siècle, la construction homogène prévalut et ce fut d'abord la *brique* qui obtint la préférence. Toutes les églises latines de Rome qui sont postérieures au iv⁰ siècle n'offrent pas d'autres éléments que la terre cuite dans la confection de leurs murailles principales.

Les constructions gallo-romaines et mérovingiennes conservèrent le mode d'appareil en maçonnerie de blocage avec parements de petits moellons taillés, alternés avec des lits de *briques* posées de plat.

Les *briques* usitées en Italie, pendant le moyen âge, paraissent identiques à celles des ruines romaines. On trouve cependant, en Lombardie, un grand nombre de riches édifices de cette époque construits en *briques* ornées et, dans les autres parties de la péninsule, on rencontre encore de nombreux exemples de constructions où les *briques* sont employées, non comme massifs destinés à être revêtus de parements en quelque autre matière, mais comme éléments composant seuls la construction.

A partir du ix⁰ siècle, on ne trouve plus, en France, que très-rarement, des *briques* mêlées aux autres matériaux. On ne les emploie plus ou on les emploie seules. Cependant l'usage en existait encore dans les régions où manquait la pierre, dans le Midi, par exemple. On s'en servait pour les remplissages, les voûtes, les parements unis, en réservant la pierre pour les piles, les angles, les tableaux de fenêtres, les arcs, les bandeaux et les corniches.

Au moyen âge la *brique* servit encore, fréquemment, pour les carrelages intérieurs ; elle était alors émaillée sur incrustations de terres de diverses couleurs.

La construction en *briques* s'étendit de plus en plus, à l'époque de la Renaissance. Quelques grands architectes, et notamment Palladio, qui vivait au xvi⁰ siècle, eurent même pour la *brique* une sorte de prédilection. En France, les constructions mélangées de pierre et de *briques* furent en grande faveur. Parmi les exemples remarquables de ce genre de construction datant de cette époque, nous citerons l'aile de Louis XII, au château de Fontainebleau, et le célèbre château de Madrid, bâti par François I⁰ʳ, près de Paris, et où la terre cuite émaillée venait se marier à la pierre.

A cette époque les briques sont employées à la décoration architecturale : tantôt leur arrangement est combiné de façon à former des corniches, des entablements, des modillons, des consoles ; tantôt, présentant des teintes variées dues à divers degrés de cuisson, à des qualités différentes de l'argile, ou à des vernis colorés, ces matériaux composent sur les parements des murs différents dessins (fig. 639). Ce mode d'emploi est encore en usage aujourd'hui.

Les *briques* généralement employées de nos jours, en Italie, paraissent identiques à celles que l'on retrouve dans les ruines des édifices romains, et l'on

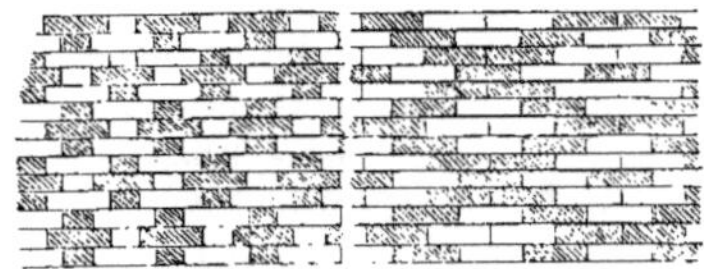

Fig. 639.

voit facilement que la méthode de les fabriquer et de les mettre en œuvre n'a pas changé.

On exécute aussi, à Milan, des *briques* ornementées qui produisent de très-heureux effets.

L'Allemagne est un des pays où les *briques* sont le plus fréquemment employées. On les divise en trois espèces : *briques ordinaires*, *briques demi-fines*, *briques polies*, *fines*, *coupées*, dites *briques de revêtements*. Les *briques* de la première variété entrent dans la construction des murs dont les parements sont recouverts d'enduits ; les deux autres espèces, d'une fabrication plus soignée, sont utilisées pour les constructions en *briques* apparentes.

L'Angleterre est encore un pays où l'usage des *briques* a pris une très grande extension depuis la Renaissance. On trouve dans plusieurs provinces anglaises de très-beaux spécimens de constructions en *briques* du XVIIe et même du XVIIIe siècle. Les ornements y sont, en partie, moulés et, en partie, taillés dans les *briques* après leur cuisson. A Londres, les maisons modernes sont en *briques*. Les habitations importantes ont leurs façades revêtues d'un ciment très dur et très résistant, qui prend absolument le ton de la pierre de taille.

En France, la forme généralement adoptée pour la *brique* est celle d'un parallélipipède rectangle de 0ᵐ,22 de longueur sur 0ᵐ,11 de largeur et 0ᵐ,055 d'épaisseur ; les deux premières dimensions, étant des multiples de la der-

nière, facilitent l'emploi de ces matériaux.

Les qualités que l'on doit rechercher dans la *brique* sont :

1° L'*homogénéité*, c'est-à-dire l'absence de fissures et de défauts, une texture égale, un grain fin et une cassure brillante ;

2° La *dureté*, c'est-à-dire la résistance à la fente et à l'écrasement ;

3° La *régularité de formes*, qui comprend un extérieur uni, lisse, à vives arêtes, non déjeté, de telle sorte que les joints soient de même épaisseur et le tassement de construction uniforme ;

4° La *facilité de la taille*, pour que l'ouvrier puisse la couper selon les besoins du travail.

Ces qualités dépendent de la fabrication, qui se divise en quatre opérations distinctes : la *préparation de la terre*, le *moulage*, le *séchage* et la *cuisson*.

Tout d'abord, l'argile commune, choisie pour la composition des *briques*, ne doit être ni trop grasse ni trop maigre ; dans le premier cas, les produits se gauchissent, se déforment et se fendillent au séchage ou à la cuisson ; dans le second cas, les *briques* formées se vitrifieraient ou fondraient au feu et n'offriraient pas une résistance suffisante.

On *dégraisse* l'argile trop plastique avec du sable fin ou des matières calcaires ; les pâtes trop maigres exigent l'addition d'une certaine quantité de chaux ou de marne, rarement d'argile plastique. Les cendres de houille, ajoutées à la masse, avec une certaine portion de calcaire, contribuent au dégraissage et régularisent la cuisson, comme agents conducteurs de la chaleur. Les *briques* ainsi obtenues ont éprouvé un commencement de vitrification ; elles sont noirâtres, compactes, sonores et résistent parfaitement à l'air et à la pluie.

Dans le choix de l'argile, on doit, en outre, rejeter les terres contenant des corps étrangers, tels que morceaux de calcaire et de silex, ou pyrites de fer en grande quantité.

L'extraction de l'argile se fait généralement en automne et on la laisse exposée à l'action des agents atmosphériques, en la remuant de temps à autre, pendant tout l'hiver; ensuite, on détrempe cette terre et on la pétrit. Cette opération se fait dans une fosse en maçonnerie où l'on jette de l'eau pour former une pâte assez ferme, tandis qu'un ouvrier, muni d'une bêche, piétine cette pâte et la recoupe en ayant soin d'enlever les cailloux et les matières étrangères ; c'est ce qu'on appelle *marcher la terre* ; on ajoute alors à l'argile corroyée, les quantités de sable ou de calcaire nécessaires pour la dégraisser ou pour la rendre moins maigre. Quelquefois, le pétrissage se fait à la mécanique, soit à l'aide de cylindres, unis ou cannelés, entre lesquels on fait passer la matière, soit avec des *tinnes* ou tonneaux corroyeurs analogues à ceux que l'on emploie pour la fabrication du *mortier* (voy. ce mot).

Quand le corroyage est achevé, on procède au moulage. Les moules employés sont des cadres sans fond (fig. 640), en bois ou en métal, un peu plus

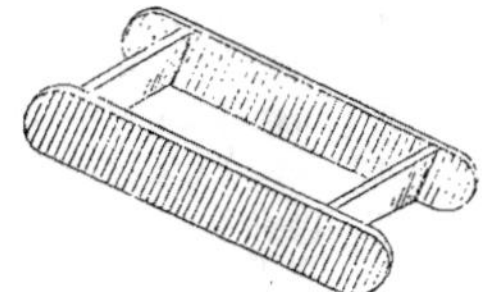

Fig. 640.

grands que la dimension prévue pour la *brique*, parce que celle-ci éprouve un retrait à la cuisson. L'ouvrier mouleur pose ce cadre sur une table saupoudrée de sable, le remplit d'argile, et enlève l'excédant avec la main et avec un couteau en bois nommé *plane*. Souvent le moule est double et l'on peut fabriquer deux *briques* à la fois.

Dans quelques grands centres de production, on remplace le moulage à la main par le moulage mécanique : les machines les plus employées sont celles de MM. Terrasson, Carville, Capouillet, Mac-Henri, qui toutes effectuent le mélange, le pétrissage et le moulage de la terre.

Les briques moulées doivent être soumises à une dessiccation lente. Pour cela, on les pose sur une aire sablée, d'abord à plat, puis de champ ; quand elles ont pris assez de consistance, on les *pare*, c'est-à-dire qu'on enlève les bavures du moule avec un couteau, et on les dresse en les battant sur toutes les faces avec une *batte*. Quelquefois on expulse l'eau par compression mécanique en plaçant la brique dans un moule en fonte et en la frappant d'un coup de balancier ; ce procédé est expéditif mais coûteux. Enfin, on opère le *mettage en haie*, c'est-à-dire qu'on place les produits moulés, parés et rebattus, les uns sur les autres, de manière à en former une espèce de muraille à claire-voie, pour qu'ils finissent de se sécher entièrement.

La cuisson de la *brique* se fait soit en plein air, soit dans des *fours*. Le premier procédé est dit à la *rolée* ou en *meules* ; il consiste à placer les briques de champ, en tas rectangulaire, sur un sol dressé ; on dispose les premières assises de façon à ménager à la base des canaux dans lesquels on met plus tard le combustible et au-dessus on alterne les assises de briques avec des couches de houille menue ; les lits successifs communiquent entre eux par des conduits verticaux qui permettent à la fumée de s'échapper ; puis, on entoure la masse avec de l'argile détrempée pour éviter l'action de l'air, du vent ou de la pluie. Le feu dure plusieurs jours, ainsi que le refroidissement. Comme combustible, la tourbe est préférable à la houille, qui donne une chaleur trop violente.

La cuisson dans les fours se fait au bois, à la tourbe ou à la houille. Les fours sont carrés ou rectangulaires, formés de murs épais en *briques*, et pourvus à leur partie inférieure de petites voûtes à claire-voie qui se prolongent dans toute l'étendue du four, et supportent les briques placées de champ. Tantôt la masse est à découvert, tantôt le four est surmonté d'une voûte cylindrique percée d'ouvertures servant au tirage et donnant issue à la fumée. Dans les fours à houille, les foyers sont à grille et placés d'un même côté dans l'épaisseur des parois. Des voûtes à claire-voie distribuent la chaleur dans toute l'étendue du four.

Dans les cas ordinaires, la cuisson demande dix à douze jours et le refroidissement cinq ou six. On arrête le feu au moment où la vitrification se manifeste, parce que la plupart des argiles se fondent à une température qui n'est pas très élevée. Cependant quelques-unes sont infusibles et sont dites *réfractaires*, on les emploie à la construction des fourneaux.

On peut fabriquer des *briques réfractaires* en ajoutant à certaines argiles dégraissées un ou deux volumes de ciment de terre réfractaire, broyé finement.

En raison de l'inégalité de cuisson qui est inévitable dans les divers procédés employés et décrits ci-dessus, les briques présentent différentes qualités. On reconnaît qu'elles sont bonnes quand elles sont d'un rouge brun foncé et présentant quelquefois à la surface des parties vitrifiées rendant un son clair, lorsqu'on les frappe, faisant feu sous le briquet. Les *briques* de mauvaise qualité donnent au choc un son sourd, ont une teinte jaune rougeâtre, s'émiettent sous les doigts et absorbent avidement l'eau ; cette absorption ne doit pas dépasser 1/5 du poids. On doit s'assurer que ces pierres factices ne sont pas gélives (voy. *Gélivité*).

Quand elles contiennent du carbonate de chaux, on peut les silicatiser, comme les calcaires (voy. *Silicatisation*).

La résistance de ces matériaux à la rupture par compression varie par centimètre carré de surface entre 33 kilogr. pour la *brique* crue, et 150 kilogr. pour la brique dure très-cuite.

Au point de vue de la forme, des dimensions et des provenances, on divise les *briques* en plusieurs catégories :

Briques ordinaires : ces briques sont des parallélipipèdes rectangles ayant $0^m,22$ de longueur sur $0^m,11$ de largeur et de $0^m,055$ d'épaisseur ; les meilleures parmi celles qu'on emploie à Paris, sont la *brique de Bourgogne*, dont les dimensions sont $0^m,220$, $0^m,107$ et $0^m,055$; on la reconnaît à sa couleur rouge pâle, mélangée de petites taches brunes produites par des matières vitrifiées ; elle est dure et pèse 2,250 kilogr. le mille ; la *brique de Montereau*, qui, pour les qualités, approche de la précédente, n'a que $0^m,05$ d'épaisseur et ne pèse que 2,063 kilogr. le mille ; la *brique* dite *de pays*, qui se fabrique à Paris ou dans ses environs, est moins estimée et présente une plus grande légèreté ; parmi les *briques de pays*, une brique très employée est celle dite *façon Bourgogne*, provenant de Vaugirard.

Briques dites *anglaises* : leurs dimensions atteignent $0^m,24$ à $0^m,27$ de longueur, $0^m,10$ à $0^m,17$ de largeur et $0^m,06$ à $0^m,07$ d'épaisseur.

Demi-briques : ce sont des briques qui ont $0^m,12$ sur $0^m,12$ et $0^m,06$ d'épaisseur et qui peuvent s'employer dans le cas où l'on aurait à casser des briques entières. On appelle aussi *demi-briques* celles qui ont les dimensions ordinaires sur $0^m,03$ d'épaisseur.

Briques pour *réservoirs*, *aqueducs*, *routes*, etc. : ces briques sont moulées sur diverses formes, soit en voussoirs, en cintres de réservoirs, soit en portions de gouttières ou de caniveaux.

Briques circulaires ou *briques Gourlier*, du nom de leur inventeur : on s'en sert pour la construction des tuyaux de cheminées, dans l'épaisseur des murs : on les divise en *briques cintrées* et *briques arrondies* ; les premières présentent deux modèles pour tuyaux circulaires de 0ᵐ,25 et 0ᵐ,23 de diamètre ; la figure 641 représente, en plan, deux as-

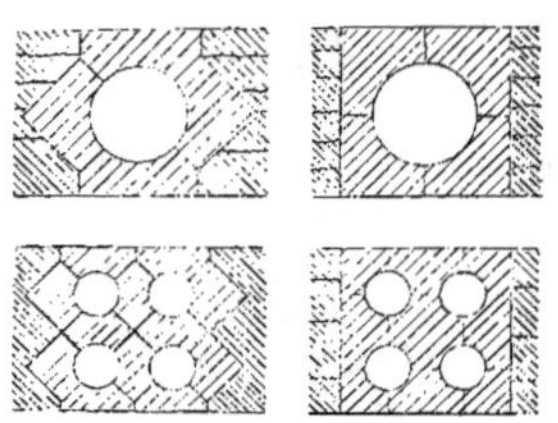

Fig. 641.

sises consécutives, pour tuyaux isolés et pour suites de tuyaux ; les *briques* formant ces conduits ont des noms parti-

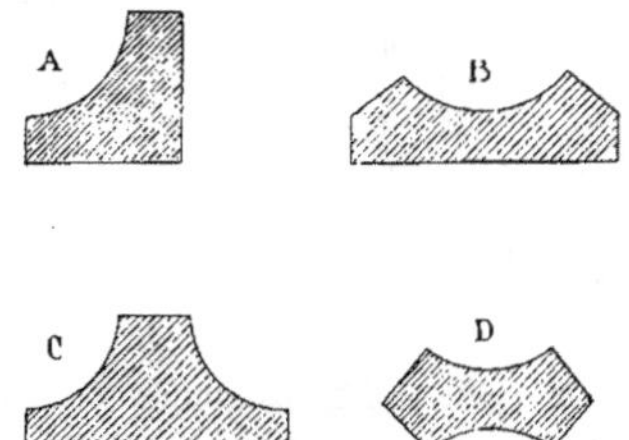

Fig. 642.

culiers, dont le détail est donné par la figure 642 : A, équerre ; B, plat à barbe ; C, chapeau du commissaire ; D, violon. Ces *briques* arrondies ont aussi un grand modèle, pour tuyaux d'angles arrondis de 0ᵐ,14 à 0ᵐ,40 de diamètre sur 0ᵐ,25 de large et un petit modèle dont la section de conduite est la même, mais qui sont moins épaisses. Les *briques Gourlier* présentent sur les anciens coffres de murs de cheminées l'avantage de se relier au mur en briques, d'en faire partie intégrante, de ne pas nuire, par conséquent, à la solidité et de pouvoir éprouver un tassement sans se briser.

Briques creuses ou *tubulaires* : depuis quelque temps, on utilise ces *briques* inventées par M. Paul Borie, pour les ouvrages légers, tels que planchers, voûtes, cloisons. Leur avantage sur les briques pleines est considérable, car

elles sont mieux cuites, résistent mieux à la rupture et aux agents atmosphériques, et isolent plus complètement de l'humidité. Les formes et les dimensions de ces *briques* varient ; elles sont en général prismatiques, et pourvues de petites cloisons longitudinales ; nous en

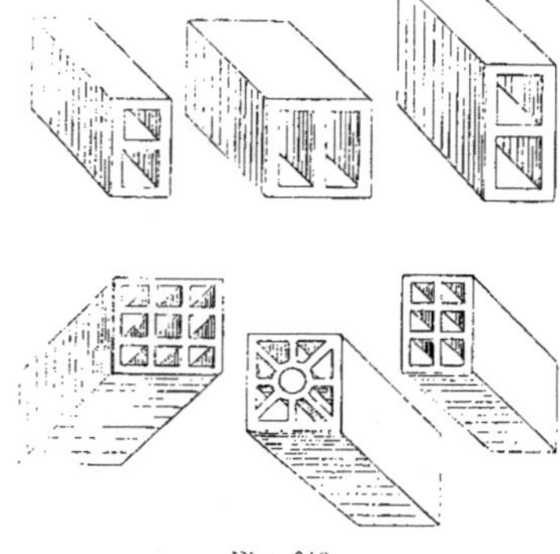

Fig. 643.

donnons plusieurs types (fig. 643). La fabrication exige des machines spéciales ; mais le prix de revient est moins élevé que celui des briques pleines, en raison de l'économie de matière première et de combustible ; en outre, le séchage est beaucoup plus rapide.

Briques légères : on fait aussi des *briques* plus légères que l'eau et qui sont réfractaires, en mélangeant 1/20 d'argile avec une sorte de magnésite poreuse composée de 55 parties de silice, 15 de magnésie, 14 d'eau, 12 d'alumine, 3 de chaux et 1 d'oxyde de fer ; une *brique* ainsi fabriquée pèse 0ᵏ,450 et offre plus de résistance, sous le même poids, que la *brique* commune. On obtient le même résultat en mélangeant certains tufs siliceux avec 1/25 d'argile.

Il importe de savoir, dans le métré des ouvrages, quelles sont les diverses sortes de *briques* que l'on emploie, et la quantité de chacune des espèces qui entre dans la confection de 1 mètre cube, et de 1 mètre carré de maçonnerie.

On emploie, à Paris, environ six catégories de *briques* : 1° la *brique de Bourgogne* ; 2° la *brique façon Bourgogne* ; 3° la *brique creuse* : 4° la *brique réfractaire* et *demi-réfractaire* ; 5° la *brique cintrée*, dite *Gourlier* ; 6° la *brique carrée*.

Briques de Bourgogne. Cette *brique*, dont on utilise trois qualités différant entre elles par leur couleur rouge, grise ou brune, a pour dimensions $0^m,22$, $0^m,11$ et $0^m,054$.

Il en entre, dans 1 mètre cube, 630.

Dans 1 mètre superficiel de $0^m,22$ d'épaisseur 140

Dans 1 mètre superficiel de $0^m,11$ d'épaisseur 70

Dans 1 mètre superficiel de $0^m,06$ d'épaisseur 38

Briques façon Bourgogne. Il y a six classes de *briques* de cette nature admises par la *Série de la ville de Paris*.

1° La *brique de Vaugirard*, de $0^m,22 \times 0^m,11 \times 0^m,06$, de très-bonne qualité et coûtant, le mille . . . . . 60 fr.

2° La *brique* de deuxième qualité de *Vaugirard*, de $0^m,22 \times 0^m,11 \times 0^m,065$ à $0^m,07$, de très-bonne qualité aussi et coûtant, le mille . . . . . . 60 fr.

3° Les *briques de Pantin*, des *Buttes-Chaumont* ou d'*Aubervilliers*, de mêmes dimensions, mais de moins bonne qualité que les précédentes, et coûtant, le mille . . . . 54 fr.

4° Les *briques de Passy*, de $0^m,22 \times 0^m,11 \times 0^m,07$, et coûtant, le mille . . . . 48 fr.

5° Les *briques de Bicêtre*, de *Montrouge*, de *Châtillon* et de *Villejuif*, coûtant, le mille . . . . 48 fr.

6° Les *briques* faites avec les mêmes terres non moulées, les terres n'étant pas broyées et les *briques* étant simplement estampées, ayant pour dimensions, comme celles de la cinquième catégorie, $0^m,21$, $0^m,10$, et un peu moins de $0^m,06$ d'épaisseur, et coûtant, le mille. 45 fr.

Si la *brique* façon Bourgogne a pour dimensions $0^m,22 \times 0^m,11 \times 0^m,065$, il en entre dans 1 mètre cube . . . 560

Dans 1 mètre superficiel de $0^m,22$ d'épaisseur 130

Dans 1 mètre superficiel de $0^m,11$ d'épaisseur 65

Dans 1 mètre superficiel de $0^m,065$ d'épaisseur 37

Briques creuses. Les *briques* de cette nature, que l'on trouve dans le commerce, sont énumérées dans le tableau suivant, extrait du *Dictionnaire raisonné du métré* de M. Masselin, avec leurs dimensions et leurs prix en regard :

							Prix du millier
$0^m,22$	sur	$0^m,11$	et	$0^m,04$.			48 fr.
0	22	0	11	0	05.	—	50
0	22	0	11	0	06.	—	53
0	22	0	11	0	065.	—	53
0	22	0	19	0	04.	—	55
0	22	0	11	0	11.	—	75
0	28	0	15	0	05.	—	70
0	30	0	15	0	04.	—	65
0	30	0	15	0	07.	—	60
0	30	0	16	0	08.	—	90
0	30	0	14	0	085.	—	55
0	30	0	12	0	10.	—	90
0	30	0	125	0	11.	—	90

La *brique Borie*, ainsi nommée du nom de l'inventeur de la *brique* creuse, coûte un peu plus cher ; on la regarde toujours comme étant de première qualité.

Brique réfractaire. Cette *brique*, fabriquée avec une terre de première qualité a les mêmes dimensions que la brique de Bourgogne ; elle coûte, à Paris, jusqu'à 120 francs le mille.

Brique cintrée dite *Gourlier*. Cette *brique* dont les formes sont variées, s'évalue ainsi, d'après la *Série de la ville de Paris* :

Pour tuyaux ménagés dans l'épaisseur des murs :

le mille.

Pour murs de $0^m,50$ d'épaisseur, 140 fr.

— $0^m,45$ — 130 fr.

— $0^m,40$ — 120 fr.

Brique carrée. Les *briques* de ce genre sont destinées à se raccorder dans les murs avec la *brique* cintrée ; leurs dimensions sont de $0^m,22 \times 0^m,075$ et $0^m,09$, et leur prix courant est de 60 fr. le mille.

Les ouvrages en maçonnerie de *briques* se mesurent et se payent soit au *mètre superficiel*, pour les murs et cloisons de 0^m,22, de 0^m,11 et 0^m,06 d'épaisseur ; soit au *mètre cube*, pour les murs de 0^m,34 d'épaisseur et au-dessus. Dans ce dernier cas, on applique des prix différents aux massifs et murs en fondation ; aux murs en élévation à toutes hauteurs ; aux voûtes, hourdis de planchers et travaux analogues.

Une plus-value de 0 fr. 55, par mètre superficiel, s'applique aux murs où la *brique* est apparente et dont la surface présente des joints bien horizontaux et bien verticaux.

L'évaluation du prix des tuyaux de cheminée établis dans l'épaisseur des murs exige un détail spécial (voy. *Tuyau*).

Les joints se font en plâtre ou en mortier ; on tiendra compte de la valeur de ce dernier, si elle est supérieure à celle du plâtre. L'épaisseur de ces joints, si elle dépasse 0^m,01, donne lieu à une diminution de 5 p. 100 sur la valeur des prix de *briques*.

On accorde généralement les plus-values suivantes : 1° de 0 fr. 80, par mètre cube, pour cloisons faites dans les caves, après la confection desdites caves ; 2° de 0 fr. 55, par mètre linéaire de parties taillées, pour travaux tels que remplissages de pans de bois ou *briques* apparentes, tourelles sur plan polygonal, etc., entraînant une taille de briques devant rester apparentes ; 3° de 2 fr. 50, par mètre superficiel, pour *briques* apparentes avec panneaux, dessins et bandes de diverses couleurs (1).

Briquet, *s. m.* — 1° Sorte de petite charnière ou *couplet* de fer ou de cuivre servant à la fermeture des *abatants* (voy. *Couplet*).

2° Ornement qu'on nomme aussi *trèfle* et qui se taille sur une *doucine* (voy. *Trèfle*).

(1) Masselin, *Dictionnaire raisonné du métré.*

Briquetage, *s. m.* — Maçonnerie de *briques* (voy. *Maçonnerie*).

Travail de l'ouvrier *briqueteur*.

Briqueter, *v. n.* — 1° Faire une maçonnerie de *briques*.

2° Imiter sur le plâtre un briquetage. A cet effet, on passe une couche d'impression à l'ocre rouge et on trace des joints avec un crochet ; on peut encore faire un enduit composé de plâtre et d'ocre rouge, y creuser des joints pendant qu'il est frais et les remplir avec du plâtre au sas.

Briqueterie, *s. f.* — Etablissement destiné à la fabrication des *briques*.

Une *briqueterie* comprend des fosses en maçonnerie pour le corroyage de l'argile, des fours pour la cuisson et des hangars pour le séchage. Quelquefois la fabrication se fait en plein air. Les *briqueteries* des anciens se nommaient *lateraria* ; les procédés employés étaient les mêmes que les nôtres.

Brise, *s. f.* — Nom que l'on donne en architecture hydraulique à une poutre posée en bascule et pivotant sur la tête d'un gros pieu ; cette pièce retient par le haut les aiguilles d'un *pertuis*.

Brisé, *part. passé.* — CHARPENTE. On appelle *comble brisé*, un comble dont chaque rampant a deux pentes. On dit aussi *comble à la Mansart*, du nom de l'architecte qui en est l'inventeur (voy. *Comble, Mansarde*).

MENUISERIE. On dit qu'une porte, un vantail sont *brisés* quand ces pièces sont composées de plusieurs parties ou feuilles pouvant se replier l'une sur l'autre, à l'aide de charnières ou d'autres ferrures. Le joint articulé se nomme *brisure*.

Brise-glace, *s. m.* — Ouvrage en charpente affectant la forme triangulaire, pour rompre le courant en avant des piles de ponts et les protéger contre le choc des corps flottants (voy. *Avant-bec*).

Brisis, *s. m.* — 1° La ligne de *brisis* est l'arête de l'angle formé par les deux pentes d'un comble brisé.

2° Etage compris entre la corniche de la façade et la ligne de *brisis*.

Les pièces qui composent la charpente d'un comble brisé se nomment *arbalétriers de brisis, panne de brisis*, etc. (voy. *Arbalétrier, Comble, Panne*).

Brisure, *s. f.* — Voy. *Brisé*.

Brocatelle, *s. f.* — Sorte de marbre brèche à fragments de petite dimension et dont le nom vient de la ressemblance de cette pierre avec l'étoffe ancienne tissée d'or, appelée *brocart*.

Il y a plusieurs variétés de *brocatelles* : les plus employées sont :

1° La *brocatelle* ou *marque de Boulogne*, d'une couleur un peu sombre, mais d'excellente qualité, qui comprend : le *Lunel blanc*, le *Lunel fleuri*, le *Napoléon rose*, le *Napoléon fleuri*, le *Napoléon gris*, le *Notre-Dame*, le *Joinville*, la *Caroline rubanée*, la *Caroline*, l'*Henriette blonde*, l'*Henriette brune*, le *Stinkal doré*, le *Stinkal* ; dans cette dernière variété on distingue le *haut blanc*, qui est gris sombre et bleuâtre et le *petit blanc*, qui est gris blanc et gris jaspé : on emploie ces marbres, à Paris, pour chambranles de cheminées ;

2° La *brocatelle de Moulins*, bleue, brune et grise avec des taches jaune-doré ;

3° La *brocatelle de Sienne* ou *marbre jaune de Sienne*, traversé par de très nombreuses veines de couleurs foncées et généralement violettes ;

4° La *brocatelle d'Espagne* dont le fond présente des tons variés.

Broche, *s. f.* — 1° Cheville de fer à pointe, servant à ferrer des bois ou à assujettir des assemblages de charpente.

2° Goujon apointi.

3° *Broche de fiche, de charnière* : tige de fer qui relie les deux parties d'une fiche, en passant à travers les nœuds ou qui réunit les deux couplets d'une charnière, en passant dans les yeux ; cette pièce forme l'axe autour duquel fonctionnent ces ferrures.

4° *Broche de serrure* : pièce cylindrique qui entre dans la forure d'une clef et sert à la guider.

5° *Broche d'arrêt* : pièce effilée munie d'un œil faisant partie de l'arrêt à *broche* pour persienne (voy. *Arrêt*).

Brocher, *v. a.* — 1° Arrêter une pièce de charpente ou de menuiserie avec des *broches* ou des clous, par exemple une lambourde sur les solives d'un plancher, une croisée ou un châssis sur un bâti dormant.

2° *Brocher la tuile* : la passer de son épaisseur entre les tuiles pour que le couvreur l'ait sous la main.

Bronzage, *s. m.* — Les peintres appellent ainsi l'art de donner à des objets de bois, de plâtre ou de métal, une surface qui prenne l'apparence du bronze.

Les couleurs préparées à cet effet s'appliquent particulièrement sur les ferrures de portes et de croisées, telles que boulons, espagnolettes, poignées de crémones, etc.

On distingue le *faux bronze* obtenu par le mélange du noir de fumée, de l'ocre rouge et du bleu de Prusse, du *bronze naturel* préparé avec des alliages à base de cuivre ou simplement du cuivre réduit en poudre. Quelquefois on emploie des feuilles minces de bronze proprement dit que l'on broie avec du miel ou de la gomme.

Cette couleur présente différentes variétés, le *bronze florentin* ou *cramoisi*, le *bronze doré rouge*, le *bronze doré pâle*, le *bronze blanc* et le *bronze vert*.

Ce que l'on cherche à reproduire, dans la peinture d'imitation, c'est l'effet du *bronze* que l'on nomme *patine antique* et qui est dû à un oxyde vert de *bronze*, vert de gris noirâtre, qui se forme sur les statues et les médailles de *bronze* de l'antiquité et qui leur sert, en quelque sorte, de vernis.

Il existe différents procédés pour faire le *bronze*. Ainsi, pour imiter le *bronze antique*, par exemple, sur les poêles d'appartement dont la décoration est d'un style sévère, on rebouche d'abord au mastic à la colle ; puis, on applique un encollage à la colle de peau. La teinte de fond doit être d'un vert très foncé, composé de bleu et de terre d'ombre. L'encollage étant sec, on emploie les teintes suivantes : teinte *brillante*, composée avec l'ocre de Rhue, la terre d'ombre et une pointe de blanc de céruse ; teinte *rouge brun*, formée de brun Van Dyck, de terre d'ombre et d'un quart de teinte de brillant ; teinte *vert foncé*, composée de vert anglais avec une pointe de blanc et un quart de la teinte brune ; teinte *vert de gris*, presque pur avec une très petite addition de blanc évaluée au 1/12 au plus. Ces quatre teintes s'appliquent par bandes chacune occupant le quart de la largeur plane à couvrir, en ayant soin d'adoucir avec la brosse plate et de les fondre bien les unes dans les autres, de manière à obtenir l'effet d'une seule teinte, se dégradant du jaune brillant au vert clair, qui est le vert de gris. Le liquide dont on se sert est une mixtion d'essence et d'huile de lin.

Pour les *bronzes* pâles, on procède de même ; seulement, au lieu que ce soit pour le brillant le jaune qui domine, c'est le blanc. La terre d'ombre, mise en plus grande quantité dans les teintes successives, suffit pour mettre toutes ces teintes en harmonie.

Pour le *bronze* rougeâtre, c'est le brun Van Dyck mis en plus grande quantité dans la teinte brillante, et le mélange de ce brillant pour toutes les autres teintes, et ainsi de suite pour toutes espèces de *bronzes* que l'on veut faire.

Le *bronze* florentin se fait sur un fond brun mélangé de terre de Sienne calcinée et de brun Van Dyck pur. La teinte de brillant se compose de jaune de chrome et de terre de Sienne calcinée ; la teinte brune, de terre de Sienne calcinée et de brun Van Dyck, que l'on prolonge en l'adoucissant dans la teinte de fond.

Le *bronze blanc*, autrement dit le *fer poli*, se fait sur un fond gris un peu jaunâtre. Les quatre couleurs employées sont du bleu, du brun Van Dyck et du jaune de chrome.

Bronze, *s. m.* — Nom que l'on donne, en général, à tout alliage dans lequel le cuivre est le métal dominant et se trouve combiné avec l'étain et le zinc réunis ou pris séparément.

Le *bronze* ou *airain* servait dès la plus haute antiquité à la fabrication des armes et des ustensiles de tous genres ; la sculpture et l'architecture en faisaient usage. L'Égypte, l'Assyrie, la Grèce nous ont montré de nombreuses traces de ce métal dans les arts ; citons les portes d'airain de Babylone, et les plaques de *bronze* qui ornaient le trésor d'Atrée, à Mycènes.

Dans la composition des *bronzes* antiques, on remarque que l'étain seul fut d'abord réuni au cuivre ; le zinc ne fut introduit qu'à l'époque des empereurs romains, et le *plomb* se montre en petite quantité dans l'*airain* gaulois.

Les Romains, en particulier, firent un grand usage du *bronze* dans les constructions.

Nous citerons tout d'abord l'emploi qu'ils faisaient de ce métal, sous forme de crampons, destinés à relier les pierres entre elles dans les bâtiments. L'appareil qu'ils constituaient ainsi se nommait *opus revinctum*, et s'ils se servaient du bronze dans cette circonstance, c'était parce qu'ils avaient reconnu la propriété qu'a ce métal de ne s'altérer jamais et de se conserver entier, surtout lorsqu'il a pris son vert de gris et lorsqu'il n'est point en contact avec des matières corrosives.

Les portes des temples étaient en *bronze* : la seule porte romaine peut-être qui soit restée en place avec ses accessoires est celle du Panthéon de Rome : elle est ornée de moulures lisses et de clous du même métal. Cet édifice présentait un emploi très remarquable du *bronze* : la toiture du porche et de la coupole, les caissons de la voûte et l'œil qui éclaire l'intérieur du temple étaient décorés de lames, de moulures et d'ornements de *bronze*. Le seul spécimen qui subsiste maintenant de cette splendide décoration est la corniche en *bronze* placée autour du jour situé au sommet de la voûte. Ces nobles vestiges suffisent pour nous faire déplorer les mutilations que ce magnifique monument eut à subir de la part des empereurs et des papes : le XVIIe siècle a encore vu les restes de l'antique *bronze* du Panthéon servir à faire des canons pour armer le château Saint-Ange et des colonnes pour le baldaquin de Saint-Pierre.

Pour comprendre cette prodigieuse richesse de décoration que les anciens savaient déployer dans leurs édifices, il ne faudrait pas apprécier les moyens et les ressources de l'antiquité par la faiblesse des nôtres. Que sont nos cirques, nos bains publics, etc., à côté des amphithéâtres et des thermes romains ? Pausanias rapporte qu'on voyait, à Lacédémone, un temple dont toutes les parties apparentes, depuis le comble jusqu'à la base des colonnes, étaient entièrement revêtues de lames de *bronze* chargées de sculptures. L'usage de ces bas-reliefs en métal se retrouve sur un grand nombre de monuments où, du moins, les trous que l'on y observe, de nos jours, sont bien ceux qui servaient au scellement des crampons destinés à les maintenir en place. Les arcs de triomphe particulièrement portent des trous semblables.

On a également trouvé des colonnes antiques faites de *bronze* ; telles sont celles qu'on a employées pour couronner l'autel du Saint-Sacrement, à Saint-Jean de Latran.

Les applications modernes de cet alliage sont encore plus nombreuses : des portes d'édifices, des reliquaires, des baldaquins d'autels, des balustrades ont été exécutés en bronze. On en fait aussi des cloches d'église. Un exemple de l'emploi de ce métal, qui constitue l'ouvrage le plus considérable en *bronze* existant aujourd'hui est le baldaquin de Saint-Pierre de Rome, supporté par des colonnes torses, qui ont été fondues avec le métal enlevé à la coupole du Panthéon.

L'alliage de cuivre et d'étain donne un métal jaunâtre, plus dur et plus fusible que le cuivre, de densité plus grande que la moyenne des densités de ces deux métaux qui est comprise entre 8,76 et 8,87. Il est peu malléable quand il est refroidi lentement et le devient, au contraire, quand il est *trempé*, ou refroidi brusquement ; on peut alors le travailler au marteau.

On a donné le nom de *couleur de bronze* à une préparation qui sert en peinture à imiter le ton de cet alliage sur différents objets dans un but d'ornementation (voy *Bronzage*).

Broquette, *s. f.* — Petit clou très pointu, à tête large, servant à fixer les platines des verrous et des targettes.

Il y a plusieurs variétés de *broquettes*, celles dites *à l'anglaise*, *emboutées*, de *trois quarts*, de *demi-livre allongée*, de *demi-livre fine* et d'*un quart fine* ou *petite semence*.

Brossage, *s. m.* — On fait le *brossage*, quand on enlève la poussière attachée à la pierre, dans les vieux monuments.

Brosse, *s. f.* — On appelle ainsi les pinceaux en soie de porc ou de sanglier, qui servent aux peintres et aux doreurs pour étendre leurs couleurs.

Nous donnons figure 644, en allant de droite à gauche, la *brosse à plafond*, la

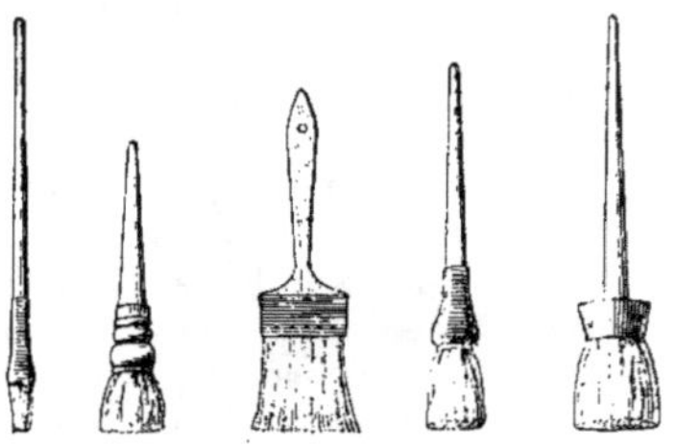

Fig. 644.

brosse proprement dite, la *brosse plate* ou *queue de morue*, le *pinceau à chique-ter* et le *pinceau à filer*.

On reconnaît qu'une brosse n'est pas falsifiée, c'est-à-dire qu'elle ne contient pas de crin mêlé aux soies, quand on la trempe dans l'eau, et que les soies se redressent après avoir été secouées lé-gèrement ; si les soies tournent, les brosses sont mauvaises.

Brou de noix, *s. m.* — Couleur composée d'eau seconde et de terre de Cassel, dont les peintres se servent pour recouvrir les parquets et imiter le vieux chêne sur les boiseries.

Brouette, *s. f.* — Sorte de petit tombereau à une roue, servant au trans-port des terres ou de différents maté-riaux, tels que moellons, briques, etc.

On distingue plusieurs sortes de *brouettes* :

La *brouette ordinaire* ou *à coffre* est utilisée pour le transport des terres, sables, chaux, cailloux, mortiers, etc. :

Fig. 645.

sa contenance ordinaire est de 0^m,025 cube ; elle est munie de deux brancards

à l'aide desquels un homme la pousse devant lui (fig. 645).

La *brouette à barres*, dont le fond et le dossier sont à claire-voie, est surtout

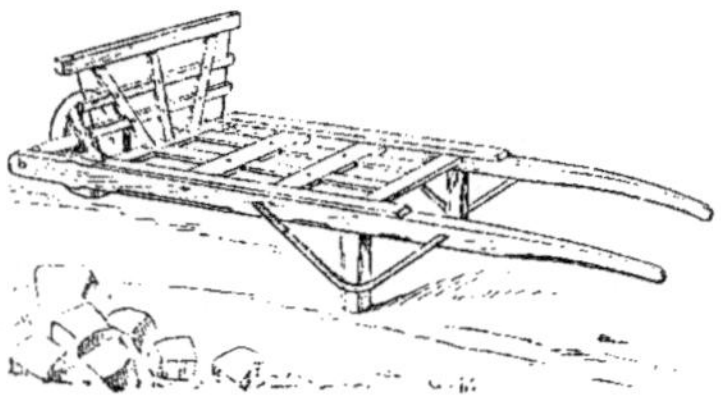

Fig. 646.

employée pour transporter les moellons et la meulière (fig. 646).

La *brouette de mesure* ou *à dosage* (fig. 647), semblable à la *brouette* ordi-naire, mais fermée sur les quatre côtés,

Fig. 647.

contient de 60 à 80 litres ; elle sert à mesurer les proportions de sable et de cailloux qui entrent dans la composition des mortiers.

Le contenu d'une *brouette* se nomme *brouettée*.

Transport des terres à la *brouette* (voy. *Transport*).

Brouter, *v. a.* — Se dit de l'action d'un outil qui ne coupe pas nettement le bois.

Broyage, *s. m.* — Les couleurs ne peuvent être employées que si elles ont été préalablement *broyées*, c'est-à-dire réduites en poudre par écrasement et triturées avec de l'eau qui doit être plu-tôt de rivière que de puits.

Ce que les peintres perdent par le

temps qu'ils emploient au *broyage*, ils le regagnent du côté de la perfection et de l'emploi ; car, plus les couleurs sont broyées, plus elles sont fines, plus elles s'étendent et couvrent de surface, plus aussi le principe colorant produit d'effet et moins il en faut, par conséquent, dans le mélange.

On emploie souvent les ocres, les noirs et la terre d'ombre sans les broyer : cette coutume est admissible pour les murs, les carreaux et parquets, mais non pour les ouvrages soignés. Dans les divers cas que nous citons, on infuse ces substances colorantes dans l'eau seulement, et on les détrempe à la colle.

On se sert pour le *broyage* de tables de porphyre, de granit ou de pierre de liais très-fine et très-unie. La molette dont on se sert est en pierre de même nature. Les couleurs se broient à l'huile, à l'essence ou à l'eau.

Le *broyage à l'huile* ou *à l'essence* se pratique de la manière suivante : on met sur la table une quantité déterminée de blanc ou de couleur, et l'on verse dessus la dose indispensable de liquide, huile ou essence, pour commencer la trituration ; puis, on en ajoute de nouveau, au fur et à mesure qu'elle s'avance et qu'enfin on la juge assez divisée et assez fine ; elle doit avoir la consistance d'une pâte un peu ferme.

Dans le *broyage à l'eau*, on humecte la couleur avec de l'eau, au lieu d'y mettre de l'huile ou de l'essence ; lorsqu'elle est assez fine, on en fait de petits tas sur des planches, des morceaux de verre ou des feuilles de papier blanc ; et on les laisse sécher dans un endroit sec où la poussière ne peut pénétrer.

En général, toutes les couleurs ainsi préparées ont besoin d'être broyées une seconde fois, avant d'être employées soit à l'eau, soit à l'huile.

Une fois broyées, les couleurs sont conservées dans des pots, et peuvent être rebroyées et détrempées à l'eau ou à l'huile au moment de leur emploi.

Broyeur, *s. m.* — Machine servant à fabriquer le mortier.

C'est un cylindre en forte tôle reposant sur un patin en bois ; une plaque également en tôle ferme le fond de l'appareil et est reliée au cylindre par une cornière. Le mélange des matières est produit par la rotation d'une tige ou axe en fer autour de laquelle s'enroule en hélice une lame de même métal. Le mouvement est donné à l'aide d'un système d'engrenage sur lequel agit une

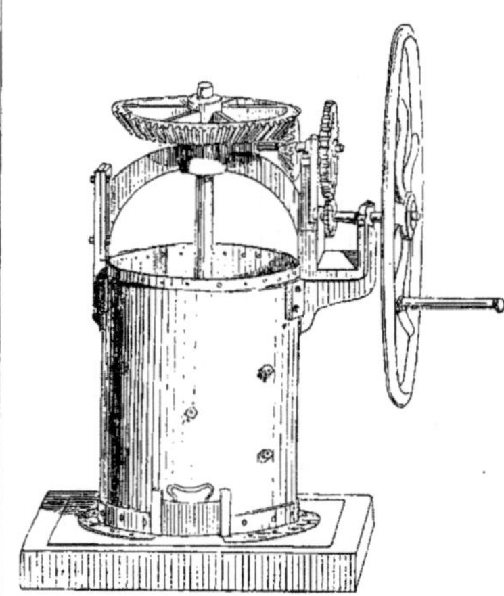

Fig. 648.

roue que fait tourner un homme au moyen d'une manivelle. Une porte à coulisse, placée à la partie inférieure, sert à la sortie du béton ou du mortier fabriqué (fig. 648).

Brûlage, *s. m.* — On donne ce nom à l'une des opérations préparatoires des travaux de peinture, qui a pour effet d'enlever entièrement les anciennes peintures à l'huile, les vernis et les vieux apprêts que le lessivage n'a pu faire disparaître.

Le *brûlage* se fait en étendant à la surface de l'objet de l'essence de térébenthine que l'on enflamme avec une torche de paille, une chandelle allumée ou mieux avec un réchaud qu'on promène sur toutes les parties à mettre à vif.

Les peintures soumises à l'action du feu sont alors faciles à détacher par le grattage.

Le *brûlage* s'opère principalement sur les peintures sur bois.

Brûlement, *s. m.* — Terme de série employé pour désigner l'opération dans laquelle on passe au feu le pied des poteaux taillé en pointe pour le faire durcir.

Brûloir, *s. m.* — Bâtiment qui sert à brûler les porcs dans un *abattoir*.

La figure 649 représente, en plan, le *brûloir* des nouveaux abattoirs de La Villette à Paris. C'est une grande salle

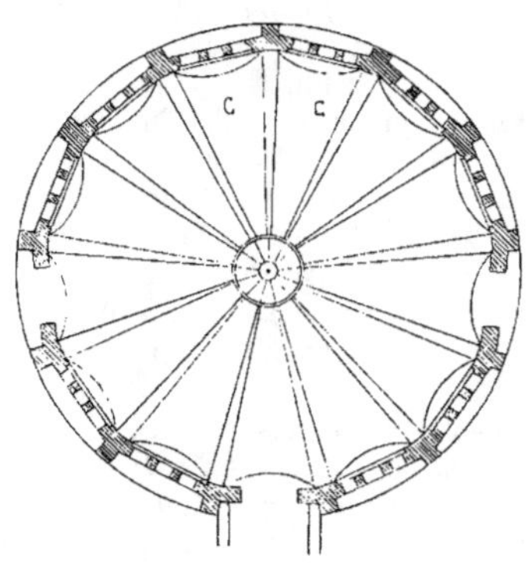

Fig. 649.

polygonale régulière qui est construite en briques avec contreforts en pierre de taille aux angles. Deux portes opposées la font communiquer avec le dehors, et un couloir la relie avec la porcherie. Sur chacun des côtés du polygone est établie une baie à une assez grande hauteur au-dessus du sol. La couverture repose sur treize arcatures en fer projetées sur le plan et qui se réunissent, à leur partie supérieure, à une lanterne centrale en fer munie de lames de persienne en tôle. Ces arcatures supportent des voûtes partielles

C, C, en briques, qui forment des espèces de demi-conduits inclinés, facilitant la sortie, par la lanterne, de la fumée provenant du *brûlage* des porcs, opération qui a lieu sur le sol.

Brun, *s. m.* — PEINTURE. Couleur qui offre différentes variétés. On distingue les *terres d'ombre*, de *Sienne*, de *Cologne* (voy. *Terre*), et les *bruns* proprement dits :

1° Le *brun Van Dyck*, couleur très solide, qui s'emploie principalement à l'huile et provient soit de la calcination de l'ocre jaune tiré du midi de la France et de l'Italie, soit de la calcination du *colcotar* ; le premier de ces produits est le *brun Van Dyck* ordinaire ;

2° Le *brun de Prusse*, résultant de la calcination à air libre d'un bleu de Prusse ;

3° Le *brun de manganèse*, préparé par un mélange d'eau de Javelle avec un sel soluble de manganèse ; cette couleur était employée par les Romains ;

4° Le *brun doré de plomb*, obtenu en traitant la céruse par l'eau de Javelle alcaline.

Au nombre des couleurs brunes, on compte encore le *marron*, le *bitume*, le *bistre*, et la *sépia* (voy. ces mots).

Brunissage, *s. m.* — On donne ce nom à l'une des opérations de la dorure qui a pour effet de rendre luisante certaine partie de l'objet à dorer ; le luisant obtenu s'appelle le *bruni* et cette opération se fait au moyen d'outils appelés *brunissoirs* (voy. **Dorure**).

Brunissoir, *s. m.* — Outil en acier poli, pierre sanguine ou caillou dur et transparent, affûté en dent de loup, pourvu d'un manche, et qui sert à brunir, c'est-à-dire à donner du brillant à certaines parties d'un objet doré.

Les *brunissoirs* en pierre sont en agate ou en silex ; la figure 650 représente en A la *pierre à brunir* ordinaire, et en B celle dite *jambon*, en raison de sa forme.

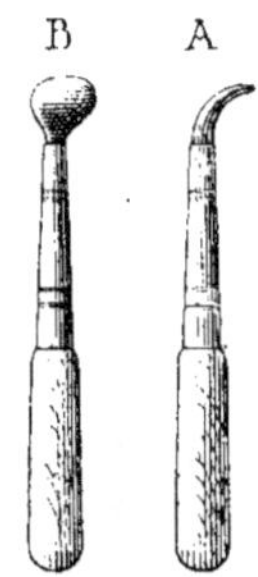

Fig. 650.

Les doreurs commencent par dégrossir avec le *brunissoir* en agate ou en silex, et finissent par le *brunissoir* en sanguine.

Les outils d'acier sont à l'usage des ouvriers qui travaillent les métaux ; ces *brunissoirs* sont courbes ou droits, arrondis ou en pointe.

Brut, *adj.* — Qui n'est pas encore travaillé, ou qui, après le travail, reste dans son état primitif : bois *brut,* pierre *brute,* parement *brut.*

Buanderie, *s. f.* — Pièce fermée qui fait partie d'une blanchisserie et dans laquelle on fait le lessivage et souvent aussi l'essangeage et le savonnage du linge.

La *buanderie* renferme des dispositions spéciales pour chacune de ces opérations. L'essangeage ou nettoyage du linge à l'eau froide se fait dans des baquets. Le savonnage, dans un bassin où l'on amène l'eau par des conduits et qui est pourvu d'une margelle formée de dalles inclinées servant de carreaux à laver ; cette opération peut se faire encore dans un local à part ou dans le lavoir même. On procède au lessivage par trois méthodes différentes : le *coulage,* le *bouillage* ou le *lessivage à la vapeur,* exigeant toutes l'emploi de bacs ou cuviers et de chaudières installées sur des fourneaux.

On a retrouvé, dans les ruines de Pompéi, un établissement de foulon avec *buanderie,* dont nous représentons (fig. 651) le plan, emprunté à l'ouvrage de M. Antony Rich sur les *Antiquités*

Fig. 651.

romaines et grecques. On voit, en A, l'entrée donnant sur la rue ; en B, la loge du portier ; en C, l'*impluvium* entouré d'un portique ; sur l'un des piliers sont peintes les figures de foulons à l'œuvre ; D est une fontaine avec un jet d'eau ; E, un appartement que l'on croit destiné au séchage des étoffes ; F, un *tablinium* avec une chambre de chaque côté, où l'on recevait, sans doute, les pratiques ; G, une pièce sur les murs de laquelle on voit des marques de rayons et dans laquelle les étoffes étaient déposées après le dégraissage et gardées jusqu'à ce qu'on les demandât ; H et I sont des chambres formant la *buanderie* proprement dite avec un réservoir où l'on lavait et rinçait les étoffes ; en K est la partie de l'établissement où l'on enlevait la boue et la graisse en frottant les étoffes et en les foulant aux pieds ; les côtés de cette pièce étaient occupés par de petites niches qui séparaient des murs à hauteur d'appui et dans chacune desquelles un homme placé dans une cuve foulait les étoffes avec les pieds nus, se soulevant à cet effet, à l'aide des mains, sur les murs de séparation ; en M sont des réservoirs où l'on faisait sans doute tremper les étoffes avant de les laver ; N est une fontaine ou puits à l'usage des ouvriers ; O est une porte de derrière ; en P sont des chambres dont on ignore la destination : Q est le fourneau de l'établissement ; R est un appartement attenant au fourneau : S, sont les escaliers conduisant à l'étage supérieur ; en T sont les appartements que l'on suppose avoir été ceux du maître de la maison. Sur la rue principale, plusieurs boutiques sont ouvertes et n'ont pas de communication avec l'établissement.

Bûchement, *s. m.* — On fait un *bûchement* quand on enlève avec un *têtu* une partie de la pierre faisant saillie ou quand on diminue l'épaisseur d'une pièce de bois avec la *besaiguë*.

Le *bûchement* fait sur le tas dans une pièce de charpente, avec dressage de la surface, se paye dans l'évaluation du prix des ouvrages d'après la *Série de la ville de Paris*, 3 fr. 20 le mètre superficiel à 0m.03 d'épaisseur. Une plus-value de 0 fr. 35 est accordée pour chaque centimètre de recoupement en plus.

Bûcher, *s. m.* — Local faisant partie d'une maison d'habitation urbaine ou rurale et servant à conserver le bois à brûler et même le charbon de bois et la houille.

Le *bûcher* est généralement situé au rez-de-chaussée ; on doit l'éloigner des écuries, granges et dépôts de matières inflammables. Un hangar peut servir de *bûcher*. Souvent aussi on utilise les caves, quand elles ne sont pas humides, pour conserver le combustible.

Bucrane, *s. m.* — Mot qui vient du grec et qui signifie : *tête de bœuf*. On désigne ainsi des têtes de bœuf décharnées, que les anciens exécutaient en peinture ou en sculpture, pour décorer les frises des temples et des tombeaux, les autels, les candélabres et autres objets du culte.

Parmi les temples où l'on voit des *bucranes*, on compte celui de Vesta à Ti-

voli : le monument de Cecilia Metella en possède également ; la figure 652 repré-

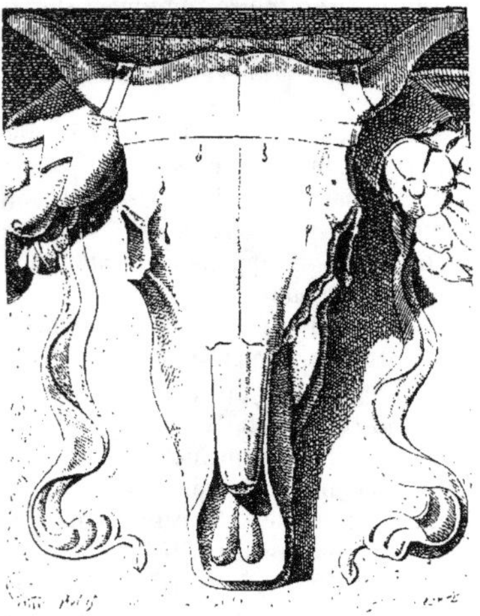

Fig. 652

sente un *bucrane* appartenant à cet édifice.

Selon les ordres auxquels appartiennent les édifices sur lesquels ils sont sculptés, les *bucranes* sont accompagnés d'ornements différents.

Dans la frise dorique, les seuls accessoires sont les bandelettes dont on ornait les victimes que l'on menait au sacrifice.

Dans les frises ionique et corinthienne, les *bucranes* sont accompagnés de guirlandes de fleurs ou de fruits, attachées par des rubans aux cornes de la tête.

Les mêmes accessoires se remarquent dans la décoration des autels. Il n'y a de différence que dans le plus ou moins de relief donné à ces têtes ; tantôt elles sont aplaties ; tantôt elles sont en ronde-bosse et même évidées.

L'origine de ce genre d'ornementation se trouve dans les usages adoptés par les anciens pour les sacrifices. On faisait plusieurs parts des victimes : on mangeait les unes, on brûlait les autres ;

mais on conservait les têtes, que l'on attachait aux murs des temples avec les bandelettes et autres instruments du sacrifice. La sculpture reproduisit sur les édifices ces coutumes sacrées, leur donnant ainsi une représentation durable.

Buffet, *s. m.* — 1° On donnait autrefois ce nom aux pièces attenantes aux salles à manger et dans lesquelles on renfermait la vaisselle et les ustensiles de table ; on les appelle aujourd'hui *offices* (voy. ce mot).

2° Ce nom est réservé actuellement aux restaurants établis dans les bâtiments des stations de chemins de fer.

Le *buffet* est installé dans une annexe ou dans le corps principal des constructions et communique généralement avec le quai de la voie. Ce restaurant comprend une ou plusieurs *salles,* une *burette*, une *cuisine*, une *care* et le logement du restaurateur. La cuisine et le logement doivent avoir leur débouché sur la cour.

3° *Buffet d'orgues :* corps de charpente ou de menuiserie servant à renfermer les orgues des églises.

C'est à partir de la fin du xv⁰ siècle que les orgues ayant acquis un grand développement, on a dû pour les recevoir élever des *buffets* ou *montres* sur une tribune spéciale construite au fond de la nef principale ou à l'une des extrémités du transept.

Dans la construction de ces ouvrages, on doit se préoccuper de préparer en façade les emplacements convenables aux tuyaux apparents suivant leur dimension et leur décroissance graduelle ; il faut aussi ménager à l'intérieur du buffet et à toutes les hauteurs des moyens d'accès facile pour l'usage des ouvriers chargés de l'entretien et de l'accord de l'instrument.

4° *Buffet d'eau :* ouvrage de marbre placé dans un jardin et qui est formé de plusieurs coupes et bassins disposés en gradins et desquels s'échappent des nappes, des cascades et des jets d'eau.

Les parcs de Versailles et de Trianon ont été ornés de *buffets d'eau.*

Buis, *s. m.* — On désigne ainsi, dans le jardinage, différents arbrisseaux toujours verts et parmi lesquels le *buis arborescent* s'élève jusqu'à la hauteur de 10 à 12 mètres. Ses feuilles lisses, luisantes et d'un vert assez foncé, le rendent propre à décorer les bosquets d'hiver.

Le *buis à bordures,* ou *buis nain,* ne s'élève qu'à la hauteur d'un mètre au plus ; il croît en touffes épaisses et s'emploie pour figurer des dessins de parterres et encadrer des plates-bandes.

Pline le jeune rapporte que l'on se servait de ce végétal pour l'ornement des jardins. On l'utilisait tantôt pour faire des palissades et des compartiments, tantôt pour figurer des noms propres ou des objets quelconques.

Le bois que fournit le *buis arborescent* est jaune, dur, solide et très pesant ; sa densité atteint 0,919. D'un tissu fin, uniforme et très serré, il prend un beau poli. De plus, il est liant, se travaille bien et est propre à tous les ouvrages qui exigent une très grande résistance. On peut l'employer avec le plus grand succès, dans la charpenterie des machines, pour faire des vis, des dents de roues, des poulies et des écrous. On s'en sert encore pour une foule d'objets tels que les décimètres qu'emploient les dessinateurs, certains manches d'outils délicats, etc.

Bulles, *s. m. pl.* — 1° Défectuosité du verre à vitres provenant de gouttelettes d'air qui se sont engagées dans la substance vitreuse en fusion.

Fig. 653.

2° Les Romains donnaient le nom de

bullæ à des têtes de clous exécutées en or ou en bronze et dont ils ornaient les panneaux extérieurs d'une porte.

La figure 653 représente une des *bulles* de la porte du Panthéon. à Rome.

Bune, *s. f.* — Maçonnerie établie au-dessus d'un massif de forge.

Bureau, *s. m.* — 1° Endroit où travaillent habituellement des employés, des commis, des gens d'affaires ; on dit, par exemple, le *bureau* d'un architecte, d'un entrepreneur.

Les chantiers de construction d'une certaine importance ont tous un bureau ou local provisoire qui renferme les plans et renseignements nécessaires pour l'exécution des travaux.

2° On donne encore ce nom à certains établissements affectés à un service public tels que *bureaux* de poste, d'octroi, etc. (voy. *Octroi, Poste*).

Burin, *s. m.* — Outil d'acier à double biseau, fortement trempé, muni

Fig. 654.

d'une tige carrée ou elliptique et servant à couper les métaux (fig. 654).

Busc, *s. m.* — Dans la fermeture d'une écluse, on donne ce nom à une portion du radier qui est saillante sur le reste de 0^m,25 à 0^m,30 et qui est limitée par une ligne brisée formant avec la ligne menée d'un chardonnet à l'autre, un triangle dont la hauteur varie entre

le 1/7 et le 1/5 de la largeur de l'*écluse* (voy. ce mot).

Les *buscs* se font en maçonnerie de pierres dures appareillées en voûte, et leur arête est entaillée pour recevoir des *heurtoirs* ou pièces de bois de 0^m,20 à 0^m,25 d'équarrissage contre lesquels s'appuient les bas des portes. Dans les travaux moins soignés, le *busc* n'est souvent qu'un assemblage de charpente composé d'un seuil et de heurtoirs.

On nomme, dans la porte même de l'écluse, *poteau busqué*, la pièce de bois qui, avec le *poteau tourillon*, forme le cordon d'un vantail ; cette pièce est entaillée en biseau sur sa face extrême de façon que les deux vantaux s'appuient ou *busquent* l'un contre l'autre suivant cette même face.

Buse, *s. f.* — 1° Sorte d'aqueduc ou canal en charpente.

La *buse* est formée de trois madriers ou planches de forte épaisseur et pla-

Fig. 655.

cées dans une tranchée à fleur de terre ou souterraine (fig. 655) ; dans ce dernier cas, on recouvre ce canal avec des planches.

Souvent la buse doit franchir une

Fig. 656.

vallée, on la soutient alors à l'aide de supports en charpente ; ce sont des châssis formés de deux pièces inclinées et réunies par des traverses ou des écharpes en croix de Saint-André (fig. 656) ; la traverse basse est une forte semelle. Des pièces également croisillonnées relient deux châssis voisins et les contreventent.

2° Les fumistes donnent le nom de *buse* à une sorte de tuyau A (fig. 657) en forme de tronc de cône, muni d'un bourrelet appelé *chapeau du cardinal* et

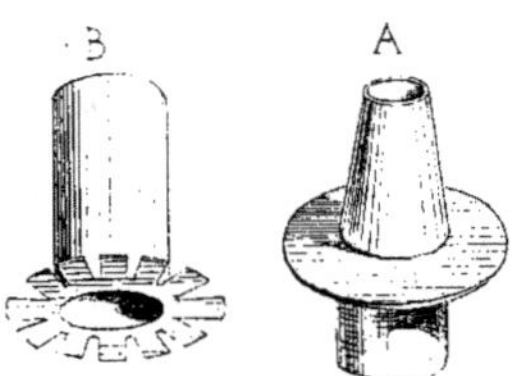

Fig. 657.

servant à réunir deux tuyaux de diamètres différents. La même figure montre en B une autre *buse* que les poêliers fixent et rivent à l'extrémité d'une bouche de chaleur ou sous une tablette de poêle ; dans ce dernier cas, la buse forme la partie inférieure du tuyau de fumée et sert à le maintenir.

Buste, *s. m.* — Ouvrage de sculpture en ronde-bosse représentant la tête et la partie supérieure du corps humain sans les bras. Les anciens lui donnaient le nom d'*Hermès* (voy. ce mot).

On n'a rien trouvé, parmi les bustes antiques, qui ressemblât à la forme de nos piédouches ; il semblerait que ces *bustes*, qui ne peuvent se soutenir aujourd'hui qu'à l'aide d'un pied, étaient autrefois incrustés ou scellés dans des niches de forme ronde ou ovale.

Les Romains, lorsque le goût des *bustes* se fut introduit parmi eux, en firent venir un grand nombre de la Grèce, où ces ouvrages de sculpture étaient très en vogue sous la forme d'Hermès. Ils placèrent dans les vestibules ou *atria* de leurs maisons les *bustes* de leurs parents défunts, avec une inscription renfermant leurs noms, surnoms et qualités. Ils en mirent encore dans les bibliothèques, les bains, les jardins, enfin aux deux côtés des portes. Les *bustes* qu'ils employaient dans ce dernier cas étaient généralement à deux têtes, pour la décoration intérieure et extérieure.

Les *bustes* étaient aussi fréquemment employés dans les monuments funèbres ; les musées de l'Europe possèdent encore aujourd'hui un grand nombre de sarcophages, d'urnes et d'autres objets analogues ornés d'un *buste* en relief du défunt en mémoire duquel ils étaient consacrés.

Buter, *v. a.* — Retenir la poussée d'une voûte, empêcher l'écartement d'un mur, au moyen d'un étai, d'un pilier, d'un massif, d'un arc-boutant.

On dit aussi *contrebuter*, ou *contrebouter*, *arc-buter* ou *arc-bouter*.

Butoir, *s. m.* — Pièce de fer contre laquelle vient *buter* la partie inférieure d'un battant de porte et qui lui sert d'arrêt

Les *butoirs* de porte cochère ou de porte charretière ont généralement la forme indiquée en plan et en coupe par la figure 658 ; la pièce de fer est recourbée à ses deux extrémités et scellée

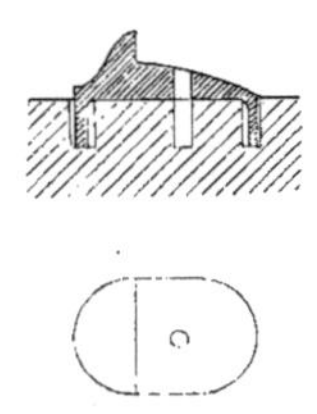

Fig. 658.

dans une pierre dure ; la partie supérieure forme l'arrêt ; un trou percé au milieu du *butoir* et se prolongeant dans la pierre permet de fixer la porte au moyen d'un verrou.

Butry (*Pierre de*). — Roche dure

portant de 0ᵐ.60 à 0ᵐ.65 de hauteur de banc.

Le mètre cube pèse 2,250 kilogr.

On a utilisé cette pierre dans les façades extérieures et le fronton de l'église de la Madeleine à Paris.

Buveau, *s. m.* — Voy. *Bireau.*

Byzantine *(Architecture).* — L'art *byzantin* a pris naissance au commencement du ivᵉ siècle, à l'époque de Constantin ; son nom vient de Byzance, où ce prince avait transporté le siège de l'empire romain.

Cette architecture se divise en plusieurs périodes.

Tout d'abord, les temples byzantins furent exécutés sur le plan des basiliques païennes ; c'étaient des édifices à nefs parallèles, terminées par des absides.

A partir de Justinien, des caractères nouveaux apparurent, tant dans le plan et le mode de construction que dans la décoration et l'ornementation des parties essentielles des monuments religieux. Quatre nefs, égales entre elles, formaient la *croix grecque ;* leur intersection présentait un vaste carré, aux angles duquel se trouvaient quatre piliers reliés par des arcades : des *pendentifs* (voy. ce mot) disposés entre ces arcades, présentaient, au sommet de ces dernières, un cercle sur lequel reposait une coupole ou dôme central ; des demi-coupoles renfermaient des arcs de soutien et couronnaient les quatre nefs ou bras de la croix ; l'entrée principale, située à l'extrémité d'une de ces nefs, était précédée d'un porche ou *exonarthex* placé souvent entre une cour ou *atrium* entouré de portiques et un vestibule ou *esonarthex,* communiquant directement avec l'intérieur de l'édifice.

Après les dispositions générales, les caractères principaux sont l'emploi exclusif du plein-cintre, quelquefois surhaussé, les voûtes apparentes au dehors, la brique mêlée à la pierre ou au moellon, soit en assises horizontales, soit en chaînes verticales : les modèles classiques sont abandonnés tant pour les profils des bases de colonnes que pour le galbe de ces supports ; l'arcade tombe directement sur la colonne ; les moulures sont plus saillantes ; les chapiteaux ont d'épais tailloirs et prennent la forme de troncs de pyramides renversées ; leur ornementation est composée, non plus de feuilles d'acanthe, mais d'arabesques ou de peintures : la surface extérieure des murs est décorée de briques formant des dessins variés et leur paroi externe est ornée de mosaïques ; des fenêtres cintrées sont ouvertes à la base des coupoles et des demi-coupoles pour éclairer l'édifice ; une suite de baies en arcade indiquent, à l'extérieur, une galerie régnant au premier étage et réservée aux femmes.

L'église Sainte-Sophie de Constantinople est le monument qui peut, dans son ensemble et dans ses détails, être regardé comme le type de l'architecture *byzantine.*

Le style byzantin eut une influence sur l'art oriental ; Venise, en Italie, certaines villes du midi de la France, Poitiers, Périgueux, offrent, dans leurs monuments, de nombreux rapports avec ceux de l'Orient au point de vue de la construction et de la décoration. Le style latin ne fut pas non plus sans imprimer un nouveau caractère aux édifices byzantins ; à partir du xiiᵉ siècle, on y rencontre fréquemment l'arc en ogive, les peintures à fresque remplaçant les mosaïques, les façades avec frontons, et les fenêtres fermées par des tablettes de pierre et de marbre, percées d'ouvertures arrondies pour donner passage à la lumière.

Aujourd'hui, l'architecture *byzantine* est conservée dans certaines contrées de l'Asie, telles que l'Arménie, la Géorgie et en Russie où elle a emprunté certains éléments à l'art arabe, par exemple la forme de bulbe adoptée pour les dômes des mosquées (voy. *Arabe).*

C

Cabane, *s. f.* — Construction légère servant d'habitation pour les hommes et les animaux ou d'abri pour des objets de toute nature.

La *cabane* est ordinairement en bois ; elle prend le nom de *chaumière* quand elle est recouverte en chaume, comme on le voit dans les campagnes ; la *hutte*, plus simple encore, indique généralement une demeure temporaire.

La *cabane* a été la première construction que l'homme ait élevée pour s'abriter (voy. *Maison*) ; elle était composée, soit de perches reliées en cône par leur sommet et recouvertes de roseaux, soit de troncs d'arbres disposés en carré et portant les uns sur les autres par leurs extrémités, de manière à former des murailles, dont les vides étaient remplis avec des copeaux, des branchages, des feuilles et de la terre grasse ; le toit était construit en pyramide, à l'aide de troncs de plus en plus courts posés successivement en gradins.

Dans d'autres contrées, les parois de la *cabane* étaient faites de blocs d'argile desséchée, la couverture était composée de pièces de bois, d'abord posées à plat, puis inclinées et enduites de terre argileuse.

Aujourd'hui encore, certaines peuplades sauvages de l'Afrique et de l'Amérique se construisent des habitations en forme de cône et emploient des procédés analogues à ceux des races primitives.

Un certain nombre d'auteurs croient trouver, dans la *cabane*, le principe de l'architecture grecque, comme ils voient, dans la *grotte*, le type de l'architecture égyptienne. Nous n'entreprendrons pas, à cet égard, une discussion qui ne saurait entrer dans le cadre de cet ouvrage ; nous nous contenterons de dire que les formes des *cabanes* ont pu varier, dans chaque pays, avec la nature des matériaux, mais que ces formes, une fois adoptées, n'ont subi presque aucun changement. Ainsi, les *cabanes* gauloises, décrites par Vitruve, étaient semblables, de tous points, à celles que l'on trouve encore, de nos jours, dans les campagnes de France.

Certains peuples primitifs de l'Orient ont construit des *cabanes* formées d'un assemblage de charpente ; on a reconnu dans quelques tombeaux lyciens une imitation de ces constructions en bois (voy. *Tombeau*).

Thucydide rapporte que les *cabanes* de l'Attique étaient composées de pièces de bois assemblées de manière à pouvoir être démolies, transportées et redressées ailleurs. Ce mode de construction était adopté, en vue de soustraire, en cas de guerre, les habitations des campagnes au feu de l'ennemi.

Cabanon, *s. m.* — 1° On appelle ainsi, dans les prisons, des pièces qui servent de lieux de punition pour les prisonniers.

Ces *cabanons* ou *cachots* diffèrent des *cellules* ordinaires (voy. *Cellule*) en ce qu'ils sont plus bas, plus étroits et plus obscurs ; ils sont tantôt en sous-sol, comme dans les anciens établissements de ce genre ; tantôt on les place à l'extrémité des bâtiments en ailes renfermant les cellules ; on voit un exemple de cette disposition à la nouvelle maison d'arrêt et de correction de la rue de la Santé, à Paris.

2° Dans les asiles d'aliénés, ce nom s'applique aux cellules ou *loges de force* dans lesquelles on renferme les fous furieux, pendant la durée de leurs accès.

Les *cabanons* font partie du corps de bâtiment réservé aux malades dits *agités*. Tantôt, comme à l'asile Sainte-Anne, à Paris, ils sont placés aux extrémités d'un corps de logis semi-circulaire, divisé en cellules rayonnantes et isolé des pavillons destinés aux autres malades ; tantôt, comme à l'hôpital de Charenton, un petit bâtiment spécial renferme les *loges de force* et est réuni à la section des agités par une salle de bains, affectée à l'usage commun de ses pensionnaires.

Toutes les cellules de ces malades sont capitonnées intérieurement ; les serrures sont logées dans l'épaisseur du bois et les chambranles des portes ont leurs angles arrondis pour empêcher les aliénés de se blesser.

Cabaret, *s. m.* — Ce mot désignait autrefois un lieu fermé de barreaux : c'est ce qui a fait nommer *cabaret* les établissements où l'on vend du vin, des liqueurs et des comestibles.

Les *cabarets* datent au moins du XVᵉ siècle et sont antérieurs aux restaurants.

Cabestan, *s. m.* — Treuil à axe vertical qui sert à exercer des efforts dans le sens horizontal.

La figure 659 représente un *cabestan* composé d'un châssis inférieur, muni d'une traverse intermédiaire, dans laquelle est pratiqué un orifice, qui donne passage à l'un des tourillons du treuil ;

la partie supérieure du cylindre passe dans deux encoches semi-circulaires, taillées dans les traverses d'un second châssis porté au-dessus du premier par quatre poteaux ; le treuil se termine par une tête que traversent de longues barres

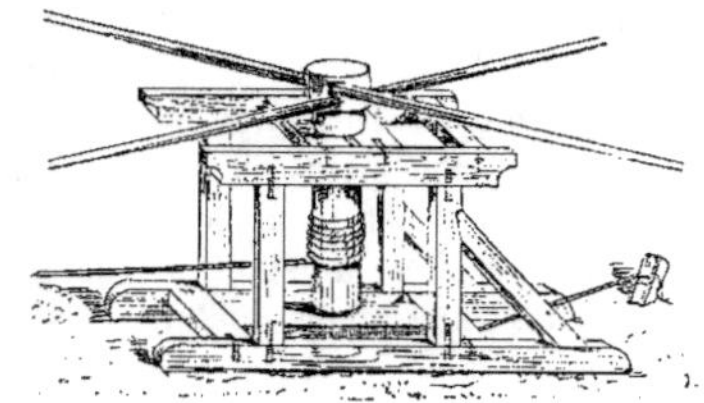

Fig. 659.

horizontales en nombre pair et sur lesquelles des hommes agissent perpendiculairement pour faire tourner le *cabestan*. Autour du treuil est enroulé un câble ; mais on ne l'y fixe pas par son extrémité ; un des brins s'enroule au fur et à mesure que l'autre se déroule. La charpente, posée sur le sol, est retenue par des cordages à des piquets fixes.

Cet engin est d'un usage fort ancien, car Aristide en parle dans son ouvrage sur la mécanique, et Vitruve en fait mention sous le nom d'*ergata*.

Le *cabestan* peut être employé au déplacement des fardeaux les plus considérables. Nous citerons, comme exemples historiques de masses très pesantes mues par cet appareil, les obélisques de Rome, le fameux rocher qui sert de piédestal à la statue de Pierre le Grand, à Saint-Pétersbourg, et l'une des grosses pierres qui forment les angles du fronton du Panthéon, à Paris, etc.

Cabinet, *s. m.* — On désigne ainsi, dans les habitations, certaines pièces affectées à différents usages.

Les demeures des anciens, et particulièrement les maisons romaines, renfermaient diverses pièces auxquelles étaient affectés différents noms et que nous pouvons comprendre sous la désignation générale de *cabinet*.

Toutefois, le mot *tablinium* semble être celui dont le sens répond le mieux à la signification un peu vague que nous attachons nous-mêmes au mot *cabinet* (voy. *Tablinium*).

Nous allons passer en revue les principales pièces auxquelles on donne le nom de *cabinet*.

1° *Cabinet d'aisances :* cette pièce, appelée encore *garde-robe, privé* ou *water-closet*, exige, au point de vue de la commodité et de la salubrité, des dispositions spéciales, au sujet desquelles nous devons entrer dans quelques développements.

Le *cabinet d'aisances* peut être compris dans l'intérieur de l'habitation ou placé au dehors.

Dans le premier cas, un petit vestibule ou pièce d'accès doit précéder le *privé* proprement dit, si cette pièce ne s'ouvre pas directement à l'extérieur. Il est bon que ce vestibule ait une baie spéciale donnant de l'air et de la lumière. Le *cabinet* doit être pourvu également d'une fenêtre servant à l'éclairage et à la ventilation et garnie d'un châssis vitré ; l'exposition au nord est la meilleure dans nos pays. Un *siège* (voy. ce mot), établi suivant divers systèmes, communique, par un tuyau, avec la *fosse d'aisances* qui sert de récipient. Les enduits doivent, autant que possible, avoir pour base des matériaux imperméables. Il est bon de faire partir un conduit de ventilation de la partie la plus élevée du plafond ou de la voûte qui recouvre la pièce. Le sol est parqueté ou carrelé. Les tuyaux de chute en poterie ou en fonte, ayant les premiers 0ᵐ,25 de diamètre, et les seconds 0ᵐ.20, sont scellés avec des colliers en métal dans les angles des murs ou noyés dans leur épaisseur. La porte doit s'ouvrir, de préférence, en dedans du *cabinet* et être garnie d'un verrou à l'intérieur. Les dimensions, en plan, d'un *cabinet* privé sont, au minimum, 1ᵐ,10 sur 0ᵐ.80. Les privés doivent recevoir jour et air au moyen d'une baie de dimensions suffi-

santes. Au dernier étage, ils peuvent être éclairés et aérés par une trémie fermée à son extrémité par un châssis à tabatière. Il est admis qu'un *cabinet* peut servir à l'usage de quatre logements au plus.

Quand les *cabinets* sont construits en dehors de l'habitation, on recouvre généralement le sol d'un dallage avec joints en ciment, en y ménageant une pente dirigée vers un trou d'écoulement qui communique, par un tube, avec le tuyau de chute, suivant le système de *lunette* employé pour remplacer le siège (voy. *Lunette*).

Dans les campagnes, les *cabinets d'aisances* sont à peu près inconnus, à cause de la répugnance que le paysan éprouve à utiliser les matières fécales comme engrais. Il est, en outre, très difficile de trouver des ouvriers qui retirent les matières des fosses d'aisances, lorsqu'elles y ont été déposées. Il y a donc lieu de rechercher quels sont les moyens les plus commodes pour le fermier d'arriver à faire exécuter cette besogne par ses propres ouvriers.

M. Charpentier (1) propose plusieurs solutions, soit qu'on veuille employer les matières à l'état liquide, soit qu'on les fasse absorber par les terres ou par les fumiers de ferme ou bien encore que les liquides soient recueillis à part et les matières solides converties en poudrette. Le procédé le plus simple consiste dans l'établissement d'une fosse creusée en terre avec une profondeur de 1 mètre à 1ᵐ,50. Un abri serait placé, pour les gens de la ferme, à l'une des extrémités, le reste étant recouvert de planches. On jetterait, de temps en temps, dans la fosse des terres destinées à absorber les matières ; puis, ces terres seraient retirées pour être transportées dans les champs comme engrais. Au besoin, on garnirait le fond et les parois de cette fosse de revêtements en maçonnerie hydraulique.

(1) L. Moll, *Encyclopédie pratique de l'agriculture.*

Les fosses mobiles, qui sont d'un usage fréquent à Paris, pourraient être adoptées dans les campagnes. L'appareil se compose d'un tonneau en bois fort, percé, sur l'un de ses fonds, d'une ouverture que l'on ferme au moyen d'un tampon lors de l'enlèvement. Ce tonneau, placé au-dessous d'un siège d'aisances, reçoit les matières par un tuyau,

Fig. 660.

comme le montre la figure 660. Ce tuyau est pourvu, à sa partie inférieure, d'un manchon de 0ᵐ,25 à 0ᵐ,30 qui lui forme enveloppe et peut glisser sur une longueur de 0ᵐ,20 à 0ᵐ,25, de manière à pouvoir descendre jusqu'à l'ouverture, qu'il recouvre entièrement de façon à ce que les matières s'écoulent sans épanchement. Quand le tonneau est plein, on fait remonter le manchon pour faciliter l'enlèvement. Il suffit de deux tonneaux de 1 hectolitre chacun, avec enlèvement tous les quinze jours, pour une ferme de dix personnes. La figure 661 montre l'installation complète du *cabinet*. Le tonneau, placé dans

une fosse peu profonde, est supporté par deux barres de fer placées en travers d'une cuvette construite en maçonnerie hydraulique, destinée à recevoir

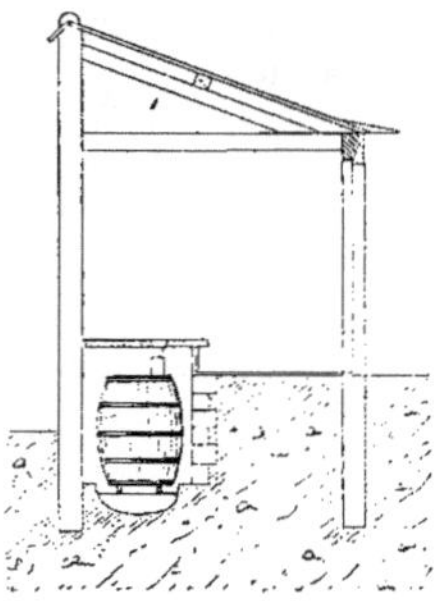

Fig. 661.

les liquides qui pourraient s'épancher et à en empêcher la filtration. Dans les campagnes, on peut simplement poser le tonneau sur deux traverses de bois. Dans le cas d'un *cabinet* construit à part, comme cela se présente fréquemment dans les habitations agricoles, on pourrait élever le siège et le pourvoir de quelques marches, afin que le tonneau soit placé au niveau du sol et puisse être plus facilement enlevé, ce qui est important, eu égard à la mauvaise volonté que montre le cultivateur, quand il s'agit d'employer ces matières.

Voici un autre mode de construction

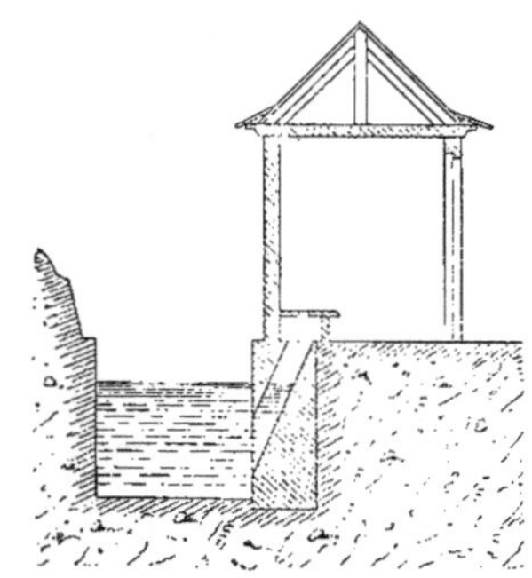

Fig. 662.

très simple, qui permet d'éviter tout transport immédiat des matières fécales et de les mélanger aisément aux fumiers d'étable, de manière à les améliorer. La fosse des fumiers étant munie d'une citerne à purin, on place le *cabinet d'aisances* près de cette citerne, de manière à ce que les matières viennent se mélanger au purin (fig. 662). Toutefois, au moment de l'emploi de ces liquides, il faut ajouter une assez grande quantité d'eau et remuer fortement toute la masse. Ces liquides servent à l'arrosage des fumiers. Toute cette construction doit être exécutée en bonne maçonnerie hydraulique.

On donne aussi le nom de *cabinets*

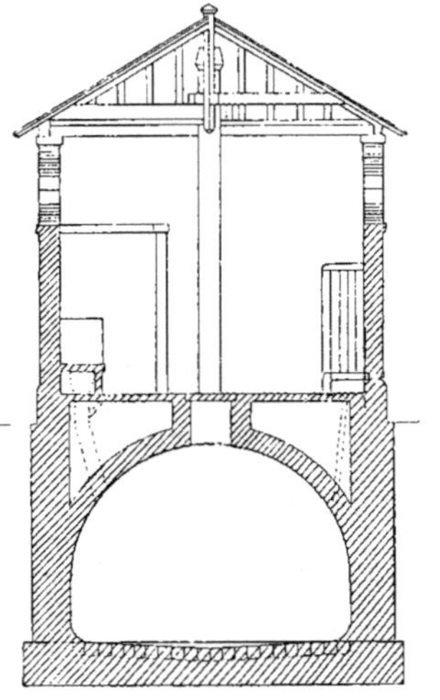

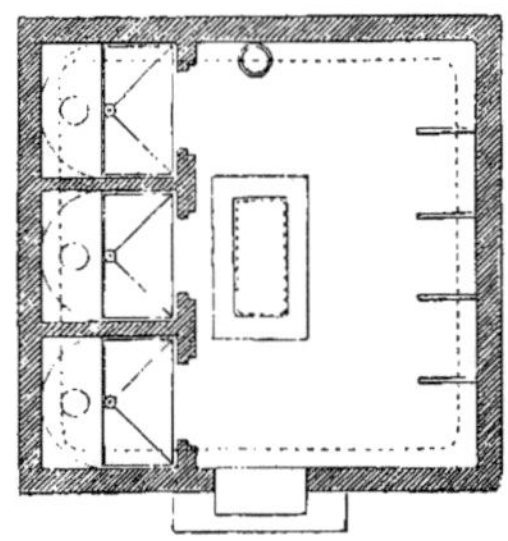

Fig. 663.

d'aisances ou *water-closets* à des locaux

spéciaux, disposés dans les gares et stations de chemin de fer pour l'usage des voyageurs et qui sont tantôt isolés, tantôt attenants au bâtiment principal. Ces *water-closets* comprennent des *cabinets* distincts pour les deux sexes, situés dans des pièces séparées l'une de l'autre et ayant chacune une entrée particulière.

La partie réservée aux hommes contient, outre les *cabinets* fermés, un certain nombre d'urinoirs, ainsi que le montre la figure 663, qui représente le plan et la coupe d'un de ces établissements. La pièce est rectangulaire et construite au-dessus de la fosse, qui reçoit directement les matières provenant des lunettes et les liquides des *urinoirs*. Ceux-ci sont au nombre de cinq et forment de petites stalles de 1^m,50 de hauteur, 0^m,65 de largeur et 0^m,45 de profondeur. Les séparations et les parois, jusqu'à une certaine hauteur, sont faits en matériaux inattaquables par les urines (voy. *Urinoir*). Il est préférable de diriger les liquides vers un canal d'écoulement et non dans la *fosse d'aisances*, qui serait trop fréquemment remplie dans les *water-closets* importants.

Les *cabinets* fermés sont au nombre de trois ; ils sont pourvus de lunettes, avec sol en pente vers un orifice, qui communique avec le tuyau de chute. Les murs sont en briques ; la partie supérieure est à jour ; la ventilation est établie par un tuyau adossé au mur du fond.

La figure 664 représente le plan de

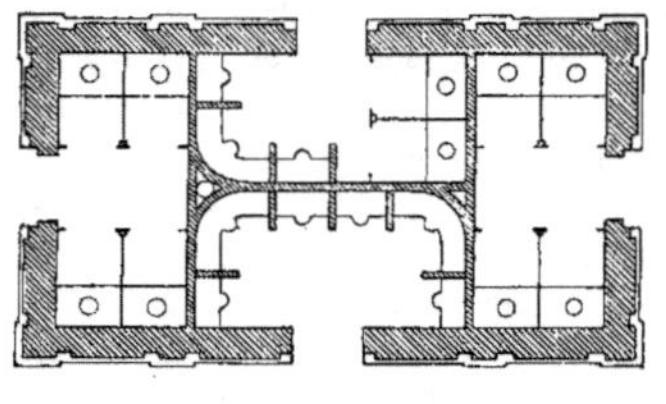

Fig. 664.

cabinets dans lesquels on a ménagé la

séparation des deux sexes au moyen d'un compartiment divisé lui-même en deux parties : la première ne renfermant que des urinoirs et possédant sur la voie une entrée masquée par une clôture en menuiserie ; la seconde contenant des urinoirs et des sièges et ayant son entrée du côté opposé à la voie.

Dans le plan que représente la figure 663, la séparation des sexes est également établie par des urinoirs à

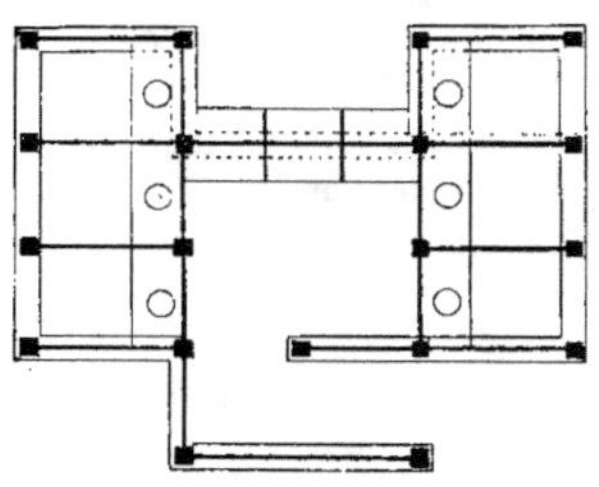

Fig. 663.

doubles compartiments. L'un de ces derniers a, de même, son entrée masquée par une clôture du côté de la voie. Les *cabinets* renfermant les sièges ouvrent directement sur l'extérieur.

Les établissements publics tels que les hôpitaux, les maisons d'éducation, etc., ont pour *cabinets d'aisances* des installations spéciales auxquelles on donne plus généralement le nom de *latrines* (voy. ce mot).

LÉGISLATION. En vertu de l'ordonnance du 20 novembre 1848 concernant la salubrité des habitations et de l'instruction, de même date, concernant les moyens d'assurer la salubrité des habitations, les conditions suivantes sont imposées pour l'établissement d'un *cabinet d'aisances* : ventilation par des ouvertures ou par des tuyaux d'évent convenablement disposés ; sol imperméable.

2° *Cabinet d'antiquités et de médailles :* ce doit être une salle rectangulaire, c'est-à-dire plus longue que large et pour laquelle l'exposition la plus conve-

nable, dans nos pays, est celle du levant. Le long des murs on dispose des armoires à vitrines, dans lesquelles seront placés les bronzes et autres objets ; ces armoires contiendront aussi des tiroirs où seront renfermées les médailles. L'axe de la pièce sera occupé par des tables de marbre, sur lesquelles seront exposées de même les curiosités de la collection. Le caractère général de la décoration doit être sévère ; les formes seront simples et accentuées.

3° *Cabinet d'étude :* pris dans ce sens particulier, le terme *cabinet* désigne une pièce consacrée à l'étude et au travail et qui est, par cela même, une des pièces essentielles et constitutives des appartements modernes.

La condition principale qui se présente, pour la disposition à donner au *cabinet d'étude*, est l'éloignement de tout bruit. Dans les grands appartements, il est accompagné d'autres pièces qui prennent les noms suivants : l'*anti-cabinet,* servant de salle d'attente ; l'*arrière-cabinet,* diminutif du grand *cabinet,* consacré spécialement à la tranquillité et au travail du maître. La simplicité dans l'ornementation et dans l'ameublement doit seule être admise dans ces pièces.

Le *cabinet* proprement dit, destiné à la réception, varie de grandeur et de décoration, suivant la nature des occupations de son propriétaire. Toutefois, une ornementation simple et noble, différente de celle du salon, doit toujours y être adoptée.

4° *Cabinet d'histoire naturelle :* cette pièce, si elle est comprise dans un appartement privé, doit être séparée des salles destinées à la réception. Des armoires à vitrines y sont affectées aux différentes classes d'objets que doit renfermer la collection.

La partie inférieure de ces armoires, faite en avant-corps, présente une sorte de buffet, sur la tablette duquel on peut poser ces objets, soit pour les placer ensuite dans les vitrines, soit pour les examiner de plus près. Le carrelage en marbre ou en pierre de liais est, pour ce genre de salles, préférable au parquet ; il amasse, en effet, moins de poussière et ne présente pas l'inconvénient d'offrir un refuge aux rats, aux souris et aux insectes, animaux nuisibles dont il faut particulièrement éviter la présence dans un *cabinet* d'histoire naturelle.

Le caractère de l'ornementation, tout en restant simple, n'exclut pas une certaine richesse.

Comme pièce accessoire, il convient de ménager, à côté de la galerie principale, une ou plusieurs salles, garnies seulement de tablettes et qui servent aux préparations.

5° *Cabinet de lecture* : établissement privé où le public peut lire les journaux et les ouvrages de librairie. Il se compose ordinairement de salles éclairées par le haut, garnies de casiers pour les livres et pourvues de tables pour les lecteurs.

6° *Cabinet de tableaux* (voy. *Galerie*).

7° *Cabinet de toilette :* petite chambre destinée aux usages de propreté et qui est une dépendance de la chambre à coucher, à laquelle elle est attenante ou dont elle n'est séparée que par un couloir.

8" *Cabinet de verdure :* dans l'architecture des jardins, on désigne ainsi une sorte de berceau formé par l'entrelacement de branches d'arbres.

Câble, *s. m.* — 1° On donne ce nom aux cordages servant à lier, traîner ou enlever des fardeaux.

Les *câbles* employés dans la construction sont généralement en chanvre ; on en distingue de trois sortes : les *brayers*, les *haubans*, les *vingtaines* (voy. ces mots).

2° On applique le nom de *câble*, en architecture, à une grosse moulure très employée pendant la période romane, pour l'ornementation des bandeaux, des archivoltes, etc. (fig. 666).

On appelle *cannelures câblées* celles

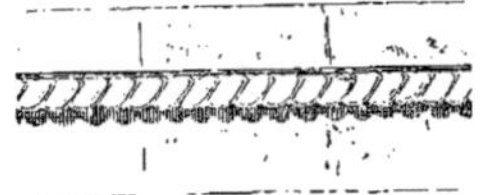

Fig. 666.

qui sont contournées en forme de *câbles*.

Câbleau, *s. m.* — Diminutif de *câble* auquel les ouvriers donnent aussi le nom de *châbleau.*

Ce cordage, dont le diamètre ne dépasse pas 2 centimètres, est ordinairement employé pour les treuils et les moufles.

Cabre, *s. m.* — Sorte de *chèvre* (voy. ce mot) composée de trois perches réunies ensemble par une de leurs extrémités et supportant une poulie fixée au point de liaison.

Les égoutiers se servent de *cabres* pour le récurage des conduites ; l'appareil est posé au-dessus de la bouche

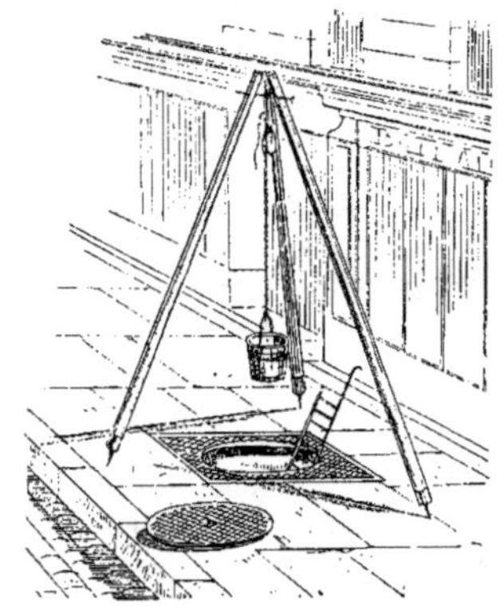

Fig. 667.

d'égout (fig. 667), et à la corde enroulée sur la poulie est attaché un seau qui sert à l'enlèvement des matières.

Cache-entrée, s. m. — Petite plaque de fer ou de cuivre, mobile autour d'un goujon fixé sur le palastre d'une serrure.

Cette pièce sert à cacher l'entrée de la serrure. La forme et la grandeur en sont

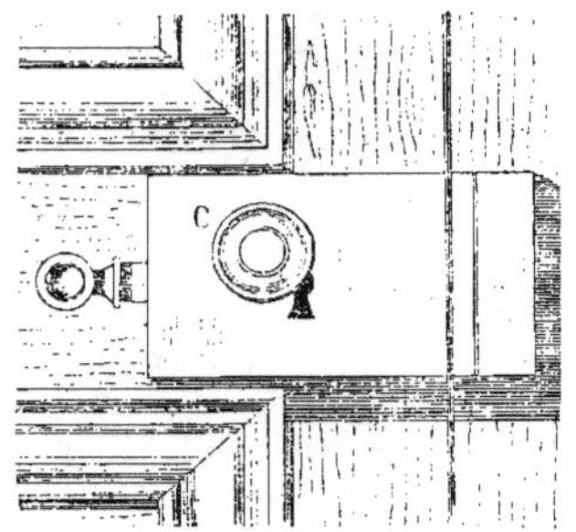

Fig. 668.

variables. On la fait souvent circulaire et profilée sur le tour comme le montre. en C, la figure 668.

Les *cadenas* (voy. ce mot) ont aussi des *cache-entrées* de formes diverses.

Cachot, s. m. — Lieu souterrain, voûté, entièrement ou presque absolument privé de jour, et qui sert, dans les prisons, de lieu de détention provisoire pour les prisonniers qui ont encouru des punitions.

Les prisons romaines renfermaient des *cachots* auxquels on donnait le nom

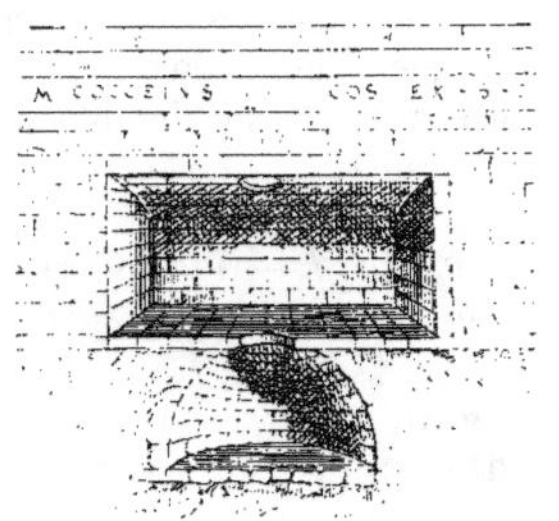

Fig. 669.

de *robora*, et où l'on exécutait les sentences de mort. La figure 669 repré-

sente une coupe faite sur la prison publique construite par Ancus Martius et Servius Tullius, et qui existe encore à Rome. La chambre circulaire qui se voit à la partie inférieure de la figure est le *cachot* où l'on jetait les condamnés à mort pour y subir leur sentence : on l'appelait aussi *carcer inferior*. L'étage placé au dessus était également un *cachot* destiné à recevoir les prisonniers condamnés aux fers jusqu'à l'expiration de leur peine, ou les condamnés à mort avant leur exécution.

Cadenas, s. m. — Sorte de serrure mobile servant à la fermeture des portes et qui, à cet effet, est pourvue d'une anse passant entre deux pitons, dont l'un est fixé sur le battant de la porte et l'autre sur le dormant.

L'usage de ce genre de fermeture remonte à la plus haute antiquité : un coffre égyptien que possède le musée du Louvre porte, sur la face, deux pitons

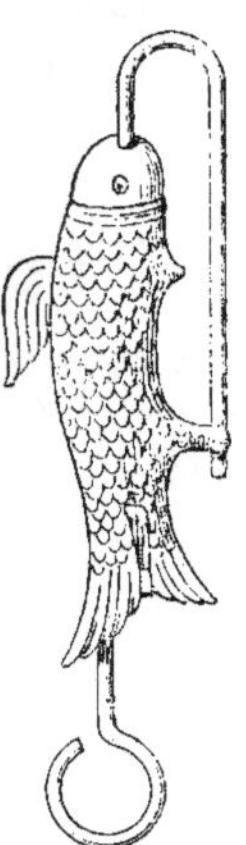

Fig. 670.

en fer qui semblent accuser l'emploi d'un *cadenas*. La figure 670 représente un appareil de fermeture appartenant à ce système et que possède également le musée du Louvre, où cet objet est classé parmi les antiquités égyptiennes.

On a trouvé un assez grand nombre de *cadenas* similaires en Asie, notamment en Syrie, mais on est d'accord pour reconnaître que ces objets n'ont pas le caractère asiatique et qu'ils semblent, au contraire, être de style grec ou romain.

Les Romains désignaient, sous le nom de *sera*, une sorte de *cadenas* ou serrure mobile employée à la fermeture des portes. Cette espèce de *cadenas* était passée dans un piton ou maintenue en place par quelque pièce analogue fixée elle-même aux montants de la porte.

Le *British Museum* possède le corps ou cylindre d'un *cadenas* tout à fait semblable à une serrure de ce genre, que l'on a trouvée avec sa clef, à Rome, dans un tombeau, et dont la figure 671 (1) re-

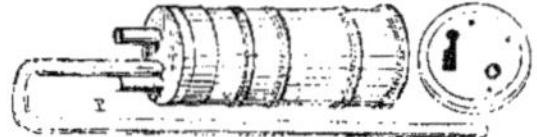

Fig. 671.

présente une vue sur la longueur et une vue sur la largeur. Sur cette dernière face, on voit le trou de la clef et un orifice par lequel une branche recourbée, pareille à celle de droite, entrait dans le *cadenas*.

Dans un *cadenas* ordinaire, la boîte qui renferme le pène se compose d'un *palastre* et d'une *couverture* réunis par

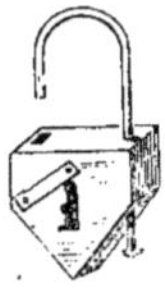

Fig. 672.

une *cloison* ; cette dernière pièce est traversée, d'un côté (fig. 672), par la queue de l'anse, dont l'autre extrémité, entrant dans la partie supérieure de la cloison, est munie d'une encoche qui

(1) Antony Rich, *Antiquités romaines et grecques.*

reçoit le pène. La clef, forée ou à bouton, entre par la couverture.

Le système que nous décrivons ici, pour le *cadenas* commun, est ancien ;

Fig. 673.

plus généralement, l'anse n'a pas de queue, et s'ouvre à charnière (fig. 673).

La forme donnée à ce genre de serrure est très variable ; il y a des *cadenas* ronds, ovales, en écussons, en cylindres, en triangles, en cœur, en boule, etc. ; on en fait à *secret*, et à *combinaison*. Ceux de ce dernier genre n'ont pas de clef ; ils sont formés par la réunion de

Fig. 674.

plusieurs viroles portant des lettres de l'alphabet ou d'autres signes (fig. 674) ; s'il y a, par exemple, trois viroles, le *cadenas* ne peut s'ouvrir que quand les trois lettres ou signes déterminés sont sur une même ligne, dont la direction est tracée sur chacune des plaques qui termine la pièce.

Cadette, *s. f.* — Pierre carrée employée au pavage.

Cadran, *s. m.* — 1° On désigne ainsi, dans les horloges telles que celles des églises, des mairies, etc., la partie extérieure sur laquelle se meuvent les aiguilles.

Les *cadrans* sont généralement faits de plaques de tôle ou de plomb laminé, qu'on recouvre de plusieurs couches de blanc et sur lesquelles on peint en noir

Fig. 675.

des chiffres romains marquant les divisions du temps (fig. 675).

C'est à partir du commencement du xie siècle que des *cadrans* furent établis sur les *beffrois* et sur les clochers des églises (voy. *Beffroi*). On les décorait souvent d'emblèmes et de figures ; on les surmontait même d'auvents destinés à les garantir contre la pluie. L'un des *cadrans* les plus célèbres pour son ornementation est celui de la tour du Palais de justice, à Paris (voy. *Horloge*).

Aujourd'hui, on met des *cadrans* sur la plupart des édifices publics ; on en place même à l'intérieur, comme dans les gares de chemins de fer.

2° *Cadran solaire :* appareil indiquant l'heure par la position que prend, sur une surface portant des lignes horaires, l'ombre d'une tige ou *style* en fer. Cette ombre étant ordinairement accompagnée d'une pénombre et, par suite, confuse et mal déterminée, on place à l'extrémité du style une plaque métallique, au centre de laquelle est percé un petit orifice circulaire ; la lumière solaire, passant par ce trou, produit une image contrastant avec l'ombre.

Le *cadran solaire* que nous donnons figure 676 est un cadran vertical établi sur un mur ; mais on en fait aussi sur plan horizontal.

L'invention des *cadrans solaires* serait due aux Chaldéens ; les Grecs en firent aussi usage ; tantôt ils les établissaient sur une surface plane, tantôt ils les formaient d'une portion concave de sphère comme celui que représente en coupe et

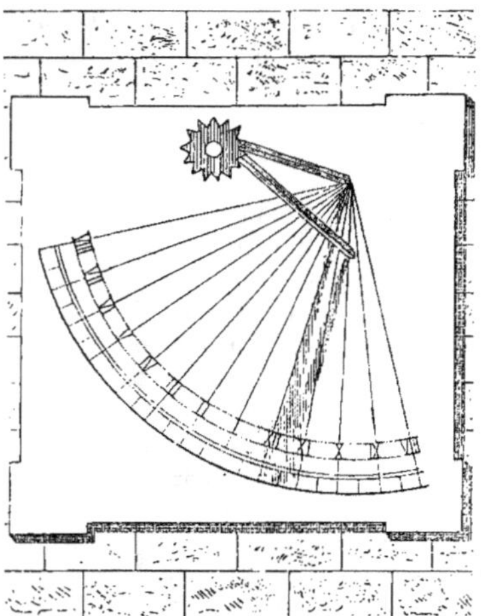

Fig. 676.

en élévation la figure 677 ; ce *cadran* se voit sur le rocher de l'Acropole d'Athè-

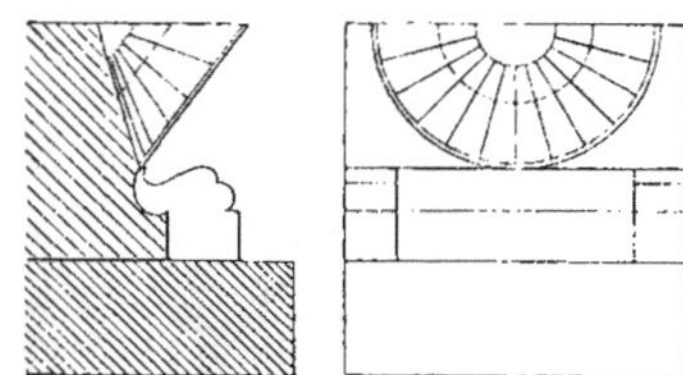

Fig. 677.

nes, près du monument choragique de Trasyllus ; le style est placé au milieu du demi-cercle qui termine le bord supérieur ; les lignes gnomoniques sont tracées dans la concavité. Ces appareils étaient décorés de moulures ou de griffes de lion les terminant par le bas.

Les Romains construisirent aussi des *cadrans solaires*. Au moyen âge on s'en servit également et au xvie siècle on les multiplia : on en plaça dans les châteaux, sur les murs des édifices publics et dans les monastères.

3° Les charpentiers donnent le nom de *cadran* ou *cadranure* à une maladie des arbres qui se manifeste dans le bois par des fentes, dont les unes sont circulaires et les autres rayonnantes. Ce défaut, qui se remarque surtout dans les vieux chênes, rend le bois impropre au travail de la charpente.

Cadre, *s. m.* — ARCHITECTURE. On donne ce nom à toute bordure en pierre, marbre, stuc ou plâtre faite en relief ou en creux autour d'un bas-relief, d'un panneau ou d'une peinture.

Ces *cadres* sont quelquefois décorés eux-mêmes de sculptures ou de peintures.

MAÇONNERIE. On appelle *cadres*, des saillies moulurées en pierre ou en plâtre que les maçons tracent au calibre sur les murs extérieurs ou intérieurs, les voûtes et les plafonds, pour former des compartiments, renfermant souvent des tables et des panneaux.

CHARPENTE. Assemblage rectangulaire de quatre pièces de bois servant de fond à une lanterne qui éclaire une salle, un escalier, ou servant de chaise à la charpente d'un clocher.

MENUISERIE. Bordure C encadrant un

Fig. 678.

lambris ou un panneau de porte (fig. 678).

Les *cadres* sont des moulures poussées en relief ou en creux ou bien encore rapportées. Plusieurs profils sont employés pour ces moulures ; les uns, dits à *petits cadres*, sont ravalés et pris dans l'épaisseur des bois comme le montre la

figure 679 ; les autres, à *grands cadres*, ont une saillie, qui excède le nu des

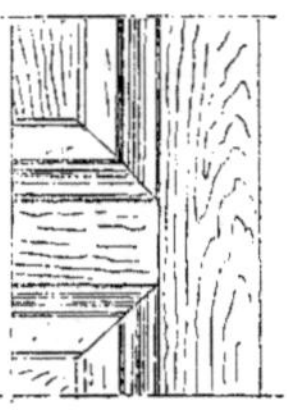

Fig. 679.

champs, avec lesquels ils sont réunis au moyen de l'assemblage à rainures et

Fig. 680.

languettes (fig. 680). On dit aussi qu'ils sont *embrevés*.

Le *cadre* ornant un châssis, un volet, une porte, peut être *simple* ou à *double parement*, suivant qu'il est apparent d'un seul côté ou sur les deux faces ; dans le dernier cas, les deux profils peuvent être semblables ou différents. On appelle *cadre flotté*, celui qui est plus large sur un parement que sur l'autre.

On nomme encore *cadre*, la bordure de bois qui entoure une glace.

Dans l'évaluation du prix des ravalements, les *cadres* qui entourent une table saillante ou rentrante sont ainsi comptés :

Si le *cadre* est profilé, on en fait le métré comme pour les *moulures* (voy. *Légers* et *Moulures*) ;

Si le *cadre* est un bandeau plat, on compte, dans les ravalements en pierre, le ragrément de la face avec ou sans recoupement, suivant les cas, les champs de dégagement et les saillies des *cadres*, sans plus-value d'angles ni d'amortissements ; dans les ravalements en plâtre, les *cadres* sont comptés comme bandeaux plats (voy. *Légers*).

Cæmentum, *s. m.* — Mot latin que les Romains employaient pour désigner un appareil de construction formé soit de pierres brutes ou grossièrement équarries, entassées sans mortier, mais ayant leurs interstices·remplis d'éclats plus petits, comme en présentaient la construction cyclopéenne, soit de petites pierres scellées dans le mortier. Le premier de ces modes de construction était appliqué aux enceintes fortifiées ; le second, plus particulièrement, aux maisons d'habitation.

Café, *s. m.* — On donne ce nom à des lieux publics qui doivent leur origine à l'usage du café. Ces établissements prirent naissance à Paris, en 1672 ; un Arménien en établit un à la foire Saint-Germain (aujourd'hui marché Saint-Germain), puis un autre quai de l'École ; mais le premier qui fut réellement en vogue est le *Café Procope*, rue des Fossés-Saint-Germain (aujourd'hui de l'Ancienne-Comédie), établi, vers le milieu du XVIIe siècle, vis-à-vis de la Comédie-Française. Le succès qu'obtint cet établissement en fit établir d'autres, et actuellement le nombre en est très grand.

Les *cafés* occupent tantôt un rez-de-chaussée seulement, tantôt un rez-de-chaussée avec un ou plusieurs étages. Ils comprennent une ou plusieurs salles de billard.

L'ameublement des *cafés* consiste en tables de marbre, sièges et banquettes.

Leur décoration est susceptible d'une grande richesse, les murs sont ornés de glaces, les plafonds sont très souvent recouverts de peintures ; l'arabesque est un des genres qui conviennent parfaitement en ces lieux.

Des règlements de police déterminent l'heure à laquelle ces établissements doivent fermer le soir, la place que les consommateurs peuvent occuper au dehors, suivant l'époque et l'endroit.

Les Romains donnaient le nom de *thermopolia* à des boutiques comme on en trouve un grand nombre à Pompéi, qui remplaçaient nos *cafés* ; on y vendait des boissons chaudes. Près de la grande porte de Pompéi, on trouve un de ces établissements où la trace des vases est marquée dans le marbre du comptoir et des gradins sur lesquels on posait les mesures. A la porte de ce *thermopolium* sont deux bancs exposés au midi, de manière à offrir, en hiver, un lieu de repos agréable aux personnes qui fréquentaient cet endroit.

Cage, *s. f.* — 1° Espace compris entre des murs droits ou courbes et qui renferme un *escalier* (voy. ce mot) ou quelque division d'appartement.

2° *Cage de clocher* : assemblage de pièces de bois composant la charpente intérieure d'un *clocher* (voy. ce mot).

3° *Cage de moulin* : charpente élevée sur plan rectangulaire, revêtue de planches et formant le corps d'un moulin à vent (voy. *Moulin*).

Cahier des charges. — Pièce ou acte déterminant les clauses, charges et conditions d'exécution des travaux, auxquelles sont astreints les entrepreneurs et qu'ils sont tenus d'observer.

On distingue : le *cahier des charges générales*, déterminant les obligations générales à tous les entrepreneurs des diverses industries du bâtiment, et le *cahier des charges particulières*, déterminant les obligations particulières à chaque entrepreneur.

Cet acte est indispensable même pour des travaux de peu d'importance ; nous donnerons donc ici, comme exemple, le modèle d'un *cahier des charges* pour une construction entière à exécuter à forfait :

Cahier des charges générales et particulières d'un marché à forfait pour la construction :

Sur un terrain sis à
rue   n°
appartenant à   ·
demeurant à
rue   n°
et pour le compte de ce dernier. Ladite construction élevée d'après les plans et sous la direction de M.   architecte à   , y demeurant, rue   n° , par M.
entrepreneur général, ce acceptant   ,
demeurant à   , rue
n°

X......, le   188

Art. 1er. Les travaux à exécuter comprennent : la terrasse, la maçonnerie, le carrelage, la charpente, la serrurerie, les gros fers, la fonte, la couverture, la plomberie, la menuiserie, le pavage, (grès et bois), la marbrerie, la fumisterie, la peinture, la vitrerie, la tenture, la dorure, la sculpture, la miroiterie, les appareils d'éclairage, les concessions d'eau.

Art. 2. Ces divers travaux devront être exécutés conformément aux règles de l'art, avec toute la perfection qu'ils comportent chacun dans leur nature. Les matériaux employés seront de première qualité dans les espèces indiquées au devis ou par les prescriptions de l'architecte, dans les dimensions et du poids qui y seraient pareillement prescrits.

Art. 3. L'architecte étant, de condition expresse, reconnu et accepté par les parties comme juge souverain prononçant sans appel, dans tout ce qui est relatif soit à la matière fournie, soit à la main-d'œuvre, à toute réquisition dudit, l'entrepreneur sera tenu de re-présenter les lettres de voiture, factures et autres documents dont la production sera jugée nécessaire pour établir l'origine et la provenance des matériaux.

Art. 4. Si, malgré la surveillance des agents préposés, il est reconnu que des matériaux de qualité inférieure ou mal confectionnés ont été mis en œuvre ; que les ouvrages n'ont pas été exécutés suivant les règles de l'art et d'après les plans, devis et instructions annexés au présent cahier des charges, l'architecte pourra refuser ces matériaux ou ces ouvrages ; et si, dans les trois jours, l'entrepreneur n'obtempérait pas à la demande qui lui serait faite, par une simple lettre, de remplacer les objets que l'architecte lui aurait signalés comme non recevables, ce remplacement serait opéré aux frais de l'entrepreneur et à la diligence de l'architecte, sans qu'il soit besoin d'autre mise en demeure que la lettre d'avis de celui-ci.

La dépense occasionnée par ce remplacement sera déduite à l'entrepreneur sur les payements auxquels ces frais pourraient s'appliquer.

Art. 5. Dans le cas où des travaux peu importants mais nécessaires auraient été omis dans la description détaillée de ceux à exécuter, l'entrepreneur devra néanmoins les fournir, sans qu'il y ait lieu à lui accorder une augmentation de prix.

Toutes les reprises, réfections et reconstructions des murs contigus existant partout où s'appuiera la construction neuve, sont à la charge de l'entrepreneur, si l'architecte juge ces travaux nécessaires. Il en est de même pour toutes les réparations à faire chez les voisins, par suite soit de la construction neuve, soit des reconstructions, réfections ou reprises qui auraient été ordonnées.

Art. 6. Si, dans le cours des travaux, l'architecte veut faire quelque changement qui n'augmente pas la dépense, l'entrepreneur, prévenu en temps utile, ne pourra s'y opposer. S'il est procédé à des changements augmentant la dépense, il n'en sera tenu compte à l'entrepreneur qu'autant qu'il justifiera de l'ordre écrit de l'architecte.

Art. 7. L'architecte dressera un état et fixera la valeur de toutes les suppressions qui pourront être faites pendant l'exécution et il en sera tenu compte au propriétaire.

Art. 8. Seront à la charge de l'entrepreneur tous les droits d'exhaussement et de mitoyenneté incombant à la propriété, ceux de petite et de grande voirie, ainsi que toutes les amendes et indemnités résultant de l'inobservation des lois du voisinage, des règlements sur les constructions ou de contraventions quelconques, dont l'entrepreneur reste seul responsable, même si les plans de l'architecte ont pu y donner lieu.

A la réception des travaux, l'entrepreneur devra justifier par pièces du payement de toutes les charges indiquées ci-dessus. Il devra produire, en outre, les procès-verbaux de réception des administrations compétentes pour les fosses d'aisances, les trottoirs, appareils d'éclairage, etc.

Art. 9. L'entrepreneur ou l'un de ses préposés sera constamment présent sur l'atelier, pendant la journée de travail de ses ouvriers, afin d'y recevoir les ordres que l'architecte ou son inspecteur pourraient avoir à lui donner.

L'entrepreneur sera tenu de déférer aux ordres et avis de l'architecte et de ses employés pour tout ce qui se rapportera tant à l'exécution des travaux qu'à toutes les parties du service.

En outre, il ne pourra prendre, pour commis et pour chefs d'ateliers que des hommes capables de l'aider, de le remplacer au besoin dans la direction et dans le métrage des travaux.

L'architecte aura le droit d'exiger le changement ou le renvoi des agents et ouvriers de l'entrepreneur, pour insubordination, incapacité ou défaut de capacité.

L'entrepreneur sera d'ailleurs responsable des fraudes, malfaçons ou dégâts qui seraient commis par ses agents et ouvriers dans la fourniture et l'emploi des matériaux.

Art. 10. Pendant le cours des travaux, l'entrepreneur recevra de l'architecte tous les détails de construction qui seront nécessaires à l'exécution des travaux. Ces détails seront signés par ledit architecte.

Art. 11. A mesure aussi de l'exécution des travaux, l'entrepreneur devra faire connaître, en temps et lieu, les ouvrages invisibles ou qui deviendraient inaccessibles et dont les quantités ne pourraient être ultérieurement constatées. Il sera pris de ces ouvrages des attachements, soit figurés, soit écrits, qui seront signés par l'inspecteur chargé de les constater pour le compte de l'architecte et visés par l'architecte ; lui-même pourra consigner ses observations sur les mêmes attachements.

Faute par ce dernier de remplir la formalité ci-dessus indiquée, les objets non visibles et inaccessibles seront arbitrés par l'architecte et le vérificateur, à moins que l'entrepreneur ne consente à supporter tous les frais occasionnés par les moyens nécessaires pour opérer la vérification desdits objets.

Art. 12. Les payements seront faits par acomptes partiels, échelonnés suivant le degré d'avancement des travaux et ne seront délivrés que huit jours après la constatation par l'architecte de l'état des travaux.

Art. 13. Avant de recevoir le premier payement, lorsque les travaux seront arrivés au degré d'avancement voulu par le marché, l'entrepreneur devra justifier des conventions écrites signées et acceptées par tous les entrepreneurs qui doivent concourir avec lui à l'entier achèvement des travaux.

Il sera dressé, de suite, un état indiquant, par nature d'ouvrage, la répartition des sommes dues à chaque entrepreneur, au prorata du marché général et des traités particuliers. Cet état, signé de l'entrepreneur et des sous-traitants, formera la loi des parties pour la délivrance des acomptes et le solde des travaux (voy. *État de lieux*).

Art. 14. Le prix accordé pour l'exécution et le parfait achèvement de la construction, conformément aux plans et détails fournis par l'architecte, et aux conditions générales et particulières du présent marché, toutes de rigueur, mais dont aucune n'est réputée comminatoire, est fixé à forfait à la somme de   que l'entrepreneur, après examen, reconnaît suffisante pour exécuter et parfaire les travaux, ainsi qu'ils sont décrits et détaillés aux plans et cahier des charges, qu'il déclare accepter et vouloir exécuter sans aucune restriction.

Art. 15. Les paiements partiels se subdivisent ainsi qu'il suit :

Après les caves voûtées et les escaliers desdites posés, l'entrepreneur recevra, sur les propositions de l'architecte, qui devra constater les travaux exécutés et l'accomplissement des conditions du marché, un acompte de   :

Après la pose du   plancher et aux mêmes conditions que dessus, un acompte de   (1) ;

Après la couverture terminée et aux mêmes conditions que dessus, un acompte de   ;

Après l'achèvement des ravalements intérieurs et extérieurs et aux mêmes conditions que dessus, un acompte de   :

Après l'entier achèvement des travaux et leur réception définitive par l'architecte et aux mêmes conditions que dessus, un acompte de   ;

Enfin, le solde six mois après la

réception définitive des travaux, soit la somme de   .

Art. 16. L'entrepreneur devra, pendant la durée des travaux, avoir, sur le chantier, les quantités de matériaux ou approvisionnements, et le nombre d'ouvriers qui lui seront nécessaires pour exécuter les travaux avec promptitude et dans les délais indiqués par les paragraphes suivants :

Les travaux devront commencer le   pour être entièrement achevés le   et se poursuivre sans interruption de manière à arriver aux époques fixées.

Tous les travaux de maçonnerie, plâtres intérieurs et ravalements compris, devront être entièrement achevés dans   mois, à partir du jour indiqué pour le commencement des travaux.

Art. 17. Dans le cas d'inexécution des ouvrages dans les délais ci-dessus indiqués, l'entrepreneur subira une retenue de   par chaque jour de retard, jusqu'à parfait accomplissement des conditions précédemment énumérées. Il suffira au propriétaire, pour exercer ces retenues, d'adresser à l'entrepreneur une simple sommation qui constate le retard motivant la retenue.

L'entrepreneur ne pourra ralentir les travaux que sur un ordre écrit de l'architecte.

Si, pendant l'exécution et pour une cause qui ne serait pas du fait du propriétaire, l'entrepreneur discontinuait ou suspendait les travaux, ou s'il ne mettait pas le nombre d'ouvriers nécessaire, ce dont l'architecte sera seul juge, après une simple sommation constatant le fait, il pourra y être pourvu par le propriétaire, aux frais, risques et périls de l'entrepreneur. De plus, le montant des dépenses exigées par l'achèvement des travaux sera retenu sur les paiements à faire à l'entrepreneur, sans préjudice des indemnités stipulées ci-dessus auxquelles le propriétaire pourrait prétendre pour les retards apportés à l'exécution des travaux.

---

(1) Tantôt un acompte est délivré après la pose de chaque plancher, tantôt après la pose d'un plancher déterminé ou bien encore du dernier plancher. Chacun de ces cas doit être spécifié ici.

Le propriétaire est autorisé à opérer toutes les retenues, savoir : celles pour malfaçons, rejet des matériaux et remplacement desdits d'après l'estimation qu'en donnera l'architecte, celles pour retard dans l'exécution, en comptant les jours écoulés depuis la sommation qui a dû constater le retard jusqu'à la reprise des travaux, ou bien entre la sommation constatant qu'aux époques fixées par le marché les travaux n'étaient pas arrivés à l'état d'avancement voulu, jusqu'au moment où ces conditions seront remplies.

Art. 18. Les travaux terminés, l'entrepreneur devra les faire recevoir par l'architecte, qui ne pourra se refuser à cette formalité.

Ce dernier dressera donc un procès-verbal constatant si les plans et marchés ont été fidèlement suivis, ou les différences, s'il en existe.

Les malfaçons, travaux incomplets, objets manquants, réfections demandées y seront consignés.

L'entrepreneur sera tenu de satisfaire aux réclamations indiquées et ne pourra recevoir son solde que d'après une déclaration de l'architecte portant que les travaux sont définitivement reçus.

Art. 19. Conformément à l'article 1798 du Code civil, les sous-traitants et ouvriers fournisseurs de l'entrepreneur général n'auront aucune action contre le propriétaire à raison de leurs fournitures, l'entrepreneur général devant, à cet égard, leur fournir toutes garanties et insérer, par conséquent, cette clause dans les traités ou marchés qu'il conclura avec eux.

Dans le cas où des retards dans l'exécution des travaux proviendraient du fait du propriétaire, ou si quelques difficultés résultaient du fait du voisinage, l'entrepreneur ne sera plus responsable de faits qui lui seraient étrangers et le propriétaire sera tenu de lever les obstacles qui s'opposeraient à la continuation des travaux.

Art. 20. Toutes les difficultés auxquelles pourrait donner lieu l'interprétation des présentes conventions générales et particulières se résoudront par voie d'expertise.

Le propriétaire se fera représenter par l'architecte directeur des travaux ; l'entrepreneur, par un architecte de son choix. En cas de dissidences, les deux experts pourront s'adjoindre un tiers-expert architecte dont ils conviendront ou qui sera nommé d'office par le président du tribunal du ressort et à la requête de l'une des parties. Les frais d'expertise ou autres seront déduits des paiements à faire à l'entrepreneur, s'ils ont été motivés par ce dernier.

Art. 21. Les travaux ne pourront être suspendus par aucune des contestations qui pourraient s'élever, pendant l'exécution, entre les signataires des présentes conventions générales et particulières.

Art. 22. Toutes les conditions du marché étant d'ailleurs exécutées, si les paiements à faire ne sont pas versés à l'entrepreneur aux époques stipulées, celui-ci aura le droit de suspendre les travaux, jusqu'à l'entier acquittement des paiements en retard et pourra exiger l'assurance écrite que les paiements subséquents seront effectués dans les délais prescrits.

Art. 23. Indépendamment des conditions générales et particulières indiquées au présent marché, l'entrepreneur s'engage, de condition expresse, à ne pas contrevenir aux lois, arrêts, règlements, ordonnances et actes relatifs aux constructions, ni aux articles du Code civil concernant les marchés à forfait, la garantie et la responsabilité générale et particulière qui incombent aux contractants.

Description détaillée et par nature d'ouvrages, des travaux à exécuter :

1. Terrasse ; — 2. Maçonnerie ; — 3. Trottoirs ; — 4. Carrelage ; — 5. Charpente ; — 6. Gros fers ; — 7. Serrurerie ; — 8. Fonte ; — 9. Couverture ; — 10. Plomberie ; — 11. Menuiserie ; —

12. Pavage ; — 13. Marbrerie ; — 14. Fumisterie ; — 15. Peinture ; — 16. Vitrerie ; — 17. Tenture ; — 18. Dorure ; — 19. Sculpture et ornements en pâte ; — 20. Miroiterie ; — 21. Appareils d'éclairage ; — 22. Concession d'eau.

Telle est la description détaillée des travaux à exécuter par l'entrepreneur général, soussigné, pour le compte de M.   sous les ordres de M.   , architecte, dont les honoraires, fixés à cinq pour cent du montant de la dépense, seront payés dans la même proportion que les acomptes de l'entrepreneur et devront être entièrement soldés six mois après la réception des travaux.

Les présentes conditions générales et particulières, acceptées après lecture et examen des plans et détails figuratifs de la construction dont s'agit.

Fait triple entre les parties, à   le   188   .

Caillasse, *s. f.* — Variété de pierre meulière, de couleur gris-blanchâtre et qu'on trouve, soit en blocs, dont on fait des meules de moulin d'une seule pièce, soit en morceaux isolés, qui s'emploient quelquefois comme moellons dans la maçonnerie.

L'usage de cette pierre est cependant peu fréquent à cause de sa cassure unie, qui nuit à son adhérence au mortier. On s'en sert utilement, en la concassant pour l'empierrement des chaussées.

Caillou ou **Silex,** *s. m.* — Pierre très dure faisant feu sous le briquet et formée de silice plus ou moins dure.

Les *cailloux* se trouvent dans les assises supérieures du terrain crétacé, soit agglomérés par une sorte de gangue calcaire, soit disséminés dans la masse crayeuse. Leur pesanteur spécifique est de 2,80 ; leur couleur varie du noir au blanc ; leur forme est arrondie et se prête mal à l'emploi de ces matériaux dans les constructions ; cependant on

s'en sert dans certains pays pour les massifs de maçonnerie, et les *silex* les plus propres à cet usage sont ceux dont l'aspect est irrégulier ; ils font d'autant mieux corps avec le mortier qu'ils ont conservé leur enveloppe de craie.

Mélangés avec des mortiers de chaux hydraulique, les *cailloux* composent le *béton* (voy. ce mot).

On emploie encore les *silex* pour l'exécution des empierrements des routes (voy. *Cailloutis*).

Les *cailloux* roulés par les eaux sur les bords de la mer prennent le nom de *galets* et sont utilisés pour la construction des murs, dans les pays où le moellon fait défaut ; ils servent aussi à composer des motifs de décoration. C'est ainsi que l'on voit encore, dans certaines villes de Normandie, et notamment au Tréport, des exemples d'ornementation obtenue par diverses combinaisons de *cailloux* de mer, noirs et blancs, taillés au marteau.

Les marbres poudingues sont composés de *cailloux* agglomérés.

Cailloutage, *s. m.* — Maçonnerie. Construction faite de cailloux noyés dans un mortier de ciment.

Pavage (voy. *Cailloutis*).

Peinture. Imitation que font les peintres d'une maçonnerie de cailloux.

Cailloutis ou **Macadamisage,** *s. m.* — On donne ce nom au mode d'empierrement des routes basé sur l'emploi du caillou.

Un ingénieur anglais, Mac-Adam, a donné son nom à un procédé qui consiste à encaisser entre deux bordures une couche d'environ 0^m,18 à 0^m,20 d'épaisseur entièrement composée de pierrailles régulièrement concassées. Le roulage des voitures agglomère ces fragments entre eux, mais pour produire un enchevêtrement plus rapide, on se sert maintenant d'un rouleau compresseur, dont on fait varier le poids entre 3,000 et 9,000 kilogr. Ce procédé exige que le sol servant de base à la chaussée soit solide, bien asséché et non sujet à se délayer. Si le sol est peu résistant, une assise de pierres plates sert de fondation à l'empierrement ; au-dessus on pose des pierres coniques de 0^m,15 à 0^m,20 de hauteur, autant que possible, et enfin les pierres concassées que l'on comprime avec un rouleau. Sur un sol assez résistant, on ne place que l'assise de pierres coniques.

Les petites pierres qui composent le *cailloutis* ne doivent pas avoir plus de 0^m,06 de diamètre ; elles doivent être exemptes de terre, parce que celle-ci, sous l'influence de la gelée et du dégel, se gonflerait et désunirait les matériaux qui composent la chaussée.

Si l'aire doit être construite sur un sol tourbeux ou vaseux, on lui donne comme base un double rang de fascines.

L'entretien de ces chaussées est coûteux.

Caisse, *s. f.* — 1° Refouillement rectangulaire compris entre deux modil-

Fig. 681.

lons du plafond de la corniche corin-

thienne (fig. 681) ; on dit aussi *caisson* (voy. ce mot).

2° Sorte de coffre découvert servant à contenir des fleurs, des arbustes et même certains arbres tels que les oran-

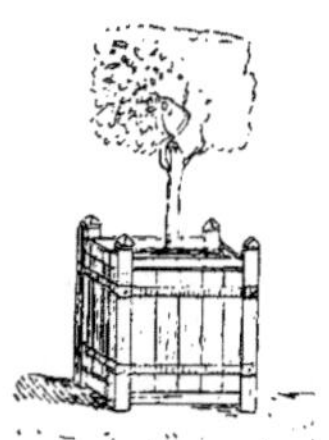

Fig. 682.

gers, les grenadiers (fig. 682). C'est un assemblage de planches comprises entre des poteaux formant pied, le tout renforcé par des plates-bandes de fer.

3° On donne encore le nom de *caisses* à des espèces de boîtes en charpente qui servent de moules pour la confection des blocs de béton destinés à des travaux hydrauliques tels que la construction des jetées.

Ces appareils varient de formes, suivant que les blocs sont fabriqués sur l'emplacement même qu'ils doivent occuper ou qu'ils sont confectionnés à terre, puis lancés à la mer.

Dans le premier cas, ce sont des coffres à fond plat ou sans fond.

Un perfectionnement appliqué à la construction du môle d'Alger est l'emploi des *caisses-sacs*, dont les parois latérales sont formées d'un grillage en poutrelles recouvert sur sa face intérieure d'un double cours de planches à joints croisés. La partie inférieure de ces parois est découpée à peu près suivant le profil du sol ; l'intérieur des coffres est garni d'une toile goudronnée clouée sur tout le pourtour et formant sac. Cette toile est assez ample pour se plier à toutes les sinuosités du fond et permet au béton de se mouler sur le terrain ; de cette façon l'eau ne peut, comme avec les *caisses* à fond plat ou sans fond, pénétrer, entre le sol et le moule, dans l'intérieur de la masse du béton.

Les moules servant à faire les blocs à terre ont quatre cloisons formées par des poutrelles recouvertes en planches; le fond sur lequel ces cloisons s'assemblent repose sur un plan incliné qui aboutit au point où l'on veut immerger le bloc. On les remplit de béton et, quand cette matière est assez dure, on enlève les cloisons et le bloc est lancé à la mer.

Nous représentons (fig. 683) la vue de face d'une des différentes *caisses-moules* employées au port d'Alger. Les cloisons

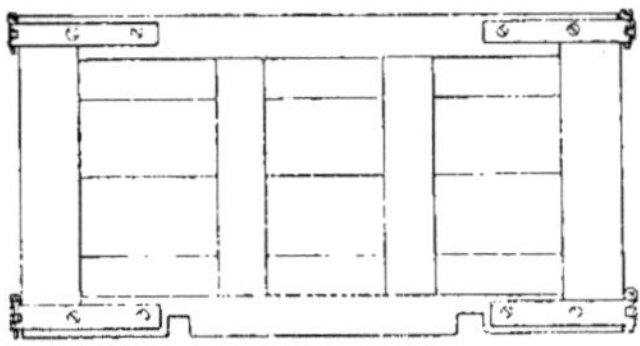

Fig. 683.

ont leurs traverses inférieures et supérieures reliées aux montants d'angle par des plates-bandes, que terminent des anneaux; des chevilles, passant par ces

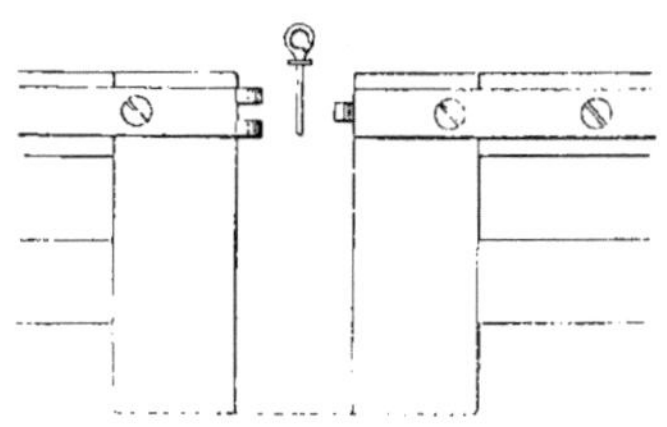

Fig. 684.

anneaux, ainsi que le montre le détail (fig. 684), réunissent les cloisons entre elles et permettent de les enlever quand le bloc de béton a acquis la consistance nécessaire.

Caissée, *s. f.* — On donne le nom de *bétonnage à la caissée* à l'un des procédés d'immersion du béton (voy. *Bétonnage*).

Caissines (*Pierre des*). — Calcaire compacte, très dur, gris-cendré ou jaunâtre, à pâte fine et susceptible de poli, que l'on extrait des carrières des *Caissines*, près de Cahors.

Cette pierre, qui porte de 0^m,15 à 1 mètre de hauteur d'assise, a été employée notamment au clocher de l'église d'Ureisse.

Caissiols (*Grès de*). — Grès feldspathique, dur, blanchâtre, à grains moyens, qui provient de la carrière de *Caissiols*, dans l'arrondissement de Rodez.

La hauteur d'assise de cette pierre va jusqu'à 2 mètres.

On l'a employée à la cathédrale et au grand séminaire de Rodez.

Caisson, *s. m.* — ARCHITECTURE. Compartiment creux produit sur la surface des plafonds et des voûtes, soit par le croisement apparent des poutres ou des courbes en charpente qui en forment l'ossature, soit par une imitation de cet assemblage établie dans la pierre, dans le marbre ou dans toute espèce de maçonnerie.

Ces compartiments sont ornés plus ou moins richement et servent à la décoration des édifices.

L'origine des *caissons* remonte aux Grecs, qui remplacèrent, dans la construction des plafonds, les dalles continues et d'épaisseur uniforme des temples égyptiens par des poutres en pierre plus ou moins espacées, supportant des dalles plus ou moins épaisses.

Les portiques étaient ainsi couverts : des poutres dirigées dans le sens de la largeur des plafonds, reposaient sur la frise et soutenaient des pierres plates, divisées en un ou plusieurs compartiments.

La figure 685 donne un exemple des *caissons* ornés de peintures et de sculptures, qui décorent le portique nord du temple de l'Erechthéion, et qui sont placés sur un seul rang dans l'intervalle des poutres ; au centre de chaque compartiment est un trou cylindrique qui

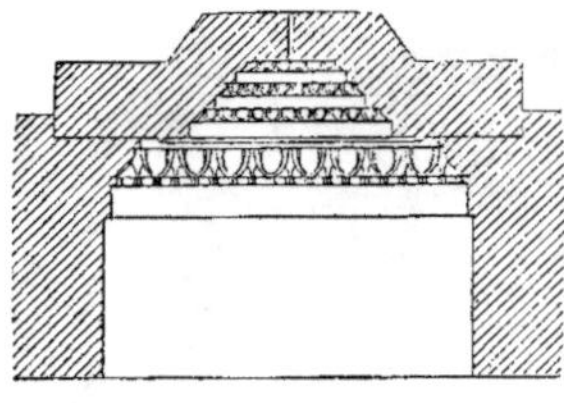

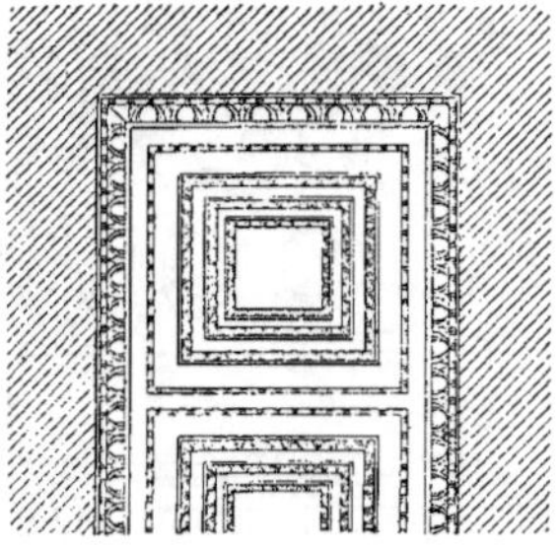

Fig. 685.

servait sans doute à la suspension d'une rosace (1).

Les Romains ont placé des *caissons* carrés ou octogones dans les plafonds et dans les voûtes, mais en leur donnant généralement des dimensions plus grandes que celles adoptées par les Grecs. La figure 686 représente le plan et la coupe d'un *caisson* du portique latéral du temple de Mars Vengeur, à Rome, occupant tout l'espace correspondant à un entre-colonnement ; le centre est décoré d'une rosace sculptée.

Les voûtes, construites en béton et en blocage, furent elles-mêmes divisées en compartiments. Des caisses saillantes en bois étaient disposées sur la charpente de cintrement de ces voûtes, de manière à produire, dans la masse du blocage revêtant l'intrados, des renfoncements réguliers, qui étaient ensuite revêtus de stucs ornés de moulures d'encadrement

(1) Léonce Raynaud, *Traité d'architecture.*

et de rosaces en métal. C'est ainsi que paraissent avoir été préparées les cinq

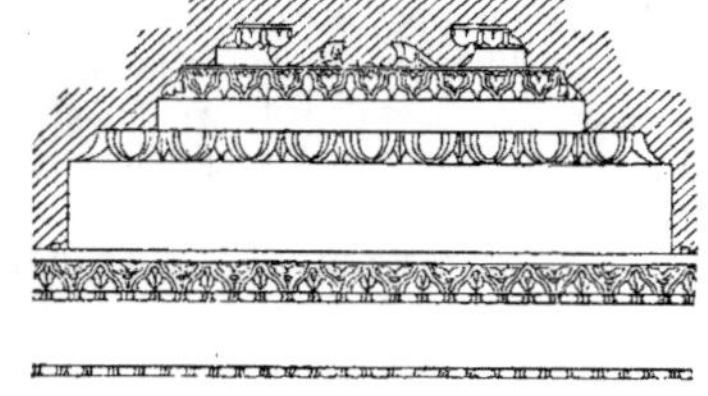

Fig. 686.

rangées de *caissons* qui constituent le principal motif de la décoration de la

Fig. 687.

coupole du Panthéon, à Rome ; la

figure 687 donne un fragment de cette voûte.

Les constructions du moyen âge n'offrent pas d'exemple de *caissons;* ce n'est qu'à la fin du xve siècle que la multiplication des nervures dans les voûtes produisit des compartiments encadrés de moulures.

La Renaissance rétablit l'usage des *caissons* creusés dans le marbre ou dans la pierre, ou composés de bois sculptés.

Fig. 688.

Le *caisson* représenté par la figure 688 appartient à un plafond en menuiserie de Sainte-Marie-Majeure, à Rome.

L'architecture du xviiie siècle nous a laissé, comme exemple remarquable de voûte ornée de compartiments, la coupole du Panthéon, à Paris, dont nous donnons un fragment (fig. 689). Des *caissons* octogones, séparés par d'autres plus petits et en forme de losanges, y sont sculptés dans la pierre, décorant et, tout à la fois, allégeant la voûte.

Aujourd'hui, ce genre d'ornementation est appliqué aux péristyles, aux vestibules, aux escaliers, aux salles d'assemblée, aux voûtes en berceau ou demi-sphériques, etc.

Nous entrerons ici dans quelques développements au sujet des principes qui doivent guider l'architecte dans le tracé des caissons :

Les formes des *caissons* rectilignes

employés pour les plafonds en bois, marbre ou pierre sont naturellement

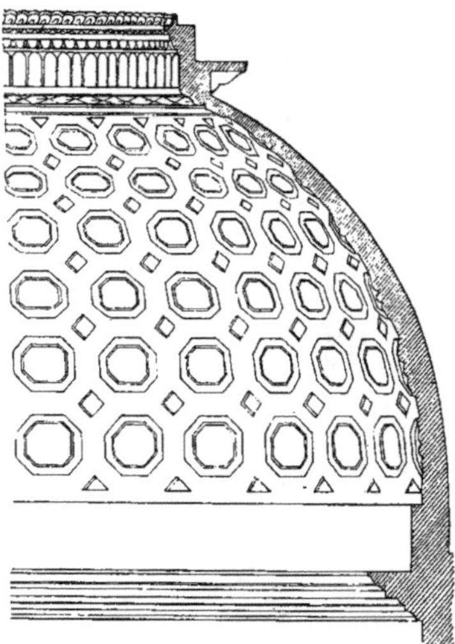

Fig. 689.

justifiées par la constitution même, l'ossature de ces parois horizontales ; il n'en est pas de même des voûtes en maçonnerie pleine, où ces formes sont défectueuses. Les Grecs, doués d'un sentiment si profond du véritable art, n'eussent jamais décoré comme un plafond une voûte en briques telle que celle du Panthéon de Rome. Mais l'oubli des formes essentielles, que l'on remarque déjà dans l'architecture romaine, a été porté bien plus loin par les modernes. Le goût exagéré de l'ornement a fait disparaître le principe même du *caisson;* la disposition primitive, telle qu'on la voit adoptée par les Grecs, disposition qui se prête si bien à une décoration simple et rationnelle, a perdu son véritable sens par l'abus des formes irrégulières et tourmentées, losanges, guillochés, entrelacs, etc., qui sont sorties de l'imagination des architectes.

Les formes régulières, et celles qui en dérivent doivent donc être regardées comme les plus convenables. La forme carrée est simple et rationnelle, puisqu'elle résulte de cette façon naturelle d'établir un plancher qui consiste à poser les solives en échiquier. C'est, d'ailleurs, cette forme carrée que nous admirons dans les plafonds de l'antiquité appartenant aux belles époques de l'art.

La forme rectangulaire s'explique par une inégale distribution de solives. Les formes circulaire et polygonale régulières peuvent être adoptées et produire d'heureux effets ; mais il convient, à l'aide d'ornements disposés avec art, de les rattacher à la forme primitive ; c'est ainsi que le cercle, l'hexagone ou l'octogone devront être toujours considérés comme inscrits dans un carré. En un mot, on ne saurait trop recommander les formes de *caissons* où le système primitif et naturel de la charpente reste évident.

D'autre part, le *caisson* n'étant que la représentation des creux formés par la rencontre des solives, on peut se demander quel rapport doit être établi entre les vides et les pleins. Or, il est reconnu qu'un plafond gagne en caractère avec l'accentuation des pleins. Si l'on compare, à ce point de vue, les plafonds plats et les voûtes, on remarquera que ces dernières n'exigent pas une force aussi grande pour les pleins ; car leur convexité même leur donne une solidité apparente supérieure à celle que présentent les plafonds.

Quant à la profondeur que l'on peut donner aux *caissons*, en vue de produire certains effets de lumière, il n'y a pas de règles, de proportions fixes et uniformes ; on observera seulement que quelquefois le *caisson* ne forme qu'un simple renfoncement, comme aux plafonds de Sainte-Marie-Majeure, à Rome, et de la bibliothèque Saint-Marc, à Venise. D'autres fois, ce renfoncement comprend deux ou trois degrés, comme aux *caissons* du Panthéon.

La disposition des *caissons*, eu égard à la nature et à l'étendue des parois qu'ils sont appelés à décorer, donne lieu à des remarques fort intéressantes. C'est ainsi que, d'une manière générale, on peut admettre que les *caissons* doivent être moins multipliés dans les plafonds que dans les voûtes, parce que la superficie des premiers présente moins d'étendue que les seconds. Toutefois, il faut tenir compte surtout de la grandeur de l'édifice et ne pas oublier ce principe qu'une grande surface très-divisée se rapetisse et qu'une petite gagne de la grandeur par la division. Les Romains, par exemple, n'ont placé que cinq rangées de *caissons* sur la vaste coupole du Panthéon. Il est aussi une autre considération qui empêche de multiplier ces divisions dans les voûtes sphériques ; c'est que, par suite du rétrécissement de la voûte, la grandeur des *caissons* diminue à mesure qu'ils s'élèvent, et ceux qui occupent les rangs supérieurs deviendraient étroits et mesquins.

Au point de vue de la décoration des *caissons*, il nous reste quelques observations importantes à faire : la peinture et la sculpture, réunies ou séparées, y concourent également. La dorure a, de même, été employée dans ce but, par les anciens et les modernes. Les bains de Livie, dans l'antiquité, la voûte de l'église de Saint-Pierre, datant de la Renaissance, en offrent les plus beaux exemples que l'on puisse citer.

Parmi les ornements en relief dont on a coutume de décorer les *caissons*, les uns sont entaillés dans la pierre même et le marbre, encastrés et moulés en stuc dans les édifices de brique et de maçonnerie ou rapportés en métal, comme les plaques de bronze de la coupole du Panthéon, à Rome.

L'un des principaux ornements qui soient usités est la *rosace*, sorte de fleuron de formes très-diverses et dont la saillie ne doit jamais dépasser la hauteur du renfoncement.

On place encore au milieu des *caissons* des figures, des mascarons, des patères, etc.

Les plates-bandes ou les solives qui encadrent les compartiments peuvent également être décorées de sculptures, mais demandent plus de réserve et de sobriété.

ARCHITECTURE HYDRAULIQUE. Sorte de caisse en charpente qui permet de construire des fondations dans une eau profonde et dont les faces latérales sont susceptibles de se démonter quand les travaux sont suffisamment avancés.

Le *caisson* se compose, comme le montrent l'élévation A et le plan B donnés par la figure 690 : 1° d'un cadre de fortes pièces de charpente, qui a la

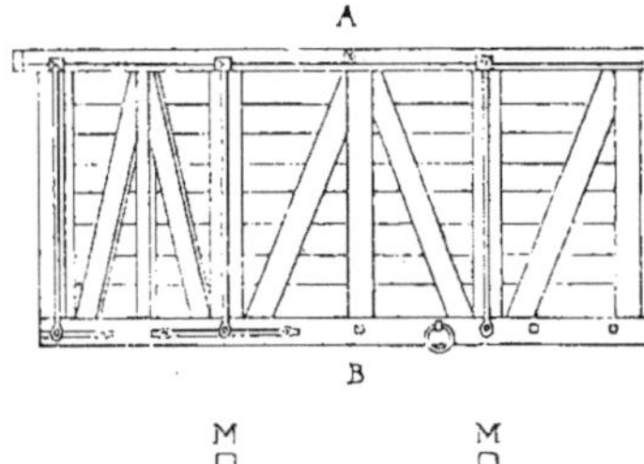

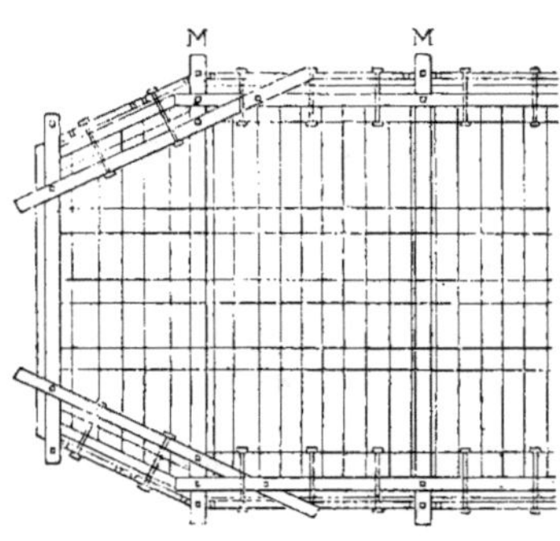

Fig. 690.

forme de la pile ; 2° d'un plancher en racinaux ou traversines qui s'assemblent à rainures dans les pièces de rive et s'y relient, de distance en distance, par des boulons ; 3° de compartiments en madriers jointifs, qui sont aussi maintenus par des rainures dans les cadres et dans les poteaux verticaux. Ceux-ci sont réunis, à leur partie supérieure, par des traverses horizontales M dépassant les bords de 0ᵐ,50 à 0ᵐ,60 et fixés au fond,

à l'aide d'un tirant ; ce dernier est muni, à cet effet, d'un œil qui s'attache à un crochet placé sur le cadre, et son extrémité supérieure boulonnée est serrée par un écrou ; il suffit d'enlever les écrous pour retirer les parois du *caisson*.

Cet appareil est surtout utilisé pour la construction des piles de ponts. On plante des pilotis qu'on recèpe à peu de distance au-dessus du lit ; on amène le *caisson* au-dessus de l'emplacement choisi et on l'échoue, en le faisant descendre, soit à l'aide de matériaux dont on le charge momentanément, soit par le poids des maçonneries qu'on y élève ; on fait, en outre, entrer de l'eau pour régler l'échouage d'une manière précise.

MENUISERIE. *Caisson de boutique* : longue boîte formant pilastre de chaque côté d'une devanture de boutique, et destinée à contenir soit les volets de fermeture en bois, soit les axes verticaux ou les chaînes qui font mouvoir les lames de fermeture en tôle.

La figure 691 représente, en plan, un *caisson* pour volets en bois ; les côtés

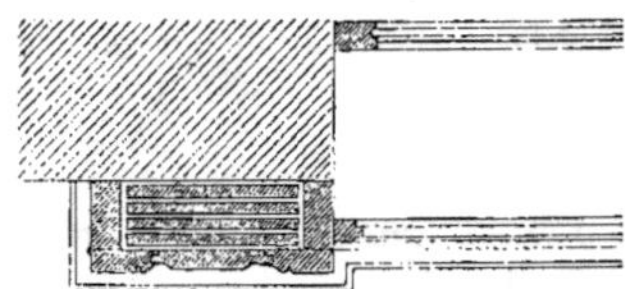

Fig. 691.

sont fixes et la partie antérieure, formée d'un panneau et d'un cadre, est mobile autour d'une charnière et se ferme avec une clef. La hauteur de ce battant est égale à l'espace compris entre l'appui de la boutique et la frise. Quelquefois les *caissons* n'ont qu'une faible saillie et ne s'ouvrent pas ; les volets se rangent à part.

Le plan indiqué par la figure 692 est celui d'un *caisson* pour fermeture métallique, système Maillard. La partie fixe est maintenue par une patte à scellement ; le battant s'ouvre à charnière et laisse entre lui et le montant de la vitrine, un espace vide, où sont placées

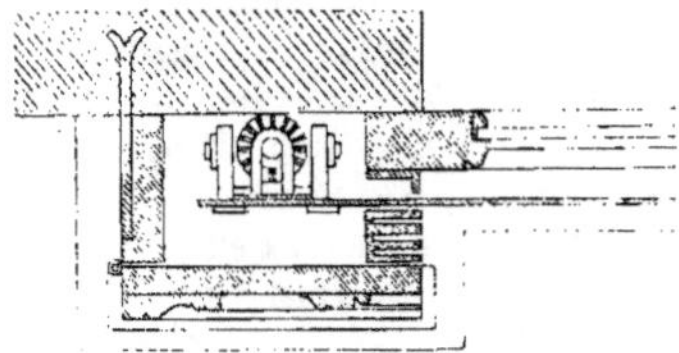

Fig. 692.

les rainures dans lesquelles se meuvent les lames de tôle (voy. *Fermeture*).

Calamine, *s. f.* — Ce nom, qui semble tirer son origine du pays de *Calamine*, situé sur les confins de l'ancien duché de Limbourg et très riche en minerais de zinc, a été donné au principal minerai de ce métal. C'est un carbonate dans lequel il entre 52 pour 100 de zinc.

La *calamine* a généralement l'aspect d'une pierre blanchâtre, grisâtre, jaunâtre ou verdâtre, mélangée d'argile ferrugineuse, de calcaire, etc., dont la cassure est compacte ou terreuse, et qui est fréquemment cellulaire ou cariée.

On rencontre souvent la *calamine* mélangée à d'autres minerais, tels que le silicate de zinc, le carbonate de fer et de cuivre, la galène.

On la trouve en *filons* dans les terrains anciens de transition, et en *amas* au milieu des terrains de sédiment plus modernes.

Calcaire, *s. m. et adj. des 2 g.* — On donne le nom de *pierres calcaires* à des matériaux de construction composés de chaux et d'acide carbonique, généralement mélangés avec certaines substances telles que la silice, l'alumine, la magnésie, ou quelques oxydes métalliques; l'état pur est représenté par le marbre blanc.

Les *calcaires* se rencontrent dans tous les étages de l'écorce terrestre, depuis les terrains primitifs et de transition qui fournissent le *marbre* (voy. ce mot) jusqu'au terrain d'alluvion d'où l'on retire le *tuf* ou *calcaire cellulaire* (voy. *Tuf*), mais les gisements les plus considérables se trouvent dans les terrains tertiaires.

On reconnaît aisément ces pierres en ce qu'elles se laissent rayer par le fer, font effervescence avec les acides et se réduisent en chaux caustique à la chaleur rouge blanc. La couleur en est variée, la cassure conchoïde; leur densité est comprise entre 1,40 et 2,85.

Suivant leur structure, on divise ces matériaux en *calcaires saccharoïdes*, comme les marbres de Paros et de Carrare, *cristallins*, *compactes*, *grossiers*, *cellulaires* comme le tuf, *terreux* comme la craie.

Les *calcaires* présentent l'avantage de se laisser tailler facilement et de se prêter aux formes les plus délicates, tout en conservant les arêtes vives et les ornements les plus fins. Les variétés qui conviennent le mieux pour les constructions sont les *calcaires compactes*, extraits des terrains secondaires et tertiaires. Ils affectent les couleurs les plus diverses; quelques-uns peuvent prendre le poli et reçoivent improprement le nom de *marbres;* et, dans ce cas, on les appelle aussi *marbres coquillers*, quand ils renferment des coquilles à l'état spathique.

Le *zechstein* des Allemands est un calcaire compacte, dur, tenace, quelquefois marneux, provenant de l'étage *pénéen*. Le *calcaire grossier* des environs de Paris appartient à cette catégorie; les terrains tertiaires en contiennent des masses considérables.

Le *calcaire fétide* ou *stinkstein* renferme du bitume à l'état pur, qui lui donne une couleur brune jaunâtre et une odeur particulière.

Une autre variété de *calcaire* employée comme pierre à bâtir, est le *calcaire oolithique*, formé par la réunion de petits globules accolés, de la grosseur d'une tête d'épingle; on le nomme *pisolithique*, quand les grains sont plus gros. Cette pierre est d'une moyenne dureté ; elle est colorée en jaune ou en brun par une certaine quantité d'oxyde de fer hydraté.

La *dolomite* ou *calcaire magnésien*, qui sert aussi comme pierre de taille, dans certains pays, est un carbonate double de chaux et de magnésie. Sa densité varie de 2,7 à 2,9 ; sa dureté est parfois assez grande pour qu'on en puisse faire des pavés, et ses qualités réfractaires permettent de l'employer à la construction des hauts-fourneaux.

Considérés au point de vue de la taille, les *calcaires* se divisent en *pierres dures* et en *pierres tendres*. Les premières sont celles que l'on débite à la scie sans dents, à eau et à grès en poudre : à cette catégorie appartiennent le *liais*, le *cliquart*, la *roche* et le *banc franc* (voy. ces mots), employés à Paris. Les pierres tendres se débitent à sec, au moyen de la scie à dents ; celles des environs de Paris sont la *lambourde*, le *vergelet*, le *Saint-Leu*, le *Conflans* et le *parmin* (voy. ces mots).

L'exploitation des pierres *calcaires* destinées à la construction se fait à ciel ouvert ou en galeries souterraines (voy. *Carrières*). Les déchets, les blocs défectueux ou les bancs de trop peu de hauteur servent à faire des *moellons* (voy. ce mot).

Calcédoine, *s. f.* — Sorte d'agate d'une couleur blanchâtre et laiteuse, quelquefois verte ou bleuâtre ; cette dernière variété est la *calcédoine saphirine*, utilisée surtout par les anciens dans la sculpture des figurines.

Les marbriers donnent le nom de *calcédoine* à une substance quartzeuse blanchâtre que l'on rencontre, à l'état de veine, dans certains marbres et qui en rend le travail difficile.

Caldarium. — On donnait ce nom, dans les bains romains, à la salle de bains chauds, renfermant aussi l'étuve.

Cette pièce était composée de trois parties : le *sudatorium*, espace vide au milieu, compris entre le *laconicum*, sorte d'hémicycle où s'asseyait le baigneur, et l'*alveus* ou bain d'eau chaude. La salle était chauffée par la vapeur d'eau ; le pavé, en carreaux, était supporté par des canaux en briques, et les murs étaient garnis, derrière les revêtements, de tuyaux prismatiques juxtaposés, montant le long des murailles (voy. *Hypocauste*). Dans les établissements de bains considérables, tels que les *thermes* (voy. ce mot), les différentes parties du *caldarium* étaient séparées.

L'étuve romaine s'est conservée dans les bains gréco-byzantins et dans les bains turcs, avec des dispositions analogues (voy. *Bains*).

Cale, *s. f.* — Morceau de bois ou de fer que l'on place sous une pièce pour la mettre de niveau ou pour la fixer dans une position déterminée.

Les charpentiers emploient souvent les *cales* comme le montre en C la figure 693, pour relever à une hauteur

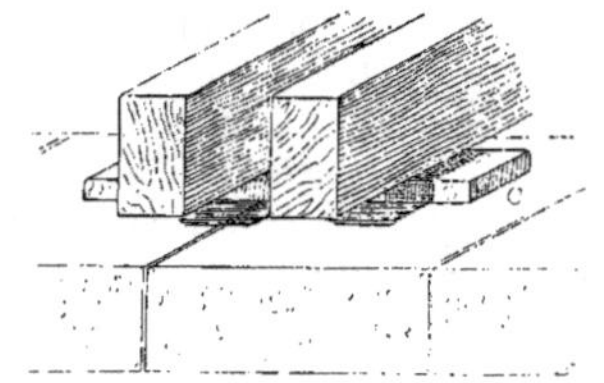

Fig. 693.

déterminée l'extrémité d'une ou de plusieurs poutres, par exemple, dans l'établissement d'un plancher. Dans ce cas, la cale a encore pour effet de répartir la pression sur une surface plus étendue.

Les serruriers se servent dans les mêmes circonstances de *cales* en fer (fig. 694). Ils appellent *cales effilées* celles qui sont forgées en lame de couteau.

Les maçons, dans la pose des pierres,

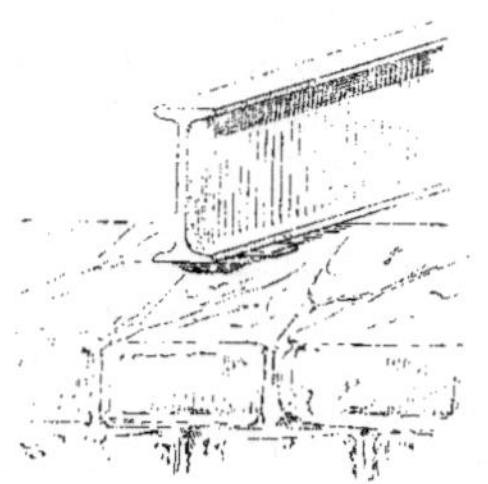

Fig. 694.

placent aussi des morceaux de bois sous les blocs (fig. 695) pour *ficher*, c'est-à-

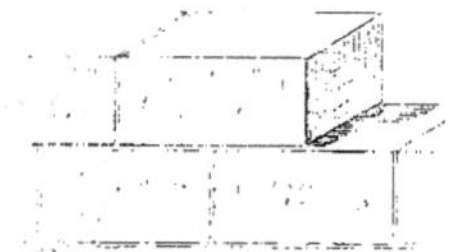

Fig. 695.

dire pour couler le mortier. Le plus souvent, les *cales* employées n'ont que l'épaisseur du joint et sont mises à demeure, mais ce procédé est mauvais en ce sens que le mortier diminue d'épaisseur en séchant, et que la charge, ne portant plus que sur les *cales*, fait éclater la pierre, aux points où elles sont placées ; il est préférable de placer, avant le fichage, des *cales* provisoires aux angles du bloc et de les retirer aussitôt que le mortier est coulé ; de cette façon, la charge est également répartie sur toute la surface du joint.

Caler, *v. a.* — Poser des *cales* (voy. ce mot).

Calfeutrement, *s. m.* — Scellement que l'on fait au pourtour des carreaux , des châssis ou des dormants d'une porte pour empêcher l'air de passer , au moyen de bourrelets en étoupe enveloppée d'étoffe, de tubes en caoutchouc, de boudins en coton, ou de bandes de papier.

On donne aussi ce nom aux bouche-

ments de lézardes ou de fentes, faits au moyen du ciment, du bois, du papier ou de la colle.

Dans le métré des ouvrages de maçonnerie, les *calfeutrements* en plâtre qui servent à boucher les vides existant entre les bâtis et dormants de menuiserie, et les feuillures en maçonnerie se mesurent au mètre linéaire et s'évaluent à 0,05 courant de légers. Si le *calfeutrement* est fait en ciment, on le compte comme un joint.

Calibre, *s. m.* — 1° Planchette en bois de tilleul, sur laquelle sont posées les moulures qu'on veut traîner en plâtre.

Ces *calibres* se montent sur un morceau de bois, nommé *sabot*, qui est rainé pour glisser sur une règle. Ils

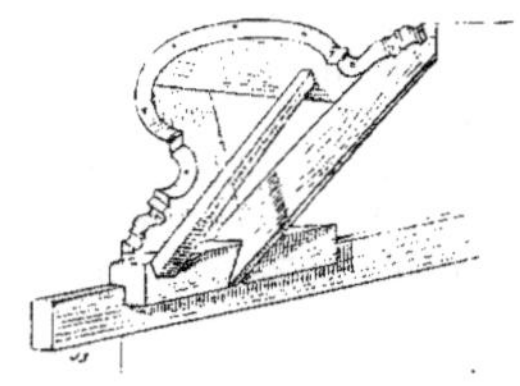

Fig. 696.

sont ensuite ferrés en tôle mince, découpée suivant le profil et servant à le maintenir (fig. 696).

2° Broche en fer que les serruriers emploient pour vérifier les dimensions des trous qui doivent avoir le même diamètre. Les dimensions des fils et

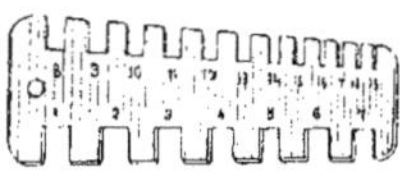

Fig. 697.

tiges de fer se vérifient au moyen d'une plaque de tôle portant des encoches de largeurs différentes et qu'on appelle aussi *calibres* (fig. 697).

3° Assemblage de voliges servant à guider les tailleurs de pierre pour la forme et les dimensions des blocs. On dit aussi *panneau*.

Pour l'évaluation du prix des *calibres* qui servent à traîner des moulures, la *Série de la ville de Paris* reste muette, la valeur de ces pièces étant regardée comme implicitement comprise dans le prix des moulures. La *Série de la chambre syndicale des entrepreneurs* admet qu'un *calibre* fait exprès, qui n'aura pas traîné plus de 6 mètres de moulures, ne doit pas être à la charge de l'entrepreneur.

Calicot, *s. m.* — Sorte de toile de coton employée, dans la tenture, au mètre superficiel ou au mètre linéaire.

On rapporte et on colle à la colle forte, derrière des panneaux de lambris ou autres planches, des bandes de *calicot*. On s'en sert aussi sur plafond et pour les charnières à soufflet.

Calissanne (*Pierre de*). — Calcaire demi-dur, blanchâtre, provenant de la carrière de *Calissanne*, aux environs d'Aix.

Cette pierre, dont le grain est plus ou moins fin, est propre à la sculpture. Elle porte de $0^m,50$ à 1 mètre de hauteur d'assise et pèse de 2,230 à 2,300 kilogr. le mètre cube. Elle s'écrase sous une charge de 220 à 280 kilogr. par centimètre carré.

La pierre de *Calissanne* a été employée dans les principaux édifices de Marseille. On l'expédie au loin, notamment à Lyon, à Toulon, à Alger et surtout le littoral de la Méditerranée.

Calorifère, *s. m.* — Ce nom s'applique à des appareils de chauffage dont le foyer est placé en dehors des locaux dont on veut élever la température.

Suivant les systèmes de chauffage adoptés, on distingue : les *calorifères à air chaud, à eau chaude, à vapeur, à eau chaude et à vapeur combinées*.

1° Dans les *calorifères à air chaud*, les produits de la combustion d'un foyer s'échappent dans des conduits en terre cuite, en tôle ou en fonte, au contact desquels l'air, pris à l'extérieur, vient s'échauffer et est envoyé où il y a lieu par des canaux de distribution.

Certaines considérations doivent guider dans la construction de ces appareils ; il faut, d'après M. Grouvelle : 1° établir le *calorifère* au-dessous du niveau des salles à chauffer, parce que l'air chaud tend à s'élever : dans les maisons d'habitation, on le place dans les caves ; — 2° construire en matières épaisses et peu conductrices les enveloppes extérieures du *calorifère* ; — 3° faire en fonte, à l'intérieur, les parties qui reçoivent les premières flammes du foyer et les autres en tôle ; — 4° favoriser le tirage par le passage de cette flamme dans une colonne verticale à la sortie du foyer ; — 5° diriger la fumée dans des tuyaux métalliques et l'air à échauffer autour de ces tuyaux ; — 6° après avoir conduit verticalement la fumée, la faire redescendre successivement en sens contraire de l'air frais, qui trouve ainsi des couches plus chaudes à mesure que sa propre température s'élève ; — 7° donner aux surfaces de chauffe les plus rapprochées du foyer assez de grandeur pour qu'elles ne rougissent que légèrement et que l'air, en passant sur elles, ne contracte pas de mauvaise odeur ; — 8° donner de grandes issues à l'air chaud pour qu'il n'ait pas le temps de s'échauffer fortement en brûlant son oxygène : à cet effet on établit au-dessus du *calorifère* un réservoir à air chaud formé de l'enveloppe même ou d'un coffre en tôle isolé de l'enveloppe de briques ; c'est de ce réservoir que partent les tuyaux de distribution ; on y place, en outre, un vase plein d'eau pour donner à l'air l'humidité nécessaire à la salubrité des lieux chauffés.

Pour donner une idée de la disposition intérieure d'un de ces appareils, nous empruntons à M. Grouvelle la description qu'il fait d'un *calorifère* construit d'après ces données ; nous en représentons en A et en B (fig. 698) le

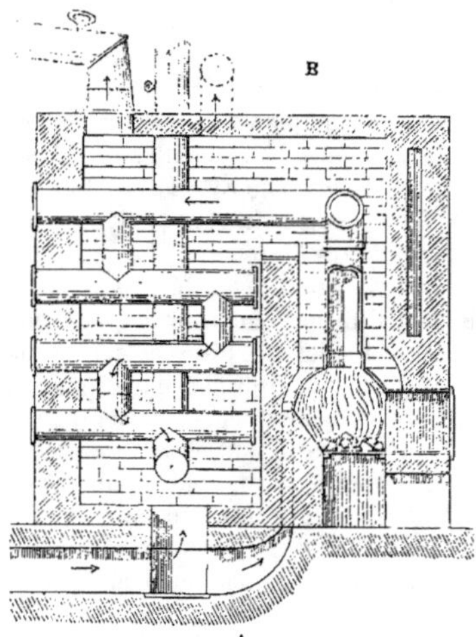

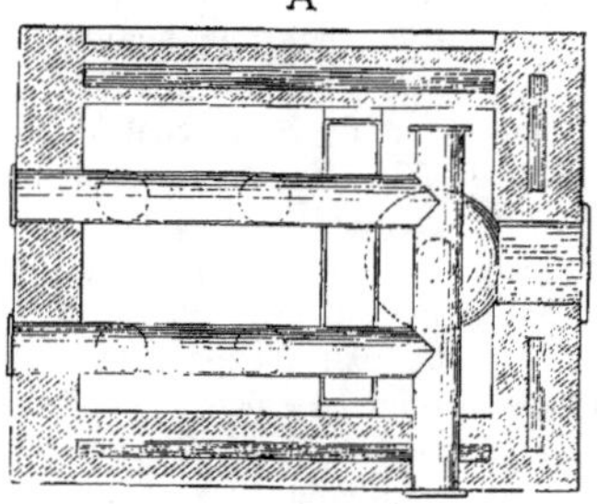

Fig. 698.

plan et la coupe. « Le foyer est recouvert d'une cloche de fonte ; la flamme passe dans un tuyau vertical en fonte, qui la distribue à deux rangées de tuyaux descendants, en bas desquels les deux séries de tuyaux se réunissent en un seul pour remonter et se rendre dans la cheminée. Une cloison en briques sépare l'air frais qui vient s'échauffer sur la cloche et son tuyau montant, de celui qui passe en sens contraire de la fumée sur les tuyaux descendants ; les deux parties d'air se réunissent en haut dans la chambre à air, pour prendre une

température uniforme et se rendre, par des tuyaux de distribution, dans les salles à chauffer. Un canal de prise d'air extérieur amène, par deux conduits, une partie de l'air frais aux deux côtés de la cloche, sous une enveloppe en briques, tandis qu'une autre partie de l'air est versée directement sur les tuyaux de descente de fumée. Les tuyaux ayant tous des bouchons à l'extérieur sont très faciles à visiter et à nettoyer (1). »

La figure 699 représente l'aspect extérieur d'un *calorifère* établi suivant

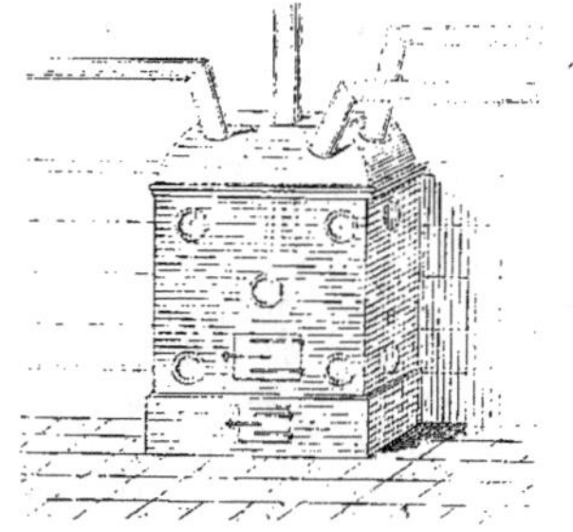

Fig. 699.

les mêmes principes, avec une enveloppe en briques, surmontée d'un réservoir en tôle.

Ainsi que le montrent les deux exemples cités, chaque branchement principal doit partir du réservoir même et être muni d'une clef qui règle la distribution. Ces tuyaux sont en tôle galvanisée ; au sortir de la chambre qui renferme le *calorifère*, ils doivent être logés dans l'épaisseur des murs et isolés de la maçonnerie par des vides d'air fermés de tous côtés. On les fait marcher toujours en montant. A leur arrivée dans le local qu'ils doivent chauffer on munit leur orifice de *bouches* dites *de chaleur* (voy. Bouches). Les coudes des conduits sont arrondis et les branchements nécessaires doivent partir de culottes coniques avec clefs d'arrêt. Les salles chauffées doivent avoir un moyen

(1) Laboulaye. *Dict. des arts et manufactures.*

d'appel : soit une cheminée chauffée ou non, soit une ouverture grillagée, pratiquée dans un mur de séparation de la pièce avec une salle contiguë non chauffée, telle qu'un escalier, etc.

2° Les *calorifères à eau chaude* sont à *basse* ou à *haute pression*.

Les premiers, qui s'appellent aussi *thermo-siphons,* sont composés d'une chaudière, de la partie supérieure de laquelle part un tuyau qui revient aboutir à la partie inférieure, après avoir parcouru les différentes sections de l'édifice. L'eau chaude monte dans ce tuyau, s'y refroidit, revient dans la chaudière et s'y réchauffe de nouveau, établissant ainsi une circulation continue. La chaleur abandonnée par le liquide élève la température des diverses pièces. On dispose, de distance en distance, sur le parcours des conduits, des réservoirs figurant des poêles ordinaires dits *poêles d'eau,* autour desquels on peut se chauffer. On a soin d'établir, au point culminant de la circulation , un réservoir ouvert appelé *vase d'expansion,* communiquant avec la colonne montante et qui sert à laisser échapper l'air que contient toujours l'eau nouvellement mise dans l'appareil.

Les systèmes à haute pression diffèrent des précédents en ce que l'eau est soumise à des pressions de plusieurs atmosphères ; les surfaces de chauffe et les sections des tuyaux sont plus petites ; le vase d'expansion est fermé, boulonné et muni d'une soupape de sûreté.

3° Les *calorifères à vapeur* se composent essentiellement : 1° d'un appareil destiné à produire la vapeur ou *générateur ;* 2° de tuyaux de distribution ; 3° de récipients à grandes surfaces extérieures qui conduisent la vapeur et transmettent la chaleur produite ; 4° de tuyaux qui ramènent l'eau dans le générateur ou la conduisent au dehors.

Ce système exige une grande perfection dans l'exécution des ouvrages, pour éviter les fuites de vapeur.

4° Le chauffage par *calorifères à eau chaude et à vapeur combinées* consiste à employer la vapeur même, à élever la température de l'eau contenue dans des circulations et poêles fractionnés par étage et par localités. Pour un édifice entier cette vapeur est produite par un générateur unique et central ; on intercepte, à volonté, le chauffage de chacun des récipients, et le refroidissement est très lent, tandis qu'il est instantané dans les *calorifères* à vapeur.

Il est important, pour le constructeur, de connaître les dimensions qu'il convient de donner aux diverses parties de ces appareils pour produire une quantité de chaleur déterminée, en raison du volume d'air dont il faut élever la température. Nous examinerons ici le cas le plus fréquent, celui d'un *calorifère* à air chaud.

Le but que l'on poursuit, en établissant un appareil de ce genre, est le suivant : introduire, par heure, un cube déterminé d'air pur à une température telle que l'air des pièces à chauffer soit maintenu à un degré de chaleur constant, malgré le renouvellement de l'air et le refroidissement qui a lieu à travers les parois qui sont en contact avec l'air extérieur.

Il importe, tout d'abord, de savoir quel est le volume de l'air à chauffer.

Or, dans les locaux où il n'est point établi de ventilation artificielle, par exemple, dans les maisons d'habitation ordinaires, on admet que le renouvellement naturel de l'air est de trois fois le cube des pièces par heure.

Dans les lieux encombrés de personnes valides, tels que théâtres, amphithéâtres, écoles, etc., il convient d'introduire de 20 à 30 mètres cubes d'air pur par personne et par heure. Dans les hôpitaux il faut, en certains cas, jusqu'à 60 mètres cubes.

Il faut faire produire au *calorifère* une quantité de chaleur égale à $N^c + N^{c'}$, en appelant N^c la quantité de chaleur que doit contenir un cube d'air déterminé pour être à une température voulue et, par conséquent, la quantité de chaleur que doit prendre cet air au *calorifère* ; $N^{c'}$ la quantité de chaleur perdue en une heure, par les parois qui sont en contact avec l'air extérieur, c'est-à-dire par les murs et vitres ; cette quantité de chaleur doit être également produite par le *calorifère*.

Dans la formule générale pratique, on remplace : N^c par $(V \times 0,3 \times T)$, et $N^{c'}$ par $(S\,m \times K + S\,r \times K')$. La formule générale, qui exprime la quantité totale de calories à produire, sera donc :

$$V \times 0.3 \times T + S\,m \times K + S\,r \times K'$$

par heure. V est le volume d'air à chauffer ; 0,3 une constante indiquant la quantité de chaleur nécessaire pour élever de 1 degré 1 mètre cube d'air ; T, l'écart des températures extérieure et intérieure ; $S\,m$, la surface des murs extérieurs ; $S\,r$, la surface des vitres extérieures ; K, le coefficient par mètre carré de murs ; K', le coefficient par mètre carré de vitres, ces deux derniers chiffres étant donnés ci-dessous.

Dans les cas moyens, où l'air extérieur est à — 5 degrés et l'air intérieur porté à + 15 degrés, c'est-à-dire où l'écart des températures est 20 degrés, la quantité de chaleur K, perdue par mètre carré et par heure à travers les parois extérieures, est indiquée par le tableau suivant pour différents matériaux :

Pour un mur de briques de $0^m,06$ d'épais., 46 calor.

—	—	0	11	—	40	—
—	—	0	22	—	30	—
—	—	0	35	—	23	—
—	—	0	50	—	19	—

Pour un mur calcaire,

pierre ou moellon de	0	30	—	39	—
—	0	50	—	32	—
—	0	60	—	29	—
—	1	00	—	22	—

La quantité de chaleur K', perdue par mètre carré et par heure, dans les mêmes conditions, est, pour un vitrage simple, de 50 calories ; pour un vitrage double, de 34 calories.

Voici maintenant les chiffres, fournis par l'expérience, qui permettent, avec la formule précédente, d'établir quelles doivent être les sections des conduites.

La quantité de houille à brûler est déterminée par cette donnée pratique que dans les *calorifères* à air chaud, on ne peut utiliser que 3,000 calories par kilogramme de houille brûlée.

La *surface de chauffe*, pour un appareil en métal, doit être de 1 mètre carré par un demi-kilogramme de houille à brûler par heure.

La *section de la grille* du foyer doit être de 1 décimètre carré à 1 décimètre carré et demi par kilogramme de houille.

La *section du conduit de fumée* doit toujours être le quart de celle de la grille.

On détermine la section des conduits de prise d'air, des conduits d'air chaud et des conduits d'air vicié par les considérations suivantes :

Dans les cas ordinaires, la vitesse moyenne de l'air froid à la prise d'air est de 1 mètre par seconde ; la vitesse de l'air chaud dans les conduits est de 2 mètres par seconde pour des conduits verticaux, et de $1^m,50$ pour des conduits inclinés ; la vitesse de l'air vicié dans les conduits de ventilation est de 1 mètre par seconde pour les canaux rampants, et de 2 à 3 mètres pour les cheminées.

Cela posé, on divise par 3,600 la quantité connue d'air à introduire par heure ; on obtient ainsi la quantité qu'il faut introduire par seconde. On déduit facilement alors des vitesses indiquées ci-dessus les sections moyennes à donner aux conduits et les dimensions des bouches, en tenant compte des pleins de grillage pour ces dernières.

La section des conduits est égale au débit par seconde divisé par la vitesse par seconde.

On donne encore le nom de *calorifères* ou *poêles calorifères* à des appareils de chauffage placés dans les pièces mêmes à chauffer, et dans lesquels l'air circule, avant de se mêler à l'air ambiant ou de le remplacer (voy. *Poêle*).

Outre les dispositions adoptées pour les différents systèmes de *calorifères*, il en est d'autres qui sont imposées, en vue des incendies, par des règlements administratifs et qui s'appliquent également à la construction des cheminées, des poêles et des fourneaux (voy. *Incendie*).

Calotin, *s. m.* — COUVERTURE. Petite pièce de zinc C (fig. 700) qu'on

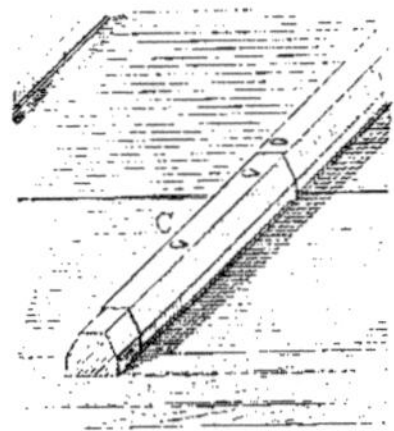

Fig. 700.

soude sur un couvre-joint pour recouvrir une tête de clou.

Calotte, *s. f.* — Pris dans le sens géométrique, ce nom s'applique à une *zone* (voy. ce mot) qui n'aurait qu'une seule base, c'est-à-dire dans laquelle une des deux sections circulaires qui ont servi à la former serait réduite à un point. On l'appelle alors *calotte sphérique*.

La figure 701 représente une surface

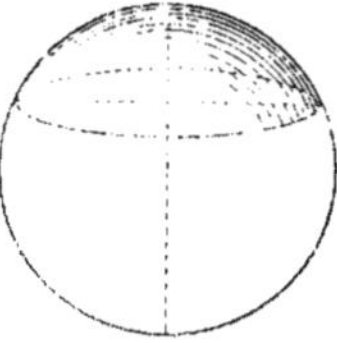

Fig. 701.

de ce genre ; la hauteur, comptée sur le

diamètre de la sphère perpendiculaire au cercle de base, prend le nom de *flèche*. La *calotte* peut comprendre la moitié de la sphère et se nomme, dans ce cas, *hémisphère*.

Il est important de savoir calculer la surface d'une voûte construite en *calotte* sphérique. Soit H la hauteur ou flèche de la voûte, R le rayon de la sphère dont elle dépend, S la surface cherchée ; la formule suivante donne la solution :

$$S = 2 \pi R \times H.$$

On peut déterminer R, que l'on ne connaît pas dans la plupart des cas, au moyen de la formule qui suit, si l'on a mesuré le diamètre $a\,b$ de la base de la *calotte* et sa hauteur H :

$$R = \frac{\dfrac{a\,b^2}{H} + H}{2}$$

On donne en général le nom de *calotte* à la concavité d'une voûte sphérique ou de forme sphéroïdale.

On désigne particulièrement ainsi :

1° Une voussure en quart de sphère ou de forme analogue qui termine une *niche* (voy. ce mot) à sa partie supérieure ;

2° Une sorte de chapeau de plomb placé en amortissement sur le haut de la flèche, dans certains clochers, et qui recouvre, à la fois, l'extrémité du dernier rang d'ardoises et les bandes de plomb garnissant les arêtes de la flèche ;

3° La partie supérieure d'une cloche de fonte servant de foyer dans un calorifère (voy. *Cloche*) ;

4° L'extrémité inférieure d'un corps de pompe s'élargissant sur le bas et placée au-dessus du tuyau d'aspiration, dont elle est séparée par un clapet. On dit aussi *calotin* ou *calotte d'aspiration* (voy *Pompe*).

Calquer. — Ce mot, qui vient de l'italien *calcare*, *contre-tirer*, signifie, à proprement parler, transporter un dessin d'un corps sur un autre.

Parmi les procédés employés. nous citerons le suivant : on frotte le revers du dessin avec un crayon ou une pierre tendre de couleur quelconque, mais différente de celle du corps sur lequel on veut transporter le dessin. On assujettit celui-ci d'une main, tandis que de l'autre main on passe avec une pointe émoussée sur chaque trait du dessin. qui s'imprime sur le corps placé au-dessous, au moyen de la couleur dont on a frotté le revers. La pointe émoussée ou arrondie que l'on emploie est un *calquoir*. Elle peut être en acier, en ivoire, en buis ou en cuivre.

Dans les travaux de bureau nécessaires à la confection des plans, l'expression *calquer*, *faire un calque*, signifie : placer sur un dessin un papier transparent et reproduire ce dessin en suivant tous les traits. On emploie beaucoup ce procédé, dans les travaux, pour faire des expéditions de plans.

Calvaire, *s. m.* — Aux xve et xvie siècles, on appelait ainsi la représentation dans les cloîtres, dans les cimetières ou dans une chapelle attenant à une église. des scènes de la Passion. à l'aide de figurines sculptées sur pierre ou sur bois, en ronde bosse, et placées soit dans un encadrement, soit sur des gradins aboutissant à une plate-forme qui portait les trois croix avec le Christ et les deux larrons.

Aujourd'hui, on donne le nom de *calvaire* à l'ensemble des *stations* élevées de distance en distance sur les pentes d'une colline ou bien sculptées ou peintes dans des cadres qu'on place dans une église.

Camaïeu, *s. m.* — Dans son acception primitive, ce mot désignait l'imitation d'un objet faite au moyen d'une seule couleur, variée par le seul effet du clair-obscur.

On appelle ainsi, aujourd'hui, un genre de peinture d'une ou de deux couleurs, où l'on n'a pas pour but de reproduire la couleur naturelle des objets, et que l'on établit sur un fond d'une autre couleur, quelquefois d'or. On imite aussi des bas-reliefs, des ornements en bronze incrustés dans le marbre. des onyx gravés, des médailles, des stucs, etc.

Appliqué à l'ornementation. le *camaïeu*, dont on a fait abus au xviiie siècle, trouve cependant sa place naturelle dans l'embellissement des théâtres, dans les décorations provisoires pour fêtes, spectacles, etc... On peut s'en servir pour imiter avec art et intelligence des stucs, des bas-reliefs, des ornements de bronze et de marbre. des camées et autres objets.

Les rehaussés d'or entrent dans le genre *camaïeu*, et peuvent être heureusement employés dans les plafonds.

Il y a des *camaïeux* bleus, verts, rouges, etc., selon l'espèce de couleur qui domine dans le tableau.

Toute imitation produite par la dégradation combinée des ombres et des lumières est un *camaïeu*. Ainsi. un dessin à la sanguine, au crayon noir, à la sépia. à l'encre de Chine sur papier blanc ou nuancé, les estampes à trois couleurs et rehaussées de blanc. les grisailles, les cirages ou bas-reliefs peints en bronze sont autant de *camaïeux*.

Cependant on appelle plus particulièrement *peintures monochromes*, *grisailles*, celles qui. devant imiter des bas-reliefs en pierre, sont faites avec du noir et du blanc. On voit des peintures de ce genre à la Bourse de Paris. Mais lorsque, ainsi que dans les salles du Vatican et dans les voûtes de la galerie de Versailles, ces peintures sont de couleurs variées et rehaussées d'or, pour imiter les bas-reliefs en bronze, en porphyre ou en lapis-lazuli, elles sont, à meilleur droit, appelées *camaïeux*, comme on disait, au xvie siècle, des dessins de couleurs foncées rehaussées d'or.

Camara ou **Camera**. — Mot d'origine grecque, appliqué par les Romains au plafond voûté d'une chambre, quand il était fait de bois ou de plâtre, au lieu de représenter un arc régulier de briquetage ou de maçonnerie, genre de construction qu'ils appelaient *fornix*. C'est de ce mot que viennent les noms italien et français *camara* et *chambre*.

Camard, *adj*. — Les serruriers appellent *bouton camard* un bouton affectant la forme d'une *olive* (voy. ce mot).

Cambrer, *v. a*. — Rendre courbe une pièce de bois.

On appelle *cambrure* la courbure décrite par cette pièce ; on donne aussi ce nom au cintre d'une voûte.

Caminus. — Mot latin auquel les Romains attribuaient plusieurs significations et qui a donné lieu, chez les modernes, à une controverse sur la question de savoir si les anciens faisaient usage de cheminées telles que celles qui sont employées de nos jours.

D'une part, les passages des auteurs que l'on pourrait citer pour l'affirmative ne sont nullement concluants à cet égard ; d'autre part, on n'a trouvé, dans les nombreux points de vue représentés par les artistes de Pompéi, aucune construction qui ressemblât à une cheminée au sommet d'un édifice ; enfin on n'a découvert nulle trace d'une semblable disposition dans les édifices publics et particuliers de cette ville.

Si de l'Italie nous passons à la Grèce, nous devons, *a fortiori*, reconnaître l'absence de ce système de chauffage. En effet, Beckmann a prouvé que le mot καπνοδόχη, qu'on a quelquefois traduit par cheminée, ne désignait qu'une ouverture dans le toit, ouverture qu'on pouvait fermer par une espèce de soupape et par laquelle on donnait issue à la fumée produite par le feu allumé dans les chambres pour les chauffer ou dans les cuisines. En outre, certains passages d'auteurs grecs démontrent qu'on faisait sortir la fumée par la fenêtre.

Les véritables sens du mot *caminus*, sont les suivants :

1° Fournaise et foyer servant à fondre les métaux ;

2° Forge de forgeron ;

3° Atre ou foyer peu élevé que l'on disposait au milieu d'une chambre pour recevoir les bûches de bois à brûler, mais sans tuyau pour l'évacuation de la fumée. En effet, si les Romains avaient eu des cheminées construites comme les nôtres, on ne trouverait pas si fréquemment, dans leurs auteurs, des plaintes sur les inconvénients de la fumée. Vitruve, notamment, parlant de la décoration des pièces, fait observer que dans les chambres où l'on allume du feu, surtout dans les salles à manger d'hiver, on ne doit pas suspendre de tableaux et qu'il faut laisser les corniches et les moulures unies et sans ornements de sculpture. parce que la fumée gâterait tout.

Ce sont ces inconvénients qui faisaient rechercher aux Romains tous les moyens possibles de chauffer les appartements avant de recourir aux foyers découverts. Ainsi, ils donnaient aux chambres destinées à être habitées l'hiver, une exposition telle qu'elles offraient aux rayons du soleil le plus facile accès. Les salles à manger étaient ouvertes au sud-ouest, c'est-à-dire du côté où le soleil se couche en hiver, afin que ces chambres pussent être chauffées, dans l'après-midi et vers le soir, aux heures où les Romains prenaient leur repas principal.

Des procédés artificiels étaient également employés (voy. *Brasier*, *Hypocauste*).

Camion, *s. m*. — 1° Petit tombereau à deux roues avec un ou deux timons, traîné par plusieurs hommes ou par un cheval.

On l'emploie au transport des terres ou des matériaux.

2° Petite voiture à bras et à deux roues (fig. 702) que les ouvriers des

Fig. 702.

divers corps d'état emploient pour transporter les outils et marchandises à pied d'œuvre.

3° PEINTURE. Vase de fer-blanc dans

Fig. 703.

lequel les peintres font chauffer le mélange de leurs couleurs (fig. 703).

Camp, *s. m.* — On désigne ainsi un lieu choisi pour y placer une armée ou un corps de troupes et qui est fortifié soit par la nature, soit par la main de l'homme.

L'usage des *camps* est fort ancien ; la Bible fait mention du camp des Hébreux établi sur les bords du Jourdain, devant Jéricho, et de celui que les Assyriens placèrent devant Béthulie.

La forme de ces *camps* était quadrilatérale ; il en était probablement de même pour ceux des anciens Grecs. Homère cite le *camp* des Grecs avec son fossé, sa palissade et son enceinte fortifiée de tours. Cependant, les Grecs adoptèrent quelquefois la forme circulaire, mise depuis en usage par les Arabes.

Cette dernière forme, ainsi que l'attestent certains bas-reliefs de la colonne Trajane, fut quelquefois utilisée par les Romains pour les *camps,* auxquels ils donnaient le nom de *castra.* Toutefois,

le carré ou le parallélogramme étaient ordinairement adoptés.

On distinguait les *camps passagers.* établis en campagne pendant la marche des armées, et les *camps fixes,* construits devant les villes assiégées ou sur les frontières qu'il fallait défendre d'une manière permanente.

Les lieux que les généraux romains préféraient pour asseoir leurs *camps* étaient principalement les larges plateaux à proximité des cours d'eau ou bien les plaines. Ils regardaient une hauteur escarpée comme une mauvaise position et leur pratique constante était de faire niveler le terrain que devaient occuper leurs troupes.

L'enceinte du *camp,* appelée *vallum,* était composée d'un *fossé* ou *fossa,* large de 12 à 18 pieds romains : d'un retranchement *(agger)* formé par le rejet des terres du côté du *camp* pour constituer un parapet sur lequel on élevait une forte palissade. Chacune des quatre faces de l'enceinte fortifiée possédait une porte pour l'entrée et la sortie.

La figure 704, qui représente le plan d'un *camp* romain, montre la *porte prétorienne,* ainsi nommée parce qu'elle faisait face au *prétoire,* enceinte particulière, dans laquelle était dressée la tente du général. La porte qui était directement opposée à la précédente était appelée *décumane,* parce que dix soldats pouvaient y passer de front. La porte *prétorienne* devait toujours faire face à l'ennemi, et l'on plaçait la porte *décumane* sur le côté le plus élevé, afin que le *camp* fût tourné vers le terrain inférieur et qu'il dominât l'ennemi. Les deux autres portes étaient les portes principales, appelées l'une *porta dextra,* l'autre *porta sinistra.* L'intérieur était divisé par de larges rues, se coupant à angles droits et le long desquelles étaient rangées symétriquement les tentes des soldats.

On donnait le nom de *via principalis* à la plus grande rue, qui traversait le *camp* d'un bout à l'autre, dans le sens de

la largeur et qui passait devant le prétoire. Cette rue, plus rapprochée de la
porte prétorienne que de la porte dé-

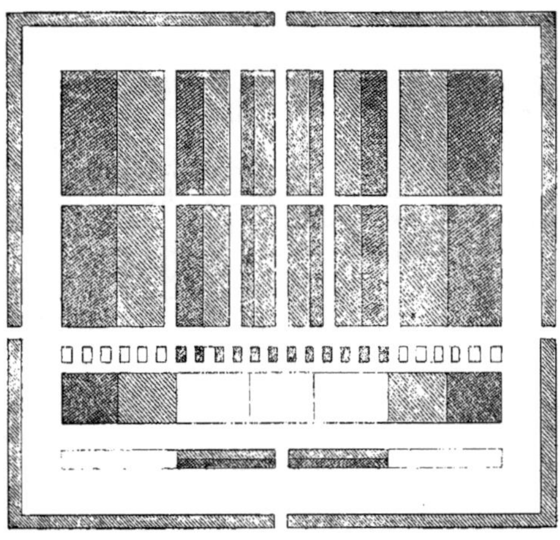

Fig. 704.

des troupes auxiliaires. Une autre rue,
de 60 pieds de large, conduisait du prétoire à la porte décumane ; elle était
bordée, à gauche et à droite, par la
cavalerie, dont chaque troupe avait derrière elle un peloton de fantassins appelés *triaires*. A droite et à gauche de
ceux-ci, des rues de 50 pieds de largeur
allaient de la voie *principale* à l'extrémité du camp. Le long de ces rues
étaient rangés les soldats *principes* et
au-delà les *hastati*, fantassins dont le
nombre était le même et qui occupaient
le même espace de terrain. Les *hastati*
faisaient face à deux autres rues larges
de 50 pieds au-delà desquelles étaient
campées la cavalerie, puis l'infanterie
des alliés, le dernier de ces corps étant
tourné vers le rempart. Toute cette
partie du *camp* était partagée en deux
divisions égales par une rue parallèle à
la *via principalis*, moitié moins large, et
que l'on appelait *via quintana*. Les cen-
turions étaient placés à la tête de leurs
compagnies, leurs tentes faisant face
aux rues.

cumane, était nivelée avec un grand
soin. Un des côtés était occupé par les
tentes des tribuns et celles des préfets
des troupes auxiliaires.

La partie du *camp* placée entre les
tentes des tribuns et la porte prétorienne était ainsi disposée : une rue
parallèle à la voie principale séparait du
prétoire les tentes des tribuns. On mé-
nageait aussi, de chaque côté du prétoire, des espaces, dont l'un était appelé le marché ou *forum* et dont l'autre
était réservé au questeur ; on y rendait
la justice et c'était là également que se
trouvaient les magasins d'armes, d'habits et de provisions.

A droite et à gauche de ces places
étaient campés les cavaliers d'élite auxiliaires, puis les fantassins vétérans, *evo-
cati*. En face du prétoire et sur les côtés
d'une voie qui se dirigeait de ce point à
la porte prétorienne, étaient placées la
cavalerie supplémentaire alliée, puis
l'infanterie supplémentaire du même
corps d'armée *extraordinarii pedites*. A
droite et à gauche, deux espaces étaient
réservés pour loger les étrangers ou les
renforts qui se réunissaient à l'armée.
Enfin, entre les tentes et le retranchement un espace appelé *via singularis* et

large de 200 pieds facilitait les mouvements de troupes et mettait les tentes à l'abri du feu et des traits qu'aurait pu lancer l'ennemi par-dessus le rempart.

Ce plan, dressé d'après la description de Polybe, suffit pour montrer quelle était la disposition générale des *camps* romains les plus anciens.

Les *camps* passagers étaient pourvus quelquefois d'ouvrages de fortifications qui les rapprochaient des *camps fixes*. Ainsi Manilius, devant Carthage, entoura son *camp* d'un mur de pierres. Parfois aussi, la disposition habituellement adoptée était plus ou moins modifiée : au siège de Gergovie, en Auvergne, César, au moyen d'une enceinte additionnelle, joignit à son *camp* une colline escarpée utile aux travaux du siège. Dans le pays des Bellovaques, le même général entoura son *camp* d'un rempart avec double fossé et tours à trois étages.

Les *camps* passagers, ainsi pourvus de travaux militaires durables, forment la transition entre les *camps* volants à palissades et les *camps* fixes. L'enceinte de ces derniers fut munie de tous les moyens de défense imaginables : fossés plus larges et plus profonds, murailles accompagnées de tours remplaçant l'*agger*, galeries à parapet, etc.

Les villes mêmes eurent des *camps permanents* ou casernes. On peut citer, à Rome, le *castra prætoriana*, et à la villa d'Adrien, l'édifice appelé vulgairement les *cent chambres*.

Une construction analogue, découverte à Pompéi, a reçu le nom de *camp des soldats* (voy. *Caserne*).

Les Romains construisirent aussi, sur les frontières de leur empire, des *camps* fixes ou *castra stativa*, destinés à loger, d'une manière permanente, un certain nombre de soldats, soit pour repousser les attaques de l'ennemi, soit pour se tenir prêts à une agression. Ces ouvrages correspondent à ce qu'on appelle aujourd'hui des *camps retranchés*. Nous citerons le *camp de Trœsmis*, élevé au

bord du Danube, sur la ligne qui séparait anciennement la Mésie inférieure de la Scythie. Ce *camp* retranché, dont M. Baudry a relevé le plan sur les fouilles qu'il y fit exécuter, renfermait, dans son enceinte garnie de tours, non-seulement un *forum* autour duquel étaient distribués les logements des troupes, mais encore une place publique et plusieurs édifices importants.

La figure 705, empruntée au *Dictionnaire de l'Académie des Beaux-Arts*, représente le plan d'un *camp* retranché

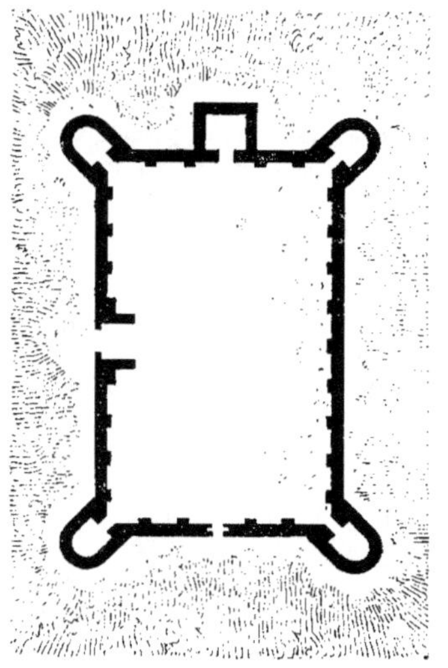

Fig. 705.

découvert à Constantia, sur les anciennes frontières romaines du Danube. C'est une enceinte flanquée de quatre tours d'angle et d'une terrasse où l'on plaçait les balistes et autres engins destinés à lancer des traits.

Les murailles de ces *camps* sont construites en pierres et briques. Une enceinte analogue à celles que nous venons de citer existe à Jublains, dans le département de la Mayenne.

Vers la fin de l'empire romain, les formes traditionnelles des *camps* furent profondément modifiées : les uns eurent l'aspect de quadrilatères avec angles arrondis ; les autres, de cercles complets ou tronqués.

Les *camps des Barbares*, qui parurent en Occident vers la fin de la république romaine, étaient de simples enceintes formées de chariots, et cet usage dura plusieurs siècles.

Durant le moyen âge, les *camps* temporaires furent, à peu de chose près, disposés comme par le passé ; les *camps* fixes eurent des enceintes fortifiées avec toutes les ressources dont disposait l'art militaire de l'époque.

A l'époque de la Renaissance, les *camps* étaient défendus par des fossés, des terrassements et des palissades.

On distingue, aujourd'hui, les *camps de rassemblement* où se réunissent les divers corps qui doivent former une armée à l'ouverture d'une guerre ou d'une campagne ; les *camps de manœuvres*, qui servent, en temps de paix, à l'instruction des troupes, aux revues, aux simulacres de batailles ; les *camps retranchés*, vastes espaces de terrain protégés par des ouvrages de fortification permanente, où les armées peuvent trouver un abri, soit pour échapper à un désastre, soit pour se refaire et se ravitailler.

Enfin, on donne encore la désignation de *camp* à une réunion de tentes et de cabanes dressées, en temps de paix, à l'effet de loger un grand nombre de personnes qui se rassemblent pour célébrer une fête civile ou religieuse. Tel fut le *camp du Drap d'or*, qui servit, en 1520, à l'entrevue de Henri VIII et de François Ier, et qui fut ainsi nommé à cause de la magnificence qu'on y déploya.

Campagne (*Pierre de*). — Calcaire gréseux, tendre, que l'on tire des carrières de *Campagne,* dans l'arrondissement de Sarlat.

Cette pierre, à grain fin, durcit à l'air, est de couleur blanc jaunâtre et porte de 0^m,20 à 1 mètre de hauteur d'assise. On l'emploie à Limoges et à Agen.

Campan, *s. m.* — Marbre des Pyrénées, tiré de la vallée de Campan, près de Bagnères-de-Bigorre, à Espadiet (Hautes-Pyrénées).

Le *vert* et le *rouge de Moulins,* le *campan Isabelle* sont des variétés de *Campan.*

Campane, *s. f.* — 1° Corps des chapiteaux corinthien et composite, présentant la forme d'un cône renversé. On le nomme aussi *vase* et *tambour.*

2° On appelle *campanes* des ornements en lambrequin dont on décore un dais d'autel ou de trône.

3° On donne encore ce nom à des ornements en plomb, chantournés et évidés, qu'on place au bas d'un faîte ou d'un brisis de comble.

Campanile, *s. m.* — Tour ronde, carrée, ou à pans, construite près d'une église et destinée à recevoir les cloches.

C'est particulièrement en Italie que l'on trouve des édifices de ce genre. Outre le *campanile* de Pise, représenté par la figure 706 et qui est si célèbre

Fig. 706.

par l'inclinaison que lui a fait prendre l'affaissement partiel du sol, on cite les *campaniles* de Crémone, de Florence, de Bologne, de Ravenne, de Padoue, etc.

Le *campanile de Crémone,* qui passe pour être la plus haute tour de l'Europe, a 120 mètres d'élévation.

Le *campanile de Florence,* le plus renommé de tous par la richesse de sa décoration, fut construit d'après les dessins de Giotto : c'est une tour carrée

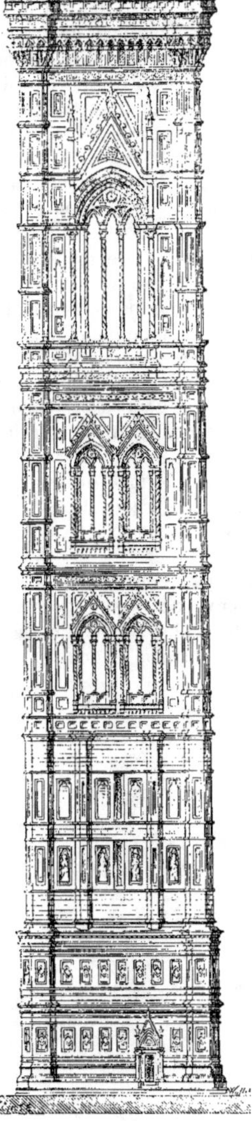

Fig. 707.

(fig. 707) de 86 mètres de hauteur sur 14 mètres de côté, entièrement revêtue de marbres blancs, rouges et noirs, et qui devait être surmontée d'une flèche de 30 mètres, dont on aperçoit la première assise sur la terrasse qui couronne la tour. Les faces du *campanile* sont ornées de statues et de bas-reliefs dus au talent d'artistes célèbres, tels qu'André de Pise, Donatello, Jean Rossi, Luca della Robbia, et autres.

Le *campanile de Bologne* est, comme celui de Pise, une tour inclinée, résultat dû également au tassement irrégulier du sol sur lequel reposent les fondations. Sa hauteur n'est que de 47 mètres.

Par analogie, on a donné le nom de *campanile* à des espèces de petites lanternes ou clochers à jour (fig. 708) sur-

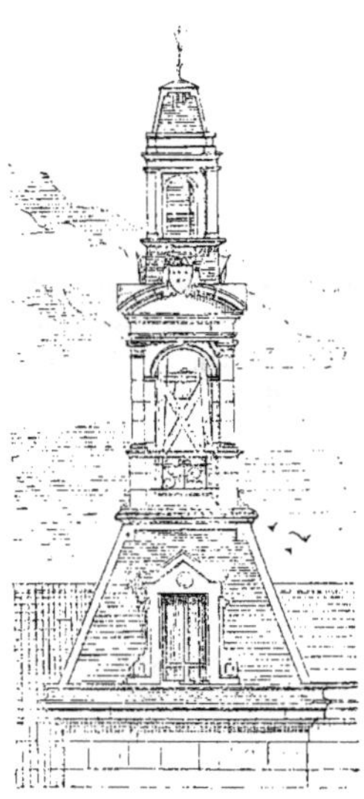

Fig. 708.

montant le toit d'un édifice, hôtel de ville, église ou mairie, et renfermant un petit beffroi qui contient une ou plusieurs cloches.

On appelle encore *campaniles*, dans les constructions de chemins de fer, certains assemblages de charpente destinés

à supporter une horloge ; on les place

Fig. 709.

ordinairement au sommet des pignons (fig. 709).

Camphre, *s. m.* — Résine légère, blanche, à odeur particulière qu'on emploie dans les vernis à alcool, pour les rendre plus liants et les empêcher de gercer.

On doit en mettre peu et s'assurer qu'il est bien pur.

Can. — Voy. *Champ.*

Canal, *s. m.* — ARCHITECTURE. 1° Partie évidée dans le plafond d'un larmier pour former la mouchette pendante (voy. *Larmier*).

2° Sillon en spirale tracé sur les circonvolutions de la volute ionique et bordé de chaque côté par un listel.

3° Cavité droite ou torse dont on orne les caulicoles du chapiteau corinthien.

4° *Canal de triglyphe.* Chaque triglyphe a deux *canaux* au centre et deux *demi-canaux* sur les angles de face (voy. *Triglyphe*).

ARCHITECTURE HYDRAULIQUE. Cours d'eau établi de main d'homme pour permettre la navigation entre deux points, transmettre le mouvement à certaines machines telles que les roues hydrauliques, porter les eaux d'une rivière dans des pays exposés au dessèchement, ou décharger dans la mer les eaux d'un pays marécageux.

Il y a donc des *canaux* de *navigation*, de *dérivation,* d'*irrigation* et de *dessèchement.*

Quand une rivière est peu favorable à la navigation, on régularise son cours en la *canalisant* ou bien on établit près de cette voie naturelle et dans la même direction, un *canal* dit *latéral* qui s'alimente aux eaux de la même rivière.

Les *canaux* sont *simples* ou à *écluses.*

Les premiers sont des tranchées auxquelles on donne une très faible pente en égalisant le fond au moyen de *déblais* ou de *remblais.* Les terres qu'on rejette de chaque côté forment les berges.

Mais, quand on veut faire communiquer deux rivières que sépare une chaîne de collines plus ou moins élevées, il faut établir un *canal* à double pente. On

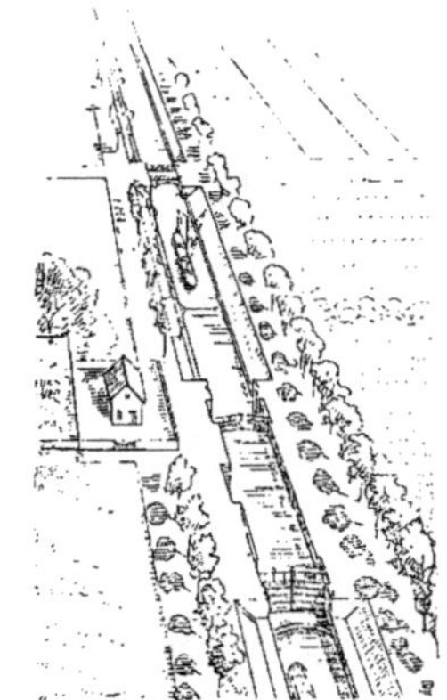

Fig. 710.

remplace les pentes par une série de lignes horizontales formant chacune un *canal* particulier (fig. 710) compris entre deux *écluses à sas* (voy. *Écluse*). A ces diverses parties, on donne le nom de *bief* (voy. ce mot). Le bief situé au point où le *canal* franchit le faîte s'appelle *bief de partage*, et la voie entière se nomme *canal à point de partage*. Comme les pentes sont généralement faibles, les *écluses* peuvent être établies à une assez grande distance les unes des autres. En France, la largeur d'un *canal* est toujours un peu plus du double de celle des bateaux ; elle est comprise entre 10 et 15 mètres. La profondeur varie de 1^m,50 à 2 mètres. Les talus ont ordinairement 1^m,50 de base pour 1 mètre de hauteur. Les chemins de halage doivent être placés le plus près possible du *canal* et leur largeur a pour limites 1^m,50 et 6 mètres. Dans les traversées de villes, aux ports d'embarquement, on supprime les talus ; on contient les berges par des maçonneries en pierres sèches ou avec mortier. Quand le *canal* doit traverser une rivière où les crues sont abondantes, on modifie ordinairement le tracé du bief et l'on fait un *pont-canal* (voy. ce mot).

L'établissement d'un *canal* nécessite des travaux accessoires. L'alimentation se fait au moyen des ruisseaux et des sources qui prennent naissance au-dessus du niveau du bief et qu'on est souvent obligé d'aller chercher avec des rigoles. De plus, comme les eaux sont plus abondantes en hiver qu'en été, il est indispensable d'établir des réservoirs qui permettent de régulariser l'alimentation ; ces bassins sont placés dans des vallées qui correspondent à de grands versants et recueillent une quantité notable d'eaux de source et d'eaux de pluie, que l'on retient par une digue en terre ou en maçonnerie. Des conduits traversent ce barrage et amènent l'eau dans une rigole, qui communique avec le bief de partage. Souvent, ce bief même sert de réservoir s'il est d'une grande étendue.

On attribue aux Égyptiens l'invention des *canaux d'arrosement* ; ils s'en servaient pour conduire les eaux du Nil dans les endroits les plus éloignés. Lorsque le terrain qu'il fallait arroser était plus bas que le niveau du fleuve, le *canal* était un simple tuyau de conduite se divisant en plusieurs branches pour distribuer l'eau sur différents points. Si, au contraire, le terrain était plus élevé, les Égyptiens y faisaient arriver l'eau à l'aide de machines élévatoires.

L'Italie, ainsi que certaines provinces méridionales de la France, possèdent des *canaux* d'irrigation destinés aussi à fertiliser les plaines.

L'écoulement des eaux stagnantes et la décharge des fleuves ou des lacs sujets à déborder ont encore fait l'objet des préoccupations des anciens et donné lieu à des travaux considérables.

Parmi les ouvrages de ce genre qui sont dus aux Romains, on peut citer les *canaux* de desséchement qu'ils construisirent pour les marais Pontins, les *canaux* de décharge du lac d'Albane et du lac Fucin.

L'origine des *canaux* de navigation se perd dans la nuit des temps. D'après les auteurs anciens, le Tigre et l'Euphrate auraient été réunis par un *canal* assez vaste pour contenir les plus grands vaisseaux.

En Afrique, les plus anciens *canaux* sont ceux de l'Egypte. Le plus célèbre est celui qui réunissait une des branches du Nil à la mer Rouge. Bien que Ptolémée Philadelphe passe pour être l'auteur de cet ouvrage, il est certain qu'il fut commencé bien longtemps avant le règne de ce prince et, parmi les monarques que l'on cite comme ayant contribué à son exécution, se trouvent Sésostris, Psamméticus, Néchao, Darius. Il ne reste aucun vestige de cet ouvrage, qui vient d'être avantageusement remplacé de nos jours par le *canal de Suez*, reliant directement entre elles la mer Rouge et la Méditerranée.

Parmi les peuples anciens de l'Europe, les Romains furent ceux qui se distinguèrent le plus pour ces travaux d'utilité publique. Il nous suffira de citer le *canal d'Auguste*, à Ravenne, le plus célèbre de tous : le *canal de Trajan*, destiné à préserver Rome des inondations du Tibre ; le *canal des marais Pontins*, qui servait, à la fois, pour l'assainissement et pour la navigation.

Au moyen âge, c'est surtout en Italie que l'on s'occupa de *canaux* ; le *canal* de navigation entre le Tessin et l'Adda fut commencé en 1179.

Le premier *canal* à écluses construit en Europe date de 1481 ; il fut creusé par les habitants de Venise.

C'est sous le règne de Henri IV que l'on fit, en France, les premiers essais de canalisation. Le *canal de Briare* fut entrepris en 1605. Le plus connu de tous, le *canal du Languedoc*, fut creusé de 1668 à 1688, sur les ordres de Colbert et d'après les plans de Riquet ; ce dernier fut secondé, dans son œuvre, par l'ingénieur italien Andreossi. Cette voie de communication, que l'on appelle aussi le *canal du Midi*, traverse les bassins de la Garonne, de l'Aude, de l'Orb et de l'Hérault ; ayant une écluse de prise d'eau dans la Garonne, à Toulouse, et son embouchure au port des Anglais, sur l'étang de Thau, le *canal* fait communiquer l'Océan avec la Méditerranée. Sa longueur totale est de 24,083 mètres ; la largeur est presque partout de 19ᵐ,50 à la surface de l'eau, et de 10ᵐ,40 dans le fond ; la profondeur de l'eau est au moins de 2 mètres. En 1679, fut entrepris le *canal d'Orléans*. En 1728, la Somme fut réunie à l'Oise par le *canal* de Picardie ; le *canal* de Bourgogne fut commencé en 1775 ; celui du Centre, entrepris en 1784, joignit le Rhône à la Loire, et le *canal* du Nivernais fut creusé vers la même époque. Le premier consul ordonna, en 1802, la construction du *canal* de l'Ourcq et, en 1803, celle du *canal* qui dut joindre le Rhône au Rhin. Enfin, les travaux de canalisation marchent avec rapidité depuis le commencement du siècle, et la France comptait,

en 1866, 4,850 kilomètres de voies artificielles navigables.

Vers le milieu du xviiiᵉ siècle, l'Angleterre commença la construction de ses canaux, et aujourd'hui cette contrée possède un système de canalisation des plus complets.

La Belgique et la Hollande sont pourvues de nombreux *canaux* qui ont efficacement contribué à la prospérité dont jouissent ces deux pays. L'Allemagne est encore assez mal dotée sous ce rapport. L'Espagne, la Suède, la Hongrie, la Russie ont aussi quelques *canaux*, remarquables par leur étendue et leur utilité. Les Etats-Unis ont marché si vite dans cette voie de progrès, qu'ils possèdent actuellement 7,000 kilomètres de *canaux*.

Canali. — Nom de tuiles creuses employées autrefois en Italie dans les couvertures, et qui sont encore en usage aujourd'hui dans ce pays. Ces tuiles se posent à recouvrement sur l'espace qui sépare les tuiles plates appelées *tegole* dans ce système de couverture (voy. *Tuile*).

Canalisation, *s. f.* — 1° Ce terme s'applique à l'ensemble des travaux nécessaires à l'établissement d'eau et de gaz (voy. *Eau* et *Gaz*).

2° On l'emploie aussi pour désigner les travaux faits en vue de rendre un fleuve navigable ou de percer une contrée de canaux (voy. *Canal*).

Cancel, *s. m.* — Voy. *Chancel*.

Candélabre, *s. m.* — Nom que les anciens donnaient à un meuble formé d'une tige à trois pieds et qui servait à porter une chandelle de cire (*candella*) ou d'autres matières inflammables, telles que de la poix ou de la résine.

Les anciens distinguaient plusieurs sortes de *candélabres* :

1° Le *candélabre* où l'on pouvait placer des chandelles de cire et qui était, comme les nôtres, pourvu soit d'un tuyau pour mettre le bout de la chandelle, soit d'une pointe aiguë sur laquelle on enfonçait la cire.

2° Les *candélabres* destinés à porter une lampe à huile, ayant la forme de trépieds, quelquefois en bois, mais plus souvent en métal.

Tantôt ils étaient destinés à être placés sur une table, si leur hauteur était assez faible ; tantôt ils reposaient sur le sol. Dans ce dernier cas, ils avaient la forme d'un fût élancé représentant soit une tige de plante, soit une canne de roseau, soit un bâton d'épine auquel

lonnes effilées, cannelées ou lisses, surmontées d'un plateau circulaire et plat sur lequel la lampe était placée.

La figure 711 représente trois *candélabres* en bronze appartenant au musée de Naples et qui proviennent des fouilles d'Herculanum et de Pompéi.

3° Les *candélabres* sur lesquels on brûlait de la poix, de la résine ou d'autres matières inflammables, et qui avaient la forme de pieds élevés, avec une cavité au sommet.

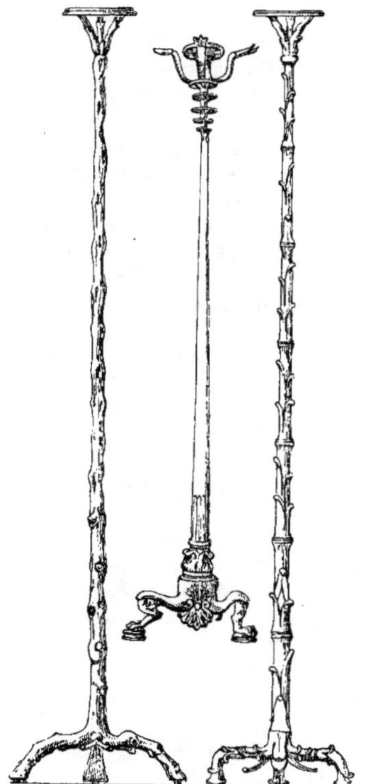

Fig. 711.

Fig. 712.

on aurait taillé les nœuds et les branches. Souvent ils représentaient des co-

Ces pieds étaient en bronze ou en

marbre. Ils variaient autant dans la forme du vase ou brasier, qui en formait la partie principale, que dans le corps même qui servait de support. Ils étaient ornés de feuillages et de fleurs, mêlés quelquefois de masques.

Celui que représente la figure 712 est un *candélabre* en bronze trouvé à Cervetri, et qui appartient aujourd'hui au musée étrusque du Vatican. Les pieds à griffes qui le supportent sont ornés de figures et reliés entre eux par un ornement du goût le plus délicat.

Nous donnons de même (fig. 713) (1)

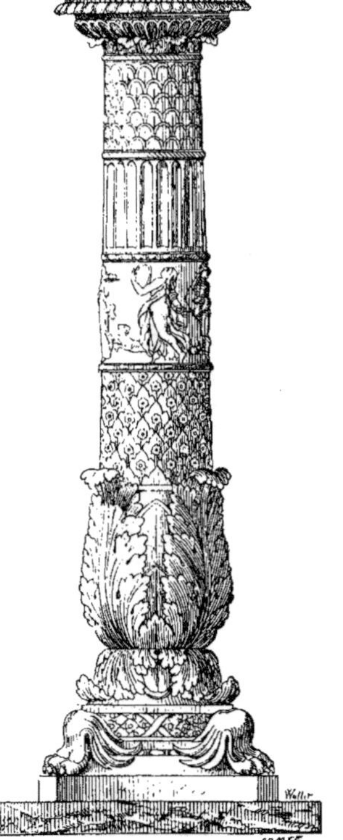

Fig. 713.

un *candélabre* en marbre que possède actuellement le musée Pie Clémentin, à

(1) Ménard, *Histoire des beaux-arts.*

Rome. Ce meuble est, sur toute sa hauteur, enrichi de sculptures.

Les *candélabres* employés dans les temples étaient les plus magnifiques : souvent ils étaient en or et enrichis de pierres précieuses.

Les plus beaux *candélabres*, que les Romains estimaient surtout à cause de leur travail, étaient fabriqués à Tarente et dans l'île d'Égine. La fabrique de Tarente se distinguait surtout par la belle forme de ses *candélabres*; celle d'Égine, par le soin qu'elle mettait à terminer les ornements.

4° Il y avait des *candélabres* servant à brûler des parfums ; on les faisait plus petits : ils ne dépassaient pas une demi-hauteur d'homme.

5° Dans les temps primitifs, on se servait de *lamptères,* du grec λαμπτηρ, consistant, d'après Homère, en grilles élevées sur des supports, et dans lesquelles on brûlait du bois sec pour éclairer et chauffer les pièces.

Ces diverses espèces de *candélabres*, employés par les anciens pour le chauffage et l'éclairage des intérieurs, étaient aussi reproduits par la sculpture et la peinture dans la décoration des édifices. On retrouve souvent des *candélabres* sculptés dans les frises des temples. Tantôt ils sont accompagnés de génies ailés dont la partie inférieure se termine en rinceaux, tantôt on voit à leurs côtés des griffons qui appuient chacun une patte sur leur pied.

On trouve aussi des *candélabres* dans les décorations des arabesques de l'antiquité, sans que l'on puisse toutefois se rendre compte des raisons qui les y ont fait introduire. Dans tous les cas, on ne voit pas que les anciens aient orné de *candélabres* isolés, en manière d'amortissement ou de couronnement, les façades de leurs édifices, comme l'ont pratiqué les modernes.

Au moyen âge, on faisait également des *candélabres* en bronze et même en fer forgé. Celui que nous donnons (fig. 714) est emprunté à l'ouvrage de

M. de Caumont sur l'archéologie. C'est

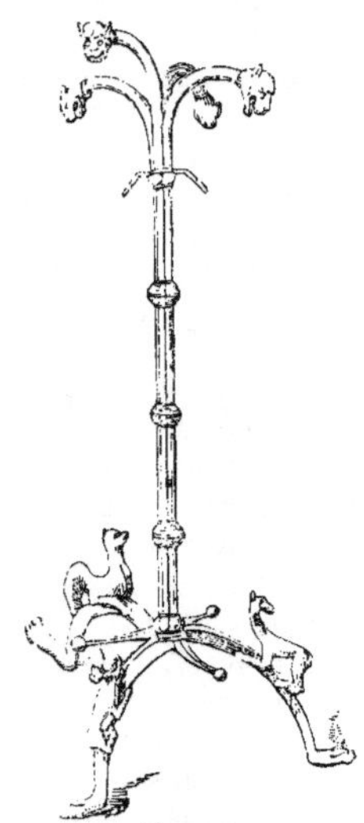

Fig. 714.

un *candélabre* en fer qui sert aujourd'hui

Fig. 715.

de lutrin à Brive-la-Gaillarde (Corrèze).

La Renaissance a produit des *candélabres* à base massive et à fût en forme de balustre. Tel est celui que représente la figure 715 et qui appartient à l'église San-Andrea del Fratte, à Rome (1).

Aujourd'hui, on appelle *candélabres*, les torchères en pierre ou en marbre, affectant la forme de balustres allongés, que l'on place, comme amortissements, aux angles de couronnement de certains édifices, sur le faîte des monuments funéraires. La figure 716 représente l'un

Fig. 716.

des *candélabres* funéraires qui surmontent les angles du mausolée de Hieronymo Basso dans l'église de Santa Maria del Popolo, à Rome.

Les vestibules et les escaliers des grands établissements publics sont quel-

(1) Letarouilly, *Édifices de Rome moderne*.

quefois éclairés par des *candélabres*

Fig. 717.

qui font en même temps partie de la

Fig. 718,

décoration ; celui que nous donnons (fig. 717) est un *candélabre* de vestibule. Le grand escalier de la bibliothèque Sainte - Geneviève possède des *candélabres* en bronze (fig. 718) exécutés d'après les dessins de Henri Labrouste, architecte de ce monument. Le même édifice est orné, sur la porte d'entrée, de deux *candélabres* sculptés en demi-ronde bosse et surmontés d'une flamme, emblème de la science.

Dans l'éclairage des voies publiques, on emploie le nom de *candélabre* pour désigner les colonnes creuses en fonte ornée ou en bronze qui supportent une ou plusieurs lanternes.

Ces appareils sont établis, à Paris, sur les grandes voies, telles que les boulevards et les rues d'au moins 12 mètres de largeur ; les rues plus étroites sont éclairées par des lanternes supportées par des consoles qui sont scellées dans les murs de face des maisons, ou reposent, d'après le nouveau système, sur des colonnes placées contre le pied des façades.

Fig. 719.   Fig. 720.

Le *candélabre* à console, représenté

par la figure 719, est placé sur le boulevard Saint-Martin.

La figure 720 nous montre le nouveau modèle adopté ; la colonne est en fonte et recouverte d'un cuivrage galvanique ; la lanterne est en cuivre bronzé, avec des verres forts et clairs ; le cône qui la surmonte porte une petite couronne aux armes de la ville. Ces appareils sont quelquefois pourvus, au-dessous du chapiteau, d'une tige horizontale, dite porte-échelle, qui est en bascule d'un seul côté du candélabre, ou qui est partagée par le fût en deux parties égales ; c'est le point d'appui de l'échelle qui sert pour nettoyer la lanterne.

La figure 721 représente un modèle à cinq branches, dessiné par M. Lefuel et

Fig. 721.

adopté pour la place du Carrousel. La colonne est en bronze et à base octogonale ; la lanterne est en cuivre bronzé.

Des appareils à plusieurs branches sont également installés sur les trottoirs établis comme *refuges* ou *reposoirs* au milieu de certaines places.

Les *candélabres* sont fixés sur des dés en pierre ; leur lumière est placée à 2ᵐ,60, 3 mètres ou 4 mètres du sol, suivant la largeur de la voie à éclairer. La base est pourvue d'une partie ouvrante,

Fig. 722.

souvent fermée par une plaque ornée, comme le montre la figure 722, représentant la porte du coffret dans les *candélabres* en bronze dessinés par M. Duban pour la cour du Louvre, à Paris.

Canéphore, *s. m.* — On donnait ce nom, chez les Grecs, à des statues de jeunes filles portant sur la tête une corbeille qui renfermait les objets nécessaires aux sacrifices.

Il est important de ne pas confondre les *canéphores* ou *porte-corbeilles* avec les cariatides. C'est à l'application abusive qu'en ont fait quelques architectes modernes, en les employant comme supports dans les édifices, que l'on doit une semblable erreur.

Ainsi, l'on remarque dans la villa Albani quatre *canéphores* antiques servant de cariatides à deux espèces de petites grottes placées près de l'entrée du parterre ; le buste de l'une de ces statues est représenté ci-contre par la figure 723.

Ce n'est pas à l'intention des anciens que ces figures doivent de remplir ici cette fonction, mais simplement au caprice de l'architecte moderne qui, en les ajustant ainsi, en a plutôt dénaturé le caractère.

Fig. 723.

Caniveau, *s. m.* — 1° Pierre creusée sur le milieu de sa face supérieure, en forme de demi-cylindre et placée sur

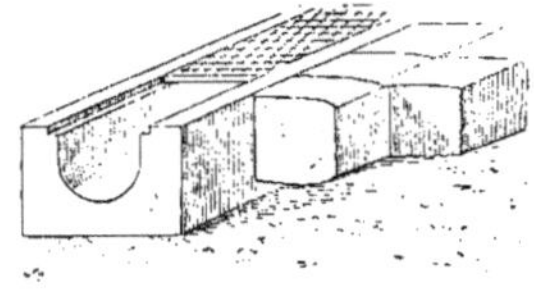

Fig. 724.

le sol, pour servir de canal d'écoulement aux eaux pluviales et ménagères (fig. 724).

Les *caniveaux* sont souvent recouverts d'une suite de plaques de fonte qu'on peut enlever pour le nettoyage.

2° On donne aussi ce nom aux pavés plus longs que larges placés alternativement avec les *contre-jumelles* (voy. ce mot) pour former une conduite d'écoulement des eaux.

Dans le métré des ouvrages, on compte les *caniveaux* suivant la matière avec laquelle ils sont faits. S'ils sont en fonte, il est d'usage de compter : 1° la *fouille* au mètre cube ; 2° la *pose de tuyaux* au mètre linéaire ; 3° les *collets* en ciment, s'il y en a, à la pièce ; 4° les *patins* en maçonnerie, placés d'ordinaire à la jonction de deux joints ; 5° le *remblai des terres* et *pilonnage* ; l'*enlèvement* ou le *régalage* des terres excédantes. Les *caniveaux* en briques s'évaluent comme cloisons de briques ; s'il y a un enduit en ciment, on le compte comme enduit de fosse. Si le *caniveau* est en meulière ou en moellon, on en fait le métré au cube comme pour les murs en fondation. S'il est en pierre, et que le vide soit refouillé dans la masse, on compte les refouillements demi à la pioche, demi à la masse et au poinçon (1).

Canne, *s. f.* — On donne ce nom aux baguettes qui séparent les *cannelures* (voy. ce mot).

Canneaux, *s. m. pl.* — Petites cannelures décorant une frise.

Fig. 725.

Les *canneaux* sont simples ou ornés de sculptures (fig. 725).

(1) Masselin, *Dict. raisonné du métré.*

Cannelure, *s. f.* — Cavité en forme de canal, creusée verticalement ou en hélice sur le fût des colonnes et des pilastres, sur les gaînes, sur les consoles, autour des vases.

Ce genre d'ornementation semble avoir pris son origine dans l'architecture égyptienne, où l'on trouve des colonnes taillées en facettes, au nombre de huit ou de seize.

L'application des *cannelures* à l'ordre dorique grec est aussi ancienne que cet ordre même. Il est vrai que certains édifices · de cet ordre, parvenus jusqu'à nous, présentent des colonnes sans *cannelures* dans la longueur du fût ; mais des indications de *cannelures* commencées permettent d'affirmer que l'intention était réellement de les continuer dans toute la hauteur.

Le nombre de ces cavités sur le fût est ordinairement de 16 à 20 ; cependant il peut aller jusqu'à 24, comme le montre la figure 726, qui représente, en

Fig. 726.

plan, le quart d'une des colonnes extérieures du temple de Pæstum. Ces *cannelures* sont peu concaves et à vives arêtes, comme les Grecs l'ont toujours observé dans l'ordre dorique ; leur profil est obtenu par le tracé d'un arc de cercle ayant pour centre le point O, milieu d'un carré qui a pour côté la largeur de la *cannelure*. L'intérieur du même temple contient deux autres ordres, l'un portant 20 *cannelures*, l'autre 16 ; l'ordre moyen (fig. 727) a

des *cannelures* moins profondes encore que celles du grand ordre extérieur ;

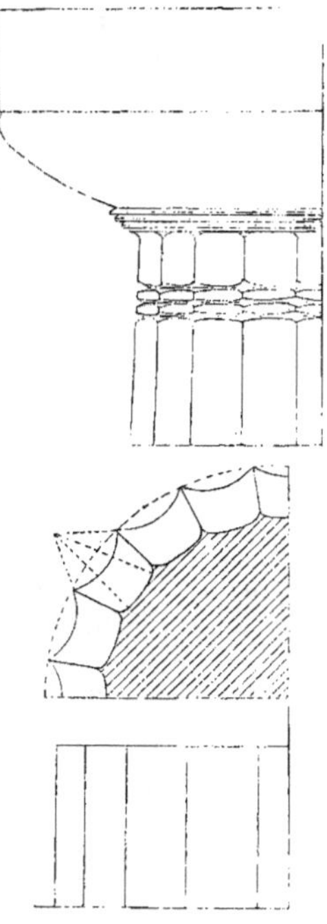

Fig. 727.

l'arc de cercle qui les forme est décrit du sommet du triangle équilatéral construit sur la largeur de la cavité. Ces deux tracés sont également en usage pour les ordres doriques romains et modernes. La division de la surface du fût en vingt parties est aujourd'hui généralement adoptée.

La figure 727 montre encore la manière dont se terminent les *cannelures* à leurs extrémités dans l'ordre dorique grec ; à leur partie inférieure elles se dessinent sur le sol, suivant le profil de leur profondeur et par le haut elles finissent en niche plate dans le profil du grand congé soutenant le filet qui porte les annelets du chapiteau.

Dans les ordres ionique et corinthien,

où les *cannelures* sont plus profondes, un procédé d'ornementation des plus ordinaires consiste à remplir cette cavité d'une *rudenture* ou demi-baguette s'arrêtant le plus souvent au tiers de la hauteur.

L'objet principal de ce mode de décoration est de donner plus de solidité aux parties inférieures de la colonne, et surtout de fortifier les côtes des *cannelures*, qui, sans cela, seraient exposées à être fracturées ou épaufrées.

Il suit de là que l'emploi des *cannelures* rudentées ne doit être admis que pour les colonnes placées au rez-de-chaussée, c'est-à-dire exposées aux chocs ; qu'au contraire on doit les proscrire des colonnes élevées sur des piédestaux ou appartenant à un second ordre. En outre, ces rudentures ne doivent occuper que la partie inférieure du fût, les accidents n'étant plus à craindre, au-delà d'une certaine hauteur.

Les *cannelures* dans ces ordres sont généralement au nombre de 24, quelquefois même de 32. Leur coupe est un demi-cercle dont le centre est le plus

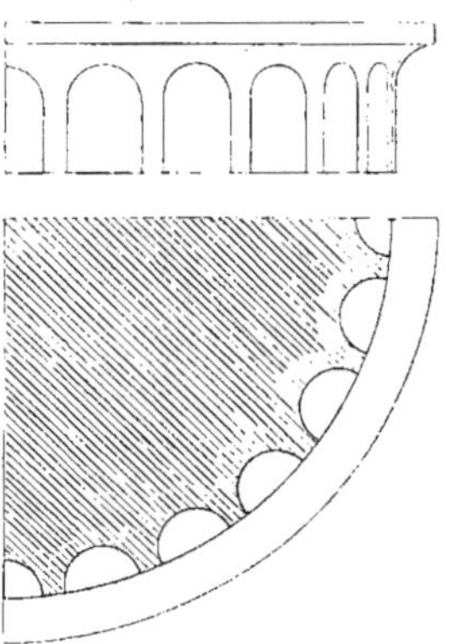

Fig. 728.

souvent sur la circonférence qui limite la section du fût. Ce tracé a été adopté par les modernes (fig. 728).

Les cavités sont séparées par des listels dont la largeur varie du 1/3 au 1/4

de celle de la *cannelure*. Les extrémités supérieure et inférieure affectent diverses formes (fig. 729) ; tantôt ce sont

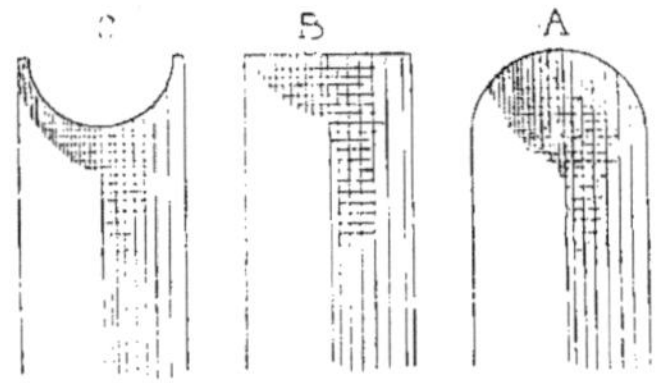

Fig. 729.

des parties cintrées A et C, droites ou renversées ; tantôt les canaux sont coupés en ligne droite, comme en B.

L'ordre toscan ne comporte pas de *cannelures*.

Les pilastres, comme les colonnes, admettent ce genre d'ornementation. Les modernes leur donnent ordinairement sept *cannelures* pour l'ordre dorique et neuf pour les ordres ionique et corinthien.

Les architectes de l'époque romane appliquèrent également la *cannelure* aux colonnes et aux pilastres, dans les pays où se conservaient les traditions romaines ; mais ils en firent des motifs

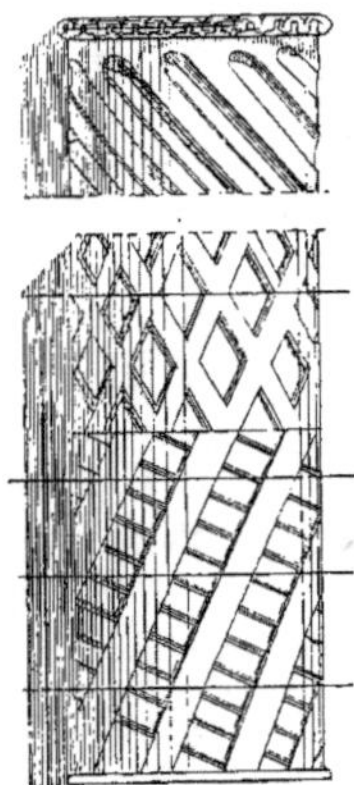

Fig. 730.

de décoration des plus variés. La figure 730 donne un exemple pris au portail principal de l'église du Thor (Vaucluse) et représentant la colonne de gauche qui supporte le fronton ; le fût est orné de trois espèces différentes de *cannelures* torses : les unes sont unies, les autres ont leurs cavités *cannelées* elles-mêmes transversalement ; enfin, les *cannelures* intermédiaires sont de simples listels qui se croisent en formant des

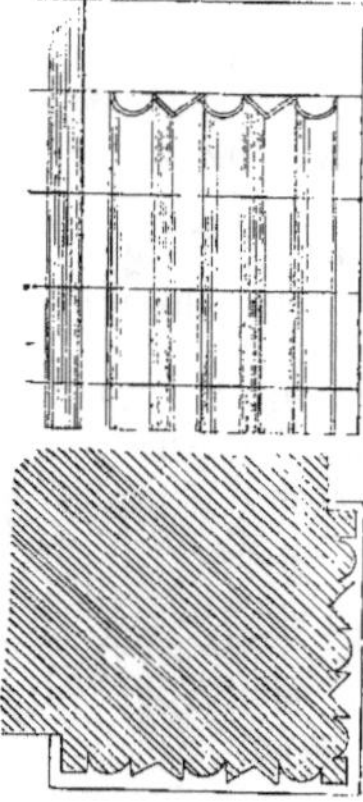

Fig. 731.

losanges. Les pilastres d'angle du porche latéral (fig. 731) sont décorés chacun de trois baguettes demi-rondes, séparées par des canneaux à section triangulaire.

La *cannelure* disparaît au xiiie siècle et n'est employée de nouveau qu'à l'époque de la Renaissance.

Aujourd'hui, on distingue, suivant la forme et les moulures des ornements qui accompagnent ces cavités :

Les *cannelures à vives arêtes*, dont nous avons parlé plus haut ;

Les *cannelures à côtes*, comme celles des ordres ionique et corinthien ;

Les *cannelures rudentées*, qui sont remplies, sur toute leur hauteur, mais plus généralement jusqu'au tiers du fût, à partir de la base, par une petite baguette plane ou arrondie, comme on le voit en A et en B (fig. 732) ;

Les *cannelures plates*, formées de pans coupés qui montent jusqu'au tiers du fût ou jusqu'au chapiteau :

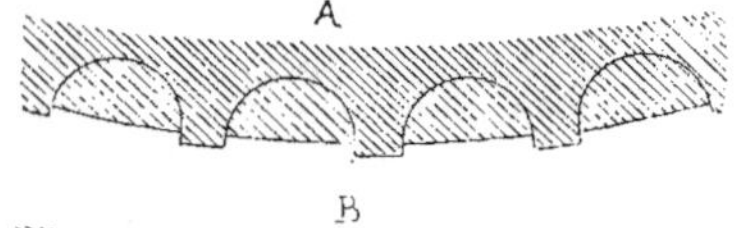

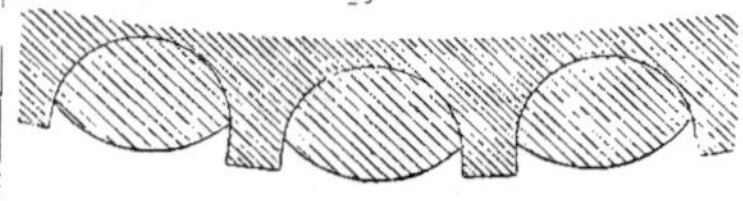

Fig. 732.

Les *cannelures torses*, qui s'enroulent en hélice autour du fût ;

Les *cannelures ornées*, dans lesquelles sont sculptés des branches de laurier, de lierre, de chêne ou d'autres

Fig. 733.

motifs de décoration. La figure 733 donne un fragment des colonnes à

Fig. 734.

bagues appartenant à la façade des Tuileries, décorée par Philibert de l'Orme. On a retrouvé, en France, dans certains édifices de l'époque gallo-romaine, des fûts de colonnes ornés de *cannelures*, qui elles-mêmes étaient garnies de guirlandes, ce qui constitue une richesse d'ornement très grande, sinon justifiée par le goût ; la figure 734 représente des *cannelures*, décorées de rinceaux et de guirlandes, que l'on a trouvées sur un fût de colonne à Périgueux.

Canon, *s. m.* — SERRURERIE. 1° Petit conduit cylindrique fixé sur le palastre d'une serrure à broche et dans lequel entre la tige de la clef.

2° Partie forée de la clef.

COUVERTURE. *Canons de gouttières* : bouts de tuyaux en pierre, fonte, cuivre, plomb ou zinc qui rejettent les eaux de pluie au-delà d'un chéneau.

On dit, dans le même sens, *godet* (voy. ce mot).

Canonnière *en voûte, s. f.* — Berceau plus large à un bout qu'à l'autre.

Canter, *v. a.* — CHARPENTE. Mettre sur *champ* (voy. ce mot).

Cantharus. — Mot qui vient du grec et signifie *gobelet, coupe*.

On donnait anciennement le nom de *canthari* à certaines fontaines ayant la forme d'une coupe d'où l'eau jaillissait et qui s'élevaient au centre de l'*atrium*, dans les basiliques chrétiennes. Ces fontaines étaient destinées aux ablutions. La basilique de Saint-Clément, en particulier, avait originairement un *cantharus* dans l'axe de son *paradisus* ou *atrium*.

Cantibay, *s. m.* — Bois n'ayant de flache que d'un côté.

Cantonné, *part. passé.* — On applique ce terme à une construction dont les angles sont renforcés ou ornés de colonnes, de pilastres, de chaînes en

pierre ou de tout autre corps en saillie sur la face nue d'un mur.

De même, un pilier est *cantonné* quand, sur ses faces, sont engagées des co-

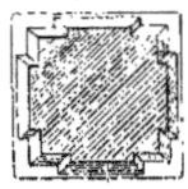

Fig. 735.

lonnes ou des pilastres (fig. 735). On dit aussi de ces colonnes, de ces pilastres, qu'ils sont *cantonnés*.

Cantonnier, *s. m.* — Ouvrier préposé à l'entretien des routes.

Caoutchouc, *s. m.* — Résine ou suc coagulé d'un arbre de la famille des euphorbiacées tithymales et d'autres plantes, telles que le figuier d'Inde, le jaquier, etc.

Vulcanisé, c'est-à-dire combiné avec une petite quantité de soufre, le *caoutchouc* est employé dans la construction : 1° comme ressort destiné à attirer, pour le fermer, le vantail d'une porte ; 2° en rondelles que l'on interpose entre des brides de tuyaux ; 3° comme tubes conduisant à des becs portatifs le gaz provenant d'une conduite principale.

Le *caoutchouc* naturel entre aussi comme élément dans la confection de certains vernis. Les corps gras, tels que l'huile de lin, traités par l'acide azotique, produisent une sorte de *caoutchouc* artificiel que l'on emploie dans la peinture en le dissolvant dans de l'essence de térébenthine et en le mélangeant avec une matière colorante.

Caponnière, *s. f.* — Passage à ciel ouvert, à l'abri des feux rectilignes et qui permet de traverser les fossés d'une place forte.

La *caponnière* est *simple* quand elle n'a d'épaulement que d'un côté ; elle est *double* quand le passage est compris entre deux épaulements.

Capote, *s. f.* — Appareil destiné à empêcher les cheminées de fumer.

C'est un morceau de tôle, de forme convexe ou conique, fixé à l'extrémité d'un tuyau de cheminée au moyen de tringles en fer et qui s'oppose à l'entrée du vent et de la pluie dans l'intérieur du conduit.

On appelle *cauchoises* les *capotes* courbées en demi-cylindre, et *champi-*

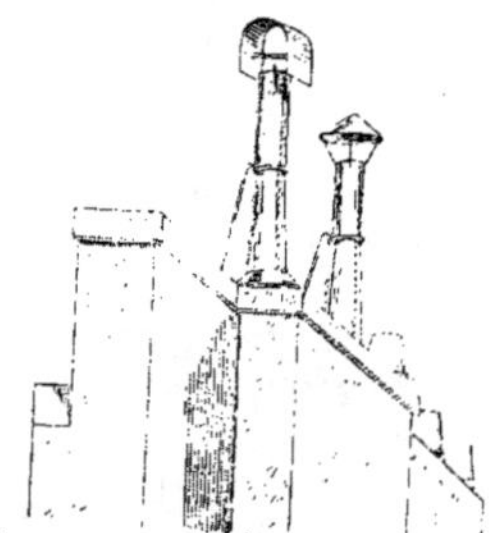

Fig. 736.

gnons celles qui sont en forme de chapeau conique ; la figure 736 représente ces deux genres d'appareils.

Cappadocien (*Marbre*). — Marbre blanc antique d'une lucidité très prononcée.

Capsule, *s. m.* — Sorte de couvercle cylindrique en tôle qui sert à fermer, soit l'amorce d'un branchement de tuyau, soit un trou fait dans un mur pour le passage d'un tuyau de poêle, ou bien encore le trou à marmite d'un fourneau de cuisine.

Capucine, *s. f.* — 1° Corps de

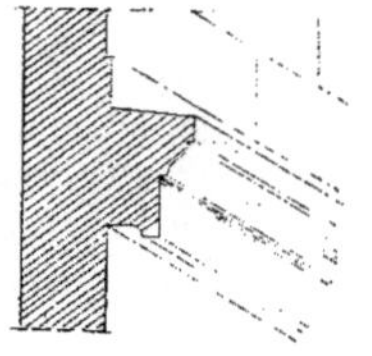

Fig. 737.

moulures composé d'un talon et d'un larmier (fig. 737).

2° *Cheminée à la capucine* : cheminée dont les chambranles ont des montants unis et couronnés d'un talon (voy. *Cheminée*).

Caracol, *s. m.* — Escalier en *caracol* : se dit d'un escalier en *limaçon* (voy. ce mot).

Caractère, *s. m.* — On dit qu'un édifice a du *caractère* quand sa destination est clairement indiquée par l'ensemble de ses formes et de son ornementation.

Une construction peut avoir aussi un *caractère simple, sévère, élégant,* etc., selon qu'elle est plus ou moins décorée.

Ce mot s'emploie encore pour distinguer l'âge et l'époque d'un monument.

Caravansérail, *s. m.* — Grand bâtiment destiné, en Orient, à loger les voyageurs et les caravanes.

C'est au mode de transport des marchandises par les caravanes qu'est due, en Orient, la nécessité des établissements de ce genre, dès l'origine des sociétés. Des puits et des fontaines furent d'abord établis aux lieux où se firent les haltes, sur les longs parcours que les voyageurs avaient à franchir. C'est en ces points que, plus tard, s'élevèrent des édifices destinés à servir d'abris.

Dans les contrées de l'Occident, où les villes étaient plus rapprochées, les grandes hôtelleries de l'Orient n'étaient pas en usage. Toutefois, on construisit auprès des villes, dont les portes étaient fermées le soir, des édifices dans lesquels les marchands et les voyageurs attardés purent attendre le jour. Pompéi montre une construction de cette espèce, auprès de la porte occidentale, sur la voie des Tombeaux.

Pendant le moyen âge, l'Orient se couvrit d'édifices destinés à loger les caravanes qui contribuaient, par le commerce, à la prospérité des pays qu'elles traversaient. Des établissements hospitaliers furent même élevés pour servir d'abri aux voyageurs qui venaient visiter les Lieux saints.

En Occident, l'échange des denrées ne se faisant point par caravanes, les grandes constructions de ce genre n'eurent pas de raison d'être. Cependant, certains monastères possédaient, en dehors de leur enceinte, un établissement dans lequel les voyageurs et les marchands trouvaient la nuit un refuge, et le jour un abri en cas de mauvais temps.

Le *caravansérail* est une sorte de halle ou grande salle voûtée à une ou deux nefs, avec arcades cintrées ; une banquette adossée au mur sert de siège et de lit ; le jour est donné par la voûte, au moyen de lucarnes. Une fontaine ou un réservoir d'eau vive est disposé pour les ablutions.

Souvent aussi le *caravansérail* est une vaste cour entourée de portiques qui donnent accès aux salles réservées aux voyageurs, aux logements et aux magasins qui servent à entreposer les marchandises. Une fontaine et de grands arbres occupent le milieu de la cour ; les chameaux et autres bêtes de somme y sont déchargés des bagages et y prennent du repos.

La figure 738 représente le plan, à l'échelle de 0^m,001 pour mètre, d'un *ca-*

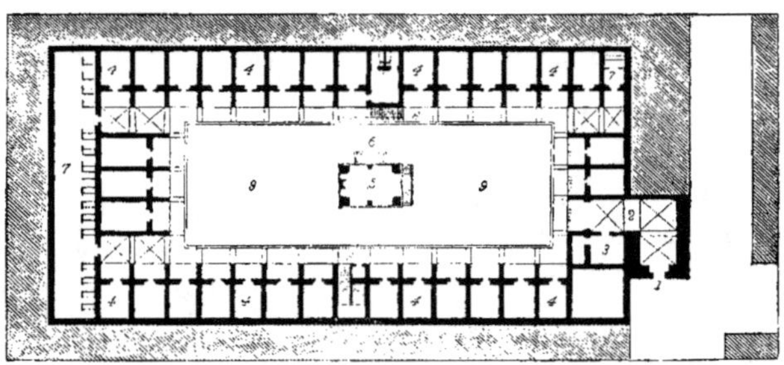

Fig. 738.

ravansérail de la ville du Caire, dont la légende qui suit explique la disposition :

1. Entrée du *caravansérail;* — 2. Porche ; — 3. Loge du portier ; — 4. Magasins où sont déposées les marchandises ; — 5. Oratoire ou petite mosquée ; — 6. Bassin pour les ablutions ; — 7. Latrines ; — 8. Escaliers conduisant au premier étage ; — 9. Grande cour.

Au-dessus, sont disposées des chambres pour les marchands, avec galeries correspondant aux portiques du rez-dechaussée.

Un grand nombre de ces établissements servent à la fois d'atelier, de magasin, de bazar, de *caravansérail* et d'auberge ; on leur donne le nom d'*okels*.

Carbonate de chaux, *s. m.* — Combinaison d'acide carbonique et d'oxyde de calcium formant la base des *calcaires* (voy. ce mot).

Carbonisation *des pieux, s. f.* — Souvent on brûle la surface des pieux et poteaux qu'on veut enfoncer en terre ; on les empêche ainsi de pourrir, en les *carbonisant.*

Carcasse, *s. f.* — Les menuisiers nomment ainsi le bâti d'une feuille de parquet garni de toutes ses traverses et prêt à recevoir les panneaux de remplissage.

Carcer. — 1° Prison romaine (voy. *Prison*).

2° On appelait *carcer*, dans un cirque

romain, les remises d'où partaient les chars au moment de la course.

Le nombre des remises destinées aux chars était ordinairement de douze, six de chaque côté de la porte appelée *porta pompæ,* et par laquelle entrait le cortège.

Leur disposition, par rapport à l'arène du cirque, était toute particulière (fig. 739). Le bâtiment qui les renfer-

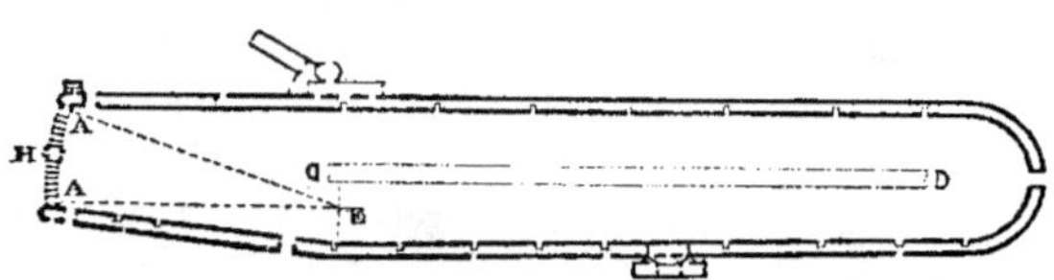

Fig. 739.

mait était construit sur une ligne circulaire placée dans une direction très oblique relativement à l'axe du cirque, de manière que le centre du cercle E était sur la ligne de milieu, du côté droit de l'*area.* Cette disposition était nécessaire pour permettre à tous les chars d'entrer, en même temps, dans la véritable carrière, ce qui n'eût pas été possible, si la ligne des *carceres* avait été dans une direction droite. La figure 739, qui représente le plan du cirque de Caracalla, fait comprendre la disposition que nous venons d'indiquer.

A chacune des extrémités du bâtiment contenant les *carceres,* il y avait une espèce de tour, A, dont la partie supérieure, suivant Bianconi, était destinée aux musiciens qui, pendant les jeux, faisaient de la musique ; dans la partie inférieure étaient renfermées les machines qui servaient à ouvrir les grilles des *carceres.* Ceux-ci étaient voûtés et assez spacieux pour qu'un quadrige pût y être placé commodément. Ils étaient ouverts du côté de l'*area* et du côté extérieur ; c'est par cette dernière entrée que les chars pénétraient dans les *carceres.* Les deux ouvertures étaient fermées par des grilles en bois ou portes à claire-voie. Il y avait entre deux *carceres* un mur de séparation orné d'hermès, du côté de l'arène. Chaque *carcer* avait un numéro indiquant à chaque concurrent la place qui lui était échue par le sort.

Cariatide, Caryatide, *s. f.* — Figure de femme drapée, formant support et remplaçant une colonne ou un pilier.

Les *cariatides* servent à soutenir un entablement, une corniche, un balcon, etc.

L'usage des figures humaines, comme supports ou comme pilastres, est fort ancien, suivant Diodore de Sicile, qui a décrit quelques édifices égyptiens où l'on voyait, dit-il, des *cariatides* colossales.

On sait que les Grecs, à une époque reculée, ont employé des figures humaines pour supporter les trônes, les trépieds, les bassins ; mais il est impossible de déterminer la date de leur application comme membres d'architecture.

Selon Vitruve, les habitants de la ville de *Carya,* dans le Péloponèse, s'étaient liés avec les Perses contre les autres peuples de la Grèce. Ceux-ci, après avoir vaincu les Perses, à la bataille de Platée, déclarèrent la guerre aux habitants de *Carya,* s'emparèrent de cette ville, tuèrent tous les habitants mâles et emmenèrent en captivité les femmes, qu'ils firent paraître, dans la pompe triomphale, sous leurs vêtements et avec leurs ornements accoutumés. Les architectes prirent de là occasion d'employer dans les édifices publics, au lieu de colonnes, des statues semblables à ces femmes pour supporter les entablements.

En même temps, ajoute Vitruve, les Lacédémoniens imaginèrent de faire soutenir le toit d'un portique à Sparte, par des figures de Perses vaincus. Mais Pausanias, qui mérite, à cet égard, plus de confiance que Vitruve, puisqu'il a vu Sparte, dit que les statues des Perses se trouvaient sur les colonnes de ce portique, ce qui signifie, sans doute, qu'ils étaient figurés en relief sur la frise de l'entablement, ou bien que ces statues étaient placées au-dessus des colonnes pour supporter le comble du toit, le portique étant probablement double en hauteur.

Quant au récit de Vitruve sur les *cariatides*, certains auteurs le regardent comme fabuleux. Lessing, entre autres, dans ses *Mélanges d'antiquités*, fait observer que les deux *Carya* situées dans le Péloponèse avaient trop peu d'importance pour avoir pu concevoir le projet de s'allier aux Perses contre les autres Grecs. Il ajoute qu'on donnait le nom de *cariatides* aux jeunes filles spartiates qui célébraient annuellement, dans le bourg appelé *Caryæ*, en Laconie, une danse solennelle auprès de la statue de Diane *Caryatis*, placée en plein air.

Quoi qu'il en soit de l'origine des *cariatides*, il ne paraît point qu'on en ait fait un usage fréquent. Suivant toutes probabilités, les *cariatides* du sexe masculin ou *atlantes* (voy. ce mot), sculptées par Diogène pour le Panthéon d'Agrippa, étaient placées dans l'attique de l'intérieur, avant que cet ordre fût changé par Septime Sévère, à la suite d'un incendie.

On cite les *cariatides* d'un attique appartenant au monument dit les *Tutelles*, à Bordeaux. Mais Perrault a fait de cet édifice, détruit au xviie siècle, un dessin qui montre que ces prétendues *cariatides* n'étaient que des figures de bas-reliefs, sculptées sur les deux faces des pilastres de l'attique, qu'elles ne remplaçaient point ces pilastres et n'avaient pas l'aspect de supports.

La même observation peut s'appliquer aux figures qui ornaient l'attique d'un monument semblable à Thessalonique, et dont les sculptures ont été rapportées au Louvre par M. Miller.

Les seules *cariatides* antiques que l'on puisse citer comme faisant véritablement fonction de supports sont celles du Pandrosion d'Athènes, qui tient au temple d'Érechthée. Ce sont (fig. 740)

Fig. 740.

de belles figures de femmes, revêtues de longues draperies et qui portent sur leur tête un chapiteau composé d'un abaque et d'une échine ornés, qui soutient l'entablement. Ces *cariatides* sont élevées sur un *podium* ou soubassement continu d'environ 8 pieds au-dessus du niveau extérieur et d'environ 15 pieds au-dessus du pavé de l'édifice. Des six figures qui composaient primitivement ce portique, il n'en reste que quatre en place. On a retrouvé récemment le torse d'une cinquième *cariatide* dont on a refait la tête et le bas du corps, restauration qui, du reste, est bien inférieure

sous le rapport du fini, au travail primitif ; cette *cariatide* a été élevée, en 1846,
sur le côté oriental du portique où était
son ancienne place.

Dans l'architecture du moyen âge, on
ne trouve point de *cariatides* ; cependant on peut juger, par quelques figures
accroupies placées par André Orcagna
pour soutenir les arcades du portique
appelé la *loge des Lances*, à Florence, que
l'emploi de figures humaines, comme
supports dans l'architecture, n'était point
tout à fait tombé en désuétude.

C'est à la Renaissance que les *cariatides* reprirent leur place dans la décoration des édifices. On en reconnaît
l'application dans les gravures sur bois
du songe du *Polyphile*, dans l'architecture en grisaille des fresques de Raphaël.

A la même époque, Michel-Ange employait les *cariatides* dans le mausolée
de Jules II, à San Pietro in Vincoli ;
Vignole s'en servait pour la décoration
des jardins Farnèse, sur le mont Palatin
et dans les bains de la vigne de Jules III.

Mais les plus belles *cariatides* mo-

Fig. 741.

dernes sont celles de Jean Goujon sou-

tenant la tribune de la grande salle du
rez-de-chaussée du vieux Louvre. L'un
de ces supports est représenté par la
figure 741. Le célèbre sculpteur, « en
leur coupant les bras, dit M. Léon Château, montre qu'il était digne de comprendre les grands principes de l'art
antique, c'est-à-dire qu'il ôta à ses *cariatides* toute apparence de statues, et
surtout de réalité, et prouva l'intention
qu'il avait d'en faire seulement des supports en forme de figures. C'est surtout
en ajoutant à ces belles statues couronnées d'un chapiteau et d'un riche entablement, les socles circulaires sur lesquels elles posent, que Jean Goujon
caractérisa, d'une manière sans exemple
jusqu'alors, la statue-colonne, et donna
à ses figures mutilées qui pourraient
offrir quelque chose de choquant, une
puissance imposante qui en fait un des
chefs-d'œuvre de la sculpture moderne. »

Nous citerons encore les *cariatides* de
Sarrazin, au pavillon de l'Horloge du
même monument ; les *cariatides* de Puget, à l'hôtel de ville de Toulon (voy.
Atlante) ; celles toutes modernes et
très belles aussi qui décorent les façades des pavillons du nouveau Louvre,
et qui sont dues à Simart et à Fran-
cisque Duret.

Ce mode d'ornementation a quelquefois été appliqué aux monuments funéraires ; mais, dans ce cas, les *cariatides*
ne sont plus des supports isolés ; elles
sont appliquées contre un mur et souvent les corps sont remplacés par des
gaines (voy. ce mot).

Nous terminerons cet article en faisant observer qu'on ne doit pas faire
abus de ce genre de support dans l'architecture ; il faut surtout en faire un
emploi judicieux : c'est ainsi que le
goût et la prudence même interdisent
de les appliquer comme soutien des
parties trop lourdes d'architecture ou
comme points d'appui des arcades. On
voit, en effet, que les *cariatides* d'A-
thènes, comme celles de Jean Goujon,

n'ont à supporter qu'un simple entablement ; encore ce dernier est-il allégé, dans le Pandrosion, par la suppression de la frise.

On emploie quelquefois ce mot comme adjectif ; on dit, par exemple : *figure cariatide, ordre cariatide.*

Carie, *s. f.* — Maladie du bois, dans laquelle la matière ligneuse se pourrit et se réduit en poussière.

La *carie* est due à la végétation, sur la surface du bois, de certains cryptogames, tels que moisissures, agarics, champignons, etc.

La *carie sèche*, espèce particulière de *carie*, se produit souvent sur les bois exposés, comme dans les mines, à un air chaud et non renouvelé.

Carillon, *s. m.* — 1° Série de cloches de diverses grandeurs qui produisent des sons cadencés et qu'on place dans les tours des hôtels de ville ou dans les clochers d'églises.

Quelques auteurs attribuent aux Chinois l'invention des *carillons*, et prétendent qu'elle fut importée en Europe, au XV° siècle, par les Hollandais.

Il est certain que ceux-ci ont réglé le jeu des cloches comme celui de l'orgue, c'est-à-dire qu'ils les mettent en branle au moyen d'un clavier dont les touches ou palettes de bois s'enfoncent à coups de poing, et dont le pédalier se manœuvre avec les pieds, comme celui de l'orgue. Aux touches du clavier sont fixées les cordes qui font mouvoir les marteaux des cloches. On ne saurait toutefois conclure de cette coutume adoptée par les habitants des Pays-Bas que ce peuple est l'inventeur des *carillons*.

Quoi qu'il en soit, ce genre de musique est très dispendieux. Il exige la réunion d'au moins six ou huit cloches donnant chacune un son particulier. Les Hollandais ont construit des *carillons* qui ont coûté des sommes considérables ; parmi les plus célèbres de ces instruments, on peut citer le *carillon* d'Anvers qui, en 1540, possédait soixante cloches ; celui d'Amsterdam, qui comprenait, en 1772, trois octaves complètes au clavier des mains, avec les demi-tons, et deux octaves au clavier des pédales ; celui de Bruges, qui coûta 3 millions et comptait quarante-sept cloches.

Les *carillons* les plus renommés en France, bien qu'ils n'aient jamais possédé un pareil nombre de cloches, étaient ceux de Saint-Maclou, à Rouen ; de Notre-Dame et de Saint-Remi, à Reims ; celui de Valenciennes, etc.

Les *carillons* français diffèrent, pour la plupart, de ceux que l'on voit en Hollande et en Belgique, en ce qu'ils résonnent par l'intermédiaire de tambours ou de cylindres hérissés de chevilles égales entre elles. Ces tambours, en tournant autour de leur axe, soulèvent des marteaux qui retombent ensuite sur les cloches. Lorsque le cylindre a fait une révolution complète, l'air est joué.

Le nom même de cet appareil a été donné à l'air qui se trouve exécuté par les cloches ainsi accordées.

2° On donne le nom de *carillons* à des tiges de fer carré, ne dépassant pas 0^m,02 de côté et qu'on emploie pour les hourdis des planchers en fer.

Carlette ou **Cartelette,** *s. f.* — Voy. *Ardoise.*

Carmin, *s. m.* — Couleur tirée de la cochenille réduite en poudre et traitée par la potasse et l'alun.

Le *carmin* est un rouge éclatant. On l'emploie souvent à l'état liquide, dans la confection des plans et pour certaines écritures ; on l'obtient ainsi en le faisant dissoudre dans l'ammoniaque.

La *laque carminée* provient de la liqueur qui a servi à faire le *carmin*.

Le *carmin* et la *laque carminée* sont souvent falsifiés avec les laques des bois colorants rouges.

Carne, *s. f.* — Vieux mot employé

autrefois pour désigner l'angle solide d'une pierre, d'une pièce de bois.

Carnet *d'attachements*, *s. m.* — Cahier sur lequel sont tenus les attachements et où ils sont signés par les parties.

Caromb *(Pierre de).* — Calcaire demi-dur, blanchâtre ou jaunâtre, à grains moyens, que l'on extrait des carrières de *Caromb*, aux environs de Carpentras.

Cette pierre, qui porte de 0^m,50 à 0^m,80 de hauteur d'assise, pèse de 2,120 à 2,200 kilogr. le mètre cube et s'écrase sous une charge de 235 à 250 kilogr. par centimètre carré. Elle est employée à Avignon et à Carpentras.

Carpe, *s. f.* — Voy. *Queue de carpe.*

Carrare, *s. m.* — Nom donné à l'un des plus beaux marbres, le marbre blanc tiré des environs de Carrare en Toscane. Il est très employé en statuaire.

On en distingue trois sortes : le *crestola*, le *betogli* et le *ravaccione.*

Le premier de ces marbres, qui offre la plus belle qualité, est d'une teinte blanc jaunâtre uniforme ; sa structure est compacte, homogène, à grains fins. Il prend au poli un état gras et cireux, légèrement translucide. Le prix sur place est de 1,200 à 2,400 fr., pour les blocs d'un mètre cube. Il n'y a pas de règles pour le prix des morceaux plus gros.

Le *betogli*, marbre de deuxième qualité, possède une couleur blanche, mais peu uniforme ; il est lamelleux, peu compacte ; il a souvent des taches et des paillettes de mica et résiste mal à l'air.

Le *ravaccione* est le marbre de Carrare le plus ordinaire : il est blanc, opaque, a quelquefois des taches grisâtres. Il a de la cohésion, résiste bien et blanchit un peu à l'air. Ce marbre s'emploie beaucoup en architecture ; les statues de nos principaux monuments sont en *ravaccione*; le prix est de 200 fr. le mètre à Carrare même, et de 300 dans quelques autres localités.

Carré, *s. m.* — Polygone formé de quatre côtés égaux et dont les quatre angles sont droits.

SERRURERIE. *Carré de foliot :* trou carré pratiqué dans cette pièce et qui reçoit la tige du bouton.

TENTURE. Nom du plus petit format de papier de tenture employé pour les dessins communs.

Carreau, *s. m.* — MAÇONNERIE. 1° Pierre qui a plus de largeur au parement d'un mur que de queue dans l'épaisseur.

La figure 742 représente un mur construit en *carreaux*. En général, ces

Fig. 742.

pierres se posent alternativement avec des *boutisses* (voy. ce mot).

2° *Carreaux de plâtre :* blocs parallélipipédiques fabriqués avec du mortier de plâtre et des plâtras de peu d'épaisseur. Ils servent à construire des cloisons de distribution dans les appartements; seulement, il ne faut les employer que bien secs. Leur longueur est ordinairement de 0^m,48, leur largeur de 0^m,33 et leur épaisseur varie de 0^m,054 à 0^m,16. On les pose de champ. Leurs joints sont creusés en rainure pour recevoir le plâtre qui fait liaison ; on ragrée et l'on dresse à la règle.

On emploie aussi des *carreaux* de même dimension, mais creux ; ils sont plus légers, et assourdissent mieux les appartements.

Les entrevous d'un plancher sont formés parfois de *carreaux* creux en plâtre, ayant l'aspect de briques creuses. Un système particulier de hourdis a été inventé par M. Bouziat : les *carreaux* sont cellulaires et fabriqués sur commande, d'après les hauteurs et les écartements des solives du plancher (fig. 743).

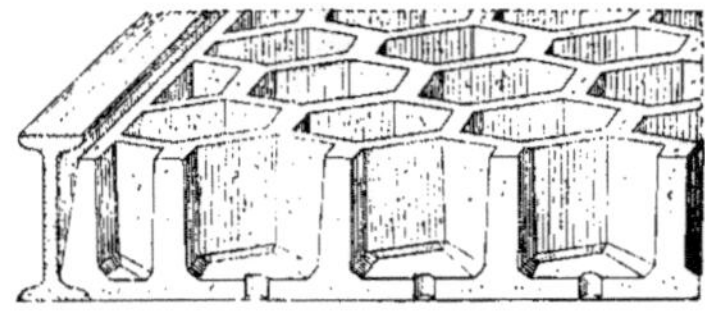

Fig. 743.

On les pose par morceaux de 1 mètre de longueur ; le scellement se fait à l'aide de plâtre, coulé dans les vides que les extrémités de ces carreaux laissent entre les solives. Les cloisons ou parties pleines ont 0^m,02 d'épaisseur, et le fond des cellules est percé d'un trou qui permet de fixer l'enduit du plafond.

3° On donne le nom de *carreaux* à des dalles de terre cuite, de pierre ou de marbre employées pour faire certains pavages ou pour couvrir les planchers (voy. *Carrelage*).

Les *carreaux* en terre cuite sont généralement de forme hexagonale ou carrée. Ceux qui sont carrés ne se posent plus guère que dans les âtres de cheminée, les cuisines, les offices, les salles basses ; ils sont de trois échantillons : deux de 0^m,20 et 0^m,25 de côté avec 0^m,027 d'épaisseur et un de 0^m,13 à 0^m,16 de côté avec 0^m,02 d'épaisseur ; les plus étroits sont dits *carreaux à bande*. Les *carreaux* hexagonaux ou à 6 pans ont leur surface inscrite dans un cercle de 0^m,20 ou de 0^m,14 de diamètre et leur épaisseur est de 0^m,027.

Les *carreaux* de bonne qualité doivent rendre un son clair quand on les frappe avec un corps dur.

La fabrication de ces pierres artificielles est semblable à celle de la brique ; la pâte doit être plus fine et la cuisson plus parfaite.

Les meilleurs *carreaux* sont ceux de Bourgogne ; on les emploie surtout à

rez-de-chaussée, parce qu'ils fatiguent plus à cet étage.

On fait usage de *carreaux* de faïence, dont la surface est émaillée, pour la partie extérieure des poêles de construction, pour couvrir les fourneaux, les parois des salles de bains, les jambages intérieurs de cheminées.

D'autres éléments que la terre argileuse ont été employés pour fabriquer des *carreaux* de dallage ; nous citerons, parmi les produits obtenus :

Les *carreaux de plâtre composé*, de M. Dumesnil, qui sont formés de plâtre, auquel on ajoute une petite quantité de chaux, d'alun, de colle d'os ou de gélatine, et une certaine proportion de sable et de cailloux ; le mélange est coloré avec de l'ocre jaune (1) ;

Les *carreaux de plâtre aluné*, ou marbres artificiels, employés en dallages dans certaines villes d'Italie et que l'on pose à bain de mortier ;

Les *carreaux* et dalles en ciment de Moissac, de la Porte-de-France, du Hâvre, de Padoue (voy. *Ciment, Dalle, Terrazzi*) ;

Les *carreaux* en chaux hydraulique de Try, en pierres artificielles fabriquées par divers procédés (voy. *Chaux, Dalle, Pierre*).

Les *carreaux* en pierres naturelles employés à Paris sont : les *carreaux* en ardoise auxquels on donne les formes carrée ou en losange, polygonale ou circulaire et qui ont de 0^m,02 à 0^m,025 d'épaisseur ; — les *carreaux* carrés, en marbre noir de Belgique ; — les *carreaux* octogones ou carrés, en liais de Grimault ou en liais dit de Créteil, en pierre de Tonnerre, etc.

Dans le métré des ouvrages de maçonnerie, les *carreaux* de faïence employés aux fourneaux de cuisine se comptent à la pièce pour fourniture et scellement.

Les cloisons faites en *carreaux* de plâtre se mesurent au mètre superficiel :

(1) Th. Château, *Technologie du Bâtiment*.

1° Si les *carreaux* sont jointoyés aux deux faces, l'évaluation est de 70/100 de léger ; — 2° s'il y a enduit à chaque face, l'évaluation est de 100/100 de léger ; — 3° dans le cas de jointoiement sur une face et enduit sur l'autre, on compte 85/100 ; — 4° si les *carreaux* sont seulement posés, avec fourniture du plâtre pour le hourdis et le jointoiement aux deux faces, on compte 20/100.

FUMISTERIE. On donne le nom de *carreaux en biscuit* à des pièces de terre cuite moulée que les fumistes emploient pour la construction des poêles.

MENUISERIE. Morceau de bois de chêne plat qui sert à remplir la carcasse d'une feuille de parquet.

SERRURERIE. Grosse lime à section rectangulaire, avec laquelle on dégrossit les pièces de métal.

VITRERIE. *Carreau de vitre :* pièce de verre à vitrer (voy. *Verre*).

JARDINAGE. Terme qui désigne une pièce de terre carrée ou d'autre forme faisant partie d'un parterre. Elle est ordinairement bordée de buis nain et garnie de fleurs ou de gazon.

DESSIN. On appelle *mettre aux carreaux*, l'action de reproduire, dans des proportions déterminées, le trait d'un tableau, d'un dessin que l'on veut copier.

A cet effet, on trace sur la superficie de l'original des lignes parallèles placées à la même distance les unes des autres et des lignes perpendiculaires aux premières qui conservent entre elles les mêmes intervalles. On a, de la sorte, des *carreaux* exactement égaux entre eux. Si l'original est de grande dimension, on se sert, pour cingler les lignes, d'un cordeau frotté de craie, de noir de charbon ou de sanguine, dont on fixe les deux extrémités aux points de division marqués préalablement sur les côtés de la superficie. On répète la même opération sur la toile, le carton ou le papier destiné à la copie et l'on a, sur les deux surfaces, des *carreaux* réguliers correspondant entre eux et que l'on marque des mêmes numéros.

On s'applique alors à dessiner dans le vide des *carreaux* toutes les formes représentées dans les *carreaux* correspondants de l'original.

On peut, par cette méthode, copier un dessin à la même grandeur que l'original ou le réduire.

Dans ce dernier cas, on donne aux *carreaux* de la surface de copie une dimension telle qu'ils soient, avec ceux de l'original, dans un rapport égal à la proportion que l'on veut établir entre les deux dessins.

Si l'on craint d'endommager l'original avec la craie ou la sanguine, on remplace les lignes par des fils tendus entre les points de division. On peut encore couvrir l'original d'un papier calque sur lequel on trace les divisions nécessaires.

Carrefour, *s. m.* — Point de croisement de plusieurs rues ou chemins.

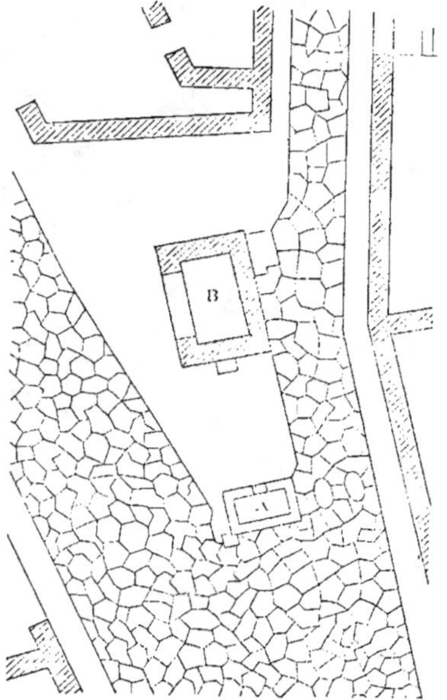

Fig. 744.

Le même sens s'applique à ce mot pour

désigner les voies souterraines des carrières.

Les Romains donnaient le nom de
triria aux places où aboutissaient trois
routes ou rues de directions différentes.
Ce mot s'appliquait surtout aux rues
d'une ville, par opposition à *compitum*,
qui désignait le *carrefour* formé dans
la campagne par la rencontre de voies
de traverse.

L'endroit où aboutissaient quatre voies
se nommait *quadrivium*.

De même, ils nommaient *birium* la
place formée par le croisement de deux
voies.

La figure 744 représente, en plan,
un *carrefour* de ce genre découvert à
Pompéi. On y voit, en A, une fontaine
ainsi composée : du milieu d'une borne
cubique l'eau tombait dans un *cantharus* ou bassin rectangulaire formé de
quatre dalles liées entre elles avec des
crampons en fer. Derrière cette fontaine est placé son *castellum* ou réservoir, B, auquel est accolé un petit autel
dédié aux *lares compitales*, dieux des
carrefours.

Pour compléter l'idée que le lecteur
peut se faire d'un *carrefour* antique,
nous donnerons, d'après une étude de

Fig. 745.

M. Jules Didier, ancien pensionnaire de
Rome, le croquis représenté par la
figure 745, dans lequel on voit les esclaves et les gens du peuple venant puiser de l'eau à la fontaine, tandis qu'une
matrone, montée sur un char attelé de
deux chevaux, débouche par une des
rues qui aboutissent à la place.

Carrelage, *s. m.* — Revêtement du
sol en carreaux de pierre, de marbre ou
de terre cuite.

Les Romains établissaient, à l'intérieur des édifices, des *carrelages* en
mosaïques composés de petits cubes de
marbre diversement colorés et formant
des dessins variés. Certaines salles

étaient dallées (voy. *Dallage*) : les briques posées à plat ou sur champ servaient à faire des *carrelages* communs.

La terre cuite fut employée, au moyen âge, pour revêtir le sol des églises.

Les architectes du xiie siècle formaient des mosaïques à l'aide de carreaux de couleurs différentes et présentant chacun une seule teinte (fig. 746).

Fig. 746.

Les tons les plus usités sont le noir, le vert foncé, le rouge, le jaune et le blanc. Ces pavements offrent, d'ordinaire, l'aspect de bandes assez larges, séparées par des bordures étroites.

Les carreaux en terre cuite colorée dans la masse firent place, pendant le xiiie siècle, aux carreaux incrustés d'ornements en terre de diverses couleurs ou présentant, en creux, des dessins formés par des empreintes antérieures à

Fig. 747.

la cuisson ; tantôt ces dessins sont complets sur chaque carreau (fig. 747), tan-

tôt ils sont formés par l'assemblage de quatre pièces (fig. 748).

Fig. 748.

A partir du xvie siècle, l'usage se répandit des *carrelages* en faïence peinte ; on en fait encore, de nos jours, en Italie, en Espagne, en Afrique et en Orient.

Actuellement en France, le sol des pièces, dans les habitations, est revêtu ordinairement de parquet ; on réserve les *carrelages* pour certaines salles de rez-de-chaussée, pour les vestibules, les cuisines, les chambres de l'étage des combles, les âtres de cheminées, etc.

Les *carreaux* employés pour ce genre de revêtement des planchers sont de deux sortes : les *carreaux à pans* et les *carreaux carrés*. On les fabrique avec des terres provenant des localités suivantes : Bourgogne, Massy, Paris, Beauvais (voy. *Carreau*).

Pour exécuter un *carrelage* à rez-de-chaussée, on commence par établir une aire en mortier de chaux et de sable de $0^m,15$ à $0^m,20$ d'épaisseur, et on la

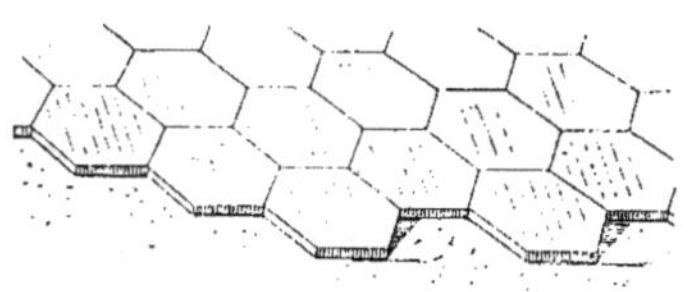

Fig. 749.

dresse avec soin, en prenant pour niveau le dessus du seuil des portes : la figure 749 représente un revêtement en carreaux hexagonaux.

Sur les planchers hauts, on recouvre

d'abord les solives de bardeaux (fig. 750) et l'on place au-dessus la *forme*, c'est-à-dire une aire en plâtre mêlé de pous-

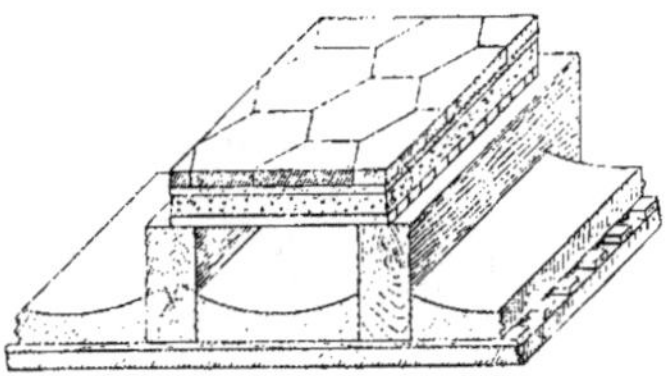

Fig. 750.

sière de gravois passée au crible ; le scellement se fait soit avec du mortier de chaux, soit avec du plâtre, auquel on ajoute un peu de suie pour l'empêcher de prendre trop vite. Dans certains planchers, les bardeaux sont placés sur

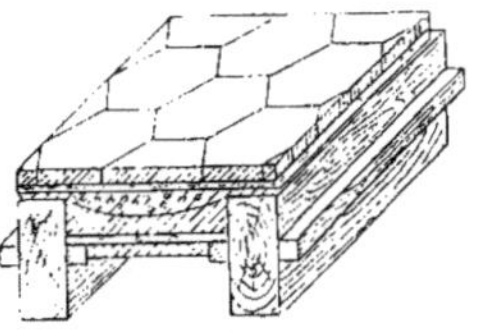

Fig. 751.

des tasseaux entre les solives et la forme repose directement sur les augets (fig. 751).

Les raccords se font, le long des murs, avec des morceaux de carreaux qu'on nomme *pièces* ou *pointes*, selon qu'ils sont coupés parallèlement ou perpendiculairement à l'une de leurs arêtes.

Les vestibules, les salles à rez-de-chaussée sont pavés ordinairement en carreaux de marbre et de liais qu'on scelle avec un mortier de plâtre, de chaux et de sable. La figure 752 donne deux exemples des diverses combinaisons que l'on peut employer avec les carreaux du commerce : le premier de ces revêtements est composé de carreaux ordinaires, octogones, en liais, avec remplissages en marbre noir ; le second est formé de quatre sortes de

marbres taillés en losanges et en rhomboïdes, dont l'arrangement et la dispo-

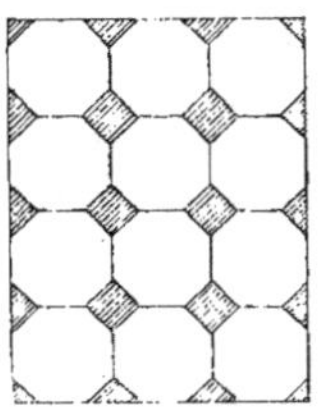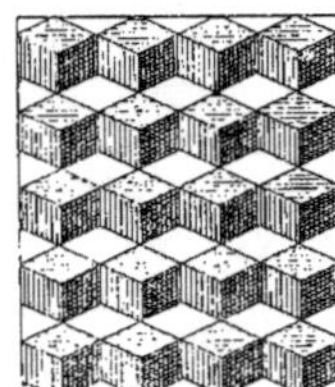

Fig. 752.

sition des couleurs présentent des dés vus en perspective ; les *carrelages* de ce genre sont dits *carrelages mosaïques*.

Les cuisines se pavent en carreaux de terre cuite, hexagones ou carrés ; les âtres de cheminée, en carreaux carrés.

On revêt également le sol de certaines pièces, surtout à la campagne, de briques à plat ou sur champ, en alternant les joints ou en disposant ces matériaux à bâtons rompus.

Tous les ouvrages de *carrelage*, tant neufs que vieux, dans le règlement des mémoires, sont mesurés et payés au mètre superficiel, en y comprenant la valeur de la forme jusqu'à 0ᵐ,05 d'épaisseur. Au delà de cette dimension, l'excédant de forme se paye au mètre cube, à 1 fr. 40 le mètre.

S'il y a *décarrelage*, ce travail est compté au mètre superficiel. Le prix du *décarrelage* en vieux carreaux doit comprendre la dépose, le décrottage et la repose des carreaux. Le décrottage ne doit jamais être compté au mètre superficiel, mais toujours au mille et d'après le nombre réel des carreaux entiers décrottés.

Les carreaux posés en recherche sont comptés au cent ou à la pièce.

Carrelet, *s. m.* — Lime en fer, à section rectangulaire, moins forte de moitié que le *carreau* (voy. ce mot).

On appelle *carrelette* une lime de même forme mais encore plus petite.

Carreleur, *s. m.* — Ouvrier qui pose les carreaux.

On appelle *carrelier* celui qui les façonne.

Carrément, *adv.* — Terme de charpente qui signifie à *angle droit.*

Carrier, *s. m.* — 1° Ouvrier qui extrait la pierre des carrières.

2° On nomme de même celui qui fait le commerce de la pierre.

Carrière, *s. f.* — Lieu d'où l'on extrait les matériaux de construction.

On appelle *marbrière* l'endroit d'où l'on tire le marbre, *plâtrière,* celui d'où l'on extrait la pierre à plâtre, et *ardoisière,* le lieu qui fournit les ardoises.

Dans les *carrières* de pierres calcaires, c'est-à-dire dans celles qui fournissent le plus grand nombre de pierres à bâtir, ces pierres sont disposées par *bancs* ou *lits* de différentes hauteurs, de qualités et de densités diverses, à grain plus ou moins fin, de teintes variées et qui n'ont dû se durcir que plusieurs siècles après le dépôt des substances qui les composent.

Les grandes couches d'ancienne formation ont pour éléments les détritus des coquilles et autres substances qui ont servi d'enveloppes ou de demeures à un nombre infini de mollusques, crustacés et autres animaux pourvus des organes nécessaires à la production de la matière calcaire.

Les pierres de seconde formation, beaucoup moins anciennes que les premières, sont d'une même nature ; mais il est facile d'en reconnaître les différences : dans toutes celles d'ancienne formation, il y a toujours des coquilles ou des impressions de coquilles et de crustacés très évidentes, tandis que dans celles de formation moderne, il n'y en a nul vestige. Ces *carrières,* formées des débris des premières, sont ordinairement placées au pied ou à quelque distance des montagnes et des collines

dont les bancs anciens ont été attaqués, dans leur contour, par l'action de la gelée et de l'humidité. Les eaux ont ensuite entraîné et déposé dans les lieux plus bas toutes les poussières et les gravois détachés des bancs supérieurs. Ces débris, stratifiés les uns sur les autres par le transport et le sédiment des eaux, ont formé les lits des pierres nouvelles qui ne renferment aucune impression de coquilles, bien qu'ils soient entièrement composés de substances coquilleuses.

En outre, ces lits de pierres de plusieurs formations sont ordinairement séparés les uns des autres par des *joints* ou couches assez épaisses renfermant une matière pierreuse moins pure et moins liée, qui est le *bousin,* tandis que, dans les bancs de première formation, les joints sont étroits et remplis de spath. On peut encore remarquer que dans les pierres appartenant à cette dernière catégorie il y a plus de solidité, plus d'adhérence entre les grains dans le sens horizontal que dans le sens vertical, de telle sorte qu'il est plus facile de les fendre ou casser verticalement qu'horizontalement ; au lieu que les pierres de seconde et troisième formations peuvent se travailler à peu près aussi aisément dans tous les sens.

Enfin, les bancs d'ancienne formation sont d'autant plus épais et plus solides qu'ils sont situés plus bas ; tandis que les lits de formation moderne ne sont placés dans aucun ordre ni pour leur dureté, ni pour leur épaisseur.

Ces différences, très apparentes, suffisent pour qu'on puisse reconnaître et distinguer, au premier coup d'œil, une *carrière* d'ancienne ou de nouvelle pierre calcaire.

Il y a trois modes d'exploitation des carrières : *à ciel ouvert, par galeries* ou *par puits.*

1° L'exploitation à ciel ouvert a lieu quand les matériaux sont à fleur de terre ou recouverts par une couche de terre peu épaisse ; on extrait la pierre en allant de haut en bas.

2° L'extraction par galerie se fait ordinairement quand la carrière aboutit au flanc d'un coteau ; on exploite en creusant un boyau, à droite et à gauche duquel on fait l'abatage, en soutenant le banc supérieur, qui forme plafond ou *ciel de carrière*, au moyen de piliers réservés dans la masse, ou à l'aide de boisages.

3° Dans d'autres cas, on est obligé d'atteindre le banc inférieur de la *carrière*, au moyen de puits, à partir desquels on creuse des galeries dans toutes les directions. A l'ouverture du puits est un treuil, ordinairement manœuvré par des hommes marchant sur le pourtour d'une grande roue en bois, montée à l'extrémité de son arbre ; ce treuil permet l'enlèvement des matériaux (voy. *Treuil*).

LÉGISLATION. La loi du 2 avril 1810 considère comme *carrières* les endroits d'où l'on extrait les ardoises, les grès, pierres à bâtir et autres, les marbres, granits, pierres à chaux, pierres à plâtre, les pouzzolanes, le trass, les basaltes, les marnes, craies, sables, pierres à fusil, argiles, kaolin, terres à foulon, terres à poteries, les substances terreuses et les cailloux de toute nature.

Bien qu'appartenant au propriétaire de la surface du sol, les *carrières* peuvent être exploitées, malgré lui, par les entrepreneurs des travaux publics, à la condition de payer les matériaux qu'ils en tirent si elles sont déjà en exploitation.

L'exploitation à ciel ouvert a lieu sans permission, sous la surveillance de la simple police, et avec l'observation des lois ou règlements généraux et locaux. Ainsi, il est défendu d'ouvrir une *carrière* à moins de 60 mètres du pied des arbres bordant les routes, et l'on doit se tenir à même distance des édifices quelconques, et à 64 mètres du bord des chemins non plantés d'arbres.

L'exploitation par galeries souterraines est soumise à la surveillance de l'administration ; celle-ci a toujours le droit d'interdire, et cela sans recours par la voie contentieuse, toute exploitation dont l'état actuel offre des dangers (1).

Cartel, *s. m.* — Voy. *Cartouche*.

Cartelette, *s. f.* — Voy. *Ardoise*.

Carthame, *s. m.* — Petite plante appelée *carthamus tinctorius*, et qui fournit deux couleurs : l'une, jaune, soluble dans l'eau, qui est le *safran d'Allemagne*, et l'autre insoluble dans l'eau, mais soluble dans l'alcool et les solutions alunées.

Le mélange de ces deux couleurs, additionné de colle et de partie égale de curcuma, est employé par les peintres pour la mise en couleur des parquets.

Cartibulum. — Nom que les Romains donnaient à une sorte de table en pierre ou en marbre qui consistait en une dalle supportée par un seul pied central ou par plusieurs pieds.

Suivant Varron, cette table était placée dans l'*atrium* pour servir de buffet d'apparat portant la vaisselle d'argent et les vases de la maison. La description de l'auteur latin a été confirmée par la découverte que l'on a faite d'une table de ce genre sur le bord de l'*impluvium*, dans la maison de Néréides, à Pompéi.

Carton, *s. m.* — 1° Feuille de carton ou de fer-blanc servant de *calibre* (voy. ce mot).

2° Dessin qui sert de modèle pour des peintures à fresque, des vitraux, des tapisseries.

On fait ce genre de dessin au crayon noir, rehaussé de blanc, en vraie grandeur ou à une échelle réduite ; puis on le reproduit, par le système des *carreaux* (voy. ce mot), sur l'endroit qu'il faut décorer ; c'est-à-dire que l'artiste trace sur son modèle des lignes rec-

---

(1) Code Perrin.

tangulaires formant une sorte de damier, qu'il double ou qu'il triple pour l'exécution, suivant l'échelle qu'il a choisie.

3° On emploie le *carton* sous différentes désignations, telles que *carton-pâte*, *carton-pierre*, *carton-cuir*, etc., pour les ornements des décorations intérieures.

On prépare et on moule à l'avance les motifs, puis on les rapporte sur les surfaces que l'on veut décorer.

Carton-pâte. Le moulage en carton proprement dit est un procédé qui se subdivise en deux manières différentes : on emploie le *carton de collage* et le *carton de moulage*.

Le premier moyen consiste à coller dans un moule en creux, en l'appliquant, avec une petite brosse et un tampon de linge fin, une feuille de papier joseph ; sur cette feuille on en colle plusieurs autres de papier gris ; on fait sécher le *carton* formé et on le retire du moule.

Le *carton de moulage*, ou *carton-pâte*, est une pâte composée avec des débris de *carton*, des rognures et un peu de colle de farine. Quand elle est sèche, on réduit cette pâte en poudre fine avec une râpe et, pour s'en servir, on la détrempe avec un peu d'eau ; lorsqu'elle est en pâte molle, on l'étend avec les doigts sur le fond du moule ; on fait sécher et on détache le *carton*.

On appelle aussi le *carton-pâte* : *papier mâché*. On en fait des corniches, des rosaces de plafonds, des moulures. Les *cartons* étaient très employés au XVIᵉ siècle.

Carton-pierre. Le *carton-pierre* est un mélange de pâte à papier, de colle-forte, d'argile et de craie. Il y a plusieurs préparations dans lesquelles ces matières entrent, suivant des proportions diverses ; en général, on ajoute au mélange de l'huile de lin. On assujettit, avec des clous galvanisés, les ornements en *carton-pierre*, et, s'ils sont exposés à l'air, on en bouche les interstices avec un mastic composé d'huile de lin, de blanc de céruse et de craie.

L'invention du *carton-pierre* est attribuée à un industriel de la fin du siècle dernier nommé Mézières.

Carton-cuir. Composition faite de débris de peaux, pelés et broyés avec de la pâte à papier très épaisse, le tout réuni par une colle quelconque. Les ornements destinés à être dorés se font en *carton-cuir* (1).

4° *Carton bitumé*. Sorte de feutre en laine, recouvert d'un enduit dans la composition duquel l'élément dominant est le brai de goudron minéral.

Le *carton bitumé* se débite en feuilles de 0ᵐ.80 environ de largeur et de longueur indéterminée : il sert à couvrir des constructions légères. Les lames se posent par rangs horizontaux, en commençant par le bas de la toiture, avec recouvrement de 0ᵐ.05 à chaque joint : on les maintient à l'aide de liteaux espacés de 0ᵐ.35 à 0ᵐ.40 et cloués sur le voligeage, dans le sens de l'écoulement des eaux.

On emploie aussi, pour le même objet, un *carton* bitumé et sablé, et une sorte de *carton-cuir* fait avec de vieux cordages, et imprégné complètement d'un enduit bitumineux, sablé comme le précédent.

Cartouche, *s. m.* — Ce mot qui vient de l'italien *cartoccio* (rouleau ou cornet de papier), s'emploie pour désigner un ornement en pierre, bois ou métal, présentant un champ qui reçoit une inscription, un chiffre, un bas-relief ou une armoirie pour la décoration intérieure et extérieure des édifices ou pour l'ornementation des appartements. Les contours affectent des formes diverses, suivant les époques.

L'usage des *cartouches* date de la Renaissance ; au XVIIᵉ siècle, ils furent entourés de découpures et d'enroulements capricieux (fig. 753). On place cet ornement, soit comme motif principal,

(1) Th. Château, *Technologie du Bâtiment*.

soit comme accompagnement, sur les murs, à l'extérieur ou à l'intérieur.

Fig. 753.

On appelle *cartels* les petits *cartouches* qui servent dans la décoration des frises ou panneaux de menuiserie, et généralement ceux qu'on emploie dans les couronnements des trumeaux, cheminées, pilastres et autres objets.

Les archéologues ont appliqué la dénomination de *cartouches* à des figures géométriques composées de deux lignes parallèles terminées par deux arcs de cercle, et qui se voient sur les monuments égyptiens. Ces figures contiennent les noms des rois en caractères hiéroglyphiques.

Jardinage. Ornement régulier en forme de tableau, avec des enroulements qui se répètent souvent aux deux côtés ou aux quatre coins d'un parterre. Le milieu se remplit d'une coquille de gazon ou d'un fleuron de broderie.

Casa. — Mot latin qui était employé

dans le sens de *cabane*, pour désigner soit l'habitation primitive, soit la demeure des paysans (voy. *Cabane*).

Le même nom est employé par les Italiens et les Espagnols dans le sens de *maison*.

Cascade, *s. f.* — Architecture hydraulique. Chute d'eau artificielle, formée d'une pente douce ou composée de bassins peu profonds élevés par gradins et desquels l'eau tombe en nappes ou en gouttelettes.

Les *cascades* servent à la décoration des parcs et des jardins ; il y en a de deux sortes : la *cascade naturelle* et les *cascades artificielles*.

La *cascade artificielle* est celle où la main de l'art se distingue d'une façon apparente comme composant, dirigeant et ornant les effets. Ceux-ci peuvent être très variés : la *cascade* tombe en nappe, en gouttelettes, en rampe douce, en buffet ou par chute de perron. On divise les *cascades artificielles* en deux espèces : celles où l'art amène les eaux par le moyen d'un réservoir qui s'emplit à cet effet et qui s'épuise par le jeu des chutes, et celles qui reçoivent d'une source abondante ou d'une rivière des eaux toujours tombantes et toujours écumantes dans un canal préparé pour en multiplier les effets.

La composition des *cascades artificielles* admet tous les caprices d'ornements et de figures. On y voit des fleuves, des naïades et des tritons, des serpents, des chevaux marins, des dragons, des dauphins, des poissons, des grenouilles qui vomissent l'eau. Ces *cascades* peuvent être décorées de tous les ornements aquatiques, tels que glaçons, rocailles, congélations, pétrifications, coquillages, feuilles d'eau, joncs et roseaux.

Parmi les *cascades* monumentales, nous citerons celle du palais Colonna, à Rome, qui est représentée, en plan, par la figure 754 (1).

____

(1) Letarouilly, *Édifices de Rome*.

La disposition des *cascades naturelles* présente de sérieuses difficultés, parce

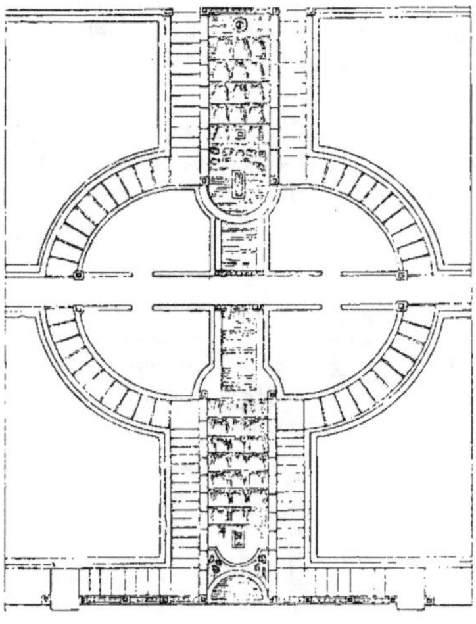

Fig. 754.

qu'il importe de cacher les moyens employés pour produire les effets cherchés.

Il y a deux procédés principaux : faire tomber l'eau par filets ou par masse. Cette dernière façon produit une impression plus forte, surtout lorsque les eaux, limpides, claires et transparentes tombent d'une assez grande hauteur. La quantité et la variété des chutes, la diversité des arbres et des buissons suspendus contribuent extrêmement à la beauté de la *cascade* ; il en est de même des effets de lumière produits sur les eaux par les rayons du soleil, et particulièrement du soleil couchant.

On peut aussi remarquer, d'une manière générale, que l'aspect sérieux est obtenu à l'aide de roches brutes, l'aspect agréable, au moyen de vertes plantations.

Casemate, *s. f.* — ARCHITECTURE MILITAIRE. Lieu voûté à l'abri des bombes et dans lequel on place les munitions et les approvisionnements.

Les *casemates* servent aussi à loger les blessés et les hommes qui ne font pas le service des pièces sur un rempart armé de canons. L'emploi de ces abris date du XVIe siècle.

Caserne, *s. f.* — Bâtiment affecté au logement des troupes et qui sert à loger de l'infanterie, de la cavalerie ou de l'artillerie.

Les *casernes* doivent contenir des chambrées, un réfectoire, des cuisines, des salles d'armes et de réunion, une prison et une salle de police voisines du corps de garde, une chapelle, une ou plusieurs cours ; les communications doivent être établies par des escaliers larges, faciles et bien éclairés ; les immondices doivent être enlevées par un courant d'eau permanent. Autant que possible, le fer et la maçonnerie doivent seuls entrer comme matériaux de construction pour les murs, les voûtes, les charpentes. Les *casernes* de cavalerie, et particulièrement celles qui sont destinées à l'artillerie et au train, exigent des dépendances telles que forges, remises, charronneries, etc.

L'usage des *casernes* ne semble pas remonter au-delà des Romains. Ceux-ci désignaient par le mot *castrum*, non-seulement ce que nous appelons aujourd'hui un *camp*, mais aussi ce que nous nommons *caserne*.

La ville de Rome possédait un grand nombre d'édifices de ce genre. Il y en avait un particulièrement appelé le *camp prétorien (castra prætoriana)*, qui était un camp permanent ou une *caserne* destinée à loger la garde prétorienne. Il était primitivement établi en dehors de l'enceinte et fut compris plus tard à l'intérieur, à l'époque où Aurélien la fit reculer. Il subsiste de ce camp une partie du mur en briques qui l'enfermait avec une des portes placée près de la *porta Pia*.

D'autres villes possèdent aussi des restes d'édifices de ce genre.

On a découvert à Pompéi un édifice qui fut regardé tout d'abord comme le portique du théâtre, derrière le *prosce-nium* duquel il se trouve placé ; mais on a reconnu, depuis, qu'il devait être occupé par des troupes, et on l'a appelé *camp* ou *quartier des soldats*. On y a trouvé, en effet, un grand nombre de chambres presque toutes semblables entre elles, distribuées au rez-de-chaussée et au premier étage autour des portiques ; une cuisine avec des fourneaux disposés pour préparer les aliments d'une grande réunion d'hommes, des armures, trois squelettes de prisonniers, dont les pieds étaient passés dans des ceps, et enfin certaines dispositions détaillées ci-après et qui permettent de penser que cet édifice devait servir de *caserne*.

Le plan (fig. 755) indique la disposition du rez-de-chaussée, expliquée par la légende suivante : 1. Entrée sur la rue qui passait derrière l'*odeum* ou

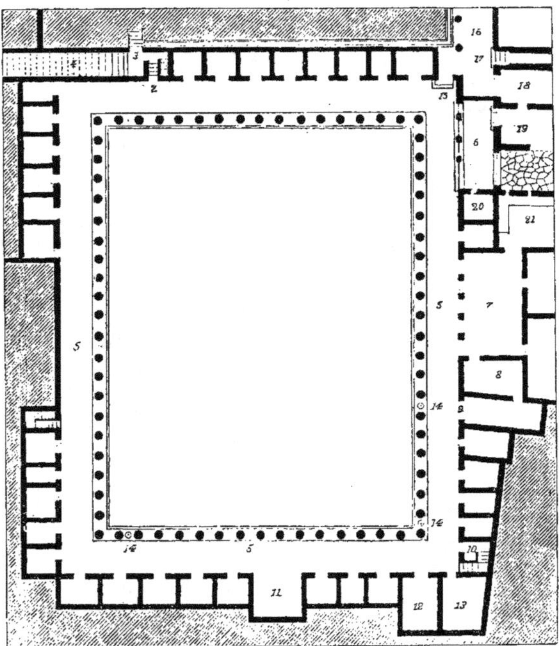

Fig. 755.

petit théâtre. — 2. Escalier montant au balcon du premier étage. — 3. Palier en marbre qui conduisait au *postscenium* du grand théâtre. — 4. Rampe qui monte au sol du forum triangulaire ou hécatonstylon, découvert après l'édifice qui nous occupe. — 5. Portique de soixante-douze colonnes d'ordre dorique, peintes alternativement en rouge et en jaune ; celles qui formaient les axes sont en bleu. De nombreux piédestaux trouvés entre les colonnes supportaient sans doute des statues. — 6. Portique ionique qui pouvait être fermé par des portes, ainsi que l'indiquent encore les trous de scellement pour les crapaudines. — 7. Autre portique communiquant à la cuisine et à des pièces 8 et 9 qui semblent avoir servi de magasins. — 10. Escaliers montant au balcon du premier étage. — 11. Sorte de *tablinum* dans lequel on a trouvé des casques et différentes parties d'armures dont plusieurs étaient ornées d'incrustations en argent. — 12, 13. Chambres. — 14. Puits. — 15. Porte de communication avec un petit portique. — 16. Portique adossé au mur de l'*odeum*. — 17, 18 et 19. Parties dépendantes du petit théâtre. — 20. Logement du gardien. — 21. Cuisine. — Une galerie saillante ou balcon en charpente faisait communiquer entre elles les chambres du premier étage. On a retrouvé les empreintes que les bois calcinés de cette partie de l'édifice avaient laissées dans les cendres qui les enveloppaient, empreintes qui en constituent, en quelque sorte, les moules.

On a trouvé à Baies, à la villa Adrienne, à Otricoli, des constructions composées d'une suite de petites chambres voûtées qui étaient réservées au logement des soldats.

A la villa Adrienne, ces chambres, occupées par la garde particulière de l'empereur, ne communiquaient entre elles que par une galerie extérieure en bois que l'on pouvait fermer ou faire occuper par une sentinelle.

En comparant cet édifice avec ceux qui ont été découverts dans les endroits cités plus haut, on peut conclure que les *casernes* des Romains devaient consister ordinairement en une longue file de chambres divisées en plusieurs étages, auxquelles on montait par un escalier de bois. Il n'y avait point de communication entre les chambres, mais une espèce de balcon extérieur régnait en avant et formait une galerie commune et découverte sur laquelle s'ouvraient toutes les portes. Tantôt les chambres étaient voûtées très solidement ; tantôt elles étaient surmontées de plafonds de bois.

Au moyen âge, l'organisation des armées ne comportait pas le logement des soldats dans des édifices spéciaux.

Plus tard, le système des armées permanentes ayant été adopté, on répartit les troupes dans les maisons des habitants. Les inconvénients que présentait ce système de casernement y firent promptement renoncer. On plaça dès lors les soldats dans les maisons contiguës d'un même quartier de la ville, d'où l'on délogeait les habitants. C'est de là qu'est venue la dénomination de *quartier*, donnée, depuis cette époque, aux bâtiments réservés à l'usage des troupes. Les subdivisions des quartiers étaient des *cantons*. Ce dernier mode de logement des soldats a duré très longtemps, concurremment avec l'emploi d'édifices spéciaux.

Les plus anciennes *casernes* existant en France se trouvent à Amiens et à Stenay. Ce sont de petits bâtiments étroits et peu élevés. Le rez-de-chaussée est occupé par des chambres ayant une entrée directe à l'extérieur ; on accède par un escalier très raide au premier étage. Les constructions de ce genre, datant de la fin du XVIe et du commencement du XVIIe siècle, ont, pour la plupart, disparu. Sous le règne de Louis XIII, on construisit des *casernes*, comme à la citadelle du Havre, au château de Brest, par exemple, où les chambres des soldats sont plus spacieuses, et où les bâtiments sont terminés par des pavillons d'officiers.

A ces édifices succédèrent bientôt ceux qui furent construits sur le *type Vauban*. Notons en passant que cette désignation n'est pas exacte : Vauban n'est pas l'inventeur du type qui porte son nom ; il le trouva appliqué d'une manière générale dans le Nord, et ne fit que le perfectionner en profitant de l'expérience acquise.

Les *casernes* édifiées d'après le type de Vauban sont des bâtiments simples ou doubles composés d'un certain nombre de cages d'escalier ayant une entrée sur chaque façade et contenant chacune deux escaliers d'une seule volée donnant accès, à chaque étage, à deux chambres situées l'une à droite, l'autre à gauche.

Les chambres, destinées à un certain nombre d'hommes, renfermaient plusieurs lits à trois places, l'un des occupants étant supposé de garde.

Les *casernes* ainsi construites devinrent d'un emploi général dans les places de guerre de la frontière dès les premières années du xviiie siècle.

Bientôt on vit apparaître les *casernes* à corridor intérieur, placé dans l'axe longitudinal du bâtiment. Telles sont les *casernes* de Courbevoie, de Rueil et de Saint-Denis, élevées vers 1756. Vinrent ensuite les *casernes* à grandes chambres, sans mur de refend, placées dans la longueur du bâtiment. Ont été construites sur ce type, à Paris, en 1770, les *casernes* de la rue Verte, de Babylone, de la Nouvelle-France, de Popincourt, de la Courtille, etc.

Les galeries extérieures, comme dans les *casernes* dites à l'*espagnole*, et sur lesquelles ouvrent les chambres, furent un moment adoptées ; mais on constata que l'inconvénient présenté par les grands corridors, et qui consiste en vibrations capables de disjoindre les cloisons et de lézarder les voûtes, est plus considérable avec ces corridors établis sur la façade qu'avec ceux qui sont placés à l'intérieur.

Enfin, en 1788, eut lieu un concours de projets de *casernes* d'infanterie et de cavalerie. Dans le programme qui fut proposé, les chambres sont disposées par quatre, donnant sur un escalier à double rampe ; les lits sont pour deux hommes ; les rez-de-chaussée sont élevés partout de 1 mètre au-dessus du sol ; les sous-officiers, les caporaux et les soldats ont des salles de police spéciales ; des cuisines séparées, avec fourneaux économiques, sont adoptées. On renonce aux corridors intérieurs et aux galeries couvertes. Dans les *casernes* de cavalerie on établit les chevaux tête à tête, avec des passsages de 2 mètres de quinze en quinze chevaux.

La Révolution qui commençait empêcha l'exécution de ce concours ; mais on voit, par les conditions du programme, que les besoins divers du casernement étaient déjà bien appréciés.

Sous la République et sous l'Empire, cette question ne put être résolue ; le corps du génie eut à s'occuper principalement d'approprier le mieux possible, au logement des troupes, la grande quantité d'hôtels, de châteaux, d'établissements religieux qui furent mis à sa disposition.

Sous la Restauration, on étudia particulièrement les *casernes* à l'épreuve de la bombe dans les places fortes. Cette question avait déjà préoccupé les constructeurs vers le milieu du xviie siècle. Vauban avait indiqué l'utilité de voûter les rez-de-chaussée des casernes ordinaires. Des voûtes ogivales, essayées pour des magasins à poudre, ne se montrèrent pas assez résistantes. Vauban avait proposé pour ces petits édifices : une voûte de 3 pieds d'épaisseur à la clef, pour une portée de 25 pieds, recouverte d'une chape inclinée à 45° et d'une couche de terre de 3 pieds à l'endroit le moins épais, sur laquelle on pose une toiture pour le rapide écoulement des eaux pluviales. Des magasins à poudre construits d'après ces données ont très bien résisté au choc des bombes.

Mais ces constructions, très coûteuses, étaient insuffisantes, par leurs dimensions, pour loger des soldats. Jusqu'alors on avait mis ces derniers à l'abri dans les souterrains des bastions, humides et privés d'air.

On essaya d'abord les bâtiments avec voûtes ogivales, divisées en deux par un plancher, puis les voûtes en plein cintre, les voûtes d'arête recouvrant le rez-de-chaussée et percées pour le passage des escaliers conduisant au premier étage.

Le type de *caserne à l'épreuve* de 1820 se rapproche du type de Vauban, à l'exception près du double escalier dans chaque cage et du mur de refend longitudinal. Les étages sont recouverts par une série de voûtes cylindriques accolées qui offrent une grande résistance au choc des projectiles. Il importe seulement que la cohésion des mortiers soit très grande, que le décintrement soit bien fait et qu'il n'existe aucune fissure si petite qu'elle soit. La *caserne* de Marchiennes, à Douai, a été construite d'après ce type.

A la même époque, on s'occupait des casernements ordinaires. Le général Haxo proposait un projet-type différant peu de celui de Vauban et pour lequel le colonel Émy présenta quelques améliorations. Le colonel Belmas fit paraître, en 1823, un travail qui eut une grande influence sur tous les projets de *casernes* exécutées pendant vingt-cinq ans. La disposition qu'il proposa est intermédiaire entre le type de Vauban et celui à corridor intérieur : en effet on y trouve deux escaliers du premier type, réunis pour en former un seul d'aspect monumental. De plus, pour éviter les corridors, les chambres communiquent entre elles, ce qui leur crée une servitude. Le type Belmas a été adopté presque partout, surtout pour les *casernes à l'épreuve*, parce qu'il consacre l'équidistance des baies qui détermine la largeur des escaliers et permet de conserver la même ouverture pour toutes les voûtes.

Quant aux *casernes* de cavalerie, elles ont subi, depuis la Restauration, d'importantes modifications, et leur disposition a réagi sur l'aménagement adopté pour les *casernes* d'infanterie. Tout d'abord, le règlement du 17 août 1824 n'admettait qu'un espace d'un mètre par cheval ; cette dimension fut portée à 1^m,45 par un arrêté du ministre de la guerre, en date du 23 décembre 1840 ; la largeur des écuries simples fut fixée à 6 mètres; celle des écuries doubles, tête à tête, à 12 mètres ; celle des écuries doubles, croupe à croupe, à 10^m.40 : la hauteur des écuries, à 5 mètres ; celle des fenêtres, à 3 mètres. Le cube d'air produit par ces chiffres est de 43^m,50, par cheval.

Enfin, le type du 8 novembre 1843 décide que le casernement doit être formé d'écuries doubles, où les chevaux seront tête à tête, au nombre de 100, et séparés en 3 fractions par deux escaliers de 3^m,90 de largeur. Au-dessus seront logés les hommes de l'escadron et, en arrière, dans une écurie simple , les 52 chevaux formant à cette époque le complément. Ce type a l'inconvénient de réserver trop d'emplacement aux hommes et d'occasionner une très grosse dépense.

Depuis 1854, on a construit des écuries à 4 rangs, en utilisant les deux murs de façade de ces bâtiments pour y accoler des écuries simples. On économise ainsi le terrain et les constructions sont plus solides, ayant leur corps principal pourvu de bas-côtés. L'École militaire possède des *casernes* de cavalerie ainsi établies.

Une bonne répartition du logement des hommes permet une grande économie de terrain, pour l'écurie même, sur

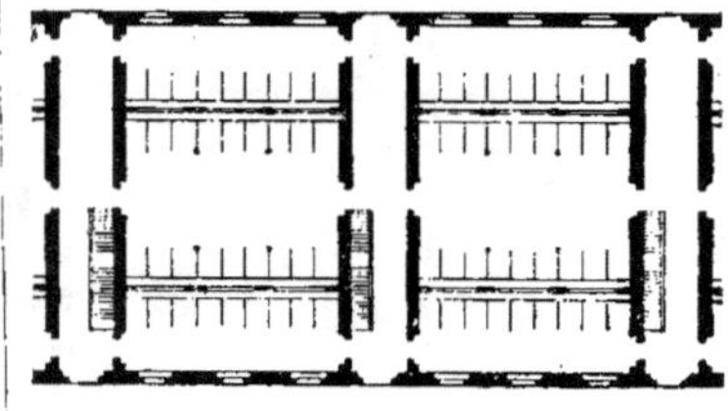

Fig. 756.

le type de 1843. La figure 756 représente, à l'échelle de 0^m,0015 pour mètre, le plan d'une écurie à 4 rangs qui, avec quatre cages d'escalier, peut loger 148 chevaux, l'étage au-dessus pouvant recevoir 144 hommes et, au besoin, l'étage mansardé, 106 hommes. On voit que, pour arriver à ce résultat, il faut revenir aux errements de Vauban pour le logement des hommes.

Les *casernes* d'infanterie construites depuis 1852 se sont ressenties de l'effet produit par les *casernes* de cavalerie. Auparavant le type Belmas avait seul la vogue. On trouva trop grand l'espacement des fenêtres, les entr'axes étant de 6 à 7 mètres ; on le réduisit à 4ᵐ,60, lors de l'édification de la *caserne* Napoléon, à Paris, avec des chambres de 6ᵐ,40, ayant alternativement une et deux fenêtres. Mais on a beau essayer des combinaisons d'entr'axes de 4ᵐ,20 à 4ᵐ,60, avec un certain nombre de chambres simples ou doubles, de 5ᵐ,80 à 6ᵐ,50, tantôt les chambres sont trop étroites, ou les fenêtres sont mal placées, ou il y a trop de chambres entre deux escaliers. Aucune combinaison ne vaut celle à laquelle on est arrivé pour les quartiers de cavalerie et qui représente le type de Vauban, avec 3 fenêtres pour deux chambres, débouchant chacune sur un escalier.

Toutefois, nous donnerons ici (fig. 757)

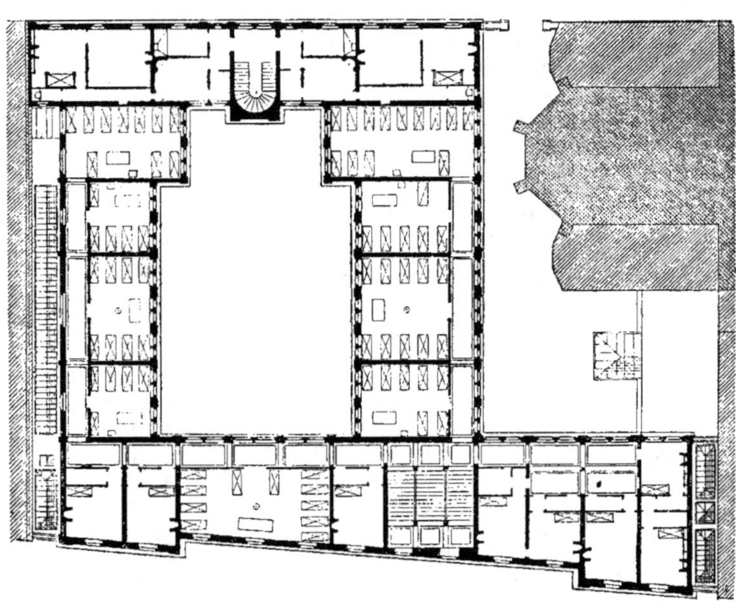

Fig. 757.

à l'échelle de 0ᵐ,002 pour mètre, le plan du deuxième étage de la *caserne* de la garde de Paris, située rue de la Banque. Les chambres habitées par les hommes sont distribuées tant sur la façade de la rue que dans les bâtiments donnant sur la cour. Ces chambres ont une porte ouvrant sur un couloir de communication et sont éclairées par des fenêtres doubles. Un large escalier à plusieurs rampes et paliers de repos donne accès aux différents étages. Le bâtiment de la façade renferme, en outre, des chambres d'officiers et de sous-officiers. Les cuisines, avec un escalier de service, sont disposées dans le bâtiment du fond de la cour.

De toutes les considérations qui précèdent, considérations extraites d'un travail publié dans la *Revue d'architecture* de M. César Daly, par M. Cosseron de Villenoisy, chef de bataillon du génie, on peut conclure ceci que l'on s'accorde généralement à admettre :

1° Le principe posé par Vauban de la rapide évacuation des *casernes* ;

2° Que pour un bon effet architectural les entr'axes doivent être compris entre 4ᵐ,20 et 4ᵐ,50 ;

3° Que les écuries à quatre rangs sont commodes et économiques, préférables à celles à deux rangs ; mais que, pour une bonne aération, il ne faut loger d'hommes qu'au-dessus des deux travées centrales.

Casier, *s. m.* — Assemblage de planches verticales et horizontales (*montants* et *rayons*) formant des cases où l'on peut classer des livres, des papiers, des objets de collection, etc.

Les bureaux, les bibliothèques, les salles de musées, les magasins sont pourvus de *casiers* adossés aux murs et qui sont ouverts ou fermés par des châssis vitrés.

La figure 758 représente un *casier*

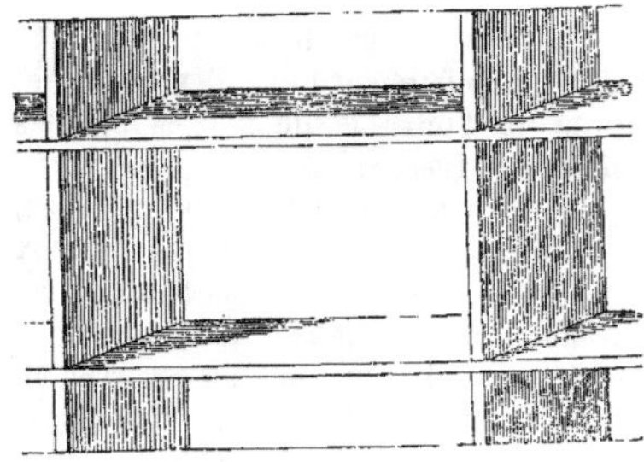

Fig. 758.

dans lequel l'assemblage des bois empêche leur déformation. Le détail perspectif (fig. 759) fait comprendre la

forme du joint, que l'on peut appeler : à mi-bois et à double rainure.

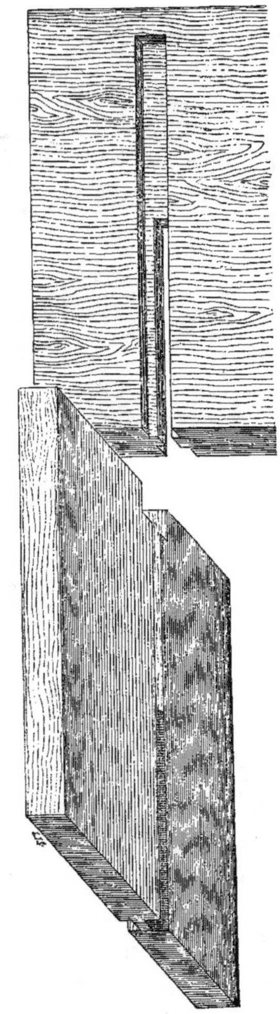

Fig. 759.

Certains *casiers* sont garnis de fermetures mobiles (fig. 760) qui ont pour effet d'empêcher l'introduction de la poussière. Ces fermetures sont composées de deux parties réunies par une charnière et dont l'une fait abatant ; cette planchette se relève horizontalement et

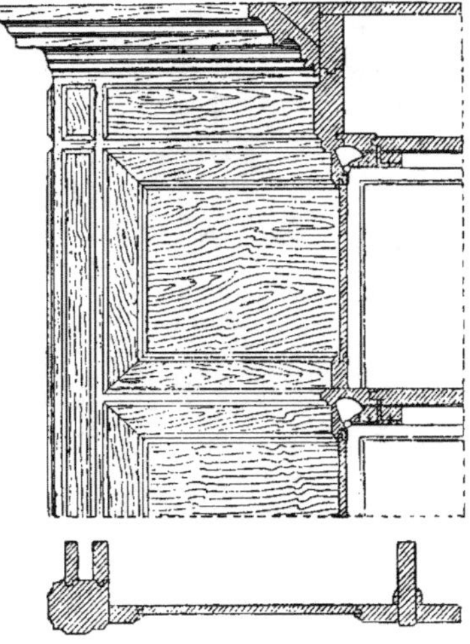

Fig. 760.

glisse dans une rainure formée par un tasseau qui se retourne en encadrement ; la partie verticale de ce tasseau, vue en

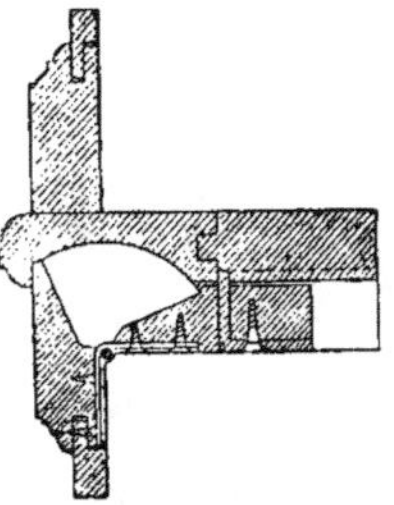

Fig. 761.

coupe dans le plan, arrête la partie mobile, quand on la rabat. Le détail de la charnière est donné par la figure 761.

Par analogie, on donne quelquefois le nom de *casiers* à certaines cavités disposées par rangées et destinées à recevoir différents objets.

Dans les bains antiques, la salle dite *apodyterium,* qui servait au déshabille-

ment, était garnie, sur son pourtour, de petites niches destinées à recevoir les vêtements des baigneurs.

La salle propre à cet usage, dans les bains de Pompéi, renferme ainsi une série de *casiers* dont une suite de petites statues en terre cuite occupent les

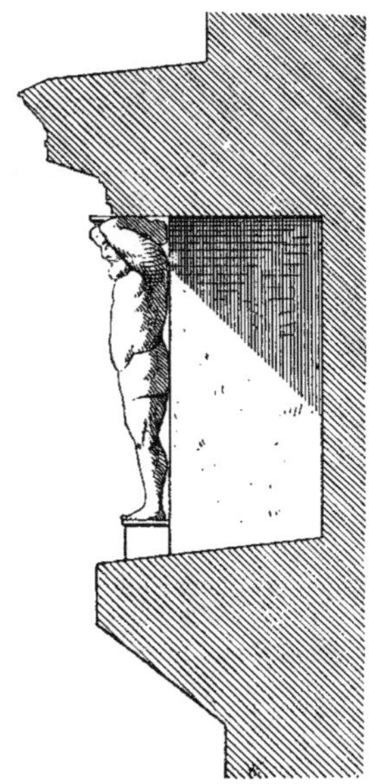

Fig. 762.

intervalles, comme le montre (fig. 762) une coupe faite sur l'une des niches et tirée de l'ouvrage de Mazois sur les *Ruines de Pompéi.*

Ces statues, cariatides ou atlantes, sont peintes en rouge, avec les cheveux et la barbe noirs. Certains auteurs, ne voulant pas voir dans la pièce que nous indiquons ici celle qui était réservée au déshabillement, ont dû chercher une destination à ces *casiers;* ils ont supposé qu'on y déposait les vases à huiles et à parfums propres à l'usage des baigneurs : « Cette supposition, dit Mazois, n'est pas admissible, car le nombre des *casiers* et leur dimension auraient suffi pour y déposer les huiles et les parfums d'un nombre de personnes tout à fait hors de proportion avec la petitesse de la dimension de ces bains. D'ailleurs, l'*elæothesium* ou *unctuarium* contenant ces vases, était une pièce tout à fait à part... »

Plus loin, le même auteur fait remarquer, en faveur de son opinion, l'inclinaison du fond de ces *casiers*, inclinaison qui n'aurait pas permis d'y poser des vases à parfums ou à huiles.

Casilleux, *adj.* — Vitrerie. Se dit d'un verre qui se casse par morceaux quand on y applique le diamant.

Casin ou **Casino,** *s. m.* — Ce nom, que l'on a donné aux maisons de plaisance appartenant à l'architecture arabe, a la même signification en Italie. On l'a même appliqué à des abris ménagés dans des jardins de plaisance en des sites agréables.

L'un des plus célèbres édifices de ce genre est le *casin* de la villa Pia, construite par Pirro Ligorio dans le jardin

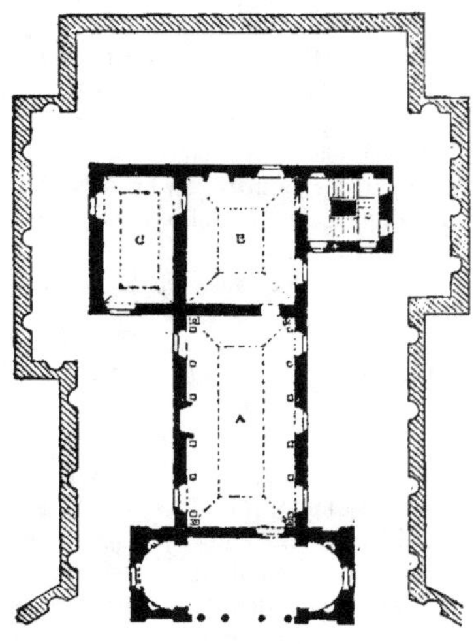

Fig. 763.

du Belvédère, et que la figure 763 représente, en plan, à l'échelle de 0ᵐ,0025

pour mètre. Adossé à une hauteur, le *casin* de la villa Pia a l'aspect d'un rectangle dont le grand axe traverserait le coteau. Ce rectangle est flanqué, à sa partie supérieure, de deux petites ailes dont l'une, E, contient l'escalier et dont l'autre, D, plus élevée d'un étage en manière de belvédère, forme, au rez-de-chaussée, un cabinet de travail. Le corps principal de l'édifice renferme un petit salon B, un grand salon A et un vestibule, qui fait le pendant symétrique d'un autre bâtiment appelé *la loge* et construit en face à une vingtaine de mètres. Quatre colonnes isolées livrent entrée dans ce vestibule par trois entre-colonnements. Aux extrémités se trouvent deux hémicycles décorés de statues et de fontaines. Les murs sont revêtus de mosaïques : le pavé est fait de faïences coloriées, et la coupole qui surmonte cette partie de l'édifice est entièrement peinte et dorée. L'étage supérieur reproduit exactement le plan du rez-de-chaussée. Au-dessus est un belvédère, d'où la vue s'étend sur le Vatican et sur les jardins qui l'entourent.

Comme exemple de *casin* moderne tel

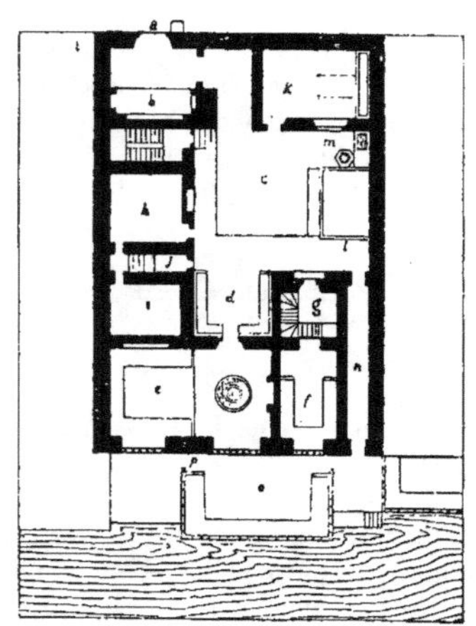

Fig. 764.

que les Arabes en construisent, nous

citerons une habitation de ce genre (1), dont le plan est représenté par la figure 764 et qui est située à l'extrémité du canal de Naser, en dehors de la ville du Caire : *a* est l'entrée ; — *b*, le siège du portier ; — *c*, la cour ; — *d*, un vestibule entouré de sièges en bois ; — *e*, le salon avec divan et jet d'eau ; — *f*, la chambre du maître avec divan ; — *g*, l'escalier particulier du maître pour monter chez ses femmes ; — *h*, la cuisine et la chambre de domestique ; — *i*, la dépense ou office ; — *j*, les latrines ; — *k*, l'écurie ; — *l*, un jardin avec treille ; — *m*, une citerne avec abreuvoir ; — *n*, un passage ; — *o*, un kiosque sur le canal ; — *p*, un petit jardin ; — *q*, l'escalier qui mène au logement des femmes placé au-dessus et pourvu de balcons grillés. Ces sortes d'habitations servent de maisons de campagne aux familles aisées de la ville.

En France, on donne particulièrement le nom de *casino* à des établissements de plaisir, de conversation et de jeu ; des pièces y sont ménagées pour la musique et la danse ; on y trouve également des salles de lecture, de billard et de jeux divers.

Casse-pierre, *s. m.* — Outil servant à casser les cailloux qui entrent dans la confection du béton ou dans l'empierrement des routes.

Le *casse-pierre* est formé d'une masse

Fig. 765.

en fer et d'un manche légèrement flexible (fig. 765).

Cassis, *s. m.* — 1° Petit ruisseau fait en meulière ou moellon et qui conduit des eaux de source dans un bassin ou dans un réservoir.

<hr>

(1) Coste, *Architecture arabe.*

2° Ruisseau qui traverse une chaussée.

On établit des *cassis* sur les routes qui traversent des vallons ne fournissant d'eaux qu'accidentellement. La route doit être pavée de part et d'autre de la ligne basse jusqu'au-dessus du niveau que peuvent atteindre les eaux : celles-ci ne peuvent pas alors attaquer la route. Il faut, de plus, que le *cassis* ait une pente assez forte pour que les eaux n'y laissent pas déposer le limon qu'elles entraînent.

Cassis *(Pierre de).* — Calcaire compacte provenant des carrières de *Cassis,* dans l'arrondissement de Marseille.

Cette pierre, très dure, blanchâtre, à pâte très fine et susceptible de poli, porte de $0^m,30$ à $1^m,60$ de hauteur d'assise. Le poids du mètre cube est de 2,730 kilogr., et la charge nécessaire pour produire l'écrasement est de 1,100 kilogr. par centimètre carré.

La pierre de Cassis, très employée à Marseille pour les soubassements des édifices publics, s'expédie en Algérie, en Égypte, en Turquie, en Russie.

Cassolette, *s. f.* — Architecture. Vase isolé ou sculpté en bas-relief et d'où sortent des flammes simulées.

On en place souvent en amortissement sur des édifices ; on en décore les catafalques, les retables d'autels, les arcs de triomphe, etc.

Treillage. Petit vase de forme large et aplatie.

Cassons, *s. m. pl.* — Débris de verre.

Cassure, *s. f.* — 1° Surface de rupture d'un objet qui est brisé.

2° Plomberie. Fentes que produisent dans le plomb les dilatations et contractions provenant des variations de température ; on doit les reboucher avec de la soudure.

Castel, *s. m.* — Vieux mot employé

dans le sens de château, ou lieu fortifié (voy. *Château*).

Castellum. — Mot que les Romains employaient avec des significations diverses :

1° Le *castellum* était soit un poste fortifié établi dans la campagne, pour protéger les habitants contre les incursions de l'ennemi, soit une petite place forte qui devait son origine à l'agglomération formée par la population voisine autour de ces postes mêmes.

2° Ce mot désignait aussi le réservoir d'un aqueduc, réservoir placé à l'endroit où l'aqueduc sortait d'une ville, ou bien sur le point du parcours où une provision d'eau était nécessaire à la localité. Ces réservoirs étaient ordinairement de simples tours en brique ou en terre renfermant une citerne ; mais à l'endroit où l'aqueduc touchait aux murs de la ville, on le décorait d'une façade avec ordonnance architecturale, comme on le fait aujourd'hui pour les *châteaux d'eau* (voy. ce mot).

. Castillon (*Pierre de*). — Calcaire coquillier, un peu gréseux, de couleur jaune-paille, que l'on extrait des carrières de *Castillon*, arrondissement d'Uzès.

Cette pierre, qui porte de 0^m,30 à 1 mètre de hauteur d'assise, s'emploie dans les régions d'Uzès et d'Avignon.

Castres (*Grès tendre de*). — Grès calcarifère provenant de la carrière de Richard, aux environs de Castres.

Cette pierre est tendre, durcit à l'air, est de couleur gris-cendré et d'un grain très fin. Elle porte de 0^m,40 à 0^m,60 de hauteur d'assise et pèse 2,180 kilogr. le mètre cube. Elle s'écrase sous une charge de 280 kilogr. par centimètre carré.

Castrum ou **Castra.** — Voy. *Camp*.

Catacombes, *s. f. pl.* — 1° Souterrains dans lesquels les premiers chrétiens déposaient leurs morts, exerçaient leur culte et trouvaient un asile contre les persécutions.

L'origine des catacombes se trouve dans les fouilles pratiquées autour des grandes villes pour en tirer les matériaux propres à la construction.

C'est, en effet, le soin avec lequel les peuples anciens exécutaient ces fouilles qui permit, plus tard, de les affecter à d'autres destinations, à la sépulture des morts, par exemple.

Les plus anciennes *catacombes* sont celles que les Égyptiens creusaient dans le flanc des montagnes et qui ont reçu le nom d'*hypogées* (voy. ce mot).

L'Italie est la contrée dans laquelle ces excavations sont le plus nombreuses.

Syracuse possède une véritable ville souterraine avec ses rues, ses carrefours et ses places. Nous donnerons ci-contre (fig. 766) le plan général de ces *catacombes* appelées encore *le Cimetière* ou *les Grottes de Saint-Jean*. La forme de ces immenses excavations, plus régulière que celle des *catacombes* romaines, l'alignement des galeries, la proportion, l'heureuse disposition de l'ensemble et des détails, tout semble indiquer que, dès leur origine, ces excavations ont été expressément destinées aux sépultures d'une nombreuse population. Il y a tout lieu de croire que l'exécution de ces ouvrages est antérieure à l'époque de la conquête de la Sicile par les Romains, et que ces excavations ont passé, plus tard, de l'usage des païens à celui des chrétiens. Les salles ou places circulaires que l'on observe dans le plan général de ces *catacombes*, excitent au plus haut degré la curiosité des archéologues. Elles sont surmontées de voûtes circulaires, au centre desquelles se trouve parfois une ouverture qui communique avec l'air extérieur.

L'île de Malte présente aussi des *catacombes*, moins vastes, il est vrai, mais également bien distribuées.

Les plus célèbres *catacombes* sont celles de Rome, dont l'origine a été fort contestée par les archéologues. Les uns n'y ont vu absolument que d'anciennes carrières utilisées par les chrétiens pour la sépulture des morts ; d'autres, des

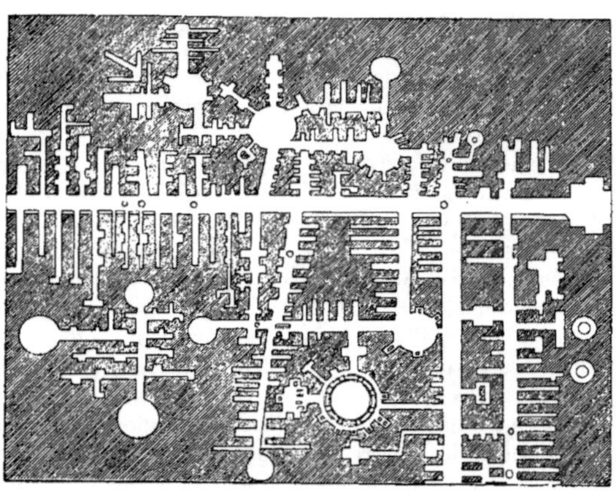

Fig. 766.

galeries souterraines creusées uniquement par les chrétiens pour s'y réfugier dans les temps de persécution, y célébrer leurs mystères et y ensevelir leurs morts.

Des études récentes ont permis de distinguer, dans ces excavations, celles qui ont servi de carrières et celles qui sont les *catacombes* proprement dites. En effet, les premières de ces galeries n'avaient pour objet que l'extraction du sable volcanique ou pouzzolane qui se trouve en abondance dans le sol de la campagne de Rome ; elles recevaient le nom d'*arenariæ* : leur largeur est plus grande que celle des *catacombes* ; leurs voûtes sont à plus grandes portées et s'éboulent plus facilement. Les *catacombes* servant de cimetières présentent une série de couloirs étroits établis d'une manière tout à la fois économique et très solide.

Si ces réduits souterrains ne peuvent, à proprement parler, être considérés comme des produits de l'architecture, ils offrent néanmoins un grand intérêt historique, puisqu'on y trouve les traces d'usages que l'architecture eut à consacrer dans les édifices religieux.

Les *catacombes* de Rome occupent un espace considérable ; elles se trouvent dans une zone de 2 ou 3 kilomètres tout autour de Rome : « Leur étendue est prodigieuse, dit M. de Rossi, dans son ouvrage intitulé *Rome chrétienne souterraine*, non pas dans la superficie du sol entamé, mais bien dans la quantité des galeries creusées à différents niveaux, quelquefois à quatre ou cinq étages, les unes sous les autres. Il a été calculé exactement que, dans un espace carré ayant 125 pieds romains de côté, il n'y a pas moins de 7 à 800 mètres de galeries ; la somme totale de toutes les lignes d'excavation semble monter au chiffre énorme de 580 kilomètres. »

On a longtemps considéré ces *catacombes* comme toutes reliées entre elles et formant un réseau non interrompu autour de Rome. Mais les conditions géologiques et hydrauliques du sol donnent un démenti formel à cette hypothèse et ont imposé des limites infranchissables aux nécropoles souterraines, qui sont restées séparées les unes des autres.

Les *catacombes* constituaient, en effet, des groupes distincts, car l'histoire nous apprend qu'au IIIe siècle, vingt-six grands cimetières correspondaient aux vingt-six paroisses de Rome. En ajoutant à ce chiffre une vingtaine d'autres souterrains de peu d'étendue, destinés à la sépulture de quelques familles chrétiennes, on obtient un total de quarante-six *catacombes*.

Chaque cimetière est composé d'un grand nombre de galeries ayant une hauteur moyenne de 0^m,80, et dont la longueur varie à l'infini, suivant la consistance de la couche de tuf granulaire.

Ces galeries, superposées les unes aux autres jusqu'à cinq étages, ne descendent jamais à plus de 20 à 25 mètres sous le sol. C'est à cette profondeur qu'existe le niveau des couches non volcaniques qui, n'absorbant pas les eaux, sont toujours humides et partant impropres à la sépulture. Les niches sépulcrales, creusées dans les parois des corridors, sont disposées par séries horizontales et ont la longueur du corps humain. Dans les chambres funéraires ménagées d'espace en espace, on reconnaît tantôt des tombeaux de famille, tantôt de véritables chapelles où l'on célébrait les saints mystères. La tombe d'un martyr servait d'autel pour le sacrifice eucharistique. Ces salles renferment parfois aussi le siège (*cathedra*) du pontife, taillé dans le tuf même et inhérent à la paroi à laquelle il se trouve adossé. On y trouve aussi des bancs qui devaient être à l'usage des fidèles assemblés dans ces cryptes.

La figure 767, qui représente une coupe du *cimetière de Calixte*, avec cinq

Fig. 767.

étages superposés, permet de se faire une idée de la disposition des *catacombes*. On voit que l'étage le plus bas arrive au niveau des eaux.

Des caveaux particuliers étaient réservés aux familles riches ou comptant parmi leurs membres de saints personnages. Les corps y étaient placés dans des sarcophages ou sous des arcs en plein cintre, ornés de peintures.

Les motifs de décoration des *catacombes* sont fournis par des sujets empruntés à l'Ancien et au Nouveau Testament. Cette ornementation n'est pas seulement historique, mais aussi symbolique : des sujets, en apparence païens, y sont appropriés au christianisme d'une façon emblématique. Parmi les figures qui sont le plus fréquemment représentées, nous citerons : *le Bon Pasteur* ; *Moïse frappant le rocher* ; *Orphée charmant les bêtes fauves* ; *le Christ ressuscitant un enfant qui sort du tombeau* ; *Daniel dormant entre deux lions* ; *Jonas dévoré ou rendu par un monstre marin*, etc. D'autres objets, tels que l'ancre, symbole de l'espérance, la colombe, image de l'âme, la branche d'olivier, message de paix, sont souvent reproduits.

De ces cimetières, les plus connus sont, outre le *cimetière de Calixte* : la *catacombe de Flavia Domitella*, dont M. Rossi a récemment découvert l'entrée donnant sur la voie publique ; la *catacombe de Saint-Priscille*, qui présente une ancienne carrière de pouzzolane, consolidée par des piliers et devenue le centre du cimetière ; la *catacombe Ostriensis*, voisine de la *catacombe de Sainte-Agnès*, et qui était la plus grande de toutes : on y voit, au milieu de galeries, une petite basilique à trois compartiments, l'un pour l'évêque et les diacres, l'autre pour les fidèles, le troisième pour les catéchumènes ; le *cimetière Pontien*, qui est situé sur le Janicule, à un demi-mille de la *Porta Portèse*, sur la route de Fiumiano ; cette *catacombe* renferme une source naturelle, autour de laquelle on a creusé une salle de baptistère.

D'autres villes de l'Italie, Venosa, dans la Pouille ; Chiusi, en Étrurie ; Naples, ont aussi des *catacombes*. Celles de Chiusi, l'antique Clusium, ouvertes dans la première moitié de ce siècle présentent, vers leur entrée, dans un espace assez étendu pour réunir les auditeurs, un autel formé d'une table de marbre posée sur un tombeau. Plus loin, vis-à-vis l'entrée de la crypte, on voit un siége grossier, composé de tablettes de pierres jointes entre elles et

affectant la forme des *chaires* qui, plus tard, furent placées au fond des sanctuaires.

Les *catacombes* de Naples sont creusées dans des carrières ayant servi à fournir des pierres de construction et dans une sorte de tuf roussâtre et ferme qui est de la véritable pouzzolane durcie. Elles sont superposées par étages et s'étendent, au nord de la ville, sur une longueur de près d'une demi-lieue.

Avant de quitter l'Italie, nous ferons remarquer qu'en appliquant les souterrains de Rome au service de la religion, quand ils furent convertis au christianisme, les Romains ne firent que suivre des exemples pratiqués auparavant et que souvent ils se conformèrent aux usages qu'avaient suivis leurs pères eux-mêmes, sous l'empire du paganisme. Les emblèmes trouvés dans les peintures des hypogées de Tarquinia sont un témoignage de ce genre d'imitation, qui est rendu encore plus sensible par l'inspection du souterrain servant de sépulture à la famille des Scipions. Ce souterrain a été découvert sur les bords de la Via Appia, en dedans de la porte dite aujourd'hui de Saint-Sébastien, dans les années 1780, 1781, 1782. Le

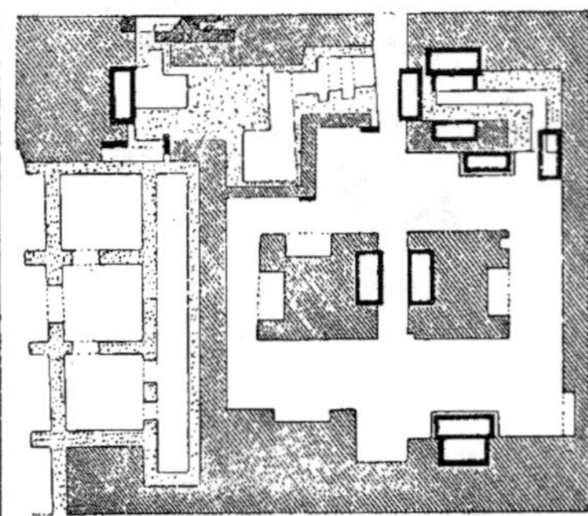

Fig. 768.

plan représenté par la figure 768 montre l'excavation, pratiquée dans la pouzzolane, où cette sépulture a été établie. Le terrain est divisé, dans toute son étendue, par chambres et par étages. Les cercueils ou loges, *loculi*, creusés dans le tuf volcanique, ont (fig. 769) la même

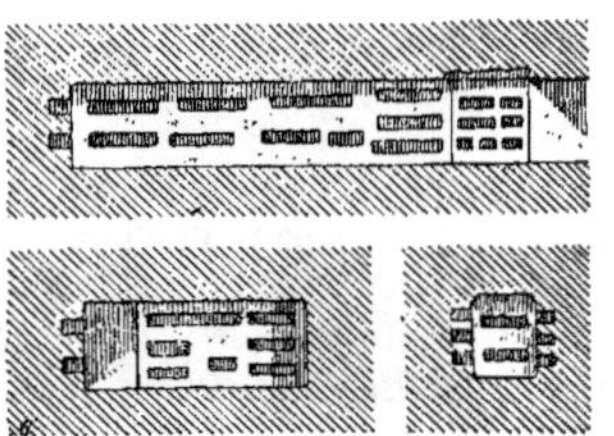

forme que ceux des *catacombes* chrétiennes (voy. *Tombeau*). Ils sont également scellés avec de grandes tuiles et du plâtre et paraissent avoir été destinés aux gens de la maison, que l'on appelait la *famille*, les maîtres ayant leurs sarcophages particuliers, entre lesquels le plus remarquable est celui de Lucius Cornelius Scipio Barbatus.

« Ainsi, écrit d'Agincourt, les différents étages de voûtes trouvés dans le souterrain des Scipions, les cercueils disposés ainsi par étages, les places plus ou moins distinguées que les sarcophages occupaient dans les chapelles, les sarcophages isolés, enrichis de sculptures et d'inscriptions, toutes ces particularités attestent que les dispositions adoptées par les chrétiens dans les *catacombes*, sont une imitation d'usages plus anciens. »

L'examen de la *catacombe* de Saint-Hermès et, en particulier, d'un monument découvert dans cette excavation, fournit un témoignage de plus en faveur de cette assertion. On reconnaît, de plus, à sa forme, à la place qu'il occupe dans l'espèce de chapelle où il fut consacré et aux ornements qui l'accompagnent, un des premiers modèles des autels élevés depuis dans nos églises.

Saint Hermès, préfet de Rome, souffrit le martyre sous le règne d'Adrien.

Un monument lui fut consacré dans la *catacombe* qui prit son nom et qui est située sur l'ancienne voie Salara, à peu de distance de Rome. La figure 770

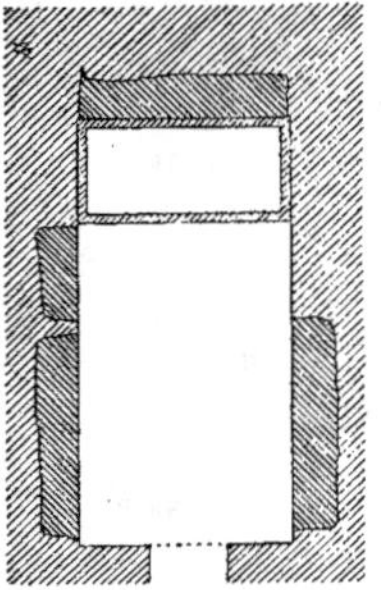

donne le plan du tombeau, au devant duquel est une petite place qui forme une espèce de chapelle où se réunissaient les fidèles. La figure 771 est une

coupe transversale qui montre la situation du tombeau au fond de cette chapelle et la section des sépultures qui en garnissent les parois. La figure 772 est

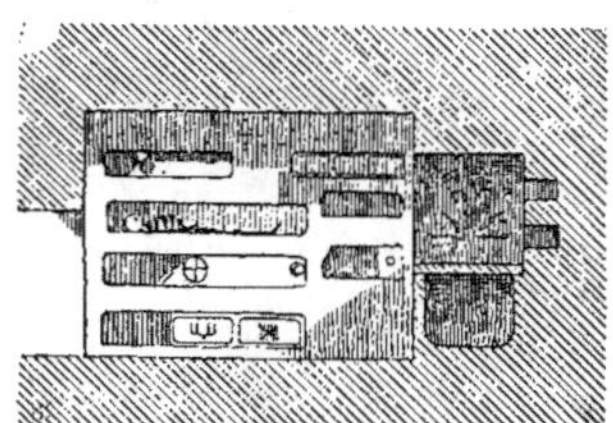

une coupe longitudinale montrant la face de ces sépulcres. On voit que ce mausolée a été pratiqué dans le tuf au moyen d'une sorte de voûte ou niche cintrée, que l'on trouve souvent désignée, par les écrivains ecclésiastiques, sous la dénomination de *Monumentum armatum*. Les parois de cette chapelle sont ornées de peintures offrant des sujets religieux, parmi lesquels il s'en trouve un, le Christ assis au milieu des douze Apôtres, qui a fait donner au lieu particulier qu'occupe ce tombeau le nom de *chapelle des Apôtres*.

2° Dans les autres contrées de l'Europe, un certain nombre de villes possèdent des *catacombes* qui sont dues à d'anciennes carrières exploitées. Certains quartiers de la ville de Paris reposent sur des excavations semblables, que l'on a utilisées pour y déposer les ossements retirés des anciens cimetières de Paris lors de leur suppression.

Dans la description qu'il a faite des *catacombes* de cette ville, Héricart de Thury se livre à des recherches intéressantes sur l'historique des carrières dont il est ici question. Il estime que les premières extractions furent faites à découvert et par tranchées ouvertes dans les flancs des collines qui entouraient l'antique Lutèce. On a retrouvé des vestiges de ces anciennes extractions au bas de la montagne Sainte-Geneviève, sur les rives de l'ancien lit de la Bièvre, dans l'emplacement de l'abbaye Saint-Victor, celui du Jardin des Plantes et le faubourg Saint-Marcel.

Depuis cette époque reculée jusqu'au xiiᵉ siècle, les pierres de construction furent fournies à la cité parisienne par les carrières qui furent exploitées vers les endroits que l'on appelle aujourd'hui boulevard Saint-Michel, place de l'Odéon, du Panthéon, anciennes barrières d'Enfer et Saint-Jacques, vers lesquelles sont établies les *catacombes*.

Les agrandissements successifs et les besoins sans cesse renaissants de la ville eurent pour conséquence naturelle une grande extension donnée aux vides et excavations pratiqués dans les carrières que nous venons de désigner.

Lorsque les déblais nécessaires et l'épaisseur du recouvrement de la masse de pierre rendirent l'exploitation à découvert trop pénible ou trop dispendieuse, les travaux se firent par galeries souterraines communiquant dans de grandes excavations dont les plafonds étaient soutenus par des piliers de pierre isolés et ménagés dans la masse. Dans la suite, on eut recours aux puits, et cela, sans doute lorsque la pierre commença à s'épuiser sur le flanc des collines.

Au siècle dernier, des éboulements fréquents, accompagnés de graves accidents ayant eu lieu dans l'intérieur de la ville, l'autorité publique y fit exécuter de nombreux travaux de consolidation ; les galeries qui menaçaient ruine furent comblées ou étayées par des massifs de maçonnerie. On ne laissa ouvertes que celles qui correspondaient à des rues. Ces travaux étant à peu près terminés en 1780, le lieutenant général de police Lenoir proposa d'y transporter les ossements qui encombraient les cimetières intérieurs de Paris et, en particulier, celui des Innocents, qui recevait, depuis près de sept siècles, les morts de cinq ou six paroisses.

Cette translation eut lieu en 1785 pour ce dernier cimetière. Les années suivantes on répéta ces dépôts funéraires. Les ossements furent d'abord jetés pêle-mêle ; mais, plus tard, on les disposa, d'après un plan régulier, en pyramides, en colonnes, en murailles, etc., et l'on donna des noms particuliers aux groupes principaux.

On pénètre aujourd'hui dans les *catacombes* par de grands escaliers établis l'un dans un des pavillons de l'ancienne barrière d'Enfer ; l'autre près de Montsouris, à l'endroit appelé la *Tombe-Issoire* ; le troisième au lieu appelé la *Fosse-aux-Lions*, parce qu'il était jadis occupé par un cirque où l'on faisait combattre les bêtes féroces.

Catafalque, *s. m.* — On désigne ainsi une décoration d'architecture, de sculpture et de peinture établie sur une bâtisse ou carcasse en charpente et dont l'ensemble est combiné de manière à représenter un monument sépulcral.

On y emploie des marbres figurés par la peinture décorative, des tentures à couleur sombre, rehaussées d'ornements en argent.

Pour conserver à ces ouvrages leur caractère funèbre, il faut en proscrire une trop grande variété de formes et de sujets.

On cite, parmi les *catafalques* célèbres, celui que les académiciens de Florence élevèrent à Michel-Ange, dans l'église de Saint-Laurent de cette ville.

Cathedra. — Voy. *Chaire.*

Cathédrale, *s. f.* — Mot qui vient de *cathedra* (chaire, trône épiscopal) et qui s'emploie depuis le Xe siècle, pour désigner l'église d'un diocèse renfermant le siège de l'évêque.

L'origine des *cathédrales* se trouve dans les premières *basiliques* chrétiennes. Ces édifices dont le plan affectait d'abord la forme d'une croix latine, étaient divisés en trois ou cinq nefs ; un atrium avec portiques les précédait ; un autel avec ciborium s'élevait dans le sanctuaire, et un siège ou *cathedra*, réservé à l'évêque, occupait le fond de l'abside. Un petit monument circulaire ou polygonal, situé en dehors de la *cathédrale*, dans l'axe ou sur l'un des côtés, servait à la consécration du baptême (voy. *Baptistère, Basilique*).

Les églises épiscopales de l'Orient furent construites sur un type différent, le plan ayant la forme d'une croix grecque complétée par une enceinte, qui donnait à l'extérieur de l'édifice l'aspect d'un carré. Le croisement des nefs et des transepts était recouvert par un dôme en pendentif. L'influence de cette architecture byzantine se fit sentir en Italie et même dans quelques parties de la France méridionale.

Les architectes de l'époque romane, fondant ensemble les traditions romaines et les souvenirs de l'Orient, édifièrent des *cathédrales* répondant mieux aux besoins du culte chrétien. Des galeries, prolongeant les bas-côtés autour du sanctuaire, rendent la circulation plus facile et permettent d'accéder à de nombreuses chapelles absidales (1) (voy. *Abside*). Les transepts même sont souvent pourvus de chapelles. La grande porte s'ouvre, dans l'axe de l'édifice, sur la façade principale, entre deux tours élevées, surmontées de flèches en pierre ou en charpente. Des piliers séparent les nefs intérieures et sont réunis entre eux par des arcs en plein-cintre.

A cette architecture, qui produisit, pendant les XIe et XIIe siècles, des monuments très remarquables, succéda un style nouveau, dont l'arc aigu ou en ogive devint le principal caractère.

L'emploi de cette forme permit de construire les *cathédrales* sur des proportions inconnues jusqu'alors. Un grand nombre de ces édifices sont pourvus de cinq nefs, comme le montre le plan de la *cathédrale* de Paris (fig. 773). Des

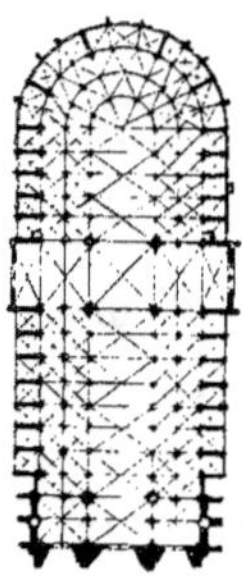

Fig. 773.

chapelles garnissent les bas-côtés ; des tours colossales s'élèvent sur les façades ; des flèches en charpente couron-

(1) *Dict. de l'Académie des beaux-arts.*

nent souvent la croix du transept. Les piles intérieures sont ornées de faisceaux de colonnettes s'élançant du sol à la naissance des nervures, qui soutiennent des voûtes très élevées. Des arcs-boutants retombant sur d'épais contreforts empêchent les effets de la poussée de ces voûtes sur les murs latéraux. Les façades extérieures sont décorées de galeries, d'arcatures à jour, de statues, de bas-reliefs, de figures prises dans le règne végétal et animal ; la peinture sur verre, la fresque et la sculpture contribuent à l'ornementation intérieure.

Au plan que nous venons de donner de la *cathédrale* de Paris nous ajouterons ici les plans des monuments religieux les plus remarquables de l'architecture française au moyen âge qui ont reçu le nom de *cathédrales*.

La figure 774 montre le plan de la *cathédrale* d'Amiens, dont la première pierre fut posée en 1220, sous le règne

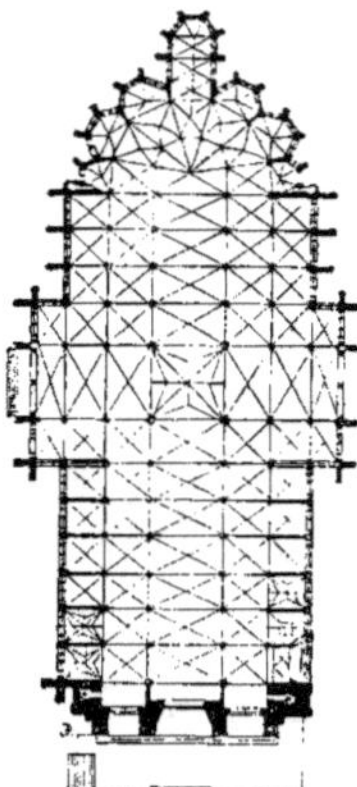

Fig. 774.

de Philippe-Auguste, et dont la construction fut terminée en 1288, à l'exception des tours, qui ne furent élevées qu'en 1366 à la hauteur inégale où on les voit actuellement. Le plan de cette église est une croix latine et comprend : une nef principale avec doubles bas-côtés, deux transepts et un chœur à sept

pans, avec chapelle de la Vierge dans l'axe. La longueur de la croisée est de 59^m,11 ; celle du monument, dans œuvre, de 134^m,80. La hauteur, sous clef de voûte, est de 42^m,50. Les proportions colossales de cet édifice, en même temps que la simplicité qui règne à l'intérieur, produisent sur l'esprit du spectateur un des plus grands effets que l'on puisse trouver dans les églises du moyen âge.

La *cathédrale* de Rouen, représentée en plan par la figure 775, fut fondée au commencement du xiiie siècle. Elle forme une croix latine et a 132^m,53 de

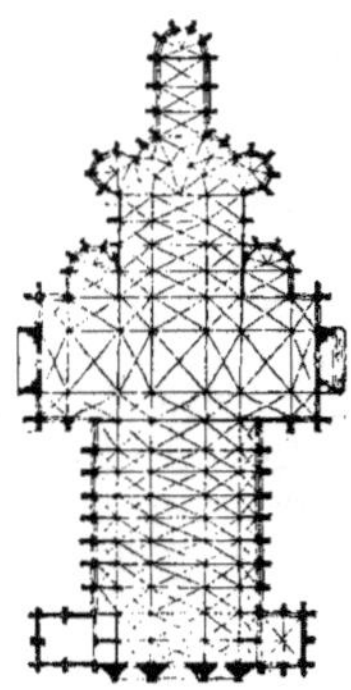

Fig. 775.

longueur et 31^m,50 de largeur. La hauteur de la nef, sous clef, est de 27^m,28. Cette église vient de recevoir l'amortissement de la flèche en fonte remplaçant celle qui fut détruite par la foudre en 1822 ; ainsi couronnée, cette flèche atteint à la hauteur de 150 mètres, ce qui rend ce monument le plus haut du globe.

Au premier rang, sous le rapport de la beauté architecturale, on peut placer la *cathédrale* de Reims, dont la figure 776 nous représente le plan. Celui-ci a l'aspect d'une croix dont les bras sont plus larges que dans les autres églises métropolitaines du moyen âge. Cinq chapelles rayonnent autour du sanc-

tuaire : la nef a dix travées ; les transepts se composent de trois nefs de

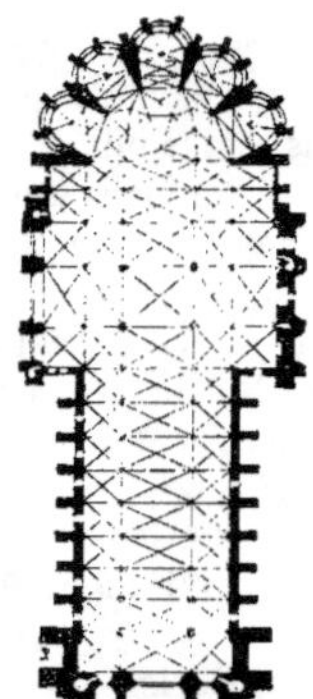

Fig. 776.

50 mètres de longueur, du nord au sud.
La longueur totale est de 138^m,94. La
largeur de la nef centrale est de 15^m,26,
d'axe en axe des colonnes ; sa hauteur
sous clef de voûte est de 38^m,33. Les
deux tours octogones qui flanquent le
porche sont d'égale hauteur, mais n'ont
point été achevées. Il est cependant certain, à en juger par les pierres d'attente que l'on voit sous les combles,
que ces tours devaient être couronnées
chacune d'une flèche en pierre comme
celles des *cathédrales* de Strasbourg et
de Fribourg,

L'édification des *cathédrales*, interrompue à l'époque de la Renaissance,
fut reprise en quelques points, pendant
les xviie et xviiie siècles. Ces édifices
changent alors complètement de caractère, sinon au point de vue des dispositions du plan, du moins sous le rapport
du style : les traditions romaines, remises en vigueur, n'offrent plus l'origi-
nalité que présentaient les monuments
religieux du moyen âge.

Cathète, *s. f.* — 1° Mot qui s'emploie, en architecture, dans le sens
d'*axe*.

2° On désigne ainsi la ligne d'aplomb
qui passe par l'œil de la volute du cha-

piteau ionique et qui sert, comme point
fixe, au tracé de cette volute.

Cauchoise, *adj.* — Voy. *Mitre*.

Caulicoles, *s. f. pl.* — On appelle
ainsi de petites tiges qui, sortant d'entre

Fig. 777.

les feuilles d'acanthe du chapiteau corinthien, s'enroulent sous le tailloir
(fig. 777).

Caumont (*Pierre de*). — Pierre
calcaire demi-dure, provenant des carrières de *Caumont*, commune de l'arrondissement de Pont-Audemer.

La hauteur d'assise de cette pierre
varie de 0^m,50 à 0^m,70. Elle pèse de
1,900 à 2,050 kilogr. le mètre cube. La
charge d'écrasement qu'elle peut supporter par centimètre carré est de 200 à
300 kilogr.

Parmi les emplois remarquables qui
ont été faits de la *pierre de Caumont*,
nous citerons : les soubassements des
églises Notre-Dame et Saint-Ouen, le
pont de Saint-Sever, à Rouen ; les églises
de la Bouille et des Moulineaux, près de
la Bouille. L'usage de cette pierre est
très répandu à Rouen et à Elbeuf.

Caunes (*Marbre de*). — Marbre gris
de très belle qualité, exploité dans le
département de l'Aude, à *Caunes*, localité voisine de Carcassonne.

Caupona. — Les Romains désignaient ainsi une auberge, une hôtelle-

rie destinée à recevoir les personnes qui voyageaient pour leurs affaires et non pour leur plaisir.

La *caupona* répond à ce qu'est encore chez nous la vieille hôtellerie de campagne établie sur le bord de la route.

Dans les grandes villes, la *caupona* était un lieu où l'on débitait du vin vendu et bu sur place, comme aujourd'hui dans les cabarets.

Caussiné, *part. passé.* — Se dit, en menuiserie, du bois qui, après avoir été bien dressé, s'est gauchi (voy. *Coffiner*).

Caustique, *adj.* — Substance qui fait mieux adhérer entre elles deux matières appliquées l'une sur l'autre ; tel est l'alun, qui entre dans la composition du *badigeon* (voy. ce mot).

Cauterium. — Réchaud portatif que les anciens employaient pour fixer les couleurs d'une peinture à l'encaustique.

Cavædium. — Mot latin dérivé de *carum ædium* et dont le sens littéral est *partie creuse d'une maison.*

Il est nécessaire, pour se rendre compte de la signification véritable donnée à ce terme, d'examiner comment les Romains disposaient primitivement leurs habitations.

Ils plaçaient les pièces sur les quatre côtés d'un rectangle, en laissant, au centre, un espace découvert, qui reçut d'abord le nom de *cavum ædium.* Plus tard, cette cour fut changée en une pièce appropriée aux besoins du maître de la maison. On la couvrit d'un toit soutenu par des colonnes, en ne ménageant, au centre, qu'une ouverture, appelée *compluvium,* pour faciliter l'accès de la lumière et de l'air. Le *cavum ædium,* ainsi transformé, fut appelé *atrium,* du nom des Étrusques (*atriates Tusci*), auxquels les Romains avaient emprunté ce genre de construction.

Cette définition du *cavædium* fait comprendre comment on a souvent employé, dans le même sens, ces deux mots *cavædium* et *atrium.*

Il existe cependant des passages d'auteurs latins, de Pline le Jeune entre autres, dans lesquels une distinction bien tranchée est établie entre ces termes. Ainsi, la villa de Pline, d'après cet écrivain, renfermait un *cavædium* et un *atrium.* Il faut en conclure que le premier de ces mots, pris ici dans un sens moins général, désignait une cour découverte sans galerie ni toiture ; que, de plus, il y avait un *atrium* en partie couvert.

Vitruve décrit les diverses espèces de *cavædium,* en employant ce terme dans son sens le plus général (voy. *Atrium*).

Cavalier, *s. m.* — Terrasse. Dépôt de terres élevé en forme de monticule prismatique sur le bord d'une fouille.

Architecture militaire. Les *cavaliers* sont des ouvrages en terre élevés au milieu des bastions pour dominer la campagne et augmenter le feu de la place.

Au XVIe siècle, les anciennes tours furent souvent conservées pour former des *cavaliers.* Aujourd'hui, on en fait les faces parallèles, ou à peu près, aux faces du bastion. Le relief est analogue à celui de tous les ouvrages de fortification ; la crête du parapet doit être à 3 mètres au moins au-dessus de celle du bastion.

Les *cavaliers* ont certainement des avantages ; ils permettent de fouiller la campagne, et défendent les courtines contre les feux d'enfilade, mais ils sont très coûteux et gênent les communications.

Cave, *s. f.* — Étage souterrain ordinairement placé sous le rez-de-chaussée ou en sous-sol. La *cave* est destinée à la conservation des provisions de bouche et particulièrement des vins et des liqueurs : souvent aussi, dans les villes, on s'en sert pour déposer le combustible.

La principale condition que doit remplir une *cave* est d'avoir une température constante et modérée. Le local doit, en outre, être sec et privé de lumière ; cette dernière condition est nécessaire pour les vins en bouteilles. On expose donc, autant que possible, les *caves* au nord avec des ouvertures étroites ou *soupiraux* (voy. ce mot) qui assurent, en même temps, le renouvellement de l'air, surtout si on les place en face l'un de l'autre. Les murs sont construits en moellons durs, bien secs ou en pierres meulières, hourdées au mortier hydraulique. Un bon sol est une aire formée de crayon ou de blanc de salpêtre battu, recouvert d'une couche de sable fin. Ordinairement les caves sont voûtées ; le plein-cintre, dans ce cas, offre la plus grande garantie de solidité et d'économie.

Dans les villes, aujourd'hui, on *couvre* souvent les *caves* d'un simple plancher en fer hourdé en briques ; c'est le plancher du rez-de-chaussée ; les briques y sont disposées en cintre, dans l'intervalle des solives. La hauteur la plus petite qu'il convienne de donner aux *caves* est de 2^m,50 jusqu'à la naissance des voûtes et de 3 mètres, dans le cas d'un plancher droit. Les descentes de *caves* sont des escaliers ordinaires ou bien, quand l'emplacement le permet, des pentes pavées ou cailloutées, assez larges pour le passage des futailles. Dans les pays vignobles, certaines habitations ont deux étages de *caves*.

L'usage des pièces souterraines auxquelles le nom de *cave* peut s'appliquer est fort ancien. On a découvert, à Herculanum, une *cave* autour de laquelle étaient rangées et maçonnées dans les murs plusieurs grandes jarres en terre cuite qui devaient contenir du vin. Toutefois, il était d'un usage plus général de placer ce liquide dans des amphores en poterie, que l'on enfonçait, par la

pointe, dans une couche épaisse de sable mouvant qui formait le sol de la *cave*.

A Pompéi, les maisons ne possédaient pas de *caves;* cependant, on a trouvé, dans une villa suburbaine, une *cave* divisée en deux étages, celui du bas contenant encore une amphore dans laquelle était du vin réduit à l'état solide.

Non loin de la porte du Peuple, à Rome, des fouilles exécutées en 1789, ont amené la découverte d'une *cave* antique, que les archéologues ont supposée, d'après une inscription trouvée sur un fragment de terre cuite, appartenir à la demeure de la famille Domitia. Cette *cave*, dont la figure 778 représente le plan et la coupe, était

Fig. 778.

précédée d'un vestibule auquel on accédait par un escalier de neuf degrés. Cette première pièce, de dix-huit pieds de long sur cinq et demi de large et de six environ de haut, était pavée d'une mosaïque d'un dessin bizarre, en pierres alternativement noires et blanches. Les murs et la voûte faite en berceau étaient ornés de peintures en arabesques, feuillages, oiseaux, etc., avec une corniche en stuc d'assez bon goût. On ne découvrit rien dans ce vestibule à l'époque où l'on fit des fouilles. A la suite, un premier compartiment, tout à fait dépourvu d'ornements et sans pavé, contenait une ligne d'amphores plantées dans le sable qui recouvrait le sol. Enfin, la *cave* proprement dite, située au-delà, était une longue galerie de 2 mètres de large, et dont les murs étaient construits en *opus reticulatum*. Quatre rangées d'amphores, en partie enterrées dans le sable, comme les précédentes, étaient placées de chaque côté, deux à deux, le long des murailles, laissant dans l'axe un passage libre.

Cette disposition en galerie voûtée n'est pas la seule que les Romains aient mise en usage pour les *caves*. On a trouvé, dans les souterrains placés au-dessous de l'habitation impériale, à la villa Adrienne, une vaste *cave* formée d'une longue galerie, sur les deux côtés de laquelle sont pratiqués de petits caveaux contigus, qui devaient servir à classer les vins suivant leurs qualités.

Des dispositions spéciales furent adoptées pendant le moyen âge. On a découvert, à la suite des travaux de reconstruction opérés dans ces derniers temps, à Paris, et notamment dans le quartier de la Sorbonne, des *caves* de grande dimension et d'une régularité parfaite ; quelques-unes étaient divisées en plusieurs travées par des piliers supportant des nervures saillantes. Certaines *caves* étaient même assez larges pour présenter, dans leur axe, des colonnes isolées sur lesquelles retombaient les voûtes ; telles sont encore celles du palais de la Cité, qui est aujourd'hui le Palais de Justice.

On remarque que la plupart des habitations du XVI⁰ siècle étaient pourvues de *caves* voûtées ayant quelquefois deux

Fig. 779.

étages. La figure 779 représente une *cave* voûtée de cette époque, appartenant à une habitation de la ville de Compiègne. On y descend par un escalier droit en pierre porté sur une voûte rampante. Des soupiraux y laissent pénétrer l'air et la lumière.

LÉGISLATION. Aujourd'hui, la construction d'une *cave* est soumise à certaines lois de voisinage et à des règlements de police concernant la voirie.

Pour creuser une *cave* contre un mur joignant une propriété voisine, il faut être possesseur de ce mur ou de sa mitoyenneté.

L'établissement d'une voûte en berceau parallèle au mur mitoyen et venant s'appuyer sur lui exige la construction d'un contre-mur de 0ᵐ,33 au moins, sur lequel cette voûte prend ordinairement naissance.

Si la *cave* est surmontée d'une voûte d'arête ou lunette, joignant le mur mitoyen, il faut établir également un contre-mur, ou placer au long du mur deux dosserets ou pilastres en saillie, d'épaisseur et largeur suffisantes pour porter les pieds des deux arêtes qui se courbent vers le mur mitoyen (1).

Si, pour établir une *cave* contre un mur dont il vient d'acheter la mitoyenneté, le propriétaire de cette *cave* veut donner plus de profondeur aux fondations du mur, il doit le faire par travail

(1) Code Perrin.

en sous-œuvre, à ses dépens et sans indemnité pour la charge. L'addition faite au mur dans le sens de la profondeur lui appartient ; alors il doit l'entretenir, jusqu'à ce que le propriétaire voisin en achète la mitoyenneté, s'il veut aussi établir des *caves* de son côté.

Il n'est pas nécessaire de faire un contre-mur ou des dosserets, quand il existe des deux côtés du mur mitoyen des *caves* placées vis-à-vis et à la même hauteur et dont les poussées se neutralisent.

On peut ouvrir des soupiraux sur un domaine voisin, à moins que le propriétaire de ce domaine n'établisse qu'il en éprouve un dommage réel.

Il est défendu de construire des *caves* sous la voie publique. (Edit de 1607.)

Les propriétaires doivent faire épuiser l'eau qui serait dans les *caves* et souterrains de leurs maisons et enlever les vases et limons qui s'y trouvent, le tout à peine de 400 francs d'amende. Les locataires sont autorisés, à défaut des propriétaires, à épuiser l'eau de leurs *caves* et à retenir sur les loyers le prix de l'épuisement. Les réparations nécessaires seront faites sans délai, en cas de péril imminent, sous peine d'une amende de 400 francs. (Ordonnances de police des 14 mai 1701, 28 janvier 1741, 13 février 1802.)

Caveau, *s. m.* — 1° Partie d'une cave réservée à la conservation des vins fins.

2° Construction souterraine pratiquée dans une église ou dans un cimetière et destinée à recevoir les restes d'une ou de plusieurs familles.

Les grands *caveaux* funéraires sont ordinairement surmontés d'une chapelle (voy. *Tombeau*).

Dans les cimetières de Paris les *caveaux* sont des constructions souterraines destinées à recevoir plusieurs cercueils superposés et n'occuper, en superficie, que la place de terrain nécessaire à la sépulture d'une seule personne. Ces *caveaux* se construisent dans un terrain cédé par la ville de Paris et que l'on nomme *concession à perpétuité*.

C'est par un arrêté de M. le préfet Chabrol, en 1830, que les terrains, dans les cimetières de Paris, ont été cédés à perpétuité aux familles d'une façon régulière avec contrat enregistré, ce contrat formant titre de propriété de la sépulture et permettant au possesseur de faire inhumer les membres de sa famille dans ladite concession. Avant cette époque, les terrains, dans les cimetières, étaient accordés sans contrat, sans dimensions fixes ni dispositions régulières, ce qui explique l'irrégularité de certaines parties du cimetière du Père-Lachaise, le plus ancien des cimetières actuels de la ville de Paris.

Le mode de construction des *caveaux*, dans les concessions à perpétuité, dépend de la dimension du terrain que l'on a à sa disposition.

La concession ordinaire est de 2 mètres superficiels. Dans ce cas, il est permis d'occuper, en plus du terrain concédé, mais seulement jusqu'au niveau du sol, un empatement de $0^m,20$ sur les côtés et de $0^m,30$ aux pieds et à la tête du terrain, ce qui permet de donner une épaisseur suffisante aux murs du *caveau* et de laisser un vide réglementaire et forcé de 2 mètres de longueur sur $0^m,65$ de largeur, la hauteur de chaque place de *caveau* devant être de $0^m,50$. En conséquence, la maçonnerie de chaque côté latéral du *caveau* est construite en talus sur une hauteur de $0^m,50$, afin de ménager les retraites nécessaires à la pose de dalles en pierre de $0^m,05$ d'épaisseur, que l'on scelle hermétiquement, à mesure que chaque place du *caveau* est occupée par un cercueil. Cette disposition est indiquée par la figure 780 en coupe transversale et par la figure 781 en coupe longitudinale à l'échelle de $0^m,02$ pour mètre.

D'après le règlement, la case du *caveau* la plus haute doit être à 1 mètre en contre-bas du sol. La profondeur du *caveau* est facultative et l'on peut, en profondeur, établir autant de places que l'on désire, si toutefois la nature du sol

le permet. Bien que la dernière case du haut soit à 1 mètre plus bas que le sol, on monte les murs du *caveau* jusqu'au

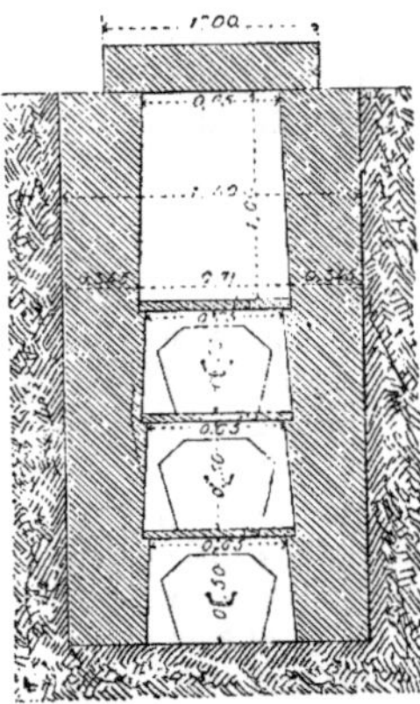

Fig. 780.

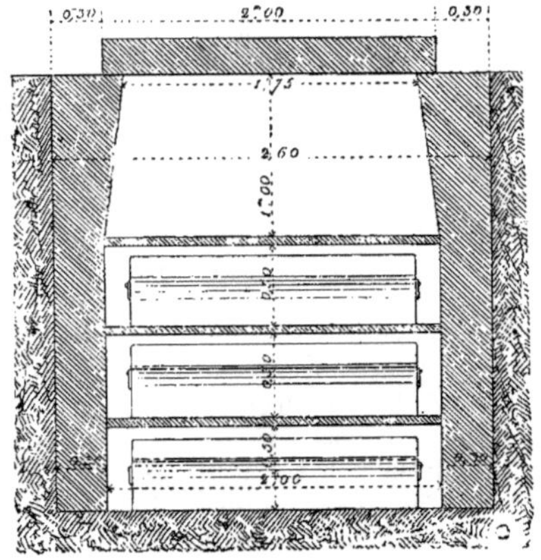

Fig. 781.

niveau du sol, d'abord pour donner libre passage aux cercueils, ensuite pour que ces murs viennent supporter le monument qui recouvre le *caveau*. Ce dernier devant occuper un emplacement qui ne dépasse pas 1^m,10 sur 2 mètres, les murs de la partie comprise entre la dernière case et le sol, partie que l'on appelle le mètre *sanitaire*, sont construits en surplomb, de manière à éviter le porte-à-faux du monument.

Les matériaux employés ordinairement, à Paris, pour la construction des *caveaux* sont les moellons piqués et la meulière brute ou piquée, hourdés au mortier de chaux hydraulique ou ciment.

En province, les *caveaux* se construisent en matériaux du pays, soit en briques, soit en pierres ; mais les mesures intérieures en usage à Paris sont généralement adoptées dans les villes. Dans les communes rurales il n'y a pas de règles fixes pour la construction des *caveaux* : chaque village a sa coutume particulière.

Outre les *caveaux* simples, on construit aussi des *caveaux* doubles, c'est-

à-dire à deux rangs de places mitoyennes ; il faut, dans ce cas, avoir à sa disposition un terrain d'au moins 1^m,80 de façade. La séparation des deux rangs de cases a lieu au moyen de murs

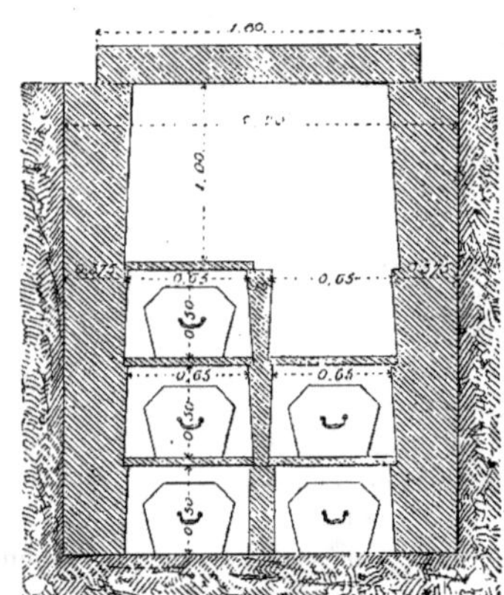

Fig. 782.

de refend en pierre d'environ 0^m,15 d'épaisseur (fig. 782). Les mesures intérieures sont les mêmes que dans le premier cas, c'est-à-dire 2 mètres de longueur, 0^m.65 de largeur, 0^m.50 de hauteur. Toutefois, il est bien entendu que ces mesures sont des minimums et que l'on peut faire plus grand si l'on a une place suffisante.

On construit encore des *caveaux* dits à *tiroirs* et pour lesquels le terrain employé doit avoir également 1^m.80 de façade. Dans ces *caveaux* il y a deux rangs de places : mais un côté sert de passage aux cercueils et ne peut être occupé que lorsque les tiroirs sont remplis. Ceux-ci sont fermés par des dalles de 0^m,20 d'épaisseur, scellées par trois côtés dans l'épaisseur des murs. On ferme les cases occupées en posant les dalles verticalement devant les tiroirs et horizontalement pour les autres places. A cet effet, il faut ménager des feuillures dans les dalles formant tiroir pour

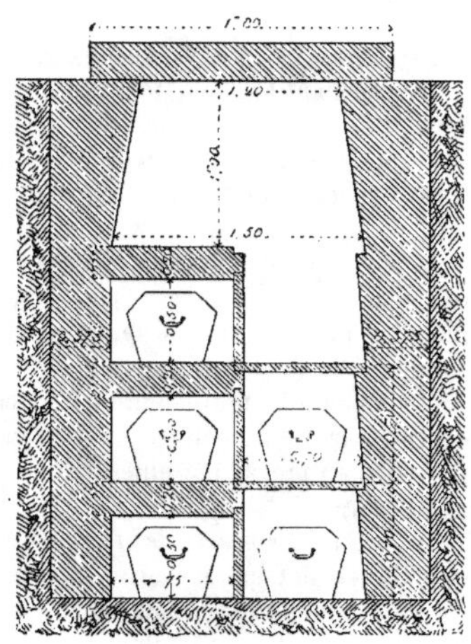

Fig. 783.

recevoir les dalles de fermeture, comme le montre la figure 783, qui représente la coupe transversale d'un de ces *caveaux*, à l'échelle de 0^m,02 pour mètre. On donne à chaque place 0^m.70 de hauteur, afin que, la dalle de 0^m,20 posée, il reste 0^m.50 de vide pour recevoir le cercueil.

On peut construire à 3, 4, 5 et 6 rangs de places, à la condition d'observer toujours les mêmes règles et en se procurant un terrain suffisant.

Nous ferons observer que sur toutes les figures comprises dans cet article nous avons indiqué les cases des *caveaux* remplies et fermées, sauf une seule, qui sert à l'attente d'un dernier cercueil.

Afin d'exécuter une bonne construction, il faut établir au fond du *caveau* un béton de 0^m,25 à 0^m,50 d'épaisseur, pour asseoir toute la maçonnerie et éviter les tassements, surtout si le monument qu'on veut élever sur le *caveau* doit avoir une certaine importance.

On construit quelquefois, à Paris, sur de grands terrains, des chambres souterraines et on loge les cercueils dans l'épaisseur des murs (voy. *Tombeau*).

Cavet, *s. m.* — Moulure en creux

Fig. 784.

formée d'un quart de circonférence ou d'une portion de cercle (fig. 784).

Le *cavet* est l'opposé du *quart de rond*.

Cavoir, *s. m.* — Instrument de vitrier qui sert à égruger le pourtour d'un carreau ou d'une glace, quand on a donné le trait de diamant. Cet outil

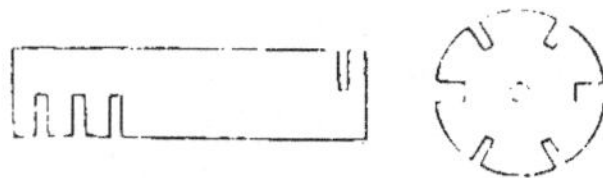

Fig. 785.

est un disque ou une plaque rectangulaire en fer (fig. 785), pourvue d'encoches dont les largeurs sont variées, pour égruger des verres d'épaisseurs différentes.

Cèdre, *s. m.* — Grand arbre de la famille des conifères, ayant un bois résineux, blanc rougeâtre, veiné, d'une grande finesse, mais trop tendre pour recevoir le poli. Sa durée est très grande. Sa résistance à l'écrasement est, d'après Rondelet, de 399 kilogr. par centimètre cube pour le bois à l'état ordinaire et de 412 kilogr. pour le bois très sec.

On a constaté, il y a quelque trente ans, l'emploi de cette essence dans les constructions mauresques d'Alger. Les versants méridionaux de l'Atlas possèdent effectivement des forêts de *cèdres*, exploitées par les montagnards pour le compte des colons. D'ailleurs, avant même la domination française, l'usage du *cèdre* était répandu à Alger concurremment avec celui du genévrier. On se servait particulièrement de branches de peu de longueur pour soutenir obliquement les saillies formées à l'extérieur des maisons mauresques par la place qu'occupe le divan, meuble qui est d'un usage général dans les habitations musulmanes. On employait aussi des pièces de même bois pour servir d'arcs-boutants fixés en travers, d'un mur à l'autre, entre les maisons des rues étroites. Cette disposition, tout à fait disgracieuse, est cependant motivée par la fréquence des tremblements de terre et par la nature des matériaux qui entrent dans la construction.

Le *cèdre*, par les dimensions colossales qu'il peut atteindre, est très propre à peupler nos forêts. Son bois, ayant une durée presque illimitée, peut entrer dans la construction comme bois de charpente ou comme bois à *ouvrer* ; celui de l'Himalaya, appelé *cèdre deodora*, est particulièrement d'une qualité supérieure.

Au point de vue de l'ornement, le *cèdre* peut compter parmi les arbres qui occupent le premier rang.

Les diverses variétés de cette essence offrent des aspects différents : le *cèdre Atlantica,* ou *cèdre d'Afrique,* croît très vite ; l'extrémité de sa flèche est toujours droite et très raide ; ses branches, petites, étalées, sont aussi très courtes, de sorte que les arbres de cette espèce sont très propres à fournir des bois de construction. Le *cèdre du Liban* a, au contraire, l'extrémité de sa flèche plus ou moins arquée ; ses branches, très grosses, s'étendent fort loin, ce qui en fait un arbre convenable pour l'ornement, mais peu avantageux comme arbre forestier.

Quant au *cèdre deodora,* qui se distingue par ses branches flexibles couvertes de feuilles glauques et longues, c'est évidemment la plus belle variété ; mais il ne saurait supporter la rigueur de l'hiver sous le climat de Paris.

Ceinture, *s. f.* — ARCHITECTURE. 1° Listel formant bague autour d'une colonne.

On appelle aussi *orle* ou *colarin,* la *ceinture* placée sous l'ove d'un chapiteau.

2° Rang de feuilles de métal, posé en anneau au-dessus d'un astragale pour cacher les joints d'un placage sur une colonne de bronze.

3° Bandeau à moulures entourant des constructions, des colonnes ou des pilastres. On en met à différentes hauteurs (voy. *Bande*).

SERRURERIE. *Ceinture de fourneau :* bande de fer plat qui encadre un fourneau de cuisine et le relie au mur.

Il y a des *ceintures* à boulons, à pattes ou à scellements.

Dans le règlement du prix des ouvrages, les trous et scellements sont fixés d'ordinaire (0^m,08 de profondeur) pour les *ceintures* de fourneau, d'après la *Série de la chambre syndicale des entrepreneurs.*

Cella, *s. f.* — Intérieur d'un temple ancien, c'est-à-dire partie enfermée entre les murs latéraux et les façades antérieure et postérieure, non compris le portique et le péristyle.

Ce mot s'appliquait spécialement au sanctuaire où se trouvait la statue du dieu ; les Grecs l'appelaient *naos*. Ils en élevaient le sol au-dessus de celui du

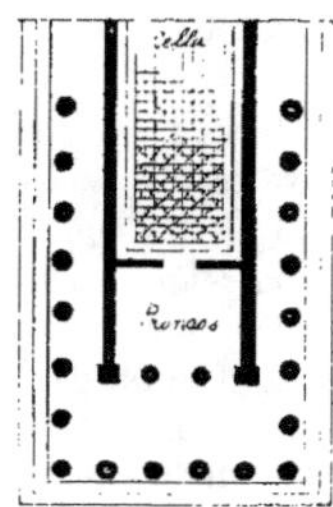

Fig. 786.

pronaos, portique ou vestibule précédant le *naos* (fig. 786). Les murs de la *cella* étaient le plus souvent construits en appareil réglé. Parfois il y avait deux *cellæ* placées dos à dos.

Dans les édifices consacrés à la divinité, la *cella* a dû, dès l'origine, former, à elle seule, le temple, ou, tout au moins, en constituer la partie principale.

On retrouve, dans les ruines des monuments égyptiens, les combinaisons diverses qui furent successivement employées pour ajouter à la *cella* des temples des vestibules et des galeries à colonnes ouvertes sur les côtés ou vers la face postérieure.

Il est probable aussi que le sanctuaire ne fut primitivement, chez les Grecs, qu'une *cella* isolée, construite en pierres irrégulières. Le temple de Cérès, à Éleusis, qui consistait en une vaste *cella* sans portiques, prouve que cet usage se prolongea même jusqu'à la belle époque de l'art grec. Toutefois, il faut reconnaître que, dans la plupart des cas, le sanctuaire des temples grecs a ses murailles entourées ou précédées de colonnades. Il existe encore actuellement, dans le Latium, des ruines de temples primitifs qui n'étaient que de simples *cellæ* de peu d'étendue, construites en appareil pélasgique.

Les Romains imitèrent les Grecs dans les diverses dispositions de leurs sanctuaires.

Quant à la décoration, elle consistait, pour l'extérieur, en enduits, lorsque la *cella* avait ses murailles formées de moellons, de briques ou de blocages. Si l'appareil était de pierre ou de marbre, les éléments de la décoration étaient recherchés dans la combinaison des joints verticaux et horizontaux, diversement ornés. Les pilastres aux angles ou sur toute l'étendue des murs, les colonnes engagées, les bas-reliefs, étaient également en usage. L'intérieur de la *cella* formait soit une pièce unique, éclairée seulement par la porte ou la baie placée au-dessus, soit deux divisions, dont l'une était le temple proprement dit, et l'autre l'*opisthodome*, où l'on déposait le trésor du temple et, quelquefois même, celui de l'État.

Les Romains employaient aussi le mot *cella*, dans un sens général, pour désigner un magasin ou un dépôt au rez-de-chaussée, dans lequel on conservait des denrées de toute nature. Ils donnaient des noms particuliers à chaque espèce de *cella* :

1° *Cella vinaria*, qui correspond aujourd'hui aux caves de vignobles : on y déposait le vin dans des vaisseaux de poterie ou dans des barils de bois, quand on l'avait retiré des cuves du pressoir.

2° Cave d'un marchand de vin ou d'un cabaretier au rez-de-chaussée, où l'on gardait le vin en gros et d'où on le tirait pour le débit (1).

3° *Cella olearia*, magasin ou cave disposée près d'une plantation d'oliviers pour recevoir l'huile en dépôt.

4° On donnait encore le nom de *cella* à des chambres qui servaient de dortoirs pour les domestiques ; aux cham-

---

(1) Rich, *Dict. des antiquités romaines.*

bres des voyageurs dans les hôtelleries ; aux pièces qui, dans les bains, renfermaient les commodités nécessaires pour le bain chaud et le bain froid.

Celle-Bruère (*Pierre de la*). — Pierre calcaire que l'on exploite dans la commune de *la Celle-Bruère*, arrondissement de Saint-Amand.

C'est un calcaire oolithique miliaire, dur ou demi-dur, blanchâtre, à grains fins.

Cette pierre a une hauteur d'assise de 0^m,50 et le poids du mètre cube de la variété dure est de 2,450 kilogr. ; la charge d'écrasement qu'elle peut supporter par centimètre carré est de 430 kilogr.

Nous pouvons citer, parmi les édifices remarquables où cette pierre a été employée : l'église romane de la Celle-Bruère, le pont-canal de la Tranchasse ; des ponts sur le Cher et la Marmande ; un abattoir, une halle au blé et une gare à Saint-Amand.

Cellier, *s. m.* — Local disposé, dans une habitation, pour la conservation des vins, des liquides et autres provisions d'économie domestique.

Les Romains faisaient usage de *celliers* ou caves et leur donnaient des noms différents, suivant leurs destinations diverses.

Au moyen âge, les abbayes et les prieurés qui percevaient des dîmes considérables en vins, avaient des *celliers* ou magasins à un ou plusieurs étages. Ces constructions avaient l'aspect de granges et renfermaient différents locaux, tels que des *pressoirs*, nécessaires à la fabrication du vin.

Un *cellier* doit être au rez-de-chaussée ou seulement à quelques décimètres en contre-bas du sol ; l'exposition est celle du nord ; les ouvertures sont garnies de panneaux pleins et de volets ; le sol est dallé, avec pentes et rigoles, pour l'écoulement des liquides répandus accidentellement ; on peut remplacer le dallage par une couche d'asphalte.

Les *celliers* où l'on fait le vin ne sont, d'ordinaire, que des hangars mal couverts et exposés à toutes les intempéries. Sous ces abris insuffisants s'exécutent toutes les opérations de la fabrication du vin ; on y trouve les cuves et le pressoir ; le vin y est mis à cuver, y accomplit sa fermentation ; c'est là aussi qu'on l'encuve, qu'on le décuve et qu'on le met en barriques.

Le *cellier* devrait, au contraire, être un bâtiment vaste, clair, aéré, mais clos. Voici quelles sont les conditions essentielles d'un bon *cellier* (1) :

Le bâtiment doit être en maçonnerie et le plus vaste possible ; la hauteur est particulièrement importante ; la forme en sera un rectangle allongé. Les cuves doivent être rangées sur une seule ligne en face des pressoirs. Ceux-ci seront construits soit près de l'entrée, soit près de larges fenêtres par lesquelles, au besoin, les vendangeurs pourraient entrer, grâce à une planche posée en plan incliné, pour déverser leurs charges. Enfin, les fenêtres doivent être pratiquées en vis-à-vis, de façon que les courants d'air se puissent établir avec une grande facilité.

Cellule, *s. f.* — 1° Nom que l'on donne à de petites chambres servant à l'habitation et à la retraite, dans les établissements religieux d'hommes ou de femmes et qui sont ordinairement placées sur les deux côtés de vastes galeries.

Les premières constructions monastiques furent des *cellules* isolées ou réunies en petit nombre. La figure 787 montre, en plan, la disposition d'un petit ermitage situé près de l'abbaye de Fontenelle, fondée au viie siècle par saint Wandrille : derrière une chapelle A sont construites deux *cellules* B, chacune au milieu d'un enclos cultivé par l'ermite (2).

(1) Moll, *Encyclopédie pratique de l'agriculture.*

(2) Albert Lenoir, *Revue d'architecture*, 1851.

Les *cellules* de femmes avaient souvent leur porte murée et prenaient le nom de *réclusoirs*. Une seule ouverture.

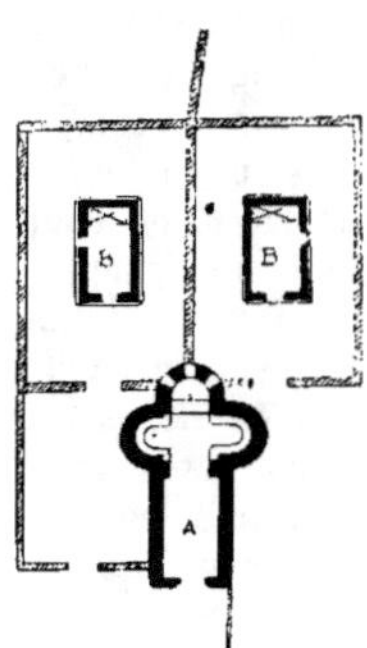

Fig. 787.

pratiquée à une certaine hauteur, permettait l'accès de l'air et l'introduction de la nourriture destinée aux religieuses.

Dans les monastères, les *cellules* étaient ordinairement accompagnées d'un jardin et rangées autour d'un cloître ou cour centrale.

2° Chambre de détenu dans une prison.

Les *cellules* sont, en général, disposées, dans de longs pavillons, dits *bâtiments cellulaires*, de chaque côté d'une galerie destinée à la surveillance et au service.

Nous donnons (fig. 788) le plan d'une des *cellules* de la maison d'arrêt construite à Paris, rue de la Santé, par M. E. Vaudremer. La pièce a 3^m,60 de longueur sur 2 mètres de largeur et 3 mètres de hauteur ; elle est éclairée sur la cour par une croisée vitrée L, dont la partie supérieure ne s'ouvre qu'à une distance réglementaire. L'appareil d'éclairage pour la nuit est en A ; il se compose d'un bec de gaz *a* placé hors de la portée du prisonnier et à l'affleurement de la face intérieure du mur de la *cellule*, dans un orifice rectangulaire donnant sur la galerie ; cet orifice est vitré sur la *cellule* par un fort

verre dépoli *b*, de forme convexe et qui concentre la lumière sur la table du détenu ; l'allumage se fait par une petite

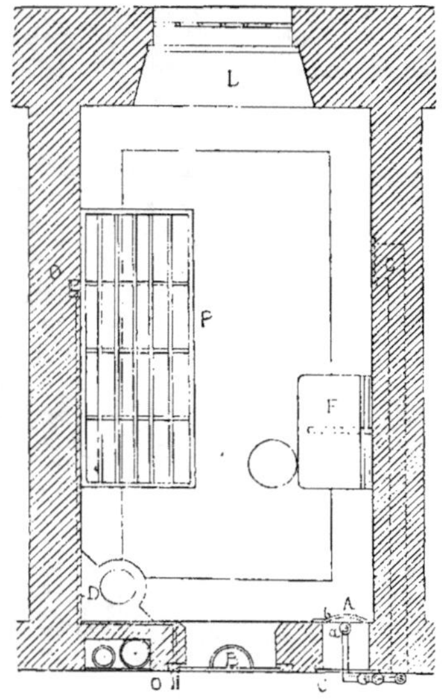

Fig. 788.

porte en tôle C′ s'ouvrant sur la galerie de surveillance ; cet appareil est pourvu d'un conduit pour l'introduction et le renouvellement de l'air avec le tuyau de gaz au centre, et d'un autre conduit pour l'échappement de l'air échauffé. La porte est munie d'un guichet B, pour l'introduction des aliments et objets divers, avec judas pour la surveillance ; cette porte est fermée au moyen d'une serrure placée sur le mur et qui est à deux gâches, l'une extérieure, l'autre intérieure ; cette disposition permet de maintenir la porte entr'ouverte d'environ 0^m,10, pendant la durée des offices ; les détenus, sans pouvoir communiquer entre eux ni se voir, aperçoivent l'autel placé au milieu de la salle circulaire qui occupe le centre du bâtiment d'où rayonnent les pavillons cellulaires. Un lit en fer P, fixé au mur, peut se relever pendant le jour avec le matelas ; F est une table également fixée au mur et s'abattant à volonté ; G, un tabouret mobile retenu près de la table, à l'aide d'une chaîne attachée à la cloison. Le chauffage a lieu au moyen d'une bouche C. En contre-bas du sol des galeries du premier étage et dans l'intérieur

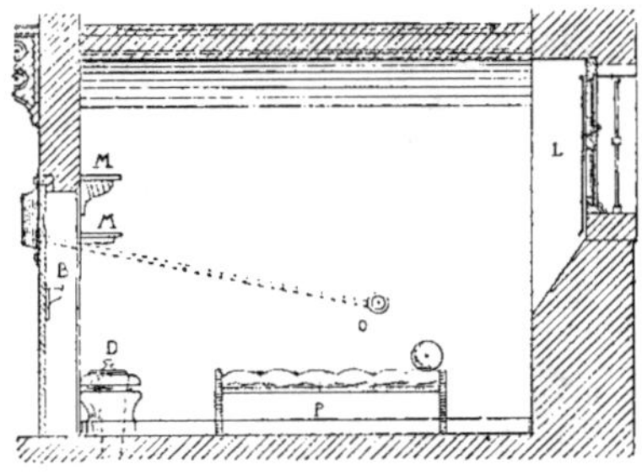

Fig. 789.

des voussures qui supportent les balcons (fig. 789), une chambre de chaleur a été réservée dans toute la longueur et de chaque côté de la galerie ; elle est parcourue par des tuyaux de circulation d'eau et divisée, au droit de chaque *cellule*, par des cloisons verticales. L'une des extrémités de chaque portion de chambre communique, par sa partie supérieure, avec la *cellule*, au moyen d'un conduit incliné réservé dans l'épaisseur du mur et débouchant en G à $2^m,30$ du sol (fig. 788) ; l'autre extrémité communique avec la galerie de surveillance par une prise d'air scellée dans le bas de la voussure. L'air, sollicité par l'appel du pot de siège D, par lequel se fait la ventilation, s'échauffe au contact des tuyaux, parcourt toute la longueur de la portion de chambre correspondante, pénètre dans le conduit incliné et se répand ensuite dans la *cellule*. La ventilation, comme nous l'avons dit, est assurée, chaque pot de siège aboutissant, par son orifice inférieur, dans une galerie qui renferme les appareils diviseurs, dont l'air est constamment ap-

pelé au centre de l'édifice par une grande cheminée. Le prisonnier peut communiquer avec le gardien de la galerie de surveillance au moyen d'un signal que met en mouvement la pression d'un bouton O (fig. 788), placé près du lit : cette pression, en comprimant l'air renfermé dans un tube conducteur, opère un déplacement d'air suffisant pour faire jouer une plaque de fer O′ (fig. 788) et attirer l'attention du gardien par le bruit produit. Une tablette M sert pour déposer la couverture du lit, les vêtements et divers objets à l'usage du détenu.

3° Les maisons d'aliénés renferment aussi des *cellules* réservées aux malades agités (voy. *Cabanon*).

Celtiques ou **Druidiques** *(Monuments)*. — Constructions en pierres brutes élevées en Gaule et dans la Grande-Bretagne par les populations *celtiques*.

On désigne ces monuments par différents noms : les *menhirs* ou *peulvans*, les *alignements*, les *cromlechs*, les *dolmens*, les *allées couvertes*, les *pierres branlantes* (voy. ces mots).

Cénac *(Petit)*. — Nom que l'on donne à une pierre calcaire tendre qui provient des carrières de *Citon-Cénac*, localité voisine de Bordeaux.

Le *petit Cénac* est blanc et friable ; sa hauteur d'assise ordinaire est de $0^m,35$. Le poids du mètre cube est de 1,390 kilogr., et la charge d'écrasement par centimètre carré de 18 kilogr.

C'est à Bordeaux que sont principalement employés les produits des carrières de *Citon-Cénac*.

Cénacle, *s. m.* — Nom donné par les anciens Romains à une salle à manger appelée aussi *triclinium* (voy. ce mot).

Cendre, *s. f.* — On donne ce nom à certaines couleurs bleues ou vertes employées en peinture.

La *cendre bleue* ou *cendre d'azur* est le produit d'une pierre bleue, tendre, granuleuse, presque réduite en poudre, qu'on trouve dans les mines de cuivre, en Pologne et en Auvergne.

On emploie beaucoup de *cendre bleue* dans la détrempe, pour les ciels et les décorations de théâtre. Elle peut se substituer à l'outremer.

Un des procédés chimiques qui permettent de composer la *cendre bleue* est le suivant : on mêle trois parties de bon sable blanc cristallisé, bien séché au feu, deux parties de nitre, une partie de limaille de cuivre, une partie de sel commun décrépité et une huitième partie de sel ammoniac. On fait fondre le mélange dans un creuset, on verse la matière dans l'eau froide, on la lave et on la tamise. L'eau étant décantée, on fait sécher la poudre bleue, qu'on réduit en poudre impalpable.

La *cendre verte* provient de la décomposition du sulfate de cuivre par l'arsénite de chaux. Cette couleur ne s'emploie que dans la peinture en détrempe.

La *cendre de houille* est une matière provenant des résidus laissés par la combustion de la houille et que l'on emploie dans la composition de certains mortiers. Les *cendres* destinées à cet usage doivent être pures, exemptes de parties terreuses et de houille imparfaitement brûlée ; on les passe, dans un état bien sec, au blutoir ou au tamis de 36 mailles par centimètre carré. Quand cette opération, qui doit avoir lieu dans un endroit couvert, est terminée, il faut que la *cendre* soit parfaitement tenue à l'abri de la pluie et de l'humidité, soit dans les magasins de l'entrepreneur, soit dans le transport, soit à pied d'œuvre ; car toute *cendre* mouillée doit être rejetée comme impropre à la confection de bons mortiers.

Cendre d'étain (voy. *Potée*).

Cendre gravelée (voy. *Eau seconde*).

Cendrée, *s. f.* — Cendre provenant des fours à chaux que l'on chauffe avec de la houille.

On en fait un mortier appelé *mortier de cendrée* et qui se compose de 3 parties de chaux vive pour 2 parties de cendrée. Pour fabriquer ce mortier, on éteint la chaux, on la réduit en poudre fine et on la bat avec la *cendrée*, sans ajouter d'eau : on obtient, au bout de plusieurs jours, une pâte grasse et fine. Ce mortier est excellent employé à l'air. On en fait usage dans le nord de la France, où on l'appelle *cendrée de Tournai*.

Il y a un autre mortier qu'on nomme *mortier de cendrée de Nîmes* : il provient de ce qui reste au fond du four, lorsque l'on a ôté la chaux. On mouille légèrement ce résidu ; on le passe au crible et on le corroie une fois par vingt-quatre heures pendant quatre ou cinq jours avec un rabot et en y mettant très peu d'eau. On emploie ce mortier aussitôt après sa confection. Il est bon pour les constructions dans l'eau (1).

Cendrées : Les plombiers nomment ainsi les écumes de plomb en fusion.

Cendreux, *adj.* — Les serruriers disent qu'un fer est *cendreux* quand, après le polissage, il paraît piqué de petits points qui révèlent la présence, dans la masse, de matières étrangères.

Cendrier, *s. m.* — 1° Partie d'un fourneau de cuisine située sous la paillasse et qui reçoit les cendres.

Le *cendrier* est hourdé et carrelé en carreaux de terre (voy. *Cheminée*, *Fourneau*).

Les *cendriers* de fourneaux de cuisine, faits en plâtras et plâtre avec fantons et entretoises, se mesurent au mètre superficiel et s'évaluent à 50 p. 100 de légers, dans le règlement du prix des ouvrages de maçonnerie. On compte, en plus, les trous et scellements de fantons et entretoises, évalués à 0.05 de légers.

____

(1) Th. Château, *Technologie du bâtiment*.

2° Tiroir en tôle destiné à recevoir les cendres et placé au-dessous du foyer dans les poêles (fig. 790).

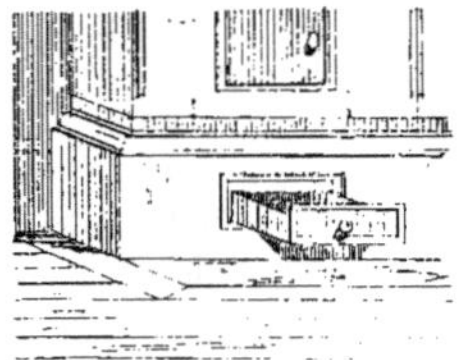

Fig. 790.

Les boîtes en fonte ou plateaux à rebord que l'on met, dans le même but, au-dessous des grilles de cheminée sont aussi des *cendriers*.

Cendrures, *s. f. pl.* — Défauts de certaines pierres calcaires ; ce sont des fentes ou cavités remplies d'une substance étrangère pulvérulente. On dit aussi *terrasses*.

Lorsque ces fentes existent dans certains marbres, on doit les vider et les boucher avec un mastic susceptible de recevoir le poli.

Cénotaphe, *s. m.* — Monument funéraire élevé à la mémoire d'une personne dont le corps n'a pas reçu de sépulture.

Le *cénotaphe* peut être orné de sculp-

Fig. 791.

tures, de peintures, d'inscriptions (fig. 791).

Le *mausolée* se distingue du *cénotaphe* en ce que le premier de ces tombeaux est supposé toujours renfermer le corps ou la cendre, ou tout au moins quelque partie de celui en l'honneur duquel il a été élevé.

Les *cénotaphes* portent une inscription sépulcrale qui constate l'absence du corps ou des cendres du défunt.

Les anciens élevaient des monuments de ce genre à ceux qui avaient péri dans un naufrage, dans une bataille ou dans une expédition lointaine, sans recevoir de sépulture.

Centimètre, *s. m.* — La centième partie du mètre.

Céramique, *s. f.* — Art de fabriquer la poterie et, en général, tous les objets en terre cuite.

Cette industrie remonte à la plus haute antiquité ; elle avait atteint, chez les Étrusques, les Grecs et les Romains, un haut degré de perfection. Après les invasions barbares, on ne retrouve plus de poteries artistiques qu'à partir du XII° siècle où les églises offrent des exemples de carrelages en terre cuite émaillée. Les *azulejos* (voy. ce mot) sont également des carreaux employés par les Arabes à la décoration des mosquées. Mais c'est surtout à partir du XVI° siècle que la *céramique* fut appliquée à l'ornementation des édifices.

Aujourd'hui, on fabrique des tuiles émaillées pour toitures décoratives, des faïences nacrées et émaillées en carreaux et en dalles dont on forme des revêtements extérieurs et intérieurs.

A l'art de la *céramique* appartiennent encore les ouvrages en terre cuite tels que *chéneaux, crêtes de faîtages, médaillons,* etc. (voy. ces mots).

Cerce, *s. f.* — Nom que les tailleurs de pierre donnent à une sorte de patron en bois ou en métal, qui leur sert pour tracer sur la pierre la courbure d'une surface quelconque. Les surfaces concaves s'obtiennent avec des *cerces* convexes et inversement.

Cercle, *s. m.* — Surface plane limitée par une ligne courbe appelée *circonférence* dont tous les points sont à égale distance d'un point intérieur que l'on nomme *centre*.

Il importe aux constructeurs, aux vérificateurs et aux métreurs de savoir déterminer les surfaces du cercle et des figures qui en dérivent, telles que segment, secteur, couronne, etc., etc...

1° La surface d'un *cercle* est égale au produit de la circonférence par le quart du diamètre ou la moitié du rayon, ce qui s'exprime par les formules suivantes :

$$S = \frac{\pi D^2}{4} \text{ ou } S = \pi R^2$$

en appelant S la surface cherchée, D le diamètre, R le rayon. La longueur de la circonférence est $2 \pi R$, π étant égal à 3,1416.

2° La surface d'un *secteur*, ou portion de la surface d'un cercle comprise entre deux rayons, est égale au produit du développement de son arc par la moitié du rayon :

$$S = \frac{l \times R}{2}$$

S étant la surface, *l* la longueur de l'arc, R le rayon.

Mais on ne peut pas toujours, dans la pratique, obtenir le développement de l'arc, tandis que, au contraire, la grandeur de l'angle du secteur est presque toujours connue. Soit *n* le nombre de degrés contenus dans cet angle, la longueur *l* de l'arc est donnée par la formule :

$$l = \frac{\pi R \times n}{180}$$

$$\text{ou } l = R n \times 0,01745$$

$\frac{\pi}{180}$ étant égal à 0,01745

3° La surface d'un *segment* de cercle, ou portion de la surface d'un cercle comprise entre un arc et sa corde, s'obtient en retranchant, de celle du secteur, celle du triangle qui y est compris.

Dans la pratique, et quand on n'a pas besoin d'une grande exactitude, ou si les rayons des cercles ne sont pas très grands, on se sert de la formule suivante (1) :

$$S = c \times f \times 0,628$$

c étant la corde de l'arc, *f* la flèche ; le résultat est suffisamment exact pour la plupart des cas.

La surface d'une *zone* est la différence des surfaces des segments entre lesquels cette zone est comprise.

4° La surface d'une *couronne* ou partie de plan comprise entre deux circonférences de même centre et de rayons inégaux est égale à l'excès de la surface du grand cercle sur celle du petit. La formule est celle-ci :

$$S = \pi (R^2 - r^2)$$

R et *r* étant les rayons du grand et du petit cercle.

Cette surface est encore égale à la demi-somme des circonférences limites, multipliée par son épaisseur

$$S = e \times \frac{C + c}{2}$$

en appelant *e* l'épaisseur, C et *c* les circonférences extérieure et intérieure.

De même un fragment de couronne a pour surface le produit de son épaisseur par la demi-somme des arcs qui le comprennent.

5° La surface à mesurer peut être comprise entre deux circonférences qui ne sont pas concentriques, la plus petite ne sortant pas de la plus grande ; la surface cherchée est toujours obtenue par la formule :

$$S = \pi (R^2 - r^2)$$

Cercle de fer (voy. *Frette*).

Céreste (*Pierre de*). — Pierre calcaire demi-dure que l'on extrait des carrières de Saint-Marc et du Vallat,

____

(1) **Masselin**, *Dict. raisonné du métré*.

dans la commune de *Céreste*, près de Forcalquier.

Ce calcaire est gréseux, blanchâtre, à grains fins ; sa hauteur d'assise est de 1 mètre.

Parmi les emplois remarquables qui ont été faits de la pierre de *Céreste*, on cite le pont de Margallon, près d'Apt ; le pont Canoves sur le Calavon, à Apt ; la flèche du clocher de Reillanne.

Cérilly (*Pierre de*). — Pierre calcaire très dure, provenant des carrières de *Cérilly*, commune de l'arrondissement de Châtillon.

Cette pierre, d'un blanc jaunâtre, a un aspect un peu caverneux. Sa hauteur d'assise est de $0^m,15$ à $0^m,70$. Le mètre cube pèse de 2,500 à 2,560 kilogr. La charge qu'elle peut supporter par centimètre carré, avant de s'écraser est de 505 à 570 kilogr.

On emploie la *pierre de Cérilly* en dalles, marches, soubassements, et pieds-droits dans les départements de l'Aube, de l'Yonne, de Seine-et-Marne et de la Marne.

Cerisier, *s. m.* — Arbre de la famille des rosacées qui comprend plusieurs variétés, parmi lesquelles les plus usitées dans l'art de la construction sont le *guignier* et le *merisier* (voy. ces mots).

Ceroma. — Nom que les anciens donnaient, dans les bains publics ou dans les palestres, à la pièce où les lutteurs se faisaient oindre le corps d'huile ou de cire et d'huile mêlées ensemble, avant de se frotter avec du sable fin.

Céruse, *s. f.* — Carbonate de plomb que les peintres emploient comme base blanche des couleurs à l'huile et de certains mastics. On donne aussi à la *céruse* le nom de *blanc de plomb*, *blanc d'argent*, *blanc de Clichy*.

Nous donnerons ici le détail des mélanges qui constituent les *céruses* em-

ployées de nos jours dans le commerce, à l'exception de la première sorte, le *blanc d'argent*, qui ne doit pas être altérée.

Pour la deuxième sorte, appelée *blanc de Venise*, on mélange, par parties égales, le carbonate de plomb et le sulfate de baryte. On a soin, pour faire ce mélange, de choisir du sulfate de baryte bien blanc et de le pulvériser très fin. Le *blanc de Hambourg* forme la troisième qualité, au moyen d'une partie de carbonate de plomb et deux de sulfate de baryte. La dernière qualité, connue sous le nom de *blanc de Hollande*, est un mélange de trois parties de sulfate de baryte et d'une de carbonate de plomb.

Il y a de prétendus *blancs de plomb* qui contiennent encore moins de carbonate ; ils sont falsifiés avec différentes autres craies ou argiles blanches. Pour reconnaître la fabrication, on peut employer le procédé suivant :

On creuse avec un couteau un charbon neuf, on l'allume, on jette dans le creux un peu de *céruse*, broyée entre deux doigts ; on souffle sur le charbon pour allumer le feu ; la *céruse* jaunit et, après quelques minutes, il paraît des globules métalliques et brillants ; c'est le plomb revivifié par le charbon. Cet effet n'arrive pas si l'on expose la craie à la même épreuve, parce qu'elle est une terre calcinable, produite par les débris de substances animales, testacées ou crétacées et qui ne contient aucune chaux métallique.

On donne le nom de *céruse de Mulhouse* à un sulfate de plomb qui noircit moins que le carbonate de plomb, mais qui ne couvre pas aussi bien ; c'est pour cette raison qu'on ne l'emploie que fort peu.

Les anciens se servaient de plusieurs variétés de *céruse* : la *céruse native*, qui venait de Smyrne et dont l'usage fut abandonné ; la *céruse artificielle* ou blanc de plomb ; la *céruse calcinée* ou sandaraque artificielle. Celle qui venait d'Asie et qui était connue sous la dénomination de *céruse pourprée*, était la plus estimée et se vendait 10 deniers la livre. On fabriquait, à Rome, une sorte de fausse *céruse brûlée*, en faisant calciner l'espèce d'ocre appelée *cilis marbruire*, qu'on éteignait ensuite dans du vinaigre. La terre verte, ou *theodotion* des Grecs, est regardée, par Pline, comme une *céruse* native et, par Vitruve, comme une espèce d'ocre verte : elle venait de Smyrne (1).

Chablots, *s. m. pl.* — Petits cordages qui servent à fixer ensemble les échasses placées les unes au bout des autres pour former un échafaud.

Chaînage, *s. m.* — Nom que l'on donne aux divers systèmes employés pour empêcher l'écartement des murs d'une construction.

Les Grecs et les Romains reliaient entre elles les assises de pierres de taille au moyen de goujons de fer, de bronze ou de bois ; les blocs d'une même assise étaient réunis par des crampons ou par des agrafes à queue d'aronde (voy. *Appareil*).

Depuis l'époque mérovingienne jusqu'au xii° siècle, l'emploi du bois pour les *chaînages* était généralement répandu. Des poutres étaient noyées dans la maçonnerie pour en relier toutes les parties. Cet usage était facilité par la construction même des murs, qui consistaient en deux parements de petites pierres ou moellons taillés, ne contenant, à l'intérieur, qu'un blocage. Les inconvénients de ce mode de *chaînage* ne tardèrent pas à se faire sentir : le bois tomba en pourriture, se réduisit en poussière et laissa dans la maçonnerie des vides continus, qui eurent pour effet de diminuer la force des murs et de provoquer, dans les parements, des lézardes longitudinales.

Les *chaînages* en fer furent employés à partir du xii° siècle. Un système à

double rang de crampons relie entre elles les pierres composant la corniche de couronnement du chœur de la cathédrale de Paris (1). La Sainte-Chapelle

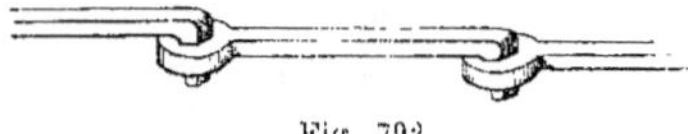

Fig. 792.

du Palais, dans la même ville, offre l'exemple (fig. 792), d'un *chaînage* formé de crampons s'agrafant les uns dans les autres et formant une suite continue.

Plus tard, les architectes employèrent les barres de fer plat noyées entre les lits des assises et scellées avec du plomb. Au xv° siècle, on plaça souvent les chaînes libres le long des murs, au-dessus des voûtes, suivant la longueur et la largeur ; ces barres étaient en général, réunies, à leurs extrémités, par un assemblage à boucle et

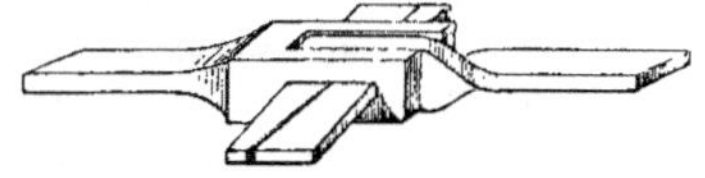

Fig. 793.

à double coin dont on se sert encore aujourd'hui, mais en l'établissant en fer méplat (fig. 793) : on lui donne le nom d'*assemblage à moufle*.

L'emploi du fer pour les *chaînages* offre également de grands inconvénients. Ce métal, pour peu qu'il soit en contact avec l'humidité, s'oxyde, augmente de volume et acquiert une telle force d'expansion qu'il produit les plus graves désordres dans les constructions où il est employé à cet usage. C'est ainsi que le *chaînage* placé au-dessous des appuis des grandes fenêtres de la Sainte-Chapelle, à Paris, est parvenu à soulever les assises formant ces appuis, de telle façon que les meneaux placés au-dessus ont dévié de leur position verticale ou même ont été brisés.

Parmi les édifices plus modernes, on

---

(1) Mazois, *Ruines de Pompéi.*

(1) Viollet Le Duc, *Dictionnaire raisonné de l'architecture française.*

peut citer comme ayant éprouvé des préjudices dus au gonflement du fer, le pavillon situé au sud-est de la colonnade du Louvre, le fronton de l'église Saint-Roch, le portail de Saint-Sulpice, où des pierres formant angles, couronnement ou claveaux ont éclaté et sont tombées par fragments ; il a fallu remplacer ces blocs ou les rattacher au moyen de crampons en bronze.

Un autre danger des *chainages* en fer est celui qui résulte de la dilatation de ce métal : témoin la rupture du *chainage* qui maintenait l'écartement d'un des pignons du transept de la cathédrale de Troyes. Ce *chainage* se composait de cinq barres de fer posées au xviie siècle. Il se rompit en 1840, pendant une forte gelée, qui fit éprouver au fer un retrait considérable.

On a établi, dans certains édifices, à Saint-Pierre de Rome, par exemple, des *chainages* circulaires en métal. Une lézarde s'étant produite, au xvie siècle, dans toute la longueur de la coupole, fit naitre pour la solidité de l'édifice, des inquiétudes qui devinrent plus vives encore vers le milieu du siècle suivant. Il fallut, autant pour calmer l'émotion publique que par nécessité vraie, entourer la coupole de cercles de fer. On remarqua dans la voûte, dans le tambour et dans les contreforts, des lézardes qui venaient, sans doute, du peu de liaison des piliers butants avec la tour du dôme ; on résolut de fortifier le tambour et la coupole, à l'aide de cinq cercles de fer placés depuis le piédestal des contreforts jusqu'au sommet de la coupole, à la naissance de la lanterne où fut placé le dernier. Cette opération fut exécutée en 1743 et 1744 ; on s'aperçut, en 1747, que l'ancien cercle de fer placé, du temps même de Sixte-Quint, autour de la coupole intérieure, s'était rompu ; on le répara et l'on en mit un nouveau à la coupole extérieure, au-dessous des premières fentes, vis-à-vis celui qui s'était rompu à la coupole intérieure. Le poids total de ces six cercles monte

à plus de 50,000 kilogr. L'utilité de ces *chainages*, ainsi appliqués après coup, a été fort contestée : il est évident qu'ils ajoutent un poids considérable à la construction et que, dans le cas d'un grand effort, il est probable qu'ils seraient insuffisants pour empêcher les écartements.

Aujourd'hui on emploie, dans les constructions, des *chainages* composés de barres de fer méplat, reliées entre elles par divers assemblages. On a reconnu, par l'expérience, que les fers méplats sont, à section égale, beaucoup plus forts que les fers carrés. Cet avantage vient de ce que, pour un même volume, le fer méplat a plus de surface périmétrique. Quand on le forge, c'est la surface externe qui reçoit la plus forte impression du marteau. Cette opération allonge le métal en filaments qu'on appelle nerfs, ce qui lui procure une force beaucoup plus grande que celle du fer à gros grains sortant des filières ou des laminoirs. Mais l'action des plus forts marteaux ne s'exerçant pas à une distance de plus de 0^m,0045 de la surface, il en résulte que le milieu d'une barre de fer, qui a plus de deux fois 0^m,0045, c'est-à-dire 0^m,009 d'épaisseur, n'acquiert pas de force par le martelage ; on est donc conduit à donner aux fers la section méplate, comme plus avantageuse au point de vue de la résistance, que la section carrée.

Les procédés actuellement employés

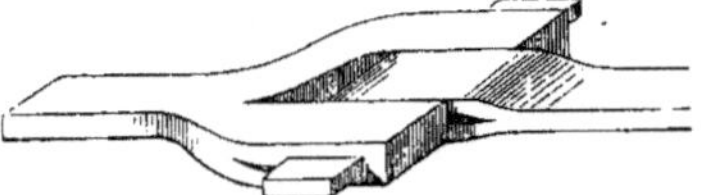

Fig. 794.

sont : l'assemblage à charnière et à clavette (fig. 794) ; l'assemblage à charnière

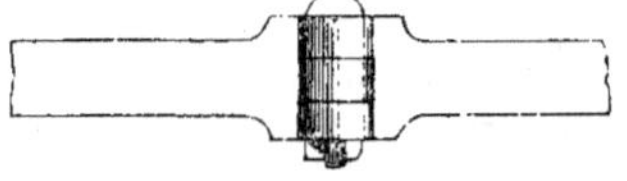

Fig. 795.

avec boulon à vis (fig. 795); l'assemblage dit *à talons* (fig. 796).

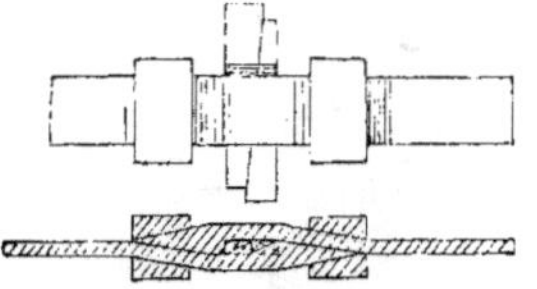

Fig. 796.

L'extrémité des *chaînages* se termine par un œil (fig. 797) dans lequel passe une ancre, que l'on noie dans la ma-

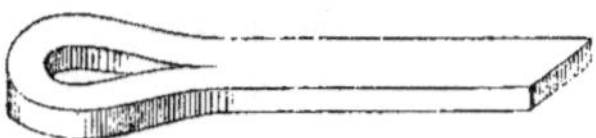

Fig. 797.

çonnerie ou qu'on laisse apparente sur les façades (voy. *Ancre, Ancrage*). La

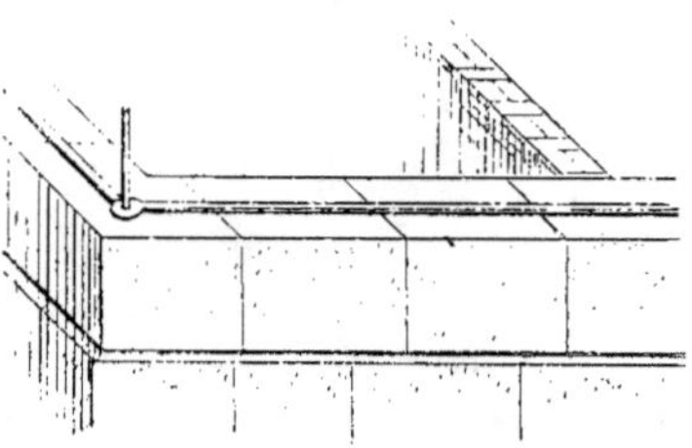

Fig. 798.

figure 798 représente le *chaînage* de deux murs d'angle.

On emploie encore les *chaînages* avec tirants en fer, soit pour relier entre eux les murs des hangars, des combles à grande portée, soit pour maintenir provisoirement la poussée des voûtes dont les points d'appui sont soumis à des réparations.

Nous citerons, comme exemple, le système de *chaînage* provisoire qui servit à remplacer les étaiements nécessaires à la reprise en sous-œuvre des contreforts, dans la restauration du château de Saint-Germain par E. Millet ; des tirants de fer (fig. 799) furent placés transversalement d'une baie à l'autre, à

la hauteur où s'exerce la poussée des voûtes ; chaque tirant était composé de deux parties en fer rond, réunies en-

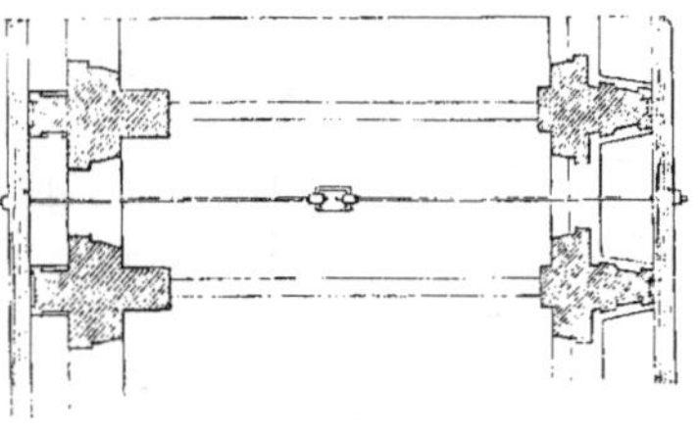

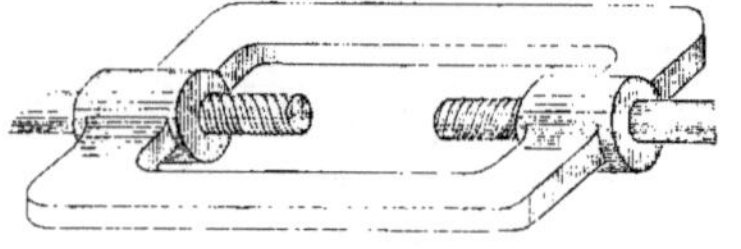

Fig. 799.

semble à l'aide d'une boucle percée de deux trous taraudés en sens inverse et permettant de serrer l'assemblage ; les extrémités de ces pièces de fer retenaient à l'extérieur, au moyen de boulons, des plates-formes de bois embrassant deux contreforts à la fois.

Dans le métré des ouvrages, la part qui revient au maçon pour l'établissement des *chaînages* dans les murs en pierre est ainsi comptée : 1° 0,075 de taille par chaque face, avec arêtes bien dressées pour les tranchées faites sur les trois côtés conservés : cette évaluation est réduite aux trois quarts si le dressage des arêtes est imparfait ; 2° 0,10 courant de légers pour les scellements des chaînes ; 3° 10 p. 100 de taille pour les entailles destinées à loger les bagues des chaînes au point de jonction de deux chaînes. Si le *chaînage* est fait dans une autre construction qu'un mur en pierre, les évaluations sont les mêmes, mais se comptent en légers (1).

Chaîne, *s. f.* — CONSTRUCTION. On donne ce nom à des piles en pierre placées, de distance en distance, dans les

<hr>

(1) Masselin, *Dictionnaire raisonné du métré.*

murs en petits matériaux, pour leur donner plus de solidité.

Les *chaînes* sont généralement appareillées, comme le montre la figure 800,

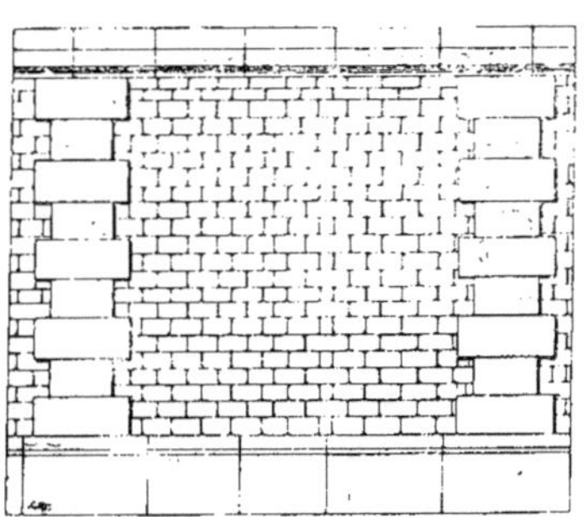

Fig. 800.

en assises alternativement longues et courtes, de manière à former liaison ; les parties d'une assise qui excèdent sur l'assise inférieure se nomment *harpes*.

Les angles des murs en moellons ou en briques sont généralement renforcés par des piles semblables que l'on nomme

Fig. 801.

chaînes d'encoignure (fig. 801) ; souvent les pierres qui les composent sont séparées par des refends, soit en chanfrein, soit à arêtes vives ou arrondies.

L'appareil en besace (fig. 802), employé pour former la liaison d'un mur

de refend avec un mur de face, produit une *chaîne*, que l'on accentue quelque-

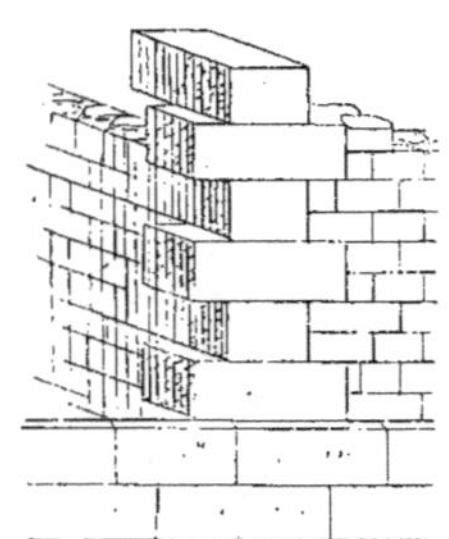

Fig. 802.

fois par une certaine saillie, comme le montre la figure 803 ; mais, dans ce der-

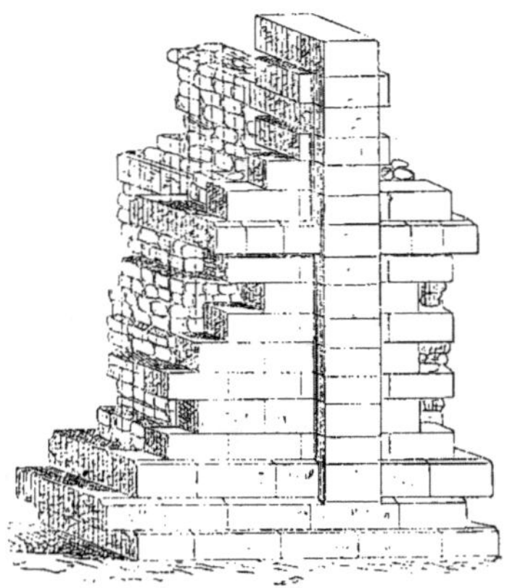

Fig. 803.

nier cas, la *chaîne* prend plutôt le nom de *pilastre* ou de *contrefort*.

Serrurerie. 1° Suite d'anneaux passés les uns dans les autres, de manière à former un assemblage flexible comme l'est une corde et remplir les mêmes fonctions dans les engins de construction.

On donne ordinairement aux anneaux

Fig. 804.

ou *maillons* la forme elliptique (fig. 804), pour économiser la matière.

Quelquefois les maillons sont des courbes en S à simple ou à double courbure (fig. 805).

Fig. 805.

On a employé les *chaînes de Vaucanson*, A (fig. 806), dans la construction

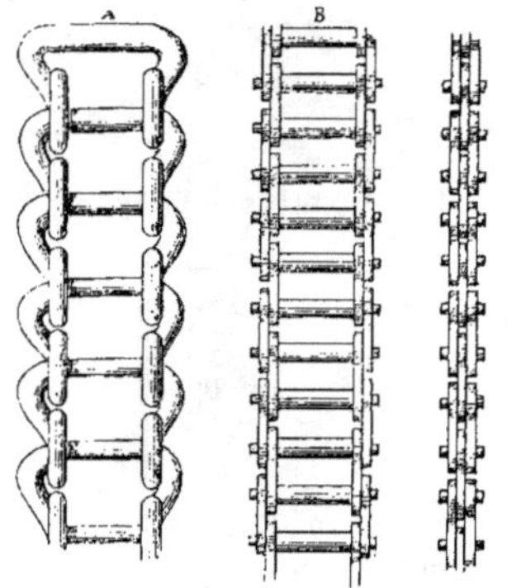

Fig. 806.

des stores ; les *chaînes de Gall*, B, sont plutôt utilisées pour les machines de transmission.

Au moyen âge, on se servait de *chaînes* pour barrer les rues, les portes des villes et des faubourgs, l'entrée des ponts ; on les fixait, par leurs extrémités, aux murs des maisons ou bien à des poteaux de bois, avec contrefiches (1).

2° Bandes de fer plat disposées pour empêcher l'écartement des murs.

Chaîne d'un bâtiment (voy. *Chaînage*).

Chaîne d'arpenteur (voy. *Décamètre*)

Chaîneau, *s. m.* — Voy. *Chéneau*.

Chaîner, *v. a.* — 1° Mesurer une distance au moyen de la chaîne d'arpenteur ou *décamètre* (voy. ce mot).

2° Placer les *chaînages* d'une construction (voy. *Chaînage*).

(1) Viollet Le Duc, *Dictionnaire raisonné de l'architecture française*.

Chaînette, *s. f.* — 1° Courbe que forme une chaîne suspendue par ses extrémités à deux points fixes et abandonnée à la pesanteur.

Les architectes ont employé cette courbe comme génératrice de certaines voûtes, en la retournant de façon que la partie concave devînt la partie convexe.

Il a été mathématiquement démontré que cette courbe est tellement favorable à la solidité des voûtes, que, si l'on en faisait usage, on pourrait construire sans mortier une voûte dans laquelle tous les joints des pierres seraient parfaitement polis. Aussi l'emploi de la *chaînette* serait-il plus fréquent si cette courbe n'avait pas l'inconvénient de former un angle désagréable avec les pieds-droits ; mais on peut l'utiliser pour les grands ouvrages où la solidité doit être préférée à la décoration.

Nous citerons, outre l'application de la *chaînette* à la grande calotte intermédiaire que surmonte la lanterne du Panthéon, à Paris, l'usage qu'on en a fait pour les voûtes du canal Saint-Martin, précisément à l'endroit où s'élève aujourd'hui la colonne en bronze dite colonne de Juillet.

2° Petite chaîne qui retient la broche d'un arrêt de persienne (voy. *Arrêt*).

Chaînon, *s. m.* — 1° Anneau d'une chaîne. On dit aussi *maillon*.

2° On nomme de même la bride qui embrasse les queues des tenailles.

Chaire, *s. f.* — Siège élevé servant de trône épiscopal à un évêque ou de tribune au président d'une assemblée religieuse ou civile, à un prédicateur, à un professeur faisant un cours, etc.

1° C'est dans les catacombes que l'on trouve la *chaire* primitive ou *cathedra*. La plupart des cryptes possédaient, au fond de la niche ou abside ménagée derrière l'autel, un siège taillé dans le tuf ou formé de tablettes de marbre reliées entre elles par des tenons de fer. C'est là que se plaçait l'évêque pour présider la réunion des fidèles. Cette disposition fut reproduite dans les premières basiliques chrétiennes.

Rappelant d'abord la forme des chaises curules antiques, simple dans la décoration, construite en marbre, sans ornements, comme le trône épiscopal de la basilique de Saint-Clément, à Rome, représenté par la figure 807, la

Fig. 807.

cathedra fut, dans la suite, enrichie de mosaïques et de sculptures. On l'éleva de plusieurs degrés au-dessus des places occupées par le clergé sur le banc demi-circulaire qui garnissait le fond de l'abside ; le pontife, placé ainsi derrière l'autel dépourvu de rétable, voyait l'officiant en face.

La *chaire* de l'évêque se trouve également dans un certain nombre de monuments religieux de l'époque romano-byzantine ; l'église de Notre-Dame de Vaison (Vaucluse) possède une *cathedra* en pierre de forme simple et ornée de colonnettes adossées à la face antérieure des accoudoirs (fig. 808) (1). Cet édifice porte les traces de quatre constructions d'un style différent, l'abside et la travée qui la précède étant les plus anciennes et paraissant appartenir à la période mérovingienne.

La *cathedra* était le symbole de la

(1) Révoil, *Architecture romane*.

juridiction des évêques et on appela *cathédrales* les églises renfermant des

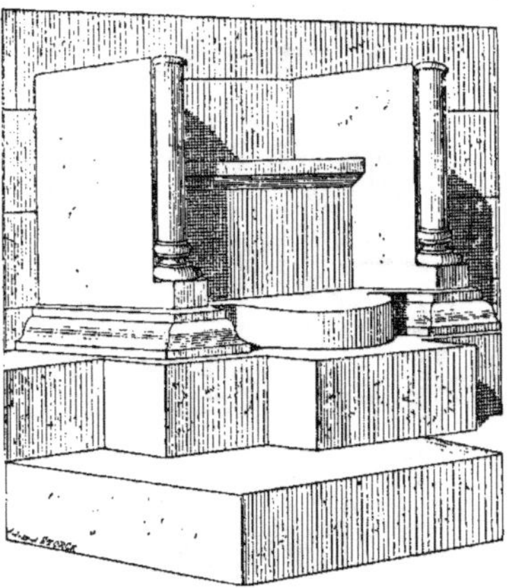

Fig. 808.

sièges épiscopaux. Il y avait aussi des trônes mobiles que les abbés des monastères plaçaient dans leurs sanctuaires, lorsqu'ils invitaient l'évêque du diocèse, et, ce jour-là, l'église abbatiale devenait *cathédrale* (1).

Plus tard, les *chaires* épiscopales furent recouvertes de dais en étoffe et même, pendant les XIVe et XVe siècles, ces couronnements furent en pierre ou en bois découpés à jour et richement sculptés. Vers la fin du XVe siècle, le siège de l'évêque ne fut plus établi derrière l'autel, mais à la tête des stalles du chœur.

2° La *chaire à prêcher* est une tribune ronde, carrée ou à pans, élevée au-dessus du sol d'une église, pour la lecture des livres saints et la prédication.

Les églises primitives renferment plutôt des *ambons* que des *chaires* (voy. *Basilique*); cependant on peut citer, comme *chaires* anciennes, celle de l'église de Saint-Georges élevée par Constantin à Salonique ; celle de Sainte-Sophie, à

(1) Viollet Le Duc, *Dictionnaire raisonné de l'architecture française*.

Constantinople, construite par Justinien, dans le style byzantin, et celle de Saint-Marc, à Venise, d'une époque plus récente, mais également de style byzantin.

L'architecture romane présente aussi des exemples de *chaires* ou *ambons* (voy. ce mot) richement décorés. Dans l'église Sainte-Marie, à Toscanella, près Viterbe, un ambon remarquable s'élève entre le sanctuaire et la nef (fig. 809).

Fig. 809.

Cette *chaire* est supportée par des arcades reposant sur quatre colonnes courtes et sans base; un appui en marbre forme le couronnement; un pupitre est soutenu, à l'un des angles, par un ange et un aigle sculptés en ronde bosse; l'escalier, tournant autour d'un pilier, est en pierre et porté par un massif demi-circulaire.

L'église de San-Miniato, près de Florence, possède encore une *chaire* romane en marbre blanc.

Les édifices religieux de la France ne contiennent pas de *chaires* antérieures au xv° siècle; les jubés servaient alors à la prédication; cependant, on peut citer, comme étant de cette époque, la *chaire* que possédait, en encorbellement sur l'intérieur de la nef, l'église du couvent des Jacobins à Toulouse (1). Les réfectoires avaient des tribunes disposées de même pour la lecture.

L'Italie, au contraire, nous a laissé des exemples de *chaires* des xiii°, xiv°, xv° siècles : telles sont celles de la cathédrale de Pise, de l'église Saint-Jean de Pistoja, de la cathédrale de Sienne, supportées par des colonnes dont les bases reposent sur des statues ou des lions. Une *chaire* plus remarquable encore par son escalier pratiqué dans le pilier même contre lequel elle est adossée est celle de Saint-François, à Assises.

Une disposition semblable a été adop-

Fig. 810.

tée (fig. 810) pour la *chaire* de Notre-

(1) Viollet Le Duc, *Dictionnaire raisonné de l'architecture française*.

Dame d'Alençon (Orne). L'église a été construite au xve siècle, et la *chaire* a été ajoutée au xvie siècle, sans que le pilier, percé à cet effet, dans toute son épaisseur, ait paru en souffrir. La coupe (fig. 811) indique la forme donnée à la

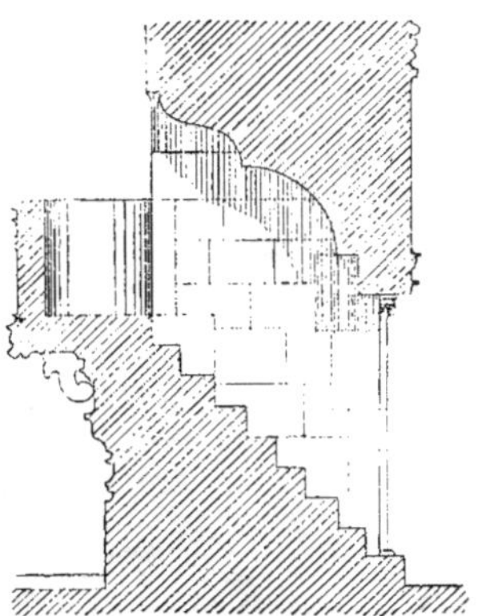

Fig. 811.

voûte de l'escalier et la saillie de la tribune sur le pilier. Cette *chaire* fut, plus tard, surmontée d'un abat-voix, lorsque l'usage s'en répandit, pour empêcher la voix du prédicateur de se perdre dans la hauteur de l'édifice.

La Renaissance italienne a produit comme *chaires à prêcher* des œuvres très remarquables, que nous ne pouvons passer sous silence ; nous en donnerons ici deux exemples qui méritent d'être cités entre tous.

La *chaire* de l'église de Sainte-Croix (Santa-Croce), à Florence (fig. 812), est une des plus belles créations de la première époque de la Renaissance ; elle est de Benedetto da Majano de Florence, qui sut y appliquer une excessive richesse de décoration et une très grande variété dans les détails. On remarque l'emploi de l'or dans les panneaux, les consoles, la frise sous la corniche et les armoiries qui se trouvent au bas. Notons ici que l'usage de la dorure est appliqué fréquemment, dans

les édifices de cette époque, tant aux sculptures en marbre qu'à celles en bois. La *chaire* de Santa-Croce peut

Fig. 812.

être considérée comme un modèle du genre, tant pour la richesse de la conception et l'harmonie générale, que pour la finesse extraordinaire de l'exécution. On accède à la *chaire* par un escalier caché dans le pilier et que ferme une porte qui est surtout remarquable par sa magnifique marqueterie.

Le second exemple de *chaire* italienne de la Renaissance, que représente la figure 813 (1), est celle de l'église du Saint-Esprit, à Rome, édifice dont la construction fut dirigée par Antonio da Sangallo. Les pilastres qui ornent cette *chaire* et les compartiments du dais qui la surmontent sont décorés d'arabesques sculptées. L'ensemble de la *chaire* est d'une bonne proportion, et les divisions et la distribution du décor sont bien entendues.

Le xviie siècle nous a laissé quelques

(1) Letarouilly, *Edifices de Rome moderne*.

chaires remarquables : il faut citer d'abord les dispositions qui furent prises par le Bernin, dans la tribune de la ba-

Fig. 813.

silique du Vatican, pour renfermer le trône de bois incrusté d'ivoire dont firent usage les premiers papes. Cette *cathedra* primitive a été placée, par le Bernin, dans une vaste *chaire* de bronze doré qui est supportée par les statues colossales de quatre docteurs de l'Église.

L'Espagne et la Belgique possèdent également de très belles *chaires* en bois : telle est celle de Sainte-Gudule, à Bruxelles.

On a employé quelquefois le fer pour l'exécution de certaines *chaires* : la ca-

thédrale de Burgos en renferme un exemple. On en voit encore deux fort belles à la cathédrale de Lugo, également en Espagne.

On peut citer encore des exemples de *chaires* en métal. L'ouvrage de ce genre, dont nous présentons (fig. 814) l'éléva-

Fig. 814.

tion, à l'échelle de 0^m,05 pour mètre, a été exécuté pour l'église de l'abbaye des moines bénédictins de Fulda (province de Hesse), en Prusse. L'architecte a placé dans le sanctuaire deux *chaires* semblables, comme le veut l'usage en Allemagne. Ces *chaires* sont composées de panneaux en fer forgé, constitués par des enroulements ; elles forment un encorbellement demi-circulaire, retenu par deux parties planes et posé sur une console armée d'arcs-boutants. Cette console est maintenue par deux branches horizontales fixées dans la pierre et s'y attache à l'aide de clavettes servant à serrer les assemblages. Nous ferons remarquer, dans cet ouvrage, le mode d'attache des traverses horizontales sur les montants verticaux, lequel consiste en un retour de la traverse fournissant tout à la fois une frise à l'embrasse et un moyen de décoration. Entre les traverses hautes et basses des remplissages en tôle découpée, il existe un motif destiné à faire valoir les parties les plus grandes occupées par les enroulements.

On doit à la Renaissance française quelques *chaires* qui sont restées célèbres : telle est la *chaire* en marbre qui avait été exécutée par Germain Pilon, pour le monastère des Grands-Augustins, à Paris.

Parmi les *chaires* en bois sculpté les plus remarquables, nous pouvons citer celles de Saint-Roch et de Saint-Étienne

Fig. 815.

du Mont, à Paris, qui ont été construites au XVIII⁰ siècle ; la dernière est donnée en élévation latérale par la figure 815.

Aujourd'hui, on fait également des *chaires* en pierre ou en bois, adossées à des colonnes ou isolées entre deux piliers. La figure 816 représente la

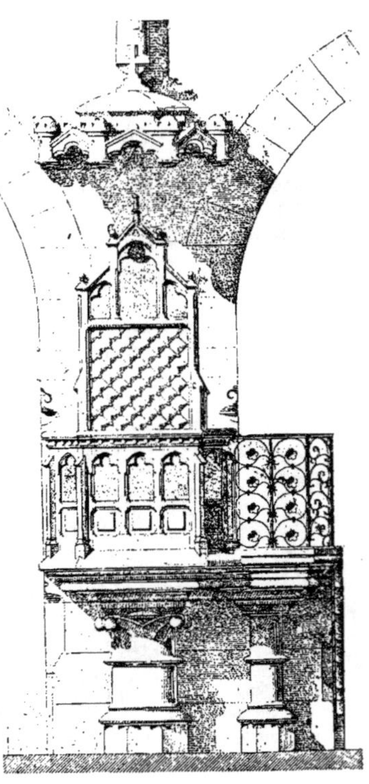

Fig. 816.

chaire de l'église de Maisons-sur-Seine, exécutée sous la direction de E. Millet ; la tribune, ainsi que le dais, sont en pierre et font corps avec l'un des piliers de la nef.

Une autre *chaire* remarquable, en pierre, de construction récente, est celle de l'église de Saint-Pierre de Montrouge, à Paris, qui est due à M. E. Vaudremer ; nous en donnons une vue perspective (fig. 817). La tribune à pans, ornée de pilastres et d'un aigle sculpté sur le panneau du milieu, est supportée par une colonne courte qui repose sur un avant-corps formant socle. Cette *chaire* est située dans l'axe d'une

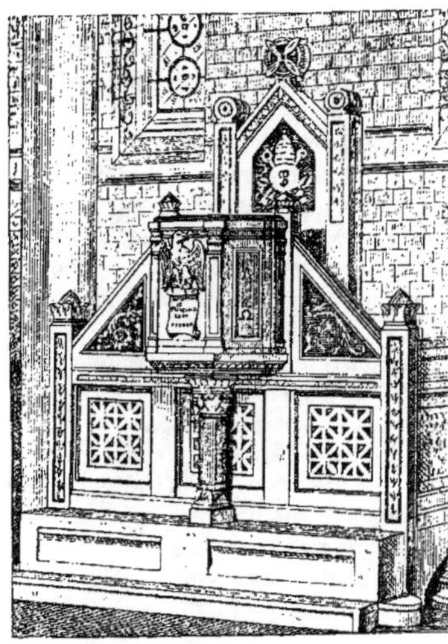

Fig. 817.

travée de la nef, ainsi que le montre le plan (fig. 818) qui indique aussi la

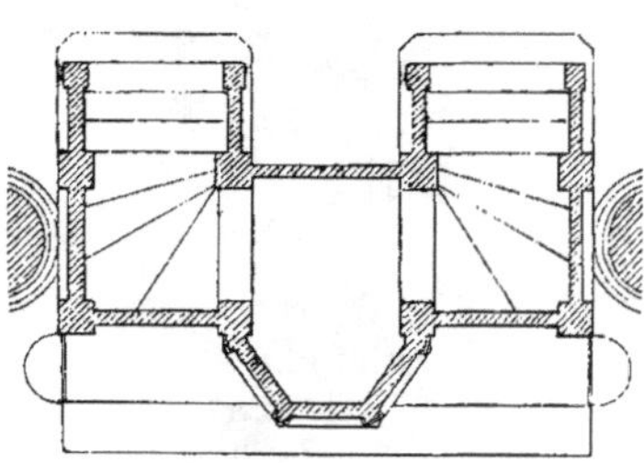

Fig. 818.

disposition des deux escaliers latéraux.

Comme exemple de *chaires* en bois, nous citerons celle qui orne la chapelle du collège d'Eu et qui est de style Renaissance. Cet ouvrage de menuiserie, adossé contre une pile (fig. 819), se compose d'une tribune dont le dessous est formé de consoles se reliant à un balustre central, et d'un abat-voix cou-

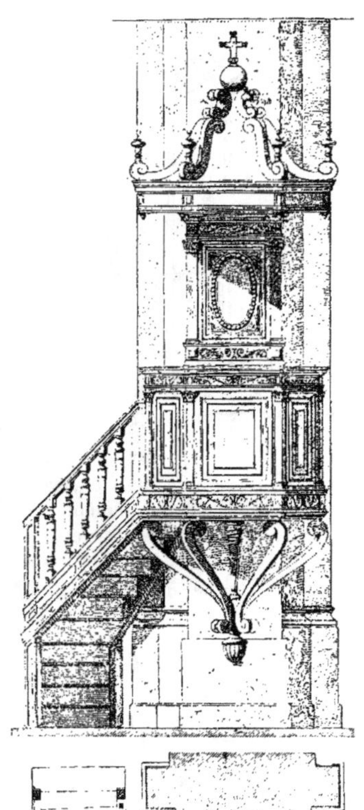

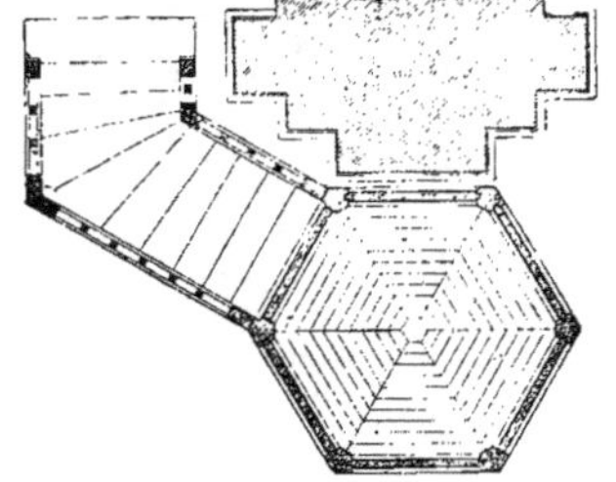

Fig. 819.

ronné par un motif de décoration analogue ; l'escalier est pourvu d'une balustrade à jour.

Enfin, la figure 820 représente une *chaire* en bois isolée, qui est placée dans l'église de Saint-Ambroise, à Paris, et qui a été exécutée sous les ordres de M. Ballu, architecte de ce monument.

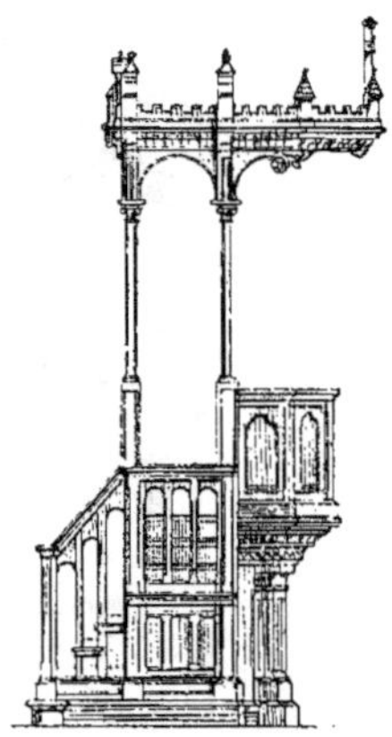

Fig. 820.

Avant de terminer, citons encore les *chaires à prêcher* des monuments religieux arabes. La tribune est élevée sur quatre piliers avec arcades et surmontée d'un dais en forme de coupole mau-

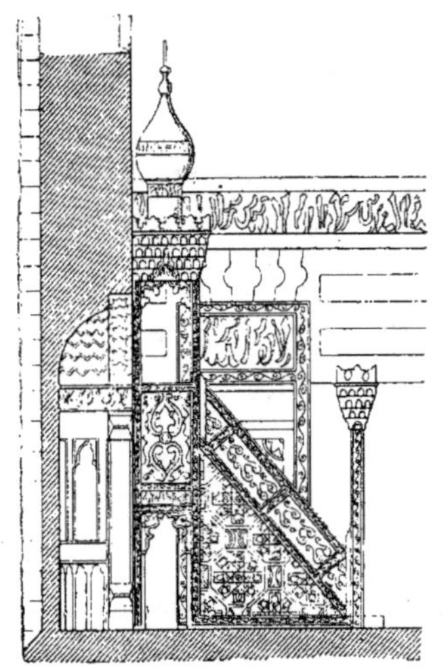

Fig. 821.

resque ; on y accède par un escalier

droit au bas duquel est placée une porte couronnée par un entablement qui se compose de plusieurs assises de petites niches triangulaires en saillie les unes au-dessus des autres. La *chaire* que nous donnons (fig. 821) appartient à la mosquée de Kaïtbaï, au Caire, édifice construit au xvᵉ siècle (1).

Chaires extérieures. L'usage des prêches publics, à certains jours de l'année, avait fait établir, au moyen âge, des *chaires* sur les faces latérales de certaines églises, à l'angle de quelques carrefours, dans des cloîtres, et même dans des cimetières.

Ces constructions étaient en pierre, et ordinairement surmontées d'abat-voix, comme la *chaire* qui existe encore à la cathédrale de Vitré et celle de l'ancien cloître des Carmes, à Paris, dont nous donnons une vue perspective à l'article *abat-voix* (voy. ce mot).

L'Italie offre des exemples de *chaires*

Fig. 822.

extérieures qui datent de la Renaissance ; la plus renommée de toutes est

(1) Coste, *Architecture arabe.*

celle de Prato (fig. 822), près de Florence, exécutée en marbre blanc.

A cet exemple nous ajouterons l'une des *chaires* qui appartiennent à l'église

Fig. 823.

San-Salvatore, à Spolète (fig. 823). Les deux *chaires* sont placées symétriquement aux angles d'un portique de cinq arcades attenant à cet édifice ; chacune d'elles est comprise entre les deux co-

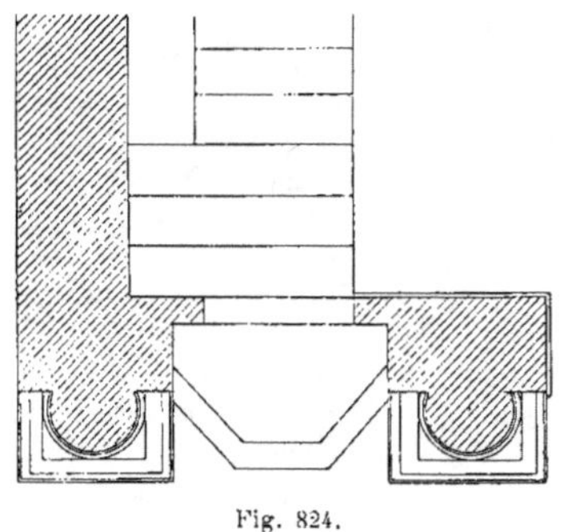

Fig. 824.

lonnes engagées qui accentuent les

extrémités de ce portique. Comme le montre le plan représenté par la figure 824, on accède aux *chaires* formant encorbellement par un escalier de sept marches. Vu de l'extérieur, l'ensemble a l'aspect d'une sorte de niche que surmonte et qu'abrite l'entablement même du portique.

3° Les tribunes occupées par les professeurs dans les salles d'enseignement reçoivent aussi le nom de *chaires*. Ce sont, en général, des ouvrages très simples en menuiserie (fig. 825) com-

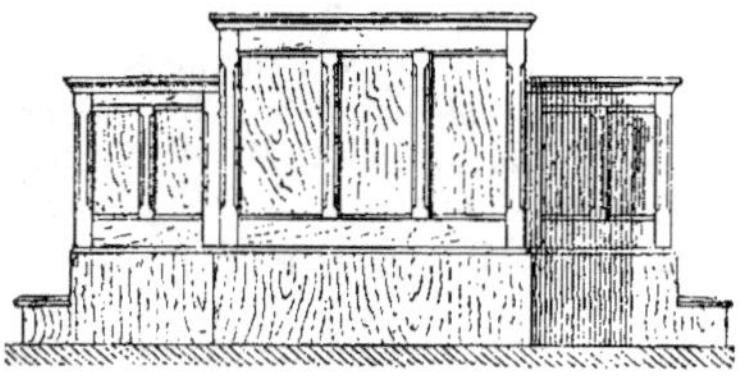

Fig. 825.

posés d'une enceinte élevée d'une ou de plusieurs marches au-dessus du sol et pourvue de deux portes latérales. La partie du milieu forme saillie, comme l'indique le plan (fig. 826), et est plus

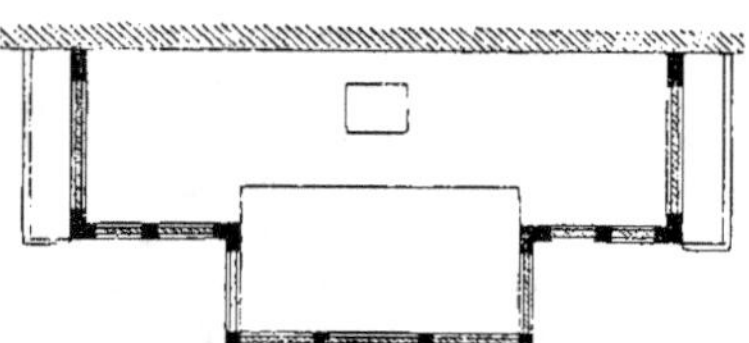

Fig. 826.

haute que les côtés ; un pupitre y est disposé intérieurement et sert de table au professeur assis sur un siège mobile.

Chaise, *s. f.* — 1° Assemblage ou bâti formé de quatre grosses pièces de bois, sur lequel on établit la cage d'un *moulin à vent*, d'un *beffroi* (voy. ces mots).

2° Assemblage de plusieurs pièces de

bois qui se place sous une grue, sous une chèvre pour les exhausser.

3° Bois que l'on met sous un pan de bois, quand on en fait le levage pour le soutenir en attendant la pose des parpaings.

Chalcidique, s. f. — On appelait ainsi, chez les Romains, une sorte de portique ajouté aux édifices publics et particuliers, pour former une large entrée couverte.

Le nom de cette construction vient de la ville de Chalcis, où elle semble avoir été particulièrement en usage.

Quelques auteurs ont donné aussi le nom de *chalcidiques* aux salles qui se trouvaient de chaque côté du tribunal dans la basilique romaine (voy. *Basilique*). Par suite, une opinion émise par L.-B. Alberti, et généralement reçue aujourd'hui, est que ce nom s'appliquait encore à la nef transversale ajoutée aux premiers édifices chrétiens et qu'on nomme actuellement *transept* (voy. ce mot).

Chalet, s. m. — Habitation dans laquelle le bois entre comme élément principal tant au point de vue de la structure que de la décoration.

Ce genre de construction est très répandu en Suisse. Les parois en sont établies, soit à l'aide de troncs d'arbres ou de poutres équarries superposés, soit au moyen de planches ou de madriers posés debout; dans le dernier cas, les pièces s'assemblent à recouvrement, ou

Fig. 827.

à rainure et languette; elles peuvent

aussi être simplement jointives avec couvre-joints. Les solives qui supportent le plancher sont ordinairement apparentes. La couverture en bardeaux est sur un comble bas, à deux égouts; on donne à ce toit une forte saillie sur le pourtour, afin de garantir les balcons en bois découpé qui ornent le plus souvent ce genre d'habitation (fig. 827).

Les *chalets* ont été adoptés en France comme maisons de plaisance. Ils sont généralement formés d'un soubassement en pierre ou en meulière surélevant le sol du rez-de-chaussée, et d'un ou de plusieurs étages, dont la carcasse est en charpente et les remplissages en maçonnerie légère ; la brique apparente et jointoyée est souvent employée à cet effet. Parfois même les remplissages supérieurs se font en carreaux de faïence qui contribuent, en outre, à la décoration ; celle-ci est surtout caractérisée par les découpures à jours des balcons en bois, des consoles qui les soutiennent, et des lambrequins qui décorent les arêtes du comble.

Chalvraines (*Pierre de*). — Pierre calcaire provenant des carrières de ce nom situées près de Chaumont.

La *pierre de Chalvraines* est un calcaire oolithique blanc, demi-dur, d'un grain fin, propre à la sculpture. Elle a $0^m,40$ de hauteur d'assise et pèse 2,270 kilogr. le mètre cube. La charge de rupture par écrasement est de 340 kilogr. par centimètre carré.

Cette pierre a été employée à la construction des gares et maisons de garde de la ligne de Chaumont à Neufchâteau; aux églises de Chalvraines, de Bazoilles et de Baumont; enfin, aux mairies de la plupart des communes environnantes.

Chamaret (*Molasse de*). — Pierre calcaire demi-dure que l'on extrait de la carrière de Roche-Taillée, dans la commune de *Chamaret*, près de Montélimar.

La molasse de *Chamaret* est blanchâtre, à grains fins. Elle s'emploie à Montélimar, Valence, Saint-Etienne, Lyon, etc., s'exporte en Suisse, et notamment à Genève et Bâle.

Chamblac. *s. m.* — Grès siliceux provenant des carrières de Broglie dans la commune de *Chamblac,* près de Bernay.

Le *chamblac* est à grains fins, blanc ou jaunâtre. Il a de 0^m,25 à 0^m,40 de hauteur d'assise.

Cette pierre est employée à la construction des verreries et fourneaux dans la contrée.

Chambranle, *s. m.* — Encadrement d'une porte, d'une fenêtre ou d'une cheminée, présentant l'aspect d'une traverse ou linteau, supportée par deux montants ou pieds-droits.

Maçonnerie. Les *chambranles* sont *simples* ou *moulurés ;* dans le premier cas, ce sont des plates-bandes ne se détachant du mur que par un filet peu saillant ; on leur donne alors le nom de *bandeaux ;* dans le second cas, leur largeur est ordinairement divisée en plusieurs bandes bordées par une ou deux moulures. Ces *chambranles* sont refouillés dans la masse, sur les façades en pierre de taille, ou traînés en plâtre, sur les murs recouverts d'enduits ; on

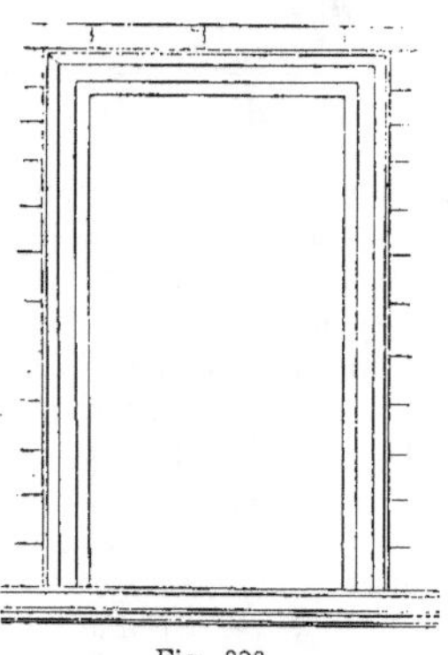

Fig. 828.

les fait de largeur égale sur le pourtour de la baie (fig. 828), ou bien on les fait

ressauter à la partie supérieure des montants et l'on dit alors qu'ils sont à *crossettes* (fig. 829).

Fig. 829.

On appelle *chambranles à cru* ceux dont les jambages portent sur l'aire du pavé ou sur un appui de croisée sans plinthe, comme le montre la figure ci-dessus.

Très souvent on couronne le *chambranle* par une corniche qui repose im-

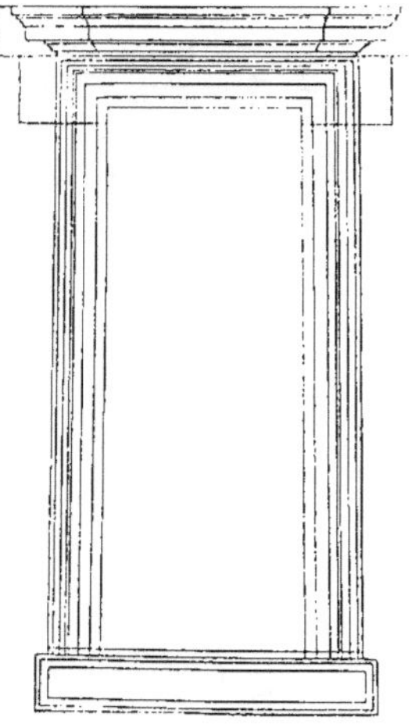

Fig. 830.

médiatement sur lui ; la figure 830 offre

un exemple de cette disposition appliqué à la face extérieure des fenêtres du temple de Vesta ; la face intérieure de

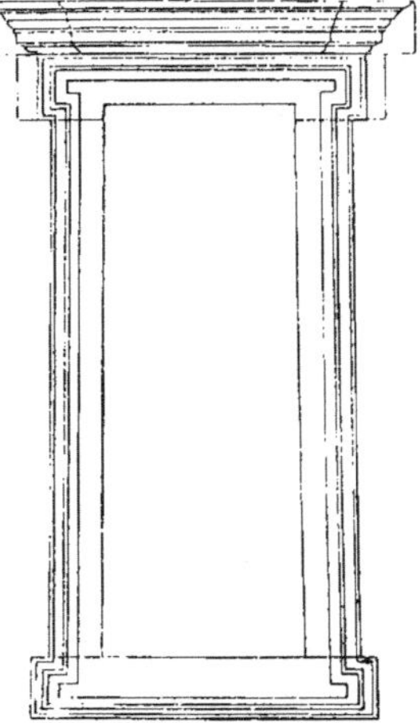

Fig. 831.

ces ouvertures , représentée par la figure 831, est pourvue d'un *chambranle* analogue, mais à crossettes aux quatre angles.

La corniche peut être séparée du

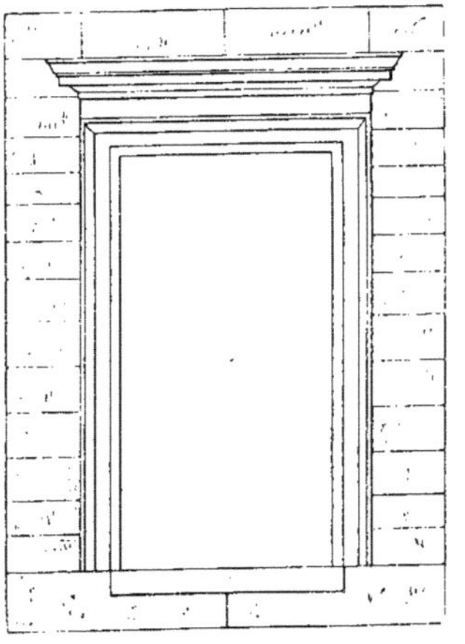

Fig. 832.

chambranle par une frise unie (fig. 832) ou ornée de sculptures.

Ces divers motifs de décoration s'appliquent aux baies cintrées, comme aux baies rectangulaires.

Les corniches de couronnement sont parfois supportées, à leurs extrémités, par des consoles placées en dehors des

Fig. 833.

montants de *chambranle* sur le nu du mur (fig. 833) ou sur des espèces de pi-

Fig. 834.

lastres qu'on nomme *arrière-chambranles* ou *contre-chambranles* (fig. 834).

La largeur d'un *chambranle* est ordinairement comprise entre le cinquième et le sixième de celle de l'ouverture ; quelquefois le linteau est plus large que les jambages ; d'ailleurs, les proportions et les profils de ces encadrements varient suivant les ordonnances d'architecture dont ils font partie.

L'origine des *chambranles* se trouve dans les monuments primitifs de l'Égypte, et les édifices appartenant aux divers genres d'architecture qui se sont succédé, depuis les temps anciens jusqu'à nos jours, témoignent de l'usage de plus en plus fréquent de ce motif de décoration (voy. *Fenêtre, Porte*).

MENUISERIE. Encadrement uni ou mouluré qui entoure les portes d'intérieur et contre lequel viennent aboutir les tentures ou s'assembler les *lambris*.

Les *chambranles* sont fixés aux poteaux d'huisserie par des pattes à vis, dans les pans de bois et terminés par un scellement, dans les murs en maçonnerie. Sur leur épaisseur est pratiquée une feuillure dans laquelle se loge le vantail de la porte.

Dans les cloisons légères, les *chambranles* sont simplement des moulures clouées autour des huisseries, qui portent alors la feuillure.

Les *chambranles* simples sont dits à la *capucine* (fig. 835); ils sont assemblés

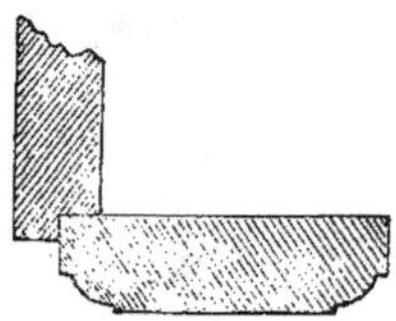

Fig. 835.

d'onglet, à tenon et mortaise, avec ou sans socle par le bas. On appelle *cham-*

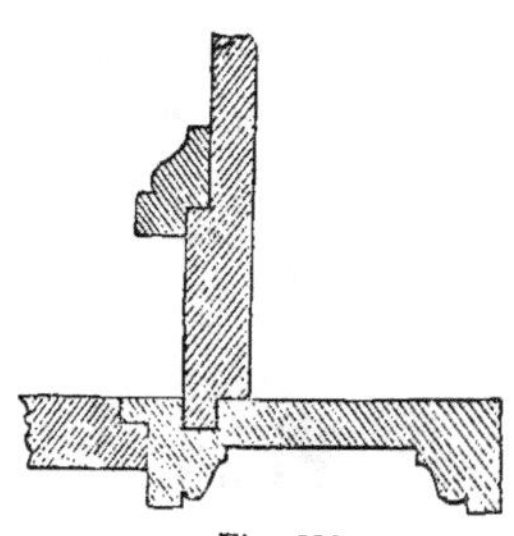

Fig. 836.

branles ravalés de moulures ceux qui sont ornés de profils divers (fig. 836).

Sur le côté opposé du mur est appliquée une menuiserie semblable à celle que la porte affleure et qu'on nomme *contre-chambranle*; l'embrasure, ou côté du tableau de la baie, est ordinairement revêtue d'un lambris, appelé *embrasement* par les ouvriers, et qui s'assemble, à la fois, avec le *chambranle* et le *contre-chambranle*, au moyen de rainures et de languettes. Souvent l'arête extérieure de la porte est remplacée par un congé ou quart de cercle en creux que l'on répète également sur l'arête vive du *chambranle*.

Dans les appartements richement décorés, les montants qui encadrent les portes sont parfois des pilastres et la traverse est formée par un entablement complet ou par une frise surmontée d'une corniche.

MARBRERIE. On appelle *chambranle de cheminée* l'encadrement en pierre ou en marbre dont on revêt la maçonnerie qui forme le corps de la cheminée.

On distingue : les *chambranles à la capucine*, qui sont simples et sans moulures, les *chambranles à pilastres, à modillons, à consoles galbées* (voy. *Cheminée*).

Les marbres qui composent les *chambranles* sont, en général, montés sur des doublures en dalles de pierre ; ils sont, de plus, arrêtés avec des agrafes et scellés au plâtre.

Chambre, *s. f.* — 1° Le mot latin *camera*, provenant du grec χαμαρα (*voûte*), désignait particulièrement le plafond voûté d'une pièce, construit en bois et plâtre, par opposition au terme *fornix*, qui s'appliquait à un plafond cintré et appareillé en voussoirs réguliers de pierre ou de terre cuite. Par extension, les Romains appelèrent *camera* toute salle voûtée.

Plus tard, les Italiens donnèrent le nom de *camera* aux pièces habitables d'une maison, et c'est de là que dérive le mot français *chambre*, qui a conservé la même acception générale, mais qui désigne plus spécialement, dans un appartement, la pièce de repos, ou *chambre à coucher*.

Les restes des palais anciens de

l'Égypte et de la Perse nous montrent que ces édifices étaient divisés en *chambres*, parmi lesquelles on remarque des *chambres à coucher* avec alcôves. Les salles servant au même usage, dans les habitations grecques, sont appelées ἱστῶνες, la principale étant le θάλαμος ou *chambre* des époux, précédée de l'ἀμφιθάλαμος, pièce de réception pour les visiteurs. Les mêmes noms, *thalamus* et *antithalamus*, désignent aussi la plus importante des *chambres* à coucher (*cubicula*) de la maison romaine. Les murs de ces *chambres* sont en général recouverts de peintures et d'arabesques, ainsi que les plafonds, souvent divisés en compartiments.

Les *chambres* des habitations riches, au moyen âge, étaient décorées avec luxe : les murs étaient garnis de tentures, de tapisseries et revêtus de lambris ; les solives des plafonds étaient apparentes et enrichies de sculptures, de peintures et de dorures ; les fenêtres étaient pourvues de vitraux et de volets ; le sol était carrelé en terre cuite émaillée ; sur l'un des côtés se trouvait une grande cheminée souvent ornée de sculptures. Dans les maisons de commerçants, le premier étage était généralement occupé par deux pièces dont la principale, qui servait de *chambre* à coucher pour les maîtres, était de mêmes dimensions que la boutique.

La décoration des *chambres* de la Renaissance consiste également en boiseries et tentures ; les plafonds sont ornés de caissons recouverts de peintures, souvent rehaussées d'or. C'est de cette époque que datent les alcôves séparées du reste de la pièce par une balustrade et formant une sorte de réduit assez grand pour y faire asseoir les intimes.

Cet usage des alcôves, contraire aux lois de l'hygiène, est à peu près abandonné aujourd'hui. La meilleure disposition, pour l'emplacement du lit, surtout dans les *chambres* longues, est celle où l'on appuie l'un des petits côtés de ce meuble contre le mur opposé à celui qui porte les fenêtres. C'est particulièrement ainsi que sont placés les lits dans les *chambres* d'apparat, qui sont aussi des pièces d'honneur et de réception dans les palais des souverains et dans les grands hôtels. Des garde-robes et des cabinets de toilette sont en général ménagés près du lit ; un boudoir est attenant à la *chambre* dans les grands appartements.

2° Le nom de *chambre* s'applique aussi aux salles de réunion de certaines assemblées ; on dit : la *chambre* des députés, la *chambre* des notaires, etc.; la forme en hémicycle est celle qui convient le mieux à ce genre d'édifices.

3° On appelle encore *chambre*, dans un palais de justice, les salles où se tiennent les audiences des tribunaux. On distingue la *grand'chambre* ou *chambre criminelle* et les *chambres civiles*.

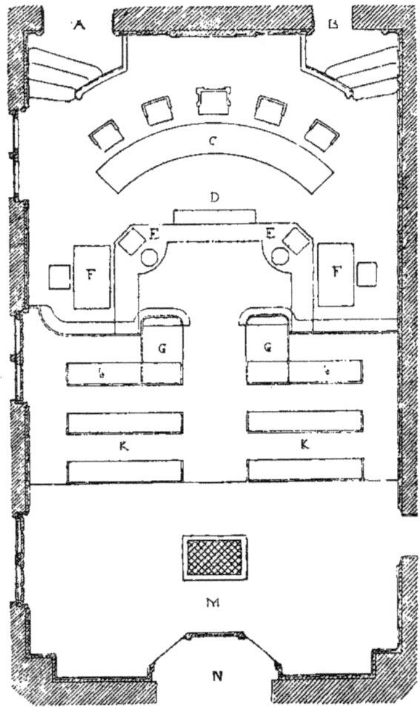

Fig. 837.

Nous présentons (fig. 837) le plan d'une de ces dernières salles appartenant au

Palais de justice de Paris. L'entrée principale est placée dans l'axe de la longueur et accompagnée d'un tambour qui contient deux portes donnant immédiatement accès dans la partie réservée au public. On voit, en A et en B, la porte de la salle du conseil et celle des huissiers, en C le bureau des juges, au-devant duquel est le prétoire D, avec les sièges des huissiers E, et les tables F, du secrétaire et du greffier; G, sont les tribunes des avocats, auxquelles sont attenants les bancs *b*, réservés aux parties intéressées; K, sont d'autres bancs à dossiers pour les avocats auditeurs; M indique l'emplacement réservé au public.

Certaines de ces salles sont très luxueusement décorées; ainsi la *chambre des assises* du Palais de justice de Rouen est ornée d'un plafond en bois sculpté; la *grand'chambre* de l'ancien parlement à Rennes est très renommée pour sa magnificence.

4° On appelle *chambre d'écluse* la portion de canal comprise entre les deux portes (voy. *Écluse*).

5° On donne les noms de *chambre obscure* et de *chambre claire* à deux appareils qui permettent de tracer l'image exacte d'un paysage, d'un édifice, d'un objet quelconque.

Le premier de ces instruments, la *chambre obscure*, est une boîte qui n'est percée que d'une seule ouverture, par laquelle entrent les rayons lumineux. Tous les objets extérieurs dont les rayons peuvent atteindre cette ouverture, vont se peindre sur le mur opposé, avec des dimensions réduites et avec leurs couleurs naturelles; mais les images sont renversées. Tel est le principe de l'appareil, voici l'application qui en est faite à l'art du dessin :

La figure 838 représente la *chambre noire à tirage*. C'est une boîte rectangulaire en bois, dans laquelle les rayons lumineux pénètrent à travers une lentille L et tendent à aller former une image sur la paroi opposée P, qui doit

être éloignée de la lentille L d'une longueur égale à sa distance focale. Mais

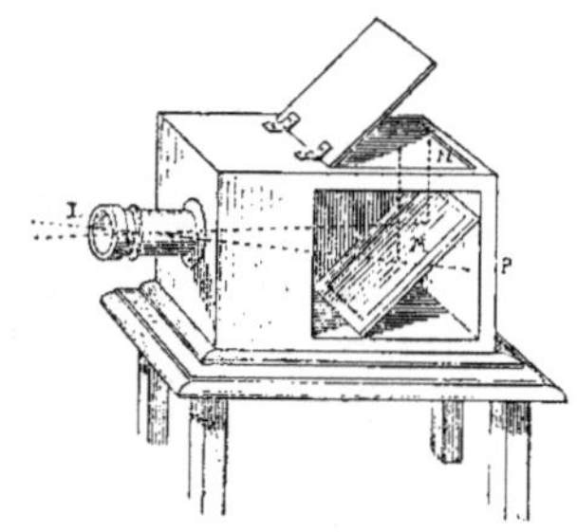

Fig. 838.

ces rayons, rencontrant un miroir de verre M, incliné de 45°, changent de direction et l'image va se former sur un écran de verre dépoli N. En plaçant sur cet écran une feuille de papier à calquer, on peut prendre avec fidélité les contours de l'image.

On a donné le nom de *chambre noire à prisme* à une autre espèce de *chambre noire* ainsi construite :

Dans un étui de cuivre est placé un

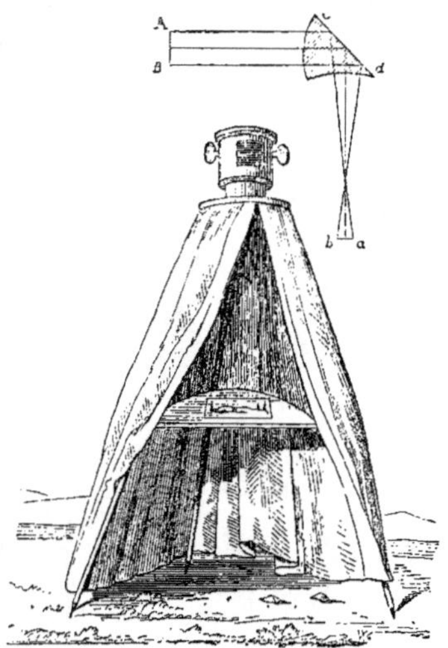

Fig. 839.

prisme triangulaire ayant la section indiquée par la figure 839 et qui tient lieu, à la fois, de lentille convergente et de miroir ; à cet effet, une de ses faces est plane, tandis que les autres ont une courbure telle que, par leurs réfractions combinées, à l'entrée et à la sortie des rayons, elles produisent l'effet d'un ménisque convergent. Il s'ensuit que les rayons émis par un objet AB, après avoir pénétré dans le prisme et éprouvé sur la face cd la réflexion totale, vont former, en ab, une image réelle de AB. Si donc, à une distance du prisme égale à la distance focale, on place une tablette, l'image des objets extérieurs vient se former sur une feuille de papier étendue sur cette planchette.

Le tout est enveloppé d'un rideau noir, comme le montre la même figure et, en se plaçant dessous, le dessinateur est complètement dans l'obscurité. La tablette est montée sur des pieds qui se ploient à l'aide de charnières. Cet appareil portatif est dû à M. Ch. Chevalier.

L'invention de la première *chambre claire* est due à Wollaston.

Cet appareil se compose essentiellement d'un prisme quadrangulaire en verre $acbd$ (fig. 840) ayant en b un angle droit, en d un angle obtus de 135° et en

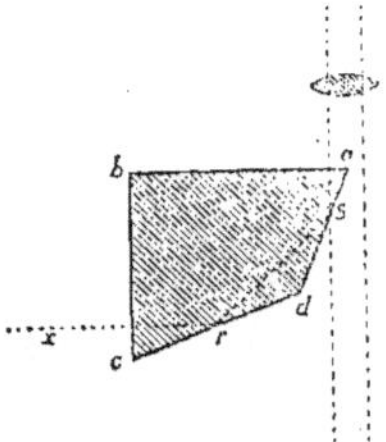

Fig. 840.

a et c, deux angles de 67° 30′ chacun. Ce prisme est supporté par un pied à tirage, qui permet de le hausser et de le baisser à volonté ; en outre, il peut tourner plus ou moins autour d'un axe parallèle à ses arêtes. La face cb est tournée vers l'objet dont on veut prendre le dessin ; x, par exemple, représen-

tant un rayon lumineux parti d'un point de l'objet, on voit que ce rayon, après avoir pénétré perpendiculairement dans le prisme, est réfléchi d'abord en r sur cd, puis en s sur ad, et sort enfin perpendiculairement à la face ab près du sommet a du prisme. L'œil du dessinateur étant placé un peu au-dessus de cette face, de telle sorte que le milieu de sa pupille corresponde au sommet a, il arrive : 1° que par la moitié antérieure de la pupille il verra, par réflexion, l'image de l'objet x sur la ligne qui joint la moitié de la pupille au point s ; 2° que, par l'autre moitié de la pupille, il verra directement le point d'un carton horizontal sur lequel se projette cette image. Par conséquent, s'il cherche à suivre les contours de l'image avec un crayon à pointe très fine, il apercevra, en même temps, celle-ci et la pointe du crayon, de sorte qu'il pourra la dessiner avec la plus grande exactitude. Dans l'usage de l'instrument, il se présente une difficulté assez grande : c'est de voir, en même temps, l'image et la pointe du crayon, car les rayons qui viennent de l'objet donnent une image qui est plus éloignée de l'œil que le crayon. On corrige ce défaut en interposant entre l'œil et le prisme une lentille qui donne la même convergence aux rayons venant du crayon et à ceux qui viennent de l'objet. Charles Chevalier a adapté à l'appareil des verres colorés qui, s'interposant, soit du côté de l'objet, soit du côté du crayon, et interceptant en partie la lumière, permettent de donner aux deux images à peu près le même éclat.

M. Amici a imaginé une *chambre claire* dans laquelle l'œil peut avoir un déplacement plus étendu que dans celle de Wollaston. C'est un prisme rectangulaire en verre (fig. 841), miroir dont l'une des faces regarde l'objet et l'autre est perpendiculaire à une lame de verre inclinée. Les rayons suivent la marche indiquée par la ligne ABCDEO et forment en A′ l'image de l'objet A. L'œil, qui voit cette image, peut apercevoir très bien, en même temps, un crayon à

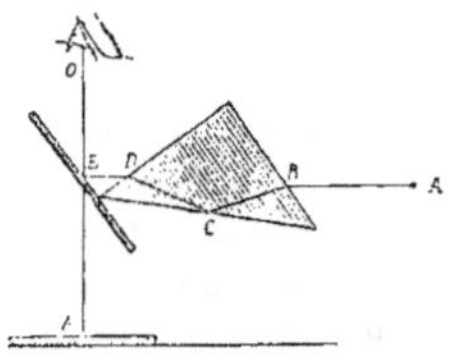

Fig. 841.

travers la lame de verre, ce qui permet de prendre des dessins avec une grande exactitude.

Enfin, un autre perfectionnement a été apporté par M. H. Révoil à la *chambre claire* de Wollaston; l'instrument nouveau a reçu de son inventeur le nom de Téléiconographe.

Chambrée, *s. f.* — On nomme *chambrée* ou *sablière de chambrée* une pièce de charpente C (fig. 842) qui, dans

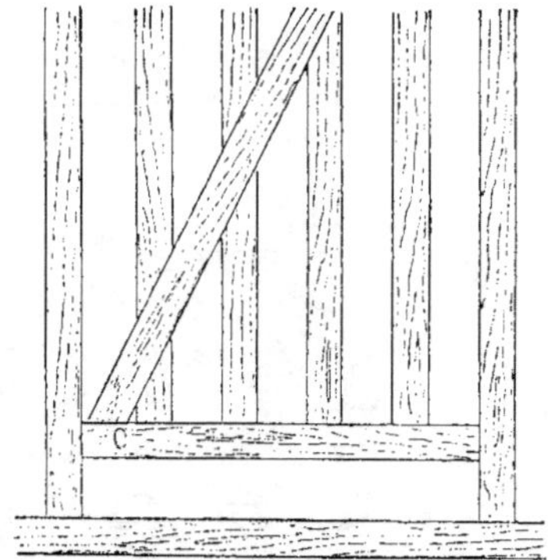

Fig. 842.

un pan de bois, s'assemble à tenons et mortaises avec les poteaux formant baies et reçoit les pièces de remplissage, décharges, tournisses, etc...

Chamesson *(Pierre de)*. — Pierre calcaire assez dure provenant de la carrière du Côteau, commune de *Chames-*

son, dans l'arrondissement de Châtillon-sur-Seine (Aube).

Cette pierre est blanche, à grains fins. Elle a de 0ᵐ,50 à 1ᵐ,80 de hauteur d'assise et pèse de 2,280 à 2,300 kilogr. le mètre cube. La charge nécessaire pour produire l'écrasement varie de 470 à 560 kilogr. par centimètre carré.

La *pierre de Chamesson* a été employée à la cathédrale de Troyes, à l'église d'Essoyes (Aube). On l'expédie à Paris et on l'exporte en Belgique.

Chamois, *s. m.* — Les peintres donnent ce nom à une couleur composée de blanc de céruse et de jaune de Naples, auxquels on ajoute un peu de vermillon et du jaune de Berry.

Champ, *s. m.* — On appelle ainsi :
1° Toute partie lisse et unie qui règne autour d'un cadre, d'une moulure en pierre, en marbre, en plâtre, en métal ou en bois ;
2° Le fond sur lequel on grave, on sculpte ou on peint, comme le fond d'un bas-relief, d'un tableau, etc.;
3° La face étroite d'une brique, d'une pierre, d'une pièce de bois. On dit qu'on pose *de champ* ces divers matériaux, quand on les place de façon qu'ils portent sur leur épaisseur. Une cloison est souvent construite en briques *sur champ*.

Champignon, *s. m.* — Architecture. Les fontaines jaillissantes à plusieurs vasques sont ordinairement terminées, à leur partie supérieure, par une espèce de coupe renversée dite *champignon*, qui divise en gerbes l'eau sortant, sous forme de jet, pour retomber sur la surface convexe (voy. *Fontaine*).

Charpente. On appelle *champignons* des végétations parasites qui s'attachent au tronc des vieux arbres et annoncent leur dépérissement.

Fumisterie. Chapeau en tôle qui recouvre l'extrémité d'un tuyau de cheminée.

La figure 843 représente le *champignon simple*, soutenu par des tringles rapportées à l'extrémité du dernier bout

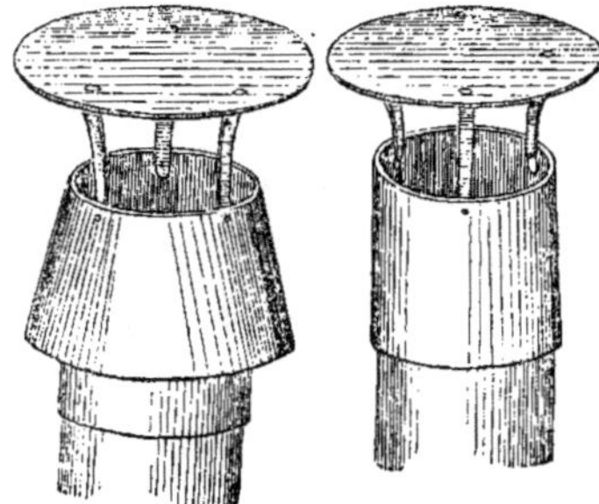

Fig. 843.

du tuyau ; et le *champignon à la noix*, fixé de la même façon sur un bout de tuyau évasé par le bas et isolé du tuyau principal, auquel il est relié par des pattes.

On donne actuellement au *champignon* la forme conique.

Chemins de fer. Forme évasée d'un rail qui est destiné à supporter les roues d'un convoi. On distingue les rails à simple ou à double *champignon*; dans les derniers, la section transversale présente la forme de deux *champignons* symétriques séparés par une double gorge (voy. *Rail*).

Champlure, *s. f.* — Altération des bois qui est le résultat de la gelée sur les jeunes pousses. Cet effet est également produit par le givre qui s'attache aux bois.

Chanceau, *s. m.* — On donne ce nom aux barreaux d'une grille d'enceinte (voy. *Grille*).

Chanceaux (*Pierre de*). — Pierre calcaire dure provenant des carrières de Tarcot, dans la commune de *Chanceaux*, près de Semur.

Cette pierre est d'un blanc jaunâtre quelquefois veiné de rouge. Sa hauteur d'assise varie de 0^m,60 à 0^m,75 ; le mètre cube pèse de 2,230 à 2,260 kilogr. La charge qui détermine l'écrasement est de 430 à 500 kilogr. par centimètre carré.

La *pierre de Chanceaux* a été employée à la construction des ponts sur l'Oze, des ponts et aqueducs du chemin de fer de Cravant, entre Marigny et les Laumes ; du barrage de l'Yonne à Basson. Cette pierre est très répandue dans les arrondissements de Semur et de Dijon et s'expédie même à Paris.

Chancel, *s. m.* — Mot qui provient du latin *cancellus* (barreau) et qui désigne une clôture à hauteur d'appui en pierre, en marbre ou en métal, pleine ou évidée et décorée d'ornements ; mais ce nom s'applique surtout aux enceintes basses qui limitent le chœur et le sanctuaire, dans les édifices religieux des chrétiens.

Les premières basiliques eurent des *chancels* imités des clôtures que les anciens établissaient autour des monuments, des autels, pour les protéger. Plus tard, les Byzantins construisirent ces enceintes à l'aide de tablettes de

Fig. 844.

marbre, non plus évidées mais ornées de bas-reliefs.

Dans les églises latines, le chœur était un espace pris aux dépens de la nef principale, en avant du sanctuaire ;

le *chancel* qui l'entourait était également composé de tables en marbre maintenues par des pilastres ; la figure 844 représente la clôture du chœur de la basilique de Saint-Clément, à Rome ; cette enceinte était enrichie de sculptures et de mosaïques précieuses. Plus ordinairement le *chancel* s'appuyait contre les colonnes de l'édifice ; la porte du milieu, nommée *speciosa*, était fermée par deux vantaux en métal ciselé et ne dépassant pas la clôture. Le sanctuaire, placé au fond du chœur, en était également séparé par un *chancel*, dans lequel était percée, en face de l'autel, une porte dite *porte sainte*, dont les vantaux se distinguaient de ceux de la *speciosa*, en ce qu'ils dépassaient généralement les tables de marbre. Celles-ci quelquefois percées à jour, étaient surmontées de pilastres en bois ou en bronze destinés à soutenir les voiles qui complétaient, dans la partie supérieure, la clôture du sanctuaire ; à la basilique de Saint-Clément on voit encore les trous de scellement de ces supports.

Souvent le *chancel* se prolonge dans les bas-côtés ; on trouve cette disposition dans un grand nombre d'édifices romans. Les enceintes du chœur à cette époque étaient richement décorées ; l'église de San Miniato, près Florence, possède un *chancel* en marbre orné de panneaux carrés contenant chacun quatre caissons sculptés ; le tout est surmonté d'un entablement dont la frise est enrichie de mosaïques. Les clôtures des sanctuaires, dans la basilique de Torcello et dans l'église de Saint-Pierre de Toscanella, sont également décorées d'arabesques et d'ornements sculptés. Le *chancel* de la cathédrale de Trèves est couvert d'un double rang de bas-reliefs représentant des figures de saints.

A partir du XIII° siècle, le chœur des cathédrales s'entoure de clôtures hautes, établies entre les colonnes, et la partie antérieure est fermée par un *jubé* (voy. ce mot) ; les églises parois-

siales ont des *chancels* découpés à jour. Dans certains édifices, les grilles en fer remplacent même l'enceinte de pierre et de marbre.

La Renaissance ramena les clôtures de style antique ; les *chancels* de cette époque sont à jour et ornés de balustres.

Chancelade (*Pierre de*). — Calcaire assez dur, que l'on extrait des carrières de *Chancelade*, près de Périgueux.

Cette pierre est blanche et susceptible de poli ; sa hauteur d'assise est de 0ᵐ,40.

Chancellerie, *s. f.* — Lieu où l'on scelle certains actes avec le sceau de l'Etat.

Une *chancellerie* comprend, outre les appartements du chancelier, de grandes salles d'audience, de conseil, etc., des cabinets, des bureaux et une salle d'archives.

Chancissures, *s. f. pl.* — Taches blanches et farineuses produites par l'humidité et qui détruisent le luisant du vernis. On lui restitue sa diaphanéité au moyen de certains dissolvants volatils.

Chancre ou **Ulcère**, *s. m.* — Maladie des arbres caractérisée par une suppuration due à une trop grande abondance de sève qui s'est portée en un point quelconque du tronc ou des branches.

Cette suppuration, qui rend le bois impropre aux travaux de construction, est intérieure ou extérieure ; dans ce dernier cas, la sève s'écoule par une ouverture que l'on nomme gouttière.

Chandelier, *s. m.* — 1° Support des cierges dans les églises.

Le cierge pascal était supporté, dans les basiliques chrétiennes, par un *chandelier* fixe, en forme de colonne isolée, placé au côté gauche de l'ambon, ou sur l'enceinte du chœur (voy. *Ambon*).

Aujourd'hui, ce cierge surmonte un haut *chandelier* que l'on met vers le milieu du chœur, près du lutrin ou de la chaire.

Le temple de Jérusalem renfermait un *chandelier* d'or à sept branches que Salomon avait fait faire sur le modèle de celui que Moïse avait placé devant l'Arche. Les Romains, lorsqu'ils prirent la ville, s'emparèrent de cet objet d'art, et Titus en orna son triomphe ; on le voit représenté en bas-relief sur l'arc qui porte, à Rome, le nom de ce prince. Ce *chandelier* était, pour les Juifs, l'emblème de la lumière éclatante qui devait signaler l'arrivée du Messie ; pour les chrétiens, c'était le symbole de la lumière que le Christ leur avait apportée par l'organe des quatre évangélistes chargés par lui de répandre sa doctrine. En effet, les quatre pieds de ce *chandelier* ont une forme différente, empruntée aux attributs symboliques des quatre écrivains sacrés : l'ange, le bœuf, le lion et l'aigle.

2° *Chandelier d'eau :* fontaine dont le jet s'élève sur un gros balustre surmonté d'une vasque d'où l'eau retombe dans un bassin inférieur de plus grande dimension.

Chandelle, *s. f.* — Pièce de bois ou de fer placée verticalement, en guise d'étai, dans une construction (voy. *Etai*).

On donne aussi quelquefois ce nom aux poteaux ou poinçons qui relient le tirant au sommet d'une ferme dans les charpentes en bois (voy. *Poinçon*).

Chandolin (*Pierre de*). — Pierre calcaire provenant de la carrière de *Chandolin*, commune de Crannes, arrondissement du Mans.

C'est un calcaire gréseux compacte, très dur, gris de fer, à grains très fins. Il porte 0ᵐ,50 de hauteur d'assise et pèse de 2,600 à 2,630 kilogr. le mètre

cube. La charge d'écrasement par centimètre carré varie de 685 à 780 kilogr.

La *pierre de Chandolin* a été employée aux docks du Mans, à l'escalier de l'église de la Visitation, au dallage des trottoirs du pont Napoléon, dans la même ville. On l'utilise dans la Sarthe et la Mayenne.

Chanfrein, *s. m.* — 1° Surface étroite qui remplace, dans la pierre ou dans le bois, une arête abattue suivant un angle de 45 degrés. On dit : *abattre en chanfrein* ou *chanfreiner*.

Ces parties biseautées se rencontrent très fréquemment dans l'architecture du moyen âge ; leur objet est de supprimer les arêtes vives, particulièrement dans les endroits où des écornures pourraient se produire. Ainsi, les baies sont souvent *chanfreinées* sur le pourtour (fig. 845). Dans d'autres cas, le *chan-*

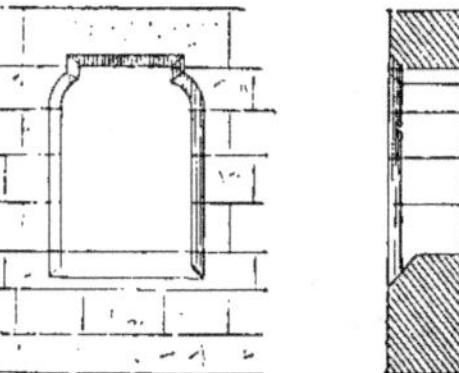

Fig. 845.

frein s'arrête sur le pied-droit au-dessous du linteau (fig. 846) (1) ; parfois il

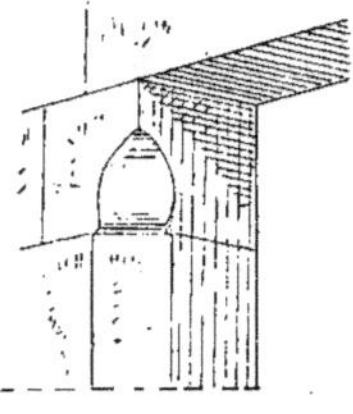

Fig. 846.

est décoré d'ornements sculptés, comme

(1) Viollet Le Duc, *Dictionnaire raisonné de l'architecture française*.

le montre la figure 847, qui représente un détail d'un *chanfrein* appartenant à

Fig. 847.

l'un des piliers du cloître d'Elme (Pyrénées-Orientales) (1).

Avec le bois, le principe à suivre est de terminer les parties biscautées au droit

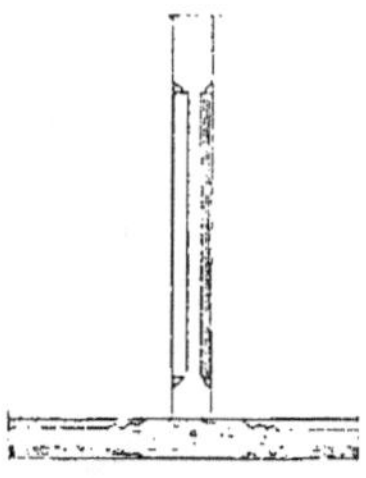

Fig. 848.

des assemblages, pour laisser aux bois, en ces points, toute leur force (fig. 848).

Le profil des *chanfreins* varie beau-

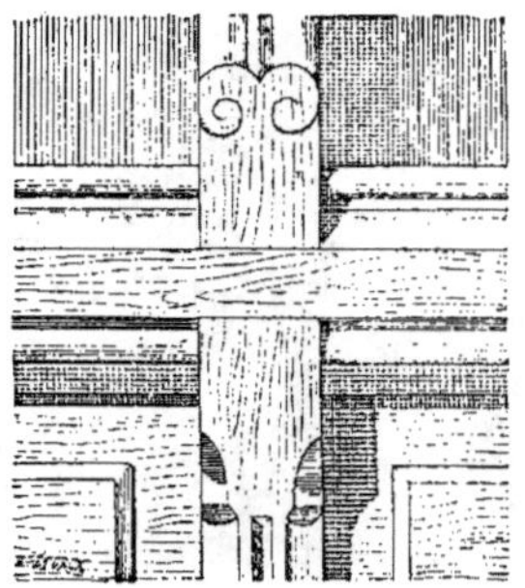

Fig. 849.

coup : leur surface peut être plane

(1) Révoil, *Architecture romane.*

(fig. 849), concave ou convexe (fig. 850) ; leurs arrêts affectent aussi diverses formes.

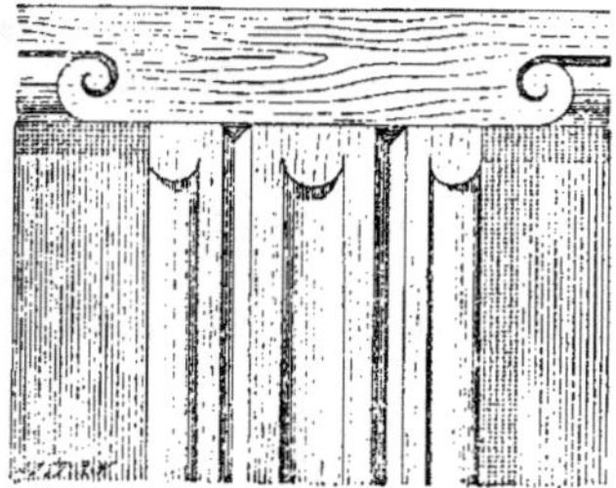

Fig. 850.

Dans l'évaluation du prix des ouvrages de taille de pierre, les *chanfreins* avec arêtes bien dressées jusqu'à $0^m,75$ de largeur se comptent $0^m,75$ de taille et, au-dessus de $0^m,75$, à taille unité sur leur largeur réelle. Le ravalement de *chanfrein* est évalué suivant l'espèce de ravalement dont il fait partie, de telle sorte que 1 mètre de *chanfrein* évalué à $0^m,75$ de taille avant ravalement, vaut $0^m,75 + 0^m,25$, $0^m,35$ ou $0^m,45$. Taillé brut, avec arêtes imparfaitement dressées, le *chanfrein* est réduit aux 3/4 de l'évaluation ci-dessus indiquée.

Dans les ouvrages de charpente, les *chanfreins* se payent au mètre linéaire : 0 fr. 50 s'ils sont faits sur le tas, 0 fr. 30 s'ils sont faits au chantier.

2° Les serruriers nomment *chanfrein du pène* la tête abattue d'un pène demi-tour.

Les ferrures qui garnissent les menuiseries sont souvent *chanfreinées*, c'est-à-dire que leurs bords sont taillés en biseau.

Chanfreiner, *v. a.* — Remplacer dans la pierre ou dans le bois une arête vive par un pan coupé que l'on nomme *chanfrein* (voy. ce mot).

On dit aussi : *abattre en chanfrein.*

Change, *s. m.* — Nom que l'on donnait autrefois aux édifices publics servant de lieux de réunion aux commerçants, aux banquiers, aux agents de *change* (voy. *Bourse*).

Changement, *s. m.* — Nom que l'on donne, dans l'établissement des voies de chemins de fer, à certaine disposition des rails, destinée à permettre la mise en communication de deux voies parallèles.

Le *changement* est une partie du *branchement*. Il est formé par un rail à courbe circulaire, dont le rayon varie entre les limites de 100 et 300 mètres. La figure 851 représente en *a* le *changement* proprement dit, en *b* le *croisement*

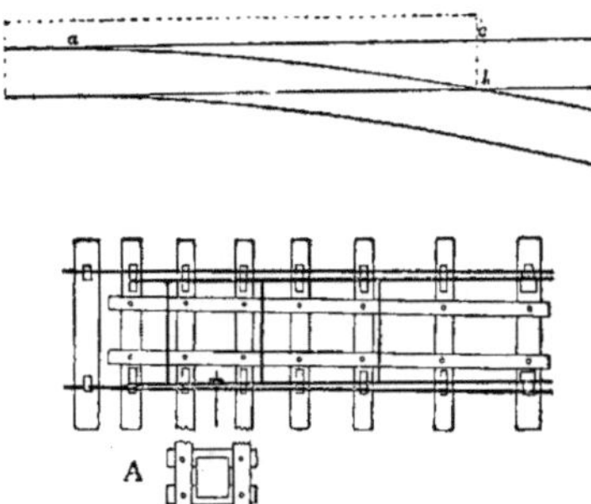

Fig. 851.

(voy. ce mot), et de *a* en *c* la longueur du *changement*.

Le système le plus généralement appliqué, pour les *changements* de voie, est le système à aiguilles d'égale longueur, dont la pointe se dissimule sous le champignon ou dans l'épaisseur du rail contre-aiguille (voy. *Aiguille*).

L'ensemble de ces pièces repose sur un châssis en charpente appelé *châssis de changement*, qui est formé d'une série de traverses, analogues à celles de la voie et réunies par des longrines. Le levier qui sert à manœuvrer les aiguilles est fixé de même sur un châssis A (fig. 851).

Chanlatte, *s. f.* — Petite planche C (fig. 852) refendue en diagonale d'une arête à l'autre et qu'on cloue sur l'extrémité des chevrons, parallèlement à la corniche de couronnement, pour rece-

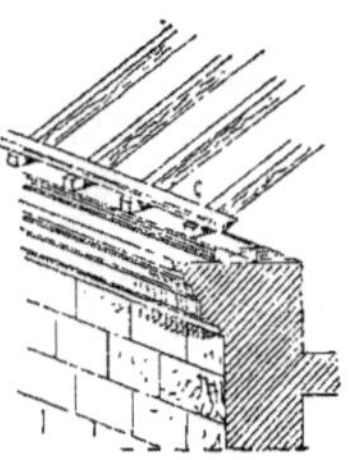

Fig. 852.

voir le premier rang de tuiles ou d'ardoises formant l'égout d'un comble.

Chantepleure, *s. f.* — Ouverture longue et étroite analogue aux barbacanes, que l'on pratique dans les murs de clôture voisins des rivières, pour faciliter, lorsque celles-ci débordent, l'entrée et la sortie de l'eau, sans que le mur en soit détérioré.

Chanterelle , *s. f.* — Fausse équerre des menuisiers et des charpentiers (voy. *Equerre*).

Chantier, *s. m.* — 1° Espace découvert où l'on prépare les matériaux nécessaires à la construction d'un bâtiment.

Le *chantier* de maçonnerie est celui

Fig. 853.

où l'on taille la pierre, où l'on fabrique le mortier et où l'on dépose les outils et tous les matériaux, briques, plâtre, etc., qui sont du ressort de la maçonnerie proprement dite. Souvent la pierre est taillée à part dans un terrain loué à cet effet et qu'on nomme *chantier de pierres* (fig. 853).

Les propriétaires ou les administrations faisant construire ne sont pas tenus de fournir à l'entrepreneur un *chantier* soit pour les approvisionnements de matériaux, soit pour la taille de pierre.

A Paris, si l'entrepreneur, pour une raison quelconque, ne peut tailler la pierre sur le lieu d'emploi, il a droit au *double transport*, c'est-à-dire à une allocation de 6 francs par chaque mètre cube de pierre.

Dans le *chantier* de charpente, on pose et on réunit les pièces de bois, d'après un tracé sur une aire préparée à l'avance, en leur donnant les places qu'elles doivent occuper dans l'édifice, les unes par rapport aux autres ; puis on les désassemble et on les transporte à pied d'œuvre pour en faire le *levage* (voy. ce mot).

2° On donne le nom de *chantiers* à des morceaux de bois ou de pierre sur lesquels les maçons et les charpentiers appuient les blocs ou les pièces de charpente qu'ils travaillent. On dit : *mettre en chantier*.

3° Les marbriers donnent le même nom à une table en pierre sur laquelle ils taillent et polissent le marbre.

Chantignolle, *s. f.* — 1° Nom que

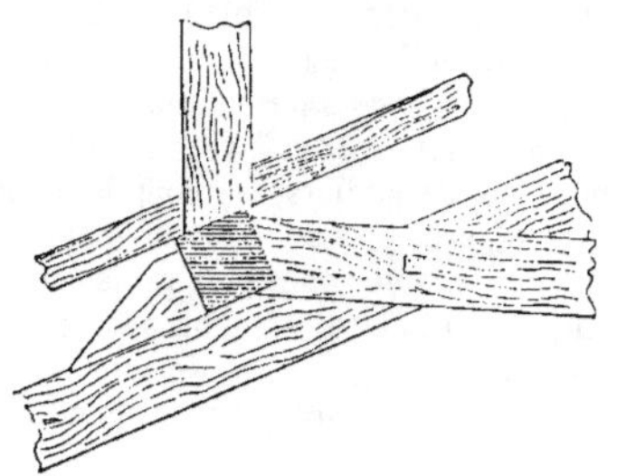

Fig. 854.

l'on donne à une pièce ou tasseau de

bois, en forme de trapèze que l'on boulonne ou que l'on cloue sur les arbalétriers, au droit des pannes, pour empêcher ces dernières de glisser (fig. 854).

La *chantignolle* est légèrement embrevée sur l'arbalétrier ; dans les charpentes du moyen âge, elle s'assemblait à tenons et mortaise avec cheville, comme le montre en C la figure 853.

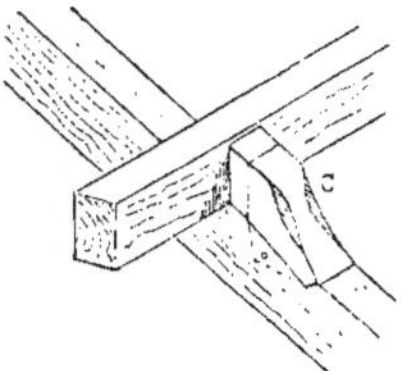

Fig. 853.

A la même époque, on plaçait aussi des *chantignolles* sous les moises enserrant une pièce de bois verticale, afin de soulager les clefs de bois, qu'on remplace aujourd'hui par des boulons (1).

On dit encore *échantignolle*.

2° Sorte de brique ayant la moitié de l'épaisseur de la brique commune et servant à la construction des cheminées.

Chantournement, *s. m.*—1° Profil courbe que l'on donne à la face extérieure d'une pièce de bois ou de métal ou à un évidement qu'on pratique à l'intérieur.

Les *chantournements* se font à la scie, au ciseau ou à la lime ; aujourd'hui, on emploie souvent, pour cette opération, des machines mues par la vapeur.

On dit : *chantourner* une pièce.

2° Une barre de fer plat est *chantournée* quand on l'a tordue de façon qu'elle se présente en partie dans le sens plat et en partie de champ.

Chape, *s. f.* — 1° Aire imperméa-

(1) Viollet Le Duc, *Dictionnaire raisonné de l'architecture française*.

ble C (fig. 856) que l'on établit sur une voûte pour empêcher les infiltrations,

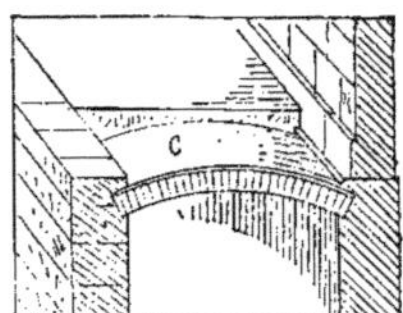

Fig. 856.

particulièrement sur les arches des ponts.

Cette couche est un mélange de chaux hydraulique ou de ciment et de sable ; on lui donne environ de 0ᵐ,06 à 0ᵐ,10 d'épaisseur.

Les précautions à prendre sont les suivantes, si la *chape* est destinée à empêcher l'infiltration des eaux à travers les maçonneries : Il ne faut appliquer le mortier hydraulique qu'après le décintrement et le tassement complet de la voûte ; il faut, en outre, avant d'employer cet enduit, dégrader complètement les joints de la maçonnerie, nettoyer sa surface au moyen d'un balai de fil de fer et par un lavage à grande eau. On éponge ensuite et, avant que toute humidité soit disparue, on étend la couche de mortier sur l'épaisseur totale, après quoi on la masse fortement et, lorsque le mortier est devenu assez consistant pour résister à la pression du doigt, on le lisse, à plusieurs reprises, à la truelle, en faisant disparaître les gerçures, à mesure qu'elles se manifestent. Cette dernière opération doit être reprise après un repos de douze à quinze heures et recommencée ensuite autant de fois qu'il est nécessaire pour que la *chape* se dessèche et durcisse complètement sans laisser de traces de gerçures et de crevasses. Il faut avoir soin, pendant les intervalles de ces opérations, de recouvrir la *chape* de paillassons. Afin de la protéger contre l'action de la pluie ou du soleil, on arrose assez fréquemment pour empêcher une dessiccation trop prompte.

Si la *chape* doit avoir une épaisseur de plus de 0ᵐ,06, on la pose par bandeaux successifs, dont le raccordement s'opère de la façon suivante : l'ouvrier poseur avive l'ancien bandeau avec le tranchant de la truelle, puis arrose légèrement la surface de raccordement avant l'application du mortier frais.

On fait aussi des *chapes* en béton de 0ᵐ,10, composées d'une première couche de béton de 0ᵐ,07 d'épaisseur et d'une seconde de mortier de 0ᵐ,03. Ce genre de travail ne s'exécute qu'après le décintrement des voûtes. On pilonne d'abord le béton avec des dames, puis on lisse le mortier à la truelle et on le bat avec des battoirs en bois.

Le bitume est également employé pour les *chapes* de pont ; cette matière s'étend par deux couches différentes, de façon que les joints se croisent et présentent ensemble une épaisseur de 0ᵐ,22 à 0ᵐ,24.

On construit encore des *chapes* en bitume de moins d'épaisseur sur une aire en béton, dressée avec soin et à laquelle on a laissé le temps de sécher.

On donne aussi le nom de *chapes* aux enduits en mortier de chaux hydraulique ou de ciment que l'on étend sur les parois des fosses d'aisances, des bassins, des réservoirs, des murs exposés aux infiltrations, etc. On fait aussi de ces *chapes* en béton ou en bitume.

Les architectes de la période ogivale recouvraient toujours les voûtes d'une *chape* en mortier ou en plâtre.

Dans le métré des ouvrages de maçonnerie, les *chapes* ou enduits de mortier ou de ciment qui recouvrent les voûtes ou les radiers, se comptent au mètre superficiel jusqu'à 0ᵐ,03 d'épaisseur. On ajoute une plus-value pour chaque centimètre en plus de cette épaisseur.

2° Monture de *poulie* (voy. ce mot).

Chapeau, *s. m.* — Charpente. 1° Pièce de bois horizontale qui réunit les têtes de plusieurs poteaux, par exemple, dans un pan de bois, comme le montre en C la figure 857, ou bien qui relie entre eux les sommets d'une

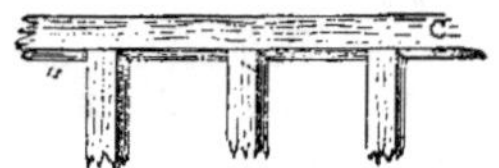

Fig. 857.

file de pieux, dans les travaux de fondations hydrauliques.

2° *Chapeau de lucarne* : pièce de bois qui forme la fermeture de la partie supérieure d'une lucarne et qui est posée sur les deux montants avec lesquels elle s'assemble.

3° *Chapeau d'escalier* : pièce sur laquelle s'appuie la partie supérieure d'un escalier de bois.

4° *Chapeau d'étai* : pièce de bois qu'on place au haut d'une potence ou d'un étai.

SERRURERIE. 1° Toute pièce de recouvrement affectant la forme d'un chapeau.

2° Partie supérieure d'une colonne en fonte qui sert à donner plus d'assiette au filet ou au poitrail soutenu par ce support. A cet effet, le *chapeau* est ordinairement une double console (voy. *Colonne*).

On place aussi quelquefois des *chapeaux* en fonte sur des poteaux en bois (fig. 858).

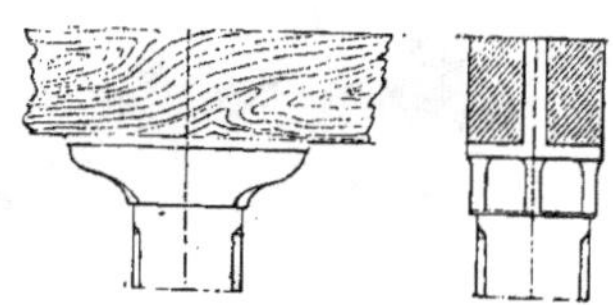

Fig. 858.

MAÇONNERIE. *Chapeau de commissaire* : sorte de brique Gourlier pour tuyau de cheminée (voy. *Brique*).

FUMISTERIE. *Chapeau de cardinal* : rondelle en tôle qu'on rapporte au pourtour extérieur d'un tuyau, pour ren-

voyer l'eau et le bistre au dehors. On dit aussi *buse* (voy. ce mot).

Chapelet, *s. m.* — Ornement qui se compose d'une baguette formée d'une

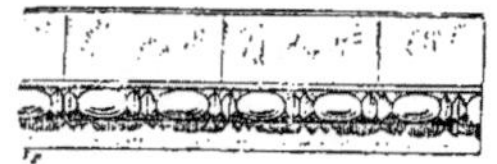

Fig. 859.

suite de perles, olives, grelots, etc. (fig. 859).

Roue à chapelet (voy. *Roue*).

Chapelle, *s. f.* — Edifice consacré à la prière et que ses dimensions restreintes peuvent faire considérer comme le diminutif d'une église ; cependant, quoique la *chapelle* renferme un autel, elle ne contient pas de fonts baptismaux.

Les *chapelles* primitives, qui donnèrent naissance à la plupart des églises, tirent elles-mêmes leur origine de ces chambres étroites qui étaient ménagées dans les catacombes, pour les cérémonies du culte chrétien et pour l'enterrement des martyrs.

Les *chapelles* souterraines des églises du moyen âge et de l'époque actuelle sont construites en souvenir de cet ancien usage ; on leur donne le nom de *cryptes* (voy. ce mot).

Quand les empereurs romains laissèrent la liberté à l'Église, de nombreuses *chapelles* s'élevèrent de toutes parts ; on les plaça d'abord au-dessus des tombeaux des saints ou des martyrs, puis on en fit des dépôts de reliques ; on en construisit encore en mémoire de certains événements, tels qu'un miracle, un vœu, une victoire, etc.

C'est autour de ces oratoires que se fondèrent les premiers établissements monastiques.

Le plan de ces édifices était, en général, fort simple, le plus souvent rectangulaire ; cependant quelques *chapelles* présentaient des plans affectant la forme d'un cercle, d'une croix grecque ou d'une croix latine. Nous donnons (fig. 860) le plan de la *chapelle* ou oratoire de Cividale del Frioul, situé au

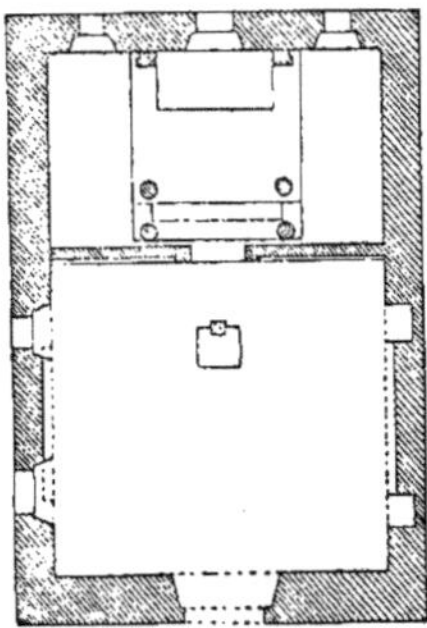

Fig. 860.

centre d'un monastère de bénédictins, près d'Udine en Lombardie ; un *septum* ou barrière sépare le chœur de la nef.

Certaines de ces constructions étaient doubles ; elles se composaient d'une crypte avec une petite église au-dessus.

En Orient, la forme des plans était variée ; on y trouve l'emploi fréquent du polygone et des exèdres.

Il en est de même pour un grand nombre de *chapelles* romanes. Les voûtes sont alors montées à une plus grande hauteur et reposent sur des murs épais que renforcent des piliers butants.

C'est surtout au xiiiᵉ siècle que ces monuments sont caractérisés par l'élévation des nervures, la saillie des contreforts et la largeur des baies latérales.

Les architectes de la fin du xvᵉ siècle reprirent les traditions antiques, dans la construction de ces édifices.

A côté des *chapelles* commémoratives ou fondées pour les besoins des établissements religieux, s'élevaient aussi des oratoires particuliers dans les châteaux et dans les évêchés. Ces monuments

étaient isolés ou reliés aux bâtiments d'habitation par des galeries ou des porches ; l'intérieur était ordinairement divisé en deux étages pour séparer le maître de ses gens.

L'usage d'oratoires ou chapelles particulières remonte à Constantin, qui, le premier, dans ses expéditions militaires, fit dresser dans son camp, au dire d'Eusèbe et de Sozomène, une tente en forme de croix spécialement destinée aux prières et aux jeûnes. Ce même prince fit élever dans son palais de Latran, à Rome, la *chapelle* dite *Senorienne* qui est aujourd'hui l'église Sainte-Croix de Jérusalem.

Le château du Louvre au moyen âge avait une *chapelle* jointe au corps principal de l'édifice et dont la construction était contemporaine de celle du château même.

La Sainte-Chapelle du Palais, à Paris, dont nous donnons le plan (fig. 861)

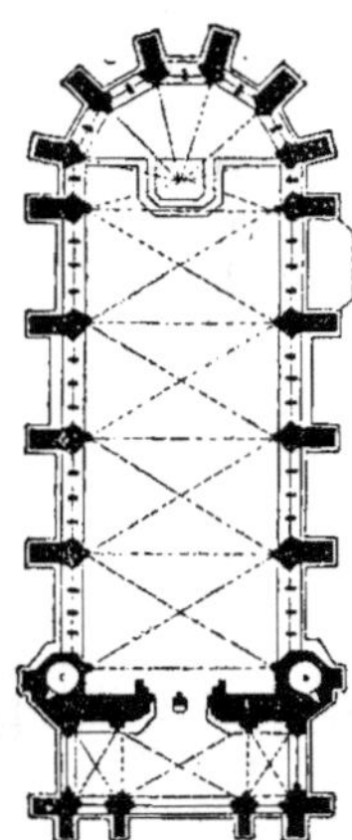

Fig. 861.

était une annexe de la demeure des rois de France. On peut voir encore, de nos jours, les *chapelles* des châteaux de Vincennes, de Saint-Germain, d'Amboise, de Blois, d'Ecouen, de Fontainebleau, d'Anet.

Aujourd'hui encore, on construit quelquefois de petites *chapelles*, dans les propriétés particulières (fig. 862).

Fig. 862.

Les architectes de la Renaissance italienne ont élevé des *chapelles* remarquables, qui sont de véritables églises. Nous citerons parmi eux Bramante, auquel on doit les *chapelles* de Saint-Jean à la porte Latine, de Saint-Pierre en Montorio, de Saint-André de la place du Peuple, à Rome.

Les villes de Florence, Vienne, Bologne, Venise renferment aussi des *chapelles* qui sont de véritables œuvres d'art, au point de vue de l'étude des plans, des façades et de tous les détails.

Les autres contrées possèdent également des *chapelles* remarquables : la France, en particulier, doit à Philibert Delorme, à Bullant, à Pierre Lescot des types d'édifices de ce genre.

Les églises eurent aussi des *chapelles annexes*, le maître-autel ne suffisant pas aux besoins du culte. Ces constructions secondaires communiquaient avec le bâtiment principal par des galeries ou par des ouvertures en arcades, ou bien encore entraient dans le plan général de l'édifice.

Les premières *chapelles* faisant corps avec les églises furent placées aux extrémités des bas-côtés ou sur le pourtour

du sanctuaire ; on les appelle aussi *absides secondaires, absidioles* ou *chapelles absidales*.

La figure 863 représente, en plan, les *chapelles* construites autour de l'abside

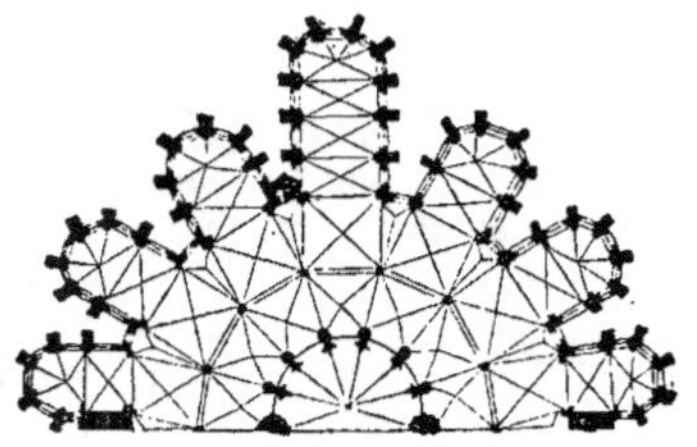

Fig. 863.

de la cathédrale du Mans ; l'une de ces absidioles, celle qui est située dans l'axe a plus d'importance que les autres, et est consacrée à la Vierge ; cette disposition se retrouve dans un grand nombre d'églises.

Les formes circulaire et polygonale sont celles qui se représentent le plus fréquemment pour le mur extérieur de ces *chapelles*.

Les croisillons du transept ont quelque-

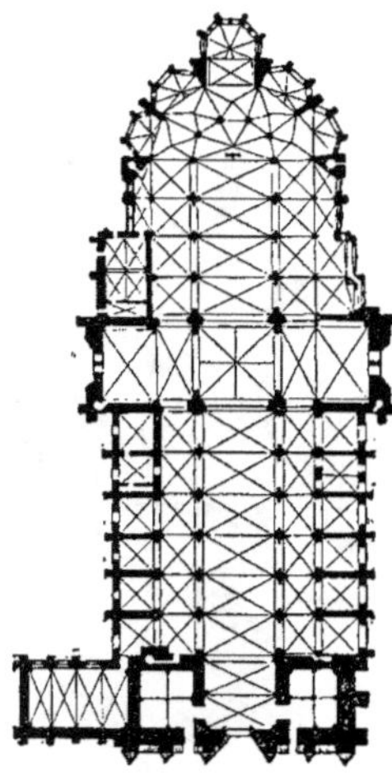

Fig. 864.

fois aussi des oratoires avec autels, mais

ce n'est guère qu'à partir du XIVᵉ siècle que les églises furent bâties avec des *chapelles* ouvertes le long des nefs ; celles qui se rencontrent dans les monuments plus anciens ont été ajoutées après l'exécution du plan primitif. Nous donnons (fig. 864) le plan de l'église de Bayeux, pour montrer la disposition des *chapelles* qui bordent les nefs.

Aujourd'hui, tous les édifices religieux du culte catholique sont accompagnés de *chapelles*.

Dans certains pays, en Italie par exemple, on élève, sur le bord des routes, de petites *chapelles* dédiées à la Vierge ou à des saints et qui sont ouvertes aux voyageurs ; on y officie à certaines époques de l'année.

Chapelle des morts : chapelle qu'on élevait autrefois dans les cimetières et que l'on consacrait ordinairement à saint Michel.

Des *chapelles* funéraires ont été de même construites en commémoration d'un accident et sur l'endroit même où l'on avait enterré les victimes ; telle est la *chapelle des Flammes*, construite, à Bellevue, près de la ligne du chemin de fer de Paris à Versailles, en mémoire de l'accident qui coûta la vie à Dumont d'Urville.

Chaperon, *s. m.* — Maçonnerie. Sommet d'un mur ayant une ou deux pentes pour faciliter l'écoulement des eaux (fig. 865).

Fig. 865.

Le *chaperon* est un signe de mitoyen-

neté, s'il a deux égouts et larmiers ; il indique au contraire, que le mur n'appartient qu'à un seul héritage, quand il ne présente un plan incliné que d'un côté seulement. L'autre côté du mur monte alors à plomb du parement jusqu'à l'arête du *chaperon*, comme le montre la figure 866. On voit ici que la

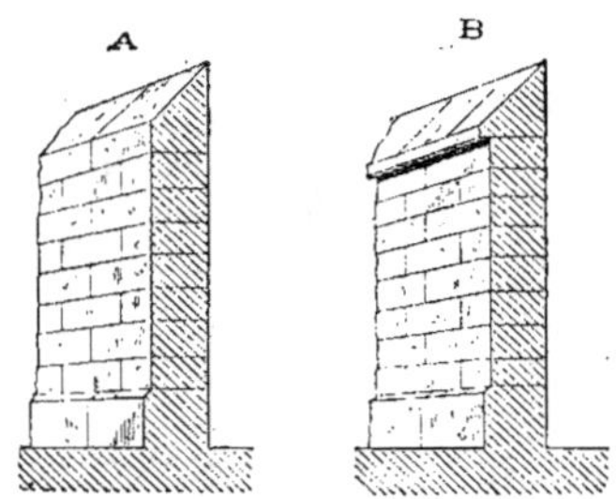

Fig. 866.

propriété appartient à l'héritage du côté duquel les eaux se déversent.

Certains *chaperons* sont bombés ; on dit alors qu'ils sont en *bahut* (voy. ce mot).

Dans l'évaluation du prix des ouvrages de maçonnerie, le sous-détail des *chaperons* en briques posées à plat sur les murs, s'établit ainsi, par mètre courant : sur murs de $0^m,35$ d'épaisseur, 45 briques, $0^{mc},05$ de mortier ; main-d'œuvre, compris joints, 2/25 de journée de maçon et d'aide ; sur murs de $0^m,45$ d'épaisseur, 55 briques, $0^{mc},08$ de mortier ; main-d'œuvre et joints, 2/23 de journée de maçon et d'aide. Si les briques sont posées de champ, le sous-détail est le suivant : sur murs de $0^m,35$ d'épaisseur, 62 briques, $0^{mc},051$ de mortier ; main-d'œuvre et joints, 1/9 de journée de maçon et d'aide ; sur murs de $0^m,45$ d'épaisseur, 75 briques, $0^{mc},08$ de mortier ; main-d'œuvre et joints, 2/15 de journée de maçon et d'aide (1).

Dans les *chaperons* en plâtre on compte : l'enduit en glacis, avec renformis moyen de $0^m,02$; l'arête du des-

----

(1) Sergent, *Traité pratique du métrage.*

sus et le larmier saillant, qui comprend une épaisseur d'une saillie de dessous, deux arêtes et un joint tiré au crochet figurant larmier.

Les *chaperons* en pierre sont comptés comme assises ordinaires.

CHARPENTE. Fausse coupe (fig. 867) que l'on fait à l'extrémité d'une pièce

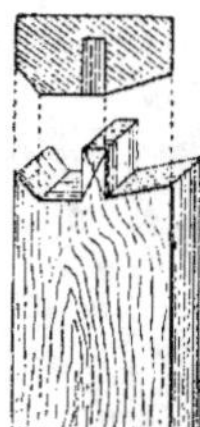

Fig. 867.

de bois dont le tenon doit entrer dans une mortaise au droit de laquelle le bois qui la porte est flaché. Le *chaperon* se taille sur place, avant l'établissement, et prend toujours la forme de la flache qu'il doit racheter.

COUVERTURE. Petit toit en pierre, en tuiles, en ardoises que l'on établit sur un mur pour empêcher qu'il ne soit pénétré par l'eau.

Chapiteau, *s. m.* — Mot qui vient du grec κεφαλή, tête, et qui désigne l'ensemble des moulures et des ornements couronnant le fût d'une colonne, d'une ante, d'un pilastre. Le *chapiteau* forme transition entre le support et la chose portée.

Cet élément architectural appartient à tous les styles. De tous les peuples, les Chinois sont les seuls qui n'en fassent pas usage ; cela tient à leur système d'architecture, dans lequel les colonnes sont moins les supports d'un comble pesant que les montants d'un ouvrage de menuiserie.

C'est aussi par exception que l'on ne trouve pas de *chapiteaux* dans certains monuments très anciens de l'Égypte, tels que les tombeaux de Beni-Hassan

et de Kalaphe dont les figures 868 et 869 représentent les colonnes ; encore

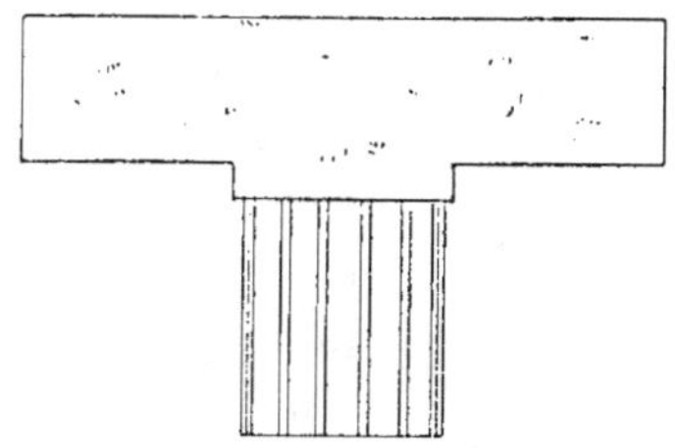

Fig. 868.

ces supports sont-ils surmontés d'un abaque.

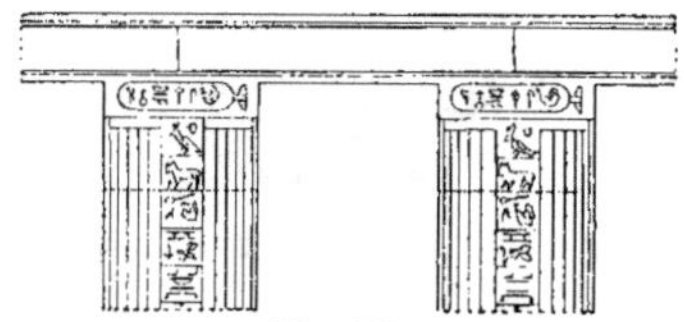

Fig. 869.

Les premiers *chapiteaux* égyptiens qui méritent véritablement ce nom semblent avoir pour éléments le bouton et la fleur de lotus ; le tronc de cône (fig. 870) et la campanule épanouie (fig. 871),

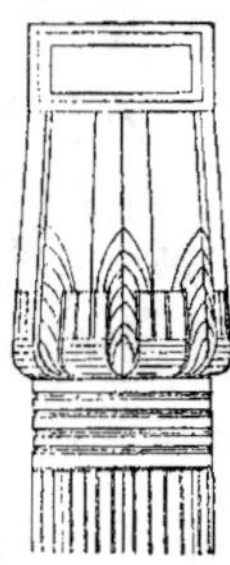

Fig. 870.

tous deux à section horizontale circulaire ou en plusieurs lobes, sont les formes primitives. Les *chapiteaux* campaniformes furent faits d'abord unis ; les ornements qu'on y employa ensuite ne furent pas travaillés en relief ; on commença à les tracer simplement au moyen de lignes. Enfin, on se mit à décorer ces *chapiteaux* de feuillages et de diverses plantes et à donner à ces ornements plus ou moins de relief.

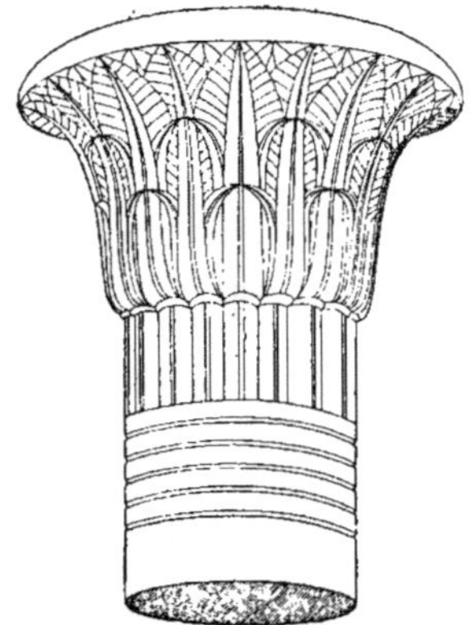

Fig. 871.

Certains de ces couronnements semblent être une imitation du palmier, dont on aurait coupé les feuilles inférieures.

Les Égyptiens se servaient de la peinture pour accuser davantage, dans leurs détails, les ornements sculptés de leurs

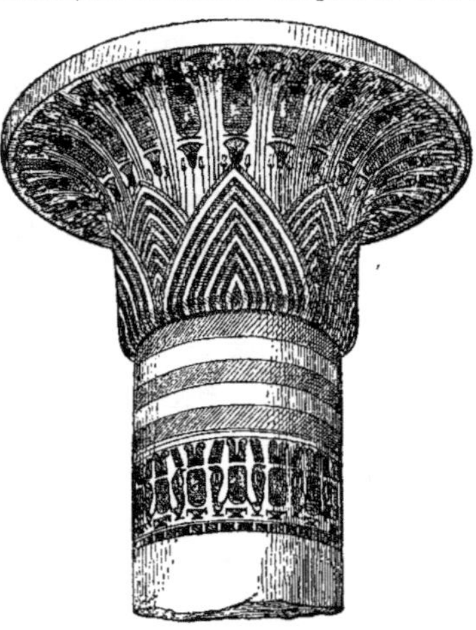

Fig. 872.

chapiteaux; celui que représente la figure 872 (1) appartient à la salle hy-

(1) Prisse d'Avennes, *L'Art arabe.*

postyle de Karnac à Thèbes ; il était décoré des couleurs alors en usage : le bleu, le vert, le jaune et le rouge.

Un troisième type est le couronnement du fût par quatre têtes à coiffure

Fig. 873.

égyptienne, surmontées d'un petit édicule à base carrée (fig. 873).

Ces diverses formes se trouvent même

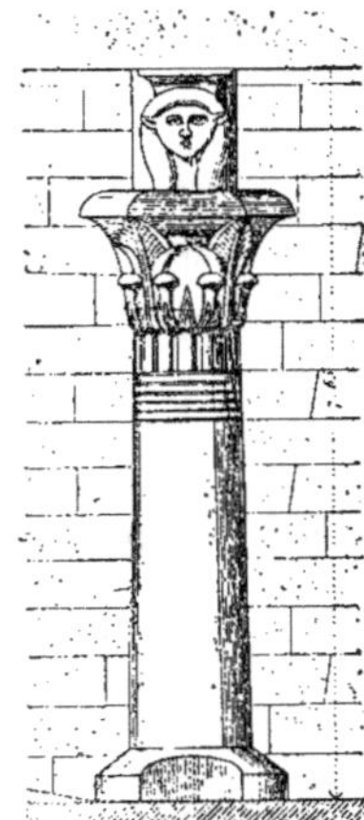

Fig. 874.

quelquefois combinées ensemble, ainsi que le montre la figure 874.

L'architecture indienne n'offre pas de types consacrés de *chapiteaux*; cependant, les piliers qui soutiennent les plafonds souterrains de cette époque sont souvent couronnés de sphères aplaties

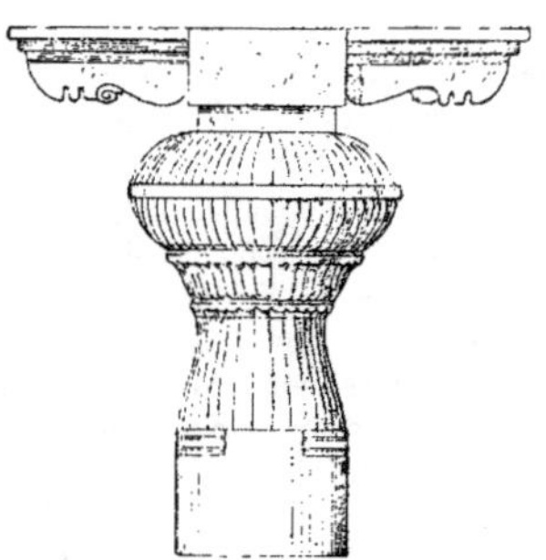

Fig. 875.

(fig. 875) que surmontent des consoles diminuant la portée des linteaux.

Dans les monuments qui nous sont parvenus de l'architecture persane, on observe des *chapiteaux* d'espèces différentes ; les uns ont une hauteur à peu près égale à la moitié du fût et ressem-

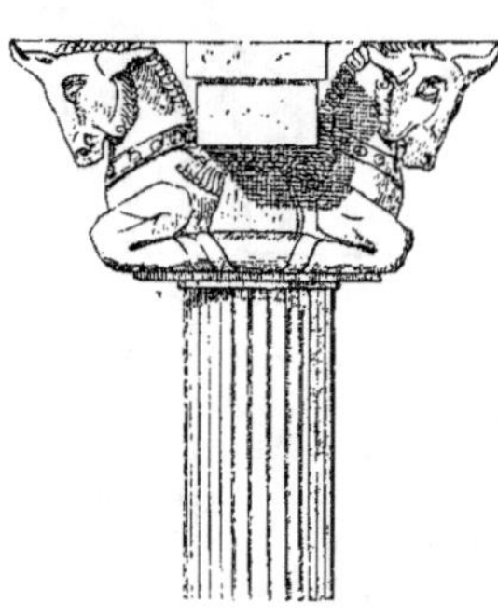

Fig. 876.

blent à des panaches superposés ; les autres représentent deux moitiés antérieures de taureaux (fig. 876) ou de licornes (fig. 877).

L'architecture grecque présente trois sortes de *chapiteaux* correspondant aux trois ordres : *dorique, ionique et corinthien.*

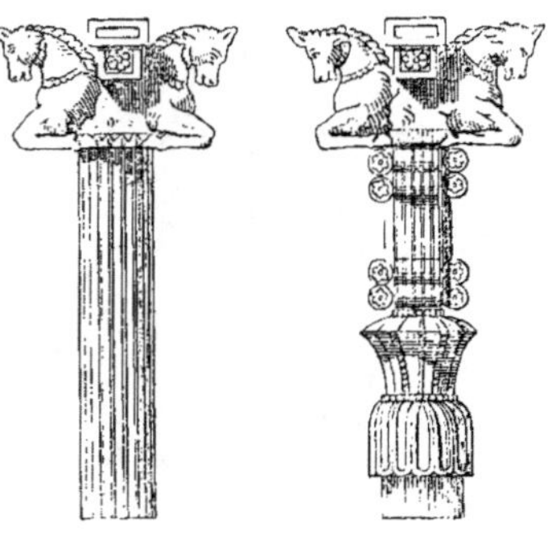

Fig. 877.

Le *chapiteau* dorique se compose d'un plateau dit *abaque* ou *tailloir*, de forme carrée, que supporte une *échine* ou solide de révolution engendré par la rotation, autour de l'axe de la colonne, d'une courbe se rapprochant plus de la ligne droite que de la parabole. Cette courbe est plus ou moins raide, plus ou moins aplatie ; elle est presque droite dans les *chapiteaux* du Parthénon

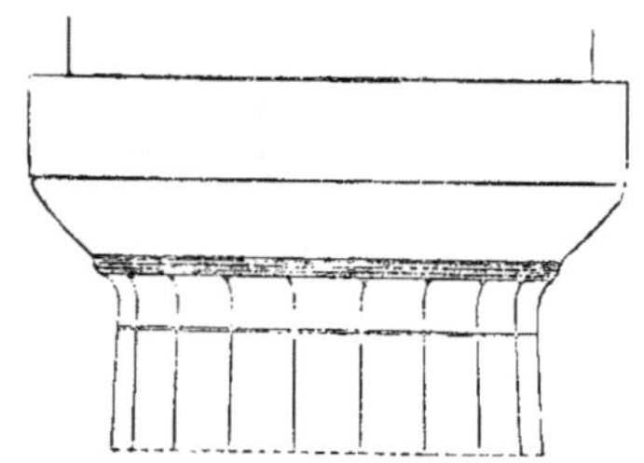

Fig. 878.

(fig. 878), et à peu près elliptique dans les *chapiteaux* du temple de Pæstum (fig. 879). Au-dessous de l'échine sont placés plusieurs petits listels ou *annelets* séparés par des cavets et, plus bas, l'ensemble de cette décoration est complété par une ou plusieurs rainures taillées en biseau.

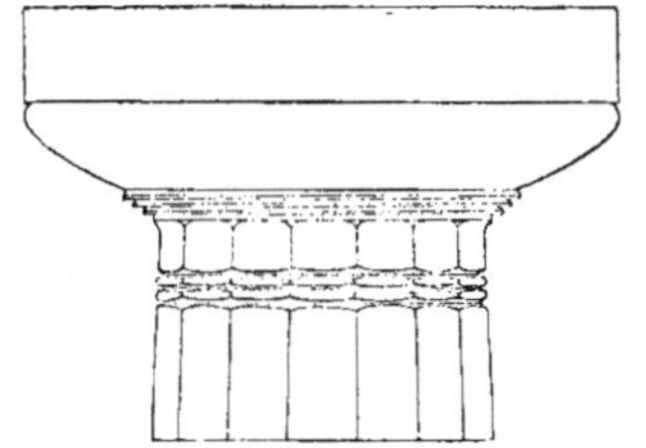

Fig. 879.

Nous ferons remarquer ici que, dans l'architecture grecque, on reconnaît facilement l'existence de règles définies au milieu de la multiplicité des formes et de la variété des proportions et des ornements.

La hauteur moyenne du *chapiteau* dorique grec est d'un demi-diamètre de la colonne prise à sa base, et cette hauteur s'applique, dans les exemples antiques, au corps du *chapiteau*, tantôt en y comprenant seulement les listels au bas de l'échine, tantôt jusques et compris les rainures placées au-dessous. L'abaque, qui ordinairement a pour hauteur un peu plus que le tiers de celle du *chapiteau*, est une dalle simple et carrée. La saillie de cet abaque est plus considérable dans les *chapiteaux* des colonnes des temples de la Sicile et de Pæstum que dans ceux qui appartiennent aux temples d'Athènes et à d'autres temples doriques construits à la même époque. Dans ces derniers édifices, la saillie de l'échine, qui est toujours égale à celle de l'abaque, est à peu près égale à sa hauteur; dans les *chapiteaux* des premiers, au contraire, elle est sensiblement plus grande.

L'échine est plus ou moins arrondie ou aplatie. A l'origine, la forme en est méplate; ce caractère existe dans les *chapiteaux* des colonnes extérieures du grand temple de Pæstum, qui ont une échine d'une très grande beauté. Le nombre des listels sous l'échine varie

de deux à cinq; leur profil est formé, le plus souvent, de deux lignes diagonales se rencontrant sous un angle aigu, et l'une d'elles est fréquemment une ligne courbe ou creusée en forme de cannelure.

Les cannelures du fût sont ordinairement continuées sur le gorgerin : c'est pour cela qu'on lui donne la même force qu'à la partie supérieure du fût. Quelquefois, cependant, le gorgerin est plus faible que le fût et alors il est tantôt uni, comme on l'observe dans les colonnes du temple de Ségeste, tantôt cannelé, lors même que les colonnes ne le sont pas, ainsi qu'on le voit au temple d'Apollon, à Délos.

Bien qu'il présente, ainsi que nous l'indiquons, une certaine variété dans les détails de sa forme ou de son ornementation, le *chapiteau* dorique grec offre partout les mêmes éléments, soit en Grèce, soit en Italie, soit en Sicile. Une des rares variantes que l'on puisse

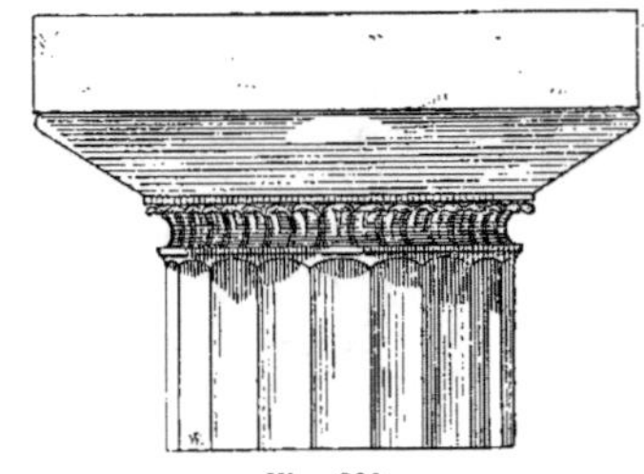

Fig. 880.

citer est celui de Pæstum, dans lequel le gorgerin est concave (fig. 880) et orné de petites feuilles droites et de canaux, différant de dessin d'un *chapiteau* à l'autre. Cette ordonnance est peut-être due aux Romains, qui ont fait beaucoup de changements à ces édifices.

En résumé, le *chapiteau* dorique grec est aussi beau qu'il est simple : l'accentuation et la saillie de son abaque, le profil sévère et élégant de son échine lui donnent un air de grandeur et de dignité toutes particulières. L'ordonnance que l'on donna, par la suite, à ce *chapiteau* lui ôta beaucoup de cette belle apparence. La courbe méplate de l'échine se transforma en courbe elliptique très bombée, pour devenir, plus tard, dans l'architecture romaine, à peu près un quart de cercle.

Le *chapiteau* dorique romain diffère beaucoup de celui des Grecs ; l'abaque, moins saillant, est couronné d'une moulure et d'un listel ; l'échine se rapproche du quart de rond ; les rainures sont remplacées par un astragale, qu'un espace lisse, appelé *gorgerin*, sépare des listels supportant l'échine. Le *chapiteau* dorique du théâtre de Marcellus

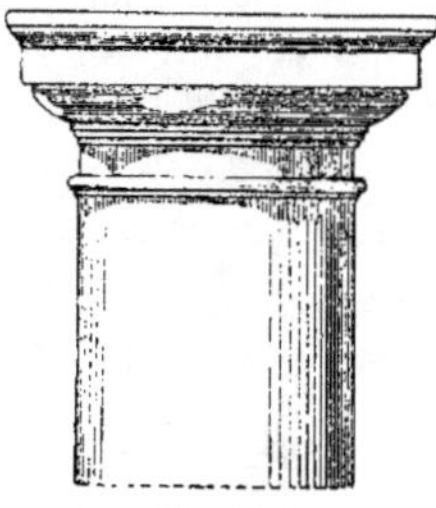

Fig. 881.

(fig. 881) peut être regardé comme un type dans l'ordre romain.

Le *chapiteau toscan*, souvent employé par les modernes, n'est autre que le *chapiteau dorique* simplifié ; l'exemple

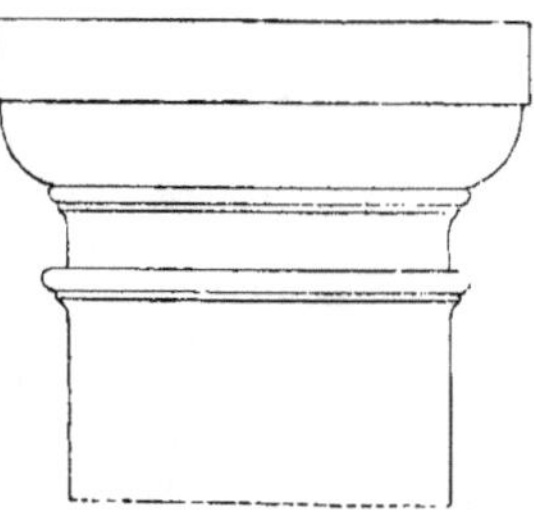

Fig. 882.

que nous donnons (fig. 882) est dû à l'interprétation du texte de Vitruve par Perrault.

Le *chapiteau ionique* diffère essentiellement du précédent par les grandes

volutes qui s'y trouvent disposées de telle façon que le *chapiteau* vu de face, présente un autre aspect que lorsqu'on le voit latéralement. Ces volutes, appelées aussi *coussinets* ou *balustres*, forment une sorte de coussin. Le support ainsi constitué par les volutes repose

Fig. 883.

lui-même, pour les faces antérieure et postérieure, sur un quart de rond. Parfois un gorgerin avec astragale termine le *chapiteau*, comme on le voit à l'Erechthéion d'Athènes (fig. 883).

La proportion du *chapiteau ionique* est, en moyenne, d'un tiers de diamètre, du dessus de l'abaque à l'astragale, et de trois quarts de diamètre au bas de la volute.

Le *chapiteau dorique* est resté, chez les anciens, dépourvu d'ornements, tandis que le *chapiteau* ionique en reçut de plusieurs sortes. De la partie supérieure de la volute on faisait sortir des tiges d'acanthe qui se répandaient sur l'échine. Ce dernier membre était orné d'oves entre lesquels on plaçait des langues de serpent. Quelquefois, on appliquait aussi des ornements sur l'abaque et sur la baguette placée au-dessous de l'échine. L'œil de la volute est ordinairement tout uni ; quelquefois cependant il est orné d'une rosette, comme on le voit aux colonnes du temple de la Fortune virile, à Rome. Les *chapiteaux* ioniques les plus riches se trouvent au temple d'Erechthée et de Minerve Poliade à Athènes ; tous les membres y sont décorés d'ornements ; la ligne circulaire des volutes y est enrichie de nombreuses moulures et des fleurs sont sculptées sur le gorgerin. On cite encore, parmi les plus beaux spécimens, ceux du temple construit sur l'Illisus et du temple de Bacchus à Théos ; ceux de Minerve Poliade à Priène et d'Apollon Didyméen, près de Milet.

Dans les colonnes d'angle, pour éviter le mauvais effet que produirait le coussinet vu sur la face latérale , on le remplace par une double volute contiguë à celle qui se présente sur l'élévation principale. Cette disposition a même été adoptée pour les quatre faces du *chapiteau,* par exemple, au

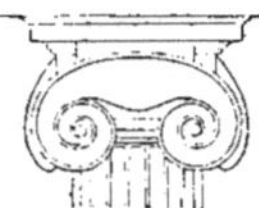

Fig. 884.

temple d'Apollon à Phigalée (fig. 884) et à la maison de Ponsa à Pompéi

Fig. 885.

(fig. 885), mais la forme primitive a été maintenue dans la plupart des constructions antiques et modernes ; ainsi,

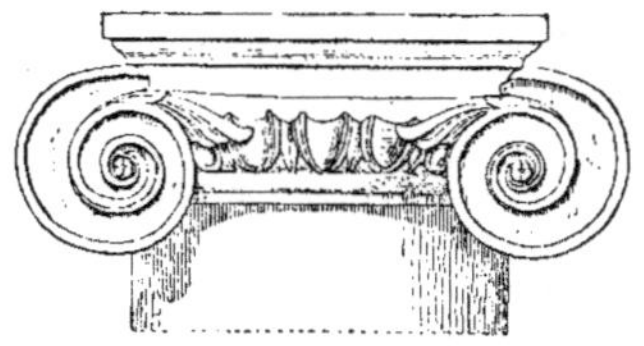

Fig. 886.

on la retrouve (fig. 886) dans l'ordre

ionique du théâtre de Marcellus, et dans celui du Colisée (fig. 887).

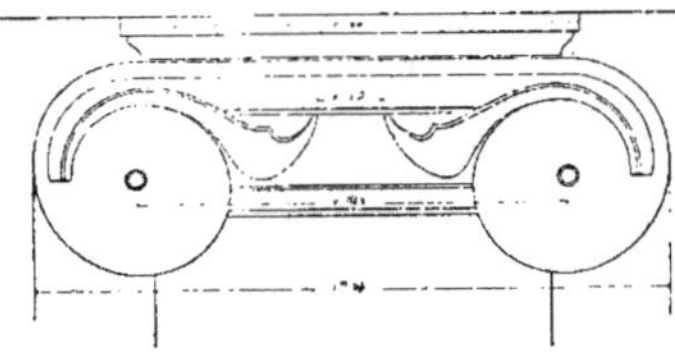

Fig. 887.

Nous ferons remarquer ici la différence notable qui existe, pour les deux ordres dorique et ionique, entre les *chapiteaux d'ante* ou pilastres et ceux des colonnes, surtout chez les Grecs ; la

Fig. 888.

figure 888 représente le couronnement de l'une des antes qui font face aux colonnes sous le portique de l'Érechthéion.

Le *chapiteau* corinthien est de tous les couronnements de colonnes le plus riche et le plus orné ; l'origine en est indéterminée, bien qu'une légende attribue son invention au sculpteur Callimaque (voy. *Acanthe*). Quoi qu'il en soit, la forme de ce *chapiteau* est celle d'une campane ou cloche renversée.

Le type le plus parfait que l'on puisse citer du *chapiteau* corinthien grec est celui du monument de Lysicrates à

Athènes (fig. 889). La hauteur est d'un diamètre et demi du pied de la colonne.

Fig. 889.

Au-dessus de l'astragale du fût de la colonne, qui manque aujourd'hui et qui vraisemblablement était de bronze, il y a une rangée de feuilles peu élevées et unies. Viennent ensuite de grandes feuilles d'acanthe doublées, entre lesquelles on voit sortir des roses. Au-dessus s'élève un bouquet de fleurs et de petites volutes ou enroulements, qui entourent le vase du *chapiteau* et montent jusqu'au-dessous de l'abaque ; il se termine, sur les coins, en volutes élégantes et étend une fleur jusqu'au milieu de l'abaque.

Parmi les autres *chapiteaux* corin-

Fig. 890.

thiens grecs, nous citerons comme l'un

des plus anciens que l'on connaisse celui qui termine la colonne isolée du sanctuaire du temple d'Apollon à Bassæ, l'ancienne Phigalée (fig. 890). Le tailloir en est carré, les volutes centrales ont entre elles une palmette qui semble être l'origine de la *rose*.

Ce dernier ornement est placé sur l'abaque dans le *chapiteau* romain,

Fig. 891.

comme on le voit à l'ordre supérieur du Colisée (fig. 891).

Vitruve attribue pour hauteur au *chapiteau* corinthien le diamètre entier du pied de la colonne ; la septième partie de cette hauteur détermine, selon lui, la hauteur de l'abaque. Mais les variétés du *chapiteau* corinthien annoncent que les Grecs n'ont suivi aucune règle fixe dans l'ordonnance et l'ornement de ce *chapiteau* et que chaque artiste lui assignait l'ordonnance la plus convenable au caractère de son édifice, et lui donnait tantôt plus, tantôt moins de richesse et de magnificence.

Nous insisterons ici sur la variété que

Fig. 892.

les Grecs savaient apporter à la composition et à la décoration des *chapiteaux* appartenant aux divers ordres. Nous citerons le *chapiteau* dorique des cariatides de l'Érechthéion d'Athènes, le *chapiteau* orné de griffons du temple d'Éleusis, et le *chapiteau* du monument d'Andronicus Cyrrhètes (fig. 892). Il importe également de signaler ces *chapiteaux* à larges volutes reposant sur un seul rang de feuilles et encadrant une tête humaine, que l'on rencontre fréquemment dans les édifices de la grande Grèce; tels sont ceux qui ont été retrouvés à Pæstum et dont nous don-

Fig. 893.

nons un spécimen (fig. 893). Quelques monuments de Pompéi présentent des *chapiteaux* de composition analogue. Enfin, comme dérivés du *chapiteau* corinthien grec, on peut encore citer ceux du temple de Vesta, à Tivoli.

Ce ne fut que sous les Romains que le *chapiteau* corinthien reçut la forme déterminée qu'il a encore aujourd'hui. L'ordonnance de ses ornements de feuilles d'acanthe et de volutes ressemble parfaitement, en effet, à celle déterminée par Vitruve ; mais il se distingue par son élévation, à laquelle on donna environ deux modules et un tiers, ce qui lui procura une forme plus svelte. C'est ainsi que nous le trouvons employé dans le temple d'Auguste, à Pola, et dans beaucoup d'édifices de Rome, tels que le portique du Panthéon, le temple d'Antonin et de Faustine, le portique d'Octavie et de Septime Sévère, l'arc de Constantin, etc. Il est d'une beauté re-

marquable dans les colonnes qui nous restent encore du temple de Jupiter Stator et de celui de Jupiter Tonnant. Les *chapiteaux* du portique d'Octavie, exécutés du temps d'Auguste, se distinguent non-seulement par la délicatesse de leur travail, mais encore par un ornement particulier, placé entre les petites volutes et qui est formé d'un aigle posé sur des foudres et ayant les ailes déployées.

Enfin, nous donnerons (fig. 894) comme l'un des types les plus parfaits du *chapiteau* corinthien romain un exemple tiré du temple de Mars Vengeur, à Rome. La campane ou cloche renversée qui forme le corps du *chapiteau* est surmontée d'un tailloir à faces concaves et ornée d'un double rang de feuilles d'acanthe, d'olivier, de persil, de chardon, etc. Celles du second rang sont à peu près doubles des autres ; de leurs intervalles partent des tiges d'où s'échappent d'autres feuilles dites *caulicoles*, donnant elles-mêmes naissance à des volutes de dimensions différentes ; les plus grandes vont s'enrouler sous les angles saillants de l'abaque ; les

Fig. 894.

autres, au milieu de chacune des faces du *chapiteau*, où elles se rencontrent deux à deux. C'est entre ces dernières volutes que passe la tige supportant la rose du *chapiteau*.

La combinaison des éléments des *chapiteaux* ionique et corinthien a

donné naissance au *chapiteau composite*
(fig. 895), dont quelques auteurs ont fait

Fig. 895.

un ordre spécial, mais qui ne présente
qu'une variété de détails dans la décoration du *chapiteau ;* on y retrouve les
volutes ioniques associées au double
rang de feuilles de l'ordre corinthien.

Dans les premiers temps du christianisme, les *chapiteaux*, ainsi que de nombreux débris des monuments antiques,
furent employés à la décoration des édifices nouveaux. Plus tard, on vit naître
un type spécial qui caractérisa, en
Orient, l'architecture byzantine, tandis
qu'on s'efforçait, en Occident, d'imiter
avec plus ou moins d'exactitude les ouvrages romains.

Les *chapiteaux* byzantins se réduisirent, d'une manière générale, à des surfaces courbes ornées de sculptures peu
saillantes. Ainsi, les *chapiteaux* de
Sainte-Sophie de Constantinople, qui
datent du xvie siècle, ont la forme
d'ovoïdes tronqués, ornés de feuilles méplates et de volutes avec coussinets.
Ceux des églises de Saint-Vital et Saint-
Apollinaire, à Ravenne, qui datent de la
même époque, ont l'aspect de cônes
renversés, tronqués et coupés par
quatre plans inclinés, sur lesquels sont
sculptés des entrelacs, des enroulements
et des fleurons.

Le goût byzantin se retrouve dans les
chapiteaux cubiques des édifices des

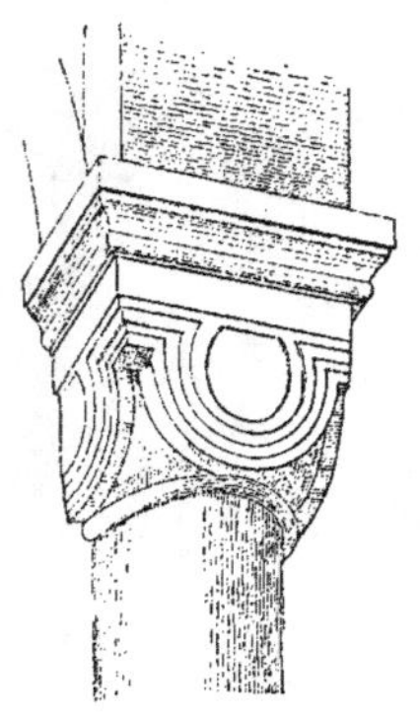

Fig. 896.

bords du Rhin. La figure 896 représente
un *chapiteau* cubique provenant de
l'église de Neuwiller, en Alsace ; le
même édifice possède des *chapiteaux*

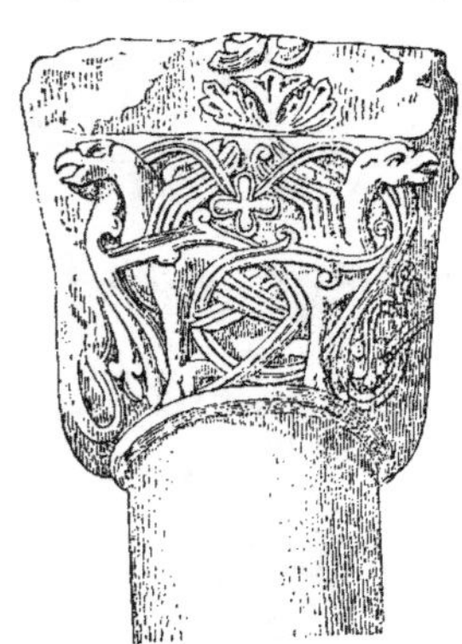

Fig. 897.

décorés de têtes d'animaux et d'ornements bizarres (fig. 897).

Dans les églises appartenant à l'architecture romane proprement dite, on voit
reparaître le galbe de la campane ornée
de feuillages ; la figure 898 représente
l'un des *chapiteaux* en marbre de la petite église de Montmartre, à Paris. Les
animaux fantastiques, les figures humaines font souvent partie de la décoration;

l'un des *chapiteaux* de l'église de Vé-

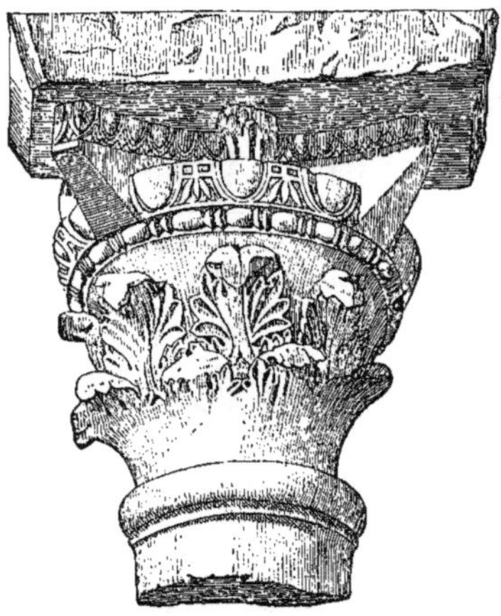

Fig. 898.

zelay porte une allégorie : *vice* et *déses-
poir* (fig. 899).

Fig. 899.

Au XIII° siècle, l'ornementation est ti-

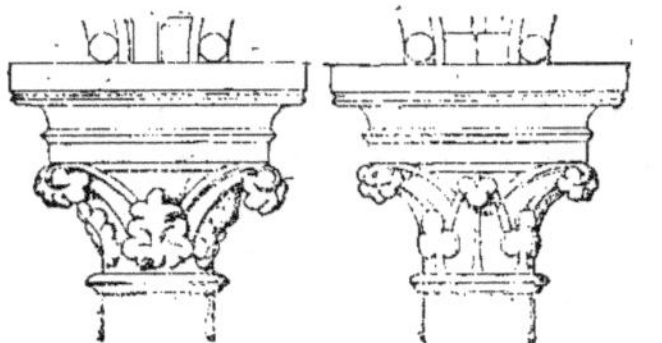

Fig. 900.

rée de la flore même des pays où les

édifices sont construits ; les tailloirs des
chapiteaux sont très accentués, comme
le montre la figure 900, qui donne deux
chapiteaux de la galerie des rois à
Notre-Dame de Paris.

Fig. 901.

Au siècle suivant, on voit diminuer la
saillie des abaques (fig. 901).

Pendant les XV° et XVI°, la décoration
végétale devient prédominante ; les tailloirs s'atrophient et les *chapiteaux* eux-
mêmes finissent par disparaître.

A côté de l'architecture occidentale,
l'art arabe, après avoir conservé les traditions antiques en utilisant les débris
des monuments romains, subit l'influence chrétienne et prend un caractère
original. Deux types caractéristiques se
remarquent dans les *chapiteaux* des édifices mauresques : l'un est composé de
plusieurs séries de petites niches posées
les unes sur les autres en encorbellement ; l'autre, dont nous donnons deux

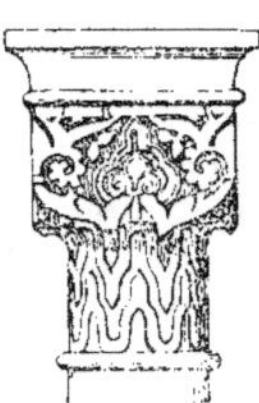

Fig. 902.

exemples (fig. 902), appartenant à l'Alhambra de Grenade, est formé d'une
corbeille décorée de feuilles ou d'arabesques et d'une partie cubique portant
une ornementation du même genre.

C'est la Renaissance qui ramena le

goût de l'antique, abandonné du x° au xvi° siècle ; les ordres reparurent alors, mais furent interprétés par les artistes d'une façon très originale ; la richesse et la variété du détail sont très remarquables dans les *chapiteaux* de cette époque. Nous donnons des exemples des trois types principaux : le dorique

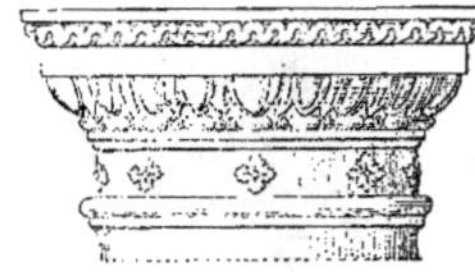

Fig. 903.

représenté par la figure 903 est du palais

Fig. 904.

Sciarra à Rome ; l'ionique (fig. 904) provient du palais des Tuileries, à Paris ; enfin, le composite est celui des trois

Fig. 905.

ordres dont l'ornementation est la plus variée (fig. 905).

Après la Renaissance, l'art moderne est revenu à l'imitation pure et simple de l'antiquité.

Il nous reste à dire quelques mots au sujet des *chapiteaux* qui forment le couronnement des colonnes isolées, votives, honorifiques ou élevées avec une desti-

nation quelconque. On trouve sur les vases grecs un grand nombre de colonnes de ce genre, représentées avec des *chapiteaux* dont la forme rappelle ceux qui supportent des entablements. On peut en dire autant des *chapiteaux* qui appartiennent aux colonnes votives romaines, telles que la colonne corinthienne de Dioclétien à Alexandrie, et celles de Trajan et d'Antonin, qui sont de style dorique.

Chapiteau de triglyphe : plate-bande avec un cavet en dessous, qui couronne un *triglyphe* (voy. ce mot).

Chapiteau de balustre : partie supérieure d'un *balustre* (voy. ce mot).

Chapiteau de niche : petit dais couvrant une statue portée par un cul-de-lampe au-devant d'une niche qui n'est pas assez profonde pour contenir la statue.

Chapitre, *s. m.* — Salle dans laquelle se réunissent les religieux ou religieuses d'un monastère pour traiter des affaires de la communauté. On dit aussi *salle capitulaire.*

Les premières abbayes renfermaient des *chapitres* construits à l'orient du cloître ; le plan en était carré ou rectangulaire, le plafond voûté, d'abord en plein-cintre, puis en ogive ; la décoration en était luxueuse ; les pavages s'exécutaient ordinairement en mosaïque. Pendant les xiv° et xv° siècles, une petite chapelle était quelquefois ajoutée à la salle capitulaire.

Les églises cathédrales, abbatiales ou collégiales avaient également des *chapitres* pour dépendances. Ces salles sont disposées en vue des meilleures conditions acoustiques, ainsi qu'en témoigne la forme oblongue du *chapitre* de la cathédrale de Séville. Le plan circulaire ou polygonal fut adopté en Angleterre, à la fin du moyen âge, pour ces lieux de réunion ; une remarquable disposition forme la retombée des voûtes sur un pilier central, avec arcs-boutants extérieurs pour contenir la poussée.

Chapoter, *v. a.* — Dégrossir le bois avec une *plane* (voy. ce mot).

Chappes, *s. f. pl.* — Poignées qui servent à ouvrir ou fermer le moule dont les plombiers se servent pour fondre leurs tuyaux.

Chaput, *s. m.* — Billot de bois qui sert pour équarrir les ardoises.

Char, *s. m.* — Les places publiques et les temples de la Grèce étaient décorés de *chars* en bronze, à l'exécution desquels les victoires remportées dans les jeux avaient donné lieu. Les Romains adoptèrent ces images pour perpétuer le souvenir des triomphateurs.

Des *chars* de bronze ornèrent les arcs triomphaux ; ils en firent le couronnement. Ces *chars* de triomphe furent aussi travaillés en marbre ; on en voit un spécimen au musée du Vatican.

Chardon, *s. m.* — ARCHITECTURE. On appelle *feuille de chardon* un ornement usité dans l'architecture du XVe siècle pour la décoration des chapiteaux, des corniches et des archivoltes.

SERRURERIE. — On désigne sous le

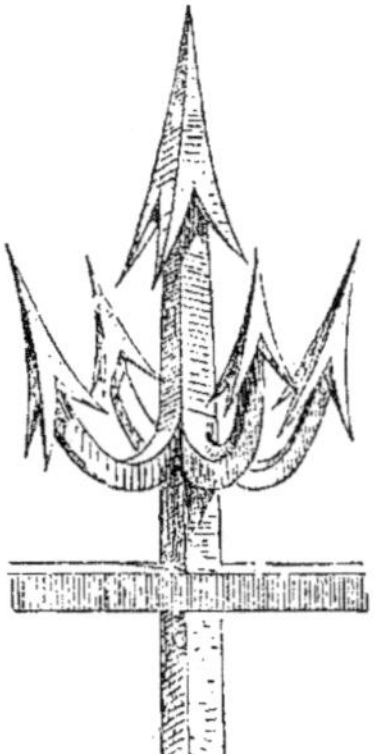

Fig. 906.

nom de *chardons* des pointes de fer, en forme de dards ou de flammes, adaptées

au haut d'une grille (fig. 906), ou sur les courbes renversées qui servent d'amor-

Fig. 907.

tissements aux pilastres d'une porte en fer (fig. 907.)

On place aussi de ces défenses au-dessus des murs, pour en empêcher l'escalade, ou sur le parcours des grands balcons de certaines maisons, pour les diviser en plusieurs parties indépendantes les unes des autres.

L'usage des *chardons* a surtout été très développé au XVIIIe siècle.

Chardonnet, *s. m.* — 1° MENUISERIE. Pièce ou montant de bois qui termine les portes charretières du côté des gonds. Le *chardonnet* porte par le bas dans une crapaudine et son extrémité supérieure est taillée en cylindre pour entrer dans une *bourdonnière* (voy. ce mot).

2° ARCHITECTURE HYDRAULIQUE. On nom-

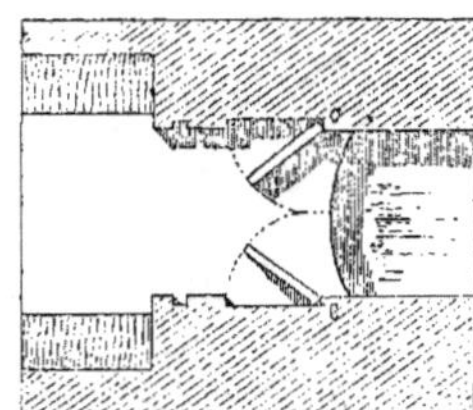

Fig. 908.

me ainsi, dans une écluse (fig. 908), les feuillures C qui contiennent les poteaux tourillons des châssis en charpente formant les vantaux des portes.

Charentenay (*Banc royal de*). — Pierre de construction qui provient des carrières de *Charentenay*, arrondissement d'Auxerre.

C'est un calcaire oolithique, demi-dur, à grains très fins, blanc, légèrement jaunâtre. Sa hauteur d'assise est de 0^m,80 à 1 mètre. Le mètre cube pèse 1,950 kilogr. La charge d'écrasement par centimètre carré est de 125 kilogr.

Cette pierre est souvent employée à Auxerre. On en a fait usage à Paris à la Banque de France, aux Arts et métiers, à la Bibliothèque nationale, au Louvre, au nouvel Hôtel de ville, etc.

Charge, *s. f.* — 1° Épaisseur de plâtre que l'on ajoute à un enduit de mur, de cloison ou de pan de bois en faux aplomb pour rendre le parement vertical.

2° Maçonnerie de menus matériaux, gravois ou autres, que l'on pose à sec sur les solives et ais d'entrevous ou sur le hourdis d'un plancher qui n'est pas de niveau, pour rendre horizontale l'aire en parquet ou en carreaux que l'on établit ensuite.

3° *Charge, surcharge* (voy. *Exhaussement*).

4° On dit qu'un arc, une voûte sont appareillés en *tas de charge*, quand les joints de lit de leurs claveaux sont en

Fig. 909.

partie normaux à la courbe de douelle et en partie horizontaux (fig. 909).

Chargement, *s. m.* — Les terres provenant des fouilles, les matériaux que l'on doit transporter à pied-d'œuvre sont chargés sur des véhicules appropriés à la nature de ces objets.

Le *chargement* des terres, en particulier, se fait à la pelle sur une hotte, un panier, une brouette, un camion, un tombereau, un wagon, etc. On doit quelquefois, pour faciliter le pellage, repiocher les terres jetées sur berge, à cause de leur affaissement. Quand la fouille est peu profonde, le *chargement* de la terre se fait de suite, dans les brouettes ou dans les tombereaux.

Le *chargement* des moellons, de la pierre et des matériaux de couverture se fait à la main.

Les bois de charpente sont transportés à bras ou à dos d'hommes pour être *chargés*.

Charger, *v. a.* — Voy. *Chargement.*

PEINTURE. Couvrir une surface d'un grand nombre de couches de couleur.

DORURE. Étendre de l'or sur de l'or déjà appliqué.

Chariot, *s. m.* — MAÇONNERIE. Véhicule servant au transport de la pierre. On distingue plusieurs sortes de *chariots* :

1° Celui qui est semblable à un *binard* (voy. ce mot), a la forme d'un plateau porté sur deux roues basses et muni d'une flèche avec traverses. Ce sont des hommes qui traînent ce *chariot* en poussant les traverses ; quelquefois, on attelle un cheval à l'extrémité de la flèche. Le *diable* (voy. ce mot) est un véhicule du même genre, mais de plus petite dimension. Ces *chariots* servent à barder la pierre du chantier de taille à pied-d'œuvre.

2° Le *chariot* à deux roues élevées (fig. 910), est muni de deux brancards et est traîné par plusieurs chevaux. On l'emploie pour transporter les blocs de la carrière au chantier de taille ou au chantier de construction. On l'appelle aussi *harnais*.

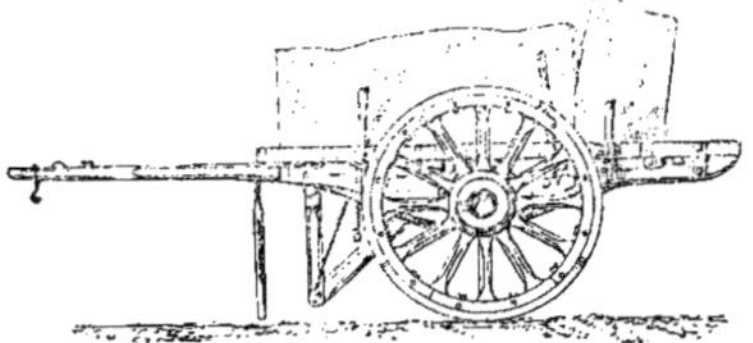

Fig. 910.

3° Le *chariot* à quatre roues basses

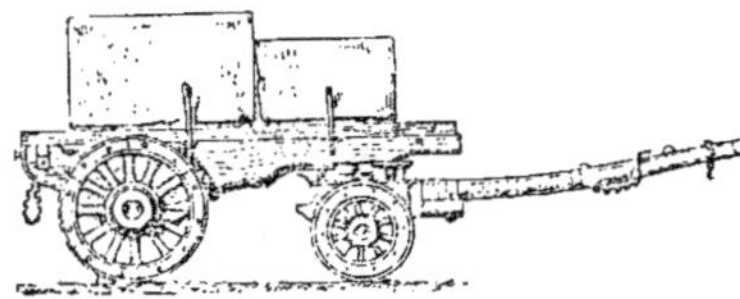

Fig. 911.

et deux brancards est appliqué au même usage que le précédent (fig. 911).

Chemins de fer. On nomme *chariots* de petits plateaux montés sur quatre roues, que les ouvriers poussent sur les rails, après y avoir placé soit leurs outils, soit des matériaux pour les conduire au lieu d'emploi.

Charix (*Pierre de*). — Pierre calcaire que l'on extrait de la carrière de Biollet, commune de *Charix*, arrondissement de Nantua.

C'est un calcaire crayeux, tendre, à grains fins, propre à la sculpture. Il présente une hauteur d'assise de 0ᵐ,80 ; le poids du mètre cube est de 2,040 kilogr. et la charge d'écrasement de 200 kilogr. par centimètre carré.

Charly (*Pierre de*). — Pierre calcaire provenant de la carrière de *Charly*, commune de ce nom, arrondissement de Saint-Amand.

Ce calcaire est oolithique, demi-dur, blanc-grisâtre, d'un grain fin, propre à la sculpture. La hauteur d'assise est de 0ᵐ,60.

Cette pierre a été employée à la cathédrale de Bourges et à l'hôtel de Jacques-Cœur.

Charme, *s. m.* — Arbre qui convient très bien à l'ornementation des jardins et à divers usages. Son bois est blanc, d'un grain fin et serré ; en séchant, il devient très dur, raide, liant et de longue durée. Il est très résistant : une solive de 0ᵐ,053 d'équarrissage sur 2ᵐ,55 de longueur a supporté, avant de se rompre, une charge de 114 kilogr., tandis que le frêne s'est rompu à 95 kilogr., le chêne à 92 kilogr. 5, et le hêtre à 82 kilogr. 3. Toutefois ce bois a peu d'élasticité. On en fait des roues de moulin, des vis, des poulies, des leviers, des essieux, des flèches, des limons, des manches d'outils, des maillets, des serre-joints, etc.

Charmille, *s. f.* — Terme que l'on emploie, dans l'ornementation des jardins, pour désigner certaines dispositions décoratives.

Bien que l'étymologie de ce mot paraisse indiquer que le charme est l'élément constitutif de la *charmille*, on y emploie d'autres arbres tels que l'if, le buis, etc.

Dans les jardins du genre régulier, on se sert des *charmilles* pour constituer des murs impénétrables, tapisser des murailles, diviser les allées ou former les compartiments des bosquets, quelquefois même des salles, des cabinets, des corridors, des murs percés d'arcades. On obtient ces résultats divers au moyen de la taille, et le principal entretien des palissades de *charmille* consiste à les tondre régulièrement.

La description que Pline, dans sa lettre à Apollinaire, fait de sa villa de Toscane, montre que l'usage des *charmilles* est fort ancien. Dans les temps modernes, on peut citer particulièrement comme ayant été dotés de ce genre de décoration les parcs de Versailles, de Clagny, de Sceaux, etc.

Charnier, *s. m.* — 1° Les Romains donnaient le nom de *carnarium* au garde-manger ou office dans lequel ils conservaient les viandes.

2° L'encombrement des cimetières chrétiens donna naissance aux ossuaires, lieux de dépôt des ossements exhumés du sol pour faire place à de nouvelles sépultures. Ces ossuaires prirent, dans un certain nombre de villes, le nom de *charniers*. Ils étaient composés de galeries voûtées formant l'enceinte des cimetières, et éclairées par des arcades qui laissaient voir les sépultures placées dans le champ des morts comme au hasard, sans ordre, ni symétrie.

Les *charniers* les plus étendus qu'ait possédés la ville de Paris, étaient ceux qui entouraient le cimetière des Innocents ; ils étaient composés de soixante-quatre arcades d'architecture gothique. Dans la surélévation en charpente qui les recouvrait étaient amoncelés, depuis le xiii° siècle, les ossements d'un grand nombre de générations. De riches habitants de la ville contribuaient de leur argent à la construction de ces édifices et leurs devises et armoiries étaient peintes ou sculptées aux clefs des voûtes. Les tombeaux de certaines familles étaient même placés sous les portiques. Ces derniers étaient aussi décorés de peintures représentant des sujets religieux.

Charnière, *s. f.* — Pièce de quincaillerie en tôle ou en cuivre qui sert à la ferrure des portes, croisées, abattants, etc.

Les anciens employaient la *charnière*, à laquelle ils donnaient le nom grec de *ginglymos*, mot dont il ne faut pas confondre le sens avec celui de *cardo*, employé par les Romains et signifiant pivot, crapaudine. La figure 912 représente deux spécimens de *charnières*, dont l'une, celle qui est déployée, a été trouvée à Pompéi ; l'autre est conservée au British Museum.

La *charnière* employée de nos jours se compose de deux platines de métal qui sont pourvues, sur l'une de leurs rives, d'anneaux ou *charnons*, s'encla-

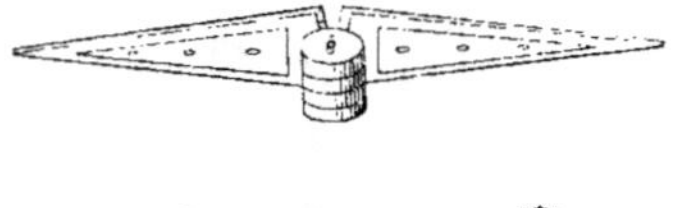

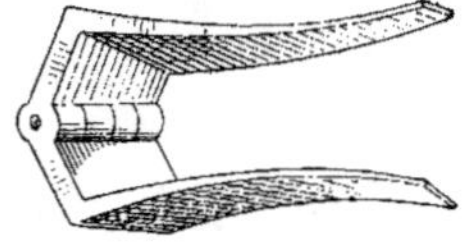

Fig. 912.

vant les uns dans les autres et formant le *nœud* de la pièce ; l'une de ces branches est placée sur la partie dormante de la fermeture, l'autre sur la partie mobile ; une goupille, dite *broche*, réunit ces deux pièces et sert au battant d'axe de rotation.

On distingue :

1° La *charnière carrée longue ordinaire*, qui se pose en feuillure, et qui a l'une de ses branches vissée sur l'épais-

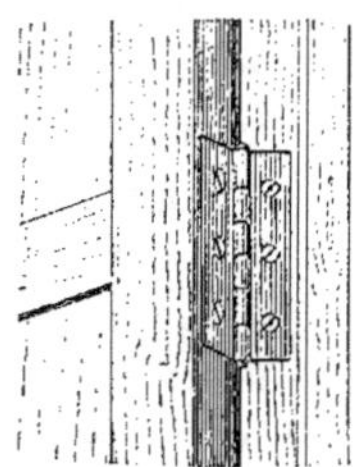

Fig. 913.

seur du montant d'une porte (fig. 913) ;

2° La *charnière carrée longue renfor-*

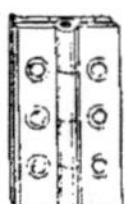

Fig. 914.

cée, plus épaisse que la précédente (fig. 914) ;

3° La *charnière toute carrée*, semblable à celles décrites ci-dessus, mais à branches plus larges ;

4° La *charnière coudée* (fig. 915), qui embrasse le battant ;

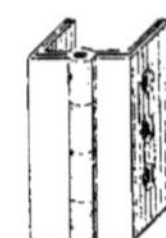

Fig. 915.

5° La *charnière à pans*, employée surtout pour la fermeture des portes d'armoire, mais qui n'est plus guère en usage aujourd'hui ;

6° La *charnière à nœuds carrés*, faite pour bien affleurer les bois ;

7° La *charnière à section droite* ;

8° La *charnière à hélice*, pour faire retomber les portes seules ;

9° La *charnière à nœuds à boules tournées* ;

10° La *charnière à briquet*, dite aussi *charnière à coq*, qui sert pour la ferme-

Fig. 916.

ture d'un abatant de comptoir (fig. 916) ; le coq étant un arrêt, il y a des *briquets* à deux coqs ;

11° La *charnière longue à nœuds sou-*

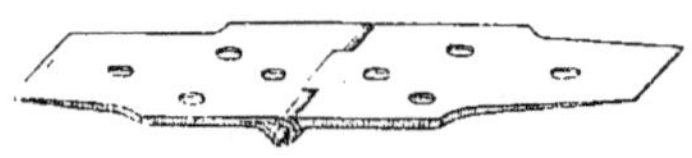

Fig. 917.

dés, élargie au collet pour ferrure de volets de boutique (fig. 917) ;

12° La *charnière à nœuds de compas*, qui a la forme d'une tête de compas et qui est employée pour les vantaux brisés des grilles.

Ces différentes pièces sont posées à plat ou entaillées.

Certaines pièces de ferrures à *char-*

niere prennent le nom de *couplet* (voy. ce mot).

Dans les chaînages, on se sert d'un assemblage dit à *charnière* (voy. *Chaînage*).

Charnons, *s. m. pl.* — Petits cylindres creux placés sur les lames ou ailes des *charnières* (voy. ce mot) pour recevoir les goupilles qui en réunissent les deux parties.

Charpente, Charpenterie, *s. f.* — Ensemble des procédés qui constituent l'art de tailler et d'assembler les bois destinés aux ouvrages de grosse construction.

Ces ouvrages mêmes reçoivent le nom de *charpentes* et, par extension, on applique le même mot aux constructions dans lesquelles le fer fondu et le fer forgé se trouvent associés au bois et souvent le remplacent complètement.

On distingue, dans la *charpente*, plusieurs catégories :

La *charpente civile*, qui comprend tous les ouvrages en bois de gros échantillon qui sont employés à l'intérieur ou à l'extérieur des bâtiments ;

La *charpente hydraulique*, ayant pour objet la construction de tous les ouvrages qui s'exécutent dans l'eau, tels que ponts, digues, barrages, estacades, batardeaux, encaissements, caissons, etc.;

La *charpente navale*, ou l'art de construire les navires ;

La *charpente mécanique*, s'appliquant à la construction des machines et engins de toutes sortes destinés à mouvoir, élever, descendre ou transporter des fardeaux considérables.

Chacune de ces branches de l'art de la *charpenterie* a des procédés particuliers d'exécution ; mais toutes ont pour principes fondamentaux : la connaissance et le choix des bois propres à la construction, tels que le chêne, le châtaignier, le hêtre, l'orme, le pin, le sapin, le mélèze ; les différents moyens employés pour leur abatage et leur conservation ; les assemblages divers qui permettent leur mise en œuvre. Nous traiterons spécialement de la *charpente civile*, qui comprend les *assemblages*, les *pans de bois*, les *planchers*, les *combles*, les *escaliers*, etc. (voy. ces mots).

Il y a tout lieu de croire, si l'on considère l'art d'employer le bois, sous le rapport de l'ancienneté, que la *charpente* fut le premier des arts de la construction, et même, selon quelques auteurs, l'architecture tirerait son origine de la combinaison des bois ayant servi pour l'édification des monuments les plus anciens.

Quoi qu'il en soit, il est certain que la hutte et la cabane primitives, la première, de forme conique, la seconde, construite sur plan rectangulaire, furent exécutées entièrement avec des bois non équarris. De nos jours, on trouve encore, dans certains pays, des constructions de ce genre.

Le besoin d'assainir les demeures et sans doute aussi d'économiser le terrain, donna lieu à la superposition des étages ; c'est alors que les bois ne furent plus employés en *grume*, mais équarris à la cognée ; les outils se perfectionnant, les assemblages remplacèrent les liens grossiers primitivement en usage, et la *charpente* devenant un art véritable, permit les combinaisons de bois les plus diverses : *escaliers* pour faire communiquer entre eux les étages, *planchers* pour les diviser dans le sens vertical, *pans de bois* pour les clore et y former les distributions, et enfin, *combles*, nécessaires pour abriter les bâtiments et faciliter l'écoulement des eaux.

Parmi les peuples de l'antiquité qui semblent avoir été les plus habiles dans l'art de la *charpenterie*, il faut citer en première ligne les Romains, qui construisirent en bois des édifices considérables, tels que des amphithéâtres destinés à contenir des milliers de spectateurs. Les voûtes sphériques ou d'arête, dont l'architecture romaine présente de si nombreux exemples, dénotent, pour les besoins de leur construction, l'emploi de *charpentes* très compliquées.

De la fin de l'empire au xi° siècle, des villes entières furent construites en bois ; mais c'est surtout au moyen âge que le travail de cette matière acquit son plus haut degré de perfection, au point de vue de l'habileté et de la hardiesse de la mise en œuvre (voy. *Comble, Pan de bois, Plancher*).

Aujourd'hui, la *charpente* en fer tend à se substituer à la *charpente* en bois, aussi bien pour les fermes qui doivent supporter les toitures que pour les piliers servant de points d'appui et les planchers séparant les étages ; on a même fait, dans ces derniers temps, l'essai de cloisons intérieures et extérieures en fer. Toutefois, il est certain que l'application du bois à l'art de bâtir conservera toujours une importance qui fera de l'étude de cette matière et de son emploi un des premiers devoirs du constructeur.

Considérée comme science, la *charpente* renferme trois parties distinctes :

1° La connaissance *théorique* de certains principes fondamentaux de géométrie et de statique ;

2° L'application de ces principes à la combinaison des assemblages et à *l'appareil*, art de tracer les épures, de disposer les assemblages et de choisir les bois qui doivent être employés. (On appelle *épures* les dessins que font les charpentiers sur un sol horizontal, convenablement préparé, et qui représentent les pièces avec leurs dimensions réelles, leurs joints et leurs assemblages ; ces dessins prennent le nom d'*ételons*, quand les bois n'y sont représentés que par leurs lignes d'axe) ;

3° La *pratique*, nécessaire pour le tracé sur les bois, d'après l'épure, des différentes coupes nécessaires pour la taille des joints, l'exécution des assemblages, le levage et la mise en place.

Les principaux outils que le *charpentier* emploie, pour ces divers travaux, sont la jauge, le cordeau, le plomb, le trusquin, les compas et équerres, qui servent à préparer l'ouvrage ; les scies, haches, cognées, doloires, herminettes, avec lesquels on taille les bois ; les ciseaux, fermoirs, ébauchoirs, becs-d'âne, bisaiguës, pour les creuser ; les rabots, varlopes, guillaumes, bouvets, pour dresser les parements ; les maillets et marteaux, pour l'ajustement des assemblages ; les chèvres, pour la mise en place (voy. ces mots).

Charpentier, *s. m.* — Celui qui exécute des travaux de charpente, soit comme maître ou entrepreneur, soit comme ouvrier.

Les ouvriers *charpentiers* se divisent en *gâcheurs* ou *contre-maîtres, leveurs,* qui tracent le dessin sur bois, *chefs de chantier, compagnons, garçons.* La journée est de 10 heures en été et de 8 heures en hiver. Le maître fournit les outils.

Charretière, *adj.* — On nomme *porte charretière* une porte, ordinairement à deux vantaux, qui est assez large pour permettre le passage des voitures.

Les portes *charretières* des maisons d'habitation dans les villes prennent plutôt le nom de *portes cochères.*

Les cours de fermes, les remises, les granges ont leurs entrées fermées par des portes *charretières* d'une construction très simple. Leurs vantaux sont, en

Fig. 918.

général, formés (fig. 918) de planches verticales jointes à rainure et languette, maintenues dans des châssis en charpente avec traverses et écharpes der-

rière ; les pivots du bas tournent dans des crapaudines en fonte ; ceux du haut sont retenus par des colliers en fer scellés dans la muraille.

La fermeture a lieu souvent au moyen d'un système de bascule en bois ou en fer (voy. *Bascule*). Une petite porte de service est quelquefois ménagée dans l'un des battants. La largeur d'une porte *charretière* doit être d'au moins 2^m,60.

Charrette, *s. f.* — Voiture à deux roues et à *deux limons* servant au transport des fardeaux. Des pièces de bois appelées *éparts* en forment le fond ; les côtés sont composés de pièces verticales maintenues par des traverses horizontales.

Les carriers se servent souvent de *charrettes* appelées *moellonnières* pour transporter les moellons ; les charpentiers font également usage de ces véhicules pour les bois débités ; ils en ont de deux sortes : l'un, à parois verticales

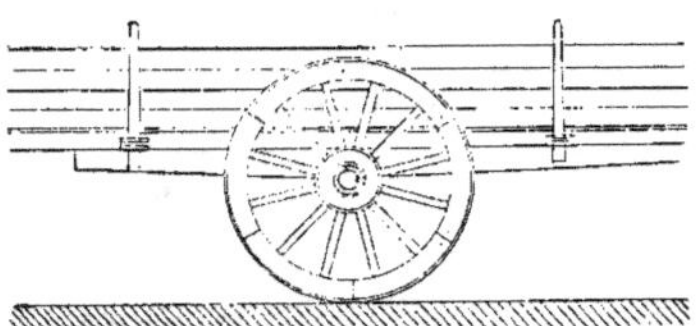

Fig. 919.

(voy. *Aideau*), l'autre (fig. 919), qui est formé seulement d'un fond monté sur essieux et garni de deux traverses sur lesquelles sont fixés quatre montants pour retenir la charge.

Chartil, *s. m.* — Nom que l'on donne, dans les constructions rurales, à des hangars ou appentis servant de remise pour les charrettes, charrues et autres instruments agricoles.

Chartreuse, *s. f.* — Monastère habité par les personnes qui veulent s'adonner tout à la fois à la vie d'ermite et à celle du cloître, dans lequel on vit en commun.

C'est dans les *laures* ou villages des anachorètes de l'Orient qu'on trouve le type qui inspira saint Bruno, lorsqu'il fonda dans le Dauphiné le premier établissement de ce genre. Ces agglomérations étaient formées, en effet, de cabanes séparées, protégées par une enceinte commune, et près desquelles une chapelle réunissait les religieux aux heures de la prière.

A cette disposition primitive, saint Bruno ajouta d'abord un petit cloître, puis un autre très vaste, autour duquel devaient se ranger les habitations qui étaient destinées aux religieux, accompagnées de leurs jardins particuliers. Chacune de ces petites demeures contenait plusieurs pièces : une bibliothèque ou cabinet de travail, un oratoire et un lieu pour mettre les instruments de jardinage.

La figure 920 représente une des ha-

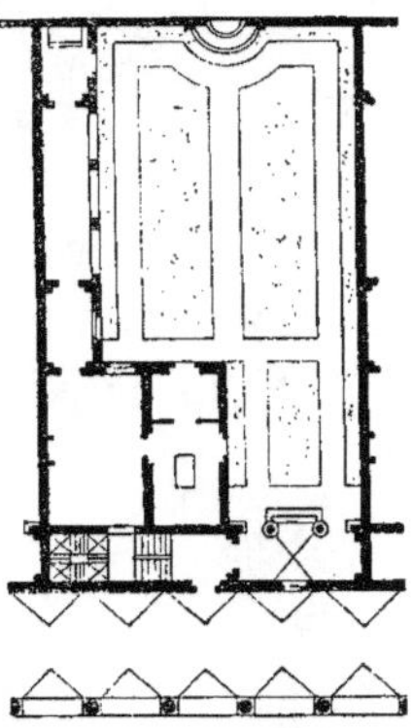

Fig. 920.

bitations qui entourent le cloître de la *Chartreuse* attenante à l'église Sainte-Marie des Anges, à Rome. On voit que l'entrée de cette demeure donne directement sur les galeries du cloître. Près de la porte, le mur est percé d'une baie munie d'un tour. A droite de l'entrée un petit portique permet d'accéder au jardin ; à gauche un certain nombre de marches mènent au rez-de-chaussée

élevé qui forme l'habitation proprement dite. Celle-ci comprend : deux chambres, l'une grande, l'autre petite, et une bibliothèque avec table au milieu ; une petite loge placée sur l'un des côtés du jardin et au bout de laquelle est un oratoire. A la suite du premier escalier de gauche il en est un second qui mène à l'étage supérieur composé de chambres.

Ce qui caractérise donc la *chartreuse* et la distingue des autres monastères, c'est le grand cloître entouré d'habitations de formes variées qui lui donnent un aspect tout à la fois régulier et pittoresque.

Ces établissements ont été très multipliés dans la chrétienté. Parmi les plus célèbres, il faut citer la *chartreuse* de Paris, fondée par le roi saint Louis en 1259 et dont les derniers vestiges ont récemment disparu ; la *chartreuse* de Saint-Martin, à Naples ; celles que possèdent Rome, Florence et Pavie et qui sont surtout célèbres par les objets d'art qu'elles renferment ; les *chartreuses* de Xérès et de Burgos, en Espagne, etc.

Chas, *s. m.* — Petite plaque carrée de cuivre ou de fer (fig. 921), percée en

Fig. 921.

son milieu d'un trou par lequel passe le cordeau qui soutient le *plomb* (voy. ce mot).

Chasse, *s. f.* — Nom que les ouvriers serruriers donnent à certains outils destinés à refouler le fer. On en distingue de plusieurs sortes :

La *chasse carrée* est un marteau à deux têtes, dont les sections sont l'une carrée, l'autre polygonale (fig. 922) ; la première seule est acérée ; cet outil sert,

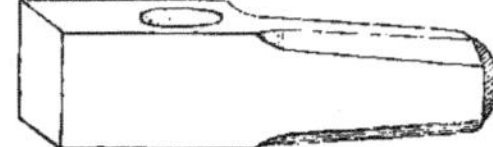

Fig. 922.

par exemple, à faire un épaulement à l'extrémité d'une barre de fer.

La *chasse à biseau* est semblable à la *chasse carrée*, à cela près que la tête acérée est en pente.

On appelle *chasse à biseau à main* un

Fig. 923.

outil méplat dont l'extrémité acérée est taillée à deux biseaux (fig. 923).

La *chasse ronde* est pourvue à son extrémité d'une partie arrondie en dessous et saillante aux deux bouts sur l'épais-

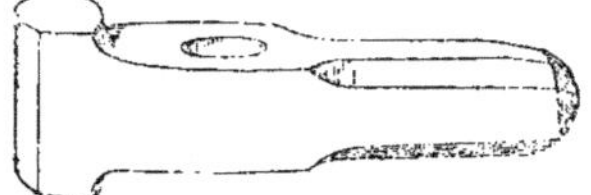

Fig. 924.

seur (fig. 924); cet outil sert à creuser le fer en gorge en le refoulant ; on l'appelle aussi *dégorgeoir*.

Chasse-bondieu, *s. m.* — Morceau de bois aplati d'un bout que les scieurs de long emploient pour chasser le *bondieu*, c'est-à-dire le faire entrer plus avant dans le trait de scie (voy. *Bondieu*).

Chasse-pointe, *s. m.* — Outil de fer ou d'acier (fig. 925) qui sert à en-

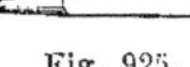

Fig. 925.

foncer davantage les pointes ou clous que le marteau ne peut atteindre.

On dit aussi *chasse-clou.*

Chasser, *v. a.* — Enfoncer un clou, une cheville à l'aide du marteau, du maillet ou du chasse-pointe.

Chasse-roue, *s. m.* — Sorte de borne que l'on place de chaque côté d'une porte charretière pour empêcher les roues des voitures d'endommager les pieds-droits de la baie.

Les *chasse-roues* étaient anciennement et sont encore, dans beaucoup d'endroits, des bornes en pierre ou en fonte ; aujourd'hui, ce sont des espèces d'armatures en fer ou en fonte qui sont scellées par le bas dans un dé en pierre, et, par le haut, dans la muraille.

Les *chasse-roues* les plus simples ont

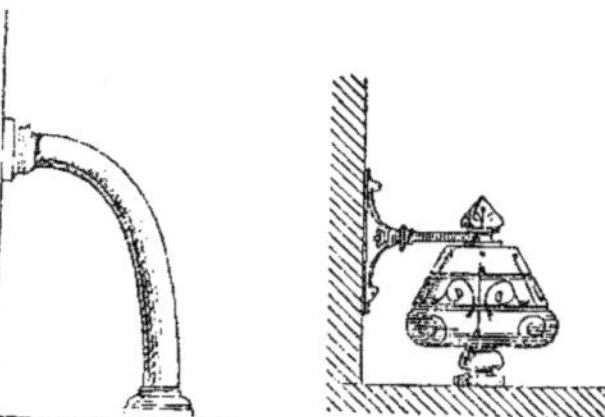

Fig. 926.   Fig. 927.

la forme indiquée par la figure 926 ; on en fait à boules (fig. 927), à enroule-

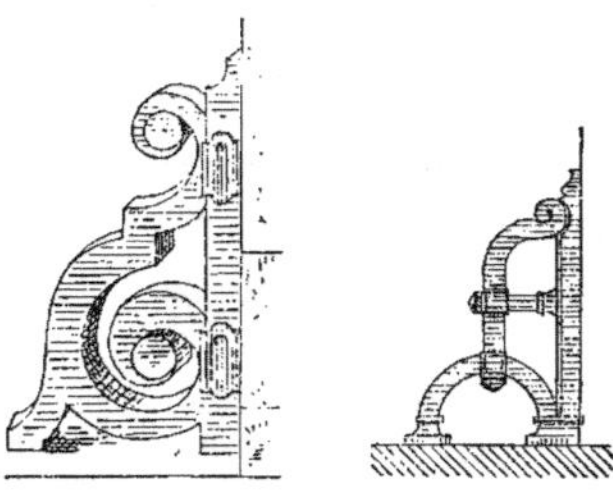

Fig. 928.   Fig. 929.

ments (fig. 928); quelquefois les deux scellements sont faits dans le dé (fig. 929) lorsque les *chasse-roues* sont isolés, soit par leur éloignement d'un mur, soit que l'on veuille éviter à la construction les secousses provenant du choc des roues.

Chassignelles (*Pierre de*). — Pierre calcaire provenant de la carrière de *Chassignelles*, commune de ce nom, arrondissement de Tonnerre.

Cette pierre présente deux variétés qui se distinguent surtout par le degré de dureté.

La plus dure est un calcaire compacte, blanchâtre, veiné de gris rosé et de bleu clair, susceptible de poli.

La seconde variété est une pierre blanche, demi-dure, compacte, d'un grain fin.

La hauteur d'assise de la *pierre de Chassignelles* est de 0^m,30 à 0^m,80. Le poids du mètre cube de la pierre dure est de 2,690 kilogr. ; la charge qu'elle peut supporter avant de s'écraser est de 1,170 kilogr. par centimètre carré. Le poids du mètre cube de la pierre demi-dure est de 2,295 kilogr., et la charge d'écrasement est de 465 kilogr. par centimètre carré.

La pierre dure s'emploie pour dallages et carrelages en France, en Belgique et en Amérique.

La pierre demi-dure s'emploie, depuis quelques années, à Paris. On s'en est servi notamment à la Belle-Jardinière, pour l'agrandissement de la Banque de France, au théâtre de la Porte-Saint-Martin, à la caserne de la Cité, aux collèges Rollin et Chaptal, aux bâtiments appelés Magasins-Réunis.

Châssis, *s. m.* — Encadrement formé par l'assemblage de pièces de bois, de métal ou d'autres matières, laissant un vide entre elles.

MAÇONNERIE. Dalle de pierre percée d'un trou rond ou rectangulaire avec feuillure intérieure pour recevoir une autre dalle ou tampon qui sert à fermer les regards, les aqueducs, les puisards, les fosses d'aisances ; le *châssis* peut encore être composé de la réunion de plusieurs pierres.

Dans l'évaluation du prix des ouvrages de maçonnerie, on compte : 1° au mètre cube, la pierre employée pour le *châssis* et le tampon ; 2° la taille des parements intérieur, extérieur et dessus du *châssis,* avec les coupes d'onglets ; 3° les tailles des dessins et des épaisseurs du tampon ; 4° les feuillures faites au *châssis* et au tampon ; 5° le refouillement et taille du trou de clef.

MENUISERIE. Les *châssis* de menuiserie sont mobiles ou fixes ; les premiers forment les vantaux de croisée, de porte vitrée ; ce sont des encadrements dans lesquels viennent s'assembler les petits bois qui portent le vitrage ; ces dernières pièces sont profilées et se réunissent entre elles au moyen de tenons et de mortaises, avec double onglet.

On donne plus particulièrement le nom de *châssis* à des croisées à un vantail qui s'ouvrent en se développant à soufflet, en abattant ou à coulisse.

Les *châssis à demeure* reçoivent les *châssis mobiles* qui s'y rattachent à l'aide de charnières ; on les appelle encore *dormants* ou *bâtis* (voy. ces mots) ; souvent aussi ces cadres reçoivent directement les petits bois et portent, comme eux, sur un de leurs parements, les feuillures dans lesquelles se placent les vitres. Ces *châssis* fixes sont maintenus eux-mêmes dans les feuillures en maçonnerie des baies par des pattes à scellement.

Les *châssis* de grandes dimensions sont divisés en plusieurs compartiments par des montants.

La figure 930 représente un *châssis*

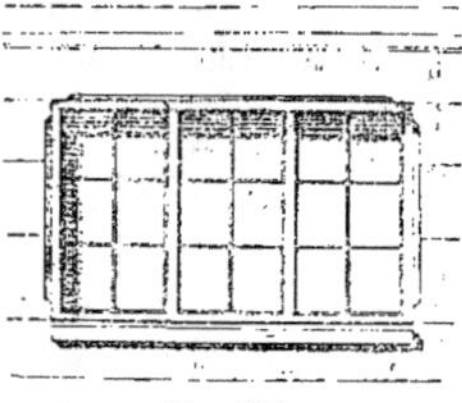

Fig. 930.

fixe à deux montants ; la même forme est souvent adoptée pour les *châssis* mobiles qui donnent du jour et de l'air dans les ateliers. Les baies de grande ouverture, dans les gares de chemins de fer, par exemple, contiennent, au-dessus des impostes des portes, des *châssis* vitrés à demeure.

On appelle *châssis à la grecque* ceux dont les petits bois forment des compartiments symétriques, par rapport à

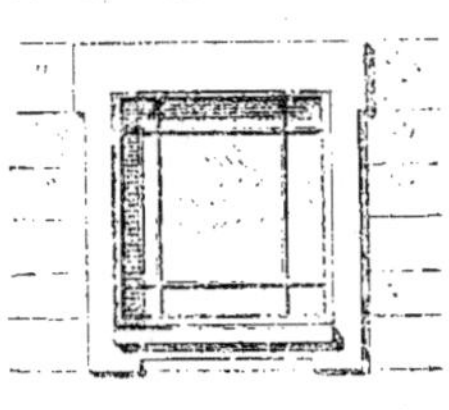

Fig. 931.

l'ensemble, mais inégaux entre eux (fig. 931).

Les menuisiers appellent *châssis à*

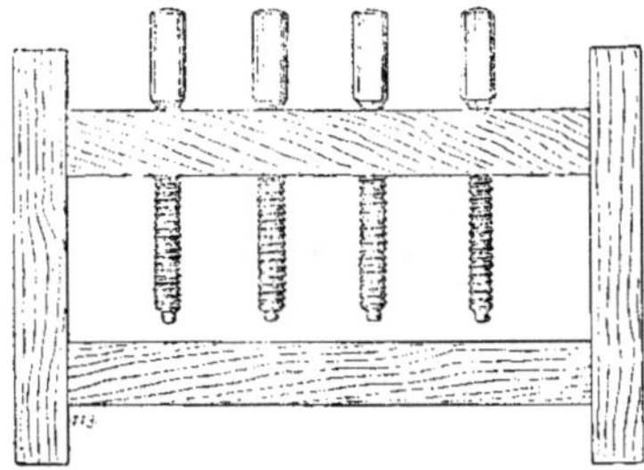

Fig. 932.

coller une sorte de cadre (fig. 932), dont ils se servent pour coller les bois.

On donne encore le nom de *châssis à* des espèces de bâtis en bois léger sur lesquels on colle les dessins que l'on veut exposer.

CHARPENTE. Les *châssis* de charpente, formés, comme les précédents, d'un bâti simple ou d'un encadrement avec traverses, n'en diffèrent principalement que par la dimension des bois qui les composent.

SERRURERIE. Encadrement d'une porte, d'une croisée en fer, d'une grille, d'un balcon.

On donne le nom de *châssis à taba-tière* à des croisées en fer ou en fonte qui servent à éclairer les combles ; ce sont deux cadres superposés, dont l'un est fixe et l'autre se meut en abattant.

On distingue les *châssis à coffre, à jet d'eau* et *à gouttière.*

Dans les *châssis à coffre*, le dormant est une sorte de boîte (fig. 933) avec rebord inférieur, et sur laquelle est

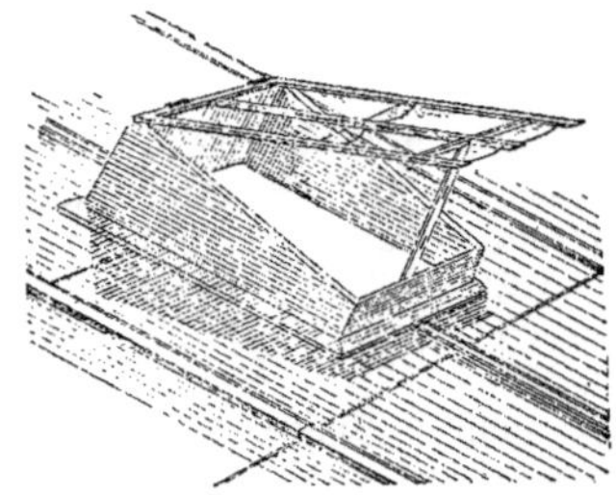

Fig. 933.

fixée à charnière la partie mobile ; une crémaillère ou tige de fer méplat, percée de plusieurs trous, et fixée à l'abatant, permet d'augmenter ou de diminuer l'ouverture.

Les *châssis à jet d'eau* (fig. 934) ont un dormant en fonte ou en tôle qui se recourbe en forme de jet d'eau ; le des-

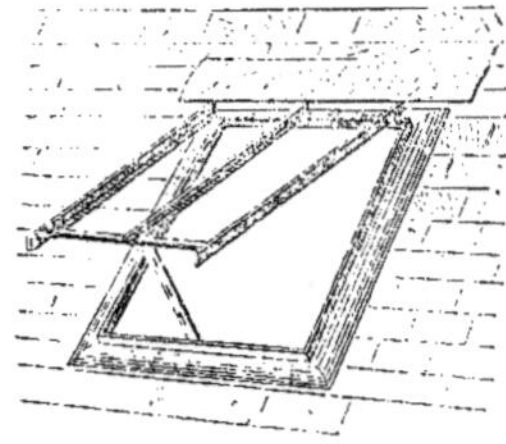

Fig. 934.

sus est un petit rebord que la partie ou-vrante recouvre en se fermant. Comme les *châssis* précédents, ceux-ci sont avec ou sans petits bois et sont pourvus d'une crémaillère et de pattes qui permettent de fixer le dormant sur la couverture. Dans les combles recouverts en *ar-*

doises, on pose directement le *châssis* sur l'ardoise ou bien sur des tasseaux encadrant la baie ; on le garnit en arrière d'une feuille de plomb formant gouttière, que l'on cloue sous l'ardoise. Quelquefois on entoure complètement le *châssis* de feuilles de métal que l'on pose sur un voligeage jointif.

Les *châssis à gouttière* ont aussi une

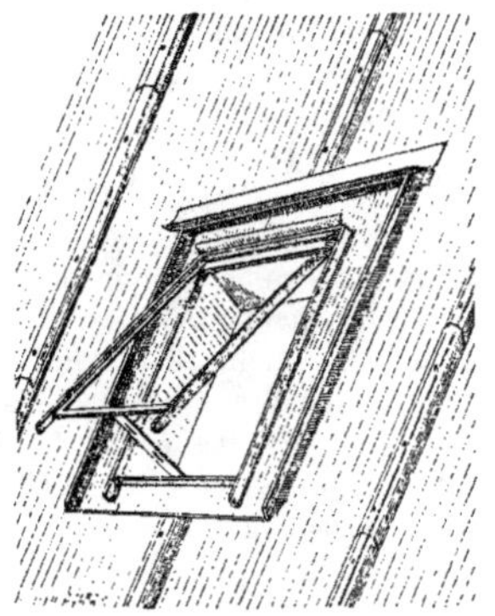

Fig. 935.

bordure en tôle (fig. 935) qui se relève un peu sur la rive, excepté à la partie inférieure.

Dans les couvertures en tuiles, on donne au dormant du *châssis* une forme convenable pour la pose de ces appa-

Fig. 936.

reils sur les tuiles ; la figure 936 représente un *châssis* pour comble recouvert de tuiles Muller.

On donne le nom de *châssis d'aérage* à certains systèmes de fermeture en fer qui sont économiques et peuvent s'ap-

pliquer, par exemple, au renouvellement de l'air dans les hôpitaux.

Nous citerons, comme un des plus remarquables, le *châssis* à lames mobiles en verre inventé par M. Parpentier et perfectionné par M. Franken. Cet appa-

Fig. 937.

reil se compose (fig. 937) de deux montants verticaux formés de tringles en fer et garnis de pinces ou agrafes en tôle découpée qui retiennent les lames de verre ; le tout s'adapte à un encadrement de fer en cornières légères ; ces diverses pièces sont à articulation libre ; un petit levier, placé sur le côté d'un des montants verticaux mobiles, commande le mouvement, qui peut se produire à l'aide d'un cordeau ou d'une chaînette.

Des *châssis* d'aérage d'un autre genre sont quelquefois placés au-dessus de certaines fenêtres : la figure 938 représente un de ces appareils situé au-dessus d'une baie grillagée éclairant le comble d'un des bâtiments du Palais de justice, à Paris ; le *châssis* est fixe et posé verticalement ; il est garni de lames de persienne. L'ouverture qui est pratiquée

Fig. 938.

à l'intérieur du comble, ainsi que le montre la coupe (fig. 939), est fermée

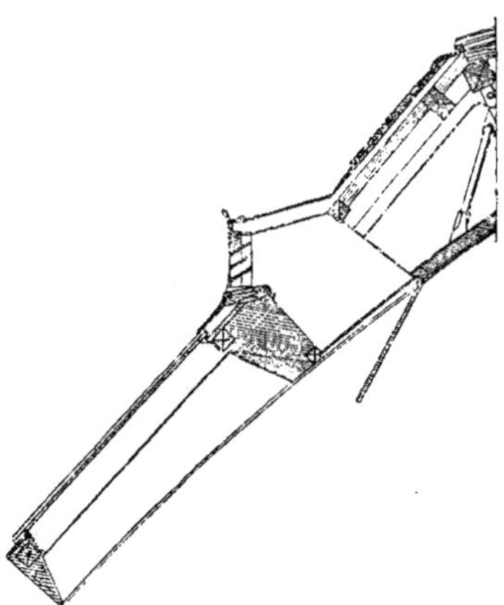

Fig. 939.

par un abatant en feuillure s'ouvrant de dehors en dedans.

Les jardiniers appellent *châssis de couche* les abris vitrés dans lesquels ils conservent les plantes à l'abri du froid (voy. *Bâche*).

Châssis de cour vitrée (voy. *Cour*).

CHEMINS DE FER. On donne le nom de *châssis de changement* au système de charpente sur lequel reposent les pièces d'un *changement* (voy. ce mot).

FUMISTERIE. *Châssis de cheminée* : cadre en cuivre à coulisse dans lequel monte et descend un tablier en cuivre ou en tôle servant, soit à fermer complètement la cheminée, soit à augmenter le tirage en abaissant le tablier ou *rideau*, de manière à accroître la vitesse de l'air qui arrive sur le combustible. On distingue : les *châssis* à plusieurs lames, à *crémaillère*, à *tôle ondulée* (voy. *Rideau*).

DESSIN. On donne le nom de *châssis* à un encadrement quelconque, sur lequel des fils tendus à angles droits et à égale distance les uns des autres forment des *carreaux* égaux. Le dessinateur emploie ce *châssis* pour reproduire certains objets ; à cet effet il le place entre son œil et l'objet et parallèlement à ce dernier. Il part d'un point déterminé de l'objet et reporte sur un papier ou sur une toile, divisés en un même nombre de carreaux, les formes et les contours aperçus dans chacun des carrés du *châssis*. Il trouve dans cette méthode, appelée aussi méthode des *carreaux*, un élément d'exactitude et de rapidité pour reproduire les objets en question. Il en serait de même, ou à peu de chose près, d'un *châssis* muni d'une vitre, sur laquelle on peut tracer directement les objets qui se trouvent au-delà (voy. *Carreau*).

Chat, *s. m.* — 1° Matière étrangère qui se trouve dans l'ardoise et la rend impropre à la couverture.

2° On donne le nom de *chat* ou *bourriquet* à une sorte de *chevalet* (voy. ce mot), que les couvreurs emploient pour poser l'ardoise au moment de sa mise en place.

Châtaignier, *s. m.* — Arbre de la famille des amentacées, très commun en

France et dans les contrées méridionales de l'Europe.

Le bois de *châtaignier* est léger et assez résistant ; il est peu sujet aux attaques des vers, mais il pourrit facilement dans la maçonnerie, ce qui le rend peu propre aux travaux de charpente ; on ne l'emploie à cet usage que dans les pays où il est abondant.

On a cru longtemps que les charpentes des cathédrales du moyen âge étaient en *châtaignier*, mais il a été reconnu que l'on confondait ce bois avec une certaine variété de chêne.

Aujourd'hui, on utilise le *châtaignier* pour faire des pilotis, grâce à la propriété qu'il a de se conserver très bien sous l'eau. On en fait aussi des tuyaux de conduite, des échalas, des manches d'outils, etc.

Le poids du *châtaignier* varie de 685 à 800 kilogr. le mètre cube.

Château, *s. m.*—Ce mot vient du latin *castellum* et du vieux français *castel*, employés autrefois pour désigner une habitation fortifiée ou la citadelle d'une ville. On donne aujourd'hui le nom de *château* à une demeure princière ou à une importante maison de plaisance d'un particulier.

On trouve, dans l'antiquité, de nombreux exemples de domaines fortifiés auxquels on peut donner le nom de *châteaux*.

MM. Prisse d'Avennes et Lepsius ont publié un bas-relief tiré des hypogées d'El-Amarna, en Égypte, et sur lequel est représentée une vue cavalière d'une vaste demeure entourée de plusieurs enceintes, qui aurait été construite sous le règne d'Aménophis IV, dix-huit siècles avant notre ère.

Les rois d'Assyrie protégeaient aussi leurs palais par de fortes murailles et par des tours militaires.

Dans le poëme de l'*Odyssée*, Homère attribue au roi Érechthée d'Athènes, à Ulysse, roi d'Ithaque, des demeures ceintes de murs fortifiés.

Dans les premiers temps de l'empire romain, il ne semble pas que les riches particuliers ni même les empereurs aient songé à entourer d'ouvrages de défense leurs villas ou habitations de plaisance ; mais, plus tard, lorsque les peuples barbares commencèrent à envahir le sol de l'empire, on songea à prendre des mesures protectrices pour ces habitations d'agrément. C'est ainsi que l'empereur Dioclétien, se retirant à Spalatum, aujourd'hui *Spalatro*, en Illyrie, s'y fit construire une somptueuse demeure qu'il entoura de fortifications. On peut encore voir, à Terracine, le *château* que Théodoric se fit élever sur une position inexpugnable et dominant la mer. Enfin, lorsque cessèrent les invasions barbares, le sol se couvrit d'enceintes palissadées destinées à protéger les domaines des possesseurs de fiefs ; et, dans la suite, ces ouvrages militaires, d'un art peu avancé, firent place aux *châteaux* féodaux.

Le *château* féodal primitif consistait dans une enceinte palissadée, défendue par un fossé et entourant un monticule sur lequel s'élevait la demeure principale. Plus tard, ces ouvrages en bois furent remplacés par de solides constructions en pierre ; des murailles élevées, flanquées de tours et percées de meurtrières, remplacèrent la palissade ; l'habitation du seigneur fut renfermée dans un *donjon* (voy. ce mot), dont la principale défense était une tour plus haute et plus forte que celle de l'enceinte. Les points accessibles étaient protégés, en avant de la muraille, par un fossé, ordinairement plein d'eau, qu'on traversait sur des ponts-levis, à l'endroit où s'ouvraient les portes. Quelques *châteaux* avaient plusieurs enceintes.

Les locaux renfermés dans ces ouvrages fortifiés étaient, outre la demeure du maître, des logements pour les hommes d'armes et les serviteurs, des cuisines, écuries, puits, citernes, caves, magasins et greniers d'approvisionnements. Une chapelle, une salle d'armes, une salle de réception, des cachots et des oubliettes complétaient ces diverses dispositions.

L'invention de l'artillerie, rendant inutiles les fortifications à hautes murailles et à tours massives, enleva aux *châteaux* leur importance militaire ; ces constructions restèrent, sous la Renaissance, des habitations seigneuriales en conservant d'abord leurs principaux caractères, tels que remparts à créneaux et mâchicoulis, tours élevées, fossés remplis d'eau, pont-levis, etc.; mais, si les architectes de cette époque respectèrent, dans ces œuvres, la conception primitive, ils surent leur imprimer le cachet d'élégance, de grâce et de finesse qui est le propre des édifices de la Renaissance : les fenêtres furent agrandies, les tours devinrent moins massives, les escaliers ne furent plus resserrés dans d'étroites tourelles et prirent souvent un aspect monumental.

Au xvie siècle, les traditions de la féodalité disparaissant de plus en plus, les *châteaux* furent établis sur des plans tout différents de ceux qu'on avait suivis jusqu'alors, et si quelques vestiges de la puissance seigneuriale se remarquent encore pendant cette période, les traces en sont effacées complètement au xviie siècle. L'ampleur, l'unité, la régularité, la symétrie deviennent les caractères des *châteaux* de cette époque ; nous citerons comme exemple celui de Versailles.

Les édifices de ce genre construits pendant le siècle suivant sont peut-être d'une distribution plus savante et plus commode que ceux des siècles précédents, mais le style en est moins grandiose. A cette architecture appartient le *château* de Compiègne.

Les riches habitations de plaisance du xixe siècle n'ont pas de caractère propre ; ce ne sont, pour la plupart, que des imitations des constructions de ce genre qui appartiennent aux styles antérieurs.

Château d'eau, *s. m.* — Bâtiment fermé destiné à recevoir des eaux venues de différents côtés et à les distribuer dans les canaux d'une ville pour l'alimentation publique.

Ces constructions ont un double caractère de simplicité et de solidité ; elles ne laissent que peu ou point apparaître les eaux au dehors.

Les Romains désignaient le réservoir d'un aqueduc par le mot *castellum,* qui, à proprement parler, est un diminutif de *castrum,* place fortifiée. Ces réservoirs se trouvaient placés à l'arrivée des aqueducs dans la ville ou sur tous les points où une provision d'eau était nécessaire pour les besoins de la localité. C'est de ces *castella* que partaient les conduites qui distribuaient les eaux vers les fontaines, les thermes, les bains et autres services publics ou particuliers.

Pline, Vitruve et Frontin appelaient *castellum aquarum* tout réservoir de ce genre.

Le mot *château d'eau,* qui vient de cette expression latine, a été étendu à toute fontaine monumentale, même lorsqu'elle n'est pas accompagnée de réservoirs.

Ordinairement, le *castellum* était une simple tour en terre ou en brique contenant une citerne profonde ; mais, au point où l'aqueduc touchait aux murs de la ville, on s'efforçait de donner au *château d'eau* un aspect monumental. C'est ce désir de joindre le beau à l'utile qui donna lieu à ces façades architecturales d'un ou de plusieurs étages, décorées de colonnes et de statues qui annoncent, en quelque sorte, l'entrée triomphale des eaux dans la cité. C'est ainsi que la construction monumentale appelée *porte Majeure,* est considérée comme faisant partie du *château d'eau* qui recevait, à leur arrivée à Rome, les canaux de l'eau *Claudia* et de l'*Anio novus.* On a retrouvé dans un terrain contigu les ruines de divers bassins et réservoirs ayant appartenu à ce *château d'eau.*

Les ruines du *château* de l'eau Julia, situé sur le mont Esquilin, à la bifurcation des voies Tiburtine et Prénestine, indiquent l'importance qu'avaient ces sortes de monuments. Outre ces édifices décorant ainsi l'entrée des aqueducs dans la ville, il y avait un grand nombre de *châteaux d'eau* dans l'intérieur même de Rome. Ainsi, Pline rapporte qu'Agrippa, durant son édilité, fit construire dans la cité cent trente *châteaux d'eau*, décorés de statues de marbre ou de bronze et de colonnes de marbre.

De nos jours, sur les quatorze aqueducs qui amenaient l'eau dans la Rome antique, il n'en reste que trois, remis en état de service par les papes Pie IV, Sixte V et Paul V. Ces aqueducs se terminent par de magnifiques *châteaux d'eau*, qui ont reçu les noms de fontaines de Trévi, de l'Eau Félix et de

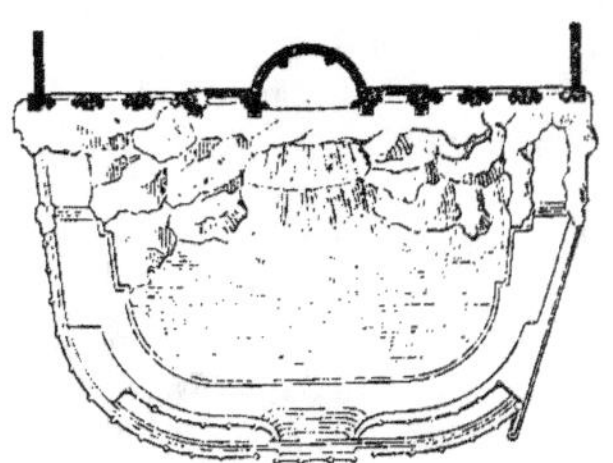

Fig. 940.

l'Eau Pauline. La figure 940 représente, à l'échelle de 0^m,001 pour mètre, la fontaine monumentale de Trévi, appelée autrefois fontaine de l'Eau vierge.

Les jardins du château de Caserte, près de Capoue, possèdent un splendide *château d'eau*, appelé *I Ponti* et qui fut édifié par Vanvitelli, à l'extrémité d'un aqueduc amenant les eaux d'une distance de 26 milles.

On a découvert à Nîmes un grand bassin circulaire construit avec beaucoup de soin, et qui recevait, à leur arrivée, les eaux de l'aqueduc antique qui traverse encore aujourd'hui le Gard, sous le nom de *pont du Gard*. Le croquis ci joint (fig. 941), extrait de l'*Abé-*

cédaire archéologique de M. de Caumont, représente ce bassin. On voit en

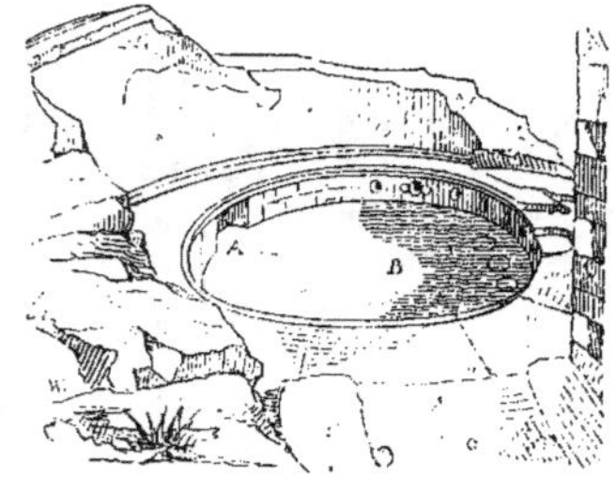

Fig. 941.

A l'orifice par lequel débouchait le canal, et en B plusieurs ouvertures cylindriques par lesquelles l'eau ressortait pour aller se distribuer dans la ville.

On voit à Montpellier, dominant la place du Péron, un *château d'eau* ayant la forme d'un pavillon octogone d'ordre corinthien ; au milieu de l'édifice est un bassin circulaire servant à l'arrivée et à la distribution de l'eau.

On donnait autrefois le nom de *château d'eau*, à Paris, à deux édifices d'un genre très différent. Le premier, construit en 1719 par de Cotte, sur la place du Palais-Royal, dont il occupait le fond, était un bâtiment en pierre enfermant un grand réservoir en plomb et en charpente. L'autre monument était une fontaine à plusieurs vasques circulaires, placée à l'extrémité est du boulevard Saint-Martin.

On pourrait encore appliquer la désignation de *château d'eau* à certaines constructions dans lesquelles les effets d'eau se trouvent combinés avec l'architecture. Telles sont, à Paris, la fontaine Médicis au Luxembourg, la fontaine Saint-Michel, celle de la rue de Grenelle, etc.

Nous terminerons cet article en citant la pompeuse décoration monumentale qui termine, à Marseille, l'aqueduc amenant dans cette ville les eaux de la Durance et qui est due à Espérandieu.

Château-fort, *s. m.* — On désigne ainsi une petite citadelle entourée simplement de murailles, de fossés et de tours.

Certaines ruines et certains bas-reliefs montrent que les Égyptiens et les Assyriens connaissaient l'usage de ces postes fortifiés pour défendre les frontières des États, les défilés et autres lieux.

Il en fut de même chez les Grecs, dès la plus haute antiquité ; nous citerons les *châteaux-forts* d'Eleuthère et de Phila dont les plans ont été publiés par Philippe Lebas.

Les bas-reliefs de la colonne Trajane, les vestiges retrouvés sur les bords du Danube montrent que les Romains employaient également ce système de défense.

Au moyen âge, on couvrit d'ouvrages militaires de ce genre les États européens désignés sous le nom de Marches.

L'invention de l'artillerie au xiv⁰ siècle modifia les dispositions adoptées pour les *châteaux-forts,* comme pour tous les ouvrages de défense. Les tours se garnirent de chambres basses contenant de la grosse artillerie destinée à battre au loin les approches des fossés. Les architectes italiens Brunelleschi, Michelozzo, Baltazar Peruzzi, San Gallo, San Micheli surtout, exécutèrent, dans ce genre de travaux, des ouvrages remarquables, tant sous le rapport des habiles dispositions militaires qui y furent prises que dans la décoration qu'ils surent y appliquer. On cite, comme le chef-d'œuvre du dernier de ces artistes, le *château-fort* de Lido, près de Venise.

C'est au xvi⁰ et au xvii⁰ siècle que les ouvrages en terre ont commencé à remplacer, dans les *châteaux-forts,* les parties où l'architecture trouvait encore place.

Château-Landon *(Pierre de).* — Pierre à bâtir appartenant à la catégorie des calcaires lacustres et qui provient de la carrière de l'Étang de Montfort, commune de *Château-Landon,* arrondissement de Fontainebleau.

Cette pierre est compacte et a l'apparence du marbre ; sa couleur est d'un gris jaunâtre et peut recevoir un beau poli ; sa dureté est plus grande que celle du liais ; sa hauteur d'assise est ordinairement de 0ᵐ,30 à 0ᵐ,70, mais va quelquefois jusqu'à 1ᵐ,15. Le poids du mètre cube varie de 2,560 à 2,600 kilogr. La charge d'écrasement par centimètre carré est de 600 à 660 kilogr.

Comme emplois remarquables de la *pierre de Château-Landon* nous citerons : le pavé du Panthéon, le revêtement de l'Arc de Triomphe, les parapets des ponts, la rampe de l'église Saint-Vincent de Paul, le bassin des Halles Centrales, et la fontaine Saint-Sulpice, à Paris ; l'escalier de l'église de Sainte-Gudule, l'hôtel de ville, la caserne du Petit-Château et la Bourse, à Bruxelles.

Châteauneuf *(Pierres de).* — Pierres calcaires provenant de deux communes de ce nom, l'une dans la Charente, l'autre dans l'Isère.

1° Le *Châteauneuf* de la Charente est crayeux, très tendre, blanc, faiblement jaunâtre, à grains fins, durcissant à l'air. Sa hauteur d'assise est de 0ᵐ,70 ; le poids du mètre cube varie de 1,800 à 1,850 kilogr. et la charge d'écrasement par centimètre carré est de 70 à 90 kilogr.

Cette pierre est utilisée dans le midi de la France et s'exporte en Espagne.

2° Le *Châteauneuf* du département de l'Isère est un grès argilo-calcaire, tendre, blanchâtre, à grains fins. La hauteur d'assise varie de 0ᵐ,40 à 0ᵐ,50.

Cette pierre a été employée notamment au petit séminaire et au théâtre de Valence, aux églises de Pont-de-l'Isère, de Chatuzanges, de Peyrins, de Barbières, de Montchenu, de Crépol (Drôme), de Saint-Félicien (Ardèche) et de Saint-Bernard à Romans ; enfin aux ouvrages d'art du canal d'irrigation de la Bourne.

Châtelet, *s. m.* — On donnait, au moyen âge, le nom de *castillet* à des ouvrages militaires moins importants que les châteaux-forts et destinés à défendre le passage d'un pont, d'une rivière, d'un défilé, etc.

L'usage des *châtelets* remonte à l'époque de l'empire romain ; ces fortifications se construisaient alors en bois ; plus tard on les fit plus durables en y employant la pierre. Quelquefois le *châtelet* était simplement une grosse tour carrée.

Aujourd'hui on a remplacé ce genre de défense par des ouvrages en terre établis suivant le système de fortification moderne.

Chatière, *s. f.* — 1° Trou que l'on ménage dans le bas d'une porte pour le passage des chats et que l'on ferme au

Fig. 942.

moyen d'une petite planchette à coulisses (fig. 942).

2° Petite ouverture qu'on laisse sur les versants des combles pour aérer les greniers et que l'on garantit au moyen d'un ouvrage en plomb, en zinc ou en terre cuite.

Ces *chatières* s'appellent aussi *œils-de-bœuf d'aérage*. Leur forme est variée (fig. 943). Le type généralement adopté pour les couvertures en ardoises, est celui représenté en coupe et en élévation par la figure 944.

Il ne faut pas placer deux *chatières* en face l'une de l'autre, sur les deux versants opposés d'une couverture ; on

ne les met pas non plus toutes à égale hauteur d'un même côté ; on les dispose

Fig. 943.

en dent de scie dans le haut et dans le bas de la toiture.

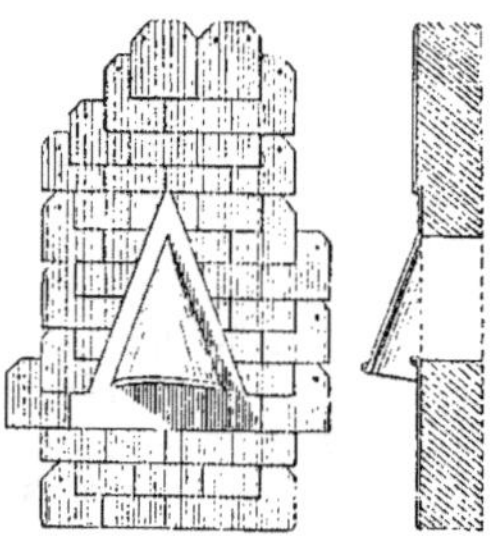

Fig. 944.

3° Conduit souterrain en pierre qui donne passage aux eaux d'un bassin.

Châtillon (*Pierres de*). — Il y a trois espèces de pierres de ce nom :

1° La *roche de Châtillon* est un calcaire blanchâtre, dur, un peu coquillier, provenant des carrières de *Châtillon*, près Paris.

La hauteur d'assise de cette pierre est de 0^m,45 à 0^m,50. Le poids du mètre cube est de 2,200 à 2,500 kilogr. La charge d'écrasement par centimètre carré est de 250 à 400 kilogr.

On cite, comme emplois remarquables de cette pierre, les soubassements du Louvre et du Palais de l'Industrie, les libages de l'église Notre-Dame des Champs, la maison des Jésuites rue de Vaugirard, le mur d'appui de la terrasse du bord de l'eau du Jardin des Tuileries, les balcons et perrons du Parc Monceaux, à Paris.

2° La *pierre de Châtillon-sous-les-Côtes* provient d'une commune de ce nom, faisant partie de l'arrondissement de Verdun.

C'est un calcaire à entroques, demi-dur, blanchâtre, à grain grossier, dont la hauteur d'assise est de 0ᵐ,30 à 0ᵐ,80 et le poids du mètre cube de 2,030 kilogr. La charge d'écrasement par centimètre carré est de 115 kilogr.

Les emplois les plus remarquables ont été faits aux fortifications et anciens édifices de Verdun, aux écluses de Charny et de Cosenoy et aux travaux d'art du chemin de fer de Reims à Metz.

3° Le *grès de Châtillon* est extrait des carrières de *Châtillon-sur-Saône*, arrondissement de Neufchâteau.

C'est un grès micacé, dur, blanc-grisâtre, dont la hauteur d'assise va jusqu'à 2 mètres, et qui pèse 2,050 kilogr. le mètre cube. La charge d'écrasement par centimètre carré est de 290 kilogr.

On cite comme emplois remarquables de cette pierre : les ouvrages d'art du chemin de fer dans la section de Jussey, l'église et le pont de Châtillon, l'église de Bourbonne, ainsi que des constructions particulières dans cette ville.

Chaude, *s. f.* — Les serruriers distinguent par *petite chaude*, *bonne chaude*, *chaude suante*, les différents degrés de chaleur qu'ils donnent au fer et qui produisent le rouge brun, le blanc et l'état pâteux, c'est-à-dire où le métal semble laisser échapper des gouttes fondues.

Chaudière, *s. f.* — L'établissement des *chaudières* à vapeur adossées

à un mur mitoyen est l'objet de certains règlements administratifs.

On doit établir un contre-mur de 1 mètre d'épaisseur avec un isolement ou *tour du chat* de 0ᵐ,10 de largeur. Ledit contre-mur doit, en outre, s'élever de 1 mètre au-dessus de la chau-

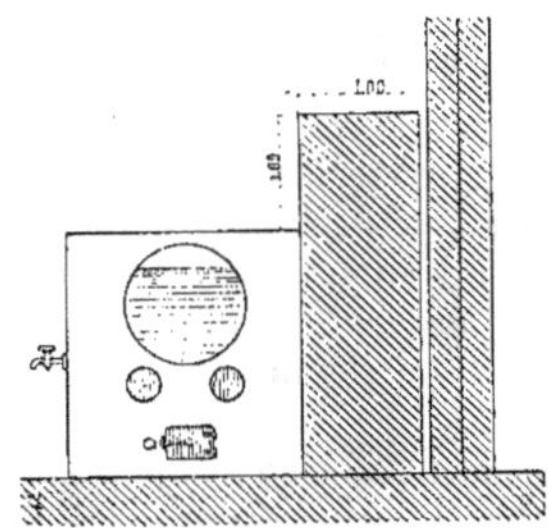

Fig. 945.

dière, comme le montre la figure 945 extraite du *Manuel des lois du bâtiment*.

Chauffage, *s. m.* — Nom que l'on donne à l'ensemble des procédés employés pour développer et répartir la chaleur.

Les combustibles qui servent au *chauffage* des édifices sont le bois, le charbon de bois, la houille, le coke, l'anthracite et la tourbe. Parmi les différents systèmes appliqués pour élever la température des locaux fermés, on peut établir deux classes principales, suivant que l'appareil est placé dans la salle même à chauffer ou qu'il est établi au dehors. Les *brasiers*, les *cheminées*, les *poêles* appartiennent à la première catégorie ; les *calorifères* à air chaud, à eau chaude et à vapeur font partie de la seconde.

Les brasiers, employés surtout dans l'antiquité, sont des vases portatifs en métal dans lesquels on brûle de la braise. On trouve encore aujourd'hui ce mode de *chauffage* utilisé en Orient, en Italie et en Espagne.

Pour les autres systèmes nous renvoyons aux articles *Cheminée*, *Poêle*, *Calorifère*. Nous traitons également à part des divers moyens employés pour chauffer les édifices particuliers, tels que *prisons*, *hôpitaux*, *écoles*, *serres*, *théâtres*, etc. (voy. ces mots).

Chauffe-assiettes, *s. m.* — Coffre en tôle, ménagé à la partie supérieure des poêles de salle à manger pour y

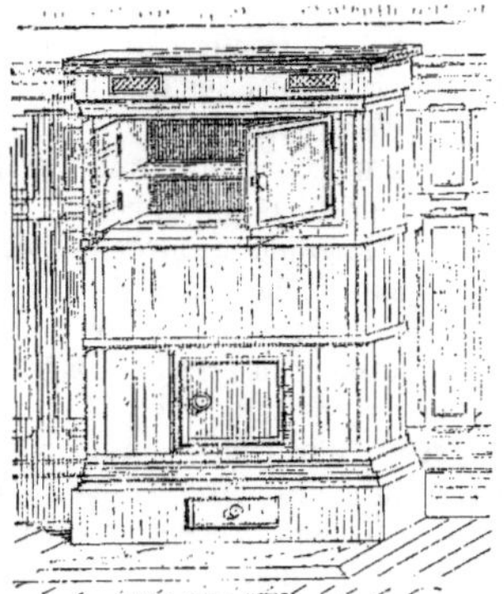

Fig. 946.

chauffer les assiettes (fig. 946). Une double porte en cuivre avec bouton sert à la fermeture ; l'intérieur contient ordinairement une ou plusieurs tablettes en métal.

Chauffe-doux, *s. m.* — Appareil que l'on employait au moyen âge pour le chauffage des pièces.

Le *chauffe-doux* était un coffre en fer ornementé, rempli de braise et de cendre chaude et qui était monté sur quatre roues, afin qu'on pût le promener d'une pièce à l'autre.

Chauffoir, *s. m.* — 1° On donne ce nom, dans les monastères, aux salles chauffées pendant l'hiver pour servir de lieu de récréation aux religieux. Ces pièces sont disposées sur l'un des côtés du cloître et généralement voûtées. Certaines abbayes, celle du Mont-Cassin, par exemple, contiennent deux *chauffoirs* de grandeurs différentes.

2° On appelle *chauffoir public* de vastes salles également chauffées pendant la mauvaise saison, et qu'on ouvre aux pauvres des deux sexes, mais particulièrement aux femmes et aux vieillards, pour se réunir et se livrer aux occupations qui n'exigent point un atelier spécial. Dans les contrées du Nord, les *chauffoirs* ne servent pas seulement, pendant le jour, de refuge aux malheureux ; ces établissements sont, en outre, pourvus de lits mobiles que l'on y dresse pour la nuit et qu'on retire le matin.

Les prisons ont souvent des *chauffoirs* communs ; les salles des hôpitaux, créées pour le même objet, sont ouvertes au public.

Le même nom s'appliquait autrefois, dans un théâtre, au lieu dans lequel les comédiens et les spectateurs se réunissaient pour se chauffer : on dit aujourd'hui *foyer* (voy. ce mot).

Chaufour, *s. m.* — Lieu où l'on fait la chaux et qui comprend un emplacement où l'on dépose la pierre à chaux, un four dans lequel on la fait cuire et un magasin couvert où on la conserve.

Les fabricants et les ouvriers se nomment *chaufourniers*.

Chaume, *s. m.* — Nom que l'on donne aux tiges de certaines plantes de la famille des graminées qui sont employées à la couverture dans les campagnes, surtout pour les constructions de médiocre apparence.

Ce système de couverture tend de plus en plus à disparaître, en raison des dangers d'incendie qu'il présente ; cependant il est avantageux à différents points de vue : facilité pour le cultivateur de se procurer la matière, simplicité d'emploi, légèreté, dureté assez grande, inconductibilité.

La paille de blé est préférable à la paille de seigle ; elle est plus rigide et ne facilite pas autant l'écoulement des eaux de pluie. Les brins d'une même espèce ne sont pas également bons à prendre ; on rejette ceux qui sont brisés et ceux que l'on conserve doivent avoir environ 1^m,20 de longueur.

La charpente qui reçoit le *chaume* doit être légère et inclinée à 45° ; les bois qu'on y fait entrer, *pannes, chevrons* et *perches-lattes* n'ont pas besoin d'être façonnés, comme pour une couverture en tuiles et leurs dimensions peuvent être moindres. Les chevrons en bois de brin sont retenus sur les pannes par des chevilles en bois et reçoivent le clayonnage, composé de perchettes attachées avec des liens d'osier ou de lattes fixées par des clous, les espacements de chaque pièce étant de 0^m,15 à 0^m,20. Les fétus sont réunis en bottes, dites *javelles* de 0^m,25 de diamètre environ ; ces bottes sont d'abord égalisées de chaque bout, puis reliées deux à deux par un osier dont les branches forment une espèce de 8 en se croisant entre les javelles. Le tout est fixé aux lattes au moyen d'un second lien qui enveloppe le premier en passant également entre

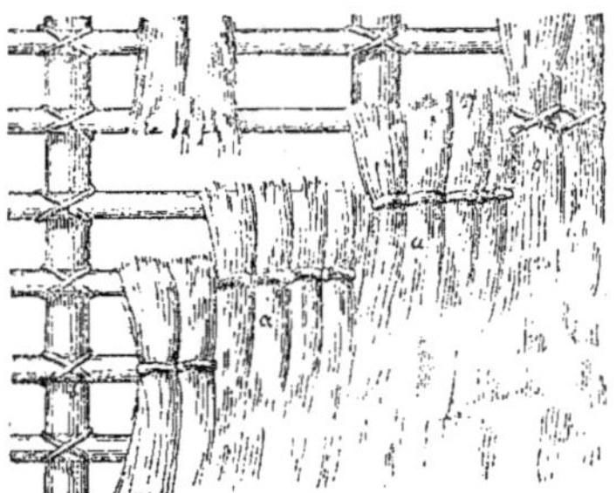

Fig. 947.

les bottes, comme on le voit en *a* (fig. 947). Quelquefois on attache les javelles une à une par des liens croisés *b*. Les bottes se posent en allant de la partie inférieure au sommet du toit et par rangées horizontales que l'on appelle *orgnes* ; les bases des javelles d'une même file correspondent aux intervalles des bottes de la file inférieure. Le faîtage est formé par des bottes re-

courbées à cheval sur les pentes et recouvertes ensuite avec de la terre grasse. On laisse les premières pluies opérer un certain tassement et produire des trous, que l'on bouche avec des javelles de remplissage.

Le mètre carré de couverture en *chaume* de 0^m,25 d'épaisseur exige environ 20 kilogr. de paille. La durée de ce système varie de trente à quarante ans et peut aller jusqu'à soixante ans, avec des soins d'entretien.

Ce genre de couverture, qui entraîne à peu de frais de façon, a, comme nous l'avons dit, le grand inconvénient d'être éminemment combustible ; de plus, il est enclin à la pourriture et sert d'asile à toutes sortes d'insectes. On a essayé de préserver ces toitures, sinon contre les chances d'incendie qui leur sont propres, du moins contre les causes accidentelles comme la chute d'étincelles ou de matières inflammables provenant du voisinage ; on a proposé d'enduire la surface du *chaume* avec certains mortiers de terre grasse à base de chaux, ou de tremper la paille à l'avance dans une dissolution d'un sel métallique qui la rende incombustible ; mais tous ces procédés ne semblent pas d'une grande efficacité et le mieux serait de remplacer le *chaume* par d'autres matériaux de couverture.

Chaussée, *s. f.* — 1° Levée de terre qui borde une rivière, un canal, un étang, un marais, et qui sert à la fois de digue et de chemin.

La pente suit, du côté extérieur de la *chaussée*, le talus naturel des terres ; du côté de l'eau, elle est plus raide et souvent revêtue de maçonnerie.

2° Partie d'une voie publique revêtue d'un sol propre à la circulation des voitures.

Dans une route, la *chaussée* est la portion comprise entre les deux accotements, qui sont le plus souvent un terrain naturel. Les *chaussées* des villes sont les parties des rues comprises entre les trottoirs ou les ruisseaux. Dans les deux cas, ces *chaussées* sont bombées, pour rejeter les eaux pluviales sur les côtés, soit dans les fossés, soit dans des ruisseaux.

Anciennement, dans un grand nombre de rues, la partie destinée à l'écoulement occupait le milieu de la voie et la *chaussée* était dite *creuse* ou *fendue*, on en trouve encore des exemples dans les villes qui n'ont pas été transformées.

Il y a trois modes principaux de revêtement des *chaussées* : le *pavé*, l'*empierrement*, et le *bitume* ou *asphalte* (voy. ces mots). Le premier de ces procédés est le plus économique, mais il est fatigant pour les chevaux et les véhicules. La construction des *chaussées* en empierrement comprend le système anglais, dit à la Mac-Adam, qui consiste dans l'emploi de pierres cassées (voy. *Cailloutis*).

Les Romains donnaient le nom d'*agger viæ* au milieu d'une rue ou d'un chemin, cette partie correspondant à nos *chaussées* actuelles ; le revêtement était un pavage en pierres cimentées et posées sur plusieurs couches de petits matériaux ; la surface était légèrement bombée.

Chausses d'aisances. — Pots en terre cuite, bouts de tuyaux en fonte qu'on emploie pour former les descentes de lieux d'aisances. Les premiers sont vernissés ou non vernissés et doivent avoir 0^m,25 de diamètre et 0^m,32 de hauteur. Les seconds, plus usités maintenant, peuvent n'avoir que 0^m,20 de diamètre ; on les scelle avec des crampons dans les angles des murs ou on les noie dans leur épaisseur.

Les tuyaux en fonte qui ont un diamètre réglementaire minimum de 0^m,191 et qui servent pour les *chausses d'aisances* se payent au poids dans le règlement du prix des ouvrages. La pose de ces conduits se compte au mètre linéaire et s'évalue à 0,30 courant de légers, si les tuyaux sont nus, et à 0,80 courant de légers, s'ils sont enveloppés d'une chemise. Les scellements de brides et colliers, compris dans cette évaluation, se comptent néanmoins à part, quand ils sont faits dans de la pierre dure.

Chaussey (*Granit de*). — Pierre de construction que l'on extrait des carrières des îles *Chaussey*, commune de Granville, arrondissement d'Avranches.

C'est un granit commun, dur, bleuâtre, à grains fins. On en trouve des blocs de toutes dimensions. Le poids du mètre cube est de 2,745 kilogr. La charge d'écrasement par centimètre carré est de 875 kilogr.

On cite, comme emplois remarquables de ce granit : le port de Trouville, construit en 1860 ; le pont tournant de Honfleur, construit en 1862 ; des travaux maritimes à Cherbourg, Granville et Saint-Malo. On expédie cette pierre sur le Havre, Rouen et Paris, où elle est employée pour trottoirs.

Chaussoy-Epagny (*Pierre de*). — Cette pierre provient des carrières situées dans la commune de ce nom, arrondissement de Montdidier.

C'est un calcaire demi-dur, blanchâtre, à grain fin et homogène, qui porte 0^m,60 de hauteur d'assise et pèse de 1,980 à 2,040 kilogr. le mètre cube. La charge d'écrasement par centimètre carré varie de 240 à 300 kilogr.

Nous citerons comme emplois remarquables de cette pierre, les socles des piliers de la cathédrale d'Amiens et des ouvrages d'art du chemin de fer du Nord ; on en fait un usage spécial pour seuils, dalles et soubassements.

Chauve, *s. f.* — Veine blanche dans une carrière d'ardoise.

Chauvency (*Pierre de*). — Calcaire grossier, demi-dur, de couleur jaune roux, qui provient d'une carrière située dans la commune de *Chauvency-Saint-*

Hubert, arrondissement de Montmédy.

Cette pierre porte de 0ᵐ,60 à 0ᵐ,80 de hauteur d'assise ; le poids du mètre cube varie de 1,880 à 2,120 kilogr. ; la charge d'écrasement par centimètre carré varie de 115 à 214 kilogr.

On cite comme emplois remarquables de ce calcaire : des écluses sur la Meuse ; le viaduc de Thonne-les-Prés sur la vallée de la Chiers et divers ouvrages d'art du chemin de fer des Ardennes.

Chaux, *s. f.* — Protoxyde de calcium obtenu par la calcination des pierres calcaires ou carbonates de *chaux*.

Parmi ces pierres, il y en a qui sont particulièrement propres à la fabrication de la *chaux ;* on les nomme *pierres à chaux*.

Cette substance, ainsi préparée, est dite *chaux vive ;* elle est blanche, alcaline, caustique, infusible et susceptible de se combiner avec l'eau en *foisonnant*, c'est-à-dire en augmentant de volume et en dégageant beaucoup de chaleur. La *chaux* unie à l'eau se réduit en pâte et s'appelle *chaux éteinte ;* c'est sous cette forme qu'on la mélange avec du sable, pour constituer les mortiers qui servent à réunir les matériaux des édifices ; le sable est quelquefois remplacé par de la pouzzolane ou de la brique pilée (voy. *Mortier*).

Les anciens composaient le *stuc* (voy. ce mot) avec de la *chaux* et du marbre en poudre ; aujourd'hui, on emploie pour le même objet, le plâtre fin ou sulfate de *chaux*, auquel on ajoute de la colle et de l'alun (voy. *Stuc*).

On distingue les *chaux aériennes* et les *chaux hydrauliques*, les premières faisant prise à l'air avec le mortier, les secondes se comportant de même sous l'eau.

Les *chaux aériennes* se divisent elles-mêmes en *chaux grasses, maigres* ou *moyennes*.

Les *chaux grasses* sont celles qui foisonnent beaucoup lors de l'extinction, augmentant jusqu'à deux ou trois fois de volume ; elles proviennent des pierres calcaires qui contiennent le moins de matières étrangères ; le carbonate de *chaux* le plus pur est le marbre blanc, que les Italiens emploient pour la fabrication de cette substance. Les *chaux grasses* durcissent au contact de l'air, mais sous l'eau, elles restent molles.

Les *chaux maigres* sont obtenues par la cuisson de calcaires qui contiennent une certaine quantité de matières étrangères, 10 à 30 p. 100 environ ; elles ne foisonnent presque pas à l'extinction ; elles durcissent à l'air comme les *chaux grasses*.

Les *chaux* dites *moyennes* sont celles qui absorbent, lorsqu'on les éteint, plus d'eau que les *chaux maigres* et moins que les *chaux grasses*, depuis deux parties trois dixièmes, jusqu'à deux parties six dixièmes.

Parmi ces diverses classes de *chaux*, les meilleures à employer sont les *chaux grasses*, pour les travaux qui sont élevés au-dessus du sol et qui ne sont pas exposés à l'humidité.

Les *chaux hydrauliques* se divisent en *chaux hydrauliques naturelles* et *chaux hydrauliques artificielles*.

Ces *chaux* sont ainsi nommées parce qu'elles peuvent durcir non-seulement à l'air, mais encore dans l'eau ; cette propriété résulte de la formation, à la cuisson, d'un silicate de *chaux* dû à la présence, dans la pierre calcaire, d'une certaine quantité de silice (10 à 30 p. 100), à l'état libre ou à l'état d'argile. D'autres matières que la silice peuvent amener l'hydraulicité des *chaux* ; telle est la magnésie quand elle est contenue avec la *chaux*, en parties à peu près égales, dans les calcaires magnésiens ou *dolomies*.

Certains caractères, qui ne sont cependant pas absolus en ce sens qu'ils appartiennent également à quelques *chaux* maigres, permettent de reconnaître les *chaux* hydrauliques ; telles sont l'absence presque totale de foisonnement et de production de chaleur à l'extinction, la couleur grise de boue ou de brique crue.

Les expériences faites par M. Vicat sur le degré de rapidité de durcissement des *chaux* hydrauliques l'ont amené à les classer en *chaux faiblement hydrauliques, chaux moyennement hydrauliques* ou *hydrauliques ordinaires*, et *chaux éminemment hydrauliques*. Les premières ne font prise qu'au bout de quinze ou vingt jours après l'immersion, les secondes, au bout de six à neuf jours et les dernières, du deuxième au sixième jour. On considère que la *chaux* est prise quand elle résiste à la pression du doigt.

Parmi les *chaux* hydrauliques naturelles de bonne qualité, nous citerons :

La *chaux* du Theil (Ardèche), qui provient d'un calcaire siliceux et qui est très propre aux constructions à la mer ;

La *chaux de Metz*, très hydraulique, provenant d'un calcaire jurassique qui renferme 3,60 d'alumine pour 11,60 de silice ;

La *chaux d'Échoisy* (Charente), qui prend au bout de six à douze heures ;

La *chaux de Morins* (Gironde) ;

La *chaux de Doué* (Maine-et-Loire), qu'on peut employer dans les travaux maritimes ;

La *chaux de Senonches* (Eure-et-Loir), très hydraulique ;

La *chaux d'Antony*, près Paris, dont la prise est complète au bout de dix-huit heures ;

La *chaux de Try* (Marne), qui prend au bout de cinq ou six jours.

Les *chaux hydrauliques artificielles* sont le résultat du mélange des matières contenues dans les *chaux* hydrauliques naturelles. Un premier procédé consiste à broyer un calcaire tendre, tel qu'un calcaire marneux, avec de l'argile dans la proportion convenable ; le mélange est réduit en pains et soumis à la cuisson. Ce système est économique, mais on ne trouve pas toujours de pierre calcaire assez tendre ; alors on mélange en quantités réglées à l'avance de l'argile et de la *chaux* grasse éteinte et amenée à l'état de pâte ; ensuite on calcine le produit.

La *chaux* hydraulique artificielle de Meudon, employée à Paris, est obtenue par le mélange de la craie avec 14,30 pour 100 d'argile.

Cuisson de la pierre à chaux. La calcination du calcaire se fait soit en tas, à l'air libre, soit dans des *fours* à feu continu ou à feu discontinu ; dans les *fours* du dernier genre, on place les pierres et le combustible, par lits alternatifs, sur une voûte construite à la partie inférieure avec le calcaire même qui sert à produire la *chaux* ; on défourne après refroidissement de la masse ; il faut 100 à 150 heures pour la cuisson dans un *four* de 75 à 80 mètres cubes de capacité. Dans les fours à feu continu, on extrait par le bas la *chaux* déjà cuite et on remplit l'appareil, au fur et à mesure, avec de la *chaux* et du combustible qu'on y jette à la fois.

Certains calcaires contenant de 20 à 25 pour 100 d'argile donnent, à la cuisson complète, des *chaux* qui contiennent 34 pour 100 d'argile et qui ne s'éteignent que très difficilement ; ces produits sont appelés *chaux limites*, parce que la quantité d'argile qu'ils renferment représente la limite supérieure de celle qui caractérise les *chaux* éminemment hydrauliques ; en effet, réduites en poudre et gâchées avec de l'eau, ces *chaux* font prise immédiatement, mais le durcissement ne persiste pas. Les *chaux limites* constituent le passage des *chaux* très hydrauliques aux *chaux-ciments* qui proviennent de calcaires renfermant de 20 à 35 pour 100 d'argile (voy. *Ciment*).

On appelle *incuits* ou *biscuits* les parties de pierre calcaire qui n'ont pas été complètement calcinées par la cuisson ; on les soumet à une calcination nouvelle (voy. *Biscuit*).

Extinction de la chaux. Quand la *chaux* sort du four, elle est dite *chaux vive* ; on l'arrose d'eau pour la transformer en pâte molle, puis en poudre sèche ; c'est ce qu'on appelle *éteindre* la *chaux*.

Il y a plusieurs procédés d'extinction ; le plus ordinaire est le suivant : on mélange cette matière dans des bassins avec une plus ou moins grande quantité d'eau, en ayant soin de ne pas la *noyer* ni la *brûler*, c'est-à-dire de n'y pas mettre trop ou trop peu d'eau ; cette extinction est dite *ordinaire* ou *par fusion ;* on a une bonne extinction, quand, en plongeant un bâton dans le bassin et le retirant, la *chaux* qui s'y attache est gluante.

L'extinction dite *par immersion* se fait en plaçant les pierres de la grosseur d'une noix dans un panier à claire-voie et les plongeant dans l'eau pour les retirer, quand la surface du liquide commence à bouillonner ; on les met alors dans des caisses où elles se réduisent en poussière.

Dans l'extinction *par aspersion*, on jette de l'eau sur la *chaux*, qu'on a étendue sur une aire.

On distingue encore l'extinction *spontanée* par l'action de l'air sur la *chaux* placée sous des hangars ; ce procédé, bon pour les *chaux* aériennes, ne l'est pas pour les *chaux* hydrauliques.

Conservation de la chaux. Les *chaux* aériennes se conservent indéfiniment dans des bassins que l'on recouvre de sable ou de terre ; on les mélange avec de l'eau immédiatement avant leur emploi (voy. *Mortier*).

Les *chaux* hydrauliques éteintes ne se conservent que peu de jours. Les *chaux* hydrauliques vives peuvent rester plusieurs mois dans des caisses ou des tonneaux.

Suivant la nature des travaux que l'on exécute, on emploie pour la composition des mortiers, les *chaux* grasses, maigres ou hydrauliques (voy. *Mortier*).

Vitruve nous fournit quelques renseignements sur la manière dont les anciens préparaient la *chaux ;* il rapporte que l'on employait à cette fabrication les

marbres de qualité inférieure ou les éclats venant de la taille et de l'extraction des blocs destinés à d'autres usages. Il prescrit, en outre, de ne se servir de la *chaux* qu'après l'avoir laissé longtemps, plusieurs années même, macérer dans des fosses, particulièrement lorsqu'elle devait être employée pour exécuter des stucs, des enduits, des peintures à fresque, etc.

Chaux fusée : chaux éteinte mais non réduite à l'état de pâte molle.

Lait de chaux ou *laitance :* bouillie produite par l'extinction de la *chaux* dans une grande quantité d'eau.

Chaux sulfatée (voy. *Albâtre, Gypse, Plâtre*).

Chef *d'atelier.* — Voy. *Atelier.*

Chemin, *s. m.* — En général, toute voie de communication par terre ; les *sentiers*, les *routes*, les *passages*, les *allées*, les *rues*, les *quais* (voy. ces mots) sont des *chemins*.

Au point de vue administratif, les *chemins* sont *publics* ou *privés.* Dans les *chemins publics* sont compris : les routes *nationales* et *départementales* (voy. *Route*), les *chemins vicinaux* et les *chemins communaux* et *ruraux.* Les *chemins privés* sont ceux qui appartiennent aux particuliers et sur lesquels nul n'a le droit de passer sans la permission du propriétaire ou sans la création d'une servitude en sa faveur (1).

Chemins vicinaux : sont ainsi appelés les *chemins* servant de communication entre divers points d'une commune ou entre plusieurs communes voisines ; l'entretien de ces voies est aux frais des communes qu'elles traversent et la police de conservation en appartient aux maires. C'est l'administration qui est chargée de faire rechercher et reconnaitre les limites des *chemins vicinaux ;* la largeur en est fixée par l'autorité préfectorale ; pour les cas ordinaires, cette

(1) Code Perrin.

largeur ne dépasse pas 6 mètres, fossés non compris.

Le propriétaire d'un terrain non bâti peut être dépossédé immédiatement, avec réserve d'une indemnité, pour l'élargissement du *chemin ;* mais, s'il existe une construction, il faut un décret, avec indemnité préalable.

Les propriétaires riverains sont tenus de souffrir l'extraction et l'enlèvement, sur leurs propriétés non closes, des pierres, cailloux et autres matériaux nécessaires aux travaux du *chemin ;* ils doivent également supporter l'occupation de leurs fonds pour les besoins des mêmes travaux.

Toute rue légalement reconnue comme prolongement d'un *chemin* vicinal est soumise aux mêmes règlements que ce *chemin.* On ne peut construire le long de ces voies sans autorisation préalable et demande d'alignement.

Les fossés que l'administration juge à propos d'établir pour border un *chemin* vicinal doivent être pris sur la largeur de ce *chemin ;* le curage et l'entretien de ces conduits est à la charge des communes.

Les contraventions, pour dépôts de fumiers, encombrements, détériorations, etc., sont de la compétence des tribunaux de simple police ; les envahissements et anticipations sont jugés par les conseils de préfecture.

On appelle *chemins vicinaux de grande communication* ceux qui, servant à un certain nombre de communes, sont placés, par ce titre, entre les *chemins vicinaux* ordinaires et les routes départementales. Ces *chemins* sont entretenus par les communes qu'ils traversent, dans des proportions déterminées par le préfet ; il peut aussi y avoir lieu, pour le même objet, à des subventions sur les fonds départementaux.

Chemins communaux ou *ruraux :* ce sont ceux qui, servant aux communes, n'ont pas été classés comme vicinaux. Ces *chemins* sont susceptibles de propriété privée et leur entretien n'est pas obligatoire pour la commune ; cependant la surveillance et la police de ces voies appartiennent aux maires, qui peuvent, par des arrêtés spéciaux, en déterminer l'alignement ; s'il n'existe pas d'arrêtés en ce sens, les propriétaires riverains peuvent construire sans autorisation.

Chemin de halage : espace de terrain que le propriétaire riverain d'un cours d'eau navigable ou flottable doit laisser le long du bord, pour le service de la navigation. Ces voies ne sont assimilées aux *chemins* publics que sous le rapport de la police et de la conservation. Leur largeur doit être d'au moins 8 mètres, et le riverain ne peut planter des arbres, haies ou clôtures à moins de 10 mètres. Dans le cas où les bateaux ne se tirent que d'un côté, le riverain n'est tenu de laisser sur le bord opposé qu'un *chemin* de 1ᵐ,32 qu'on appelle *marchepied.* Les plantations ne doivent se faire, dans ce cas, qu'à 3ᵐ,30 de la rive.

Quand les cours d'eau ne sont susceptibles de porter ni bateaux, ni trains de bois, mais sont flottables à bûches perdues, un simple *marchepied* est seulement exigible sur les deux bords.

On ne peut pratiquer des fouilles à moins de 12 mètres des rivières et canaux navigables.

Maçonnerie. 1° Disposition de règles que les maçons préparent sur un mur ou sur un plafond, pour y traîner des moulures.

2° Filet de plâtre dressé à la règle et qui sert à conduire le calibre.

3° Puits ou galerie de carrière.

Couverture. *Chemins de service.* Pour faciliter aux ouvriers l'accès de tous les points d'une couverture en ardoises, lorsqu'il y a des réparations ou des travaux de fumisterie à exécuter, on établit souvent des *chemins de service* formés de la manière suivante : sur une travée de couverture en zinc fixée elle-même sur voligeage jointif, on soude, en les espaçant convenablement, des marches en zinc fondu, façonnées en pointe de diamant à leur partie supérieure (voy. *Marche*).

ARCHITECTURE MILITAIRE. *Chemin de ronde :* nom que l'on donnait, au moyen âge à la saillie du rempart qui existait derrière les créneaux ; c'était là que combattaient et circulaient les défenseurs de la place ; ce couronnement intérieur de la muraille était revêtu d'un dallage.

Chemin couvert : chemin à ciel ouvert qui règne autour d'une place forte et est compris sur le bord du fossé, entre la contrescarpe et le glacis ; les défenseurs s'y tiennent à l'abri des feux rectilignes.

La largeur du *chemin couvert* est ordinairement de 10 mètres. On y ménage une banquette et l'arête du glacis est garnie de palissades ; aux angles saillants et rentrants, on réserve des *places d'armes* où l'on peut réunir des corps de troupes. Des *traverses* élevées de distance en distance, protègent le *chemin couvert* contre les feux d'enfilade.

CHEMINS DE FER. Voies formées de deux bandes de fer parallèles appelées *rails* (voy. ce mot), sur lesquelles circulent des chariots nommés *wagons* traînés par une machine à vapeur dite *locomotive.*

Depuis les temps anciens, on eut l'idée de diminuer le frottement et, par suite, l'effort de la traction, en plaçant sous les roues des véhicules des corps unis, durs et résistants ; le bois et la pierre furent d'abord employés et il y a tout lieu de croire que c'est ainsi que les Égyptiens transportaient les énormes blocs de leurs monuments.

Dans les temps modernes, on a d'abord construit des voies creuses formées de pièces de bois auxquelles on a ensuite adapté des ornières en fer.

A ce système a succédé celui des rails saillants, les roues étant munies de rebords qui les maintiennent sur la voie.

L'établissement d'un *chemin de fer* comprend, au point de vue de la construction : le tracé de la *voie ;* l'exécution des travaux de terrassements, tels que *remblais* et *déblais,* et des travaux d'art, tels que *ponts, ponceaux, viaducs, tunnels ;* les dispositions accessoires, *passages à niveau, croisements, changements de voie, plaques tournantes ;* les *poteaux indicateurs* et les *signaux fixes* (voy. ces mots).

Les *gares* et les *stations,* avec leurs dépendances, complètent l'ensemble des constructions nécessaires à l'exploitation des *chemins de fer.*

On emploie souvent aussi le mot anglais *railway.*

Cheminée, *s. f.* — 1° Foyer ouvert disposé dans une salle pour recevoir du combustible qui échauffe l'air par rayonnement. L'appareil est pourvu, à sa partie supérieure, d'un tuyau qui donne issue à la fumée.

L'usage des *cheminées* ne semble pas remonter au-delà du xii° siècle ; jusqu'alors, on s'était servi, pour le chauffage des appartements, de *brasiers* ou réchauds portatifs et d'*hypocaustes* (voy. ce mot), sorte de calorifères placés sous le pavage des pièces, avec conduits de chaleur adossés contre les murs.

Les premières *cheminées* étaient éta-

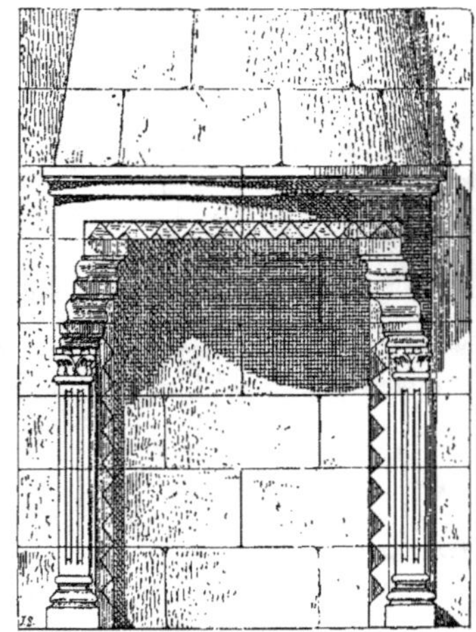

Fig. 948.

blies sur un plan circulaire ; le tuyau de fumée était placé dans l'épaisseur du mur ; des pieds-droits, surmontés de consoles à forte saillie supportaient le *manteau* qui se reliait au nu du mur par une hotte en demi-cône ; la figure 948 représente une *cheminée* ainsi disposée qui appartient à l'ancienne maîtrise de la cathédrale du Puy-en-Velay.

Aux siècles suivants, le plan devint rectangulaire ; le fond ou *contre-cœur* était construit en tuileaux et même garni d'une plaque de fonte pour protéger la maçonnerie contre l'action du feu ; le manteau était formé de pierres de grande dimension ou de claveaux en plate-bande ou en arc ; la hotte conique était transformée en demi-pyramide. Quelquefois le contre-cœur faisait saillie extérieurement, quand les murs n'étaient pas très épais.

C'est surtout à partir du XIVe siècle que la sculpture et la peinture furent employées à la décoration des *cheminées* ; des armoiries, des bas-reliefs ornèrent les manteaux ; les jambages furent également sculptés ou peints.

La Renaissance ramena le style an-

Fig. 949.

tique dans la composition des *chemi-*

nées : les manteaux furent décorés d'écussons ou de médaillons portés par des enfants, les jambages furent couverts d'ornements de style classique ; nous donnons (fig. 949) une *cheminée* du XVIe siècle construite par A. Du Cerceau.

A cette époque, les dimensions du foyer diminuent, tandis que la décoration, qui surmonte le manteau, prend un plus grand développement ; les mêmes dispositions générales se retrouvent dans les *cheminées* du XVIIe siècle,

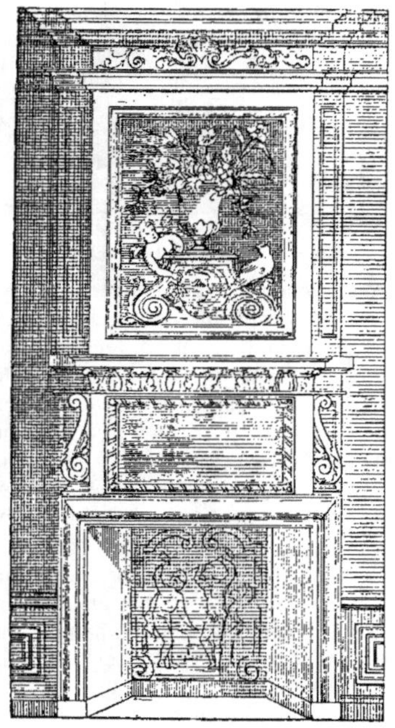

Fig. 950.

où le marbre commence à remplacer la pierre (fig. 950).

C'est au siècle suivant qu'apparurent les glaces placées au-dessus des tablettes, que l'on fit plus larges pour supporter divers objets de décoration, tels que pendules, vases, candélabres, etc.

L'art européen n'est pas seul à avoir

produit des *cheminées* remarquables : les manteaux élevés sur pieds-droits à consoles et richement décorés se retrouvent dans l'architecture orientale.

Fig. 951.

Nous donnons (fig. 951) un exemple de *cheminée* turque du XVIIe siècle qui a été dessinée par M. Jules Laurens au palais du gouverneur de Kéresoun, sur le littoral de la mer Noire ; l'encadrement est en pierre dure ; la décoration du manteau est en plâtre moulé. Il est bon de remarquer ici que le feu se fait verticalement pour obtenir une flamme vive et prompte.

Jusqu'à l'époque actuelle, ces appareils de chauffage étaient établis dans de mauvaises conditions au point de vue de l'économie et de la quantité de chaleur répandue dans les pièces. Leurs grandes dimensions exigeaient une consommation considérable de combustible, d'où résultait un violent tirage, produisant de forts courants d'air. Aujourd'hui on a cherché à remédier à ces inconvénients : on a rétréci l'orifice de départ de la fumée, pour diminuer la ventilation exagérée, avancé le fond du foyer et disposé les côtés en évasement, afin de faire rayonner latéralement le foyer. C'est à Rumfort qu'on doit ces premières modifications ; Lhomond ajouta

le châssis à rideau mobile, qui permet de régler le tirage de l'air ; enfin, cet appel étant atténué par le calfeutrement des portes et des fenêtres, généralement mal closes, on admit l'air sur le foyer en le prenant à l'extérieur, au moyen de *ventouses* (voy. ce mot).

Suivant le combustible choisi, on emploie divers systèmes pour le supporter et permettre à l'air de passer au travers : les *chenets* servent pour le bois, les *grilles* en fonte, pour le coke et la houille.

La construction d'une *cheminée* est soumise à certaines règles, dans l'intérêt de la sécurité publique.

Cet appareil se compose, nous l'avons dit plus haut, d'un *foyer* et d'un *tuyau* d'échappement.

Le foyer est logé dans un vide laissé dans la maçonnerie ; la partie inférieure en est appelée *âtre* ; c'est une aire en briques, carreaux de terre cuite, ou plaque de fer fondu reposant sur une petite fondation, si la *cheminée* est à rez-de-chaussée ou sur une des barres de fer posant sur la charpente du plancher, quand la *cheminée* est à un étage supérieur ; l'espace vide occupé entre les solives par l'âtre est la *trémie*. Le fond du foyer est en briques ou en pierres, on y adosse une plaque en fonte appelée *contre-cœur*.

De chaque côté de l'âtre, sont placés les *jambages* supportant le *manteau* ; ces diverses parties sont en pierres travaillées et ornées ou en plâtre revêtu d'un *chambranle* en pierre ou en marbre.

L'ouverture du foyer est fermée par un rideau mobile en tôle et entourée de plaques de faïence qui forment un évasement par le haut et sur les côtés. La figure 952 représente en plan les dispositions de deux *cheminées* ordinaires dont l'une A est *affleurée*, c'est-à-dire ayant l'âtre et le tuyau pris dans l'épaisseur du mur, et dont l'autre B est *adossée* ou posée contre le mur. Les dimensions généralement usitées sont 0^m,50, pour la profondeur totale, 0^m,30 à partir du rideau, 1 mètre pour la largeur entre les jambages, 0^m,55 pour celle du rideau, 0^m,60 pour sa hauteur,

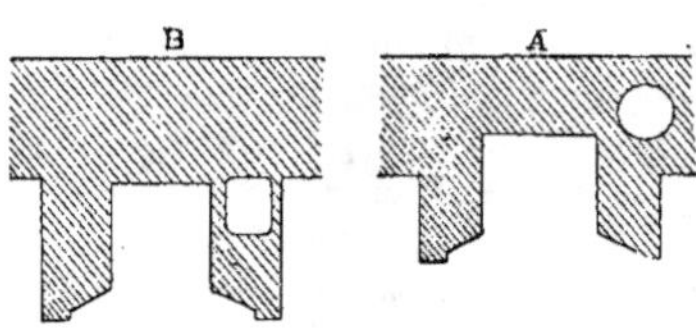

Fig. 952.

0^m,90 à 1 mètre pour la hauteur de la tablette au-dessus du sol. En avant de l'âtre, est une dalle de pierre ou de marbre qu'on nomme *foyer*.

Le tuyau de fumée comprend le *corps*, sorte de coffre rectangulaire allant du manteau à la couverture du bâtiment et la *tête* ou *souche*, formant la prolongation du *corps* au-dessus du toit de la maison ; ces *tuyaux* se construisent en plâtre pigeonné, leurs faces prennent le nom de *languettes*; les carreaux de plâtre, les briques sur champ, les cylindres ou les prismes creux en fonte ou en poterie sont encore employés à l'exécution de ces conduits (voy. *Tuyau*).

Les *cheminées* ainsi construites donnent lieu à une grande déperdition de chaleur et à l'introduction d'une grande quantité d'air froid ; divers appareils ont été installés dans le foyer même pour remédier à ces inconvénients; tous sont basés sur ce principe : faire circuler autour du foyer, dans des tuyaux de fonte diversement combinés, de l'air froid pris au dehors, à l'aide de ventouses, l'échauffer au contact des parois de ces tubes et le répandre dans la pièce par une ou deux bouches de chaleur. Ces appareils se nomment également *foyers* (voy. ce mot).

On appelle *cheminées à la prussienne* des *cheminées* qui ne font pas partie de la construction même et qui sont construites en tôle revêtue de briques intérieurement ; ce sont des espèces de poêles ayant une large bouche fermée par un rideau qui se hisse ou se baisse à volonté ; ces appareils se placent, selon le besoin, dans les chambres où il n'a pas été construit de *cheminée*.

On appelle *cheminée à âtre relevé* une cheminée dont l'âtre n'est pas au niveau du sol de la pièce, mais est surhaussé par exemple au moyen d'un rang de briques.

Au point de vue de la décoration extérieure , on distingue dans le commerce :

La *cheminée capucine* (fig. 953), dont

Fig. 953.

le chambranle a deux montants unis couronnés d'un chapiteau avec socle rapporté par le bas :

La *cheminée à modillons* (fig. 954),

Fig. 954.

dans laquelle des modillons supportent la traverse du chambranle ;

La *cheminée à consoles* (fig. 955),

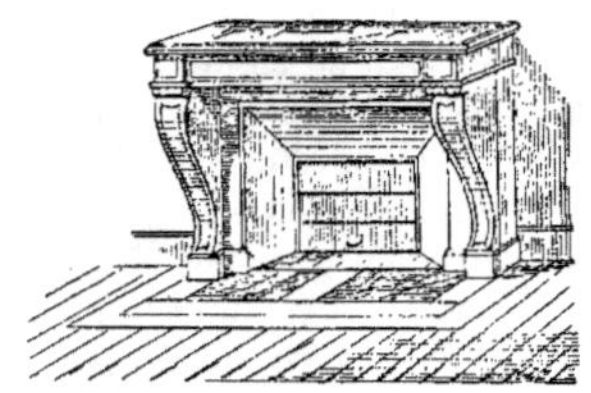

Fig. 955.

dont les montants sont en forme de console ;

La *cheminée Pompadour* (fig. 956), dans laquelle la tablette est contournée

Fig. 956.

sur ses bords ainsi que la traverse du chambranle ;

La *cheminée Louis XV* (fig. 957), ana-

Fig. 957.

logue à la précédente, mais dont les montants sont ornés de consoles.

Les *cheminées* de cuisine sont encore, dans beaucoup de villes, mais particulièrement à la campagne, semblables aux anciennes *cheminées* du moyen âge; elles sont de grandes dimensions et possèdent un manteau surmonté d'une hotte, avec ou sans jambages ; on les remplace généralement aujourd'hui par des *fourneaux* (voy. ce mot).

Législation. Outre les dispositions indiquées ci-dessus et adoptées pour la construction des *cheminées*, au point de vue de la sécurité générale, il existe des règlements spéciaux imposés par l'autorité et qui ont été résumés dans l'ordonnance de police du 11 décembre 1852,

pour la ville de Paris ; nous en extrayons plusieurs articles :

Art. 1ᵉʳ. « Toutes les *cheminées*, tous « les poêles et autres appareils de « chauffage doivent être établis et dis- « posés de manière à éviter les dan- « gers du feu et à pouvoir être facile- « ment nettoyés et ramonés. »

Art. 2. « Il est interdit d'adosser des « foyers de *cheminée*, des poêles et « des fourneaux à des cloisons dans « lesquelles il entrerait du bois, à « moins de laisser entre le parement « extérieur du mur entourant ces foyers « et les cloisons un espace de 0ᵐ,16. »

Art. 3. « Les foyers de *cheminée* ne « doivent être posés que sur des voûtes « en maçonnerie ou sur des trémies de « matériaux incombustibles. La lon- « gueur des trémies sera au moins « égale à la largeur des *cheminées*, y « compris la moitié de l'épaisseur des « jambages ; leur largeur est de 1 mètre « au moins, à partir du fond du foyer « jusqu'au chevêtre. »

Art. 6. « Chaque foyer de *cheminée* « ou de poêle doit, à moins d'autorisa- « tion spéciale, avoir son tuyau parti- « culier dans toute la hauteur du bâti- « ment. »

Le titre II de la même ordonnance a rapport à l'entretien de ces appareils.

Art. 15. « Les propriétaires sont tenus « d'entretenir constamment les *chemi- « nées* en bon état. »

Art. 16. « Il est enjoint aux proprié- « taires et locataires de faire ramoner « les *cheminées* et leurs tuyaux conduc- « teurs de fumée, assez fréquemment « pour prévenir les dangers du feu. Il « est défendu de faire usage du feu pour « nettoyer les *cheminées* et les tuyaux « de poêles.

« Les *cheminées* qui ne présente- « raient pas à l'intérieur et dans toute « la longueur du tuyau un passage d'au « moins 0ᵐ,60 sur 0ᵐ,25 seront cons- « truites en briques, en terre cuite ou « en fonte.

« Ces *cheminées* ne devront être ra-

« monées qu'à l'aide d'écouvillons mus
« par une corde. » (Voy. *Tuyau*.)

Les rapports de mitoyenneté au sujet
des *cheminées* sont également l'objet de
prescriptions particulières.

Si l'on veut placer une *cheminée* ou
âtre contre un mur mitoyen ou non, il
faut établir un contre-mur de 0ᵐ,16
d'épaisseur en tuileaux ou matériaux de
même nature. Des contre-murs plus
minces, mais avec isolement et courant
d'air, offrent une meilleure garantie ;
des plaques de fonte peuvent aussi remplacer le contre-mur.

2° *Cheminée d'usine*. Les *cheminées
d'usines* sont de hautes colonnes creuses
élevées sur un massif à plan carré,
auquel on donne 3ᵐ,20 à 4 mètres de
hauteur et qui servent à la fois de tuyau
d'appel pour activer la combustion dans
le fourneau d'une chaudière et de conduit d'échappement pour la fumée.

Ces appareils sont généralement con-

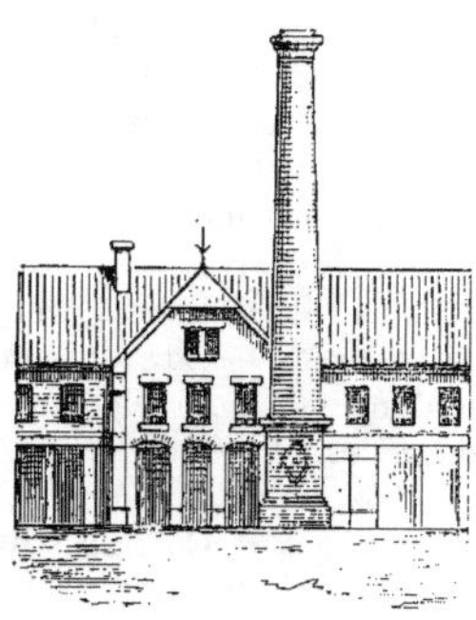

Fig. 958.

struits en briques (fig. 958) que l'on
dispose souvent de manière à former
des dessins décoratifs ; parfois un fort
tuyau en tôle remplace la *cheminée* en
briques (fig. 959).

Le massif, qui prend le nom de piédestal, est couronné par une corniche
en brique ou en pierre et sa base entre
dans le sol, indépendamment des fondations, d'environ 2ᵐ,50 pour former la
chambre d'appel de la fumée.

Les fondations sont ainsi formées de
bas en haut : 1° un massif en béton de

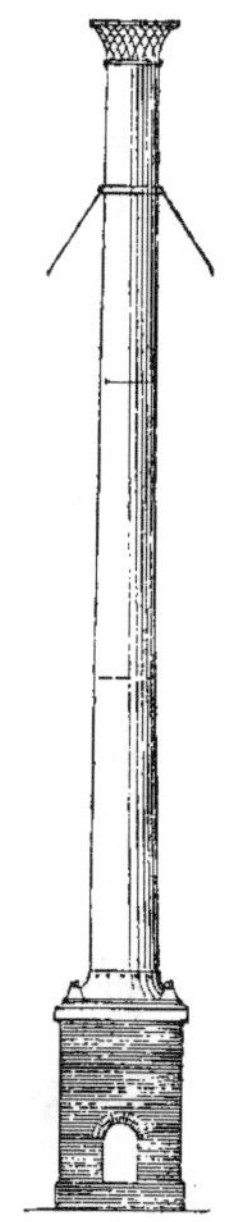

Fig. 959.

1ᵐ,50 environ d'épaisseur et monté par
assises faisant des retraites successives ;
2° un massif de 1 mètre de maçonnerie
de moellons durs de roche ou de meulière ; 3° une couronne également en
maçonnerie, appelée réservoir à cendres, et dont la largeur varie avec les
dimensions de la *cheminée*. Cette couronne est revêtue, à l'intérieur, d'une
chemise en briques à laquelle on donne
0ᵐ,22 d'épaisseur sur les parois et
0ᵐ,11 sur le fond.

Le piédestal possède une ouverture
fermée par une porte dite de service et
destinée à permettre l'accès à l'intérieur,
pour le nettoyage et les réparations. On
garnit cette ouverture d'une cloison en
briques de 0ᵐ,11 d'épaisseur pour empêcher complètement l'introduction de
l'air.

Le fût, qui a la forme d'un tronc de cône allongé, est construit en briques. Il est composé de plusieurs couronnes à chacune desquelles on donne une épaisseur uniforme, comme le montre la

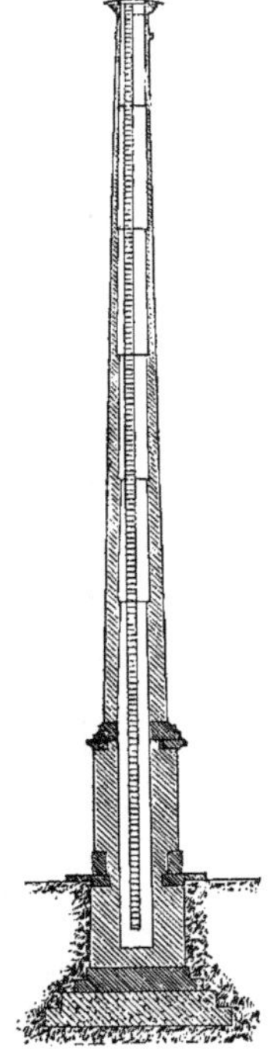

Fig. 960.

coupe représentée par la figure 960, afin de regagner ce que le fruit a fait perdre à la section intérieure de la *cheminée*.

Le couronnement du fût ou *chapiteau* est formé soit de briques, soit d'assises en pierres de taille dont les pierres sont reliées entre elles par des cercles en fer méplat avec goujons à scellement. Certaines *cheminées* n'ont pas de chapiteau.

A l'intérieur, on scelle, à 0^m,35 d'intervalle, des crampons de fer qui permettent l'accès jusqu'au sommet de la *cheminée* pour exécuter soit le ramonage, soit des réparations.

Nous compléterons cet article par quelques renseignements comparatifs sur les différents modes de construction des *cheminées* d'usines, renseignements consignés par M. Dittmar, d'Aix-la-Chapelle, dans le *Technologiste* de 1877.

Comparant les trois méthodes actuellement en usage pour ce genre de construction, à savoir : en briques ordinaires et mortier de chaux, — en briques cintrées et ciment, — en tôle, l'auteur prend comme exemple une *cheminée* de 25 mètres de hauteur. Une *cheminée* pareille en briques ordinaires et mortier de chaux, exige cinq à six semaines pour le montage ; en briques cintrées et ciment, une quinzaine de jours, et en tôle un seul jour.

La *cheminée* du premier système a, dans le haut, une épaisseur de 0^m,22, et tous les 5 mètres on ajoute une demi-épaisseur de briques. Le cube total de la maçonnerie est de 70 mètres, le poids de 110 tonnes et le prix de 1,837 francs, le mille de briques coûtant 30 francs. — Les *cheminées* en briques cintrées ont, au sommet, une épaisseur de 0^m,15, que l'on augmente de 0^m,03 tous les 3 mètres. La maçonnerie cube 30 mètres et pèse 46 tonnes, son prix est de 1,625 francs ; 1,834 francs, compris les armatures en fer. — Les *cheminées* en tôle sont épaisses de 0^m,005 à la partie supérieure et de 0^m,008 en bas ; elles pèsent 6,050 kilogr. et coûtent 2,150 fr.; le prix monte à 2,625 francs avec les haubans et les plaques de fondation ; ces dernières *cheminées* ont une durée de 20 à 25 ans.

Chemise, *s. f.* — Nom que l'on donne en général à toute espèce d'enduit ou de revêtement. On désigne particulièrement ainsi :

1° La muraille en briques formant l'enveloppe d'un calorifère ;

2° L'enduit que l'on fait autour des tuyaux de terre servant de conduites d'eau ;

3° L'enduit de plâtre qui entoure un

tuyau de cheminée en poterie ou une suite de chausses d'aisances ;

4° La chape en mortier de chaux ou de ciment qui recouvre le fond et les parois d'un réservoir ;

5° La maçonnerie en pierre, en moellons ou en meulière qui revêt un mur de fortification.

Dans le métré des ouvrages, les *chemises* en plâtre qui enveloppent les tuyaux en fonte pour chute ou ventouse se comptent, au mètre linéaire, à 0,50 courant de légers. Celles qui recouvrent les tuyaux de cheminée en poteries Gourlier se comptent, au mètre superficiel, à 30/100 de légers.

Chenal, *s. m.* — 1° On donne quelquefois le nom de *chenal* au canal bordant un toit et amenant les eaux à la partie supérieure du tuyau de descente ; mais on dit plutôt *chéneau* (voy. ce mot).

2° Conduit, dans un moteur hydraulique, qui amène l'eau ou qui sert à lui donner issue.

3° Canal bordé de terres en talus, de murs ou de jetées et qui met un bassin en communication avec une rivière ou avec la mer, de façon à permettre l'accès des navires.

4° Partie la plus profonde et la plus navigable dans une rivière, un port, une rade.

Chêne *s. m.* — Arbre de la famille des amentacées fournissant le bois de construction le meilleur, au point de vue de la résistance et de la durée.

Le *chêne* se conserve à l'air pendant plusieurs siècles ; sous l'eau il devient très dur et presque indestructible.

On doit donc l'employer de préférence dans les endroits exposés à l'humidité, comme les faîtages de combles couverts en tuiles, les chevrons de rive, les planchers ou parquets à rez-de-chaussée, les châssis de fenêtre, les encadrements de porte, etc.

La couleur de ce bois est jaune plus ou moins foncée, légèrement brune et devient grise ou noire, à la suite de son exposition à l'air ou sous l'eau. Quand on le fend suivant un plan passant par l'axe de l'arbre, il présente des plaques brillantes auxquelles les ouvriers donnent le nom de *mailles* ; cette propriété est utilisée comme effet décoratif dans les ouvrages de menuiserie et dans la sculpture sur bois.

Pour se servir du *chêne*, les limites d'âge entre lesquelles on doit l'abattre sont 60 ans et 200 ans.

Parmi les nombreuses variétés de cet arbre, les constructeurs en reconnaissent deux principales en Europe : le *chêne* à gros glands ou *chêne rouvre*, dit aussi *chêne tendre*, et le *chêne* à petits glands réunis par bouquets de trois à cinq et qu'on nomme aussi *chêne à grappes ;* dans le commerce on l'appelle *chêne dur.*

La première de ces deux espèces donne un bois élastique et résistant quand le terrain est sec et gras. Quand le sol est humide, ce bois est facile à travailler et convient très bien aux ouvrages de charpente intérieure et de menuiserie. Son poids spécifique est d'environ 0,760. Ses propriétés sont celles des bois connus dans le commerce sous les noms de *chêne de Hollande* et de *chêne des Vosges ;* la première désignation vient de ce que ces bois, tirés en billes de l'Alsace et de la Lorraine, étaient débités en Hollande.

La seconde variété croît dans les terrains pierreux et fournit un bois plus dur, plus résistant et plus durable ; on s'en sert de préférence pour les travaux de fondations et pour l'établissement des constructions exposées aux intempéries de l'air ; sa pesanteur spécifique est en moyenne 0,905.

On a adopté, à Paris, pour les divers échantillons de *chêne* livrés au commerce, différents noms que nous indiquons dans le tableau suivant, avec les longueurs, largeurs et épaisseurs qu'on leur donne habituellement.

DÉNOMINATION.	LARGEUR.	ÉPAISSEUR.	LONGUEUR.
	millim.	millim.	mètres.
Échantillon...	250	42	1ᵐ,50 à 4ᵐ
Membrure....	167	83	2 à 4
Doublette	333	63	2ᵐ,50 à 4
Grand battant.	333	126	4 à 6
Petit battant..	250	83	3 à 6
Entrevous....	250	28	1ᵐ,50 à 4
Chevron......	83	83	2 à 4
Membrette ...	167	56	1ᵐ,50 à 4
Frise ou planche à parquet, lames de parquet..	12 à 13	30	1 à 3
Panneaux	216 à 243	20 à 22	2 à 4
Volige.......	216 à 243	13 à 15	2 à 4
Feuillet......	216 à 243	6 à 7	2 à 4

Les cinq premiers types compris dans ce tableau se vendent fréquemment assortis ensemble sous le nom de *lots d'échantillons* et sont particulièrement employés dans la menuiserie ; ils se composent ordinairement de 60 pour 100 d'échantillons, 20 pour 100 de doublettes, 10 pour 100 de membrures, 10 pour 100 de planches de 0ᵐ,05 × 0ᵐ,24 ou de battants.

Les trois types suivants se vendent fréquemment de même assortis ensemble sous le nom de *lots d'entrevous ;* ils sont spécialement destinés, ainsi que les frises, à l'établissement des planchers et toitures des maisons.

Au point de vue de la résistance des matériaux, les chiffres suivants donnent une idée de la ténacité des fibres du *chêne :* quand une pièce de ce bois est soumise à des efforts de traction dans le sens des fibres, la rupture a lieu sous une charge de 6 à 8 kilogr. par millimètre carré (1) ; pour des efforts de traction perpendiculaires au sens des fibres, la rupture a lieu sous une charge de 1ᵏ,60 ; pour des efforts de compression, la limite de résistance est atteinte sous un poids de 3ᵏ,85 à 4ᵏ,63 (2).

Chéneau, *s. m.* — Petit canal en bois, en pierre, en terre cuite ou en métal que l'on place à la base d'un toit,

(1) Poncelet, *Mécanique industrielle.*
(2) Rondelet, *L'Art de bâtir.*

pour recevoir les eaux de pluie et les conduire, par des pentes calculées à cet effet, vers des issues, telles que gargouilles ou tuyaux de descente.

Les monuments grecs et romains avaient des *chéneaux* en terre cuite, en pierre ou en marbre, avec des gargouilles percées de distance en distance et ornées de têtes d'hommes ou d'ani-

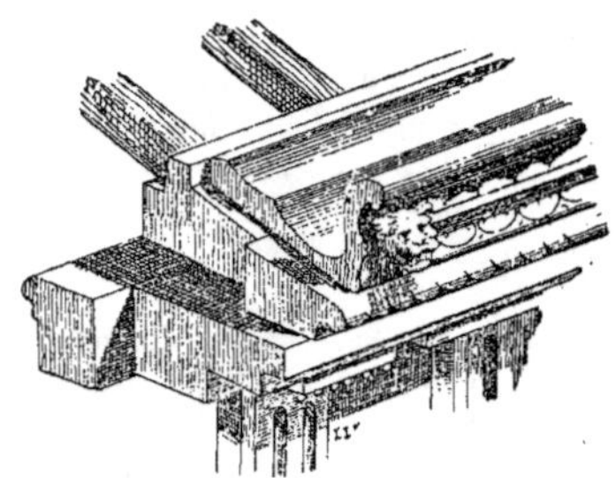

Fig. 961.

maux (fig. 961) ; on a retrouvé à Pompéi des *chéneaux* en terre cuite décorés de très belles sculptures.

A l'époque du Bas-Empire, l'usage des *chéneaux* disparut ; les premiers édifices de l'époque romane en sont également dépourvus ; ce n'est que vers le xiiᵉ siècle qu'on sentit le besoin d'établir des conduits d'écoulement à la base des combles, tant pour préserver les murs dégradés auparavant par la chute naturelle des eaux, que pour éviter aux ouvriers les dangers des réparations, sur les couvertures à pente raide, et aux passants le risque d'être écrasés par des tuiles détachées de la toiture. Le bord extérieur des *chéneaux* en pierre fut alors surmonté de balustrades pleines ou à jour ; les eaux s'écoulaient par des trous ménagés de distance en distance.

Au xiiiᵉ siècle apparurent les gargouilles à forte saillie rejetant les eaux loin des murs ; dans les églises à bas-côtés, les eaux étaient amenées par des pentes sur les chaperons des *arcs-boutants* (voy. ce mot) et renvoyées sur le sol par des gargouilles placées à la base de ces conduits. Les *chéneaux* en pierre étaient creusés à fond de cuve et l'on coulait dans leurs joints du plomb ou un ciment de grès pilé et de litharge.

Les maisons particulières du moyen âge présentent des exemples de *ché-*

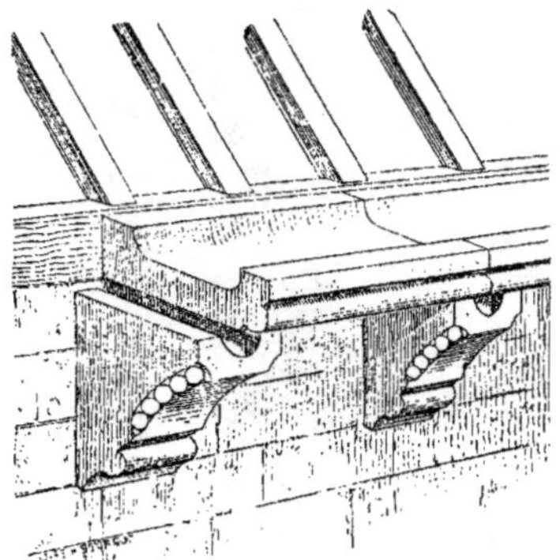

Fig. 962.

neaux en bois ou en pierre portés sur des corbeaux (fig. 962).

La Renaissance a exécuté de fort beaux *chéneaux* en métal orné ou en pierre sculptée ; tel est celui qui surmonte, à la cour du Louvre, la corniche de l'aile bâtie par Pierre Lescot.

Aujourd'hui, on fait les *chéneaux* en pierre, en terre cuite ou en métal.

Comme exemple de *chéneau* orné, nous présentons (fig. 963) celui qui reçoit les eaux du comble de l'église de Saint-Pierre de Montrouge, à Paris. Le conduit repose sur la corniche en pierre, la face antérieure est en terre cuite, la face postérieure est formée de deux planches superposées ; celle qui est en haut est percée de trous en barbacane destinés à donner de l'air à la charpente. Cette pièce de bois et tout l'intérieur du *chéneau* sont revêtus de plomb.

Les *chéneaux* sont supportés sur la corniche, comme le montre la figure 964. Quand les combles sont saillants, on emploie, pour supporter les *chéneaux*, divers

systèmes dont nous donnons ici plu-

Fig. 963.

sieurs exemples : 1° le *chéneau* en terre

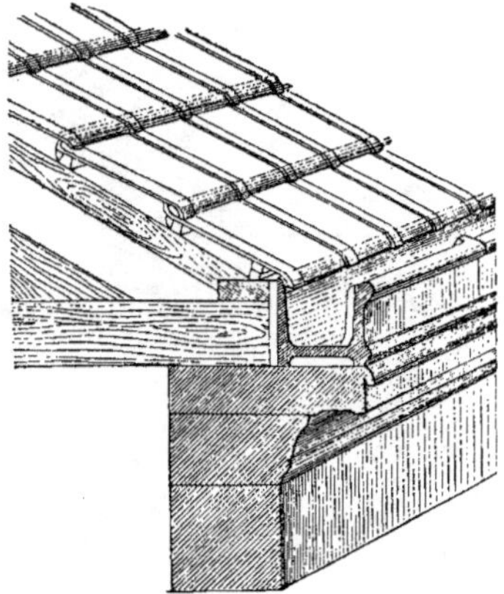

Fig. 964.

cuite (fig. 965) est posé sur l'extrémité

des chevrons ; 2° des blochets encastrés

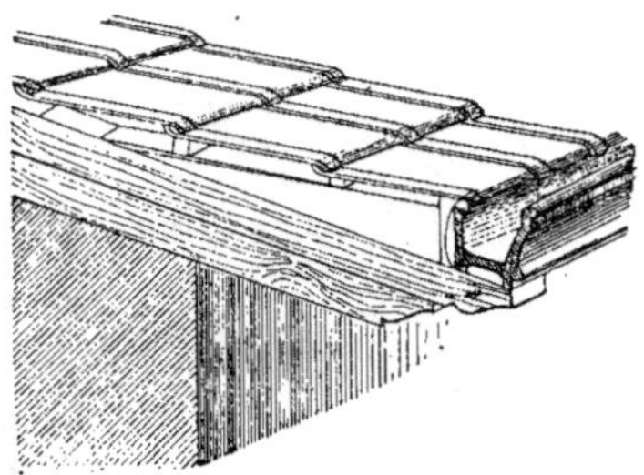

Fig. 965.

dans le mur de distance en dis-

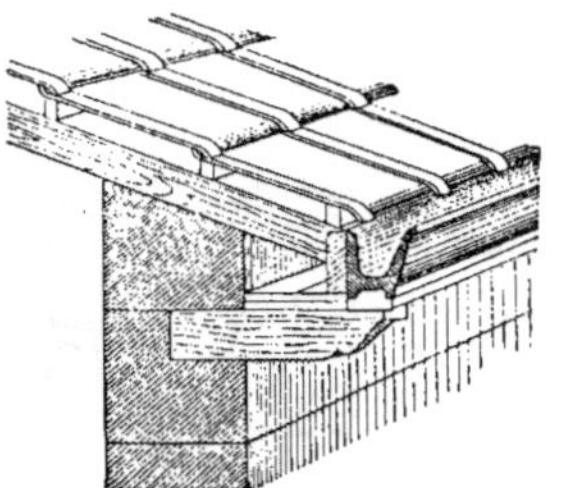

Fig. 966.

tance (fig. 966), portent, par leurs

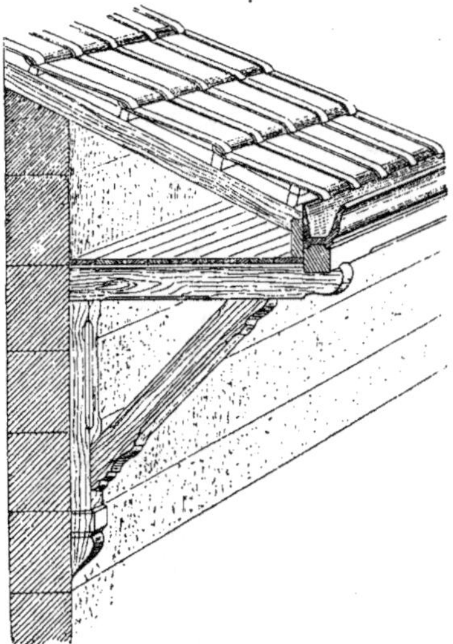

Fig. 967.

bouts, une sablière plate sur laquelle est fixé le *chéneau* ; 3° la saillie du comble étant plus forte (fig. 967), les blochets sont remplacés par des consoles et le bois portant le conduit en terre

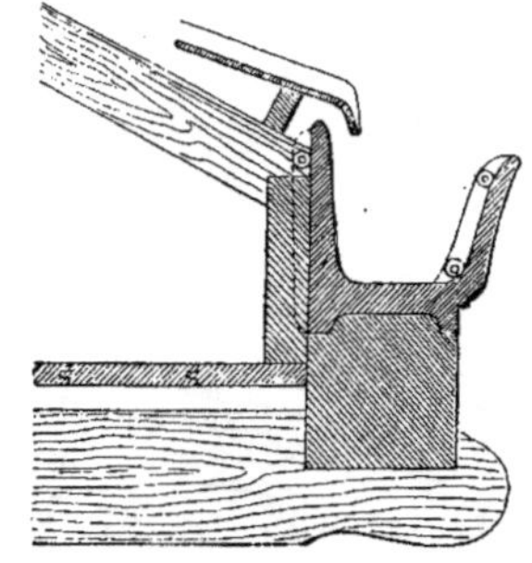

Fig. 968.

cuite est plus épais ; nous donnons (fig. 968) le détail de l'assemblage de ces différentes pièces.

Le *chéneau* ordinaire en zinc (fig. 969)

Fig. 969.

se compose de trois planches, l'une horizontale formant le fond et posée sur la corniche, les deux autres verticales et s'assemblant avec la première à rainure et languette ; le tout est renforcé par des équerres en fer. Cette boîte, adossée et clouée contre la sablière et contre les abouts des chevrons, est recouverte à l'intérieur par une suite de feuilles de zinc fixées au voligeage sous la dernière rangée des lames de la couverture. Le métal se retourne aux angles du *chéneau* sur des tasseaux triangulaires et forme à la partie supérieure extérieure un bourrelet avec une agrafe dans laquelle est retenue la feuille qui recouvre la planche du devant. Des bandes d'agrafes fixées sur la corniche empêchent la partie inférieure du métal de se relever sous l'effort du vent. Aujourd'hui on a adopté l'usage de remplacer le bourrelet en zinc par un tasseau en bois demi-cylindrique cloué sur la planche et recouvert par le métal.

On emploie également, pour empêcher l'eau de remonter sous la couverture, le système représenté en coupe par la figure 970 ; une bande de zinc, fixée par

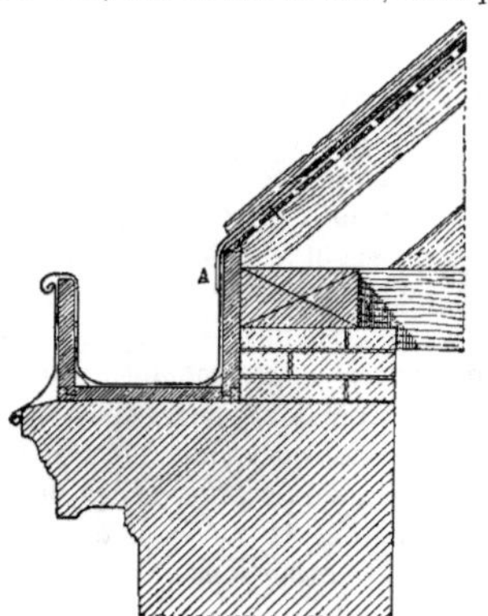

Fig. 970.

des clous sur le voligeage, s'interpose entre le métal du *chéneau* et celui de la couverture, et se termine en bas par une petite bavette A.

Le fond d'un *chéneau* est disposé en pente pour l'écoulement des eaux ; cette pente est faite avec du plâtre ; elle est ordinairement pourvue de ressauts.

La planche qui forme le devant du

chéneau ne doit pas être plus haute que l'extrémité inférieure des chevrons, pour que l'eau ne vienne pas déborder sur la toiture et remonter sous les feuilles de zinc.

Certaines gouttières en zinc, reposant sur la corniche même, sont appelées *chéneaux anglais* (voy. *Gouttière*).

On fait aussi des *chéneaux* en fer ;

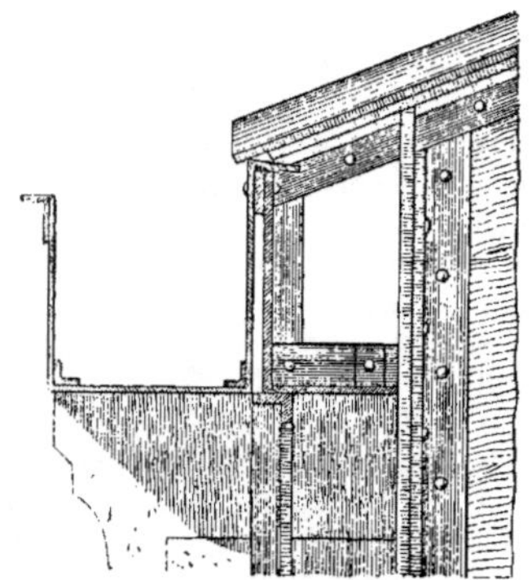

Fig. 971.

celui que représente la figure 971 est établi autour d'une halle appartenant à l'usine Ménier, construite à Saint-Denis par M. Saulnier. Ce conduit, en tôle avec cornières, porte d'une pile à l'autre et est maintenu par des consoles en fer au droit des fermes intermédiaires.

Dans les combles destinés à couvrir

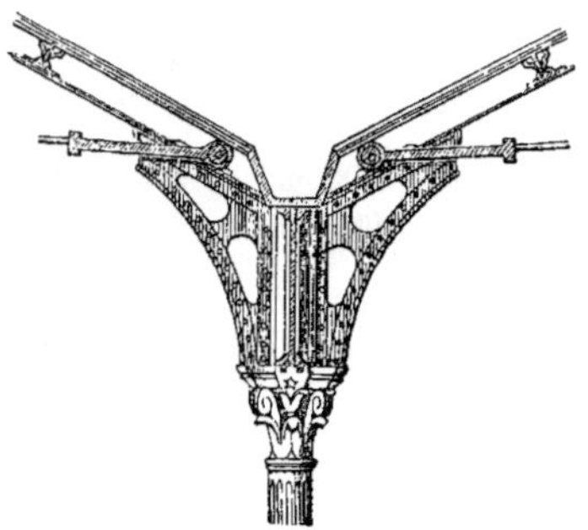

Fig. 972.

un large espace, comme dans les halles

de chemins de fer, chaque ferme est souvent composée de plusieurs travées portant sur des colonnes en fonte ; les *chéneaux* qui reçoivent les eaux de ces doubles rampants (fig. 972) sont disposés au-dessus de ces colonnes mêmes, qui sont creuses et servent à la fois de points d'appui et de tuyaux de descente.

Dans l'évaluation du prix des ouvrages, les *chéneaux* en zinc se comptant comme les gouttières et tuyaux en zinc doivent être payés au mètre courant et à des prix différents, suivant leur développement transversal. Les scellements des équerres qui maintiennent la planche de face s'évaluent d'ordinaire à 15/100 de taille ou 15/100 de légers. Les *chéneaux* en plomb se comptent de même.

Chenet, *s. m.* — Ustensile de chauffage en métal que l'on place dans les cheminées pour élever le bois au-dessus de l'âtre et faciliter la combustion, en permettant l'accès de l'air par dessous.

On a découvert à Pompéi un *chenet*

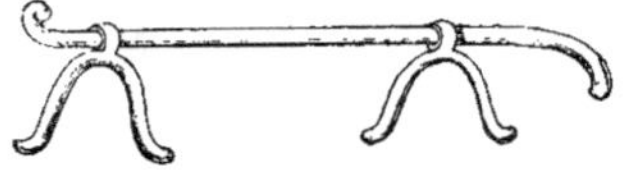

Fig. 973.

représenté par la figure 973, ce qui démontre que ce meuble était employé par les Romains dans les *hypocaustes* (voy. ce mot).

Les *chenets* du moyen âge sont remarquables par leurs proportions et par les sculptures qui les décorent. On leur donnait, à cette époque, les noms de *cheminées*, *chienets* ou *landiers*. On les ornait de fleurons, de moulures, de légers ornements gravés dans le fer ou ménagés en relief, tant sur la face que sur les parois de la tige. Des figures humaines constituaient souvent l'ensemble de la partie antérieure. Nous

donnons (fig. 974) un *chenet* en fer

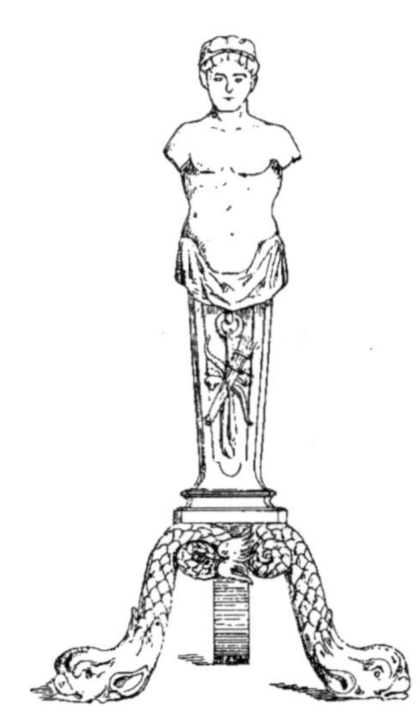

Fig. 974.

fondu, du xvi° siècle, qui appartient au musée de Cluny.

Les hauts *chenets* furent conservés et luxueusement décorés à l'époque de la Renaissance et jusqu'au xvii° siècle. Des enroulements de feuillages, des statuettes de style antique, formèrent l'ornementation de ces meubles ordinairement exécutés en cuivre. C'est lorsque les dimensions des cheminées commencèrent à se réduire, que celles des *chenets* suivirent la même marche, pour arriver aux proportions qu'on leur donne actuellement.

Des meubles de ce genre, beaucoup plus simples, étaient fabriqués pour les cheminées des cuisines. La tige qui en formait la face était pourvue, à sa partie inférieure, de crochets superposés pour recevoir les extrémités des broches à rôtir. Le sommet de la tige était constitué par un récipient en forme de coupe, fait avec des bandes de fer, et dans lequel on plaçait du charbon allumé, puis des vases contenant des aliments ou des boissons chaudes.

Les *chenets modernes*, comme les cheminées, sont réduits de proportions ; et leur ornementation, ordinairement très simple, consiste en globes ou en moulures de cuivre poli ; ceux que l'on fait plus riches sont des imitations des styles précédents.

Chenil, *s. m.* — Local destiné au logement des chiens.

Les plus petits *chenils* sont des *loges à chiens*, sortes de cabanes en bois hautes de 1 mètre environ, larges de 0ᵐ,60 à 0ᵐ,90 et longues de 1 mètre à 1ᵐ,50. Le plancher doit être fait en bois de chêne et un peu élevé au-dessus du sol. Quelquefois les loges sont construites en maçonnerie, mais toujours avec un plancher en bois.

Le *chenil* ordinaire, disposé pour plusieurs chiens, se compose d'une pièce planchéiée en totalité ou au moins sur les deux côtés, avec un couloir carrelé ou dallé au milieu. Une sorte de lit de camp ou table inclinée qu'on appelle *tolas* ou *taulas* peut y être installé à une hauteur de 0ᵐ,15 au-dessus du sol et supporté par des tasseaux en bois ou en briques. La porte du *chenil* est pourvue d'une petite ouverture à coulisse de 0ᵐ,30 à 0ᵐ,35 de côté, de façon à ne laisser passer qu'un chien à la fois. Les fenêtres doivent être au moins à 1ᵐ,50 au-dessus du sol. Une cour un peu plus grande que le *chenil* y est ordinairement jointe et contient une auge remplie d'eau pure.

Les grands *chenils* renferment, outre le logement des chiens, celui des gardiens ou *piqueurs* ; ceux-ci occupent ordinairement le premier étage ; le rez-de-chaussée ne doit pas avoir plus de 2ᵐ,50 sous plafond ; on y établit un lit pareil à celui décrit ci-dessus ; les fenêtres sont vitrées et garnies de grillages en fer à mailles étroites. On dispose souvent une cheminée pour réchauffer les chiens et un fournil pour y cuire leur pain. L'exposition au levant ou au nord est préférable à celle du midi ou du couchant. Une cour pavée est attenante au *chenil* et contient un ruisseau pour l'écoulement des urines ; une auge sert d'abreuvoir ; il serait même bon d'y construire un bassin dans lequel les animaux pussent se baigner.

On a installé au Jardin zoologique d'acclimatation, à Paris, un *chenil* dont l'aménagement mérite une attention toute spéciale. Ce petit édifice, construit par M. Simonet, comprend vingt-huit *parquets* composés chacun de deux niches accouplées, sauf aux deux extrémités, dans les parties circulaires, ainsi que le

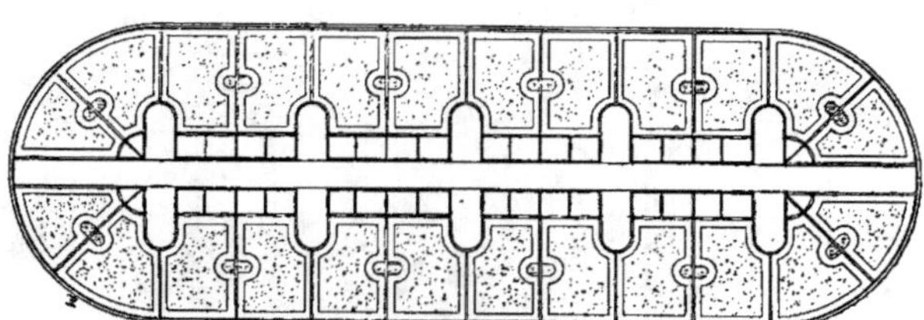

Fig. 975.

montre le plan d'ensemble représenté par la figure 975, à l'échelle de 0ᵐ,0025 pour mètre. Un couloir traverse le *chenil* dans toute sa longueur, reliant entre eux des compartiments demi-circulaires, par chacun desquels on peut accéder à deux parquets. Le détail que nous donnons (fig. 976), représente, en plan, à l'échelle de 0ᵐ,015 pour mètre, l'un de ces compartiments, avec les parquets qui les accompagnent. Ces niches sont fermées, sur les côtés, par des cloisons de 0ᵐ,06 d'épaisseur ; le fond est égale-

ment une cloison fermant quatre niches comprises entre deux entrées ; les niches sont couvertes par un plateau qui forme

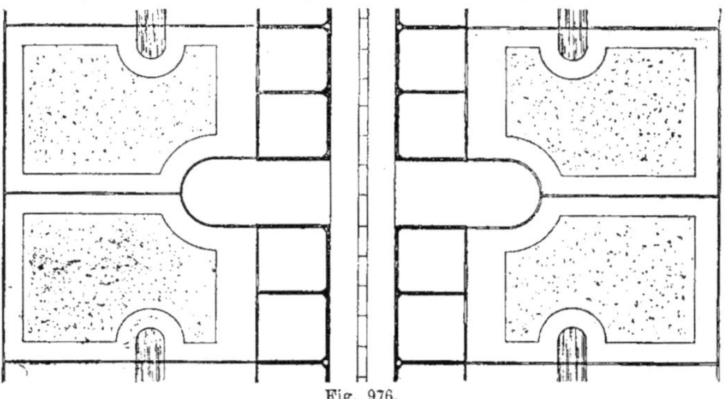

Fig. 976.

un banc de *chenil* sur lequel les chiens arrivent au moyen de trois marches en chêne fixées sur les portes en menuise-

rie qui garnissent l'entrée des niches. Cette disposition se voit sur la figure 977, qui représente une coupe faite sui-

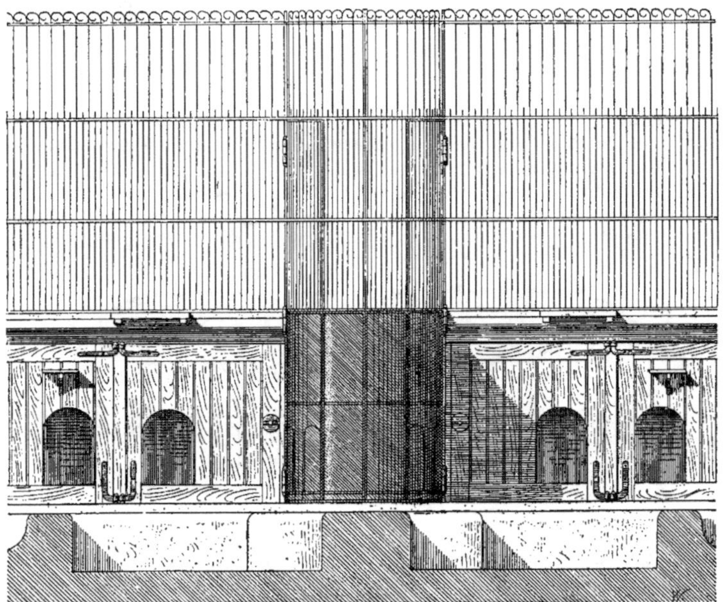

Fig. 977.

vant une ligne parallèle à l'axe du cou- loir central du détail donné ci-dessus.

Un bassin constamment alimenté par un filet d'eau est placé dans l'axe de refend séparant deux parquets. Le périmètre extérieur du *chenil* est formé par une grille qui n'a d'autres ouvertures que les deux portes placées à chacune des extrémités du chemin central. Une grille semblable, posée sur les bahuts de refend, sépare les parquets et se relie avec la grille de fond bordant le couloir. Cette dernière grille, au droit des entrées, se retourne perpendiculairement et se raccorde avec les portes qui donnent accès aux parquets. Ces portes, de forme circulaire par leur plan, sont garnies en tôle pleine par le bas et munies d'ouvertures avec trappes à coulisses. A l'heure du repas, les trappes sont levées, les chiens passent la tête par les ouvertures et prennent leurs aliments placés dans des écuelles que l'on pose devant ces trappes ; de cette manière, il n'y a pas à entrer dans les parquets. Un caniveau disposé dans l'axe du chemin central reçoit, par des tuyaux, les eaux pluviales et celles des bassins ; ce conduit communique avec deux puisards placés aux extrémités du *chenil*. Toute la construction, plateau, murs de bahut, cloison, est en béton plastique. Les bahuts en surélévation sur le plateau forment, dans chaque parquet, des encaissements qui sont remplis en gros sable de rivière, sur une épaisseur de 0ᵐ,30 environ. Une fois par semaine, on retire ce sable de son encaissement, on le lave au moyen d'une machine spéciale, on en sépare les matières fécales et on le rejette purifié dans l'intérieur.

Cherche, *s. f.* — Voy. *Cerce*.

Cherche-fiche, *s. f.* — Voy. *Fiche*.

Cherche-pointe, *s. f.* — Voy. *Pointe*.

Chérence (*Pierre de*). — Calcaire siliceux, dur, blanc grisâtre qui provient d'une carrière située dans la commune de *Chérence*, arrondissement de Mantes.

La hauteur d'assise de cette pierre varie de 0ᵐ,60 à 0ᵐ,70. Le poids du mètre cube est de 2.300 à 2.400 kilogr. La charge d'écrasement par centimètre carré est de 300 à 500 kilogr.

On cite comme emplois remarquables de cette pierre, les sculptures de l'Arc de Triomphe de l'Étoile, les lions de la fontaine Saint-Sulpice, les chevaux du pont d'Iéna, à Paris ; les ponts de Rouen et de Limay ; la restauration des églises de Mantes et de Limay. Cette pierre s'expédie à Rouen, Elbeuf, Mantes et Paris.

Chéron (*Pierre de*). — Pierre calcaire compacte. très dure, de couleur gris foncé, à pâte fine, susceptible de poli et qui a 0ᵐ,75 en moyenne de hauteur d'assise.

On cite comme monument remarquable où cette pierre ait été employée, l'église du Sacré-Cœur à Castellane.

Cheval, *s. m.* — 1º Les qualités qui ont fait de cet animal un compagnon de l'homme suffiraient à expliquer pourquoi on le voit, à toutes les époques, occuper une place considérable dans toutes les représentations figurées.

C'est ainsi qu'on le trouve dans les monuments les plus anciens de la Perse. Les bas-reliefs de Persépolis sur lesquels on voit des chars de guerre, nous portent à croire que le *cheval* était, dans ces temps primitifs, employé comme animal de trait. L'époque des Sassanides est riche également en représentations de *chevaux*. Un cavalier armé de toutes pièces se voit, au fond d'un édicule, sur le monument de Tack-i-Bostan. Les bas-reliefs de Daradbgerd représentent un combat de cavalerie. Le type du *cheval*, dans les édifices persans, est celui d'animaux robustes, de forte encolure et d'une grande puissance d'arrièremain.

Les monuments assyriens offrent de nombreuses figures de *chevaux* que nous ont conservés les ouvrages de Botta,

Flandin, Place et Layard. Ces animaux sont représentés avec les différentes allures qui leur sont propres. Ils sont à tête carrée, à forte encolure ; la ligne des reins est courte et sans courbure ; l'attache de la queue haute, l'arrière-main puissamment musclée.

Il semble, d'après les renseignements que nous laissent les monuments de l'Égypte, que l'introduction du *cheval* n'ait eu lieu qu'à l'époque de l'invasion des Hycsos. On le trouve représenté sur les édifices de la dix-huitième et de la dix-neuvième dynastie, c'est-à-dire environ 2,300 ans avant Jésus-Christ. On le voit attelé à des chars de guerre et il ne paraît pas que l'équitation fût alors d'un usage répandu.

Chez les Grecs, on remarque, depuis les temps les plus reculés de l'histoire de ce peuple jusqu'à la belle époque de l'art en Grèce, les progrès accomplis dans la représentation de figures hippiques. On admirait les chars attelés et les *chevaux* seuls ou montés, exécutés en bronze par les sculpteurs Canachus, Onatus, Aristoclès et Agéladas. Le temple de Thésée fut décoré, par le peintre Micon, du combat des centaures et des amazones. Les images des vainqueurs dans les jeux olympiques, hommes et *chevaux*, étaient placées, sortant de l'atelier des artistes les plus célèbres, dans les enceintes sacrées d'Olympie, de Corinthe, de Némée et de Delphes. Le plus illustre de ces statuaires est Calamis. Si l'on s'en rapporte aux plus beaux ouvrages de la statuaire hippique et à la description que l'écrivain Xénophon nous a laissée du *cheval*, on peut en conclure que le type du *cheval* grec était le même que celui du *cheval* barbe, ce dernier ayant très probablement été importé de l'Afrique septentrionale. C'est à Neptune que le *cheval* était alors consacré, image symbolique de l'inconstance des flots. Il y avait, jointe à la science, à l'harmonie des formes, à la perfection du dessin dans les anciens artistes grecs, une certaine sécheresse qui disparaît dans les œuvres de Phidias, à qui l'on attribue une partie au moins de la frise du Parthénon. On y voit des *chevaux* sculptés qui dénotent une connaissance parfaite des formes et des mouvements de ces animaux. Une œuvre également célèbre dans l'antiquité est le groupe, exécuté par Lysippe, de vingt et une statues équestres représentant les compagnons d'Alexandre tués au passage du Granique.

En Étrurie, on trouve souvent des *chevaux* représentés sur les tombeaux, comme prenant part à des jeux funèbres. On y remarque les couleurs de convention, rouge, bleu, sous lesquelles ils sont figurés ; ils ont, comme les *chevaux* égyptiens, l'échine longue et le dos un peu creux.

Les *chevaux* romains que l'on voit encore sur les monuments datent de l'époque impériale ; leur tête est longue, l'encolure forte, le corps fréquemment pesant, la crinière entière. Les bas-reliefs de la colonne Trajane, qui représentent la guerre de Trajan contre les Daces, nous montrent des *chevaux* romains avec les caractères indiqués plus haut. Les *chevaux* daces ont la tête plus petite et plus effilée. Sur l'arc de Constantin, décoré de sculptures enlevées à l'arc de Trajan, on voit l'empereur combattant. Il est également figuré prenant part à des chasses et monté sur des *chevaux* longs, à tête et encolure légères, à oreilles très petites et à crins coupés court. Un ouvrage de cette époque, qui a été tout à la fois un objet d'admiration et de critique, est la statue équestre de Marc-Aurèle : le *cheval*, représenté au pas, offre une encolure courte et un corps énorme.

Les monuments byzantins et en particulier la colonne de Théodore, montrent des *chevaux* longs à tête petite.

Dans les représentations de *chevaux*, au moyen âge, si l'on ne remarque pas chez l'artiste une connaissance approfondie des formes, du moins faut-il avouer que les allures sont le plus souvent heureusement étudiées d'après nature.

Sous l'influence de l'effet produit sur leur esprit par la sculpture romaine, certains maîtres de la Renaissance, Raphaël entre autres et les peintres de l'école florentine, ont représenté des *chevaux* qui se rapprochaient, par l'ampleur de leurs formes, des *chevaux* sculptés sur les arcs de Titus et de Marc-Aurèle et sur la colonne Trajane. Les œuvres dues à l'école de Léonard de Vinci témoignent de tendances à un idéal plus élevé. Toutefois, la force emphatique et la boursouflure restèrent les caractères dominants des figures hippiques, tant dans le nord que dans le sud de l'Italie.

Les *chevaux* du xviie siècle se distinguent par la plénitude et la rondeur, une tête petite et une large croupe. Il faut citer de cette époque les célèbres *chevaux* de Marly du sculpteur Nicolas Coustou.

Le xviiie siècle est une période de progrès dans l'art de représenter le *cheval*. Un grand nombre de statues équestres furent alors exécutées : celle de Pierre le Grand par Falconnet, de Louis XV par Bouchardon. Le type pris comme modèle est le *cheval* allemand, à la belle prestance, aux allures relevées jointes aussi à la mollesse.

A notre époque, les races légères, le *cheval* barbe et le *cheval* anglais, aux formes nerveuses, sont choisies de préférence par les sculpteurs et les statuaires.

2° On donne le nom de *chevaux*, dans les blocs de marbre, à des espaces ou à des cavités remplies de terre. On donne aussi à ces trous le nom de *terrasses*.

Chevalement, *s. m.* — Assemblage de pièces de bois destiné à soutenir une partie de maçonnerie qu'on reprend en sous-œuvre.

Le *chevalement* se compose (fig. 978) de pièces de bois ou *étais* inclinés en sens inverse et soutenant une poutre horizontale nommée *chapeau* ; les pieds de ces étais sont arrêtés par des plates-formes ou *couchis*. Les *chevalements* se

Fig. 978.

placent perpendiculairement aux murs que l'on veut reprendre en sous-œuvre ; selon la longueur de la partie à reconstruire, on en pose plusieurs, sur lesquels on met des pièces de bois, comme le montre la figure 978 ; les deux étais que l'on voit ici adossés au pilier sont appelés *chandelles* (voy. ce mot).

L'expression *chevaler un mur* signifie étayer ce mur avec des *chevalements*.

Chevalet, *s. m.* — CHARPENTE. 1° Assemblage de deux nouets ou linçoirs sur le faîte d'une lucarne.

2° Tréteau de scieur de long (voy. *Baudet*).

COUVERTURE. Supports composés de planches minces et légères (fig. 979)

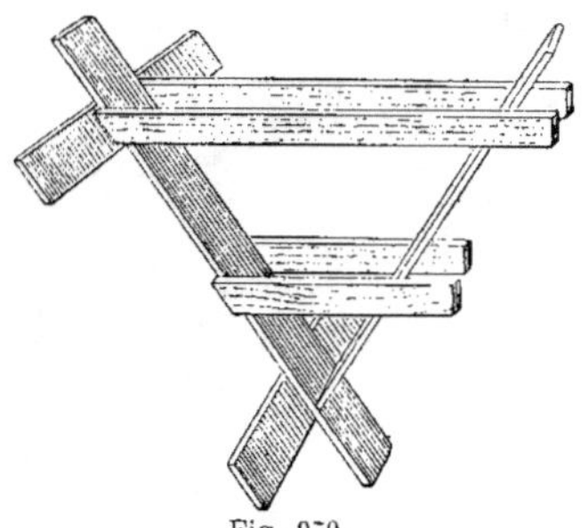

Fig. 979.

que les couvreurs emploient pour soutenir les planches qui forment leurs échafauds ; ces *chevalets* sont fixés à l'aide de cordes au bois de la charpente.

Les ouvriers construisent ordinairement ces appareils sur le chantier même.

MENUISERIE. 1° Tréteau (fig. 980) qui sert de porte-harnais provisoire dans

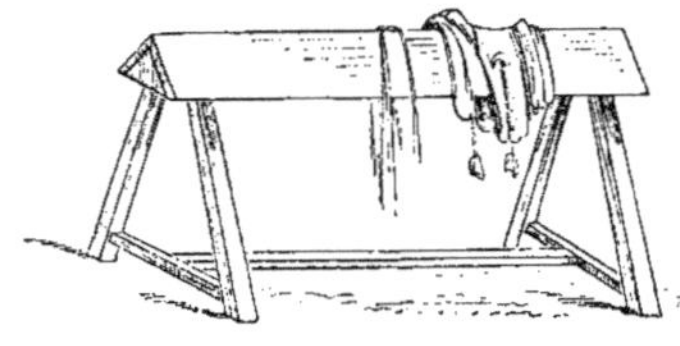

Fig. 980.

les selleries ; la traverse supérieure est une pièce de bois présentant une section triangulaire.

2° Assemblage de pièces de bois

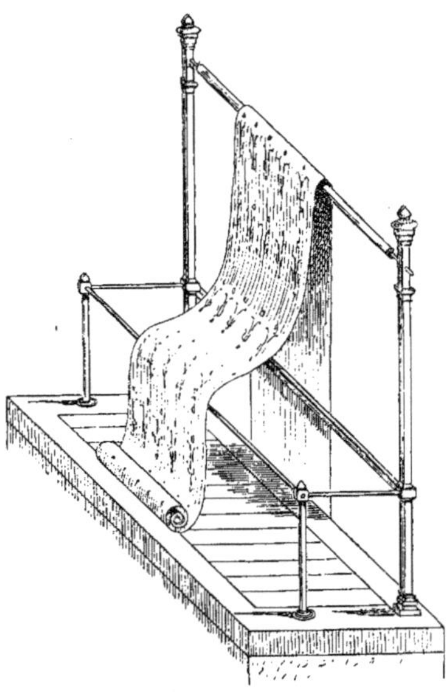

Fig. 981.

légères (fig. 981) qui sert, dans les magasins de papiers peints, à l'étalage des échantillons. Le papier se développe d'abord sur un pivot supérieur mobile et tombe en se déroulant sur un rouleau inférieur fixé de manière à donner une inclinaison favorable aux jeux de lumière.

Chevauchement, *s. m.* — CHARPENTE. Croisement de deux pièces de bois l'une sur l'autre (voy. *Paume*).

MENUISERIE. Les menuisiers disent qu'un ouvrage est *chevauché à joint* quand les planches qui le composent se recouvrent en partie ou bien lorsque les joints des abouts des planches ne se rencontrent pas, comme dans un plancher de frise.

COUVERTURE. Disposition de tuiles, ardoises ou tables qui se recouvrent par leurs extrémités. Dans une couverture en plomb, la partie même qui recouvre se nomme *chevauchure* et correspond au *pureau* des couvertures en tuiles ou en ardoises.

La *chevauchure* est ordinairement remplacée par un bourrelet que forment les extrémités des deux tables en s'agrafant l'une dans l'autre (voy. *Plomb*).

Chevauchure, *s. f.* — Voy. *Chevauchement*.

Chevet, *s. m.* — 1° Extrémité de l'abside d'une église, derrière le maître-autel.

Les *chevets* sont construits sur plans rectangulaires, demi-circulaires ou polygonaux (voy. *Abside*).

2° Rebord en plomb qu'on met aux chéneaux, près de la gouttière, pour empêcher que l'eau ne s'échappe.

Chevêtre, *s. m.* — Pièces de bois faisant partie de la trémie ou *enchevêtrure* qu'on laisse dans un plancher pour y établir l'âtre d'une cheminée. Le *chevêtre* s'assemble à tenon par ses extrémités avec les deux pièces dites *solives d'enchevêtrure* (fig. 982) et reçoit les abouts des *solives de remplissage*. Quand la trémie est dans l'angle de deux murs, le *chevêtre* porte d'un côté sur une solive

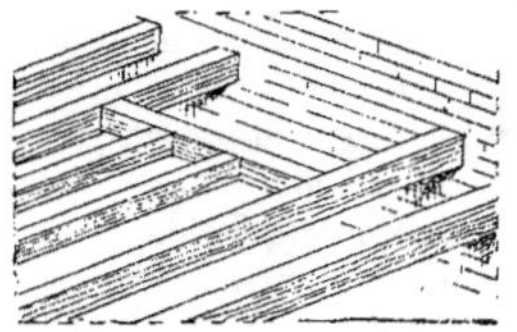

Fig. 982.

d'enchevêtrure et, de l'autre, s'encastre dans la maçonnerie.

Dans les planchers en fer le *che-*

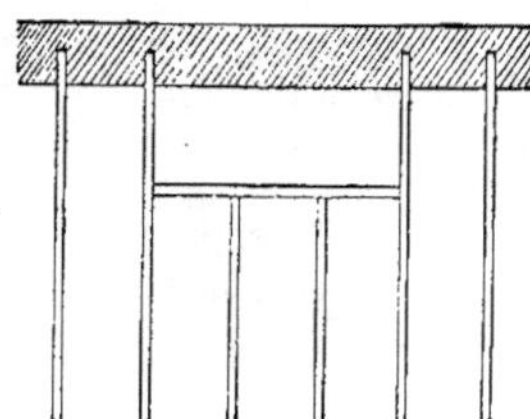

Fig. 983.

vêtre est un fer à simple ou à double T (fig. 983) qui se relie par des cornières avec les solives d'enchevêtrure.

On appelle *faux-chevêtre* un *chevêtre* placé derrière un autre, mais dans lequel il n'y a pas d'assemblage.

Les ouvriers donnent souvent le nom de *chevêtre* aux pièces de bois qui reçoivent les solives d'un plancher au-dessus d'une baie ou au droit des passages des tuyaux de cheminée (voy. *Linçoir*).

Cheville, *s. f.* — Nom que les char-

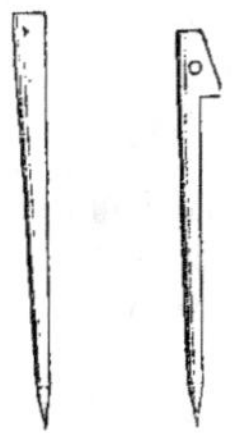

Fig. 984.

pentiers donnent à deux tiges cylindriques représentées par la figure 984 ;

l'une est en bois, un peu affûtée par le bout et sert à fixer les assemblages en se logeant dans le trou, dit *enlaçure* qui traverse les deux joues de la mortaise et le tenon ; l'autre *cheville*, appelée *cheville d'assemblage*, est en fer et sert à réunir provisoirement les pièces de charpente au chantier ; elle est également appointée par un bout et de plus garnie à l'autre extrémité d'une tête percée d'un trou, qui facilite sa sortie de l'enlaçure, quand la *mise dedans* ou ajustement provisoire est terminée.

Les *chevilles* de bois sont en chêne ; elles ont un diamètre plus fort que celui du trou qu'elles doivent remplir, de manière que leur introduction soit forcée et que le serrage soit complet.

Les menuisiers emploient aussi les *chevilles* en bois.

Les serruriers se servent également

Fig. 985.

de *chevilles* en fer à têtes de boulon (fig. 985).

Cheville d'échelier ou de *rancher* (voy. *Rancher*).

Chevillette, *s. f.* — 1° Broche en fer à tête plate et à pointe dont se servent les charpentiers pour consolider les assemblages (voy. *Clou*).

2° Tige en fer qui sert à fixer sur les traverses les semelles des coussinets en fonte supportant les rails de chemins de fer.

Les *chevillettes* sont à section ronde ou octogonale (fig. 986) et se terminent par un tranchant ou par un tronc de cône ; elles ont de 0ᵐ,016 à 0ᵐ,018 de diamètre et de 0^m,148 à 0^m,169 de longueur. On les place en diagonale, de

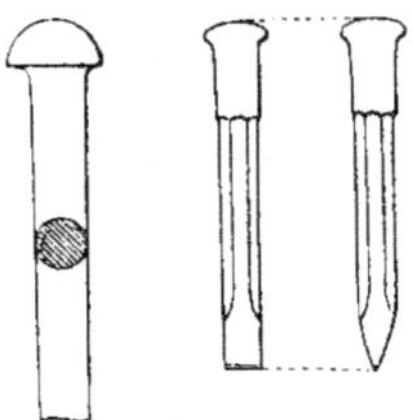

Fig. 986.

manière à ne pas attaquer les mêmes fibres du bois et ne pas favoriser la fente.

Chevillon (*Banc franc de*). — Cette pierre est extraite de la carrière du Man, commune de *Chevillon*, arrondissement de Vassy.

C'est un calcaire oolithique, demi-dur, grisâtre, à grains fins et homogènes. Sa hauteur d'assise est de 0^m,50. Le mètre cube pèse 2,160 kilogr. La charge d'écrasement par centimètre carré est de 280 kilogr.

Chèvre, *s. f.* — Machine à soulever des fardeaux employée par les maçons et les charpentiers.

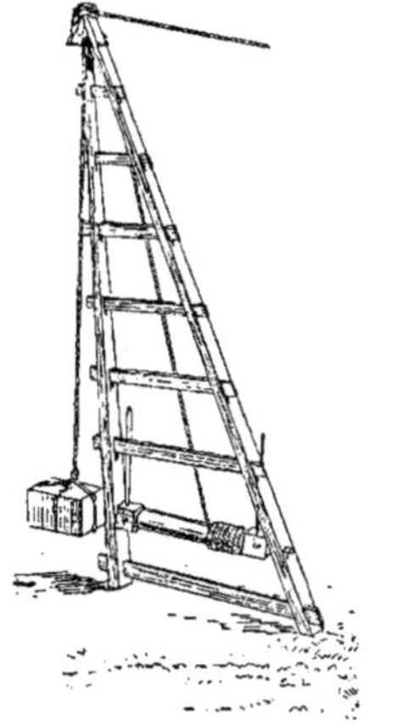

Fig. 987.

Cet engin se compose (fig. 987) d'un treuil mobile autour de son axe et dont les tourillons reposent sur deux longrines se réunissant par le haut. Ces deux montants, dits *bras* ou *bicoqs* sont reliés entre eux par des traverses également espacées et portent, à leur point de jonction, une poulie sur laquelle passe une corde qui vient s'enrouler sur le treuil. A cette corde est attaché le fardeau que l'on doit élever en manœuvrant le treuil à l'aide de leviers. La *chèvre* est maintenue dans une position légèrement inclinée par une corde fixée d'une part à l'extrémité supérieure de cet engin et de l'autre à un point quelconque situé dans le voisinage.

Le montage des matériaux à la *chèvre* se paie, dans le règlement du prix des ouvrages, comme le *montage* ordinaire (voy. ce mot). Mais, dans le cas où la *chèvre* est dressée tout exprès pour un travail spécial, tel que la pose d'une pierre sur une pile en brique ou en moellon, la *Série de la chambre syndicale des entrepreneurs* alloue, en plus du montage ordinaire, une indemnité de 15 francs pour ce travail.

Pied-de-chèvre : levier dont une extrémité a la forme d'un pied de *chèvre*.

Chevrette, *s. f.* — Les fumistes donnent le nom de *chevrette* à une petite barre de fer dont les extrémités sont recourbées, pour former pied et qui se place dans les poêles, pour élever le bois et faciliter la combustion.

Chevroches (*Pierre de*). — Pierre calcaire provenant d'une carrière située dans la commune de ce nom, arrondissement de Clamecy.

C'est un calcaire oolithique, dur, à grains fins, blanc ou gris et qui porte de 0^m,10 à 0^m,70 de hauteur d'assise. Le poids du mètre cube est pour la pierre blanche de 2,440 kilogr.; et pour la pierre grise de 2,220 à 2,420 kilogr. La charge d'écrasement est : pour la pierre blanche, de 570 kilogr., et pour la pierre grise de 370 à 400 kilogr. par centimètre carré.

On cite comme exemples remarquables de l'emploi de cette pierre : les halles de Clamecy et de Tannay ; l'église de Lormes ; les socles du Louvre et du Palais de l'Industrie, à Paris ; les ponts de Clamecy, de Marigny et de La Charité ; certains ouvrages d'art du canal du Nivernais et du chemin de fer d'Auxerre à Clamecy ; l'église des Minimes et l'hôtel de ville à Roanne.

Chevron, *s. m.* — ARCHITECTURE. Ornement particulier à l'architecture romano-byzantine et qui est formé de baguettes brisées suivant des angles plus ou moins aigus (voy. *Bâtons rompus*).

Cet ornement est employé sur les faces lisses ménagées entre les moulures des cintres.

Il y a des *chevrons* simples, doubles ou triples, suivant le nombre de baguettes qui les composent. Quelquefois

Fig. 988.

même les angles sont contrariés (fig. 988).

On a aussi employé cet ornement, pendant le moyen âge, à la décoration des colonnes, comme le montre la figure ci-dessus.

CHARPENTE. Nom que l'on donne à des pièces de bois équarries qui, dans les combles, supportent les lattes ou les voliges destinées à recevoir la couverture.

Les *chevrons* sont espacés d'axe en axe de 0^m,33 à 0^m,60 ; ils sont soutenus à leur extrémité supérieure par le *faîtage* et, à leur pied, par la *sablière* ou plate-forme ; quand leur longueur dépasse 2 mètres, on met des pannes dans l'intervalle (voy. *Comble*).

Dans les combles à deux égouts, les *chevrons* des deux pans se joignent sur le faîtage par un assemblage à mi-bois,

ou par une coupe verticale qui leur permet de s'appliquer l'un contre l'autre ; quelquefois même on les entaille à mi-bois dans la panne faîtière ; dans les deux derniers cas, on fixe ces pièces à l'aide de chevilles en fer ou en bois. Quand la longueur du pan l'exige et que les *chevrons* sont en plusieurs morceaux, on réunit leurs extrémités à recouvrement et l'on cheville également le tout sur les pannes.

On appelle *chevron de croupe* le *chevron* placé au milieu d'une *croupe* (voy. ce mot).

L'ensemble des *chevrons* d'un comble s'appelle *chevronnage*.

MENUISERIE. Echantillon de bois de chêne débité, à section carrée de 0^m,081 sur 0^m,081 ; on trouve aussi, mais rarement, des *chevrons* ayant 0^m,095 de largeur sur 0^m,081 d'épaisseur.

Ces bois fournissent les battants, montants, traverses, etc., qui composent les bâtis de forte menuiserie.

Chien-assis, *s. m.* — Petite lucarne destinée à donner de l'air et de la lumière à un comble.

La figure 989 représente en perspec-

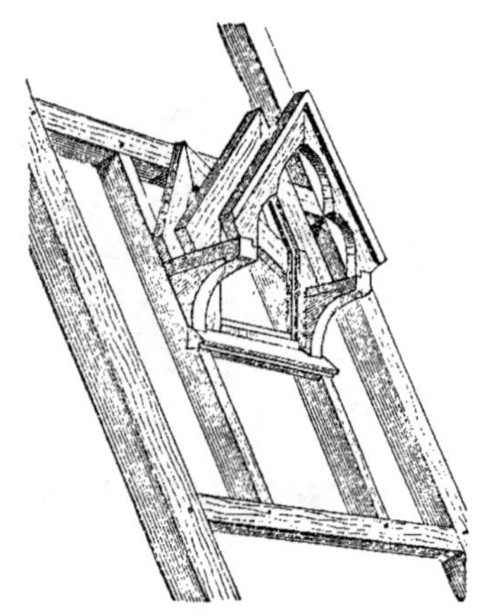

Fig. 989.

tive l'ossature d'un *chien-assis*, construit par M. Oppler, architecte, sur le toit d'une maison de campagne à Pyrmont (Hanovre).

Les édifices du moyen âge offrent des exemples de ces petites lucarnes qui étaient recouvertes avec de la tuile, de l'ardoise ou du plomb.

Il y a encore des lucarnes ou *chiens-assis* dont le toit n'a qu'une seule pente et que l'on appelle aussi *lucarnes retroussées* ou *à demoiselle* (voy. *Lucarne*).

Chiffre, *s. m.* — 1° Ce mot désigne les initiales sculptées ou peintes dont on fait, sur les édifices, un motif d'ornement; ces lettres sont isolées ou entrelacées entre elles.

L'usage des *chiffres* ou lettres gravées sur les édifices publics ou privés, monnaies, meubles et objets de toutes sortes est très ancien. On en voit sur les sarcophages chrétiens trouvés dans les catacombes de Rome. Les inscriptions des édifices construits du ve au xie siècle présentent les combinaisons de lettres les plus variées. Les sculpteurs de la Renaissance plaçaient sur les monuments les initiales des souverains.

On rencontre des *chiffres* sur les frises, les clefs de voûte, les écussons, les panneaux de vitraux; nous citerons comme exemple les frises et panneaux

Fig. 990.

du Louvre sur lesquels se voit le *chiffre* de Henri IV (fig. 990).

La serrurerie reproduit encore de nos jours des *chiffres* sur les ferrures, les grilles, les portes des habitations, etc.

Fig. 991.

L'exemple que nous donnons (fig. 991) montre un *chiffre* appartenant à une grille de style Louis XV.

Le buis même a été utilisé par les jardiniers pour tracer des *chiffres* sur le sol des parterres.

2° Terme de charpente (voy. *Marque des bois*).

Chimère, *s. f.* — Animal fantas-

Fig. 992.

tique dont le corps est formé par la réunion de parties d'animaux différents.

On range parmi les chimères : les centaures, les sphinx, les sirènes, les griffons, les pégases, les gargouilles, etc.

Les architectes du moyen âge et de la Renaissance ont souvent décoré les édifices de *chimères* sculptées ou peintes ; celle que représente la figure 992 est en pierre ; elle est placée à l'un des angles de la balustrade à jour qui orne la façade principale de Notre-Dame de Paris.

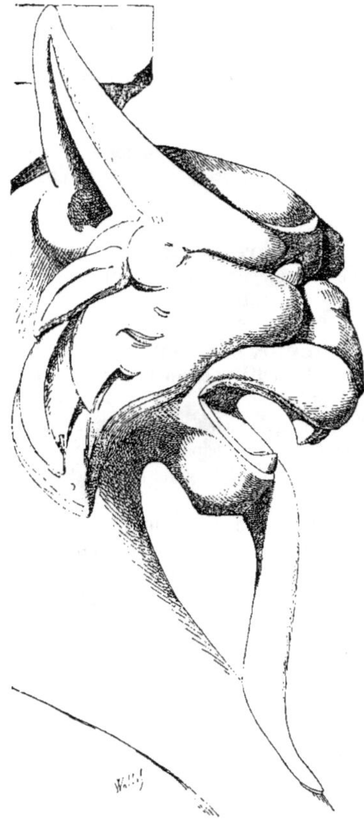

Fig. 993.

Nous ajouterons à cet exemple celui que représente la figure 993. C'est une tête de lion formant l'anse d'un vase trouvé à Pompéi.

Chinoise (*Architecture*). — Cet art diffère essentiellement de l'architecture des autres pays. Le type des édifices *chinois* est la tente ; on le reconnaît aisément aux piliers de bois sans chapiteau ni base, aux toits recourbés affectant la forme de la toile ou de la peau. Le caractère qui résulte de ce mode de construction est surtout la légèreté ; les diverses couleurs des matériaux employés donnent aussi de la gaieté à l'effet général.

La brique et le bois sont seuls utilisés comme éléments principaux dans l'architecture *chinoise* ; on les décore de revêtements en porcelaine. Les colonnes des palais sont incrustées de cuivre, d'ivoire, de nacre et recouvertes de dorures et de peintures.

Les maisons sont à un ou deux étages séparés par un toit qui recouvre le portique du rez-de-chaussée. Le pavé est le plus souvent en marbre de diverses couleurs. La charpente des planchers reste visible. Les tuiles demi-rondes vernissées sont employées à la couverture. Les dimensions et le nombre des appartements sont réglés par des lois, et avec la plus grande précision, suivant le rang du propriétaire.

Les monuments les plus remarquables de l'architecture *chinoise* sont les *pagodes*, les *tours* (voy. ces mots), les *arcs de triomphe*. Ces derniers sont répandus à profusion et consacrés à la mémoire des empereurs ou des personnages célèbres ; on les fait ordinairement en bois avec une seule ouverture, accompagnée quelquefois de deux autres baies plus petites ; le toit qui les surmonte est également divisé en trois parties, celle du milieu dominant les autres.

A l'architecture militaire de la Chine appartient cette construction gigantesque par son étendue qu'on appelle la *grande muraille* et qui avait été élevée sur une longueur de 2,400 kilomètres pour s'opposer à l'invasion des Tartares.

Chipolin, *s. m.* — On donne ce nom, dans la peinture, à une belle détrempe vernie, pour l'exécution de laquelle il faut les sept opérations principales suivantes : encoller les bois ; apprêter de blanc ; adoucir et poncer ; réparer ; peindre ; réencoller ; vernir (voy. *Détrempe*).

1° *Encoller :* Cette opération comprend deux parties : un premier encollage avec un liquide composé de colle de parchemin mêlée avec de l'eau dans laquelle on a fait bouillir des têtes d'ail et des feuilles d'absinthe ; un second encollage composé de colle de parchemin et de blanc de Bougival.

2° *Apprêter de blanc :* On donne de sept à dix couches de blanc de Bougival que l'on a fait infuser pendant une demi-heure dans de la forte colle de parchemin. On a eu soin préalablement de *reboucher* et *peau-de-chienner*. La dernière couche est tenue plus claire avec une addition d'eau.

3° *Adoucir et poncer :* Avec de l'eau très fraîche on mouille les parties que l'on veut adoucir, puis on exécute cette opération à l'aide de petits bâtons de bois blanc et de pierre ponce ; on lave ensuite avec une éponge et l'on passe un linge neuf pour donner un beau lustre à l'ouvrage.

4° *Réparer :* Avec un fer on nettoie et l'on dégage les moulures et les sculptures s'il y en a.

5° *Peindre :* L'ouvrage étant prêt alors à recevoir la couleur, on prépare la teinte, on la détrempe avec de la bonne colle de parchemin, on la passe par un tamis de soie très fin et l'on en étend deux couches bien unies.

6° *Réencoller :* On donne avec une brosse très douce deux couches de colle très faible, très belle et très claire, battue à froid et passée au tamis. C'est de la bonne exécution de ce dernier encollage que dépend toute la beauté de l'ouvrage.

7° *Vernir :* Enfin, sur la surface, que l'on a laissé sécher, on étend deux ou trois couches de vernis à l'esprit-de-vin et le travail est terminé.

Cette manière d'opérer pour la détrempe vernie dite *chipolin*, remonte à Louis XV, et l'on sait quel soin, quelle élégance et quel fini on apportait à cette époque aux peintures d'appartement. On trouve encore fréquemment, dans de vieux châteaux ou de vieux hôtels, de ces détrempes vernies parfaitement conservées.

Chiqueter, *v. a.* — Terme de peinture qui signifie jeter sur un fond uni de petites taches de couleurs diverses pour imiter les cailloux ou les taches irrégulières du granit.

Cette opération se fait avec un pinceau de blaireau d'une forme particulière (voy. *Brosse*) que l'on frappe sur un morceau de bois.

Chlorure *de chaux,* *s. m.* — Matière employée pour la teinture des bois (voy. *Coloration des bois*).

Chœur, *s. m.* — Partie d'une église dans laquelle se tiennent le clergé et les chantres.

Dans les églises primitives, le *chœur* fut d'abord un espace libre réservé, en avant de l'autel, pour les *chœurs* sacrés.

Cet espace prit plus d'importance dans les basiliques élevées plus tard à l'air libre ; il empiéta sur la nef principale. Certains monuments d'ailleurs présentent, à cet égard, des dispositions particulières : tantôt le *chœur* occupe la croisée même des transepts et de la nef ; tantôt il est placé au-delà des transepts, le sanctuaire et l'autel étant reculés au fond de l'abside ; quelquefois aussi, comme à la basilique de Saint-Laurent hors les Murs et à l'église de Saint-Sylvestre, à Rome, il est établi derrière le maître-autel.

Lorsque le *chœur* était pris aux dépens de la nef principale, comme dans les églises privées de transepts, il était renfermé dans une enceinte ou clôture à laquelle on a donné le nom de *chancel*. On voit, à Rome, une église, la ba- | silique de Saint-Clément, qui a conservé son ancien *chœur*, disparu d'abord, puis rétabli, au XIe siècle, suivant les disposi-

Fig. 994.

tions primitives. La figure 994, extraite de l'ouvrage de Letarouilly sur les *Édifices de Rome moderne*, présente une vue perspective du *chœur* et du sanctuaire de cette remarquable église. On y distingue : l'*abside*; le *maître-autel* surmonté du *ciborium*, les deux *ambons* placés à droite et à gauche, le chandelier ou *cierge pascal*; le *chancel* en marbre avec son ornementation de mosaïques, de moulures, de monogrammes sculptés ; un pavé richement décoré de mosaïques de porphyre, d'après le système que l'on a appelé *opus alexandrinum*.

Cette enceinte était moins large que la nef principale ; plus ordinairement la clôture s'appuyait contre les colonnes de la basilique ; la basilique de Torcello offre un exemple de cette disposition, que l'on retrouve également dans le plan de l'abbaye de Saint-Gall. Ce dernier édifice présente ceci de remarquable que le *chœur* y est divisé en deux parties par un chancel.

Dans les églises byzantines, dont le plan est carré à l'extérieur et forme, à l'intérieur, une croix grecque, le *chœur* fut disposé à la croisée de l'église, sous la coupole qui la surmonte. Une riche cloison, appelée *iconostase*, s'élevait à l'origine du sanctuaire.

Les bancs placés dans le *chœur* des basiliques latines étaient soit adossés contre les parois du chancel, dans le sens longitudinal de la nef, soit disposés en travers de l'axe de l'édifice.

Dans les églises de l'Orient, les stalles étaient placées parallèlement à l'axe du monument, entre les quatre gros piliers servant de support aux pendentifs et à la coupole centrale. Bien que, de cette façon, ces bancs interrompissent la circulation, leur peu de hauteur permettait la vue des cérémonies aux fidèles placés dans les transepts.

Dans les églises romanes primitives, le *chœur*, placé à la rencontre de la nef principale et des transepts, est surmonté d'une voûte d'arête ou d'une coupole portant sur les quatre gros piliers élevés aux points de croisement. Quelques édifices religieux de cette époque ont une double abside, comme l'abbaye de Saint-Gall et ont, dans ce cas, un second *chœur*, placé à l'occident ; des chantres s'y tenaient pour répondre aux hymnes religieux. Cette dernière enceinte fut remplacée, dans la suite, par une tribune, établie au-dessus de la porte de l'église, soit en avant, soit auprès des orgues. Une clôture ornée d'arcades et de statuettes, limita le *chœur*, à l'occident. Les stalles des religieux s'appuyaient contre les colonnes ou contre les parois du chancel.

L'art ogival succédant au style roman, le *chœur* conserva la place qu'il occupait précédemment. Il s'étendit souvent dans la nef, puis autour de l'autel et quelquefois même entre l'autel et le rond-point de l'église. Les hautes colonnes, les larges fenêtres, les tapisseries, les statues et les pavages en mosaïque contribuèrent à la décoration de cette partie des monuments religieux. Un ou plusieurs rangs de stalles en bois, ornées de sculptures, furent placés autour du *chœur*, qu'une enceinte ou clôture monumentale, ajourée et décorée de bas-reliefs, sépara des bas-côtés, isolant ainsi les religieux du bruit produit par la circulation des fidèles.

Aux xv⁵ et xvi⁵ siècles, le plan du *chœur* ne reçut point de modification importante. Son architecture décorative, au contraire, subit une transformation dont l'exemple partit de l'Italie, sous le nom de Renaissance. Le *chœur* des églises, dans cette contrée, après une courte période de transition, pendant laquelle le moyen âge se fit encore sentir dans quelques détails, fut décoré de colonnes et de pilastres empruntés aux ordres classiques ; enfin, il fut surmonté de voûtes de forme romaine et de dômes avec pendentifs.

Dans les pays du Nord, ces transformations furent plus longues à s'accomplir ; l'alliance des ordres romains et des hauts piliers gothiques, celle du plein cintre et de l'ogive caractérisent l'architecture de ces contrées pendant les xv⁵ et xvi⁵ siècles.

Un fait remarquable à noter, c'est la déviation d'axe qui existe, dans un grand nombre d'églises, à la réunion du *chœur* avec les transepts ; ce fait singulier n'a pas encore trouvé une explication sur laquelle les différents auteurs soient tombés d'accord.

Chomérac (*Pierre de*). — Pierre qui provient des carrières Baumas, commune de *Chomérac*, arrondissement de Privas.

C'est un calcaire compacte, noduleux, très dur, gris bleuâtre, à pâte fine, susceptible de poli, et qui porte de 0ᵐ,10 à 0ᵐ,20 de hauteur d'assise. La charge d'écrasement par centimètre carré est de 1,100 à 1,200 kilogr.

Cette pierre a été employée aux fontaines du palais de justice, du champ de Mars et de la place de la République à Privas ; au pont de Mézayon, au viaduc du petit Tournon et à la grande arche du viaduc d'Ouvèze ; au palais de justice de Lyon ; à l'hôtel de ville d'Avignon ; à l'église Notre-Dame et aux prisons de Valence ; au monument de Napoléon Ier, à Grenoble ; à la cathédrale de Gap ; aux colonnes intérieures de l'église de Cance ; enfin, aux soubassements des bâtiments du chemin de fer d'Avignon aux Alpes et de la Voulte à Privas.

Chooz (*Pierre de*). — Voy. *Fontaines*.

Choragiques (*Monuments*). — On désigne ainsi des monuments qui étaient érigés, dans la ville d'Athènes, en l'honneur de ceux qui avaient remporté le prix comme *chorages*.

Ainsi, dans les jeux de musique, l'usage voulait que chacune des dix tribus de la ville choisît un chorége, χορηγός, qui se chargeât de surveiller et d'arranger ces jeux à ses frais. Chaque chorége achetait d'un auteur la pièce de poésie et faisait élever, avec ses propres deniers, un monument pour y consacrer à une divinité le prix remporté par sa tribu, si elle était victorieuse. Ce prix consistait, à Athènes, en un trépied de bronze d'un travail remarquable et que le vainqueur était obligé d'exposer publiquement. On le plaçait sur l'édifice, monument ou colonne, érigé à cet effet et orné de sculptures emblématiques et d'inscriptions commémoratives.

Il y avait, dans la ville d'Athènes, un grand nombre de monuments *choragiques* ; une rue même, selon Pausanias, avait reçu le nom de *rue des Trépieds*, à cause du grand nombre d'édifices de ce genre que l'on y voyait. A l'époque où David Leroy, Stuart et Revett étudièrent les antiquités d'Athènes, quatre monuments *choragiques* existaient encore dans la partie de la ville citée par Pausanias. C'étaient : 1° deux colonnes isolées, placées derrière le théâtre de Bacchus, au milieu des roches de l'Acropole ; 2° le monument de Thrasyllus, grotte naturelle située presque au niveau des gradins supérieurs du même théâtre et ornée d'une façade en marbre ; 3° l'édifice le plus élégant de tous, le *monu-*

Fig. 993.

ment de Lysicrate (fig. 993) dont l'intérêt est si grand à cause de l'exemple qu'il offre, unique dans les ruines des édifices de la Grèce, d'un ordre corinthien.

Ce monument, appelé aussi vulgairement *lanterne de Démosthènes,* est placé sur un soubassement élevé de forme carrée et construit en pierres de grand appareil. Au-dessus de ce piédestal se dresse un mur circulaire, composé de six panneaux en dalles de marbre, séparés et reliés entre eux par six colonnes monolithes cannelées d'ordre corinthien. Ces dalles sont unies, sauf à leur partie supérieure, où elles sont sculptées d'une fine moulure surmontée de deux trépieds en relief. Les colonnes sont en saillie de plus de la moitié de leur diamètre ; elles ont des bases attiques et leurs *chapiteaux* (voy. ce mot) sont d'une élégance parfaite. Ceux-ci sont surmontés d'un entablement complet ; l'architrave, divisée en trois bandes, porte l'inscription suivante qui a permis de reconnaître la date de la construction de cet édifice : « Lysicrate, de Cicyne, fils de Lysithides, avait fait la dépense du chœur. La tribu Acamantide avait remporté le prix par le chœur des jeunes gens. Théon était le joueur de flûte. Lysiades, Athénien, était le poëte, Éranète l'archonte. » Or, Éranète a été archonte d'Athènes, la deuxième année de la IIIe olympiade, c'est-à-dire 335 ans avant l'ère vulgaire, sous le règne d'Alexandre le Grand. La frise est ornée de bas-reliefs qui représentent l'histoire de Bacchus et des pirates tyrrhéniens. Le monument est couronné par une coupole monolithe dont la surface est sculptée de feuilles de laurier en imbrication. On y remarque encore trois grands rinceaux de feuillages ou volutes, aujourd'hui brisés en partie, et qui allaient se joindre à un grand fleuron placé au sommet du monument. Ce fleuron est à trois faces et, à chaque angle de la partie supérieure, on voit encore un trou de scellement destiné à fixer le trépied qui devait couronner l'édifice.

Chou (*Feuilles de*). — Ornements de sculpture employés, pendant les xve et xvie siècles, pour garnir les rem-pants des pignons, les arêtes des pyramides, etc.

La feuille du *chou* frisé était celle qu'on imitait le plus fréquemment (voy. *Crochet*).

Chouard-Angély (*Ciments de*). — On fabrique à *Chouard-Angély* (Yonne), sous le nom de *ciments Rotton*, deux sortes de ciment, l'un à prise rapide, comme tous les ciments de Vassy, l'autre à prise plus lente. L'usine expédie ses produits sur les divers points de la France, en Alsace et en Suisse.

Des échantillons envoyés à l'exposition universelle de 1878 ont fourni, à l'analyse, les résultats suivants :

	Ciment rapide.	Ciment lent.
Silice.	23,40	22,60
Alumine	12,90	9,05
Peroxyde de fer . .	3,30	5,95
Chaux.	47,70	49,40
Magnésie.	1,05	0,90
Acide sulfurique. .	3,30	3,45
Perte au feu, etc. .	8,35	8,65
	100,00	100,00

Des briquettes faites en pâte ferme avec ces ciments, essayées après un mois d'immersion, ont cédé sous les charges moyennes suivantes en kilogr. par centimètre carré :

	Ciment rapide.	Ciment lent.
Par arrachement . .	8,65	10,63
Par écrasement . .	80,03	86,08

Chrétienne (*Architecture*). — Cet art, né dans les catacombes, ne date en réalité que de l'époque où le paganisme en décadence permit aux partisans de la religion nouvelle d'élever des monuments pour l'exercice de leur culte.

Les peuples de l'Occident et de l'Orient ne tardèrent pas, sous des influences diverses, à imprimer à leurs édifices des caractères différents ; à côté du style latin se développant en Italie et en Gaule se place le style byzantin, qui précède l'architecture arabe dans les villes de l'Orient. Du ixe au xiie siècle, l'art chrétien de l'Occident se transforme et produit le style roman, auquel succède, du xiiie au xvie siècle, le style ogival ; c'est surtout pendant ces deux dernières périodes que les monuments religieux et les édifices civils sont imprimés d'un caractère spécial constituant une architecture nouvelle (voy. les mots *Byzantine, Latine, Romane, Ogivale*).

Chrome *(Jaune de)*. — Couleur formée de chromate de plomb obtenu en versant du chromate de potasse dans une dissolution d'acétate de plomb.

Ce produit ne se trouve pas à l'état pur dans le commerce ; il est toujours mélangé avec des chromates de chaux ou de baryte et du sulfate de plomb.

Selon M. Mérimée, le jaune obtenu conserve beaucoup plus longtemps son brillant si l'on y ajoute de l'alumine.

Il y a plusieurs variétés de cette couleur ; le *jaune de chrome spooner*, qui varie du jaune clair au jaune orangé ; le *jaune d'or* ou *pâte orange* dont la teinte est un peu rougeâtre ; le *jaune de Cologne*, qui est du *jaune de chrome* pur uni au sulfate de chaux et au sulfate de plomb.

Ces jaunes peuvent s'employer dans la peinture à l'huile et dans la peinture à l'eau ; on s'en sert dans la fabrication des papiers peints et des vernis. On obtient la teinte chamois par leur mélange avec le vermillon ; le jaune paille et le jaune jonquille, en les unissant à la céruse.

Chute, *s. f.* — SCULPTURE. *Chute* de

Fig. 996.

festons et d'ornements : bouquet, pen-

dant de feuilles, de fleurs ou de fruits (fig. 996).

ARCHITECTURE HYDRAULIQUE. Différence de hauteur entre les niveaux de deux biefs consécutifs d'un canal.

Mur de chute : mur construit en aval des portes d'amont d'une écluse à sas pour racheter la différence du niveau.

Ciboire *ou* **Ciborium,** *s. m.* — L'étymologie de ce terme, selon certains auteurs, est la suivante : le mot *ciborium* désignait, à proprement parler, certaine fève d'Égypte, ainsi que la gousse qui la renfermait et qui était la semence de la *Nymphæa lotus* ou *Nelumbo*. Les feuilles de ce végétal servaient à faire des coupes de forme conique employées dans les festins. De là le nom de *ciboire*, qui fut donné à toutes sortes de coupes et ensuite à la voûte portée sur quatre colonnes au-dessus des autels. On a encore indiqué, comme donnant l'étymologie de ce terme, le grec *Kibotos*, signifiant *coffre, arche,* etc.

Quoi qu'il en soit, le *ciborium* des églises primitives était ainsi disposé : aux angles de l'autel se dressaient quatre colonnes servant de point d'appui à des architraves ou à des arcs et surmontées d'un plafond, d'un toit ou d'une coupole. Des rideaux, suspendus entre les colonnes, masquaient l'autel et l'officiant pendant une partie de la cérémonie et l'espace ainsi couvert était appelé le *Saint des saints ;* cette disposition rappelait celle de l'arche chez les Hébreux.

Au centre de la coupole ou du plafond était fixée une chaîne à laquelle se trouvait suspendue une colombe d'argent ou une tour d'ivoire dans laquelle étaient enfermées les hosties ; c'est de là, sans doute, que vient le nom de *ciboire*, donné, dans les églises catholiques, à la coupe employée au même usage. Plus tard, la chaîne porta une lampe.

Comme *ciboria* remarquables appartenant à l'architecture latine, on peut citer ceux de Saint-Georges au Vélabre, de Sainte-Marie au Transtévère, de

Saint-Laurent hors les Murs (ces deux derniers datant des années 1145 et 1152), et ceux qui furent renouvelés, en 1256, dans l'église Sainte-Marie Majeure, à Rome (voy. *Autel*).

Dans les édifices religieux du commencement de l'époque romane on voit établi l'usage du *ciborium* ; on en trouve le témoignage dans les écrits de Félibien et d'Alcuin, le premier parlant du *ciboire* élevé, par l'abbé Fardulphe, dans l'église abbatiale de Saint-Denis, le second faisant l'éloge de cet édicule dans ses poésies.

Il existe des documents plus nombreux au sujet des *ciboires* des xi⁰ et xiii⁰ siècles : l'église Sainte-Marie de Toscanella en possède un qui daterait de la fin du xii⁰ ou du commencement du xiii⁰ siècle, d'après une inscription moderne qui s'y lit. Il est composé de quatre arcs découpés en lobes et portant une pyramide, l'intérieur étant voûté. Le *ciborium* de l'église de Saint-Ambroise, à Milan, est également très remarquable.

Dans le cours du xiii⁰ siècle, l'usage du *ciborium* se maintint dans le Nord, comme le montre un sujet des vitraux de la Sainte-Chapelle. En Italie, on remarque de nombreux *ciboires* appartenant à la période gothique ; tels sont ceux de Saint-Paul hors les Murs, de Saint-Jean de Latran, de Sainte-Marie Cosmédin, de Sainte-Cécile au Transtevère.

Mais, bientôt le *ciborium* n'exista plus qu'à l'état de souvenir ; les quatre colonnes privées de couronnement et placées aux angles de l'autel principal, à l'abbaye de Gercy, en Bric, représentent un *ciborium* tronqué qui avait dû être voûté et porter, par suspension, d'abord le vase des hosties consacrées, et, plus tard, une lampe, comme on peut en juger par des peintures murales qui représentent ce *ciborium*. Cette disposition fut remplacée par une crosse fixée au dessus ou en avant du rétable et à laquelle on suspendit, soit une tourelle gothique, soit une colombe dans laquelle étaient enfermées les hosties.

Enfin, au xv⁰ siècle, cet appareil fit place au tabernacle dressé sur l'autel pour contenir le pain eucharistique.

De nos jours, on a appliqué de nouveau le nom de *ciborium* à des baldaquins élevés au-dessus des autels de certaines églises. Nous donnons (fig. 997)

Fig. 997.

le *ciborium* de l'église de Saint-Pierre de Montrouge, à Paris. Cet édicule est formé par une voûte percée d'arcades et portée sur quatre colonnes ; le tout est surmonté d'un toit soutenu par des colonnettes.

Cieix (*Pierre-marbre du Détroit de*). — Calcaire cristallin qui provient de la carrière du *Détroit de Cieix*, commune de Montgirod, arrondissement de Moutiers.

Cette pierre, blanche, nuancée de gris bleuâtre, et susceptible d'un beau poli, est employée dans la marbrerie. Sa hauteur d'assise va jusqu'à 5 mètres. Le poids du mètre cube est de 2,800 kilogr. et la charge d'écrasement par centimètre carré, de 590 kilogr.

Comme emplois remarquables de cette pierre, on cite : les ponts de Mézay et de

Saint-Pierre à Moutiers ; d'Albertin sur l'Isère et d'Albertville sur l'Arly ; le portail de la cathédrale de Moutiers ; l'église d'Albertville ; les cheminées de l'hôtel de ville, du palais de justice et de la sous-préfecture d'Albertville ; les colonnes de l'église de Fourvières à Lyon, dont les fûts ont 4^m,80 de hauteur.

Ciel, *s. m.* — *Ciel de carrière :* le haut, le plafond d'une carrière.

On dit qu'une carrière est exploitée à *ciel ouvert,* quand on l'exploite en enlevant, au fur et à mesure, la terre qui recouvre le gisement.

Banc de ciel (voy. *Banc*).

Cierge, *s. m.* — *Cierge pascal* (voy. *Ambon, Chandelier*).

Cimaise, *s. f.* — Voy. *Cymaise.*

Ciment, *s. m.* — On donne, en général, ce nom à des substances qui, mélangées à la chaux grasse, ont la propriété de la rendre hydraulique ; telles sont la *pouzzolane* naturelle ou artificielle, la poussière de briques ou de tuileaux pilés, les cendres de houille mêlées à la poussière de chaux provenant des fours où l'on cuit cette matière.

Un mélange de deux parties de pouzzolane de très bonne qualité et d'une partie de chaux grasse mesurée en pâte doit faire prise après deux jours d'immersion au plus.

Le *ciment ordinaire* ou *ciment de tuileaux* se fait avec des briques et mieux des tuiles pulvérisées et passées au tamis ; il ne faut pas employer ces matériaux s'ils sont trop ou trop peu cuits ; de plus, les tuiles qui ont servi pour les toits doivent être choisies de préférence.

On désigne sous le nom de *ciments* ou *chaux-ciments* les produits de la calcination des pierres calcaires dans lesquelles la quantité d'argile est de 25 à 35 pour 100.

C'est en 1796 que MM. Wyatts et Parker donnèrent improprement le nom de *ciment romain* à une espèce de chaux hydraulique à prise très énergique, obtenue par la cuisson d'un calcaire très argileux. La même désignation a été conservée pour des produits français de compositions analogues.

Les meilleurs *ciments* sont ceux qui proviennent de pierres calcaires ne contenant pas plus de 35 pour 100 d'argile. Ceux qui en renferment de 35 à 50 pour 100 sont les *ciments* ordinaires ; il en est même dans lesquels la proportion d'argile va jusqu'à 70 pour 100 ; ces *ciments* prennent vite, mais n'acquièrent pas la dureté des précédents.

La cuisson doit se faire à feu continu et modéré ; le résultat de la calcination ne s'éteint pas et ne fait pas effervescence avec l'eau ; on l'emploie en le réduisant en poudre, puis en pâte, de la même façon qu'on traite le plâtre.

La prise des *ciments* est d'autant plus rapide qu'on les utilise plus tôt après la sortie du four. Exposés à l'air, ils s'éventent et, pour obvier à cet inconvénient, on les conserve dans des barils.

Ils sont réputés non avariés et propres à un bon emploi quand les fragments désagglomérés que l'on retire de la barrique cèdent facilement sous la pression du doigt, et que leur couleur n'est pas devenue blanchâtre. La couleur normale varie du brun foncé au jaune clair.

Afin de pouvoir se servir du *ciment,* on a souvent besoin d'une prise plus lente ; on l'obtient en étalant la matière, pendant quelques jours, par couches minces, sous un hangar.

Complètement éventés, les *ciments* ne font plus prise, employés seuls ; on s'en sert alors en les mélangeant comme pouzzolanes avec de la chaux grasse à laquelle ils communiquent un degré très énergique d'hydraulicité.

Les *ciments* obtenus ainsi qu'il est décrit ci-dessus sont des *ciments naturels.* On est parvenu à fabriquer des *ciments artificiels* en combinant des mélanges de craie et d'argile ou de marnes renfermant des proportions diverses d'argile et de carbonate de chaux. Selon le degré de cuisson, on peut obtenir des *ciments* à prise très lente, qui acquièrent ensuite une grande cohésion.

Le *ciment* s'emploie pour rejointoiements, enduits de citernes, de bassins, de fosses d'aisances, chapes de voûte, dallages, carrelages, etc. Il faut surtout s'en servir à l'état pur quand on veut une prise instantanée, comme pour les travaux à la mer, l'étanchement de sources dans les fouilles ou dans les radiers de bassins ou d'écluses.

On remédie au fendillement qui s'observe sur les enduits extérieurs en *ciment* en mélangeant cette matière avec du sable (voy. *Mortier*).

La couleur brun foncé du *ciment*, à l'instant de son emploi, devient, par la suite, semblable à celle de la pierre de taille.

Nous citerons ici les principales variétés de *ciment* utilisées dans les travaux :

Le *ciment de Parker*, dit *ciment romain*, contient 55,4 parties de terre calcaire, 36 parties de terre argileuse graveleuse et 6 parties d'oxyde de fer. Ce produit est très employé à Londres, où les façades de presque toutes les maisons sont enduites d'une couche de *ciment* mélangé d'environ 60 pour 100 de sable quartzeux fin.

Le *ciment romain ancien*, de Boulogne-sur-Mer, provient de la cuisson de galets, formés d'un calcaire compacte semblable à la pierre à *ciment* d'Angleterre ; les propriétés hydrauliques de cette matière ont été découvertes par M. Lesage, ingénieur français, qui lui a donné le nom de *plâtre-ciment*, à l'époque même où paraissait le *ciment Parker*. Ce *ciment* renferme 56 parties de calcaire, 31 d'argile et 13 d'oxyde de fer.

Le *ciment romain nouveau* de Boulogne, tiré d'un calcaire argileux des environs de cette ville, a été trouvé, en 1846, par MM. Demarle et E. Dupont.

Ce *ciment* est doué d'une prise très rapide ; il acquiert, après solidification, la couleur de la pierre de taille. On l'emploie à l'état pur ou mélangé avec une, deux ou trois parties de sable ; cette dernière condition est indispensable quand on utilise cette matière pour un enduit exposé au soleil. La proportion d'argile qu'il contient le classe dans les *ciments* ordinaires.

Le *ciment de Pouilly*, dû à M. Lacordaire, et le *ciment de Vassy*, découvert par M. Gariel, sont encore des variétés de *ciment* dit *romain*. Le premier est supérieur, à certains égards, au *ciment* anglais ; mais sa couleur foncée empêche de l'employer à la restauration des pierres épaufrées dans les édifices. Le second est, au contraire, propre à cet usage, en raison de sa couleur presque blanche ; il s'altère à la mer, bien que sa prise soit très rapide. On l'emploie généralement à l'état de mortier pour le hourdis des maçonneries qui forment les souterrains, ponts, aqueducs, égouts, bassins, conduites d'eau ; souvent aussi, on fait dans des coffres, un blocage de meulière brute et de *ciment ;* ce mode de construction est appliqué aujourd'hui aux égouts de Paris. Les scellements, les reprises en sous-œuvre de murs en fondation, l'étanchement des fuites d'eau se font très bien encore avec le *ciment de Vassy*.

Tous ces *ciments* sont à prise rapide ; la même propriété appartient aux *ciments* du bassin de Paris, parmi lesquels nous citerons le *ciment* dit *ordinaire*, celui de *Charonne*, de *Montreuil-sous-Bois*, des *Moulineaux*.

A la même classe, appartiennent encore les *ciments* de *Saint-Quentin* et de *Grenoble* ou de *la Porte de France*.

Ce dernier cependant fournit deux variétés, l'une à prise rapide et l'autre à prise lente, qui proviennent d'un triage, que l'on fait, à la sortie du four, après la calcination de la pierre dont on l'extrait ; les parties scorifiées donnent le *ciment* à prise rapide (5 minutes) ;

celles qui sont agglutinées donnent le *ciment* à prise lente. La première de ces deux matières est jaune foncé ; on l'emploie surtout pour les travaux hydrauliques. La seconde variété, qui prend en 10 minutes, quand le *ciment* est pur, et en 15 ou 20 minutes, lorsqu'on le mélange avec son volume de sable, est d'une couleur brun foncé ou grise. Ce *ciment* convient aux travaux extérieurs exposés à la pluie ; mais, ainsi que le précédent, il est impropre aux travaux maritimes. On peut l'employer à la fabrication de marches d'escaliers , de dalles, de carrelages mosaïques, de conduites d'eau et d'objets d'ornement tels que balustrades, modillons, vases, statues, etc.

Les *ciments* à prise lente les plus renommés sont les *ciments de Portland ;* le temps nécessaire à leur solidification varie entre 1/2 heure et 18 heures ; leur dureté devient très grande et ils peuvent admettre une plus grande quantité de sable que les autres matières analogues. On en distingue plusieurs variétés :

Le *ciment de Portland* proprement dit est d'origine anglaise ; c'est un produit artificiel que l'on fabrique en calcinant un mélange de craie et de vase argileuse. La prise a lieu ordinairement en 20 minutes. Le nom de cette matière provient de sa ressemblance éloignée, après solidification, avec le calcaire jurassique de Portland.

MM. Dupont et Demarle ont fabriqué à Boulogne-sur-Mer un *ciment* naturel, dit *de Portland*, qui est tiré d'un calcaire contenant de 19 à 35 pour 100 d'argile. Ce *ciment* fait prise en 12 ou 18 heures ; il est imperméable, inattaquable aux gelées et convient très bien à la construction d'auges, de réservoirs, etc., et à la confection des bétons plastiques (voy. *Béton*). Mais, pour les travaux maritimes, exposés au contact de l'eau avant la solidification de cette matière, comme ceux qui s'exécutent entre deux marées, on ne peut utiliser le *ciment de Portland* qu'en le recouvrant provisoirement d'une couche de *ciment* à prise prompte. Ce produit acquiert une très grande force de résistance à l'écrasement (45 à 50 kilogr. par centimètre carré après une année d'immersion), et cette qualité est égale, pour le *Portland de Boulogne* mélangé avec quatre volumes de sable, à celle acquise par le *Portland anglais*, dans lequel on fait entrer 1 partie en volume de *ciment* et 2 parties de sable.

Le *Portland* artificiel de *Stettin* (Prusse) est fabriqué avec un mélange de calcaire et d'argile. Il y en a deux variétés, l'une à prise prompte (quelques minutes seulement), l'autre à prise lente (quelques heures).

On donne encore le nom de *ciment de Portland* aux produits de même nature tirés de *Neufchâtel*, du *Seilley*, et du bassin de Paris ; toutes ces variétés ont des propriétés analogues à celles des *ciments* décrits ci-dessus.

Le *ciment de Moissac* (Tarn) se rapproche du *Portland de Boulogne* pour les qualités. Il devient très dur ; le mortier dans lequel on le fait entrer peut résister, au point de vue de l'écrasement, à 81 kilogr. par centimètre carré au bout d'une année (cette force de résistance est plus grande que celle de la brique) ; il ne se fendille pas, et se défend mieux contre l'usure que les pierres calcaires ; aussi l'emploie-t-on pour faire des dalles et carreaux de toutes sortes (voy. *Dalle*).

On a encore donné le nom de *ciment* à des produits divers employés aux mêmes usages :

Ciment à l'eau forte : combinaison d'argile ferrugineuse, de potasse et de quelques sels alcalins provenant des résidus de la fabrication de l'acide nitrique ou eau-forte, au moyen de l'argile et du salpêtre.

Ce ciment, qui n'est plus fabriqué qu'à Montpellier, est très cher ; on le réserve pour les rejointoiements qui exigent une très grande solidité.

Ciment à poser : mortier qu'on emploie surtout dans la Manche et le Calvados et qui est formé de 2 parties de tuileaux ou de verre, d'une partie de crasse de verre ou de forges, broyées ensemble, passées dans un tamis et unies à 2 parties de chaux coulée.

Ciment anglais ou *plâtre aluné* (voy. *Plâtre*).

Certains enduits hydrofuges ont reçu le nom de *ciments* : tels sont les *ciments porcelaine* et le *ciment antinitreux* de M. Candelot, qui ont, le premier, la teinte et le brillant de la porcelaine ; le second, une couleur grise. Ces enduits s'appliquent à la brosse sur tous les matériaux de construction et peuvent recevoir les papiers, la peinture et les décors.

Ciment de fontainier : ciment composé de mâchefer broyé, de tuileaux, de charbon de terre, et d'un peu de grès tendre réduit en poudre, le tout mélangé avec de la chaux vive, éteinte, et bien broyée.

Cimentier, *s. m.* — Celui qui vend le ciment, celui qui le pose.

Cimetière, *s. m.* — L'étymologie de ce mot est le terme grec *koimeterion*, signifiant lieu où l'on dort. Cette expression ainsi appliquée découle naturellement du langage allégorique des anciens, pour qui la mort était la sœur du sommeil. Le mot *cimetière* est passé dans notre langue, sans que l'idée qui s'y trouve attachée soit passée précisément dans notre esprit et sans que les conséquences de cette idée aient produit les mêmes résultats. On appelle ces lieux de sépulture *champs de repos*, sans chercher à les approprier à l'usage auquel ils sont destinés. D'ailleurs, les idées religieuses, autant que les exigences de l'hygiène, ont servi de mobiles, chez tous les peuples, à la manière de disposer des morts.

Les Égyptiens embaumaient les corps, plaçant ceux des riches dans des sépulcres spéciaux, tandis que les corps des pauvres étaient disposés dans les hypogées, vastes *cimetières* où on les retrouve encore après des milliers d'années. Ces peuples paraissent avoir eu pour but, dans la sépulture des morts, plutôt la conservation des corps que celle de la mémoire des hommes. C'était la matière que l'on cherchait à rendre indestructible.

On sait peu de chose sur les *cimetières* publics des Grecs ; il est certain, toutefois, qu'ils élevaient des tombeaux à leurs hommes célèbres le long des grandes routes, à l'entrée des villes.

Les Étrusques semblent avoir déployé un grand luxe dans la construction des tombeaux ; celui de Porsenna, décrit par Pline d'après Varrin, devait être un ouvrage considérable (voy. *Tombeau*). On a même découvert des hypogées ou *cimetières* souterrains étrusques. Mais aucun peuple de l'antiquité n'a élevé de plus nombreux et de plus riches monuments funéraires que les Romains.

L'usage qu'avait ce peuple de brûler les morts et de recueillir les cendres paraît démontrer qu'ils cherchaient à préserver les corps de la violation plutôt que de la destruction. On peut appliquer la dénomination de *cimetières* publics à ces assemblages nombreux de sépulcres qui fermaient, pour ainsi dire, les faubourgs des villes romaines. Les lois interdisaient les sépultures dans l'intérieur des cités ; les avenues et les routes, les champs réservés à cet usage, les souterrains appropriés à cet objet, devenaient des nécropoles d'une étendue parfois considérable. Chaque famille y possédait sa demeure mortuaire, que l'on visitait à certaines époques de l'année.

Dans les premiers siècles qui suivirent l'établissement du christianisme, on observait la coutume d'établir les *cimetières* hors des villes et sur les grands chemins. Mais bientôt un autre ordre d'idées prévalut ; la doctrine chrétienne promettant la résurrection des morts au jour du jugement dernier, les fidèles voulurent que leurs corps attendissent cet événement à l'ombre des églises et des lieux saints. Remarquons d'ailleurs que les Égyptiens se construisaient aussi des tombeaux dans le voisinage des temples. Les édifices sacrés de la religion nouvelle furent eux-mêmes envahis par les sépultures, et peut-être doit-on voir encore dans cet usage un souvenir des mystères célébrés par les premiers chrétiens dans les catacombes et, dans les *cimetières*, sur les corps des martyrs. Bientôt l'empressement qui se manifesta de la part de tous pour être enterrés dans les églises fit de celles-ci les *cimetières* des riches, et les enclos de ces édifices furent réservés à la sépulture de la multitude. C'est à ces emplacements que convient plus particulièrement le nom de *cimetières*.

Cet usage s'est conservé dans les campagnes ; mais, dans les villes, l'accumulation séculaire des cadavres, non-seulement exhaussa le niveau des *cimetières* communs au-dessus du sol même des églises, mais encore amena des exhalaisons putrides, qui obligèrent à reléguer presque partout les champs de sépulture hors des murs d'enceinte.

Les *cimetières* de Paris ont été ainsi éloignés du centre de la ville ; mais s'il y a là un grand progrès, si on ne peut comparer l'état actuel de ces *champs des morts* avec ce qu'ils étaient encore à la fin du siècle dernier, c'est-à-dire de hideux charniers répandant autour d'eux des miasmes pestilentiels, on peut aussi se demander si les progrès accomplis répondent encore à toutes les conditions du problème. Il n'y paraît guère si l'on jette un coup d'œil sur celui même de ces *cimetières* qui est le plus célèbre de tous. On y remarque, en effet, une absence complète d'ordre, de caractère et de dignité, des promenades qui ne semblent tracées que pour l'agrément des curieux, des monuments condamnés à une prompte destruction par leur peu de solidité, leurs fondations insuffi-

santes, sur des terres rapportées depuis quelques années ; d'autres complètement en ruines ; les tombeaux des hommes illustres confondus dans la foule et exposés aux dégradations provenant du fait de l'homme et des éléments.

Plusieurs villes de l'Italie possèdent cependant des *cimetières* qui peuvent être regardés comme des modèles, sous le rapport du bon ordre, autant que de la bienséance, de l'intérêt de l'humanité et de celui des arts. Le plus célèbre de tous est le *Campo Santo* ou *cimetière* de

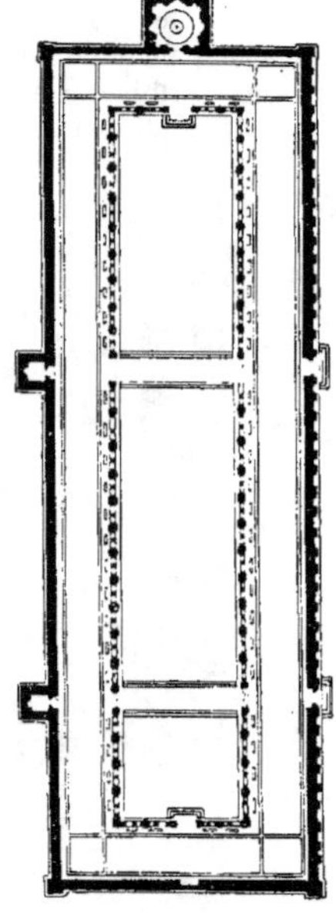

Fig. 998.

Pise, dont la figure 998 représente le plan.

Ubaldo, archevêque de Pise, conçut, en l'année 1200, l'idée de ce vaste hypogée. La construction n'en fut commencée qu'en 1218 et terminée en 1283. Nicolas et Jean de Pise, qui passaient alors pour les premiers maîtres de l'Europe, furent les architectes du *Campo*

Santo. Ce remarquable édifice a la forme d'un rectangle de 150 mètres de long sur 47 mètres de large. La façade extérieure, du côté du midi, est ornée de 44 pilastres, qui soutiennent un égal nombre d'arcades en plein cintre. Le monument tout entier est construit en beaux marbres blancs, la plupart tirés des montagnes des environs, régulièrement équarris, unis et appareillés avec soin. Deux entrées latérales donnent accès dans l'intérieur, qui est une vaste cour avec portiques formés par 62 arcades. Les grands côtés ont chacun 26 arcades et les petits côtés 5. Les arcs y sont portés sur des colonnes auxquelles un soubassement continu sert de piédestal. Ces portiques sont décorés de peintures dont plusieurs sont des chefs-d'œuvre. On voit sur la muraille orientale, au milieu de laquelle est adossée une chapelle, des fresques représentant *la Passion*, *la Résurrection* et *l'Ascension de Jésus-Christ* et attribuées par les uns à Buffalmaco ou Buonamico, peintre du xive siècle, et, par les autres, à Pierre d'Orvieto. Parmi les peintures qui ornent le côté intérieur de la muraille du sud, on remarque le *Triomphe de la mort* et le *Jugement dernier* par Andrea Orcagna, et l'*Enfer* de son frère Bernardo. Le mur de l'ouest ne contient que des peintures médiocres de l'époque moderne. Au mur du nord, on voit, entre autres ouvrages, 23 tableaux de Benozzo Gozzoli. Sous ces portiques (fig. 999) on remarque encore des sarcophages romains, élevés tantôt sur des

Fig. 999.

consoles, tantôt sur des soubassements à hauteur d'appui ; les monuments des hommes célèbres dont Pise a voulu honorer la mémoire, des statues, des urnes, des inscriptions funéraires, etc.

Il y a encore des *campi santi* de construction moins ancienne à Bologne, à Naples et à Milan.

Les *cimetières* du moyen âge contenaient ordinairement, outre les tombeaux, une chapelle, une chaire à prêcher et une lanterne des morts, sorte de colonne creuse au sommet de laquelle brûlait une lampe ; quelquefois ils étaient accompagnés de portiques servant de promenoirs et sous lesquels étaient inhumés les restes des familles privilégiées.

Aujourd'hui, les lieux de sépulture sont encore placés autour des églises dans un grand nombre de villages; mais, dans les villes, les *cimetières* intériéurs ont été supprimés. Ces champs de sépulture sont de vastes enclos, dans lesquels la disposition adoptée pour les monuments funéraires ne rappelle en rien l'ordre et la régularité qui règnent dans le Campo Santo. Le *cimetière* de Pise est, en effet, celui qui remplit le mieux l'idée simple, grande et funèbre qu'on peut se former d'un semblable édifice. C'est, tout au moins, d'après les données que présente ce monument qu'il conviendrait d'établir hors des grandes villes un ou plusieurs *cimetières* suivant leur population. Ces champs de repos seraient formés soit d'une enceinte avec vastes portiques disposés autour ou se multipliant à l'intérieur suivant divers dessins contribuant à l'effet général; soit, si la pente du terrain s'y prête, de galeries semblables, adossées à des terrasses étayées les unes au-dessous des autres.

Les espaces découverts seraient destinés aux sépultures temporaires; les portiques seraient réservés aux sépultures concédées à perpétuité, aux mausolées, cénotaphes, inscriptions funéraires et monuments de toute espèce, qu'on voudrait y élever en mémoire des morts.

Législation. Aux termes du décret du 23 prairial an XII (12 juin 1804), les *cimetières* ne peuvent être établis qu'à une distance de 35 à 40 mètres au moins des villes et bourgs. Les terrains les plus élevés et exposés au nord seront choisis de préférence; ils seront clos de murs de 2 mètres au moins d'élévation.

Aux termes du décret du 7 mars 1808, articles 1 et 2, nul ne peut, sans autorisation, élever d'habitation, ni restaurer ou augmenter les habitations existantes, ni creuser de puits, à moins de 100 mètres des nouveaux *cimetières* transférés hors des communes. Les bâtiments existants ne pourront également être restaurés ni augmentés sans autorisation; les puits pourront, après visite contradictoire d'experts, être comblés en vertu d'ordonnances du préfet du département, sur la demande de la police locale.

Certains règlements existent au sujet de la construction des *caveaux* dans les *cimetières* (voy. *Caveau*).

Cinabre, *s. m.* — Nous donnons aujourd'hui ce nom à la couleur que les anciens Grecs et les Romains appelaient *minium*, et nous réservons cette dernière désignation à celle qu'ils appelaient *sandaraque*.

Le *cinabre* était une couleur fort estimée dans l'antiquité. C'est un minéral, en forme de pierre rouge, que l'on nomme *cinabre* minéral. On le pile, on le passe, et on le lave pour l'avoir pur et séparé des pierres. Notre *vermillon*, qui est fait de soufre et de mercure et que l'on appelle encore *cinabre* artificiel, tient lieu maintenant de minium aux peintres, et le minium des anciens ou *cinabre* minéral n'est pas ordinairement si beau (voy. *Vermillon*).

Cingler, *v. a.* — Tracer des lignes droites avec un cordeau tendu entre deux points; c'est ce que les charpentiers appellent *battre la ligne* (voy. *Ligne*).

Cintheaux (*Pierre de*). — Voy. *Quille*.

Cintrage, *s. m.* — Voy. *Cintre*.

Cintre, *s. m.* — 1° En général, courbure intérieure d'une voûte ou d'une arcade.

2° Les ouvriers donnent ce nom à un arc de cercle; la flèche est la *moitié du cintre*. Si la flèche est plus courte que le rayon, le *cintre* est *surbaissé*; il est *surhaussé* dans le cas contraire.

3° On appelle encore *cintres* des ouvrages en charpente qu'on emploie, comme échafauds, pour construire les arcs et les voûtes, en attendant la pose des clefs ou comme étais pour réparer ou démolir avec précaution ces divers genres de maçonneries. On dit : faire un *cintrage*.

Tous les systèmes qui sont adoptés pour les fermes de *cintres* employés dans la construction des voûtes peuvent être ramenés à trois types distincts :

1° Les *cintres fixes*, dont les fermes reposent sur des points d'appui placés dans l'intervalle des culées ;

2° Les *cintres retroussés*, dont les fermes ne sont soutenues à leur naissance que par la maçonnerie ;

3° Les *cintres mixtes*, établis d'abord dans les conditions des *cintres* retroussés et capables d'être étayés pendant la construction de la voûte.

On pourrait encore mentionner, comme système particulier, les *cintres roulants*, employés dans la construction des tunnels ou des voûtes d'une grande longueur et les *cintres suspendus*, dont on fait quelquefois usage pour opérer la démolition des voûtes.

En raison de la portée des voûtes à construire, on peut aussi classer les *cintres* de la manière suivante (1) :

1° Les *cintres* pour voûtes de portée ordinaire, de 1 mètre à 10 mètres ;

2° Les *cintres* pour voûtes de portée moyenne, de 10 mètres à 30 mètres ;

3° Enfin les *cintres* pour travaux de grande dimension, de 30 mètres à 60 mètres ou employés dans des cas particuliers.

La composition ordinaire d'un *cintre* est celle-ci : *couchis*, posés dans le sens de la longueur du berceau et sur lesquels repose la maçonnerie de la voûte ; *veaux* ou faux-arbalétriers épousant la forme de l'intrados ; *faux-entraits* annulant la poussée horizon-

(1) Mathieu, ing. civil, *Nouvelles Annales de la construction*, 1862.

tale ; *poinçons* ou *contre-fiches* ; des moises ou des liernes servent, en outre, à réunir entre eux plusieurs *cintres*, de manière à contreventer le système.

Donnons maintenant quelques exemples des divers systèmes employés dans la construction des *cintres* :

1° Les *cintres* les plus simples sont ceux qui servent à l'exécution des baies demi-circulaires et se composent (fig. 1000), d'un entrait, de trois pièces

Fig. 1000.

formant à l'extérieur la courbe déterminée, d'un poinçon, de deux contre-fiches et de deux poteaux verticaux adossés aux pieds-droits. Ordinairement ces montants sont assemblés par le bas ou simplement posés sur une pièce horizontale, appelée sablière, que l'on établit au niveau du sol.

2° Pour la construction des voûtes de grande étendue, les *cintres* sont plus compliqués et forment, de distance en

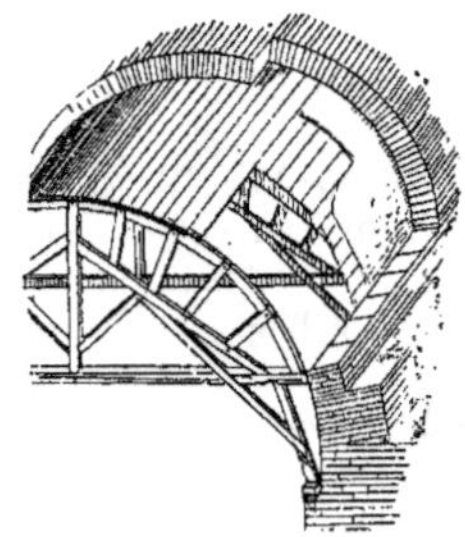

Fig. 1001.

distance (fig. 1001), de véritables fermes sur lesquelles reposent des madriers appelés *couchis*, qui reçoivent les claveaux en terre cuite ou en pierre dont se compose l'appareil. Dans l'exemple que nous donnons, les entraits sont placés au-dessus de la naissance de la voûte ; les *cintres* sont dits *retroussés* ; les deux poutres armées ou *arbalétriers* qui sont séparées par le poinçon sont soulagées, au droit des contre-fiches, par des jambes de force ; on voit, en outre, une amorce de la chape qui doit recouvrir l'intrados du berceau.

3° La figure 1002 représente un

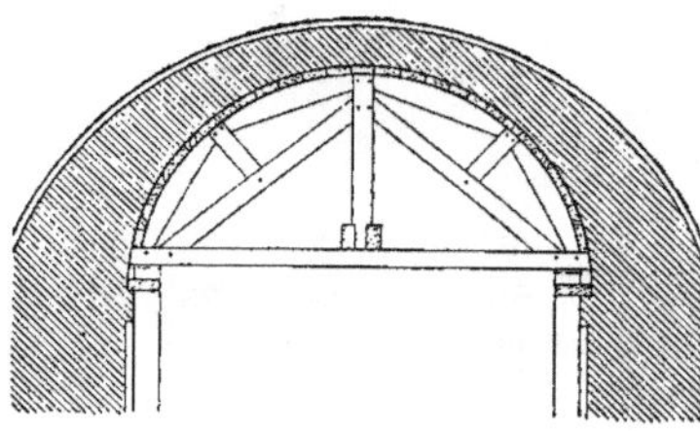

Fig. 1002.

cintre retroussé avec poinçon, entrait, veaux et arbalétriers. Ce système a été appliqué, au chemin de fer du Nord, pour la construction des passages en-dessous en *plein cintre*.

4° La figure 1003 représente un

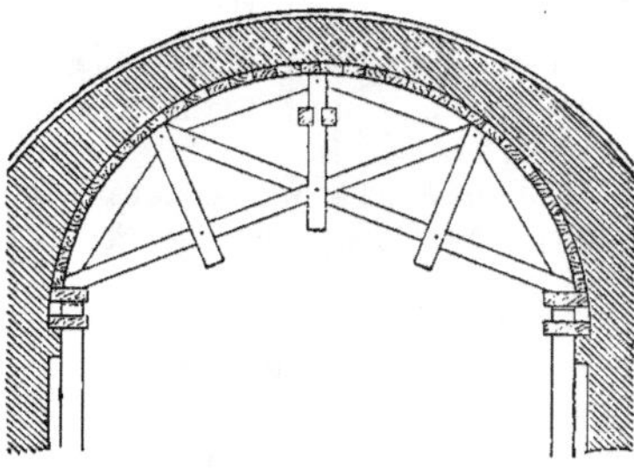

Fig. 1003.

cintre employé au même usage, mais dans lequel l'entrait est supprimé et les pièces principales forment une triangulation qui rend le système rigide, le déplacement de chacune de ses pièces étant

rendu impossible par l'opposition de celle qui la croise.

5° La figure 1004 représente un

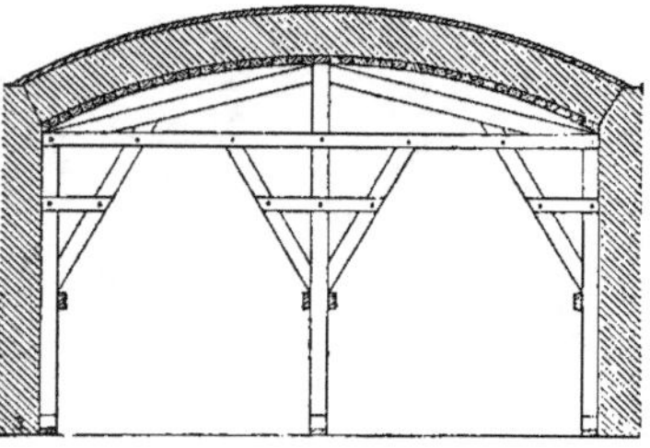

Fig. 1004.

cintre fixe pour voûte surbaissée ; on voit, en plus des points d'appui aux naissances, un poteau de soutien au milieu de la portée, soulageant l'entrait et le *cintre* proprement dit au moyen de contre-fiches ; les veaux reposent directement sur les faux-arbalétriers.

6° La figure 1005 représente un

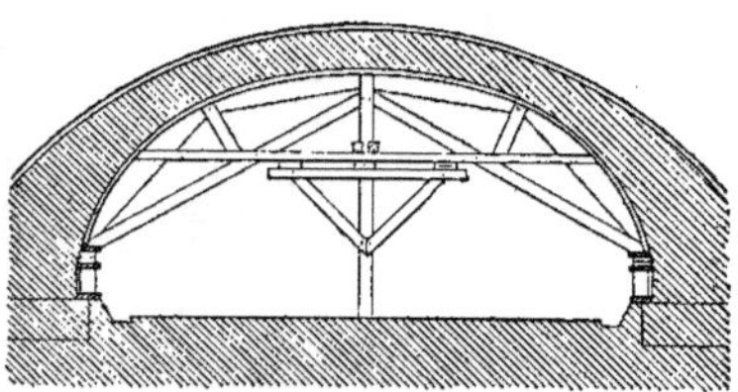

Fig. 1005.

cintre mixte, qui a été employé, au chemin de fer du Nord, pour une voûte en anse de panier de 12 mètres d'ouverture, dont la montée est de 4 mètres. La charpente, d'abord construite en *cintre* retroussé, a été transformée en *cintre* fixe par l'adjonction de l'appui du milieu, sur lequel reposent les cours de décintrement.

7° La figure 1006 représente un *cintre* retroussé suspendu qui a servi au pont-aqueduc de Roquefavour. Les points d'appui sont des corbeaux laissés à la maçonnerie pour remplir cet objet pendant la construction ; les veaux sont maintenus contre le *plein cintre* par un système de charpente en forme de potence. Des moises transversales, retenues par des suspensions, soutiennent les veaux et contreventent le système. L'ouverture de l'arcade est de 15^m,20.

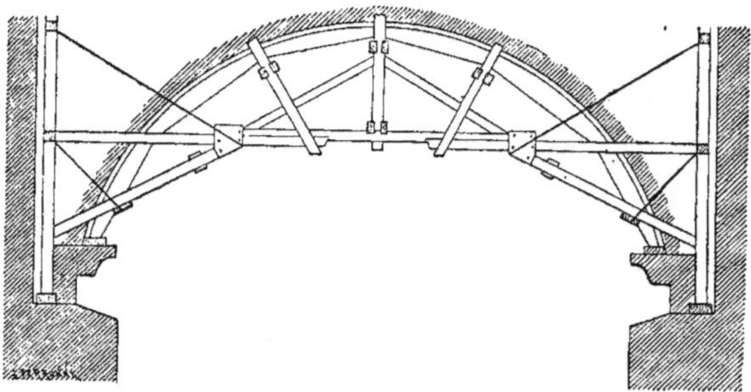

Fig. 1006.

8° La figure 1007 représente un *cintre* roulant en fer, qui a été employé pour la construction de la voûte du canal Saint-Martin, à Paris, dont l'ouverture, suivant le grand axe de l'ellipse, est de 19^m,50. Les fermes étaient

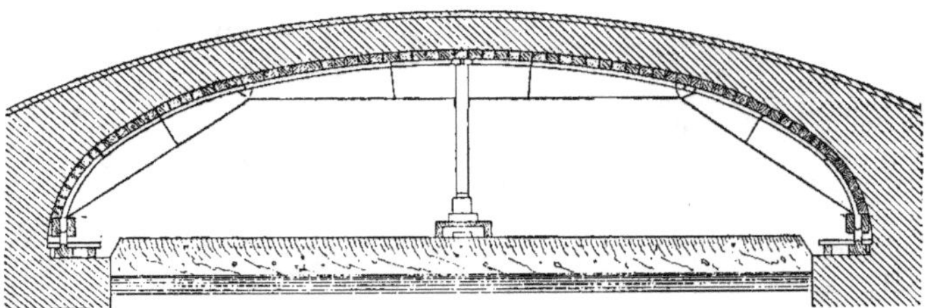

Fig. 1007.

en fer, espacées de 2 mètres d'axe en axe, reliées entre elles par des entretoises en fer à double T et supportées, en leur milieu, par un poteau sur lequel venaient s'attacher les tirants en fer qui divisaient la courbure de la voûte en trois arcs distincts.

Tout le système reposait sur des galets glissant sur un rail établi longitudinalement et permettant l'avancement du *cintre*. Nous ferons remarquer que, probablement à cause des dimensions trop faibles dans la section des pièces, ce *cintre* s'écrasait et se déformait à mesure de l'avancement de la voûte ; aussi dut-on le consolider par des pièces de bois.

On emploie ordinairement le bois de chêne pour les *cintres* et le bois de sapin pour les couchis.

L'enlèvement des *cintres*, après l'exécution d'une voûte, se nomme *décintrement* (voy. ce mot).

Si l'on compare entre eux les différents systèmes de *cintres*, on fera les remarques suivantes : 1° les *cintres fixes*, bien que plus économiques pour les ouvertures que les *cintres retroussés*, présentent plus d'inconvénients pour la construction des ponts : ils diminuent le débouché et, par suite, rendent les effets des crues plus dangereux ; de plus, le tassement ne se fait pas d'une manière uniforme et le décintrement se fait forcément d'une manière brusque et incertaine, à cause du grand nombre des supports ; 2° les *cintres retroussés* sont toujours possibles et peuvent être construits avec des bois de peu de longueur ; on peut toujours trouver des points d'appui convenables sur la saillie des fondations ; le tassement est régulier et le décintrement peut se faire, d'une manière graduelle, sur toute l'étendue de la voûte à la fois.

Il est nécessaire, avant d'établir un *cintre*, de se rendre compte de l'intensité et de la direction des efforts supportés par les pièces différentes qui le composent, chacune de ces pièces étant appelée à jouer un rôle particulier. Nous bornant ici à présenter les résultats donnés par le calcul et par l'expérience, nous rappellerons les formules établies par Desjardins (*Routine de l'établissement des voûtes*), formules qui évaluent la pression d'une voûte sur son *cintre*, rapportée à l'unité de longueur de l'intrados selon que la voûte est ou non circulaire.

$$p = \mathrm{M} \left(c + \frac{c^2}{r} \right) \ \text{ou} \ p = \left(c + \frac{c^2}{\mathrm{R}} \right)$$

p étant la pression normale sur le *cintre* par unité de longueur de l'intrados ; M, le poids de la maçonnerie ; c, l'épaisseur à la clef ; r, le rayon de l'intrados ; R, le rayon de courbure au sommet de l'intrados. Cette formule donne la pression sur le *cintre* en ce point.

Nous ferons observer qu'il n'est ici tenu aucun compte du frottement ni de la cohésion et que l'on peut donc considérer ces expressions comme les limites supérieures de la pression normale.

La pression sur le *cintre* étant connue, on calcule toutes les pièces de manière à obtenir le plus d'économie possible.

La première question qui se pose est l'écartement des fermes ; il faut qu'elles ne soient ni trop espacées, pour ne pas avoir à leur donner un trop fort équarrissage, ni trop rapprochées, pour ne pas augmenter la main-d'œuvre. D'une manière générale, on fait varier ces espacements de 2 mètres jusqu'à 1ᵐ,20.

L'écartement des fermes étant déterminé, on calcule les couchis, considérés comme pièces reposant sur deux appuis à leurs extrémités. La formule

$$\frac{p\,\mathrm{L}^2}{8} = \frac{\mathrm{R}\,bh^2}{6}$$

permet de déterminer l'équarrissage de ces pièces, p étant la charge uniformément répartie par mètre courant, L la longueur, R le coefficient de résistance du bois $= 750,000$, b la largeur et h la hauteur de la pièce. D'ailleurs, on augmente la résistance de ces couchis en les clouant à leurs extrémités sur les fermes et en les faisant d'une seule pièce de bois reposant sur trois ou quatre fermes. Quant à l'espacement des couchis, il dépend de la nature de la maçonnerie de la voûte. Si elle est de menus moellons ou de béton, le vide doit être de 0ᵐ,03 à 0ᵐ,04 ; si la voûte est appareillée par rangs de voussoirs réguliers, on peut se contenter de placer une file de couchis sous chaque voussoir.

Les veaux et les faux-arbalétriers étant les seules pièces qui travaillent à la flexion, on réduit, autant que possible, leur longueur, afin qu'il ne se produise aucune flexion pouvant nuire à la stabilité ou à la courbure de l'intrados. Toutes les autres pièces du *cintre* travaillant à la compression ne sont exposées qu'à une flexion légère, que l'on peut encore atténuer en diminuant leur longueur par des moises qui les saisissent en différents endroits.

Enfin, pour empêcher le rapprochement de certains joints, par suite d'irrégularité dans la coupe des bois, on approche les assemblages par des frettes en fer et l'on garnit tous les vides avec des cales en tôle chassées avec force au marteau.

Nous rappellerons, en terminant cet article, que la plupart des constructeurs ont l'habitude de donner aux fermes un certain surhaussement, afin de contre-balancer à peu près l'abaissement du sommet de la voûte, qui peut résulter tant du tassement du *cintre* pendant la construction que de celui de la voûte elle-même après le décintrement. Il faut avouer, qu'à cet égard, il n'y a point, dans l'état actuel de la science, de loi qui permette de déterminer, d'une ma-nière absolue, le mode et la quantité du surhaussement.

Les *cintres* loués pour l'établissement des voûtes se mesurent au mètre cube, dans le métré des ouvrages, et se payent, à Paris, de la manière suivante :

1° En bois neuf :

Pour *cintres* assemblés, y compris poteaux...................... 42f10

Pour couchis.............. 20 70

2° En bois vieux fourni :

Pour *cintres* assemblés, y compris poteaux............. 38 90

Pour couchis.............. 18 95

3° En bois vieux non fourni :

Pour *cintres* assemblés, y compris poteaux............. 28 30

Pour couchis.............. 8 85

Cintrer, *v. a.* — 1° Faire la pose des *cintres* pour la construction d'un arc, d'une voûte.

2° Donner à une pièce de bois ou de fer la forme courbe.

Cipolin, *adj.* — MARBRERIE. Mot qui vient de l'italien *cipolino*, petit oignon, et qui désigne un marbre auquel certai-nes veines de mica ou de talc donnent de la ressemblance avec des enveloppes d'oignon. Généralement le fond des marbres *cipolins* est blanc, tandis que les veines sont grisâtres ou verdâ-tres.

PEINTURE. Genre de peinture en dé-trempe et vernis (voy. *Chipolin*).

Cippe, *s. m.* — Colonne peu élevée, souvent sans base ni chapiteau, ronde ou de forme quadrangulaire et que l'on plaçait sur les routes, en guise de bornes milliaires, avec inscriptions indiquant les distances, ou dans les champs, pour marquer les limites des propriétés ; parfois aussi on y gravait les décrets du sénat. Mais, dans leur emploi le plus fréquent, les *cippes* étaient des monu-ments funéraires ; on les plaçait alors à l'endroit même où étaient déposés les restes mortuaires, et on les recouvrait d'inscriptions et d'ornements qui rappe-laient les noms, qualités et professions du défunt. Quelquefois la partie supé-rieure de ces édicules se terminait en fronton compris entre deux oreilles.

Fig. 1008.

La figure 1008 représente un *cippe* provenant d'Athènes.

Nous donnerons encore (fig. 1009) un *cippe* du même genre qui a été trouvé dans la même ville et dont le moulage appartient à l'école des Beaux-arts de

Paris, où il est placé dans la cour vitrée servant de salle de dessin.

Fig. 1009.

Nous donnons de même (fig. 1010) deux *cippes* provenant de la ville de

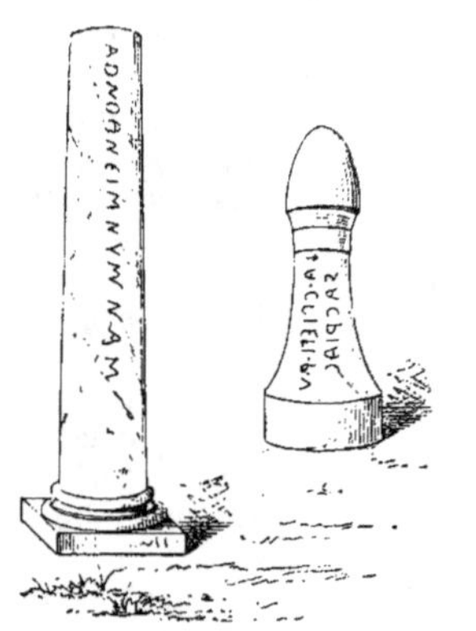

Fig. 1010.

Pérouse ; l'un est une colonne tronquée, l'autre une stèle avec amortissement.

On faisait aussi usage de *cippes* dans un autre but que celui de rappeler le souvenir des morts.

Lorsqu'on traçait avec la charrue l'enceinte d'une nouvelle ville, on fixait, d'espace en espace, des *cippes* recouverts d'inscriptions commémoratives. Telles étaient les bornes de pierre, hautes de trois pieds et demi, et larges de deux, qui marquaient, à Rome, l'enceinte religieuse de la ville, appelée *pomœrium*. Chacun de ces *cippes* portait une inscription relatant la date de sa pose et le nom du prince ou du consul sous lequel elle avait eu lieu.

On donnait encore le nom de *cippes* aux pierres qui, lors du tracé de l'enceinte d'une ville, indiquaient les lieux destinés à des tours.

Circonférence, *s. f.* — Ligne dont tous les points sont également distants d'un point intérieur nommé *centre*.

Circonvolutions, *s. f. pl.* — On donne ce nom aux tours que décrivent les lignes spirales d'une volute et d'une colonne torse.

Circulaire (*Construction sur plan*). — Dans le règlement du prix des ouvrages, on accorde une plus-value pour parement de construction en moellon, meulière, plâtras et brique établi sur plan circulaire.

A Paris, il est d'usage d'accorder les plus-values suivantes :

Pour une circulaire de 4 mètres de diamètre et au-dessus, par mètre cube...................... 0ᶠ60

Pour un diamètre de 2 mètres à 3ᵐ,99...................... 1 20

Pour un diamètre inférieur à 2 mètres..................... 1 80

Cire, *s. f.* — Substance produite par les abeilles et préparée pour divers usages, tels que :

1° La *peinture en cire,* peinture dans laquelle on emploie la *cire* dissoute dans l'huile de térébenthine ;

2° La *cire des doreurs,* qui sert à donner à un bronze la teinte d'*or rouge ;*

c'est une composition qui est formée de cire jaune, d'ocre rouge, de vert de gris et d'alun et dans laquelle on suspend la pièce par un fil de fer ;

3° La *cire des marbriers,* matière avec laquelle les marbriers dissimulent les fissures d'un marbre ou recollent les éclats qui se produisent dans la taille.

4° La peinture à la *cire.* Nous entrerons ici dans quelques développements sur l'emploi de la *cire* pendant l'antiquité et de nos jours, dans ses rapports avec la peinture dite *peinture à la cire.*

La *cire* est une matière huileuse, tenace, qui, soumise à la distillation, fournit un acide très pénétrant et une petite quantité d'huile qui s'épaissit et se fige en prenant la consistance du beurre. Des distillations répétées rendent l'huile de *cire* plus fluide et plus soluble dans l'alcool.

La couleur de la *cire* sortant des ruches est jaune foncé et disparaît sous l'action combinée de l'eau, de l'air et du soleil. Cette matière durcit au froid et devient cassante ; quand on la chauffe elle se liquéfie avant la température de 100 degrés. Elle se dissout dans toutes les huiles et particulièrement dans les huiles de térébenthine et de pétrole. Elle jouit de plusieurs propriétés qui facilitent son emploi dans la peinture :

1° Lorsqu'elle a perdu sa couleur jaune elle peut recevoir toutes les colorations ;

2° N'étant pas sensible à l'action des acides, elle préserve de leurs atteintes les métaux et les matières colorantes dont on les recouvre.

Il existe fort peu de documents sur les procédés employés par les anciens pour peindre à la *cire.* Il est certain, toutefois, que ce genre de peinture était connu d'eux. Nous empruntons les détails qui suivent à une étude faite sur la peinture murale par M. Jollivet et publiée dans la *Revue d'architecture* de 1849. Une expérience effectuée, en 1794, par Fabroni sur une bande de toile de momie ornée de peinture démontra que

la *cire* avait été employée dans son exécution. De plus, le musée égyptien du Louvre possède un bas-relief provenant du tombeau de Seti Iᵉʳ, chef de la xıxᵉ dynastie, entièrement recouvert de *cire.* Il ne paraît pas cependant que les Égyptiens aient adopté, d'une manière générale, la peinture à la *cire,* puisqu'ils continuèrent à peindre à la détrempe et que les exemples de la coloration par la *cire* sont extrêmement rares. D'ailleurs, il est peut-être permis d'élever quelques doutes sur les preuves données soit par l'expérience de Fabroni, faite après tant de siècles, pour découvrir analytiquement la présence d'un principe dissolvant aussi volatile, soit par le bas-relief du musée égyptien, verni peut-être et ciré, depuis sa découverte, par ses possesseurs modernes. Quoi qu'il en soit, ce n'est qu'avec la plus grande réserve que l'on peut admettre l'usage de la peinture à la **cire** chez les Égyptiens ou, tout au moins, l'emploi de procédés analogues à ceux que l'on applique de nos jours.

Les documents font de même défaut pour nous éclairer sur les moyens mis en œuvre par les Grecs dans l'emploi de la *cire.* On sait seulement que le feu y jouait un rôle principal et qu'il y avait trois genres d'*encaustiques* (ce mot n'impliquant pas nécessairement l'emploi de la *cire*) : l'un à la *cire,* l'autre au moyen d'un *cestre (cestrum)* sur l'ivoire, le troisième qui consistait dans l'application au pinceau des *cires* fondues au feu. Le premier de ces trois genres paraît seul devoir se rapporter à la peinture ; le second était probablement une sorte de gravure sur ivoire avec la pointe d'un *cestrum* rougi au feu ; le troisième était un enduit destiné à garantir soit les vaisseaux, soit différents objets des atteintes de l'atmosphère. Le système d'encaustique à la *cire* consistait à peindre avec des *cires* colorées et à brûler la peinture ; les *cires* n'étaient pas liquéfiées par des huiles essentielles, mais rendues malléables par le feu. Comme outillage, les peintres se servaient de *rabdions* et de réchauds.

Les *cires* étaient exposées au feu dans de petits vases et colorées pendant la liquéfaction. Les *rabdions* devaient être en fer ou en bronze ; ils avaient la forme de spatules aplaties aux deux extrémités et légèrement recourbées, l'une des extrémités étant plus large que l'autre. Selon M. Jollivet, le peintre puisait, avec la partie la plus étroite du *rabdion*, la *cire* durcie dans des vases et la déposait, en forme de touches, aux endroits que la peinture devait occuper. Il formait ainsi une ébauche dont il faisait disparaître les aspérités, en approchant des touches l'extrémité la plus large du *rabdion*, chauffée préalablement. Il achevait l'ouvrage au moyen du *cauterium* ou réchaud portatif, avec lequel il amoindrissait l'épaisseur de la couche et durcissait le travail. Si l'on peut discuter l'authenticité de ce procédé, encore doit-on reconnaître qu'il permet d'exécuter une peinture même délicate, et son invention n'exigeait aucun effort, aucune combinaison chimique. Toutefois, la peinture à la *cire* resta chez les Grecs comme chez les Egyptiens un genre exceptionnel.

Les modernes emploient, pour la peinture à la *cire*, divers procédés qui, malgré de légères différences dues à la proportion relative des matières combinées, consistent tous à broyer les couleurs dont on se sert à l'huile ou à la détrempe, avec une préparation de *cire* que l'on nomme *gluten*. Cette matière, semi-fluide, est de la *cire* très blanche, divisée par l'huile essentielle de térébenthine épurée, à laquelle on ajoute de la résine élémi, et du copal, qui rendent la *cire* flexible et tenace, et de l'huile de *cire*, qui, en se volatilisant plus lentement que la térébenthine, permet au peintre de prolonger son travail.

Cette peinture peut s'employer sur la pierre, sur le plâtre, sur le bois, sur les enduits de stuc ou de chaux, pourvu que les surfaces soient parfaitement sèches et imprégnées préalablement d'une couche de *cire* et d'huile étendue à l'aide du feu. Toutefois, il faut reconnaître, quoi que l'on en ait dit, qu'elle n'a pas toutes les qualités qu'on lui attribue, à savoir : garantir de l'humidité les surfaces couvertes, conserver aux couleurs tout leur éclat, assurer le *mat*, c'est-à-dire être exempte de tout miroitage. En effet, comme il arrive dans le cas de peintures exécutées à l'aide d'autres procédés, l'humidité agissant de l'intérieur du mur au dehors, soulève les couches de couleurs, les pénètre et se manifeste par des taches noires et sales. Quant au *mat*, c'est-à-dire au velouté d'une peinture à la *cire*, il est douteux qu'il puisse résister à un nettoyage rendu inévitable au bout de quelques années, quelles que soient les précautions que l'on y apporte. Enfin, la *cire*, malgré l'adjonction de l'élémi et du copal, n'atteint pas, à beaucoup près, un durcissement égal à celui de la fresque ou de l'huile.

Dans la pratique, on a encore à redouter l'abus du dissolvant, qui produit, à la surface des ouvrages exécutés à la *cire*, des efflorescences de poussière blanche et impalpable ; cette poussière se compose de molécules de *cire* séparées par l'essence de térébenthine employée en surabondance.

M. Jollivet propose, pour le procédé de peinture à la *cire*, la modification suivante : broyer les couleurs avec de l'huile blanche, dont on se sert dans la peinture à l'huile ; en retirer la plus grande partie, en déposant les couleurs sur un papier épais et absorbant ; ajouter une partie égale de gluten ; conserver à cette pâte la ductilité nécessaire au moyen d'un peu d'essence de térébenthine rectifiée et, pour obtenir le *mat*, humecter, avec de l'essence mêlée à un peu de gluten l'ébauche et les parties que l'on veut repeindre.

Quant à l'opinion émise par quelques peintres qu'un mélange bouillant de *cire* et d'huile, semblable à celui qui sert à la préparation, peut pénétrer jusqu'à la profondeur de 15 millimètres un mur chauffé, M. Jollivet, qui a fait l'expérience sur une pierre de taille, tendre et spongieuse, de 30 centimètres sur 5 centimètres d'épaisseur, chauffée au point d'éclater, n'a pu faire entrer la *cire* et l'huile ou la *cire* et l'essence à plus de 4 millimètres.

Enfin, le brûlage ou chauffage à l'aide du *cauterium*, c'est-à-dire d'un réchaud semblable à celui des doreurs, de la surface enduite de peinture à la *cire*, rend celle-ci très sèche à l'aspect et assez dure au toucher, lui donne même une certaine gravité, qui manque habituellement à la peinture à la *cire* et, par conséquent, justifierait son emploi pour la décoration des monuments, si ce procédé n'était extrêmement dangereux. En effet, la conduite du *cauterium* est très délicate, et le moindre coup de feu ou une chaleur trop élevée peut faire tomber la peinture en écailles.

Cirque, *s. m.* — Ce mot vient du latin *circus*, nom que les Romains donnaient à des édifices consacrés aux jeux publics et particulièrement aux courses d'hommes, de chevaux ou de chars.

Les *cirques* présentaient, en plan, la forme d'un parallélogramme très allongé, arrondi en demi-cercle par une extrémité et fermé de l'autre par une partie droite ou légèrement convexe. Les trois divisions essentielles étaient : l'*arène* ; les *gradins* qui l'entouraient sur trois côtés ; les *carceres* ou remises pour les chars, occupant le quatrième côté.

Un mur bas, sorte de chaussée en maçonnerie appelée *spina* (épine), divisait l'arène dans une grande partie de sa longueur, formant ainsi un parcours que les concurrents devaient franchir un certain nombre de fois. La *spina* servait, en outre, à la décoration ; elle était surmontée de statues, d'autels, de monuments votifs, de colonnes, toujours dominés par un obélisque placé au centre. A chaque extrémité se trouvaient, réunies sur un même soubassement, trois bornes coniques dites *metæ*, que les cochers des chars s'efforçaient, en tournant, de ranger de très près.

Les *carceres* étaient fermées par des grilles du côté du cirque ; des tours placées à leurs extrémités dominaient de grandes portes communiquant avec le dehors.

Deux loges (*pulvinaria*) interrompant les lignes de gradins étaient occupées l'une par l'empereur, l'autre probablement par les juges des jeux.

Les *cirques* offraient, à l'extérieur, l'aspect de portiques surmontés d'un plus ou moins grand nombre d'étages à arcades, comme les *amphithéâtres* (voy. ce mot).

Nous donnons (fig. 1011) une vue

Fig. 1011.

perspective des ruines d'un *cirque* situé, près de Rome, sur la voie Appienne.

Cet édifice, dont la construction a d'abord été attribuée à Caracalla, fut, d'après une inscription découverte dans des fouilles récentes, élevé par Romulus, fils de Maxence.

Aujourd'hui, on a conservé le nom de *cirques* à certaines salles de spectacles provisoires ou établies à demeure et qui, par leur forme et l'usage auquel elles sont destinées, ont quelque analogie avec les *cirques* des anciens. Paris possède deux édifices de ce genre, le *cirque d'été* et le *cirque d'hiver*, qui comprennent une arène circulaire entourée de gradins et recouverte d'une toiture supportée par une charpente en bois. Les murs sont construits sur un plan polygonal, pour rendre l'exécution plus facile. Le comble est formé de demifermes s'assemblant, par leurs extrémités, dans les angles de deux polygones en charpente, dont l'un repose sur le haut des murs et dont l'autre soutient une lanterne centrale. Le *cirque d'hiver* peut contenir près de cinq mille spectateurs ; il possède une entrée principale et deux entrées latérales conduisant, par des vestibules placés sous les gradins, aux divers escaliers qui desservent les différentes catégories de places. Un bâtiment rectangulaire est attenant à cet édifice et comprend au rez-de-chaussée les écuries, selleries, etc., et au premier étage les loges des acteurs, la salle des figurants et les magasins d'accessoires et de costumes.

Cisaillement (*Résistance au*). — Résistance *transversale* des métaux, c'est-à-dire à un effort qui tend à couper une pièce prismatique suivant une section droite ; les boulons ou les rivets qui maintiennent deux pièces sollicitées à la traction sont exposés à céder par glissement, à être rompus par *cisaillement*.

L'expérience a démontré que cette force de résistance est proportionnelle à la surface de la section ; dans le fer on la regarde comme étant à peu près égale à la résistance à la rupture par extension, c'est-à-dire environ 30 ki-

logr. par millimètre carré ; ce chiffre est plus fort pour l'acier : 50 kilogr. au moins. Dans la pratique, on ne doit pas faire subir aux pièces un effort transversal qui dépasse le 1/5 de celui qui serait nécessaire pour déterminer la rupture par *cisaillement*.

Cisailles, *s. f. pl.* — Gros ciseaux servant à couper les feuilles de métal à froid.

Les *cisailles* sont formées (fig. 1012) de lames courtes et fortes, articulées,

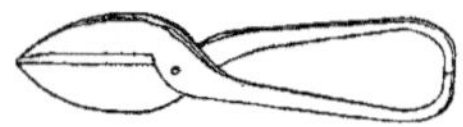

Fig. 1012.

comme les ciseaux ordinaires, et pourvues de longues branches qui servent à faire levier.

Cet outil est de plusieurs dimensions, suivant l'épaisseur des lames à couper. Il y a des *cisailles* (fig. 1013) qui sont

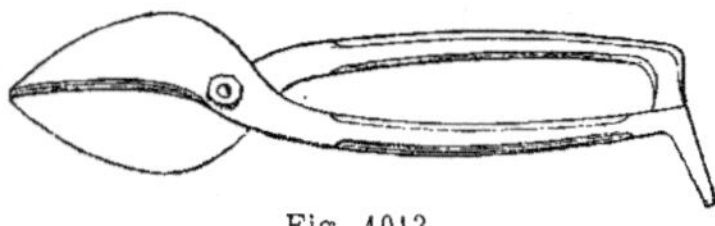

Fig. 1013.

munies de coudes permettant de les fixer sur un établi, soit dans un trou ménagé à cet effet, soit dans l'étau.

On emploie aussi des outils de grande dimension agissant comme les *cisailles* et qui sont mus, soit à l'aide d'un bras de levier, soit au moyen de la vapeur. Parmi ces appareils nous citerons les *cisailles* circulaires composées de deux disques avec tranchants circulaires en acier ; ils tournent en sens inverse en se croisant d'une petite quantité.

Ciseau, *s. m.* — Instrument tranchant servant à travailler les corps durs. On distingue :

1° Le *ciseau* du tailleur de pierre, affectant diverses formes (fig. 1014), qui toutes se réduisent à une tige de fer terminée, à l'une de ses extrémités, par un tranchant aciéré et, à l'autre, par un

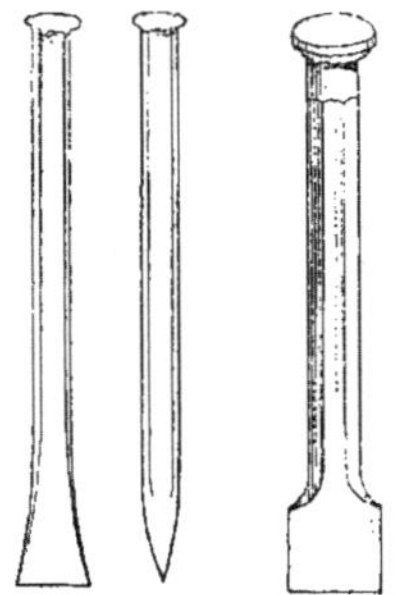

Fig. 1014.

bourrelet ou champignon ; cet outil sert à former, sur le parement de la pierre, après le travail du poinçon, de la gradine ou de la boucharde, une série de petites cannelures plus ou moins fines ; le *ciseau* à bourrelet est aussi nommé *ciseau à maillet*, du nom de l'outil avec lequel on le frappe ; le *ciseau à main* diffère du premier en ce qu'il n'a pas de champignon ; on frappe dessus avec une masse ;

2° Le *ciseau* du menuisier ou du charpentier, outil composé d'une lame d'acier fixée dans un manche en bois ; ce manche est cylindrique ou à plusieurs pans (fig. 1015) ; il porte environ 0^m,13 à 0^m,14 de longueur ; le fer est plat, un

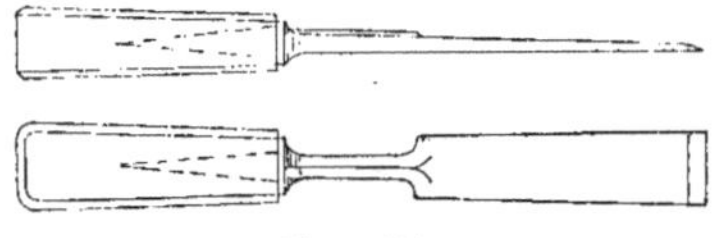

Fig. 1015.

peu élargi par le bas ; la partie supérieure, dite *collet*, est évidée, renforcée généralement par une arête et se termine par une *embase*, qui porte la *soie*, pointe entrant dans le manche ; le tranchant est à un seul biseau et se trouve dans l'une des faces de la lame ; le *fermoir* et le *ciseau* bec-d'âne ou *bédane*

(voy. ces mots) sont encore des *ciseaux* de menuisier ;

3° Les *ciseaux* du serrurier, parmi lesquels on compte : les *ciseaux* pour couper le fer à chaud, appelés *ciseaux à chaud* ou *tranches* (voy. ce mot) et les *ciseaux à froid* qui sont le *burin* (voy. ce mot), le *bec-d'âne*, sorte de burin très acéré qui sert à refendre les clefs et à faire les cannelures et les mortaises ;

4° Les *ciseaux à ferrer*, dont les uns sont à lame plate et large et les autres taillés en bec-d'âne ;

5° Le *ciseau du plombier*, outil avec lequel on gratte le plomb et on enlève les premières écaillures pour préparer la surface à recevoir la soudure.

Ciselure, *s. f.* — Bordure régulière, faite au ciseau, sur le pourtour de la face d'une pierre pour en dresser le parement ; on donne à la *ciselure* 0^m,02 ou 0^m,03.

Citadelle, *s. f.* — Forteresse élevée soit dans l'intérieur, soit au dehors d'une ville et pouvant à la fois défendre la place contre l'ennemi et réprimer des séditions intestines.

La *citadelle* moderne correspond à l'acropole des villes antiques (voy. *Acropole*).

Aujourd'hui, si la place est fortifiée, la *citadelle* fait partie de l'enceinte, sur laquelle elle est assise, présentant des fronts de défense du côté de la campagne et du côté de la ville. Deux issues sont également ménagées dans ces directions différentes : l'une permet l'introduction de secours extérieurs, l'autre donne sur un terrain uni et découvert, appelé *esplanade*, qui sépare la *citadelle* de la place.

Citerne, *s. f.* — Réservoir souterrain destiné à recevoir et conserver les eaux pluviales provenant des pentes gazonnées ou sablées des jardins, des aires, des cours ou des toitures de bâtiments. Ces eaux sont amenées par des conduits, des ruisseaux ou par les tuyaux de descente qui partent des gouttières ou des chéneaux.

L'usage des *citernes* est fort ancien. Les plus célèbres sont : celles d'Alexandrie alimentées par les eaux du Nil ; la *citerne* appelée les *Sept salles,* dont les ruines se voient encore à Rome, près des bains de Titus.

On doit surtout citer celle que l'on nomme les *Mille colonnes,* à Constantinople, dont nous donnons le plan (fig. 1016). Cette *citerne* fut commencée

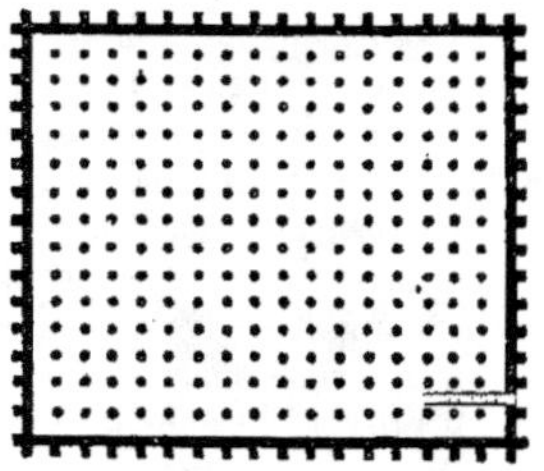

Fig. 1016.

sous le règne de Constantin. A Byzance, on lui donna le nom de Basilica (la Royale); les Turcs la nomment aujourd'hui *Jerebaltan-Seraï,* le palais souterrain. Elle s'étend sous une partie du quartier et sous grand nombre de maisons et de rues. La voûte est soutenue par des colonnes qui diffèrent toutes par le travail, ce qui tendrait à prouver que la *citerne* a été construite avec des matériaux tirés de divers édifices. Le plan formait autrefois un grand parallélogramme qui avait peut-être une entrée actuellement inconnue ; d'ailleurs, dans les *citernes* antiques qui subsistent on ne trouve point de trace d'escaliers ; on arrive à la surface des eaux par quelque crevasse percée dans la voûte. Les colonnes qui soutiennent la couverture de ce vaste réservoir portent des cintres et des voûtes d'arête en briques ; leurs fûts sont presque totalement plongés dans l'eau. Ces colonnes

sont rangées sur dix files et atteignent le nombre de deux cent soixante. Chaque entre-colonnement étant de $5^m,75$, la *citerne* occupe une surface de $51^m,75$ sur $143^m,75$ ou $7,439^m,66$. Remplie jusqu'aux cintres, elle aurait contenu plus de 44,000 mètres cubes d'eau ; elle alimente toutes les fontaines du quartier de Sainte-Sophie.

On trouve, en Asie-Mineure, les ruines d'une *citerne* antique des plus remarquables, près d'Isnikmid, l'ancienne Nicomédie. Ce réservoir, appelé maintenant *citerne* d'Imbaher, a été relevé par M. Texier, dans son voyage en Asie-Mineure. Comme le bassin que nous avons décrit ci-dessus et comme toutes les *citernes* que les anciens ont construites vers l'époque du Bas-Empire, c'est une vaste piscine dont les voûtes sont soutenues par de nombreux piliers. La figure 1017 représente, en plan, quel-

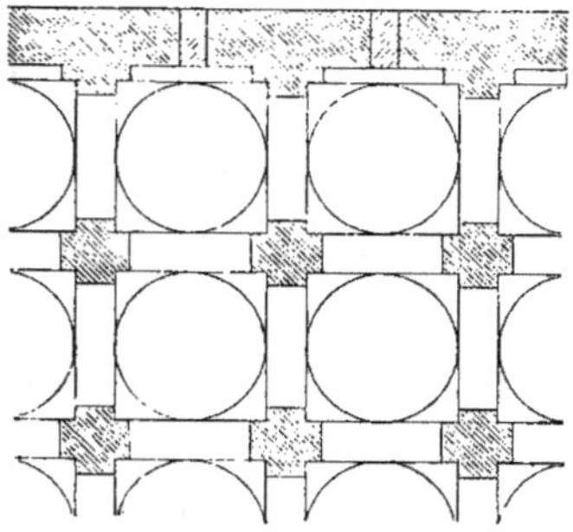

Fig. 1017.

ques-uns de ces piliers. La construction, toute rustique, semble dater des derniers temps de l'empire byzantin ; mais les ajustements en pendentifs de voûtes que supportent les arcs sont d'un grand intérêt, car on sait que pour les constructions en petit appareil, la voûte en pendentif offre beaucoup plus de résistance et de durée que la voûte d'arête, et les Musulmans, successeurs des Byzantins, ont, de préférence, employé la première dans la plupart de leurs édifices.

La figure 1018 est une coupe sur une travée de cette *citerne*. A la partie supérieure des arcades, et sur tout le pourtour

Fig. 1018.

du réservoir, est placé l'orifice d'un conduit qui communiquait avec un canal de ceinture aujourd'hui totalement comblé. On ignore en quel lieu se trouvait la prise d'eau. Placé dans un des hauts quartiers, cet édifice pouvait fournir de l'eau à une grande partie de la ville et aux bains nombreux qui s'y trouvaient.

Les abbayes et les châteaux du moyen âge possédaient souvent aussi des *citernes* creusées dans le roc ou maçonnées et enduites à l'intérieur. Ces réservoirs étaient généralement voûtés et parfois divisés en plusieurs nefs ; ils étaient presque toujours pourvus d'un *citerneau*, sorte d'auge percée de plusieurs trous et placée à un niveau supérieur à celui du fond de la *citerne* ; cet appareil, rempli de gravier et de charbon, recevait d'abord les eaux et les clarifiait.

Aujourd'hui, on donne aux *citernes* la forme de cylindres ou de prismes à base carrée ou rectangulaire ; on les construit en murs épais, imperméables, enduits de matières insolubles dans l'eau et hourdés en ciment hydraulique. La couverture doit aussi être étanche ; c'est ordinairement une voûte en pierre.

Cette question étant, d'ailleurs, très importante au point de vue des constructions rurales, nous entrerons ici dans quelques détails, nécessaires pour indiquer le meilleur aménagement que l'on puisse adopter pour ce genre de réservoir.

Les eaux les meilleures pour l'alimentation des *citernes* sont celles que fournissent les toitures en pierre, en ardoise ou en tuile ; les couvertures en métal, zinc ou plomb donnent des eaux chargées souvent d'oxydes métalliques et impropres aux usages domestiques.

En effet, l'eau de pluie, inférieure comme boisson aux eaux de sources ou de rivières d'excellente qualité, est cependant bien préférable, sous ce rapport, aux eaux de puits et surtout aux eaux de mares ou d'étangs. L'utilité des *citernes* destinées à recueillir les eaux pluviales est donc incontestable, même dans les pays qui ne sont pas absolument privés d'eaux naturelles, et cela particulièrement dans les exploitations agricoles, où il faut souvent pourvoir à l'alimentation d'un nombreux personnel et d'une grande quantité de bestiaux.

Le premier point à examiner, avant d'établir une *citerne*, est la détermination de son volume. On admet, comme consommation particulière, à savoir : 10 litres par habitant, 30 litres par cheval, 30 litres par bête à cornes et 2 ou 3 litres par bête ovine ou porcine ; mais ces chiffres ne représentent qu'un minimum, acceptable dans le cas où l'on est forcé de compter exclusivement sur l'eau de pluie. Cette consommation, multipliée par le nombre de jours qui peuvent s'écouler entre deux pluies consécutives de quelque importance, indique la capacité qu'il faut donner à la *citerne*. On admet généralement qu'il pleut au moins tous les deux mois et qu'il suffit de multiplier par 60 le chiffre de la consommation journalière.

D'un autre côté, on évalue, sous notre climat, à 350 ou 360 litres le volume d'eau qu'on peut obtenir par mètre carré de surface *horizontale* couverte de toits garnis de gouttières munies de tuyaux de conduite. On admet, en outre, que la *citerne* peut se remplir quatre à cinq fois par an, de sorte qu'il suffit de lui donner une capacité égale au 1/4 ou au 1/5 du volume d'eau déduit de la surface couverte (1).

Remarquons qu'il faut tenir compte de la différence des climats, de la fréquence des pluies, de leurs durées périodiques, suivant les diverses contrées où l'on veut établir des ouvrages de cette nature. Disons, en outre, que, d'une manière générale, il convient d'évaluer toujours un peu haut la consommation et, au contraire, de prendre des chiffres un peu faibles pour l'estimation de la quantité d'eau que la pluie peut fournir.

L'emplacement et le mode d'approvisionnement de *citernes* sont les questions qui se présentent ensuite.

On doit, tout d'abord, placer un réservoir au-dessus de la surface du sol pour que la température de l'eau varie peu, qu'elle ne puisse pas geler en hiver et qu'elle reste fraîche en été.

De même que les couvertures en zinc ou en plomb ne sont pas propres à fournir des eaux de *citerne* de bonne qualité, de même les gouttières et tuyaux de descente faits avec ces deux métaux sont inférieurs, pour recueillir ces eaux, aux conduits en fonte ou en tôle étamée ; toutefois, l'eau ne faisant que passer dans les gouttières et les tuyaux, dont la surface est très faible relativement à celle des toits, on peut sans danger les utiliser même lorsqu'ils sont en zinc.

De même, pour le transport des eaux dans les réservoirs, les caniveaux en pierre creusée, en briques ou en tuiles arrondies sont préférables aux ruisseaux en pavés de grès, en cailloutis ou en béton.

Quelle que soit la forme que l'on donne à la *citerne*, celle de parallélipipède ou de cylindre, il convient que le fond soit un peu concave ; il faut aussi éviter les angles vifs et raccorder les surfaces planes par des surfaces cylindriques tangentes de $0^m,15$ à $0^m,20$ de rayon au minimum.

Le *citerneau* dans lequel débouchent les tuyaux de conduite des eaux de pluie et qui sert à la clarification de ces eaux est ordinairement partagé en deux chambres distinctes, séparées par une dalle ou un petit mur vertical, percé de trous à sa partie inférieure.

L'eau arrive dans la première chambre, y dépose contre la paroi de la cloison verticale les impuretés qui nagent à sa surface, pénètre dans la seconde chambre, continue de s'y purifier et passe assez claire par le déversoir du *citerneau*. Quelquefois non-seulement on clarifie l'eau de cette manière, mais on la filtre en la faisant passer à travers des couches alternatives de gravier, de sable et de charbon concassé, maintenues entre deux claires-voies en bois, en pierre ou en brique.

Outre les tuyaux de trop-plein ou *dégorgeoirs* dont on munit la *citerne* et le *citerneau* pour l'écoulement des eaux surabondantes, on doit, à l'aide de vannes ou de robinets convenablement placés, se réserver le moyen de détourner les eaux, soit dans le cas d'un nettoyage ou d'une réparation, soit pour tout autre motif.

La figure 1019 représente, en plan et en coupe, une *citerne* avec corps de pompe fixé au mur par des colliers à scellement. Une ouverture carrée, A,A', de $0^m,80$ à 1 mètre de côté et recouverte d'une dalle sert au nettoyage. Un *citerneau* B,B', de la contenance d'un mètre cube environ, précède le réservoir C ; son orifice est muni d'une dalle mobile percée de trous, pour laisser passer l'eau. Les parois de cette construction sont en maçonnerie hydraulique revêtue

----

(1) Moll, *Encyclopédie pratique de l'agriculture.*

extérieurement d'une couche de terre glaise fortement pilonnée.

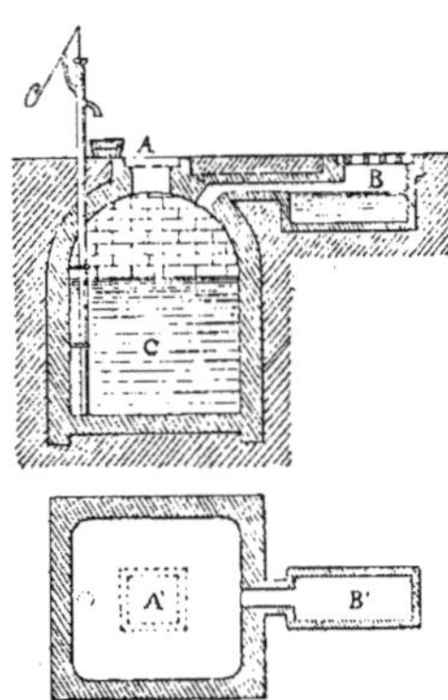

Fig. 1019.

En Angleterre, les *citernes*, souvent privées de *citerneau,* reçoivent les eaux chargées d'impuretés. « La filtration, dit M. Hervé-Mangon, se fait à l'aide d'un appareil très simple et fort économique : c'est un simple tuyau en poterie, en un ou plusieurs bouts, plongeant dans la *citerne.* Ce tuyau, de 0^m,25 à 0^m,30 de diamètre, est ouvert à sa partie supérieure, qui est maintenue au niveau du sol ; sa partie inférieure est fermée et percée seulement d'un grand nombre de petits trous. On remplit le bas de cette espèce de vase de gravier, de sable et de charbon, pour former un filtre au-dessus duquel on peut puiser l'eau parfaitement pure, avec une pompe ou de toute autre manière. »

Un mode de construction tout différent de celui que nous venons de décrire et qui est employé à Venise mérite d'être exposé ici. La description que nous extrayons de l'*Encyclopédie pratique de l'agriculteur* en a été faite d'après une étude spéciale de M. G. Grimaud. On pratique dans le sol, jusqu'à la profondeur d'environ 3 mètres, une excavation, à laquelle on donne la forme d'une pyramide tronquée dont la base regarde le ciel. Un bâti soigneuse-

ment exécuté en bois de chêne ou de larix est appliqué sur le sommet tronqué, ainsi que sur les côtés de la pyramide et a pour objet de maintenir le terrain environnant. Sur ce bâti on étend une couche d'argile dont l'épaisseur ne dépasse pas 0^m,30 dans les plus grandes *citernes ;* on a soin de bien unir la surface. Au fond de l'excavation, on place une pierre circulaire creusée en cuvette et sur cette pierre on élève un cylindre creux ayant le diamètre d'un puits ordinaire et construit en briques sèches bien ajustées, celles du fond seulement étant percées de trous. Ce cylindre, prolongé jusqu'au niveau du sol, est couronné d'une margelle comme un véritable puits. On remplit alors avec du sable de mer bien lavé l'espace vide compris entre le cylindre et les parois revêtues d'argile. Enfin, à chacun des quatre angles de la pyramide, on dispose une sorte de boîte en pierre fermée par un couvercle également en pierre et percée de trous. Ces boîtes, appelées *cassettoni,* sont reliées entre elles par un petit canal ou rigole en briques sèches. Le tout est recouvert par du pavé que l'on incline dans le sens des quatre orifices des angles du *cassettoni.*

C'est dans ces quatre boîtes que l'eau provenant des toits pénètre, puis passe par les jointures des briques des petits canaux, traverse le sable et s'introduit dans le cylindre par les trous pratiqués au fond.

Il ne manque pas, en France, de localités où ce procédé pourrait être mis en usage.

LÉGISLATION. Celui qui construit une *citerne* contiguë à la propriété bâtie d'un voisin doit établir un contre-mur.

Citerneau, *s. m.* — Voy. *Citerne.*

Cités ouvrières. — Etablissements fondés en vue d'améliorer le sort des ouvriers et qui leur offrent les avantages réunis dans un même lieu de la vie séparée et de la vie en commun.

Les *cités ouvrières*, construites ordinairement dans les faubourgs des grands centres industriels, se composent de bâtiments à un ou plusieurs étages qui renferment des logements disposés chacun pour un ménage.

Des conduites d'eaux et de gaz, avec embranchements particuliers, pourvoient aux besoins domestiques et à l'éclairage. Un puissant moteur à vapeur fait souvent mouvoir les principaux outils ou machines qui servent aux différentes industries.

Dans les grandes installations, on peut ajouter comme dépendances : un lavoir, des bains, un chauffoir à la disposition de tous les habitants de la *cité;* une crèche, un asile, des écoles mutuelle et professionnelle, un gymnase pour les enfants; une infirmerie pour les malades.

Les conditions générales qui s'imposent au programme d'une *cité ouvrière* sont les suivantes : L'emplacement doit être salubre sous le rapport du voisinage et du sol et accessible à la circulation de l'air. L'exposition au nord est à éviter, autant que possible, pour les pièces principales. Les maisons adossées, sans cours intérieures, présentent une disposition très convenable ; le groupement des logements par deux ou par quatre est regardé comme très avantageux.

Nous présentons (fig. 1020) le plan du rez-de-chaussée d'une maison ouvrière, dans laquelle peuvent habiter

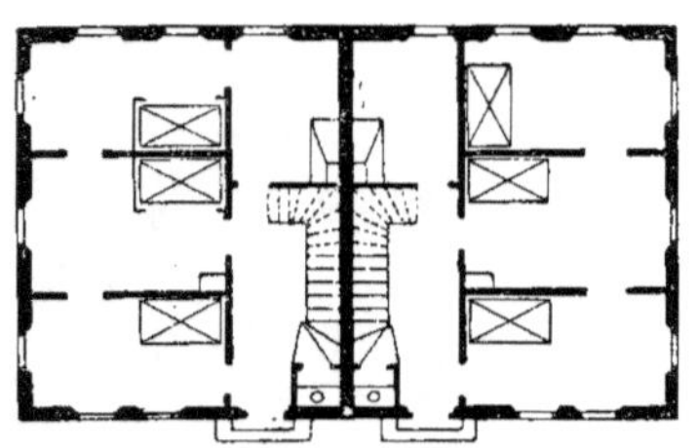

Fig. 1020.

quatre ménages, deux en bas et deux en haut.

Les pièces nécessaires pour une famille de trois ou quatre enfants sont : une chambre de réunion et de travail avec ou sans lit, deux chambres à coucher, une cuisine, un privé.

La hauteur des étages doit être d'au moins 2^m,80.

Si les façades des maisons bordent les rues, on donnera à celles-ci 10 mètres de largeur et 5 mètres, si les habitations sont précédées de jardins.

D'une manière générale, la construction doit se faire en matériaux légers, solides, incombustibles, hygiéniques.

Civière, *s. f.* — Sorte de brancard à quatre bras servant au transport des pierres ; il est manœuvré par deux hommes (voy. *Bard*).